최신 KDS(국가건설기준) 적용

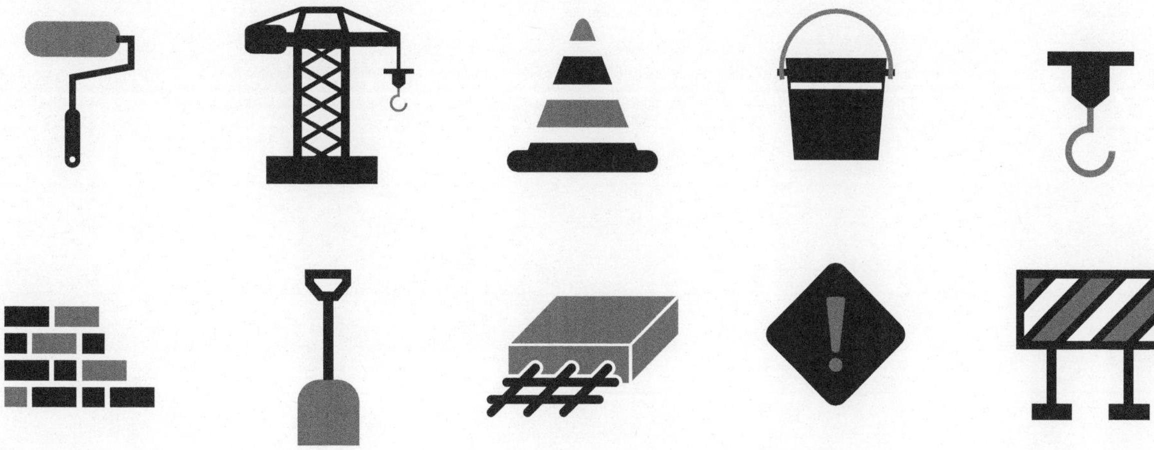

핵심과 문제로 이해하는

철근콘크리트구조

Reinforced Concrete Structures

강병두 저

도서출판 구미서관

머리말

철근콘크리트구조는 시멘트, 잔골재, 굵은골재 그리고 물로 구성된 콘크리트에 철근을 묻어 넣어 두 재료가 일체로 거동하면서 외력에 저항하도록 한 구조이다. 철근과 콘크리트는 이질적인 재료이기는 하나 서로의 단점을 상호 보완하여 훌륭한 구조형식으로 사용되고 있다.

이와 같은 우수한 철근콘크리트구조를 해석하고 설계하기 위해서는 철근콘크리트구조의 기본적인 원리와 이론적인 내용에 대한 충분한 이해가 필요하다.

철근콘크리트구조의 구조설계기준은 1972년 허용응력도 설계법과 1988년 극한강도설계법을 제정하였으며, 1999년에는 토목과 건축의 통합 설계기준인 콘크리트 구조설계기준과 2016년 콘크리트구조 설계기준(KDS 14 20 00)을 제정하였다. 그리고 2021년에는 KDS를 개정하였다.

철근콘크리트구조의 이론적인 내용은 철근콘크리트구조 설계(강병두 저, 구미서관, 2020년)을 참고하여 정리하였고, 문제는 건축기사, 산업기사, 건축사 및 공무원 시험 그리고 건축구조기술사에서 출제된 문제들을 중심으로 하였다. 또한 문제들은 다소 반복적으로 나타날 수 있으나 이는 중요 내용임을 강조하기 위함이다. 그리고 문제는 기본 출제의 의도를 살려 원문을 유지하려 하였으나 개정된 구조설계기준에 적합하게 수정하였다. 핵심과 문제로 이해하는 철근콘크리트구조는 내용을 간단명료하게 정리하고 이를 바탕으로 간단히 내용을 정리할 수 있는 문제를 수록하였다.

이 책의 분량은 학부생의 1년 강의에 맞게 하였으며, 내용은 전체 12장으로 되어 있고 각 장에서 다루어진 간략한 내용은 다음과 같다.

(1) 제1장 철근콘크리트구조의 일반사항에서는 철근콘크리트구조의 정의와 특징
(2) 제2장 철근콘크리트의 재료에서는 철근콘크리트구조에서 콘크리트의 구성 재료인 시멘트, 잔골재, 굵은골재와 물 등의 재료 성질과 콘크리트와 철근의 물성
(3) 제3장 구조설계의 일반사항에서는 구조설계의 원칙과 절차, 구조계산 방법 및 설계하중과 설계방법 그리고 구조물의 안전성
(4) 제4장 보의 해석과 설계에서는 보의 휨거동 특성을 다루었고 단철근 직사각형 보, 복철근 직사각형 보 그리고 T형 보

(5) 제5장 전단과 비틀림에서는 전단력에 대한 보의 거동, 보의 전단과 2방향 슬래브의 전단
(6) 제6장 철근의 정착과 이음에서는 철근의 정착길이와 이음길이
(7) 제7장 사용성과 내구성에서는 처짐의 산정과 균열폭의 제어
(8) 제8장 기둥에서는 단주와 장주
(9) 제9장 슬래브에서는 1방향 슬래브와 2방향 슬래브
(10) 제10장 벽체에서는 내력벽과 전단벽
(11) 제11장 기초에서는 독립기초, 벽기초, 복합기초 그리고 말뚝기초
(12) 제12장 옹벽에서는 옹벽의 치수와 안정성, 중력식 옹벽과 캔틸레버식 옹벽

이번에 집필한 '철근콘크리트구조'에서 적용한 기준과 관련해서는 구조설계기준인 KDS 14 20 00(2021년 개정)을 근간으로 하였으며, 미국콘크리트학회의 최신 구조설계기준인 ACI 318M-14 Code와 ACI 318M-11 Note 그리고 ACI Detailing Manual-2004 등을 주로 참고하였음을 밝힌다. 또한 내용과 관련해서는 많은 문헌들을 참고하였지만 참고문헌 중에서도 뛰어난 저자들의 책인 '철근콘크리트공학(민창식)', 'Reinforced Concrete (James K. Wight)', 'Reinforced Concrete Design (C. K. Wang, C. G. Salmon, J. A. Pincheira and G. J. Parra-Montesinos)', 'Design of Reinforced Concrete ACI 318-14 Code Edition (Jack C. McCormac and Russell H. Brown)'을 주로 참고하였음을 밝힌다.

아울러 참고문헌에는 이 책을 집필하면서 내용과 그림을 참고한 문헌들을 수록하였으며, 이 책을 집필하기 위해 학회, 협회 및 관련 서적 등 여러 훌륭한 자료와 내용을 참고하였으나, 미리 양해를 구하지 못한 점에 대해 진심으로 사의를 표하며, 부족하고 미흡한 부분들은 계속하여 보완·수정할 수 있도록 많은 관심과 고견을 부탁드린다.

또한 이 책이 가능하도록 도와주신 구미서관의 편집부를 비롯한 관계자 분들에게 진심으로 감사를 드린다.

2021년 3월

저 자

목 차

Reinforced Concrete Structures

CHAPTER 01 철근콘크리트구조의 일반사항

CHAPTER 02 철근콘크리트구조의 재료

CHAPTER 03 구조설계의 일반사항

CHAPTER 04 | 보의 해석과 설계

CHAPTER 05 | 전단설계

CHAPTER 06 철근의 정착과 이음

CHAPTER 07 사용성과 내구성

CHAPTER 08 기둥

CHAPTER 09 슬래브

CHAPTER 10 벽체

CHAPTER 11 기초

CHAPTER 12 옹벽

CHAPTER

01

철근콘크리트구조의 일반사항

1.1. 철근콘크리트구조의 정의

1.2. 철근콘크리트구조의 성립이유와 특징

1.3. 철근콘크리트구조의 구조설계기준

1.4. 건축물의 주요 구성부분

1.5. 철근콘크리트구조와 관련한 용어정의

CHAPTER 01

철근콘크리트구조의 일반사항

1.1. 철근콘크리트구조의 정의

철근콘크리트구조의 보에 하중이 그림 1.1과 같이 작용하면 아래 방향으로 변형과 처짐이 발생하게 된다. 보의 단면에서는 휨모멘트에 의해 중립축[1])을 중심으로 상부는 압축력을 받고 하부는 인장력을 받는다. 그림 1.1 (b)에서와 같이 무근콘크리트 보의 단면에서 작용하는 하중이 작아서 단면에 일어나는 휨모멘트가 작으면 보는 탄성거동을 하게 되고 보의 휨응력이 직선분포가 된다. 그림 1.1 (c)에서와 같이 하중이 더욱 증가하면 압축측의 압축응력 분포는 직선에서 곡선으로 된다. 또한 인장측은 균열이 발생하게 되어 콘크리트는 인장응력을 더 이상 부담할 수 없게 되고 부재를 취성적으로 파괴시킨다. 이와 같이 콘크리트는 압축력에는 강하지만, 인장력에는 약한 특성이 있다. 철근은 압축력과 인장력에 대해 다 같이 강하게 거동할 수 있지만 압축력을 받으면 좌굴[2])하게 되는 단점이 있다.

콘크리트가 인장력에 약한 단점은 철근을 보강하여 보완하고, 철근이 좌굴하게 되는 단점은 콘크리트가 철근을 피복하게 함으로써 보완할 수 있다. 즉, 콘크리트 (Concrete)에 철근 (Reinforcing 또는 Reinforcement)을 묻어 넣어서 두 재료가 일체로 되어 외력에 저항하도록 한 것을 철근콘크리트 (Reinforced Concrete, RC)구조라 한다. 철근콘크리트구조에서 콘크리트는 주로 압축력 (Compression)에 저항하고, 철근은 주로 인장력 (Tension)에 저항한다.

---

1) 중립축 (N.A., Neutral Axis)은 재축에 대하여 직각으로 절단된 평면에서 수직응력도가 영 (0)인 축이다.
2) 좌굴 (Buckling)은 임계압축하중을 받는 구조물이나 구조요소가 기하학적으로 안정성을 잃는 상태이다. 즉, 가늘고 긴 부재 (일반적으로 기둥)의 양단에 압축하중이 가해졌을 경우, 하중이 어느 크기에 이르면 부재가 갑자기 휘는 현상이다.

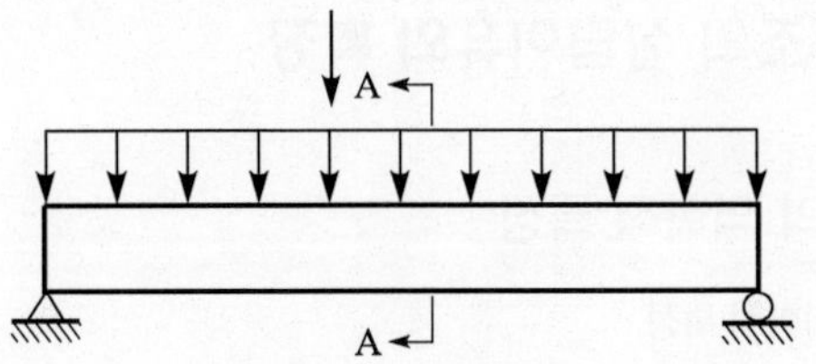

(a) 보의 작용하중

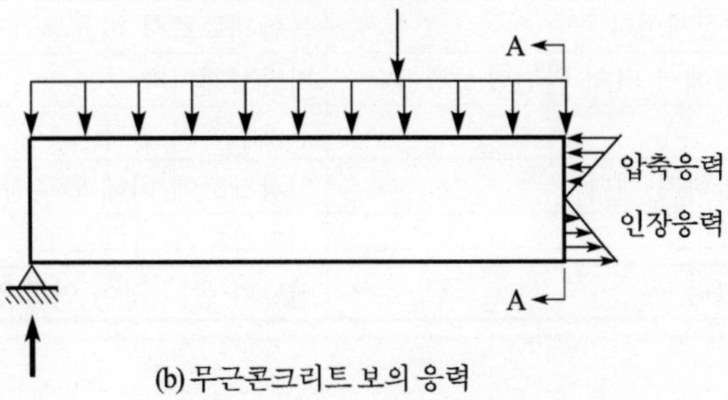

(b) 무근콘크리트 보의 응력

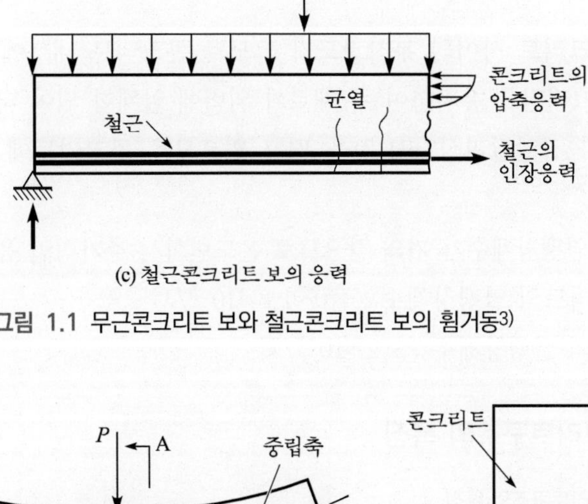

(c) 철근콘크리트 보의 응력

그림 1.1 무근콘크리트 보와 철근콘크리트 보의 휨거동[3)]

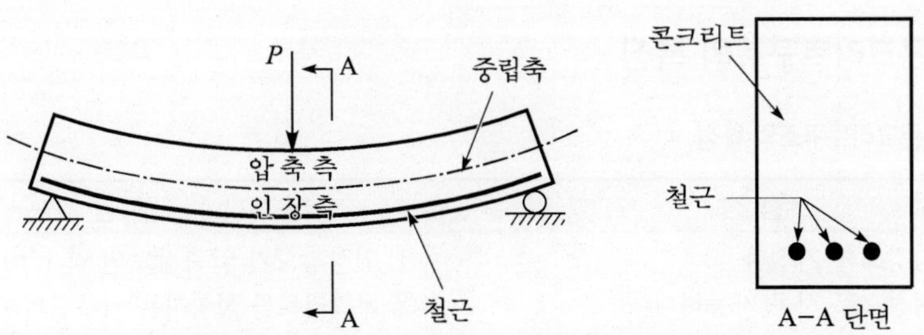

그림 1.2 철근콘크리트구조의 휨거동과 단면[4)]

---

3) James K. Wight, Reinforced Concrete, Prentice Hall, 2016, p.24.

4) Chu-Kia. Wang, Charles. G. Salmon, Jose. A. Pincheira and Gustavo. J. Parra-Montesinos, Reinforced Concrete Design, Oxford University Press, 2018, p.871.

1.2. 철근콘크리트구조의 성립이유와 특징

1.2.1. 철근과 콘크리트의 역학적 특성

표 1.1 철근과 콘크리트의 역학적 특성

철 근	콘크리트
비복합재료로서 균등질재이다.	복합재료로서 비균등질재이다.
탄성한도 이하의 응력에서 거의 완전탄성체이다.	비탄성체이다.
건조수축이 없다.	건조수축이 있다.
압축강도가 크나 좌굴하기 쉽다.	인장강도에 비해 압축강도가 크다
인장강도가 크다.	인장강도가 작다
파단시까지 신도가 크다	신도가 몹시 작아 인장응력에 의한 균열 발생한다.

1.2.2. 철근콘크리트구조의 성립이유

① 철근과 콘크리트 사이의 부착강도가 크므로 콘크리트 내부에 있는 철근이 콘크리트로부터 미끄러짐을 방지하여 두 재료가 외력에 일체화 되어 저항한다.

② 콘크리트가 강알칼리성(pH12)을 띄고 있으므로 콘크리트에 매립된 철근의 부식을 방지한다.

③ 두 재료의 열팽창계수가 거의 같으므로 온도변화시 추가적인 응력이 발생되지 않는다.

㉠ 콘크리트의 열팽창계수 : $1.0 \sim 1.3 \times 10^{-5}$/℃

㉡ 철근의 열팽창계수 : 1.2×10^{-5}/℃

1.2.3. 철근콘크리트구조의 특징

표 1.2 철근콘크리트구조의 특징

장 점	단 점
① 높은 인장강도를 가진다.	① 인장강도가 압축강도의 약 1/10 정도로 낮다.
② 임의의 형상으로 시공 가능하다.	② 콘크리트를 성형하는 거푸집의 가격이 비싸다.
③ 일체적인 구조물이 가능하다.	③ 건조수축 등으로 콘크리트에 균열이 발생한다.
④ 유지비가 저렴하고 수명이 오래간다.	④ 강도에 비해 상대비중이 큰 대중량이다.
⑤ 강구조물에 비해 경제적인 구조물이 가능하다.	⑤ 부분적인 파손이 우려된다.
⑥ 내구성이 우수하다.	⑥ 검사가 곤란하다.
⑦ 강구조에 비해 내화성이 우수하다.	⑦ 개조와 보강이 난해하다.
⑧ 휨강성(EI)이 크므로 처짐, 진동과 소음에 우수하다.	⑧ 시공이 조잡해지기 쉽다.

예제 1-1

철근콘크리트의 열팽창계수가 1.0×10^{-5}/℃이라면, 10 m 부재가 10℃의 온도변화시 부재의 길이 변화량은 몇 mm인가?

㉮ 1 mm ㉯ 2 mm ㉰ 3 mm ㉱ 4 mm

풀이

① 온도차이 : 10℃
② 부재길이 : 10 m
③ 열팽창계수 : 1.0×10^{-5}/℃
따라서 부재의 길이 변화량은 다음과 같다.
부재의 길이 변화량 = 1.0×10^{-5}/℃×10℃×10,000 mm=1 mm

답 ㉮

예제 1-2

다음은 철근콘크리트구조의 성립이유에 대한 설명이다. ( ) 안에 적합한 용어를 쓰시오.

㉮ 철근은 인장력, 콘크리트는 압축력에 효과적으로 저항한다.
㉯ 철근과 콘크리트는 열팽창계수가 거의 같다.
㉰ 철근과 콘크리트의 상호 부착력이 좋다.
㉱ 철근과 콘크리트는 탄성계수가 거의 같다.

풀이

철근과 콘크리트의 탄성계수는 다르며, 철근이 콘크리트보다 약 7~8배 정도 크다.

답 ㉱

1.3. 철근콘크리트구조의 구조설계기준

우리나라 철근콘크리트 구조설계기준의 변천은 1972년, 대한건축학회가 '철근콘크리트 구조계산기준'을 제정한 것을 시작으로 최근에는 2016년 6월, 국토교통부와 한국콘크리트학회에서 국가건설기준센터 건설기준위원회를 중심으로 KDS 14 20 01[5) [콘크리트구조 설계 (강도설계법) 일반사항]을 제정하였다. 여기에서는 건설기준 코드체계 전환에 따라 코드화로 통합 정비하였다. 2018년 7월에 한국산업표준과 건설기준 부합화에 따라 수정하였으며 2021년에 개정하였다. 철근콘크리트 구조설계기준의 정부 소관부서는 국토교통부 기술기준과이며, 자문검토는 국가건설기준센터 건설기준위원회이며 작성기관은 한국콘크리트학회이다.

> 주1 KDS : Korea Design Standard (대한민국 구조설계기준). 구조설계기준은 KDS 12 34 56의 6자리의 숫자로 표기된다. 여기서, 12는 대분류 34는 중분류 56은 소분류이다. KDS는 대분류 18개, 중분류 89개, 소분류 173개로로 구분된다.
>
> 주2 국가건설기준센터 (KCSC ; Kora Construction Standards Center) : http://www.kcsc.re.kr/
>
> 주3 한국콘크리트학회 (KCI ; Korea Concrete Institute) : http://www.kci.or.kr/

5) KDS 14 20 01 콘크리트구조 설계 (강도설계법) 일반사항, 국토교통부 제정, 한국콘크리트학회 작성, 2021.

1.4. 건축물의 주요 구성부분

표 1.3 건축물의 주요 구성부분

종 류	내 용
지붕 (Roof)	건축물의 최상부에서 비와 눈 등을 막아주는 구조부이다.
바닥판 (Floor, Slab)	① 건축물의 각 층을 수평으로 막는 수평부재이다. ② 바닥판 위에 작용하는 하중을 받아 바닥판 밑의 보를 통하여 기둥이나 벽체에 전달한다.
보 (Girder, Beam)	① 지붕이나 바닥판 등을 지지하는 수평부재이다. ② 기둥과 기둥 사이에 존재하여 바닥판을 지지하는 부재를 큰보(Girder)라 한다. ③ 큰보와 큰보 사이에 존재하여 바닥판을 지지하는 부재를 작은보(Beam)라 한다.
기둥 (Column, Post)	지붕이나 바닥판 등을 지지하는 수직부재이다.
벽 (Wall)	① 수직으로 공간을 막는 수직부재이다. ② 내력벽, 비내력벽 등이 있다.
기초 (Foundation, Footing)	건축물의 지하부 구조이며, 건축물의 상부하중을 지반으로 전달하여 건축물을 안전하게 지탱하는 구조부이다.
천장 (Ceiling)	① 지붕 밑 또는 상부층의 바닥 밑을 감추어 보기 좋게 하고, 보온, 방음, 흡음 등을 위한 구조이다. ② 반자는 천장의 구성부이며, 천장을 이루고 있는 구조체이다. 일반적으로 반자와 천장은 같은 의미로 사용된다.
수장 (Joinery)	구조부재에 특별한 성능(단열, 방음 등)부여와 장식 등의 목적으로 구조체에 붙여 대는 것의 총칭이다.
창호 (Window and Door)	① 출입, 채광, 통풍 등의 목적으로 벽체, 바닥, 지붕, 천장 등을 뚫은 후 설치한 시설이다. ② 벽체에 설치된 창호를 개구부(Opening) 또는 문꼴이라 한다. ③ 사람과 물건이 드나들 수 있는 창호를 문(Door)이라 한다. ④ 채광과 통풍을 위해 만든 창호를 창(Window)이라 한다.

철근콘크리트구조의 주요 부재를 참고문헌6)에서 참고하여 나타내었다. 그림 1.3 (a)의 2층 바닥은 장선 슬래브구조이며, 1층은 슬래브-보로 되어 있다. 철근콘크리트 구조물의 슬래브에 하중이 작용하면 보 (장선), 기둥 등을 통해 하중이 기초로 전달되며, 최종적으로 기초판에서 지반으로 하중이 전달된다. 그림 1.3 (b)의 2층 바닥은 지판이나 기둥머리를 갖지 않는 플랫 플레이트이며, 1층 바닥은 기둥의 상부단면에 기둥머리 (Column Capital, 주두)를 갖는 플랫 슬래브이다.

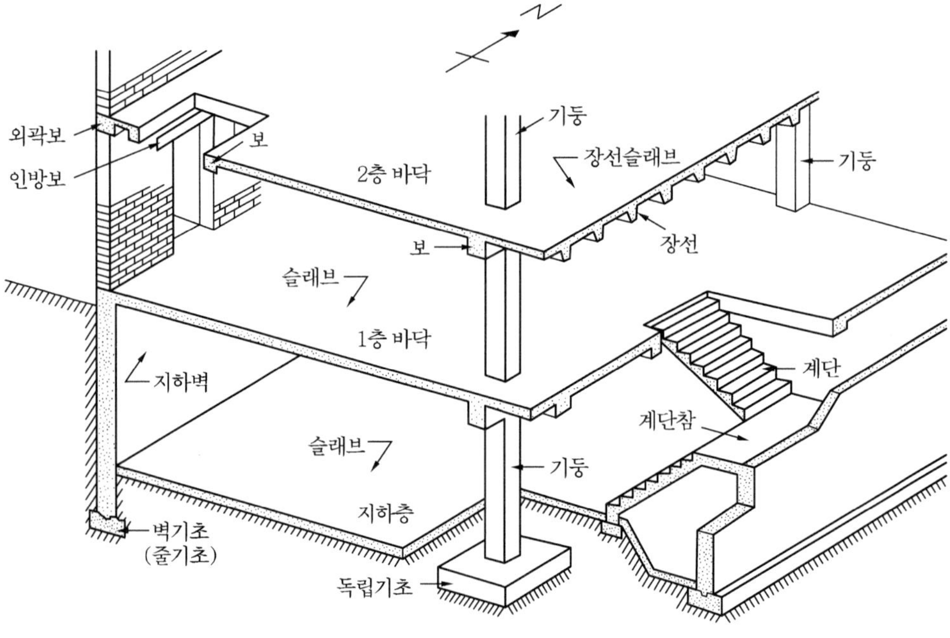

(a)

6) James K. Wight, Reinforced Concrete, Prentice Hall, 2016, p.25.

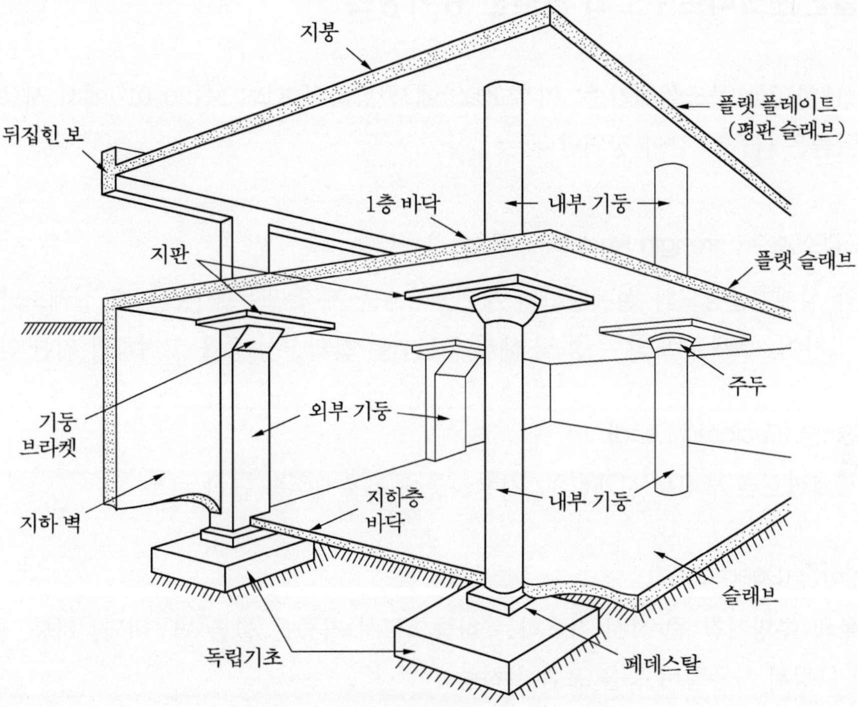

(b)

그림 1.3 철근콘크리트구조의 주요 부재

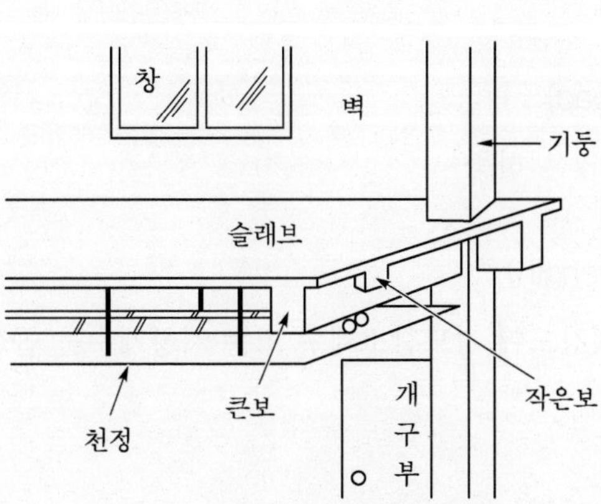

그림 1.4 철근콘크리트구조의 구성요소

1.5. 철근콘크리트구조와 관련한 용어정의

KDS (대한민국 구조설계기준; 이후 KDS)에서 정의된 KDS 14 20 01[7])에서 사용되는 주요용어들은 다음과 같이 정의한다.

(1) 강도감소계수 (Strength Reduction Factor)

재료의 설계기준강도와 실제강도의 차이, 부재를 제작 또는 시공할 때 설계도와 완성된 부재의 차이, 부재 강도의 추정 및 해석에 관련된 불확실성 등을 고려하기 위한 안전계수

(2) 계수하중 (Factored Load)

강도설계법으로 부재를 설계할 때 사용하중에 하중계수를 곱한 하중

(3) 고정하중 (Dead Load)

구조물의 수명기간 중 상시 작용하는 하중으로서 자중은 물론 벽, 바닥, 지붕, 천장, 계단 및 고정된 사용장비 등을 포함한 하중

(4) 공칭강도 (Nominal Strength)

하중에 대한 구조체나 구조부재 또는 단면의 저항능력을 말하며 강도감소계수 또는 저항계수를 적용하지 않은 강도

(5) 사용하중 (Service Load)

하중계수를 적용하지 않은 하중

(6) 설계강도 (Design Strength)

단면 또는 부재의 공칭강도에 강도감소계수 또는 저항계수를 곱한 강도

7) KDS 14 20 01 콘크리트구조 설계 (강도설계법) 일반사항, 국토교통부 제정, 한국콘크리트학회 작성, 2021.

(7) 설계하중 (Design Load)

부재를 설계할 때 사용되는 적용가능한 모든 하중과 힘; 허용응력설계법에서는 사용하중, 강도설계법 또는 한계상태설계법에서는 계수하중을 지칭함.

(8) 소요강도 (Required Strength)

하중조합에 따른 계수하중을 저항하는데 필요한 부재나 단면의 강도

(9) 철근의 설계기준항복강도 (Specified Yield Strength of Reinforcing Bar)

철근콘크리트 부재를 설계할 때 기준이 되는 철근의 항복강도

(10) 콘크리트의 설계기준압축강도 (Specified Compressive Strength of Concrete)

콘크리트 부재를 설계할 때 기준이 되는 콘크리트의 압축강도

(11) 하중계수 (Load Factor)

하중의 공칭값과 실제 하중 간의 불가피한 차이, 하중을 작용외력으로 변환시키는 해석상의 불확실성, 예기치 않은 초과하중, 환경작용 등의 변동을 고려하기 위하여 사용하중에 곱해주는 안전계수

(12) 하중조합 (Load Combination)

구조물 또는 부재에 동시에 작용할 수 있는 각종 하중의 조합

(13) 활하중 (Live Load)

구조물의 사용 및 점용에 의해 발생되는 하중으로서 크기나 위치가 시간에 따라 변하는 하중

(14) 횡하중 (Lateral Load)

풍하중, 지진하중, 횡방향 토압 또는 유체압과 같이 구조물에 수평으로 작용하는 하중

기본 연습문제

01 철근콘크리트구조의 원리로 가장 부적당한 것은?

㉮ 철근과 콘크리트는 부착력이 양호하다.
㉯ 철근과 콘크리트의 열팽창계수가 거의 같다.
㉰ 철근은 인장력을 부담하고, 콘크리트는 압축력을 부담한다.
㉱ 강재는 가능하면 많이 사용하고, 콘크리트는 될 수 있으면 적게 사용하는 것이 유리하다.

풀이 철근과 같은 강재와 콘크리트는 구조계산에 의해 적정량을 사용해야 한다. **답** ㉱

02 철근콘크리트구조의 원리에 관한 설명 중 옳지 않은 것은?

㉮ 콘크리트는 철근이 녹스는 것을 방지한다.
㉯ 콘크리트와 철근이 강력히 부착되면 철근의 좌굴이 방지된다.
㉰ 철근의 열팽창계수는 콘크리트의 열팽창계수의 3배 정도이다.
㉱ 콘크리트는 내구·내화성이 있어 철근을 피복 보호하여 구조체는 내구·내화적이 된다.

풀이 철근과 콘크리트의 열팽창계수는 거의 같다.
① 콘크리트 : $1.0 \sim 1.3 \times 10^{-5}/℃$
② 철근 : $1.2 \times 10^{-5}/℃$ **답** ㉰

03 철근콘크리트구조의 특징에 대한 설명으로 옳지 않은 것은?

㉮ 보의 압축응력은 콘크리트가 부담하고, 인장응력은 철근이 부담한다.
㉯ 콘크리트는 철근이 녹스는 것을 방지한다.
㉰ 철근과 콘크리트는 열팽창계수가 거의 같다.
㉱ 자체중량은 크지만 시공과 강도계산이 간단하다.

풀이 자체중량이 크고 시공과 강도계산이 복잡하다. **답** ㉱

04 철근콘크리트구조의 특징에 관한 설명 중 틀린 것은?

㉮ 건식구조이므로 시공기간이 짧다.
㉯ 조형성이 뛰어나다.
㉰ 건조수축에 의한 균열이 발생하기 쉽다.
㉱ 내화성 및 내구성이 높다.

풀이 철근콘크리트구조는 습식구조로써 일체식 구조이며 시공기간이 다소 길다. 답 ㉮

05 철근콘크리트구조에 관한 기술 중 틀린 것은?

㉮ 철근과 콘크리트의 열팽창계수는 거의 같다.
㉯ 철근과 콘크리트의 응력전달은 철근 표면의 부착력에 의한다.
㉰ 철근과 콘크리트의 응력분담은 각각의 단면적비에 의한다.
㉱ 균형철근비 이상의 인장철근을 갖는 보는 콘크리트가 먼저 허용응력에 달한다.

풀이 철근과 콘크리트의 응력분담은 각각의 단면적과 그들의 응력의 곱에 관계있다. 답 ㉰

06 철근콘크리트의 설명으로 가장 부적당한 것은?

㉮ 내구성이 높다. ㉯ 차음성능이 높다.
㉰ 무게가 무겁다. ㉱ 크리프가 작다.

풀이 크리프는 하중의 증가 없이 시간이 경과함에 따라 콘크리트에 발생되는 추가적인 소성변형을 말하며, 철근콘크리트의 경우 크리프가 크다. 답 ㉱

07 철근콘크리트의 보강철근에 관한 설명으로 옳지 않은 것은?

㉮ 보강철근으로 보강하지 않은 콘크리트는 연성거동을 한다.
㉯ 보강철근은 콘크리트의 크리프를 감소시키고 균열의 폭을 최소화시킨다.
㉰ 이형철근은 원형강봉의 표면에 돌기를 만들어 철근과 콘크리트의 부착력을 최대가 되도록 한 것이다.
㉱ 보강철근을 콘크리트 속에 매립함으로써 콘크리트의 휨강도를 증대시킨다.

풀이 인장철근으로 보강하지 않은 무근콘크리트의 보는 휨모멘트에 의해 취성거동을 한다.

답 ㉮

08 철근콘크리트구조의 장 · 단점에 관한 설명으로 옳지 않은 것은?

㉮ 철근콘크리트구조는 내구성, 내진성, 내화성이 우수하다.
㉯ 철근콘크리트구조는 콘크리트의 강도상 단점을 철근이 보완하고 있다.
㉰ 철근콘크리트구조는 건조수축에 의하여 변형이나 균열이 발생될 수 있다.
㉱ 철근콘크리트구조는 강구조보다 소요되는 재료의 중량이 작으므로 자중이 가볍다.

풀이 철근콘크리트구조는 강구조보다 소요되는 재료의 중량이 무거움으로 자중이 무겁다.

답 ㉱

09 철근콘크리트구조의 특징에 대한 설명으로 옳지 않은 것은?

㉮ 보의 압축응력은 콘크리트가 부담하고, 인장응력은 철근이 부담한다.
㉯ 콘크리트는 철근이 녹스는 것을 방지한다.
㉰ 자체 중량은 크지만 시공과 강도계산이 간단하다.
㉱ 철근과 콘크리트는 선팽창계수가 거의 같다.

풀이 철근콘크리트구조는 자체 중량이 크고 시공과 강도계산이 복잡하다.

답 ㉰

10 철근콘크리트구조에 관한 다음의 설명 중 가장 부적당한 것은?

㉮ 철근과 콘크리트의 열팽창계수는 거의 같다.

㉯ 철근과 콘크리트의 응력전달은 철근표면의 부착력에 의한다.

㉰ 철근과 콘크리트의 탄성계수가 거의 같다.

㉱ 철근은 콘크리트 속에서 녹이 슬지 않는다.

풀이 콘크리트와 철근의 탄성계수는 다음과 같다.

① 콘크리트의 탄성계수 $E_c = 8,500\sqrt[3]{f_{cm}}$ (MPa)

여기서, $f_{cm} = f_{ck} + \Delta f$ (MPa)이고, Δf는 f_{ck}가 40 MPa 이하면 4 MPa, 60 MPa 이상이면 6 MPa이며, 그 사이는 직선 보간으로 구한다.

② 철근의 탄성계수 $E_s = 2.0 \times 10^5$ (MPa)

답 ㉰

11 콘크리트구조설계 시 사용하는 용어에 대한 설명으로 틀린 것은?

㉮ 공칭강도 : 강도설계법의 규정과 가정에 따라 계산된 부재나 단면의 강도로 강도감소계수를 적용한 강도

㉯ 콘크리트 설계기준강도 : 콘크리트 부재를 설계할 때 기준이 되는 콘크리트의 압축강도

㉰ 계수하중 : 강도설계법으로 부재를 설계할 때 사용하중에 하중계수를 곱한 하중

㉱ 소요강도 : 철근콘크리트 부재가 사용성과 안전성을 만족할 수 있도록 요구되는 단면의 단면력

풀이 ① 공칭강도 (Nominal Strength) : 하중에 대한 구조체나 구조부재 또는 단면의 저항능력을 말하며 강도감소계수 또는 저항계수를 적용하지 않은 강도

② 설계강도 (Design Strength) : 단면 또는 부재의 공칭강도에 강도감소계수 또는 저항계수를 곱한 강도

답 ㉮

심화 연습문제

01 철근콘크리트구조의 원리와 정의에 대해 간단히 설명하시오.

02 철근과 콘크리트구조의 역학적 특성을 간단히 설명하시오.

03 철근콘크리트구조의 특징을 설명하시오.

04 철근콘크리트의 열팽창계수가 1.0×10^{-5}/℃이라면, 50 m 부재가 40℃의 온도변화시 부재의 길이 변화량은 몇 mm인가?

05 다음은 철근콘크리트구조의 성립이유에 대한 설명이다. ( ) 안에 적합한 용어를 쓰시오.

> (1) 철근과 콘크리트 사이의 (①)강도가 크므로 콘크리트 내부에 있는 철근이 콘크리트로부터 (②)을(를) 방지하여 두 재료가 외력에 일체화 되어 저항한다.
> (2) 콘크리트가 (③)을(를) 띄고 있으므로 콘크리트에 매립된 철근의 (④)을(를) 방지한다.
> (3) 두 재료의 (⑤)가 거의 같으므로 온도변화시 추가적인 응력이 발생되지 않는다.

풀이 ① 부착, ② 미끄러짐, ③ 강알칼리성, ④ 부식, ⑤ 열팽창계수

06 철근콘크리트구조의 주요 부재를 그림으로 설명하시오.

07 철근콘크리트구조와 관련된 다음의 용어를 간단히 정의하시오.

① 강도감소계수 (Strength Reduction Factor)

② 계수하중 (Factored Load)

③ 사용하중 (Service Load)

④ 설계하중 (Design Load)

⑤ 하중계수 (Load Factor)

⑥ 공칭강도 (Nominal Strength)

⑦ 설계강도 (Design Strength)

⑧ 소요강도 (Required Strength)

⑨ 철근의 설계기준항복강도 (Specified Yield Strength of Reinforcing Bar)

⑩ 콘크리트의 설계기준압축강도 (Specified Compressive Strength of Concrete)

CHAPTER

02

철근콘크리트구조의 재료

CHAPTER 02 철근콘크리트구조의 재료

2.1. 콘크리트

2.1.1. 콘크리트의 구성 재료

(1) 시멘트

(가) 정의

시멘트는 광의(廣義)로서 무기질 접착제 또는 광물질 풀을 말하며, 협의(狹義)로서 물과 혼합하면 시간이 지남에 따라 굳어지는 수경성 시멘트를 말한다.

(나) 제조과정

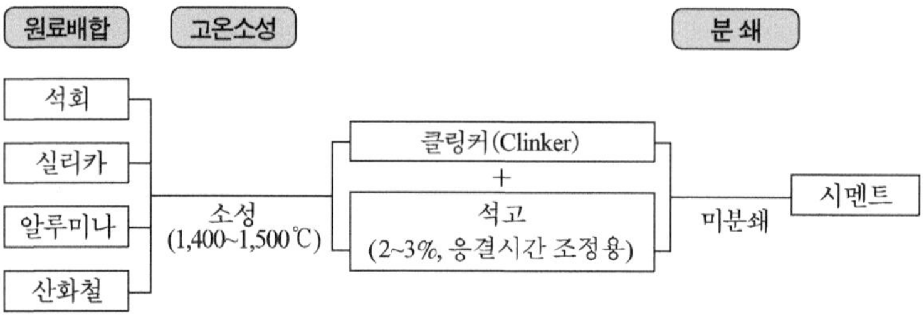

그림 2.1 시멘트의 제조과정

(2) 골재

(가) 잔골재(Fine Aggregate)

① 체 규격 5 mm(No.4) 체에서 중량비로 85 % 이상 통과하는 골재이다.

② 세골재(細骨材)라고도 한다.

(나) 굵은골재(Coarse Aggregate)

① 체 규격 5 mm(No.4) 체에서 중량비로 85% 이상 남는 골재이다.

② 조골재(粗骨材)라고도 한다.

(3) 물

① 청정하고 유해량의 기름, 산, 알칼리, 유기불순물 등을 포함하지 않아야 한다.

② 무근콘크리트에서는 해수를 사용할 수 있으나, 철근콘크리트에서는 해수를 사용하지 않는다.

③ 시멘트가 완전히 수화하는데 필요한 물의 양은 시멘트 중량의 40 % 이하이고, 시멘트 풀 속의 물이 유동성을 갖기 위해 사용되는 수량은 시멘트 중량의 45~60 % 정도이다.

2.1.2. 콘크리트의 배합

(1) 소요강도 (f_{ck}, 설계기준압축강도)

① 콘크리트의 강도는 구조계산 시 필요한 28일 압축강도이다.

② 콘크리트의 설계기준압축강도 (f_{ck}, Specified Compressive Strength of Concrete)는 콘크리트 부재를 설계할 때 기준이 되는 콘크리트의 압축강도이다. 즉, 구조계산 시 필요한 28일 압축강도이다.

③ 그림 2.2에 나타난 것처럼 재령에 따라 콘크리트의 압축강도가 초기에는 빠른 속도로 증가되고 점차 느린 속도로 증가된다. 또한 표 2.1은 콘크리트의 설계기준압축강도 f_{ck}에 대한 재령에 따른 재령 28일에서 콘크리트의 평균 압축강도 f_{cm} [2])의 비를 나타낸 것이다.

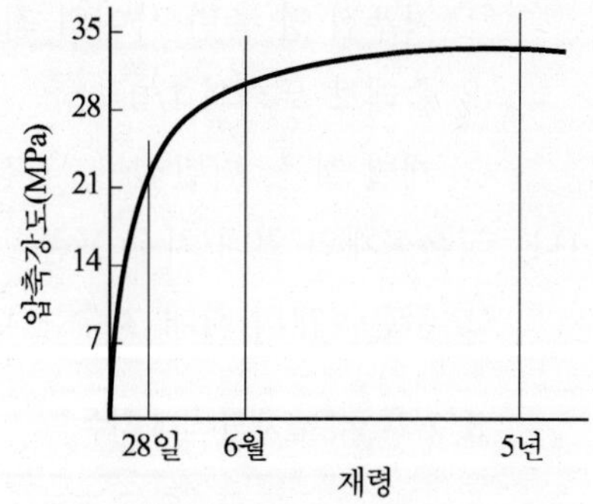

그림 2.2 재령에 따른 압축강도[1])

표 2.1 재령과 $f_{cm}(t)/f_{ck}$의 관계

재령 (t)	7일	14일	28일	3개월	6개월	1년	2년	5년
$f_{cm}(t)/f_{ck}$	0.67	0.86	1.00	1.17	1.23	1.27	1.31	1.35

1) 신현묵 외1인, 철근콘크리트, 동명사, 2015, p.14.

2) 재령 28일에서 콘크리트의 평균 압축강도는 2021년 개정 전에는 f_{cu}의 기호로 사용되다가 f_{cm}으로 수정하였음.

(2) 물시멘트비

① 물시멘트비(W/C)는 모르타르 또는 콘크리트에 포함된 시멘트 페이스트 중의 시멘트에 대한 물의 중량 백분율이다.

② 물결합재비(W/B)는 모르타르 또는 콘크리트에 포함된 시멘트 페이스트 중의 결합재(시멘트+혼화재)에 대한 물의 중량 백분율이다.

③ 강도, 내구성, 수밀성에 영향을 미치고, 특히 콘크리트 강도에 가장 큰 영향을 주는 요소이다.

④ 물결합재비 또는 물시멘트비가 커지면 강도, 수밀성, 내구성이 저하된다.

⑤ 콘크리트의 물시멘트비는 원칙적으로 60 % 이하이다.

⑥ 시멘트의 수화를 위하여 필요로 하는 최소의 물시멘트비는 45~60 % 정도이다.

(3) 굵은골재의 최대 치수

(가) 굵은골재의 최대 공칭치수

굵은골재의 최대 공칭치수는 다음 값을 초과하지 않아야 한다.

① 거푸집 양 측면 사이의 최소 거리의 1/5

② 슬래브 두께의 1/3

③ 개별 철근, 다발철근, 긴장재 또는 덕트 사이 최소 순간격의 3/4

(나) 굵은골재의 최대 치수 표준

① 굵은골재의 최대 치수는 다음 표의 값을 표준으로 한다.

표 2.2 굵은골재의 최대 치수

구조물의 종류	굵은골재의 최대 치수 (mm)
일반적인 경우	20 또는 25
단면이 큰 경우	40
무근콘크리트	40 부재 최소 치수의 1/4을 초과해서는 안됨

② 실제공사에서는 철근간격이 좁은 경우가 많으므로 원칙적으로 보통중량골재는 25 mm 이하를 사용하고, 단면이 얇거나 경량골재 등에서는 20 mm 이하가 바람직하다.

2.1.3. 경화콘크리트

(1) 콘크리트의 압축강도

① 경화한 콘크리트의 성질 가운데 가장 중요하다.

② 압축강도는 콘크리트 품질의 척도이다.

③ 일반적으로 콘크리트의 강도라고 하면 압축강도를 말한다.

④ 콘크리트의 압축강도는 물시멘트비에 의해 지배된다.

⑤ 콘크리트의 설계기준압축강도 f_{ck}는 28일 압축강도를 기준으로 한다.

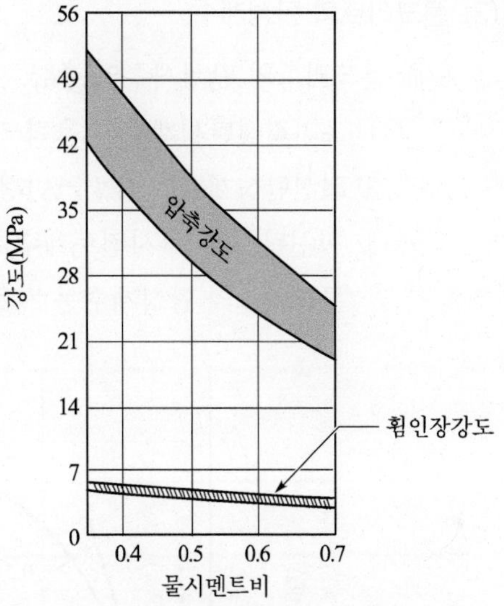

그림 2.3 물시멘트비와 강도와의 관계[3)]

(2) 콘크리트의 응력-변형률 곡선

① 어느 곡선이든 처음 부분은 거의 직선이다.

② 최대 응력의 1/2 정도 되는 곳에서부터 곡선이 된다.

③ 최대 응력 근처에서의 변형률은 0.002 정도이다.

④ 파괴 시의 실질적인 최대 변형률은 0.003~0.004 범위이다.

⑤ 허용응력의 범위는 콘크리트의 압축강도의 40~50%이다.

⑥ 허용응력의 범위에서 콘크리트는 탄성재료이다.

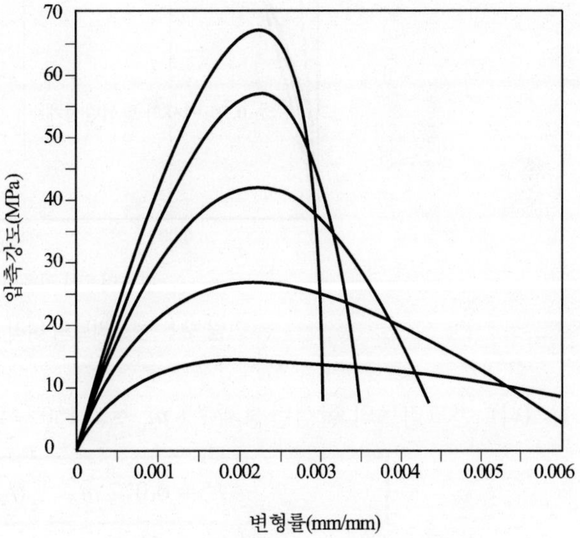

그림 2.4 콘크리트의 응력-변형률 곡선

3) 신현묵 외1인, 철근콘크리트, 동명사, 2015, p.13.

(3) 콘크리트의 탄성계수

(가) 콘크리트의 탄성계수의 종류

① 초기접선탄성계수는 응력-변형률 곡선의 처음 부분의 기울기이다.

② 접선탄성계수는 응력-변형률 곡선상의 임의점에서의 기울기이다.

③ 할선탄성계수(시컨트계수)는 원점에서 임의점까지의 기울기이다. 일반적으로 콘크리트의 탄성계수는 시컨트계수를 의미한다.

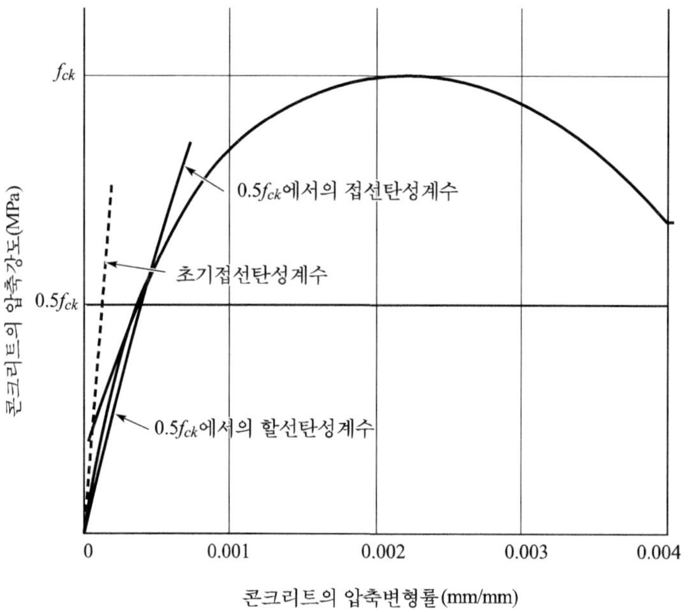

그림 2.5 콘크리트의 여러 가지 탄성계수

(나) 콘크리트의 할선탄성계수 ($m_c = 1{,}450 \sim 2{,}500\ \mathrm{kg/m^3}$)

$$E_c = 0.077\, m_c^{\,1.5}\ \sqrt[3]{f_{cm}}\ \ (\mathrm{MPa})$$

여기서, $f_{cm} = f_{ck} + \Delta f\,(\mathrm{MPa})$

m_c : 콘크리트의 단위체적질량 $(\mathrm{kg/m^3})$

Δf : Δf는 f_{ck}가 40 MPa 이하면 4 MPa, 60 MPa 이상이면 6 MPa이며, 그 사이는 직선 보간으로 구한다.

(다) 보통중량골재의 탄성계수 ($m_c = 2,300\ \mathrm{kg/m^3}$)

$$E_c = 8,500\ \sqrt[3]{f_{cm}}\ \ (\mathrm{MPa})$$

표 2.3 콘크리트의 설계기준압축강도에 따른 Δf의 값

f_{ck}	40 MPa 이하	50 MPa	60 MPa 이상
Δf	4 MPa	5 MPa	6 MPa

(라) 콘크리트의 설계기준압축강도에 따른 탄성계수

표 2.4 콘크리트의 설계기준압축강도에 따른 탄성계수 E_c의 값

f_{ck} (MPa)	21	24	27	30	35	40
f_{cm} (MPa)	25	28	31	34	39	44
E_c (MPa)	24,854 (2.5×10^4)	25,811 (2.6×10^4)	26,702 (2.7×10^4)	27,537 (2.8×10^4)	28,825 (2.9×10^4)	30,008 (3.0×10^4)

(마) 초기접선탄성계수와 할선탄성계수의 관계

$$E_c = 1.18 E_{ci}\ \ (\mathrm{MPa})$$

주1 콘크리트의 초기접선탄성계수 E_{ci} 는 크리프 계산에 사용된다.

(4) 압축강도 이외의 강도

표 2.5 압축강도 이외의 강도

인장강도/압축강도	휨인장강도/압축강도	직접전단강도/압축강도
1/9~1/13	1/5~1/7	1/4~1/7

주1 콘크리트의 인장강도는 압축강도의 약 1/10 정도이다.

(5) 건조수축

(가) 정의

건조수축(Shrinkage)은 수화하고 남은 수분이 대기 중에서 증발하여 콘크리트의 체적이 수축하는 현상이다. 건조수축은 콘크리트와 주위의 상대습도의 차이에 의해 발생된다.

(나) 건조수축의 특성

① 물시멘트비와 단위 시멘트량이 적을수록 건조수축은 적게 일어난다.
② 경화한 시멘트 풀 속의 공극이 적을수록 건조수축은 적게 일어난다.
③ 경화한 시멘트 풀 속의 공극이 같다면, 시멘트 풀의 양이 적을수록 건조수축은 적게 일어난다.
④ 상대습도가 높을수록 건조수축은 적게 일어난다.
⑤ 일반적으로 모르타르는 콘크리트의 2배 정도의 건조수축을 나타낸다.
⑥ 양생을 철저히 하면 건조수축은 적다.
⑦ 콘크리트 부재는 표면으로부터 내부로 향하며 건조해 들어가기 때문에 표면에는 인장응력이 발생되고, 내부 콘크리트에는 압축응력이 발생된다.
⑧ 철근이 콘크리트의 건조수축을 방해하기 때문에 철근 둘레의 콘크리트에는 인장응력이 발생된다.
⑨ 보통 콘크리트의 최종 수축량은 일반적으로 0.0002~0.0007의 범위에 있다.
⑩ 라멘 형식의 구조물에 대한 건조수축 변형률은 약 0.00015이다.

(6) 크리프

(가) 정의

크리프(Creep)는 응력을 작용시킨 상태에서 탄성변형 및 건조수축 변형을 제외시킨 변형으로 시간이 경과함에 따라 변형이 증가되는 현상이다. 즉, 하중의 증가 없이 시간이 경과함에 따라 콘크리트에 발생되는 추가적인 소성변형이다.

(나) 크리프의 증가원인

① 물시멘트비가 많을 때
② 단위 시멘트량이 많을 때
③ 진동기를 사용하지 않을 경우
④ 온도가 높을 때
⑤ 습도가 낮을 때
⑥ 단면의 치수가 작을 때
⑦ 재령이 작을 때
⑧ 재하시기가 빠를 때

(다) 탄성변형률 및 크리프변형률

표 2.6 탄성변형률 및 크리프변형률

구 분	내 용
탄성변형률 (ϵ_{ci}, 순간변형률)	보와 같은 구조물에 하중이 실리자마자 일어나는 변형률
크리프변형률 (ϵ_{cc})	크리프로 인해 발생되는 추가적인 변형률

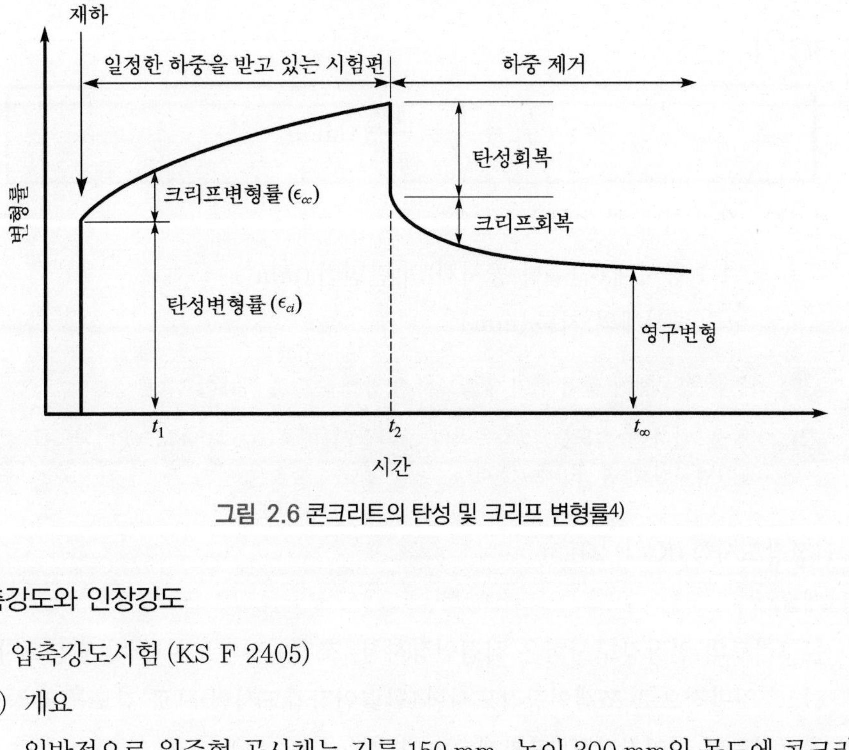

그림 2.6 콘크리트의 탄성 및 크리프 변형률[4)]

(7) 압축강도와 인장강도

(가) 압축강도시험 (KS F 2405)

(a) 개요

일반적으로 원주형 공시체는 지름 150 mm, 높이 300 mm의 몰드에 콘크리트를 타설한 후 24시간 뒤에 탈형하고 20±3 ℃에서 수중양생 한 후, 재령 28일에 공시체를 이용해 압축강도시험을 한다.

4) James K. Wight, Reinforced Concrete, Prentice Hall, 2016, p.94.

(a) 원주형 공시체　　(b) 압축강도시험

그림 2.7 원주형 공시체와 압축강도

(b) 계산식

$$f_c = \frac{P}{A} = \frac{4P}{\pi d^2} \text{ (MPa)}$$

여기서, P : 최대 하중(N)

A : 공시체(원주형 공시체)의 단면적(mm^2)

d : 공시체의 지름(mm)

주1 하중은 공시체에 충격이 가지 않도록 일정한 속도로 가해야 한다.

주2 하중을 가하는 속도는 압축응력의 증가율이 매초 0.6±0.4 MPa가 되도록 한다. (2001년 6월 개정, KS F 2405)

(나) 인장강도시험(KS F 2423)

(a) 개요

콘크리트의 인장강도시험은 직접인장시험, 쪼갬인장강도시험 및 휨강도시험 등이 있고, 일반적으로 쪼갬인장강도시험(할렬인장강도시험)으로 강도를 추정한다.

(b) 콘크리트의 휨인장강도(파괴계수)

일반적인 콘크리트의 휨인장강도는 콘크리트의 파괴계수(f_r)로 나타내어지며, 다음과 같다. 이것은 콘크리트의 최대 인장응력이며, 하중이 이 값을 초과하면 콘크리트에 균열이 발생하게 된다.

$$f_r = 0.63\lambda\sqrt{f_{ck}} \text{ (MPa)}$$

다만, 경량콘크리트를 사용하는 경우 경량콘크리트에 대한 f_{sp}값이 주어져 있으면 $\sqrt{f_{ck}}$ 대신에 $1.76 f_{sp}$를 대입하여야 하는데 이 값은 $\sqrt{f_{ck}}$값을 초과하지 않아야 한다. 여기서, λ는 경량콘크리트계수이며, 다음과 같다.

① f_{sp}가 주어지지 않은 경우
  ㉠ 전경량콘크리트 : λ=0.75
  ㉡ 모래경량콘크리트 : λ=0.85

② f_{sp}가 주어진 경량콘크리트 : $\lambda = \dfrac{f_{sp}}{0.56\sqrt{f_{ck}}} \leq 1.0$

③ 보통중량콘크리트 : λ=1.0

표 2.7 보통중량콘크리트일 경우 콘크리트의 파괴계수 f_r의 값

f_{ck} (MPa)	21	24	27	30	35	40
f_r (MPa)	2.89	3.09	3.27	3.45	3.73	3.98

예제 2-1

콘크리트의 압축강도에 영향을 미치는 요인으로 가장 관계가 먼 것은 다음 중 어느 것인가?

㉮ 양생방법 ㉯ 단위 시멘트량 ㉰ 물시멘트비 ㉱ 잔골재율

답 ㉱

예제 2-2

콘크리트 인장강도에 대한 설명 중 가장 부적당한 것은?

㉮ 콘크리트의 인장강도는 압축강도의 약 50% 정도이다.
㉯ 인장강도를 구하기 위해 휨강도시험을 채택하기도 한다.
㉰ 쪼갬시험에서는 압축강도 측정 때 사용하는 지름 150 mm, 높이 300 mm의 원주공시체를 사용한다.
㉱ 직접인장시험은 시험체의 양끝을 잡아당겨 파단시키는 방법이다.

풀이

콘크리트의 인장강도는 압축강도의 약 10% 정도이다.

답 ㉮

예제 2-3

콘크리트의 건조수축에 대한 설명 중 틀린 것은?

㉮ 건조수축량은 바람에 노출시키든가 습도가 낮으면 수축을 증가시킨다.
㉯ 수축변형은 수년간 계속되며 진행속도는 건조초기에 크고 차차 완만해진다.
㉰ 철근에는 인장응력, 콘크리트에는 압축응력이 생기므로 균열이 생기는 일은 거의 없다.
㉱ 충분한 습윤양생을 하면 수축량은 작아진다.

풀이

수축에 의한 변형은 시간의 경과와 더불어 작아지며, 수축에 의해 콘크리트가 인장응력을 받게 되어 균열이 발생하기 쉽다.

답 ㉰

예제 2-4

콘크리트의 건조수축에 대한 설명 중 가장 부적당한 것은?

㉮ 탄성변형 외에 시간에 따라 생기는 변형으로 하중이 재하되어야 한다.
㉯ 배합설계 시 워커빌리티를 위하여 많은 수량을 넣기 때문에 생긴다.
㉰ 구속된 부재에서는 건조수축으로 인해 인장력이 생겨 균열이 생기기도 한다.
㉱ 물시멘트비, 상대습도, 온도 등의 영향을 받는다.

풀이

건조수축은 탄성변형 외에 시간의 경과에 따라 생기는 변형으로 수분의 변화에 대한 변형이며 하중과는 관계없다.

답 ㉮

예제 2-5

크리프 (Creep)의 증가에 영향을 미치는 내용과 관계가 먼 것은?

㉮ 재하개시의 재령이 짧을수록
㉯ 경과시간이 클수록
㉰ 물시멘트비가 적을수록
㉱ 재하 응력이 클수록

풀이

물시멘트비가 적은 경우 크리프와 건조수축은 감소한다.

답 ㉰

2.2. 철근

2.2.1. 철근의 종류

(1) 개요

철근은 KS D 3504 일반구조용압연강재 또는 KS D 3527 재생강재의 규격에 합격한 것으로써 하위 항복점 240 MPa 이상의 원형철근과 이형철근이 사용된다.

(2) 원형철근 (Round Reinforcement)

① 마디와 리브가 없는 보통 철근이다.

② 지름은 ϕ로 표시한다.

③ 종류는 SR240, SR300이 있다.

④ 길이는 4.5, 5.0, 6.0, 6.5, 7.0, 8.0, 9.0 m 등이 있다.

⑤ 지름은 ϕ9, ϕ12, ϕ16, ϕ19, ϕ22, ϕ25, ϕ28, ϕ32 등이 있다.

⑥ 원형철근과 이형철근의 역학적인 차이는 부착강도의 차이이다.

(3) 이형철근 (Deformed Reinforcement)

① 콘크리트와의 부착을 위하여 표면에 리브와 마디 등의 돌기가 있는 봉강으로서 KS D 3504에 규정되어 있는 철근 또는 이와 동등한 품질과 형상을 가지는 철근이다.

② 지름은 D로 표시한다.

③ 종류는 SD300, SD400, SD500, SD600, SD700, SD400W, SD500 W, SD400 S, SD500 S, SD600 S 등이 있다.

④ 길이는 3.5, 4.0, 4.5, 5.0, 6.0, 6.5, 7.0, 8.0, 9.0, 10.0, 11.0, 12.0 m 등이 있다.

⑤ 지름은 D6, D10, D13, D16, D19, D22, D25, D29, D32, D35, D38, D41, D51 등이 있다.

⑥ 부착강도는 원형철근보다 40 % 이상 크다.

주1 SR은 원형철근 (Round Steel Bar)을 의미한다.

주2 SD는 이형철근 (Deformed Steel Bar)을 의미한다.

주3 SD400에서 400은 최소 항복강도로써 설계기준항복강도 f_y =400 MPa 이상을 의미한다.

주4 철근, 철선 및 용접철망의 응력-변형률 곡선에서 항복점이 뚜렷하게 나타나는 경우에는 항복점에서의 응력을 설계기준항복강도 f_y로 결정한다. 항복점이 뚜렷하게 나타나지 않는 경우에는 0.2% 오프셋법을 적용하여, 0.0020의 변형률에서 강재의 탄성계수와 같은 기울기로 직선을 그은 후 응력-변형률 곡선과 만나는 점의 응력을 설계기준항복강도 f_y로 결정하여야 한다(KDS 14 20 01 기준).

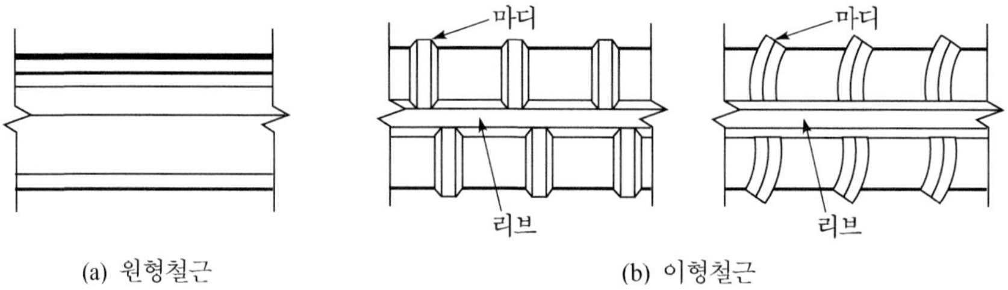

그림 2.8 원형철근과 이형철근

(4) 철근의 종류 및 기호

철근은 원형철근과 이형철근으로 구분되고 이들 철근의 항복강도와 인장강도는 아래 표와 같다. 또한 철근의 강도에 따른 종류는 단면의 색깔을 서로 다르게 하여 구분이 쉽게 되도록 하고 있다.

표 2.8 원형철근과 이형철근

종류	기호	항복강도 (MPa)	인장강도 (MPa)	색깔	용도
원형철근 (원형봉강)	SR240	240 이상	380 이상	청 색	일반용
	SR300	300 이상	440 이상	녹 색	
이형철근 (이형봉강)	SD300	300~420	항복강도의 1.15배 이상	녹 색	일반용
	SD400	400~520	항복강도의 1.15배 이상	황 색	
	SD500	500~650	항복강도의 1.08배 이상	흑 색	
	SD600	600~780	항복강도의 1.08배 이상	회 색	
	SD700	700~910	항복강도의 1.08배 이상	하늘색	
	SD400 W	400~520	항복강도의 1.15배 이상	백 색	용접용
	SD500 W	500~650	항복강도의 1.15배 이상	분홍색	
	SD400 S	400~520	항복강도의 1.25배 이상	보라색	특수 내진용
	SD500 S	500~620	항복강도의 1.25배 이상	적 색	
	SD600 S	600~720	항복강도의 1.25배 이상	청 색	

주1 KS D 3504 (2016. 6. 1.) 기준이며, SD350은 2016년 6월 1일 이후 KS D 3504에서 폐지되었다.

주2 SD의 숫자는 최소 항복강도를 의미하며, 이후 철근의 설계기준항복강도 f_y 값으로 사용된다.

(5) 이형철근의 무게, 단면적 및 둘레

표 2.9 이형철근의 무게, 공칭지름, 공칭단면적 및 공칭둘레

호칭	단위 무게 (중량) (kgf/m)	공칭 지름 d_b (mm)	공칭단면적 S (mm^2)									공칭 둘레 l (mm)
			1	2	3	4	5	6	7	8	9	
D6	0.249	6.35	31.7	63.3	95.0	126.7	158.4	190.0	221.7	253.4	285.0	20
D10	0.560	9.53	71.3	142.7	214.0	285.3	356.7	428.0	499.3	570.6	642.0	30
D13	0.995	12.7	126.7	253.4	380.1	506.8	633.5	760.2	886.9	1,014	1,140	40
D16	1.56	15.9	198.6	397.2	595.8	794.4	993.0	1,192	1,390	1,589	1,787	50
D19	2.25	19.1	286.5	573.0	859.5	1,146	1,433	1,719	2,006	2,292	2,579	60
D22	3.04	22.2	387.1	774.2	1,161	1,548	1,936	2,323	2,710	3,097	3,484	70
D25	3.98	25.4	506.7	1,013	1,520	2,027	2,534	3,040	3,547	4,054	4,560	80
D29	5.04	28.6	642.4	1,285	1,927	2,570	3,212	3,854	4,497	5,139	5,782	90
D32	6.23	31.8	794.2	1,588	2,383	3,177	3,971	4,765	5,559	6,354	7,148	100
D35	7.51	34.9	956.6	1,913	2,870	3,826	4,783	5,740	6,696	7,653	8,609	110
D38	8.95	38.1	1,140	2,280	3,420	4,560	5,700	6,840	7,980	9,120	10,260	120
D41	10.5	41.3	1,340	2,680	4,020	5,360	6,700	8,040	9,380	10,720	12,060	130
D51	15.9	50.8	2,027	4,054	6,081	8,108	10,135	12,162	14,189	16,216	18,243	160

주1 공칭단면적 $(S)=0.7854\times(d_b)^2$ (mm^2)

주2 공칭둘레 $(l)=3.142\times d_b$ (mm)

주3 단위무게$=0.7854\times\left(\frac{S}{100}\right)$ (kgf/m)

(6) 제품 1개마다의 표시

이형철근 제품 1개마다의 표시는 KS D 3504에 따라 다음과 같다.

			①		②		③		④	

① 원산지 : 예, KR 또는 K (한국)

② 제조자명 : 예, PJ (표준제강)

③ 호칭명 : 예, 25 (D25)

④ 종류 및 기호 : 예, 표시 없음–SD300, 4–SD400, 5–SD500, 6–SD600, 4W–SD400 W, 5W–SD500 W, 4S–SD400 S, 5S–SD500 S

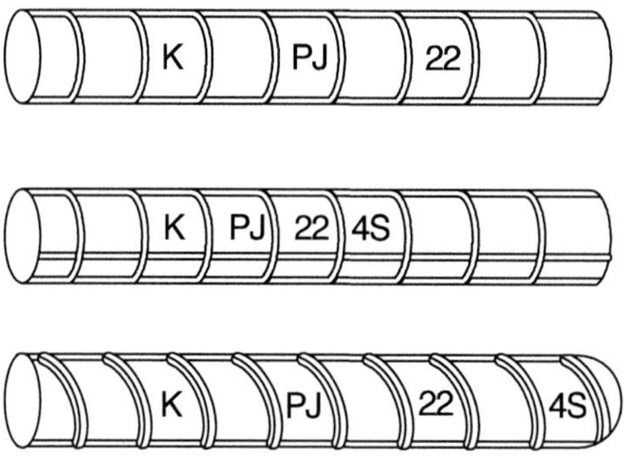

그림 2.9 1개마다의 표시방법 (KS D 3504)

2.2.2. 철근의 용도에 따른 분류

표 2.10 철근의 용도에 따른 분류

종 류	내 용
주철근	① 설계하중에 의하여 그 단면적이 정해지는 철근이다. 주근이라고도 한다. ② 정철근과 부철근이 있다.
정철근	슬래브 또는 보에서 정 (+)의 휨모멘트에 의해서 발생되는 인장응력을 받도록 배치한 주철근이다.
부철근	슬래브 또는 보에서 부 (−)의 휨모멘트에 의해서 발생되는 인장응력을 받도록 배치한 주철근이다.
축방향철근	부재의 축방향으로 배치한 철근이다.

종 류	내 용
온도철근 (온도조절철근)	(1) 개요 수축과 온도변화에 따른 콘크리트의 균열을 방지하고, 응력을 분포시킬 목적으로 주철근과 직각방향으로 배치한 보조철근이다. (2) 목적 (역할) ① 균열의 방지 ② 응력의 분산 ③ 주철근 간격유지 ④ 콘크리트의 건조수축이나 온도변화에 의한 수축 감소
배력철근 (배력근)	하중을 분산시키거나 균열을 제어할 목적으로 주철근과 직각 또는 직각과 가까운 방향으로 배치한 보조철근이다.
전단철근 (사인장철근)	(1) 개요 사인장응력을 받는 철근으로 전단보강철근이라고도 한다. (2) 종류 ① 부재 축에 직각인 스터럽 (Stirrup, 늑근) ② 부재 축에 직각으로 배치된 용접철망 ③ 나선철근, 원형 띠철근 또는 후프 철근 ④ 주인장철근에 45° 이상의 각도로 설치된 스터럽 ⑤ 주인장철근에 30° 이상의 각도로 구부린 굽힘철근 (Bent Bar, 절곡철근) ⑥ 스터럽과 굽힘철근의 조합
늑근 (Stirrup, 스터럽)	(1) 개요 주철근 (정철근 또는 부철근)에 직각으로 둘러 감은 전단철근이다. (2) 역할 ① 보의 전단보강 ② 주철근의 위치고정
띠철근, 대근 (Tie Bar, Hoop)	(1) 개요 RC 기둥의 주철근에 소정의 간격으로 둘러싼 수평방향의 보조적 철근이다. (2) 목적 (역할) ① 주철근의 좌굴방지 (가장중요) ② 주철근의 위치고정 ③ 기둥의 전단보강 ④ 피복두께 유지
나선철근	① 기둥에서 띠철근대신 철근을 이음 없이 나선상으로 감는 철근이다. ② 전단력에 대한 저항이 크다. ③ 좌굴방지에 효과적이다. ④ 재료비와 철근가공비가 비싸다.
굽힘철근 (Bent Bar)	정철근 또는 부철근을 구부려 올리거나 또는 구부려 내린 복부철근이다.

예제 2-6

철근콘크리트 부재에 이형철근으로 SD400을 사용한다고 하였을 때 SD400에서 400은 무엇을 뜻하는가?

㉮ 철근의 설계기준공칭지름
㉯ 철근의 설계기준인장강도
㉰ 철근의 설계기준연신율
㉱ 철근의 설계기준항복강도

풀이

SD400에서 400은 철근의 설계기준항복강도 $f_y = 400$ MPa 이상을 의미한다. **답** ㉱

2.2.3. 철근의 응력-변형률 곡선과 탄성계수

(1) 철근의 인장에 의한 역학적 특성

철근에 인장응력을 가했을 때의 전형적인 관계 표시가 그림 2.10에 나타나 있다. 철근이 인장을 받거나 압축을 받을 경우 탄성계수는 같고 허용응력도 같은 값이다.

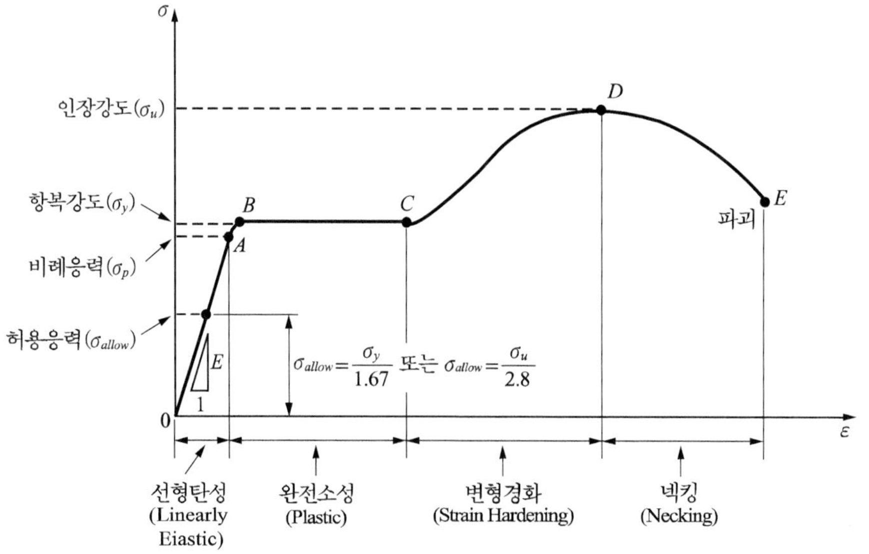

그림 2.10 응력-변형률 곡선

표 2.11 응력-변형률 곡선에서 구간에 따른 특징

구 분	내 용
O–A	① 응력-변형률 곡선인 그림 2.11에서 시편에 하중을 가하면, 응력과 변형률이 곡선의 원점 O에서 점 A까지 변한다고 가정한다. 점 A이하로 하중을 가했다가 제거하면 같은 직선 O-A를 따라 원점 O에 복귀한다. 이와 같이 하중을 가하면 변형하였다가 하중을 제거하면 원점 O인 원래의 치수로 되돌아가는 재료의 성질을 탄성(Elasticity)이라 한다. 원점 O에서 점 A까지는 직선으로 시작되며 응력-변형률 곡선의 초기 구간인 O-A는 선형적이며 비례적이다. ② 구간 O-A를 선형탄성영역(Linearly Elastic Region)이라 한다. ③ 점 A를 비례한계점(Proportional Limit Point)이라 하고, 직선 O-A의 기울기를 탄성계수 E라 한다. ④ 직선 O-A의 구간에서 $\sigma = E\epsilon$이라는 후크의 법칙이 성립한다. ⑤ 비례한계점인 점 A를 넘어서면 응력($\sigma = f$)과 변형률(ϵ)은 더 이상 비례관계가 아니다.
A–B	① 응력-변형률 곡선에서 응력과 변형률이 곡선의 점 A를 지나 점 B까지 변한다고 가정한다. 구간 A-B까지 하중을 가했다가 제거하면, 같은 곡선을 따라 원점 O에 복귀한다. 따라서 구간 A-B는 탄성이지만 직선은 아니다. 어떤 재료가 탄성이 되기 위해서는 선형일 필요는 없다. ② 구간 A-B를 비선형탄성영역(Nonlinearly Elastic Region)이라 한다. ③ 점 B를 탄성한계점(Elastic Limit Point)이라 하며 점 B까지 하중을 가하여 변형시킨 후 제거하면 원점 O인 원래의 치수로 되돌아간다. ④ 점 B의 응력을 항복강도($\sigma_y = F_y$, 항복응력, Yield Stress)라 한다.
B–C	① 같은 재료에 더 큰 하중을 가하면 응력-변형률 곡선의 점 B를 지나 B-C 선상을 따르게 된다. 점 B부터 점 C까지는 힘의 증가 없이 부재의 길이가 상당히 많이 변화한다. 이러한 현상을 재료의 항복(Yielding)이라 하고, 점 B를 항복점(Yielding Point)이라 한다. ② 점 B 이후의 구간을 비선형탄소성영역(Nonlinearly Elastoplastic Region)이라 한다. ③ 응력-변형률 곡선의 B-C 선상에 위치하는 임의의 점까지 변형시킨 후 하중을 제거하면 B-C 선상의 임의의 위치에서 직선 O-A와 같은 기울기(탄성계수, E)를 따라 변형률 축으로 복귀하며, 이때 하중은 완전히 제거되나 변형률은 남게 된다. 이렇게 응력-변형률 곡선에서 항복점 B를 지난 경우 하중을 완전히 제거하여도 남는 변형률을 잔류 변형률 또는 영구 변형률이라 한다.
C–D	① 점 C 이후부터는 시편의 변형을 위해서는 다시 하중의 증가가 필요하며, 응력-변형률 곡선이 기울기를 갖고 점 D에 도달한다. ② 구간 C-D에서와 같이 강재에서 항복점을 지나 상당한 변형률이 진행된 후 항복응력 이상의 저항능력이 다시 나타나는 현상을 변형경화영역(Strain Hardening Region)이라 한다. ③ 점 D는 응력-변형률 곡선 상에서 최대 강도인 극한응력점이다. ④ 점 D의 응력을 인장강도($\sigma_u = F_u$, 극한응력, 극한강도, Ultimate Stress)라 한다.

구 분	내 용
D-E	① 점 D를 지나면 하중이 감소함에도 불구하고 시편의 늘어남은 계속된다. 이와 같이 응력-변형률 곡선에서 최대 강도를 나타내는 점 B를 극한점(Ultimate Point)이라 한다. ② 구간 D-E에서 점 D를 지나 시편의 단면적의 감소가 크게 증가하는 재료의 네킹(Necking) 현상이 일어난다. 이 구간 D-E를 네킹영역(Necking Region)이라 한다. ③ 시편은 점 E에서 파단 되고 점 E를 파단점(Fracture Point)이라 한다.

(2) 철근의 응력-변형률 곡선

철근의 응력-변형률 곡선에서 원점에서 항복점까지를 직선으로 이상화시킨 완전한 응력-변형률 곡선과 이 곡선의 항복강도 주위를 확대한 철근의 응력-변형률 곡선은 다음 그림과 같다.

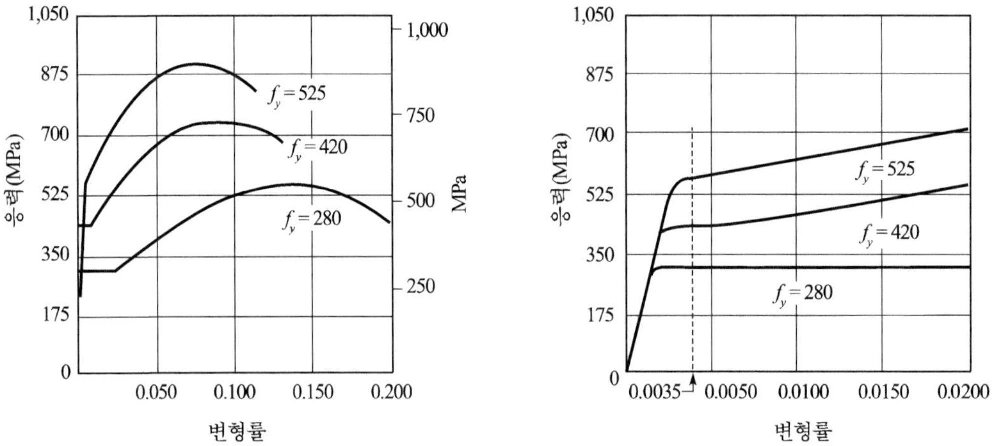

(a) 철근의 완전한 응력-변형률 곡선 (b) 철근의 응력-변형률 곡선의 확대

그림 2.11 철근의 응력-변형률 곡선5)

(3) 철근의 탄성계수

$$E_s = 2.0 \times 10^5 \ \text{(MPa)}$$

5) 신현묵 외1인, 철근콘크리트, 동명사, 2015, p.51.

(4) 탄성계수비 (Modular Ratio)

$$n = \frac{E_s}{E_c} = \frac{2.0 \times 10^5}{8{,}500 \sqrt[3]{f_{cm}}} = \frac{23.53}{\sqrt[3]{f_{cm}}}$$

여기서, $f_{cu} = f_{ck} + \Delta f$ (MPa)

Δf : Δf는 f_{ck}가 40 MPa 이하면 4 MPa, 60 MPa 이상이면 6 MPa이며, 그 사이는 직선 보간으로 구한다.

표 2.12 콘크리트의 설계기준압축강도에 따른 탄성계수비

f_{ck} (MPa)	21	24	27	30	35	40
f_{cm} (MPa)	25	28	31	34	39	44
E_c (MPa)	24,854	25,811	26,702	27,537	28,825	30,008
$n(=E_s/E_c)$	8.05	7.75	7.49	7.26	6.94	6.67

예제 2-7

콘크리트의 설계기준압축강도 f_{ck}=24 MPa일 때 탄성계수비 n은 얼마인가?

㉮ 10.85 ㉯ 9.75 ㉰ 8.50 ㉱ 7.75

풀이

$f_{cu} = f_{ck} + \Delta f = 24 + 4 = 28$ MPa

$$n = \frac{E_s}{E_c} = \frac{2.0 \times 10^5}{8{,}500 \sqrt[3]{f_{cu}}} = \frac{23.53}{\sqrt[3]{f_{cu}}} = \frac{23.53}{\sqrt[3]{28}} = 7.75$$

답 ㉱

2.2.4. 철근의 배치

(1) 철근의 간격

(가) 철근간격의 유지이유

① 콘크리트 타설시의 유동성 확보

② 재료분리방지

③ 소요강도확보

(나) 각 부재에 따른 철근의 간격제한

각 부재에 따른 철근의 간격제한은 KDS 14 20 50 (4.2.2)[6] 구조설계기준에 따라 다음과 같이 설계한다.

표 2.13 부재에 따른 철근의 간격제한

구 분		간격제한
보	동일 평면에서 평행하는 철근 사이의 최소 수평 순간격 (보의 주철근의 최소 수평 순간격)	최소 수평 순간격 $= \max\left(25\,\text{mm},\ d_b,\ \dfrac{4}{3}G\right)$
	상단과 하단에 2단 이상으로 배치된 경우 상하 철근의 배치	① 상하철근을 동일 연직 면내에 배치시킨다. ② 상하철근의 순간격 25 mm 이상이다.
기둥	나선철근과 띠철근 기둥에서 종방향 철근의 순간격	최소 순간격 $= \max\left(40\,\text{mm},\ 1.5d_b,\ \dfrac{4}{3}G\right)$
벽체와 슬래브	벽체 또는 슬래브의 휨 주철근 간격	최대 간격 $= \min(3h,\ 450\,\text{mm})$ 단, 콘크리트 장선구조의 경우 이 규정이 적용되지 않는다.
다발철근 (묶음철근)		① 이형철근을 사용한다. ② 이형철근의 개수는 4개 이하이다. ③ 다발철근은 스터럽이나 띠철근으로 둘러싸야 한다. ④ 휨부재의 경간 내에서 끝나는 한 다발철근 내의 개개 철근은 $40d_b$ 이상 서로 엇갈리게 끝나야 한다. ⑤ 보의 다발철근은 D35 이하를 사용한다.

여기서, G : 굵은골재의 최대 공칭치수 (mm)

d_b : 주철근의 공칭지름 (mm)

h : 부재의 전체 두께 또는 깊이 (mm)

---

6) KDS 14 20 50 (4.2.2) 콘크리트구조 철근상세 설계기준, 국토교통부 제정, 한국콘크리트학회 작성, 2016.

주1 주철근의 최소 중심간격(s_{min})은 's_{min} = 최소 수평 순간격 + d_b'이다.

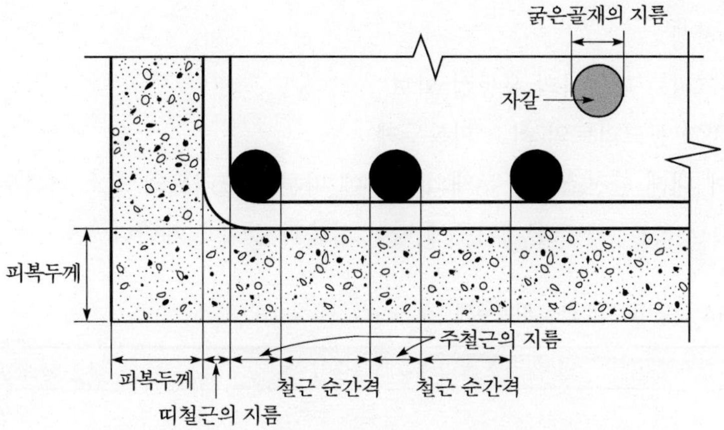

그림 2.12 철근콘크리트 부재의 순간격 및 피복두께

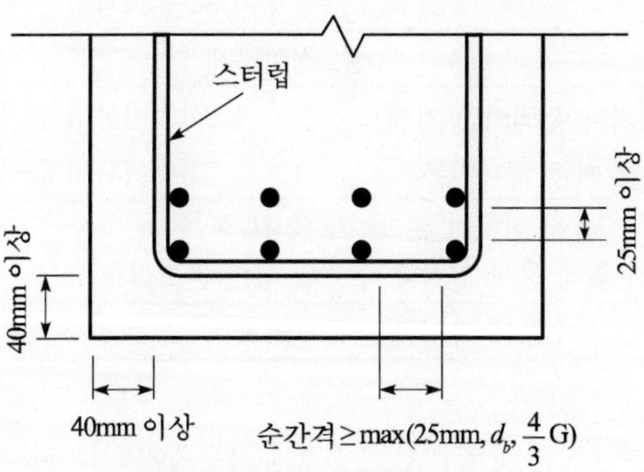

그림 2.13 철근의 순간격 및 피복두께

(2) 철근의 피복두께

(가) 피복두께의 정의

피복두께(Cover Thickness)는 철근콘크리트 단면에서 최 외측의 철근(띠철근 또는 스터럽)과 콘크리트부재 표면까지의 최단거리이다.

(나) 피복두께 확보목적

① 내구성 (철근의 부식방지)

② 내화성

③ 부착성

④ 콘크리트 타설시의 유동성 확보

(다) 현장치기 콘크리트의 최소 피복두께

철근에 대해 환경조건과 부재의 종류에 따른 콘크리트의 최소 피복두께는 KDS 14 20 50 (4.3.1)[7] 구조설계기준에 따라 다음과 같이 설계한다.

표 2.14 콘크리트의 최소 피복두께

환경조건과 부재의 종류			최소 피복두께 (mm)
옥외의 공기나 흙에 접하지 않는 콘크리트	보, 기둥 [$f_{ck} \geq 40$ MPa이면 10 mm를 저감시킬 수 있다.]		40
	슬래브, 벽체, 장선구조	D35 이하의 철근	20
		D35를 초과하는 철근	40
	셸, 절판부재		20
흙에 접하거나 옥외의 공기에 직접 노출되는 콘크리트		D19 이상의 철근	50
		D16 이하의 철근	40
흙에 접하여 콘크리트를 친 후 영구히 흙에 묻혀 있거나 수중에 있는 콘크리트			75
수중에 타설하는 콘크리트			100

주1 설계 피복두께 (표준 피복두께)는 최소 피복두께에서 10 mm를 더한 값 이상으로 한다.

주2 설계 피복두께 (표준 피복두께)와 최소 피복두께를 혼돈하지 않도록 한다.

주3 피복두께의 시공 허용오차는 10 mm 이내로 한다.

7) KDS 14 20 50 (4.3.1) 콘크리트구조 철근상세 설계기준, 국토교통부 제정, 한국콘크리트학회 작성, 2021.

(라) 다발철근

다발철근의 피복두께는 50 mm와 다발철근의 등가지름 중 작은 값 이상이라야 한다. 다만, 흙에 접하여 콘크리트를 친 후 영구히 흙에 묻혀있는 경우는 피복두께를 75 mm 이상, 수중에서 콘크리트를 친 경우는 100 mm 이상으로 하여야 한다.

예제 2-8

철근콘크리트구조에서 주철근의 충분한 피복두께를 유지해야 하는 이유 중 적합하지 않은 것은?

㉮ 구조물의 내화성을 유지하기 위하여
㉯ 철근과의 부착력 확보를 위하여
㉰ 철근의 수축을 방지하기 위하여
㉱ 콘크리트 중성화에 따른 철근의 부식방지를 위하여

풀이

피복두께 확보목적
① 내구성 (철근의 부식방지)
② 내화성
③ 부착성
④ 콘크리트 타설시의 유동성 확보

답 ㉰

기본 연습문제

01 콘크리트의 강도에 크게 영향을 주지 않는 것으로 가장 적당한 것은 다음 중 어느 것인가?

㉮ 물시멘트비 ㉯ 조골재 최소 크기
㉰ 골재강도 ㉱ 시멘트 강도

풀이 골재의 품질 및 잔골재의 양은 콘크리트의 강도에 영향을 주지만 조골재의 최소 크기는 관계없다. 답 ㉯

02 콘크리트의 강도저하의 원인으로 가장 부적당한 것은?

㉮ 불합리한 양생방법 ㉯ 재료의 결함
㉰ 낮은 잔골재율 ㉱ 부적절한 타설 속도

풀이 콘크리트의 강도저하와 콘크리트의 타설속도는 관련이 적다. 답 ㉱

03 다음 중 콘크리트의 설계기준압축강도에 대한 설명으로 가장 적합한 것은?

㉮ 콘크리트 부재를 설계할 대 기준이 되는 콘크리트의 압축강도
㉯ 콘크리트의 배합설계 시에 목표로 하는 강도
㉰ 구조체 또는 부재의 공칭강도에 강도감소계수 ϕ를 곱한 강도
㉱ 철근콘크리트 부재가 사용성과 안전성을 만족할 수 있도록 요구되는 단면의 단면력

풀이 콘크리트의 설계기준압축강도(f_{ck}, Specified Compressive Strength of Concrete)는 콘크리트 부재를 설계할 때 기준이 되는 콘크리트의 압축강도이다. 즉, 구조계산 시 필요한 28일 압축강도이다. 답 ㉮

04 콘크리트의 강도에 관한 다음 기술 중 가장 적당한 것은?

㉮ 얼었던 콘크리트는 녹으면 강도가 증가한다.
㉯ 콘크리트의 전단강도는 압축강도보다 크다.
㉰ 물시멘트비가 클수록 콘크리트의 압축강도는 작아진다.
㉱ 콘크리트 휨강도는 압축강도보다 크다.

풀이 물시멘트비가 클수록 물의 양이 상대적으로 많아져 압축강도가 작아진다. 답 ㉰

05 콘크리트의 압축강도가 증가할수록 감소하는 것은?

㉮ 전단능력 ㉯ 휨능력 ㉰ 연성능력 ㉱ 부착능력

풀이 고강도콘크리트가 될수록 취성파괴의 우려가 있다. 즉 연성능력이 감소된다. 답 ㉰

06 강도설계법에서 콘크리트의 설계기준압축강도가 30 MPa 이하이고 보통중량골재를 사용한 콘크리트(단위체적질량 $m_c = 2{,}300\ \mathrm{kg/m^3}$)일 경우 콘크리트의 탄성계수는?

㉮ $E_c = 2.1 \times 10^5$ (MPa) ㉯ $E_c = 2.1 \times 10^6$ (MPa)
㉰ $E_c = 8{,}500\ \sqrt[3]{f_{ck}}$ (MPa) ㉱ $E_c = 8{,}500\ \sqrt[3]{f_{cm}}$ (MPa)

풀이 보통중량골재를 사용한 콘크리트 (단위체적질량 $m_c = 2{,}300\ \mathrm{kg/m^3}$) 일 경우 콘크리트의 탄성계수 $E_c = 8{,}500\ \sqrt[3]{f_{cm}}$ (MPa)이다. 답 ㉱

07 보통중량골재를 사용한 콘크리트의 탄성계수 (E_c)는? (단, 콘크리트의 설계기준압축강도 $f_{ck} = 24$ MPa)

㉮ 21.5×10^3 MPa ㉯ 23.4×10^3 MPa ㉰ 25.8×10^3 MPa ㉱ 33.7×10^3 MPa

풀이 $f_{cm} = f_{ck} + \Delta f = 24 + 4 = 28$ MPa
$E_c = 8{,}500\ \sqrt[3]{f_{cm}} = 8{,}500\ \sqrt[3]{28} = 25{,}811\ \mathrm{MPa} = 25.8 \times 10^3\ \mathrm{MPa}$ 답 ㉰

08 콘크리트의 설계기준압축강도가 30 MPa 일 때 보통골재를 사용한 콘크리트의 탄성계수는?

㉮ 2.62×10^4 MPa ㉯ 2.75×10^4 MPa

㉰ 2.95×10^4 MPa ㉱ 3.12×10^4 MPa

풀이 $f_{cm}=f_{ck}+\Delta f=30+4=34$ MPa

$E_c=8{,}500\ \sqrt[3]{f_{cm}}=8{,}500\ \sqrt[3]{34}=27{,}537\text{ MPa}=2.75\times10^4\text{ MPa}$ 답 ㉯

09 콘크리트의 인장강도는 압축강도의 약 몇 %인가?

㉮ 10 % ㉯ 20 % ㉰ 30 % ㉱ 40 %

풀이 콘크리트의 인장강도는 압축강도의 10% (1/10) 정도이다. 답 ㉮

10 콘크리트의 초기접선탄성계수 (E_{ci})와 할선탄성계수 (E_c)의 관계로 옳은 것은?

㉮ $E_c=1.18E_{ci}$ ㉯ $E_c=0.95E_{ci}$ ㉰ $E_{ci}=1.18E_c$ ㉱ $E_{ci}=0.95E_c$

풀이 콘크리트의 초기접선탄성계수 (E_{ci})와 할선탄성계수 (E_c)의 관계는 $E_c=1.18E_{ci}$ 이다.
답 ㉮

11 콘크리트 부재에 일정 하중을 존치시키면 하중의 증가 없이도 시간의 경과에 따라 변형이 증가하는 현상을 일컫는 말은?

㉮ 크리프 (Creep) ㉯ 레이턴스 (Laitance)

㉰ 블리딩 (Bleeding) ㉱ 건조수축 (Shrinkage)

풀이 ① 레이턴스 : 부어 넣은 후 블리딩수의 증발에 따라 그 표면에 나오는 백색의 미세한 물질이다.

② 블리딩 : 아직 굳지 않은 시멘트 풀, 모르타르 및 콘크리트에 있어서 물이 윗면에 스며 오르는 현상이다.

③ 건조수축 : 수화하고 남은 수분이 대기 중에서 증발하여 콘크리트의 체적이 수축하는 현상이다. 답 ㉮

12 지속하중으로 인하여 콘크리트에 일어나는 장기변형을 의미하는 용어는?

㉮ 크리프 ㉯ 건조수축 ㉰ 응력 ㉱ 전단변형

풀이 하중의 증가 없이 시간이 경과함에 따라 콘크리트에 발생되는 추가적인 소성변형을 크리프(Creep)라 한다.

답 ㉮

13 콘크리트의 크리프에 관한 설명 중 옳지 않는 것은?

㉮ 습도가 높을수록 크리프량이 크다.
㉯ 재하시의 재령이 클수록 크리프량은 작다.
㉰ 단면의 치수가 클수록 크리프의 최종값은 작다.
㉱ 적절한 진동기에 의한 다짐을 실시한 콘크리트는 크리프량이 작다.

풀이 크리프 및 건조수축은 상대습도가 높을수록 감소한다.

답 ㉮

14 콘크리트의 크리프 (Creep) 현상에 대한 설명 중 틀린 것은?

㉮ 재령이 적은, 즉 재하시기가 빠를수록 크다.
㉯ 물시멘트비 (W/C)가 큰 콘크리트를 사용할 때 크다.
㉰ 보양이 나쁠수록 크다.
㉱ 부재의 길이에 대한 높이가 클수록 크다.

풀이 부재의 길이에 대한 높이의 비가 크면 단면의 치수가 큰 경우가 되어 크리프는 감소한다.

답 ㉱

15 그림은 구조용 강봉의 응력-변형율 곡선이다. 점 A는 무엇인가?

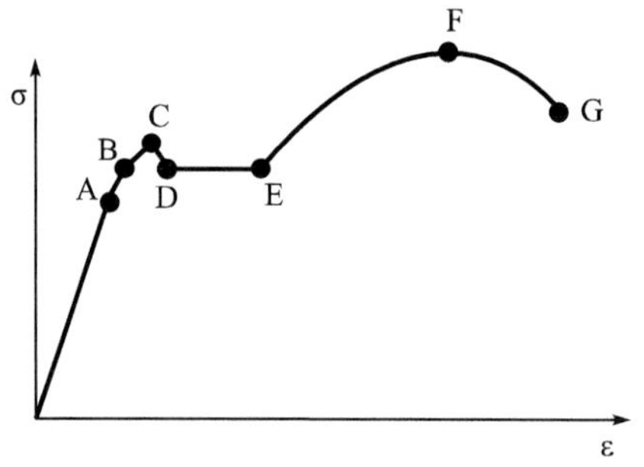

㉮ 탄성한계점 ㉯ 비례한계점 ㉰ 상위항복점 ㉱ 하위항복점

풀이 ① 점 A : 비례한계점 ② 점 B : 탄성한계점 ③ 점 C : 상항복점
④ 점 D : 하항복점 ⑤ 점 E : 극한강도점 ⑥ 점 G : 파괴점

답 ㉯

16 철근콘크리트 부재에 이형철근으로 SD500을 사용한다고 하였을 때 SD500에서 500은 무엇을 뜻하는가?

㉮ 철근의 설계기준공칭지름
㉯ 철근의 설계기준인장강도
㉰ 철근의 설계기준연신율
㉱ 철근의 설계기준항복강도

풀이 SD500에서 500은 최소 항복강도로써 설계기준항복강도 $f_y = 500$ MPa 이상을 의미한다.

답 ㉱

17 다음 중 철근콘크리트구조에서 원형철근을 대신하여 이형철근을 사용하는 가장 주된 목적은?

㉮ 압축강도를 크게 하기 위하여
㉯ 전단강도를 크게 하기 위하여
㉰ 인장강도를 크게 하기 위하여
㉱ 부착강도를 크게 하기 위하여

풀이 이형철근과 원형철근의 역학적 차이는 부착강도의 차이이다.

답 ㉱

18 철근콘크리트구조에서 주철근이라 하기에 적당하지 않은 것은?

㉮ 양단 고정보에서 단부의 상단철근
㉯ 캔틸레버보의 상단철근
㉰ 압축력을 받는 부재의 압축방향철근
㉱ 4변 고정 슬래브에서 장변방향의 단부의 상단철근

풀이 4변 고정 슬래브에서 주철근은 단변방향의 인장철근이다. 답 ㉱

19 철근콘크리트구조에 관한 기술 중 옳지 않은 것은?

㉮ 스터럽 (늑근)-보에 생기는 전단력에 저항한다.
㉯ 띠철근-기둥에 띠모양으로 들어가서 휨모멘트에 저항한다.
㉰ 보의 주철근-보에 생기는 휨모멘트에 저항한다.
㉱ 배력철근 (配力鐵筋)-1방향 슬래브의 장변방향으로 배치한 철근이다.

풀이 띠철근은 RC 기둥의 주철근에 소정의 간격마다 둘러싼 수평방향의 보조적 철근이다. 띠철근의 사용목적으로는 주철근의 좌굴방지 (가장중요), 주철근의 위치고정, 기둥의 전단보강, 피복두께 유지 등이다. 답 ㉯

20 철근콘크리트구조에서 주철근이라 하기에 적당하지 않은 것은?

㉮ 내민보의 축방향 상단철근
㉯ 압축력을 받는 부재의 압축방향 철근
㉰ 양단 고정보의 단부 상단 축방향 철근
㉱ 1방향 바닥판의 장변방향 철근

풀이 1방향 슬래브에서 주철근은 단변방향으로 배치되며 온도 및 건조수축 보강을 위한 배력철근은 장변방향으로 배치된다. 답 ㉱

21 콘크리트의 압축강도와 철근의 항복강도가 증가함에 따라 각 재료의 탄성계수는 어떻게 변하는가?

	콘크리트의 탄성계수 (E_c)	철근의 탄성계수 (E_s)
㉮	감소한다.	증가한다.
㉯	감소한다.	감소한다.
㉰	증가한다.	증가한다.
㉱	증가한다.	변하지 않는다.

풀이 콘크리트와 철근의 탄성계수는 다음과 같다.

① 콘크리트의 탄성계수

$E_c = 8{,}500\sqrt[3]{f_{cm}}$ (MPa) 여기서, $f_{cm} = f_{ck} + \Delta f$ (MPa)이고, Δf는 f_{ck}가 40 MPa 이하면 4 MPa, 60 MPa 이상이면 6 MPa이며, 그 사이는 직선 보간으로 구한다.

② 철근의 탄성계수

$E_s = 2.0 \times 10^5$ (MPa)

③ 따라서 콘크리트의 탄성계수는 콘크리트의 압축강도가 증가하면 증가하고, 철근의 탄성계수는 철근의 항복강도와 관계없이 변하지 않는다. **답** ㉱

22 콘크리트의 설계기준압축강도 $f_{ck} = 27$ MPa일 때 탄성계수비 n의 값은 얼마인가?

㉮ 10.22 ㉯ 9.85 ㉰ 8.78 ㉱ 7.49

풀이 $f_{cm} = f_{ck} + \Delta f = 27 + 4 = 31$ MPa

$$n = \frac{E_s}{E_c} = \frac{2.0 \times 10^5}{8{,}500\sqrt[3]{f_{cm}}} = \frac{23.53}{\sqrt[3]{f_{cm}}} = \frac{23.53}{\sqrt[3]{31}} = 7.49$$

답 ㉱

23 보통골재를 사용한 철근콘크리트 보에 콘크리트의 설계기준압축강도 (f_{ck} =24 MPa), 철근의 설계기준항복강도 (f_y =400 MPa)의 재료를 사용할 경우 탄성계수비 (n)는 약 얼마인가? (단, $E_s = 2.0 \times 10^5$ MPa)

㉮ 6.75 ㉯ 7.75 ㉰ 8.25 ㉱ 9.15

풀이 $f_{cm} = f_{ck} + \Delta f = 24 + 4 = 28$ MPa

$$n = \frac{E_s}{E_c} = \frac{2.0 \times 10^5}{8{,}500\sqrt[3]{f_{cm}}} = \frac{23.53}{\sqrt[3]{f_{cu}}} = \frac{23.53}{\sqrt[3]{28}} = 7.75$$

답 ㉯

24 철근콘크리트 보의 인장철근 배치간격에 대한 설명으로 부적당한 것은? (단, 동일평면 내 평행철근 사이의 수평 순간격이다.)

㉮ 25 mm 이상 배치
㉯ 전단철근의 배치간격 이상 배치
㉰ 사용골재의 최대 공칭치수의 4/3배 이상 배치
㉱ 철근의 지름 크기 이상 배치

풀이 동일 평면에서 평행하는 철근 사이의 수평 순간격은 다음과 같다.

수평 순간격 $\geq \max\left(25\,\mathrm{mm},\ d_b,\ \frac{4}{3}G\right)$

여기서, d_b : 주철근의 공칭지름 (mm), G : 굵은골재의 최대 치수 (mm)

답 ㉯

25 철근콘크리트구조에서 보의 주철근의 수평 순간격은?

㉮ 30 mm 이상, 굵은골재 최대 치수의 4/3 이상, 주철근의 공칭지름의 2배 이상
㉯ 25 mm 이상, 굵은골재 최대 치수의 4/3 이상, 주철근의 공칭지름 이상
㉰ 25 mm 이상, 굵은골재 최대 치수의 이상, 주철근의 공칭지름의 1/3배 이상
㉱ 40 mm 이상, 굵은골재 최대 치수의 1.5배 이상, 주철근의 공칭지름 이상

풀이 보의 주철근의 수평 순간격 : 수평 순간격 $\geq \max\left(25\,\mathrm{mm},\ d_b,\ \frac{4}{3}G\right)$

여기서, d_b : 주철근의 공칭지름 (mm), G : 굵은골재의 최대 치수 (mm)

답 ㉯

26 철근콘크리트구조의 철근 간격에 대한 설명 중 옳지 않은 것은?

㉮ 띠철근 기둥의 주철근의 순간격 : 주철근의 공칭지름의 2.5배 이상 또한 30 mm 이상
㉯ 띠철근의 수직 간격 : 종방향 철근지름의 16배 이하, 띠철근의 48배 이하 또한 기둥 단면의 최소 치수 이하
㉰ 부재 축에 직각으로 설치되는 스터럽의 간격 : 보의 유효깊이 (d)의 0.5배 이하 또한 600 mm 이하
㉱ 슬래브의 휨 주철근의 간격 : 슬래브 두께의 3배 이하 또한 450 mm 이하

풀이 기둥의 주철근 (축방향 철근) 순간격

순간격 $\geq \max\left(40\,\mathrm{mm},\ 1.5d_b,\ \frac{4}{3}G\right)$

여기서, d_b : 주철근의 공칭지름 (mm), G : 굵은골재의 최대 치수 (mm)

답 ㉮

27 철근콘크리트구조에서 철근의 피복두께에 관한 기술 중 틀린 것은?

㉮ 철근의 피복두께는 주철근의 중심으로부터 콘크리트의 표면까지의 최단거리를 말한다.
㉯ 현장치기 콘크리트 중 흙에 접하거나 옥외의 공기에 직접 노출되는 콘크리트에 사용되는 D29 이상의 철근의 최소 피복두께는 60 mm이다.
㉰ 내화를 필요로 하는 구조물의 피복두께는 화열의 온도, 지속시간, 사용골재의 성질 등을 고려하여 정하여야 한다.
㉱ 다발철근의 피복두께는 다발의 등가지름 이상으로 하여야 한다.

풀이 철근의 피복두께는 콘크리트의 표면에서 최 외측에 위치한 철근의 표면까지의 거리이다.

답 ㉮

28 철근콘크리트구조에 관한 설명으로 옳지 않은 것은?

㉮ 철근의 피복두께는 주철근의 중심으로부터 콘크리트 표면까지의 최단거리를 말한다.
㉯ 철근의 표면상태와 단면모양에 따라 부착력이 좌우된다.
㉰ 단순보에 연직하중이 작용하면 중립축을 경계선으로 위쪽에는 압축응력이 발생한다.
㉱ 콘크리트와 철근이 강력히 부착되면 철근의 좌굴이 방지된다.

풀이 피복두께(Cover Thickness)은 철근콘크리트 단면에서 최 외측의 철근(띠철근 또는 스터럽)과 콘크리트부재 표면까지의 최단거리이다.

답 ㉮

29 철근콘크리트구조에서 철근의 최소 피복두께를 규정하는 이유로 가장 거리가 먼 것은?

㉮ 콘크리트의 압축응력 증대
㉯ 철근의 부식방지
㉰ 철근의 내화
㉱ 철근의 부착

풀이 피복두께의 확보 목적

① 내구성(철근의 부식방지)
② 내화성
③ 부착성
④ 콘크리트 타설시의 유동성 확보

답 ㉮

30 철근콘크리트구조에서 철근의 최소 피복두께를 규정하는 이유로 가장 거리가 먼 것은?

㉮ 콘크리트의 인장강도 확보　　㉯ 철근의 부식방지
㉰ 철근의 내화　　㉱ 철근의 부착

풀이 피복두께의 확보 목적

① 내구성(철근의 부식방지)
② 내화성
③ 부착성
④ 콘크리트 타설시의 유동성 확보

답 ㉮

31 철근콘크리트구조에서 철근을 소요두께의 콘크리트로 덮는 이유로 가장 부적합한 것은?

㉮ 철근이 산화하지 않도록 하기 위해서
㉯ 부착력을 확보하기 위하여
㉰ 내화적으로 만들기 위하여
㉱ 철근의 수축을 막기 위하여

풀이 피복두께의 확보 목적

① 내구성(철근의 부식방지)
② 내화성
③ 부착성
④ 콘크리트 타설시의 유동성 확보

답 ㉱

32 철근콘크리트구조에서 옥외의 공기에 직접 노출되는 현장치기 콘크리트인 경우 D16 이하 철근의 최소 피복두께는 강도설계법에서 얼마로 하는가?

㉮ 20 mm　㉯ 30 mm　㉰ 40 mm　㉱ 50 mm

풀이 흙에 접하거나 옥외의 공기에 직접 노출되는 콘크리트

① D19 이상의 철근 : 50 mm
② D16 이하의 철근 : 40 mm

답 ㉰

33 강도설계법일 경우 현장치기 콘크리트에서 옥외의 공기나 흙에 직접 접하지 않는 콘크리트 설계기준강도가 40 MPa 이상인 기둥의 최소 피복두께로 적당한 것은?

㉮ 50 mm ㉯ 40 mm ㉰ 30 mm ㉱ 20 mm

풀이 ① 현장치기 콘크리트에서 옥외의 공기나 흙에 접하지 않는 콘크리트 중 기둥의 최소 피복두께 : 40 mm

② 단, $f_{ck} \geq 40$ MPa이면 10 mm를 저감시킬 수 있다.

③ 따라서, 문제의 최소 피복두께는 30 mm이다.

답 ㉰

34 강도설계법에서 옥외의 공기나 흙에 직접 접하지 않는 슬래브의 최소 피복두께는 얼마인가? (단, 구조설계기준으로 현장치기콘크리트이며 D35이하의 철근사용)

㉮ 20 mm ㉯ 40 mm ㉰ 50 mm ㉱ 60 mm

풀이 옥외의 공기나 흙에 직접 접하지 않는 슬래브의 최소 피복두께는 D35 이하의 철근의 경우 20 mm

답 ㉮

35 강도설계법에서 흙에 접하거나 옥외의 공기에 직접 노출되는 현장치기 콘크리트인 경우 D16 이하 철근의 최소 피복두께는 얼마로 하는가?

㉮ 20 mm ㉯ 30 mm ㉰ 40 mm ㉱ 50 mm

풀이 흙에 접하거나 옥외의 공기에 직접 노출되는 현장치기 콘크리트인 경우 D16 이하의 철근의 최소 피복두께는 40 mm

답 ㉰

36 강도설계법에서 흙에 접하는 기둥의 최소 피복두께 기준으로 옳은 것은? (단, 프리스트레스하지 않는 부재의 현장치기 콘크리트로서 D25인 철근이다.)

㉮ 20 mm ㉯ 30 mm ㉰ 40 mm ㉱ 50 mm

풀이 흙에 접하거나 옥외의 공기에 직접 노출되는 현장치기 콘크리트인 경우 D19 이상의 철근의 최소 피복두께는 50 mm

답 ㉱

37 프리스트레스하지 않는 현장치기 콘크리트에서 흙에 접하여 콘크리트를 친 후 영구히 흙에 묻혀 있는 콘크리트의 경우 철근에 대한 콘크리트의 최소 피복두께는?

㉮ 40 mm ㉯ 60 mm ㉰ 75 mm ㉱ 100 mm

풀이 흙에 접하여 콘크리트를 친 후 영구히 흙에 묻혀 있거나 수중에 있는 콘크리트의 경우 철근에 대한 콘크리트의 최소 피복두께는 75 mm

답 ㉰

38 철근콘크리트 옹벽을 흙에 닿는 면에 거푸집을 대지 않고 시공하는 경우 콘크리트의 최소 피복두께는?

㉮ 50 mm ㉯ 60 mm ㉰ 70 mm ㉱ 75 mm

풀이 흙에 접하여 콘크리트를 친 후 영구히 흙에 묻혀 있거나 수중에 있는 콘크리트의 경우 철근에 대한 콘크리트의 최소 피복두께는 75 mm

답 ㉱

39 철근콘크리트구조에서 철근의 간격에 대한 설명으로 옳지 않은 것은?

㉮ 동일 평면에서 평행한 철근 사이의 수평 순간격은 25 mm 이상이다.
㉯ 상단과 하단으로 2단 이상 배치된 경우, 상하 철근의 순간격은 25 mm 이상이다.
㉰ 동일 평면에서 평행하게 배치된 철근의 순간격은 사용된 굵은 골재의 최대 공칭지수의 1.5배 이상이다.
㉱ 나선철근이 배치된 압축부재에서 축방향 철근의 순간격은 40 mm 이상 또는 철근 공칭지름의 1.5배 이상이다.

풀이 동일 평면에서 평행하게 배치된 철근의 순간격은 사용된 굵은 골재의 최대 공칭지수의 4/3배 이상이다.

답 ㉰

40 철근콘크리트구조 설계 시 철근간격제한에 관한 내용으로 옳지 않은 것은?

㉮ 벽체 또는 슬래브에서 휨 주철근의 간격은 벽체나 슬래브 두께의 3배 이하로 하여야 하고, 또한 450 mm 이하로 하여야 한다.

㉯ 상단과 하단에 2단 이상으로 배치된 경우 상하 철근은 동일 연직면 내에 배치하여야 하고, 이 때 상하 철근의 순간격은 25 mm 이상으로 하여야 한다.

㉰ 나선철근 또는 띠철근 기둥에서 종방향 철근의 순간격은 25 mm 이상, 또한 철근 공칭지름의 2.5배 이상으로 하여야 한다.

㉱ 2개 이상의 철근을 묶어서 사용하는 다발철근은 이형철근으로 그 개수는 4개 이하이어야 하며, 이들은 스터럽이나 띠철근으로 둘러싸여져야 한다.

풀이 나선철근 또는 띠철근 기둥에서 종방향 철근의 순간격은 40 mm 이상, 또한 철근 공칭지름의 1.5배 이상으로 하여야 한다.

답 ㉰

41 다음 그림과 같은 보 단면에서 정착되는 철근의 수평 순간격을 구하면?

① D22 (인장, 압축철근) : 지름 : 22 mm로 계산
② D13@150 (스터럽), 지름 : 13 mm로 계산
③ 최소 피복두께 : 40 mm
④ 구부림 최소 내면반지름은 무시

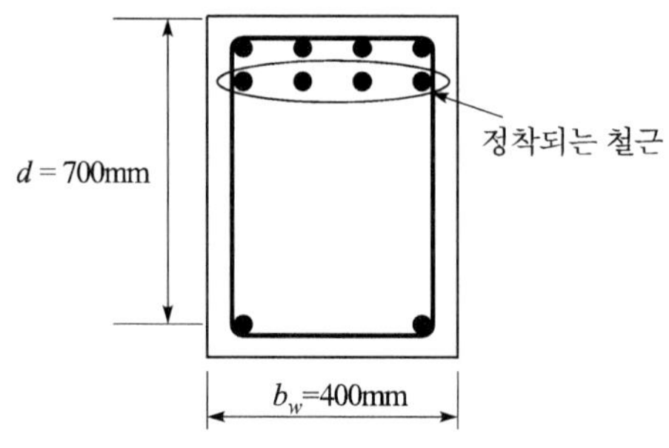

㉮ 60.7 mm ㉯ 63.7 mm ㉰ 66.7 mm ㉱ 68.7 mm

풀이 수평 순간격=[b_w−(피복두께×2+스터럽지름×2+철근지름×철근개수)]/간격수

∴ 수평 순간격=[400−(40×2+13×2+22×4)]/4=68.7 mm

답 ㉱

42 강도설계법에서 그림과 같은 보는 철근의 이음이 없는 경우 b_w의 치수를 최소 얼마 이상으로 하여야 하는가? (단, 굵은골재의 최대 치수는 18 mm이며, 철근의 피복두께는 40 mm 이상으로 한다.)

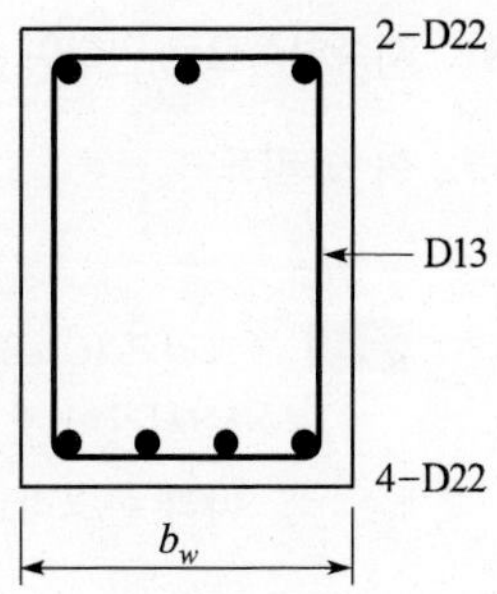

㉮ 220 mm
㉯ 250 mm
㉰ 270 mm
㉱ 320 mm

풀이 1. 각종 치수

1) 피복두께 : 40 mm

2) 철근지름

① D13 : $d_b = 12.7$ mm (호칭치수인 $d_b = 13$ mm를 사용할 수 있음.)

② D22 : $d_b = 22.2$ mm (호칭치수인 $d_b = 22$ mm를 사용할 수 있음.)

3) 수평 순간격

$$\text{수평 순간격} \geq \max\left(25\text{ mm}, d_b, \frac{4}{3}G\right)$$

$$= \max\left(25,\ 22.2,\ \frac{4}{3}\times 18\right) = \max(25,\ 22.2,\ 24) = 25\text{ mm}$$

2. 보의 최소폭 b_w

$$b_w \geq \text{피복두께}\times 2 + \text{스터럽지름}\times 2 + \text{철근지름}\times\text{철근개수} + \text{수평 순간격}\times\text{간격수}$$

$$= 40\times 2 + 12.7\times 2 + 22.2\times 4 + 25\times 3 = 269.2 \rightarrow 269\text{ mm}$$

답 ㉰

43 철근콘크리트의 보강철근에 대한 설명으로 틀린 것은?

㉮ 보강철근으로 보강하지 않은 콘크리트는 인장강도가 낮아서 취성 (Brittle)거동을 한다.
㉯ 보강철근은 콘크리트의 크리프를 감소시키고 균열의 폭을 최소화시킨다.
㉰ 이형철근은 원형강봉의 표면에 돌기를 만들어 철근과 콘크리트의 부착력을 최대가 되도록 한 것이다.
㉱ KS에서 철근의 번호는 inch단위의 공칭지름을 8로 나눈 값을 의미한다.

풀이 KS에서 철근의 번호는 미국식 호칭 (#) 번호에 1inch (25.4 mm)를 곱하여 mm 단위로 바꾼 후 8로 나눈 값을 의미한다 [예를 들어, 미국식 호칭 #7의 경우 7×25.4/8=22.2 mm로써 D22 (22.2 mm)이다].

답 ㉱

44 지속하중으로 인하여 콘크리트에 일어나는 장기변형을 의미하는 용어는?

㉮ 크리프 ㉯ 건조수축 ㉰ 블리딩 ㉱ 전단변형

풀이 크리프 (Creep)는 응력을 작용시킨 상태에서 탄성변형 및 건조수축 변형을 제외시킨 변형으로 시간이 경과함에 따라 변형이 증가되는 현상이다. 즉, 하중의 증가 없이 시간이 경과함에 따라 콘크리트에 발생되는 추가적인 소성변형이다.

답 ㉮

심화 연습문제

01 시멘트의 제조과정을 간단히 설명하시오.

02 콘크리트의 설계기준압축강도 (f_{ck}, Specified Compressive Strength of Concrete)를 정의하시오.

03 콘크리트의 압축강도가 재령에 따라 어떻게 변화하는지 설명하시오.

04 굵은골재의 최대 공칭치수와 최대 치수에 대해 설명하시오.

05 다음은 콘크리트의 응력-변형률 곡선에 대한 설명이다. ( ) 안에 적합한 용어나 숫자를 쓰시오.

> (1) 어느 곡선이든 곡선의 처음 부분은 거의 (①)이다.
> (2) 최대 응력의 (②) 정도 되는 곳에서부터 곡선이 된다.
> (3) 최대 응력 근처에서의 변형률은 (③) 정도이다.
> (4) 파괴 시의 실질적인 최대 변형률은 (④)~0.004 범위이다.
> (5) 허용응력의 범위는 콘크리트의 압축강도의 40~(⑤)%이다.
> (6) 허용응력의 범위에서 콘크리트는 (⑥)재료이다.

풀이 ① 직선, ② 1/2, ③ 0.002, ④ 0.003, ⑤ 50, ⑥ 탄성

06 콘크리트의 강도에 따른 응력-변형률 곡선을 그리고 특징을 설명하시오.

07 콘크리트 탄성계수의 종류에 대해 설명하시오.

08 접선탄성계수에 대해 설명하시오. (건축구조기술사 96년)

09 보통중량골재 (콘크리트의 단위체적질량 $m_c = 2{,}300\ \mathrm{kg/m^3}$)를 사용한 콘크리트의 할선탄성계수 (E_c)를 산정하시오. 단, 콘크리트의 설계기준압축강도 $f_{ck} = 27\ \mathrm{MPa}$이다.

10 콘크리트의 압축강도에 영향을 미치는 요인에 대하여 설명하시오. (건축구조기술사 92년)

11 콘크리트의 건조수축에 대해 설명하시오.

12 콘크리트의 크리프에 대해 설명하시오.

13 다음은 크리프량이 증가하는 것에 대한 것이다. ( ) 안에 적합한 용어를 보기에서 골라 쓰시오.

(1) 물시멘트비가 (①) 때
(2) 단위 시멘트량이 (②) 때
(3) 진동기를 사용하지 않을 경우
(4) 온도가 (③) 때
(5) 습도가 (④) 때
(6) 단면의 치수가 작을 때
(7) 재령이 작을 때
(8) 재하시기가 (⑤) 때

[보기]
많을, 적을, 높을, 낮을, 빠를, 늦을, 클, 작을

풀이 ① 많을, ② 많을, ③ 높을, ④ 낮을, ⑤ 빠를

14 보통중량골재 (콘크리트의 단위체적질량 $m_c = 2,300\ \mathrm{kg/m^3}$)를 사용한 콘크리트에서 콘크리트의 설계기준압축강도 $f_{ck} = 27\ \mathrm{MPa}$일 경우, 콘크리트의 파괴계수 ($f_r$)를 산정하시오.

15 원형철근과 이형철근을 비교하여 설명하시오.

16 다음 그림은 이형철근 제품 1개마다의 표시를 나타낸 것이다. 그림의 기호에 대해 설명하시오.

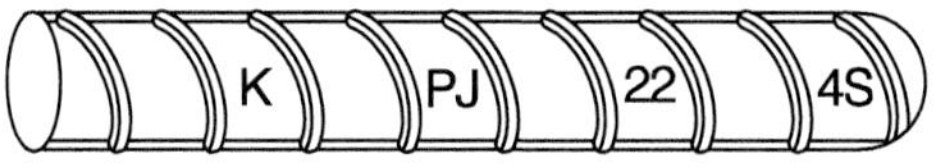

그림 2.14

17 철근을 용도에 따라 분류하고 설명하시오.

18 철근의 응력-변형률 곡선을 간단히 그리고 탄성계수에 대해 설명하시오.

19 콘크리트의 설계기준압축강도 f_{ck}에 대한 다음의 표를 완성하시오.

표 2.15 콘크리트의 설계기준압축강도에 따른 탄성계수비

f_{ck} (MPa)	21	24	27	30	35	40
f_{cm} (MPa)						
E_c (MPa)						
$n(=E_s/E_c)$						

20 보와 기둥 및 벽체 등의 부재에 따른 철근의 간격제한을 설명하시오.

21 다음은 현장치기 콘크리트의 최소 피복두께의 표이다. 환경조건과 부재의 종류에 따른 최소 피복두께를 완성하시오.

표 2.16 콘크리트의 최소 피복두께

<table>
<tr><th colspan="3">환경조건과 부재의 종류</th><th>최소 피복두께 (mm)</th></tr>
<tr><td rowspan="4">옥외의 공기나
흙에 접하지
않는 콘크리트</td><td colspan="2">보, 기둥
[$f_{ck} \geq 40$ MPa이면 10 mm를 저감시킬 수 있다.]</td><td></td></tr>
<tr><td rowspan="2">슬래브,
벽체, 장선구조</td><td>D35 이하의 철근</td><td></td></tr>
<tr><td>D35를 초과하는 철근</td><td></td></tr>
<tr><td colspan="2">셸, 절판부재</td><td></td></tr>
<tr><td colspan="2" rowspan="2">흙에 접하거나 옥외의 공기에
직접 노출되는 콘크리트</td><td>D19 이상의 철근</td><td></td></tr>
<tr><td>D16 이하의 철근</td><td></td></tr>
<tr><td colspan="3">흙에 접하여 콘크리트를 친 후
영구히 흙에 묻혀 있거나 수중에 있는 콘크리트</td><td></td></tr>
<tr><td colspan="3">수중에 타설하는 콘크리트</td><td></td></tr>
</table>

CHAPTER

03

구조설계의 일반사항

CHAPTER 03

구조설계의 일반사항

3.1. 구조설계

3.1.1. 구조설계의 원칙

철근콘크리트구조 설계에서 성능검증이 필요하며, 성능검증은 콘크리트 구조물이 요구성능을 만족하는지에 대한 판정이다. 구조설계기준인 KDS 14 20 01[1]에서 정한 성능검정에 필요한 요구성능(Required Performance)은 콘크리트 구조물의 안전성능, 사용성능, 내구성능, 환경성능에 대한 발주자 또는 국가기준의 요구 조건이다.

표 3.1 구조설계의 원칙(요구성능)

원 칙	내 용
안전성능 (Safety Performance)	① 어떠한 하중에 대하여, 사용자 또는 구조물 주변 사람의 안전을 보장하는 구조물의 성능이다. ② 건축물은 적절한 구조계획을 통해 각종 하중에 대하여 구조적으로 안전해야 한다.
사용성능 (Serviceability Performance)	① 고려하는 하중에 대하여, 사용상의 적절한 편의 및 기능을 제공하는 구조물의 성능이다. ② 건축물은 사용에 지장이 되는 변형이나 진동이 발생되지 않도록 강성을 확보하고, 순간적인 파괴가 일어나지 않도록 인성을 확보한다.
내구성능 (Durability Performance)	① 구조물의 성능을 사용기간 내에 요구수준 이상으로 유지하는 성능이다. ② 부식 및 마모가 예상되는 부재는 이를 방지할 수 있는 조치를 취한다.
환경성능 (Environmental Performance)	콘크리트 재료를 제조할 때부터 구조물을 폐기할 때까지 수반되는 활동으로 인해 발생하는 유해물질이 환경에 미치는 정량적 또는 정성적 영향이다.

1) KDS 14 20 01 콘크리트구조 설계(강도설계법) 일반사항, 국토교통부 제정, 한국콘크리트학회 작성, 2021.

3.1.2. 구조설계의 절차

(1) 구조계획

(가) 개요

구조물의 용도, 사용재료 및 강도, 지반특성, 하중조건, 구조형식, 장래의 증축여부, 용도변경이나 리모델링 가능성을 고려하여 계획한다.

(나) 기둥의 배치

① 평면계획의 제약을 받기 쉬우나 가급적 규칙적으로 배치한다.

② 기둥간격은 보통 5~9 m 정도이나 가장 경제적인 간격은 6 m 전후이다.

③ 하나의 기둥이 부담하는 슬래브의 면적은 30 m^2 정도가 이상적이다.

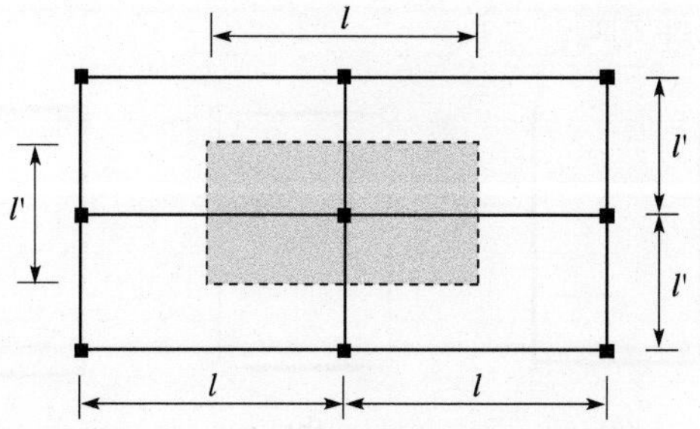

그림 3.1 기둥이 부담하는 바닥판의 면적

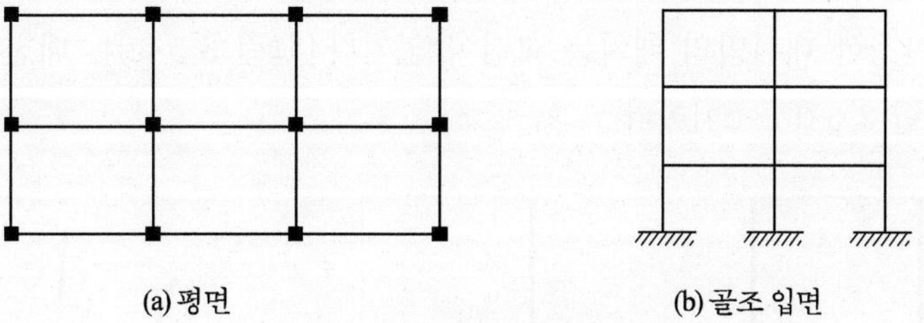

그림 3.2 양호한 기둥의 배치

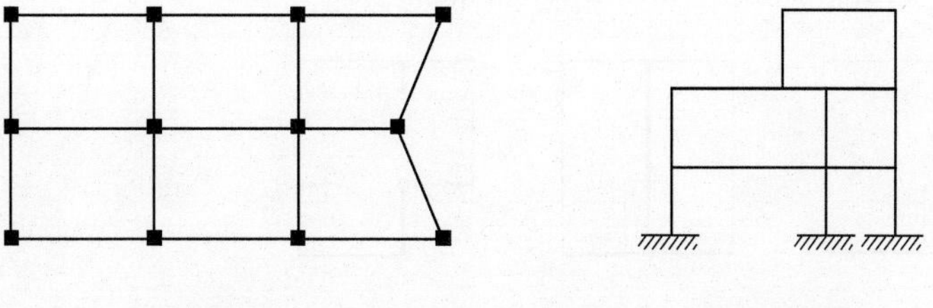

그림 3.3 양호하지 못한 기둥의 배치

(다) 보의 배치

① 큰보(Girder) : 기둥과 기둥 사이에 위치하며 슬래브와 작은보의 하중을 받아 기둥으로 전달해주며, 동시에 횡하중을 부담하게 된다.

② 작은보(Beam) : 큰보와 큰보 사이에 위치하며 단지 슬래브의 하중만 받아 큰보로 전달해주는 역할을 한다.

③ 작은보의 수는 작은보를 지지하는 큰보의 스팬에 관계되나 짝수로 배치하면 중앙부의 최대 휨모멘트를 줄일 수 있다.

(라) 내진벽의 배치

① 건축물의 중심(重心)과 강심(剛心)을 가능하면 일치하도록 배치한다.

② 안정한 내진벽의 배치는 평면상에 있어서 교점(연장선의 교점 포함)이 두 개 이상이 있도록 한다.

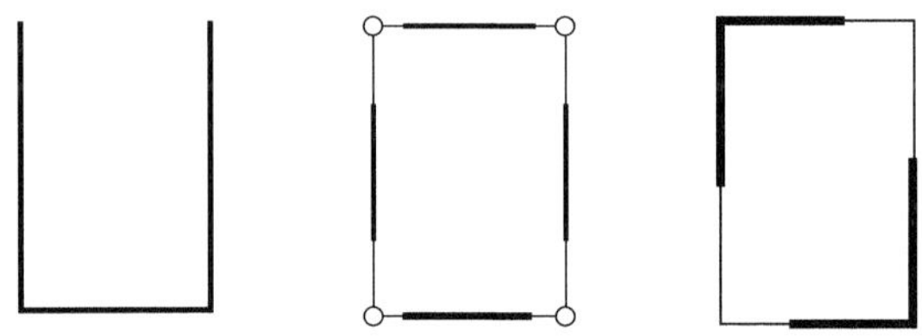

(a) (b) (c)

그림 3.4 안정한 내진벽의 배치

③ 불안정한 내진벽의 배치는 교점이 없거나[그림 3.5 (a)], 내진벽의 교점이 1개[그림 3.5 (b)~(f)]이다.

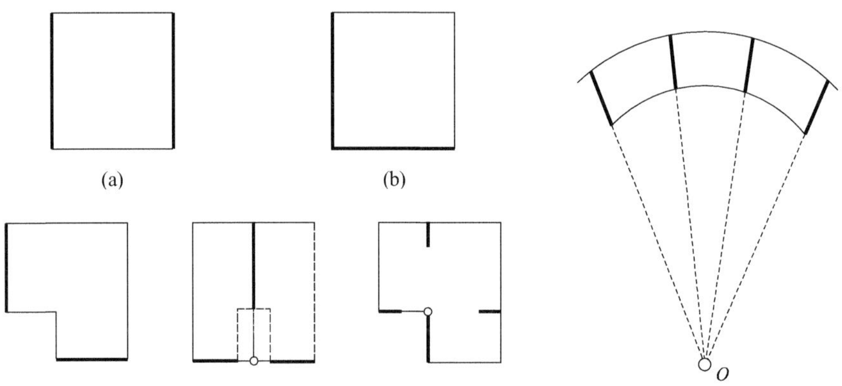

(a) (b) (c) (d) (e) (f)

그림 3.5 불안정한 내진벽의 배치

(2) 골조해석 및 부재설계

탄성해석 및 비선형해석 등을 통해 구조물의 실제 거동에 가까운 부재응력을 산정하고 구조설계기준에 따라 부재를 설계한다.

(3) 구조설계도서의 작성

구조계획서, 구조계산서, 구조설계도면, 구조체 공사시방서 등을 작성한다.

예제 3-1

다음 내진벽 중 가장 좋은 것은?

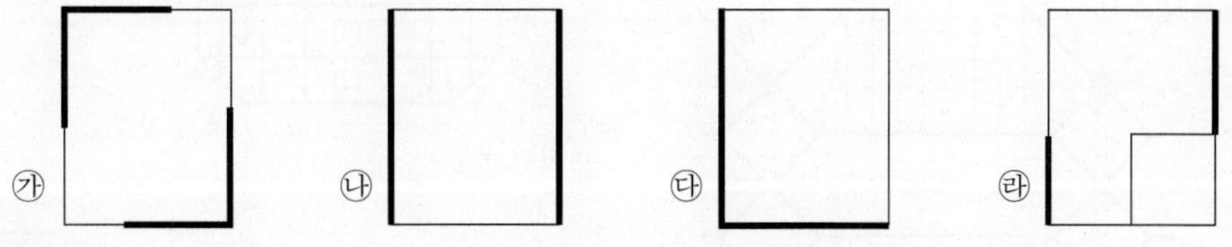

풀이

안정한 내진벽은 평면상에 있어서 교점이 두 개 이상이 되도록 한다.

답 ㉮

3.2. 구조계산 방법

3.2.1. 하중의 산정

(1) 바닥슬래브 및 보 하중의 산정

그림 3.6 (a), (b)와 같이 하중은 실제의 모양 그대로 계산한다. 즉 A, B 보가 받는 연직 하중은 두 개의 사다리꼴 (바닥하중) + 등분포하중 (보자중)이다.

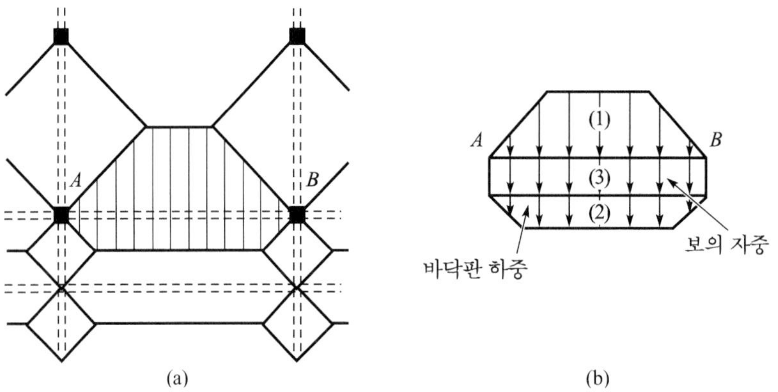

그림 3.6 바닥슬래브 및 보 하중의 산정방법

(2) 기둥 하중의 산정

다음 그림과 같은 구조도에서 기둥이 부담하는 하중을 나타내면 그림과 같다.

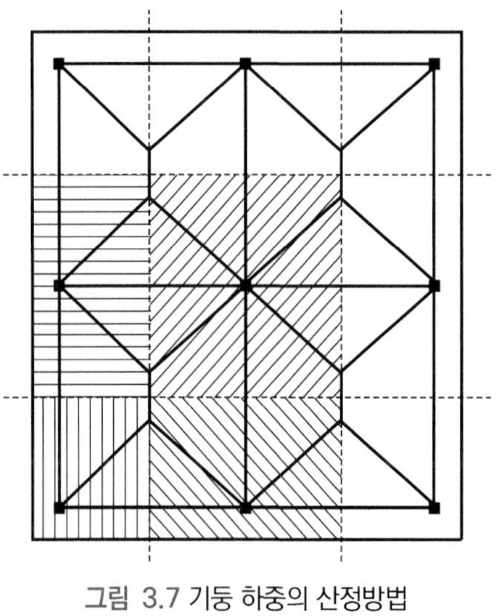

그림 3.7 기둥 하중의 산정방법

3.2.2. 응력의 계산

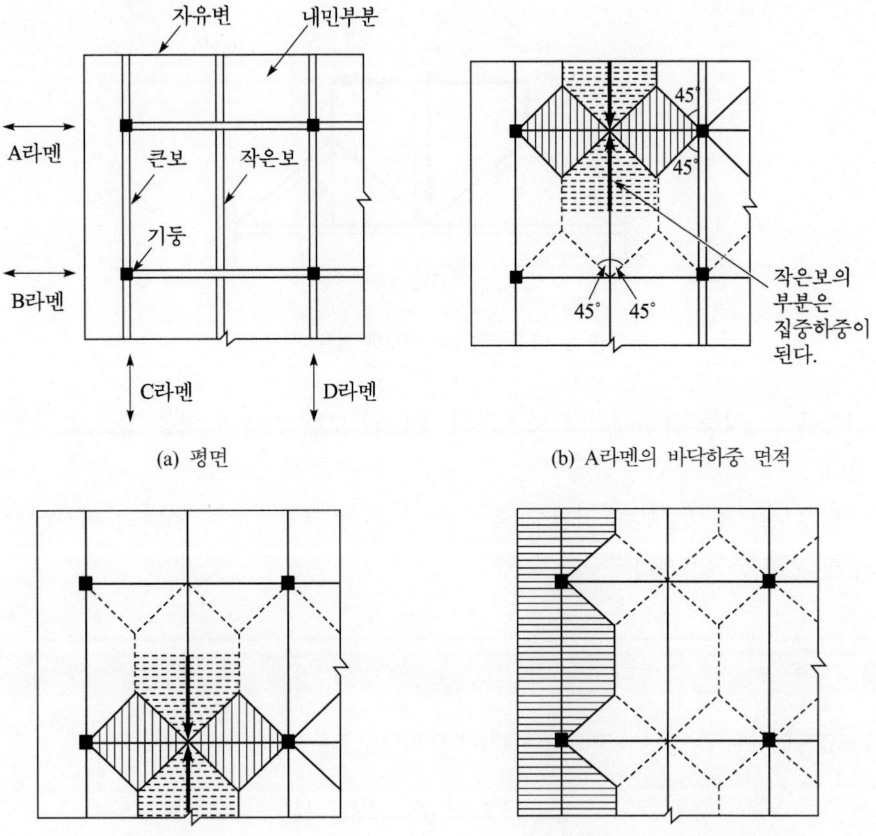

(a) 평면

(b) A라멘의 바닥하중 면적

(c) B라멘의 바닥하중 면적

(d) C라멘의 바닥하중 면적

그림 3.8 응력의 산정방법

① 하중은 바닥판 → 작은보 → 큰보 → 기둥 → 기초 → 지반의 순서로 흐른다.

② 작은보는 단순보로 취급하여 바닥판의 하중과 자중 등으로 응력을 계산한다.

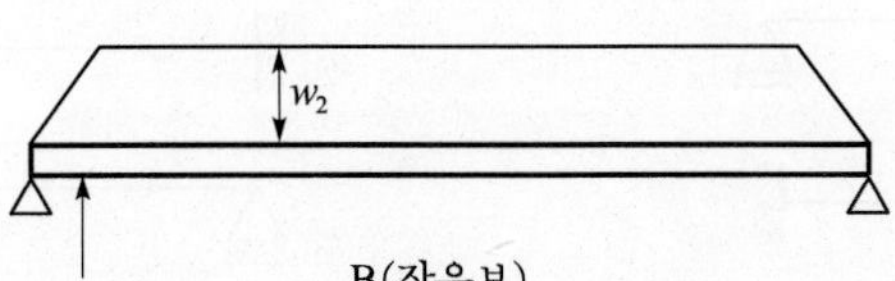

그림 3.9 작은보에 작용하는 하중

③ 큰보는 양단고정으로 가정하여 작은보에서의 하중과 바닥판의 하중 및 자중 등으로 응력을 계산한다.

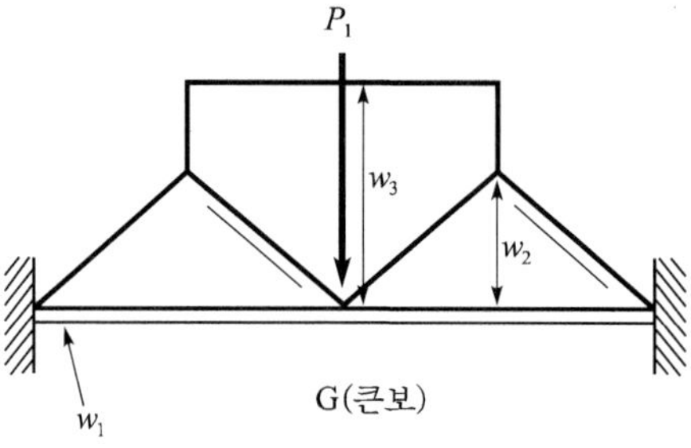

그림 3.10 B라멘에서 큰보에 작용하는 하중

④ 기둥은 그 기둥 상부에서 큰보로부터 전달된 모든 하중과 자중 등으로 축력을 계산한다.

⑤ 기둥은 상부층으로부터 전달된 축력과 그 층의 큰보로부터 전달된 휨모멘트 하중에 대해 응력을 계산한다.

예제 3-2

다음 골조도에서 보 B_1의 단부 구속 형태로서 가장 타당한 것은?

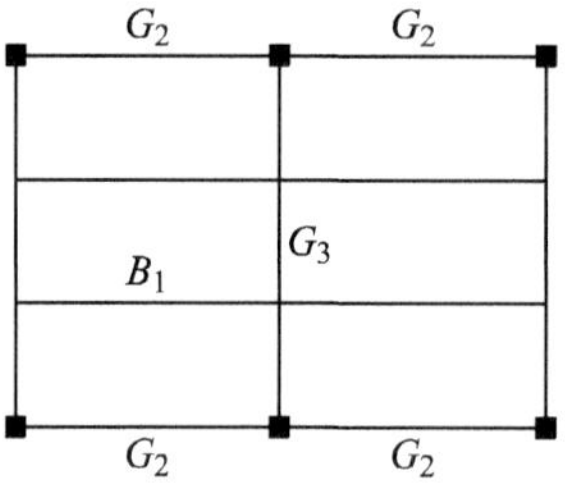

그림 3.11

풀이

보 B_1의 단부 구속 형태는 단순보와 같다.

답 ㉱

3.3. 설계하중

건축물의 구조계산에 적용되는 설계하중은 KDS 41 10 15[2])에 따라 다음과 같다.

3.3.1. 설계하중의 종류

① 고정하중 (D)
② 적재하중 (활하중, L)
③ 적설하중 (S)
④ 풍하중 (W)
⑤ 지진하중 (E)
⑥ 지하수압·토압 (H)
⑦ 온도하중 (T)
⑧ 유체압 및 용기내용물 하중 (F)
⑨ 운반설비 및 부속장치 하중 (M)
⑩ 기타하중

3.3.2. 고정하중 (Dead Load)

(1) 일반사항

① 구조물의 수명기간 중 상시 작용하는 하중으로서 자중은 물론 벽, 바닥, 지붕, 천장, 계단 및 고정된 사용장비 등을 포함한 하중이다.

② 연직하중 (Gravity Load)이며 사하중이라고도 한다.

(2) 고정하중의 산정

건축물의 고정하중은 재료의 밀도, 단위체적중량 등을 사용하여 각 부분의 실상에 따라 산정한다.

(3) 대표적인 재료의 단위체적질량과 무게

대표적인 철근콘크리트구조 관련 재료들의 단위체적질량은 다음과 같다.

① 물 : 10 kN/m^3 (1,000 kg/m^3)

② 시멘트모르타르 : 21 kN/m^3 (2,100 kg/m^3)

③ 무근콘크리트 : 23 kN/m^3 (2,300 kg/m^3)

④ 철근콘크리트 : 24 kN/m^3 (2,400 kg/m^3)

2) KDS 41 10 15 건축구조기준 설계하중, 국토교통부 제정, 대한건축학회 작성, 2019.

주1 재료의 단위체적중량(무게)은 단위체적질량에 중력가속도 9.81 m/s^2을 곱하여 구한다. 예를 들어 철근콘크리트의 단위체적중량(무게)은 2,400 $kg/m^3 \times 9.81\ m/s^2 = 23,544\ kg \cdot m/s^2/m^3 = 23,544\ N/m^3 = 23.5\ kN/m^3$이다.

3.3.3. 활하중(Live Load)

(1) 일반사항

① 풍하중, 지진하중과 같은 환경하중이나 고정하중을 포함하지 않고 건물이나 다른 구조물의 사용 및 점용에 의해 발생되는 하중으로서 사람, 가구, 이동칸막이, 창고의 저장물, 설비기계 등의 하중과 적설하중 또는 교량 등에서 차량에 의한 하중이다.

② 연직하중 또는 횡하중(Lateral Load)이며 적재하중이라고도 한다.

(2) 대표적인 기본 등분포 활하중

KDS 41 10 15[3]에서 적용하는 기본등분포활하중은 다음과 같다.

(가) 주택

① 주거용 건축물의 거실 : 2.0 kN/m^2

② 공동주택의 공용실 : 5.0 kN/m^2

(나) 사무실

① 일반 사무실 : 2.5 kN/m^2

② 특수용도 사무실 : 5.0 kN/m^2

③ 문서보관실 : 5.0 kN/m^2

④ 1층 외의 모든 층 복도 : 4.0 kN/m^2

(다) 학교

① 교실 : 3.0 kN/m^2

③ 일반 실험실 : 3.0 kN/m^2

③ 중량물 실험실 : 5.0 kN/m^2

④ 1층 외의 모든 층 복도 : 4.0 kN/m^2

3) KDS 41 10 15 건축구조기준 설계하중, 국토교통부 제정, 대한건축학회 작성, 2019.

(라) 도서관

① 열람실 : $3.0\ kN/m^2$

② 서고 : $7.5\ kN/m^2$

③ 1층 외의 모든 층 복도 : $4.0\ kN/m^2$

(마) 판매장

① 상점, 백화점 (1층) : $5.0\ kN/m^2$

② 상점, 백화점 (2층 이상) : $4.0\ kN/m^2$

③ 창고형 매장 : $6.0\ kN/m^2$

(3) 활하중의 저감

(가) 저감계수

KDS 41 10 15[4)]에서는 지붕활하중을 제외한 등분포활하중은 부재의 영향면적이 $36\ m^2$ 이상인 경우, 기본등분포활하중에 다음의 활하중저감계수 C를 곱하여 저감할 수 있도록 하고 있다.

$$C = 0.3 + \frac{4.2}{\sqrt{A}}$$

여기서, C : 활하중저감계수

A : 영향면적 (단, $A \geq 36\ m^2$)

(나) 영향면적

영향면적은 기둥 및 기초에서는 부하면적의 4배, 보 또는 벽체에서는 부하면적의 2배, 슬래브에서는 부하면적을 적용한다. 단, 부하면적 중 캔틸레버 부분은 4배 또는 2배를 적용하지 않고 영향면적에 단순 합산한다.

4) KDS 41 10 15 건축구조기준 설계하중, 국토교통부 제정, 대한건축학회 작성, 2019.

3.3.4. 적설하중 (Snow Load)

(1) 일반사항

눈의 적재로 인한 영향을 고려하기 위해 지붕에 작용하는 적설하중의 영향이 규정한 지붕의 최소 활하중보다 클 때에는 적설하중을 고려한다.

(2) 지상 적설하중

① 최소 지상 적설하중은 0.5 kN/m^2로 한다.
② 기본지상적설하중은 재현기간 100년에 대한 수직 최심적설깊이를 기준으로 한다.
③ 건축물에 대한 지역별 100년 재현주기 기본지상적설하중은 구조설계기준에 따른다.

3.3.5. 풍하중 (Wind Load)

(1) 일반사항

① 바람에 의하여 구조물에 작용하는 하중이다.
② 풍하중은 주골조설계용 수평풍하중, 지붕 풍하중과 외장재설계용 풍하중으로 구분하고 각각의 설계풍력 또는 설계풍압에 유효면적을 곱하여 산정한다.

(2) 구조골조 설계용 풍하중의 기본식

$$W_D = p_F \cdot A \ \ (\mathrm{N})$$

여기서, p_F : 구조골조 설계용 설계풍압 (kN/m^2). 단, 500 N/m^2 이상이다.
A : 지상높이 z 에서 풍향에 수직한 면에 투영된 건축물의 유효수압면적 (m^2)

3.4. 철근콘크리트구조의 설계방법

3.4.1. 허용응력설계법

(1) 개요

① 허용응력설계법 (WSD ; Working Stress Design)은 부재의 해석 및 설계가 탄성에 기반한 설계법이다.

② 사용하중을 고려한다.

③ 안전율을 고려한 재료의 허용응력을 사용한다.

④ 허용응력설계법은 사용성에 중점을 두고 있다.

(2) 특징

표 3.2 허용응력설계법의 특징

장 점	설계계산이 매우 간편하다.
단 점	① 부재의 강도를 알기 어렵다. ② 파괴에 대한 두 재료의 안전도를 일정하게 하기 곤란하다. ③ 고정하중 (사하중) 또는 활하중 (적재하중)과 같이 서로 성질이 다른 하중들의 영향을 설계에 반영할 수 없다.

(3) 기본 가정

① 변형은 중립축으로부터의 거리에 비례한다.

② 콘크리트의 탄성계수는 정수이다.

③ 콘크리트의 휨 인장응력은 무시한다.

④ 콘크리트와 철근에 생기는 응력은 규정된 허용응력값을 초과하지 않는다.

(4) 기본원리

콘크리트를 탄성체로 보고 탄성이론을 적용한다.

$$f \le f_a$$

여기서, f : 탄성이론에 의해 산정된 재료 (철근 및 콘크리트)의 응력

f_a : 그 재료의 허용응력

3.4.2. 강도설계법

(1) 개요

① 강도설계법(Strength Design Method)은 구조부재를 구성하는 재료의 비탄성거동을 고려하여 산정한 부재 단면의 공칭강도에 강도감소계수를 곱한 설계용 강도의 값(설계강도)과 계수하중에 의한 부재력(소요강도) 이상이 되도록 구조부재를 설계하는 방법이다. 극한강도설계법이라고도 한다.

② 계수하중을 고려한다.

③ 부재의 종류에 따라 강도감소계수를 사용한다.

④ 강도설계법은 안전성에 중점을 두고 있고, 균열과 처짐과 같은 사용성 평가는 별도로 검토해야 한다.

⑤ 파괴상태 또는 파괴에 가까운 상태에 있는 부재의 강도를 극한강도라 한다.

⑥ 현재 국내에서 사용되는 철근콘크리트구조의 안전성을 위한 구조설계기준은 극한강도설계법에 의한다.

(2) 특징

표 3.3 강도설계법의 특징

장 점	① 파괴에 대한 안전도의 확보가 확실하다. ② 하중계수에 의하여 하중의 특성을 설계에 반영할 수 있다.
단 점	① 서로 다른 재료의 특성을 설계에 합리적으로 반영하기 어렵다. ② 사용성 확보를 위해서는 별도로 검토해야 한다.

3.4.3. 한계상태설계법

(1) 개요

① 한계상태설계법(LSD ; Limit State Design)은 구조물이 그 사용목적에 적합하지 않게 되는 어떤 한계상태에 도달되는 확률을 허용한도 이하로 되게 하려는 설계법이다.

② 하중－저항계수설계법(LRFD, Load and Resistance Factor Design)이라고도 한다.

(2) 특징

① 하중과 재료에 대하여 각각 부분 안전계수를 사용하여 이들의 특성을 설계에 합리적으로 반영하였다.

② 안전성은 극한한계상태를 검토함으로써 확보하고, 사용성은 사용한계상태를 검토하여 확보함으로써 강도설계법의 결점을 개선한 우수한 설계법이다.

(3) 한계상태의 구분

표 3.4 한계상태의 구분

철 근	콘크리트
극한한계상태 (Ultimate Limit State)	구조물(또는 구조 부재)이 붕괴 또는 이와 유사한 파괴 등의 안전성능 요구 조건을 더 이상 만족시킬 수 없는 상태이다.
사용한계상태 (Serviceability Limit State)	구조물(또는 구조 부재)이 균열, 처짐, 진동 등에 대한 사용성능 요구 조건을 더 이상 만족시킬 수 없는 상태이다.
피로한계상태 (Fatigue Limit State)	반복하중에 의하여 철근이 파단되거나 콘크리트가 압괴되는, 이른바 피로파괴를 일으킨 상태이다.

예제 3-3

강도설계법과 허용응력설계법에 관한 설명으로 틀린 것은?

㉮ 강도설계법은 부재의 한계상태까지 고려한 설계법이다.
㉯ 강도설계법은 사용성 확보를 위한 별도의 검토가 필요하지 않다.
㉰ 허용응력설계법은 모든 부재의 응력이 허용응력 이하여야 한다.
㉱ 허용응력설계법은 고정하중과 활하중(적재하중)에 대한 안전율이 동일하다.

풀이

강도설계법에서는 사용성 확보를 위해 별도의 검토가 필요하다. **답** ㉯

3.5. 구조물의 안전성

3.5.1. 개요

철근콘크리트구조의 구조설계기준은 국토교통부와 한국콘크리트학회에서 제정한 KDS 14 20 01[5)][콘크리트구조 설계 (강도설계법) 일반사항]의 구조설계기준을 따르며, 이 구조설계기준은 강도설계법을 근간으로 하고 있다.

3.5.2. 구조설계기준에서의 안전

(1) 안전규정

구조물 및 구조 부재는 모든 단면에서 설계강도가 소요강도 이상이 되도록 설계하여야 한다.

$$소요강도\,(U) \le 설계강도\,(R_d)$$

여기서, U : 계수하중에 의한 소요강도 $(U=\Sigma\gamma_i S_i)$,

R_d : 설계강도 $(R_d=\phi R_n)$

R_n : 공칭강도

ϕ : 강도감소계수

γ_i : 하중계수

S_i : 공용하중 또는 그 하중효과

주1 소요강도 (U) : 철근콘크리트 부재가 사용성과 안전성을 만족할 수 있도록 요구되는 단면의 단면력이다.

주2 설계강도 (R_d) : 구조체 또는 부재의 공칭강도에 강도감소계수 ϕ를 곱한 강도이다.

주3 공칭강도 (R_n) : 부재의 치수, 재료의 성질 등이 변화 없이 계산된 부재의 실제 극한강도이다.

5) KDS 14 20 01 콘크리트구조 설계 (강도설계법) 일반사항, 국토교통부 제정, 한국콘크리트학회 작성, 2021.

(2) 단면력의 종류에 따른 강도설계법의 기본 개념

휨모멘트(M), 축력(P), 전단력(V), 비틀림모멘트(T) 등과 같은 단면력의 종류에 따른 강도설계법의 기본 개념은 다음과 같다.

$$M_u \leq M_d, \quad M_d = \phi M_n$$
$$P_u \leq P_d, \quad P_d = \phi P_n$$
$$V_u \leq V_d, \quad V_d = \phi V_n$$
$$T_u \leq T_d, \quad T_d = \phi T_n$$

(3) 하중계수와 강도감소계수의 사용이유

(가) 하중계수의 사용이유

① 하중의 공칭값과 실제 하중과의 불가피한 차이

② 하중을 작용 외력으로 변환시키는 해석상의 불확실성

③ 하중의 영향을 계산함에 있어 3차원 구조물을 모델링할 때 발생하는 부정확성 등과 같은 불확실성의 존재

④ 환경작용 등의 변동을 고려

(나) 강도감소계수의 사용이유

① 재료의 공칭값과 실제 강도와의 차이

② 부재를 제작 또는 시공할 때 설계도와의 차이

③ 내력의 추정과 해석에 관련된 불확실성의 고려

④ 재료강도의 가변성에 따른 설계 시 예상했던 값과의 차이

⑤ 크기가 다른 철근을 연결하여 사용하는데 따른 부재의 실제 강도와의 차이

⑥ 구조물의 구조부재의 중요성 및 구조물의 교체에 따른 비용 절감

3.5.3. 하중계수와 소요강도

① 철근콘크리트구조를 설계할 때는 아래에 제시된 하중계수와 하중조합을 모두 고려하여 해당 구조물에 작용하는 최대 소요강도(U)에 대하여 만족하도록 설계하여야 한다.

- $U = 1.4(D + F)$ (1)
- $U = 1.2(D + F + T) + 1.6L + 0.5(L_r$ 또는 S 또는 $R)$ (2)
- $U = 1.2D + 1.6(L_r$ 또는 S 또는 $R) + (1.0L$ 또는 $0.65W)$ (3)
- $U = 1.2D + 1.3W + 1.0L + 0.5(L_r$ 또는 S 또는 $R)$ (4)
- $U = 1.2D + 1.0E + 1.0L + 0.2S$ (5)
- $U = 0.9D + 1.3W$ (6)
- $U = 0.9D + 1.0E$ (7)

여기서, D : 고정하중, L : 활하중, W : 풍하중, E : 지진하중, F : 유체하중, T : 온도하중, L_r : 지붕활하중, R : 강우하중, S : 적설하중

② 또한 소요강도를 나타내는 위의 식에서 건축구조물에 주로 사용되는 하중인 고정하중(D), 활하중(L), 적설하중(S), 풍하중(W) 및 지진하중(E)에 대한 최대 소요강도는 다음의 하중조합 중 최대값이다.

- $U = 1.4D$ (1)
- $U = 1.2D + 1.6L$ (2)
- $U = 1.2D + 1.6L + 0.5S$ (3)
- $U = 1.2D + 1.6S + 1.0L$ (4)
- $U = 1.2D + 1.6S + 0.65W$ (5)
- $U = 1.2D + 1.3W + 1.0L + 0.5S$ (6)
- $U = 1.2D + 1.0E + 1.0L + 0.2S$ (7)
- $U = 0.9D + 1.3W$ (8)
- $U = 0.9D + 1.0E$ (9)

③ 하중계수(γ)는 하중의 공칭값과 실제 하중과의 불가피한 차이, 하중을 작용 외력으로 변환시키는 해석상의 불확실성, 환경작용 등의 변동을 고려하기 위한 안전계수이다. 일반적으로 1보다 크다.

④ 소요강도 (계수하중)를 산정하기 위한 식은 하중조건에 따라 여러 가지가 있으며 대표적으로 $U=1.2D+1.6L$이 있다. 1.2와 1.6을 하중계수 (Load Factor)라 한다.

3.5.4. 강도감소계수와 설계강도

① 구조물의 부재, 부재 간의 연결부 및 각 부재 단면의 휨모멘트, 축력, 전단력, 비틀림모멘트에 대한 설계강도 (R_d)는 공칭강도 (R_n)에 강도감소계수 (ϕ)를 곱한 값으로 한다.

② 강도감소계수 ($\phi \leq 1.0$)는 재료의 공칭값과 실제 강도와의 차이, 부재를 제작 또는 시공할 때 설계도와의 차이, 내력의 추정과 해석에 관련된 불확실성을 고려하기 위한 안전계수이다.

③ KDS 14 20 10[6]에서 적용하는 강도감소계수는 다음 표와 같다.

표 3.5 강도감소계수 ϕ의 값

<table>
<tr><th colspan="2">부재 또는 하중의 종류</th><th>강도감소계수</th></tr>
<tr><td colspan="2">인장지배 단면
(휨모멘트, 또는 휨모멘트와 축인장력이 동시에 작용하는 부재)</td><td>0.85</td></tr>
<tr><td rowspan="3">압축지배 단면
(축압축력, 또는 휨모멘트와 축압축력이 동시에 작용하는 부재)</td><td>나선철근으로 보강된 콘크리트 부재</td><td>0.70</td></tr>
<tr><td>그 이외의 철근콘크리트 부재
(띠철근으로 보강된 콘크리트 부재)</td><td>0.65</td></tr>
<tr><td>공칭강도에서 최 외단 인장철근의 순인장변형률 ϵ_t가 압축지배와 인장지배 단면 사이일 경우에는, ϵ_t가 압축지배변형률 한계에서 0.0050으로 증가함에 따라 ϕ값을 압축지배 단면에 대한 값에서 0.85까지 증가시킨다.</td><td>–</td></tr>
<tr><td colspan="2">전단력과 비틀림모멘트</td><td>0.75</td></tr>
<tr><td colspan="2">콘크리트의 지압력
(포스트텐션 정착부와 스트럿–타이 모델은 제외)</td><td>0.65</td></tr>
<tr><td colspan="2">포스트텐션 정착부</td><td>0.85</td></tr>
<tr><td rowspan="2">스트럿–타이 모델</td><td>스트럿, 절점부 및 지압부</td><td>0.75</td></tr>
<tr><td>타이</td><td>0.85</td></tr>
<tr><td colspan="2">무근콘크리트의 휨모멘트, 압축력, 전단력, 지압력</td><td>0.55</td></tr>
</table>

주1 나선철근 부재의 강도감소계수 ϕ가 띠철근 부재보다 큰 이유는 나선철근 부재가 연성이나 인성이 크기 때문이다.

6) KDS 14 20 10 콘크리트구조 해석과 설계 원칙, 국토교통부 제정, 한국콘크리트학회 작성, 2021.

④ 공칭강도에서 최 외단 인장철근의 순인장변형률 ϵ_t가 압축지배와 인장지배 단면 사이일 경우 강도감소계수는 철근의 설계기준항복강도에 따라 직선 보간으로 구한다. 여기서 ϵ_t는 최 외단 인장철근의 순인장변형률이다.

3.5.5. 철근의 설계강도

긴장재를 제외하고는 철근의 설계기준항복강도 f_y는 600 MPa을 초과하지 않아야 한다.

예제 3-4

철근콘크리트구조의 강도설계법에서 하중조합에 따른 소요강도에 대한 표현 중 틀린 것은?
(단, U : 계수하중, D : 고정하중, L : 활하중, E : 지진하중, W : 풍하중)

㉮ $U = 1.2D + 1.3E + 1.0L$　　㉯ $U = 1.2D + 1.6L$

㉰ $U = 1.2D + 1.3W + 1.0L$　　㉱ $U = 0.9D + 1.3W$

풀이

$U = 1.2D + 1.0E + 1.0L$

답 ㉮

예제 3-5

구조설계에 있어서 하중계수 및 강도감소계수를 사용하는 이유로 가장 부적당한 것은?

㉮ 재료강도의 가변성으로 인하여 실제 예상했던 값과의 차이
㉯ 하중의 크기를 산정하는데 포함된 불확실성
㉰ 부재의 다른 크기 때문에 발생하는 강도의 차이
㉱ 해석상의 불확실성 고려

풀이

① 강도감소계수는 재료의 설계기준강도와 실제강도의 차이, 부재를 제작 또는 시공할 때 설계도와 완성된 부재의 차이, 부재 강도의 추정 및 해석에 관련된 불확실성 등을 고려하기 위한 안전계수이다.
② 하중계수는 하중의 공칭값과 실제 하중 간의 불가피한 차이, 하중을 작용외력으로 변환시키는 해석상의 불확실성, 예기치 않은 초과하중, 환경작용 등의 변동을 고려하기 위하여 사용하중에 곱해주는 안전계수이다.

답 ㉯

예제 3-6

철근콘크리트구조의 구조설계기준에서 정하고 있는 하중계수를 쓰시오.

- $U=($ ① $)D$
- $U=($ ② $)D+($ ③ $)L$
- $U=($ ④ $)D+($ ⑤ $)W+($ ⑥ $)L$
- $U=($ ⑦ $)D+($ ⑧ $)E+($ ⑨ $)L$
- $U=($ ⑩ $)D+($ ⑪ $)W$
- $U=($ ⑫ $)D+($ ⑬ $)E$

풀이

① 1.4, ② 1.2, ③ 1.6, ④ 1.2, ⑤ 1.3, ⑥ 1.0,
⑦ 1.2, ⑧ 1.0, ⑨ 1.0, ⑩ 0.9, ⑪ 1.3, ⑫ 0.9, ⑬ 1.0

예제 3-7

철근콘크리트구조의 구조설계기준에서 정하고 있는 강도감소계수를 쓰시오.

부재 또는 하중의 종류		강도감소계수
인장지배 단면 (휨모멘트, 또는 휨모멘트와 축인장력이 동시에 작용하는 부재)		①
압축지배 단면 (축압축력, 또는 휨모멘트와 축압축력이 동시에 작용하는 부재)	나선철근으로 보강된 콘크리트 부재	②
	그 이외의 철근콘크리트 부재 (띠철근으로 보강된 콘크리트 부재)	③
전단력과 비틀림모멘트		④
콘크리트의 지압력 (포스트텐션 정착부와 스트럿-타이 모델은 제외)		⑤
포스트텐션 정착부		⑥
스트럿-타이 모델	스트럿, 절점부 및 지압부	⑦
	타이	⑧
무근콘크리트의 휨모멘트, 압축력, 전단력, 지압력		⑨

풀이

① 0.85, ② 0.70, ③ 0.65, ④ 0.75, ⑤ 0.65, ⑥ 0.85, ⑦ 0.75, ⑧ 0.85, ⑨ 0.55

기본 연습문제

01 그림과 같은 바닥 구조도에서 각 부재에 관한 기술 중 틀린 것은? (단, $l_1 < l_2$)

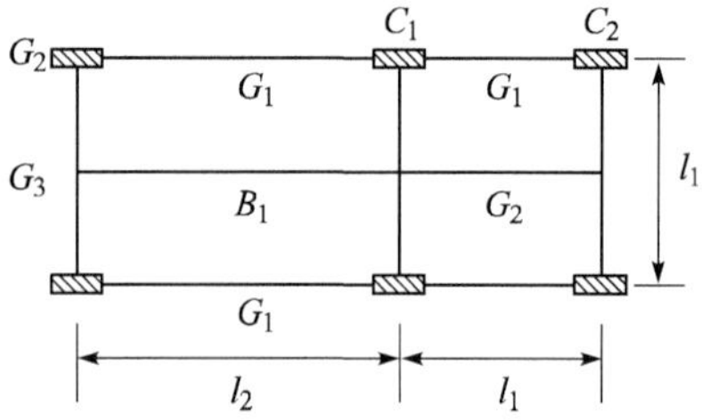

㉮ 가장 큰 비틀림모멘트를 받는 보는 G_3 이다.
㉯ 기둥 C_1의 형태는 구조적으로 정사각형이 합당하다.
㉰ 기둥 C_2는 2방향 휨모멘트를 받기 때문에 2방향의 휨모멘트를 고려한 설계를 해야 한다.
㉱ 기둥 C_1의 기초 설계 시 지중보를 설치하여 휨모멘트를 처리할 때 축력만 고려한 설계를 해도 된다.

풀이 ① 기둥 C_1 : x방향으로 불균형 휨모멘트가 작으므로 y방향으로 단면을 길게 한다.

②

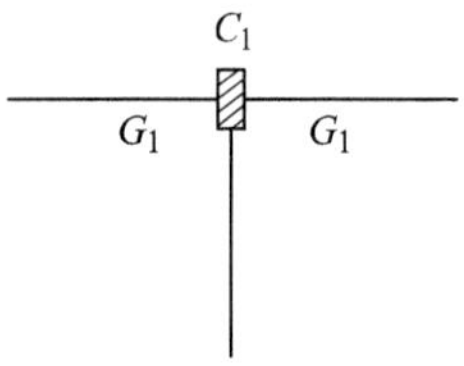

③

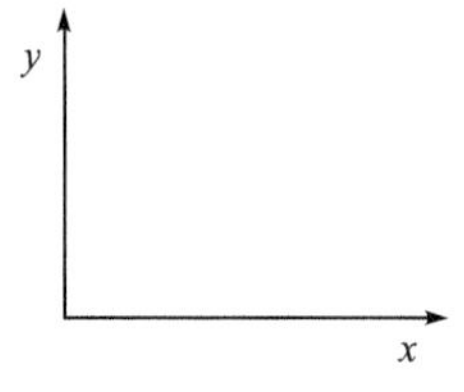

답 ㉯

02 그림과 같은 바닥 구조도에서 기둥의 단면이 정사각형이 되는 것이 합당한 기둥은? (단, x, y 방향의 경간은 같다.)

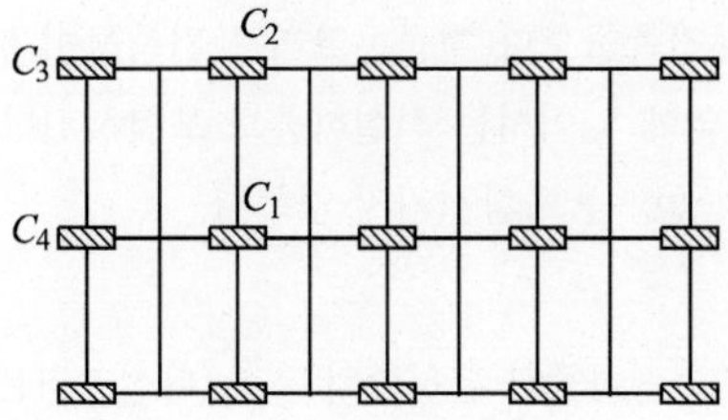

㉮ C_1　　㉯ C_2　　㉰ C_3　　㉱ C_4

풀이 중앙의 기둥 C_1은 휨모멘트가 거의 발생하지 않으므로 정사각형 형태가 합당하다.

답 ㉮

03 그림과 같은 일체식 바닥 구조도에서 부재 G_1이 부재 B_1의 처짐 때문에 추가적으로 검토되어야 할 응력은?

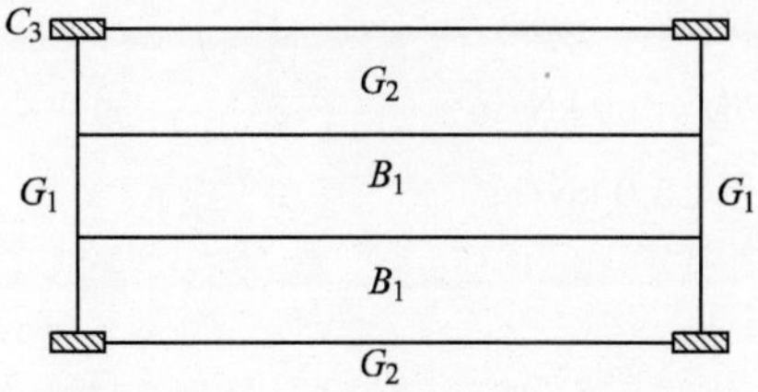

㉮ 전단 응력　　㉯ 휨 응력　　㉰ 비틀림 응력　　㉱ 축 응력

풀이 ① 부재 B_1의 처짐이 발생하면 B_1의 단부인 G_1에서 비틀림이 발생한다.
② 비틀림이 예상되는 부재의 비틀림 철근의 종류로는 폐쇄띠철근, 폐쇄스터럽 그리고 나선철근 등이 있다.

답 ㉰

04 다음 중 굴뚝과 같은 독립구조물의 기초 설계 시 고려할 필요가 없는 하중은?

㉮ 풍하중　　㉯ 지진하중　　㉰ 적설하중　　㉱ 고정하중

풀이 굴뚝과 같은 구조물은 눈이 적재되지 않으므로 적설하중은 고려되지 않는다.

답 ㉰

05 장기하중에 대한 기술에서 옳지 않은 것은 어느 것인가?

㉮ 장기하중은 연직하중이다.
㉯ 장기하중은 강구조 건축물보다 철근콘크리트 건축물이 더 크다.
㉰ 장기하중은 다설지역에 있어서는 적설하중도 포함시킨다.
㉱ 장기하중은 사람의 중량을 포함시키지 않는다.

풀이 장기하중 ① 고정하중과 활하중의 조합 (다설지역은 적설하중 포함)
② 활하중 : 사람, 물건 등의 중량에 의한 연직하중

답 ㉱

06 건축구조기준에 의한 용도별 등분포하중 값으로 적절한 것은?

㉮ 도서관의 서고 : 6.0 kN/m^2
㉯ 일반사무실 : 2.5 kN/m^2
㉰ 학교의 교실 : 3.5 kN/m^2
㉱ 백화점 1층 : 4.0 kN/m^2

풀이 ① 도서관의 서고 : 7.5 kN/m^2
② 학교의 교실 : 3.0 kN/m^2
③ 백화점 1층 : 5.0 kN/m^2

답 ㉯

07 지하주차장 시공시 설계하중보다 큰 시공하중이 작용하는 경우가 많이 발생한다. 이 경우 시공기간 동안만 하중이 작용하므로 시공하중에 대한 보강이 필요한데, 다음 중 가장 적절한 보강 방안은 어느 것인가?

㉮ 구조물 전체를 시공하중과 완공시 사용하중을 만족하도록 부재단면을 증대시킨다.
㉯ H형강이나, PIPE를 사용하여 시공하중이 작용하는 동안만 보강한다.
㉰ 철판 보강으로 보와 기둥, 슬래브를 보강한다.
㉱ 탄소섬유를 사용한 보강법을 실시한다.

풀이 시공하중은 시공기간 동안만 작용하므로 구조물 전체를 시공하중과 사용하중에 대해 설계하면 단면이 과대해져 필요이상의 단면이 된다. 일반적으로 구조설계 실무에서는 시공하중이 작동하는 동안만 H형강이나 Pipe 등을 사용하여 보강한다.

답 ㉯

08 건축물의 지붕면이 받는 풍압력과 관계없는 사항은?

㉮ 지붕 면적 ㉯ 지붕 모양 ㉰ 속도압 ㉱ 건축물의 중량

풀이 건축물의 중량은 지진력 산정시 고려한다. 답 ㉱

09 풍하중에 관한 설명 중 가장 맞는 것은?

㉮ 바람은 횡방향 하중이므로 건축물의 흔들림만 제어하면 안전하다.
㉯ 바람은 외부에서 구조물을 향하여 수직방향으로 불어오므로 수직방향 외벽면 골조가 안전하도록 설계한다.
㉰ 바람은 연직 상방향의 힘으로 작용할 수도 있다.
㉱ 경량 철골조 건축물은 풍하중에 특별히 안전하다.

풀이 ① 횡하중을 받는 구조물은 전도, 활동 등에 대해서도 안전해야 한다.
② 바람은 일반적으로 횡하중으로 작용한다.
③ 경량철골조 건축물은 풍하중에 특히 약하다. 답 ㉯

10 활하중의 영향면적에 대해 옳게 설명한 것은?

㉮ 기둥 및 기초에서는 부하면적의 6배
㉯ 보에서는 부하면적의 5배
㉰ 캔틸레버 부분은 영향면적에 단순 합산
㉱ 슬래브에서는 부하면적의 2배

풀이 영향면적 ① 기둥 및 기초에서는 부하면적의 4배
② 보 또는 벽체에서는 부하면적의 2배
③ 슬래브에서는 부하면적

단, 부하면적 중 캔틸레버 부분은 4배 또는 2배를 적용하지 않고 영향면적에 단순 합산한다. 답 ㉰

11 부하면적 36 m^2인 콘크리트 기둥의 영향면적에 따른 활하중저감계수 (C)로 옳은 것은? (단, $C=0.3+\frac{4.2}{\sqrt{A}}$, A는 영향면적)

㉮ 0.25 ㉯ 0.45 ㉰ 0.65 ㉱ 1

풀이 ① 부하면적 36 m^2

② 기둥의 영향면적 $A=36\times4=144\ m^2$

③ 활하중저감계수 $C=0.3+\frac{4.2}{\sqrt{A}}=0.3+\frac{4.2}{\sqrt{144}}=0.65$

답 ㉰

12 바닥 (Slab)의 두께를 증가시킨 효과에 대하여 적절하지 못한 것은?

㉮ 건축물 전체의 자중이 커진다. ㉯ 내진설계 시 횡하중이 커진다.
㉰ 풍하중에 불리하다. ㉱ 층간소음이 줄어든다.

풀이 바닥의 두께 변화와 풍하중과는 직접적인 관계가 없다. 바닥의 두께가 증가될 경우 강성이 증대되어 풍하중에 대한 흔들림은 다소 줄어들 것이다.

답 ㉰

13 강도설계법을 허용응력설계법과 비교할 때 그 장 · 단점의 설명으로 옳지 않은 것은?

㉮ 파괴에 대한 안전도의 확보가 확실하다.
㉯ 부재의 강도를 알기 어렵다.
㉰ 서로 다른 재료의 특성을 설계에 합리적으로 반영하기 어렵다.
㉱ 하중계수에 의하여 하중의 특성을 설계에 반영할 수 있다.

풀이 강도설계법에서는 부재의 강도를 산정하여 안전성을 검토한다.

답 ㉯

14 철근콘크리트구조 설계 시 고려하는 강도설계법에 관한 설명으로 옳지 않은 것은?

㉮ 보의 압축측의 응력분포는 사다리꼴, 포물선 등의 형태로 본다.
㉯ 규정된 허용하중이 초과될지로 모를 가능성을 예측하여 하중계수를 사용한다.
㉰ 재료의 변화, 시공오차 등의 기술적인 면을 고려하여 강도감소계수를 사용한다.
㉱ 이 설계방법은 탄성이론하에서 이루어진 설계법이다.

풀이 탄성이론하에서 이루어진 설계법은 허용응력설계법이며, 강도설계법은 비탄성거동을 고려하는 설계법이다. 답 ㉱

15 철근콘크리트구조의 설계법 중 강도설계법의 특징으로 옳지 않은 것은?

㉮ 구조물의 파괴에 대한 안전도의 확보가 확실하다.
㉯ 서로 다른 하중의 특성을 설계에 반영할 수 있다.
㉰ 서로 다른 하중의 특성을 설계에 반영시키기 어렵다.
㉱ 처짐 및 균열에 대한 사용성 확보 검토가 불필요하다.

풀이 강도설계법에서 처짐 및 균열은 사용성 확보를 위한 별도로 검토해야 한다. 답 ㉱

16 철근콘크리트 강도설계법에 대한 기본적인 요구사항의 표현 중에서 적당한 것은 어느 것인가?

㉮ 설계강도≤소요강도
㉯ 강도감소계수×사용하중≤설계강도×하중계수
㉰ 강도감소계수×공칭강도≥소요강도
㉱ 설계강도×공칭강도≤소요강도×강도감소계수

풀이 설계강도가 소요강도보다 커야한다 ($U \le R_d$). 설계강도 (R_d)는 강도감소계수×공칭강도 (ϕR_n)이며, 소요강도 (U)는 하중계수에 의한 단면력 ($\Sigma \gamma_i S_i$)이다. 답 ㉰

17 하중계수의 가장 적당한 표현은?

㉮ 활하중(적재하중)과 고정하중의 비
㉯ 하중에 1보다 큰 수를 곱하여 하중크기를 증가시킨 것
㉰ 허용응력과 항복하중의 비
㉱ 항복응력과 항복하중의 비

풀이 하중계수는 하중의 공칭값과 실제 하중과의 불가피한 차이를 말하며, 하중을 작용 외력으로 변환시키는 해석상의 불확실성, 환경작용 등의 변동을 고려하기 위한 안전계수이며, 일반적으로 하중에 1보다 큰 수를 곱하여 하중크기를 증가시킨다. 답 ㉯

18 강도설계법에 의한 철근콘크리트구조 설계 시 고정하중(D)과 활하중(L)에 대한 소요강도(U)의 산정식으로 가장 적당한 것은?

㉮ $U=1.2D+1.6L$　　㉯ $U=1.3D+0.9L$
㉰ $U=1.7D+1.4L$　　㉱ $U=0.75D+1.7L$

풀이 소요강도 : 고정하중(D)과 활하중(L)
① $U=1.4D$
② $U=1.2D+1.6L$ 답 ㉮

19 강도설계법에서 고정하중 D와 적재하중 L의 소요강도에 대한 하중조합으로 옳은 것은?

㉮ $U=1.2D+1.6L$　　㉯ $U=1.8D+1.4L$
㉰ $U=0.75(1.2D+1.6D)$　　㉱ $U=0.75(1.7D+1.4)$

풀이 $U=1.2D+1.6L$ 답 ㉮

20 철근콘크리트구조의 강도설계법에서 하중조합에 따른 소요강도에 대한 표현 중 틀린 것은? (단, U : 계수하중, D : 고정하중, L : 활하중, E : 지진하중, W : 풍하중)

㉮ $U=1.2D+1.3E+1.0L$　　㉯ $U=1.2D+1.6L$

㉰ $U=1.2D+1.3W+1.0L$　　㉱ $U=0.9D+1.3W$

풀이 소요강도

1. 고정하중 (D)과 활하중 (L) :
   ① $U=1.4D$
   ② $U=1.2D+1.6L$
2. 고정하중 (D), 활하중 (L) 및 풍하중 (W) :
   ① $U=1.2D+1.3W+1.0L$
   ② $U=0.9D+1.3W$
3. 고정하중 (D), 활하중 (L) 및 지진하중 (E) :
   ① $U=1.2D+1.0E+1.0L$
   ② $U=0.9D+1.0E$

답 ㉮

21 강도설계법에서 하중조합이 옳게 표현되지 않은 것은? (D : 고정하중, L : 활하중, W : 풍하중, E : 지진하중)

㉮ $1.2D+1.6L$　　㉯ $1.2D+1.0W+1.0L$

㉰ $1.2D+1.0E+1.0L$　　㉱ $0.9D+1.3W$

풀이 소요강도 : 고정하중 (D), 활하중 (L) 및 풍하중 (W)

$U=1.2D+1.3W+1.0L$

답 ㉯

22 강도설계법에 따른 하중조합으로 옳은 것은?

㉮ $U=1.2D$　　㉯ $U=1.2D+1.0E+1.6L$

㉰ $U=0.9D+1.3W$　　㉱ $U=1.2D+1.3L+0.9W$

풀이 ① $U=1.4D$

② $U=1.2D+1.0E+1.0L$

③ $U=1.2D+1.3W+1.0L$

답 ㉰

23 강도설계법에서 철근콘크리트구조 설계 시 고려해야 하는 하중조합으로 옳지 않은 것은? (단, D는 고정하중, L은 활하중, W는 풍하중, E는 지진하중, S는 적설하중)

㉮ $U=1.4(D+F)$ ㉯ $U=1.2D+1.3W+1.0L+0.5S$
㉰ $U=1.2D+1.0E+1.0L+0.2S$ ㉱ $U=1.4D+1.3L+1.6S$

풀이 $U=1.2D+1.6L+0.5S$

답 ㉱

24 철근콘크리트구조 설계 시 적용하는 하중조합으로 옳은 것은? (단, D는 고정하중, L은 활하중, W는 풍하중, E는 지진하중, S는 적설하중)

㉮ $U=1.2D+1.6L$ ㉯ $U=1.4D+1.7L$
㉰ $U=1.4D+1.3W+1.0L$ ㉱ $U=1.2D+1.3E+1.0L$

풀이
① $U=1.2D+1.6L$
② $U=1.2D+1.3W+1.0L$
③ $U=1.2D+1.0E+1.0L$

답 ㉮

25 강도설계법에 의한 철근콘크리트구조 설계에서 고정하중 $w_D=4\ \mathrm{kN/m^2}$이고, 활하중 $w_L=5\ \mathrm{kN/m^2}$인 경우 소요강도 산정을 위한 계수하중 w_u는 얼마인가?

㉮ 9 kN/m² ㉯ 10.6 kN/m² ㉰ 12.8 kN/m² ㉱ 15.3 kN/m²

풀이 계수하중은 다음 값 중에서 큰 값이다.
① $w_u=1.4w_D=1.4\times4=5.6\ \mathrm{kN/m^2}$
② $w_u=1.2w_D+1.6w_L=1.2\times4+1.6\times5=12.8\ \mathrm{kN/m^2}$
$\therefore\ w_u=12.8\ \mathrm{kN/m^2}$

답 ㉰

26 고정하중 (D) 2 kN/m^2과 활하중 (L) 3 kN/m^2이 구조물에 작용할 경우 계수하중 (U)을 구하면?

㉮ 6.0 kN/m^2　　㉯ 6.4 kN/m^2　　㉰ 6.8 kN/m^2　　㉱ 7.2 kN/m^2

풀이 계수하중은 다음 값 중에서 큰 값이다.

① $w_u = 1.4w_D = 1.4 \times 2 = 2.8$ kN/m^2

② $w_u = 1.2w_D + 1.6w_L = 1.2 \times 2 + 1.6 \times 3 = 7.2$ kN/m^2

$\therefore$ $w_u = 7.2$ kN/m^2

답 ㉱

27 고정하중이 5 kN/m^2이고 활하중이 3 kN/m^2인 우 슬래브를 설계할 때 사용하는 계수하중은 얼마인가?

㉮ 8.4 kN/m^2　　㉯ 9.5 kN/m^2　　㉰10.8 kN/m^2　　㉱ 12.9 kN/m^2

풀이 계수하중은 다음 값 중에서 큰 값이다.

① $w_u = 1.4w_D = 1.4 \times 5 = 7.0$ kN/m^2

② $w_u = 1.2w_D + 1.6w_L = 1.2 \times 5 + 1.6 \times 3 = 10.8$ kN/m^2

$\therefore$ $w_u = 10.8$ kN/m^2

답 ㉰

28 강도설계법에서 고정하중 40 kN, 활하중 30 kN이 작용할 때 계수하중은 얼마인가?

㉮ 135 kN　　㉯ 124 kN　　㉰ 116 kN　　㉱ 96 kN

풀이 계수하중은 다음 값 중에서 큰 값이다.

① $P_u = 1.4P_D = 1.4 \times 40 = 56$ kN

② $P_u = 1.2P_D + 1.6P_L = 1.2 \times 40 + 1.6 \times 30 = 96$ kN

$\therefore$ $P_u = 96$ kN

답 ㉱

29 고정하중 및 활하중 (적재하중)에 의한 전단력이 각각 30 kN, 20 kN일 때 강도설계법에서 소요전단강도로 옳은 것은?

㉮ 68 kN ㉯ 76 kN ㉰ 79 kN ㉱ 82 kN

풀이 계수하중은 다음 값 중에서 큰 값이다.

① $V_u = 1.4V_D = 1.4 \times 30 = 42$ kN

② $V_u = 1.2V_D + 1.6V_L = 1.2 \times 30 + 1.6 \times 20 = 68$ kN

∴ $V_u = 68$ kN

답 ㉮

30 강도설계법으로 설계 시 고정하중에 의하여 5 kN·m, 활하중에 의하여 10 kN·m의 휨모멘트를 받는 단철근 직사각형 보의 소요휨모멘트강도(M_u)를 구하면?

㉮ 18.3 kN·m ㉯ 20.3 kN·m ㉰ 22.0 kN·m ㉱ 24.3 kN·m

풀이 소요휨모멘트강도는 다음 값 중에서 큰 값이다.

① $M_u = 1.4M_D = 1.4 \times 5 = 7.0$ kN·m

② $M_u = 1.2M_D + 1.6M_L = 1.2 \times 5 + 1.6 \times 10 = 22.0$ kN·m

∴ $M_u = 22.0$ kN·m

답 ㉰

31 철근콘크리트구조 설계를 위해 선형탄성 구조해석을 수행한 결과, 보 단면에 다음과 같은 단면력이 계산되었다. 이 값을 사용해서 계수휨모멘트를 구하면?

① 고정하중에 의한 휨모멘트 $M_D = 150$ kN·m ② 활하중에 의한 휨모멘트 $M_L = 120$ kN·m ③ 풍하중에 의한 휨모멘트 $M_W = 60$ kN·m

㉮ 288 kN·m ㉯ 318 kN·m ㉰ 358 kN·m ㉱ 378 kN·m

풀이 계수휨모멘트는 다음 값 중에서 큰 값이다.

① $M_u = 1.4M_D = 1.4 \times 150 = 210$ kN·m

② $M_u = 1.2M_D + 1.6M_L = 1.2 \times 150 + 1.6 \times 120 = 372$ kN·m

③ $M_u = 1.2M_D + 1.3M_W + 1.0M_L = 1.2 \times 150 + 1.3 \times 60 + 1.0 \times 120 = 378$ kN · m

④ $M_u = 0.9M_D + 1.3M_W = 0.9 \times 150 + 1.3 \times 60 = 213$ kN · m

∴ $M_u = 378$ kN · m

답 ㉱

32 그림과 같은 지상 4층 건물에 기둥 (C_1)의 1층에 발생 하는 계수하중에 의한 축력을 면적법으로 구하면? (단, 보 및 기둥 자중은 무시하며, 바닥하중 (지붕하중 동일)은 고정하중은 5 kN/m^2, 활하중은 3 kN/m^{2}이며 활하중 저감은 무시한다.)

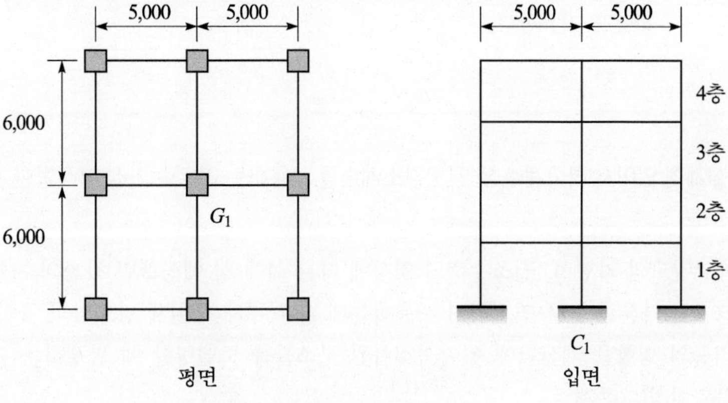

㉮ 1,296 kN　　㉯ 1,364 kN　　㉰ 1,412 kN　　㉱ 1,498 kN

풀이

1. 계수하중

계수하중은 다음 값 중에서 큰 값이다.

① $w_u = 1.4w_D = 1.4 \times 5 = 7.0$ kN/m^2

② $w_u = 1.2w_D + 1.6w_L = 1.2 \times 5 + 1.6 \times 3 = 10.8$ kN/m^2

∴ $w_u = 10.8$ kN/m^2

2. 기둥 C_1의 부하면적

$A = 5 \times 6 = 30$ m^2

3. 4개 층에 대한 계수하중

$P_u = n w_u A = 4 \times 10.8 \times 30 = 1{,}296$ kN

답 ㉮

33 하중계수를 곱하지 않은 고정하중 및 활하중을 강도설계법에서는 무엇이라고 부르는가?

㉮ 계수하중 (Factored Load)
㉯ 사용하중 (Service Load)
㉰ 설계하중 (Design Load)
㉱ 지속하중 (Sustained Load)

풀이 ① 계수하중 (Factored Load) : 강도설계법으로 부재를 설계할 때 사용하중에 하중계수를 곱한 하중이다.

② 사용하중 (Service Load) : 고정하중 및 활하중과 같은 각종 하중으로서 하중계수를 곱하지 않은 하중 (작용하중이라고도 한다).

③ 설계하중 (Design Load) : 부재 설계 시 고려하는 하중으로 강도설계법에 의할 때는 계수하중을 적용한다.

답 ㉯

34 구조설계에 있어서 하중계수 및 강도감소계수를 사용하는 이유로 가장 부적합한 것은 다음 중 어느 것인가?

㉮ 재료강도의 가변성, 건조수축의 영향에 따른 설계 시 예상했던 값과의 차이
㉯ 크기가 다른 철근을 연결하여 사용하는데 따른 부재의 실제 강도와의 차이
㉰ 하중의 영향을 계산함에 있어서 3차원 구조물을 모델링할 때 발생하는 부정확성 등과 같은 불확실성의 존재
㉱ 콘크리트의 크리프에 의한 소성변형과 탄성변형의 차이

풀이 크리프는 장기처짐과 관련이 있으며 이것은 사용성에 관한 것이다.

답 ㉱

35 구조설계에 있어서 하중계수 및 강도감소계수를 사용하는 이유로 가장 적절하지 않은 것은 어느 것인가?

㉮ 하중의 크기를 산정하는데 포함된 불확실성
㉯ 크기가 다른 부재로부터 발생하는 강도의 차이
㉰ 구조부재의 중요도 및 교체에 따른 비용감안
㉱ 재료강도의 가변성으로 인하여 실제 예상했던 값과의 차이

풀이 부재의 크기가 다르면 부재의 강도가 변하게 된다. 그러나 부재의 제작 및 시공할 때 설계도와의 차이는 강도감수계수와 관련이 있다.

답 ㉯

36 강도설계법에서 강도감소계수 (저감계수)에 영향을 미치는 요인이 아닌 것은?

㉮ 부재의 중요성　　㉯ 재료강도의 가변성
㉰ 철근의 위치, 휘어짐, 치수의 오차　　㉱ 하중의 과재하

풀이 하중의 과재하는 하중계수에 영향을 미치는 요인이다. 답 ㉱

37 강도감소계수 (ϕ)에 대한 설명 중 틀린 것은?

㉮ 설계 및 시공상의 오차를 고려한 값이다.
㉯ 하중의 종류와 조합에 따라 값이 달라진다.
㉰ 휨모멘트를 받는 부재가 인장지배 단면인 경우 강도감소계수는 0.85이다.
㉱ 전단과 비틀림에 대한 강도감소계수는 0.75이다.

풀이 강도감소계수 (ϕ)는 부재력의 종류 (휨모멘트, 축력, 전단력)에 따라 달라진다. 하중계수는 하중의 종류와 조합에 따라 달라진다. 답 ㉯

38 다음 중 철근콘크리트구조 설계 시 사용하는 용어에 대한 설명이 옳지 않은 것은?

㉮ 콘크리트의 설계기준압축강도 : 콘크리트 부재를 설계할 때 기준이 되는 콘크리트의 압축강도
㉯ 공칭강도 : 강도설계법의 규정과 가정에 따라 계산된 부재나 단면의 강도로 강도감소계수를 적용한 강도
㉰ 계수하중 : 강도설계법으로 부재를 설계할 때 사용하중에 하중계수를 곱한 하중
㉱ 설계하중 : 부재 설계 시 적용하는 하중

풀이 ① 공칭강도 : 강도설계법에서 하중에 대한 구조체나 구조부재 또는 단면의 저항능력을 말하며 강도감소계수 또는 저항계수를 적용하지 않은 강도이다.
② 설계강도 : 단면 또는 부재의 공칭강도에 강도감소계수 또는 저항계수를 곱한 강도이다.

답 ㉯

39 강도설계법에서 철근콘크리트 휨부재가 인장지배 단면인 경우 강도감소계수는?

㉮ 0.70 ㉯ 0.80 ㉰ 0.85 ㉱ 0.95

풀이 철근콘크리트 휨부재가 인장지배 단면인 경우 강도감소계수 $\phi=0.85$이다. 답 ㉰

40 철근콘크리트구조 설계 중 강도설계법의 강도감소계수에 관한 기술 중 적절한 것은?

㉮ 인장지배 단면으로써 휨모멘트와 축인장력이 동시에 작용하는 부재 : 0.75
㉯ 전단력과 비틀림모멘트 : 0.70
㉰ 콘크리트의 지압력 : 0.65
㉱ 무근콘크리트의 휨모멘트 : 0.80

풀이 ① 인장지배 단면으로써 휨모멘트와 축인장력이 동시에 작용하는 부재 : 0.85
② 전단력과 비틀림모멘트 : 0.75
③ 콘크리트의 지압력 : 0.65
④ 무근콘크리트의 휨모멘트 : 0.55 답 ㉰

41 철근콘크리트구조의 구조설계 시 적용되는 강도감소계수 (ϕ)로 옳지 않은 것은?

㉮ 콘크리트의 지압력 (포스트텐션 정착부나 스트럿-타이 모델은 제외) : 0.75
㉯ 압축지배 단면 중 나선철근 규정에 따라 나선철근으로 보강된 철근콘크리트 부재 : 0.70
㉰ 전단력과 비틀림모멘트 : 0.75
㉱ 인장지배 단면 : 0.85

풀이 콘크리트의 지압력 (포스트텐션 정착부나 스트럿-타이 모델은 제외) : 0.65 답 ㉮

42 강도설계법에 의한 철근콘크리트구조 설계 시 강도감소계수 값으로 옳지 않은 것은?

㉮ 인장지배 단면 : 0.85

㉯ 전단력 및 비틀림모멘트 : 0.75

㉰ 압축지배 단면(띠철근 기둥) : 0.70

㉱ 변화구간 단면 : 0.65~0.85

풀이 압축지배 단면(띠철근 기둥) : 0.65 답 ㉰

43 강도설계법에 의한 철근콘크리트구조 설계 시 강도감소계수 값으로 옳지 않은 것은?

㉮ 인장지배 단면 : 0.85

㉯ 압축지배 단면 중 나선철근으로 보강된 철근콘크리트 : 0.85

㉰ 전단력 및 비틀림모멘트 : 0.75

㉱ 포스트텐션 정착구역 : 0.85

풀이 압축지배 단면 중 나선철근으로 보강된 철근콘크리트 : 0.70 답 ㉯

44 나선철근 규정에 따라 나선철근으로 보강된 철근콘크리트 기둥에서 강도감소계수는 얼마인가?

㉮ 0.85 ㉯ 0.75 ㉰ 0.70 ㉱ 0.65

풀이 압축지배 단면 중 나선철근으로 보강된 철근콘크리트 : 0.70 답 ㉯

심화 연습문제

01 구조설계의 원칙 네 가지를 적고 이를 설명하시오.

02 바닥슬래브의 재하면적과 하중 산정방법과 기둥이 부담하는 바닥판의 재하면적을 설명하시오.

03 구조설계에서 사용되는 대표적인 설계하중 중에서 고정하중, 활하중, 적설하중 및 풍하중을 간단히 설명하시오.

04 강도설계법과 허용응력설계법 그리고 한계상태설계법을 간단히 설명하시오.

05 철근콘크리트구조의 구조설계기준에서 정하고 있는 강도설계법의 안전규정에 대해 설명하시오.

06 철근콘크리트의 강도설계법에서 하중계수의 사용이유는 무엇인가?

07 철근콘크리트의 강도설계법에서 강도감소계수의 사용이유는 무엇인가?

08 철근콘크리트의 강도설계법에서 부재 또는 하중의 종류에 따라 구분하여 강도감소계수의 값을 쓰시오.

CHAPTER 04

보의 해석과 설계

CHAPTER 04

보의 해석과 설계

4.1. 서론

4.1.1. 개요

보는 휨모멘트를 지지하거나 또는 부재의 축방향에 직각으로 작용하는 전단력을 지지하는 휨재이다. 철근콘크리트 보에서 하중이 작용할 경우 휨모멘트와 전단력이 발생된다. 보의 중앙부에서는 휨모멘트에 의해 중립축을 중심으로 상부에는 압축력이 발생되고 하부에는 인장력이 발생된다. 상부의 압축력은 콘크리트가 부담하고 하부의 인장력은 주철근으로 보강하여 부담하게 한다. 또한 전단력은 전단면(全斷面)에 대해 발생하며 스터럽(Stirrup, 늑근)과 같은 전단철근으로 보강한다. 아울러 철근콘크리트 보에서는 처짐, 균열과 같은 사용성 검토가 이루어져야 된다.

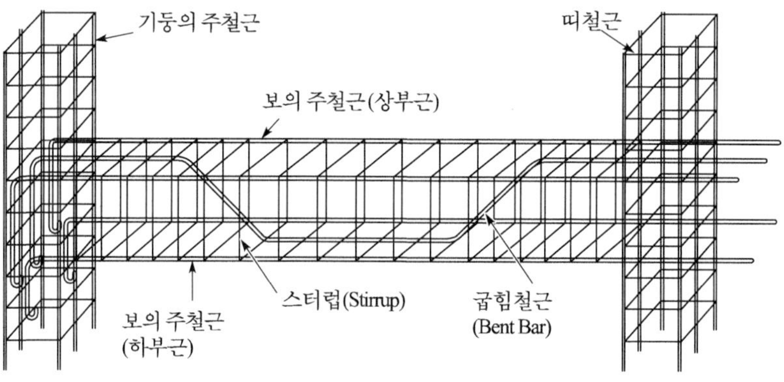

그림 4.1 보 및 기둥 철근의 배치

4.1.2. 정모멘트와 부모멘트

보 단면의 중립축을 중심으로 상부에 압축응력을 발생시키고 하부에 인장응력을 발생시키는 휨모멘트를 정모멘트(Positive Moment)라 한다. 중립축을 중심으로 반대의 응력을 발생시키는 휨모멘트를 부모멘트(Negative Moment)라 한다. 양단고정인 보 또는 연속보에서 중앙부에 정모멘트가 발생하고 단부에 부모멘트가 발생한다. 다음 그림은 직사각형 보와 T형 보의 단면에 정모멘트와 부모멘트가 작용할 경우의 단면치수를 나타낸 것이다.[1)]

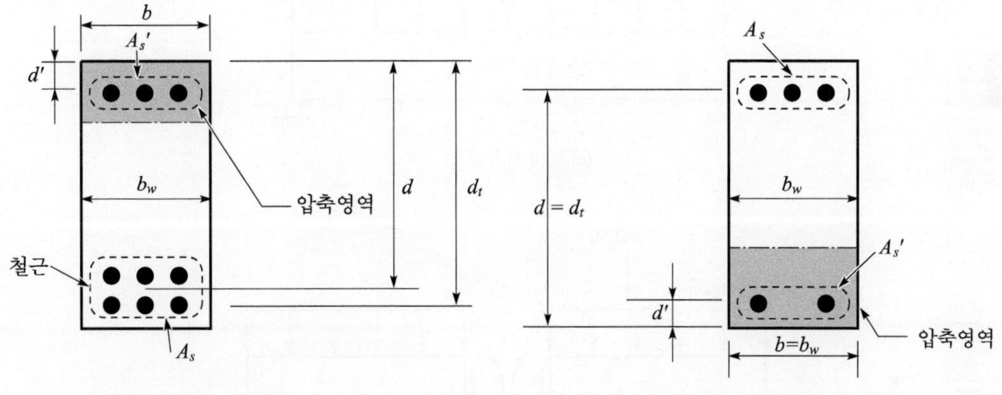

(a) 정모멘트가 작용 (b) 부모멘트가 작용

그림 4.2 직사각형 보의 단면치수

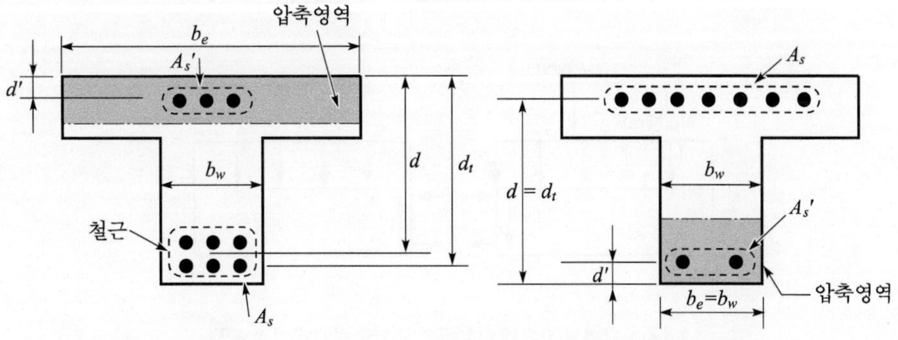

(a) 정모멘트가 작용 (b) 부모멘트가 작용

그림 4.3 T형 보의 단면치수[2)]

---

1) James K. Wight and James K. McGregor, Reinforced Concrete, Prentice Hall, 2009, p.105.
2) James K. Wight, Reinforced Concrete, Prentice Hall, 2016, p.127.

4.2. 보의 휨거동

4.2.1. 무근콘크리트 보의 휨거동

그림 4.4 (a)와 같은 무근콘크리트 단순보에서 자중과 하중에 의해 보의 내부에는 휨모멘트(M)와 전단력(V)이 발생하며, 여기서는 휨모멘트에 의한 보의 휨거동만 고려한다.

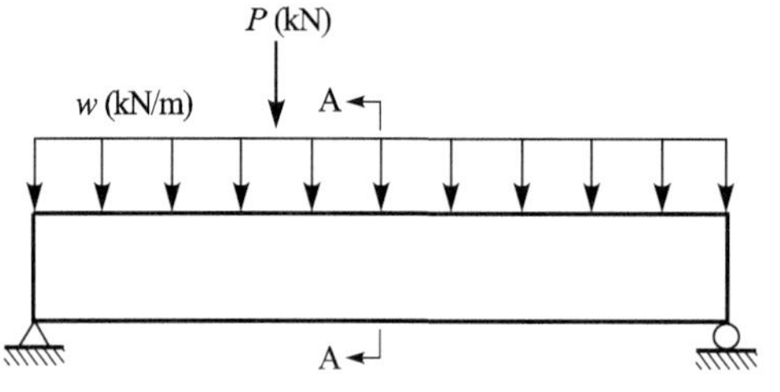

(a) 보의 작용하중

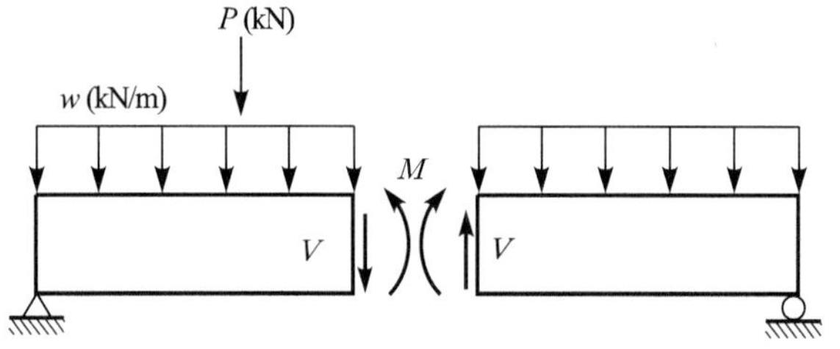

(b) A-A 단면에서 휨모멘트 M과 전단력 V

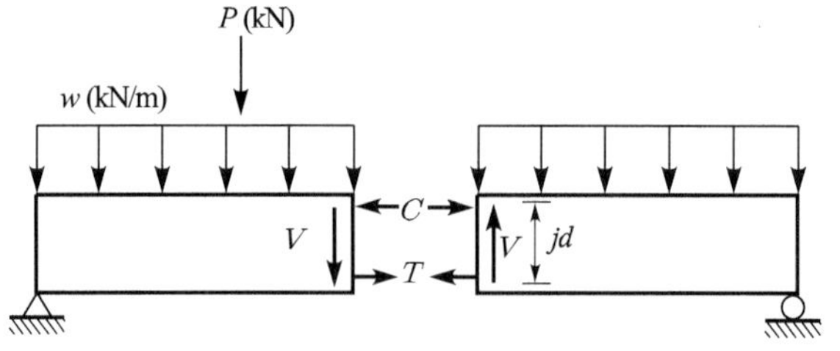

(c) A-A 단면의 휨모멘트 M에 의한 압축력 C와 인장력 T

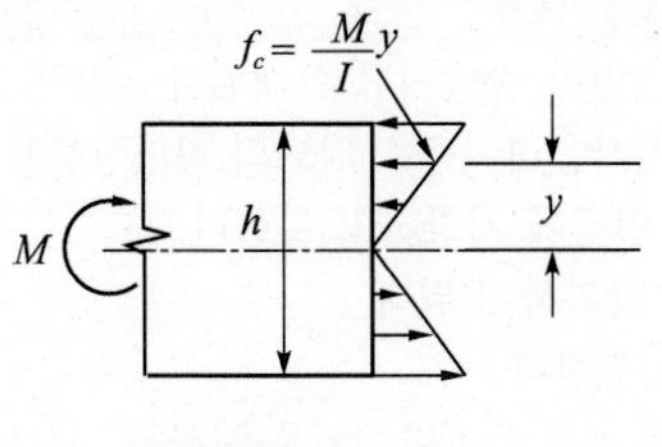

(d) 응력의 분포

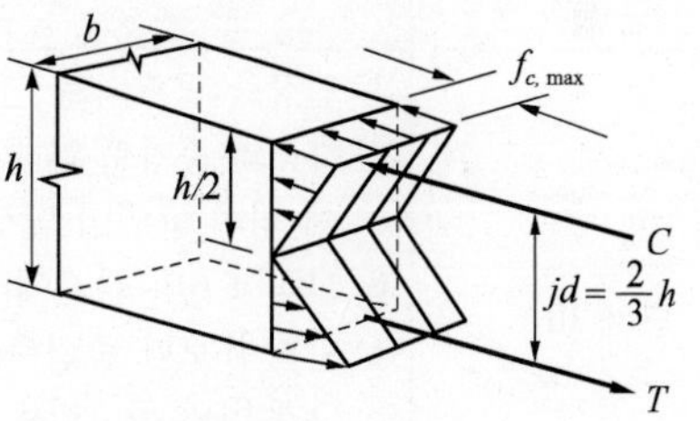

(e) 응력블록과 압축력 및 인장력

그림 4.4 무근콘크리트 단순보의 휨거동[3)]

4.2.2. 철근콘크리트 보의 휨거동

그림 4.5 (a)과 같은 철근콘크리트 보에서 단면이 직사각형이고 인장측에 철근을 배치한 보부재의 휨에 대한 거동을 살펴보기 위해 하중 P 를 영 (0)에서부터 보가 파괴될 때까지 증가시켰다. 하중 (응력) 증가에 따른 처짐 (변형)의 관계를 나타내면 그림 4.6과 같다. 보에 그림과 같은 하중이 작용할 경우, 보 단면에는 휨모멘트 (M)와 전단력 (V)이 발생되나, 본 장에서는 휨모멘트에 의한 휨거동만을 한정하여 살펴본다.

표 4.1 하중의 증가에 따른 보의 휨거동 특성

구 분	휨거동 특성
단계 Ⅰ	① 균열전 단계로써 하중의 크기가 작아서 단면에 발생되는 휨모멘트는 작고 보는 탄성 거동을 한다. ② 휨응력은 인장측에서부터 압축측까지 직선분포를 나타내며 인장측 및 압축측의 단면응력은 재료역학에서 휨응력의 기본식인 $f = \frac{M}{I}y$로부터 쉽게 구할 수 있다. ③ 하중의 크기가 작아 인장측의 콘크리트 응력이 파괴계수 ($f_r = 0.63\lambda\sqrt{f_{ck}}$) 이하이므로 균열이 발생되지 않았고 보의 처짐은 극히 작다.
단계 Ⅱ	① 허용균열폭 이하의 균열발생 단계로써 인장측 콘크리트에 균열이 연단에서부터 발생되기 시작하며 인장응력의 분포는 점차 곡선으로 변한다. ② 균열로 인해 단면손실이 일부 발생하고 보의 휨강성 (EI)이 감소되어 기울기가 약간 작아진다. ③ 허용균열폭 이하이므로 선형이지는 않지만 탄성적이다. ④ 단계 Ⅰ보다 중립축이 압축측으로 이동한다.

3) James K. Wight, Reinforced Concrete, Prentice Hall, 2016, p.129.

구 분	휨거동 특성
단계 Ⅲ	① 인장측 콘크리트 연단에서 시작된 균열이 발달되고 확대된다. ② 하중의 증가로 인해 중립축 하부의 인장응력이 콘크리트의 휨인장강도를 초과하게 되며 균열이 발생한 콘크리트는 인장에 저항하지 못한다. ③ 그림 4.6의 점 C에서 휨인장철근은 항복하게 된다. ④ 단계 Ⅱ보다 중립축이 압축측으로 이동한다. ⑤ 단계 Ⅲ의 콘크리트 응력을 직선으로 가정하여 탄성거동을 하는 것으로 하고 사용하중에 의하여 안전율을 고려하여 설계를 하는 것이 허용응력설계법(WSD ; Working Stress Design)이다.
단계 Ⅳ	① 철근의 인장응력은 항복상태가 되었으며, 콘크리트의 압축응력은 포물선으로 변하여 극한강도에 도달한다. ② 보는 파괴상태 또는 극한강도상태에 이르게 된다. ③ 그림 4.6의 점 C에서부터는 하중의 큰 증가 없이 처짐은 급격히 증가되고, 결국 그림 4.6의 점 D에서 파괴된다. ④ 단계 Ⅲ보다 중립축이 압축측으로 이동한다. ⑤ 파괴상태 또는 극한강도상태를 바탕으로 설계를 하는 것이 강도설계법(USD ; Ultimate Strength Design)이다.

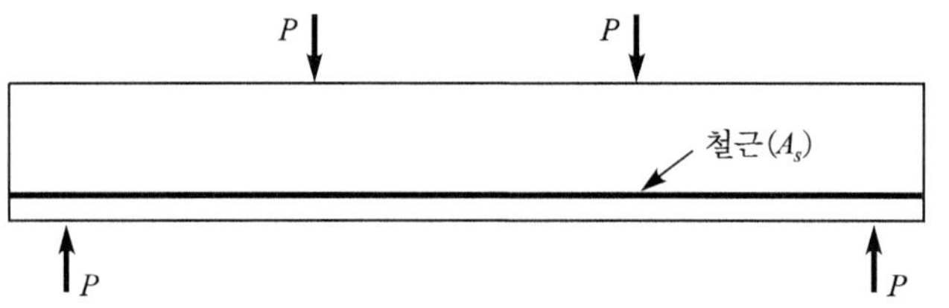

(a) 단계 Ⅰ의 보

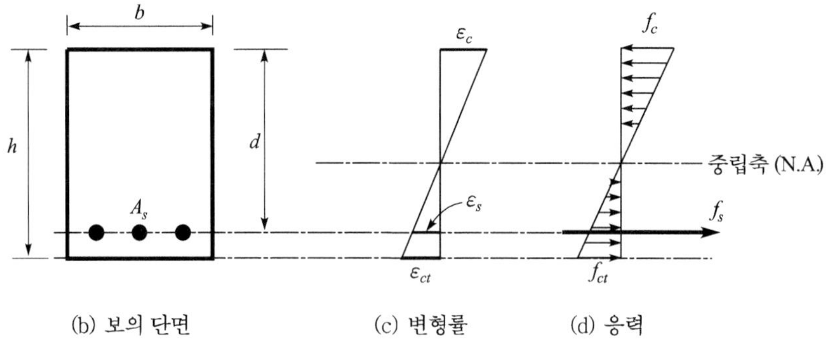

(b) 보의 단면　　(c) 변형률　　(d) 응력

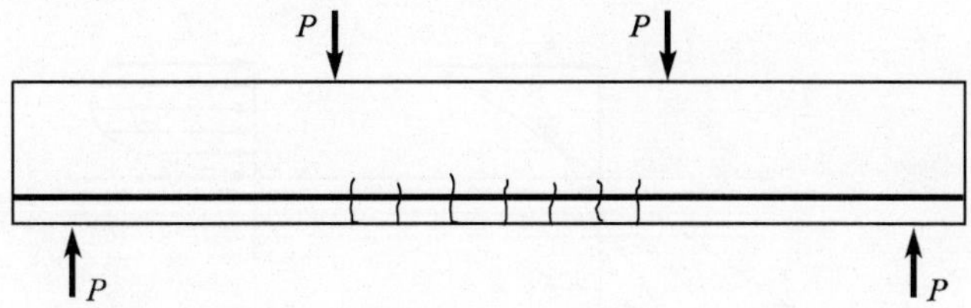

(e) 단계 Ⅱ의 보

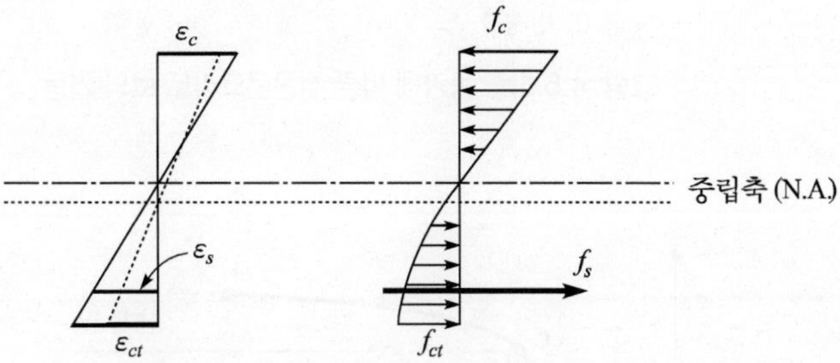

(f) 변형률 (g) 응력

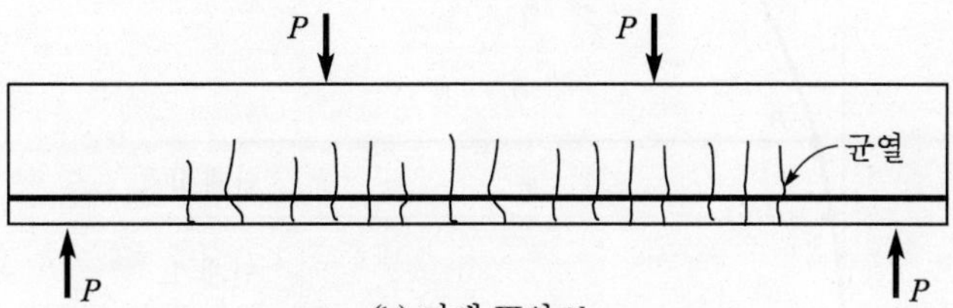

(h) 단계 Ⅲ의 보

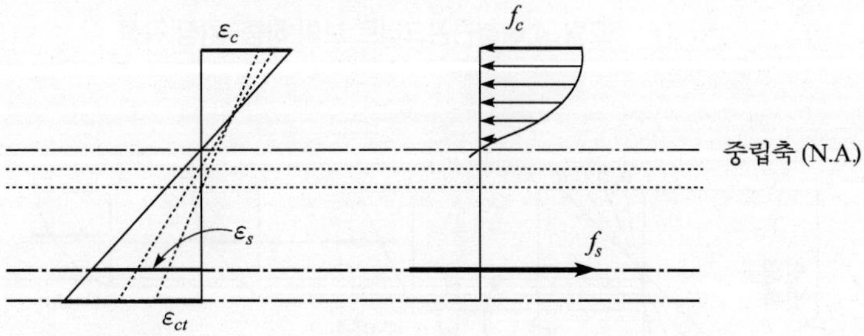

(i) 변형률 (j) 응력

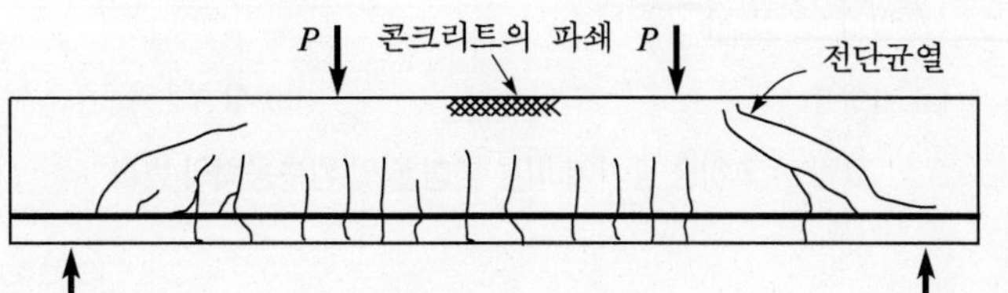

(k) 단계 Ⅳ의 보

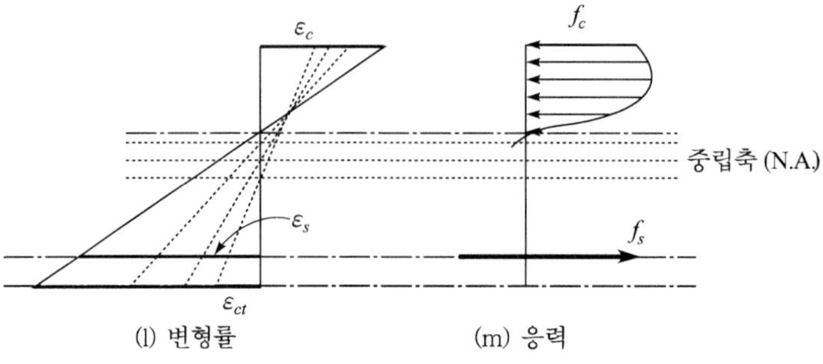

그림 4.5 하중 증가에 따른 철근콘크리트 보의 거동

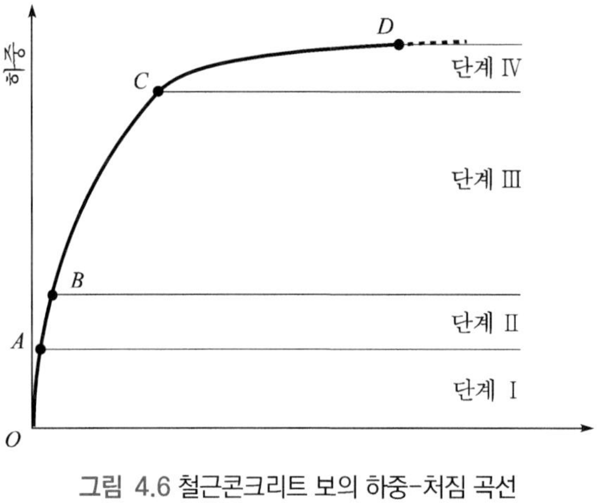

그림 4.6 철근콘크리트 보의 하중-처짐 곡선

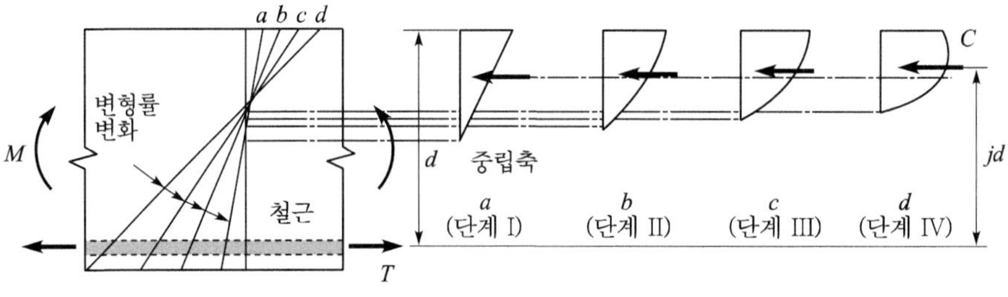

그림 4.7 하중 증가에 따른 변형률 및 압축응력의 변화

4.3. 보의 휨해석을 위한 기본 사항

4.3.1. 휨부재의 강도설계를 위한 기본 가정

철근콘크리트구조는 철근과 콘크리트로 구성됨으로 비균질한 재료이므로 구조물을 KDS 14 20 20 (4.1.1)[4]의 강도설계법에 따라 휨모멘트와 축력을 받는 부재의 강도설계는 다음 ①에서 ⑧까지에 규정된 가정을 따라야 하며, 힘의 평형조건과 변형률 적합조건을 만족시켜야 한다.

① 철근과 콘크리트의 변형률은 중립축부터 거리에 비례하는 것으로 가정할 수 있다 (변형 전에 부재 축에 수직한 평면은 변형 후에도 부재 축에 수직이다). 그러나 경간에 비해 보의 깊이가 커지면 평면유지의 가정이 성립되지 않는다. 즉, 깊은보는 비선형 변형률 분포 또는 스트럿-타이 모델로 고려하여야 한다.

② 휨모멘트 또는 휨모멘트와 축력을 동시에 받는 부재의 압축연단 콘크리트의 극한변형률 ϵ_{cu}는 콘크리트의 설계기준압축강도가 40 MPa 이하인 경우에는 0.0033으로 가정하며, 40 MPa을 초과할 경우에는 매 10 MPa의 강도 증가에 대하여 0.0001씩 감소시킨다. 콘크리트의 설계기준압축강도가 90 MPa을 초과하는 경우에는 성능실험을 통한 조사연구에 의하여 압축연단 콘크리트의 극한변형률을 선정하고 근거를 명시하여야 한다.

$$\epsilon_{cu} = 0.0033 - \left(\frac{f_{ck} - 40}{100{,}000}\right) \le 0.0033 \qquad (1)$$

여기서, ϵ_{cu} : 압축연단 콘크리트의 극한변형률

f_{ck} : 콘크리트의 설계기준압축강도 (MPa)

③ 철근의 변형률 ϵ_s가 항복 변형률 ϵ_y 이하일 때 철근의 응력 f_s는 그 변형률 ϵ_s에 E_s를 곱한 값으로 하고, 철근의 변형률 ϵ_s가 설계기준항복강도 f_y에 대응하는 항복변형률 ϵ_y보다 더 큰 경우 대한 철근의 응력은 그 변형률에 관계없이 f_y로 하여야 한다.

4) KDS 14 20 20 (4.1.1) 콘크리트구조 휨 및 압축 설계기준, 국토교통부 제정, 한국콘크리트학회 작성, 2021.

$$\epsilon_s \le \epsilon_y \text{인 경우 : } f_s = E_s \epsilon_s \quad \text{(Hook의 법칙)} \qquad (2)$$

$$\epsilon_s > \epsilon_y \text{인 경우 : } f_s = f_y \qquad (3)$$

여기서, f_s : 인장철근의 응력 (MPa)

f_y : 철근의 설계기준항복강도 (MPa)

ϵ_s : 철근의 변형률

E_s : 철근의 탄성계수 (MPa)

④ 콘크리트의 인장강도는 철근콘크리트 부재 단면의 축강도와 휨강도계산에서 무시할 수 있다 (단, 전단응력계산에서는 전단면적 (全斷面績)에 대해 고려한다).

⑤ 콘크리트의 압축응력의 분포와 콘크리트 변형률 사이에 관계는 직사각형, 사다리꼴, 포물선형 또는 강도의 예측에서 광범위한 실험의 결과와 실질적으로 일치하는 어떤 형상으로도 가정할 수 있다.

⑥ 상기 ⑤의 규정은 다음에 정의되는 포물선-직선 형상의 응력-변형률 관계로 나타낼 수 있다.

㉠ 원점에서 최대 응력에 처음 도달할 때까지의 상승 곡선부는 식 (4)에 의해 계산하고, 이후 극한변형률 ϵ_{cu} 까지는 식 (5)에 의해 계산한다.

$$f_c = 0.85 f_{ck}\left[1-\left(1-\frac{\epsilon_c}{\epsilon_{co}}\right)^n\right] \qquad (4)$$

$$f_c = 0.85 f_{ck} \qquad (5)$$

여기서, f_c : 콘크리트의 압축응력 (MPa)

n : 콘크리트의 압축응력-변형률 관계에서 상승 곡선부의 형상을 나타내는 지수 ($f_{ck} \le 40$ MPa이면, $n = 2.0$)

ϵ_c : 콘크리트의 압축변형률

ϵ_{co} : 콘크리트의 압축응력-변형률 관계에서 최대 응력에 처음 도달할 때의 변형률 ($f_{ck} \le 40$ MPa이면, $\epsilon_{co} = 0.0020$)

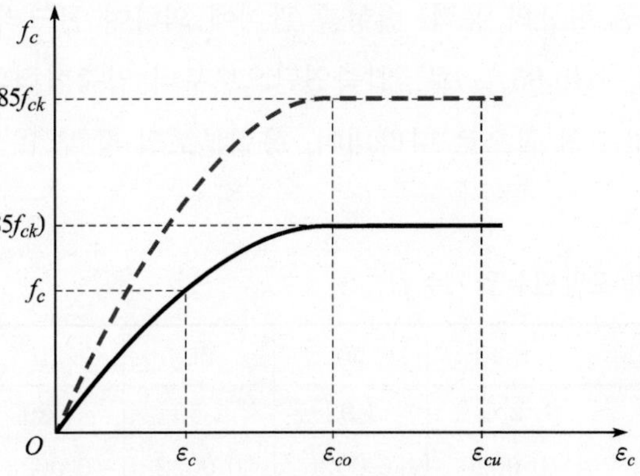

그림 4.8 포물선-직선 형상의 압축응력분포[5)]

콘크리트의 설계기준압축강도가 40 MPa 이하인 경우 $n=2.0$ 및 $\epsilon_{co}=0.0020$이 되고 상승 곡선부 f_c는 다음과 같다.

$$f_c = 0.85 f_{ck}\left[1-\left(1-\frac{\epsilon_c}{\epsilon_{co}}\right)^2\right] = 850 f_{ck}(\epsilon_c - 250\epsilon_c^2)$$

㉡ 콘크리트의 설계기준압축강도가 40 MPa 이하인 경우 n, ϵ_{co}, ϵ_{cu}는 각각 2.0, 0.0020, 0.0033으로 한다. 콘크리트의 설계기준압축강도가 40 MPa을 초과하는 경우, n은 식 (6)에 따라 결정하며, ϵ_{co}는 매 10 MPa의 강도 증가에 대하여 식 (7)과 같이 0.0001씩 증가시키고, ϵ_{cu}는 식 (8)과 같이 0.0001씩 감소시킨다.

$$n = 1.2 + 1.5\left(\frac{100-f_{ck}}{60}\right)^4 \le 2.0 \quad (6)$$

$$\epsilon_{co} = 0.002 + \left(\frac{f_{ck}-40}{100,000}\right) \ge 0.0020 \quad (7)$$

$$\epsilon_{cu} = 0.0033 - \left(\frac{f_{ck}-40}{100,000}\right) \le 0.0033 \quad (8)$$

단, 콘크리트의 설계기준압축강도가 90 MPa을 초과하는 경우에는 성능실험을 통한 조사연구에 의하여 이 값들을 선정하고 근거를 명시하여야 한다.

5) KDS 24 14 21 (3.1.2.5) 콘크리트교 설계기준 (한계상태설계법), 국토교통부 제정, 한국교량 및 구조공학회, 2019.

㉢ 포물선-직선 형상의 응력-변형률 관계에 의하여 콘크리트에 작용하는 압축응력의 평균값은 $\alpha(0.85f_{ck})$로, 압축연단으로부터 압축합력의 작용위치는 중립축 깊이 c에 대한 β의 곱으로 나타내며, 응력분포의 각 변수 및 계수는 표 4.2의 값을 적용한다.

표 4.2 응력분포의 변수 및 계수 값

f_{ck} (MPa)	≤40	50	60	70	80	90
n	2.0	1.92	1.50	1.29	1.22	1.20
ϵ_{co}	0.0020	0.0021	0.0022	0.0023	0.0024	0.0025
ϵ_{cu}	0.0033	0.0032	0.0031	0.0030	0.0029	0.0028
α	0.80	0.78	0.72	0.67	0.63	0.59
β	0.40	0.40	0.38	0.37	0.36	0.35

여기서, α : 콘크리트의 압축합력 C의 크기를 나타내는 계수
β : 콘크리트의 압축합력 C의 작용 위치를 나타내는 계수. 중립축 깊이 c에 대한 압축연단과 압축합력 사이의 거리의 비율

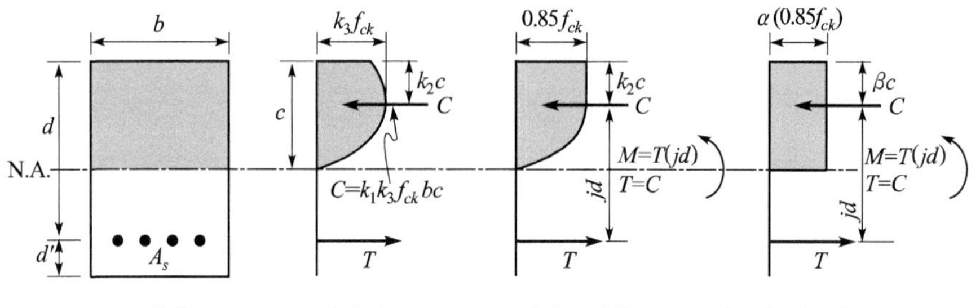

그림 4.9 휨부재에서 콘크리트의 포물선-직선 형상의 압축응력블록

⑦ 상기 ⑤의 규정은 상기 ⑥에 규정된 포물선-직선 형상의 응력-변형률 관계 대신 다음에 정의되는 등가직사각형 압축응력블록으로 나타낼 수 있다.

㉠ 단면의 가장자리와 최대 압축변형률이 일어나는 연단부터 $a=\beta_1 c$ 거리에 있고 중립축과 평행한 직선에 의해 이루어지는 등가 압축영역에 $\eta(0.85f_{ck})$인 콘크리트 응력이 등분포하는 것으로 가정한다.

㉡ 최대 변형률이 발생하는 압축연단에서 중립축까지 거리 c는 중립축에 대해 직각 방향으로 측정한 것으로 한다.

㉢ 계수 η와 β_1은 표 4.3의 값을 적용한다.

표 4.3 응력분포의 변수 및 계수 값

f_{ck} (MPa)	≤40	50	60	70	80	90
η	1.00	0.97	0.95	0.91	0.87	0.84
β_1	0.80	0.80	0.76	0.74	0.72	0.70

여기서, a : 등가직사각형 압축응력블록의 깊이 (mm, $a = \beta_1 c$)

η : 콘크리트 등가직사각형 압축응력블록의 크기를 나타내는 계수

β_1 : 콘크리트 등가직사각형 압축응력블록의 깊이를 나타내는 계수 ($\beta_1 = 2\beta$)

c : 압축연단에서 중립축까지 거리 (mm)

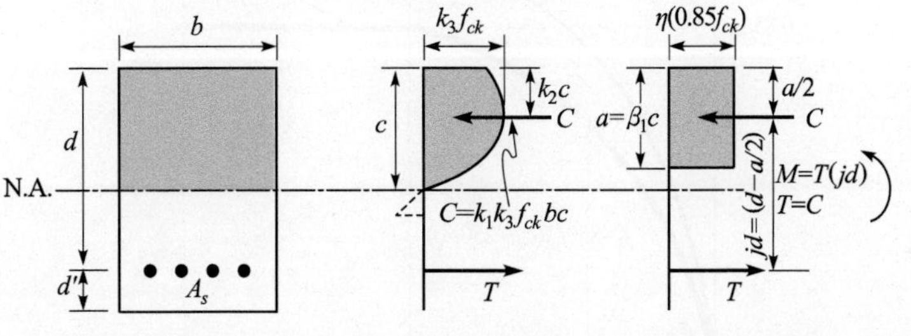

그림 4.10 휨부재에서 콘크리트의 등가직사각형 압축응력블록

예제 4-1

철근콘크리트구조를 설계할 때 기본 가정 중 가장 부적당한 것은? 단, 콘크리트의 설계기준압축강도는 40 MPa 이하이다.

㉮ 콘크리트의 인장강도는 무시할 수 있다.
㉯ 압축변형률이 3.3 %에 도달했을 때 파괴로 간주한다.
㉰ 철근과 콘크리트의 부착은 완전하여 하중작용시 상대적인 미끄러짐이 생기지 않는다.
㉱ 콘크리트 부재강도 산정을 위하여 압축응력-변형률 곡선을 등가의 직사각형 형태로 가정할 수 있다.

풀이

콘크리트의 압축변형률이 0.33 % (0.0033)에 도달했을 때 파괴로 간주한다. **답** ㉯

4.3.2. 휨부재에서 재료의 응력-변형률 곡선

강도설계법에서 콘크리트와 철근의 응력-변형률 곡선은 그림 4.11 및 4.12와 같이 이상화 된다. 콘크리트의 설계기준압축강도가 40 MPa 이하인 경우 이상화된 콘크리트의 응력-변형률 곡선은 그림 4.11과 같고, 콘크리트의 압축강도는 콘크리트의 최대 응력이 처음 도달할 때의 변형률 $\epsilon_c = 0.0020$에서 콘크리트에 작용하는 압축응력의 평균값은 $0.85 f_{ck}$에 이른다. 그 후 콘크리트의 압축강도는 콘크리트의 변형률 $\epsilon_c = 0.0033$까지 일정하게 유지된 후 파괴되는 것으로 가정한다. 콘크리트의 응력-변형률 곡선에서 0.0033인 콘크리트의 변형률을 콘크리트의 극한변형률 ϵ_{cu}라 한다.

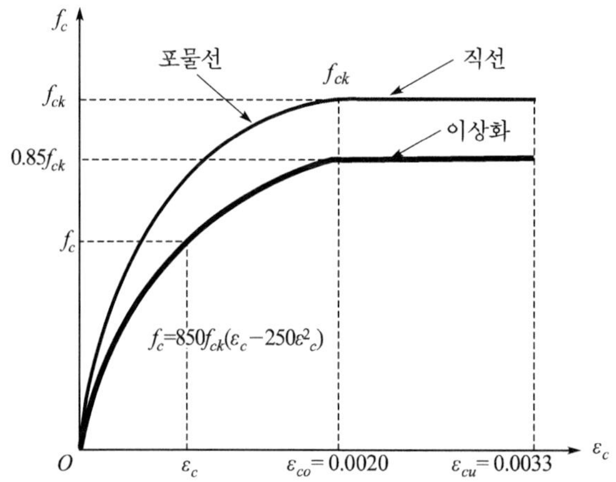

그림 4.11 이상화된 콘크리트의 응력-변형률 곡선 ($f_{ck} \le 40$ MPa인 경우, $n = 2.0$, $\epsilon_{co} = 0.0020$)

또한 이상화된 철근의 응력-변형률 곡선은 그림 4.12와 같이 탄소성으로 가정한다. 철근의 응력 f_s는 철근의 변형률 ϵ_s가 항복변형률 ϵ_y보다 작으면 ($\epsilon_s \le \epsilon_y$이면) $f_s = E_s \epsilon_s$로 선형적으로 증가하고, 철근의 변형률 ϵ_s가 항복변형률 ϵ_y보다 크면 ($\epsilon_s > \epsilon_y$이면) $f_s = f_y$로 일정한 것으로 가정한다. 따라서 인장 및 압축철근의 강도는 다음과 같다.

$$\epsilon_s \le \epsilon_y \text{인 경우} : A_s f_s = A_s E_s \epsilon_s$$

$$\epsilon_s > \epsilon_y \text{인 경우} : A_s f_s = A_s f_y$$

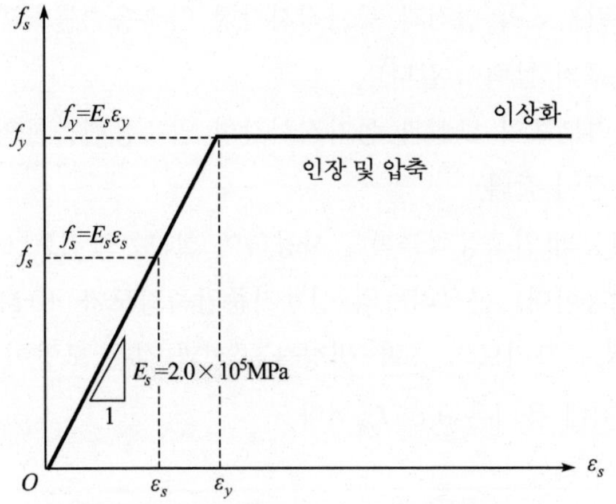

그림 4.12 이상화된 철근의 응력-변형률 곡선

콘크리트의 인장강도는 압축강도의 약 1/10 정도이므로 휨재의 설계에서는 콘크리트의 휨인장강도는 무시하고, 보강된 철근이 휨인장응력을 부담하도록 한 것이다. 그러나 전단, 균열, 처짐 등을 검토할 때에는 콘크리트의 인장강도를 고려한다.

4.3.3. 포물선-직선 형상의 압축응력블록

① 철근콘크리트 보에 외력이 작용하면 외력에 의해 휨모멘트가 발생하며, 휨모멘트에 의해 중립축을 중심으로 압축응력과 인장응력이 발생한다. 압축응력의 합력 C와 인장응력의 합력 T에 의해 우력이 발생되며, 이 우력이 저항모멘트가 되어 외부모멘트와 균형을 이룬다.

$$C = T \text{ 그리고}$$
$$M = T \times jd \text{ 또는 } M = C \times jd$$

② 콘크리트가 실제 부담하는 압축측의 응력분포는 포물선 형태 [그림 4.13 (c)]가 되어 압축응력의 합력 C를 구하는 일이 쉽지 않다. 따라서 등가의 포물선-직선 형상의 압축응력블록 [그림 4.13 (d)]을 사용할 수 있다.

③ 콘크리트의 실제 압축응력의 분포를 등가의 포물선-직선 형상의 압축응력 분포로 대체하기 위해서는 다음의 두 가지 조건을 만족해야 한다.

㉠ 실제 압축응력분포의 면적과 등가직사각형 압축응력블록의 면적의 크기는 같다 (압축응력 분포의 합력이 같다).

㉡ 실제 압축응력분포의 도심과 등가직사각형 압축응력블록의 도심의 위치는 같다 (합력의 작용점이 같다).

④ 포물선-직선 형상의 압축응력블록을 사용하여 철근콘크리트 보를 해석할 경우, 보다 정밀한 값을 제공한다. 콘크리트의 설계기준압축강도가 40 MPa 이하인 경우 그림 4.11의 이상화된 콘크리트의 응력-변형률 곡선과 같은 모양이며, $\epsilon_{cu}=0.0033$의 최대 변형률에서 최대 응력은 $0.85f_{ck}$이다.

㉠ 형상계수 k_1의 산정

형상계수 k_1은 최대 압축응력에 대한 평균압축응력의 비이다. 포물선-직선 형상의 압축응력블록에서 압축응력의 평균값은 $k_1(0.85f_{ck})$이며, 구조설계기준에서 정한 포물선-직선 형상의 응력-변형률 관계에 의하여 콘크리트에 작용하는 압축응력의 평균값은 $\alpha(0.85f_{ck})$이다. 여기서 형상계수 k_1은 α와 같은 의미이며, 포물선-직선 형상의 응력블록을 이용하여 산정한 값과 구조설계기준의 표 4.2에 따라 콘크리트의 설계기준압축강도가 40 MPa 이하인 경우 $\alpha=0.80$ 이다.

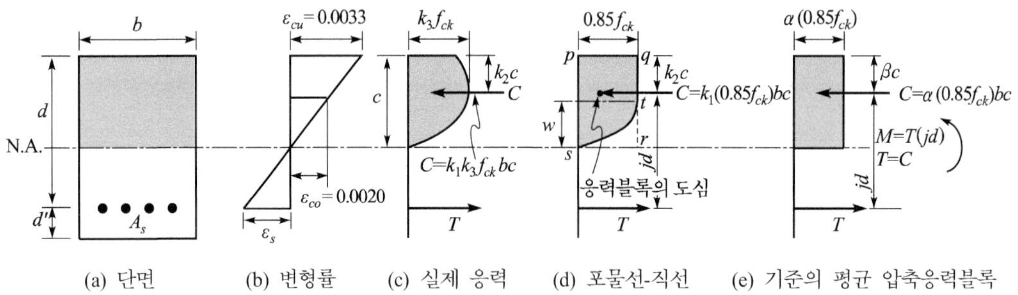

그림 4.13 휨 단면에서의 포물선-직선 압축응력블록 ($f_{ck}\le 40$ MPa인 경우)

㉡ 도심계수 k_2의 산정

도심계수 k_2는 압축연단에서 중립축까지의 거리 c에 대한 압축연단에서 압축합력 C의 작용 위치까지의 거리의 비이다. 구조설계기준에서 정한 포물선-직선 형상의 응력-변형률 관계에 의하여 콘크리트에 작용하는 압축합력 C의 작용 위치를 나타내는 계수는 β이다. 여기서 도심계수 k_2는 β와 같은 의미이며, 포물선-직선

형상의 압축응력블록을 이용하여 산정한 값과 구조설계기준의 표 4.2에 따라 콘크리트 압축강도가 40 MPa 이하인 경우 $\beta=0.40$ 이다.

㉢ 품질계수 k_3의 산정

품질계수 k_3는 콘크리트 설계기준압축강도 f_{ck}에 대한 휨부재의 콘크리트 최대 압축응력의 비이다. 현행 구조설계기준에서는 품질계수 k_3는 기둥에서 0.85를 적용하고 그 외는 1.0이다.

구조설계기준에 따른 포물선-직선 압축응력블록에 의하여 콘크리트에 작용하는 압축응력의 평균값을 이용한 콘크리트의 압축력의 크기 C와 인장력과 압축력 사이의 거리 jd는 표 4.2의 α와 β를 이용하여 다음과 같이 산정한다.

$$C=\alpha(0.85f_{ck})bc=0.80(0.85f_{ck})bc\approx 0.68f_{ck}bc$$

$$jd=d-\beta c\approx d-0.4c$$

포물선-직선 압축응력블록과 표 4.2를 이용한 구조설계기준에 따른 콘크리트의 압축력의 크기 C와 인장력과 압축력 사이의 거리 jd가 거의 같음을 확인할 수 있다.

4.3.4. 등가직사각형 압축응력블록

① 콘크리트가 실제 부담하는 압축응력의 합력 C를 구하기 위해 포물선-직선 형상의 압축응력블록 [그림 4.14 (c)] 대신 C.S. Witney에 의해 제안된 간편하면서도 합리적인 등가직사각형 압축응력블록 [그림 4.14 (d)와 그림 4.15 (b)]을 사용할 수 있다.

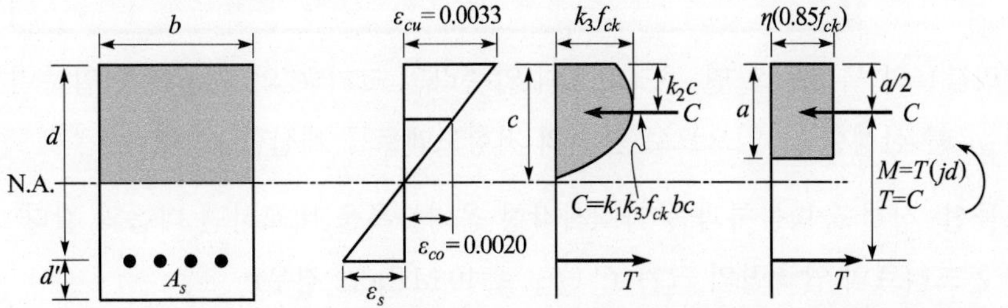

그림 4.14 콘크리트의 휨 압축응력의 실제 및 등가직사각형 압축응력분포 ($f_{ck}\le 40$ MPa이면, $\eta=1.00$)

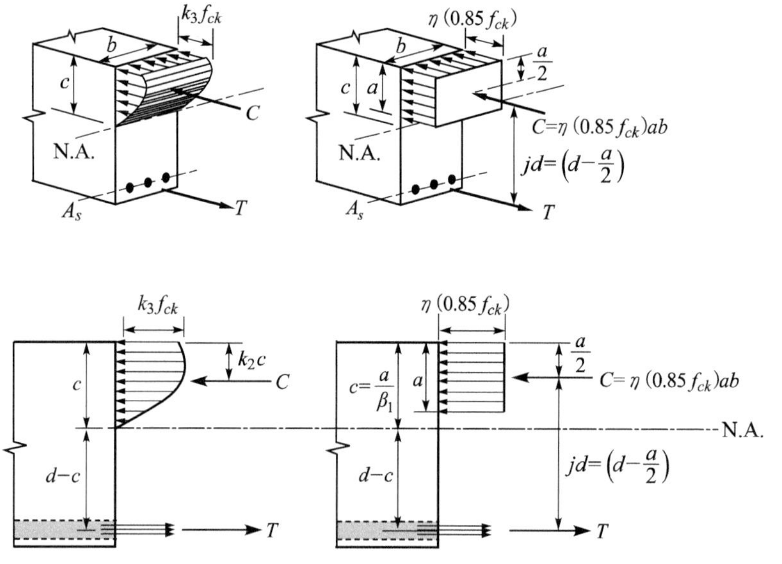

(a) 실제 응력 (b) 등가직사각형 압축응력블록

그림 4.15 콘크리트의 등가직사각형 압축응력분포의 상세 ($f_{ck} \leq 40$ MPa이면, $\eta = 1.00$)

② 표 4.3에 따라 콘크리트의 설계기준압축강도가 40 MPa 이하인 경우 $\eta = 1.00$이다. 따라서 구조설계기준의 등가직사각형 응력블록을 이용한 콘크리트의 압축력의 크기 C와 인장력과 압축력 사이의 거리 jd는 다음과 같다.

$$C = \eta(0.85 f_{ck})ab = 1.00(0.85 f_{ck})ab \approx 0.85 f_{ck} ab$$

$$jd = d - \frac{a}{2} = d - \frac{\beta_1 c}{2} \approx d - 0.4c$$

응력블록의 특성을 알면 콘크리트의 압축력의 크기 C와 인장력과 압축력 사이의 거리 jd를 산정할 수 있으므로 단면의 저항모멘트를 계산할 수 있다.

③ 포물선-직선 응력블록과 등가직사각형 응력블록을 비교하면 다음과 같다.

㉠ 콘크리트의 압축력의 크기 C ($f_{ck} \leq 40$ MPa인 경우)

기준의 포물선-직선 응력블록 : $C = \alpha(0.85 f_{ck})bc \approx 0.68 f_{ck} bc$

등가직사각형 응력블록 : $C = \eta(0.85 f_{ck})ab \approx 0.85 f_{ck} ab$

㉡ 인장력과 압축력 사이의 거리 (팔길이) jd ($f_{ck} \le 40$ MPa인 경우)

기준의 포물선-직선 응력블록 : $jd = d - \beta c \approx d - 0.4c$

등가직사각형 응력블록 : $jd = d - \frac{a}{2} = d - \frac{\beta_1 c}{2} \approx d - 0.4c$

따라서 모든 응력블록은 거의 동일한 콘크리트의 압축력의 크기를 갖게 되고 저항 모멘트도 거의 동일하게 됨으로 계산이 간단한 등가직사각형 응력블록을 사용하는 것이 적절하다는 것을 알 수 있다.

④ 압축연단으로부터 압축합력의 작용위치까지의 거리는 $a/2$이고 $a/2 = \beta c$이다. 따라서 $a = 2\beta c$가 되고 $2\beta = \beta_1$이다. 그러므로 등가직사각형 압축응력블록의 깊이 a는 다음과 같다.

$$a = \beta_1 c \text{ (mm)}$$

여기서, c : 압축연단에서 중립축까지의 거리 (mm)

β_1 : 콘크리트 등가직사각형 압축응력블록의 깊이를 나타내는 계수

($f_{ck} \le 40$ MPa인 경우, $\beta_1 = 0.80$이다.)

예제 4-2

철근콘크리트 보의 압축측 실제 응력분포도를 그림과 같이 등가직사각형 압축응력블록을 이용하여 이상화, 단순화할 때 가장 적절한 A값은? (단, 콘크리트의 설계기준압축강도 $f_{ck} \le 40$ MPa인 경우이다.)

㉮ $0.70f_{ck}$ ㉯ $0.75f_{ck}$

㉰ $0.80f_{ck}$ ㉱ $0.85f_{ck}$

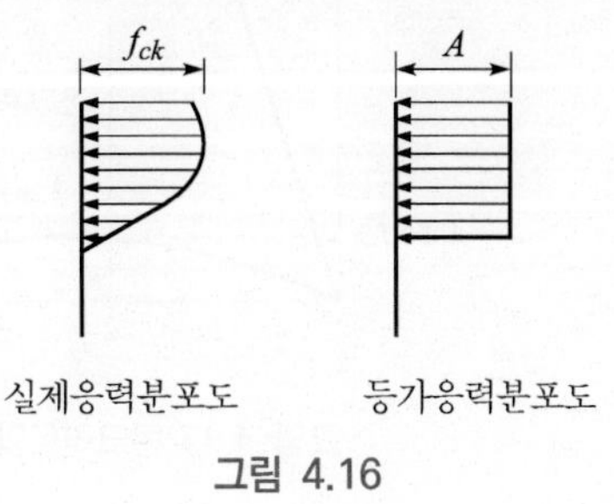

그림 4.16

풀이

등가응력분포도에서 실제응력분포에 대한 응력의 크기는 콘크리트의 설계기준압축강도 $f_{ck} \le 40$ MPa인 경우 $0.85f_{ck}$이다.

답 ㉱

4.4. 휨모멘트와 축력을 받는 부재의 일반원칙

휨모멘트나 축력 또는 휨모멘트와 축력을 동시에 받는 단면의 설계는 KDS 14 20 20 (4.1.2)[6]의 기준에 따라 다음과 같이 한다.

4.4.1. 철근의 항복강도와 콘크리트의 극한변형률

철근은 철근의 강도 f_s가 설계기준항복강도 f_y에 도달하면 철근은 항복되고 강도설계법에서는 철근의 항복 이후의 상태를 철근의 비탄성 및 비선형상태로 가정한다. 콘크리트의 설계기준압축강도가 40 MPa 이하인 경우 ($f_{ck} \leq 40$ MPa), 콘크리트는 압축연단 콘크리트의 변형률 ϵ_c가 극한변형률 ϵ_{cu}인 0.0033에 도달하면 콘크리트의 파괴로 가정한다.

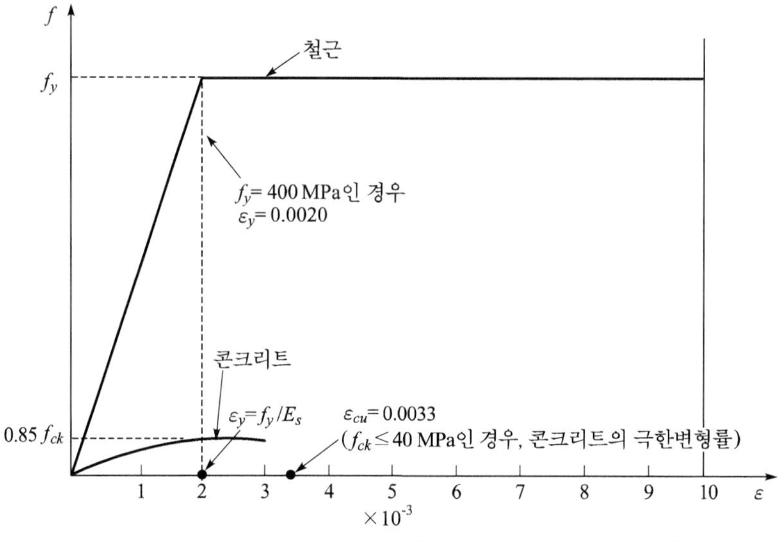

그림 4.17 콘크리트와 철근의 응력-변형률 곡선과 ϵ_y와 ϵ_{cu}의 정의[7]

6) KDS 14 20 20 (4.1.2) 콘크리트구조 휨 및 압축 설계기준, 국토교통부 제정, 한국콘크리트학회 작성, 2021.

7) Chu-Kia. Wang, Charles. G. Salmon, Jose. A. Pincheira and Gustavo. J. Parra-Montesinos, Reinforced Concrete Design, Oxford University Press, 2018, p.48.

표 4.4 철근의 설계기준항복강도와 콘크리트의 극한변형률

재료의 기준	구 분
철근의 설계기준항복강도	$f_s = f_y \; (\epsilon_s = \epsilon_y = \dfrac{f_y}{E_s})$
콘크리트의 극한변형률 ($f_{ck} \le 40$ MPa인 경우)	$\epsilon_c = \epsilon_{cu} = 0.0033$

4.4.2. 균형보

(1) 균형변형률 상태 ($\epsilon_c = \epsilon_{cu}$일 때, $\epsilon_s = \epsilon_y$)

① 균형변형률 상태는 압축콘크리트에서 연단의 변형률이 극한변형률에 도달했을 때, 동시에 인장철근의 변형률이 항복변형률인 $\epsilon_s = \epsilon_y = f_y/E_s$에 처음으로 도달할 때의 단면 상태이다. 만약 SD400 (f_y =400 MPa)의 철근이면 $\epsilon_y = f_y/E_s = 400/(2.0 \times 10^5) = 0.0020$이 된다. 여기서, ϵ_s는 종방향 인장철근의 도심(Centroid)에 대한 항복변형률이다.

② 균형파괴는 균형변형률 상태의 파괴이고, 균형보는 균형변형률 상태의 보이며, 균형철근비 ρ_b는 균형변형률 상태의 인장철근비이다.

③ 그림 4.18 (a)에서 인장철근을 한 단으로 배치할 경우 인장철근 변형률 ϵ_s와 최 외단 인장철근의 순인장변형률 ϵ_t는 같고, 또한 부재의 유효깊이로서 최 외단 압축연단에서 종방향 인장철근의 도심까지의 거리 d와 부재의 최 외단 압축연단에서 최 외단 인장철근의 중심까지의 거리 d_t 도 같다.

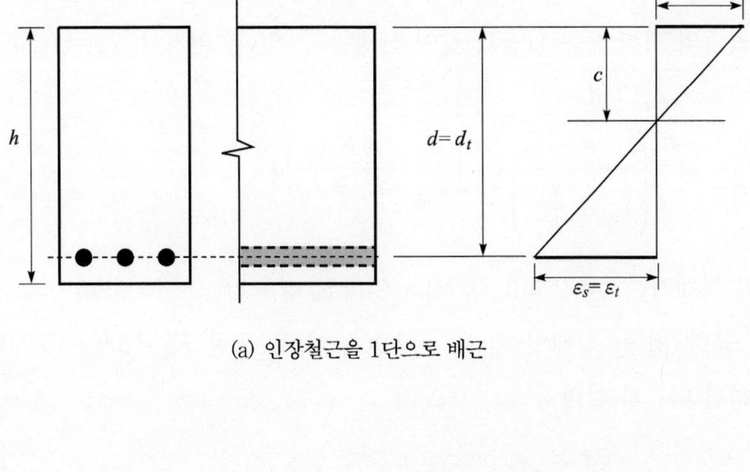

(a) 인장철근을 1단으로 배근

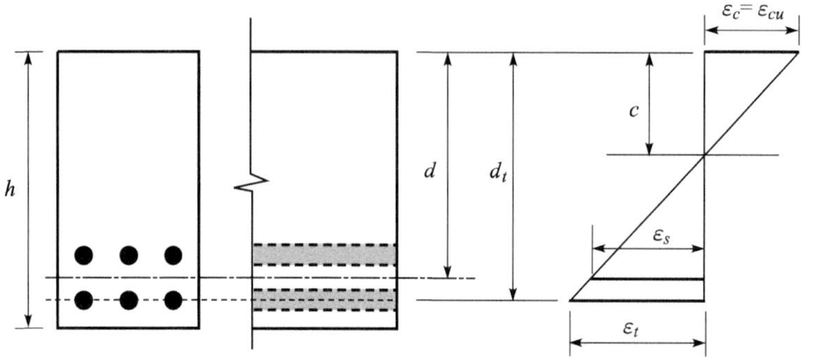

(b) 인장철근을 2단으로 배근

그림 4.18 인장철근 변형률과 최 외단 인장철근의 순인장변형률

(2) 균형보인 경우 압축연단에서 중립축까지의 거리 (c_b)

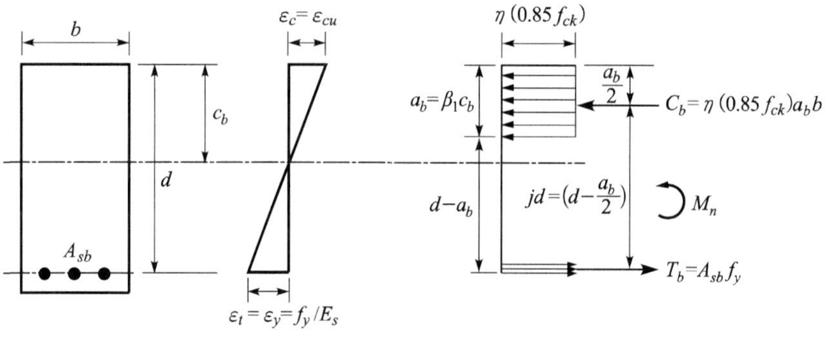

(a) 단면 (b) 변형률 (c) 등가직사각형 응력블록

그림 4.19 균형변형률 상태의 단철근 직사각형 보 (균형보)

그림 4.19 (a)과 같은 보 단면이 균형상태에 있다면 변형률은 그림 4.19 (b)와 같이 될 것이므로 중립축의 거리 c_b는 다음과 같이 산정할 수 있다. 여기서, $\epsilon_y = f_y / E_s$이다.

$$\epsilon_{cu} \ : \ c_b = (\epsilon_{cu} + \epsilon_y) \ : \ d$$

$$c_b = \left(\frac{\epsilon_{cu}}{\epsilon_{cu} + \epsilon_y} \right) d = \left(\frac{\epsilon_{cu}}{\epsilon_{cu} + \dfrac{f_y}{E_s}} \right) d = \left(\frac{\epsilon_{cu} \times E_s}{\epsilon_{cu} \times E_s + f_y} \right) d$$

콘크리트의 설계기준압축강도가 40 MPa 이하인 경우 ($f_{ck} \le 40$ MPa)이고, 단철근 직사각형 보가 균형 (평형) 상태일 때 $\epsilon_{cu} = 0.0033$이고, 또한 $E_s = 2.0 \times 10^5$ MPa이므로 이들을 대입하면 다음과 같다.

$$c_b = \left(\frac{\epsilon_{cu}}{\epsilon_{cu}+\epsilon_y}\right)d = \left(\frac{0.0033}{0.0033+\epsilon_y}\right)d = \left[\frac{0.0033\times(2.0\times10^5)}{0.0033\times(2.0\times10^5)+f_y}\right]d = \left(\frac{660}{660+f_y}\right)d$$

따라서 균형보에 있어 압축연단에서 중립축까지의 거리 c_b는 다음과 같다.

$$c_b = \left(\frac{0.0033}{0.0033+\epsilon_y}\right)d = \left(\frac{660}{660+f_y}\right)d \ \ (f_{ck} \le 40\text{ MPa인 경우})$$

또한 균형보에 있어 등가직사각형 압축응력블록의 깊이 a_b는 다음과 같다.

$$a_b = \beta_1 c_b = \beta_1\left(\frac{660}{660+f_y}\right)d \ \ (f_{ck} \le 40\text{ MPa인 경우})$$

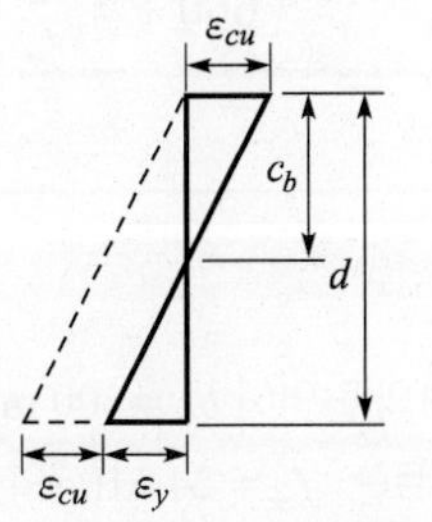

그림 4.20 단철근 직사각형 보 (균형보)의 변형률

(3) 균형철근비 (ρ_b)

① 균형상태에서의 인장철근비

$$\rho_b = \frac{A_{sb}}{b\,d} \rightarrow A_{sb} = \rho_b\, b\, d$$

② 균형상태에서의 인장력과 압축력 ($f_{ck} \le 40$ MPa, $\eta = 1.00$)

$$T_b = A_{sb}\,f_y = \rho_b\, b\, d\, f_y$$

$$C_b = \eta(0.85 f_{ck})\, a_b\, b$$

③ $\Sigma X = 0$에 의한 균형철근비 ρ_b

$\Sigma X = 0$으로부터 인장력과 압축력의 크기는 같다.

$$T_b = \rho_b\, b\, d\, f_y = \eta(0.85 f_{ck})\, a_b\, b = C_b$$

식을 균형철근비 ρ_b에 대해 정리하면 다음과 같다.

$$\rho_b = \frac{\eta(0.85 f_{ck})}{f_y}\left(\frac{a_b}{d}\right)$$

여기서, $a_b = \beta_1 c_b$이고 한 단으로 배치되었을 경우 $d = d_t$ 이므로 이를 대입하여 정리하면 다음과 같다.

$$\rho_b = \frac{\eta(0.85 f_{ck})}{f_y}\left(\frac{\beta_1 c_b}{d}\right)$$

④ 균형철근비

위 식에서 $\dfrac{c_b}{d_t} = \dfrac{660}{660 + f_y}$ 이므로 균형철근비 ρ_b는 다음과 같다.

$$\rho_b = \frac{\beta_1 \eta(0.85 f_{ck})}{f_y}\left(\frac{660}{660 + f_y}\right) \quad (f_{ck} \le 40 \text{ MPa인 경우})$$

예제 4-3

강도설계법에서 단철근 직사각형 보의 단면이 b_w =300 mm, d=500 mm이고 한 단으로 배치되어 있을 때, 균형철근비는? (단, 콘크리트는 f_{ck}= 24 MPa의 보통중량콘크리트이고, 철근은 f_y = 400 MPa의 도막되지 않은 철근이다.)

㉮ 0.0124 ㉯ 0.0254 ㉰ 0.0332 ㉱ 0.0435

풀이

$$\rho_b = \frac{\beta_1 \eta(0.85 f_{ck})}{f_y}\left(\frac{660}{660+f_y}\right) = \left(\frac{0.80 \times 1.00 \times 0.85 \times 24}{400}\right) \times \left(\frac{660}{660+400}\right) = 0.0254$$

답 ㉯

4.4.3. 지배 단면에 따른 변형률과 응력의 한계

(1) 개요

부재 설계를 할 경우 철근의 최종량이 결정되기 전에는 철근 도심(Centroid)의 위치 d를 정확히 결정하기는 쉽지 않다. 이러한 이유 때문에 부재의 압축연단에서 최 외단 인장철근의 도심(중심)까지의 거리 d_t 에 대한 변형률 분포를 사용하는 것이 편리하다. 공칭강도에서 압축연단으로부터 인장측의 최 외단에 위치하는 인장철근 층의 순인장변형률(Net Tensile Strain)을 ϵ_t 라 한다. 공칭강도(Nominal Strength)는 압축연단에서 콘크리트의 변형률이 가정된 극한변형률 ϵ_{cu}에 도달할 때의 강도를 말하며, 최 외단 인장철근의 순인장변형률 ϵ_t의 크기에 따라 단면을 압축지배 단면, 인장지배 단면 그리고 변화구간 단면으로 나눈다.

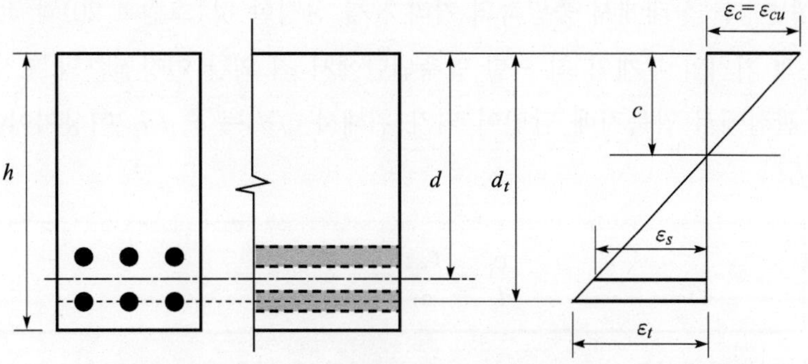

그림 4.21 콘크리트의 극한변형률과 철근의 인장변형률 및 순인장변형률

(2) 압축지배 단면($\epsilon_c = \epsilon_{cu}$일 때, $\epsilon_t \le \epsilon_{tc} = \epsilon_y$)

① 압축지배 단면(Compression-Controlled Section)은 압축연단 콘크리트의 변형률이 가정된 극한변형률에 도달할 때($\epsilon_c = \epsilon_{cu}$), 최 외단 인장철근의 순인장변형률 ϵ_t가 압축지배변형률 한계 ϵ_{tc} 이하($\epsilon_t \le \epsilon_{tc} = \epsilon_y$)인 단면이다[그림 4.22(b)]. 이때 압축지배변형률 한계 ϵ_{tc}는 철근의 설계기준항복변형률 ϵ_y과 같다($\epsilon_{tc} = \epsilon_y$). 따라서 압축지배변형률 한계 ϵ_{tc}는 ϵ_y이고, 압축지배 단면이 되기 위해서 순인장변형률 ϵ_t는 압축지배변형률 한계 ϵ_{tc} 이하이어야 한다($\epsilon_t \le \epsilon_{tc}$). 압축지배 단면에서 최 외단 인장철근의 순인장변형률 ϵ_t는 다음과 같이 산정한다.

$$\epsilon_t = \left(\frac{d_t - c}{c}\right)\epsilon_{cu} = \left(\frac{d_t}{c} - 1\right)\epsilon_{cu} \le \epsilon_{tc} = \epsilon_y$$

② 인장철근을 한 단으로 배치할 경우 인장철근 변형률 ϵ_s와 최 외단 인장철근의 순인장변형률 ϵ_t는 같고, 압축지배변형률 한계 ϵ_{tc}는 균형변형률 상태에서의 인장철근의 순인장변형률과 같다.

③ 압축지배 한계(Compression-Controlled Limit)는 압축연단 콘크리트의 변형률이 극한변형률에 도달($\epsilon_c = \epsilon_{cu}$)할 때, 최 외단 인장철근의 순인장변형률 ϵ_t가 압축지배

변형률 한계 ϵ_{tc}인 철근의 항복변형률에 도달한 경우($\epsilon_t = \epsilon_{tc} = \epsilon_y$)이다. SD400의 경우, 압축지배변형률 한계 ϵ_{tc}는 $\epsilon_y = f_y / E_s = 0.0020$이다.

④ 압축지배 한계인 경우 중립축의 거리 c_{ccl}과 부재의 최 외단 압축연단에서 최 외단 인장철근의 도심(중심)까지의 거리 d_t의 비는 그림 4.23(c)로부터 다음과 같고, 이것은 균형변형률 상태에서 중립축의 거리 c_b를 산정한 것(그림 4.20)과 같다.

⑤ 중립축의 거리와 부재의 최 외단 압축연단에서 최 외단 인장철근의 도심까지의 거리의 비 관점에서 압축지배 단면이 되기 위해서 c/d_t는 c_{ccl}/d_t 이상이어야 한다($c/d_t \geq c_{ccl}/d_t$).

$$\frac{c}{d_t} \geq \frac{c_{ccl}}{d_t} = \frac{\epsilon_{cu}}{\epsilon_{cu} + \epsilon_y}$$

콘크리트의 설계기준압축강도가 40 MPa 이하인 경우($f_{ck} \leq 40$ MPa) 압축연단 콘크리트의 변형률이 극한변형률 $\epsilon_{cu} = 0.0033$이고, 압축지배 단면이 되기 위한 조건은 다음과 같다.

$$\frac{c}{d_t} \geq \frac{c_{ccl}}{d_t} = \frac{0.0033}{0.0033 + \epsilon_y} = \frac{660}{660 + f_y} \quad (f_{ck} \leq 40\text{ MPa인 경우})$$

⑥ 또한 압축지배 한계에서 등가직사각형 압축응력블록의 깊이 a_{ccl}은 $a_{ccl} = \beta_1 c_{ccl}$이고, 압축지배 단면이 되기 위해서 a/d_t는 a_{ccl}/d_t 이상이어야 한다($a/d_t \geq a_{ccl}/d_t$).

$$\frac{a}{d_t} \geq \frac{a_{ccl}}{d_t} = \beta_1\left(\frac{c_{ccl}}{d_t}\right) = \beta_1\left(\frac{660}{660 + f_y}\right) \quad (f_{ck} \leq 40\text{ MPa인 경우})$$

여기서, ϵ_t : 최 외단 인장철근의 순인장변형률

ϵ_{tc} : 압축지배변형률 한계

ϵ_y : 인장철근의 설계기준항복변형률($\epsilon_y = f_y / E_s$)

ϵ_c : 압축콘크리트의 변형률

ϵ_{cu} : 압축연단 콘크리트의 극한변형률

d : 부재의 유효깊이로서 최 외단 압축연단에서 종방향 인장철근의 도심까지의 거리(mm)

d_t : 부재의 최 외단 압축연단에서 최 외단 인장철근의 도심 (중심)까지의 거리 (mm)

h : 부재의 전체 두께 또는 길이 (mm)

압축지배변형률 한계에서 콘크리트의 설계기준압축강도가 40 MPa 이하 ($f_{ck} \le 40$ MPa)이고 SD400 ($f_y = 400$ MPa)인 경우, d_t에 대한 중립축의 거리 c_{ccl}의 비는 $c_{ccl}/d_t = 660/(660+400) = 0.623$ 이다. 따라서 d_t에 대한 등가직사각형 압축응력블록의 깊이 a_{ccl}의 비는 $f_{ck} \le 40$ MPa일 때 $\beta_1 = 0.80$ 임으로 $a_{ccl}/d_t = \beta_1(c_{ccl}/d_t) = 0.80 \times 0.623 = 0.498$ 이다.

⑦ 따라서 압축지배 단면에서는 $\epsilon_t \le \epsilon_{tc} = \epsilon_y$ 이거나 $\dfrac{c}{d_t} \ge \dfrac{c_{ccl}}{d_t}$ (또는 $\dfrac{a}{d_t} \ge \dfrac{a_{ccl}}{d_t}$)이다.

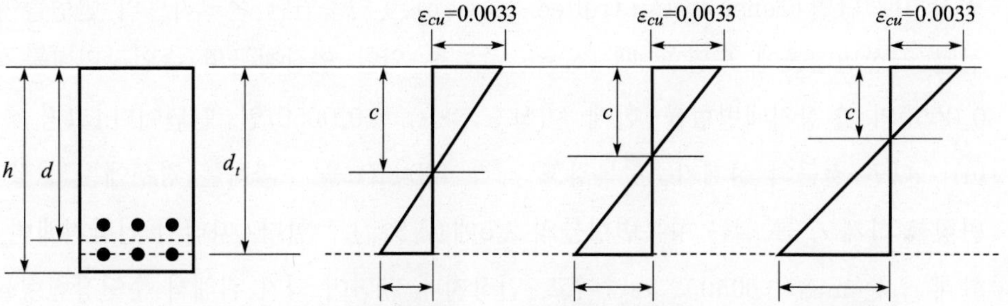

(a) 단면 (b) 압축지배 단면에 대한 변형률 조건 (c) 변화구간 단면에 대한 변형률 조건 (d) 인장지배 단면에 대한 변형률 조건

그림 4.22 각종 조건에 대한 변형률 분포와 순인장 변형률 ϵ_t ($f_{ck} \le 40$ MPa이고 $f_y = 400$ MPa)

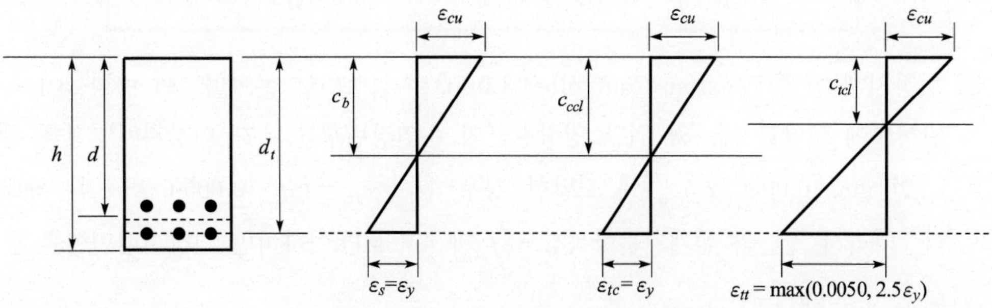

(a) 단면 (b) 균형변형률 상태 (c) 압축지배 변형률 한계 (d) 인장지배 변형률 한계

그림 4.23 균형변형률 상태와 단면에 따른 변형률 한계

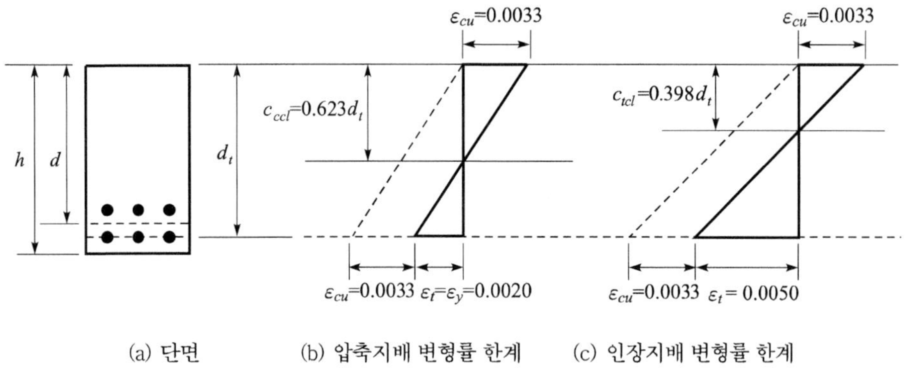

그림 4.24 압축지배변형률 한계와 인장지배변형률 한계 ($f_{ck} \leq 40$ MPa이고 $f_y = 400$ MPa)

(3) 인장지배 단면 [$\epsilon_c = \epsilon_{cu}$일 때, $\epsilon_t \geq \epsilon_{tt} = \max(0.0050,\ 2.5\epsilon_y)$]

① 인장지배 단면(Tension-Controlled Section)은 압축연단 콘크리트의 변형률이 가정된 극한변형률에 도달할 때 ($\epsilon_c = \epsilon_{cu}$), 최 외단 인장철근의 순인장변형률 ϵ_t가 0.0050의 인장지배변형률 한계 이상($\epsilon_t \geq \epsilon_{tt} = 0.0050$)인 단면이다[그림 4.22 (d)]. 다만 철근의 설계기준항복강도 f_y가 400 MPa을 초과하는 경우에는 인장지배변형률 한계 ϵ_{tt}를 철근 항복변형률의 2.5배($2.5\epsilon_y$)로 한다. 따라서 인장지배변형률 한계 ϵ_{tt}는 $\max(0.0050,\ 2.5\epsilon_y)$이고, 인장지배 단면이 되기 위해서 순인장변형률 ϵ_t는 인장지배변형률 한계 ϵ_{tt} 이상이어야 한다($\epsilon_t \geq \epsilon_{tt}$). 인장지배 단면에서 최 외단 인장철근의 순인장변형률 ϵ_t는 다음과 같이 산정한다.

$$\epsilon_t = \left(\frac{d_t - c}{c}\right)\epsilon_{cu} = \left(\frac{d_t}{c} - 1\right)\epsilon_{cu} \geq \epsilon_{tt} = \max(0.0050,\ 2.5\epsilon_y)$$

② 인장지배 한계(Tension-Controlled Limit)는 압축연단 콘크리트의 변형률이 극한변형률에 도달할 때, 최 외단 인장철근의 순인장변형률 ϵ_t가 인장지배변형률 한계 ϵ_{tt}인 $\max(0.0050,\ 2.5\epsilon_y)$에 도달한 경우 [$\epsilon_t = \epsilon_{tt} = \max(0.0050,\ 2.5\epsilon_y)$] 상태이다. 따라서 철근의 설계기준항복강도 f_y가 400 MPa이하이면 인장지배변형률 한계 ϵ_{tt}는 0.0050이다.

③ 인장지배 한계인 경우 중립축의 거리 c_{tcl}과 부재의 최 외단 압축연단에서 최 외단 인장철근의 도심(중심)까지의 거리 d_t의 비는 그림 4.23 (d)로부터 구한다.

④ 중립축의 거리와 부재의 최 외단 압축연단에서 최 외단 인장철근의 도심까지의 거리의 비 관점에서 인장지배 단면이 되기 위해서 c/d_t는 c_{tcl}/d_t 이하이어야 한다($c/d_t \le c_{tcl}/d_t$).

$$\frac{c}{d_t} \le \frac{c_{tcl}}{d_t} = \frac{\epsilon_{cu}}{\epsilon_{cu} + \epsilon_{tt}}$$

콘크리트의 설계기준압축강도가 40 MPa 이하인 경우($f_{ck} \le 40$ MPa) 압축연단 콘크리트의 변형률이 극한변형률 $\epsilon_{cu} = 0.0033$이고 인장지배변형률 한계 $\epsilon_{tt} = 0.0050$이므로 인장지배 단면이 되기 위한 조건은 다음과 같다.

$$\frac{c}{d_t} \le \frac{c_{tcl}}{d_t} = \frac{0.0033}{0.0033 + \epsilon_{tt}} = \frac{0.0033}{0.0033 + 0.0050} = 0.398$$

⑤ 또한 인장지배 한계에서 등가직사각형 압축응력블록의 깊이 a_{tcl}은 $a_{tcl} = \beta_1 c_{tcl}$이고, 인장지배 단면이 되기 위해서 a/d_t는 a_{tcl}/d_t 이하이어야 한다($a/d_t \le a_{tcl}/d_t$).

$$\epsilon_t \ge \epsilon_{tt} = \max(0.0050,\ 2.5\epsilon_y)$$
$$\frac{a}{d_t} \le \frac{a_{tcl}}{d_t} = \beta_1\left(\frac{c_{tcl}}{d_t}\right) = \beta_1\left(\frac{0.0033}{0.0033 + \epsilon_{tt}}\right)$$

인장지배변형률 한계에서 콘크리트의 설계기준압축강도가 40 MPa 이하인 경우($f_{ck} \le 40$ MPa)이고 SD400 ($f_y = 400$ MPa)인 경우, $\epsilon_{tt} = 0.0050$이고 d_t에 대한 중립축의 거리 c_{tcl}의 비는 $c_{tcl}/d_t = 0.398$이다. 따라서 d_t에 대한 등가직사각형 압축응력블록의 깊이 a_{tcl}의 비는 $f_{ck} \le 40$ MPa일 때 $\beta_1 = 0.80$임으로 $a_{tcl}/d_t = \beta_1(c_{tcl}/d_t) = 0.80 \times 0.398 = 0.318$이다.

⑥ 따라서 인장지배 단면에서는 $\epsilon_t \ge \epsilon_{tt} = \max(0.0050,\ 2.5\epsilon_y)$이거나 $\frac{c}{d_t} \le \frac{c_{tcl}}{d_t}$ (또는 $\frac{a}{d_t} \le \frac{a_{tcl}}{d_t}$)이다.

⑦ 구조설계기준에서는 최대철근비 $\rho_{\max}$를 정해두지 않고 있다. 또한 이전에는 휨을 받는 보가 $\rho > \rho_b$ (또는 $a/d_t > a_b/d_t$)인 경우를 허용하지 않았으나, 현행 구조설계기준에서는 단면의 조건에 따라 ϕ를 수정하여 보를 설계할 수 있게 하였다. 즉 인장지배

단면에서는 $\phi=0.85$로 하며, 압축지배 단면에서는 띠철근 또는 스터럽으로 보강된 철근콘크리트 부재인 경우 $\phi=0.65$, 나선철근으로 보강된 철근콘크리트 부재인 경우 $\phi=0.70$으로 하고 있다. 하지만 보와 같은 휨부재를 설계할 경우, 저보강보로 설계하여 연성파괴(인장파괴)가 되도록 하는 것이 일반적이므로 $\phi=0.85$가 된다. 이것은 $a/d_t \le a_{tcl}/d_t$이어야 함을 의미한다. 즉 일반적인 보부재의 설계는 인장지배 단면이 되도록 하며, 그 조건은 다음과 같다.

$$\epsilon_t = \left(\frac{d_t - c}{c}\right)\epsilon_{cu} = \left(\frac{d_t}{c} - 1\right)\epsilon_{cu} \ge \epsilon_{tt} = \max(0.0050,\ 2.5\epsilon_y)$$

$$\text{또는 } \frac{a}{d_t} \le \frac{a_{tcl}}{d_t} = \left(\frac{c_{tcl}}{d_t}\right)\beta_1 = 0.398\beta_1$$

⑧ 해당 철근비는 이전 구조설계기준의 최대철근비 ρ_{max}에 해당된다. 인장지배 단면에서 휨부재에 대한 해당 철근비(ρ_{max})는 압축연단 콘크리트의 변형률이 극한변형률 ϵ_{cu}에 도달할 때, 최 외단 인장철근의 순인장변형률이 한계(ϵ_{tt})에 도달한 상태이다. 최 외단 인장철근의 변형률한계 ϵ_{tt}에 해당되는 c값(압축연단에서 중립축까지의 거리)은 최대값(c_{max})이 된다. 여기서, 인장철근을 한 단으로 배치한 것으로 가정하면, 최 외단 압축연단에서 종방향 인장철근의 도심까지의 거리 d와 부재의 최 외단 압축연단에서 최 외단 인장철근의 중심까지의 거리 d_t는 같다.

그림 4.20에서 단철근 직사각형 보가 균형상태일 경우, 중립축의 거리 c_b는 다음과 같다.

$$c_b = \left(\frac{\epsilon_{cu}}{\epsilon_{cu} + \epsilon_y}\right) d_t$$

또한 그림 4.25에서 압축연단 콘크리트의 변형률이 극한변형률 ϵ_{cu}에 도달할 때, 최 외단 인장철근의 순인장변형률이 한계(ϵ_{tt})에 도달한 상태일 경우, 중립축의 거리 c_{max}는 다음과 같다.

$$\epsilon_{cu} : c_{max} = (\epsilon_{cu} + \epsilon_{tt}) : d_t$$

$$c_{max} = \left(\frac{\epsilon_{cu}}{\epsilon_{cu} + \epsilon_{tt}}\right) d_t$$

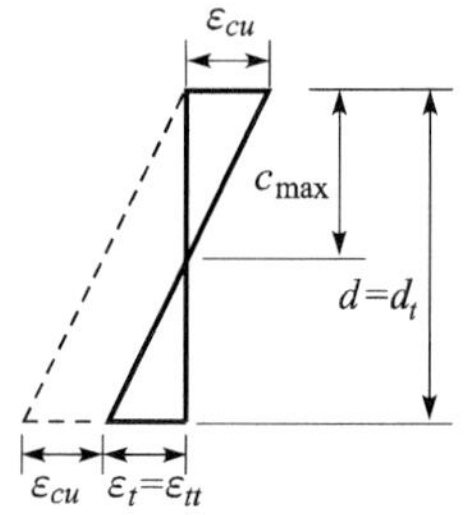

그림 4.25 최대철근비에 대한 변형률

그리고 c_b에 대한 $c_{\max}$의 비와 이 식으로부터 $c_{\max}$에 대해 다시 정리하면 다음과 같다.

$$\frac{c_{\max}}{c_b} = \frac{\left(\dfrac{\epsilon_{cu}}{\epsilon_{cu}+\epsilon_{tt}}\right)d_t}{\left(\dfrac{\epsilon_{cu}}{\epsilon_{cu}+\epsilon_y}\right)d_t} = \frac{\epsilon_{cu}+\epsilon_y}{\epsilon_{cu}+\epsilon_{tt}}$$

$$c_{\max} = \left(\frac{\epsilon_{cu}+\epsilon_y}{\epsilon_{cu}+\epsilon_{tt}}\right)c_b$$

따라서 최대 중립축의 거리 $c_{\max}$의 식으로부터 최대철근비 $\rho_{\max}$는 다음과 같다.

$$\rho_{\max} = \left(\frac{\epsilon_{cu}+\epsilon_y}{\epsilon_{cu}+\epsilon_{tt}}\right)\rho_b$$

예를 들어 콘크리트의 설계기준압축강도가 40 MPa 이하($f_{ck} \leq 40$ MPa)이고 SD400 ($f_y = 400$ MPa)인 철근의 경우, 인장지배 단면에서 휨부재에 대한 해당 철근비($\rho_{\max}$)를 산정하면 다음과 같다. 여기서, $\epsilon_{cu} = 0.0033$, $\epsilon_y = 0.0020$, $\epsilon_{tt} = 0.0050$이다.

$$\rho_{\max} = \left(\frac{\epsilon_{cu}+\epsilon_y}{\epsilon_{cu}+\epsilon_{tt}}\right)\rho_b = \left(\frac{0.0033+0.0020}{0.0033+0.0050}\right)\rho_b = 0.639\,\rho_b$$

(4) 변화구간 단면($\epsilon_c = \epsilon_{cu}$일 때, $\epsilon_{tc} < \epsilon_t < \epsilon_{tt}$)

① 변화구간 단면(Transition Section)은 압축연단 콘크리트의 변형률이 가정된 극한 변형률에 도달할 때 ($\epsilon_c = \epsilon_{cu}$), 최 외단 인장철근의 순인장변형률 ϵ_t가 압축변형률 한계 ϵ_{tc}와 인장지배변형률 한계 ϵ_{tt} 사이($\epsilon_{tc} < \epsilon_t < \epsilon_{tt}$)인 단면이다[그림 4.22 (c)].

② 따라서 변화구간 단면에서는 $\epsilon_{tc} < \epsilon_t < \epsilon_{tt}$이거나 $\dfrac{c_{tcl}}{d_t} < \dfrac{c}{d_t} < \dfrac{c_{ccl}}{d_t}$ (또는 $\dfrac{a_{tcl}}{d_t} < \dfrac{a}{d_t} < \dfrac{a_{ccl}}{d_t}$)이다.

③ 일반적으로 휨부재는 인장지배 단면이고, 압축부재는 압축지배 단면이다.

④ 인장지배 단면 중에서 인장철근의 단면적이 상대적으로 큰 경우와 압축부재 중에서 축력이 작고 휨모멘트가 큰 경우는 인장지배 단면과 압축부재 단면의 사이인 변화구간에 있게 된다.

4.4.4. 단면에 따른 강도감소계수

① 단면에 따른 강도감소계수 ϕ는 $\epsilon_c = \epsilon_{cu}$ 일 때, 순인장변형률 ϵ_t 의 크기에 따라 다음과 같이 변화된다.

표 4.5 단면에 따른 강도감소계수

구 분	순인장변형률 (ϵ_t) 조건	강도감소계수 (ϕ)
압축지배 단면	$\epsilon_t \le \epsilon_{tc} = \epsilon_y$ $(a/d_t \ge a_{cd}/d_t)$	띠철근 또는 스터럽 보강 : 0.65 나선철근 보강 : 0.70
변화구간 단면	$\epsilon_{tc} < \epsilon_t < \epsilon_{tt}$ $(a_{td}/d_t < a/d_t < a_{cd}/d_t)$	띠철근 또는 스터럽 보강 : 0.65~0.85 나선철근 보강 : 0.70~0.85
인장지배 단면	$\epsilon_t \ge \epsilon_{tt} = \max(0.0050,\ 2.5\epsilon_y)$ $(a/d_t \le a_{td}/d_t)$	0.85

주1 압축지배 단면의 강도감소계수 ϕ가 인장지배 단면의 것보다 값이 작은 이유는 압축지재 단면의 연성이 더 적고, 콘크리트 강도의 변동에 더 민감하며, 더 넓은 영역의 하중을 지지하기 때문이다.

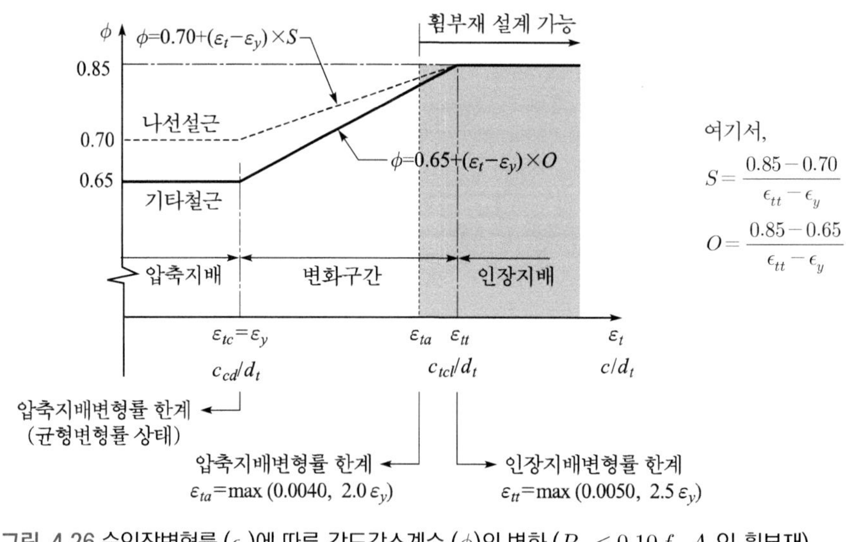

그림 4.26 순인장변형률 (ϵ_t)에 따른 강도감소계수 (ϕ)의 변화 ($P_u < 0.10 f_{ck} A_g$인 휨부재)

표 4.6 단면에 따른 변형률 한계 및 해당 철근비 ($P_y < 0.10 f_{ck} A_g$인 휨부재)

철근의 설계기준 항복강도 (f_y)	압축지배			인장지배			S	O
	압축지배 변형률 한계 (ϵ_{tc})	강도감소계수 (ϕ)		인장지배변형률 한계 (ϵ_{tt})	휨부재에 대한 해당 철근비 ($\rho_{\max}$)	강도 감소계수 (ϕ)		
		나선	기타					
300 MPa	0.0015	0.70	0.65	0.0050	$0.578\rho_b$	0.85	300/7	400/7
400 MPa	0.0020	0.70	0.65	0.0050	$0.639\rho_b$	0.85	50	200/3
500 MPa	0.0025	0.70	0.65	0.00625	$0.607\rho_b$	0.85	40	160/3
600 MPa	0.0030	0.70	0.65	0.0075	$0.583\rho_b$	0.85	100/3	400/9

주1 표의 값 보다 큰 인장철근비를 갖는 휨부재는 변화구간 단면으로서 $\phi = 0.85$보다 작은 강도감소계수를 적용한다.

주2 예를 들어 변화구간 단면에서 SD400 철근을 사용하는 경우, $\epsilon_{tc} = 0.0020$이고 $\epsilon_{tt} = 0.0050$이므로, 이들 값과 순인장변형률 ϵ_t에 따라 ϕ값을 직선 보간 한다.

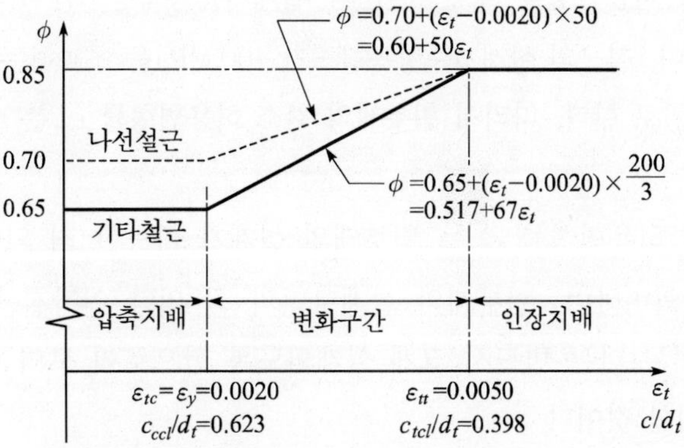

c/d_t에 의한 강도감소계수 ϕ의 산정

나선철근 : $\phi = 0.70 + 0.15[(1/c/d_t) - (5/3)] = 0.435 + 0.165/(c/d_t)$

기타철근 : $\phi = 0.65 + 0.20[(1/c/d_t) - (5/3)] = 0.297 + 0.220/(c/d_t)$

그림 4.27 SD400 철근을 사용한 휨과 압축부재에 대한 강도감소계수 (ϕ)의 산정

② 단면의 조건이 압축지배 단면과 인장지배 단면 사이에 위치할 경우 변화구간 단면에 해당되며, 보의 경우 나선철근은 사용되지 않으므로 변화구간 단면인 보는 스터럽으로 보강된 보부재는 $\phi=0.65$와 $\phi=0.85$ 사이의 값을 다음 식과 같이 직선 보간 하여 적용한다.

$$\phi = 0.65 + (\epsilon_t - \epsilon_y) \times O$$

$$\text{또는 } \phi = 0.65 + \frac{0.20}{\left[\frac{1}{(c_{tcl}/d_t)} - \frac{1}{(c_{ccl}/d_t)}\right]}\left[\frac{1}{(c/d_t)} - \frac{1}{(c_{ccl}/d_t)}\right]$$

4.4.5. 휨부재의 최소 변형률

① 프리스트레스를 가하지 않은 휨부재 또는 휨모멘트와 축력을 동시에 받는 부재로서 계수축력이 $0.10 f_{ck} A_g$ 보다 작은 경우, 공칭축강도에서의 순인장변형률 ϵ_t 는 휨부재의 최소 허용변형률 ϵ_{ta} 이상이어야 한다 $(\epsilon_t \geq \epsilon_{ta})$.

② 휨부재의 최소 허용변형률 ϵ_{ta}는 철근의 설계기준항복강도가 400 MPa 이하인 경우 0.0040으로 하며, 철근의 설계기준항복강도가 400 MPa을 초과하는 경우 철근 항복변형률의 2배 $(2.0\epsilon_y)$로 한다. 따라서 휨부재의 최소 허용변형률 ϵ_{ta}는 $\max(0.0040,\ 2.0\epsilon_y)$이다.

③ 휨부재의 최소 허용변형률 ϵ_{ta}는 휨부재의 설계가 가능한 최 외단 인장철근의 최소 허용변형률을 의미하며, 휨부재의 설계단면의 최 외단 인장철근의 순인장변형률이 최소 허용변형률보다는 반드시 크게 설계되도록 함으로써 보의 연성파괴(인장파괴)를 유도하기 위한 것이다.

④ 이전의 구조설계기준에서는 최대철근비 $\rho_{max} = 0.75\rho_b$ 를 규정하여 인장변형률의 한계를 묵시적으로 적용하여 왔다. 철근의 설계기준항복강도 f_y =400 MPa인 경우 최대철근비 $\rho_{max} = 0.75\rho_b$ 에 대한 순인장변형률 ϵ_t는 다음과 같이 산정된다. 인장철근비가 최대철근비 $\rho_{max} = 0.75\rho_b$ 일 경우 순인장변형률 ϵ_t는 최소값이 되며 압축연단에서 중립축까지의 거리 c는 최대값(c_{max})이 된다.

$\rho_{max} = 0.75\rho_b$

$$c_b = \left(\frac{\epsilon_{cu}}{\epsilon_{cu} + \epsilon_y}\right) d_t = \left(\frac{0.0033}{0.0033 + 0.0020}\right) d_t = 0.623\, d_t$$

$$\therefore\ c_{\max} = 0.75 c_b = 0.75 \times 0.623\, d_t = 0.467\, d_t$$

$$\epsilon_{cu} : c_{\max} = (\epsilon_{cu} + \epsilon_t) : d_t$$

$$\epsilon_t = \epsilon_{cu}\left(\frac{d_t}{c_{\max}}\right) - \epsilon_{cu}$$

$$= \left(\frac{d_t}{c_{\max}} - 1\right)\epsilon_{cu} = \left(\frac{d_t}{0.467 d_t} - 1\right)\epsilon_{cu}$$

$$= 1.141\epsilon_{cu} = 1.141 \times 0.0033 = 0.00377$$

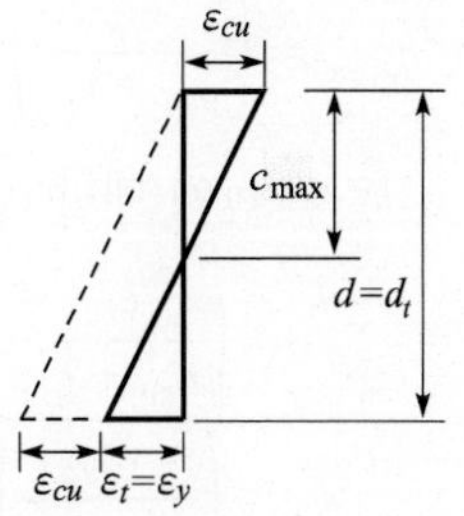

그림 4.28 최대철근비에 대한 변형률

즉, 이전 구조설계기준의 $\rho_{\max} = 0.75\,\rho_b$에 의한 순인장변형률은 최소 허용변형률이며 그 값은 0.00377이고 철근의 항복변형률 $\epsilon_y = 0.0020$보다 1.89배 크다. 하지만 현행 구조설계기준에서 휨부재에 대한 최소 허용변형률 $\epsilon_{ta} = 0.0040$으로 정하고 있으며, 이는 이전 구조설계기준에 비해 다소 보수적인 것이다.

현행 구조설계기준에서는 최대철근비 규정을 없애고 최소 허용변형률을 사용하고 있다. 이는 폭이 두 가지 이상인 다양한 단면 형태(T형 단면 또는 박스형 단면)에 대해 철근비를 결정하는데 다소 모호했던 점을 최소 허용변형률로 한계를 규정하여 개선한 것이다.

⑤ 철근의 설계기준항복강도가 400 MPa 이하인 경우, 휨부재의 최소 허용변형률 $\epsilon_{ta} = 0.0040$이다. 철근의 설계기준항복강도 $f_y = 400$ MPa인 경우, 해당 철근비를 산정하면 다음과 같다. 여기서, 해당 철근비는 이전 구조설계기준의 최대철근비 $\rho_{\max}$에 해당된다. 최소 허용변형률 $\epsilon_{ta} = 0.0040$에 해당되는 c값(압축연단에서 중립축까지의 거리)은 최대값($c_{\max}$)이 된다.

그림 4.20에서 단철근 직사각형 보가 균형상태일 경우, 중립축의 거리 c_b는 다음과 같다.

$$c_b = \left(\frac{\epsilon_{cu}}{\epsilon_{cu} + \epsilon_y}\right) d_t$$

또한 그림 4.28에서 압축연단 콘크리트의 변형률이 극한변형률 ϵ_{cu}에 도달할 때, 최외단 인장철근의 순인장변형률이 휨부재의 최소 허용변형률 $\epsilon_{ta} = 0.0040$에 도달한 상태일 경우, 중립축의 거리 $c_{\max}$는 다음과 같다.

$$\epsilon_{cu} : c_{\max} = (\epsilon_{cu} + \epsilon_{ta}) : d_t$$

$$c_{\max} = \left(\frac{\epsilon_{cu}}{\epsilon_{cu} + \epsilon_{ta}} \right) d_t$$

그리고 c_b에 대한 $c_{\max}$의 비와 이 식으로부터 $c_{\max}$에 대해 다시 정리하면 다음과 같다.

$$\frac{c_{\max}}{c_b} = \frac{\left(\frac{\epsilon_{cu}}{\epsilon_{cu} + \epsilon_{ta}} \right) d_t}{\left(\frac{\epsilon_{cu}}{\epsilon_{cu} + \epsilon_y} \right) d_t} = \frac{\epsilon_{cu} + \epsilon_y}{\epsilon_{cu} + \epsilon_{ta}}$$

$$c_{\max} = \left(\frac{\epsilon_{cu} + \epsilon_y}{\epsilon_{cu} + \epsilon_{ta}} \right) c_b = \left(\frac{0.0033 + 0.0020}{0.0033 + 0.0040} \right) c_b = 0.726\, c_b$$

따라서 최대 중립축의 거리 $c_{\max}$의 식으로부터 최대철근비 $\rho_{\max}$는 다음과 같다.

$$\rho_{\max} = \left(\frac{\epsilon_{cu} + \epsilon_y}{\epsilon_{cu} + \epsilon_{ta}} \right) \rho_b = \left(\frac{0.0033 + 0.0020}{0.0033 + 0.0040} \right) \rho_b = 0.726\, \rho_b$$

$$c_{\max} = 0.726\, c_b \text{ 또는 } \rho_{\max} = 0.726\, \rho_b$$

⑥ 철근의 설계기준항복강도 f_y =400 MPa이고, 순인장변형률 ϵ_t가 최소 허용변형률 ϵ_{ta} = 0.0040인 경우, 스터럽을 사용한 휨부재의 강도감소계수 ϕ는 다음과 같이 산정된다.

$$\phi = 0.65 + (\epsilon_t - \epsilon_y) \times O = 0.65 + (0.0040 - 0.0020) \times \frac{200}{3} = 0.78$$

⑦ 여러 가지 철근의 설계기준항복강도에 대해 위의 내용들을 정리하면 다음 표와 같다.

표 4.7 휨부재의 최소 허용변형률 및 해당 철근비 ($P_u < 0.10 f_{ck} A_g$인 휨부재)

철근의 설계기준 항복강도 (f_y)	압축지배 변형률 한계 ($\epsilon_{tc} = \epsilon_y$)	휨부재 허용값			S	O
		최소 허용 변형률 (ϵ_{ta})	해당 철근비 ($\rho_{\max}$)	최소 용변형률에서 강도감소계수 (ϕ)		
300 MPa	0.0015	0.0040	$0.658\rho_b$	0.79	300/7	400/7
400 MPa	0.0020	0.0040	$0.726\rho_b$	0.78	50	200/3
500 MPa	0.0025	0.0050	$0.699\rho_b$	0.78	40	160/3
600 MPa	0.0030	0.0060	$0.677\rho_b$	0.78	100/3	400/9

⑧ 만약 계수축력 $P_u \geq 0.10 f_{ck} A_g$이면, 압축지배 단면이 되어 띠철근 또는 스터럽으로 보강된 경우에는 $\phi = 0.65$, 나선철근으로 보강된 경우에는 $\phi = 0.70$을 적용하여야 한다.

⑨ 지배 단면 및 휨부재의 최소 변형률에 대한 최 외단 인장철근의 순인장변형률 ϵ_t 의 기준을 정리하면 표 4.8과 같고, 지배 단면에 따른 최 외단 인장철근의 순인장변형률과 강도감소계수와 관계는 그림 4.29와 같다.

표 4.8 철근의 설계기준항복강도에 따른 순인장변형률 기준 ($P_u < 0.10 f_{ck} A_g$인 휨부재)

철근의 설계기준 항복강도 (f_y)	압축지배 변형률 한계 (ϵ_{tc})	휨부재 최소 허용변형률 (ϵ_{ta})	인장지배 변형률 한계 (ϵ_{tt})
300 MPa	0.0015	0.0040	0.0050
400 MPa	0.0020	0.0040	0.0050
500 MPa	0.0025	0.0050	0.00625
600 MPa	0.0030	0.0060	0.0075

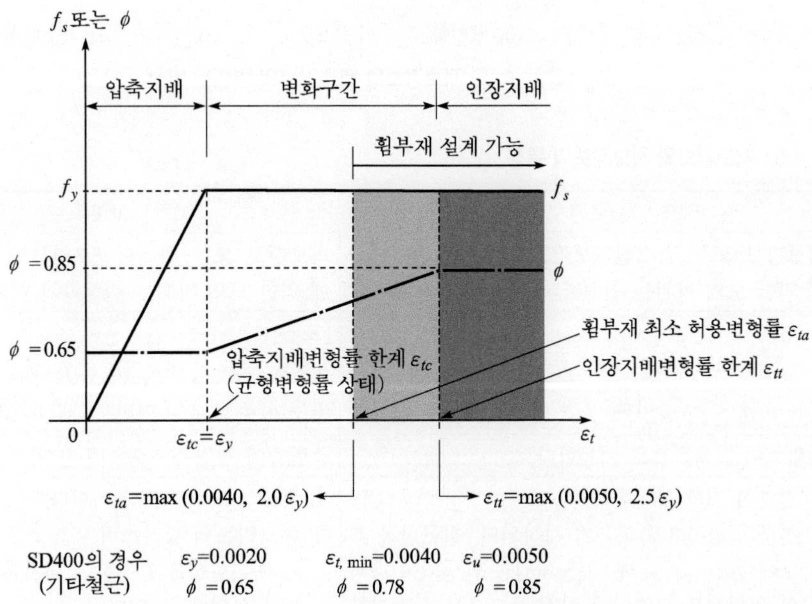

그림 4.29 SD400 철근을 사용한 단면에서 최 외단 인장철근의 순인장변형률에 따른 단면구분과 강도감소계수

⑩ 일반적으로 휨부재를 설계할 경우, 최 외단 인장철근의 순인장변형률 ϵ_t가 인장지배 변형률 한계 이상($\epsilon_t \geq \epsilon_{tt}$)이 되게 하여 강도감소계수($\phi$)가 감소되지 않고 0.85를 유지하도록 하는 것이 경제적이다.

4.4.6. 저보강보와 과보강보

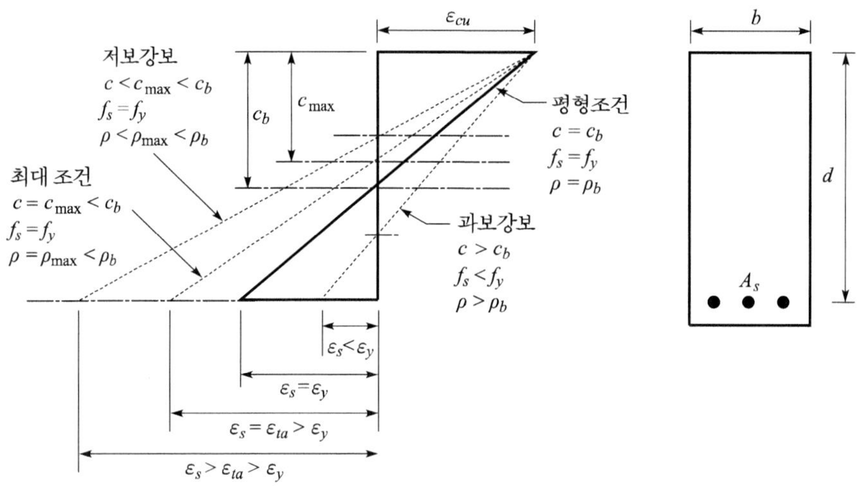

그림 4.30 저보강보와 과보강보의 변형률 변화

표 4.9 저보강보와 과보강보의 특징

저보강보	과보강보
저보강보 또는 과소철근보라고도 하며, 파괴하중에 의한 보의 파괴는 연성파괴(인장파괴)가 된다.	과보강보 또는 과다철근보라고도 하며, 파괴하중에 의한 보의 파괴는 취성파괴(압축파괴)가 된다.
[조건] $\rho < \rho_b$ 또는 $\epsilon_s > \epsilon_y$ $(\epsilon_s > f_y/E_s)$ 또는 $a/d_t < a_b/d_t$이면, $f_s = f_y$이다.	[조건] $\rho > \rho_b$ 또는 $\epsilon_s < \epsilon_y$ $(\epsilon_s < f_y/E_s)$ 또는 $a/d_t > a_b/d_t$이면, $f_s < f_y$이다.
중립축이 압축측으로 이동한다.	중립축이 인장측으로 이동한다.
① 철근이 먼저 항복한다. ② 철근의 항복으로 파괴가 시작되며, 철근항복 후 보에 점진적으로 매우 큰 처짐을 발생되어 파괴의 위험성을 균열이나 처짐 등으로부터 감지할 수 있고 이에 대처할 수 있는 시간적 여유를 얻을 수 있다.	① 콘크리트가 먼저 파괴된다. ② 콘크리트의 갑작스런 파쇄로 보가 파괴되어 파괴의 위험성을 감지하여 대처할 수 있는 시간적 여유를 얻을 수 없다.
① 파괴하중에서 파괴의 징후를 보이면서 점진적으로 진행되는 이 파괴형태가 바람직스럽다. ② 연성파괴를 유도하기 위해 최 외단 인장철근의 순인장변형률 $\epsilon_t \geq \max(0.0040, 2.0\epsilon_y)$가 되도록 규정하고 있다.	① 보의 인장철근량이 너무 적을 경우, 파괴하중에서 취성파괴를 일으키며 단면의 전체적 파괴가 갑작스럽게 일어난다. ② 취성파괴를 피하기 위해 최소철근비로 제한한다 $(\rho > \rho_{min})$.

위에서처럼 저보강보는 연성파괴 (인장파괴) 되고, 과보강보는 취성파괴 된다. 이전의 구조설계기준에서는 $\rho \le \rho_{\max} = 0.75\,\rho_b$로 하여 저보강보가 되도록 하였다. 콘크리트와 철근의 실제 강도가 변화하기 쉽고 유효깊이 (d)와 같은 단면의 치수가 변화하기 쉬우므로 $\rho = 0.75\,\rho_b$ 정도인 보 단면은 압축파괴 되기 쉽다. 또한 철근과 콘크리트의 위치를 정확하게 하기 어렵고 ρ가 $0.5\,\rho_b$를 초과하면 보의 처짐과 균열이 급격히 발달되는 것으로 알려져 있다. 이러한 이유들 때문에 실무에서는 최대철근비를 $0.35 \sim 0.50\,\rho_b$ 정도로 하고 있다.

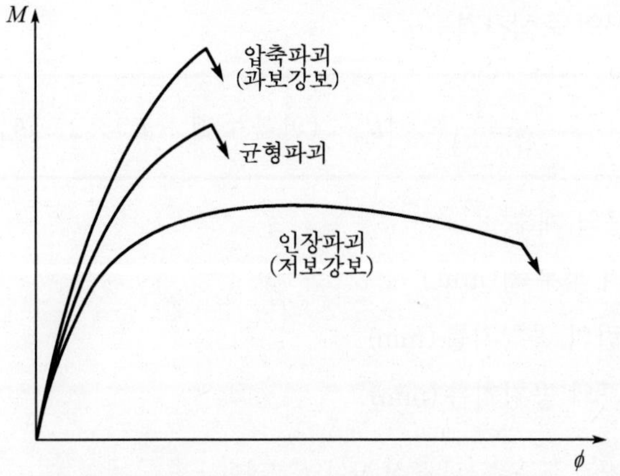

그림 4.31 파괴의 종류에 따른 모멘트-곡률 곡선

4.4.7. 안전성

① 철근콘크리트보가 예상치 못한 큰 하중에 의해 부득이 파괴된다고 하면, 취성파괴 (압축파괴)보다 연성파괴 (인장파괴)가 안전성의 관점에서 바람직하다.

② 보의 설계에서는 보의 철근비를 작게 하고 단면을 크게 하는 것이 안전성과 처짐 제한에 유리하다.

4.5. 단철근 직사각형 보

4.5.1. 개요

단철근 직사각형 보 또는 단철근 장방형 보란 단면이 직사각형인 콘크리트에서 인장측에만 철근을 배치한 직선 부재이다.

4.5.2. 간격 및 피복두께

(1) 보부재에서 주철근의 중심간격

$$s = \frac{1}{(n-1)} \times [b_w - (\text{피복두께} + d_s) \times 2 - d_b]$$

여기서, n : 주철근의 개수

b_w : 부재의 복부폭 (mm)

d_s : 스터럽의 공칭지름 (mm)

d_b : 주철근의 공칭지름 (mm)

주1 주철근의 중심간격은 주철근의 중심 사이의 거리이다.

(2) 보부재에서 철근의 간격제한

표 4.10 보부재에서 철근의 간격제한

구 분	간격제한
동일 평면에서 평행하는 철근 사이의 최소 수평 순간격 (보의 주철근의 최소 수평 순간격)	최소 수평 순간격 $= \max\left(25\text{ mm},\ d_b,\ \frac{4}{3}G\right)$
상단과 하단에 2단 이상으로 배치된 경우	① 상하철근을 동일 연직 면내에 배치시킨다. ② 상하철근의 순간격 25 mm 이상이다.
다발철근 (묶음철근)	① 이형철근을 사용한다. ② 이형철근의 개수는 4개 이하이다. ③ 다발철근은 스터럽이나 띠철근으로 둘러싸야 한다. ④ 휨부재의 경간 내에서 끝나는 한 다발철근 내의 개개 철근은 40 d_b 이상 서로 엇갈리게 끝나야 한다. ⑤ 보의 다발철근은 D35 이하를 사용한다.

여기서, G : 굵은골재의 최대 공칭치수 (mm)

d_b : 철근의 공칭지름 (mm)

h : 부재의 전체 두께 또는 깊이 (mm)

주1 주철근의 순간격은 주철근의 앞면 사이의 거리이다.

주2 주철근의 최소 중심간격 ($s_{\min}$)은 '$s_{\min}$ =최소 수평 순간격+d_b'이다.

(3) 철근의 피복두께

보 및 기둥의 최소 피복두께는 40 mm이며, $f_{ck} \geq 40$ MPa 이면 10 mm를 저감한 30 mm로 할 수 있다.

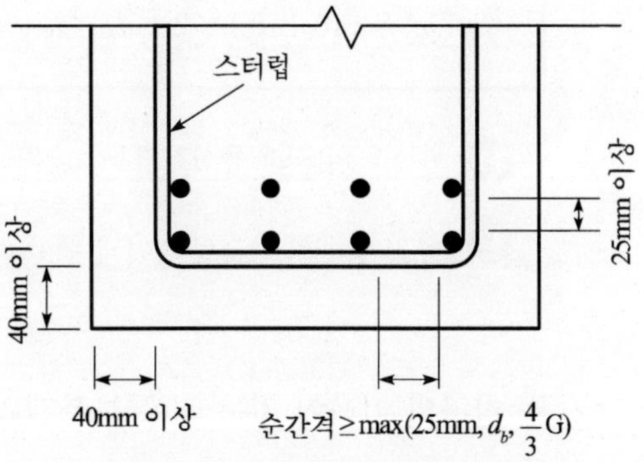

그림 4.32 철근의 순간격 및 피복두께

4.5.3. 유효깊이와 최소 폭

(1) 보부재의 유효깊이

보의 설계에서 보의 유효깊이 d는 다음과 같이 산정한다.

$$d = h - 40 - d_s - \frac{d_b}{2} \text{ (mm)}$$

여기서, h : 보의 전체 깊이 (mm)

일반적으로 건축구조물에서는 스터럽을 D10 또는 D13을 사용하고 주철근을 D25내외를 사용하므로 보의 유효깊이를 약산적으로 가정하면 다음과 같다.

① 1단 배치의 경우 : $d \fallingdotseq h - 65$ (mm)

② 2단 배치의 경우 : $d \fallingdotseq h - 90$ (mm)

(2) 보부재의 최소 폭

(가) 보부재의 최소 폭

① 이음이 없는 경우 :

$$b_w = (40 + d_s) \times 2 + d_b \times n + \text{최소 수평 순간격} \times (n - 1)$$

② 반수(半數) 이음인 경우 :

$$b_w = (40 + d_s) \times 2 + d_b \times n + \text{최소 수평 순간격} \times (n - 1) + \left(d_b \times \frac{n}{2}\right)$$

주1 주철근의 최소 중심간격($s_{\min}$)은 '$s_{\min}$ = 최소 수평 순간격 + d_b'이다.

주2 주철근의 최소 수평 순간격 = $\max\left(25\text{mm},\ d_b,\ \frac{4}{3}G\right)$ (mm)

(나) 철근의 이음이 없는 경우 보부재의 최소 폭

표 4.11 철근의 이음이 없는 경우 보부재의 최소 폭 b_w (mm)

구 분	D10 스터럽						D13 스터럽					
종류 \ 개수	3	4	5	6	7	8	3	4	5	6	7	8
D13	188	226	264	301	339	377	194	232	270	307	345	383
D16	198	239	280	320	361	402	204	245	286	326	367	408
D19	207	251	296	340	384	428	213	257	302	346	390	434
D22	217	264	311	358	405	453	223	270	317	364	411	459
D25	226	277	327	377	428	478	232	283	333	383	434	484
D29	243	301	359	417	450	504	249	306	363	421	456	510
D32	259	314	387	451	473	529	265	329	392	456	479	535
D35	275	327	403	469	494	554	275	327	403	469	494	554

주1 표에서 d_b는 주철근의 공칭지름이나 계산의 편리를 위해 철근의 호칭치수를 사용하여도 관계없다. 예를 들어 D25의 공칭지름은 25.4 mm이나 25 mm를 사용하여 계산하여도 관계없다.

(다) 철근을 반수(半數) 이음 한 경우 보부재의 최소 폭

표 4.12 철근을 반수 이음 한 경우 보부재의 최소 폭 b_w (mm)

구 분	D10 스터럽						D13 스터럽					
종류 \ 개수	3	4	5	6	7	8	3	4	5	6	7	8
D13	207	251	295	339	383	427	213	257	301	345	389	433
D16	222	270	319	368	417	466	228	276	325	374	423	472
D19	236	290	343	397	451	504	242	296	349	403	457	510
D22	250	308	367	425	483	541	256	314	373	431	489	547
D25	264	327	391	454	517	580	270	333	397	460	523	586
D29	329	359	431	502	550	618	292	363	435	506	556	624
D32	307	378	455	531	584	657	313	392	472	551	590	663
D35	327	396	478	559	616	694	333	420	507	595	622	700

주1 표에서 d_b는 주철근의 공칭지름을 사용하였다.

4.5.4. 휨부재의 최소철근량

KDS 14 20 20 (4.2.2)[8] 구조설계기준에 따른 휨부재의 최소철근량은 다음과 같다.

① 해석에 의하여 인장철근 보강이 요구되는 휨부재의 모든 단면에 대하여 다음 ②와 ③에 규정된 경우를 제외하고는 설계휨강도가 다음 식의 조건을 만족하도록 인장철근을 배치하여야 한다.

$$\phi M_n \geq 1.2 M_{cr}$$

여기서, M_{cr} : 휨부재의 균열휨모멘트 (kN · m, $M_{cr} = f_r I_g / y_t$)

f_r : 콘크리트의 휨인장강도 (파괴계수) (MPa, $f_r = 0.63\lambda\sqrt{f_{ck}}$)

I_g : 총 단면에 대한 단면2차 모멘트 (mm^4, $I_g = bh^3/12$)

y_t : 도심에서 인장측 연단까지의 거리 (mm, $y_t = h/2$)

8) KDS 14 20 20 (4.2.2) 콘크리트구조 휨 및 압축 설계기준, 국토교통부 제정, 한국콘크리트학회 작성, 2021.

② 부재의 모든 단면에서 해석에 의해 필요한 철근량보다 1/3 이상 인장철근이 더 배치되어 아래 식의 조건을 만족하는 경우는 상기 ①의 규정을 적용하지 않을 수 있다.

$$\phi M_n \geq \frac{4}{3} M_u$$

③ 두께가 균일한 구조용 슬래브와 기초판에 대하여 경간방향으로 보강되는 휨철근의 단면적은 구조설계기준의 '수축·온도철근량' 이상이어야 한다. 철근의 최대 간격은 슬래브 또는 기초판 두께의 3배와 450 mm 중 작은 값을 초과하지 않도록 하여야 한다.

4.5.5. 휨부재의 최소 허용변형률과 인장지배변형률 한계

(1) 휨부재의 최소 허용변형률

구조설계기준에서는 휨부재에 대한 허용값으로 해당 철근비(최대철근비로)로 제한하지 않고 휨부재의 최소 허용변형률 이상이 되도록 제한하고 있다. 따라서 휨부재에 대한 검토는 부재의 순인장변형률(ϵ_t)이 휨부재의 최소 허용변형률 이상 $[\epsilon_t \geq \epsilon_{ta} = \max(0.0040,\ 2.0\epsilon_y)]$이 되는지를 검토하여야 한다.

$f_y \leq 400$ MPa인 경우, $\epsilon_t \geq \epsilon_{ta} = 0.0040$

$f_y = 500$ MPa인 경우, $\epsilon_t \geq \epsilon_{ta} = 0.0050$

$f_y = 600$ MPa인 경우, $\epsilon_t \geq \epsilon_{ta} = 0.0060$

(2) 인장지배변형률 한계

특히 보부재에서 강도감소계수 $\phi = 0.85$를 유지하는 것이 실제 보부재의 설계에서 바람직하므로 단철근 직사각형 보의 압축연단 콘크리트의 변형률이 가정된 극한변형률에 도달할 때 $(\epsilon_c = \epsilon_{cu})$, 최 외단 인장철근의 순인장변형률($\epsilon_t$)이 인장지배변형률 한계 이상 $(\epsilon_t \geq \epsilon_{tt})$이 되게 하는 것이 경제적이다.

$f_y \leq 400$ MPa인 경우, $\epsilon_t \geq \epsilon_{tt} = 0.0050$

$f_y = 500$ MPa인 경우, $\epsilon_t \geq \epsilon_{tt} = 0.00625$

$f_y = 600$ MPa인 경우, $\epsilon_t \geq \epsilon_{tt} = 0.0075$

4.5.6. 단철근 직사각형 보의 해석

(1) 단철근 직사각형 보의 휨강도(휨모멘트)

(가) 개요

일반적인 보의 휨파괴는 저보강보로서 연성파괴(인장파괴)에 의한 것으로 압축연단 콘크리트의 변형률이 가정된 극한변형률 ϵ_{cu}에 도달할 때($\epsilon_c = \epsilon_{cu}$), 최 외단 인장철근의 순인장변형률 ϵ_t가 인장지배변형률 한계 ϵ_{tt} 이상이 되게 한다. 이때의 인장철근의 변형률은 $\epsilon_s \geq f_y/E_s$이고, 응력은 $f_s = f_y$가 된다.

(나) 휨부재의 최소 허용변형률 검토

$$f_y \leq 400\,\text{MPa}\text{인 경우, } \epsilon_t \geq \epsilon_{ta} = 0.0040$$
$$f_y = 500\,\text{MPa}\text{인 경우, } \epsilon_t \geq \epsilon_{ta} = 0.0050$$
$$f_y = 600\,\text{MPa}\text{인 경우, } \epsilon_t \geq \epsilon_{ta} = 0.0060$$

(다) 콘크리트의 압축력(C)과 철근의 인장력(T)

콘크리트의 압축파괴보다 철근의 인장파괴가 선행할 때의 단철근 직사각형 보에서, 콘크리트의 압축력(C)과 철근의 인장력(T)은 다음과 같다.

$$C = \eta(0.85 f_{ck})\,a\,b$$
$$T = A_s\,f_y$$

(라) 등가직사각형 압축응력블록의 깊이(a)

콘크리트의 압축파괴보다 철근의 인장파괴가 선행할 때의 단철근 직사각형 보에서, 힘의 평형조건식($\Sigma X = 0$)에 따라 $C = T$이다.

$C = \eta(0.85 f_{ck})\,a\,b = A_s\,f_y = T$

등가직사각형 압축응력블록의 깊이(a)는 다음과 같다.

$$a = \frac{A_s\,f_y}{\eta(0.85\,f_{ck})\,b} = \frac{\rho f_y d}{\eta(0.85 f_{ck})} = \frac{\omega d}{\eta 0.85}$$

여기서, $\rho = \dfrac{A_s}{bd}$이고 $\omega = \dfrac{\rho f_y}{f_{ck}}$이다.

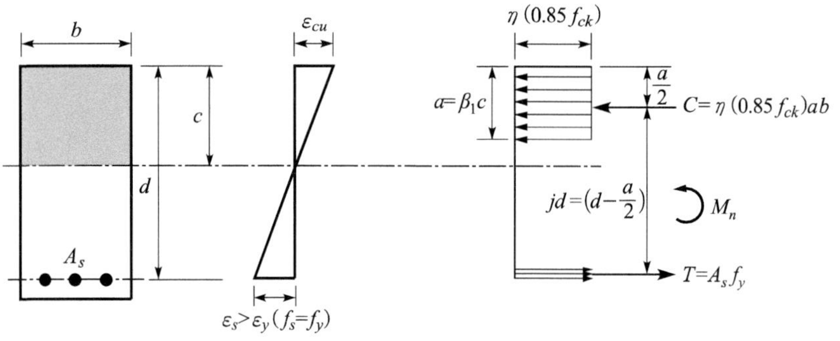

그림 4.33 단철근 직사각형 보의 변형률과 응력블록

(마) 공칭휨강도 (공칭휨모멘트)

보부재의 공칭휨강도 (M_n)는 다음과 같다.

$$M_n = T \cdot jd = A_s f_y \left(d - \frac{a}{2}\right)$$

$$\text{또는 } M_n = C \cdot jd = \eta(0.85 f_{ck}) a b \left(d - \frac{a}{2}\right)$$

위의 $M_n = A_s f_y \left(d - \frac{a}{2}\right)$에 $\rho = \frac{A_s}{bd}$ 로부터 $A_s = \rho bd$와 $a = \frac{A_s f_y}{\eta(0.85 f_{ck}) b}$ 를 대입하여 정리하면 다음과 같다.

$$M_n = \rho f_y b d^2 \left[1 - \frac{0.5 \rho f_y}{\eta(0.85 f_{ck})}\right]$$

$R_n = \frac{M_n}{bd^2}$ 이라하면 R_n은 다음과 같다.

$$R_n = \rho f_y \left[1 - \frac{0.5 \rho f_y}{\eta(0.85 f_{ck})}\right]$$

위의 식을 ρ에 대한 2차 방정식으로 정리한 후 철근비 ρ를 계산하면 다음과 같다.

$$\rho = \frac{\eta(0.85 f_{ck})}{f_y} \left[1 - \sqrt{1 - \frac{2 R_n}{\eta(0.85 f_{ck})}}\right]$$

또한 공칭휨강도 M_n 식을 ω에 대한 식으로 정리하면 다음과 같다.

$$M_n = A_s f_y\left(d - \frac{a}{2}\right) = \rho f_y b d^2\left[1 - \frac{0.5\rho f_y}{\eta(0.85 f_{ck})}\right]$$

$$= \rho f_y b d^2\left(1 - \frac{0.59\rho f_y}{\eta f_{ck}}\right)$$

$$= \rho f_y b d^2 (1 - 0.59\omega) = \eta f_{ck} b d^2 \omega (1 - 0.59\omega)$$

따라서 공칭휨강도 산정식은 다음과 같다.

$$M_n = A_s f_y\left(d - \frac{a}{2}\right)$$

$$= \rho f_y b d^2\left(1 - \frac{0.59\rho f_y}{\eta f_{ck}}\right)$$

$$= \rho f_y b d^2 (1 - 0.59\omega) = \eta f_{ck} b d^2 \omega (1 - 0.59\omega)$$

또는 $M_n = R_n b d^2$

여기서, $R_n = \rho f_y (1 - 0.59\omega)$ 또는 $R_n = \eta f_{ck} \omega (1 - 0.59\omega)$

$$a = \frac{A_s\ f_y}{\eta(0.85 f_{ck}) b} = \frac{\rho f_y d}{\eta(0.85 f_{ck})} = \frac{\omega d}{0.85}$$

$$\omega = \frac{\rho f_y}{\eta f_{ck}}$$

따라서 공칭휨강도를 다음과 같이 ω에 대해 정리할 수 있다.

$$M_n = \rho f_y b d^2 (1 - 0.59\omega) = R_n b d^2$$

$$M_n = \eta f_{ck} b d^2 \omega (1 - 0.59\omega) = R_n b d^2$$

(바) 설계휨강도 (설계휨모멘트)

$$M_d = \phi M_n$$

(사) 저보강보 ($f_s = f_y$)의 검토

휨강도를 산정할 때 $f_s = f_y$로 가정하였다. 따라서 가정에 대한 검토가 필요하다.

다음 조건을 만족하면 보의 파괴 시 $f_s = f_y$이다.

$$\epsilon_s \geq \epsilon_y \text{ 또는 } \frac{a}{d} \leq \frac{a_b}{d} = \beta_1\left(\frac{660}{660+f_y}\right)$$

(아) 단철근 직사각형 보의 최소철근량 조건

$$\phi M_n \geq 1.2 M_{cr}$$

여기서, ϕ : 강도감소계수

M_n : 공칭휨강도 (공칭휨모멘트) (kN · m)

M_d : 설계휨강도 (설계휨모멘트) (kN · m)

A_s : 인장철근의 단면적 (mm^2)

a : 등가직사각형 압축응력블록의 깊이 (mm)

b : 부재의 압축면의 유효폭 (mm)

b_w : 부재의 복부폭 (mm), 직사각형 보에서는 b와 같으나 T형 보에서는 다를 수 있다.

d : 보의 유효깊이 (mm)

f_{ck} : 콘크리트의 설계기준압축강도 (MPa)

f_y : 철근의 설계기준항복강도 (MPa)

주1 단철근 직사각형 보 단면의 기호에 있어 압축면의 유효폭 b와 부재의 복부포 b_w는 같다 ($b = b_w$).

주2 공칭휨강도의 약산식은 $M_n = A_s f_y j d$이고 $j = 0.875$이다.

(2) 단철근 직사각형 보의 해석순서

① 사용재료의 강도 f_{ck}, f_y의 확인

② 보 단면의 크기 $b_w \times d$의 확인 ($b_w = b$)

③ 등가직사각형 압축응력블록의 깊이 a의 산정

④ β_1과 ϵ_{cu}의 결정 및 저보강보 ($f_s = f_y$)의 검토

$\epsilon_s \geq \epsilon_y$ (또는 $a/d \leq a_b/d$)이면 $f_s = f_y$이다.

⑤ 순인장변형률 ϵ_t 의 산정 및 휨부재의 최소 허용변형률 ϵ_{ta} 검토

$$c = \frac{a}{\beta_1}$$

$$\epsilon_t = \left(\frac{d_t - c}{c}\right)\epsilon_{cu} = \left(\frac{d_t}{c} - 1\right)\epsilon_{cu} \text{ 또는 } \frac{a}{d_t}$$

$f_y \le 400$ MPa인 경우, $\epsilon_t \ge \epsilon_{ta} = 0.0040$
$f_y = 500$ MPa인 경우, $\epsilon_t \ge \epsilon_{ta} = 0.0050$
$f_y = 600$ MPa인 경우, $\epsilon_t \ge \epsilon_{ta} = 0.0060$

⑥ 강도감소계수 ϕ의 산정

$\epsilon_c = \epsilon_{cu}$일 때, $\epsilon_t \ge \epsilon_{tt}$ 또는 $\frac{a}{d_t} \le \frac{a_{tcl}}{d_t}$ 이면 인장지배 단면이고 $\phi = 0.85$가 된다.

$f_y \le 400$ MPa인 경우, $\epsilon_t \ge \epsilon_{tt} = 0.0050$
$f_y = 500$ MPa인 경우, $\epsilon_t \ge \epsilon_{tt} = 0.00625$
$f_y = 600$ MPa인 경우, $\epsilon_t \ge \epsilon_{tt} = 0.0075$

또한 $\epsilon_c = \epsilon_{cu}$일 때, $\epsilon_{tc} < \epsilon_t < \epsilon_{tt}$ 또는 $\frac{a_{tcl}}{d_t} < \frac{a}{d_t} < \frac{a_{ccl}}{d_t}$ 이면 변화구간 단면이고 강도감소계수 ϕ는 다음과 같이 산정한다.

$$\phi = 0.65 + (\epsilon_t - \epsilon_y) \times O \text{ 또는}$$

$$\phi = 0.65 + \frac{0.20}{\left[\frac{1}{(c_{tcl}/d_t)} - \frac{1}{(c_{ccl}/d_t)}\right]}\left[\frac{1}{(c/d_t)} - \frac{1}{(c_{ccl}/d_t)}\right]$$

⑦ 공칭휨강도 M_n의 산정

⑧ 설계휨강도 $M_d = \phi M_n$의 산정

⑨ 최소철근량 $\phi M_n \ge 1.2 M_{cr}$의 검토

예제 4-4

철근콘크리트의 단철근 보를 강도설계법으로 설계할 경우 보의 복부폭 b_w =300 mm, 응력블록의 깊이 a =120 mm인 콘크리트가 받는 압축력으로 옳은 것은? (단, 콘크리트는 f_{ck} =27 MPa의 보통중량 콘크리트이다.)

㉮ 750 kN　　㉯ 782 kN　　㉰ 826 kN　　㉱ 850 kN

풀이

η=1.00

$C=\eta(0.85f_{ck})ab=1.00\times0.85\times27\times120\times300=826.2\times10^3\text{ N}=826.2\text{ kN}$

답 ㉰

예제 4-5

보의 복부폭 (b_w)은 500 mm, 인장철근은 4-D25인 철근콘크리트 단철근 직사각형 보에서 등가직사각형 압축응력블록의 깊이 (a)은? (단, 콘크리트는 f_{ck}= 24 MPa의 보통중량콘크리트이고, 철근은 f_y = 400 MPa의 도막되지 않은 철근이며, D25의 단면적은 506.7 mm^{2}이다.)

㉮ 59.5 mm　　㉯ 69.5 mm　　㉰ 79.5 mm　　㉱ 89.5 mm

풀이

$$a=\frac{A_sf_y}{\eta(0.85f_{ck})b}=\frac{(506.7\times4)\times400}{1.00\times0.85\times24\times500}=79.5\text{ mm}$$

답 ㉰

예제 4-6

보의 복부폭 b_w =400 mm, 유효깊이 d =650 mm, 인장철근은 6 - D25인 철근콘크리트 단철근 보의 설계휨강도 값은 어느 것인가? (단, 콘크리트는 f_{ck}= 30 MPa의 보통중량콘크리트이고, 철근은 f_y = 400 MPa의 도막되지 않은 철근이며, D25의 단면적은 506.7 mm^{2}이다.)

㉮ 518.5 kN · m　　㉯ 610.4 kN · m　　㉰ 718.5 kN · m　　㉱ 818.5 kN · m

풀이

1. 보의 복부폭 b_w의 검토

철근이음이 없을 경우 6-D25 (스터럽 D13)의 최소 폭은 383 mm이다.

2. 등가직사각형 압축응력블록의 깊이 a의 산정

$$a = \frac{A_s f_y}{\eta(0.85 f_{ck}) b} = \frac{(506.7 \times 6) \times 400}{1.00 \times 0.85 \times 30 \times 400} = 119 \text{ mm}$$

3. β_1과 ϵ_{cu}의 결정

$f_{ck} \le 40$ MPa이므로 $\beta_1 = 0.80$이고, $\epsilon_{cu} = 0.0033$이다.

4. 저보강보 $(f_s = f_y)$의 검토

$d = 650$ mm (1단 배치로 가정)

$$c = \frac{a}{\beta_1} = \frac{119}{0.80} = 149 \text{ mm}$$

$$\epsilon_s = \left(\frac{d-c}{c}\right)\epsilon_{cu} = \left(\frac{650-149}{149}\right) \times 0.0033 = 0.0111$$

$$\epsilon_y = \frac{f_y}{E_s} = \frac{400}{2.0 \times 10^5} = 0.0020$$

$\epsilon_s = 0.0111 \ge \epsilon_y = 0.0020$이다.

$\therefore f_s = f_y$

5. 순인장변형률, 휨부재의 최소 허용변형률 검토 및 강도감소계수

1) 순인장변형률 ϵ_t 의 산정

$d_t = d = 650$ mm

$$\epsilon_t = \left(\frac{d_t - c}{c}\right)\epsilon_{cu} = \left(\frac{650-149}{149}\right) \times 0.0033 = 0.0111$$

2) 휨부재의 최소 허용변형률 ϵ_{ta}

$f_y = 400$ MPa이므로 $\epsilon_{ta} = 0.0040$이다.

$\therefore \epsilon_t = 0.0111 \ge \epsilon_{ta} = 0.0040$ OK

3) 강도감소계수 ϕ의 산정

$\epsilon_t = 0.0111 \ge \epsilon_{tt} = 0.0050$이므로 인장지배 단면이다.

$\therefore \phi = 0.85$

6. 공칭휨강도 M_n의 산정

$$M_n = A_s f_y \left(d - \frac{a}{2}\right) = (506.7 \times 6) \times 400 \times \left(650 - \frac{119}{2}\right)$$

$$= 718{,}095{,}240 \text{ N} \cdot \text{mm} = 718.1 \times 10^6 \text{ N} \cdot \text{mm} = 718.1 \text{ kN} \cdot \text{m}$$

7. 설계휨강도 $M_d = \phi M_n$의 산정

$M_d = \phi M_n = 0.85 \times 718.1 = 610.4$ kN · m

8. 최소철근량 검토

1) 균열휨모멘트

$$f_r = 0.63\lambda\sqrt{f_{ck}} = 0.63 \times 1.0 \times \sqrt{30} = 3.45\ \text{MPa}$$

$$I_g = \frac{bh^3}{12} = \frac{400 \times 720^3}{12} = 12{,}441.6 \times 10^6\ \text{mm}^4$$

$$y_t = \frac{h}{2} = \frac{720}{2} = 360\ \text{mm}$$

$$M_{cr} = \frac{f_r I_g}{y_t} = \frac{3.45 \times (12{,}441.6 \times 10^6)}{360} = 119.2 \times 10^6\ \text{N} \cdot \text{mm} = 119.2\ \text{kN} \cdot \text{m}$$

2) 최소철근량 검토

$\phi M_n = 610.4\ \text{kN} \cdot \text{m}$

$1.2 M_{cr} = 1.2 \times 119.2 = 143.1\ \text{kN} \cdot \text{m}$

$\therefore\ \phi M_n = 610.4\ \text{kN} \cdot \text{m} \geq 1.2 M_{cr} = 143.1\ \text{kN} \cdot \text{m}$ OK

답 ㉯

예제 4-7

강도설계법에서 $b_w = 350$ mm, $h = 600$ mm, 5-D22로 설계된 철근콘크리트 단철근 보에서 설계휨강도 (M_d)를 산정하시오. (단, 콘크리트는 $f_{ck} = 24$ MPa의 보통중량콘크리트이고, 철근은 $f_y = 400$ MPa의 도막되지 않은 철근이며, D22의 단면적은 378.1 mm^2이다.)

풀이

1. 보의 복부폭 b_w의 검토

철근이음이 없을 경우 5-D22 (스터럽 D13)의 최소 폭은 317 mm이다.

2. 유효깊이 d의 산정 (스터럽은 D10으로 가정)

1) 철근의 공칭지름

① D10 : $d_s = 9.53$ mm

② D22 : $d_b = 22.2$ mm

2) 유효깊이 d의 산정

$$d = h - 40 - d_s - \frac{d_b}{2} = 600 - 40 - 9.53 - \frac{22.2}{2} = 539 \fallingdotseq 540\ \text{mm}$$

여기서, d_s는 스터럽의 공칭지름 (mm)이고 d_b는 주철근의 공칭지름 (mm)이다.

3. 등가직사각형 압축응력블록의 깊이 a의 산정

$$a = \frac{A_s f_y}{\eta(0.85 f_{ck}) b} = \frac{(387.1 \times 5) \times 400}{1.00 \times 0.85 \times 24 \times 350} = 108 \text{ mm}$$

4. β_1과 ϵ_{cu}의 결정

$f_{ck} \leq 40$ MPa이므로 $\beta_1 = 0.80$이고, $\epsilon_{cu} = 0.0033$이다.

5. 저보강보 ($f_s = f_y$)의 검토

$d = 540$ mm (1단 배치로 가정)

$$c = \frac{a}{\beta_1} = \frac{108}{0.80} = 135 \text{ mm}$$

$$\epsilon_s = \left(\frac{d-c}{c}\right)\epsilon_{cu} = \left(\frac{540-135}{135}\right) \times 0.0033 = 0.0099$$

$$\epsilon_y = \frac{f_y}{E_s} = \frac{400}{2.0 \times 10^5} = 0.0020$$

$\epsilon_s = 0.0099 \geq \epsilon_y = 0.0020$이다.

$\therefore f_s = f_y$

> 참고 a/d로부터 $f_s = f_y$을 검토할 수 있다.
>
> $$\frac{a}{d} = \frac{108}{540} = 0.200$$
>
> $$\frac{a_b}{d} = \beta_1\left(\frac{660}{660 + f_y}\right) = 0.80 \times \left(\frac{660}{660+400}\right) = 0.498$$
>
> $$\frac{a}{d} = 0.200 \leq \frac{a_b}{d} = 0.498$$
>
> $\therefore f_s = f_y$

6. 순인장변형률, 휨부재의 최소 허용변형률 검토 및 강도감소계수

1) 순인장변형률 ϵ_t의 산정

$d_t = d = 540$ mm (1단 배치로 가정)

$$\epsilon_t = \left(\frac{d_t - c}{c}\right)\epsilon_{cu} = \left(\frac{540-135}{135}\right) \times 0.0033 = 0.0099$$

2) 휨부재의 최소 허용변형률 ϵ_{ta}

$f_y = 400$ MPa이므로 $\epsilon_{ta} = 0.0040$이다.

$\therefore \epsilon_t = 0.0099 \geq \epsilon_{ta} = 0.0040$ OK

3) 강도감소계수 ϕ의 산정

$\epsilon_t = 0.0099 \geq \epsilon_{tt} = 0.0050$이므로 인장지배 단면이다.

$\therefore \phi = 0.85$

참고 a/d_t로부터 지배 단면을 확인할 수 있다.

$$\frac{a}{d_t} = 0.200$$

$$\frac{a_{td}}{d_t} = 0.398\beta_1 = 0.398 \times 0.80 = 0.318$$

$\dfrac{a}{d_t} = 0.200 \le \dfrac{a_{td}}{d_t} = 0.318$이므로 인장지배 단면이다.

$\therefore\ \phi = 0.85$

7. 공칭휨강도 M_n의 산정

$$M_n = A_s f_y \left(d - \frac{a}{2}\right) = (387.1 \times 5) \times 400 \times \left(540 - \frac{108}{2}\right) = 376.3 \times 10^6\ \text{N} \cdot \text{mm} = 376.3\ \text{kN} \cdot \text{m}$$

8. 설계휨강도 $M_d = \phi M_n$의 산정

$$M_d = \phi M_n = 0.85 \times 376.3 = 319.9\ \text{kN} \cdot \text{m}$$

9. 최소철근량 검토

1) 균열휨모멘트

$$f_r = 0.63\lambda\sqrt{f_{ck}} = 0.63 \times 1.0 \times \sqrt{24} = 3.09\ \text{MPa}$$

$$I_g = \frac{bh^3}{12} = \frac{350 \times 600^3}{12} = 6{,}300.0 \times 10^6\ \text{mm}^4$$

$$y_t = \frac{h}{2} = \frac{600}{2} = 300\ \text{mm}$$

$$M_{cr} = \frac{f_r I_g}{y_t} = \frac{3.09 \times (6{,}300.0 \times 10^6)}{300} = 64.9 \times 10^6\ \text{N} \cdot \text{mm} = 64.9\ \text{kN} \cdot \text{m}$$

2) 최소철근량 검토

$\phi M_n = 319.9\ \text{kN} \cdot \text{m}$

$1.2M_{cr} = 1.2 \times 64.9 = 77.9\ \text{kN} \cdot \text{m}$

$\therefore\ \phi M_n = 319.9\ \text{kN} \cdot \text{m} \ge 1.2M_{cr} = 77.9\ \text{kN} \cdot \text{m}$ OK

예제 4-8

강도설계법에서 보의 복부폭 b_w =350 mm, 보의 유효깊이 d =450 mm 이고 보의 전체 깊이 h =520 mm 인 단면에 4-D25로 설계된 단철근 직사각형 보의 설계휨강도 (M_d)를 구하시오. (단, 콘크리트는 f_{ck}= 24 MPa의 보통중량콘크리트이고, 철근은 f_y = 400 MPa의 도막되지 않은 철근이며, 4-D25의 단면적은 2,027 mm^{2}이다.)

풀이

1. 보의 복부폭 b_w의 검토

철근이음이 없을 경우 4-D25 (스터럽 D13)의 최소 폭은 283 mm 이다.

2. 등가직사각형 압축응력블록의 깊이 a의 산정

$$a = \frac{A_s f_y}{\eta(0.85 f_{ck})b} = \frac{2{,}027 \times 400}{1.00 \times 0.85 \times 24 \times 350} = 114\ \text{mm}$$

3. β_1과 ϵ_{cu}의 결정

$f_{ck} \le 40$ MPa이므로 $\beta_1 = 0.80$이고, $\epsilon_{cu} = 0.0033$이다.

4. 저보강보 ($f_s = f_y$)의 검토

$d = 450$ mm (1단 배치로 가정)

$$c = \frac{a}{\beta_1} = \frac{114}{0.80} = 143\ \text{mm}$$

$$\epsilon_s = \left(\frac{d-c}{c}\right)\epsilon_{cu} = \left(\frac{450-143}{143}\right) \times 0.0033 = 0.0071$$

$$\epsilon_y = \frac{f_y}{E_s} = \frac{400}{2.0 \times 10^5} = 0.0020$$

$\epsilon_s = 0.0071 \ge \epsilon_y = 0.0020$이다.

$\therefore f_s = f_y$

5. 순인장변형률, 휨부재의 최소 허용변형률 검토 및 강도감소계수

1) 순인장변형률 ϵ_t 의 산정

$d_t = d = 450$ mm (1단 배치로 가정)

$$\epsilon_t = \left(\frac{d_t - c}{c}\right)\epsilon_{cu} = \left(\frac{450-143}{143}\right) \times 0.0033 = 0.0071$$

2) 휨부재의 최소 허용변형률 ϵ_{ta}

$f_y = 400$ MPa이므로 $\epsilon_{ta} = 0.0040$이다.

$\therefore \epsilon_t = 0.0071 \ge \epsilon_{ta} = 0.0040$ OK

3) 강도감소계수 ϕ의 산정

$\epsilon_t = 0.0071 \geq \epsilon_{tt} = 0.0050$이므로 인장지배 단면이다.

$\therefore\ \phi = 0.85$

6. 공칭휨강도 M_n의 산정

$$M_n = A_s f_y \left(d - \frac{a}{2}\right) = 2{,}027 \times 400 \times \left(450 - \frac{114}{2}\right) = 318.6 \times 10^6\ \text{N} \cdot \text{mm} = 318.6\ \text{kN} \cdot \text{m}$$

7. 설계휨강도 $M_d = \phi M_n$의 산정

$M_d = \phi M_n = 0.85 \times 318.6 = 270.8\ \text{kN} \cdot \text{m}$

8. 최소철근량 검토

1) 균열휨모멘트

$f_r = 0.63\lambda\sqrt{f_{ck}} = 0.63 \times 1.0 \times \sqrt{24} = 3.09\ \text{MPa}$

$$I_g = \frac{bh^3}{12} = \frac{350 \times 520^3}{12} = 4{,}101.1 \times 10^6\ \text{mm}^4$$

$$y_t = \frac{h}{2} = \frac{520}{2} = 260\ \text{mm}$$

$$M_{cr} = \frac{f_r I_g}{y_t} = \frac{3.09 \times (4{,}101.1 \times 10^6)}{260} = 48.7 \times 10^6\ \text{N} \cdot \text{mm} = 48.7\ \text{kN} \cdot \text{m}$$

2) 최소철근량 검토

$\phi M_n = 270.8\ \text{kN} \cdot \text{m}$

$1.2M_{cr} = 1.2 \times 48.7 = 58.5\ \text{kN} \cdot \text{m}$

$\therefore\ \phi M_n = 270.8\ \text{kN} \cdot \text{m} \geq 1.2M_{cr} = 58.5\ \text{kN} \cdot \text{m}$ OK

예제 4-9

강도설계법에서 보의 복부폭 b_w =350 mm, 보의 유효깊이 d=450 mm이고 보의 전체 깊이 h=520 mm인 단면에 4-D25로 설계된 단철근 직사각형 보의 설계휨강도 (M_d)를 구하시오. (단, 콘크리트는 f_{ck}= 24 MPa의 보통중량콘크리트이고, 철근은 f_y = 400 MPa의 도막되지 않은 철근이며, 4-D25의 단면적은 2,027 mm^2이다.)

풀이

1. 보의 복부폭 b_w의 검토

철근이음이 없을 경우 4-D29 (스터럽 D13)의 최소 폭은 306 mm이다.

2. 등가직사각형 압축응력블록의 깊이 a의 산정

$$a=\frac{A_s f_y}{\eta(0.85 f_{ck})\,b}=\frac{2{,}570\times 400}{1.00\times 0.85\times 24\times 350}=144\ \mathrm{mm}$$

3. β_1과 ϵ_{cu}의 결정

$f_{ck}\le 40$ MPa이므로 $\beta_1=0.80$이고, $\epsilon_{cu}=0.0033$이다.

4. 저보강보 ($f_s=f_y$)의 검토

$d=440$ mm (1단 배치로 가정)

$$c=\frac{a}{\beta_1}=\frac{144}{0.80}=180\ \mathrm{mm}$$

$$\epsilon_s=\left(\frac{d-c}{c}\right)\epsilon_{cu}=\left(\frac{440-180}{180}\right)\times 0.0033=0.0048$$

$$\epsilon_y=\frac{f_y}{E_s}=\frac{400}{2.0\times 10^5}=0.0020$$

$\epsilon_s=0.0048\ge\epsilon_y=0.0020$이다.

$\therefore\ f_s=f_y$

5. 순인장변형률, 휨부재의 최소 허용변형률 검토 및 강도감소계수

1) 순인장변형률 ϵ_t의 산정

$d_t=d=440$ mm (1단 배치로 가정)

$$\epsilon_t=\left(\frac{d_t-c}{c}\right)\epsilon_{cu}=\left(\frac{440-180}{180}\right)\times 0.0033=0.0048$$

2) 휨부재의 최소 허용변형률 ϵ_{ta}

$f_y=400$ MPa이므로 $\epsilon_{ta}=0.0040$이다.

$\therefore\ \epsilon_t=0.0048\ge\epsilon_{ta}=0.0040$ OK

3) 강도감소계수 ϕ의 산정

$\epsilon_{tc} = \epsilon_y = 0.0020$

$\epsilon_{tc} = 0.0020 < \epsilon_t = 0.0048 < \epsilon_{tt} = 0.0050$ 이므로 변화구간 단면이다.

$$\therefore\ \phi = 0.65 + (\epsilon_t - 0.0020) \times \left(\frac{200}{3}\right) = 0.65 + (0.0048 - 0.0020) \times \left(\frac{200}{3}\right) = 0.837$$

6. 공칭휨강도 M_n의 산정

$$M_n = A_s f_y \left(d - \frac{a}{2}\right) = 2{,}570 \times 400 \times \left(440 - \frac{144}{2}\right) = 378.3 \times 10^6\ \text{N} \cdot \text{mm} = 378.3\ \text{kN} \cdot \text{m}$$

7. 설계휨강도 $M_d = \phi M_n$의 산정

$$M_d = \phi M_n = 0.837 \times 378.3 = 316.5\ \text{kN} \cdot \text{m}$$

8. 최소철근량 검토

1) 균열휨모멘트

$$f_r = 0.63\lambda\sqrt{f_{ck}} = 0.63 \times 1.0 \times \sqrt{24} = 3.09\ \text{MPa}$$

$$I_g = \frac{bh^3}{12} = \frac{350 \times 500^3}{12} = 3{,}645.8 \times 10^6\ \text{mm}^4$$

$$y_t = \frac{h}{2} = \frac{500}{2} = 250\ \text{mm}$$

$$M_{cr} = \frac{f_r I_g}{y_t} = \frac{3.09 \times (3{,}645.8 \times 10^6)}{250} = 45.1 \times 10^6\ \text{N} \cdot \text{mm} = 45.1\ \text{kN} \cdot \text{m}$$

2) 최소철근량 검토

$\phi M_n = 316.5\ \text{kN} \cdot \text{m}$

$1.2M_{cr} = 1.2 \times 45.1 = 54.1\ \text{kN} \cdot \text{m}$

$\therefore\ \phi M_n = 316.5\ \text{kN} \cdot \text{m} \geq 1.2M_{cr} = 54.1\ \text{kN} \cdot \text{m}$ OK

예제 4-10

강도설계법에서 보의 복부폭 b_w =300 mm, 보의 전체 깊이 h = 550 mm이고 그림과 같이 6-D22가 2단 배치된 단철근 직사각형 보의 설계휨강도 (M_d)를 구하시오. (단, 콘크리트는 f_{ck} = 24 MPa의 보통중량콘크리트이고, 철근은 f_y = 400 MPa의 도막되지 않은 철근이며, D22의 단면적은 387.1 mm²이다.)

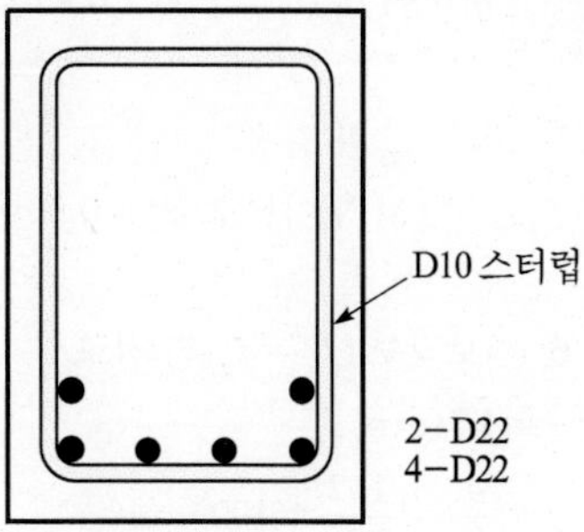

그림 4.34

풀이

1. 보의 복부폭 b_w의 검토

철근이음이 없을 경우 그림과 같이 철근을 배치할 경우 최소 폭은 264 mm이다.

2. 철근의 중심 (Centroid) 계산

1) 철근의 공칭지름

① D10 : d_s = 9.53 mm

② D22 : d_b = 22.2 mm

2) 단면적, 인장연단으로부터의 거리 및 단면적 모멘트

표 4.13

구 분	단면적, A_s (mm²)	인장연단으로부터의 거리, y (mm)	$A_s \times y$ (mm³)
하단 (4−D22)	4×387.1=1548.4	40+9.53+(22.2/2)=61	94,452
상단 (2−D22)	2×387.1=774.2	61+(22.2/2)+25+(22.2/2)=108	83,614
합계	2,322.6	−	178,066

3) 중심 (Centroid) $\bar{y}$

$$\bar{y} = \frac{\Sigma(A_s \times y)}{A_s} = \frac{178{,}066}{2{,}322.6} = 77 \text{ mm}$$

즉, 인장 콘크리트의 연단으로부터 77 mm이다.

3. 유효깊이 d의 산정(스터럽은 D10으로 가정)

$d = h - \bar{y} = 550 - 77 = 473$ mm → d = 470 mm로 한다.

4. 등가직사각형 압축응력블록의 깊이 a의 산정

$$a = \frac{A_s f_y}{\eta(0.85 f_{ck})b} = \frac{(387.1 \times 6) \times 400}{1.00 \times 0.85 \times 24 \times 300} = 152\ \text{mm}$$

5. β_1과 ϵ_{cu}의 결정

$f_{ck} \leq 40$ MPa이므로 $\beta_1 = 0.80$이고, $\epsilon_{cu} = 0.0033$이다.

6. 저보강보 $(f_s = f_y)$의 검토

$d = 470\ \text{mm}$

$$c = \frac{a}{\beta_1} = \frac{152}{0.80} = 190\ \text{mm}$$

$$\epsilon_s = \left(\frac{d-c}{c}\right)\epsilon_{cu} = \left(\frac{470-190}{190}\right) \times 0.0033 = 0.0049$$

$$\epsilon_y = \frac{f_y}{E_s} = \frac{400}{2.0 \times 10^5} = 0.0020$$

$\epsilon_s = 0.0049 \geq \epsilon_y = 0.0020$이다.

$\therefore\ f_s = f_y$

7. 순인장변형률, 휨부재의 최소 허용변형률 검토 및 강도감소계수

1) 순인장변형률 ϵ_t 의 산정

$$d_t = h - 40 - d_s - \frac{d_b}{2} = 550 - 40 - 9.53 - \frac{22.2}{2} = 489\ \text{mm}$$

$$\epsilon_t = \left(\frac{d_t - c}{c}\right)\epsilon_{cu} = \left(\frac{489-190}{190}\right) \times 0.0033 = 0.0052$$

2) 휨부재의 최소 허용변형률 ϵ_{ta}

$f_y = 400$ MPa이므로 $\epsilon_{ta} = 0.0040$이다.

$\therefore\ \epsilon_t = 0.0052 \geq \epsilon_{ta} = 0.0040$ OK

3) 강도감소계수 ϕ의 산정

$\epsilon_t = 0.0052 \geq \epsilon_{tt} = 0.0050$이므로 인장지배 단면이다.

$\therefore\ \phi = 0.85$

8. 공칭휨강도 M_n의 산정

$$M_n = A_s f_y \left(d - \frac{a}{2}\right) = (387.1 \times 6) \times 400 \times \left(470 - \frac{152}{2}\right) = 366.0 \times 10^6\ \text{N}\cdot\text{mm} = 366.0\ \text{kN}\cdot\text{m}$$

9. 설계휨강도 $M_d = \phi M_n$의 산정

$M_d = \phi M_n = 0.85 \times 366.0 = 311.1\ \text{kN} \cdot \text{m}$

10. 최소철근량 검토

1) 균열휨모멘트

$$f_r = 0.63\lambda\sqrt{f_{ck}} = 0.63 \times 1.0 \times \sqrt{24} = 3.09\ \text{MPa}$$

$$I_g = \frac{bh^3}{12} = \frac{300 \times 550^3}{12} = 4{,}159.4 \times 10^6\ \text{mm}^4$$

$$y_t = \frac{h}{2} = \frac{550}{2} = 275\ \text{mm}$$

$$M_{cr} = \frac{f_r I_g}{y_t} = \frac{3.09 \times (4{,}159.4 \times 10^6)}{275} = 44.7 \times 10^6\ \text{N} \cdot \text{mm} = 46.7\ \text{kN} \cdot \text{m}$$

2) 최소철근량 검토

$\phi M_n = 311.1\ \text{kN} \cdot \text{m}$

$1.2 M_{cr} = 1.2 \times 46.7 = 56.1\ \text{kN} \cdot \text{m}$

$\therefore\ \phi M_n = 311.1\ \text{kN} \cdot \text{m} \geq 1.2 M_{cr} = 56.1\ \text{kN} \cdot \text{m}$ OK

4.5.7. 단철근 직사각형 보의 설계

(1) 보 설계의 기본개념

① 부재의 해석(Analysis)은 주어진 단면($b_w \times d$)과 철근량(A_s)에 대해 극한상태에서 부재가 발휘할 수 있는 설계강도(M_d)를 산정하는 것이다.

② 부재의 설계(Design)는 부재의 설계강도(M_d)가 계수하중에 의한 소요강도(M_u) 이상이 되도록 단면($b_w \times d$)의 크기와 철근량(A_s)을 기준의 조건에 맞게 산정하는 것이다.

$$M_u \leq M_d = \phi M_n$$

여기서, ϕ : 강도감소계수

M_u : 소요휨강도(소요휨모멘트, kN · m)

M_d : 설계휨강도(설계휨모멘트, kN · m)

M_n : 공칭휨강도(공칭휨모멘트, kN · m)

(2) 보의 설계 과정

① 사용재료의 강도결정 (f_{ck}, f_y)의 결정

② 보 단면의 크기 $b_w \times d$의 산정 ($b_w = b$)

③ 철근량의 산정 (A_s)

④ 배치방법의 결정 (철근 간격과 피복두께에 따라 철근의 크기와 개수를 결정)

(3) 처짐을 계산하지 않는 경우 보의 최소 두께

KDS 14 20 30 (4.2.1)[9] 구조설계기준에 따른 처짐을 계산하지 않는 경우 보의 최소 두께는 다음 표와 같다.

표 4.14 처짐을 계산하지 않는 경우 보의 최소 두께

부 재	최소 두께, h			
	단순 지지	1단 연속	양단 연속	캔틸레버
	큰 처짐에 의해 손상되기 쉬운 칸막이벽이나 기타 구조물을 지지 또는 부착하지 않은 부재			
1방향 슬래브	$l/20$	$l/24$	$l/28$	$l/10$
① 보 ② 리브가 있는 1방향 슬래브	$l/16$	$l/18.5$	$l/21$	$l/8$

여기서, 보통콘크리트 ($m_c = 2{,}300\ \mathrm{kg/m^3}$)와 설계기준항복강도 $f_y = 400$ MPa을 기준으로 하였으며, 다른 조건에 대해서는 다음과 같이 보정한다.

① 콘크리트의 단위체적질량 m_c가 $1{,}500 \sim 2{,}000\ \mathrm{kg/m^3}$인 경량콘크리트는 계산된 h값에 $(1.65 - 0.00031\, m_c)$를 곱하나 1.09 이상이어야 한다.

② 철근의 설계기준항복강도 f_y가 400 MPa 이외인 경우 계산된 h값에 $(0.43 + f_y/700)$를 곱한다.

여기서, h : 부재의 전체 두께 또는 깊이 (mm)
l : 부재의 길이 (mm)

9) KDS 14 20 30 (4.2.1) 콘크리트구조 사용성 설계기준, 국토교통부 제정, 한국콘크리트학회 작성, 2021.

(4) 보 및 1방향 슬래브의 휨철근 배치

① KDS 14 20 20 (4.2.3)[10] 구조설계기준에 따라, 보 또는 한 방향으로만 휨응력을 저항하도록 철근이 배치된 1방향 슬래브는 휨균열을 제어하기 위해 최소한의 휨철근을 배치하여야 한다.

② 보 및 1방향 슬래브의 휨철근은 다음의 주철근의 최대 중심간격 $s_{\max}$ 이하로 부재 단면의 최대 휨인장영역 내에 배치한다.

③ 콘크리트 인장연단에 가장 가까이에 배치되는 주철근의 최대 중심간격 $s_{\max}$ 는 다음과 같다.

$$s_{\max} = \min\left[375\left(\frac{\kappa_{cr}}{f_s}\right) - 2.5\,c_c,\ 300\left(\frac{\kappa_{cr}}{f_s}\right)\right]$$

여기서, κ_{cr} : 일반 옥내 부재, 부식의 우려가 없을 정도로 보호한 경우의 보통 주거 및 사무실 건축물 내부와 같은 건조 환경에 노출되는 경우에는 280이고, 그 외의 습윤 환경, 부식성 환경 및 고부식 환경 등에 노출되는 경우에는 210이다.

f_s : 인장연단에서 가장 가까이에 위치한 철근의 응력 (MPa)이며, 사용하중 휨모멘트에 대한 해석으로 결정된다. 근사값으로 f_s는 $\frac{2}{3}f_y$를 사용할 수 있다.

c_c : 인장연단에서 가장 가까이에 위치한 인장철근 (주철근)의 표면과 인장콘크리트 표면 사이의 순피복두께 (mm). 여기서 c_c가 피복두께가 아님에 주의한다.

주1 이전의 구조설계기준에서는 계산된 예상 균열폭이 허용균열폭을 넘지 않도록 하였으나, 현행 구조설계기준에서는 이 규정을 삭제하고 인장철근의 간격제한으로 균열을 제어하도록 하고 있다.

주2 주철근의 최대 중심간격 $s_{\max}$ 는 구조물의 예상 균열폭을 0.3 mm로 하며 철근간격으로 표시한 것이다.

10) KDS 14 20 20 (4.2.3) 콘크리트구조 휨 및 압축 설계기준, 국토교통부 제정, 한국콘크리트학회 작성, 2021.

표 4.15 보 및 1방향 슬래브의 휨철근의 최대 중심간격 (mm)

구분 ($\kappa_{cr}=210$)	순피복 두께	f_y (MPa)	f_s (MPa)	$375\left(\frac{210}{f_s}\right)-2.5c_c$	$300\left(\frac{210}{f_s}\right)$	s_{max}
슬래브 (피복두께 20mm)	$c_c=20.0$	300	200	344	315	315
		400	267	245	236	236
		500	333	186	189	186
		600	400	147	158	147
보 (피복두께 40mm)	$c_c=49.53$ (D10)	300	200	270	315	270
		400	267	171	236	171
		500	333	112	189	112
		600	400	73	158	73
	$c_c=52.7$ (D13)	300	200	262	315	262
		400	267	164	236	164
		500	333	105	189	105
		600	400	65	158	65

구분 ($\kappa_{cr}=280$)	순피복 두께	f_y (MPa)	f_s (MPa)	$375\left(\frac{280}{f_s}\right)-2.5c_c$	$300\left(\frac{280}{f_s}\right)$	s_{max}
슬래브 (피복두께 20mm)	$c_c=20.0$	300	200	475	420	420
		400	267	344	315	315
		500	333	265	252	252
		600	400	213	210	210
보 (피복두께 40mm)	$c_c=49.53$ (D10)	300	200	401	420	401
		400	267	270	315	270
		500	333	191	252	191
		600	400	139	210	139
	$c_c=52.7$ (D13)	300	200	393	420	393
		400	267	262	315	262
		500	333	183	252	183
		600	400	131	210	131

여기서, f_s : $f_s=\frac{2}{3}f_y$를 사용하였다.

c_c : 인장연단에서 가장 가까이에 위치한 인장철근(주철근)의 표면과 인장콘크리트 표면 사이의 순피복두께이므로, 슬래브의 피복두께는 20 mm이며 보의 피복두께는 40 mm이고 스터럽 D10의 공칭지름이 9.53 mm일 경우 $c_c=29.53$ mm와 $c_c=49.53$ mm로 하였다. 또한 스터럽 D13의 공칭지름이 12.7 mm일 경우 $c_c=32.7$ mm와 $c_c=52.7$ mm로 하였다.

④ T형 보 구조의 플랜지가 인장을 받는 경우에는 휨인장철근을 유효플랜지 폭이나 경간의 1/10의 폭 중에서 작은 폭에 걸쳐 분포시킨다.

⑤ 보의 전체 깊이 h가 900 mm를 초과하면, 종방향 표피철근[11])을 인장연단으로부터 $h/2$ 지점까지 부재 양쪽 측면을 따라 균일하게 배치하여야 한다. 이 때 표피철근의 간격 s는 ②항에 나타난 콘크리트 인장연단에 가장 가까이에 배치되는 주철근의 최대 중심간격 s_{max} 이하로 한다. 이 기준은 종방향 표피철근 (수평철근)을 사용하여 복부의 균열폭을 제어하기 위한 것이다. 구조설계기준에서는 표피철근의 크기보다는 간격이 균열 제어에 주된 영향을 주므로 D10~D16 사이의 철근이나 1 m당 280 mm^2 이상의 단면적을 갖는 철근을 표피철근으로 사용하면 충분한 것으로 정하고 있다. 깊은보, 벽체 및 프리캐스트 패널에서 많은 철근이 요구되는 곳에는 해당 기준에 따른 철근간격 규정과 이 규정을 함께 적용하도록 하고 있다.

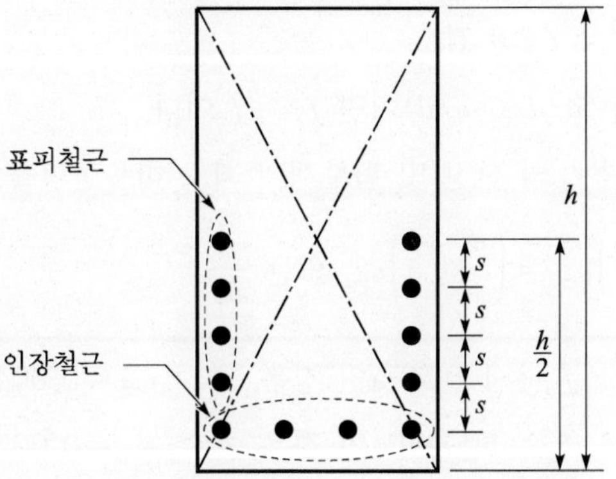

그림 4.35 보나 장선의 표피철근

(5) 단철근 직사각형 보의 설계순서

(가) 단면의 b_w와 h가 결정된 단철근 보의 설계

① 소요강도 M_u 산정

② d의 결정

㉠ 1단 배치인 경우 : $d \fallingdotseq h - 65$ (mm)

---

11) 표피철근 (Skin Reinforcement, Surface Reinforcement)은 주철근이 단면의 일부에 집중 배치된 경우일 때 부재의 측면에 발생 가능한 균열을 제어하기 위한 목적으로 주철근 위치에서부터 중립축까지의 표면 근처에 배치하는 철근이다.

㉡ 2단 배치인 경우 : $d \fallingdotseq h-90$ (mm)

③ 철근비 산정 ($b_w = b$)

$$R_n = \frac{M_u}{\phi b d^2} \quad (\phi = 0.85 \text{로 가정})$$

$$\rho = \frac{\eta(0.85 f_{ck})}{f_y}\left[1-\sqrt{1-\frac{2R_n}{\eta(0.85 f_{ck})}}\right]$$

④ 철근량 A_s의 산정 ($f_s = f_y$로 가정)

$$A_s = \rho b d$$

⑤ 등가직사각형 압축응력블록의 깊이 a의 산정

$$a = \frac{A_s f_y}{\eta(0.85 f_{ck}) b}$$

⑥ 저보강보 ($f_s = f_y$)의 검토

$\epsilon_s \geq \epsilon_y$ (또는 $a/d \leq a_b/d$)이면 $f_s = f_y$이다.

⑦ 순인장변형률 ϵ_t의 산정 및 휨부재의 최소 허용변형률 ϵ_{ta} 검토

$$\epsilon_t = \left(\frac{d_t - c}{c}\right)\epsilon_{cu} = \left(\frac{d_t}{c} - 1\right)\epsilon_{cu} \quad \text{또는} \quad \frac{a}{d_t}$$

$f_y \leq 400$ MPa인 경우, $\epsilon_t \geq \epsilon_{ta} = 0.0040$
$f_y = 500$ MPa인 경우, $\epsilon_t \geq \epsilon_{ta} = 0.0050$
$f_y = 600$ MPa인 경우, $\epsilon_t \geq \epsilon_{ta} = 0.0060$

⑧ 강도감소계수 ϕ의 산정

$\epsilon_c = \epsilon_{cu}$일 때, $\epsilon_t \geq \epsilon_{tt}$ 또는 $\dfrac{a}{d_t} \leq \dfrac{a_{tcl}}{d_t}$ 이면 인장지배 단면이고 $\phi = 0.85$가 된다.

$f_y \leq 400$ MPa인 경우, $\epsilon_t \geq \epsilon_{tt} = 0.0050$
$f_y = 500$ MPa인 경우, $\epsilon_t \geq \epsilon_{tt} = 0.00625$
$f_y = 600$ MPa인 경우, $\epsilon_t \geq \epsilon_{tt} = 0.0075$

또한 $\epsilon_c = \epsilon_{cu}$일 때, $\epsilon_{tc} < \epsilon_t < \epsilon_{tt}$ 또는 $\dfrac{a_{tcl}}{d_t} < \dfrac{a}{d_t} < \dfrac{a_{ccl}}{d_t}$ 이면 변화구간 단면이고 강도감소계수 ϕ는 다음과 같이 산정한다.

$$\phi = 0.65 + (\epsilon_t - \epsilon_y) \times O \text{ 또는}$$

$$\phi = 0.65 + \frac{0.20}{\left[\frac{1}{(c_{tcl}/d_t)} - \frac{1}{(c_{ccl}/d_t)}\right]}\left[\frac{1}{(c/d_t)} - \frac{1}{(c_{ccl}/d_t)}\right]$$

⑨ 공칭휨강도 M_n의 산정

⑩ 설계휨강도 $M_d = \phi M_n$의 산정

⑪ $M_u \le M_d = \phi M_n$의 검토

⑫ 최소철근량 $\phi M_n \ge 1.2 M_{cr}$ 또는 $\phi M_n \ge \frac{4}{3} M_u$ 검토

⑬ 보의 휨철근 배치간격 검토 ($s_{\min} \le s \le s_{\max}$)

> 참고 부재의 고정하중 (kN/m) 산정방법
> ① (사용활하중+사용고정하중)×(10~20%)
> ② $(b \times h \times 1)\ \mathrm{m}^3 \times 24\ \mathrm{kN/m}^3$
> 여기서, $b \fallingdotseq 0.5h$, $h \fallingdotseq l \times (8\sim10\%)$

(나) 단면의 b_w와 h가 결정되지 않은 단철근 보의 설계

① 소요강도 M_u 산정

② b_w와 d의 가정 ($b_w = b$)

③ 단면 가정에 따른 소요강도 M_u의 산정

④ b_w와 d의 결정 ($b_w = b$)

$\rho = 0.5\rho_b$ (가정)

$$\omega = \frac{\rho f_y}{\eta f_{ck}}$$

$$\phi R_n = \phi[\eta f_{ck}\, \omega (1 - 0.59\omega)$$

$$b d^2 = 4b^3 = \frac{M_u}{\phi R_n} \quad (d \fallingdotseq 2b)$$

⑤ 단면 결정에 대한 소요강도 M_u의 산정

⑥ 철근비 산정

$$R_n = \frac{M_u}{\phi b d^2} \quad (\phi = 0.85 \text{로 가정})$$

$$\rho = \frac{\eta(0.85 f_{ck})}{f_y}\left[1-\sqrt{1-\frac{2R_n}{\eta(0.85 f_{ck})}}\right]$$

⑦ 철근량 A_s의 산정 ($f_s = f_y$로 가정)

$$A_s = \rho b d$$

⑧ 등가직사각형 압축응력블록의 깊이 a의 산정

$$a = \frac{A_s f_y}{\eta(0.85 f_{ck}) b}$$

⑨ 저보강보 ($f_s = f_y$)의 검토

$\epsilon_s \geq \epsilon_y$ (또는 $a/d \leq a_b/d$)이면 $f_s = f_y$이다.

⑩ 단순인장변형률 ϵ_t 의 산정 및 휨부재의 최소 허용변형률 ϵ_{ta} 검토

$$\epsilon_t = \left(\frac{d_t - c}{c}\right)\epsilon_{cu} = \left(\frac{d_t}{c} - 1\right)\epsilon_{cu} \text{ 또는 } \frac{a}{d_t}$$

$f_y \leq 400$ MPa인 경우, $\epsilon_t \geq \epsilon_{ta} = 0.0040$
$f_y = 500$ MPa인 경우, $\epsilon_t \geq \epsilon_{ta} = 0.0050$
$f_y = 600$ MPa인 경우, $\epsilon_t \geq \epsilon_{ta} = 0.0060$

⑪ 강도감소계수 ϕ의 산정

$\epsilon_c = \epsilon_{cu}$일 때, $\epsilon_t \geq \epsilon_{tt}$ 또는 $\frac{a}{d_t} \leq \frac{a_{tcl}}{d_t}$이면 인장지배 단면이고 $\phi = 0.85$가 된다.

$f_y \leq 400$ MPa인 경우, $\epsilon_t \geq \epsilon_{tt} = 0.0050$
$f_y = 500$ MPa인 경우, $\epsilon_t \geq \epsilon_{tt} = 0.00625$
$f_y = 600$ MPa인 경우, $\epsilon_t \geq \epsilon_{tt} = 0.0075$

또한 $\epsilon_c = \epsilon_{cu}$일 때, $\epsilon_{tc} < \epsilon_t < \epsilon_{tt}$ 또는 $\frac{a_{tcl}}{d_t} < \frac{a}{d_t} < \frac{a_{ccl}}{d_t}$ 이면 변화구간 단면이고 강도감소계수 ϕ는 다음과 같이 산정한다.

$$\phi = 0.65 + (\epsilon_t - \epsilon_y) \times O \text{ 또는}$$

$$\phi = 0.65 + \frac{0.20}{\left[\frac{1}{(c_{tcl}/d_t)} - \frac{1}{(c_{ccl}/d_t)}\right]}\left[\frac{1}{(c/d_t)} - \frac{1}{(c_{ccl}/d_t)}\right]$$

⑫ 공칭휨강도 M_n의 산정

⑬ 설계휨강도 $M_d = \phi M_n$의 산정

⑭ $M_u \le M_d = \phi M_n$의 검토

⑮ 최소철근량 $\phi M_n \ge 1.2M_{cr}$ 또는 $\phi M_n \ge \frac{4}{3}M_u$ 검토

⑯ 보의 휨철근 배치간격 검토 $(s_{\min} \le s \le s_{\max})$

예제 4-11

보의 복부폭 $b_w = 300$ mm, 유효깊이 $d = 540$ mm이고 전체 깊이 $h = 600$ mm인 단철근 직사각형 보에서 설계휨모멘트 $M_d = 208$ kN·m를 받도록 설계하려고 한다. 이 때 필요한 최소철근량은 얼마인가? (단, 콘크리트는 $f_{ck} = 24$ MPa의 보통중량콘크리트이고, 철근은 $f_y = 400$ MPa의 도막되지 않은 철근이며, $a = 93$ mm이다.)

㉮ 1,240 mm^2 ㉯ 1,453 mm^2 ㉰ 1,653 mm^2 ㉱ 1,853 mm^2

풀이

1. β_1과 ϵ_{cu}의 결정

$f_{ck} \le 40$ MPa이므로 $\beta_1 = 0.80$이고, $\epsilon_{cu} = 0.0033$이다.

2. 저보강보 $(f_s = f_y)$의 검토

$d = 540$ mm (1단 배치로 가정)

$$c = \frac{a}{\beta_1} = \frac{93}{0.80} = 116 \text{ mm}$$

$$\epsilon_s = \left(\frac{d-c}{c}\right)\epsilon_{cu} = \left(\frac{540-116}{116}\right) \times 0.0033 = 0.0121$$

$$\epsilon_y = \frac{f_y}{E_s} = \frac{400}{2.0 \times 10^5} = 0.0020$$

$\epsilon_s = 0.0121 \ge \epsilon_y = 0.0020$이다.

$\therefore f_s = f_y$

참고 a/d로부터 $f_s = f_y$을 검토할 수 있다.

$$\frac{a}{d} = \frac{93}{540} = 0.172$$

$$\frac{a_b}{d} = \beta_1\left(\frac{660}{660+f_y}\right) = 0.80 \times \left(\frac{660}{660+400}\right) = 0.498$$

$$\frac{a}{d} = 0.172 \le \frac{a_b}{d} = 0.498$$

$\therefore f_s = f_y$

3. 순인장변형률, 휨부재의 최소 허용변형률 검토 및 강도감소계수

1) 순인장변형률 ϵ_t 의 산정

$d_t = d = 540$ mm (1단 배치로 가정)

$$\epsilon_t = \left(\frac{d_t - c}{c}\right)\epsilon_{cu} = \left(\frac{540-116}{116}\right)\times 0.0033 = 0.0121$$

2) 휨부재의 최소 허용변형률 ϵ_{ta}

$f_y = 400$ MPa이므로 $\epsilon_{ta} = 0.0040$이다.

$\therefore\ \epsilon_t = 0.0121 \geq \epsilon_{ta} = 0.0040$ OK

3) 강도감소계수 ϕ의 산정

$\epsilon_t = 0.0121 \geq \epsilon_{tt} = 0.0050$이므로 인장지배 단면이다.

$\therefore\ \phi = 0.85$

참고 a/d_t로부터 지배 단면을 확인할 수 있다.

$$\frac{a}{d_t} = 0.172$$

$$\frac{a_{td}}{d_t} = 0.398\beta_1 = 0.398\times 0.80 = 0.318$$

$\dfrac{a}{d_t} = 0.172 \leq \dfrac{a_{td}}{d_t} = 0.318$이므로 인장지배 단면이다.

$\therefore\ \phi = 0.85$

4. 철근량 A_s의 산정

$M_d = \phi M_n$ $(\phi = 0.85)$

$$M_d = \phi M_n = \phi A_s f_y\left(d - \frac{a}{2}\right)$$

$$A_s = \frac{M_d}{\phi f_y\left(d-\frac{a}{2}\right)} = \frac{208\times 10^6}{0.85\times 400\times\left(540 - \frac{93}{2}\right)} = 1{,}240\ \text{mm}^2$$

5. 최소철근량 검토

1) 균열휨모멘트

$$f_r = 0.63\lambda\sqrt{f_{ck}} = 0.63\times 1.0\times\sqrt{24} = 3.09\ \text{MPa}$$

$$I_g = \frac{bh^3}{12} = \frac{300\times 600^3}{12} = 5{,}400.0\times 10^6\ \text{mm}^4$$

$$y_t = \frac{h}{2} = \frac{600}{2} = 300\ \text{mm}$$

$$M_{cr} = \frac{f_r I_g}{y_t} = \frac{3.09\times(5{,}400.0\times 10^6)}{300} = 55.6\times 10^6\ \text{N}\cdot\text{mm} = 55.6\ \text{kN}\cdot\text{m}$$

2) 최소철근량 검토

$\phi M_n = 208.0\ \text{kN}\cdot\text{m}$

$1.2M_{cr} = 1.2\times 55.6 = 66.7\ \text{kN}\cdot\text{m}$

$\therefore\ \phi M_n = 208.0\ \text{kN}\cdot\text{m} \geq 1.2M_{cr} = 66.7\ \text{kN}\cdot\text{m}$ OK

답 ㉮

예제 4-12

부재의 순경간 $l_n = 7.2\ \text{m}$인 단순보에서 자중을 포함하지 않은 사용고정하중 (Service Dead Load)은 $18\ \text{kN/m}$이고 사용활하중 (Service Live Load)은 $35\ \text{kN/m}$이다. 보의 단면이 층고의 영향에 의해 보의 복부폭 $b_w = 550\ \text{mm}$, 보의 전체 깊이 $h = 700\ \text{mm}$로 결정되어 있다. 이러한 단철근 직사각형 보를 설계하시오. (단, 콘크리트는 $f_{ck} = 24\ \text{MPa}$의 보통중량콘크리트이고, 철근은 $f_y = 400\ \text{MPa}$의 도막되지 않은 철근이다.)

풀이

단면의 b_w와 h가 결정된 단철근 보의 설계 ($b_w = b$)

1. 소요강도 M_u 산정

1) 단위 길이 1m에 대한 보의 무게(자중)

$(0.55\times 0.70\times 1)\ \text{m}^3/\text{m}\times 24\ \text{kN/m}^3 = 9.2\ \text{kN/m}$

2) 계수하중

$w_u = 1.2w_D + 1.6w_L = 1.2\times(9.2+18) + 1.6\times 35 = 88.6\ \text{kN/m}$

3) 소요강도 M_u

$$M_u = \frac{w_u l_n^2}{8} = \frac{88.5\times 7.2^2}{8} = 574.1\ \text{kN}\cdot\text{m}$$

2. d의 결정 (1단 배치로 가정)

$d \fallingdotseq h - 65 = 700 - 65 = 635\ \text{mm}$

3. 철근비 산정

$\phi = 0.85$로 가정

$$R_n = \frac{M_u}{\phi b d^2} = \frac{574.1\times 10^6}{0.85\times 550\times 635^2} = 3.0455\ \text{MPa}$$

$$\rho = \frac{\eta(0.85 f_{ck})}{f_y}\left[1-\sqrt{1-\frac{2R_n}{\eta(0.85 f_{ck})}}\right]$$

$$= \left(\frac{1.00 \times 0.85 \times 24}{400}\right) \times \left(1-\sqrt{1-\frac{2 \times 3.0455}{1.00 \times 0.85 \times 24}}\right) = 0.0083$$

4. 철근량 A_s의 산정

1) 철근량 산정

$f_s = f_y$ 로 가정

$A_s = \rho b d = 0.0083 \times 550 \times 635 = 2{,}899 \text{ mm}^2$

2) 사용 철근의 종류와 개수 결정

표 4.16

사용 철근의 종류와 개수	A_s (mm^2)	단면의 최소 폭 b_w (mm)	비고
6-D25	3,040	377	적용
5-D29	3,212	359	-
4-D32	3,177	314	-

6-D25 (A_s =3,040 mm^2)를 1단으로 배치한다고 가정하여 검토한다.

5. 등가직사각형 압축응력블록의 깊이 a의 산정

$$a = \frac{A_s f_y}{\eta(0.85 f_{ck}) b} = \frac{3{,}040 \times 400}{1.00 \times 0.85 \times 24 \times 550} = 108 \text{ mm}$$

6. β_1과 ϵ_{cu}의 결정

$f_{ck} \le 40$ MPa이므로 $\beta_1 = 0.80$이고, $\epsilon_{cu} = 0.0033$이다.

7. 저보강보 ($f_s = f_y$)의 검토

$d = 635$ mm (1단 배치로 가정)

$$c = \frac{a}{\beta_1} = \frac{108}{0.80} = 137 \text{ mm}$$

$$\epsilon_s = \left(\frac{d-c}{c}\right)\epsilon_{cu} = \left(\frac{635-135}{135}\right) \times 0.0033 = 0.0122$$

$$\epsilon_y = \frac{f_y}{E_s} = \frac{400}{2.0 \times 10^5} = 0.0020$$

$\epsilon_s = 0.0122 \ge \epsilon_y = 0.0020$이다.

$\therefore f_s = f_y$

8. 순인장변형률, 휨부재의 최소 허용변형률 검토 및 강도감소계수

1) 순인장변형률 ϵ_t 의 산정

$d_t = d = 635\ \mathrm{mm}$ (1단 배치로 가정)

$$\epsilon_t = \left(\frac{d_t - c}{c}\right)\epsilon_{cu} = \left(\frac{635 - 135}{135}\right) \times 0.0033 = 0.0122$$

2) 휨부재의 최소 허용변형률 ϵ_{ta}

$f_y = 400\ \mathrm{MPa}$이므로 $\epsilon_{ta} = 0.0040$이다.

$\therefore\ \epsilon_t = 0.0122 \geq \epsilon_{ta} = 0.0040$ OK

3) 강도감소계수 ϕ의 산정

$\epsilon_t = 0.0122 \geq \epsilon_{tt} = 0.0050$이므로 인장지배 단면이다.

$\therefore\ \phi = 0.85$

9. 공칭휨강도 M_n의 산정

$$M_n = A_s f_y \left(d - \frac{a}{2}\right) = 3{,}040 \times 400 \times \left(635 - \frac{108}{2}\right) = 706.5 \times 10^6\ \mathrm{N \cdot mm} = 706.5\ \mathrm{kN \cdot m}$$

10. 설계휨강도 $M_d = \phi M_n$의 산정

$M_d = \phi M_n = 0.85 \times 706.5 = 600.5\ \mathrm{kN \cdot m}$

11. $M_u \leq M_d = \phi M_n$의 검토

$M_u = 574.1\ \mathrm{kN \cdot m} \leq M_d = 600.5\ \mathrm{kN \cdot m}$ OK

만약 위의 조건을 만족하지 못하면 A_s를 크게 하여 5 번에서부터 재설계를 하여야 한다.

12. 최소철근량 검토

1) 균열휨모멘트

$f_r = 0.63\lambda\sqrt{f_{ck}} = 0.63 \times 1.0 \times \sqrt{24} = 3.09\ \mathrm{MPa}$

$$I_g = \frac{bh^3}{12} = \frac{550 \times 700^3}{12} = 15{,}720.8 \times 10^6\ \mathrm{mm}^4$$

$$y_t = \frac{h}{2} = \frac{700}{2} = 350\ \mathrm{mm}$$

$$M_{cr} = \frac{f_r I_g}{y_t} = \frac{3.09 \times (15{,}720.8 \times 10^6)}{350} = 138.8 \times 10^6\ \mathrm{N \cdot mm} = 138.8\ \mathrm{kN \cdot m}$$

2) 최소철근량 검토

$\phi M_n = 600.5\ \mathrm{kN \cdot m}$

$1.2M_{cr} = 1.2 \times 138.8 = 166.6\ \mathrm{kN \cdot m}$

$\therefore\ \phi M_n = 600.5\ \mathrm{kN \cdot m} \geq 1.2M_{cr} = 166.6\ \mathrm{kN \cdot m}$ OK

13. 보의 휨철근 배치간격 검토

1) 휨철근(주철근)의 중심간격 s (주철근 : 6-D25, 스터럽 : D10)

(1) 철근의 공칭지름

① D10 : $d_s = 9.53\,\text{mm}$

② D25 : $d_b = 25.4\,\text{mm}$

(2) 휨철근(주철근)의 중심간격 s

$$s = \frac{1}{(n-1)} \times [b_w - (\text{피복두께} + d_s) \times 2 - d_b]$$
$$= \frac{1}{5} \times [550 - (40 + 9.53) \times 2 - 25.4] = 85\,\text{mm}$$

2) 휨철근의 최소 중심간격 $s_{\min}$ (주철근 : D25)

최소 수평 순간격$= \max\left(25\text{mm},\ d_b,\ \frac{4}{3}G\right) = \max\left(25,\ 25.4,\ \frac{4}{3}G\right) = 25.4\,\text{mm}$

$\therefore\ s_{\min} = \text{최소 수평 순간격} + d_b = 25.4 + 25.4 = 50.8 \rightarrow 51\,\text{mm}$

3) 휨철근의 최대 중심간격 $s_{\max}$ (표 4.15 참고)

$\kappa_{cr} = 280$

$f_s = \frac{2}{3} f_y = \frac{2}{3} \times 400 = 267\,\text{MPa}$

$c_c = 49.53\,\text{mm}$

$$s_{\max} = \min\left[375\left(\frac{\kappa_{cr}}{f_s}\right) - 2.5c_c,\ 300\left(\frac{\kappa_{cr}}{f_s}\right)\right]$$
$$= \min\left[375 \times \left(\frac{280}{267}\right) - 2.5 \times 49.53,\ 300 \times \left(\frac{280}{267}\right)\right]$$
$$= \min(270,\ 315) = 270\,\text{mm}$$

$\therefore\ s_{\min} = 51\,\text{mm} \le s = 85\,\text{mm} \le s_{\max} = 270\,\text{mm}$ OK

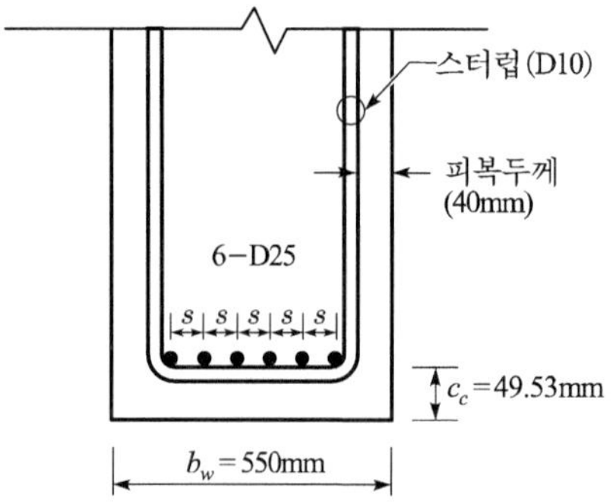

그림 4.36

4.6. 복철근 직사각형 보

4.6.1. 개요

보의 깊이가 구조물 입면 등의 제한으로 인해 단철근 직사각형 보의 외부에서 작용하는 소요강도 M_u가 커지면 내부에서 저항하는 설계강도 $M_d = \phi M_n$도 커져야 한다. 재료의 강도 f_y와 f_{ck}가 고정된 상태에서 단면의 치수 b와 d를 크게 하여야 하나, 구조물 입면의 제한과 철근비의 제한 등으로 인해 콘크리트의 압축측에 압축철근을 배치하여 인장철근비를 최대철근비 이하로 하면서 보의 설계강도를 높일 수 있다. 이와 같이 인장측과 압축측에 철근으로 보강된 보를 복철근 직사각형 보 또는 복철근 장방형 보라 한다.

4.6.2. 복철근 직사각형 보의 필요성

복철근 직사각형 보의 필요성은 다음과 같다.

① 콘크리트의 크리프 변형을 억제하여 장기처짐을 감소시킨다.

② 연성(Ductility)이 증가된다.

③ 압축에서 인장으로 파괴양상이 변화한다.

④ 시공시 철근의 조합을 편리하게 한다(스터럽의 위치를 고정시킬 수 있다).

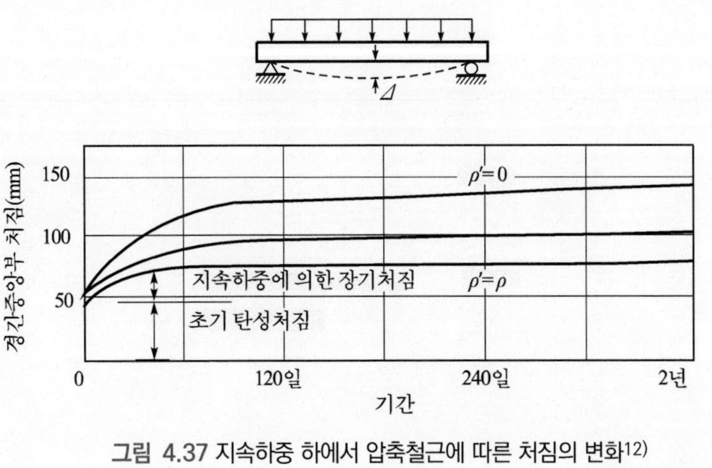

그림 4.37 지속하중 하에서 압축철근에 따른 처짐의 변화[12]

12) James K. Wight, Reinforced Concrete, Prentice Hall, 2016, p.164.

⑤ 인장철근비를 최대철근비 이하로 하면서 설계강도를 증진시킨다.
⑥ 지진하중 등과 같이 정모멘트와 부모멘트가 반복되는 하중에 효과적이다.

복철근 직사각형 보에 지속하중이 작용할 경우 압축철근에 따른 처짐의 변화와 저보강보 $(\rho < \rho_b)$의 강도와 연성에 대한 압축철근의 영향을 그림으로 나타내면 다음과 같다.

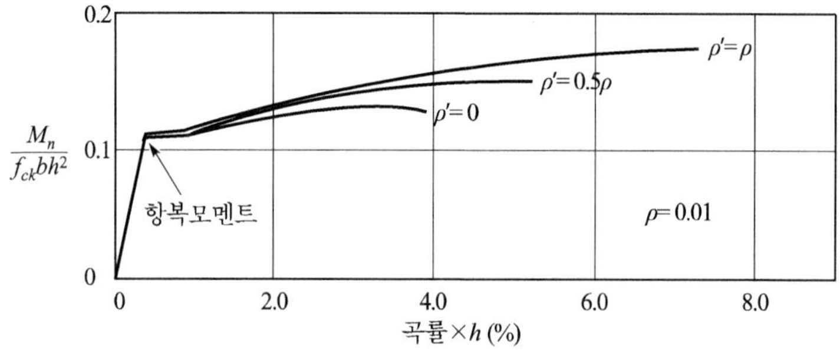

그림 4.38 저보강보 $(\rho < \rho_b)$의 강도와 연성에 대한 압축철근의 영향[13)]

예제 4-13

철근콘크리트 보에서 압축철근을 사용하는 이유로서 가장 부적당한 것은?

㉮ 장기처짐 감소 ㉯ 전단내력 증진 ㉰ 연성증가 ㉱ 스터럽 설치용이

답 ㉯

13) James K. Wight, Reinforced Concrete, Prentice Hall, 2016, p.165.

4.6.3. 복철근 직사각형 보의 해석

(1) 압축철근의 항복여부

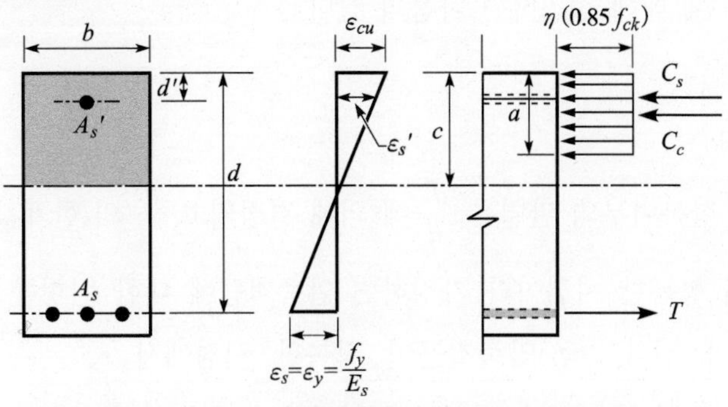

(a) 단면　　(b) 변형률　　(c) 등가직사각형 응력블록

그림 4.39 복철근 직사각형 보의 단면, 변형률 및 단면력

인장철근 (A_s)이 설계기준항복강도 f_y에 도달한 경우에 압축철근 $(A_s{}')$의 항복여부의 판단을 위해 콘크리트의 압축측 연단의 변형률은 가정된 극한변형률 $(\epsilon_c = \epsilon_{cu})$에 도달할 때, 인장철근의 응력은 설계기준항복강도 f_y에 도달한 것으로 가정하고, 압축철근의 변형률 $\epsilon_s{}'$을 구하면 다음과 같다.

$$\epsilon_{cu} : c = \epsilon_s{}' : (c - d')$$

$$\epsilon_s{}' = \left(\frac{c-d'}{c}\right)\epsilon_{cu}$$

따라서 압축철근의 변형률 $\epsilon_s{}'$과 압축철근의 항복변형률 ϵ_y의 크기에 따라 압축철근의 응력은 다음과 같이 구분된다.

① $\epsilon_s{}' \geq \epsilon_y$이면 압축철근의 응력이 항복강도에 도달한 상태 $(f_s{}' = f_y)$이다.

② $\epsilon_s{}' < \epsilon_y$이면 압축철근의 응력이 항복강도에 도달하지 않은 상태 $(f_s{}' < f_y)$이다.

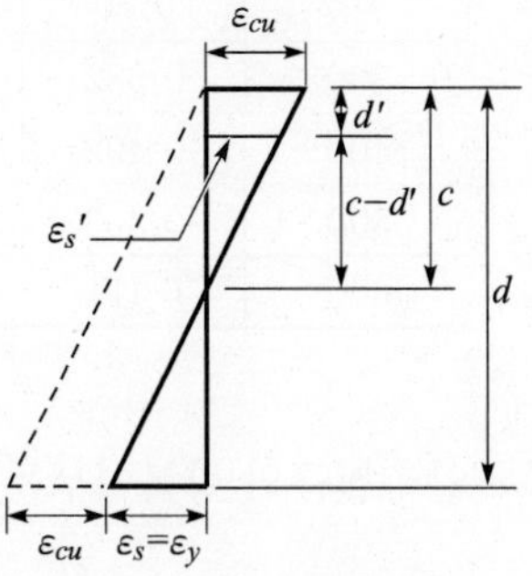

그림 4.40 복철근 직사각형 보의 변형률

위 $\epsilon_s{}'$의 식은 다음과 같고

$$\epsilon_s{}' = \left(1 - \frac{d'}{c}\right)\epsilon_{cu}$$

$c = a/\beta_1$이므로 이를 대입하면

$$\epsilon_s{}' = \left(1 - \beta_1 \frac{d'}{a}\right) \epsilon_{cu}$$

이고, 이 식을 $\dfrac{d'}{a}$에 대해 정리하면 다음과 같다.

$$\frac{d'}{a} = \frac{1}{\beta_1}\left(1 - \frac{\epsilon_s{}'}{\epsilon_{cu}}\right)$$

압축철근에 대한 항복여부의 판별은 $\dfrac{d'}{a}$에 의해 결정되고 $\dfrac{d'}{a}$의 한계값을 산정하기 위해 압축철근$(A_s{}')$이 항복한 시점이라 가정하면 압축철근에 대한 변형률은 $\epsilon_s{}' = \epsilon_y$가 되고 응력은 $f_s{}' = f_y$가 된다. 즉 압축철근이 항복한 시점에서 $\epsilon_s{}' = \epsilon_y$, $\epsilon_y = f_y / E_s$이고 $E_s = 2.0 \times 10^5$ MPa이다. 이들을 대입하여 정리하면 다음과 같다.

$$\frac{d'}{a} = \frac{1}{\beta_1}\left(1 - \frac{f_y}{660}\right)$$

따라서 압축철근이 항복할 시점의 $\dfrac{d'}{a}$의 한계값은 다음과 같이 정의할 수 있다.

$$\left(\frac{d'}{a}\right)_{\lim} = \frac{1}{\beta_1}\left(1 - \frac{f_y}{660}\right)$$

이 한계값을 대표적인 콘크리트와 철근의 재료에 대해 정리하면 다음과 같다.

표 4.17 압축철근의 항복할 시점의 한계값 $(d'/a)_{\lim}$

f_y (MPa)	f_{ck} (MPa)						
	21	24	27	30	35	40	50
β_1	0.80	0.80	0.80	0.80	0.80	0.80	0.80
300	0.682	0.682	0.682	0.682	0.682	0.682	0.682
400	0.492	0.492	0.492	0.492	0.492	0.492	0.492
500	0.303	0.303	0.303	0.303	0.303	0.303	0.303
600	0.114	0.114	0.114	0.114	0.114	0.114	0.114

압축철근의 항복여부는 다음과 같이 판별한다.

① $\epsilon_s{}' \geq \epsilon_y$ 또는 $\dfrac{d'}{a} \leq \left(\dfrac{d'}{a}\right)_{\lim}$이면 $f_s{}' = f_y$가 되어 압축철근의 응력이 항복응력에 도달한 상태이다.

② $\epsilon_s' < \epsilon_y$ 또는 $\dfrac{d'}{a} > \left(\dfrac{d'}{a}\right)_{\lim}$ 이면 $f_s' < f_y$가 되어 압축철근의 응력이 항복응력에 도달하지 않은 상태이다.

(2) 압축철근이 항복하는 경우의 설계휨강도

(가) 등가직사각형 압축응력블록의 깊이 (a)

복철근 직사각형(장방형) 보에서 압축철근이 항복하는 경우는 $\epsilon_s' \geq \epsilon_y$ 또는 $\left(\dfrac{d'}{a}\right)_{\lim} \geq \dfrac{d'}{a}$인 경우로서, 압축철근 A_s'과 인장철근 A_s가 모두 항복응력 f_y에 도달한 경우 $(f_s' = f_s = f_y)$이다. 복철근 직사각형 보에서는 압축철근의 항복 유무로부터 설계식이 차이가 있으나 일반적으로 압축철근이 항복한 것으로 보고 계산을 한다. 여기서, 압축철근의 변형률 ϵ_s'은 $\epsilon_s' = \left(\dfrac{c-d'}{c}\right)\epsilon_{cu}$이다.

그림 4.41(d)에서 힘의 평형조건식에 따라 $C = T$이고, 또한 $C = C_s + C_c$이다.

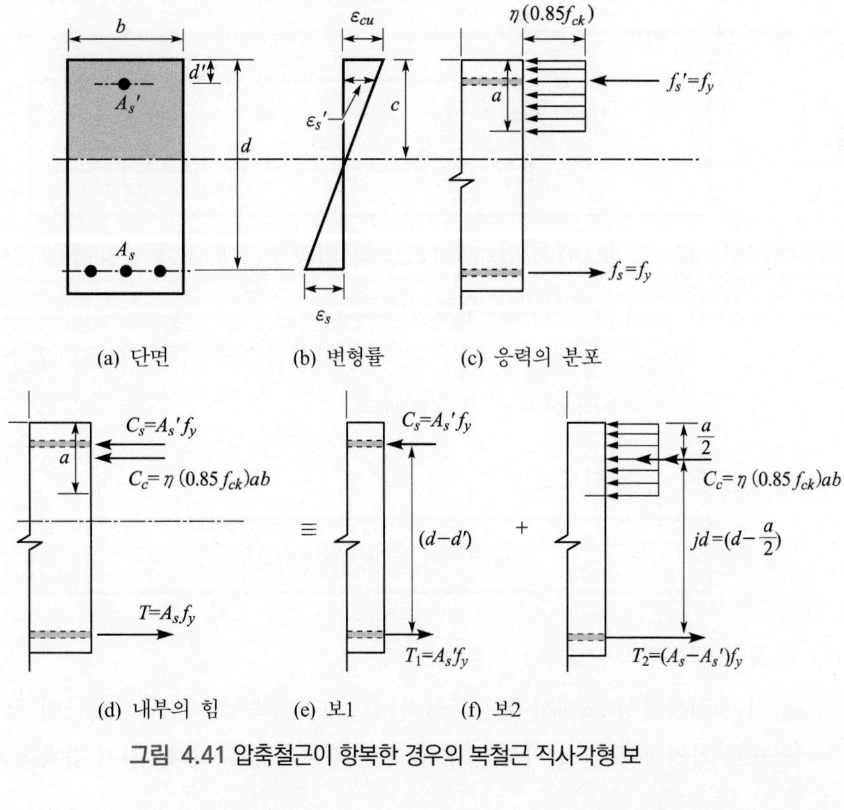

그림 4.41 압축철근이 항복한 경우의 복철근 직사각형 보

따라서

$C_s + C_c = T$

이고 또는 그림 4.41 (e)와 (f)로부터

$A_s{}' f_y + \eta(0.85 f_{ck}) ab = A_s f_y$

이며, 이것을 등가직사각형 압축응력블록의 깊이 a에 관해 정리하면 다음과 같다.

$$a = \frac{(A_s - A_s{}') f_y}{\eta(0.85 f_{ck}) b}$$

(나) 공칭휨강도 (공칭휨모멘트)

복철근 직사각형 보에서 인장철근과 압축철근이 모두 항복하는 경우의 공칭휨강도는 압축철근 $A_s{}'$의 면적에 해당되는 인장철근 $A_s{}'$을 갖는 보1 [그림 4.41 (e)]에 대한 공칭휨강도 M_{n1}과 인장철근 A_s에서 $A_s{}'$을 제외한 인장철근 $A_s - A_s{}'$을 갖는 보 [그림 4.41 (f)]에 대한 공칭휨강도 M_{n2}의 합이 된다. 따라서 압축철근이 항복한 경우의 복철근 직사각형 보의 공칭휨강도는 $M_n = M_{n1} + M_{n2}$로부터 다음과 같이 할 수 있다.

$$\begin{aligned} M_n &= M_{n1} + M_{n2} \\ &= A_s{}' f_y (d - d') + (A_s - A_s{}') f_y \left(d - \frac{a}{2}\right) \end{aligned}$$

여기서, M_{n1} : 보1에서 압축력 (C_s) 및 인장철근에 의한 인장력 (T_1)에 의해 이루어지는 우력모멘트

M_{n2} : 보2에서 압축력 (C_c) 및 인장철근에 의한 인장력 (T_2)에 의해 이루어지는 우력모멘트

(다) 설계휨강도 (설계휨모멘트)

$$M_d = \phi M_n = \phi(M_{n1} + M_{n2})$$

(라) 압축철근의 항복 ($f_s{}' = f_y$) 검토

복철근 직사각형 보에서 휨강도를 산정할 때 압축철근과 인장철근이 모두 항복하는 것으로 가정하였다. 따라서 가정에 대한 검토가 필요하다. 먼저 압축철근의 항복 검

토는 다음과 같고 아래의 조건을 만족하면 보의 파괴 시 압축철근이 항복($f_s{}' = f_y$) 한 상태이다.

$$\epsilon_s{}' \geq \epsilon_y \text{ 또는 } \frac{d'}{a} \leq \left(\frac{d'}{a}\right)_{\lim} = \frac{1}{\beta_1}\left(1 - \frac{f_y}{660}\right)$$

(마) 인장철근의 항복($f_s = f_y$) 검토

인장철근의 항복 검토는 다음과 같고 아래의 조건을 만족하면 보의 파괴 시 인장철근이 항복($f_s = f_y$)한 상태이다.

$$\epsilon_s \geq \epsilon_y \text{ 또는 } \frac{a}{d} \leq \frac{a_b}{d} = \beta_1\left(\frac{660}{660 + f_y}\right)$$

(바) 지배 단면의 검토

(a) 인장지배 단면

$\epsilon_c = \epsilon_{cu}$일 때, $\epsilon_t \geq \epsilon_{tt}$ 또는 $\dfrac{a}{d_t} \leq \dfrac{a_{tcl}}{d_t}$ 이면 인장지배 단면이고 $\phi = 0.85$가 된다.

$f_y \leq 400$ MPa인 경우, $\epsilon_t \geq \epsilon_{tt} = 0.0050$

$f_y = 500$ MPa인 경우, $\epsilon_t \geq \epsilon_{tt} = 0.00625$

$f_y = 600$ MPa인 경우, $\epsilon_t \geq \epsilon_{tt} = 0.0075$

(b) 변화구간 단면

$\epsilon_c = \epsilon_{cu}$일 때, $\epsilon_{tc} < \epsilon_t < \epsilon_{tt}$ 또는 $\dfrac{a_{tcl}}{d_t} < \dfrac{a}{d_t} < \dfrac{a_{ccl}}{d_t}$ 이면 변화구간 단면이고 강도감소계수 ϕ는 다음과 같이 산정한다.

$$\phi = 0.65 + (\epsilon_t - \epsilon_y) \times O \text{ 또는}$$

$$\phi = 0.65 + \frac{0.20}{\left[\dfrac{1}{(c_{tcl}/d_t)} - \dfrac{1}{(c_{ccl}/d_t)}\right]}\left[\frac{1}{(c/d_t)} - \frac{1}{(c_{ccl}/d_t)}\right]$$

(사) 휨부재의 최소철근량

(a) 최소철근량

해석에 의하여 인장철근 보강이 요구되는 휨부재의 모든 단면에 대하여 설계휨강도가 다음 식의 조건을 만족하도록 인장철근을 배치하여야 한다.

$$\phi M_n \geq 1.2 M_{cr}$$

여기서, M_{cr} : 휨부재의 균열휨모멘트 (kN·m, $M_{cr} = f_r I_g / y_t$)

f_r : 콘크리트의 휨인장강도 (파괴계수) (MPa, $f_r = 0.63\lambda\sqrt{f_{ck}}$)

I_g : 총 단면에 대한 단면2차 모멘트 (mm^4, $I_g = bh^3/12$)

y_t : 도심에서 인장측 연단까지의 거리 (mm, $y_t = h/2$)

(b) 휨부재의 최소철근량 예외규정

부재의 모든 단면에서 해석에 의해 필요한 철근량보다 1/3 이상 인장철근이 더 배치되어 아래 식의 조건을 만족하는 경우는 상기의 최소철근량 규정을 적용하지 않을 수 있다.

$$\phi M_n \geq \frac{4}{3} M_u$$

(3) 압축철근이 항복하지 않는 경우의 설계휨강도

(가) 등가직사각형 압축응력블록의 깊이 (a)

복철근 직사각형 (장방형) 보에서 압축철근이 항복하지 않은 경우는 $\left(\frac{d'}{a}\right)_{\lim} < \frac{d'}{a}$ (또는 $\epsilon_s' < \epsilon_y$)인 경우로서, 인장철근 A_s은 항복응력 f_y에 도달 ($f_s = f_y$)하고 압축철근 A_s'은 항복응력 f_y에 도달하지 않은 경우 ($f_s' < f_y$)이다.

그림 4.42 (d)에서 힘의 평형조건식에 따라 $C = T$이고, 또한 $C = C_s + C_c$이다.

따라서

$C_s + C_c = T$

이고 또는 그림 4.42 (e)와 (f)로 부터

$A_s' f_s' + \eta(0.85 f_{ck}) ab = A_s f_y$

여기서, $f_s{}' = E_s\,\epsilon_s{}'$, $\epsilon_s{}' = \left(\dfrac{c-d'}{c}\right)\epsilon_{cu}$ 이고, 콘크리트의 설계기준압축강도가 40 MPa 이하인 경우에는 $\epsilon_{cu} = 0.0033$이다. 또한 $E_s = 2.0\times10^5$ MPa이므로 이를 대입하여 정리하면 다음과 같다.

$$A_s{}'\times2.0\times10^5\times\left(1-\beta_1\frac{d'}{a}\right)\times0.0033+\eta(0.85f_{ck})\,ab = A_s f_y$$

$$A_s{}'\times660\times\left(1-\beta_1\frac{d'}{a}\right)+\eta(0.85f_{ck})\,ab = A_s f_y$$

등가직사각형 압축응력블록의 깊이 a에 관한 2차식으로 나타내면 다음과 같다.

$$[\eta(0.85f_{ck})b]\,a^2+(660A_s{}'-A_sf_y)\,a-660A_s{}'\beta_1 d'=0$$

이며, 이것을 등가직사각형 압축응력블록의 깊이 a에 관해 정리하면 다음과 같다.

$$a=\frac{-(660A_s{}'-A_sf_y)\pm\sqrt{(660A_s{}'-A_sf_y)^2+4[\eta(0.85f_{ck})b](-660A_s{}'\beta_1 d')}}{2[\eta(0.85f_{ck})b]}$$

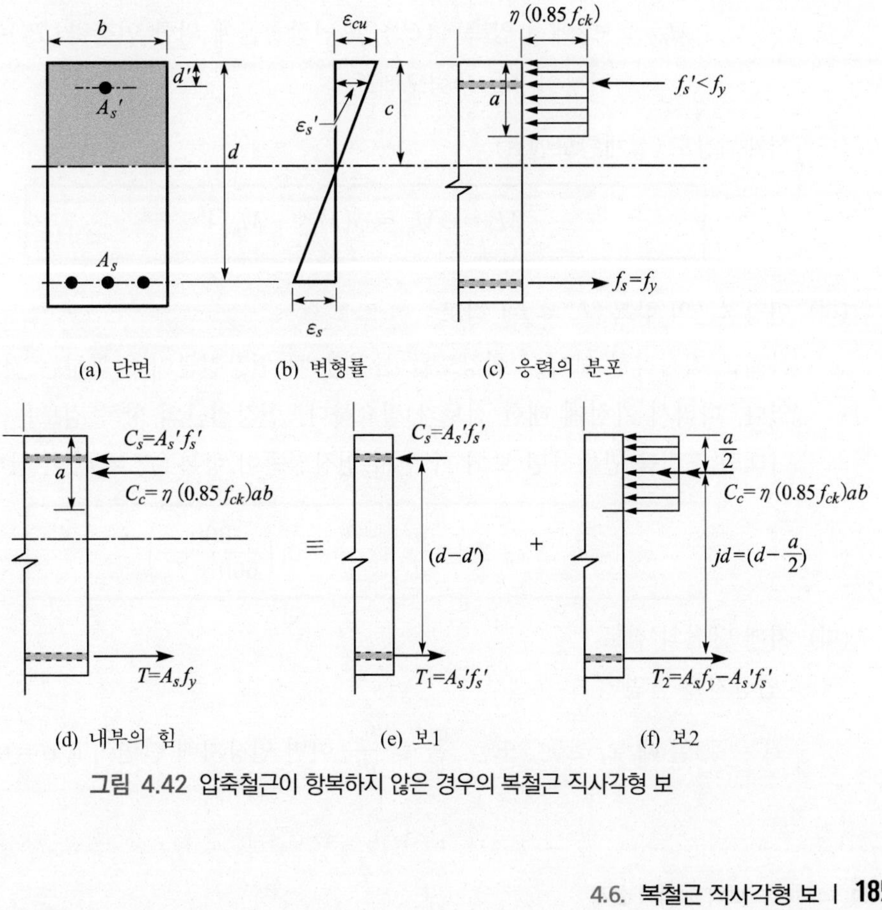

그림 4.42 압축철근이 항복하지 않은 경우의 복철근 직사각형 보

(나) 공칭휨강도(공칭휨모멘트)

복철근 직사각형 보에서 인장철근은 항복하고 압축철근은 항복하지 않은 경우의 공칭휨강도는 압축철근 A_s'의 면적에 해당되는 인장철근 A_s'을 갖는 보1[그림 4.42(e)]에 대한 공칭휨강도 M_{n1}과 인장철근 A_s에서 A_s'을 제외한 인장철근 $A_s - A_s'$을 갖는 보[그림 4.42(f)]에 대한 공칭휨강도 M_{n2}의 합이 된다. 따라서 압축철근이 항복하지 않은 경우의 복철근 직사각형 보의 공칭휨강도는 $M_n = M_{n1} + M_{n2}$로부터 다음과 같이 할 수 있다.

$$\begin{aligned} M_n &= M_{n1} + M_{n2} \\ &= A_s' f_s (d - d') + (A_s f_y - A_s' f_s)\left(d - \frac{a}{2}\right) \\ &= A_s'(E_s \epsilon_s')(d - d') + \eta(0.85 f_{ck}) a b \left(d - \frac{a}{2}\right) \end{aligned}$$

여기서, M_{n1} : 보1에서 압축력(C_s) 및 인장철근에 의한 인장력(T_1)에 의해 이루어지는 우력모멘트

M_{n2} : 보2에서 압축력(C_c) 및 인장철근에 의한 인장력(T_2)에 의해 이루어지는 우력모멘트

(다) 설계휨강도(설계휨모멘트)

$$M_d = \phi M_n = \phi(M_{n1} + M_{n2})$$

(라) 인장철근의 항복($f_s = f_y$) 검토

복철근 직사각형 보에서 휨강도를 산정할 때 인장철근이 항복하는 것으로 가정하였다. 따라서 가정에 대한 검토가 필요하다. 인장철근의 항복 검토는 다음과 같고 아래의 조건을 만족하면 보의 파괴 시 인장철근이 항복($f_s = f_y$)한 상태이다.

$$\epsilon_s \geq \epsilon_y \text{ 또는 } \frac{a}{d} \leq \frac{a_b}{d} = \beta_1\left(\frac{660}{660 + f_y}\right)$$

(마) 지배 단면의 검토

(a) 인장지배 단면

$\epsilon_c = \epsilon_{cu}$일 때, $\epsilon_t \geq \epsilon_{tt}$ 또는 $\dfrac{a}{d_t} \leq \dfrac{a_{tcl}}{d_t}$이면 인장지배 단면이고 $\phi = 0.85$가 된다.

$$f_y \leq 400\text{ MPa인 경우, } \epsilon_t \geq \epsilon_{tt} = 0.0050$$
$$f_y = 500\text{ MPa인 경우, } \epsilon_t \geq \epsilon_{tt} = 0.00625$$
$$f_y = 600\text{ MPa인 경우, } \epsilon_t \geq \epsilon_{tt} = 0.0075$$

(b) 변화구간 단면

$\epsilon_c = \epsilon_{cu}$ 일 때, $\epsilon_{tc} < \epsilon_t < \epsilon_{tt}$ 또는 $\dfrac{a_{tcl}}{d_t} < \dfrac{a}{d_t} < \dfrac{a_{ccl}}{d_t}$ 이면 변화구간 단면이고 강도 감소계수 ϕ는 다음과 같이 산정한다.

$$\phi = 0.65 + (\epsilon_t - \epsilon_y) \times O \text{ 또는}$$
$$\phi = 0.65 + \frac{0.20}{\left[\dfrac{1}{(c_{tcl}/d_t)} - \dfrac{1}{(c_{ccl}/d_t)}\right]}\left[\frac{1}{(c/d_t)} - \frac{1}{(c_{ccl}/d_t)}\right]$$

(바) 최소철근비와 최소철근량

(a) 최소철근량

해석에 의하여 인장철근 보강이 요구되는 휨부재의 모든 단면에 대하여 설계휨강도가 다음 식의 조건을 만족하도록 인장철근을 배치하여야 한다.

$$\phi M_n \geq 1.2 M_{cr}$$

여기서, M_{cr} : 휨부재의 균열휨모멘트 (kN·m, $M_{cr} = f_r I_g / y_t$)

f_r : 콘크리트의 휨인장강도 (파괴계수) (MPa, $f_r = 0.63\lambda\sqrt{f_{ck}}$)

I_g : 총 단면에 대한 단면2차 모멘트 (mm^4, $I_g = bh^3/12$)

y_t : 도심에서 인장측 연단까지의 거리 (mm, $y_t = h/2$)

(b) 휨부재의 최소철근량 예외규정

부재의 모든 단면에서 해석에 의해 필요한 철근량보다 1/3 이상 인장철근이 더 배치되어 아래 식의 조건을 만족하는 경우는 상기의 최소철근량 규정을 적용하지 않을 수 있다.

$$\phi M_n \geq \frac{4}{3} M_u$$

(4) 복철근 직사각형 보의 해석순서

① 사용재료의 강도 f_{ck}, f_y의 확인

② 보 단면의 크기 $b_w \times d$의 확인$(b_w = b)$

③ 압축철근 및 인장철근이 모두 항복한 것으로 가정$(f_s{}' = f_s = f_y)$하여 두 개의 보로 분리

④ 압축철근이 제외된 보(보2)에 대한 등가직사각형 압축응력블록의 깊이 a의 산정

⑤ β_1과 ϵ_{cu}의 결정 및 압축철근의 항복$(f_s{}' = f_y)$ 검토

$\epsilon_s{}' \geq \epsilon_y$ 또는 $\dfrac{d'}{a} \leq \left(\dfrac{d'}{a}\right)_{\lim} = \dfrac{1}{\beta_1}\left(1 - \dfrac{f_y}{660}\right)$이면 $f_s{}' = f_y$이다.

⑥ 인장철근의 항복$(f_s = f_y)$ 검토

$\epsilon_s \geq \epsilon_y$ 또는 $\dfrac{a}{d} \leq \dfrac{a_b}{d} = \beta_1\left(\dfrac{660}{660 + f_y}\right)$이면 $f_s = f_y$이다.

⑦ 순인장변형률 ϵ_t의 산정 및 휨부재의 최소 허용변형률 ϵ_{ta} 검토

$$\epsilon_t = \left(\frac{d_t - c}{c}\right)\epsilon_{cu} = \left(\frac{d_t}{c} - 1\right)\epsilon_{cu} \text{ 또는 } \frac{a}{d_t}$$

$f_y \leq 400$ MPa인 경우, $\epsilon_t \geq \epsilon_{ta} = 0.0040$
$f_y = 500$ MPa인 경우, $\epsilon_t \geq \epsilon_{ta} = 0.0050$
$f_y = 600$ MPa인 경우, $\epsilon_t \geq \epsilon_{ta} = 0.0060$

⑧ 단면의 검토와 강도감소계수 ϕ의 산정

$\epsilon_c = \epsilon_{cu}$일 때, $\epsilon_t \geq \epsilon_{tt}$ 또는 $\dfrac{a}{d_t} \leq \dfrac{a_{tcl}}{d_t}$ 이면 인장지배 단면이고 $\phi = 0.85$가 된다.

$f_y \leq 400$ MPa인 경우, $\epsilon_t \geq \epsilon_{tt} = 0.0050$
$f_y = 500$ MPa인 경우, $\epsilon_t \geq \epsilon_{tt} = 0.00625$
$f_y = 600$ MPa인 경우, $\epsilon_t \geq \epsilon_{tt} = 0.0075$

또한 $\epsilon_c = \epsilon_{cu}$일 때, $\epsilon_{tc} < \epsilon_t < \epsilon_{tt}$ 또는 $\dfrac{a_{tcl}}{d_t} < \dfrac{a}{d_t} < \dfrac{a_{ccl}}{d_t}$ 이면 변화구간 단면이고 강도감소계수 ϕ는 다음과 같이 산정한다.

$$\phi = 0.65 + (\epsilon_t - \epsilon_y) \times O \text{ 또는}$$

$$\phi = 0.65 + \frac{0.20}{\left[\frac{1}{(c_{tcl}/d_t)} - \frac{1}{(c_{ccl}/d_t)}\right]}\left[\frac{1}{(c/d_t)} - \frac{1}{(c_{ccl}/d_t)}\right]$$

⑨ 공칭휨강도 M_n의 산정

⑩ 설계휨강도 $M_d = \phi M_n$의 산정

⑪ 최소철근량 $\phi M_n \geq 1.2 M_{cr}$의 검토

예제 4-14

다음 그림과 같은 복철근 직사각형 보의 압축측에 2-D25 ($A_s{}' = 1{,}013\ \text{mm}^2$)이 배치되었고 인장측에 8-D25 ($A_s = 4{,}054\ \text{mm}^2$)이 배치되었다. 이러한 복철근 직사각형 보의 설계휨강도 (M_d)를 산정하시오. (단, 보의 관련 치수는 $h = 650$ mm, $d = 550$ mm, $d' = 65$ mm, $b_w = 350$ mm이다. 또한 콘크리트는 $f_{ck} = 24$ MPa의 보통중량콘크리트이고, 철근은 $f_y = 400$ MPa의 도막되지 않은 철근이다.)

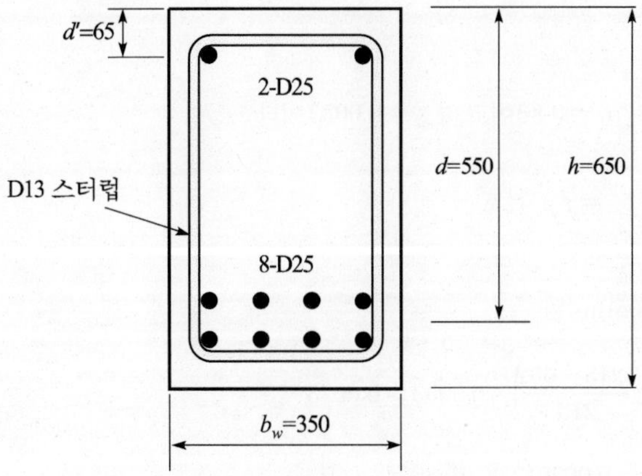

그림 4.43 복철근 직사각형 단면

풀이

복철근 직사각형 보에서 압축철근이 항복하는 경우

1. 보의 복부폭 b_w의 검토

철근의 이음이 없을 경우 8-D25 (스터럽 D13), 2단 배치인 경우 최소 폭은 283 mm이다.

2. 압축철근 및 인장철근이 모두 항복한 것으로 가정 ($f_s' = f_y$, $f_s = f_y$)하여 두 개의 보로 분리한다.

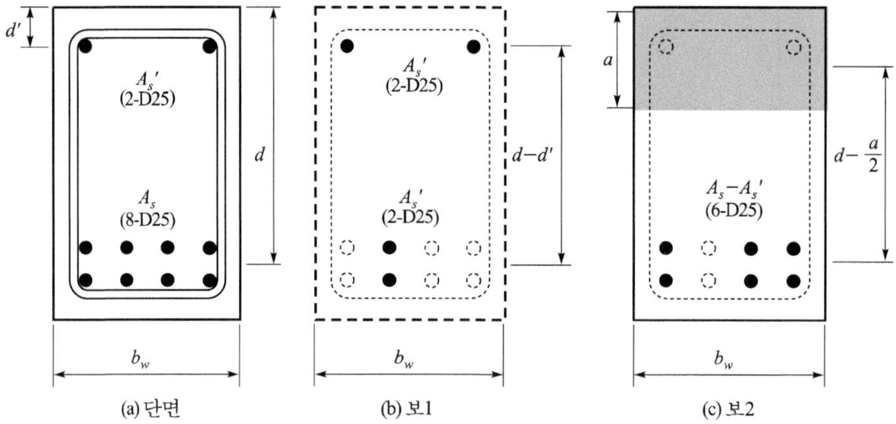

그림 4.44 복철근 직사각형 보

3. 압축철근이 제외된 보 (보2)에 대한 등가직사각형 압축응력블록의 깊이 a의 산정

$$a = \frac{(A_s - A_s')\,f_y}{\eta(0.85 f_{ck})\,b} = \frac{(4{,}054 - 1{,}013) \times 400}{0.85 \times 24 \times 350} = 170\ \text{mm}$$

4. β_1과 ϵ_{cu}의 결정

$f_{ck} \le 40$ MPa이므로 $\beta_1 = 0.80$이고, $\epsilon_{cu} = 0.0033$이다.

5. 압축철근의 항복 ($f_s' = f_y$) 검토

$d' = 65$ mm

$$c = \frac{a}{\beta_1} = \frac{170}{0.80} = 213\ \text{mm}$$

$$\epsilon_s' = \left(\frac{c - d'}{c}\right)\epsilon_{cu} = \left(\frac{213 - 65}{213}\right) \times 0.0033 = 0.0023$$

$$\epsilon_y = \frac{f_y}{E_s} = \frac{400}{2.0 \times 10^5} = 0.0020$$

$\epsilon_s' = 0.0023 \ge \epsilon_y = 0.0020$이다.

$\therefore\ f_s' = f_y$ (즉, 압축철근이 항복한 경우이다.)

6. 인장철근의 항복 ($f_s = f_y$) 검토

$d = 550$ mm

$$c = \frac{a}{\beta_1} = \frac{170}{0.80} = 213\ \text{mm}$$

$$\epsilon_s = \left(\frac{d-c}{c}\right)\epsilon_{cu} = \left(\frac{550-213}{213}\right)\times 0.0033 = 0.0052$$

$$\epsilon_y = \frac{f_y}{E_s} = \frac{400}{2.0\times 10^5} = 0.0020$$

$\epsilon_s = 0.0052 \geq \epsilon_y = 0.0020$이다.

$\therefore\ f_s = f_y$ (즉, 인장철근이 항복한 경우이다.)

7. 순인장변형률, 휨부재의 최소 허용변형률 검토 및 강도감소계수
   (D13 : $d_s = 12.7\ \text{mm}$, D25 : $d_b = 25.4\ \text{mm}$)

1) 순인장변형률 ϵ_t 의 산정

$$d_t = h - 40 - d_s - \frac{d_b}{2} = 650 - 40 - 12.7 - \frac{25.4}{2} = 585\ \text{mm}$$

$$\epsilon_t = \left(\frac{d_t - c}{c}\right)\epsilon_{cu} = \left(\frac{585-213}{213}\right)\times 0.0033 = 0.0058$$

2) 휨부재의 최소 허용변형률 ϵ_{ta}

$f_y = 400$ MPa이므로 $\epsilon_{ta} = 0.0040$이다.

$\therefore\ \epsilon_t = 0.0058 \geq \epsilon_{ta} = 0.0040$ OK

3) 강도감소계수 ϕ의 산정

$\epsilon_t = 0.0058 \geq \epsilon_{tt} = 0.0050$이므로 인장지배 단면이다.

$\therefore\ \phi = 0.85$

8. 공칭휨강도 M_n의 산정

1) 압축철근 $A_s{}'$ 에 의한 압축력 C_s와 인장철근 $A_s{}'$ 에 의한 인장력 T_1에 의한 보1의 공칭휨강도 M_{n1}의 산정

$$M_{n1} = A_s{}' f_y (d - d') = 1{,}013\times 400\times(550-65) = 196.5\times 10^6\ \text{N}\cdot\text{mm} = 196.5\ \text{kN}\cdot\text{m}$$

2) 압축콘크리트에 의한 압축력 C_c와 인장철근 $A_s - A_s{}'$ 에 의한 인장력 T_2에 의한 보2의 공칭휨강도 M_{n2}의 산정

$$M_{n2} = (A_s - A_s{}')' f_y\left(d - \frac{a}{2}\right)$$
$$= (4{,}054 - 1{,}013)\times 400\times\left(550 - \frac{170}{2}\right) = 565.6\times 10^6\ \text{N}\cdot\text{mm} = 565.6\ \text{kN}\cdot\text{m}$$

3) 공칭휨강도 M_n의 산정

$$M_n = M_{n1} + M_{n2} = 196.5 + 565.6 = 762.1\ \text{kN}\cdot\text{m}$$

9. 설계휨강도 $M_d = \phi M_n$의 산정

$M_d = \phi M_n = 0.85 \times 762.1 = 647.8\ \text{kN} \cdot \text{m}$

10. 최소철근량 검토

1) 균열휨모멘트

$$f_r = 0.63\lambda\sqrt{f_{ck}} = 0.63 \times 1.0 \times \sqrt{24} = 3.09\ \text{MPa}$$

$$I_g = \frac{bh^3}{12} = \frac{350 \times 650^3}{12} = 8{,}009.9 \times 10^6\ \text{mm}^4$$

$$y_t = \frac{h}{2} = \frac{650}{2} = 325\ \text{mm}$$

$$M_{cr} = \frac{f_r I_g}{y_t} = \frac{3.09 \times (8{,}009.9 \times 10^6)}{325} = 76.2 \times 10^6\ \text{N} \cdot \text{mm} = 76.2\ \text{kN} \cdot \text{m}$$

2) 최소철근량 검토

$\phi M_n = 647.8\ \text{kN} \cdot \text{m}$

$1.2M_{cr} = 1.2 \times 76.2 = 91.4\ \text{kN} \cdot \text{m}$

$\therefore\ \phi M_n = 647.8\ \text{kN} \cdot \text{m} \geq 1.2M_{cr} = 91.4\ \text{kN} \cdot \text{m}$ OK

예제 4-15

다음 그림과 같은 복철근 직사각형 보의 압축측에 2-D25($A_s{}' = 1{,}013\ \text{mm}^2$)이 배치되었고 인장측에 6-D25 ($A_s = 3{,}040\ \text{mm}^2$)이 배치되었다. 이러한 복철근 직사각형 보의 설계휨강도 (M_d)를 산정하시오. (단, 보의 관련 치수는 $h = 650\ \text{mm}$, $d = 550\ \text{mm}$, $d' = 70\ \text{mm}$, $b_w = 300\ \text{mm}$이다. 또한 콘크리트는 $f_{ck} = 24\ \text{MPa}$의 보통중량콘크리트이고, 철근은 $f_y = 400\ \text{MPa}$의 도막되지 않은 철근이다.)

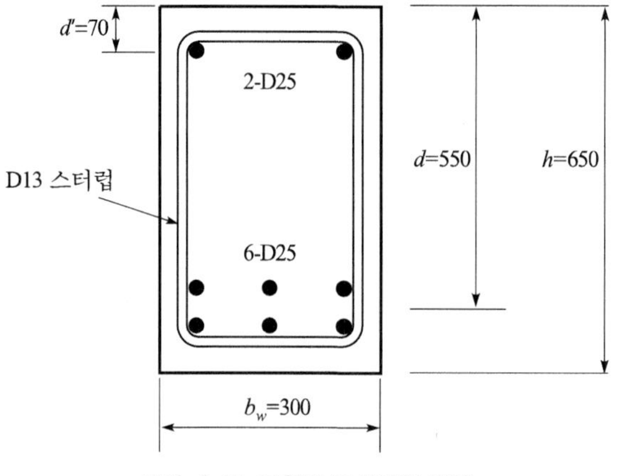

그림 4.45 복철근 직사각형 단면

풀이

복철근 직사각형 보에서 압축철근이 항복하지 않은 경우

1. 보의 복부폭 b_w의 검토

철근의 이음이 없을 경우 6-D25 (스터럽 D13), 2단 배치인 경우 최소 폭은 232 mm이다.

2. 압축철근 및 인장철근이 모두 항복한 것으로 가정 ($f_s{}' = f_y$, $f_s = f_y$)하여 두 개의 보로 분리한다.

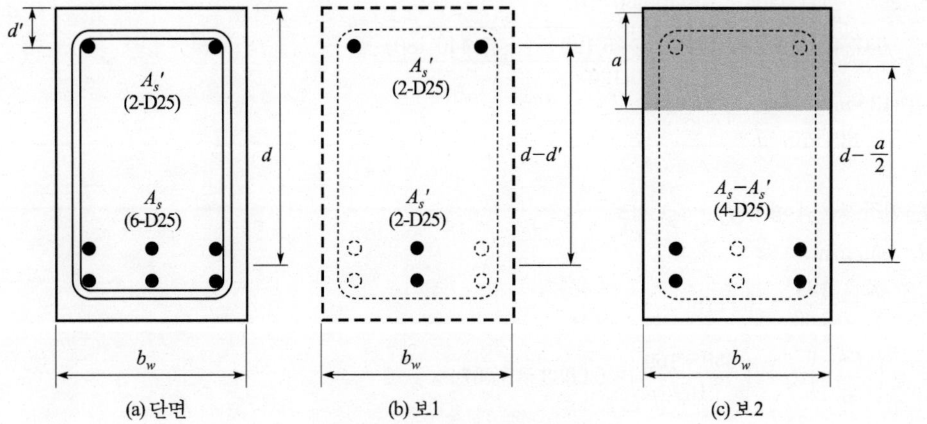

그림 4.46 복철근 직사각형 보

3. 압축철근이 제외된 보 (보2)에 대한 등가직사각형 압축응력블록의 깊이 a의 산정

$$a = \frac{(A_s - A_s{}')\,f_y}{\eta(0.85 f_{ck})\,b} = \frac{(3{,}040-1{,}013)\times 400}{0.85\times 24\times 300} = 132\ \mathrm{mm}$$

4. β_1과 ϵ_{cu}의 결정

$f_{ck} \le 40$ MPa이므로 $\beta_1 = 0.80$이고, $\epsilon_{cu} = 0.0033$이다.

5. 압축철근의 항복 ($f_s{}' = f_y$) 검토

$d' = 70\ \mathrm{mm}$

$$c = \frac{a}{\beta_1} = \frac{132}{0.80} = 165\ \mathrm{mm}$$

$$\epsilon_s{}' = \left(\frac{c-d'}{c}\right)\epsilon_{cu} = \left(\frac{165-70}{165}\right)\times 0.0033 = 0.0019$$

$$\epsilon_y = \frac{f_y}{E_s} = \frac{400}{2.0\times 10^5} = 0.0020$$

$\epsilon_s{}' = 0.0019 < \epsilon_y = 0.0020$이다.

$\therefore\ f_s{}' < f_y$ (즉, 압축철근이 항복하지 않은 경우이다.)

압축철근은 항복하지 않았고, 위의 a값은 부정확한 값이 된다. 따라서 압축철근의 탄성상태 $(f_s{}' < f_y)$에 있으며 a를 다시 계산해야 한다.

6. 압축철근이 항복하지 않은 경우 보2에 대한 등가직사각형 압축응력블록의 깊이 a의 산정

$$[\eta(0.85 f_{ck}) b] a^2 + (660 A_s{}' - A_s f_y) a - 660 A_s{}' \beta_1 d' = 0$$

$$(1.00 \times 0.85 \times 24 \times 300) a^2 + (660 \times 1{,}013 - 3{,}040 \times 400) a - 660 \times 1{,}013 \times 0.80 \times 70 = 0$$

$$6{,}120 a^2 - 547{,}420 a - 37{,}440{,}480 = 0$$

$$a = \frac{547{,}420 \pm \sqrt{547{,}420^2 - 4 \times 6{,}120 \times (-37{,}440{,}480)}}{2 \times 6{,}120}$$

$= 135\ \mathrm{mm}$ 또는 $-45\ \mathrm{mm}$

$\therefore\ a = 135\ \mathrm{mm}$

7. 인장철근의 항복$(f_s = f_y)$ 검토

$d = 550\ \mathrm{mm}$

$$c = \frac{a}{\beta_1} = \frac{135}{0.80} = 169\ \mathrm{mm}$$

$$\epsilon_s = \left(\frac{d-c}{c}\right)\epsilon_{cu} = \left(\frac{550-169}{169}\right) \times 0.0033 = 0.0074$$

$$\epsilon_y = \frac{f_y}{E_s} = \frac{400}{2.0 \times 10^5} = 0.0020$$

$\epsilon_s = 0.0074 \ge \epsilon_y = 0.0020$이다.

$\therefore\ f_s = f_y$ (즉, 인장철근이 항복한 경우이다.)

8. 순인장변형률, 휨부재의 최소 허용변형률 검토 및 강도감소계수
(D13 : $d_s = 12.7\ \mathrm{mm}$, D25 : $d_b = 25.4\ \mathrm{mm}$)

1) 순인장변형률 ϵ_t 의 산정

$$d_t = h - 40 - d_s - \frac{d_b}{2} = 650 - 40 - 12.7 - \frac{25.4}{2} = 585\ \mathrm{mm}$$

$$\epsilon_t = \left(\frac{d_t - c}{c}\right)\epsilon_{cu} = \left(\frac{585-169}{169}\right) \times 0.0033 = 0.0081$$

2) 휨부재의 최소 허용변형률 ϵ_{ta}

$f_y = 400$ MPa이므로 $\epsilon_{ta} = 0.0040$이다.

$\therefore\ \epsilon_t = 0.0081 \ge \epsilon_{ta} = 0.0040$ OK

3) 강도감소계수 ϕ의 산정

$\epsilon_t = 0.0081 \ge \epsilon_{tt} = 0.0050$이므로 인장지배 단면이다.

$\therefore\ \phi = 0.85$

9. 공칭휨강도 M_n의 산정

1) 압축철근 A_s'에 의한 압축력 C_s와 인장철근 A_s'에 의한 인장력 T_1에 의한 보1의 공칭휨강도 M_{n1}의 산정

$$\epsilon_s' = \left(1-\beta_1 \frac{d'}{a}\right)\epsilon_{cu} = \left(1-0.80\times\frac{70}{135}\right)\times 0.0033 = 0.0019$$

$$M_{n1} = A_s'(E_s \epsilon_s')(d-d') = 1{,}013\times(2.0\times 10^5\times 0.0019)\times(550-70) = 184.8\times 10^6\ \mathrm{N\cdot mm} = 18$$

2) 압축콘크리트에 의한 압축력 C_c와 인장철근에 의한 인장력 T_2에 의한 보2의 공칭휨강도 M_{n2}의 산정

$$M_{n2} = \eta(0.85 f_{ck})ab\left(d-\frac{a}{2}\right)$$

$$= 1.00\times 0.85\times 24\times 135\times 300\times\left(550-\frac{135}{2}\right) = 398.6\times 10^6\ \mathrm{N\cdot mm} = 398.6\ \mathrm{kN\cdot m}$$

4) 공칭휨강도 M_n의 산정

$$M_n = M_{n1}+M_{n2} = 184.8+398.6 = 583.4\ \mathrm{kN\cdot m}$$

10. 설계휨강도 $M_d = \phi M_n$의 산정

$$M_d = \phi M_n = 0.85\times 583.4 = 495.9\ \mathrm{kN\cdot m}$$

11. 최소철근량 검토

1) 균열휨모멘트

$$f_r = 0.63\lambda\sqrt{f_{ck}} = 0.63\times 1.0\times\sqrt{24} = 3.09\ \mathrm{MPa}$$

$$I_g = \frac{bh^3}{12} = \frac{300\times 650^3}{12} = 6{,}865.6\times 10^6\ \mathrm{mm}^4$$

$$y_t = \frac{h}{2} = \frac{650}{2} = 325\ \mathrm{mm}$$

$$M_{cr} = \frac{f_r I_g}{y_t} = \frac{3.09\times(6{,}865.6\times 10^6)}{325} = 65.3\times 10^6\ \mathrm{N\cdot mm} = 65.3\ \mathrm{kN\cdot m}$$

2) 최소철근량 검토

$$\phi M_n = 495.9\ \mathrm{kN\cdot m}$$

$$1.2M_{cr} = 1.2\times 65.3 = 78.3\ \mathrm{kN\cdot m}$$

$$\therefore\ \phi M_n = 495.9\ \mathrm{kN\cdot m} \geq 1.2M_{cr} = 78.3\ \mathrm{kN\cdot m}$$ OK

4.6.4. 복철근 직사각형 보의 설계

(1) 복철근 직사각형 보 설계의 기본개념

$$M_u \le M_d = \phi M_n$$

여기서, ϕ : 강도감소계수

M_u : 소요휨강도(소요휨모멘트) (kN · m)

M_d : 설계휨강도(설계휨모멘트) (kN · m)

M_n : 공칭휨강도(공칭휨모멘트) (kN · m)

(2) 복철근 직사각형 보의 설계순서

보 단면의 크기 h, d, d', b가 결정된 경우 복철근 직사각형 보의 설계순서는 다음과 같다.

① 사용재료의 강도 f_{ck}, f_y의 확인

② 소요강도 $M_u(= 1.2M_D + 1.6M_L)$ 산정

③ 보 단면의 크기 h, d, d', b_w의 확인 $(b_w = b)$

④ 압축철근 및 인장철근이 모두 항복한 것으로 가정 $(f_s' = f_y,\ f_s = f_y)$하여 두 개의 보로 분리

⑤ $\phi = 0.85$로 가정 및 β_1과 ϵ_{cu}의 결정

⑥ 단철근 직사각형 보일 경우 최대철근비 $\rho_{\max}$ 산정과 단철근 직사각형 보에서의 최대철근량 $A_s - A_s' = \rho_{\max} \times b \times d$ 산정

⑦ 압축철근량 A_s'의 설계

⑧ 인장철근량 A_s의 설계

⑨ 압축철근이 제외된 보(보2)에 대한 등가직사각형 압축응력블록의 깊이 a의 산정

⑩ 압축철근의 항복 $(f_s' = f_y)$ 검토

$$\epsilon_s' \ge \epsilon_y \text{ 또는 } \frac{d'}{a} \le \left(\frac{d'}{a}\right)_{\lim} = \frac{1}{\beta_1}\left(1 - \frac{f_y}{660}\right) \text{이면 } f_s' = f_y\text{이다.}$$

⑪ 인장철근의 항복 $(f_s = f_y)$ 검토

$$\epsilon_s \ge \epsilon_y \text{ 또는 } \frac{a}{d} \le \frac{a_b}{d} = \beta_1\left(\frac{660}{660 + f_y}\right) \text{이면 } f_s = f_y\text{이다.}$$

⑫ 순인장변형률 ϵ_t 의 산정 및 휨부재의 최소 허용변형률 ϵ_{ta} 검토

$$\epsilon_t = \left(\frac{d_t - c}{c}\right)\epsilon_{cu} = \left(\frac{d_t}{c} - 1\right)\epsilon_{cu} \text{ 또는 } \frac{a}{d_t}$$

$f_y \le 400$ MPa인 경우, $\epsilon_t \ge \epsilon_{ta} = 0.0040$
$f_y = 500$ MPa인 경우, $\epsilon_t \ge \epsilon_{ta} = 0.0050$
$f_y = 600$ MPa인 경우, $\epsilon_t \ge \epsilon_{ta} = 0.0060$

⑬ 단면의 검토와 강도감소계수 ϕ의 산정

$\epsilon_c = \epsilon_{cu}$ 일 때, $\epsilon_t \ge \epsilon_{tt}$ 또는 $\frac{a}{d_t} \le \frac{a_{tcl}}{d_t}$ 이면 인장지배 단면이고 $\phi = 0.85$가 된다.

$f_y \le 400$ MPa인 경우, $\epsilon_t \ge \epsilon_{tt} = 0.0050$
$f_y = 500$ MPa인 경우, $\epsilon_t \ge \epsilon_{tt} = 0.00625$
$f_y = 600$ MPa인 경우, $\epsilon_t \ge \epsilon_{tt} = 0.0075$

또한 $\epsilon_c = \epsilon_{cu}$ 일 때, $\epsilon_{tc} < \epsilon_t < \epsilon_{tt}$ 또는 $\frac{a_{tcl}}{d_t} < \frac{a}{d_t} < \frac{a_{ccl}}{d_t}$ 이면 변화구간 단면이고 강도감소계수 ϕ는 다음과 같이 산정한다.

$$\phi = 0.65 + (\epsilon_t - \epsilon_y) \times O \text{ 또는}$$

$$\phi = 0.65 + \frac{0.20}{\left[\frac{1}{(c_{tcl}/d_t)} - \frac{1}{(c_{ccl}/d_t)}\right]}\left[\frac{1}{(c/d_t)} - \frac{1}{(c_{ccl}/d_t)}\right]$$

⑭ 공칭휨강도 M_n의 산정

⑮ 설계휨강도 $M_d = \phi M_n$의 산정

⑯ $M_u \le M_d = \phi M_n$의 검토

⑰ 최소철근량 $\phi M_n \ge 1.2 M_{cr}$의 검토

⑱ 보의 휨철근 배치간격 검토($s_{\min} \le s \le s_{\max}$)

4.7. T형 보

4.7.1. T형 보의 개념

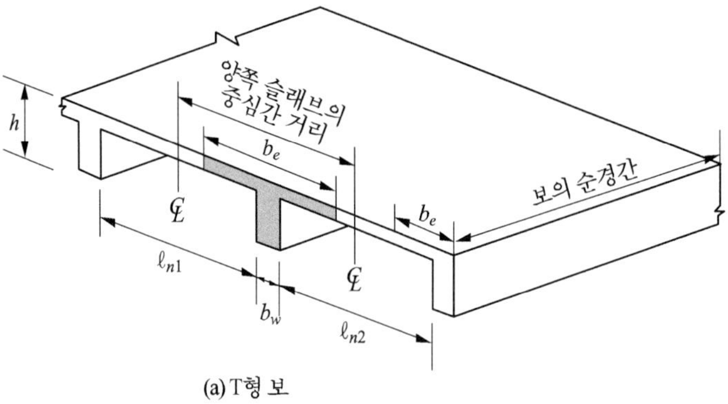

(a) T형 보

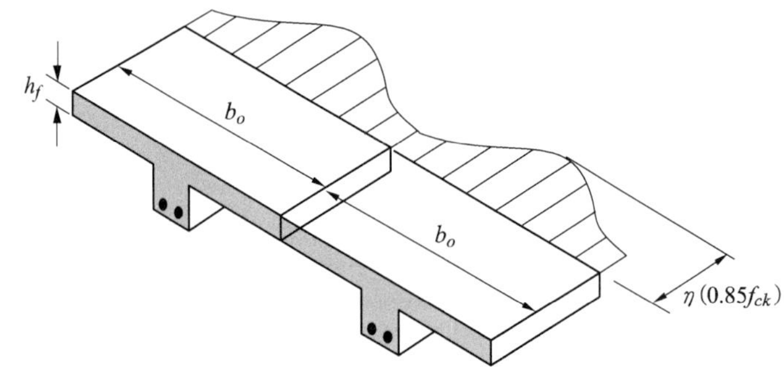

(b) 휨 압축응력의 분포도

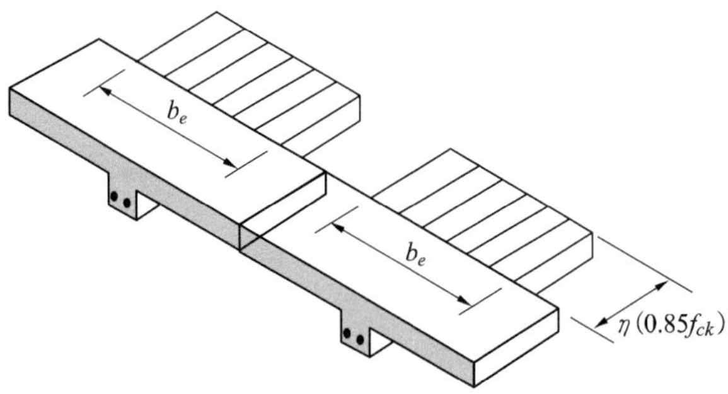

(c) 설계에서 가정된 휨 압축응력

그림 4.47 T형 보의 플랜지 유효폭

보-슬래브 구조에서 보와 슬래브의 콘크리트를 동시에 타설하므로 경화한 후 일체가 되어 함께 거동하게 되며, 보가 하중을 받아 휨변형을 일으킬 때 보의 압축측에 인접한 슬래브는 보의 강성을 높이고 압축응력을 지지하는 면적을 넓혀준다.

이와 같은 보를 T형 보라 하며, T형 보의 플랜지 부분이 압축력을 지지할 수 있는 충분한 면적을 가지므로 설계에서 일반적으로 압축측의 취성파괴를 배제할 수 있다.

표 4.18 위치에 따른 T형 보의 역학적 형태

	보의 중앙부	보의 단부
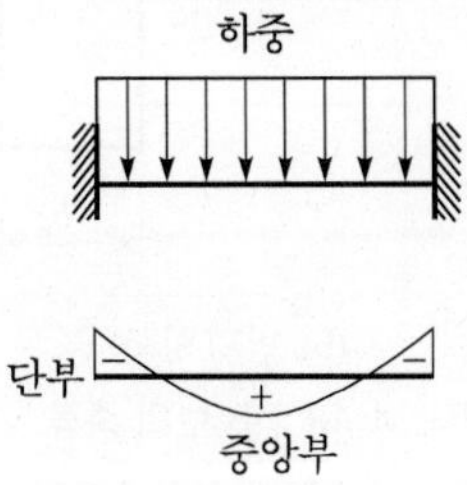	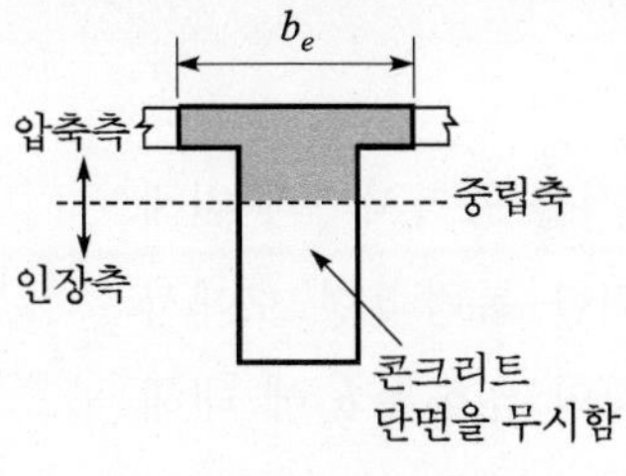 상부압축 하부인장	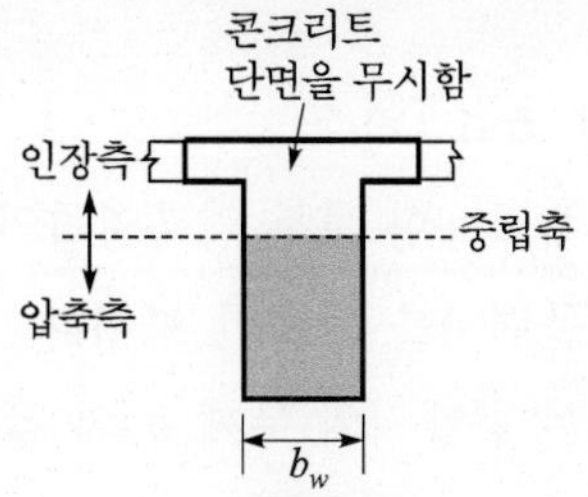 상부인장 하부압축

4.7.2. T형 보의 유효폭 및 단면조건

T형 보의 유효폭 및 단면조건은 KDS 14 20 10 (4.10)[14] 구조설계기준에 따라 다음과 같이 산정한다.

(1) 대칭 T형 보

대칭 T형 보의 유효폭 b_e는 다음 중 가장 작은 값으로 한다.

① $16h_f + b_w$

② 양쪽 슬래브의 중심간 거리

③ 보의 경간의 $\dfrac{1}{4}$

여기서, h_f : 플랜지의 두께 (mm)

b_w : 플랜지가 있는 부재의 복부폭 (mm)

14) KDS 14 20 10 (4.10) 콘크리트구조 해석과 설계 원칙, 국토교통부 제정, 한국콘크리트학회 작성, 2021.

(2) 반 T형 보

반 T형 보의 유효폭 b_e는 다음 중 가장 작은 값으로 한다.

① $6h_f + b_w$

② $\left(보의\ 경간의\ \frac{1}{12}\right) + b_w$

③ $\left(인접보와의\ 내측\ 거리의\ \frac{1}{2}\right) + b_w$

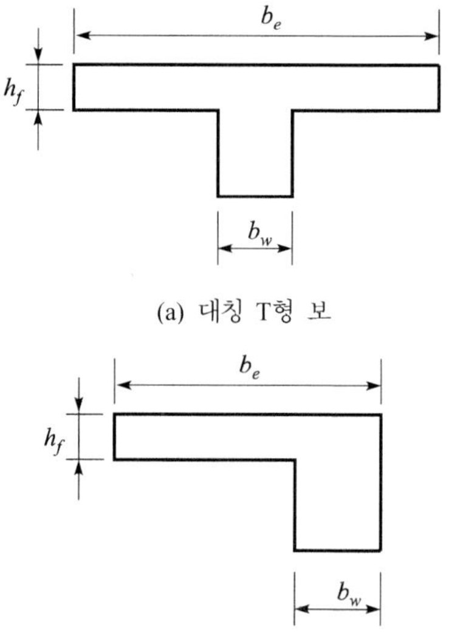

(a) 대칭 T형 보

(b) 반 T형 보

그림 4.48 T형 보의 종류

(3) 독립 T형 보

독립 T형 보는 압축영역의 면적을 증가시키기 위해 플랜지를 덧붙인 보이다. 이러한 독립 T형 보에서는 플랜지의 두께 h_f와 플랜지의 유효폭 b_e에 대해 아래와 같이 더욱 엄격히 규정하고 있다.

① $h_f \geq \frac{1}{2}b_w$

② $b_e \leq 4b_w$

예제 4-16

대칭 T형 보의 플랜지의 유효폭 산정 항목으로 해당되지 않는 것은?

㉮ 보 경간의 1/4

㉯ 슬래브 두께의 16배에 보 복부폭의 합

㉰ 양쪽 슬래브의 중심 거리

㉱ 보 깊이

답 ㉱

4.7.3. 플랜지의 휨철근 배치

(1) 재축방향의 철근

T형 보 구조의 플랜지가 인장을 받는 경우 (부모멘트를 받아 플랜지가 인장영역인 경우)에는 휨철근을 유효폭이나 경간의 1/10의 폭 중에서 작은 폭에 걸쳐서 분포시켜야 한다. 만약 유효폭이 경간의 1/10을 넘는 경우에는 종방향 철근을 플랜지 바깥부분에 추가로 배치해야 한다.

T형 보의 플랜지가 슬래브의 역할을 하는 경우에는 슬래브에 배치된 철근이 유효 플랜지 바깥부분에 추가로 배치된 철근의 역할을 하므로, 슬래브 철근 이외의 철근을 추가로 배치할 필요는 없다

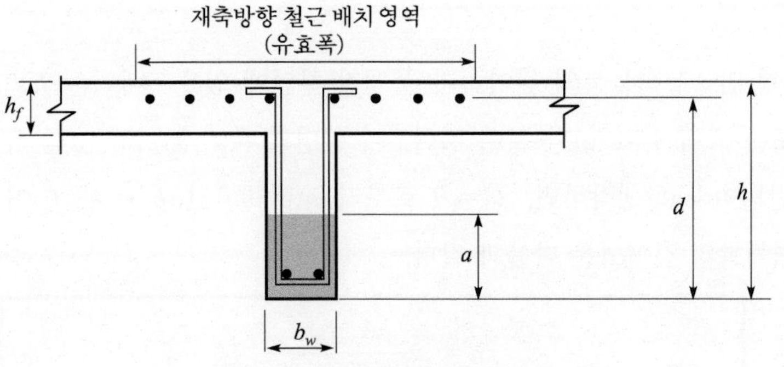

그림 4.49 부모멘트를 받는 단부 보

(2) 횡방향 철근

T형 보의 플랜지로 취급되는 슬래브에서 주철근이 보의 방향과 같을 때는 다음 요구조건에 따라 보의 직각방향으로 슬래브 상부에 철근을 배치해야 한다.

① 횡방향 철근은 T형 보의 내민 플랜지를 캔틸레버로 보고 그 플랜지에 작용하는 계수하중에 대하여 설계해야 한다.

② 횡방향 철근의 간격은 슬래브 두께의 5배 이하로 해야 하고 또한 450 mm 이하로 해야 한다.

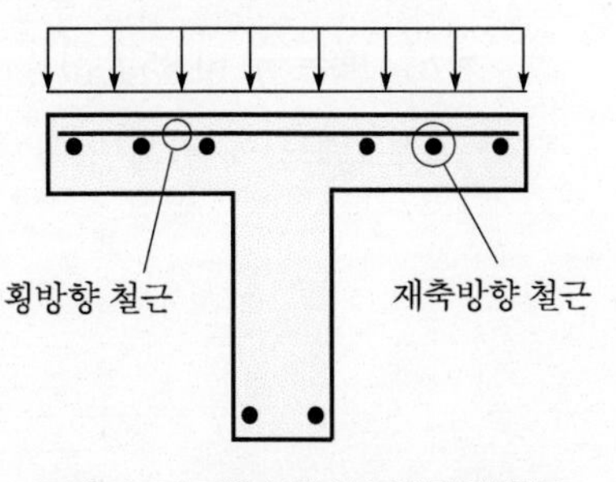

그림 4.50 T형 보에서 플랜지의 철근

4.7.4. T형 보에서 중립축의 거리와 T형 보의 구분

(1) 중립축의 거리

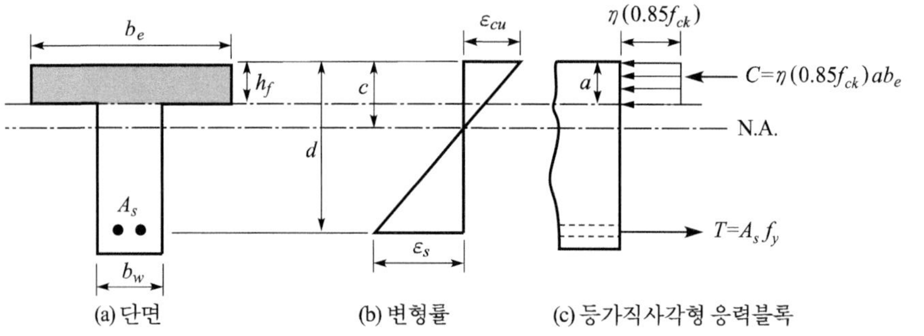

그림 4.51 등가직사각형 압축응력블록의 깊이가 플랜지 하단에 있을 경우 T형 보의 거동

등가직사각형 압축응력블록의 깊이 a가 플랜지 하단에 있을 경우 $a = h_f$ 이고, 콘크리트의 응력분포는 그림 4.51 (c)와 같이 된다. 이 단면의 폭이 b_e 이고, d를 유효깊이로 하는 직사각형 단면이라고 생각하면, $C = T$ 로부터 $\eta(0.85 f_{ck}) a b_e = A_s f_y$ 이고 등가직사각형 압축응력블록의 깊이 a는 다음과 같다.

$$a = \frac{A_s f_y}{\eta(0.85 f_{ck}) b_e}$$

등가직사각형 압축응력블록의 깊이 a 와 플랜지의 두께 h_f 를 비교하여 다음의 두 가지 경우로 계산한다.

① $a \le h_f$ 또는 $\eta(0.85 f_{ck}) b_e h_f \ge A_s f_y$인 경우 : 등가직사각형 압축응력블록의 깊이가 플랜지 내에 있으며, 플랜지 폭 b_e를 폭으로 하는 직사각형 단면으로 계산한다.

② $a > h_f$ 또는 $\eta 1(0.85 f_{ck}) b_e h_f < A_s f_y$인 경우 : 등가직사각형 압축응력블록의 깊이가 복부(웨브)에 있으며, T형 단면으로 계산한다.

(2) T형 보의 구분

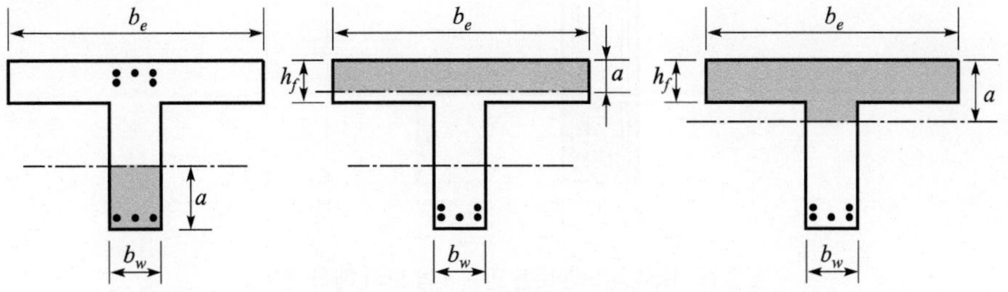

(a) 단부 (b) 중앙부(직사각형 단면) (c) 중앙부(T형 단면)

그림 4.52 등가직사각형 압축응력블록의 깊이 변화에 따른 T형 보의 구분

표 4.19 T형 보의 구분과 해석방법

구 분	그 림	내 용
부모멘트를 받는 경우	그림 4.52 (a)	복부폭 b_w를 폭으로 하는 직사각형 단면으로 해석
등가직사각형 압축응력블록의 깊이가 플랜지에 있는 경우($a \leq h_f$)	그림 4.52 (b)	플랜지 유효폭 b_e를 폭으로 하는 직사각형 단면으로 해석
등가직사각형 압축응력블록의 깊이가 복부 (웨브)에 있는 경우	그림 4.52 (c)	일반적인 T형 단면이며, 이 절에서 논의하는 방법으로 해석

4.7.5. T형 보의 해석

(1) 부모멘트를 받는 T형 보의 해석

부모멘트를 받는 T형 보의 해석은 부재의 복부폭 b_w에 대한 직사각형 보로 해석한다. 즉 부모멘트를 받는 T형 보에서 압축철근을 무시할 경우 그림 4.54와 같이 복부의 폭 b_w에 대해 단면 $b_w \times d$의 단철근 직사각형 보로 해석한다. 재축방향의 철근인 인장철근의 일부는 플랜지 내에 분포시켜야 하므로 철근 전부를 한 층으로 배치될 수 있다.

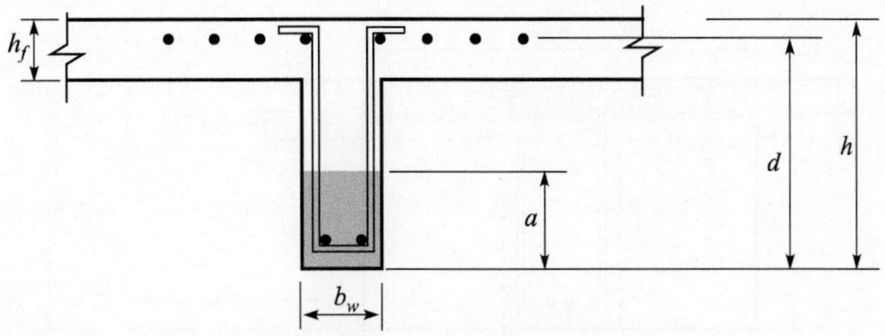

그림 4.53 부모멘트를 받는 T형 보

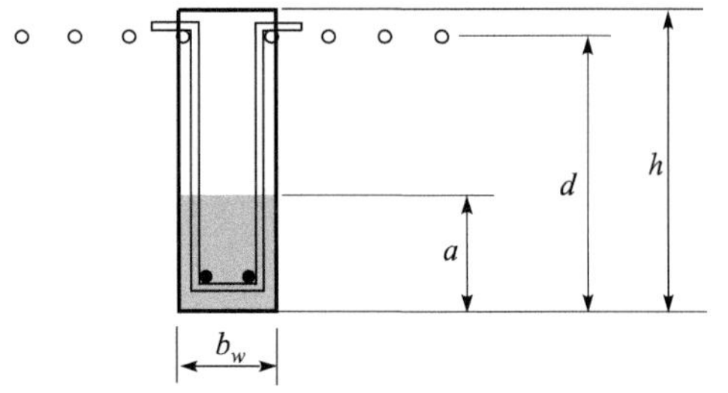

그림 4.54 부모멘트를 받는 T형 보의 해석 단면

(2) 정모멘트가 작용하고 등가직사각형 압축응력블록의 깊이가 플랜지에 있는 T형 보의 해석

정모멘트가 작용하는 T형 보에서 등가직사각형 압축응력블록의 깊이가 플랜지에 있는 보 $(a \leq h_f)$의 해석은 부재의 유효폭 b_e를 단면의 폭으로 하는 직사각형 보로 해석한다. 즉 정모멘트를 받는 T형 보에서 등가직사각형 압축응력블록의 깊이가 플랜지 내에 있고 압축철근을 무시할 경우 그림 4.56과 같이 단면 $b_e \times d$인 단철근 직사각형 보로 해석한다. 일반적인 T형 보에서는 등가직사각형 압축응력블록의 깊이가 플랜지 내 $(a \leq h_f)$에 존재한다.

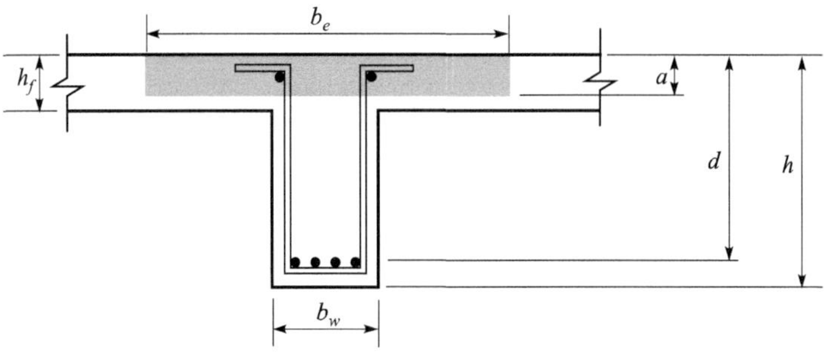

그림 4.55 정모멘트를 받는 T형 보에서 등가직사각형 압축응력블록의 깊이가 플랜지에 있는 경우

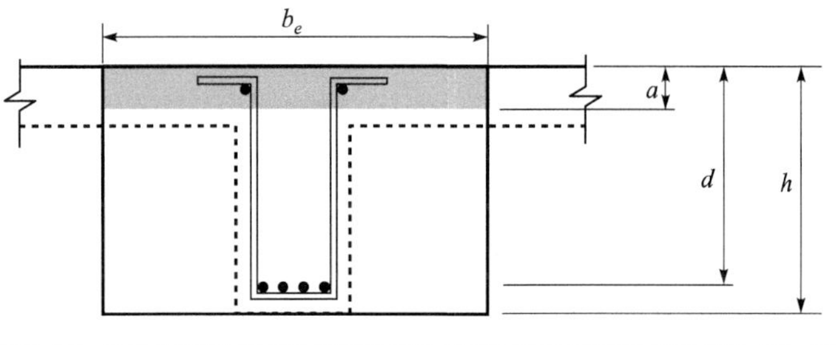

그림 4.56 정모멘트를 받는 T형 보에서 등가직사각형 압축응력블록의 깊이가 플랜지에 있는 경우 보의 해석 단면

(3) 정모멘트가 작용하고 등가직사각형 압축응력블록의 깊이가 복부에 있는 T형 보의 해석

정모멘트가 작용하는 T형 보에서 등가직사각형 압축응력블록의 깊이가 복부(웨브)에 있는 보($a > h_f$)의 해석은 T형 단면의 보로 해석한다. 즉 그림 4.57(d)와 같은 돌출 플랜지 부분과 그림 4.57(e)와 같은 폭 b_w를 갖는 직사각형 부분으로 나누어 해석한 후 그 결과를 합한다.

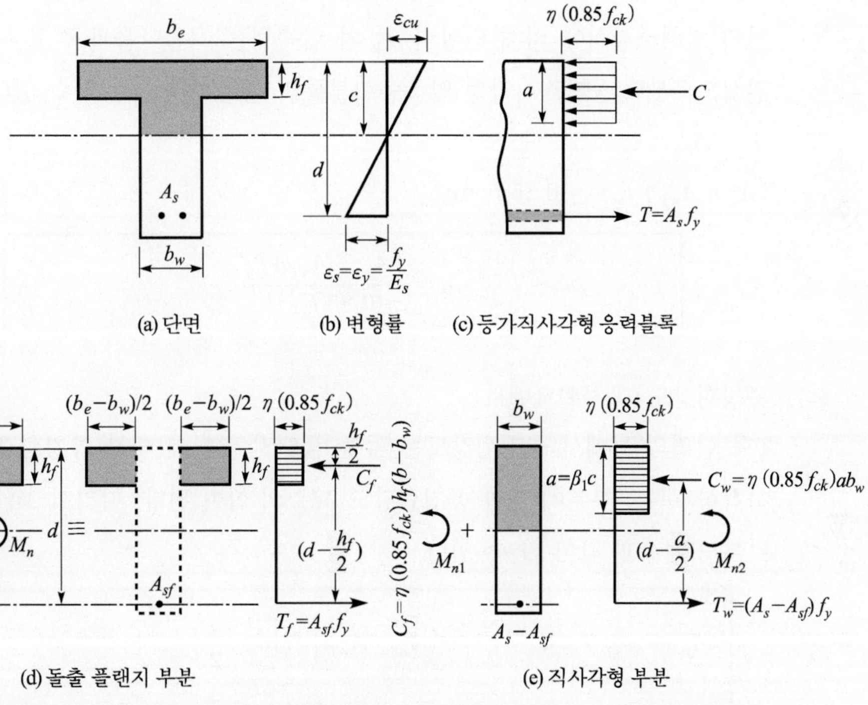

그림 4.57 정모멘트를 받는 T형 보에서 등가직사각형 압축응력블록의 깊이가 복부(웨브)에 있는 경우

(가) 보의 돌출 플랜지 부분에 의한 철근면적(A_{sf})

보의 돌출 플랜지 부분[그림 4.57(d)]에서 힘의 평형조건식에 따라 인장력 T_f와 압축력 C_f는 다음과 같고, 이 힘의 평형조건식으로부터 철근면적 A_{sf}를 산정할 수 있다.

$$T_f = C_f$$

$$A_{sf} f_y = \eta(0.85 f_{ck}) h_f (b_w - b_w)$$

$$A_{sf} = \frac{\eta(0.85 f_{ck}) h_f (b_e - b_w)}{f_y}$$

(나) 직사각형 (복부) 부분의 응력 깊이 (a)

일반적인 T형 보에서는 플랜지의 넓은 면적이 큰 압축력을 발휘하므로 T형 보의 강도는 인장철근의 항복에 의해 지배된다. 보의 직사각형 부분 [그림 4.57 (e)]에서 힘의 평형조건식에 의해 인장력 T_w와 압축력 C_w는 다음과 같고 이 힘의 평형조건식으로부터 등가직사각형 압축응력블록의 깊이 a를 산정할 수 있다.

$T_w = C_w$

$(A_s - A_{sf}) f_y = \eta(0.85 f_{ck}) a b_w$

$$a = \frac{(A_s - A_{sf}) f_y}{\eta(0.85 f_{ck}) b_w}$$

(다) 공칭휨강도 (공칭휨모멘트)

T형 단면의 보에서 공칭휨강도는 돌출 플랜지 부분에 의한 공칭휨강도 M_{n1}과 직사각형 (복부) 부분에 의한 공칭휨강도 M_{n2}의 합이 된다. 따라서 $M_n = M_{n1} + M_{n2}$로부터 다음과 같이 할 수 있다.

$$M_n = A_{sf} f_y \left(d - \frac{h_f}{2}\right) + (A_s - A_{sf}) f_y \left(d - \frac{a}{2}\right) \quad \text{또는}$$

$$M_n = \eta(0.85 f_{ck}) h_f (b_e - b_w) \left(d - \frac{h_f}{2}\right) + \eta(0.85 f_{ck}) a b_w \left(d - \frac{a}{2}\right)$$

(라) 설계휨강도 (설계휨모멘트)

$$M_d = \phi M_n$$

(마) 저보강보 $(f_s = f_y)$의 검토

휨강도를 산정할 때 $f_s = f_y$로 가정하였다. 따라서 가정에 대한 검토가 필요하다. 다음 조건을 만족하면 보의 파괴 시 $f_s = f_y$이다.

$$\epsilon_s \geq \epsilon_y \text{ 또는 } \frac{a}{d} \leq \frac{a_b}{d} = \beta_1\left(\frac{660}{660+f_y}\right)$$

(바) 지배 단면의 검토

(a) 인장지배 단면

$\epsilon_c = \epsilon_{cu}$ 일 때, $\epsilon_t \geq \epsilon_{tt}$ 또는 $\frac{a}{d_t} \leq \frac{a_{tcl}}{d_t}$ 이면 인장지배 단면이고 $\phi = 0.85$가 된다.

$$f_y \leq 400\text{ MPa인 경우, } \epsilon_t \geq \epsilon_{tt} = 0.0050$$
$$f_y = 500\text{ MPa인 경우, } \epsilon_t \geq \epsilon_{tt} = 0.00625$$
$$f_y = 600\text{ MPa인 경우, } \epsilon_t \geq \epsilon_{tt} = 0.0075$$

(b) 변화구간 단면

$\epsilon_c = \epsilon_{cu}$ 일 때, $\epsilon_{tc} < \epsilon_t < \epsilon_{tt}$ 또는 $\frac{a_{tcl}}{d_t} < \frac{a}{d_t} < \frac{a_{ccl}}{d_t}$ 이면 변화구간 단면이고 강도 감소계수 ϕ는 다음과 같이 산정한다.

$$\phi = 0.65 + (\epsilon_t - \epsilon_y) \times O \text{ 또는}$$
$$\phi = 0.65 + \frac{0.20}{\left[\frac{1}{(c_{tcl}/d_t)} - \frac{1}{(c_{ccl}/d_t)}\right]}\left[\frac{1}{(c/d_t)} - \frac{1}{(c_{ccl}/d_t)}\right]$$

(사) 휨부재의 최소철근량

(a) 최소철근량

해석에 의하여 인장철근 보강이 요구되는 휨부재의 모든 단면에 대하여 설계휨강도가 다음 식의 조건을 만족하도록 인장철근을 배치하여야 한다.

$$\phi M_n \geq 1.2 M_{cr}$$

여기서, M_{cr} : 휨부재의 균열휨모멘트 (kN·m, $M_{cr} = f_r I_g / y_t$)

f_r : 콘크리트의 휨인장강도 (파괴계수) (MPa, $f_r = 0.63\lambda\sqrt{f_{ck}}$)

I_g : 총 단면에 대한 단면2차 모멘트 (mm^4, $I_g = bh^3/12$)

y_t : 도심에서 인장측 연단까지의 거리 (mm, $y_t = h/2$)

(b) 휨부재의 최소철근량 예외규정

부재의 모든 단면에서 해석에 의해 필요한 철근량보다 1/3 이상 인장철근이 더 배치되어 아래 식의 조건을 만족하는 경우는 상기의 최소철근량 규정을 적용하지 않을 수 있다.

$$\phi M_n \geq \frac{4}{3} M_u$$

(아) T형 보의 해석순서

① 사용재료의 강도 f_{ck}, f_y의 확인

② 보 단면의 크기 $b_w \times d$의 확인

③ 등가직사각형 압축응력블록의 깊이 a의 산정 및 위치 확인

④ 보의 돌출 플랜지 부분에 의한 철근량 산정

⑤ 보의 직사각형(복부) 부분에 대한 등가직사각형 압축응력블록의 깊이 a의 산정

⑥ β_1과 ϵ_{cu}의 결정 및 저보강보($f_s = f_y$)의 검토

$\epsilon_s \geq \epsilon_y$ (또는 $a/d \leq a_b/d$)이면 $f_s = f_y$이다.

⑦ 순인장변형률 ϵ_t의 산정 및 휨부재의 최소 허용변형률 ϵ_{ta} 검토

$$\epsilon_t = \left(\frac{d_t - c}{c}\right)\epsilon_{cu} = \left(\frac{d_t}{c} - 1\right)\epsilon_{cu} \text{ 또는 } \frac{a}{d_t}$$

$f_y \leq 400$ MPa인 경우, $\epsilon_t \geq \epsilon_{ta} = 0.0040$

$f_y = 500$ MPa인 경우, $\epsilon_t \geq \epsilon_{ta} = 0.0050$

$f_y = 600$ MPa인 경우, $\epsilon_t \geq \epsilon_{ta} = 0.0060$

⑧ 강도감소계수 ϕ의 산정

$\epsilon_c = \epsilon_{cu}$일 때, $\epsilon_t \geq \epsilon_{tt}$ 또는 $\frac{a}{d_t} \leq \frac{a_{tcl}}{d_t}$이면 인장지배 단면이고 $\phi = 0.85$가 된다.

$f_y \leq 400$ MPa인 경우, $\epsilon_t \geq \epsilon_{tt} = 0.0050$

$f_y = 500$ MPa인 경우, $\epsilon_t \geq \epsilon_{tt} = 0.00625$

$f_y = 600$ MPa인 경우, $\epsilon_t \geq \epsilon_{tt} = 0.0075$

또한 $\epsilon_c = \epsilon_{cu}$ 일 때, $\epsilon_{tc} < \epsilon_t < \epsilon_{tt}$ 또는 $\dfrac{a_{tcl}}{d_t} < \dfrac{a}{d_t} < \dfrac{a_{ccl}}{d_t}$ 이면 변화구간 단면이고 강도감소계수 ϕ는 다음과 같이 산정한다.

$$\phi = 0.65 + (\epsilon_t - \epsilon_y) \times O \text{ 또는}$$

$$\phi = 0.65 + \frac{0.20}{\left[\frac{1}{(c_{tcl}/d_t)} - \frac{1}{(c_{ccl}/d_t)}\right]}\left[\frac{1}{(c/d_t)} - \frac{1}{(c_{ccl}/d_t)}\right]$$

⑨ 공칭휨강도 M_n의 산정

⑩ 설계휨강도 $M_d = \phi M_n$의 산정

⑪ 최소철근량 $\phi M_n \geq 1.2 M_{cr}$의 검토

예제 4-17

다음 그림과 같은 T형 보는 양쪽 슬래브의 중심간 거리가 3 m이고 보의 경간이 6 m인 연속보의 단부이며 부모멘트를 받고 있을 경우, 보의 설계휨강도 (M_d)를 산정하시오. (단, 2-D22는 압축응력을 받는 철근이고 적절히 정착되지 않아 계산에 포함시키지 않는 것으로 한다. 콘크리트는 $f_{ck} = 24$ MPa의 보통중량콘크리트이고, 철근은 $f_y = 400$ MPa의 도막되지 않은 철근이며, 8-D22의 단면적 (A_s)은 3,097 mm^2이다.)

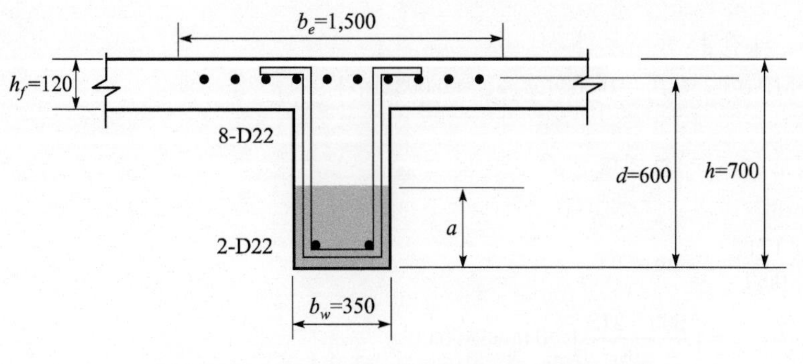

그림 4.58 연속보 단부의 T형 보 단면 (부모멘트 작용)

풀이

부모멘트가 작용하는 T형 보의 해석

1. 플랜지의 유효폭
   1) $16h_f + b_w = 16 \times 120 + 350 = 2{,}270\ \text{mm}$
   2) 양쪽 슬래브의 중심간 거리 $= 3{,}000\ \text{mm}$
   3) 보의 경간의 $\frac{1}{4} = 6{,}000 \times \frac{1}{4} = 1{,}500\ \text{mm}$

   따라서 플랜지의 유효폭은 1,500 mm 이다.

2. 보의 복부폭 b_w의 검토

부모멘트를 받으므로 압축영역이 보의 하부에 있고 보의 복부폭 $b_w = 350\ \text{mm}$ 에 대해 검토한다.

3. 인장철근의 배치

인장철근의 일부를 플랜지 내에 두어야 하므로 철근 전부는 한 층으로 배치될 수 있다.

4. 등가직사각형 압축응력블록의 깊이 a의 산정

$$a = \frac{A_s f_y}{\eta(0.85 f_{ck})\, b_w} = \frac{3{,}097 \times 400}{1.00 \times 0.85 \times 24 \times 350} = 174\ \text{mm}$$

4. 등가직사각형 압축응력블록의 깊이 a의 산정

$$a = \frac{A_s f_y}{\eta(0.85 f_{ck})\, b_w} = \frac{3{,}097 \times 400}{1.00 \times 0.85 \times 24 \times 350} = 174\ \text{mm}$$

5. β_1과 ϵ_{cu}의 결정

$f_{ck} \le 40\ \text{MPa}$이므로 $\beta_1 = 0.80$이고, $\epsilon_{cu} = 0.0033$이다.

6. 저보강보 $(f_s = f_y)$의 검토

$d = 600\ \text{mm}$

$$c = \frac{a}{\beta_1} = \frac{174}{0.80} = 218\ \text{mm}$$

$$\epsilon_s = \left(\frac{d-c}{c}\right)\epsilon_{cu} = \left(\frac{600-218}{218}\right) \times 0.0033 = 0.0058$$

$$\epsilon_y = \frac{f_y}{E_s} = \frac{400}{2.0 \times 10^5} = 0.0020$$

$\epsilon_s = 0.0058 \ge \epsilon_y = 0.0020$이다.

$\therefore f_s = f_y$

7. 순인장변형률, 휨부재의 최소 허용변형률 검토 및 강도감소계수

1) 순인장변형률 ϵ_t 의 산정

$d_t = d = 600\ \text{mm}$ (1단 배치로 가정)

$$\epsilon_t = \left(\frac{d_t - c}{c}\right)\epsilon_{cu} = \left(\frac{600-218}{218}\right)\times 0.0033 = 0.0058$$

2) 휨부재의 최소 허용변형률 ϵ_{ta}

$f_y = 400$ MPa이므로 $\epsilon_{ta} = 0.0040$이다.

$\therefore\ \epsilon_t = 0.0058 \geq \epsilon_{ta} = 0.0040$ OK

3) 강도감소계수 ϕ의 산정

$\epsilon_t = 0.0058 \geq \epsilon_{tt} = 0.0050$이므로 인장지배 단면이다.

$\therefore\ \phi = 0.85$

8. 공칭휨강도 M_n의 산정

$$M_n = A_s f_y\left(d - \frac{a}{2}\right) = 3{,}097\times 400\times\left(600 - \frac{174}{2}\right) = 635.5\times 10^6\ \text{N}\cdot\text{mm} = 635.5\ \text{kN}\cdot\text{m}$$

9. 설계휨강도 $M_d = \phi M_n$의 산정

$M_d = \phi M_n = 0.85\times 635.5 = 540.2\ \text{kN}\cdot\text{m}$

10. 최소철근량 검토

1) 균열휨모멘트

$$f_r = 0.63\lambda\sqrt{f_{ck}} = 0.63\times 1.0\times\sqrt{24} = 3.09\ \text{MPa}$$

$$I_g = \frac{bh^3}{12} = \frac{350\times 700^3}{12} = 10{,}004.2\times 10^6\ \text{mm}^4$$

$$y_t = \frac{h}{2} = \frac{700}{2} = 350\ \text{mm}$$

$$M_{cr} = \frac{f_r I_g}{y_t} = \frac{3.09\times(10{,}004.2\times 10^6)}{350} = 88.3\times 10^6\ \text{N}\cdot\text{mm} = 88.3\ \text{kN}\cdot\text{m}$$

2) 최소철근량 검토

$\phi M_n = 540.2\ \text{kN}\cdot\text{m}$

$1.2M_{cr} = 1.2\times 88.3 = 106.0\ \text{kN}\cdot\text{m}$

$\therefore\ \phi M_n = 540.2\ \text{kN}\cdot\text{m} \geq 1.2M_{cr} = 78.3\ \text{kN}\cdot\text{m}$ OK

예제 4-18

다음 그림과 같은 정모멘트를 받는 보의 설계휨강도 (M_d)를 산정하시오. (단, 보의 전체 깊이 $h=550$ mm, 보의 복부폭 $b_w=300$ mm, 플랜지의 두께 $h_f=120$ mm이다. 또한 콘크리트는 $f_{ck}=24$ MPa의 보통중량콘크리트이고, 철근은 $f_y=400$ MPa의 도막되지 않은 철근이며, 4-D22의 단면적 (A_s)은 1,548 mm^2이다.)

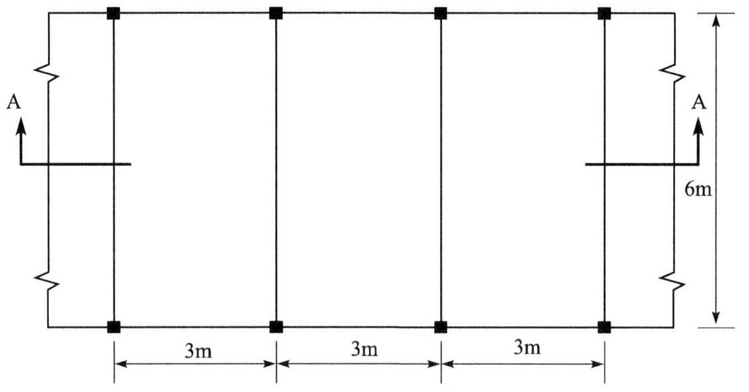

그림 4.59 평면도

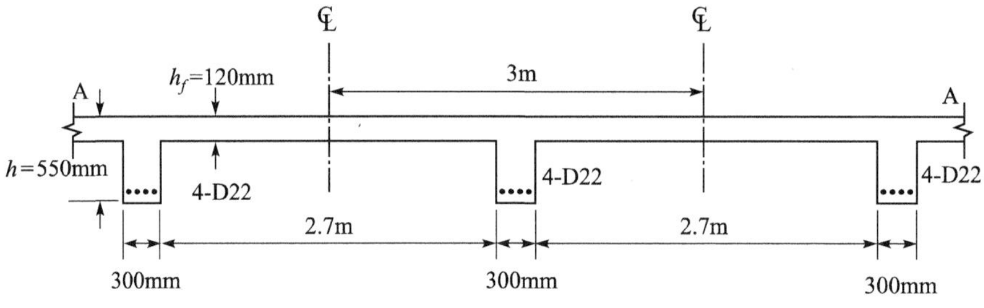

그림 4.60 A-A 단면도

풀이

정모멘트가 작용하고 등가직사각형 압축응력블록의 깊이가 플랜지에 있는 T형 보의 해석

1. 플랜지의 유효폭 b_e의 결정

1) $16h_f+b_w=16\times120+300=2{,}220$ mm

2) 양쪽 슬래브의 중심간 거리$=\dfrac{3{,}000}{2}+\dfrac{3{,}000}{2}=3{,}000$ mm

3) 보의 경간의 $\dfrac{1}{4}=6{,}000\times\dfrac{1}{4}=1{,}500$ mm

따라서 플랜지의 유효폭 b_e는 1,500 mm이다.

2. 유효깊이 d의 산정

$d \fallingdotseq h-65=550-65=485\,\mathrm{mm}$

3. 등가직사각형 압축응력블록의 깊이 a의 산정과 위치

$$a=\frac{A_s f_y}{\eta(0.85 f_{ck})\, b_e}=\frac{1{,}548\times 400}{1.00\times 0.85\times 24\times 1{,}500}=20\,\mathrm{mm}$$

따라서 $a=23\,\mathrm{mm}\le h_f=120\,\mathrm{mm}$ 이므로 이 보의 등가직사각형 압축응력블록의 깊이가 플랜지에 위치하며 유효폭을 단면의 폭으로 하는 직사각형 보가 된다.

4. β_1과 ϵ_{cu}의 결정

$f_{ck}\le 40$ MPa이므로 $\beta_1=0.80$이고, $\epsilon_{cu}=0.0033$이다.

5. 저보강보 $(f_s=f_y)$의 검토

$d=485\,\mathrm{mm}$

$$c=\frac{a}{\beta_1}=\frac{20}{0.80}=25\,\mathrm{mm}$$

$$\epsilon_s=\left(\frac{d-c}{c}\right)\epsilon_{cu}=\left(\frac{485-25}{25}\right)\times 0.0033=0.0607$$

$$\epsilon_y=\frac{f_y}{E_s}=\frac{400}{2.0\times 10^5}=0.0020$$

$\epsilon_s=0.0607\ge\epsilon_y=0.0020$이다.

$\therefore\ f_s=f_y$

6. 순인장변형률, 휨부재의 최소 허용변형률 검토 및 강도감소계수

1) 순인장변형률 ϵ_t의 산정

$d_t=d=485\,\mathrm{mm}$ (1단 배치로 가정)

$$\epsilon_t=\left(\frac{d_t-c}{c}\right)\epsilon_{cu}=\left(\frac{485-25}{25}\right)\times 0.0033=0.0607$$

2) 휨부재의 최소 허용변형률 ϵ_{ta}

$f_y=400$ MPa이므로 $\epsilon_{ta}=0.0040$이다.

$\therefore\ \epsilon_t=0.0607\ge\epsilon_{ta}=0.0040$ OK

3) 강도감소계수 ϕ의 산정

$\epsilon_t=0.0607\ge\epsilon_{tt}=0.0050$이므로 인장지배 단면이다.

$\therefore\ \phi=0.85$

7. 공칭휨강도 M_n의 산정

$$M_n=A_s f_y\left(d-\frac{a}{2}\right)=1{,}548\times 400\times\left(485-\frac{20}{2}\right)=294.1\times 10^6\ \mathrm{N\cdot mm}=294.1\ \mathrm{kN\cdot m}$$

8. 설계휨강도 $M_d = \phi M_n$의 산정

$M_d = \phi M_n = 0.85 \times 294.1 = 250.0 \text{ kN} \cdot \text{m}$

9. 최소철근량 검토

1) 균열휨모멘트

$$f_r = 0.63\lambda\sqrt{f_{ck}} = 0.63 \times 1.0 \times \sqrt{24} = 3.09 \text{ MPa}$$

$$I_g = \frac{bh^3}{12} = \frac{300 \times 550^3}{12} = 4{,}159.4 \times 10^6 \text{ mm}^4$$

$$y_t = \frac{h}{2} = \frac{550}{2} = 275 \text{ mm}$$

$$M_{cr} = \frac{f_r I_g}{y_t} = \frac{3.09 \times (4{,}159.4 \times 10^6)}{275} = 46.7 \times 10^6 \text{ N} \cdot \text{mm} = 46.7 \text{ kN} \cdot \text{m}$$

2) 최소철근량 검토

$\phi M_n = 250.0 \text{ kN} \cdot \text{m}$

$1.2M_{cr} = 1.2 \times 46.7 = 56.1 \text{ kN} \cdot \text{m}$

$\therefore \phi M_n = 250.0 \text{ kN} \cdot \text{m} \geq 1.2M_{cr} = 78.3 \text{ kN} \cdot \text{m}$ OK

예제 4-19

다음 그림과 같이 정모멘트를 받는 보의 설계휨강도 (M_d)를 산정하시오. (단, 보의 전체 깊이 $h = 750$ mm, 플랜지의 두께 $h_f = 120$ mm, $b_w = 300$ mm이고 플랜지의 유효폭 $b_e = 700$ mm이다. 또한 콘크리트는 $f_{ck} = 21$ MPa의 보통중량콘크리트이고, 철근은 $f_y = 400$ MPa의 도막되지 않은 철근이고, 8-D25의 단면적 (A_s)은 4,054 mm^2이다. 스터럽은 단면에서는 표시가 되지 않았으나 D13을 사용하는 것으로 가정한다.)

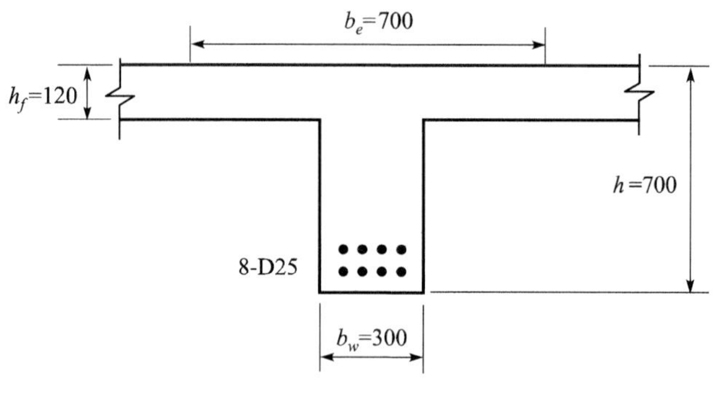

그림 4.61 정모멘트를 받는 독립 T형 보의 단면

풀이

1. 플랜지의 유효폭 b_e의 결정

문제의 조건에 따라 플랜지의 유효폭 $b_e = 700\ \mathrm{mm}$이다.

2. 유효깊이 d의 산정

$d \fallingdotseq h - 90 = 750 - 90 = 660\ \mathrm{mm}$

정확한 유효깊이는 다음의 정산식에 따라 산정해야 하지만 계산의 편리함을 위해 약산식에 의한 유효깊이 $d = 660\ \mathrm{mm}$를 사용한다 (D13 : $d_s = 12.7\ \mathrm{mm}$, D25 : $d_b = 25.4\ \mathrm{mm}$).

$d = h - (\text{피복두께} + d_s + 25 + d_b/2) = 750 - (40 + 12.7 + 25 + 25.4/2) = 660\ \mathrm{mm}$

3. 유효폭 b_e를 갖는 직사각형 단면에 대한 등가직사각형 압축응력블록의 깊이 a의 산정과 위치

압축영역의 유효폭 b_e를 갖는 직사각형 단면으로 가정하고 등가직사각형 압축응력블록의 깊이 a의 산정한다.

$$a = \frac{A_s f_y}{\eta(0.85 f_{ck}) b_e} = \frac{4{,}054 \times 400}{1.00 \times 0.85 \times 21 \times 700} = 130\ \mathrm{mm}$$

따라서 $a = 130\ \mathrm{mm} \geq h_f = 120\ \mathrm{mm}$이므로 이 보의 등가직사각형 압축응력블록의 깊이가 복부 (웨브)에 위치하는 T형 보가 된다.

4. 보의 돌출 플랜지 부분에 의한 철근면적 산정

$$A_{sf} = \frac{\eta(0.85 f_{ck}) h_f (b_e - b_w)}{f_y} = \frac{1.00 \times 0.85 \times 21 \times 120 \times (700 - 300)}{400} = 2{,}142\ \mathrm{mm}^2$$

5. 보의 직사각형 (복부) 부분에 대한 등가직사각형 압축응력블록의 깊이 a의 산정

$A_s - A_{sf} = (4{,}054 - 2{,}142) = 1{,}912\ \mathrm{mm}^2$

$$a = \frac{(A_s - A_{sf}) f_y}{\eta(0.85 f_{ck}) b_w} = \frac{1{,}912 \times 400}{1.00 \times 0.85 \times 21 \times 300} = 143\ \mathrm{mm}$$

6. β_1과 ϵ_{cu}의 결정

$f_{ck} \leq 40\ \mathrm{MPa}$이므로 $\beta_1 = 0.80$이고, $\epsilon_{cu} = 0.0033$이다.

7. 저보강보 ($f_s = f_y$)의 검토

$d = 660\ \mathrm{mm}$

$$c = \frac{a}{\beta_1} = \frac{143}{0.80} = 179\ \mathrm{mm}$$

$$\epsilon_s = \left(\frac{d - c}{c}\right)\epsilon_{cu} = \left(\frac{660 - 179}{179}\right) \times 0.0033 = 0.0089$$

$$\epsilon_y = \frac{f_y}{E_s} = \frac{400}{2.0 \times 10^5} = 0.0020$$

$\epsilon_s = 0.0089 \geq \epsilon_y = 0.0020$이다.

$\therefore\ f_s = f_y$

8. 순인장변형률, 휨부재의 최소 허용변형률 검토 및 강도감소계수
(D13 : $d_s = 12.7$ mm, D25 : $d_b = 25.4$ mm)

1) 순인장변형률 ϵ_t 의 산정

$$d_t = h - 40 - d_s - \frac{d_b}{2} = 750 - 40 - 12.7 - \frac{25.4}{2} = 685 \text{ mm}$$

$$\epsilon_t = \left(\frac{d_t - c}{c}\right)\epsilon_{cu} = \left(\frac{685 - 179}{179}\right) \times 0.0033 = 0.0093$$

2) 휨부재의 최소 허용변형률 ϵ_{ta}

$f_y = 400$ MPa이므로 $\epsilon_{ta} = 0.0040$이다.

$\therefore\ \epsilon_t = 0.0093 \geq \epsilon_{ta} = 0.0040$ OK

3) 강도감소계수 ϕ의 산정

$\epsilon_t = 0.0093 \geq \epsilon_{tt} = 0.0050$이므로 인장지배 단면이다.

$\therefore\ \phi = 0.85$

9. 공칭휨강도 M_n의 산정

1) 보의 돌출 플랜지 부분에 의한 공칭휨강도 M_{n1}의 산정

$$\begin{aligned} M_{n1} &= \eta(0.85 f_{ck})\, h_f\,(b_e - b_w)\left(d - \frac{h_f}{2}\right) \\ &= 1.00 \times 0.85 \times 21 \times 120 \times (700 - 300) \times \left(660 - \frac{120}{2}\right) \\ &= 514.1 \times 10^6 \text{ N} \cdot \text{mm} = 514.1 \text{ kN} \cdot \text{m} \end{aligned}$$

2) 보의 직사각형 (복부) 부분에 의한 공칭휨강도 M_{n2}의 산정

$$\begin{aligned} M_{n2} &= \eta(0.85 f_{ck})\, a\, b_w\left(d - \frac{a}{2}\right) \\ &= 1.00 \times 0.85 \times 21 \times 143 \times 300 \times \left(660 - \frac{143}{2}\right) \\ &= 450.7 \times 10^6 \text{ N} \cdot \text{mm} = 450.7 \text{ kN} \cdot \text{m} \end{aligned}$$

3) 공칭휨강도 M_n의 산정

$$M_n = M_{n1} + M_{n2} = 514.1 + 450.7 = 964.8 \text{ kN} \cdot \text{m}$$

10. 설계휨강도 $M_d = \phi M_n$의 산정

$$M_d = \phi M_n = 0.85 \times 964.8 = 820.1 \text{ kN} \cdot \text{m}$$

11. 최소철근량 검토

1) 균열휨모멘트

$$f_r = 0.63\lambda\sqrt{f_{ck}} = 0.63 \times 1.0 \times \sqrt{21} = 2.89\ \text{MPa}$$

$$I_g = \frac{bh^3}{12} = \frac{300 \times 750^3}{12} = 10{,}546.9 \times 10^6\ \text{mm}^4$$

$$y_t = \frac{h}{2} = \frac{750}{2} = 375\ \text{mm}$$

$$M_{cr} = \frac{f_r I_g}{y_t} = \frac{2.89 \times (10{,}546.9 \times 10^6)}{375} = 81.3 \times 10^6\ \text{N} \cdot \text{mm} = 81.3\ \text{kN} \cdot \text{m}$$

2) 최소철근량 검토

$\phi M_n = 820.1\ \text{kN} \cdot \text{m}$

$1.2M_{cr} = 1.2 \times 81.3 = 97.5\ \text{kN} \cdot \text{m}$

$\therefore\ \phi M_n = 820.1\ \text{kN} \cdot \text{m} \geq 1.2M_{cr} = 78.3\ \text{kN} \cdot \text{m}$ OK

4.7.6. T형 보의 설계

(1) T형 보 설계의 기본개념

① 부재의 설계(Design)는 부재의 설계강도(M_d)가 계수하중에 의한 소요강도(M_u) 이상이 되도록 단면($b_w \times d$)의 크기와 철근량(A_s)을 기준의 조건에 맞게 산정하는 것이다.

$$M_u \leq M_d = \phi M_n$$

여기서, ϕ : 강도감소계수

M_u : 소요휨강도(소요휨모멘트) (kN · m)

M_d : 설계휨강도(설계휨모멘트) (kN · m)

M_n : 공칭휨강도(공칭휨모멘트) (kN · m)

② 일반적으로 T형 보에서는 플랜지의 두께는 슬래브 설계에서 이미 결정되어 진다.

③ T형 보가 부모멘트를 받을 경우, $\rho \fallingdotseq 0.85\rho_b$가 되도록 하부 돌출부 단면의 크기를 결정하고, 압축철근을 무시할 경우 복부의 폭 b_w에 대한 단면 $b_w \times d$의 단철근 직사각형 보로 설계한다.

④ 일반적으로 T형 보가 정모멘트를 받고 등가직사각형 압축응력블록의 깊이가 플랜지 내 ($a \le h_f$)에 존재하면, 유효폭 b_e를 단면의 폭으로 하는 직사각형 보로 설계한다.

⑤ 일반적으로 T형 보가 정모멘트를 받고 등가직사각형 압축응력블록의 깊이가 복부 ($a > h_f$)에 존재하면, 돌출 플랜지 부분과 같은 폭 b_w를 갖는 직사각형 부분으로 나누어 설계한다.

(2) T형 보의 설계순서

단면의 b_w와 h가 결정된 경우에 대한 설계순서는 다음과 같다 ($b_w = b$).

① 소요강도 M_u $(= 1.2M_D + 1.6M_L)$ 산정

② d의 결정

㉠ 1단 배치인 경우 : $d \fallingdotseq h - 65$ (mm)

㉡ 2단 배치인 경우 : $d \fallingdotseq h - 90$ (mm)

③ 철근비 산정

$$R_n = \frac{M_u}{\phi b_e d^2} \quad (\phi = 0.85 \text{로 가정})$$

$$\rho = \frac{\eta(0.85 f_{ck})}{f_y}\left[1 - \sqrt{1 - \frac{2R_n}{\eta(0.85 f_{ck})}}\right]$$

④ 철근량 A_s의 산정 ($f_s = f_y$로 가정)

$$A_s = \rho b_e d$$

⑤ 등가직사각형 압축응력블록의 깊이 a의 산정

$$a = \frac{A_s f_y}{\eta(0.85 f_{ck}) b}$$

⑥ 저보강보 ($f_s = f_y$)의 검토

$\epsilon_s \ge \epsilon_y$ (또는 $a/d \le a_b/d$)이면 $f_s = f_y$이다.

⑦ 순인장변형률 ϵ_t 의 산정 및 휨부재의 최소 허용변형률 ϵ_{ta} 검토

$$\epsilon_t = \left(\frac{d_t - c}{c}\right)\epsilon_{cu} = \left(\frac{d_t}{c} - 1\right)\epsilon_{cu} \text{ 또는 } \frac{a}{d_t}$$

$$f_y \le 400\ \text{MPa인 경우},\ \epsilon_t \ge \epsilon_{ta} = 0.0040$$
$$f_y = 500\ \text{MPa인 경우},\ \epsilon_t \ge \epsilon_{ta} = 0.0050$$
$$f_y = 600\ \text{MPa인 경우},\ \epsilon_t \ge \epsilon_{ta} = 0.0060$$

⑧ 단면의 검토와 강도감소계수 ϕ의 산정

$\epsilon_c = \epsilon_{cu}$일 때, $\epsilon_t \ge \epsilon_{tt}$ 또는 $\dfrac{a}{d_t} \le \dfrac{a_{tcl}}{d_t}$이면 인장지배 단면이고 $\phi = 0.85$가 된다.

$$f_y \le 400\ \text{MPa인 경우},\ \epsilon_t \ge \epsilon_{tt} = 0.0050$$
$$f_y = 500\ \text{MPa인 경우},\ \epsilon_t \ge \epsilon_{tt} = 0.00625$$
$$f_y = 600\ \text{MPa인 경우},\ \epsilon_t \ge \epsilon_{tt} = 0.0075$$

또한 $\epsilon_c = \epsilon_{cu}$일 때, $\epsilon_{tc} < \epsilon_t < \epsilon_{tt}$ 또는 $\dfrac{a_{tcl}}{d_t} < \dfrac{a}{d_t} < \dfrac{a_{ccl}}{d_t}$이면 변화구간 단면이고 강도감소계수 ϕ는 다음과 같이 산정한다.

$$\phi = 0.65 + (\epsilon_t - \epsilon_y) \times O\ \text{또는}$$
$$\phi = 0.65 + \frac{0.20}{\left[\dfrac{1}{(c_{tcl}/d_t)} - \dfrac{1}{(c_{ccl}/d_t)}\right]}\left[\frac{1}{(c/d_t)} - \frac{1}{(c_{ccl}/d_t)}\right]$$

⑨ 공칭휨강도 M_n의 산정

⑩ 설계휨강도 $M_d = \phi M_n$의 산정

⑪ $M_u \le M_d = \phi M_n$의 검토

⑫ 최소철근량 $\phi M_n \ge 1.2 M_{cr}$ 또는 $\phi M_n \ge \dfrac{4}{3} M_u$ 검토

⑬ 보의 휨철근 배치간격 검토($s_{\min} \le s \le s_{\max}$)

기본 연습문제

01 철근콘크리트구조의 강도설계법에 의한 보의 설계에서 부적당한 것은 다음 중 어느 것인가?

㉮ 변형률은 중립축으로부터의 거리에 비례한다.
㉯ 부재 응력은 응력-변형률 곡선으로부터 구할 수 있다.
㉰ 콘크리트의 인장강도는 고려하지 않는다.
㉱ 강도설계법에서는 사용하중에 의한 소요강도를 고려한다.

풀이 강도설계법에서는 계수하중에 의한 소요강도를 고려한다. **답** ㉱

02 강도설계법에 의한 휨응력 산정 시 필요한 가정에 관한 설명 중 옳지 않은 것은?

㉮ 보는 변형한 후에도 평면을 유지한다.
㉯ 보의 휨응력은 중립축에서 최대이다.
㉰ 탄성범위 내에서 응력과 변형이 작용한다.
㉱ 휨부재를 구성하는 재료의 인장과 압축에 대한 탄성계수는 같다.

풀이 보의 휨응력은 중립축에서 영 (0)이다. **답** ㉯

03 강도설계법에 의한 철근콘크리트 설계에서 보의 휨강도 산정시 기본 가정으로 옳지 않은 것은?

㉮ 철근과 콘크리트의 변형률은 중립축으로부터의 거리에 비례한다.
㉯ 휨강도 계산 시 콘크리트의 인장강도를 고려한다.
㉰ 콘크리트 변형률과 압축응력의 분포 관계는 직사각형, 사다리꼴, 포물선형 등으로 가정할 수 있다.
㉱ 콘크리트의 설계기준압축강도가 40 MPa 이하인 경우, 콘크리트의 압축연단에서의 극한변형률은 0.0033이다.

풀이 콘크리트의 인장강도는 철근콘크리트 부재 단면의 축강도와 휨강도계산에서 무시할 수 있다. **답** ㉯

04 강도설계법에 의한 휨부재 설계 시 기본 가정 중 옳지 않은 것은?

㉮ 콘크리트의 응력은 직사각형 응력분포로 볼 때 중립축으로부터 거리에 정비례한다.
㉯ 극한강도 상태에서 콘크리트의 설계기준압축강도가 40 MPa 이하인 경우, 콘크리트의 압축측 연단의 최대 변형률은 0.0033으로 한다.
㉰ 콘크리트의 변형률은 중립축으로부터 거리에 비례한다.
㉱ 철근의 극한 변형률은 f_y/E_s로 본다.

풀이 콘크리트의 응력은 직사각형 응력분포로 볼 때 압축측 연단에서 등가직사각형 응력블록의 깊이 (a)만큼 응력이 분포한다. **답** ㉮

05 철근콘크리트구조에서 강도설계법에 의한 휨재의 구조해석을 위한 가정으로 옳지 않은 것은?

㉮ 콘크리트는 인장응력을 지지할 수 없다.
㉯ 콘크리트의 설계기준압축강도가 40 MPa 이하인 경우, 콘크리트는 압축변형도가 0.0033에 도달되었을 때 파괴된다.
㉰ 철근에 생기는 변형은 같은 위치의 콘크리트에 생기는 변형보다 탄성계수비 만큼 크다.
㉱ 철근과 콘크리트의 응력은 철근과 콘크리트의 응력-변형도로부터 계산할 수 있다.

풀이 철근에 생기는 변형은 같은 위치의 콘크리트에 생기는 변형과 같다. **답** ㉰

06 강도설계법에서 철근콘크리트 보의 공칭휨강도를 산정할 때 기본 가정으로 틀린 것은?

㉮ 계수 β_1은 콘크리트의 압축강도에 비례하여 증가한다.
㉯ 철근과 콘크리트의 변형률은 중립축으로부터의 거리에 비례한다.
㉰ 콘크리트의 설계기준압축강도가 40 MPa 이하인 경우, 콘크리트의 압축연단의 극한변형률은 0.0033이다.
㉱ 철근의 응력이 설계기준항복강도 f_y 이하일 때 철근의 응력은 그 변형률에 E_s곱한 값으로 한다.

풀이 β_1 : 콘크리트 등가직사각형 압축응력블록의 깊이를 나타내는 계수이고 $f_{ck} \leq 40$ MPa인 경우, $\beta_1 = 0.80$이고 콘크리트의 압축강도에 비례하여 증가하지는 않는다. **답** ㉮

07 강도설계법에서 등가응력블록을 산정할 때 사용하는 계수 β_1에 대한 설명 중 틀린 것은?

㉮ f_{ck}가 40 MPa 이하인 경우, 0.80이다.

㉯ β_1은 f_{ck}가 40 MPa을 초과하는 경우, 그 값은 증가한다.

㉰ β_1의 최대값은 0.90이다.

㉱ β_1의 최소값은 0.60이다.

풀이 β_1의 최소값은 0.70이다. **답** ㉱

08 강도설계법에서 균형변형률 상태인 철근콘크리트 보의 압축연단 콘크리트의 극한변형률 중 가장 적당한 값은? 단, 콘크리트의 설계기준압축강도가 40 MPa 이하인 경우이다.

㉮ 0.0005 ㉯ 0.0010 ㉰ 0.0020 ㉱ 0.0033

풀이 콘크리트의 설계기준압축강도가 40 MPa 이하인 경우, 철근콘크리트 보의 압축연단 콘크리트의 극한변형률 (ϵ_c)은 0.0033이다. **답** ㉱

09 강도설계법에서 휨 또는 휨과 축력을 동시에 받는 부재의 콘크리트의 압축연단에서 극한변형률은 얼마로 가정하는가? 단, 콘크리트의 설계기준압축강도가 40 MPa 이하인 경우이다.

㉮ 0.0025 ㉯ 0.0033 ㉰ 0.0053 ㉱ 0.0070

풀이 콘크리트의 설계기준압축강도가 40 MPa 이하인 경우, 철근콘크리트 보의 압축연단 콘크리트의 극한변형률 (ϵ_c)은 0.0033이다. **답** ㉯

10 강도설계법에 따른 철근콘크리트 부재의 휨에 관한 일반사항으로 옳지 않은 것은? 단, 콘크리트의 설계기준압축강도가 40 MPa 이하인 경우이다.

㉮ 콘크리트의 인장강도는 철근콘크리트 부재 단면의 축강도와 휨강도 계산에서 무시할 수 있다.

㉯ 휨모멘트 또는 휨모멘트와 축력을 동시에 받는 부재의 콘크리트의 압축연단의 극한 변형률은 0.0033으로 가정한다.

㉰ 휨부재의 최소철근량은 $\phi M_n \geq 1.2 M_{cr}$이어야 한다. 여기서 M_{cr}은 휨부재의 균열휨모멘트이다.

㉱ 강도설계법에서는 연성파괴 보다는 취성파괴를 유도하도록 설계의 초점을 맞추고 있다.

풀이 강도설계법에서는 취성파괴 보다는 연성파괴를 유도하도록 설계의 초점을 맞추고 있다. **답** ㉱

11 그림과 같은 단면을 가지는 직사각형 보의 인장철근비는?
(단, 철근 3-D16= 597 mm^2, d = 400mm)

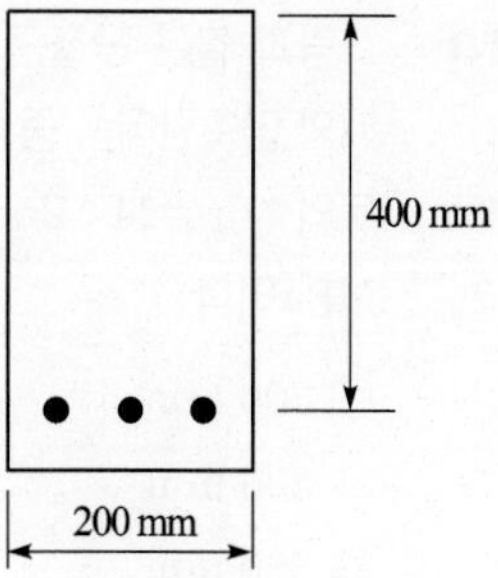

㉮ 0.0065

㉯ 0.0070

㉰ 0.0075

㉱ 0.0080

풀이 $\rho=\dfrac{A_s}{bd}=\dfrac{597}{200\times400}=0.0075$ 답 ㉰

12 단면 $b_w \times d$=400×550 mm인 직사각형 보에 인장철근이 5-D19 배치되어 있을 때 인장철근비는?
(단, D19 철근 1개의 단면적은 286.5 mm^2이다.)

㉮ 0.0065 ㉯ 0.0060 ㉰ 0.0017 ㉱ 0.0012

풀이 $\rho=\dfrac{A_s}{bd}=\dfrac{5\times286.5}{400\times550}=0.0065$ 답 ㉮

13 단철근 직사각형 보에 대한 강도설계법에서 철근비가 ρ=0.0340이고 단면이 b_w =300 mm, d=500 mm일 때 철근의 단면적으로 옳은 것은?

㉮ 5,100 mm^2 ㉯ 4,590 mm^2 ㉰ 3,925 mm^2 ㉱ 3,825 mm^2

풀이 $\rho=\dfrac{A_s}{bd}$. $A_s=\rho bd=0.0340\times300\times500=5{,}100\ \mathrm{mm}^2$ 답 ㉮

14 그림과 같은 단철근 직사각형 보에 대하여 균형철근비 상태일 때의 압축단에서 중립축까지의 길이 c_b를 구하여라. (단, 콘크리트의 f_{ck} =24 MPa, 철근의 f_y =400 MPa, E_s =2.0×105 MPa이다).

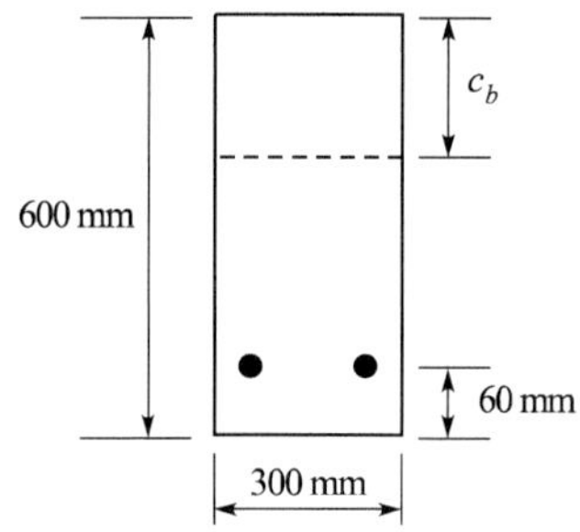

㉮ 306 mm
㉯ 336 mm
㉰ 360 mm
㉱ 520 mm

풀이 균형보에 있어 압축연단에서 중립축까지의 거리 c_b

$$c_b = \left(\frac{0.0033}{0.0033+\epsilon_y}\right)d = \left(\frac{660}{660+f_y}\right)d = \left(\frac{660}{660+400}\right)\times 540 = 336\ \mathrm{mm}^2$$

답 ㉯

15 균형철근비에 대한 정의로 옳은 것은? 단, 콘크리트의 설계기준압축강도가 40 MPa 이하인 경우이다.

㉮ 압축연단 콘크리트의 변형률이 극한변형률 ϵ_{cu} =0.0033에 도달할 때 인장측 철근이 항복변형률에 도달하는 철근비
㉯ 인장연단 콘크리트의 변형률이 극한변형률 ϵ_{cu} =0.0033에 도달할 때 압축측 철근이 최대변형률에 도달하는 철근비
㉰ 압축연단 콘크리트의 변형률이 극한변형률 ϵ_{cu} =0.0050에 도달할 때 압축측 철근이 최대변형률에 도달하는 철근비
㉱ 인장연단 콘크리트의 변형률이 극한변형률 ϵ_{cu} =0.0050에 도달할 때 압축측 철근이 최대변형률에 도달하는 철근비

풀이 균형변형률 상태는 콘크리트의 설계기준압축강도가 40 MPa 이하인 경우, 압축콘크리트에서 연단의 변형률이 극한변형률 ϵ_{cu} =0.0033에 도달했을 때, 동시에 인장철근의 변형률이 항복변형률인 $\epsilon_s = \epsilon_y = f_y/E_s$ 에 처음으로 도달할 때의 단면 상태이다. 균형철근비 ρ_b는 균형변형률 상태의 인장철근비이다.

답 ㉮

16 철근콘크리트 부재에서 주철근량이 균형철근비와 같으면 어떠한 현상이 일어나는가? (단, 휨하중 재하 경우)

㉮ 콘크리트가 철근보다 먼저 파괴에 이름

㉯ 철근이 콘크리트보다 먼저 항복함

㉰ 콘크리트가 파괴될 때 철근도 항복함

㉱ 과소철근비이므로 중립축이 인장측으로 하향함

풀이 균형철근비는 철근과 콘크리트가 동시에 파괴될 때의 철근비이다.

답 ㉰

17 강도설계법에 의한 철근콘크리트 보 설계 시 단철근 직사각형 보에서 균형단면을 이루기 위한 중립축의 위치 c_b가 300 mm인 경우 등가직사각형 압축응력블록의 깊이 a_b는? (단, f_{ck} =27 MPa이다)

㉮ 180 mm ㉯ 210 mm ㉰ 225 mm ㉱ 240 mm

풀이 ① $f_{ck}=27$ MPa

② β_1의 결정 : $f_{ck} \le 40$ MPa인 경우, $\beta_1=0.80$

③ $a_b=\beta_1 c_b=0.80\times 300=240$ mm

답 ㉱

18 보의 복부폭 b_w =300 mm, f_{ck} =21 MPa인 단철근 직사각형 보를 강도설계법으로 설계하고자 할 때 균형상태인 이 보부재에서 콘크리트의 압축내력은 약 얼마인가? (단, 균형상태에서 등가직사각형 압축응력블록의 깊이 a_b =120 mm이다.)

㉮ 536.2 kN ㉯ 642.6 kN ㉰ 720.4 kN ㉱ 825.8 kN

풀이 균형상태인 보부재에서 콘크리트의 압축력 ($f_{ck} \le 40$ MPa, $\eta=1.00$)

$$C_b=\eta(0.85 f_{ck})\,a_b\,b=1.00\times(0.85\times 21)\times 120\times 300=642.6\times 10^3\text{ N}=642.6\text{ kN}$$

답 ㉯

19 철근콘크리트 단철근 직사각형 보에서 복부폭 b_w =500 mm, 유효깊이 d=750 mm, 콘크리트의 설계기준압축강도 f_{ck} =24 MPa, 철근의 설계기준항복강도 f_y =400 MPa일 때 균형철근비 ρ_b는?

㉮ 0.0182 ㉯ 0.0203 ㉰ 0.0254 ㉱ 0.0304

풀이 ① f_{ck} =24 MPa, f_y =400 MPa

② β_1의 결정 : $f_{ck} \le 40$ MPa인 경우, β_1 =0.80

③ ρ_b의 결정

$$\rho_b = \frac{\beta_1 \eta (0.85 f_{ck})}{f_y}\left(\frac{660}{660+f_y}\right) = \left(\frac{0.80 \times 1.00 \times 0.85 \times 24}{400}\right) \times \left(\frac{660}{660+400}\right) = 0.0254$$

답 ㉰

20 f_{ck} =27 MPa, f_y =400 MPa, d=550 mm인 철근콘크리트 단철근 직사각형 보에서 균형철근비 ρ_b를 구하면? (단, E_s =2.0×10^5 MPa)

㉮ 0.0260 ㉯ 0.0286 ㉰ 0.0325 ㉱ 0.0352

풀이 ① f_{ck} =27 MPa, f_y =400 MPa

② β_1의 결정 : $f_{ck} \le 40$ MPa인 경우, β_1 =0.80

③ ρ_b의 결정

$$\rho_b = \frac{\beta_1 \eta (0.85 f_{ck})}{f_y}\left(\frac{660}{660+f_y}\right) = \left(\frac{0.80 \times 1.00 \times 0.85 \times 27}{400}\right) \times \left(\frac{660}{660+400}\right) = 0.0286$$

답 ㉯

21 다음과 같은 단면을 가지는 철근콘크리트 보의 균형철근비 (ρ_b)는 얼마인가? (단, 콘크리트의 설계기준압축강도는 30 MPa, 철근의 설계기준항복강도는 450 MPa, 철근의 탄성계수는 2.0×10^5 MPa이며 인장철근의 단면적은 2,000 mm^2이다.)

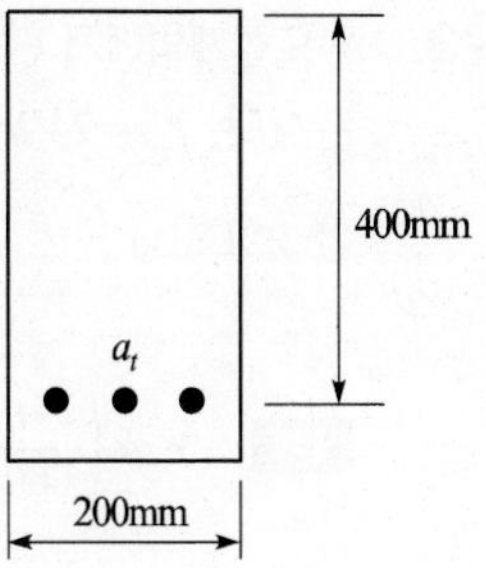

㉮ 0.0270
㉯ 0.0370
㉰ 0.0470
㉱ 0.0570

풀이 ① $f_{ck}=30$ MPa, $f_y=450$ MPa

② β_1의 결정 : $f_{ck}\le 40$ MPa인 경우, $\beta_1=0.80$

③ ρ_b의 결정

$$\rho_b=\frac{\beta_1\eta(0.85f_{ck})}{f_y}\left(\frac{660}{660+f_y}\right)=\left(\frac{0.80\times1.00\times0.85\times30}{450}\right)\times\left(\frac{660}{660+450}\right)=0.0270$$

답 ㉮

22 $f_y=350$ MPa, $f_{ck}=24$ MPa를 사용한 콘크리트 보의 균형철근비 (ρ_b)를 구하면?

㉮ 0.0103 ㉯ 0.0120 ㉰ 0.0155 ㉱ 0.0305

풀이 ① $f_{ck}=24$ MPa, $f_y=350$ MPa

② β_1의 결정 : $f_{ck}\le 40$ MPa인 경우, $\beta_1=0.80$

③ ρ_b의 결정

$$\rho_b=\frac{\beta_1\eta(0.85f_{ck})}{f_y}\left(\frac{660}{660+f_y}\right)=\left(\frac{0.80\times1.00\times0.85\times24}{350}\right)\times\left(\frac{660}{660+350}\right)=0.0305$$

답 ㉱

23 강도설계법에서 단철근 직사각형 보 단면의 평형상태에서의 등가직사각형 압축응력블록의 깊이 (a)는? (단, f_{ck} =24 MPa, f_y =400 MPa, b_w =300 mm, d=540 mm)

㉮ 221 mm　　㉯ 241 mm　　㉰ 261 mm　　㉱ 286 mm

풀이 $c_b = \left(\dfrac{660}{660+f_y}\right)d = \left(\dfrac{660}{660+400}\right)\times 540 = 336\text{ mm}$

$a_b = \beta_1 c_b = 0.85\times 336 = 286\text{ mm}$

답 ㉱

24 강도설계법에 의한 철근콘크리트 보 설계에 대한 원칙으로 옳지 않은 것은? 단, 콘크리트의 설계기준압축강도가 40 MPa 이하인 경우이다.

㉮ 인장철근이 설계기준항복강도 f_y에 대응하는 변형률에 도달하고 동시에 압축연단 콘크리트의 변형률이 극한변형률인 0.0033에 도달할 때, 그 단면이 균형변형률 상태에 있다고 본다.
㉯ 압축연단 콘크리트의 변형률이 가정된 극한변형률인 0.0033에 도달할 때 최 외단 인장철근의 순인장변형률 ϵ_t가 압축지배변형률한계 이하인 단면을 압축지배 단면이라고 한다.
㉰ 휨부재의 강도를 증가시키기 위하여 추가 인장철근과 이에 대응하는 압축철근을 사용할 수 있다.
㉱ 압축연단 콘크리트의 변형률이 가정된 극한변형률인 0.0033에 도달할 때 최 외단 인장철근의 순인장변형률 ϵ_t가 0.0050 이상인 단면을 변화구간 단면이라고 한다.

풀이 콘크리트의 설계기준압축강도가 40 MPa 이하인 경우, 압축연단 콘크리트의 변형률이 가정된 극한변형률 0.0033에 도달할 때, 최 외단 인장철근의 순인장변형률 ϵ_t가 0.0050 이상인 단면을 인장지배 단면이라고 한다.

답 ㉱

25 강도감소계수와 관련된 설명으로 옳지 않은 것은?

㉮ 휨모멘트와 축력을 받는 부재에 대하여 인장지배 단면은 공칭강도에서 최 외단 인장철근의 순인장변형률 ϵ_t가 인장지배변형률 한계인 0.0050 이상인 경우이다.
㉯ 휨모멘트와 축력을 받는 부재에 대하여 압축지배 단면은 공칭강도에서 최 외단 인장철근의 순인장변형률 ϵ_t가 압축지배변형률 한계인 철근의 설계기준 항복변형률 ϵ_y 이하인 경우이다.
㉰ 인장지배 단면보다 압축지배 단면에 대하여 더 작은 ϕ계수를 사용하는 이유는 압축지배 단면의 연성이 더 크고, 콘크리트 강도의 변동에 민감하지 않기 때문이다.
㉱ 나선철근부재의 ϕ계수는 띠철근 기둥의 ϕ 계수보다 크다.

풀이 인장지배 단면보다 압축지배 단면에 대하여 더 작은 ϕ계수를 사용하는 이유는 압축지배 단면의 연성이 더 작고, 콘크리트 강도의 변동에 민감하기 때문이다.

답 ㉰

26 강도설계법에서 프리스트레스를 가하지 않은 휨부재 또는 휨모멘트와 축력을 동시에 받는 부재로서 계수축력이 $0.10 f_{ck} A_g$ 보다 작은 경우, 휨 설계가 가능한 휨부재의 최소 허용변형률 (ϵ_{ta})은 얼마인가? (단, $f_y = 400$ MPa)

㉮ 0.0020　　　㉯ 0.0030　　　㉰ 0.0040　　　㉱ 0.0050

풀이 인장지배변형률 한계

① $f_y \leq 400$ MPa인 경우, $\epsilon_t \geq \epsilon_{ta} = 0.0040$

② $f_y = 500$ MPa인 경우, $\epsilon_t \geq \epsilon_{ta} = 0.0050$

③ $f_y = 600$ MPa인 경우, $\epsilon_t \geq \epsilon_{ta} = 0.0060$

답 ㉰

27 철근콘크리트 보에서 중립축의 깊이 (c)가 220 mm이고, 최 외단 압축연단에서 최 외단 인장철근까지의 거리 (d_t)가 550 mm라 한다. 이때의 강도감소계수를 구하면? (단, $f_y = 400$ MPa)

㉮ 0.65　　　㉯ 0.75　　　㉰ 0.85　　　㉱ 0.90

풀이 ① $f_y = 400$ MPa

② 순인장변형률 ϵ_t 의 산정

$c = 220$ mm

$d_t = 550$ mm

$$\epsilon_t = \left(\frac{d_t - c}{c}\right)\epsilon_{cu} = \left(\frac{550 - 220}{220}\right) \times 0.0033 = 0.0050$$

③ 강도감소계수 ϕ의 산정

$\epsilon_t = 0.0050 \geq \epsilon_{tt} = 0.0050$이므로 인장지배 단면이다.

$\therefore \phi = 0.85$

답 ㉰

28 다음 그림과 같은 철근콘크리트 직사각형 보에서의 강도감소계수 (ϕ)를 구하면? (단, f_{ck} =24 MPa, f_y =400 MPa, A_s =1,500 mm^2)

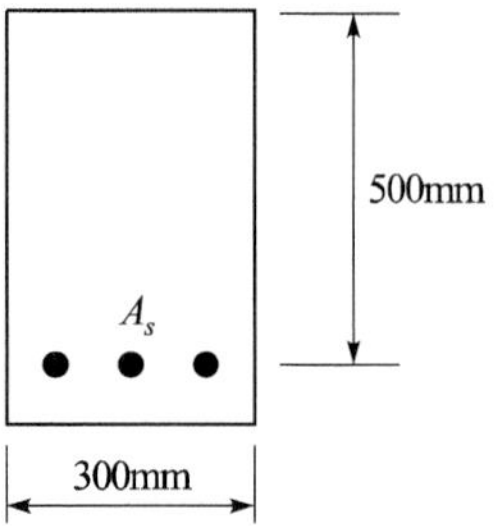

㉮ 0.70
㉯ 0.80
㉰ 0.85
㉱ 0.95

풀이 이 문제는 등가직사각형 압축응력블록의 깊이를 구한 후, 중립축 거리를 찾고, 철근의 인장 변형률을 산정하여 강도감소계수를 찾는다.

$a=\beta_1 c$로부터 $c=a/\beta_1$이고, $a=\dfrac{A_s f_y}{\eta(0.85 f_{ck})\,b}$이다.

$$c=\frac{A_s f_y}{\beta_1\times\eta(0.85 f_{ck})\,b}=\frac{1{,}500\times 400}{0.80\times 1.00\times 0.85\times 24\times 300}=122.5\ \text{mm}$$

(단, β_1은 $f_{ck}\le 40$ MPa인 경우, $\beta_1=0.80$이다.)

유효깊이에서 중립축거리를 빼면

$d-c=500-122.5=377.5$ mm

콘크리트의 압축변형률이 0.0033일 때 철근의 순인장 변형률 (ϵ_t)을 구한다.

$0.0033:\epsilon_t=122.5:377.5$

$$\epsilon_t=\frac{0.0033\times 377.5}{122.5}=0.0102$$

$f_y\le 400$ MPa인 경우, $\epsilon_{tt}=0.0050$

$\epsilon_t=0.0102\ge\epsilon_{tt}=0.0050$이므로 인장지배 단면이다.

$\therefore\ \phi=0.85$

답 ㉰

29 철근콘크리트 보를 강도설계법으로 설계할 때 최 외단 인장철근의 순인장변형률을 휨부재의 최소 허용변형률 (ϵ_{ta}) 이상으로 제한하는 이유로 가장 타당한 것은?

㉮ 철근의 연성파괴를 유도하기 위하여
㉯ 철근이 항복하기 전에 콘크리트의 취성파괴를 유도하기 위하여
㉰ 철근의 정착길이를 확보하기 위하여
㉱ 보부재의 연성파괴를 유도하기 위하여

풀이 보부재의 연성파괴를 유도하기 위해 최 외단 인장철근의 순인장변형률을 휨부재의 최소 허용변형률 (ϵ_{ta}) 이상으로 제한한다.

답 ㉱

30 강도설계법에서 휨부재 설계 시 최소철근비 ($\rho_{\min}$)를 규정한 이유는?

㉮ 가장 경제적인 부재를 설계하기 위하여
㉯ 부재의 사용성을 증가시키기 위하여
㉰ 시공의 편리성을 증가시키기 위하여
㉱ 부재의 파괴에 대한 안전성을 확보하기 위하여

풀이 최소철근비 규정은 부재의 취성파괴를 방지하여 파괴에 대한 안전성을 확보하기 위함이다.

답 ㉱

31 철근콘크리트 보의 연성 (Ductility)을 높이기 위한 방법으로 가장 부적당한 것은 다음 중 어느 것인가?

㉮ 섬유콘크리트를 사용한다.
㉯ 압축철근의 양을 증가시킨다.
㉰ 스터럽의 간격을 좁힌다.
㉱ 균형철근비 이상으로 인장철근의 양을 증가시킨다.

풀이 균형철근비 이상으로 인장철근의 양을 증가시키면, 과다철근보가 되어 취성파괴 된다. 즉, 부재가 파괴될 경우 콘크리트의 갑작스런 파쇄로 보가 파괴된다.

답 ㉱

32 철근콘크리트 강도설계법에서 보 또는 슬래브 등의 휨재의 설계에서 최 외단 인장철근의 순인장변형률 (ϵ_t)이 휨부재의 최소 허용변형률 (ϵ_{ta}) 이상 ($f_y \le 400$ MPa인 경우, $\epsilon_t \ge \epsilon_{ta} = 0.0040$이고 $f_y =$ 500 MPa인 경우, $\epsilon_t \ge \epsilon_{ta} = 0.0050$)이 되도록 제한하는 이유로 가장 적당한 것은 어느 것인가?

㉮ 콘크리트의 압축파괴보다 철근의 인장파괴가 안전성의 관점에서 바람직하기 때문에
㉯ 부재의 강성을 높여서 저항내력 및 처짐을 적게 하기 위하여
㉰ 부재의 단면을 줄여서 경제적인 단면을 설계할 수 있기 때문에
㉱ 부재의 장기처짐에 유리하기 때문에

풀이 휨부재의 설계에서 최 외단 인장철근의 순인장변형률 (ϵ_t)이 휨부재의 최소 허용변형률 (ϵ_{ta}) 이상이 되도록 제한하는 이유는 휨부재에서 최소한의 연성을 확보하고 인장파괴를 유도하여 안전성을 확보하기 위함이다.

답 ㉮

33 강도설계법에 의한 철근콘크리트 보의 설계에서 최 외단 인장철근의 순인장변형률 (ϵ_t)을 $f_y \le 400$ MPa인 경우, $\epsilon_t \ge \epsilon_{ta} = 0.0040$ 이상이고 $f_y = 500$ MPa인 경우, $\epsilon_t \ge \epsilon_{ta} = 0.0050$ 이상으로 제한하는 가장 중요한 이유는?

㉮ 처짐을 감소시키기 위하여
㉯ 철근량을 절약하여 경제적인 설계를 하기 위하여
㉰ 인장철근이 먼저 항복하는 것을 피하기 위하여
㉱ 압축측 콘크리트의 취성파괴를 피하기 위하여

풀이 휨부재의 설계에서 최 외단 인장철근의 순인장변형률 (ϵ_t)이 휨부재의 최소 허용변형률 (ϵ_{ta}) 이상 ($f_y \le 400$ MPa인 경우, $\epsilon_t \ge \epsilon_{ta} = 0.0040$이고 $f_y = 500$ MPa인 경우, $\epsilon_t \ge \epsilon_{ta} = 0.0050$)이 되도록 제한하는 이유는 휨부재에서 최소한의 연성을 확보하고 인장파괴를 유도하여 안전성을 확보하기 위함이다.

답 ㉱

34 강도설계법에서 프리스트레스를 가하지 않은 휨부재 또는 휨모멘트와 축력을 동시에 받는 부재로서 계수축력이 $0.10 f_{ck} A_g$ 보다 작은 경우, 휨 설계가 가능한 단철근 직사각형 보에서의 최대 허용철근비는? (단, 압축철근은 없으며, 사용재료의 $f_{ck} = 24$ MPa, $f_y = 400$ MPa이다.)

㉮ 0.0080　　㉯ 0.0184　　㉰ 0.1605　　㉱ 0.3872

풀이

$$\rho_b = \frac{\beta_1 \eta (0.85 f_{ck})}{f_y}\left(\frac{660}{660+f_y}\right) = \left(\frac{0.80 \times 1.00 \times 0.85 \times 24}{400}\right) \times \left(\frac{660}{660+400}\right) = 0.0254$$

$$\rho_{\max} = \left(\frac{\epsilon_{cu} + \epsilon_y}{\epsilon_{cu} + \epsilon_{t,\min}}\right)\rho_b = \left(\frac{0.0033+0.0020}{0.0033+0.0040}\right)\rho_b = 0.726\,\rho_b = 0.726 \times 0.0254 = 0.0184$$

답 ㉯

35 강도설계법에서 프리스트레스를 가하지 않은 휨부재 또는 휨모멘트와 축력을 동시에 받는 부재로서 계수축력이 $0.10 f_{ck} A_g$ 보다 작은 경우, 폭이 300 mm, 춤이 600 mm일 때 휨 설계가 가능한 직사각형 보의 최대철근비를 구하면 얼마인가? (단, 압축철근은 없으며, 사용재료의 f_{ck} =27 MPa, f_y =400 MPa 이다.)

㉮ 0.0180 ㉯ 0.0208 ㉰ 0.0225 ㉱ 0.0260

풀이

$$\rho_b = \frac{\beta_1 \eta (0.85 f_{ck})}{f_y}\left(\frac{660}{660+f_y}\right) = \left(\frac{0.80\times1.00\times0.85\times27}{400}\right)\times\left(\frac{660}{660+400}\right) = 0.0286$$

$$\rho_{\max} = \left(\frac{\epsilon_{cu}+\epsilon_y}{\epsilon_{cu}+\epsilon_{t,\min}}\right)\rho_b = \left(\frac{0.0033+0.0020}{0.0033+0.0040}\right)\rho_b = 0.726\,\rho_b = 0.726\times0.0286 = 0.0208$$

답 ㉯

36 강도설계법에서 프리스트레스를 가하지 않은 휨부재 또는 휨모멘트와 축력을 동시에 받는 부재로서 계수축력이 $0.10 f_{ck} A_g$ 보다 작은 경우, 균형철근비 ρ_b =0.0300이고, b_w =300 mm, d=500 mm일 때 휨 설계가 가능한 최대 인장철근의 단면적 값으로서 가장 적당한 것은? (단, SD400 철근이다.)

㉮ 1,800 mm^2 ㉯ 2,500 mm^2 ㉰ 3,700 mm^2 ㉱ 4,500 mm^2

풀이 ① 최대철근비

$$\rho_{\max} = 0.726\,\rho_b = 0.726\times0.0300 = 0.0218$$

② 최대 인장철근

$$A_{s,\max} = \rho_{\max}(bd) = 0.0218\times(300\times500) = 3{,}270\ \text{mm}^2$$

답 ㉰

37 단철근 직사각형 보에 대한 강도설계법에서 균형철근비 ρ_b =0.0340, b_w =300 mm, d=500 mm일 때 최대 인장철근량으로 옳은 것은? (단, SD400 철근이다.)

㉮ 5,100 mm^2 ㉯ 4,595 mm^2 ㉰ 4,080 mm^2 ㉱ 3,705 mm^2

풀이 ① 최대철근비

$$\rho_{\max} = 0.726\,\rho_b = 0.726\times0.0340 = 0.0247$$

② 최대 인장철근

$$A_{s,\max} = \rho_{\max}(bd) = 0.0247\times(300\times500) = 3{,}705\ \text{mm}^2$$

답 ㉱

38 철근콘크리트구조의 내진설계에 관한 다음 기술 중 부적당한 것은 어느 것인가?

㉮ 기둥보다 보가 먼저 파괴되는 메카니즘으로 한다.
㉯ 부재보다 접합부가 먼저 파괴되는 형식이 되지 않게 한다.
㉰ 취성파괴보다 연성파괴가 발생하도록 한다.
㉱ 휨파괴보다 전단파괴가 먼저 발생하도록 한다.

풀이 구조물의 설계에서 부재의 파괴는 연성파괴가 되도록 유도한다. 전단파괴의 경우, 갑작스럽게 취성파괴됨으로 바람직하기 않다. **답** ㉱

39 철근콘크리트구조에서 연성파괴가 일어나는 파괴형식은?

㉮ 최소철근파괴 ㉯ 과대 철근파괴 ㉰ 과소 철근파괴 ㉱ 최대철근파괴

풀이 ① 과소 철근파괴 : 철근이 먼저 항복하며 연성파괴이다.
② 과대 철근파괴 : 콘크리트가 먼저 파괴하며 취성파괴이다. **답** ㉰

40 b_w =300 mm, d=500 mm, 3-D25 (A_s = 1,520 mm^2)인 직사각형 단면보의 파괴형태는? (단, 강도설계법에 의하여 f_{ck} =24 MPa, f_y =400 MPa, 균형철근비 ρ_b =0.0254이다.)

㉮ 취성파괴 ㉯ 연성파괴 ㉰ 균형파괴 ㉱ 파괴되지 않는다.

풀이 ① 인장철근비(ρ)

$$\rho = \frac{A_s}{bd} = \frac{1,520}{300 \times 500} = 0.0101$$

② 휨부재의 설계에서 최 외단 인장철근의 순인장변형률 (ϵ_t)이 휨부재의 최소 허용변형률 (ϵ_{ta}) 이상이 되도록 제한하여 휨부재에서 최소한의 연성을 확보하고 인장파괴를 유도하기 위한 휨부재 최대철근비 ($\rho_{\max}$)

$\rho_{\max} = 0.726\rho_b = 0.726 \times 0.0254 = 0.0184$

③ 따라서 $\rho = 0.0101 \le \rho_{\max} = 0.0184$ 이므로 연성파괴가 된다. **답** ㉯

41 강도설계법의 강도관계식이 옳게 표시된 것은? (단, M_d는 설계강도, M_n은 공칭강도, M_u는 소요강도)

㉮ $M_d = \phi M_n \geq M_u$
㉯ $M_d = M_u \leq \phi M_n$
㉰ $M_d \leq \phi M_n = M_u$
㉱ $M_n = \phi M_d \geq M_u$

풀이 소요강도 $(U) \leq$ 설계강도 (R_d)

① $M_u \leq M_d = \phi M_n$ ② $P_u \leq P_d = \phi P_n$

③ $V_u \leq V_d = \phi V_n$ ④ $T_u \leq T_d = \phi T_n$

답 ㉮

42 철근콘크리트 단순보에 관한 설명 중 가장 부적당한 것은?

㉮ 인장철근의 배치는 전단력에 대한 유효한 보강법이다.
㉯ 일반적인 전단응력은 단면의 중립축에서 최대이나 항상 중립축에서 최대는 아니다.
㉰ 보 주철근의 단면적은 휨모멘트가 많이 걸리는 부분에서 증가시킨다.
㉱ 보단부에 인장철근의 충분한 정착길이를 확보한다.

풀이 인장철근은 휨모멘트에 대한 유효한 보강법이며, 스터럽 등의 전단철근은 전단력에 대한 유효한 보강법이다.

답 ㉮

43 보의 주철근 (인장철근)의 양을 줄이기 위한 방법으로 가장 적절한 것은?

㉮ 보 단면의 폭을 크게 한다.
㉯ 고강도 콘크리트를 사용한다.
㉰ 철근을 잘라서 배치한다.
㉱ 고강도의 철근을 사용한다.

풀이 철근의 강도를 증가시켜 철근의 양을 줄인다.

답 ㉱

44 비틀림모멘트 (Torsional Moment)에 대하여 주의해야 할 경우가 많은 부재는?

㉮ 지중보
㉯ 기둥
㉰ 작은보가 걸치는 외벽 선상의 큰 보
㉱ 양교절 아치

풀이 작은보가 있는 단부 보의 경우 비틀림을 고려한 설계를 해야 한다.

답 ㉰

45 보의 고정하중이 10 kN/m 이고, 활하중이 20 kN/m 인 등분포하중을 받는 스팬 10 m 인 단순 지지된 보의 휨모멘트에 대한 최대 소요휨강도는?

㉮ 387.5 kN・m ㉯ 452.5 kN・m ㉰ 550.0 kN・m ㉱ 725.2 kN・m

풀이 1. 계수하중은 다음 값 중에서 큰 값으로 한다.

① $w_u = 1.4w_D = 1.4\times 10 = 14$ kN/m

② $w_u = 1.2w_D + 1.6w_L = 1.2\times 10 + 1.6\times 20 = 44$ kN/m

∴ $w_u = 44$ kN/m

2. 최대 소요휨강도

$$M_u = M_{\max} = \frac{w_u l^2}{8} = \frac{44\times 10^2}{8} = 550.0\ \text{kN}\cdot\text{m}$$

답 ㉰

46 고정하중이 15 kN/m 이고, 활하중이 20 kN/m 인 등분포하중을 받는 스팬 8 m인 단순보의 최대 소요 휨모멘트는?

㉮ 200 kN・m ㉯ 300 kN・m ㉰ 400 kN・m ㉱ 500 kN・m

풀이 1. 계수하중은 다음 값 중에서 큰 값이다.

① $w_u = 1.4w_D = 1.4\times 15 = 21.0$ kN/m

② $w_u = 1.2w_D + 1.6w_L = 1.2\times 15 + 1.6\times 20 = 50.0$ kN/m

∴ $w_u = 50.0$ kN/m

2. 스팬 8 m인 단순보의 최대 소요휨모멘트

$$M = \frac{w_u l^2}{8} = \frac{50.0\times 8^2}{8} = 400.0\ \text{kN}\cdot\text{m}$$

답 ㉰

47 보의 자중이 1.0 kN/m 이고 적재하중이 1.2 kN/m 인 등 분포하중을 받는 스팬 6 m인 단순보의 설계용 휨모멘트의 크기는?

㉮ 11.04 kN · m ㉯ 12.04 kN · m ㉰ 13.04 kN · m ㉱ 14.04 kN · m

풀이 1. 계수하중은 다음 값 중에서 큰 값이다.

① $w_u = 1.4w_D = 1.4 \times 1.0 = 1.4$ kN/m

② $w_u = 1.2w_D + 1.6w_L = 1.2 \times 1.0 + 1.6 \times 1.2 = 3.12$ kN/m

$\therefore\ w_u = 3.12$ kN/m

2. 스팬 6 m인 단순보의 설계용 휨모멘트 (최대 소요휨모멘트)

$$M = \frac{w_u l^2}{8} = \frac{3.12 \times 6^2}{8} = 14.04 \text{ kN} \cdot \text{m}$$

답 ㉱

48 강도설계법에 의한 철근콘크리트 단철근 직사각형 보의 휨설계 시 등가직사각형 압축응력블록의 깊이 a를 구하는 식은? (단, b는 보의 폭)

㉮ $a = \dfrac{A_s f_y}{\eta(0.85 f_{ck})}$ ㉯ $a = \dfrac{f_y}{\eta(0.85 f_{ck})}$

㉰ $a = \dfrac{A_s f_y}{\eta(0.85 f_{ck}) b}$ ㉱ $a = \eta(0.85 f_{ck}) b$

풀이 $a = \dfrac{A_s f_y}{\eta(0.85 f_{ck}) b}$

답 ㉰

49 인장철근량 A_s =1,500 mm^2인 단철근 직사각형 보에서 등가직사각형 압축응력블록의 깊이 a는 약 얼마인가? (단, f_{ck} =24 MPa, f_y =400 MPa, b_w = 300 mm, d = 500 mm)

㉮ 98 mm ㉯ 82 mm ㉰ 74 mm ㉱ 62 mm

풀이 $a = \dfrac{A_s f_y}{\eta(0.85 f_{ck}) b} = \dfrac{1{,}500 \times 400}{1.00 \times 0.85 \times 24 \times 300} = 98$ mm

답 ㉮

50 강도설계법에 의하여 다음 그림과 같은 철근콘크리트 보를 설계할 때 등가직사각형 압축응력블록의 깊이 a는? (단, f_{ck} =24 MPa, f_y =400 MPa, D22 철근 1개의 단면적은 387.1 mm^2이다.)

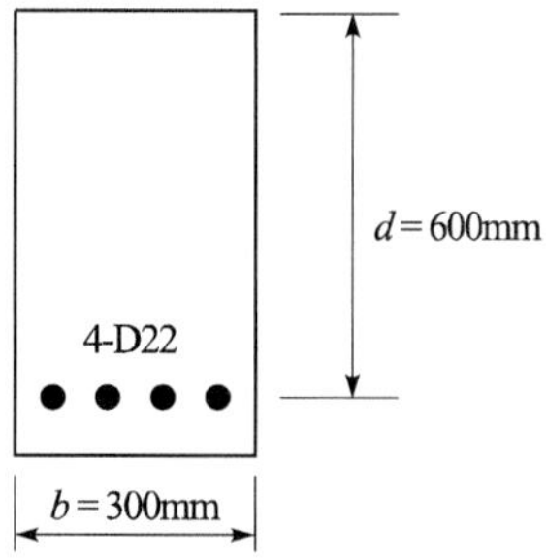

㉮ 101.2 mm
㉯ 111.2 mm
㉰ 121.2 mm
㉱ 131.2 mm

풀이 등가직사각형 압축응력블록의 깊이 (a)

$$a = \frac{A_s f_y}{\eta(0.85 f_{ck})b} = \frac{(387.1 \times 4) \times 400}{1.00 \times 0.85 \times 24 \times 300} = 101.2 \text{ mm}$$

답 ㉰

51 강도설계법에 의한 철근콘크리트 보 설계에서 그림과 같은 보의 등가직사각형 압축응력블록의 깊이 a값은? (단, f_{ck} =21 MPa, f_y = 400 MPa이고, D22 철근 1개의 단면적은 387.1 mm^2이며 압축철근은 무시한다.)

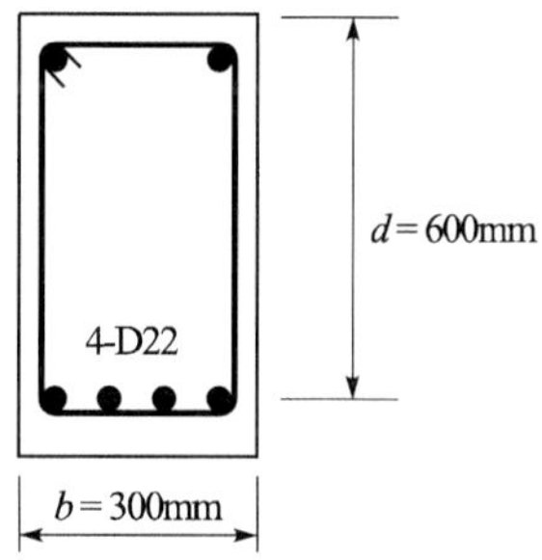

㉮ 85.6 mm
㉯ 95.6 mm
㉰ 105.7 mm
㉱ 115.6 mm

풀이 등가직사각형 압축응력블록의 깊이 (a)

$$a = \frac{A_s f_y}{\eta(0.85 f_{ck})b} = \frac{(387.1 \times 4) \times 400}{1.00 \times 0.85 \times 21 \times 300} = 115.7 \text{ mm}$$

답 ㉰

52 인장철근량 A_s =1.500 mm^2인 단철근 직사각형 보에서 등가직사각형 압축응력블록의 깊이 a는 얼마인가? (단, f_{ck} =24 MPa, f_y =300 MPa, b_w =300 mm, d= 500 mm)

㉮ 65.1 mm ㉯ 73.5 mm ㉰ 82.6 mm ㉱ 89.7 mm

풀이 등가직사각형 압축응력블록의 깊이 (a)

$$a = \frac{A_s f_y}{\eta(0.85 f_{ck})b} = \frac{1{,}500 \times 300}{1.00 \times 0.85 \times 24 \times 300} = 73.5 \text{ mm}$$

답 ㉯

53 강도설계법에서 단철근 직사각형 보의 등가직사각형 압축응력블록의 깊이 a를 구하면? (단, f_y =300 MPa, f_{ck} =21 MPa)

㉮ 52.6 mm
㉯ 67.2 mm
㉰ 75.9 mm
㉱ 82.5 mm

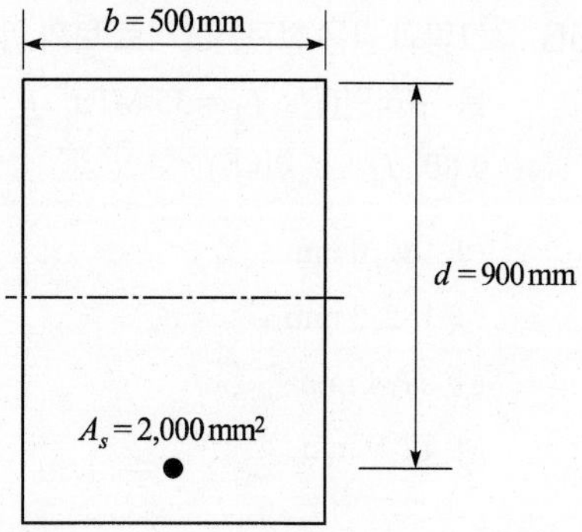

풀이 등가직사각형 압축응력블록의 깊이 (a)

$$a = \frac{A_s f_y}{\eta(0.85 f_{ck})\, b} = \frac{2{,}000 \times 300}{1.00 \times 0.85 \times 21 \times 500} = 67.2\ \text{mm}$$

답 ㉯

54 다음 그림은 강도설계법에서 단철근 직사각형 보의 응력도를 나타낸 것이다. 응력중심간 거리 ($d-a/2$)로 옳은 것은? (단, f_{ck} = 21 MPa, f_y =300 MPa, b_w =300 mm, d =540 mm, A_s = 1,161 mm^2)

㉮ 524.4 mm
㉯ 507.5 mm
㉰ 486.8 mm
㉱ 472.4 mm

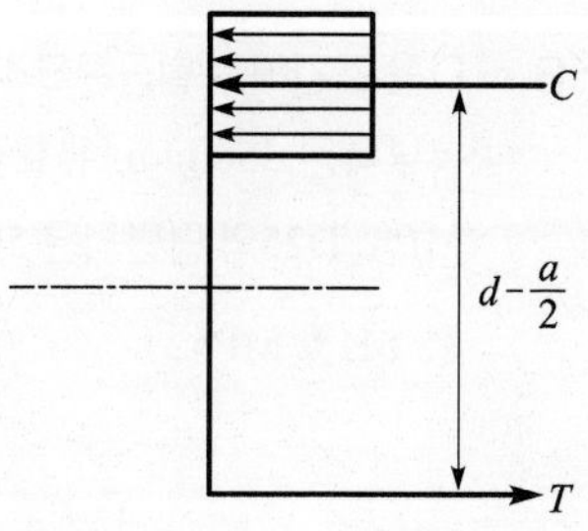

풀이 ① 등가직사각형 압축응력블록의 깊이 (a)

$$a = \frac{(A_s - A_s')\, f_y}{\eta(0.85 f_{ck})\, b} = \frac{(3{,}042 - 1{,}014) \times 400}{0.85 \times 21 \times 300} = 227.2\ \text{mm}$$

② $d-a/2$의 산정

$$d - \frac{a}{2} = 540 - \frac{65.0}{2} = 507.5\ \text{mm}$$

답 ㉯

55 그림과 같은 철근콘크리트 보의 압축연단에서 중립축까지 거리 (c)를 구하면(단, f_{ck} =35 MPa, f_y =400 MPa, d =540 mm, β_1 = 0.80, $f_s = f_y$이다.)

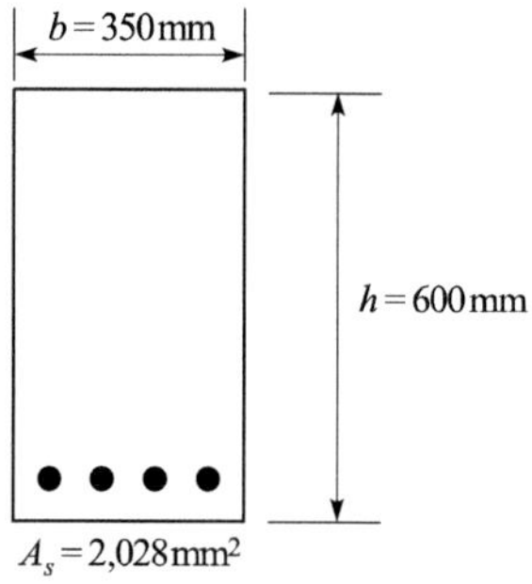

㉮ 182.6 mm
㉯ 152.3 mm
㉰ 97.4 mm
㉱ 77.9 mm

풀이 $T = A_s f_y,\ C = \eta(0.85 f_{ck})\, a\, b = \eta(0.85 f_{ck})\, (\beta_1 c)\, b$

$T = C$로부터 $A_s f_y = \eta(0.85 f_{ck})\, a\, b = \eta(0.85 f_{ck})\, (\beta_1 c)\, b$ 이다.

$$\therefore\ c = \frac{A_s \times f_y}{\eta(0.85 f_{ck}) \times \beta_1 \times b} = \frac{2{,}028 \times 400}{1.00 \times 0.85 \times 35 \times 0.80 \times 350} = 97.4 \text{ mm}$$

답 ㉰

56 다음 조건에서 철근콘크리트 단철근 보의 공칭휨모멘트 값으로서 가장 근접한 것은 어느 것인가? (보의 복부폭은 350 mm, 유효깊이는 650 mm, 인장철근은 6-D25이다. 여기서, f_{ck} =27 MPa, f_y =400 MPa, D25의 단면적은 506.7 mm^2이다.)

㉮ 511.2 MPa　㉯ 615.6 MPa　㉰ 698.4 MPa　㉱ 810.5 MPa

풀이 $$a = \frac{A_s f_y}{\eta(0.85 f_{ck})\, b} = \frac{(506.7 \times 6) \times 400}{1.00 \times 0.85 \times 27 \times 350} = 151.4 \text{ mm}$$

$$\therefore\ M_n = A_s f_y \left(d - \frac{a}{2}\right) = (506.7 \times 6) \times 400 \times \left(650 - \frac{151.4}{2}\right)$$

$$= 698.4 \times 10^6 \text{ N}\cdot\text{mm} = 698.4 \text{ kN}\cdot\text{m}$$

답 ㉰

57 강도설계법에서 인장측에 3,042 mm^2, 압축측에 1,014 mm^2의 철근이 배치되었을 때 등가직사각형 압축응력블록의 깊이로 옳은 것은? (단, f_{ck} =24 MPa, f_y =400 MPa, 보의 복부폭 b_w =300 mm이다.)

㉮ 110 mm　㉯ 133 mm　㉰ 228 mm　㉱ 303 mm

풀이 $$a = \frac{(A_s - A_s')\, f_y}{\eta(0.85 f_{ck})\, b} = \frac{(3{,}042 - 1{,}014) \times 400}{1.00 \times 0.85 \times 24 \times 300} = 133 \text{ mm}$$

답 ㉯

58 보의 복부폭 b_w =350 mm, f_{ck} = 24 MPa인 철근콘크리트 단철근 직사각형 보를 강도설계법으로 설계하고자 한다. 콘크리트의 전 압축력은 얼마인가? (단, 응력블록의 깊이 a =100 mm)

㉮ 589 kN　　㉯ 612 kN　　㉰ 657 kN　　㉱ 714 kN

풀이 압축력 (C)

$C=\eta(0.85f_{ck})ab=1.00\times0.85\times24\times100\times350=714.0\times10^3\text{ N}=714\text{ kN}$　**답** ㉱

59 콘크리트의 설계기준압축강도 f_{ck} =21 MPa, b_w =300 mm, d =500 mm인 단철근 직사각형 보의 등가직사각형 압축응력블록의 깊이 a가 95 mm일 때, 압축측 콘크리트의 압축력 C값은?

㉮ 450 kN　　㉯ 408 kN　　㉰ 509 kN　　㉱ 540 kN

풀이 압축력 (C)

$C=\eta(0.85f_{ck})ab=1.00\times0.85\times21\times95\times300=508.7\times10^3\text{ N}=508.7\text{ kN}$　**답** ㉰

60 보의 복부폭 b_w =300 mm, 등가직사각형 압축응력블록의 깊이 a =100 mm인 철근콘크리트 단철근 직사각형 보에서 콘크리트의 전압축력은? (단, f_{ck} =24 MPa이다.)

㉮ 228 kN　　㉯ 472 kN　　㉰ 612 kN　　㉱ 720 kN

풀이 압축력 (C)

$C=\eta(0.85f_{ck})ab=1.00\times0.85\times24\times100\times300=612.0\times10^3\text{ N}=612.0\text{ kN}$　**답** ㉰

61 철근콘크리트 단철근 직사각형 보를 강도설계법으로 설계 시 콘크리트의 압축력으로 옳은 것은? (단, f_{ck} =24 MPa, 보의 폭 300 mm, 등가직사각형 압축응력블록의 깊이 110 mm)

㉮ 750.6 kN　　㉯ 724.4 kN　　㉰ 673.2 kN　　㉱ 650.8 kN

풀이 압축력 (C)

$C=\eta(0.85f_{ck})ab=1.00\times0.85\times24\times110\times300=673.2\times10^3\text{ N}=673.2\text{ kN}$　**답** ㉰

62 그림은 강도설계법에서 단철근 직사각형 보의 응력도를 표시한 것이다. 압축력 C값으로 옳은 것은? (단, f_{ck} =21 MPa, f_y = 300 MPa, b_w =250 mm)

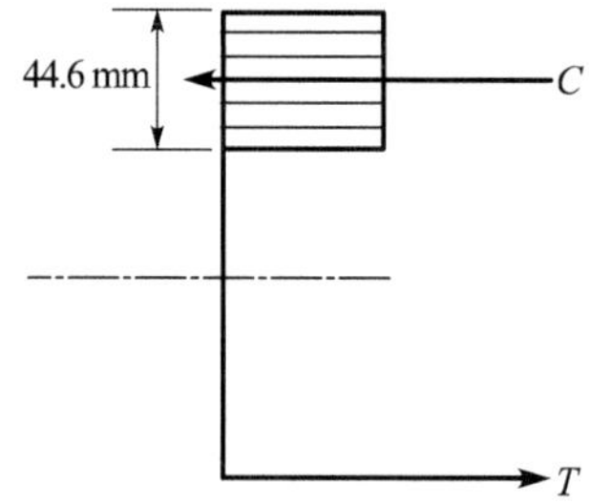

㉮ 189 kN
㉯ 199 kN
㉰ 209 kN
㉱ 219 kN

풀이 압축력 (C)

$C=\eta(0.85f_{ck})ab=1.00\times0.85\times21\times44.6\times250=199.0\times10^3$ N $=199.0$ kN **답** ㉯

63 그림은 강도설계법에서 단철근 직사각형 보의 응력도를 표시한 것이다. 압축력 C값으로 옳은 것은? (단, f_{ck} =21 MPa, f_y =400 MPa, A_s =3,000 mm^2, b_w =350 mm)

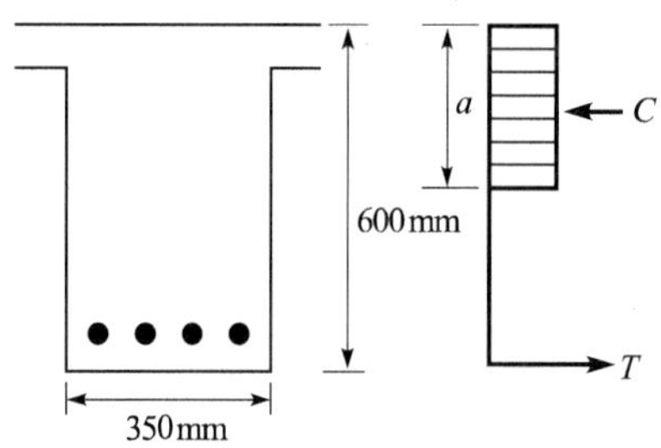

㉮ 1,100 kN
㉯ 1,125 kN
㉰ 1,150 kN
㉱ 1,200 kN

풀이 ① 등가직사각형 응력블록의 깊이 (a)

$$a=\frac{A_s f_y}{\eta(0.85f_{ck})b}=\frac{3{,}000\times400}{1.00\times0.85\times21\times350}=192.1\text{ mm}$$

② 압축력 (C)

$C=\eta(0.85f_{ck})ab=1.00\times0.85\times21\times192.1\times350=1{,}200.1\times10^3$ N $=1{,}200.1$ kN

답 ㉱

64 그림은 강도설계법에서 단철근 직사각형 보의 응력을 표시한 것이다. 압축력 C 값으로 옳은 것은? (단, f_{ck} = 24 MPa, f_y =400 MPa, b_w =350 mm)

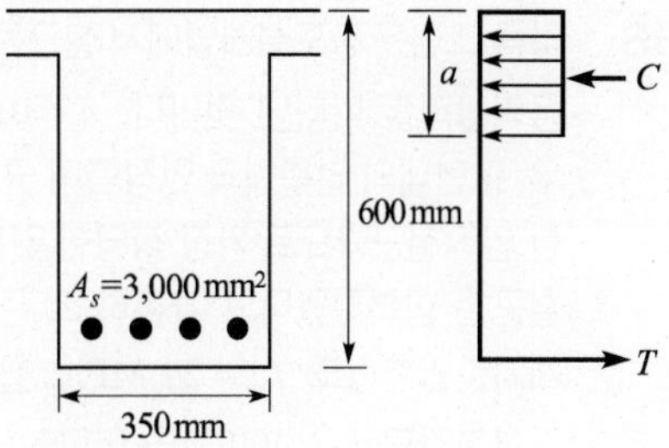

㉮ 1,100 kN

㉯ 1,105 kN

㉰ 1,150 kN

㉱ 1,200 kN

풀이 ① 등가직사각형 응력블록의 깊이 (a)

$$a=\frac{A_s f_y}{\eta(0.85 f_{ck})\, b}=\frac{3{,}000\times 400}{1.00\times 0.85\times 24\times 350}=168.1\ \text{mm}$$

② 압축력 (C)

$$C=\eta(0.85 f_{ck})\, ab=1.00\times 0.85\times 24\times 168.1\times 350=1{,}200.2\times 10^3\ \text{N}=1{,}200.2\ \text{kN}$$

답 ㉱

65 그림과 같은 단철근 직사각형 보가 평형변형률 상태에 있다. 강도설계법에 의거할 때 인장철근량으로 가장 적당한 것은? (단, f_{ck} =24 MPa, f_y =400 MPa, a =168 mm)

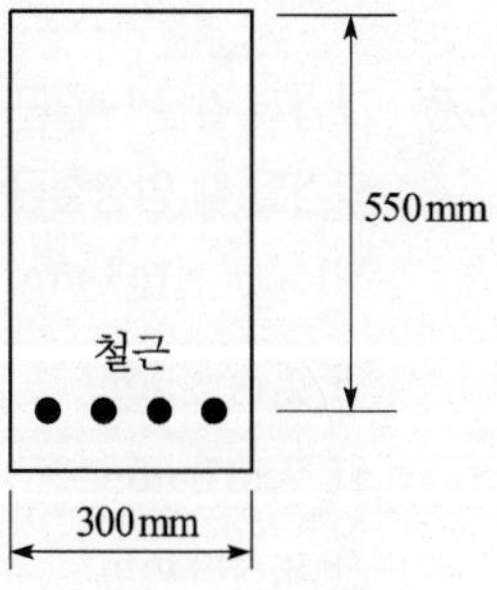

㉮ 2,000 mm²

㉯ 2,570 mm²

㉰ 2,900 mm²

㉱ 3,350 mm²

풀이 $C=T$에서 $\eta(0.85 f_{ck})\, ab=A_s f_y$

$$\therefore\ A_s=\frac{\eta(0.85 f_{ck})\, ab}{f_y}=\frac{1.00\times 0.85\times 24\times 168\times 300}{400}=2{,}570\ \text{mm}^2$$

답 ㉯

66 다음 그림은 강도설계법에서 철근콘크리트 보의 응력상태를 나타낸 것이다. $a=100$ mm인 경우, 단면내의 압축력과 인장력이 균형이 되기 위한 인장철근량으로 가장 적당한 것은? (단, 인장철근은 항복하였다고 가정하고, 콘크리트의 설계기준압축강도 $f_{ck}=24$ MPa, 철근의 설계기준항복강도 $f_y=400$ MPa이다.)

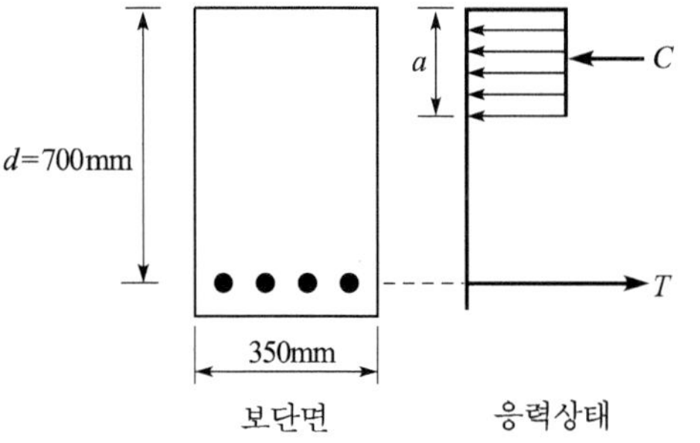

㉮ 1,002 mm^2

㉯ 1,281 mm^2

㉰ 1,583 mm^2

㉱ 1,785 mm^2

풀이 $C=T$에서 $\eta(0.85f_{ck})ab=A_s f_y$

$$\therefore\ A_s=\frac{\eta(0.85f_{ck})ab}{f_y}=\frac{1.00\times0.85\times24\times100\times350}{400}=1{,}785\ \text{mm}^2$$

답 ㉱

67 그림과 같은 단철근 직사각형 보가 평형변형률 상태에 있다. 강도설계법에 의거할 때 인장철근량으로 가장 옳은 것은? (단, $f_{ck}=27$ MPa, $f_y=400$ MPa, $a=168$ mm)

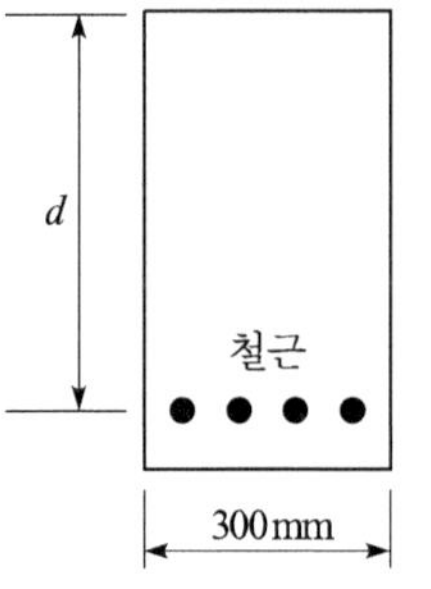

㉮ 2,002 mm^2

㉯ 2,570 mm^2

㉰ 2,892 mm^2

㉱ 3,500 mm^2

풀이 $C=T$에서 $\eta(0.85f_{ck})ab=A_s f_y$

$$\therefore\ A_s=\frac{\eta(0.85f_{ck})ab}{f_y}=\frac{1.00\times0.85\times27\times168\times300}{400}=2{,}892\ \text{mm}^2$$

답 ㉰

68 강도설계법으로 설계된 그림과 같은 보에서 이음이 없는 경우 요구되는 보의 최소폭 b_w를 구하면? (단, 전단철근의 구부림 내면 반지름을 고려하며, 굵은 골재의 최대치수는 25 mm, 피복두께 40 mm이며, 주철근의 지름은 22 mm, 스터럽의 지름은 10 mm로 계산)

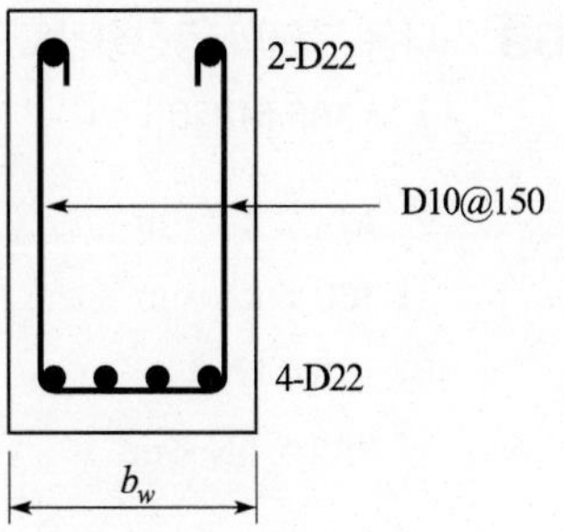

㉮ 287.9 mm

㉯ 305.9 mm

㉰ 310.3 mm

㉱ 317.5 mm

풀이 1. 각종 치수

1) 피복두께 : 40 mm

2) 철근의 공칭 지름

① D10 : 문제 조건에 따라 호칭치수인 $d_b = 10$ mm를 사용

② D22 : 문제 조건에 따라 호칭치수인 $d_b = 22$ mm를 사용

3) 순간격

$$순간격 \geq \max\left(25\text{ mm}, d_b, \frac{4}{3}G\right)$$

$$= \max\left(25,\ 22,\ \frac{4}{3}\times 25\right) = \max(25,\ 22.2,\ 33.3) = 33.3\text{ mm}$$

2. 보의 최소폭 b_w

$b_w \geq$ 피복두께×2 + 스터럽지름×2 + 철근지름×철근개수 + 순간격×간격수

$= 40\times 2 + 10\times 2 + 22\times 4 + 33.3\times 3 = 287.9$ mm

답 ㉮

69 다음 단면의 공칭휨강도 M_n을 구하면? (단, f_{ck} =30 MPa, f_y =300 MPa이다.)

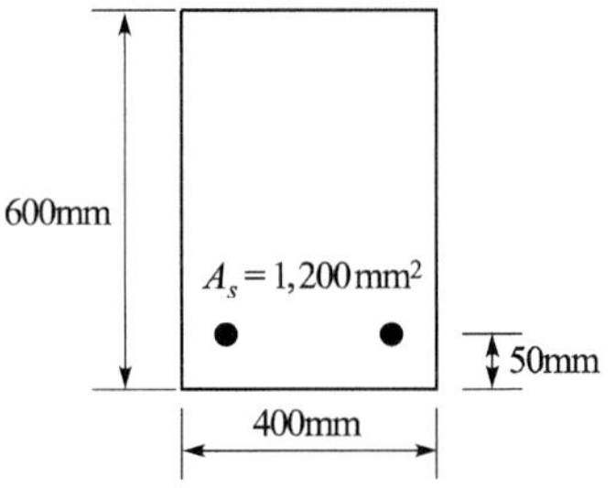

㉮ 132.2 kN・m
㉯ 160.5 kN・m
㉰ 191.6 kN・m
㉱ 222.2 kN・m

풀이 ① 등가직사각형 응력블록의 깊이 (a)

$$a = \frac{A_s f_y}{\eta(0.85 f_{ck})\, b} = \frac{1,200 \times 300}{1.00 \times 0.85 \times 30 \times 400} = 35.3 \text{ mm}$$

② 공칭휨강도 M_n의 산정

$$M_n = A_s f_y \left(d - \frac{a}{2}\right) = 1,200 \times 300 \times \left(550 - \frac{35.3}{2}\right)$$

$$= 191.6 \times 10^6 \text{ N} \cdot \text{mm} = 191.6 \text{ kN} \cdot \text{m}$$

답 ㉰

70 강도설계법 적용 시 그림과 같은 단철근 직사각형 보 단면의 공칭휨강도 M_n은? (단, f_{ck} =21 MPa, f_y =400 MPa, A_s = 1,200 mm²)

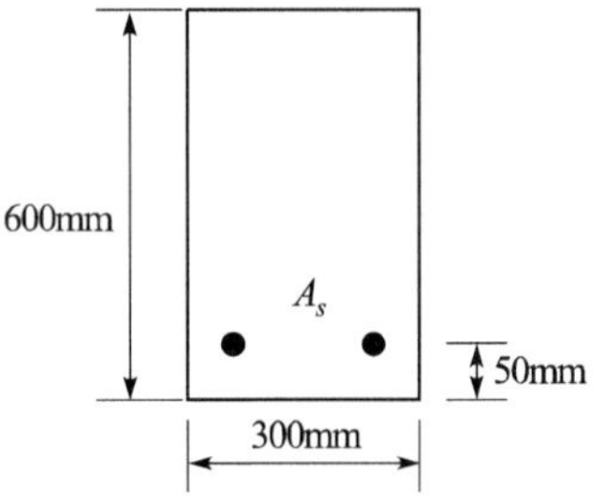

㉮ 162.5 kN・m
㉯ 182.4 kN・m
㉰ 202.4 kN・m
㉱ 242.5 kN・m

풀이 ① 등가직사각형 응력블록의 깊이 (a)

$$a = \frac{A_s f_y}{\eta(0.85 f_{ck})\, b} = \frac{1,200 \times 400}{1.00 \times 0.85 \times 21 \times 300} = 89.6 \text{ mm}$$

② 공칭휨강도 M_n의 산정

$$M_n = A_s f_y \left(d - \frac{a}{2}\right) = 1,200 \times 400 \times \left(550 - \frac{89.6}{2}\right)$$

$$= 242.5 \times 10^6 \text{ N} \cdot \text{mm} = 242.5 \text{ kN} \cdot \text{m}$$

답 ㉱

71 강도설계법 적용시 그림과 같은 단철근 직사각형 보 단면의 공칭휨강도 M_n은? (단, 사용재료는 $f_{ck}=24$ MPa, $f_y=400$ MPa이다. 인장철근의 총면적 $A_s=1{,}200\ \text{mm}^2$이다.)

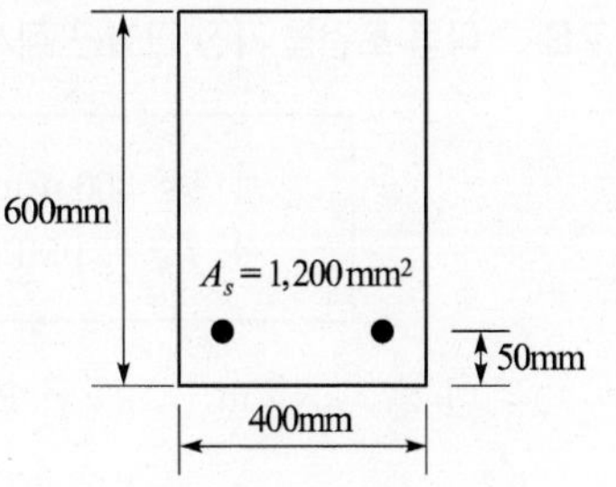

㉮ 163.5 kN · m

㉯ 183.6 kN · m

㉰ 223.3 kN · m

㉱ 257.2 kN · m

풀이 ① 등가직사각형 응력블록의 깊이 (a)

$$a=\frac{A_s f_y}{\eta(0.85 f_{ck})\, b}=\frac{1{,}200\times 400}{1.00\times 0.85\times 24\times 300}=78.4\ \text{mm}$$

② 공칭휨강도 M_n의 산정

$$M_n=A_s f_y\left(d-\frac{a}{2}\right)=1{,}200\times 400\times\left(550-\frac{78.4}{2}\right)$$

$$=257.2\times 10^6\ \text{N}\cdot\text{mm}=257.2\ \text{kN}\cdot\text{m}$$

답 ㉱

72 강도설계법의 직사각형 보에서 단면의 공칭모멘트 (M_n)가 150.0 kN · m일 때 극한모멘트 (M_u) 값은 얼마인가? (단, $\phi=0.85$)

㉮ 95.5 kN · m ㉯ 107.5 kN · m ㉰ 127.5 kN · m ㉱ 143.5 kN · m

풀이 설계휨강도 $M_d=\phi M_n$의 산정

$$M_d=\phi M_n=0.85\times 150=127.5\ \text{kN}\cdot\text{m}$$

답 ㉰

73 다음 조건을 가진 단철근 직사각형 보의 강도설계법에 따른 설계모멘트 (ϕM_n)를 구하면?

① $b = 350$ mm	② $d = 600$ mm	③ 4-D22 (1,548 mm^2)
④ $f_{ck} = 21$ MPa	⑤ $f_y = 400$ MPa	⑥ $\phi = 0.85$

㉮ 270 kN · m ㉯ 280 kN · m ㉰ 290 kN · m ㉱ 300 kN · m

풀이 ① 등가직사각형 응력블록의 깊이 (a)

$$a = \frac{A_s f_y}{\eta(0.85 f_{ck})\, b} = \frac{1{,}548 \times 400}{1.00 \times 0.85 \times 21 \times 350} = 99.1 \text{ mm}$$

② 공칭휨강도 M_n의 산정

$$M_n = A_s f_y \left(d - \frac{a}{2}\right) = 1{,}548 \times 400 \times \left(600 - \frac{99.1}{2}\right)$$
$$= 340.8 \times 10^6 \text{ N} \cdot \text{mm} = 340.8 \text{ kN} \cdot \text{m}$$

③ 설계휨강도 $M_d = \phi M_n$의 산정

$$M_d = \phi M_n = 0.85 \times 340.8 = 289.7 \text{ kN} \cdot \text{m}$$

답 ㉰

74 강도설계법에서 그림과 같은 단면을 가지는 단철근 직사각형 보의 설계모멘트 (ϕM_n)는? (단, $f_{ck} = 27$ MPa, $f_y = 400$ MPa, $A_s = 2{,}871$ mm^2, $\phi = 0.85$)

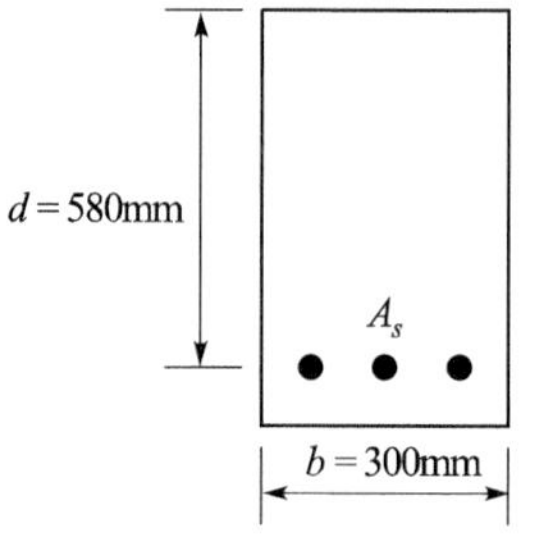

㉮ 381.3 kN · m
㉯ 484.8 kN · m
㉰ 569.6 kN · m
㉱ 715.7 kN · m

풀이 ① 등가직사각형 응력블록의 깊이 (a)

$$a = \frac{A_s f_y}{\eta(0.85 f_{ck})\, b} = \frac{2{,}871 \times 400}{1.00 \times 0.85 \times 27 \times 300} = 166.8 \text{ mm}$$

② 공칭휨강도 M_n의 산정

$$M_n = A_s f_y \left(d - \frac{a}{2}\right) = 2{,}871 \times 400 \times \left(580 - \frac{166.8}{2}\right)$$
$$= 570.3 \times 10^6 \text{ N} \cdot \text{mm} = 570.3 \text{ kN} \cdot \text{m}$$

③ 설계휨강도 $M_d = \phi M_n$의 산정

$M_d = \phi M_n = 0.85 \times 570.3 = 484.8$ kN · m

답 ㉯

75 단철근 직사각형 보에서 설계강도 ϕM_n을 강도설계법에 의해 구하면 얼마인가? 단, ϕ=0.85, 3-D22 (A_s =1,161 mm^2), f_{ck} =24 MPa, f_y =400 MPa, b_w =300 mm, d=550 mm이다.

㉮ 202.1 kN · m　　㉯ 246.8 kN · m　　㉰ 287.5 kN · m　　㉱ 306.2 kN · m

풀이 ① 등가직사각형 응력블록의 깊이 (a)

$$a = \frac{A_s f_y}{\eta(0.85 f_{ck}) b} = \frac{1{,}161 \times 400}{1.00 \times 0.85 \times 24 \times 300} = 75.9 \text{ mm}$$

② 공칭휨강도 M_n의 산정

$$M_n = A_s f_y \left(d - \frac{a}{2}\right) = 1{,}161 \times 400 \times \left(550 - \frac{75.9}{2}\right) = 237.8 \times 10^6 \text{ N·mm} = 237.8 \text{ kN·m}$$

③ 설계휨강도 $M_d = \phi M_n$의 산정

$M_d = \phi M_n = 0.85 \times 237.8 = 202.1$ kN·m

답 ㉮

76 스터럽으로 보강된 휨 부재의 최 외단 인장철근의 순인장 변형률 ϵ_t가 0.0040일 경우 강도감소계수 ϕ로 옳은 것은? (단, f_y =400 MPa)

㉮ 0.65　　㉯ 0.717　　㉰ 0.783　　㉱ 0.817

풀이 강도감소계수 ϕ의 산정

$\epsilon_{tc} = \epsilon_y = 0.0020$

$\epsilon_{tc} = 0.0020 < \epsilon_t = 0.0040 < \epsilon_{tt} = 0.0050$이므로 변화구간 단면이다.

$$\therefore \phi = 0.65 + (\epsilon_t - 0.0020) \times \left(\frac{200}{3}\right) = 0.65 + (0.0040 - 0.0020) \times \left(\frac{200}{3}\right) = 0.783$$

답 ㉰

77 철근콘크리트 보에서 고정하중과 활하중에 의하여 구한 설계휨모멘트 M_u =540 kN · m일 경우, 이때의 공칭휨강도를 구하면? [단, 중립축의 깊이 (c)는 220 mm, 최 외단 압축연단에서 최 외단 인장철근의 도심 (중심)까지의 거리 (d_t)는 550 mm, 철근의 설계기준항복강도 (f_y)는 400 MPa]

㉮ 661 kN · m ㉯ 754 kN · m ㉰ 798 kN · m ㉱ 832 kN · m

풀이 ① 순인장변형률 ϵ_t 의 산정

$d_t = 550$ mm (1단 배치로 가정)

$$\epsilon_t = \left(\frac{d_t - c}{c}\right)\epsilon_{cu} = \left(\frac{520-220}{220}\right)\times 0.0033 = 0.0045$$

② 강도감소계수 ϕ의 산정

$\epsilon_{tc} = \epsilon_y = 0.0020$

$\epsilon_{tc} = 0.0020 < \epsilon_t = 0.0045 < \epsilon_{tt} = 0.0050$이므로 변화구간 단면이다.

$$\therefore\ \phi = 0.65 + (\epsilon_t - 0.0020)\times\left(\frac{200}{3}\right) = 0.65 + (0.0045 - 0.0020)\times\left(\frac{200}{3}\right) = 0.817$$

③ 공칭휨강도 M_n의 산정

설계휨강도 $M_u \le M_d = \phi M_n$로부터

$$M_n \ge \frac{M_u}{\phi} = \frac{540}{0.817} = 661.0\ \text{kN}\cdot\text{m}$$

$\therefore\ M_n = 661.0$ kN · m

답 ㉮

78 보의 복부폭 b_w =300 mm, 유효깊이 d =540 mm인 단철근 직사각형 보에서 설계모멘트 M_d =248 kN · m를 받도록 설계하려고 한다. 이 때 필요한 철근량을 구하면? (단, f_{ck} =24 MPa, f_y =400 MPa, a =105 mm, ϕ =0.85이다.)

㉮ 1,253 mm^2 ㉯ 1,353 mm^2 ㉰ 1,496 mm^2 ㉱ 1,653 mm^2

풀이 설계휨강도

$M_d = \phi M_n\ (\phi = 0.85)$

$$M_d = \phi M_n = \phi A_s f_y\left(d - \frac{a}{2}\right)$$

$$248\times 10^6 = 0.85\times A_s\times 400\times\left(540 - \frac{105}{2}\right)$$

$\therefore\ A_s = 1{,}496$ mm^2

답 ㉰

79 고정하중에 의한 휨모멘트 100 kN · m, 활하중 (적재하중)에 의한 휨모멘트 80 kN · m가 작용하는 단철근 직사각형 보에서 강도설계법에 의거하였을 때 최소 소요인장철근량으로 가장 적당한 것은? 단, b_w =300 mm, d=540 mm, f_{ck} =24 MPa, f_y =400 MPa, D22 (A_b =387.1 mm^2), ϕ =0.85이다.

㉮ 4－D22 ㉯ 5－D22 ㉰ 6－D22 ㉱ 7－D22

풀이 1. 소요휨강도는 다음 값 중에서 큰 값으로 한다.

① $M_u = 1.4\,M_D = 1.4 \times 100 = 140$ kN · m

② $M_u = 1.2\,M_D + 1.6\,M_L = 1.2 \times 100 + 1.6 \times 80 = 248.0$ kN · m

∴ $M_u = 248.0$ kN · m

2. 설계휨강도에 대한 약산식은 다음과 같다.

$M_d = \phi M_n = \phi(A_s f_y j d) = 0.85 \times A_s \times 400 \times (7/8) \times 540 = 160{,}650\,A_s$ (N · mm)

$M_u = 248.0 \times 10^6$ N · mm $\le M_d = \phi M_n = \phi(A_s f_y j d) = 160{,}650\,A_s$

$$\therefore A_s \ge \frac{248.0 \times 10^6}{160{,}650} = 1{,}544\ \text{mm}^2$$

3. 최소 소요철근 개수 $n \ge \dfrac{A_s}{A_b} = \dfrac{1{,}544}{387.1} = 3.9$ ∴ 4-D22

답 ㉮

80 복부폭 250 mm, f_{ck} =30 MPa인 철근콘크리트 보부재의 압축변형률 ϵ_c일 경우 인장철근의 변형률은? (단, d=440 mm, A_s =1520 mm^2, f_y =400 MPa)

㉮ 0.00197 ㉯ 0.00368 ㉰ 0.00523 ㉱ 0.00887

풀이 ① 등가직사각형 응력블록의 깊이 (a)

$$a = \frac{A_s f_y}{\eta(0.85 f_{ck})\,b} = \frac{1{,}520 \times 400}{1.00 \times 0.85 \times 30 \times 250} = 95.4\ \text{mm}$$

② 보의 중립축 위치 (c)

$a = \beta_1 c$로부터

$$c = \frac{a}{\beta_1} = \frac{95.4}{0.80} = 119.3\ \text{mm}$$

(단, β_1은 $f_{ck} \le 40$ MPa인 경우, β_1 =0.80이다.)

③ 순인장변형률 ϵ_t 의 산정 (인장철근의 변형률)

$d_t = d = 440$ mm (1단 배치로 가정)

$$\epsilon_t = \left(\frac{d_t - c}{c}\right)\epsilon_{cu} = \left(\frac{440 - 119.3}{119.3}\right) \times 0.0033 = 0.00887$$

답 ㉱

81 강도설계법에 의한 철근콘크리트 휨부재의 최소철근량을 결정하는 조건식은?

㉮ $\phi M_n \leq 1.2M_{cr}$ ㉯ $\phi M_n \leq 1.5M_{cr}$
㉰ $\phi M_n \geq 1.2M_{cr}$ ㉱ $\phi M_n \geq 1.5M_{cr}$

풀이 해석에 의하여 인장철근 보강이 요구되는 휨부재의 모든 단면에 대하여 설계휨강도 ϕM_n이 다음 식의 조건을 만족하도록 인장철근을 배치하여야 한다.

$\phi M_n \geq 1.2M_{cr}$

여기서, M_{cr}은 휨부재의 균열휨모멘트이다.

답 ㉰

82 ϕM_n이 설계휨강도이고 M_{cr}이 휨부재의 균열휨모멘트일 경우, 철근콘크리트 보의 취성파괴를 방지하기 위한 조건은?

㉮ $\phi M_n \geq 1.2M_{cr}$ ㉯ $\phi M_n \leq 1.2M_{cr}$ ㉰ $\phi M_n \geq 1.2M_{cr}$ ㉱ $\phi M_n \geq 1.2M_{cr}$

풀이 해석에 의하여 인장철근 보강이 요구되는 휨부재의 모든 단면에 대하여 설계휨강도 ϕM_n이 다음 식의 조건을 만족하도록 인장철근을 배치하여야 한다.

$\phi M_n \geq 1.2M_{cr}$

여기서, M_{cr}은 휨부재의 균열휨모멘트이다.

답 ㉰

83 철근콘크리트 복철근 직사각형 보에 관한 설명 중 가장 적당하지 않은 것은 어느 것인가?

㉮ 설계강도를 증가시킨다. ㉯ 장기처짐을 증가시킨다.
㉰ 연성을 증가시킨다. ㉱ 철근조립이 편리하다.

풀이 복철근 직사각형 보는 콘크리트의 크리프 변형을 억제하여 장기처짐을 감소시킨다.

답 ㉯

84 철근콘크리트 보에서 압축철근을 사용하는 목적과 가장 관계가 먼 것은 다음 중 어느 것인가?

㉮ 연성의 증가 ㉯ 장기처짐의 감소

㉰ 전단저항 성능의 증가 ㉱ 인장파괴로의 유도

풀이 전단저항 성능의 증가는 스터럽 등의 전단보강철근으로 한다. **답** ㉰

85 강도설계법으로 설계된 복철근 직사각형 철근콘크리트 보의 특성으로 가장 부적당한 것은? 단, 콘크리트의 설계기준압축강도가 40 MPa 이하인 경우이다.

㉮ 같은 양의 인장철근량으로 배치된 단철근 직사각형 보에 비하여 장기처짐이 작다.

㉯ 같은 양의 인장철근량으로 배치된 단철근 직사각형 보에 비하여 연성이 증가한다.

㉰ 복철근 직사각형 보의 파괴 시 압축단 콘크리트의 압축변형율은 0.0035이다.

㉱ 복철근 직사각형 보의 경우 동일한 하중을 받는 단철근 직사각형 보에 비하여 보 춤을 줄일 수 있다.

풀이 콘크리트의 설계기준압축강도가 40 MPa 이하인 경우, 복철근 직사각형 보의 파괴 시 압축단 콘크리트의 압축변형율은 0.0033이다. 즉 단철근 직사각형 보와 같다. **답** ㉰

86 그림의 보에서 복철근비는?

㉮ 30%

㉯ 40%

㉰ 50%

㉱ 60%

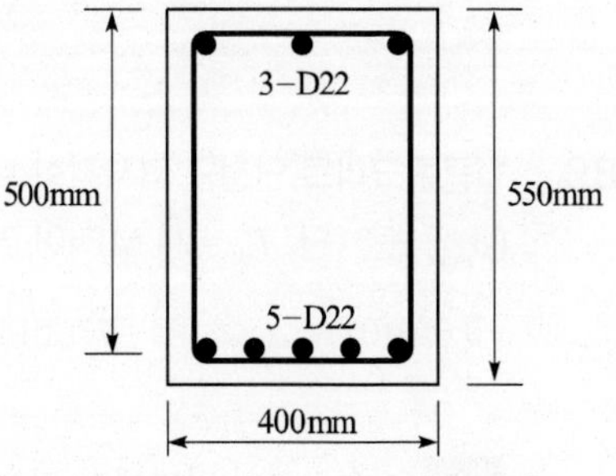

풀이 $복철근비\ (\gamma) = \dfrac{압축철근\ 면적}{인장철근\ 면적} = \dfrac{3}{5} = 0.6 = 60\%$ **답** ㉱

87 다음 그림은 철근콘크리트 보 단부의 단면이다. 복철근비와 인장철근비는? (단, D22 철근 1개의 단면적은 387.1 mm^2이다.)

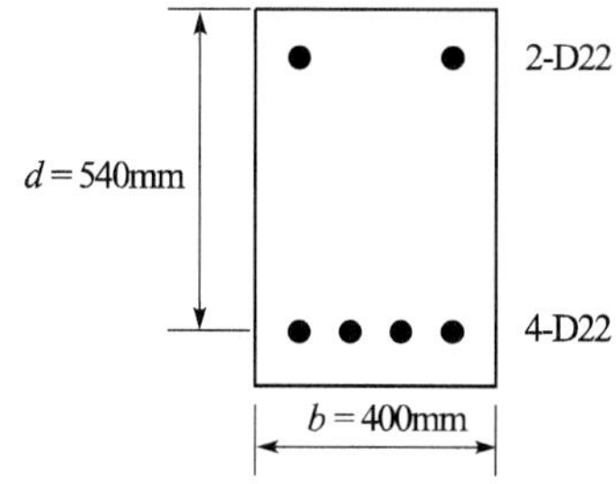

㉮ 복철근비 $\gamma=2.0$, 인장철근비 $\rho=0.00717$
㉯ 복철근비 $\gamma=0.5$, 인장철근비 $\rho=0.00717$
㉰ 복철근비 $\gamma=2.0$, 인장철근비 $\rho=0.00369$
㉱ 복철근비 $\gamma=0.5$, 인장철근비 $\rho=0.00369$

풀이 ① 복철근비 (γ)

$$\gamma=\frac{\text{압축철근 면적}}{\text{인장철근 면적}}=\frac{2}{4}=0.5$$

② 인장철근비 (ρ)

$$\rho=\frac{A_s}{bd}=\frac{387.1\times 4}{400\times 540}=0.00717$$

답 ㉯

88 강도설계법에 의한 철근콘크리트의 보 설계 시 저보강보가 되게 하는 가장 큰 이유는?

㉮ 경제적인 설계가 되도록 하기 위해
㉯ 취성파괴를 유도하기 위해
㉰ 구조적인 효율을 높이기 위해
㉱ 연성파괴를 유도하기 위해

풀이 보와 같은 휨부재를 설계할 경우, 저보강보로 설계하여 연성파괴 (인장파괴)가 되도록 하는 것이 일반적이다. 보부재의 연성파괴를 유도하기 위해 최 외단 인장철근의 순인장변형률을 휨부재의 최소 허용변형률 (ϵ_{ta}) 이상으로 제한한다.

답 ㉱

89 철근콘크리트 단철근 직사각형 보 설계에서 보의 균형철근비 $\rho_b=0.0200$일 때, 이 보의 최대철근비 ($\rho_{\max}$)는? (단, $f_{ck}=24$ MPa이고, $f_y=400$ MPa이다.)

㉮ 0.0102 ㉯ 0.0145 ㉰ 0.0205 ㉱ 0.0252

풀이 인장지배 단면에서 휨부재에 대한 해당철근비 ($\rho_{\max}$, 최대철근비)

$f_{ck}\le 40$ MPa이고 $f_y=400$ MPa인 경우, 인장지배 단면에서 휨부재에 대한 해당 철근비 ($\rho_{\max}$, 최대철근비). 여기서, $\epsilon_{cu}=0.0033$, $\epsilon_y=0.0020$, $\epsilon_{tt}=0.0050$이다.

$$\rho_{\max}=\left(\frac{\epsilon_{cu}+\epsilon_y}{\epsilon_{cu}+\epsilon_{ta}}\right)\rho_b=\left(\frac{0.0033+0.0020}{0.0033+0.0040}\right)\rho_b=0.726\,\rho_b=0.726\times 0.0200=0.0145$$

답 ㉯

90 철근콘크리트 단철근 직사각형 보에서 균형철근비를 계산한 결과 ρ_b =0.0390일 경우, 최대철근비는? (단, E_s =200,000 MPa, f_y =400 MPa, f_{ck} =24 MPa이다.)

㉮ 0.0186 ㉯ 0.0226 ㉰ 0.0261 ㉱ 0.0283

풀이 최대철근비 $\rho_{\max} = 0.726\,\rho_b = 0.726 \times 0.0390 = 0.0283$ **답** ㉱

91 철근콘크리트 단철근 직사각형 보를 설계할 때 최대철근비로 옳은 것은? (단, f_y =400 MPa, ρ_b = 0.038)

㉮ 0.027 6 ㉯ 0.0304 ㉰ 0.0342 ㉱ 0.0361

풀이 최대철근비 $\rho_{\max} = 0.726\,\rho_b = 0.726 \times 0.0380 = 0.0276$ **답** ㉮

92 강도설계법에서 b= 300 mm, d= 500 mm일 때 최대철근량은? (단, E_s =200,000 MPa, f_y =400 MPa, f_{ck} =24 MPa이다.)

㉮ 1,820 mm^2 ㉯ 2,760 mm^2 ㉰ 3,120 mm^2 ㉱ 4,520 mm^2

풀이 1. 균형철근비 (ρ_b)

① f_{ck} =24 MPa, f_y =400 MPa

② β_1의 결정 : $f_{ck} \leq 40$ MPa인 경우, $\beta_1 = 0.80$

③ ρ_b의 결정

$$\rho_b = \frac{\beta_1 \eta (0.85 f_{ck})}{f_y}\left(\frac{660}{660+f_y}\right) = \left(\frac{0.80 \times 1.00 \times 0.85 \times 24}{400}\right) \times \left(\frac{660}{660+400}\right) = 0.0254$$

2. 인장지배 단면에서 휨부재에 대한 해당철근비 ($\rho_{\max}$, 최대철근비)

$f_{ck} \leq 40$ MPa이고 f_y =400 MPa인 경우, 인장지배 단면에서 휨부재에 대한 해당 철근비 ($\rho_{\max}$, 최대철근비). 여기서, $\epsilon_{cu} = 0.0033$, $\epsilon_y = 0.0020$, $\epsilon_{tt} = 0.0050$이다.

$$\rho_{\max} = \left(\frac{\epsilon_{cu} + \epsilon_y}{\epsilon_{cu} + \epsilon_{ta}}\right)\rho_b = \left(\frac{0.0033 + 0.0020}{0.0033 + 0.0040}\right)\rho_b = 0.726\,\rho_b = 0.726 \times 0.0254 = 0.0184$$

3. 최대철근량 ($A_{s,\max}$)

$A_{s,\max} = \rho_{\max}(bd) = 0.0184 \times 300 \times 500 = 2{,}760\ \text{mm}^2$ **답** ㉯

93 복철근 직사각형 보에 대한 강도설계법에서 균형철근비 $\rho_b = 0.0254$, 압축철근비 $\rho' = 0.0060$, 평형변형률 상태에서 압축철근의 응력 $f_s = 400$ MPa, $b_w = 300$ mm, $d = 600$ mm, $f_{ck} = 24$ MPa, $f_y = 400$ MPa일 때 최대 인장철근량으로 옳은 것은? 단, 압축철근이 항복하는 경우이다.

㉮ 4,140 mm^2 ㉯ 4,392 mm^2 ㉰ 5,220 mm^2 ㉱ 3,915 mm^2

풀이 복철근 직사각형 보에서 압축철근의 강도 (f_s')가 항복강도 (f_y)와 같으므로 최대 인장철근비 (ρ_{max})는 다음과 같다.

① $\rho_{max} = 0.726\rho_b + \rho' = 0.726 \times 0.0254 + 0.0060 = 0.0244$

② $A_{s,\max} = 0.0244 \times 300 \times 600 = 4,392\ mm^2$

답 ㉯

94 강도설계법에서 다음과 같은 조건의 단면을 가진 부재의 균열휨모멘트 M_{cr}을 구하면?

- 단면의 중립축에서 인장연단까지의 거리 $y_t = 420$ mm
- 총 단면2차 모멘트 $I_g = 1.0 \times 10^{10}$ mm4
- 보통중량콘크리트 설계기준강도 $f_{ck} = 21$ MPa

㉮ 50.6 kN · m ㉯ 53.3 kN · m ㉰ 62.5 kN · m ㉱ 68.8 kN · m

풀이 ① 콘크리트의 휨인장강도 (파괴계수, f_r)

$$f_r = 0.63\lambda\sqrt{f_{ck}} = 0.63 \times 1.0 \times \sqrt{21} = 2.89\ \text{MPa}$$

② 균열휨모멘트

$$M_{cr} = \frac{f_r}{y_t} I_g = \frac{2.89}{420} \times (1.0 \times 10^{10}) = 68.8 \times 10^6\ \text{N} \cdot \text{mm} = 68.8\ \text{kN} \cdot \text{m}$$

답 ㉱

95 f_{ck} =24 MPa이고, 단면이 200×300 mm인 보의 균열휨모멘트를 구하면? (단, 보통중량콘크리트 사용)

㉮ 7.6 kN · m　　㉯ 9.3 kN · m　　㉰ 11.5 kN · m　　㉱ 13.3 kN · m

풀이 ① 콘크리트의 휨인장강도 (파괴계수, f_r)

$$f_r = 0.63\lambda\sqrt{f_{ck}} = 0.63 \times 1.0 \times \sqrt{24} = 3.09 \text{ MPa}$$

② 총 단면에 대한 단면2차 모멘트

$$I_g = \frac{bh^3}{12} = \frac{200 \times 300^3}{12} = 450.2 \times 10^6 \text{ mm}^4$$

③ 도심에서 인장측 연단까지의 거리

$$y_t = \frac{h}{2} = \frac{300}{2} = 150 \text{ mm}$$

④ 균열휨모멘트

$$M_{cr} = \frac{f_r I_g}{y_t} = \frac{3.09 \times (450.0 \times 10^6)}{150} = 9.3 \times 10^6 \text{ N} \cdot \text{mm} = 9.3 \text{ kN} \cdot \text{m}$$

답 ㉯

96 복부폭 $b_w = 250$ mm, 높이 $h = 500$ mm인 직사각형 콘크리트 보부재의 균열휨모멘트 M_{cr}은? (단, 경량콘크리트계수 $\lambda = 1.0$, f_{ck} =24 MPa)

㉮ 8.3 kN · m　　㉯ 16.4 kN · m　　㉰ 24.5 kN · m　　㉱ 32.2 kN · m

풀이 ① 콘크리트의 휨인장강도 (파괴계수, f_r)

$$f_r = 0.63\lambda\sqrt{f_{ck}} = 0.63 \times 1.0 \times \sqrt{24} = 3.09 \text{ MPa}$$

② 총 단면에 대한 단면2차 모멘트

$$I_g = \frac{bh^3}{12} = \frac{250 \times 500^3}{12} = 2{,}604.2 \times 10^6 \text{ mm}^4$$

③ 도심에서 인장측 연단까지의 거리

$$y_t = \frac{h}{2} = \frac{500}{2} = 250 \text{ mm}$$

④ 균열휨모멘트

$$M_{cr} = \frac{f_r I_g}{y_t} = \frac{3.09 \times (2{,}604.2 \times 10^6)}{250} = 32.2 \times 10^6 \text{ N} \cdot \text{mm} = 32.2 \text{ kN} \cdot \text{m}$$

답 ㉱

97 보통중량콘크리트를 사용한 그림과 같은 보의 단면에서 외력에 의해 휨균열을 일으키는 균열휨모멘트 (M_{cr}) 값으로 옳은 것은? (단, f_{ck} =27 MPa, f_y =400 MPa, 철근은 개략적으로 도시되어있음)

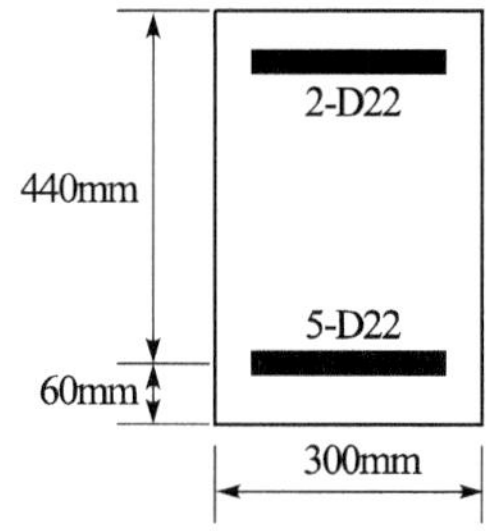

㉮ 29.5 kN · m

㉯ 34.7 kN · m

㉰ 40.9 kN · m

㉱ 52.4 kN · m

풀이 ① 콘크리트의 휨인장강도 (파괴계수, f_r)

$$f_r = 0.63\lambda\sqrt{f_{ck}} = 0.63 \times 1.0 \times \sqrt{27} = 3.27\ \text{MPa}$$

② 총 단면에 대한 단면2차 모멘트

$$I_g = \frac{bh^3}{12} = \frac{300 \times 500^3}{12} = 3{,}125.0 \times 10^6\ \text{mm}^4$$

③ 도심에서 인장측 연단까지의 거리

$$y_t = \frac{h}{2} = \frac{500}{2} = 250\ \text{mm}$$

④ 균열휨모멘트

$$M_{cr} = \frac{f_r I_g}{y_t} = \frac{3.27 \times (3{,}125.0 \times 10^6)}{250} = 40.9 \times 10^6\ \text{N} \cdot \text{mm} = 40.9\ \text{kN} \cdot \text{m}$$

답 ㉰

98 그림과 같은 철근콘크리트 보의 균열휨모멘트 (M_{cr})값은? (단, 보통중량콘크리트 사용, f_{ck} =24 MPa, f_y =400 MPa)

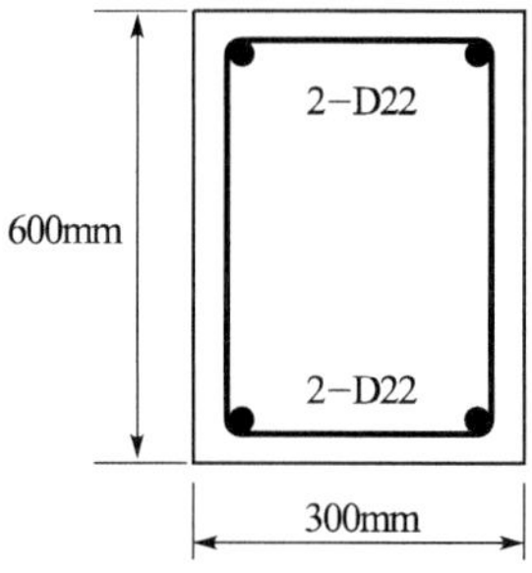

㉮ 21.5 kN · m

㉯ 33.6 kN · m

㉰ 42.8 kN · m

㉱ 55.6 kN · m

풀이 ① 콘크리트의 휨인장강도 (파괴계수, f_r)

$$f_r = 0.63\lambda\sqrt{f_{ck}} = 0.63 \times 1.0 \times \sqrt{24} = 3.09\ \text{MPa}$$

② 총 단면에 대한 단면2차 모멘트

$$I_g = \frac{bh^3}{12} = \frac{300 \times 600^3}{12} = 5,400.0 \times 10^6 \text{ mm}^4$$

③ 도심에서 인장측 연단까지의 거리

$$y_t = \frac{h}{2} = \frac{600}{2} = 300 \text{ mm}$$

④ 균열휨모멘트

$$M_{cr} = \frac{f_r I_g}{y_t} = \frac{3.09 \times (5,400.0 \times 10^6)}{300} = 55.6 \times 10^6 \text{ N} \cdot \text{mm} = 55.6 \text{ kN} \cdot \text{m}$$ 답 ㉱

99 단면이 $b_w = 350$ mm, $h = 700$ mm인 직사각형 보의 균열휨모멘트 (M_{cr})는 얼마인가? (단, 보의 휨파괴 강도 $f_r = 3$ MPa)

㉮ 85.8 kN · m ㉯ 95.8 kN · m ㉰ 105.8 kN · m ㉱ 115.8 kN · m

풀이 ① 콘크리트의 휨인장강도 (파괴계수, f_r)

$f_r = 3$ MPa

② 총 단면에 대한 단면2차 모멘트

$$I_g = \frac{bh^3}{12} = \frac{350 \times 700^3}{12} = 10,004.2 \times 10^6 \text{ mm}^4$$

③ 도심에서 인장측 연단까지의 거리

$$y_t = \frac{h}{2} = \frac{700}{2} = 350 \text{ mm}$$

④ 균열휨모멘트

$$M_{cr} = \frac{f_r I_g}{y_t} = \frac{3.00 \times (10,004.2 \times 10^6)}{350} = 85.8 \times 10^6 \text{ N} \cdot \text{mm} = 85.8 \text{ kN} \cdot \text{m}$$ 답 ㉮

100 다음과 같은 조건에서 철근콘크리트 보의 휨철근의 최대 중심간격은 얼마인가? (단, 철근은 보의 인장부에만 배치하고 피복두께는 40 mm이다.)

- 일반환경 조건 (210)
- $f_{ck} = 28$ MPa
- $f_y = 400$ MPa
- $f_s = (2/3) f_y$
- $A_s = 1{,}548\ \text{mm}^2$ (4−D22)

㉮ 107 mm ㉯ 164 mm ㉰ 195 mm ㉱ 239 mm

풀이 휨철근의 최대 중심간격 $s_{\max}$ ($f_y = 400$ MPa)

$\kappa_{cr} = 210$

$$f_s = \frac{2}{3} f_y = \frac{2}{3} \times 400 = 267\,\text{MPa}$$

$c_c = 40.0$ mm

$$s_{\max} = \min\left[375\left(\frac{\kappa_{cr}}{f_s}\right) - 2.5c_c,\ 300\left(\frac{\kappa_{cr}}{f_s}\right)\right]$$

$$= \min\left[375 \times \left(\frac{210}{267}\right) - 2.5 \times 40.0,\ 300 \times \left(\frac{210}{267}\right)\right] = \min(195,\ 236) = 195\ \text{mm}$$

답 ㉰

101 철근콘크리트 T형 보의 유효폭 산정식에 관련된 사항과 거리가 먼 것은?

㉮ 보의 복부폭 ㉯ 슬래브 중심간 거리
㉰ 슬래브의 두께 ㉱ 보의 춤

풀이 T형 보의 유효폭 산정식에 관련된 사항

① 플랜지 (슬래브)의 두께 (h_f)

② 플랜지가 있는 부재의 복부폭 (b_w)

③ 양쪽 슬래브의 중심간 거리

④ 보의 경간

답 ㉱

102 철근콘크리트 T형 보의 유효폭 산정에서 관계가 없는 항목은?

㉮ 보의 높이 ㉯ 슬래브의 두께
㉰ 양쪽 슬래브의 중심간 거리 ㉱ 보의 복부폭

풀이 T형 보의 유효폭 산정식에 관련된 사항

① 플랜지(슬래브)의 두께 (h_f)

② 플랜지가 있는 부재의 복부폭 (b_w)

③ 양쪽 슬래브의 중심간 거리

④ 보의 경간

답 ㉮

103 철근콘크리트 T형 보의 유효폭 산정과 가장 관계가 먼 것은?

㉮ 슬래브의 세장비 ㉯ 슬래브의 두께
㉰ 양측 슬래브의 중심간 거리 ㉱ 보의 경간

풀이 T형 보의 유효폭 산정식에 관련된 사항

① 플랜지(슬래브)의 두께 (h_f)

② 플랜지가 있는 부재의 복부폭 (b_w)

③ 양쪽 슬래브의 중심간 거리

④ 보의 경간

답 ㉮

104 단면 복부의 폭이 400 mm, 양쪽 슬래브의 중심간 거리가 2,000 mm인 대칭 T형 보의 유효폭은? (단, 보의 경간은 4,800 mm, 슬래브 두께는 120 mm이다.)

㉮ 1,000 mm ㉯ 1,200 mm
㉰ 2,000 mm ㉱ 2,320 mm

풀이 T형 보의 유효폭(플랜지의 유효폭)

① $16h_f + b_w = 16 \times 120 + 400 = 2{,}320$ mm

② 양쪽 슬래브의 중심간 거리 = 2,000 mm

③ 보의 경간의 $\frac{1}{4} = 4{,}800 \times \frac{1}{4} = 1{,}200$ mm

따라서 T형 보의 유효폭(플랜지의 유효폭)은 가장 작은 값인 1,200 mm이다. 답 ㉯

105 철근콘크리트구조에서 다음의 고전을 갖는 대칭 T형 보의 유효폭은?

- 슬래브의 두께 : 100 mm
- 보의 복부폭 : 300 mm
- 양쪽 슬래브의 중심간 거리 : 3.5 m
- 보의 경간 : 8.0 m

㉮ 1,900 mm　　㉯ 2,000 mm　　㉰ 2,750 mm　　㉱ 3,500 mm

풀이 T형 보의 유효폭 (플랜지의 유효폭)

① $16h_f + b_w = 16 \times 100 + 300 = 1{,}900$ mm

② 양쪽 슬래브의 중심간 거리 = 3,500 mm

③ 보의 경간의 $\frac{1}{4} = 8{,}000 \times \frac{1}{4} = 2{,}000$ mm

따라서 T형 보의 유효폭 (플랜지의 유효폭)은 가장 작은 값인 1,900 mm이다. 답 ㉮

106 T형 보의 유효폭 b_e의 값은? (단, 보의 스팬은 15 m이다.)

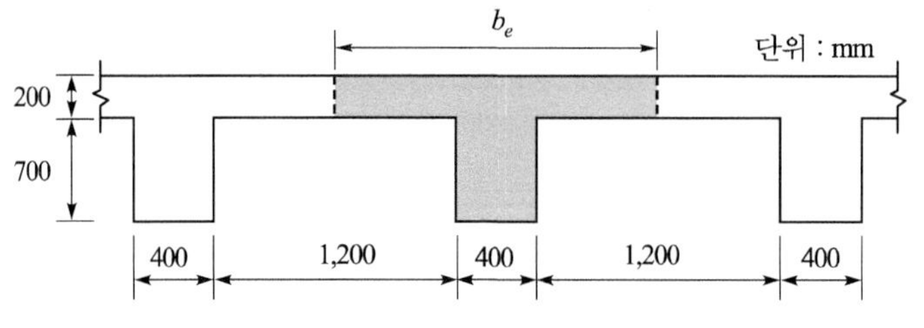

㉮ 3,750 mm　　㉯ 3,600 mm　　㉰ 2,100 mm　　㉱ 1,600 mm

풀이 T형 보의 유효폭 (플랜지의 유효폭)

① $16h_f + b_w = 16 \times 200 + 400 = 3{,}600$ mm

② 양쪽 슬래브의 중심간 거리 = 1,600 mm

③ 보의 경간의 $\frac{1}{4} = 15{,}000 \times \frac{1}{4} = 3{,}750$ mm

따라서 T형 보의 유효폭 (플랜지의 유효폭)은 가장 작은 값인 1,600 mm이다. 답 ㉱

107 철근콘크리트 보에서 스팬 8 m, 슬래브 중심간 거리 4.0 m, 보의 복부폭은 400 mm, 슬래브 두께가 150 mm 일 때 T형 보의 유효폭을 구하면?

㉮ 2,000 mm ㉯ 2,800 mm ㉰ 4,000 mm ㉱ 4,200 mm

풀이 T형 보의 유효폭 (플랜지의 유효폭)

① $16h_f + b_w = 16 \times 150 + 400 = 2{,}800$ mm

② 양쪽 슬래브의 중심간 거리 = 4,000 mm

③ 보의 경간의 $\frac{1}{4} = 8{,}000 \times \frac{1}{4} = 2{,}000$ mm

따라서 T형 보의 유효폭 (플랜지의 유효폭)은 가장 작은 값인 2,000 mm이다. 답 ㉮

108 그림과 같은 T형 보 (G_1)의 유효폭 b_e의 값은? (단, 슬래브의 두께는 120 mm, 보의 복부폭은 300 mm)

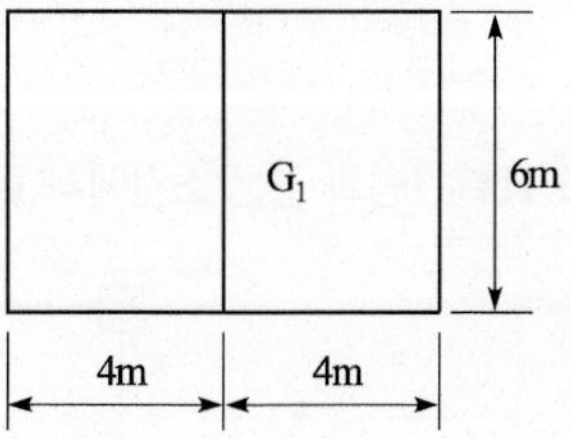

㉮ 1,500 mm

㉯ 1,920 mm

㉰ 2,220 mm

㉱ 4,000 mm

풀이 T형 보의 유효폭 (플랜지의 유효폭)

① $16h_f + b_w = 16 \times 120 + 300 = 2{,}220$ mm

② 양쪽 슬래브의 중심간 거리 = 4,000 mm

③ 보의 경간의 $\frac{1}{4} = 6{,}000 \times \frac{1}{4} = 1{,}500$ mm

따라서 T형 보의 유효폭 (플랜지의 유효폭)은 가장 작은 값인 1,500 mm이다. 답 ㉮

109 그림에서 T형 보 (G_1)의 유효폭 (b_e)은 다음 중 어느 것인가? 단, 슬래브의 두께는 120 mm, 보의 복부폭 (b_w)은 400 mm이다.

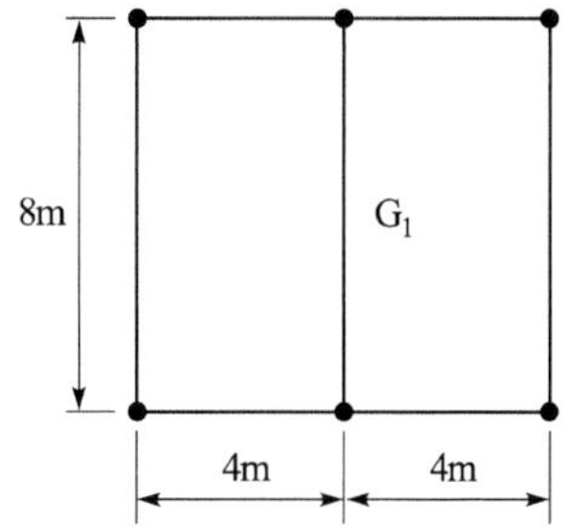

㉮ 2,000 mm
㉯ 2,300 mm
㉰ 2,400 mm
㉱ 3,000 mm

풀이 T형 보의 유효폭 (플랜지의 유효폭)

① $16h_f + b_w = 16 \times 120 + 400 = 2{,}320$ mm

② 양쪽 슬래브의 중심간 거리 = 4,000 mm

③ 보의 경간의 1/4 = 8,000/4 = 2,000 mm

따라서 T형 보의 유효폭 (플랜지의 유효폭)은 가장 작은 값인 2,000 mm이다. **답** ㉮

110 그림과 같은 조건에서 G_2 보의 유효폭 (b_e)의 값은?

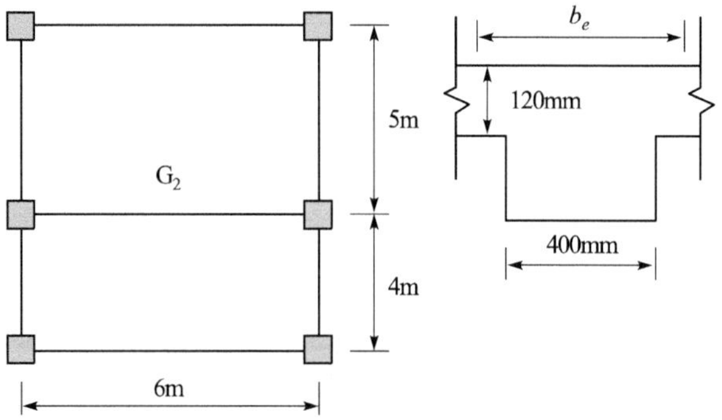

㉮ 1,000 mm ㉯ 1,500 mm ㉰ 2,000 mm ㉱ 2,320 mm

풀이 T형 보의 유효폭 (플랜지의 유효폭)

① $16h_f + b_w = 16 \times 120 + 400 = 2{,}320$ mm

② 양쪽 슬래브의 중심간 거리 = $(5{,}000 + 4{,}000)/2 = 4{,}500$ mm

③ 보의 경간의 $\frac{1}{4} = 6{,}000 \times \frac{1}{4} = 1{,}500$ mm

따라서 T형 보의 유효폭 (플랜지의 유효폭)은 가장 작은 값인 1,500 mm이다. **답** ㉯

111 다음 그림과 같은 평면도를 가진 바닥구조의 슬래브의 두께가 100 mm, 보의 복부폭 b_w가 250 mm라면 이 슬래브를 구성하고 있는 T형 보의 유효플랜지 폭은?

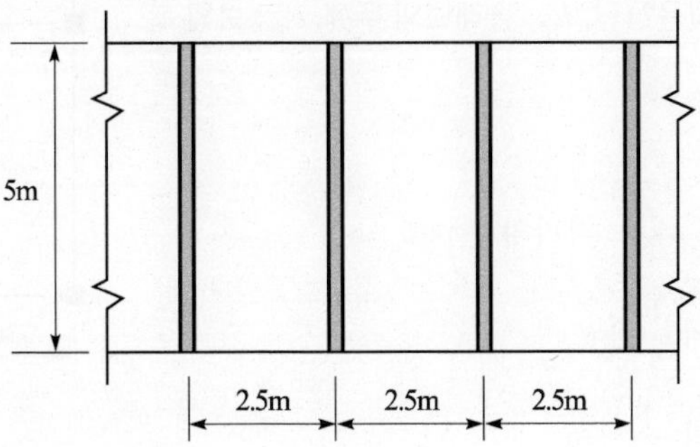

㉮ 1,000 mm　　㉯ 1,250 mm　　㉰ 1,850 mm　　㉱ 2,500 mm

풀이 T형 보의 유효폭 (플랜지의 유효폭)

① $16h_f + b_w = 16 \times 100 + 250 = 1{,}850$ mm

② 양쪽 슬래브의 중심간 거리 $= 2{,}500$ mm

③ 보의 경간의 $\frac{1}{4} = 5{,}000 \times \frac{1}{4} = 1{,}250$ mm

따라서 T형 보의 유효폭 (플랜지의 유효폭)은 가장 작은 값인 1,250 mm이다. **답** ㉯

112 슬래브와 보를 일체로 친 T형 보를 대칭 T형 보와 반 T형 보로 구분할 때 반 T형 보의 유효폭 b_e를 결정하는 요인에 해당되는 것은?

㉮ 양쪽으로 각각 내민 플랜지 두께의 8배+플랜지 복부폭 (b_w)

㉯ 인접보와의 내측 거리의 1/2+플랜지 복부폭 (b_w)

㉰ 양쪽의 슬래브의 중심간 거리

㉱ 보의 경간의 1/4

풀이 반 T형 보의 유효폭 산정식

반 T형 보의 유효폭 b_e는 다음 중 가장 작은 값으로 한다.

① $6h_f + b_w$

② $\left(\text{보의 경간의 } \frac{1}{12}\right) + b_w$

③ $\left(\text{인접보와의 내측 거리의 } \frac{1}{2}\right) + b_w$ **답** ㉯

113 다음 그림의 G_1과 같이 슬래브와 철근콘크리트 보가 일체로 타설된 가장자리 보 (반 T형 보)의 유효폭 b_e를 구하고자 할 때 부적당한 것은? (단, h_f : 슬래브의 두께, b_w : 보의 복부폭)

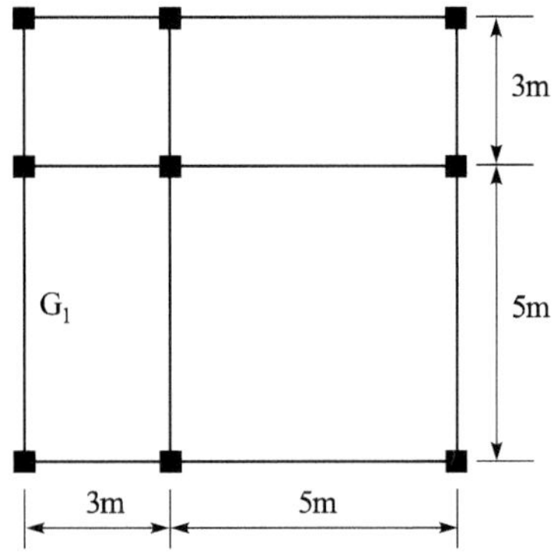

㉮ $6h_f + b_w$

㉯ $\left(\text{인접보와의 내측 거리의 } \frac{1}{2}\right) + b_w$

㉰ $\left(\text{보의 경간의 } \frac{1}{4}\right) + b_w$

㉱ $\left(\text{보의 경간의 } \frac{1}{12}\right) + b_w$

풀이 반 T형 보 (비대칭 T형 보)의 유효폭 b_e는 다음 중 가장 작은 값으로 한다.

① $6h_f + b_w$

② $\left(\text{보의 경간의 } \frac{1}{12}\right) + b_w$

③ $\left(\text{인접보와의 내측 거리의 } \frac{1}{2}\right) + b_w$

답 ㉰

114 반 T형 보의 유효폭으로 옳은 것은? (단, 보의 경간은 6 m)

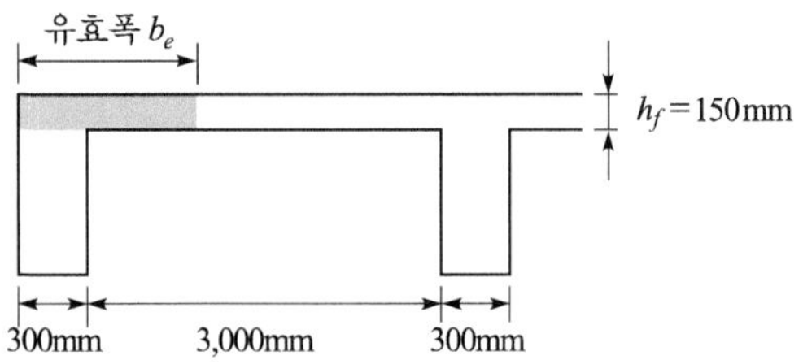

㉮ 800 mm

㉯ 1,200 mm

㉰ 1,800 mm

㉱ 2,300 mm

풀이 반 T형 보의 유효폭 (플랜지의 유효폭)

① $6h_f + b_w = 6 \times 150 + 300 = 1{,}200$ mm

② $\left(\text{보의 경간의 } \frac{1}{12}\right) + b_w = \frac{6{,}000}{12} + 300 = 800$ mm

③ $\left(\text{인접보와의 내측 거리의 } \frac{1}{2}\right) + b_w = \frac{3{,}000}{2} + 300 = 1{,}800$ mm

따라서 반 T형 보의 유효폭은 가장 작은 값인 800 mm이다.

답 ㉮

115 보의 복부폭은 400 mm, 한쪽으로 내민 플랜지의 두께는 150 mm, 보의 경간은 9 m, 인접보와의 내측 거리 3 m인 경우, 슬래브와 보가 일체로 타설된 반 T형 보의 유효폭은?

㉮ 1,000mm ㉯ 1,150mm ㉰ 1,300mm ㉱ 1,900mm

풀이 반 T형 보의 유효폭 (플랜지의 유효폭)

① $6h_f + b_w = 6 \times 150 + 400 = 1,300\ \text{mm}$

② $\left(\text{보의 경간의 } \frac{1}{12}\right) + b_w = \frac{9,000}{12} + 400 = 1,150\ \text{mm}$

③ $\left(\text{인접보와의 내측 거리의 } \frac{1}{2}\right) + b_w = \frac{3,000}{2} + 400 = 1,900\ \text{mm}$

따라서 반 T형 보의 유효폭은 가장 작은 값인 1,150 mm이다. 답 ㉯

116 다음의 조건을 가진 반 T형 보의 유효폭 b_e의 값은?

- 슬래브의 두께 : 200 mm
- 보의 복부폭 : 400 mm
- 보의 경간 : 9,000 mm
- 인접보와의 내측 거리 : 2,600 mm

㉮ 1,150 mm ㉯ 1,270 mm ㉰ 1,600 mm ㉱ 1,700 mm

풀이 반 T형 보의 유효폭 (플랜지의 유효폭)

① $6h_f + b_w = 6 \times 200 + 400 = 1,600\ \text{mm}$

② $\left(\text{보의 경간의 } \frac{1}{12}\right) + b_w = \frac{9,000}{12} + 400 = 1,150\ \text{mm}$

③ $\left(\text{인접보와의 내측 거리의 } \frac{1}{2}\right) + b_w = \frac{2,600}{2} + 400 = 1,700\ \text{mm}$

따라서 반 T형 보의 유효폭은 가장 작은 값인 1,150 mm이다. 답 ㉮

117 그림과 같은 좌우 대칭의 T형 단면의 도심 (G)이 플랜지 하단과 일치하게 하려면 플랜지 유효폭 b_e의 크기는?

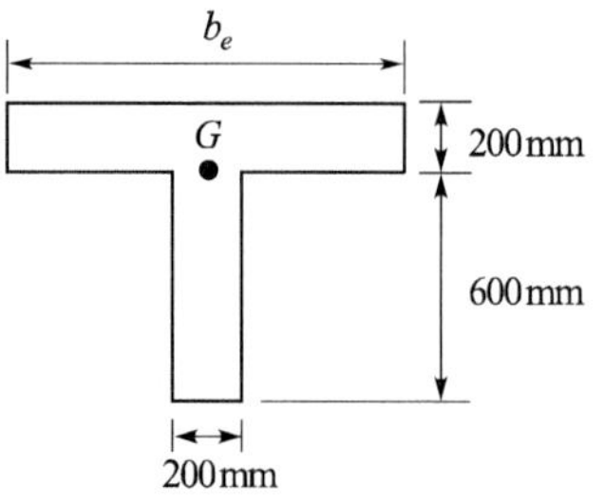

㉮ 3,600 mm

㉯ 1,800 mm

㉰ 1,200 mm

㉱ 6,000 mm

풀이 도심 (G)에서는 단면1차 모멘트가 0이 된다.

$$b_e \times 200 \times \left(\frac{200}{2}\right) + 200 \times 600 \times \left(-\frac{600}{2}\right) = 0$$

$\therefore\ b_e = 1{,}800\ \text{mm}$

답 ㉯

118 철근콘크리트 T형 보에 관한 설명으로 관련 없는 것은?

㉮ 등가직사각형 압축응력블록의 깊이가 복부에 있을 때

㉯ 기둥 지지점 위에 보와 슬래브가 있을 때

㉰ 기둥 사이에 보와 슬래브가 있을 때

㉱ 일반적으로 압축철근이 필요 없다.

풀이 ① T형 보는 보의 중앙부에서 슬래브가 압축영역에 있을 때만 설계가 가능하다.

② 기둥 지지부의 슬래브는 부모멘트를 받아 복부폭 b_w를 폭으로 하는 직사각형 단면으로 설계한다.

답 ㉯

119 철근콘크리트의 T형 단순보의 중앙부 배치로 가장 알맞은 것은?

㉮
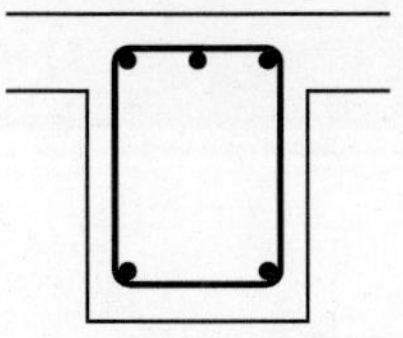

㉯
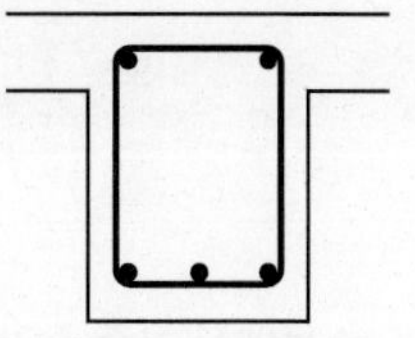

㉰
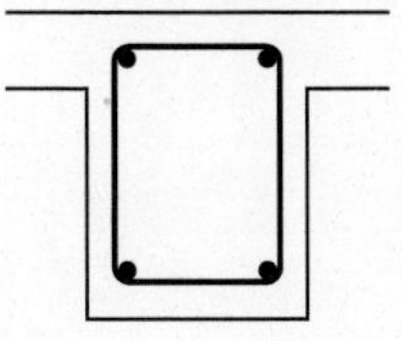

㉱
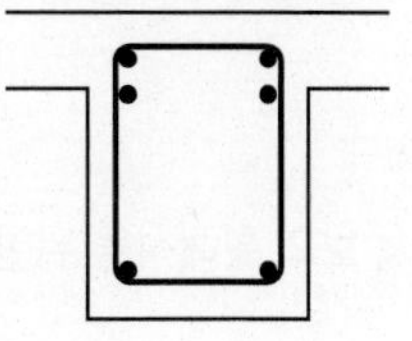

풀이 정모멘트가 작용하는 단순보의 중앙부는 단면 중심을 경계로 하부는 인장력, 상부는 압축력이 작용하므로 인장력을 부담하는 철근은 하부에 배치한다.

답 ㉯

심화 연습문제

01 철근콘크리트 단순보에서 하중 증가에 따른 보의 휨거동 특성을 설명하시오.

02 강도설계법에서 보의 휨해석을 위한 기본 가정을 설명하시오.

03 다음은 철근콘크리트 보의 휨해석에서 보의 강도설계를 위한 기본 가정이다. ( ) 안에 적당한 용어 또는 숫자를 쓰시오.

(1) 철근과 콘크리트의 변형률은 중립축부터 거리에 (①)하는 것으로 가정할 수 있다.

(2) 휨모멘트 또는 휨모멘트와 축력을 동시에 받는 부재의 압축연단 콘크리트의 극한변형률 (ϵ_{cu})은 콘크리트의 설계기준압축강도가 40 MPa 이하인 경우에는 (②)으로 가정한다.

(3) 철근의 변형률 (ϵ_s)이 항복 변형률 (ϵ_y) 이하인 경우의 철근의 응력 (f_s)은 그 변형률 (ϵ_s)에 E_s를 (③)한 값으로 산정하고, 철근의 변형률 (ϵ_s)이 항복강도 f_y에 대응하는 변형률 (ϵ_y)보다 더 큰 변형률에 대한 철근의 응력은 그 변형률에 관계없이 (④)로 한다.

(4) 콘크리트의 (⑤)는 철근콘크리트 부재 단면의 축강도와 휨강도계산에서 무시할 수 있다.

(5) 콘크리트의 압축응력의 분포와 콘크리트 변형률 사이에 관계는 (⑥), 사다리꼴, 포물선형 또는 강도의 예측에서 광범위한 실험의 결과와 실질적으로 일치하는 어떤 형상으로도 가정할 수 있다.

(⑥) 단면의 가장자리와 최대 압축변형률이 일어나는 연단부터 $a=\beta_1 c$ 거리에 있고 중립축과 평행한 직선에 의해 이루어지는 등가 압축영역에 η(⑦)f_{ck}인 콘크리트 응력이 등분포하는 것으로 가정한다.

풀이 ① 비례, ② 0.0033, ③ 곱, ④ f_y, ⑤ 인장강도, ⑥ 직사각형, ⑦ 0.85

04 철근콘크리트 보를 해석하기 위한 등가직사각형 압축응력블록에 대해 설명하시오.

05 철근콘크리트 보에서 균형변형률 상태에 대해 설명하시오.

06 철근콘크리트 단철근 직사각형 보에서 균형철근비 ρ_b를 유도하시오.

07 철근콘크리트 보에서 지배 단면을 세 가지로 구분하여 설명하시오.

08 철근콘크리트 단철근 보에서 저보강보와 과보강보를 설명하시오.

09 단철근 직사각형 보부재에서 주철근의 중심간격의 산정방법을 설명하시오.

10 단철근 직사각형 보부재의 유효깊이의 산정방법을 설명하시오.

11 단철근 직사각형 보부재의 최소 폭의 산정방법을 설명하시오.

12 철근콘크리트 보에서 다음 조건에 해당되는 ①~⑨의 최소철근비를 적으시오.

표 4.20 최소철근비

f_y \ f_{ck}	21 MPa	24 MPa	27 MPa	30 MPa	35 MPa	40 MPa
400 MPa	0.0035	①	②	③	0.0037	0.0040
500 MPa	0.0028	④	⑤	⑥	0.0030	0.0032
600 MPa	0.0023	⑦	⑧	⑨	0.0025	0.0026

13 등가직사각형 압축응력블록의 깊이를 산정하는 식을 유도하시오.

14 강도설계법에서 b_w =350 mm, h =600 mm, 5-D25로 설계된 철근콘크리트 단철근 보에서 설계휨강도 (M_d)를 산정하시오. (단, 콘크리트는 f_{ck} = 27 MPa의 보통중량콘크리트이고, 철근은 f_y = 400 MPa의 도막되지 않은 철근이다. 또한 D25의 단면적은 506.7 mm^2이다.)

15 강도설계법에서 보의 복부폭 b_w =350 mm, 보의 전체 깊이 h = 600 mm이고 그림과 같이 6-D25가 2단 배치된 단철근 직사각형 보의 설계휨강도 (M_d)를 구하시오. (단, 콘크리트는 f_{ck} = 27 MPa의 보통중량콘크리트이고, 철근은 f_y = 400 MPa의 도막되지 않은 철근이다. 또한 D25의 단면적은 506.7 mm^2이다.)

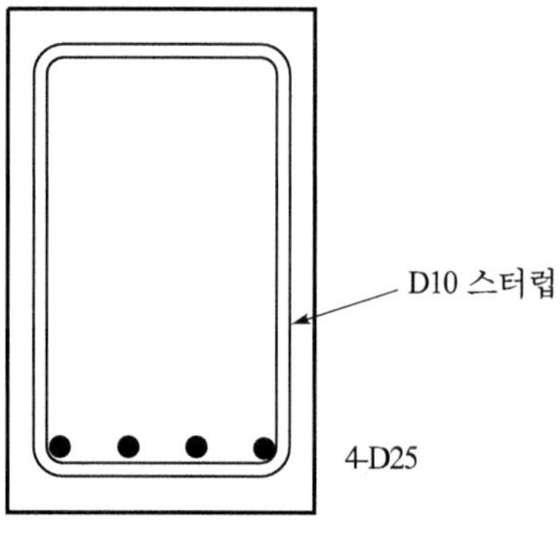

그림 4.62

16 양단이 단순 지지된 직사각형 단면의 철근콘크리트 보의 단면산정 결과 단철근 보를 설계할 때나 복철근 보로 설계할 때나 소요인장철근량에는 별 차이가 없었다. 복철근으로 배치할 때의 장점을 2가지 이상 간단히 설명하시오. (건축구조기술사 95년)

17 다음 그림과 같은 복철근 직사각형 보의 압축측에 4-D22 ($A_s{}' = 1{,}548\ \mathrm{mm}^2$)이 배치되었고 인장측에 8-D29 ($A_s = 5{,}139\ \mathrm{mm}^2$)이 배치되었다. 이러한 복철근 직사각형 보의 설계휨강도 (M_d)를 산정하시오. 보의 관련 치수는 $h = 800\ \mathrm{mm}$, $d = 700\ \mathrm{mm}$, $d' = 65\ \mathrm{mm}$, $b_w = 400\ \mathrm{mm}$이다. (단, 콘크리트는 $f_{ck} = 27$ MPa의 보통중량콘크리트이고, 철근은 $f_y = 400$ MPa의 도막되지 않은 철근이다.)

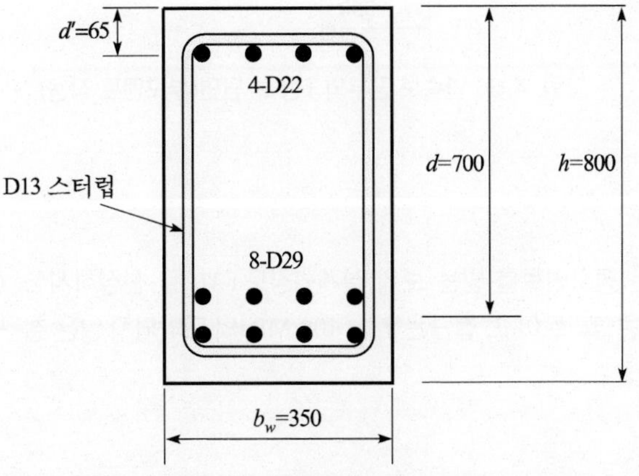

그림 4.63 복철근 직사각형 단면

18 다음 그림과 같은 부모멘트를 받고 있는 T형 보의 설계휨강도 (M_d)를 산정하시오. (단, 콘크리트는 $f_{ck} = 27$ MPa의 보통중량콘크리트이고, 철근은 $f_y = 400$ MPa의 도막되지 않은 철근이다. 또한 압축철근 2-D25는 적절히 정착되지 않아 계산에 포함시키지 않는 것으로 한다.)

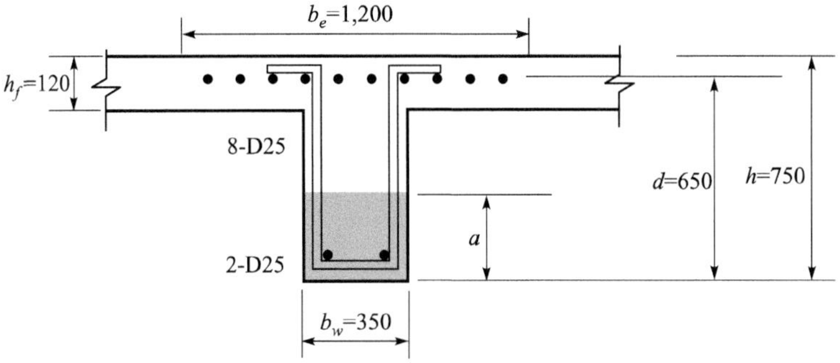

그림 4.64 연속보 단부의 T형 보 단면(부모멘트 작용)

19 아래 그림과 같은 정모멘트를 받는 보의 설계휨강도 (M_d)를 산정하시오. (단, 콘크리트는 $f_{ck} = 27$ MPa의 보통중량콘크리트이고, 철근은 $f_y = 400$ MPa의 도막되지 않은 철근이다. 또한 $d = h - 100$으로 한다.)

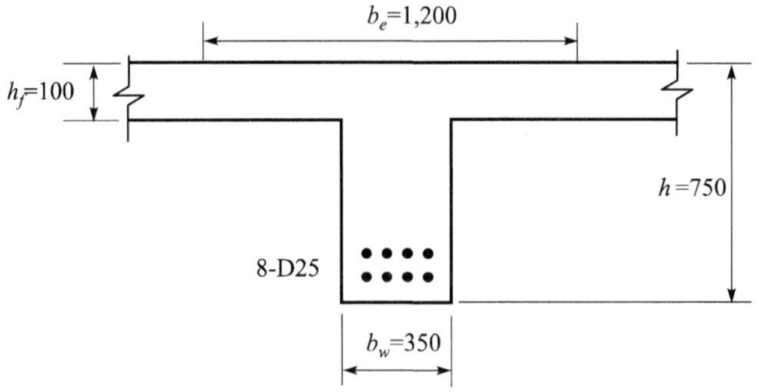

그림 4.65 정모멘트를 받는 T형 보의 단면

CHAPTER

05

전단설계

CHAPTER 05 전단설계

5.1. 개요

일반적인 보는 휨모멘트(M)와 전단력(V)을 지지한다. 철근콘크리트 보부재의 휨에 대한 설계로부터 휨모멘트에 저항할 수 있는 부재 단면의 크기와 휨철근의 양이 결정된다. 저보강보로 설계된 보부재가 과다한 휨모멘트에 의해 파괴될 경우 보의 파괴는 휨철근의 항복으로 시작된다. 또한 보 설계는 휨철근의 항복 후 점진적으로 매우 큰 처짐이 발생되어 거주자들이 건축물 붕괴의 위험성을 균열이나 처짐 등으로부터 감지할 수 있고 이에 대처할 수 있는 시간적 여유를 얻을 수 있도록 보의 파괴가 연성파괴가 되도록 하는 것이다.

휨에 대해 안전하게 설계된 보부재라도 보에 큰 전단력이 작용하면 보의 복부에 경사진 균열이 발생하여 파괴되는 경우가 있다. 이와 같은 전단에 의한 파괴는 휨에 의한 파괴와는 달리 매우 갑작스럽게 발생하고 구조물의 안전에 치명적이다. 따라서 보부재가 과다한 하중에 의해 파괴된다면 전단에 의한 파괴 이전에 휨에 의한 파괴가 될 수 있도록 보를 설계하는 것이 보 설계의 기본개념이다.

철근콘크리트 부재의 전단파괴는 부재의 치수와 형태, 작용하중 그리고 재료의 특성 등에 따라 크게 변화하므로 일반적인 보(세장한 보), 깊은보, 브래킷과 내민받침, 벽체 그리고 슬래브와 기초판 등의 부재에 따라 각기 다른 설계법을 적용하고 있다.

5.2. 균열이 발생하지 않은 보의 전단응력과 주응력

5.2.1. 전단력에 의한 응력

(1) 개요

① 보의 부재 축에 수직인 외력이 작용하면 부재 축에 수평방향과 수직방향에 따라 미끄러지려는 경향이 발생된다.

② 이것은 외력에 의한 수평전단력과 수직전단력에 의한 것이다.

③ 이러한 전단력들에 의해 발생되는 응력을 각각 수평전단응력과 수직전단응력이라 한다.

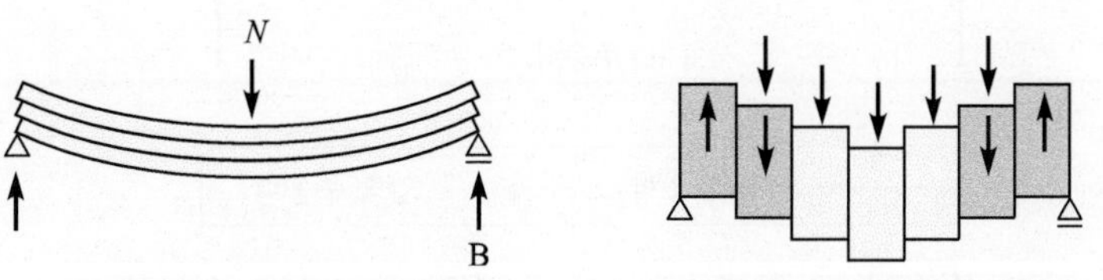

(a) 수평전단응력　　(b) 수직전단응력

그림 5.1 보의 전단응력

5.2.2. 평면요소의 주응력선

보 내부 각 점의 주응력면의 방향을 구하고 이것을 연결하면, 서로 직교하는 한 쌍의 곡선이 얻어진다. 이것을 주응력선이라 한다.

실선의 인장 주응력과 점선의 압축 주응력의 곡선은 항상 직각을 이루며 중립축에서 길이방향 축과 인장 주응력 및 압축 주응력은 각각 45°의 경사이다. 또한 보의 윗면과 아랫면에서는 전단응력이 영(0)이며 주응력선은 보의 길이방향 축과 수평 또는 수직을 이루고 있다.

그림 5.2 (a)와 (b)는 단순보의 주응력과 주응력선의 궤적을 나타낸 것이며, 그림에서 알 수 있듯이 인장응력과 압축응력은 어느 곳에서든지 직교한다. 또한 중립축에서는 중립축으로부터 45°의 경사를 이루며, 중앙부 단면의 연단에서는 단면으로부터 90°의 경사인 수직을 이루고 있다.

휨철근과 전단철근이 보강되지 않은 무근콘크리트로 된 보부재에서 콘크리트의 응력이 콘크리트의 파괴강도보다 클 때는 균열이 발생된다. 즉 일반적인 단순보의 중앙부에서 휨모멘트가 크게 작용하므로 단면의 하부 연단에서 단면에 직각방향인 수직으로 균열이 발생된다. 또한 양단부에서 전단력이 크게 작용하므로 복부에서 부재의 축방향에 대해 45°경사방향으로 균열이 발생되며, 이렇게 45°경사방향으로 발생되는 균열을 사인장균열이라 하고, 이때의 응력을 사인장응력이라 한다.

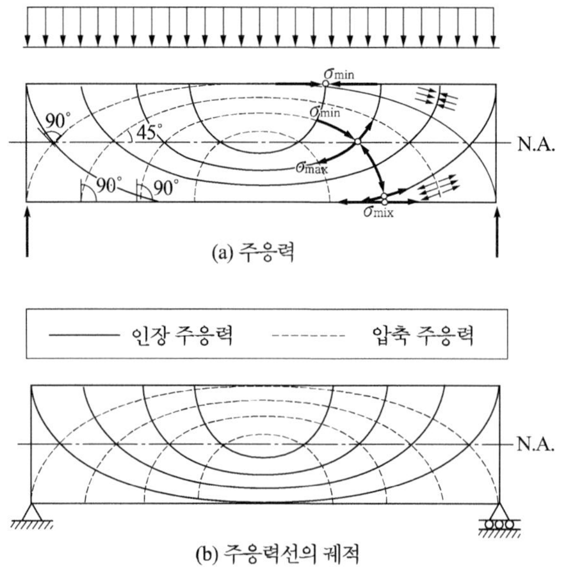

그림 5.2 보의 주응력 및 주응력선

5.3. 전단력에 대한 보의 거동

5.3.1. 전단철근이 보강되지 않은 보의 거동

(1) 보의 균열

(가) 복부전단균열 (Web Shear Crack)

① 휨모멘트는 작고 전단력이 큰 보의 단부에서 발생한다.

② 사인장응력은 중립축에서 최대가 되며, 45°기울기로 작용한다.

③ 복부전단균열은 휨응력이 작고 전단응력이 크게 일어나는 지점 가까이의 중립축 근처에서 발생한다.

④ 복부전단균열은 보의 단부 부근의 주철근에서부터 보의 축방향에 대하여 45°의

방향으로 균열이 발생한다. 이 때 인장 주응력은 크기가 전단응력과 같고 보의 축에 대하여 45°경사로 작용하기 때문에 사인장응력이라고도 한다. 복부전단균열은 스터럽(늑근)으로 제어한다.

(나) 휨전단균열(Flexure Shear Crack)

① 휨모멘트가 크고 전단력도 큰 단면에서 발생한다.

② 이미 발생된 휨균열의 선단에서 부재 축의 90°방향으로 균열이 시작된 후 주철근에서 부터는 사인장균열로 발달한다.

(다) 휨균열(Flexure Crack)

① 휨모멘트가 크고 전단력이 작은 보의 중앙부에서 발생한다.

② 휨인장응력은 보의 중앙부에서, 그리고 중립축 하부에서 최대가 되며 재축방향으로 작용한다.

③ 휨균열은 보의 중앙부 부근의 인장측 콘크리트의 연단에서부터 보의 축방향에 대하여 90°의 방향으로 균열이 발생한다. 중앙부 휨균열은 주철근으로 제어한다.

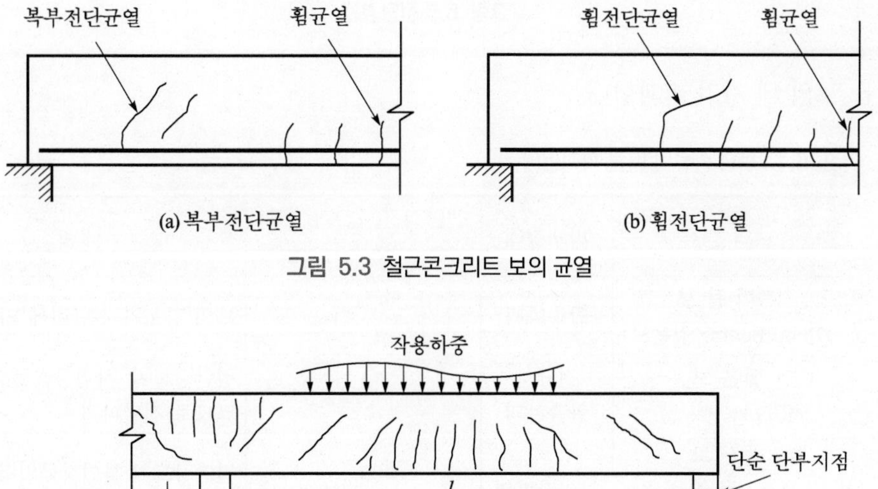

그림 5.3 철근콘크리트 보의 균열

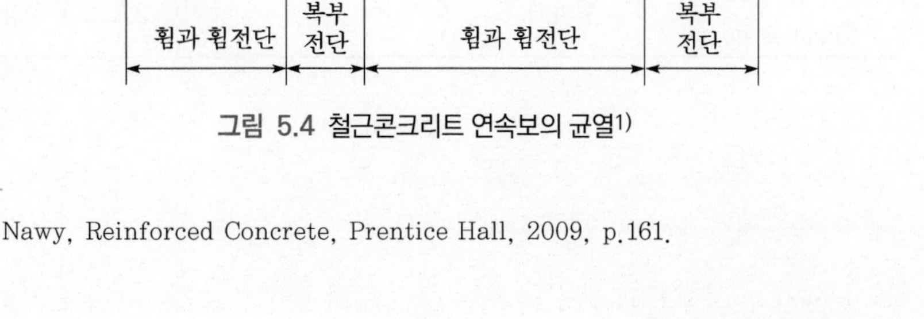

그림 5.4 철근콘크리트 연속보의 균열[1]

1) Edward G. Nawy, Reinforced Concrete, Prentice Hall, 2009, p.161.

(2) 전단경간과 파괴형태

(가) 전단경간

다음 그림에서 a_v 를 전단경간(Shear Span) 또는 전단지간이라고 한다.

$$a_v = \frac{M}{V} = \frac{M}{P}$$

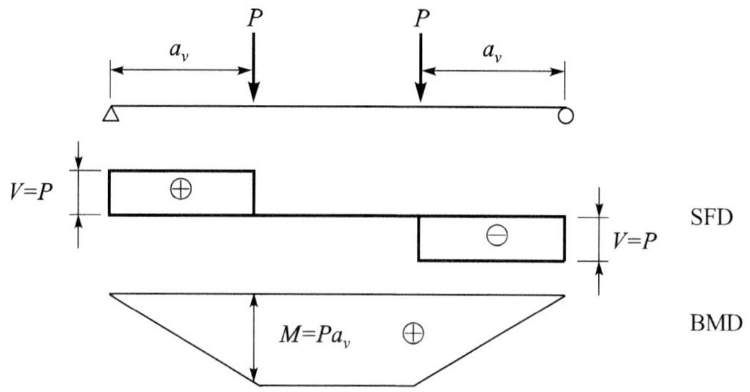

그림 5.5 전단경간

(나) 보의 네 가지 파괴형태

표 5.1 보의 종류에 따른 파괴형태

보의 종류	파괴형태	전단경간(a_v)과 보의 유효깊이(d)의 비	내용
춤이 큰 보 (Deep Beam, 깊은보)	압축파괴	$\frac{a_v}{d} \le 1$	보의 강도가 전단력에 의해 지배
짧은 보 (Short Beam)	전단-압축파괴	$1 < \frac{a_v}{d} \le 2.5$	전단강도가 사인장균열강도보다 크므로 전단파괴
중간 보 (Intermediate Beam)	사인장파괴	$2.5 < \frac{a_v}{d} \le 6$	전단강도가 사인장균열강도와 같아서 사인장파괴
얇은 보 (Slender Beam)	휨파괴	$6 < \frac{a_v}{d}$	전단강도보다 휨강도에 지배

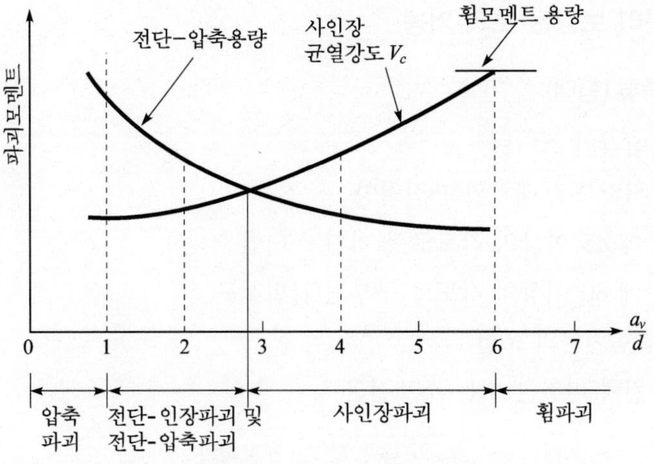

그림 5.6 전단경간비 (a_v/d)에 따른 전단강도의 변화[2]

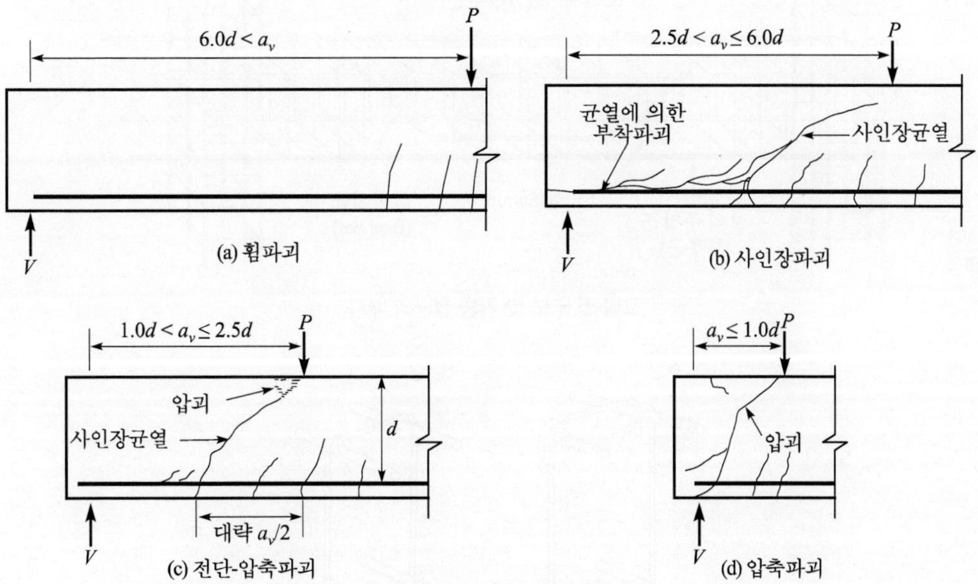

그림 5.7 전단경간에 따른 전단경간에서의 파괴형태

2) 정수영 외2인, 강도설계법에 의한 철근콘크리트, 기문당, 2001, p.147.

5.3.2. 전단철근이 보강된 보의 거동

(1) 전단철근의 종류(형태)

① 부재 축에 직각인 스터럽

② 부재 축에 직각으로 배치된 용접철망

③ 주인장철근에 45°이상의 각도로 설치된 스터럽

④ 주인장철근에 30°이상의 각도로 구부린 굽힘철근

⑤ 스터럽과 굽힘철근의 조합

⑥ 나선철근, 원형 띠철근 또는 후프철근

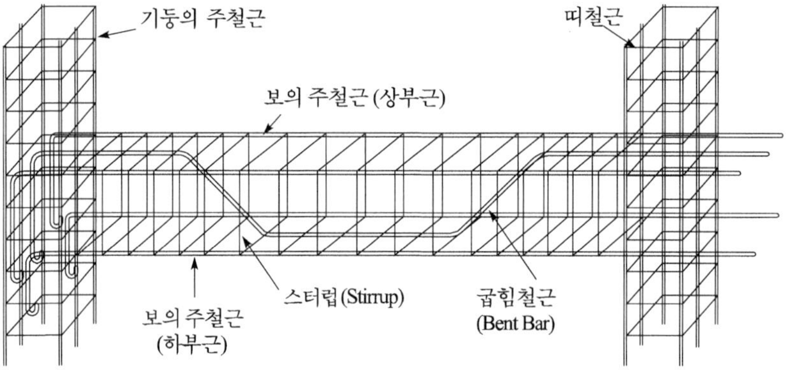

그림 5.8 보 및 기둥 철근의 배치

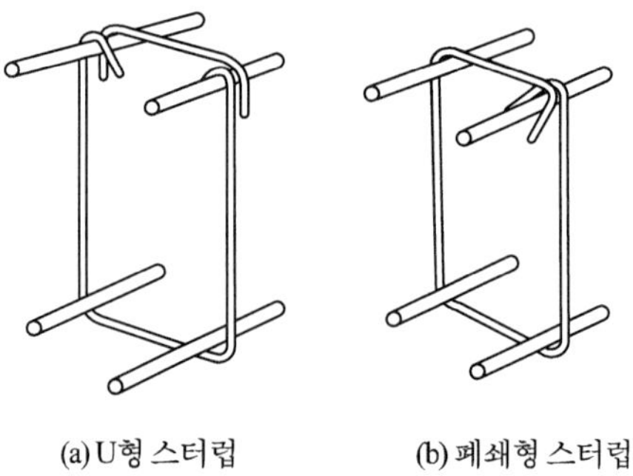

그림 5.9 스터럽(늑근)의 종류

(2) 전단철근의 역할(기능)

① 사인장균열의 억제

② 전단력에 저항

③ 횡구속 효과

④ 비틀림모멘트에 저항

⑤ 골재의 맞물림 작용 증진

(3) 사인장균열 발생 후 보의 거동

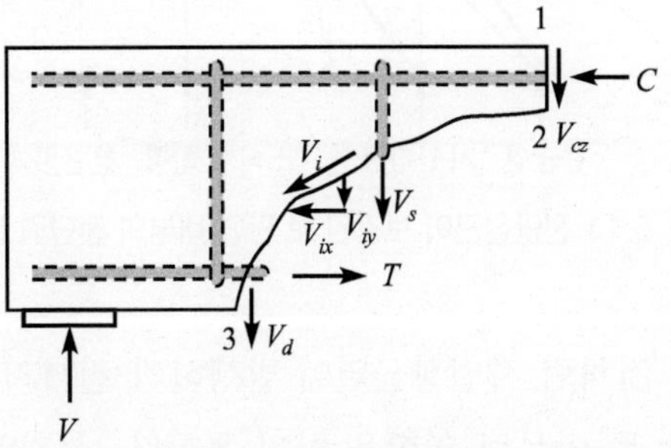

그림 5.10 전단철근이 보강된 보의 사인장균열 발생 후의 내력[3)]

① 단면의 수직내력과 외력에 의한 이 단면의 전단력 V는 다음과 같다.

$$V = V_{cz} + V_s + V_d + V_{iy}$$

여기서, V_{cz} : 균열이 발생하지 않은 부분의 콘크리트가 부담하는 공칭전단력(kN)

V_s : 균열면과 교차된 스터럽이 부담하는 공칭전단력(kN).

$$\left(V_s = n A_v f_{yt} = \frac{A_v f_{yt} d}{s}\right)$$

V_d : 인장철근의 장부작용(Dowel Action)에 의한 전단력(kN)

V_{iy} : 거치른 균열면의 맞물림(Interlocking)에 의한 내력 V_i의 수직분력(kN)

3) 김상식 외2인, 철근콘크리트 구조설계, 문운당, 2018, p.126.

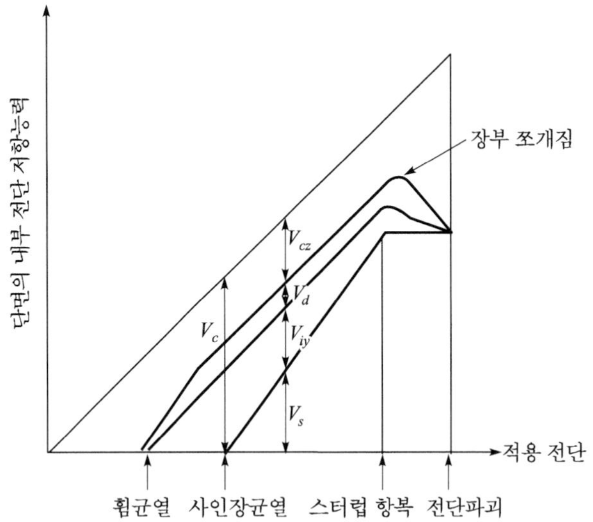

그림 5.11 전단철근이 보강된 보 단면 내부의 전단력 분포4)

② 그림 5.11에 나타난 것처럼 사인장균열이 발생하기 전까지 스터럽(전단철근)이 부담하는 공칭전단력 V_s 는 아무런 역할을 하지 못한다. 하지만 사인장균열이 발생한 난후 전단력이 증가함에 따라 V_{cz}, V_d 및 V_{iy} 의 합력은 큰 변화가 없으나, V_s 는 외부 전단력의 증가와 함께 선형적으로 저항력이 증가하고 있다. 스터럽의 항복 이후 V_d 와 V_{iy} 는 급격히 감소하여 균열이 보 전체에 이르게 되면 $V_{iy}=0$, $V_d=0$ 으로 되고, 콘크리트가 부담해야 하는 전단력 V_{cz} 가 증가하여 마침내 파괴에 이러게 된다. 따라서 스터럽의 항복 이후의 거동특성에서 V_s 를 제외한 V_{cz}, V_d 및 V_{iy} 는 취성적인 파괴가 예상된다. 또한 이들을 양적으로 나타내기 곤란하고 V_{cz}, V_d 및 V_{iy} 의 합력이 거의 일정하므로 $V_{cz}+V_d+V_{iy}=V_c$ 로 하여 V_c 를 콘크리트가 부담하는 공칭전단강도로 하고 있다. 따라서 부재의 공칭전단강도 V_n 을 다음과 같이 가정한다.

$$V_n = V_c + V_s$$

4) James K. Wight, Reinforced Concrete, Prentice Hall, 2016, p.279.

(4) 스터럽에 의한 전단강도

전단설계[5]의 설계개념 $V_u \le \phi V_n = \phi(V_c + V_s)$ 로부터 $V_u > \phi V_c$ 이면, 스터럽이 부담해야 하는 전단강도 V_s 는 다음과 같고, 이 전단강도를 지지하기 위해 전단철근(스터럽)을 배치해야 한다.

$$V_s = V_n - V_c = \frac{V_u}{\phi} - V_c$$

수직스터럽이 부담하는 전단강도 V_s 는 다음과 같다.

$$V_s = \frac{A_v f_{yt} d}{s}$$

여기서, A_v : 거리 s 내의 전단철근 1조의 전체 단면적 (mm^2)

f_{yt} : 전단철근의 설계기준항복강도 (MPa)

d : 종방향 인장철근의 중심에서 압축콘크리트 연단까지의 거리 (mm)

s : 종방향 철근과 평행한 방향으로 측정한 거리 (mm)

따라서 수직스터럽으로 전단보강된 보가 부담하는 공칭전단강도 V_n은 다음과 같다.

$$V_n = V_c + V_s = V_c + \frac{A_v f_{yt} d}{s}$$

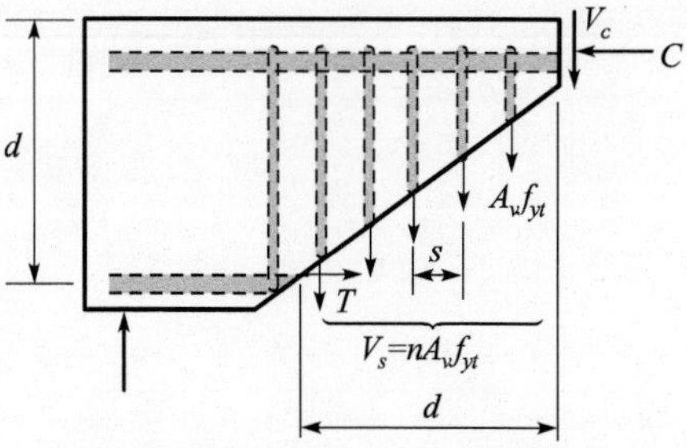

그림 5.12 스터럽에 의한 전단강도

5) Edward G. Nawy, Reinforced Concrete, Prentice Hall, 2009, p.168.

예제 5-1

철근콘크리트구조에 관하여 연결된 사항으로 가장 부적당한 것은?

㉮ 내진벽 – 수평력　　㉯ 부착력 – 철근의 둘레길이
㉰ 기둥 – 좌굴하중　　㉱ 깊은보 – 휨파괴

풀이

깊은보는 보의 강도가 전단력에 의해 지배 (전단파괴)된다.

답 ㉱

예제 5-2

그림에서 철근콘크리트 보의 전단강도에 기여하는 장부작용 (Dowel Action)에 의한 내력에 해당되는 것은?

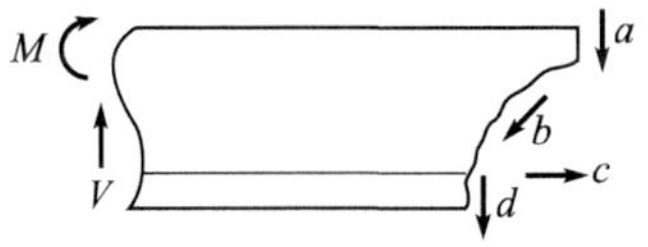

㉮ a　　㉯ b　　㉰ c　　㉱ d

풀이

① a : 균열이 발생하지 않은 부분의 콘크리트가 부담하는 공칭전단력
② b : 거치른 균열면의 맞물림에 의한 내력
③ c : 인장철근에 의한 공칭인장력

답 ㉱

5.4. 보의 전단설계

5.4.1. 보의 전단설계의 기본식

(1) 보의 전단설계의 기본개념

$$V_u \le V_d = \phi V_n = \phi(V_c + V_s) \ (\phi = 0.75)$$

여기서, V_u : 소요전단강도(계수전단력, kN)

V_n : 공칭전단강도(kN)

(2) 단면의 공칭전단강도 (V_n)

$$V_u \le V_d = \phi V_n = \phi(V_c + V_s) \ (\phi = 0.75)$$

여기서, V_c : 콘크리트가 부담하는 공칭전단강도(kN)

V_s : 전단철근이 부담하는 공칭전단강도(kN)

주1 전단철근의 설계에서 사용되는 $\sqrt{f_{ck}}$ 는 8.4 MPa 이하로 한다.

(3) 전단력에 대한 위험단면과 최대 계수전단력

다음의 조건을 모두 만족하는 경우, 철근콘크리트 부재의 받침부 내면에서 d 거리 이내에 위치한 단면은 이 거리에서 구한 전단력 V_u 의 값으로 설계한다(이것은 지점 반력으로 인한 수직 압축력이 단면의 전단강도에 유리하게 작용하기 때문이다). 받침부 내면에서 d 거리의 단면을 전단력에 대한 위험단면이라 한다.

① 작용 전단력 방향으로 받침부 반력이 부재의 단부를 압축한다.
② 하중은 부재의 상면 또는 그 근처에 작용한다.
③ 받침부 내면과 위험단면 d 거리 사이에 집중하중이 작용하지 않는다.

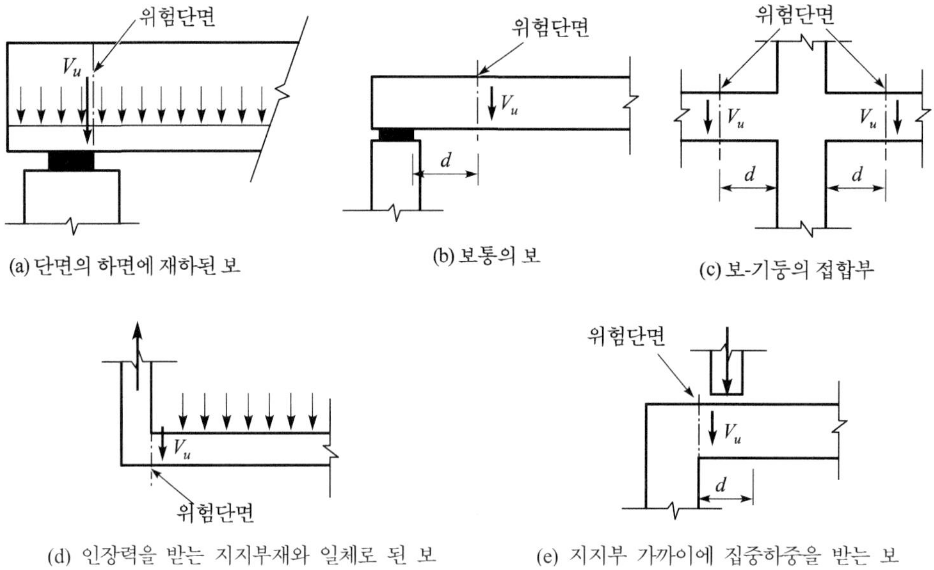

그림 5.13 전단력에 대한 위험단면[6)]

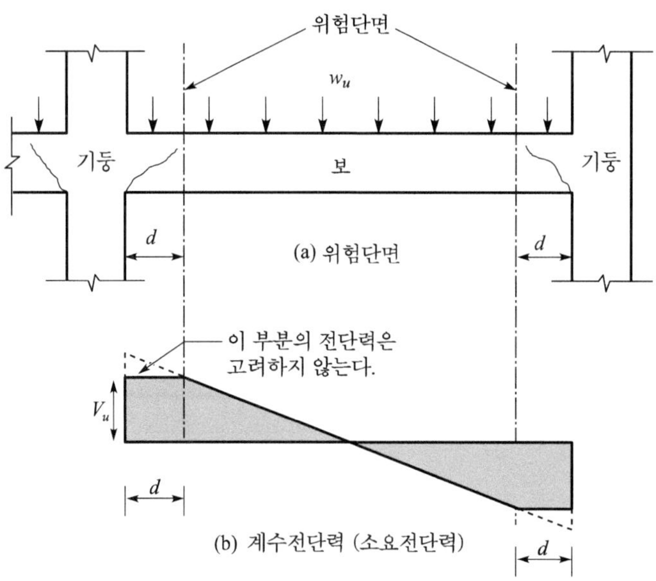

그림 5.14 보-기둥 접합부에서 전단력에 대한 위험단면과 계수전단력

6) ACI Committee 318, Building Code Requirements for Structural Concrete (ACI 318M-14) and Commentary, American Concrete Institute, Farmington Hills, MI, 2015, p.133.

5.4.2. 콘크리트가 부담하는 전단강도

콘크리트가 부담하는 전단강도는 KDS 14 20 22 (4.2.1)[7] 구조설계기준에 따라 다음과 같이 산정한다.

(1) 전단력과 휨모멘트만을 받는 부재에서 콘크리트의 일반적인 전단강도

$$V_c = \frac{1}{6} \lambda \sqrt{f_{ck}}\ b_w\, d$$

여기서, λ : 경량콘크리트계수

f_{ck} : 콘크리트의 설계기준압축강도 (MPa)

b_w : 부재의 복부폭 (mm)

d : 유효깊이 (mm)

(2) 전단력과 휨모멘트만을 받는 부재에서 콘크리트의 정밀한 전단강도

$$V_c = \left(0.16\, \lambda \sqrt{f_{ck}} + 17.6\, \rho_w \frac{V_u\, d}{M_u}\right) b_w\, d$$

단, V_c는 $0.29\lambda\sqrt{f_{ck}}\ b_w\, d$ 이하이며, $V_u\, d/M_u$ 는 1.0 이하로 하여야 한다. M_u 는 전단검토단면에서 V_u 와 동시에 발생하는 계수휨모멘트이다.

여기서, ρ_w : $A_s/b_w d$

M_u : 계수휨모멘트 (N · mm)

5.4.3. 전단철근이 부담하는 전단강도

콘크리트가 부담하는 전단강도는 KDS 14 20 22 (4.3)[8] 구조설계기준에 따라 다음과 같이 산정한다.

7) KDS 14 20 22 (4.2.1) 콘크리트구조 전단 및 비틀림 설계기준, 국토교통부 제정, 한국콘크리트학회 작성, 2021.

8) KDS 14 20 22 (4.3) 콘크리트구조 전단 및 비틀림 설계기준, 국토교통부 제정, 한국콘크리트학회 작성, 2021.

(1) 전단철근의 강도제한

사인장균열을 억제하기 위해 사용되는 전단철근의 설계기준항복강도는 500 MPa을 초과할 수 없다. 다만, 벽체의 전단철근 또는 용접 이형철망을 사용할 경우는 전단철근의 설계기준항복강도는 600 MPa을 초과할 수 없다.

(2) 전단철근의 설계

(가) $V_u \le \frac{1}{2}\phi V_c$ 인 경우

전단철근을 배치하지 않아도 된다.

(나) $\frac{1}{2}\phi V_c < V_u \le \phi V_c$ 인 경우 (최소 전단철근)

(a) 이론상 전단철근이 필요 없으나, 계수전단력 V_u가 $\frac{1}{2}\phi V_c$를 초과하는 모든 철근콘크리트 휨부재는 다음의 경우를 제외하고 최소 전단철근을 배치하여야 한다.

① 슬래브와 기초판

② KDS 14 20 10 (4.11)[9]에서 규정한 콘크리트 장선구조

③ 전체 깊이가 250 mm 이하이거나 I형 보, T형 보에서 그 깊이가 플랜지 두께의 2.5배 또는 복부폭의 1/2 중 큰 값 이하인 보

④ 교대 벽체 및 날개벽, 옹벽의 벽체, 암거 등과 같이 휨이 주거동인 판부재

(b) $\frac{1}{2}\phi V_c < V_u \le \phi V_c$ 인 경우 또는 강도 요구 조건에 의해 전단철근이 필요하고, 비틀림을 고려하지 않아도 되는 곳의 최소 전단철근량은 철근콘크리트 부재의 경우 다음 식에 따라 산정하여야 한다.

$$A_{v,\min} = \max\left(0.0625\sqrt{f_{ck}}\,\frac{b_w s}{f_{yt}},\ \frac{0.35\,b_w s}{f_{yt}}\right)$$

여기서, b_w : 복부의 폭 (mm)

s : 스터럽의 간격 (mm)

A_v : 거리 s 내의 전단철근의 전체 단면적 (mm^2)

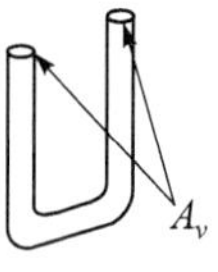

그림 5.15

9) KDS 14 20 10 (4.11) 콘크리트구조 해석과 설계 원칙, 국토교통부 제정, 한국콘크리트학회 작성, 2021.

f_{ck} : 콘크리트의 설계기준압축강도(MPa)

f_{yt} : 전단철근(횡방향철근)의 설계기준항복강도(MPa)

(다) $V_u > \phi V_c$ 인 경우

수직스터럽을 사용한 경우, 콘크리트와 전단철근이 전단력을 부담한다. 전단철근이 부담해야 할 전단력은 $\phi V_s \geq V_u - \phi V_c$ 이다. $\phi V_n = \phi V_c + \phi V_s$ 은 $\phi V_s = = \phi V_n - \phi V_c$ 이다.

$\phi V_s \geq V_u - \phi V_c$ 과 $\phi V_s = \phi V_n - \phi V_c$ 로부터 다음과 같이 부재 축에 직각인 수직스터럽의 간격 s 를 유도할 수 있다. 단면이 전단력에 대해 안전해야 하고, 설계에서 스터럽의 단면적 A_v 를 가정하고 스터럽의 간격 s 를 검토하는 것이 보통이므로 s 에 대해 정리하면 다음과 같다.

$$V_u \leq \phi V_n = \phi V_c + \phi V_s = \phi V_c + \frac{\phi A_v f_{yt} d}{s}$$

$$\therefore s \leq \frac{\phi A_v f_{yt} d}{V_u - \phi V_c} = \frac{\phi A_v f_{yt} d}{\phi V_s} = \frac{A_v f_{yt} d}{V_s}$$

$$s \leq \frac{\phi A_v f_{yt} d}{V_u - \phi V_c} = \frac{A_v f_{yt} d}{V_s}$$

(3) 단면의 적합성

철근이 부담하는 전단강도에 따른 단면의 적합성은 KDS 14 20 22 (4.3.4)[10] 구조설계기준에 따라 다음과 같다.

① $V_s > 0.2\left(1 - \frac{f_{ck}}{250}\right) f_{ck} b_w d$ 이면 부적합

② $V_s \leq 0.2\left(1 - \frac{f_{ck}}{250}\right) f_{ck} b_w d$ 이면 적합

단, f_{yt} 는 500 MPa 이하여야 한다.

주1 단면이 부적합 할 경우, 단면(b_w 또는 d)을 크게 하거나 f_{ck} 를 증대시킨다.

10) KDS 14 20 22 (4.3.4) 콘크리트구조 전단 및 비틀림 설계기준, 국토교통부 제정, 한국콘크리트학회 작성, 2021.

(4) 수직스터럽을 사용할 경우 전단철근의 간격 제한

(가) 간격제한

수직스터럽의 간격 (s)은 $0.5\,d$ 이하, 또한 600 mm 이하로 한다.

$$s \leq \min\left(\frac{d}{2},\ 600\ \text{mm}\right)$$

주1 수직스터럽의 간격은 간격제한과 최소 전단철근량을 고려하여 정한다.

(나) $V_s > \frac{1}{3}\lambda\sqrt{f_{ck}}\,b_w\,d$인 경우

전단철근의 간격은 앞서 규정된 최대 간격을 $\frac{1}{2}$ 이하로 한다.

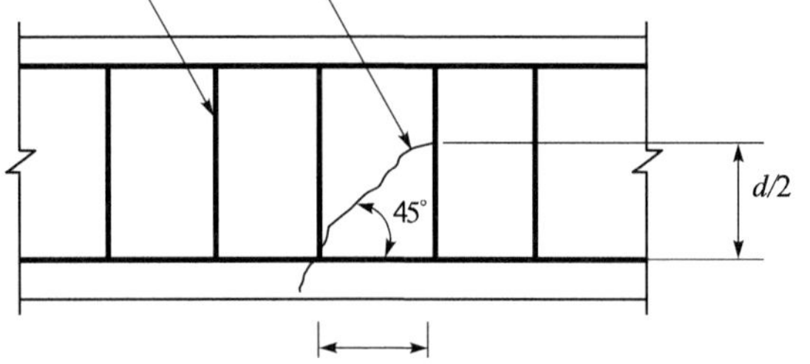

그림 5.16 수직스터럽의 간격

예제 5-3

강도설계법에서 $V_s = 270$ kN, $d = 500$ mm, $f_{yt} = 400$ MPa, $A_v = 253.4\ \text{mm}^2$ (2-D13)일 때 수직스터럽의 최대 간격으로 가장 적당한 것은?

㉮ 150 mm ㉯ 180 mm ㉰ 200 mm ㉱ 250 mm

풀이

$$s \leq \frac{A_v f_{yt} d}{V_s} = \frac{253.4 \times 400 \times 500}{270 \times 10^3} = 188\ \text{mm}$$

답 ㉯

예제 5-4

그림과 같은 철근콘크리트 단순보에 전단철근을 배치하고자 할 경우 전단설계용 최대 전단력의 크기로 가장 적당한 것은? (단, 보의 유효깊이는 600 mm이다.)

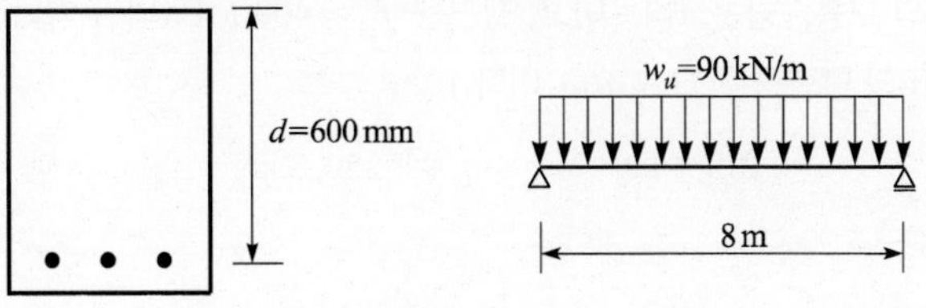

그림 5.17

㉮ 156 kN　　㉯ 206 kN　　㉰ 286 kN　　㉱ 306 kN

풀이

$$V=\frac{wl}{2}=\frac{90\times 8}{2}=360\text{ kN}$$

$$4:360=3.4:y$$

$$y=\frac{3.4}{4}\times 360=306\text{ kN}$$

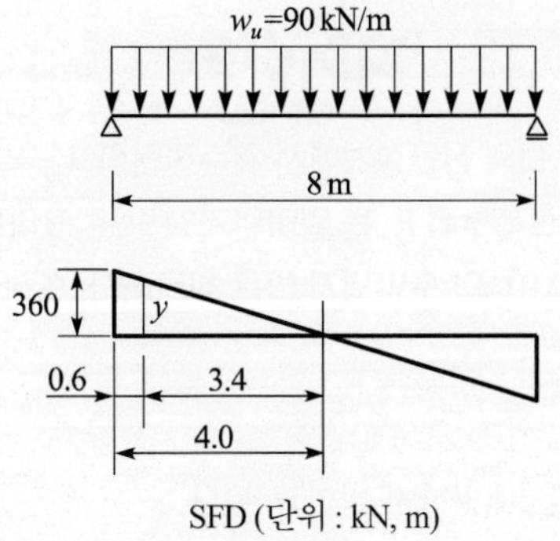

그림 5.18

답 ㉱

예제 5-5

강도설계법에 의한 철근콘크리트 보의 전단설계에서 보의 크기가 b_w =300 mm, d =600 mm이고 U형 스터럽이 D10@150으로 배치된 보가 지지할 수 있는 최대 설계전단강도는 얼마인가? (단, 콘크리트는 f_{ck} = 24 MPa의 보통중량콘크리트이고, 철근은 f_{yt} = 400 MPa의 도막되지 않은 철근이다. 또한 ϕ = 0.75이고 D10의 단면적은 71.3 mm^{2}이다.)

㉮ 281.3 kN　　㉯ 319.4 kN　　㉰ 359.5 kN　　㉱ 409.6 kN

풀이

$V_d = \phi V_n = \phi(V_c + V_s)$

$\phi = 0.75$

$\lambda = 1.0$ (∵ 보통중량콘크리트)

$$V_c = \frac{1}{6}\lambda\sqrt{f_{ck}}\,b_w d = \frac{1}{6}\times 1.0\times\sqrt{24}\times 300\times 600 = 146{,}969\text{ N}$$

$$V_s = \frac{A_v f_{yt} d}{s} = \frac{(71.3\times 2)\times 400\times 600}{150} = 228{,}160\text{ N}$$

$$V_d = \phi V_n = \phi(V_c + V_s) = 0.75\times(146{,}969 + 228{,}160) = 281.3\times 10^3\text{ N} = 281.3\text{ kN}$$

답 ㉮

예제 5-6

강도설계법에 의한 철근콘크리트 보의 전단설계에서 계수전단력 V_u =75 kN을 전단철근의 보강 없이 지지하고자 할 경우 보 단면의 최소 복부폭 b_w 는 얼마인가? (단, 콘크리트는 f_{ck} = 24 MPa의 보통중량콘크리트이고, 철근은 f_{yt} = 400 MPa의 도막되지 않은 철근이다. 또한 ϕ = 0.75, d =550 mm이다.)

풀이

$V_u \le \frac{1}{2}\phi V_c$ 인 경우 전단철근을 배치하지 않아도 된다.

$\phi = 0.75$

$\lambda = 1.0$ (∵ 보통중량콘크리트)

$$V_c = \frac{1}{6}\lambda\sqrt{f_{ck}}\,b_w d = \frac{1}{6}\times 1.0\times\sqrt{24}\times b_w\times 550 = 449 b_w\ (\text{N})$$

$$75\times 10^3\ (\text{N}) \le \frac{1}{2}\times 0.75\times 449\times b_w\ (\text{N})$$

$b_w \ge 445$ mm

따라서 전단철근의 보강 없이 계수전단력을 지지하기 위해서는 b_w 가 최소 445 mm 이상이어야 한다.

예제 5-7

강도설계법에 의한 철근콘크리트 보의 전단설계에서 계수전단력 V_u =75 kN을 최소 전단철근으로 지지하고자 할 경우 보 단면의 최소 복부폭 b_w 는 얼마인가? (단, 콘크리트는 f_{ck}= 24 MPa의 보통중량 콘크리트이고, 철근은 f_{yt}= 400 MPa의 도막되지 않은 철근이다. 또한 ϕ= 0.75, d=550 mm이다.)

풀이

$\frac{1}{2}\phi V_c < V_u \le \phi V_c$ 인 경우 최소 전단철근량을 배치한다.

$\phi = 0.75$

$\lambda = 1.0$ (∵ 보통중량콘크리트)

$$V_c = \frac{1}{6}\lambda\sqrt{f_{ck}}\,b_w d = \frac{1}{6}\times 1.0\times\sqrt{24}\times b_w\times 550 = 449\,b_w\ (\mathrm{N})$$

$$\frac{1}{2}\times 0.75\times 449\times b_w\ (\mathrm{N}) < 75\times 10^3\ \mathrm{N} \le 0.75\times 449\times b_w\ (\mathrm{N})$$

$223\ \mathrm{mm} \le b_w < 445\ \mathrm{mm}$

따라서 최소 전단철근의 계수전단력을 지지하기 위해서는 b_w 가 최소 223 mm 이상이어야 한다.

예제 5-8

강도설계법에서 그림과 같은 단철근 직사각형 보에 수직 스터럽의 간격을 300 mm로 할 때 최소 전단철근의 단면적은 얼마인가? (단, 콘크리트는 f_{ck}= 24 MPa의 보통중량콘크리트이고, 철근은 f_{yt} = 400 MPa의 도막되지 않은 철근이다.)

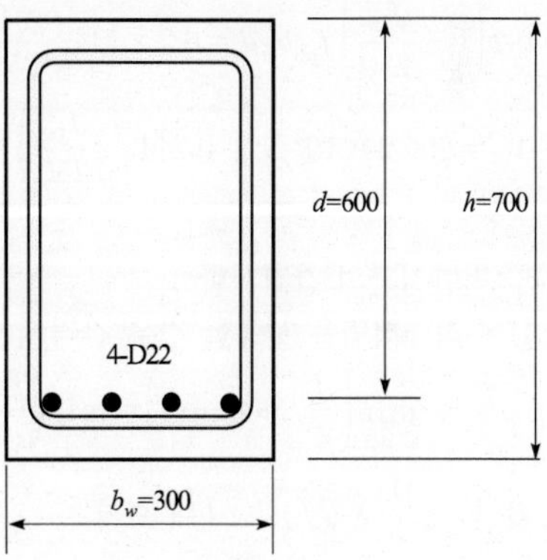

그림 5.19

풀이

최소 전단철근량

$$A_{v,\min} = \max\left(0.0625\sqrt{f_{ck}}\,\frac{b_w s}{f_{yt}},\ \frac{0.35\,b_w s}{f_{yt}}\right)$$

$$= \max\left(0.0625\times\sqrt{24}\times\frac{300\times 300}{400},\ \frac{0.35\times 300\times 300}{400}\right) = \max(69, 79) = 79\ \mathrm{mm}^2$$

따라서 최소 전단철근량 $A_{v,\min} = \max(69, 79) = 79\ \mathrm{mm}^2$ 이다.

예제 5-9

강도설계법의 직사각형 보에 계수전단력 $V_u = 350\ \mathrm{kN}$이 작용할 때 전단철근의 간격 s는 최대 얼마 이하라야 하는가? (단, 수직스터럽의 전체 단면적 $A_v = 700\ \mathrm{mm}^2$, $b_w = 350\ \mathrm{mm}$, $d = 600\ \mathrm{mm}$이다. 또한 콘크리트는 $f_{ck} = 24\ \mathrm{MPa}$의 보통중량콘크리트이고, 철근은 $f_{yt} = 400\ \mathrm{MPa}$의 도막되지 않은 철근이다.)

풀이

1. 수직스터럽 s의 결정

$\lambda = 1.0$ (∵ 보통중량콘크리트)

$$V_c = \frac{1}{6}\lambda\sqrt{f_{ck}}\,b_w\,d = \frac{1}{6}\times 1.0\times\sqrt{24}\times 350\times 600 = 171.5\times 10^3\ \mathrm{N}$$

$$V_u = 350.0\times 10^3\ \mathrm{N} > \phi V_c = 0.75\times 171.5\times 10^3 = 128.6\times 10^3\ \mathrm{N}$$

따라서 전단철근이 필요하며 수직스터럽을 전단철근으로 사용할 경우 간격 s는 다음과 같다.

$$s \le \frac{\phi A_v f_{yt}\,d}{V_u - \phi V_c} = \frac{0.75\times 700\times 400\times 600}{350.0\times 10^3 - 128.6\times 10^3} = 569\ \mathrm{mm}$$

2. 단면의 적합성 검토

$$V_s = \frac{V_u - \phi V_c}{\phi} = \frac{350.0\times 10^3 - 128.6\times 10^3}{0.75} = 295.2\times 10^3\ \mathrm{N}$$

$$0.2\left(1-\frac{f_{ck}}{250}\right)f_{ck}b_w\,d = 0.2\times\left(1-\frac{24}{250}\right)\times 24\times 350\times 600 = 911.2\times 10^3\ \mathrm{N}$$

$$V_s = 295.2\times 10^3\ \mathrm{N} \le 0.2\left(1-\frac{f_{ck}}{250}\right)f_{ck}b_w\,d = 911.2\times 10^3\ \mathrm{N} \qquad \mathrm{OK}$$

3. 전단철근의 간격제한

1) 수직스터럽을 사용할 경우 간격제한

$$s \le \min\left(\frac{d}{2},\ 600\ \mathrm{mm}\right) = \min\left(\frac{600}{2},\ 600\right) = \min(300, 600) = 300\ \mathrm{mm}$$

2) $V_s > \frac{1}{3}\lambda\sqrt{f_{ck}}\,b_w\,d$ 의 검토

$$V_s = 295.2\times 10^3\ \mathrm{N}$$

$$\frac{1}{3}\lambda\sqrt{f_{ck}}\,b_w\,d = \frac{1}{3}\times 1.0\times\sqrt{24}\times 350\times 600 = 342.9\times 10^3\ \mathrm{N}$$

$$V_s = 295.2\times 10^3\ \mathrm{N} \le \frac{1}{3}\lambda\sqrt{f_{ck}}\,b_w\,d = 342.9\times 10^3\ \mathrm{N} \qquad \mathrm{OK}$$

따라서 수직스터럽의 간격은 $s \le \min(569,\ 300) = 300\ \mathrm{mm}$이므로 수직스터럽의 최대 간격은 $s = 300\ \mathrm{mm}$ 이다.

예제 5-10

강도설계법의 직사각형 보에 계수전단력 $V_u = 300$ kN이 작용할 때 수직스터럽의 간격 s는 최대 얼마인가? (단, 사용된 스터럽은 D13이고 철근 D13의 단면적은 126.7 mm^{2}이다. 또한 콘크리트는 $f_{ck} = 24$ MPa의 보통중량콘크리트이고, 철근은 $f_{yt} = 400$ MPa의 도막되지 않은 철근이다.)

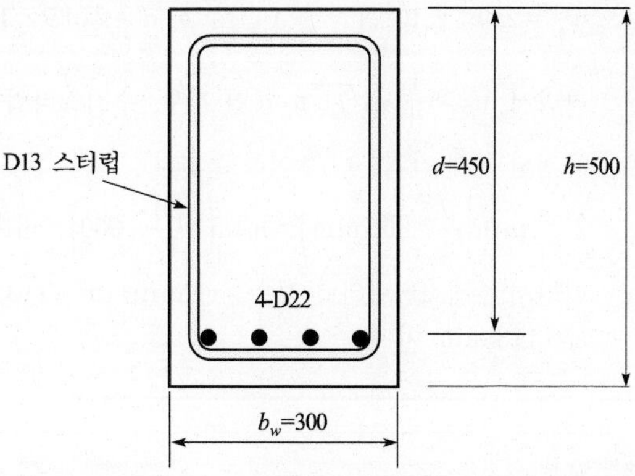

그림 5.20

풀이

1. 수직스터럽 s의 결정

$\lambda = 1.0$ (∵ 보통중량콘크리트)

$$V_c = \frac{1}{6}\lambda\sqrt{f_{ck}}\,b_w d = \frac{1}{6}\times 1.0\times\sqrt{24}\times 300\times 450 = 110.2\times 10^3\text{ N}$$

$$V_u = 300\times 10^3\text{ N} > \phi V_c = 0.75\times 110.2\times 10^3\text{ N} = 82.7\times 10^3\text{ N}$$

따라서 전단철근이 필요하며 수직스터럽을 전단철근으로 사용할 경우 간격 s는 다음과 같다.

$$s \le \frac{\phi A_v f_{yt} d}{V_u - \phi V_c} = \frac{0.75\times(2\times 126.7)\times 400\times 450}{300\times 10^3 - 82.7\times 10^3} = 157\text{ mm}$$

2. 단면의 적합성 검토

$$V_s = \frac{V_u - \phi V_c}{\phi} = \frac{300\times 10^3 - 82.7\times 10^3}{0.75} = 289.7\times 10^3\text{ N}$$

$$0.2\left(1-\frac{f_{ck}}{250}\right)f_{ck}b_w d = 0.2\times\left(1-\frac{24}{250}\right)\times 24\times 300\times 450 = 585.8\times 10^3\text{ N}$$

$$V_s = 289.7\times 10^3\text{N} \le 0.2\left(1-\frac{f_{ck}}{250}\right)f_{ck}b_w d = 585.8\times 10^3\text{ N} \qquad \text{OK}$$

3. 전단철근의 간격제한

1) 수직스터럽을 사용할 경우 간격제한

$$s \le \min\left(\frac{d}{2},\ 600\text{ mm}\right) = \min\left(\frac{450}{2},\ 600\right) = \min(225, 600) = 225\text{ mm}$$

2) $V_s > \frac{1}{3}\lambda\sqrt{f_{ck}}\,b_w d$ 의 검토

$$V_s = 289.7\times 10^3\text{ N}$$

$$\frac{1}{3}\lambda\sqrt{f_{ck}}\,b_w d = \frac{1}{3}\times 1.0\times\sqrt{24}\times 300\times 450 = 220.5\times 10^3\text{ N}$$

$$V_s = 289.7\times 10^3\text{ N} > \frac{1}{3}\lambda\sqrt{f_{ck}}\,b_w d = 220.5\times 10^3\text{ N}$$

따라서 $V_s > \frac{1}{3}\lambda\sqrt{f_{ck}}\,b_w d$ 인 경우, 수직스터럽을 사용할 경우 간격제한은 다음과 같다 (앞서 규정된 최대 간격을 1/2 이하로 한다).

$$s \le \min\left(\frac{d}{4},\ 300\text{ mm}\right) = \min\left(\frac{450}{4},\ 300\right) = \min(113,\ 300) = 113\text{ mm}$$

따라서 수직스터럽의 간격은 $s \le \min(157,\ 113) = 113\text{ mm}$ 이므로 수직스터럽의 최대 간격은 $s = 113\text{ mm}$ 이다.

예제 5-11

다음 그림과 같은 직사각형 단면의 단순보에 고정하중 $w_D = 20\text{ kN/m}$, 활하중 $w_L = 25\text{ kN/m}$가 작용하고 있다. 단순보의 경간 $l = 7.6\text{ m}$이고 단면의 복부폭 $b_w = 350\text{ mm}$, 유효깊이 $d = 560\text{ mm}$이다. 이 보의 전단설계를 하시오. (단, 보의 자중은 무시하고 사용된 U형 스터럽은 D10이고 철근 D10의 단면적은 71.3 mm^2이다. 또한 콘크리트는 $f_{ck} = 24\text{ MPa}$의 보통중량콘크리트이고, 철근은 $f_{yt} = 300\text{ MPa}$의 도막되지 않은 철근이다.)

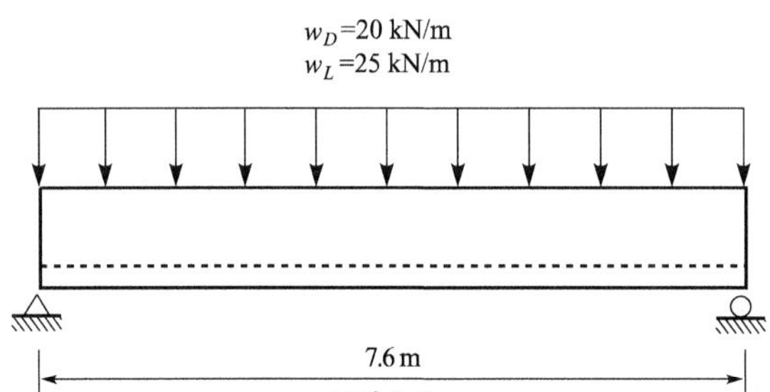

(a) 단순보

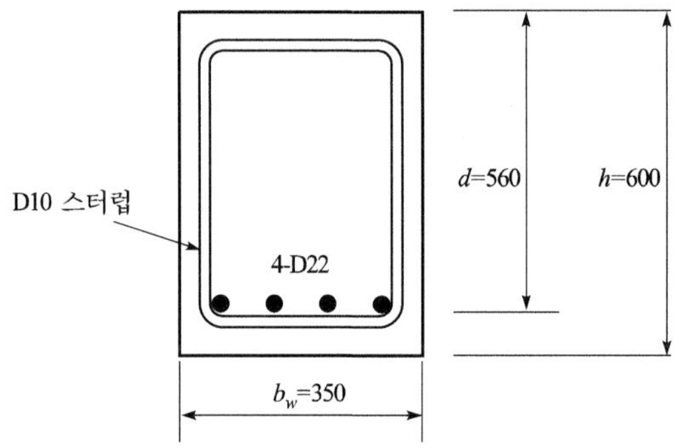

(b) 중앙부 단면

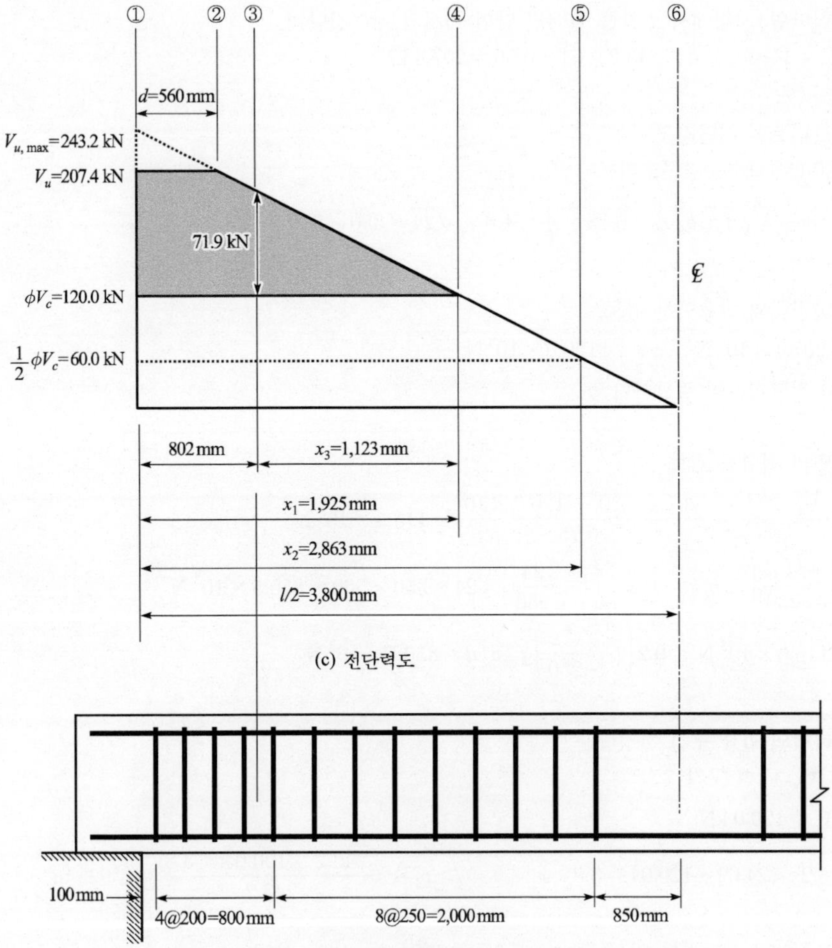

(c) 전단력도

(d) 스터럽의 배근도

그림 5.21 단순보의 스터럽 설계

풀이

1. 계수전단력 V_u의 산정

1) 계수하중

$$w_u = 1.4w_D = 1.4 \times 20 = 28\ \text{kN/m}$$

$$w_u = 1.2w_D + 1.6w_L = 1.2 \times 20 + 1.6 \times 25 = 64\ \text{kN/m}$$

$$\therefore\ w_u = 64\ \text{kN/m}$$

2) 등분포하중에서 지점의 계수전단력

$$V_{u,\max} = \frac{w_u\, l}{2} = \frac{64 \times 7.6}{2} = 243.2\ \text{kN}$$

3) 위험단면 (지점에서 d 만큼 떨어진 단면)에서의 계수전단력

$$V_u = V - w_u \times d = 243.2 - 64 \times 0.56 = 207.4\ \mathrm{kN}$$

2. 콘크리트의 전단강도

$\lambda = 1.0$ (∵ 보통중량콘크리트)

$$\phi V_c = \phi \frac{1}{6} \lambda \sqrt{f_{ck}}\, b_w\, d = 0.75 \times \frac{1}{6} \times 1.0 \times \sqrt{24} \times 350 \times 560 = 120.0 \times 10^3\ \mathrm{N}$$

3. 전단철근의 필요여부 검토

$$V_u = 207.4 \times 10^3\ \mathrm{N} > \phi V_c = 120.0 \times 10^3\ \mathrm{N}$$

따라서 전단철근이 필요하다.

4. 단면의 적합성 검토

$$V_s = \frac{V_u - \phi V_c}{\phi} = \frac{207.4 \times 10^3 - 120.0 \times 10^3}{0.75} = 116.5 \times 10^3\ \mathrm{N}$$

$$0.2\left(1 - \frac{f_{ck}}{250}\right) f_{ck} b_w d = 0.2 \times \left(1 - \frac{24}{250}\right) \times 24 \times 350 \times 560 = 850.5 \times 10^3\ \mathrm{N}$$

$$V_s = 116.5 \times 10^3\ \mathrm{N} \le 0.2\left(1 - \frac{f_{ck}}{250}\right) f_{ck} b_w d = 850.5 \times 10^3\ \mathrm{N}$$ OK

5. 스터럽의 필요 구간 결정

1) $V_u > \phi V_c$ 인 구간

$\phi V_c = 120.0\ \mathrm{kN}$

$243.2 : (243.2 - 120.0) = 3.8 : x_1$ $\quad\therefore\ x_1 = \dfrac{(243.2 - 120.0) \times 3.8}{243.2} = 1.925\ \mathrm{m}$

2) $\frac{1}{2} \phi V_c < V_u \le \phi V_c$ 인 구간

$\frac{1}{2} \phi V_c = 60.0\ \mathrm{kN}$

$243.2 : (243.2 - 60.0) = 3.8 : x_2$ $\quad\therefore\ x_2 = \dfrac{(243.2 - 60.0) \times 3.8}{243.2} = 2.863\ \mathrm{m}$

6. 스터럽의 설계

1) 지점에서 위험단면까지의 스터럽 간격

$$s \le \frac{\phi A_v\, f_{yt}\, d}{V_u - \phi V_c} = \frac{0.75 \times (2 \times 71.3) \times 300 \times 560}{207.4 \times 10^3 - 120.0 \times 10^3} = 206\ \mathrm{mm} \rightarrow 200\ \mathrm{mm}$$

2) 수직스터럽의 최대 간격과 그 때 스터럽의 부담하는 최대 전단강도

수직스터럽이 필요한 구간에서 스터럽의 최대 간격과 그 때 수직스터럽이 부담하는 전단강도를 산정한다.

(1) 수직스터럽의 최대 간격

① 간격제한에 의한 스터럽의 최대 간격

$$s \le \min\left(\frac{d}{2},\ 600\,\text{mm}\right) = \min\left(\frac{560}{2},\ 600\right) = \min(280, 600) = 280\,\text{mm}$$

② 최소철근비에 의한 스터럽의 최대 간격

$$s = \min\left(\frac{A_v f_{yt}}{0.0625\sqrt{f_{ck}}\,b_w},\ \frac{A_v f_{yt}}{0.35\,b_w}\right)$$

$$= \min\left[\frac{(2\times 71.3)\times 300}{0.0625\times\sqrt{24}\times 350},\ \frac{(2\times 71.3)\times 300}{0.35\times 350}\right] = \min(399, 349) = 349\,\text{mm}$$

수직스터럽이 필요한 구간에서 수직스터럽의 간격은 $s \le \min(280,\ 349) = 280\,\text{mm}$ 이므로 수직스터럽의 최대 간격은 $s = 280\,\text{mm}$ 이고 시공성을 고려하여 스터럽의 간격을 250mm로 한다.

(2) 수직스터럽의 최대 간격 (250 mm)일 경우 스터럽이 부담하는 전단강도

$$\phi V_s = \frac{\phi A_v f_{yt}\, d}{s} = \frac{0.75\times(2\times 71.3)\times 300\times 560}{250} = 71.9\times 10^3\,\text{N}$$

(3) 지점으로부터 $\phi V_s = 71.9\,\text{kN}$ 인 곳의 위치

$$(243.2 - 120.0) : 1.925 = 71.9 : x_3 \qquad \therefore\ x_3 = \frac{1.925\times 71.9}{(243.2 - 120.0)} = 1.123\,\text{m}$$

8. 배치도 작성

1) 첫 번째 스터럽 간격

첫 번째 스터럽은 받침부로부터 $s/2$ 인 곳에 위치한다.

$$\frac{s}{2} = \frac{200}{2} = 100\,\text{mm}$$

2) 수직스터럽의 최소 간격 (①−③ 구간)

수직스터럽의 최대 간격이 발생하는 곳 까지는 안전성과 시공성을 고려하여 지점에서 위험단면까지의 스터럽 간격을 연장 배치한다. 즉 받침부에서 802 mm까지 D10을 s =200 mm로 배치하므로 첫 번째 스터럽의 간격 $s/2$ =100 mm를 제외한 702 mm에 대해 배치한다. 따라서 받침부의 100 mm부터 D10을 200 mm 간격으로 배치하면 4개의 구간이 되며 받침부에서 900 mm까지 배치된다.

3) 수직스터럽의 최대 간격 (③−⑤ 구간)

기준에 의한 최소 전단철근량이 필요한 구간 (④−⑤ 구간)과 수직스터럽을 사용할 경우 간격제한에 따라 수직스터럽의 최대 간격이 결정되는 지점 (③) 등을 고려하여 받침부를 기점으로 900 mm부터 2,863 mm까지 D10을 250 mm 간격으로 배치한다. 즉 900 mm부터 2,863 mm까지 D10을 250 mm 간격으로 배치하면 8개의 구간이 되며, 받침부에서 2,900 mm까지 배치된다.

정리하면

첫 번째 스터럽 간격 = 100 mm
200 mm×4개 간격 = 800 mm
250 mm×8개 간격 = 2,000 mm
합계 = 2,900 mm

5.5. 깊은보

5.5.1. 개요

깊은보는 한쪽 면이 하중을 받고 반대쪽 면이 지지되어 하중과 받침부 사이에 압축대가 형성되는 구조요소로서, 다음 식에 해당하는 부재이다.

$$\frac{l_n}{h} \leq 4 \text{인 보 또는 } \frac{a_v}{h} \leq 2 \text{인 보}$$

여기서, l_n : 받침부 내면 사이의 순경간 (mm)

h : 부재의 전체 두께 또는 깊이 (mm)

a_v : 받침부로부터 집중하중이 작용하는 곳까지의 거리, 전단지간 (mm)

주1 깊은보는 주로 휨강도보다 전단강도에 의해 지배를 받는다.

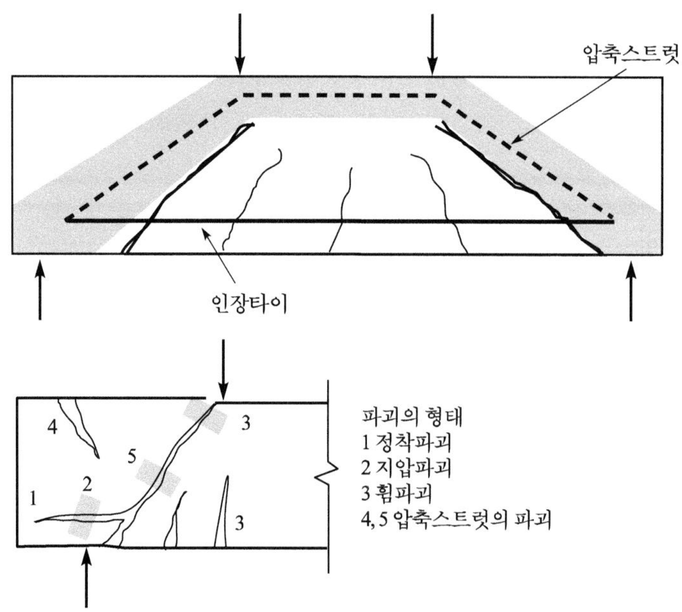

그림 5.22 깊은보의 파괴모델[11]

11) James K. Wight, Reinforced Concrete, Prentice Hall, 2016, p.272.

깊은보는 보의 순경간 l_n이 부재 깊이 h의 4배 이하이거나 하중의 받침부로부터 부재 깊이의 2배 거리 이내에 작용하고 하중의 하중점과 받침부가 서로 반대 면에 있어서 하중 작용점과 받침부 사이에 스트럿(압축대)가 형성될 수 있는 부재이다. 깊은보는 비선형 변형률 분포를 고려하여 설계하거나 KDS 14 20 24[12)]에 따라 설계하여야 하며, 횡좌굴을 고려하여야 한다.

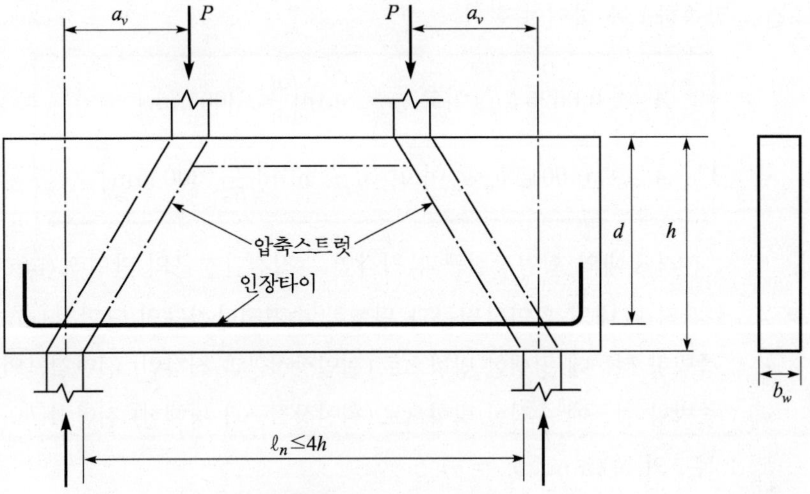

(a) 하중과 반력 (b) 단면

그림 5.23 깊은보의 형상

5.5.2. 깊은보 설계의 기본개념

깊은보의 전단강도는 KDS 14 20 22 (4.7)[13)]에 따라 다음과 같이 계산하여야 한다.

$$V_u \leq \phi V_n = \phi(V_c + \phi V_s) \ (\phi = 0.75)$$

단, $V_n \leq \dfrac{5}{6} \lambda \sqrt{f_{ck}}\, b_w d$이어야 한다.

---

12) KDS 14 20 24 콘크리트구조 스트럿-타이 모델 기준, 국토교통부 제정, 한국콘크리트학회 작성, 2021.
13) KDS 14 20 22 (4.7) 콘크리트구조 전단 및 비틀림 설계기준, 국토교통부 제정, 한국콘크리트학회 작성, 2021.

5.5.3. 최소 휨인장철근량

최소 휨인장철근량는 '4.5.4. 휨부재의 최소철근량'에 따라야 한다.

5.5.4. 최소철근량 산정 및 배치

깊은보의 양 측면의 수평철근 및 수직철근은 다음 식과 같이 KDS 14 20 22 (4.7.2)[14]의 요구 조건을 만족하도록 하여야 한다.

$$A_v \geq 0.0025\, b_w\, s \text{ 이고, } s \leq \min\left(\frac{d}{5},\ 300\,\text{mm}\right)$$

$$A_{vh} \geq 0.0015\, b_w\, s_h \text{ 이고, } s_h \leq \min\left(\frac{d}{5},\ 300\,\text{mm}\right)$$

여기서, A_v : 간격 s 내의 휨인장철근과 직각인 수직전단철근의 단면적 (mm^2)

A_{vh} : 간격 s_h 내의 휨인장철근과 평행한 수평전단철근의 단면적 (mm^2)

s : 종방향 철근에 평행한 방향으로 (휨인장철근과 직각인) 전단철근의 간격 (mm)

s_h : 종방향 철근에 수직한 방향으로 (휨인장철근과 평행한) 전단철근의 간격 (mm)

b_w : 복부의 폭 (mm, $b_w = b$)

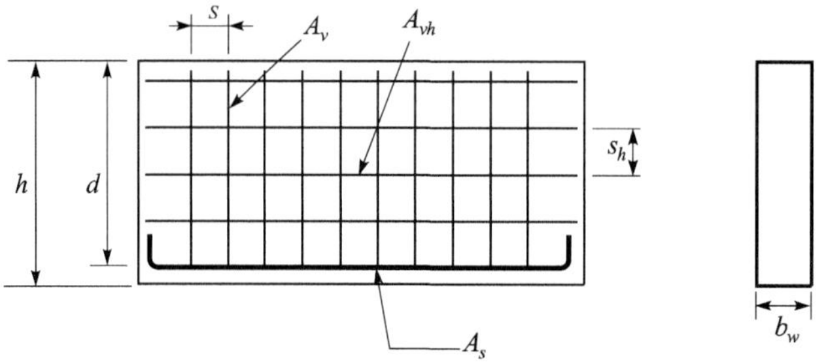

(a) 전단철근의 배치 (b) 단면

그림 5.24 깊은보에 대한 전단철근의 배치

14) KDS 14 20 22 (4.7.2) 콘크리트구조 전단 및 비틀림 설계기준, 국토교통부 제정, 한국콘크리트학회 작성, 2021.

5.6. 2방향 슬래브의 전단설계

5.6.1. 개요

2방향 슬래브에서 슬래브 부재가 설계하중에 의한 휨모멘트를 충분히 지지할 수 있는 휨 강도를 가졌더라도 기둥에 전달하는데 필요한 전단강도가 부족한 경우 기둥 주위에 전단 파괴가 발생한다. 슬래브에서 전단파괴는 1방향 전단과 2방향 전단에 의한 두 가지 파괴 형태가 있다.

1방향 전단(one-way shear) 또는 폭이 넓은-보 거동 전단(wide-beam action shear)에 의한 파괴는 슬래브 또는 기초판이 보와 같이 휨거동을 할 때, 슬래브 또는 기초판의 전체 폭에 걸쳐서 사인장 균열에 의해 발생하는 전단파괴의 형태이다(그림 5.25). 1방향 전단의 위험단면은 그림 5.25와 같이 기둥 전면에서 d만큼 떨어진 슬래브에 수직한 면에 대해 슬래브의 전체 폭으로 가정한다.

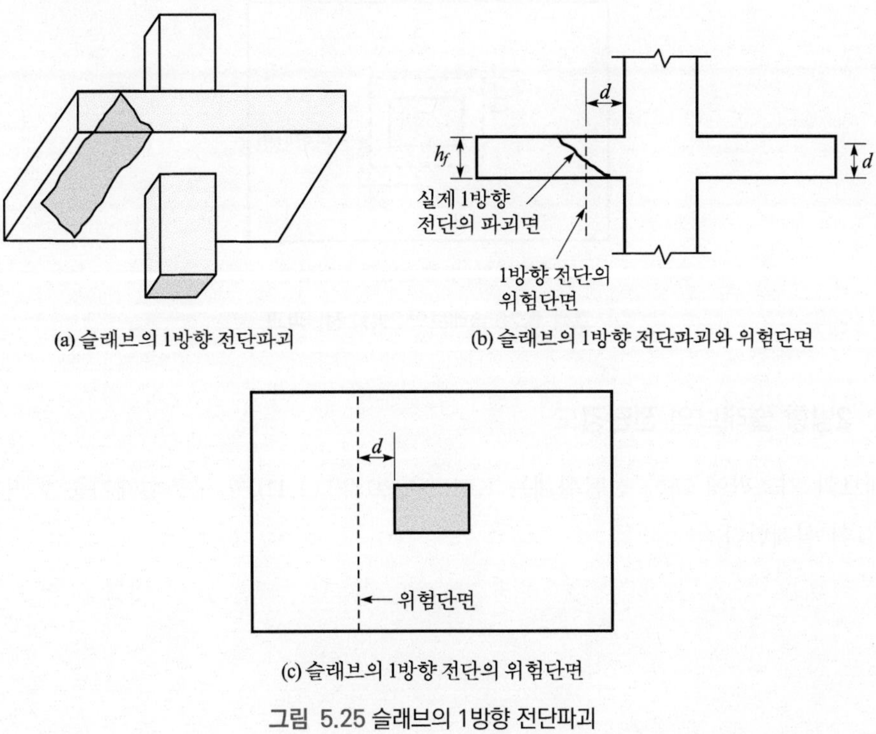

(a) 슬래브의 1방향 전단파괴 (b) 슬래브의 1방향 전단파괴와 위험단면

(c) 슬래브의 1방향 전단의 위험단면

그림 5.25 슬래브의 1방향 전단파괴

또한 2방향 전단(two-way shear) 또는 뚫림전단(punching shear)에 의한 파괴는 슬래브 또는 기초판에 2방향 휨거동을 할 때, 기둥의 둘레를 따라 슬래브 또는 기초판의 하부로부터 경사지게 균열이 발행하여 구멍이 뚫리는 전단파괴의 형태이다 (그림 5.26). 2방향 전단의 위험단면은 그림 5.26과 같이 기둥 전면에서 $d/2$만큼 떨어진 슬래브에 수직한 면에 대해 기둥 둘레로 가정한다.

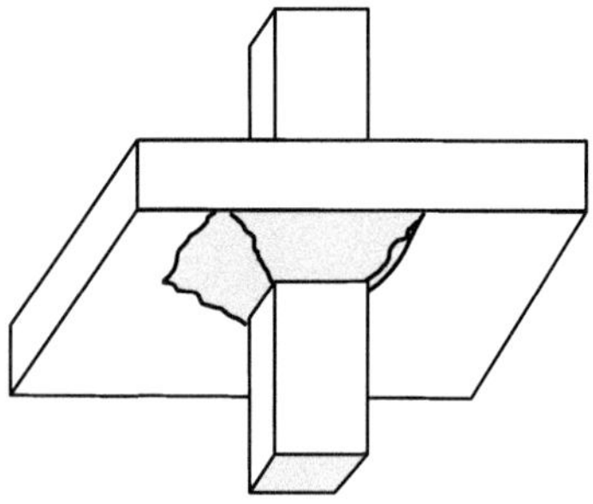

(a) 슬래브의 2방향 전단파괴

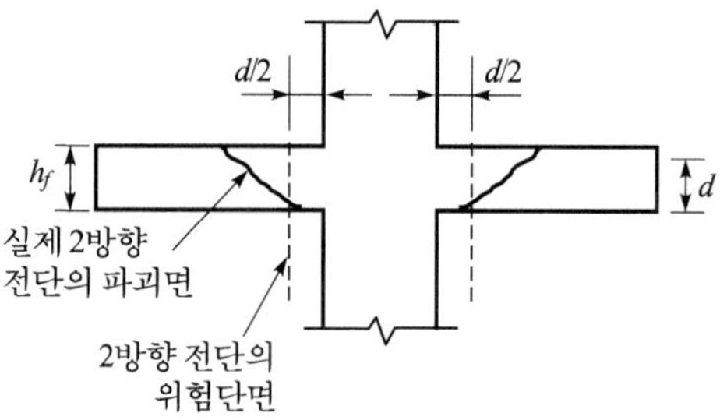

(b) 슬래브의 2방향 전단파괴와 위험단면

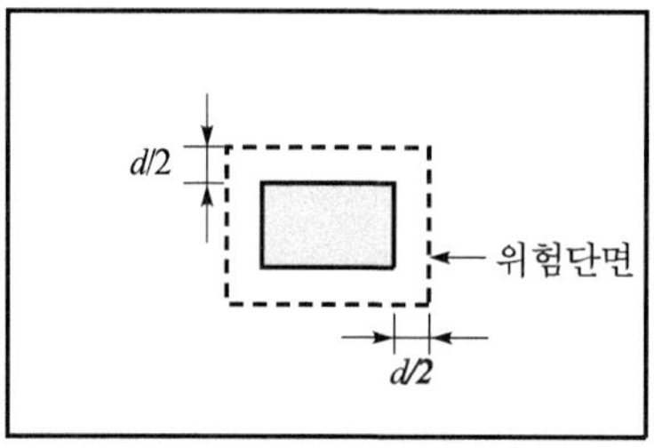

(c) 슬래브의 2방향 전단의 위험단면

그림 5.26 슬래브의 2방향 전단파괴

5.6.2. 2방향 슬래브의 전단강도

슬래브와 기초판에 대한 전단설계는 KDS 14 20 22 (4.11)[15] 구조설계기준에 따라 다음과 같이 설계한다.

---

15) KDS 14 20 22 (4.11) 콘크리트구조 전단 및 비틀림 설계기준, 국토교통부 제정, 한국콘크리트학회 작성, 2021.

(1) 보에 의해 지지된 2방향 슬래브의 전단강도

(가) 보의 전단강도

지지하는 보가 강성이 매우 커서 $\alpha_1 l_2/l_1 \geq 1.0$이 되어 바닥하중을 기둥에 전달할 수 있을 때, 지지보의 재하면적과 지지보에 전달되는 하중의 분포는 그림 5.27과 같다. 여기서, α_1은 l_1 방향으로의 휨강성비(α)이고, α는 보의 양측 또는 한 측에 인접하여 있는 슬래브 판의 중심선에 의해 구획된 폭으로 이루어진 슬래브의 휨강성에 대한 보의 휨강성의 비$(\alpha = E_{cb}I_b/E_{cs}I_s)$이다. 또한 l_1은 휨모멘트를 산정하는 방향의 받침부 중심 사이의 경간이고, l_2는 l_1에 수직한 방향의 받침부 중심 사이의 경간이다.

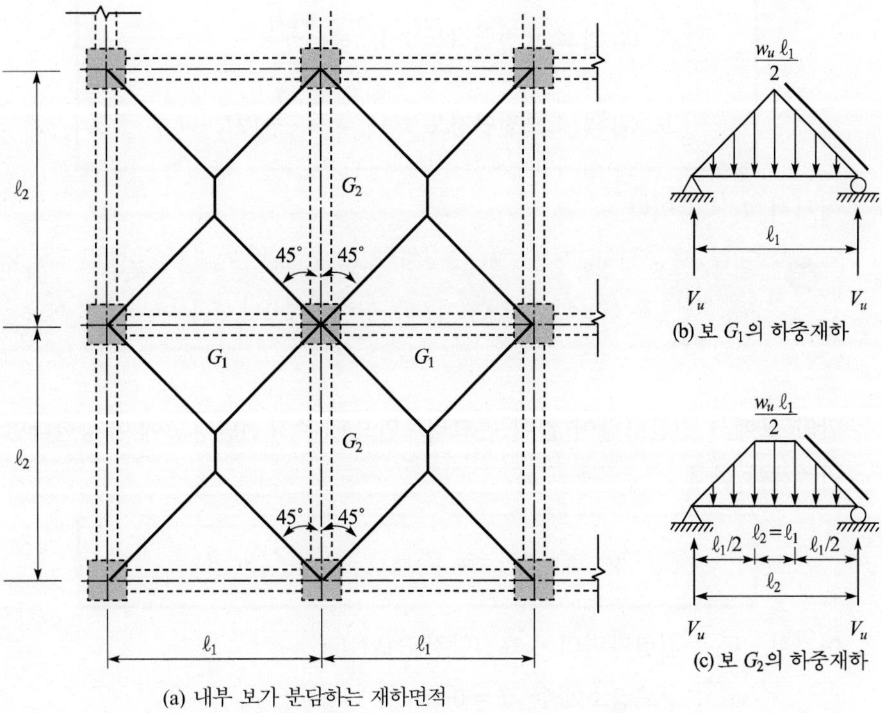

그림 5.27 내부 보가 분담하는 재하면적과 하중재하 $(l_1 < l_2)$

보가 있는 슬래브에서 보의 전단력에 대한 검토는 단부 보보다 더 큰 전단력이 작용하기 때문에 내부 보에서 실시한다. 그림 5.27 (b)에서 $l_1 < l_2$인 경우, 보 G_1의 전단력은 다음과 같다.

$$V_u = \frac{1}{2}\times\left(\frac{1}{2}\times\frac{w_u l_1}{2}\times l_1\right)\times 2 = \frac{w_u l_1^2}{4}$$

또한 그림 5.27 (c)에서 보 G_2의 전단력은 다음과 같다.

$$V_u = \frac{1}{2}\times\left(\frac{1}{2}\times\frac{w_u l_1}{2}\times\frac{l_1}{2}\right)\times 2\times 2+\frac{1}{2}\times\left[\frac{w_u l_1}{2}\times(l_2-l_1)\right]\times 2$$

$$= \frac{w_u l_1^2}{4}+\frac{w_u l_1}{2}\times(l_2-l_1) = \frac{w_u l_1}{4}(l_1+2l_2-2l_1) = \frac{w_u l_1}{4}(2l_2-l_1)$$

보 G_1의 소요전단강도 : $V_u = \frac{w_u l_1^2}{4}$
보 G_2의 소요전단강도 : $V_u = \frac{w_u l_1}{4}(2l_2-l_1)$

여기서, $l_1 < l_2$이다.

주1 휨모멘트를 산정할 경우, 휨모멘트를 산정하는 방향에 따라 l_1과 l_2가 정해져야 하지만, 전단력을 산정할 경우는 관계없다. 따라서 계산의 편의상 $l_1 < l_2$로 하여 전단력을 산정한다.

만약 보에서 전단보강이 없이 콘크리트만으로 소요전단강도에 저항한다면 다음을 만족해야 한다.

$$V_u \le \phi V_n = \phi V_c = \phi\frac{1}{6}\lambda\sqrt{f_{ck}}\,b_w d$$

여기서, V_u : 위험단면의 소요전단강도 (kN)

ϕ : 강도감소계수. $\phi = 0.75$

V_c : 콘크리트의 전단강도 (kN)

b_w : 보의 단부 폭 (mm)

d : 보의 유효깊이 (mm)

(나) 슬래브의 전단강도

일반적으로 2방향 슬래브가 보 또는 벽체로 지지되어 있을 경우, 전단강도는 작고, 특히 4변 지지인 경우에는 거의 전단보강이 필요하지 않다. 보 또는 벽체로 지지된 경우는 2방향의 단위 폭에 작용하는 전단력에 대해 검토한다. 참고로 1방향 슬래브에서는 1방향 전단만 고려하면 되고 단위 폭의 보로 해석한다.

보에 의해 지지된 2방향 슬래브는 콘크리트의 설계전단강도(ϕV_c)만으로 소요전단강도(V_u)를 저항하게 설계하며, 만약 콘크리트의 설계전단강도가 소요전단강도보다 작을 경우($V_u > \phi V_c$), 사인장 파괴가 발생한다.

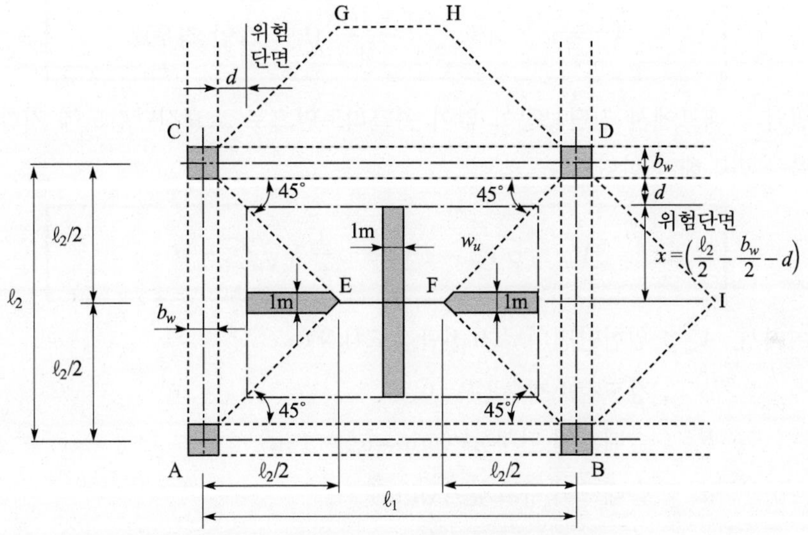

그림 5.28 2방향 슬래브에서 전단력 산정을 위한 하중분포 가정 ($l_2 < l_1$)[16]

그림에서 지지보에 전달되는 하중은 기둥 중심에서 45° 선을 그어 그려진 바닥면적에 작용하는 하중이다. 즉, 보 AB는 사다리꼴 AEFB, 보 CD는 사다리꼴 CEFD와 CGHD, 보 AC는 삼각형 AEC 그리고 보 BD는 삼각형 BFD와 BID의 슬래브에 작용하는 하중을 받아 기둥에 전달하는 것으로 가정한다. 이러한 가정 하에서 슬래브의 단위 폭(1m 폭)에 작용하는 최대 전단력은 EF 방향과 EF에 직각방향에서 발생한다.

16) 안주옥, 철근콘크리트공학, 사이텍미디어, 2014, p.275.

위험단면에서 슬래브의 최대 계수등분포하중 w_u에 대한 소요전단강도 V_u는 다음과 같다($l_1 > l_2$인 경우).

$$V_u = w_u \times 1 \times x = w_u\left(\frac{l_2}{2} - \frac{b_w}{2} - d\right)$$

$$V_u = w_u\left(\frac{l_2}{2} - \frac{b_w}{2} - d\right) \quad (l_1 > l_2\text{인 경우})$$

계산의 편의를 위해 슬래브가 부담하는 소요강도는 다음과 같이 약산적으로 산정하기도 한다.

$$V_u = w_u \times 1 \times \frac{l_2}{2} = \frac{w_u l_2}{2} \quad (l_1 > l_2\text{인 경우})$$

만약 슬래브에서 전단보강이 없이 콘크리트만으로 소요전단강도에 저항한다면 다음을 만족해야 한다.

$$V_u \le \phi V_n = \phi V_c = \phi \frac{1}{6} \lambda \sqrt{f_{ck}}\, b_w d$$

여기서, V_u : 위험단면의 소요전단강도(kN)

ϕ : 강도감소계수, $\phi = 0.75$

b_w : 슬래브의 단부 폭(mm, $b_w = 1$ m)

d : 슬래브의 유효깊이(mm)

예제 5-12

그림과 같은 2방향 슬래브가 400 mm×400 mm의 정사각형 기둥에 의해 지지되어 있고, 바닥판의 주위에는 같은 단면의 내부 보와 단부 보가 있다. 슬래브의 두께 h_f가 200 mm일 때, 보와 슬래브의 전단강도를 검토하시오. (단, 모든 보는 $\alpha_1 l_2/l_1 \geq 1.0$이고 슬래브의 두께는 만족하는 것으로 가정하고, 부재의 치수와 하중 등은 아래와 같다. 콘크리트는 $f_{ck}=24$ MPa의 보통중량콘크리트이고, 철근은 f_y =400 MPa의 도막되지 않은 철근이다. 또한 보와 슬래브는 일체로 시공되어 동일한 탄성계수로써 $E_{cb}=E_{cs}$이다.)

[조건]

1. 층고 : 3.3 m
2. 기둥의 크기 : 400 mm×400 mm
3. 슬래브의 두께 : $h_f = 200$ mm
4. 고정하중 : $w_D = 6.5$ kN/m^2
5. 활하중 : $w_L = 3.0$ kN/m^2
6. 보의 주철근은 D25, 보의 스터럽은 D10 그리고 슬래브의 철근은 D13으로 가정

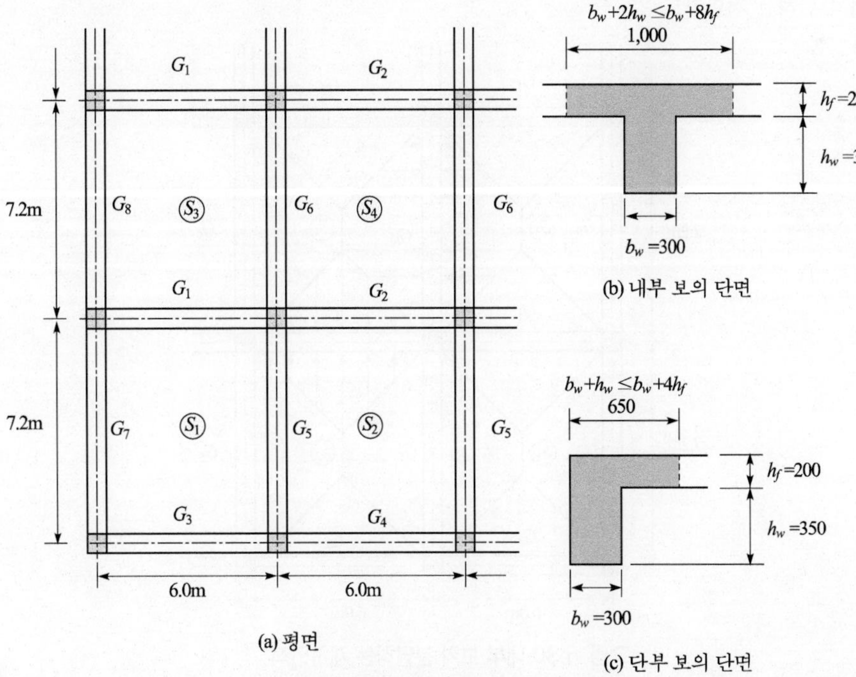

그림 5.29 예제의 평면과 보의 단면

풀이

1. 슬래브의 두께 검토
문제의 조건에 따라 만족한다.

2. 유효깊이
1) 보의 유효깊이 (주철근은 D25, 스터럽은 D10)

$$d = h - 40 - d_s - \frac{d_b}{2} = 550 - 40 - 9.53 - \frac{25.4}{2} = 488\text{ mm}$$

$\therefore\ d = 480\text{ mm}$로 함

2) 슬래브의 유효깊이 (철근은 D13)

$$d = h_f - 20 - \frac{d_b}{2} = 200 - 20 - \frac{12.7}{2} = 174\text{ mm}$$

$\therefore\ d = 170\text{ mm}$로 함

3. 계수하중
1) 계수 고정하중 : $w_{Du} = 1.2w_D = 1.2 \times 6.5 = 7.8\text{ kN/m}^2$
2) 계수 활하중 : $w_{Lu} = 1.6w_L = 1.6 \times 3.0 = 4.8\text{ kN/m}^2$
3) 계수하중 : $w_u = w_{Du} + w_{Du} = 1.2w_D + 1.6w_L = 1.2 \times 6.5 + 1.6 \times 3.0 = 12.6\text{ kN/m}^2$

4. 보가 부담하는 전단강도

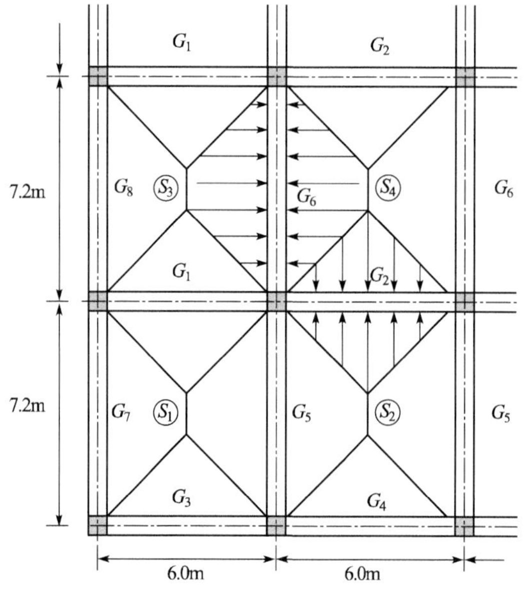

그림 5.30 내부 보가 분담하는 재하면적

1) 보 G_1 또는 G_2가 부담하는 전단강도

문제의 조건에서 모든 보가 $\alpha_1 l_2/l_1 \geq 1.0$이므로 모든 보가 다음 그림과 같은 재하면적에 계수하중에 의한 전단력을 저항해야 한다.

(1) 보에 작용하는 계수전단력

① $l_1 = 6.0\text{ m}$

② $l_2 = 7.2\text{ m}\ (l_1 < l_2)$

③ 보에 작용하는 계수전단력

$$V_u = \frac{w_u l_1^2}{4} = \frac{12.6 \times 6.0^2}{4} = 113.4\text{ kN}$$

> 주1 휨모멘트를 산정할 경우, 휨모멘트를 산정하는 방향에 따라 l_1과 l_2가 정해져야 하지만, 전단력을 산정할 경우는 관계없다. 따라서 계산의 편의상 $l_1 < l_2$로 하여 전단력을 산정한다.

(2) 콘크리트가 부담하는 전단강도

$\lambda = 1.0$ (∵ 보통중량콘크리트)

$$\phi V_c = \phi \frac{1}{6} \lambda \sqrt{f_{ck}}\, b_w\, d = 0.75 \times \frac{1}{6} \times 1.0 \times \sqrt{24} \times 300 \times 480 = 88.2 \times 10^3\text{ N} = 88.2\text{ kN}$$

$V_u = 113.4\text{ kN} < \phi V_c = 88.2\text{ kN}$ NG

따라서 보 G_1 또는 G_2에서는 전단철근이 필요하며, 전단철근이 부담해야 할 전단력은 다음과 같다.

$V_s \geq (V_u - \phi V_c)/\phi = (113.4 - 88.2)/0.75 = 33.6\text{ kN}$

2) 보 G_5 또는 G_6이 부담하는 전단강도

(1) 보에 작용하는 계수전단력

$$V_u = \frac{w_u l_1}{4}(2l_2 - l_1) = \left(\frac{12.6 \times 6.0}{4}\right) \times (2 \times 7.2 - 6.0) = 158.8\text{ kN}$$

(2) 콘크리트와 전단철근이 부담하는 전단강도

$\phi V_c = 88.2\text{ kN}$

$V_u = 158.8\text{ kN} < \phi V_c = 88.2\text{ kN}$ NG

따라서 보 G_5 또는 G_6에서는 전단철근이 필요하며, 전단철근이 부담해야 할 전단력은 다음과 같다.

$V_s \geq (V_u - \phi V_c)/\phi = (158.8 - 88.2)/0.75 = 94.1\text{ kN}$

5. 슬래브가 부담하는 전단강도

1) 슬래브에 작용하는 계수전단력

슬래브는 단위 폭 1 m에 대해 전단강도를 검토한다.

$$V_u = \frac{w_u l_1}{2} = \frac{12.6 \times 6.0}{2} = 37.8\text{ kN}$$

2) 콘크리트가 부담하는 전단강도

$\lambda = 1.0$ (∵ 보통중량콘크리트)

$$\phi V_c = \phi \frac{1}{6} \lambda \sqrt{f_{ck}}\, b_w\, d = 0.75 \times \frac{1}{6} \times 1.0 \times \sqrt{24} \times 1{,}000 \times 170 = 104.1 \times 10^3\ \text{N} = 104.1\ \text{kN}$$

$V_u = 37.8\ \text{kN} < \phi V_c = 104.1\ \text{kN}$ OK

따라서 슬래브에서는 전단철근이 필요하지 않다.

(2) 보에 의해 지지되지 않은 2방향 슬래브의 전단강도

(가) 개요

플랫 플레이트나 플랫 슬래브와 같이 보에 의해 지지되지 않은 2방향 슬래브는 보가 없기 때문에 $\alpha = 0$이 되고, 보의 강성이 $\alpha_1 l_2 / l_1 = 0$이 되어 바닥하중은 슬래브에 의해 기둥으로 전달된다. 이와 같은 슬래브에서 전단에 대한 검토는 1방향 전단과 2방향 전단(뚫림전단)에 대해 실시하여야 한다.

(나) 전단설계 위험단면

슬래브 또는 기초판의 2방향 전단에 대한 강도는 일반적으로 1방향 전단의 강도보다 상당히 작다. 그러나 보 없이 기둥이 슬래브를 직접 지지하여 집중하중이나 반력이 발생하는 기둥 부근의 슬래브와 기초판의 전단 설계는 넓은-보 거동의 1방향 전단 검토와 2방향 거동의 2방향 전단 검토를 구분하여 모두 실시한다. 그리고 두 가지 전단 검토 중에서 불리한 전단에 대해 전단설계를 한다.

1방향 전단 검토는 슬래브 또는 기초판이 폭이 넓은 보와 같은 1방향으로 휨거동을 할 때 실시한다. 1방향 전단의 설계 위험단면은 기둥 전면에서 d만큼 떨어진 수직면에 대해 패널의 중심선 사이를 길이로 하는 단면이다. 1방향 전단설계는 위험단면에 대해 휨부재의 전단설계 기준에 따라 설계하여야 한다.

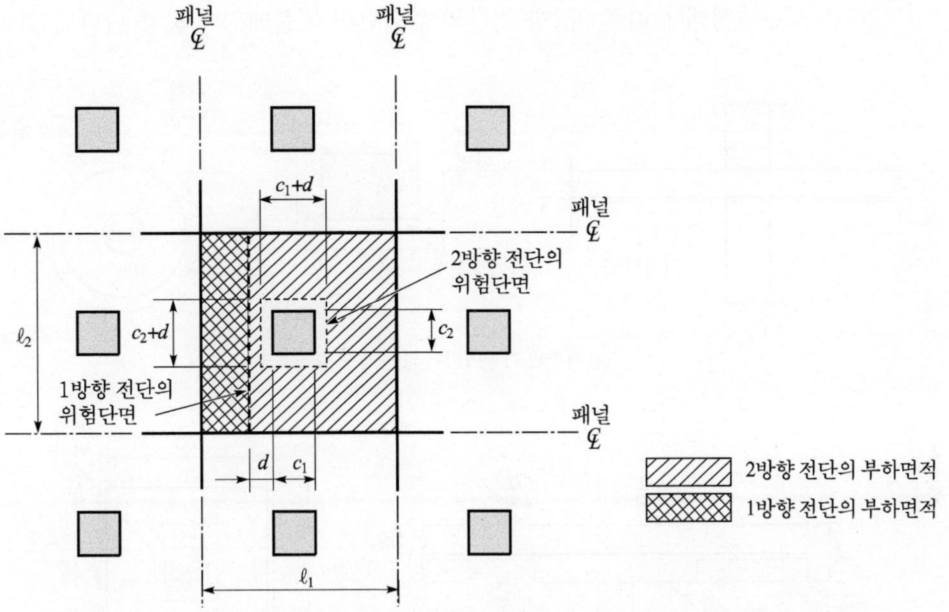

그림 5.31 보에 의해 지지되지 않은 2방향 슬래브의 전단에 대한 재하면적과 위험단면[17)]

2방향 전단 검토는 슬래브 또는 기초판이 2방향으로 휨거동을 할 때 실시한다. 2방향 전단(뚫림전단)의 설계 위험단면은 기둥머리 또는 지판(Drop Panel)의 전면에서 $d/2$만큼 떨어진 둘레 b_o를 길이로 하는 단면이다. 2방향 전단설계는 다음의 규정에 따라 설계하여야 한다. 이때 위험단면의 둘레길이 b_o는 최소로 되어야 하나 집중하중, 반력구역, 기둥, 기둥머리 또는 지판 등의 경계로부터 $d/2$보다 가까이 위치시킬 필요는 없다. 이와 같은 경우 사각형 형태의 기둥, 집중하중 또는 반력구역에 대한 전단위험단면은 네 변에 나란한 직선으로 정의할 수 있다.

17) Notes on ACI 318-95 Building Code Requirements for Structural Concrete with Design Applications, PCA, 1996, p.18-2.

다음은 구조형태에 따른 2방향 전단의 위험단면과 둘레길이 b_o를 나타낸 것이다.

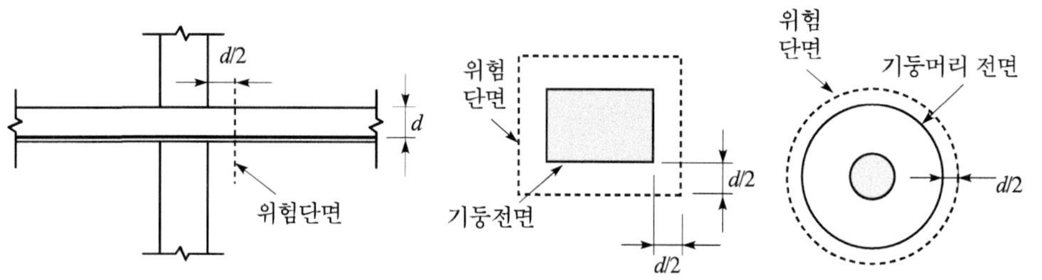

(a) 지판과 기둥머리가 없는 플랫 슬래브

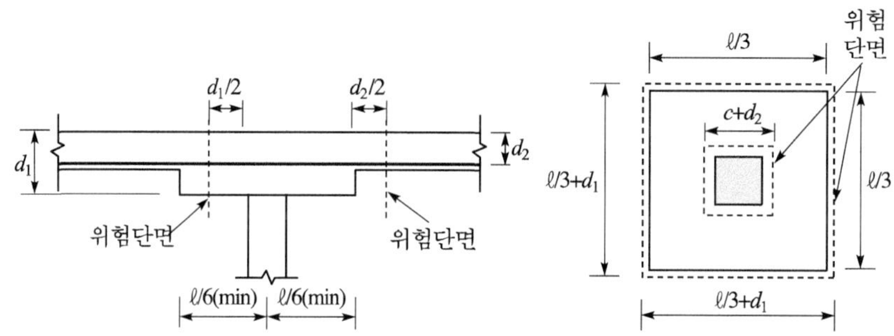

(b) 지판은 있고 기둥머리가 없는 플랫 슬래브

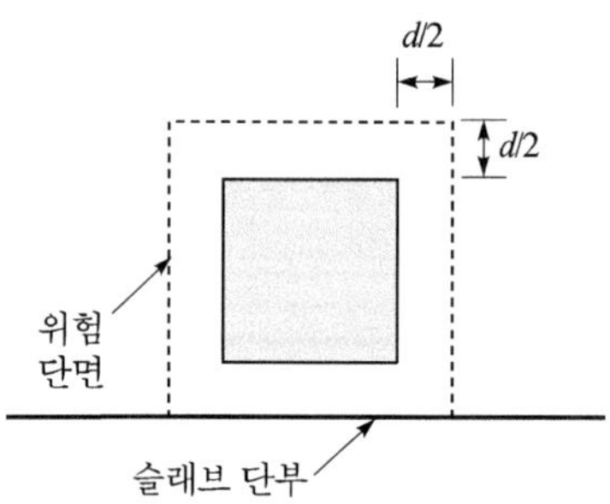

(c) 가장자리 기둥

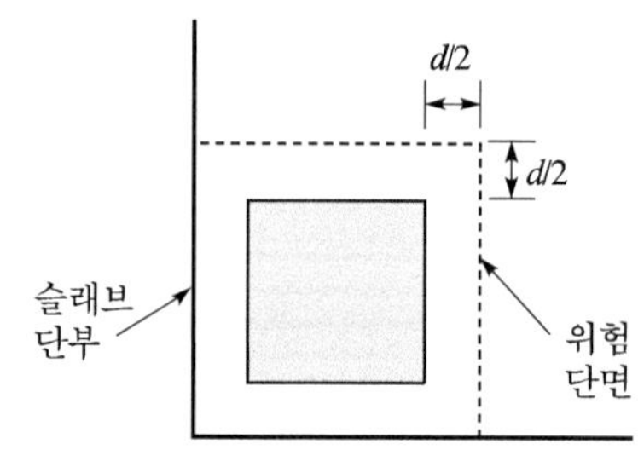

(d) 모서리 기둥

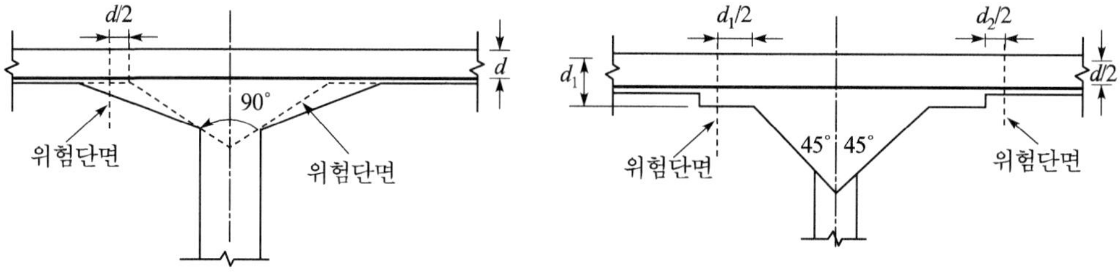

(e) 지판은 없고 기둥머리가 있는 플랫 슬래브

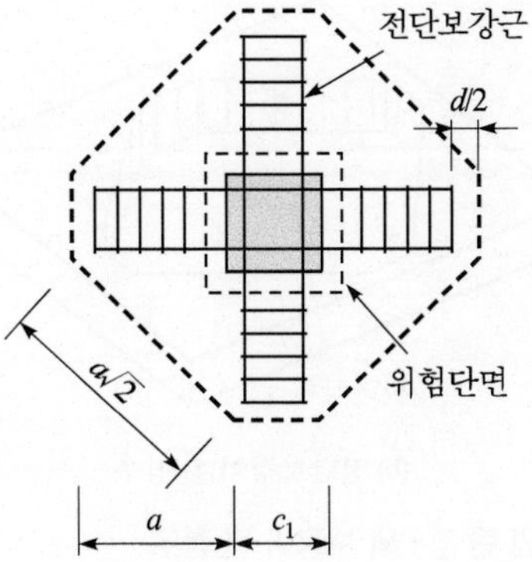

(f) 철근에 의한 전단보강

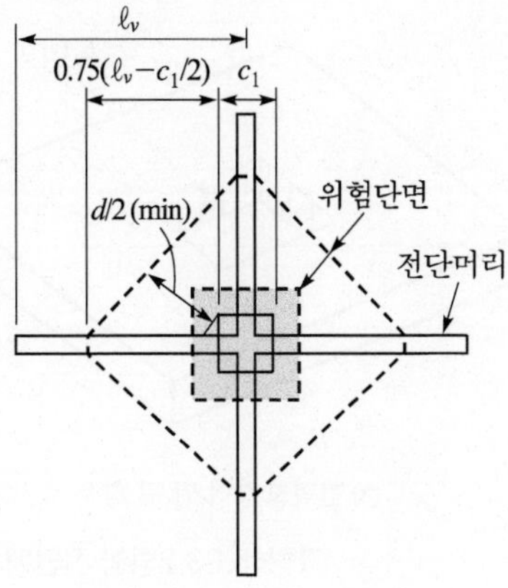

(g) 전단머리에 의한 전단보강

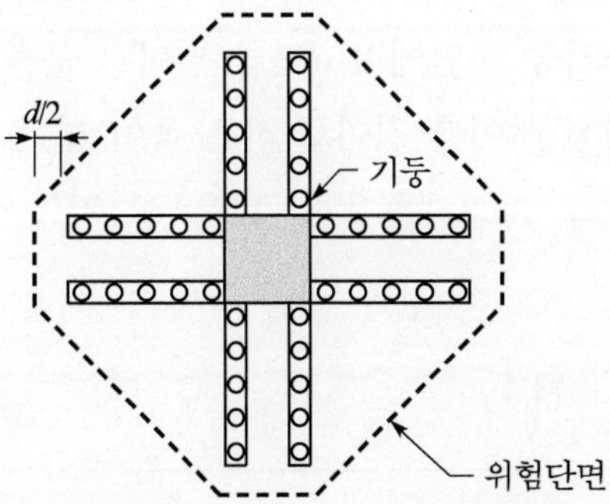

(h) 확대머리 전단스터드에 의한 전단보강

그림 5.32 2방향 전단에 대한 위험단면과 전단보강[18),19)]

그림 5.33은 전단보강이 안된 경우의 2방향 전단에 저항하는 둘레길이와 전단보강이 된 경우의 2방향 전단에 저항하는 둘레길이를 입체적으로 표현한 것이다. 전단보강이 될 경우, 위험단면의 둘레길이 b_o가 커짐을 알 수 있다.

18) ACI Committee 318, Notes on ACI 318M-11 Building Code Requirements for Structural Concrete with Design Applications, American Concrete Institute, Farmington Hills, MI, 2013, p.16-2.

19) N. Subramanian, Design of Reinforced Concrete Structures, Oxford University Press, 2014, pp.429-430.

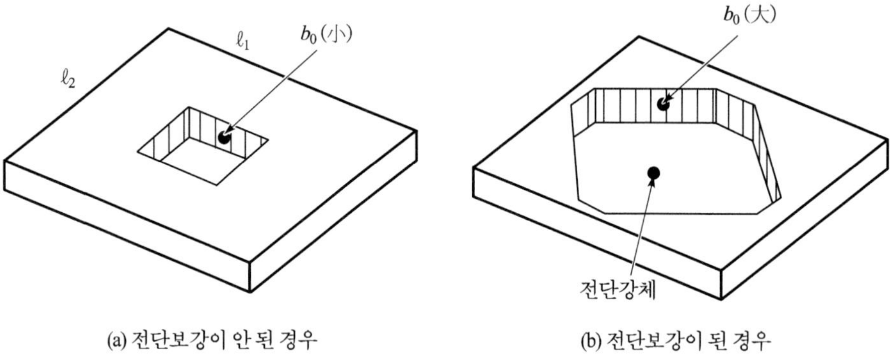

그림 5.33 2방향 전단에서 전단보강이 안 된 경우와 보강이 된 경우

(다) 보에 의해 지지되지 않은 2방향 슬래브의 1방향 전단강도

1방향 전단 검토는 기둥 전면에서 d만큼 떨어진 곳을 위험단면으로 하고, 위험단면에서 패널의 중심선 사이를 길이로 하는 폭이 넓은 보로 하여 실시한다. 이러한 1방향 전단(one-way shear)은 폭이 넓은-보 거동(wide-beam action)을 하게 된다.

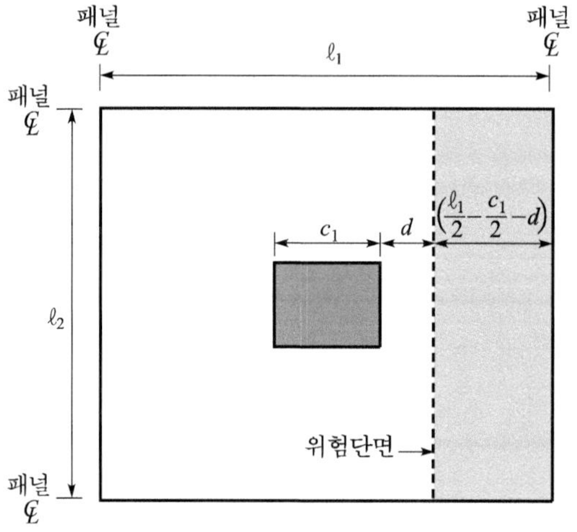

그림 5.34 보에 의해 지지되지 않은 2방향 슬래브의 1방향 전단에 대한 재하면적과 위험단면

위험단면에서 슬래브의 최대 계수등분포하중 w_u에 대한 1방향 전단의 소요전단강도 V_u는 다음과 같다.

$$V_u = w_u \times A = w_u \left(\frac{l_1}{2} - \frac{c_1}{2} - d \right) l_2$$

$$V_u = w_u \times A = w_u \left(\frac{l_2}{2} - \frac{c_1}{2} - d \right) l_1$$

만약 슬래브에서 전단보강이 없이 콘크리트만으로 소요전단강도에 저항한다면 다음을 만족해야 한다.

$$V_u \leq \phi V_n = \phi V_c = \phi \frac{1}{6} \lambda \sqrt{f_{ck}}\, b_w d$$

여기서, V_u : 위험단면의 소요전단강도 (kN)

ϕ : 강도감소계수. $\phi = 0.75$

b_w : 슬래브의 단부 폭 (mm, l_1 또는 l_2)

d : 슬래브의 유효깊이 (mm)

위험단면에서 슬래브의 최대 계수등분포하중 w_u를 산정함에 있어 식을 간단히 하기 위해 단위 폭 1 m에 대해 1방향 전단의 소요전단강도 V_u는 다음과 같다.

$$V_u = w_u \times A = w_u \left(\frac{l_1}{2} - \frac{c_1}{2} - d \right) \times 1$$

$$V_u = w_u \times A = w_u \left(\frac{l_2}{2} - \frac{c_2}{2} - d \right) \times 1$$

같은 방법으로 슬래브에서 콘크리트의 설계전단강도의 산정에서도 단위 폭 1 m에 대해 산정하면 다음과 같다.

$$V_u \leq \phi V_n = \phi V_c = \phi \frac{1}{6} \lambda \sqrt{f_{ck}}\, b_w d \ (\phi = 0.75)$$

(라) 보에 의해 지지되지 않은 2방향 슬래브의 2방향 전단강도

보가 없이 기둥에 의해 직접 지지되는 2방향 슬래브나 집중하중을 받는 확대기초의 경우는 기둥 주변의 전단력이 복잡하고 매우 크다. 이와 같은 슬래브와 기초판은 보와 같은 사인장 파괴에 대한 1방향 전단 검토뿐만 아니라 피라미드 형태나 원추 형태의 파괴에 대한 2방향 전단 (뚫림전단) 검토를 하여야 한다.

2방향 전단(뚫림전단) 검토는 기둥머리 또는 지판(Drop Panel)의 전면에서 $d/2$ 만큼 떨어진 둘레를 위험단면으로 하여 검토한다. 이러한 2방향 전단(two-way shear)은 2방향 거동(two-way action)을 하게 된다.

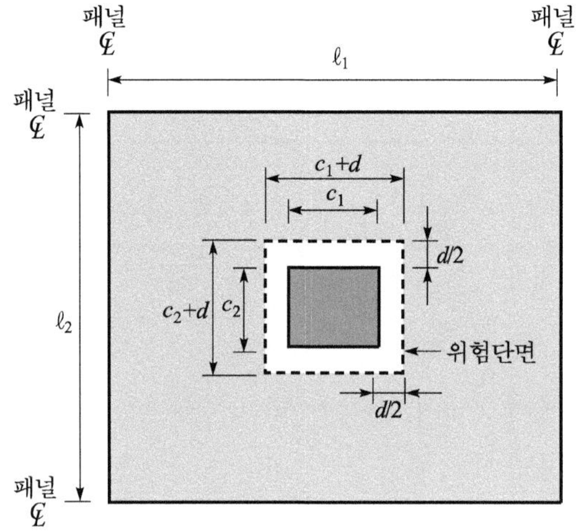

그림 5.35 보에 의해 지지되지 않은 2방향 슬래브의 2방향 전단에 대한 재하면적과 위험단면

위험단면에서 슬래브의 최대 계수등분포하중 w_u에 대한 2방향 전단의 소요전단강도 V_u는 다음과 같다.

$$V_u = w_u \times A = w_u[l_1 l_2 - (c_1 + d)(c_2 + d)]$$

일반적으로 슬래브가 보 또는 벽체로 지지된 경우에는 안전하므로 검토를 생략하나, 보가 없이 기둥으로만 지지되는 경우에는 2방향 전단이 설계에서 주요 요소가 되므로 다음과 같이 전단보강 설계를 해야 한다.

KDS 14 20 22(4.11.2)[20] 구조설계기준에 따른 철근콘크리트 슬래브와 기초판에 대한 콘크리트의 공칭전단강도 V_c는 다음에 의해 계산한다. 여기서, 콘크리트의 공칭전단강도 V_c는 $0.58 f_{ck} b_o c_u$ 이하이어야 한다.

20) KDS 14 20 22(4.11.2) 콘크리트구조 전단 및 비틀림 설계기준, 국토교통부 제정, 한국콘크리트학회 작성, 2021.

$$V_u \leq \phi V_n = \phi V_c = \phi v_c b_o d \leq \phi 0.58 f_{ck} b_o c_u$$
$$V_c = v_c b_o d$$
$$v_c = \lambda k_s k_{bo} f_{te} \cot\psi (c_u / d)$$

여기서, V_u : 위험단면의 소요전단강도(kN)

ϕ : 강도감소계수. $\phi = 0.75$

V_c : 콘크리트의 전단강도(kN, $V_c \leq 0.58 f_{ck} b_o c_u$)

v_c : 콘크리트 재료의 공칭전단응력강도(MPa)

b_o : 2방향 전단에 대해 정의된 위험단면의 둘레길이(mm).

$b_o = 2[(c_1 + d) + (c_2 + d)]$

d : 슬래브의 유효깊이(mm)

λ : 경량콘크리트계수

k_s : 슬래브의 두께계수[$k_s = (300/d)^{0.25} \leq 1.1$, d의 단위는 mm]

k_{bo} : 위험단면 둘레길이의 영향계수[$k_{bo} = 4/\sqrt{\alpha_s (b_o/d)} \leq 1.25$]. k_s의 하한값으로 0.75를 사용할 수 있다.

α_s : 내부 기둥에 대하여 1.0, 단부 기둥 (모서리 기둥 제외)에 대하여 1.33, 모서리 기둥에 대하여 2.0

f_{te} : 압축대 콘크리트의 인장강도(MPa, $f_{te} = 0.2\sqrt{f_{ck}}$)

ψ : 슬래브 휨 압축대의 균열각도[°, $\cot\psi = \sqrt{f_{te}(f_{te} + f_{cc})}/f_{te}$]

c_u : 압축철근의 영향을 무시하고 계산된 슬래브 위험단면 압축대 깊이의 평균값[mm, $c_u = d[25\sqrt{\rho/f_{ck}} - 300(\rho/f_{ck})]$]. 여기서, ρ는 설계위험단면에서 양방향으로 각각 h만큼 떨어진 폭의 슬래브에 대한 평균인장주철근비이며, $\rho \leq 0.03$의 범위에서 사용할 수 있으며 ρ가 0.005 이하인 경우 0.005를 사용할 수 있다. 이때 인장주철근은 설계위험단면에서 최소 $(h + l_d)$ 만큼 연장하여 슬래브에 정착해야 한다. 여기서 l_d는 인장이형철근의 정착길이이다.

f_{cc} : 위험단면의 압축대에 작용하는 평균 압축응력[MPa, $f_{cc} = (2/3) f_{ck}$]

f_{ck} : 콘크리트의 설계기준압축강도(MPa, $f_{ck} \leq 35$ MPa)

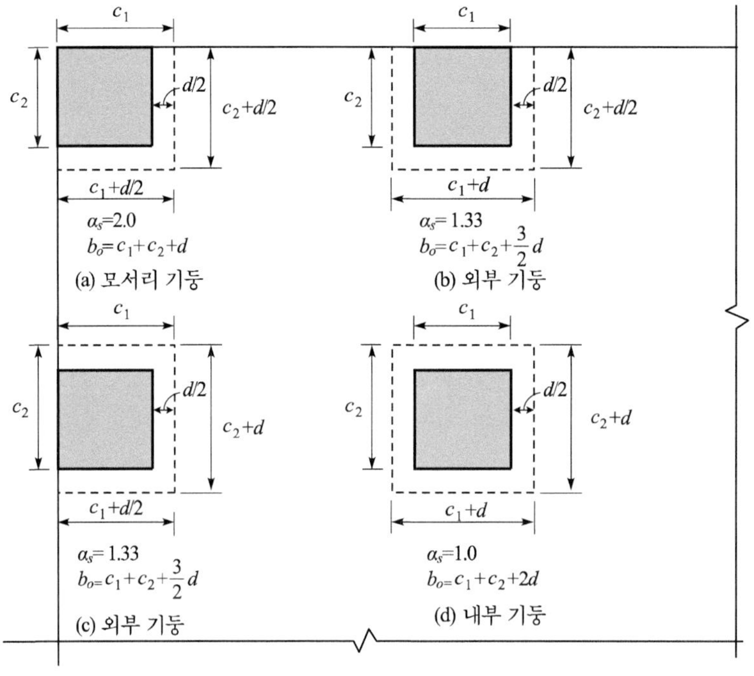

그림 5.36 기둥의 위치에 따른 계수 α_s와 위험단면의 둘레길이 b_o[21)]

슬래브-기둥 접합부에서 계수전단력 V_u를 계산할 때에는 각 기둥면에서 $0.5d$ 내에 재하되는 등분포하중의 영향을 무시할 수 있다. 기초판-기둥 접합부의 경우에는 기둥면에서 $0.75d$ 내에 재하되는 등분포 지반력의 영향을 무시할 수 있다.

21) ACI Committee 318, Notes on ACI 318M-11 Building Code Requirements for Structural Concrete with Design Applications, American Concrete Institute, Farmington Hills, MI, 2013, p.16-13.

예제 5-13

그림과 같은 2방향 슬래브가 400 mm×400 mm의 정사각형 기둥에 의해 지지되어 있고 지판이 없는 플랫 플레이트이다. 슬래브의 두께 h_f가 200 mm일 때, 내부 기둥 C_1 주위 슬래브의 1방향 전단강도와 2방향 전단강도를 N-S방향 ($l_1 = 6.0\ \mathrm{m}$, $l_2 = 5.0\ \mathrm{m}$)에 대해 검토하시오. (단, 부재의 치수와 하중 등은 아래와 같다. 콘크리트는 $f_{ck} = 24$ MPa의 보통중량콘크리트이고, 철근은 f_y=400 MPa의 도막되지 않은 철근이다. 또한 보와 슬래브는 일체로 시공되어 동일한 탄성계수로써 $E_{cb} = E_{cs}$이다.)

[조건]

1. 층고 : 3.3 m
2. 기둥의 크기 : 400 mm×400 mm
3. 슬래브의 두께 : $h_f = 200\ \mathrm{mm}$
4. 고정하중 : $w_D = 6.5\ \mathrm{kN/m^2}$
5. 활하중 : $w_L = 2.0\ \mathrm{kN/m^2}$
6. 슬래브의 철근은 D13으로 가정

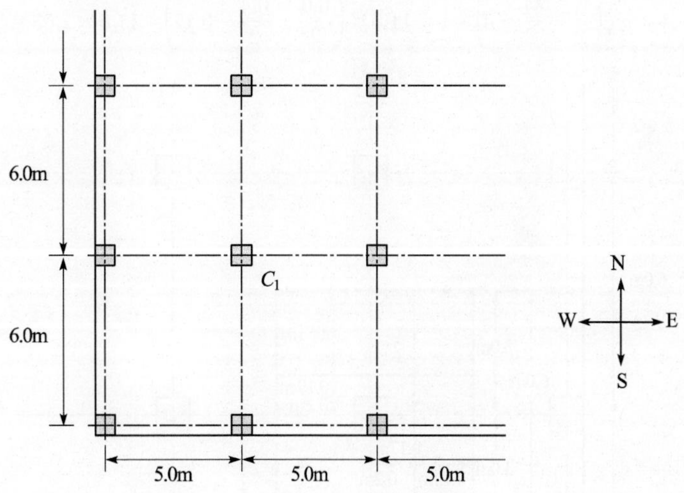

그림 5.37 예제의 평면

풀이

1. 슬래브의 두께 검토

철근의 설계기준항복강도 f_y =400 MPa이고, 지판이 없으며 테두리보가 없는 경우 슬래브의 최소 두께는 다음과 같다 (표 9.8 참고).

$$h_{f,\min} = \max\left(\frac{l_n}{30},\ 120\ \mathrm{mm}\right) = \max\left(\frac{5,600}{30},\ 120\right) = \max(187,\ 120) = 187\ \mathrm{mm}$$

$h_f = 200\text{ mm} \geq h_{f,\min} = 187\text{ mm}$ OK

2. 유효깊이

$d = h_f - 20 - \frac{d_b}{2} = 200 - 20 - \frac{12.7}{2} = 174\text{ mm}$

$\therefore\ d = 170\text{mm}$로 함

3. 계수하중

1) 계수 고정하중 : $w_{Du} = 1.2w_D = 1.2 \times 6.5 = 7.8\text{ kN/m}^2$

2) 계수 활하중 : $w_{Lu} = 1.6w_L = 1.6 \times 2.0 = 3.2\text{ kN/m}^2$

3) 계수하중 : $w_u = w_{Du} + w_{Du} = 1.2w_D + 1.6w_L = 1.2 \times 6.5 + 1.6 \times 2.0 = 11.0\text{ kN/m}^2$

4. 슬래브의 1방향 전단강도

1) 슬래브에 작용하는 계수전단력

슬래브는 단위 폭 1 m에 대해 전단강도를 검토한다.

$l_1 = 6.0\text{ m},\ l_2 = 5.0\text{ mm}$

따라서 $l_1 > l_2$인 경우 소요전단강도는 다음과 같다.

$V_u = w_u \times A = w_u\left(\frac{l_1}{2} - \frac{c_1}{2} - d\right) \times 1 = 11.0 \times \left(\frac{6.0}{2} - \frac{0.4}{2} - 0.17\right) = 11.0 \times 2.63 = 28.9\text{ kN}$

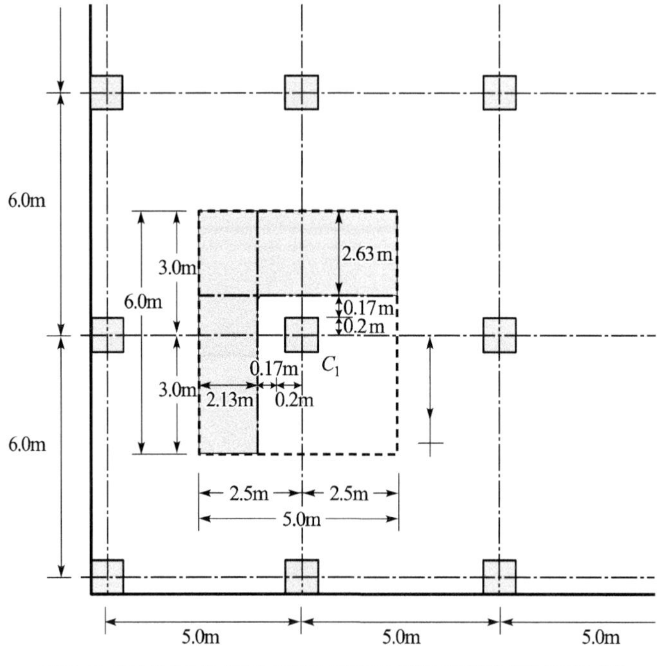

그림 5.38 내부 기둥에서 1방향 전단에 대한 재하면적과 위험단면

2) 콘크리트가 부담하는 전단강도

$\lambda = 1.0$ (∵ 보통중량콘크리트)

$\phi V_c = \phi \frac{1}{6} \lambda \sqrt{f_{ck}}\, b_w d = 0.75 \times \frac{1}{6} \times 1.0 \times \sqrt{24} \times 1{,}000 \times 170 = 104.1 \times 10^3\ \mathrm{N} = 104.1\ \mathrm{kN}$

$V_u = 28.9\ \mathrm{kN} < \phi V_c = 104.1\ \mathrm{kN}$ OK

따라서 슬래브에서는 1방향 전단에 대한 전단철근이 필요하지 않다.

5. 슬래브의 2방향 전단강도

1) 슬래브에 작용하는 계수전단력

$l_1 = 6.0\ \mathrm{m},\ l_2 = 5.0\ \mathrm{mm},\ c_1 = c_2 = 0.4\ \mathrm{m},\ d = 0.17\ \mathrm{m}$

$V_u = w_u \times A = w_u [l_1 l_2 - (c_1 + d)(c_2 + d)]$

$= 11.0 \times [6.0 \times 5.0 - (0.4 + 0.17) \times (0.4 + 0.17)] = 326.4\ \mathrm{kN}$

2) 콘크리트가 부담하는 전단강도

$d = 170\ \mathrm{mm}$

$b_o = 2[(c_1 + d) + (c_2 + d)] = 2 \times (570 + 570) = 2{,}280\ \mathrm{mm}$

$\lambda = 1.0$ (∵ 보통중량콘크리트)

$k_s = (300/d)^{0.25} = (300/170)^{0.25} = 1.153 \le 1.1$ NG

$\therefore\ k_s = 1.1$

$\alpha_s = 1.0$ (∵ 내부 기둥)

$k_{bo} = 4/\sqrt{\alpha_s (b_o/d)} = 4/\sqrt{1.0 \times (2{,}280/170)} = 1.092 \le 1.25$ OK

$f_{te} = 0.2\sqrt{f_{ck}} = 0.2 \times \sqrt{24} = 0.980\ \mathrm{MPa}$

$f_{cc} = (2/3) f_{ck} = (2/3) \times 24 = 16\ \mathrm{MPa}$

$\cot\psi = \sqrt{f_{te}(f_{te} + f_{cc})}/f_{te} = \sqrt{0.980 \times (0.980 + 16)}/1.029 = 4.163$

$\rho = 0.005$ (∵ $\rho \le 0.005$ 인 경우 $\rho = 0.005$)

$c_u = d[25\sqrt{\rho/f_{ck}} - 300(\rho/f_{ck})] = 170 \times [25 \times \sqrt{0.005/24} - 300 \times (0.005/24)] = 50.7\ \mathrm{mm}$

$v_c = \lambda k_s k_{bo} f_{te} \cot\psi (c_u/d) = 1.0 \times 1.1 \times 1.092 \times 0.980 \times 4.163 \times (50.7/170) = 1.46\ \mathrm{MPa}$

$V_c = v_c b_o d = 1.46 \times 2{,}280 \times 170 = 565.9 \times 10^3\ \mathrm{N} = 565.9\ \mathrm{kN}$

$\phi V_c = 0.75 \times 565.9\ \mathrm{kN} = 424.4\ \mathrm{kN}$

$\phi 0.58 f_{ck} b_o c_u = 0.75 \times 0.58 \times 24 \times 2{,}280 \times 50.7 = 1{,}206.8 \times 10^3\ \mathrm{N} = 1{,}206.8\ \mathrm{kN}$

$\phi V_c = 424.4\ \mathrm{kN} \le \phi 0.58 f_{ck} b_o c_u = 1{,}206.8\ \mathrm{kN}$ OK

$V_u = 326.4\ \mathrm{kN} < \phi V_c = 424.4\ \mathrm{kN}$ OK

따라서 슬래브에서는 2방향 전단에 대한 전단철근이 필요하지 않다.

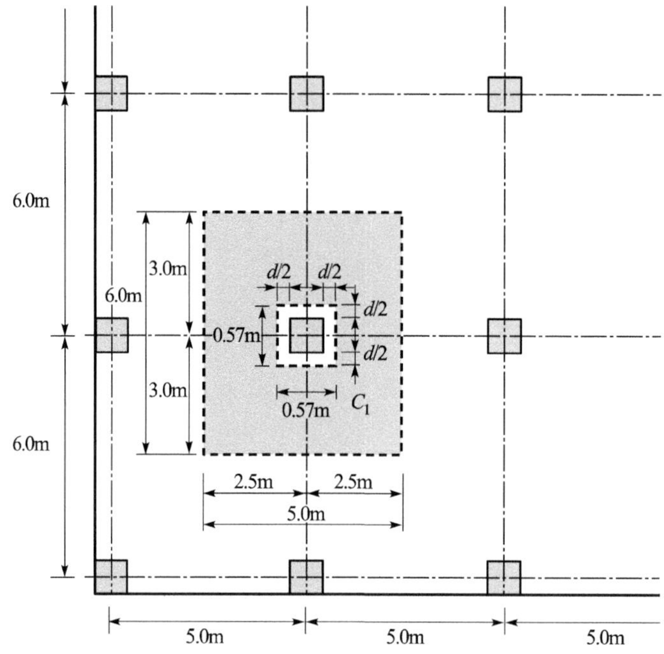

그림 5.39 내부 기둥에서 2방향 전단에 대한 재하면적과 위험단면

5.6.3. 2방향 거동에 대한 전단설계

(1) 슬래브의 2방향 거동에 대한 전단설계의 기본개념

$$V_u \leq \phi V_n = \phi(V_c + V_s) \ (\phi = 0.75)$$

여기서, V_u : 소요전단강도 (계수전단력, kN)

V_n : 공칭전단강도 (kN)

V_c : 콘크리트의 공칭전단강도 (kN)

V_s : 철근의 공칭전단강도 (kN)

(2) 개요

슬래브에서 전단보강이 안 된 경우, 2방향 전단검토에 대하여 $V_u > \phi V_c$ 이 되면 부적합한 것으로 판단한다. $V_u > \phi V_c$ 인 경우, 2방향 전단 (뚫림전단)에 대해 다음과 같은 개

념으로 설계할 수 있다.

① 슬래브나 지판의 두께 d를 키워 V_c를 크게 하는 방법

② 지판 또는 기둥머리 (주두)를 사용하여 $b_o d$의 값을 크게 하여 V_c를 크게 하는 방법

③ 기둥의 단면을 크게 하여 b_o를 크게 하여 V_c를 크게 하는 방법

④ 전단보강하여 $\phi V_s = V_u - \phi V_c$를 기둥 주위의 전단철근이 부담하게 하는 방법

그러나 건축설계 등의 제한으로 슬래브나 지판의 두께와 기둥의 단면을 크게 할 수 없고 지판 또는 기둥머리를 사용할 수 없는 경우 지지부재를 중심으로 주위의 슬래브를 전단보강 해야 한다. 이러한 슬래브의 전단보강방법은 양방향 기둥 열에 전단철근 (스터럽)으로 보강, 전단머리 보강, 확대머리 전단스터드 등이 있다.

지지부재를 중심으로 각 방향으로 전단보강하면 그림 5.33 (b)와 같이 그 내부가 전단강체가 되어, 2방향 전단의 위험단면이 외부로 확대되면서 콘크리트의 2방향 전단 지지면적 b_o가 늘어나고 계수전단력도 감소하게 된다. 1방향 전단과 달리, 2방향 전단은 강재로 직접 보강하는 것이 아니라 b_o를 늘려 콘크리트만으로 지지하는 보강개념이다. 그림 5.33 (b)와 같은 전단강체를 위한 내부 보강 범위는 $\phi V_c = V_u$ 조건을 충족하는 b_o로 결정할 수 있다. 각 방향으로 1방향 전단 개념으로 설계되는 스터럽 보강의 경우나, $\alpha_v \geq 0.15$ 등을 충족하는 전단머리 보강의 경우는, 그 내부를 전단강체로 가정할 수 있다.

(3) 2방향 전단보강 방법

2방향으로 거동하는 슬래브 또는 기초판의 설계에서 $\phi V_s = V_u - \phi V_c$는 다음과 같이 세 가지 방법에 의해 구한다.

① 스터럽 등의 전단철근에 의한 전단보강

② I형강 또는 ㄷ형강 등에 의한 전단머리 보강

③ 확대머리 전단스터드를 이용한 전단보강

스터럽 등의 전단철근에 의한 전단보강은 슬래브는 춤이 작기 때문에 슬래브의 두께가 250 mm 이하인 경우 콘크리트의 작은 손상에 의해서도 철근의 부착 및 정착에 문제를 일으킬 가능성이 크고 다수의 스터럽을 결속함에 따라 현장에서의 공정이 많아지고 시공성이 상대적으로 떨어지는 문제점이 있다. 전단머리 보강의 경우 필요 이상의 강재가 소요되어 건축물의 자중이 증가되고, 설치된 전단 보강체로 인해 슬래브 및 기둥 철근과의

간섭과 단절이 발생하여 시공성이 낮고 구조상 불리한 영향이 있을 수 있다. 그리고 확대머리 전단스터드를 이용한 전단보강의 경우 스터드 볼트 머리부와 강판에 의한 정착 성능 향상에 의하여 스터럽 보강재보다 효과적인 것으로 밝혀진 바 있으나, 반면 여러 개의 스터드 볼트에 대한 용접 작업을 필요로 하므로 제작상의 번거로움이 있다는 문제점을 가지고 있다.

이러한 이유로 인해 전단철근은 일반적으로 배치하지는 않거나, 내부를 전단보강하여 위험단면이 확대되어 계수전단력 V_u가 다소 감소하더라도 전단보강재가 아주 큰 경우를 제외하고는 일반적으로 이를 무시하고 그림 5.33 (a)에 대한 V_u를 그대로 사용하며, ϕV_c는 2방향 전단강도식 $\phi v_c b_o d$을 사용한다.

예제 5-14

그림과 같은 2방향 슬래브가 400 mm×400 mm의 정사각형 기둥에 의해 지지되어 있고 지판이 있는 플랫 슬래브이다. 슬래브의 두께 h_f가 200 mm일 때, 내부 기둥 C_1 주위 슬래브의 1방향 전단강도와 2방향 전단강도를 N-S방향 ($l_1 = 6.0\ \mathrm{m}$, $l_2 = 5.0\ \mathrm{m}$)에 대해 검토하시오. 또한 2방향 전단에 대해 보강이 필요한 경우, 지판 (Drop Panel)에 의한 보강 설계를 하시오. (단, 부재의 치수와 하중 등은 아래와 같다. 콘크리트는 f_{ck}= 24 MPa의 보통중량콘크리트이고, 철근은 f_y=400 MPa의 도막되지 않은 철근이다. 또한 보와 슬래브는 일체로 시공되어 동일한 탄성계수로써 $E_{cb} = E_{cs}$이다.)

[조건]

1. 층고 : 3.3 m
2. 기둥의 크기 : 400 mm×400 mm
3. 슬래브의 두께 : $h_f = 200\ \mathrm{mm}$
4. 계수 등분포하중 : $w_u = 22.0\ \mathrm{kN/m^2}$
5. 슬래브의 철근은 D13으로 가정

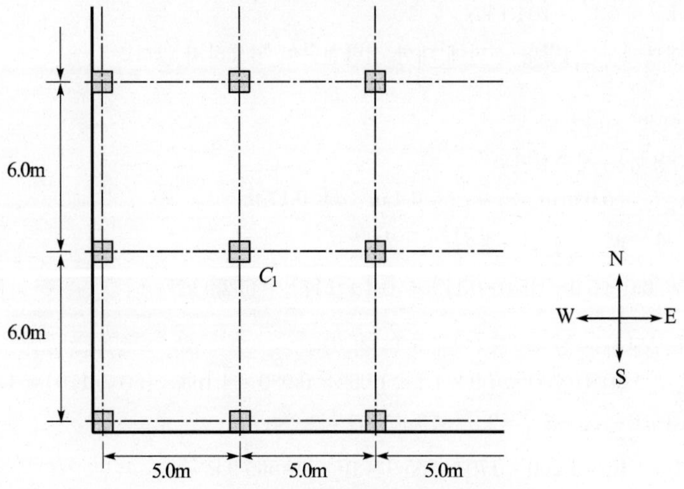

그림 5.40 예제의 평면

풀이

1. 슬래브의 두께 검토

철근의 설계기준항복강도 f_y =400 MPa이고, 지판이 있으며 테두리보가 없는 경우 슬래브의 최소 두께는 다음과 같다 (표 9.8 참고).

$$h_{f,\min} = \max\left(\frac{l_n}{30},\ 100\ \mathrm{mm}\right) = \max\left(\frac{5{,}600}{33},\ 100\right) = \max(170,\ 100) = 170\ \mathrm{mm}$$

$h_f = 200\ \mathrm{mm} \geq h_{f,\min} = 170\ \mathrm{mm}$ OK

2. 유효깊이

$d = h_f - 20 - \frac{d_b}{2} = 200 - 20 - \frac{12.7}{2} = 174\text{ mm}$ $\therefore\ d = 170\text{mm}$로 함

3. 계수하중

계수 등분포하중 : $w_u = 22.0\text{ kN/m}^2$

4. 슬래브의 1방향 전단강도

1) 슬래브에 작용하는 계수전단력

슬래브는 단위 폭 1 m에 대해 전단강도를 검토한다.

$l_1 = 6.0\text{ m},\ l_2 = 5.0\text{ mm}$

따라서 $l_1 > l_2$인 경우 소요전단강도는 다음과 같다.

$$V_u = w_u \times A = w_u\left(\frac{l_1}{2} - \frac{c_1}{2} - d\right) \times 1 = 22.0 \times \left(\frac{6.0}{2} - \frac{0.4}{2} - 0.17\right) = 22.0 \times 2.63 = 57.9\text{ kN}$$

2) 콘크리트가 부담하는 전단강도

$$\phi V_c = \phi \frac{1}{6} \lambda \sqrt{f_{ck}}\, b_w\, d = 0.75 \times \frac{1}{6} \times 1.0 \times \sqrt{24} \times 1{,}000 \times 170 = 104.1 \times 10^3\text{ N} = 104.1\text{ kN}$$

$V_u = 57.9\text{ kN} < \phi V_c = 104.1\text{ kN}$ OK

따라서 슬래브에서는 1방향 전단에 대한 전단철근이 필요하지 않다.

5. 슬래브의 2방향 전단강도

1) 슬래브에 작용하는 계수전단력

$l_1 = 6.0\text{ m},\ l_2 = 5.0\text{ mm},\ c_1 = c_2 = 0.4\text{ m},\ d = 0.17\text{ m}$

$$V_u = w_u \times A = w_u[l_1 l_2 - (c_1 + d)(c_2 + d)]$$
$$= 22.0 \times [6.0 \times 5.0 - (0.4 + 0.17) \times (0.4 + 0.17)] = 652.9\text{ kN}$$

2) 콘크리트가 부담하는 전단강도 (예제 5.13 참고)

$v_c = \lambda k_s k_{bo} f_{te} \cot\psi (c_u/d) = 1.0 \times 1.1 \times 1.092 \times 0.980 \times 4.163 \times (50.7/170) = 1.46\text{ MPa}$

$b_o = 2[(c_1 + d) + (c_2 + d)] = 2 \times (570 + 570) = 2{,}280\text{ mm}$

$V_c = v_c b_o d = 1.46 \times 2{,}280 \times 170 = 565.9 \times 10^3\text{ N} = 565.9\text{ kN}$

$\phi V_c = 0.75 \times 565.9\text{ kN} = 424.4\text{ kN}$

$\phi 0.58 f_{ck} b_o c_u = 0.75 \times 0.58 \times 24 \times 2{,}280 \times 50.7 = 1{,}206.8 \times 10^3\text{ N} = 1{,}206.8\text{ kN}$

$\phi V_c = 424.4\text{ kN} \le \phi 0.58 f_{ck} b_o c_u = 1{,}206.8\text{ kN}$ OK

$V_u = 652.9\text{ kN} < \phi V_c = 424.4\text{ kN}$ NG

따라서 슬래브에서는 2방향 전단에 대한 보강은 슬래브의 두께를 부분적으로 늘리는 지판(Drop Panel)에 의한 보강이 필요하다.

6. 지판 (Drop Panel)을 이용한 보강 설계

1) 먼저 지판을 사용하는 플랫 슬래브 구조의 치수 등은 다음과 같다.

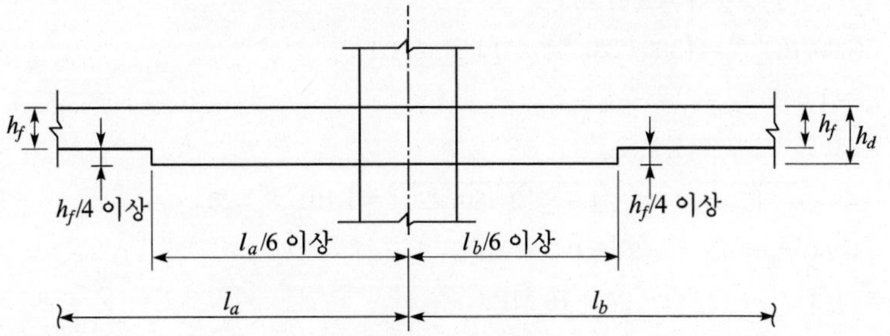

그림 5.41 플랫 슬래브 구조의 지판 (Drop Panel)

(1) $h_f = 200\text{ mm}$

(2) $h_f/4 = 200/4 = 50\text{ mm}$

(3) $h_d = h_f + h_f/4 = 200 + 50 = 250\text{ mm}$

(4) 지판의 유효깊이

$$d_d = h_d - 20 - \frac{d_b}{2} = 250 - 20 - \frac{12.7}{2} = 224\text{ mm}$$

$\therefore\ d_d = 220\text{ mm}$로 함.

(5) 기둥 중심선에서 지판의 가장자리까지의 최소거리

① $\dfrac{l_1}{6} = \dfrac{6.0}{6} = 1.0\text{ m}$

② $\dfrac{l_2}{6} = \dfrac{5.0}{6} = 0.83\text{ m}$

(6) 지판의 크기 $1.66\text{ m} \times 2.0\text{ m}$

2) 기둥 지지면에서 $d_d/2$ 떨어진 위험단면 b_o에서의 전단강도

(1) 지판으로 인한 고정하중의 증가량

$h_f/4 = 200/4 = 50\text{ mm}$

$w_{Du} = 1.2 \times 0.05\text{ m} \times 24\text{ kN/m}^3 = 1.44\text{ kN/m}^2$

(2) 슬래브에 작용하는 계수전단력

$l_1 = 6.0\text{ m},\ l_2 = 5.0\text{ mm},\ c_1 = c_2 = 0.4\text{ m},\ d_d = 0.22\text{ m},\ d = 170\text{ mm},$

$c_1 + d_d = 400 + 220 = 620\text{ mm},\ c_2 + d_d = 400 + 220 = 620\text{ mm},$

$c_1' + d = 2{,}000 + 170 = 2{,}170\text{ mm},\ c_2' + d = 1{,}660 + 170 = 1{,}830\text{ mm}$

$$\begin{aligned} V_u &= w_u \times A \\ &= 22.0 \times [6.0 \times 5.0 - (0.4 + 0.22) \times (0.4 + 0.22)] \\ &\quad + 1.44 \times [2.17 \times 1.83 - (0.4 + 0.22) \times (0.4 + 0.22)] \\ &= 656.7\text{ kN} \end{aligned}$$

(3) 콘크리트가 부담하는 전단강도

$b_o = 2[(c_1 + d_d) + (c_2 + d_d)] = 2 \times (620 + 620) = 2{,}480$ mm

$\lambda = 1.0$ (∵ 보통중량콘크리트)

$k_s = (300/d_d)^{0.25} = (300/220)^{0.25} = 1.081 \le 1.1$ NG

$\therefore\ k_s = 1.081$

$\alpha_s = 1.0$ (∵ 내부 기둥)

$k_{bo} = 4/\sqrt{\alpha_s(b_o/d_d)} = 4/\sqrt{1.0 \times (2{,}480/220)} = 1.191 \le 1.25$ OK

$f_{te} = 0.2\sqrt{f_{ck}} = 0.2 \times \sqrt{24} = 0.980$ MPa

$f_{cc} = (2/3)f_{ck} = (2/3) \times 24 = 16$ MPa

$\cot\psi = \sqrt{f_{te}(f_{te} + f_{cc})}/f_{te} = \sqrt{0.980 \times (0.980 + 16)}/0.980 = 4.163$

$\rho = 0.005$ (∵ $\rho \le 0.005$인 경우 $\rho = 0.005$)

$c_u = d_d[25\sqrt{\rho/f_{ck}} - 300(\rho/f_{ck})] = 220 \times [25 \times \sqrt{0.005/24} - 300 \times (0.005/24)] = 65.6$ mm

$v_c = \lambda k_s k_{bo} f_{te} \cot\psi(c_u/d_d) = 1.0 \times 1.081 \times 1.191 \times 0.980 \times 4.163 \times (65.6/220) = 1.57$ MPa

$V_c = v_c b_o d_d = 1.57 \times 2{,}480 \times 220 = 856.6 \times 10^3$ N $= 856.6$ kN

$\phi V_c = 0.75 \times 856.6$ kN $= 642.5$ kN

$\phi 0.58 f_{ck} b_o c_u = 0.75 \times 0.58 \times 24 \times 2{,}480 \times 65.6 = 1{,}698.5 \times 10^3$ N $= 1{,}698.5$ kN

$\phi V_c = 642.5$ kN $\le \phi 0.58 f_{ck} b_o c_u = 1{,}698.5$ kN OK

$V_u = 656.7$ kN $< \phi V_c = 642.5$ kN OK

따라서 슬래브에서는 2방향 전단에 대한 전단철근이 필요하지 않다.

3) 지판의 가장자리로부터 $d/2$ 떨어진 위험단면 b_o에서의 전단강도

(1) 슬래브에 작용하는 계수전단력

$l_1 = 6.0$ m, $l_2 = 5.0$ mm, $c_1 = c_2 = 0.4$ m, $d = 0.17$ m

$V_u = w_u \times A = 22.0 \times [6.0 \times 5.0 - 2.17 \times 1.83] = 572.6$ kN

(2) 콘크리트가 부담하는 전단강도

$d = 0.17$ m

$c_1' + d = 2{,}000 + 170 = 2{,}170$ mm, $c_2' + d = 1{,}660 + 170 = 1{,}830$ mm

$b_o = 2[(c_1' + d) + (c_2' + d)] = 2 \times (2{,}170 + 1{,}830) = 8{,}000$ mm

$\lambda = 1.0$ (∵ 보통중량콘크리트)

$k_s = (300/d)^{0.25} = (300/170)^{0.25} = 1.153 \le 1.1$ NG

$\therefore\ k_s = 1.1$

$\alpha_s = 1.0$ (∵ 내부 기둥)

$k_{bo} = 4/\sqrt{\alpha_s(b_o/d)} = 4/\sqrt{1.0 \times (8{,}000/170)} = 0.583 \le 1.25$ OK

$f_{te} = 0.2\sqrt{f_{ck}} = 0.2 \times \sqrt{24} = 0.980$ MPa

$f_{cc} = (2/3)f_{ck} = (2/3) \times 24 = 16$ MPa

$\cot\psi = \sqrt{f_{te}(f_{te}+f_{cc})}/f_{te} = \sqrt{0.980\times(0.980+16)}/0.980 = 4.163$

$\rho = 0.005$ ($\because$ $\rho \le 0.005$인 경우 $\rho = 0.005$)

$c_u = d[25\sqrt{\rho/f_{ck}} - 300(\rho/f_{ck})] = 170\times[25\times\sqrt{0.005/24} - 300\times(0.005/24)] = 50.7\text{ mm}$

$v_c = \lambda k_s k_{bo} f_{te}\cot\psi(c_u/d) = 1.0\times1.1\times0.583\times0.980\times4.163\times(50.7/170) = 0.78\text{ MPa}$

$V_c = v_c b_o d = 0.78\times8{,}000\times170 = 1{,}060.8\times10^3\text{ N} = 1{,}060.8\text{ kN}$

$\phi V_c = 0.75\times1{,}060.8\text{ kN} = 795.6\text{ kN}$

$\phi0.58 f_{ck} b_o c_u = 0.75\times0.58\times24\times8{,}000\times50.7 = 4{,}234.5\times10^3\text{ N} = 4{,}234.5\text{ kN}$

$\phi V_c = 795.6\text{ kN} \le \phi0.58 f_{ck} b_o c_u = 4{,}234.5\text{ kN}$ OK

$V_u = 572.6\text{ kN} < \phi V_c = 795.6\text{ kN}$ OK

따라서 슬래브에서는 2방향 전단에 대한 전단철근이 필요하지 않다.

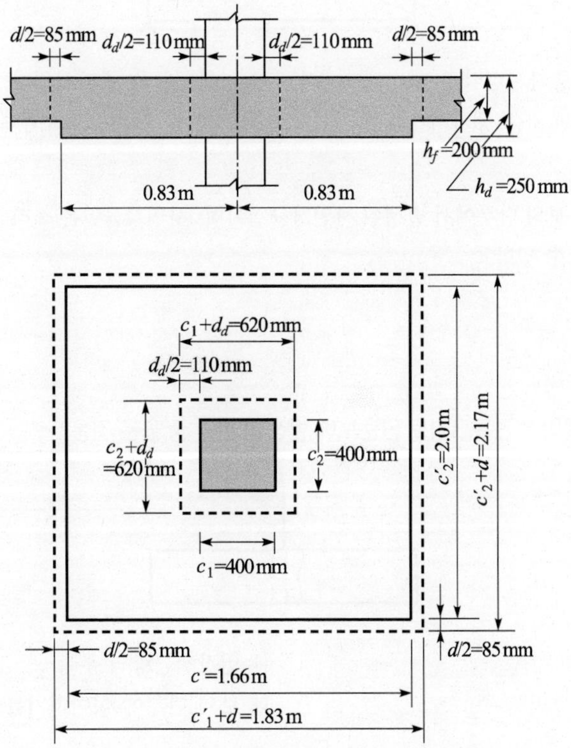

그림 5.42 플랫 슬래브의 지판과 위험단면

기본 연습문제

01 철근콘크리트 보에서 하중 때문에 그림과 같은 균열이 생겼다. 이 균열이 생기지 않게 하기 위해서 취하여야 할 가장 적당한 방법은?

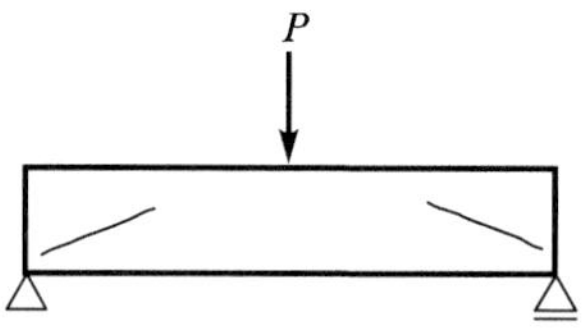

㉮ 인장철근을 증가시킨다.
㉯ 압축철근을 증가시킨다.
㉰ 스터럽 (Stirrup)을 증가시킨다.
㉱ 인장 및 압축철근의 부착력을 증가시킨다.

풀이 그림은 보의 단부에서 발생된 사인장균열이며, 사인장균열은 스터럽 (늑근)을 배치함으로써 제어할 수 있다.

답 ㉰

02 그림과 같은 균열이 철근콘크리트 단순보에 발생한 원인 중 옳은 것은?

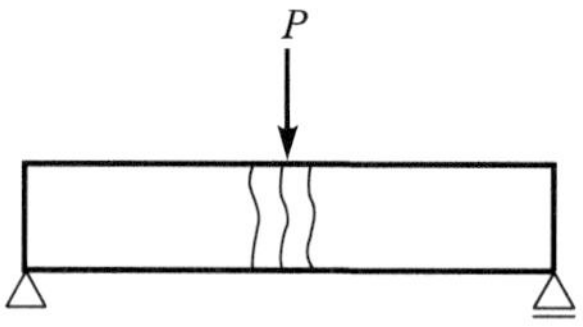

㉮ 압축철근량의 부족
㉯ 인장철근량의 부족
㉰ 스터럽 철근량의 부족
㉱ 보의 단부에 이어치기를 했을 때

풀이 그림은 보의 중앙부에서 발생된 휨균열이며, 휨균열은 주철근 (인장철근)을 배치함으로써 제어할 수 있다.

답 ㉯

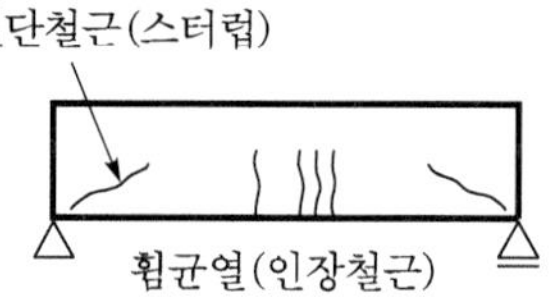

03 콘크리트 단순보의 단부에서 큰 전단력과 작은 모멘트가 발생함으로 일어나는 균열의 형태는?

㉮ 크리프균열 ㉯ 수직균열 ㉰ 휨균열 ㉱ 사인장균열

풀이 단순보의 단부에서 큰 전단력과 작은 모멘트가 발생함으로 일어나는 균열은 사인장균열(전단균열)이다.

답 ㉱

04 그림은 연직하중을 받는 철근콘크리트의 보의 균열 상태를 표시한 것이다. 전단력에 의해서 생기는 대표적인 균열의 형태로 옳은 것은?

㉮

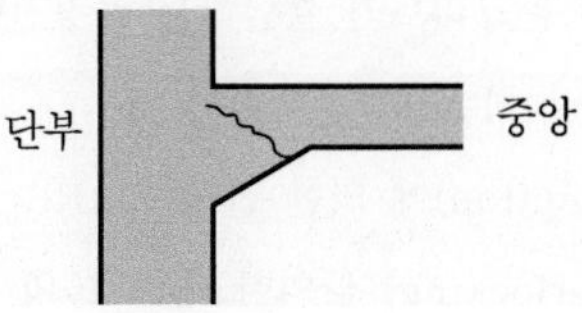

㉯

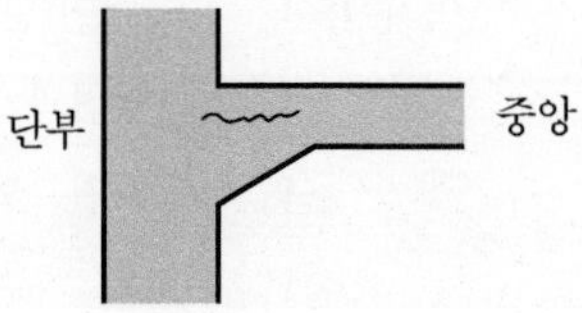

㉰

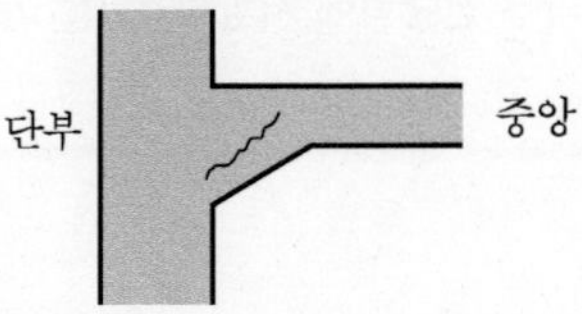

㉱

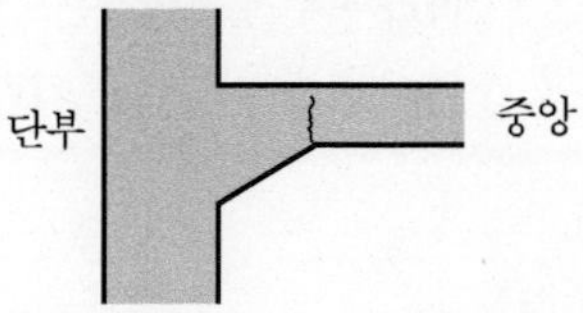

풀이 단순보의 양단부에서 전단력이 크게 작용하므로 복부에서 부재의 축방향에 대해 45°경사방향으로 균열이 발생한다.

답 ㉰

05 철근콘크리트 보의 사인장균열에 대한 설명으로 부적합한 것은 다음 중 어느 것인가?

㉮ 전단력에 의해 발생한다.
㉯ 보의 단부에서 주로 발생한다.
㉰ 보의 축과 약 45°의 각을 이룬다.
㉱ 인장철근의 후크를 크게 하면 방지할 수 있다.

풀이 사인장균열은 보의 단부에서 전단력에 의해 발생하며 이를 제어하기 위해서는 전단철근이 필요하다. 인장철근은 보의 중앙부에서 휨모멘트를 부담하는 철근이다.

답 ㉱

06 철근콘크리트 보에서 전단력에 의해 사인장균열이 발생하였다. 만일 이 보가 수직 전단철근으로 보강되었을 경우 외부 전단력에 저항하는 요소로 가장 거리가 먼 것은?

㉮ 균열발생 부위의 전단철근의 인장 저항력
㉯ 휨철근에 의한 장부 저항력
㉰ 비균열 압축측 콘크리트 부위가 분담하는 전단 저항력
㉱ 수직전단철근의 비틀림 저항력

풀이 전단철근으로 보강된 보의 거동

단면의 수직내력과 외력에 의한 이 단면의 전단력 V는 다음과 같다.

$V = V_{cz} + V_s + V_d + V_{iy} = V_c + V_s$

여기서, V_{cz} : 균열이 발생하지 않은 부분의 콘크리트가 부담하는 공칭전단력(kN)

V_s : 균열면과 교차된 스터럽이 부담하는 공칭전단력(kN)

V_d : 인장철근의 장부작용(Dowel Action)에 의한 전단력(kN)

V_{iy} : 거치른 균열면의 맞물림(Interlocking)에 의한 내력 V_i의 수직분력(kN)

따라서 수직 전단철근으로 보강되었을 경우 외부 전단력에 저항하는 요소로서 수직전단철근의 비틀림 저항력은 거리가 멀다. **답** ㉱

07 철근콘크리트 보에서 사인장균열이 발생하였을 경우에 보강이 필요한 철근은?

㉮ 직사각형 보의 인장철근
㉯ 직사각형 보의 압축철근
㉰ 평형철근 보의 철근
㉱ 직사각형 보의 전단철근

풀이 사인장균열은 전단력에 의한 균열이므로 전단보강철근이 필요하다. **답** ㉱

08 철근콘크리트 보에서 전단보강철근으로 볼 수 없는 것은?

㉮ 부재 축에 직각인 스터럽
㉯ 주인장철근에 30°이상의 각도로 구부린 굽힘철근
㉰ 스터럽과 굽힘철근의 조합
㉱ 주인장철근에 30°이상의 각도로 설치된 스터럽

풀이 전단철근의 종류(형태)
① 부재 축에 직각인 스터럽
② 부재 축에 직각으로 배치된 용접철망
③ 주인장철근에 45°이상의 각도로 설치된 스터럽
④ 주인장철근에 30°이상의 각도로 구부린 굽힘철근
⑤ 스터럽과 굽힘철근의 조합
⑥ 나선철근, 원형 띠철근 또는 후프철근

답 ㉱

09 철근콘크리트 구조물에서 전단보강철근에 관한 사항 중 가장 부적당한 것은?

㉮ 나선철근을 사용할 수 있다.
㉯ 전단균열 방향에 평행하게 배치하는 것이 가장 효율적이다.
㉰ 전단철근의 설계기준항복강도는 제한 값을 갖는다.
㉱ 전단력이 크게 작용하는 곳에는 간격을 더 좁게 배치한다.

풀이 전단철근은 전단균열 방향에 직각으로 배치하는 것이 가장 효율적이다.

답 ㉯

10 철근콘크리트 부재에 사용되는 전단철근에 대한 설명 중 옳지 않은 것은?

㉮ 철근콘크리트 부재의 축에 직각으로 배치된 용접철망은 전단철근으로 사용할 수 없다.
㉯ 철근콘크리트 부재의 경우 주인장철근에 30°이상의 각도로 구부린 굽힘철근을 전단철근으로 사용할 수 있다.
㉰ 전단철근의 설계기준항복강도는 500 MPa을 초과할 수 없다(단, 용접이형철망 제외).
㉱ 부재 축에 직각으로 설치되는 스터럽의 간격은 철근콘크리트 부재의 경우 $0.5d$ 이하, 또한 600 mm 이하여야 한다.

풀이 부재 축에 직각으로 배치된 용접철망은 전단철근의 한 종류이다.

답 ㉮

11 철근콘크리트 보에서 헌치(Haunch)를 사용하는 목적으로 가장 적당한 것은 다음 중 어느 것인가?

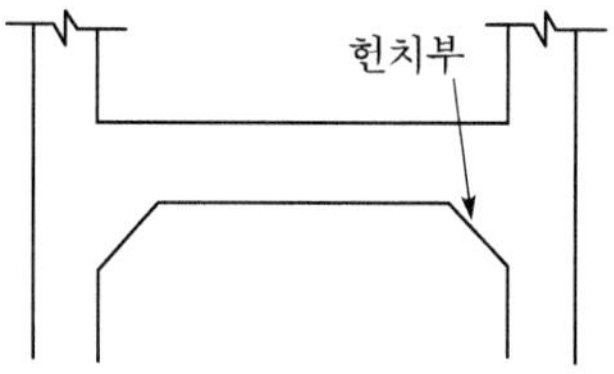

㉮ 콘크리트의 강도를 증가시키기 위하여
㉯ 보의 좌굴을 방지하기 위하여
㉰ 보 중앙부의 휨내력을 증가시키기 위하여
㉱ 보 단부의 휨내력 또는 전단내력을 증가시키기 위하여

풀이 헌치는 철근콘크리트 보의 단부를 보강하는 것으로 단부의 휨내력 및 전단내력을 증가시킨다.

답 ㉱

12 철근콘크리트 보에 헌치를 두는 경우에 대한 설명 중 옳지 않은 것은?

㉮ 외관상 안정감이 커진다.
㉯ 스터럽 간격이 좁아진다.
㉰ 보 단면을 줄여도 된다.
㉱ 전단력과 휨모멘트에 대한 강성이 증가한다.

풀이 헌치를 두면 전단보강이 되므로 스터럽 간격을 넓게 할 수 있다.

답 ㉯

13 철근콘크리트 보에서 전단응력이 허용전단응력을 초과하는 경우에 이를 조절하는 방법으로 가장 부적당한 것은?

㉮ 스터럽의 간격을 좁힌다.
㉯ 스터럽의 지름을 크게 한다.
㉰ 주철근의 지름을 크게 한다.
㉱ 보의 춤을 크게 한다.

풀이 전단응력은 스터럽과 같은 전단철근과 보 단면의 크기에 의해 결정되며, 주철근은 전단응력과는 관련이 없다.

답 ㉰

14 철근콘크리트 보의 설계에서 전단력이 큰 부분의 단면을 변경하지 않고 보강하고자 할 경우 가장 효과적인 방법은 다음 중 어느 것인가?

㉮ 압축철근 보강　　㉯ 인장철근 보강
㉰ 철근의 정착 보강　　㉱ 스터럽 보강

풀이 스터럽은 전단철근이다. **답** **답** ㉱

15 철근콘크리트구조에서 보에 스터럽을 사용하는 이유로 가장 부적당한 것은?

㉮ 철근 조립이 쉬워진다.
㉯ 정해진 피복두께를 유지할 수 있게 한다.
㉰ 주철근의 사용량을 크게 줄일 수 있다.
㉱ 사인장력과 전단력에 의한 균열을 방지한다.

풀이 스터럽은 전단철근이며, 주철근과는 관련이 없다. 스터럽의 사용목적은 사인장균열방지, 주철근의 간격유지, 피복두께 확보 등이다. **답** ㉰

16 철근콘크리트 보에서 스터럽의 가장 주된 역할은?

㉮ 인장력에 의한 균열증대의 방지
㉯ 주철근 상호간의 위치보존
㉰ 전단력에 의한 균열방지
㉱ 주철근의 부착력 증대

풀이 스터럽의 배치 목적
① 전단보강(전단력에 의한 사인장균열 제어)
② 주철근의 위치 고정

> 주1 스터럽 배치의 가장 중요한 목적은 전단보강이다.

답 ㉰

17 철근콘크리트 보에서 단부에 늑근을 많이 배치하는 이유는?

㉮ 철근과 콘크리트의 부착력을 증가시키기 위하여
㉯ 보에 일어나는 휨모멘트에 저항하기 위하여
㉰ 콘크리트의 강도를 높이기 위하여
㉱ 보에 일어나는 전단력에 저항하기 위하여

풀이 스터럽의 배치 목적
① 전단보강 (전단력에 의한 사인장균열 제어)
② 주철근의 위치 고정

주1 스터럽 배치의 가장 중요한 목적은 전단보강이다.

답 ㉱

18 철근콘크리트 보에서 늑근의 사용 목적으로 적절하지 않은 것은?

㉮ 전단력에 의한 전단균열 방지
㉯ 철근조립의 용이성
㉰ 주철근의 고정
㉱ 부재의 휨강성 증대

풀이 전단철근 (늑근)은 전단강도의 증가에 유효하며, 휨강성의 증가에 유효한 철근은 인장철근이다.

답 ㉱

19 다음 중 전단철근의 역할이 아닌 것은 어느 것인가?

㉮ 전단력에 저항한다.
㉯ 휨강도의 증가에 유효하다.
㉰ 균열의 진행을 억제하고 골재 맞물림 현상을 증가시킨다.
㉱ 주철근의 위치 고정을 위해 시공상으로 필요하다.

풀이 전단철근은 전단강도의 증가에 유효하며, 휨강도의 증가에 유효한 철근은 인장철근이다.

답 ㉯

20 부재에 작용하는 소요전단력이 부재의 설계전단강도보다 클 경우, 취해야 할 방법 중 가장 효과가 작은 것은?

㉮ 전단철근의 면적을 증가시킨다.
㉯ 전단철근의 간격을 줄인다.
㉰ 콘크리트의 압축강도를 증가시킨다.
㉱ 주철근의 항복강도를 증가시킨다.

풀이 소요전단력이 부재의 설계전단강도보다 클 경우, 전단철근으로 보강하거나 $V_c = \frac{1}{6}\lambda\sqrt{f_{ck}}\,b_w d$에서 콘크리트의 강도, 보의 복부폭, 보의 춤을 증가시키면 된다. 따라서 주철근과는 관련이 없다.

답 ㉱

21 철근콘크리트 보의 전단응력을 보강하는 방법 중 부적당한 것은?

㉮ 콘크리트의 강도를 높인다.
㉯ 보의 재축방향에 수직한 늑근 (Stirrup)을 보강한다.
㉰ 보의 유효깊이를 증가시킨다.
㉱ 보의 길이 (Span)를 길게 한다.

풀이 소요전단력이 부재의 설계전단강도보다 클 경우, 전단철근으로 보강하거나 $V_c = \frac{1}{6}\lambda\sqrt{f_{ck}}\,b_w d$에서 콘크리트의 강도, 보의 복부폭, 보의 춤을 증가시키면 된다.

답 ㉱

22 철근콘크리트 보에서 전단보강철근의 설계에 대한 설명 중 틀린 것은?

㉮ 계수전단강도 V_u가 ϕV_c보다 작으면 최소 전단보강이 필요 없다.
㉯ 전단보강철근의 f_{yt}는 500 MPa 이하여야 한다.
㉰ 수직스터럽의 간격은 $d/2$, 또한 600 mm 이하여야 한다.
㉱ 철근이 부담하는 전단강도 V_s는 $0.2\left(1-\frac{f_{ck}}{250}\right)f_{ck}b_w d$ 이하여야 한다.

풀이 $\frac{1}{2}\phi V_c < V_u$인 경우 최소 전단보강이 필요하다.

답 ㉮

23 강도설계법에 의한 철근콘크리트의 전단설계에서 계수전단력 V_u가 $\frac{1}{2}\phi V_c < V_u \le V_c$인 경우에 필요한 전단철근의 최소단면적을 구하는 공식은? (단, b_w는 복부의 폭, s는 전단철근의 간격)

㉮ $A_v = \frac{0.35 b_w s}{f_y}$ ㉯ $A_v = \frac{0.30 b_w s}{f_y}$

㉰ $A_v = \frac{0.25 b_w s}{f_y}$ ㉱ $A_v = \frac{0.20 b_w s}{f_y}$

풀이 $\frac{1}{2}\phi V_c < V_u \le \phi V_c$인 경우 이론상 전단철근이 필요 없으나 다음의 최소전단철근량을 배치한다.

$$A_{v,\min} = \max\left(0.0625\sqrt{f_{ck}}\frac{b_w s}{f_{yt}}, \frac{0.35 b_w s}{f_{yt}}\right)$$

답 ㉮

24 강도설계법에서 철근콘크리트 보에서 콘크리트가 부담하는 전단강도 V_c를 2배 증대시킬 수 있는 방법으로 타당한 것은?

㉮ 철근의 인장강도를 2배 증대
㉯ 철근의 단면적을 2배 증대
㉰ 콘크리트의 설계기준압축강도를 2배 증대
㉱ 철근콘크리트 보의 단면적 (복부폭×유효깊이)을 2배 증대

풀이 보에서 콘크리트가 부담하는 전단강도 V_c

$$V_c = \frac{1}{6}\lambda\sqrt{f_{ck}}\, b_w d$$

여기서, λ : 경량콘크리트계수 (보통중량콘크리트의 경우 $\lambda = 1.0$)
b_w : 복부의 폭 (mm)
d : 유효깊이 (mm)
f_{ck} : 콘크리트의 설계기준압축강도 (MPa)

따라서 단면적 $b_w \times d$를 2배 증대시키면 콘크리트가 부담하는 전단강도가 2배 된다.

답 ㉱

25 강도설계법에 의한 다음 그림과 같은 철근콘크리트의 보 설계에서 콘크리트에 의한 전단강도 V_c는 약 얼마인가? (단, f_{ck} =24 MPa, f_y =400 MPa, 인장철근 및 압축철근은 D22, 스터럽은 D10을 사용한다.)

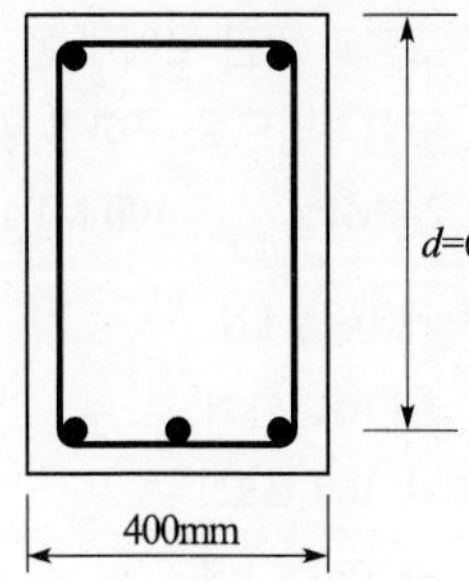

㉮ 150 kN
㉯ 180 kN
㉰ 209 kN
㉱ 245 kN

풀이 콘크리트의 공칭전단강도 (V_c)

λ =1.0 (∵ 보통중량콘크리트)

$$V_c = \frac{1}{6}\lambda\sqrt{f_{ck}}\,b_w d = \frac{1}{6}\times 1.0\times\sqrt{24}\times 400\times 640 = 209.0\times 10^3\text{ N} = 209.0\text{ kN}$$ 답 ㉰

26 강도설계법에 의한 철근콘크리트 직사각형 보에서 콘크리트가 부담할 수 있는 공칭전단강도는? (단, f_{ck} =24 MPa, b_w =300 mm, d = 500 mm, 경량콘크리트계수는 1.0)

㉮ 69.3 kN ㉯ 82.8 kN ㉰ 91.9 kN ㉱ 122.5 kN

풀이 콘크리트의 공칭전단강도 (V_c)

λ =1.0 (∵ 보통중량콘크리트)

$$V_c = \frac{1}{6}\lambda\sqrt{f_{ck}}\,b_w d = \frac{1}{6}\times 1.0\times\sqrt{24}\times 300\times 500 = 122.5\times 10^3\text{ N} = 122.5\text{ kN}$$ 답 ㉱

27 단면 $b_w \times d$ =300 mm×550 mm이고, 모래경량 콘크리트를 사용한 철근콘크리트 보에서 콘크리트가 부담할 수 있는 공칭전단강도(V_c)는? (단, f_{ck} =21 MPa이다.)

㉮ 95 kN ㉯ 107 kN ㉰ 126 kN ㉱ 132 kN

풀이 콘크리트의 공칭전단강도 (V_c)

λ =0.85 (∵ 보통중량콘크리트)

$$V_c = \frac{1}{6}\lambda\sqrt{f_{ck}}\,b_w d = \frac{1}{6}\times 0.85\times\sqrt{21}\times 300\times 550 = 107.1\times 10^3\text{ N} = 107.1\text{ kN}$$ 답 ㉯

28 그림과 같은 보에서 콘크리트가 부담할 수 있는 설계전단강도를 강도설계법으로 구하면 얼마인가? (단, 보통중량콘크리트로써 $f_{ck}=$ 24 MPa, $f_y=$400 MPa, $\phi=$0.75)

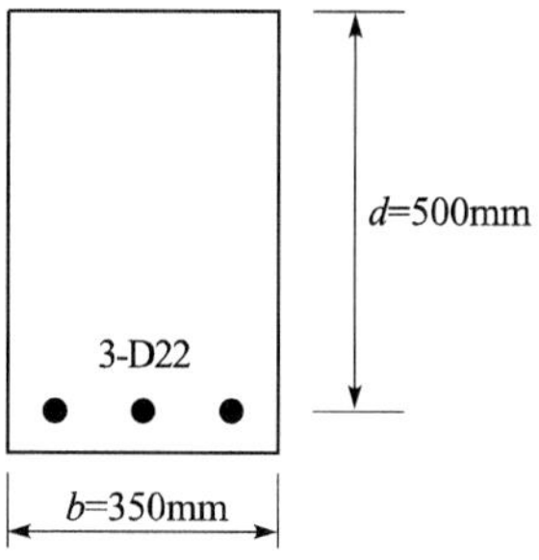

㉮ 98.2 kN
㉯ 101.7 kN
㉰ 107.2 kN
㉱ 126.7 kN

풀이 ① 콘크리트의 공칭전단강도 (V_c)

$$V_c=\frac{1}{6}\lambda\sqrt{f_{ck}}\,b_w\,d=\frac{1}{6}\times 1.0\times\sqrt{24}\times 350\times 500=142.9\times 10^3\text{ N}=142.9\text{ kN}$$

② 콘크리트의 설계전단강도 (ϕV_c)

$$V_d=\phi\,V_c=0.75\times 142.9=107.2\text{ kN}$$

답 ㉰

29 철근콘크리트 보의 단면에서 콘크리트가 부담할 수 있는 설계전단강도는? (단, $b_w=$300 mm, $d=$500 mm, $\phi=$0.75, 보통중량콘크리트로써 $f_{ck}=$24 MPa)

㉮ 75 kN ㉯ 91.9 kN ㉰ 123.6 kN ㉱ 182.4 kN

풀이 ① 콘크리트의 공칭전단강도 (V_c)

$$V_c=\frac{1}{6}\lambda\sqrt{f_{ck}}\,b_w\,d=\frac{1}{6}\times 1\times\sqrt{24}\times 300\times 500=122.5\times 10^3\text{ N}=122.5\text{ kN}$$

② 콘크리트의 설계전단강도 (ϕV_c)

$$V_d=\phi\,V_c=0.75\times 122.5=91.9\text{ kN}$$

답 ㉯

30 강도설계법에서 다음과 같은 복철근 직사각형 보를 건물에 사용시 콘크리트가 부담하는 설계전단강도 ϕV_c는? (단, $\lambda=1.0$, $f_{ck}=35$ MPa, $f_y=400$ MPa)

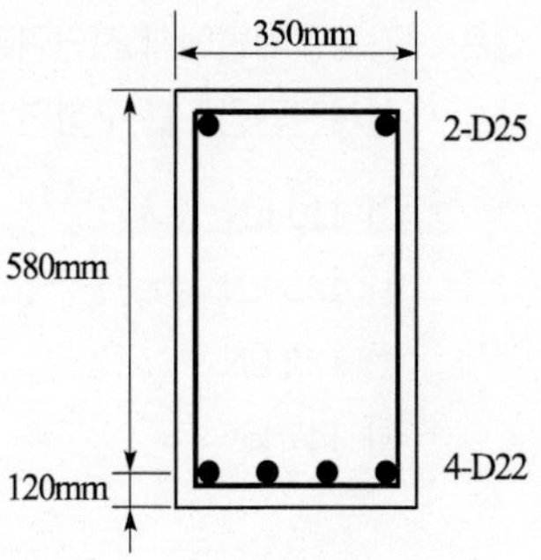

㉮ 150 kN

㉯ 110 kN

㉰ 90 kN

㉱ 70 kN

풀이 ① 콘크리트의 공칭전단강도 (V_c)

$\lambda=1.0$ (∵ 보통중량콘크리트)

$$V_c=\frac{1}{6}\lambda\sqrt{f_{ck}}\,b_w\,d=\frac{1}{6}\times1.0\times\sqrt{35}\times350\times580=200.2\times10^3\text{ N}=200.2\text{ kN}$$

② 콘크리트의 설계전단강도 (ϕV_c)

$$V_d=\phi V_c=0.75\times200.2=150.2\text{ kN}$$

답 ㉮

31 보의 복부폭이 300 mm, 유효깊이가 500 mm인 직사각형 보에서 콘크리트가 부담하는 설계전단강도 (ϕV_c)를 구하면? (단, 보통중량콘크리트, $f_{ck}=24$ MPa)

㉮ 61.9 kN ㉯ 71.9 kN ㉰ 81.9 kN ㉱ 91.9 kN

풀이 ① 콘크리트의 공칭전단강도 (V_c)

$\lambda=1.0$ (∵ 보통중량콘크리트)

$$V_c=\frac{1}{6}\lambda\sqrt{f_{ck}}\,b_w\,d=\frac{1}{6}\times1.0\times\sqrt{24}\times300\times500=122.5\times10^3\text{ N}=122.5\text{ kN}$$

② 콘크리트의 설계전단강도 (ϕV_c)

$$V_d=\phi V_c=0.75\times122.5=91.9\text{ kN}$$

답 ㉱

32 강도설계법에서 전단력과 휨모멘트만이 작용하는 다음 부재의 콘크리트 설계전단강도를 구하면? (단, 경량콘크리트계수=1.0, f_{ck} =24 MPa)

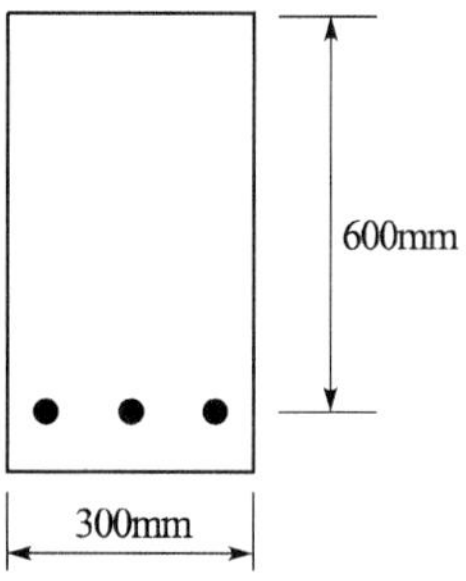

㉮ 110 kN
㉯ 125 kN
㉰ 132 kN
㉱ 147 kN

풀이 ① 콘크리트의 공칭전단강도 (V_c)

λ =1.0 (∵ 보통중량콘크리트)

$$V_c = \frac{1}{6}\lambda\sqrt{f_{ck}}\,b_w\,d = \frac{1}{6}\times 1.0\times\sqrt{24}\times 300\times 600 = 147.0\times 10^3\ \text{N} = 147.0\ \text{kN}$$

② 콘크리트의 설계전단강도 (ϕV_c)

$$V_d = \phi\,V_c = 0.75\times 147.0 = 110.3\ \text{kN}$$

답 ㉮

33 강도설계법에 의한 철근콘크리트 보에서 콘크리트만의 설계전단강도는 얼마인가? (단, f_{ck} =24 MPa, λ =1.0)

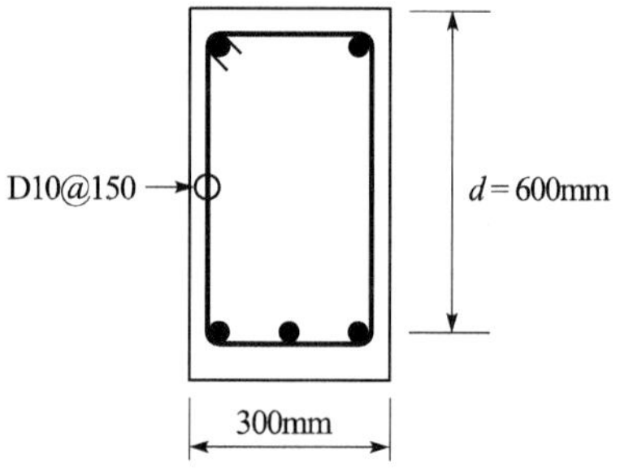

㉮ 31.5 kN
㉯ 75.8 kN
㉰ 110.3 kN
㉱ 145.6 kN

풀이 ① 콘크리트의 공칭전단강도 (V_c)

λ =1.0 (∵ 보통중량콘크리트)

$$V_c = \frac{1}{6}\lambda\sqrt{f_{ck}}\,b_w\,d = \frac{1}{6}\times 1.0\times\sqrt{24}\times 300\times 600 = 147.0\times 10^3\ \text{N} = 147.0\ \text{kN}$$

② 콘크리트의 설계전단강도 (ϕV_c)

$$V_d = \phi\,V_c = 0.75\times 147.0 = 110.3\ \text{kN}$$

답 ㉰

34 강도설계법에 의해서 전단보강 철근을 사용하지 않고 계수하중에 의한 전단력 V_u =50 kN을 지지하기 위한 직사각형 단면 보의 최소 유효깊이 d는? (단, 보통중량콘크리트 사용, f_{ck} =28 MPa, b_w =300 mm)

㉮ 405 mm ㉯ 444 mm ㉰ 504 mm ㉱ 605 mm

풀이 $V_u \le \frac{1}{2}\phi V_c$ 인 경우 전단철근을 배치하지 않아도 된다.

$\phi = 0.75$

$\lambda = 1.0$ (∵ 보통중량콘크리트)

$V_c = \frac{1}{6}\lambda\sqrt{f_{ck}}\,b_w d = \frac{1}{6}\times 1.0\times\sqrt{28}\times 300\times d = 264.6\,d\,(\mathrm{N})$

$50\times 10^3\,(\mathrm{N}) \le \frac{1}{2}\times 0.75\times 264.6\times d\,(\mathrm{N})$

$d \ge 504\,\mathrm{mm}$

따라서 전단철근의 보강 없이 계수전단력을 지지하기 위한 최소 유효깊이 d는 504 mm이다.

답 ㉰

35 콘크리트의 공칭전단강도 (V_c)가 36 kN이고, 전단보강근에 의한 공칭전단강도 (V_s)가 24 kN일 때 설계전단강도 (ϕV_n)으로 옳은 것은?

㉮ 45 kN ㉯ 51 kN ㉰ 56 kN ㉱ 60 kN

풀이 $V_d = \phi V_n = \phi(V_c + V_s) = 0.75\times(36+24) = 45\,\mathrm{kN}$

답 ㉮

36 강도설계법에 의한 철근콘크리트 보의 전단설계에서 그림과 같은 보가 지지할 수 있는 설계전단강도는 얼마인가? (단, 사용재료는 보통중량콘크리트로써 f_{ck} =27 MPa, f_{yt} =400 MPa, ϕ= 0.75이다.)

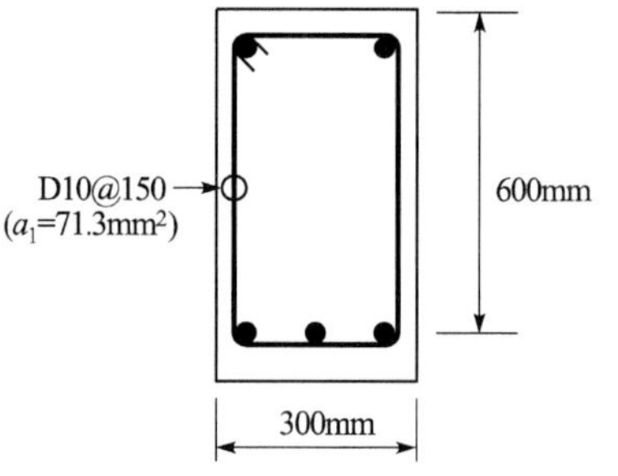

㉮ 258.1 kN

㉯ 288.0 kN

㉰ 359.5 kN

㉱ 409.4 kN

풀이 $V_d = \phi V_n = \phi(V_c + V_s)$

① 콘크리트의 공칭전단강도 (V_c)

$$V_c = \frac{1}{6}\lambda\sqrt{f_{ck}}\,b_w d = \frac{1}{6}\times 1\times\sqrt{27}\times 300\times 600 = 155{,}885\text{ N}$$

② 철근의 공칭전단강도 (V_s)

$$V_s = \frac{A_v f_{yt}\,d}{s} = \frac{(71.3\times 2)\times 400\times 600}{150} = 228{,}160\text{ N}$$

③ 설계전단강도 (ϕV_n)

$$V_d = \phi V_n = \phi(V_c + V_s)$$
$$= 0.75\times(155{,}885 + 228{,}160) = 288.0\times 10^3\text{ N} = 288.0\text{ kN}$$

답 ㉯

37 강도설계법에서 콘크리트의 공칭전단강도 (V_c)가 40 kN, 전단철근에 의한 공칭전단강도 (V_s)가 20 kN일 때 계수전단력 (V_u)으로 옳은 것은?

㉮ 60 kN ㉯ 58 kN ㉰ 56 kN ㉱ 48 kN

풀이 $V_u \le \phi V_n = \phi(V_c + V_s) = 0.75\times(40+20) = 45\text{ kN}$

계수전단력(V_u)는 45 kN 이하이어야 한다. **답** ㉱

38 강도설계법에 의한 전단설계 시 부재축에 직각인 전단철근을 사용할 때 전단철근에 의한 전단강도 V_s는? (단, s는 전단철근의 간격)

㉮ $V_s = \dfrac{A_v \times f_{yt} \times s}{d}$ ㉯ $V_s = \dfrac{A_v \times s_t \times d}{f_{yt}}$

㉰ $V_s = \dfrac{s \times f_{yt} \times d}{A_v}$ ㉱ $V_s = \dfrac{A_v \times f_{yt} \times d}{s}$

풀이 부채축에 직각인 전단철근을 사용할 때 전단철근이 부담하는 전단강도 V_s

$$V_s = \frac{A_v f_{yt} d}{s}$$

답 ㉱

39 강도설계법에서 $V_s = 210$ kN, $d = 500$ mm, $f_{yt} = 300$ MPa, $A_v = 253.4$ mm^2 (U형, 2-D13)일 때 수직스터럽의 간격으로 가장 적당한 것은?

㉮ 150mm ㉯ 180mm ㉰ 200mm ㉱ 250mm

풀이 수직스터럽의 간격

$$s \le \frac{A_v f_{yt} d}{V_s} = \frac{253.4 \times 300 \times 500}{210 \times 10^3} = 181 \text{ mm}$$

$\therefore s = 180$ mm

답 ㉯

40 강도설계법으로 설계된 보에서 스터럽이 부담하는 전단력이 $V_s = 265$ kN일 경우 수직스터럽의 적절한 간격은? (단, $A_v = 2 \times 126.7$ mm^2(U형 2-D13), $f_{yt} = 350$ MPa, $b_w \times d = 300 \times 450$ mm)

㉮ 120 mm ㉯ 150 mm ㉰ 180 mm ㉱ 210 mm

풀이 수직스터럽의 간격

$$s \le \frac{A_v f_{yt} d}{V_s} = \frac{(2 \times 126.7) \times 350 \times 450}{265} = 151 \text{ mm}$$

$\therefore s = 150$ mm

답 ㉯

41 보의 유효깊이 $d=550$ mm, 보의 폭 $b_w=300$ mm인 보에서 스터럽이 부담할 전단력 $V_s=200$ kN일 경우, 수직스터럽 간격으로 가장 적절한 것은? (단, 수직스터럽 면적 $A_v=142.7\ \text{mm}^2$ (2-D10), 스터럽의 설계기준항복강도 $f_{yt}=400$ MPa, 콘크리트압축강도 $f_{ck}=24$ MPa이다.)

㉮ 120mm　　㉯ 150mm　　㉰ 180mm　　㉱ 200mm

풀이 수직스터럽의 간격

$$s \le \frac{A_v f_{yt} d}{V_s} = \frac{142.7\times400\times550}{200} = 157\ \text{mm}$$

$\therefore\ s=150$ mm

답 ㉯

42 강도설계법에서 $V_s=210$ kN, $d=500$ mm, $f_{yt}=400$ MPa, $A_v=253.4\ \text{mm}^2$ (U형, 2-D13)일 때 수직스터럽의 최대 간격으로 가장 적당한 것은?

㉮ 200 mm　　㉯ 240 mm　　㉰ 250 mm　　㉱ 200 mm

풀이

$$s \le \frac{\phi A_v f_{yt} d}{\phi V_s} = \frac{A_v f_{yt} d}{V_s} = \frac{253.4\times400\times500}{210\times10^3} = 241\ \text{mm}$$

답 ㉯

43 그림과 같은 철근콘크리트 보에서 전단력에 위험한 단면에서의 전단응력은? (단, 보의 단부의 춤은 550 mm이고, 유효깊이는 500 mm이다.)

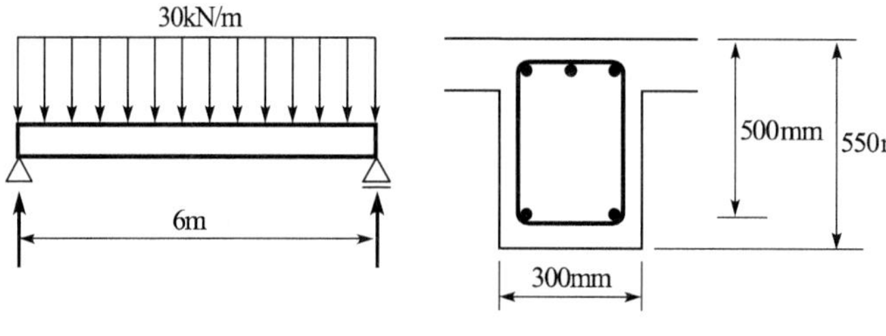

㉮ 0.45 MPa　　㉯ 0.50 MPa　　㉰ 0.55 MPa　　㉱ 0.60 MPa

풀이 보의 전단력에 대한 위험단면은 지지점에서 d만큼 떨어진 곳이다.

① 지지점에서 $d = 500$ mm만큼 떨어진 곳에서의 전단력

$$V_u = \frac{wl}{2} - wd = \frac{30 \times 6}{2} - 30 \times 0.5 = 75.0 \text{ kN}$$

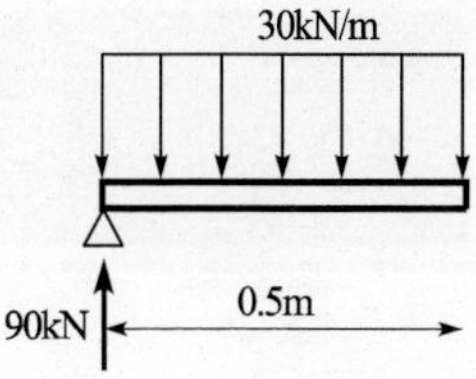

② 콘크리트의 전단응력

$$\tau = \frac{V_u}{bd} = \frac{75,000 \text{ N}}{300 \text{ mm} \times 500 \text{ mm}}$$
$$= 0.50 \text{ N/mm}^2 = 0.50 \text{ MPa}$$

답 ㉯

44 등분포하중을 받는 두 스팬 연속보인 B_1의 RC 보부재에서 Ⓐ, Ⓑ, Ⓒ 에서 보 철근의 배치에 관한 설명으로 옳지 않은 것은?

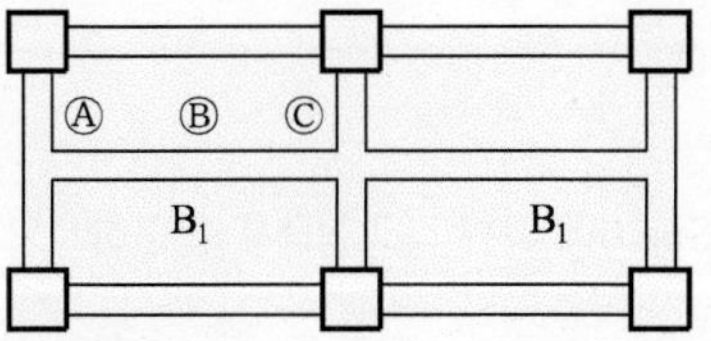

㉮ 단면 Ⓐ에서는 하부근이 주철근이다.
㉯ 단면 Ⓑ에서는 하부근이 주철근이다.
㉰ 단면 Ⓐ에서의 스터럽 배치간격은 Ⓑ단면에서의 경우보다 촘촘하다.
㉱ 단면 Ⓒ에서는 하부근이 주철근이다.

풀이 단면 Ⓐ에서는 상부근이 주철근이다.

답 ㉮

45 강도설계법에서 깊은보는 받침부 내면 사이의 순경간이 부재의 전체 깊이의 몇 배 이하인 부재인가?

㉮ 2배 ㉯ 3배 ㉰ 4배 ㉱ 5배

풀이 깊은보는 받침부 내면 사이의 순경간이 부재의 전체 깊이의 4배 이하인 부재이다 ($l_n \leq 4h$).

답 ㉰

심화 연습문제

01 철근콘크리트구조의 보에서 발생하는 사인장응력과 그 균열의 특징에 대하여 설명하시오. (건축구조기술사 02년)

02 전단철근이 보강되지 않은 보의 균열 중에서 복부전단균열과 휨균열을 설명하시오.

03 전단경간 (전단길이, Shear Span)에 따른 파괴형태를 설명하시오. (건축구조기술사 00년)

04 철근콘크리트 보에서 전단철근이 보강될 경우 전단철근의 형태의 종류를 여섯 가지 쓰시오.

05 철근콘크리트 보의 전단설계에 대하여 다음에 답하시오. (건축구조기술사 02년)

1) 최소 전단철근을 배치하여야 하는 경우와 전단철근을 배치할 필요가 없는 경우는?

2) 최소 전단철근의 양은?

3) 전단철근의 배치간격 제한은?

4) 최대 전단철근의 양은?

06 강도설계법에서 $V_s = 200$ kN, $d = 500$ mm, $f_{yt} = 400$ MPa, U형, 2-D10일 때 수직스터럽의 최대 간격을 산정하시오.

07 강도설계법에 의한 철근콘크리트 보의 전단설계에서 보의 크기가 $b_w = 300$ mm, $d = 550$ mm이고 U형 스터럽이 D10@150으로 배치된 보가 지지할 수 있는 최대 설계전단강도는 얼마인가? (단, 사용재료는 $f_{ck} = 27$ MPa, $f_{yt} = 400$ MPa, $\phi = 0.75$, D10의 단면적은 71.3 mm^2이다.)

08 강도설계법에 의한 철근콘크리트 보의 전단설계에서 계수전단력 $V_u = 80$ kN을 전단철근의 보강 없이 지지하고자 할 경우 보 단면의 최소 복부폭 b_w와 최소 전단철근으로 지지하고자 할 경우 보 단면의 최소 복부폭 b_w는 얼마인가? (단, 사용재료는 $f_{ck} = 27$ MPa의 보통중량콘크리트, $f_{yt} = 400$ MPa이고 $\phi = 0.75$, $d = 550$ mm이다.)

09 직사각형 단면의 단순보에 고정하중 $w_D = 25$ kN/m, 활하중 $w_L = 30$ kN/m가 작용하고 있다. 단순보의 경간 $l = 7.8$ m이고 단면의 복부폭 $b_w = 350$ mm, 유효깊이 $d = 580$ mm이다. 이 보의 전단설계를 하시오. (단, 보의 자중은 무시하고 사용된 U형 스터럽은 D10이다. 사용재료는 $f_{ck} = 27$ MPa, $f_{yt} = 400$ MPa이다.)

10 강도설계법의 직사각형 보에 계수전단력 $V_u = 280$ kN이 작용할 때 수직스터럽의 간격 s는 최대 얼마인가? (단, 사용된 스터럽은 D13이다. 철근 D13의 단면적은 126.7 mm^2, $f_{ck} = 24$ MPa의 보통중량콘크리트, $f_{yt} = 400$ MPa이다.)

CHAPTER 06

철근의 정착과 이음

CHAPTER
06 철근의 정착과 이음

6.1. 개요

철근콘크리트 구조물이 외력에 저항하기 위해서는 철근과 콘크리트가 완전히 일체로 부착되어야 한다. 철근콘크리트 구조물에서 인장력은 철근이 부담하는 것으로 가정하므로 철근이 인장력을 받을 경우 철근과 이를 감싸고 있는 콘크리트의 경계면에서는 활동(Slip)이 발생하지 않도록 하여야 한다. 이와 같이 철근과 주위 콘크리트의 경계면에서 활동에 저항하는 것을 부착(Bond)이라 하고, 또한 두 재료의 경계면에 발생하는 전단응력을 부착응력(Bond Stress)이라 한다. 이 부착응력의 크기가 한계를 넘으면 부착파괴가 발생한다. 철근과 콘크리트의 부착을 일으키는 작용은 다음의 세 가지가 있다.

① 시멘트 풀과 철근 표면의 교착작용,

② 콘크리트와 철근 표면의 마찰작용,

③ 이형철근 표면의 요철에 의한 기계적 작용 등이다.[1)]

강도설계법에서는 철근콘크리트 구조물의 부착파괴가 발생하기 전에 철근이 항복하도록 하고 있다. 또한 철근콘크리트 구조물에서 인장력을 받는 철근의 끝부분이 콘크리트 속에서 빠져나오지 않아야 한다. 이와 같이 철근의 끝부분이 콘크리트 속에서 빠져나오지 않는 것을 정착(Anchorage)이라 하고, 철근의 정착은 철근과 콘크리트의 부착에 의해 대부분 달성된다. 콘크리트 속에 있는 철근의 정착방법은 다음과 같다.

① 철근을 직선 그대로 콘크리트 속에 충분한 길이만큼 묻어넣는 묻힘길이에 의한 정착,

② 철근의 끝을 표준갈고리로 만들어 갈고리의 정착과 직선 부분의 부착의 복합작용으로 정착하는 갈고리에 의한 정착,

③ 철근의 단부에 강판을 용접하여 부착하거나 특별한 정착기구를 사용하는 기계적 정착,

④ 이들 세 가지 중 두 가지 이상의 조합에 의한 정착 등이다.

1) 변동균 외2인, 철근콘크리트, 동명사, 2003, p.192.

6.2. 철근의 부착

6.2.1. 부착에 영향을 미치는 요인

표 6.1 부착에 영향을 미치는 요인

요 인	내 용
피복두께	콘크리트 피복두께가 부족하면 피복 콘크리트의 할렬로 인해서 부착파괴를 유발한다. 따라서 적당한 피복두께를 유지하면 부착이 좋다.
철근의 간격	철근의 간격을 크게 하면 부착이 좋다.
스터럽과 같은 횡방향 철근	횡방향 철근을 사용하면 부착이 좋다.
콘크리트의 강도	콘크리트의 압축강도나 인장강도가 클수록 부착강도가 커진다. 그러나 부착강도가 압축강도에 비례해서 커지는 것은 아니다.
철근의 묻힌 위치 및 방향	연직철근이 수평철근보다 부착이 좋다. (∵ 블리딩에 의한 수막이나 공극)
같은 수평철근의 경우	하부철근이 상부철근보다 부착이 좋다.
철근의 지름	지름이 굵은 것보다 가는 것을 여러 개 사용하는 것이 부착에 좋다.
철근의 녹	철근에 붙은 들뜬 녹은 제거하고, 약간 녹슨은 것은 부착이 좋다.
철근의 표면상태	이형철근이 원형철근보다 부착이 좋다.
다지기	충분히 다질수록 부착이 좋다.

주1 인장철근의 지름이 굵은 것보다 가는 것을 여러 개 사용하는 것 (둘레길이를 증가시키는 것)이 부착에 가장 적절한 방법이다.

주2 철근의 항복강도는 철근의 부착력에 영향을 주지 않는다.

6.2.2. 부착응력

(1) 휨부착응력

그림 6.1과 같이 부재 단면에 휨모멘트가 발생하면 철근에 휨인장이 발생되고 인장철근에 휨부착응력 τ_o 가 발생한다. 이러한 휨부착응력을 산정하기 위해 인장력은 철근이 부담하는 것으로 가정한다.

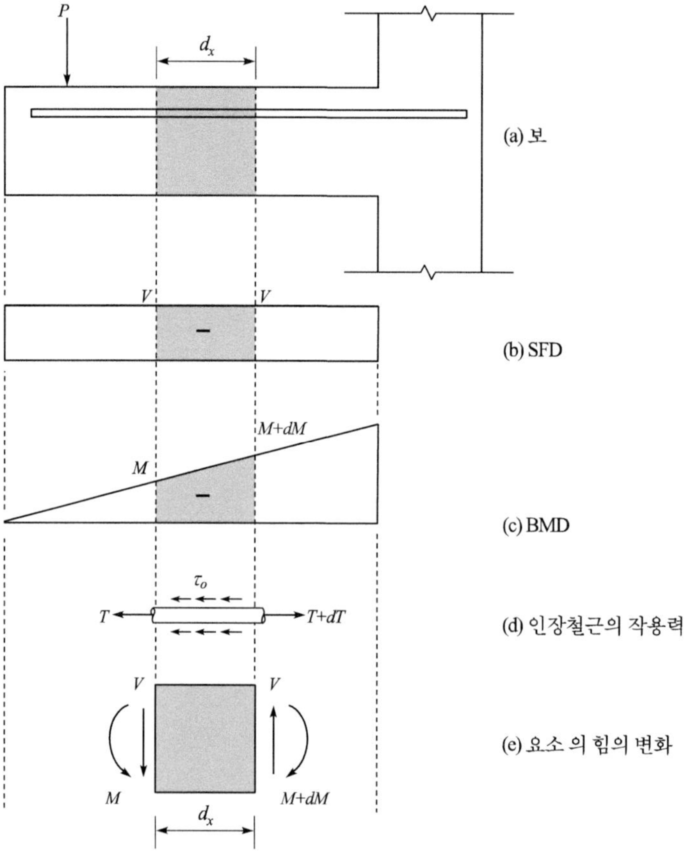

그림 6.1 보의 평균부착응력

(2) 정착부착응력

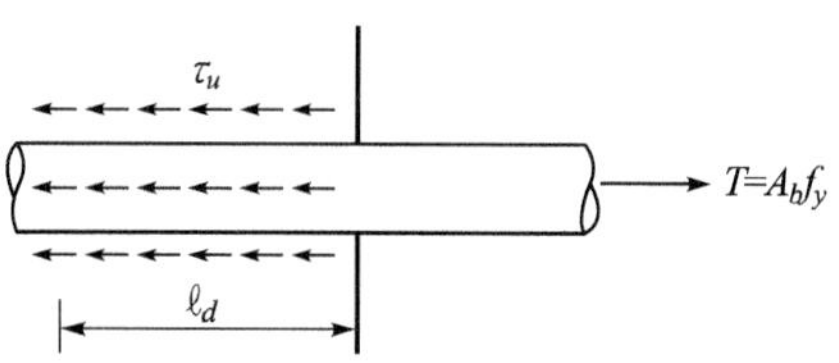

그림 6.2 철근의 정착길이

철근콘크리트 구조물에서 인장력을 받는 철근의 끝부분은 콘크리트 속에서 빠져 나오지 않아야 한다. 이렇게 콘크리트 속에서 철근의 끝을 잡아주어 철근이 빠져나오지 않게 하는 것은 철근의 묻힘길이(Embedment Length)와 관계있다. 이러한 철근의 묻힘길이를 철근의 정착길이(Development Length)라고 한다. 강도설계법에서는 휨부착응력에 의한 개념을 채택하지 않고 정착부착응력에 의한 정착길이의 개념을 도입하여 철근의 응력이 설계기준항복강도 f_y에 도달할 때까지 활동하지 않고 기능을 발휘하도록 하고 있다. 문힘길이와 정착길이를 구분하여 정의하면, 묻힘길이는 철근이 뽑히는 것을 방지하기 위하여 위험단면으로부터 연장된 철근의 연장길이이고, 정착길이는 위험단면에서 철근의 설계기준항복강도를 발휘하는데 필요한 최소 묻힘길이이다.

인장력을 받는 철근의 응력 f_s가 설계기준항복강도 f_y에 도달할 수 있도록 콘크리트 속에 묻혀 있는 최소한의 묻힘길이를 l_d라 한다. 주철근의 공칭지름이 d_b이면 주철근의 공칭단면적은 $A_b = \dfrac{\pi d_b^2}{4}$이다. 따라서 철근의 응력이 설계기준항복강도 f_y에 도달할 수 있는 철근의 가장 짧은 길이 l_d는 다음과 같고, 여기서 τ_u는 철근과 콘크리트의 경계면에서 발생되는 극한 부착응력이다.

$$\Sigma X = 0(+;\rightarrow) : \Sigma X = \frac{\pi d_b^2}{4} f_y - \tau_u \pi d_b l_d = 0$$

$$l_d = \frac{d_b f_y}{4\tau_u}$$

여기서, l_d : 묻힘길이 (mm)

d_b : 주철근의 공칭지름 (mm)

f_y : 철근의 설계기준항복강도 (MPa)

τ_u : 보의 정착부착파괴 시 극한 부착응력 (MPa)

주1 강도설계법에서는 부착의 개념을 채택하지 않고, 정착의 개념을 도입하고 있다.

(3) 부착파괴

부착응력이 어떤 값을 초과하면 부착파괴가 발생하고 이 부착파괴는 철근을 따라서 콘크리트에 할렬 (Splitting)을 일으킨다. 그림 6.3 (a)는 단철근 직사각형 보에서 하부 피복두께가 측면 피복두께보다 얇을 때 발생하는 할렬이고, 그림 6.3 (b) 같은 층에 여러 개의 철근을 배치한 보에서 측면 피복두께가 하부 피복두께보다 얇을 때 발생하는 할렬이다. 인장철근을 스터럽이나 나선철근으로 둘러 감으면 여러 개의 할렬이 일어날 때까지 부착붕괴를 상당히 지연시킬 수 있다.

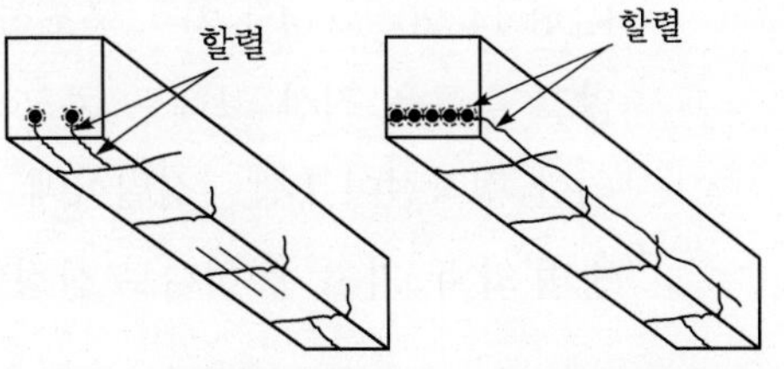

(a) 보의 하면 할렬 (b) 보의 측면 할렬

그림 6.3 보의 부착파괴에 의한 할렬

6.3. 철근의 정착

6.3.1. 이음 및 정착길이 산정시 주의사항

(1) 이음 및 정착길이는 철근의 말단 갈고리 길이를 포함하지 않는다.

(2) 이음 및 정착길이에서 철근의 지름이 다를 경우 가는 철근을 기준으로 한다.

(3) 이음 및 정착길이의 허용오차는 소정길이의 10% 이내로 한다.

(4) 철근의 정착에 사용되는 $\sqrt{f_{ck}}$ 값은 8.4 MPa을 초과하지 않아야 한다.
(f_{ck} 로는 70.56 MPa이다.)

6.3.2. 묻힘길이에 의한 인장 이형철근의 정착

(1) 정밀식에 의한 방법

(가) 개요

철근콘크리트 구조물에서 인장력을 받는 철근의 응력이 설계기준항복강도 f_y 에 도달할 수 있도록 콘크리트 속에 묻혀 있는 최소한의 묻힘길이 l_d 를 정착길이라 한다. 그림 6.4와 같은 단순보에서 점 A의 철근 인장력은 영(0)이고 최대의 휨모멘트가 작용하는 점 C의 철근 인장력은 $A_b f_s$ 가 된다. 점 C의 철근은 인장응력 f_s 가 하중의 증가에 의해 영(0)에서부터 설계기준항복강도 f_y 에 도달할 때까지 l 구간에서 부착파괴가 발생하지 않고 정착되어야 한다. 부착파괴가 발생하지 않고 정착되어 있는 길이 l 은 최소 정착길이 l_d 보다 커야 한다.

KDS 14 20 52 (4.1.2)[2] 구조설계기준에 따른 철근의 끝을 표준갈고리로 만들지 않고 철근을 직선 그대로 콘크리트 속에 충분한 길이만큼 묻어 넣는 묻힘길이에 의한 정착길이 l_d 는 '정밀식에 의한 방법'과 '기본정착길이에 보정계수를 곱하는 방법'의 두 가지 중 하나로 산정할 수 있다.

---

2) KDS 14 20 52 (4.1.2) 콘크리트구조 정착 및 이음 설계기준, 국토교통부 제정, 한국콘크리트학회 작성, 2021.

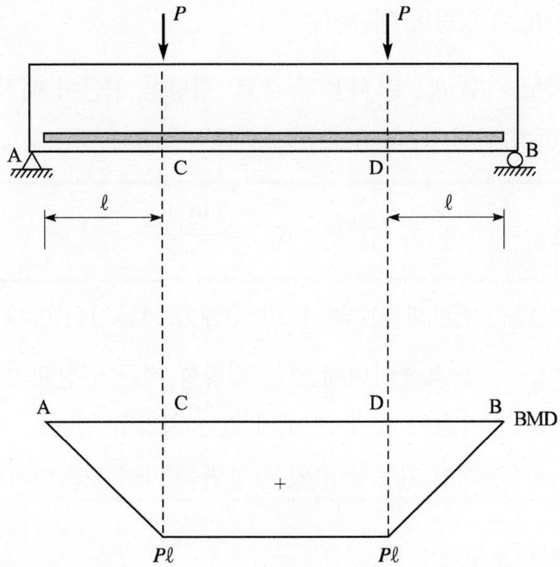

그림 6.4

(나) 인장 이형철근의 정착길이 (l_d)

$$l_d \geq \max\left[\frac{0.90\, d_b\, f_y}{\lambda\, \sqrt{f_{ck}}}\; \frac{\alpha\, \beta\, \gamma}{\left(\dfrac{c+K_{tr}}{d_b}\right)},\ 300\ \mathrm{mm}\right]$$

단, $\dfrac{c+K_{tr}}{d_b} \leq 2.5$ 이며, 이러한 제한은 뽑힘파괴에 대한 안전을 고려한 것이다.

여기서, d_b : 주철근의 공칭지름 (mm)

f_y : 철근의 설계기준항복강도 (MPa)

f_{ck} : 콘크리트의 설계기준압축강도 (MPa)

α : 철근 배치 위치계수

β : 도막계수

γ : 철근의 크기계수

λ : 경량콘크리트계수

c : 주철근의 간격 또는 피복두께에 관련된 지수로서 주철근의 중심으로부터 콘크리트 표면까지의 최단거리 또는 주철근의 중심간 거리의 1/2 중 작은 값 (mm)

K_{tr} : 횡방향 철근지수

횡방향 철근지수 K_{tr} 은 다음과 같고, 횡방향 철근이 배치되어 있더라도 설계를 간편하게 하기 위해 $K_{tr} = 0$ 으로 사용할 수 있다.

$$K_{tr} = \frac{40\,A_{tr}}{s\,n}$$

여기서, A_{tr} : 정착된 철근을 따라 쪼개질 가능성이 있는 면을 가로질러 배치된 간격 s 이내에 있는 횡방향 철근의 전체 단면적 (mm²)

s : 정착길이 l_d 구간 내에 있는 횡방향 철근의 최대 중심간 간격 (mm)

n : 쪼개질 가능성이 있는 평면을 따라 정착되거나 이어지는 철근의 수

(다) 인장철근의 보정계수

표 6.2 묻힘길이에 의한 인장 이형철근의 보정계수

종 류	구 분	보정계수
α (철근 배치 위치계수)	① 상부철근 (정착길이 또는 이음부 아래 300 mm 이상 콘크리트에 묻힌 수평철근)	1.3
	② 기타 철근	1.0
β (도막계수)	① 피복두께$<3d_b$ 또는 순간격$<6d_b$인 에폭시 또는 아연-에폭시 이중 도막철근 또는 철근	1.5
	② 기타 에폭시 또는 아연-에폭시 이중 도막철근 또는 철근	1.2
	③ 아연도금 또는 도막되지 않은 철근 또는 철근	1.0
γ (철근의 크기계수)	① D19 이하의 철근	0.8
	② D22 이상의 철근	1.0
λ (경량콘크리트계수)	① f_{sp}가 주어지지 않은 경우	
	전경량콘크리트	0.75
	모래경량콘크리트	0.85
	② f_{sp}가 주어진 경량콘크리트	$\frac{f_{sp}}{0.56\sqrt{f_{ck}}} \le 1.0$
	③ 보통중량콘크리트	1.0

단, 에폭시 도막철근이 상부철근인 경우 $\alpha\beta \le 1.7$이라야 한다.

여기서, f_{sp} : 콘크리트의 콘크리트의 평균 쪼갬인장강도 (할렬강도) (MPa)

(라) 설계기준항복강도가 550 MPa을 초과하는 철근

철근의 설계기준항복강도 f_y가 550 MPa을 초과 ($f_y > 550$ MPa)하는 철근에 대해서는 다음을 만족하여야 한다.

① 횡방향 철근을 배치하지 않는 경우에는 c/d_b이 2.5 이상이어야 한다.

② 횡방향 철근을 배치하는 경우에는 $K_{tr}/d_b \geq 0.25$와 $(c+K_{tr})/d_b \geq 2.25$을 만족하여야 한다.

(2) 기본정착길이에 보정계수를 곱하는 방법

(가) 인장 이형철근의 정착길이 (l_d)

$$l_d \geq \max(l_{db} \times 보정계수,\ 300\ \text{mm})$$

(나) 인장 이형철근의 기본정착길이 (l_{db})

$$l_{db} = \frac{0.6\, d_b\, f_y}{\lambda\sqrt{f_{ck}}}$$

(다) 보정계수

표 6.3 철근의 간격 및 피복두께 조건에 따른 인장 이형철근의 보정계수

철근의 순간격, 피복두께의 조건 \ 철근의 종류	D19 이하의 철근	D22 이상의 철근
① 철근의 순간격 $\geq d_b$이고, 피복두께 $\geq d_b$이면서, l_d의 전 구간에 설계기준의 규정된 최소철근량 이상의 스터럽 또는 띠철근이 배치된 경우 ② 철근의 순간격 $\geq 2d_b$이고, 피복두께 $\geq d_b$인 경우	$0.8\alpha\beta$	$\alpha\beta$
기타	$1.2\alpha\beta$	$1.5\alpha\beta$

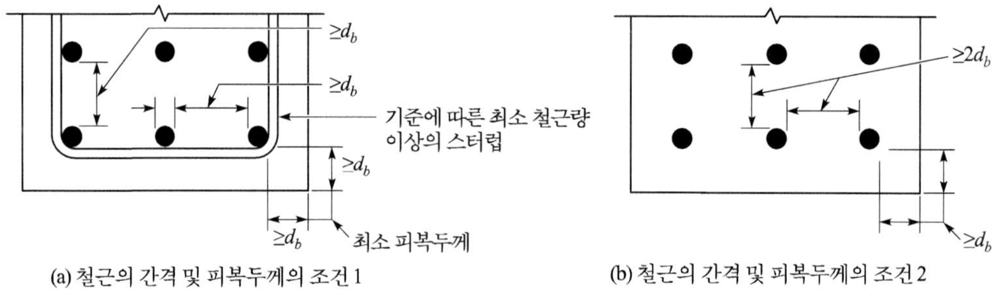

그림 6.5 철근의 간격 및 피복두께의 조건 1과 2에 대한 해설그림

(라) 묻힘길이에 의한 인장 이형철근의 최소 정착길이 산정

① 보통중량콘크리트($\lambda = 1.0$)를 사용하며 철근 배치 위치계수는 기타철근($\alpha = 1.0$)이고 도막되지 않은 철근($\beta = 1.0$)이다. 또한 철근의 순간격$\geq d_b$이고, 피복두께$\geq d_b$이면서, l_d의 전 구간에 설계기준의 규정된 최소철근량 이상의 스터럽 또는 띠철근이 배치된 경우이거나, 또는 철근의 순간격$\geq 2d_b$이고, 피복두께 $\geq d_b$인 경우, 콘크리트의 설계기준압축강도 f_{ck}와 철근의 설계기준항복강도 f_y에 대한 인장 이형철근의 정착길이는 다음과 같다.

㉠ D19 이하의 철근의 최소 정착길이(보정계수$= 0.8\alpha\beta$, $\alpha\beta = 1.0$, $\lambda = 1.0$)

$$l_d = l_{db} \times \text{보정계수} = \frac{0.6\, d_b\, f_y}{\lambda\sqrt{f_{ck}}} \times (0.8\,\alpha\beta)$$

$$= \frac{0.6 \times d_b \times f_y}{1.0 \times \sqrt{f_{ck}}} \times (0.8 \times 1.0) = \left(\frac{0.48 \times f_y}{\sqrt{f_{ck}}}\right) d_b$$

위의 식으로부터 D19 이하인 경우의 묻힘길이에 의한 인장 이형철근의 최소 정착길이 l_d를 주철근의 공칭지름 d_b로 나타내면 다음과 같다.

표 6.4 D19 이하인 경우의 묻힘길이에 의한 인장 이형철근의 최소 정착길이

f_y	f_{ck}					
	21 MPa	24 MPa	27 MPa	30 MPa	35 MPa	40 MPa
300 MPa	31.4 d_b	29.4 d_b	27.7 d_b	26.3 d_b	24.3 d_b	22.8 d_b
400 MPa	41.9 d_b	39.2 d_b	37.0 d_b	35.1 d_b	32.5 d_b	30.4 d_b
500 MPa	52.4 d_b	49.0 d_b	46.2 d_b	43.8 d_b	40.6 d_b	37.9 d_b
600 MPa	62.8 d_b	58.8 d_b	55.4 d_b	52.6 d_b	48.7 d_b	45.5 d_b

단, l_d는 300 mm 이상이다.

㉡ D22 이상의 철근의 최소 정착길이 (보정계수= $\alpha\beta$, $\alpha\beta = 1.0$, $\lambda = 1.0$)

$$l_d = l_{db} \times 보정계수 = \frac{0.6\,d_b\,f_y}{\lambda\sqrt{f_{ck}}} \times (\alpha\beta) = \frac{0.6 \times d_b \times f_y}{1.0 \times \sqrt{f_{ck}}} \times 1.0 = \left(\frac{0.6 \times f_y}{\sqrt{f_{ck}}}\right) d_b$$

위의 식으로부터 D22 이상의 철근인 경우의 묻힘길이에 의한 인장 이형철근의 최소 정착길이 l_d를 주철근의 공칭지름 d_b로 나타내면 다음과 같다.

표 6.5 D22 이상인 경우의 묻힘길이에 의한 인장 이형철근의 최소 정착길이

f_y	f_{ck}					
	21 MPa	24 MPa	27 MPa	30 MPa	35 MPa	40 MPa
300 MPa	39.3 d_b	36.7 d_b	34.6 d_b	32.9 d_b	30.4 d_b	28.5 d_b
400 MPa	52.4 d_b	49.0 d_b	46.2 d_b	43.8 d_b	40.6 d_b	37.9 d_b
500 MPa	65.5 d_b	61.2 d_b	57.7 d_b	54.8 d_b	50.7 d_b	47.4 d_b
600 MPa	78.6 d_b	73.5 d_b	69.3 d_b	65.7 d_b	60.9 d_b	56.9 d_b

② 또한 위의 조건에서 다른 모든 조건은 동일하고 철근 배치 위치계수를 상부철근으로 하여 $\alpha = 1.3$일 경우, 콘크리트의 설계기준압축강도 f_{ck}와 철근의 설계기준항복강도 f_y에 대한 인장 이형철근의 최소 정착길이는 다음과 같다.

㉠ D19 이하 철근의 최소 정착길이 (보정계수= $0.8\alpha\beta$, $\alpha\beta = 1.3$, $\lambda = 1.0$)

D19 이하인 경우의 묻힘길이에 의한 인장 이형철근의 최소 정착길이 l_d를 주철근의 공칭지름 d_b로 나타내면 다음과 같다.

표 6.6 D19 이하인 경우의 묻힘길이에 의한 인장 이형철근의 최소 정착길이

f_y	f_{ck}					
	21 MPa	24 MPa	27 MPa	30 MPa	35 MPa	40 MPa
300 MPa	40.9 d_b	38.2 d_b	36.0 d_b	34.2 d_b	31.6 d_b	29.6 d_b
400 MPa	54.5 d_b	50.9 d_b	48.0 d_b	45.6 d_b	42.2 d_b	39.5 d_b
500 MPa	68.1 d_b	63.7 d_b	60.0 d_b	57.0 d_b	52.7 d_b	49.3 d_b
600 MPa	81.7 d_b	76.4 d_b	72.1 d_b	68.4 d_b	63.3 d_b	59.2 d_b

단, l_d는 300 mm 이상이다.

㉡ D22 이상 철근의 최소 정착길이 (보정계수= $\alpha\beta$, $\alpha\beta = 1.3$, $\lambda = 1.0$)

D22 이상의 철근인 경우의 묻힘길이에 의한 인장 이형철근의 최소 정착길이 l_d를 주철근의 공칭지름 d_b로 나타내면 다음과 같다.

표 6.7 D22 이상인 경우의 묻힘길이에 의한 인장 이형철근의 최소 정착길이

f_y	f_{ck}					
	21 MPa	24 MPa	27 MPa	30 MPa	35 MPa	40 MPa
300 MPa	51.1 d_b	47.8 d_b	45.0 d_b	42.7 d_b	39.6 d_b	37.0 d_b
400 MPa	68.1 d_b	63.7 d_b	60.0 d_b	57.0 d_b	52.7 d_b	49.3 d_b
500 MPa	85.1 d_b	79.6 d_b	75.1 d_b	71.2 d_b	65.9 d_b	61.7 d_b
600 MPa	102 d_b	95.5 d_b	90.1 d_b	85.4 d_b	79.1 d_b	74.0 d_b

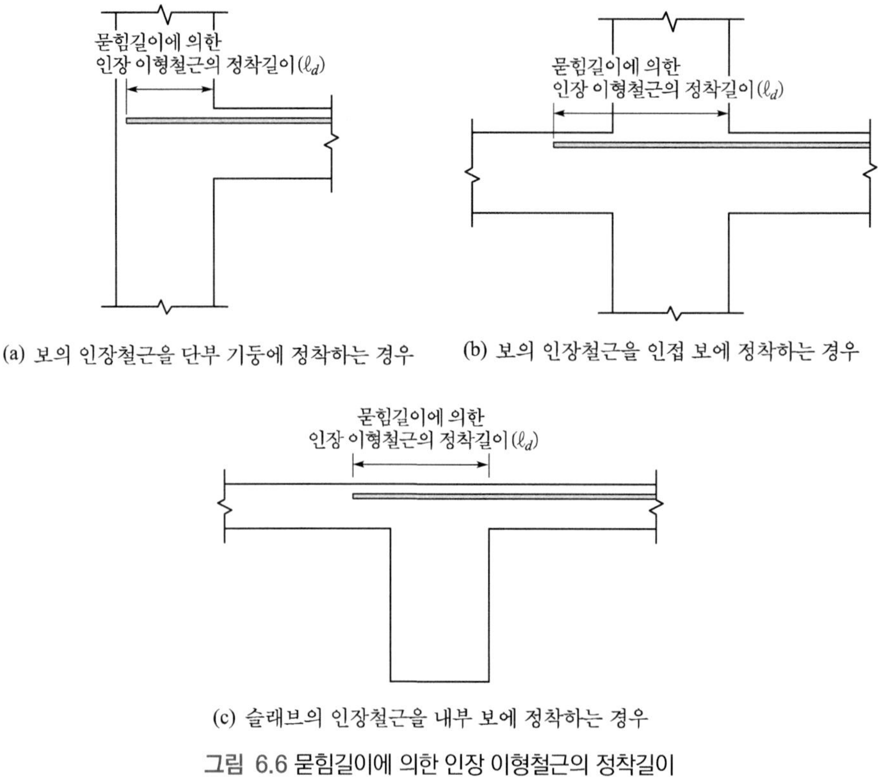

그림 6.6 묻힘길이에 의한 인장 이형철근의 정착길이

표 6.8은 철근의 순간격이 $2d_b$ 이고 피복두께가 d_b 이상을 만족하는 보의 최소 폭이다. 또한 표 6.9는 철근의 순간격이 d_b 또한 25 mm이고 피복두께가 d_b 이상을 만족하는 보의 최소 폭이다. 이들 표에서 보의 피복두께는 40 mm로 하고 스터럽은 D13을 사용하며 스터럽의 내면 반지름은 $2d_b$ 이므로 보 측면에서 가장 가까운 주철근의 중심으로부터 D13 스터럽의 내측면까지의 거리는 $2d_b$ =2×12.7=25.4 mm로 한다.

표 6.8 철근의 순간격이 $2d_b$ 이고 피복두께가 d_b 이상을 만족하는 보의 최소 폭 (mm)

호칭명	공칭지름 d_b(mm)	한 단에 배치하는 철근의 수						
		2	3	4	5	6	7	8
D13	12.7	156	194	232	271	309	347	385
D16	15.9	169	217	264	312	360	408	455
D19	19.1	182	239	296	354	411	468	526
D22	22.2	194	261	327	394	461	527	594
D25	25.4	207	283	359	436	512	588	664
D29	28.6	220	306	391	477	563	649	735
D32	31.8	233	328	423	519	614	710	805
D35	34.9	245	350	454	559	664	769	873

주1 표에서 d_b는 주철근의 공칭지름을 사용하였다.

표 6.9 철근의 순간격이 d_b 또한 25 mm이고 피복두께가 d_b 이상을 만족하는 보의 최소 폭 (mm)

호칭명	공칭지름 d_b(mm)	한 단에 배치하는 철근의 수						
		2	3	4	5	6	7	8
D13	12.7	156	194	231	269	307	344	382
D16	15.9	162	203	244	285	326	367	408
D19	19.1	169	213	257	301	345	389	433
D22	22.2	175	222	269	316	364	411	458
D25	25.4	182	232	283	334	385	436	486
D29	28.6	191	248	306	363	420	477	534
D32	31.8	201	264	328	392	455	519	582
D35	34.9	210	280	350	420	489	559	629

(3) 초과 철근량에 대한 감소계수

묻힘길이에 의한 인장 이형철근의 정착에서 휨부재의 실제 배치철근량이 필요한 소요철근량 이상인 경우 계산된 정착길이에 (소요 A_s)/(배근 A_s)을 곱하여 정착길이 l_d를 감소시킬 수 있다. 감소시킨 정착길이 l_d는 300 mm 이상이어야 한다. 그러나 f_y를 발휘하도록 특별히 정착을 요구하는 받침부에서 정모멘트 철근의 정착과 수축·온도철근의 정착 등에서는 이를 적용하지 않는다.

예제 6-1

그림과 같은 라멘 구조의 보-기둥 접합부에서 구조해석결과 보의 상단의 부모멘트 소요철근량이 $1{,}550\ \mathrm{mm}^2$이며, 이에 대하여 실제로는 4-D25 ($A_s = 2{,}027\ \mathrm{mm}^2$)가 배치되었다. 또한 스터럽은 l_d의 전 구간에 설계기준의 규정된 최소철근량 이상의 스터럽을 D10@200으로 배치하였으며 보의 주철근에 대한 피복두께는 40 mm 하고 기둥의 주철근에 대한 피복두께는 60 mm로 하였다. 인장 이형철근의 정착길이를 정밀식에 의한 방법과 기본정착길이에 보정계수를 곱하는 방법에 의해 각각 산정하시오. (단, 콘크리트는 $f_{ck} = 27$ MPa의 보통중량콘크리트이고, 철근은 $f_y = f_{yt} = 400$ MPa의 도막되지 않은 철근이다.)

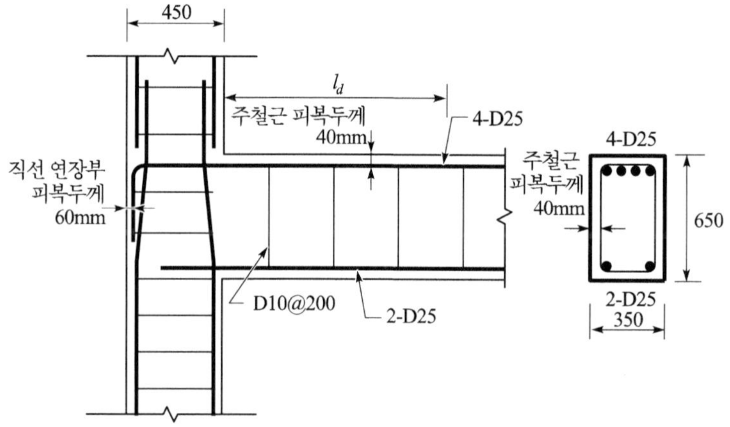

그림 6.7

풀이

1. 정밀식에 의한 방법

1) 인장 이형철근의 정착길이

$\alpha = 1.3$ (상부철근 : 정착길이 아래 300 mm 이상 콘크리트에 묻힌 수평철근)

$\beta = 1.0$ (도막되지 않은 철근)

$\alpha\beta = 1.3 < 1.7$ OK

$\gamma = 1.0$ (D22 이상의 철근)

$\lambda = 1.0$ (보통중량콘크리트)

c_1 : 주철근의 중심으로부터 콘크리트 표면까지의 최단거리

c_2 : 주철근의 중심간 거리의 1/2

$c_1 = 40 + 9.53 + 25.4/2 = 62.2\ \mathrm{mm}$

$c_2 = \{350 - (40 + 9.53) \times 2 - 25.4\}/3/2 = 37.6\ \mathrm{mm}$

$c = \min(c_1, c_2) = \min(62.2, 37.6) = 37.6\ \mathrm{mm}$

$A_{tr} = 71.3 \times 2$가닥 $= 142.6\ \mathrm{mm}^2$

$s = 200\ \mathrm{mm}$

$n = 4$

$$K_{tr}=\frac{40A_{tr}}{sn}=\frac{40\times142.6}{200\times4}=7.1\text{ mm}$$

$d_b=25.4\text{ mm}$

$$\frac{c+K_{tr}}{d_b}=\frac{37.6+7.1}{25.4}=1.8\le2.5 \qquad \text{OK}$$

$$\frac{0.90d_bf_y}{\lambda\sqrt{f_{ck}}}\frac{\alpha\beta\gamma}{\left(\frac{c+K_{tr}}{d_b}\right)}=\left(\frac{0.9\times25.4\times400}{1.0\times\sqrt{27}}\right)\times\left(\frac{1.3\times1.0\times1.0}{1.8}\right)=1{,}271\text{ mm}$$

$$l_d\ge\max\left[\frac{0.90d_bf_y}{\lambda\sqrt{f_{ck}}}\frac{\alpha\beta\gamma}{\left(\frac{c+K_{tr}}{d_b}\right)},\,300\right]=\max(1{,}271,\,300)=1{,}271\text{ mm}$$

2) 초과 철근량에 대한 감소계수의 적용

$(소요\,A_s)/(배근\,A_s)=1{,}550/2{,}027=0.76$

따라서 인장 이형철근의 정착길이는 다음과 같다.

$l_d\ge\max(0.76\times1{,}271,\,300)=\max(966,\,300)=966\text{ mm}$

2. 기본정착길이에 보정계수를 곱하는 방법

1) 인장 이형철근의 기본정착길이

$$l_{db}=\frac{0.6d_bf_y}{\lambda\sqrt{f_{ck}}}=\frac{0.6\times25.4\times400}{1.0\times\sqrt{27}}=1{,}173\text{ mm}$$

2) 보정계수

(1) 철근의 순간격 및 피복두께 조건

① 철근의 순간격$=\{350-(40+9.53)\times2-25.4\times4\}/3=49.8\text{ mm}\ge d_b=25.4\text{ mm}$

② 피복두께$=40\text{ mm}\ge d_b=25.4\text{ mm}$

③ l_d의 전 구간에 설계기준의 규정된 최소철근량 이상의 스터럽이 배치 된 경우

따라서 주철근이 D25 철근이므로 보정계수는 $\alpha\beta\gamma$이다.

(2) 상부철근이므로 $\alpha=1.3$이고 $\beta=\gamma=1.0$이다.

3) 인장 이형철근의 정착길이

$l_d\ge\max(1{,}173\times1.3\times1\times1,\ 300)=\max(1{,}525,\ 300)=1{,}525\text{ mm}$

4) 초과 철근량에 대한 감소계수의 적용

$(소요\,A_s)/(배근\,A_s)=1{,}550/2{,}027=0.76$

따라서 인장 이형철근의 정착길이는 다음과 같다.

$l_d\ge\max(1{,}525\times0.76,\,300)=\max(1{,}159,\,300)=1{,}159\text{ mm}$

예제에서 기본정착길이에 보정계수를 곱하는 방법에 의해 산정된 정착길이 1,159 mm는 정밀식에 의한 정착길이 966 mm보다 약 17% 정도 더 길게 산정됨을 알 수 있다.

예제 6-2

그림과 같은 줄기초에서 종방향으로 D19 철근을 250 간격으로 배치하였다. 이 철근의 정착길이를 검토하시오. (단, 콘크리트는 $f_{ck}=24$ MPa의 보통중량콘크리트이고, 철근은 $f_y=400$ MPa의 도막되지 않은 철근이다.)

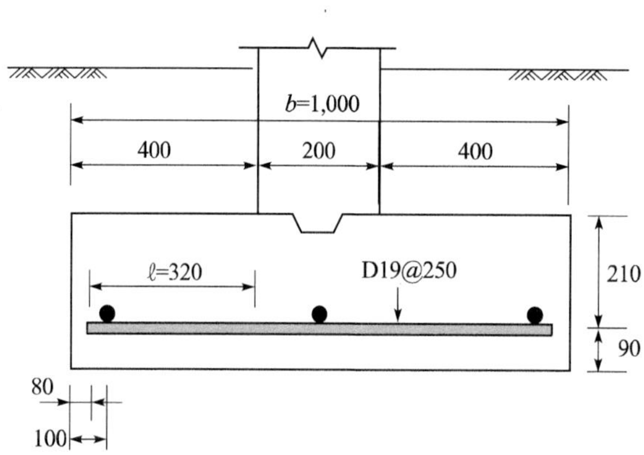

그림 6.8

풀이

$A_{tr}=0$이므로 $K_{tr}=\dfrac{40A_{tr}}{sn}=0$

$d_b=19.1$ mm

c_1 : 주철근의 중심으로부터 콘크리트 표면까지의 최단거리

c_2 : 주철근의 중심간 거리의 1/2

$c_1=100$ mm

$c_2=250/2=125$ mm

$c=\min(c_1,\, c_2)=\min(100,\, 125)=100$ mm

$\dfrac{c+K_{tr}}{d_b}=\dfrac{100+0}{19.1}=5.2\leq 2.5$ NG

$\therefore\ \dfrac{c+K_{tr}}{d_b}=2.5$

$\alpha=1.0$ (기타철근 : 정착길이 아래 300 mm 미만 콘크리트에 묻힌 수평철근)

$\beta=1.0$ (도막되지 않은 철근)

$\alpha\beta=1.0<1.7$ OK

$\gamma=0.8$ (D19 이하의 철근)

$\lambda=1.0$ (보통중량콘크리트)

$$\frac{0.90\,d_b f_y}{\lambda\sqrt{f_{ck}}}\frac{\alpha\beta\gamma}{\left(\dfrac{c+K_{tr}}{d_b}\right)}=\left(\frac{0.90\times19.1\times400}{1.0\times\sqrt{24}}\right)\times\left(\frac{1.0\times1.0\times0.8}{2.5}\right)=449\text{ mm}$$

$$l_d\geq\max\left[\frac{0.90\,d_b f_y}{\lambda\sqrt{f_{ck}}}\frac{\alpha\beta\gamma}{\left(\dfrac{c+K_{tr}}{d_b}\right)},\ 300\right]=\max(449,\ 300)=449\text{ mm}$$

$l_d=449\text{ mm}<l=320\text{mm}$ NG

따라서 철근의 정착길이가 부족하다. 철근의 정착을 만족시키기 위해서는

① 철근의 지름 d_b가 작은 것을 여러 개 사용하거나,

② 기초의 폭 b를 넓혀 l을 길게 하거나,

③ 콘크리트의 설계기준압축강도 f_{ck}를 증가시키거나,

④ 철근의 단부에 표준갈고리를 설치하는 것이다.

6.3.3. 묻힘길이에 의한 압축 이형철근의 정착

(1) 개요

압축력을 받는 철근도 정착길이가 확보되어야 하며, 압축 이형철근의 정착길이는 인장 이형철근의 정착길이보다 짧다. 압축 이형철근의 정착길이가 짧은 이유는 정착부분에서 균열이 발생하지 않고 압축력이 철근 끝에서 콘크리트의 지압과 콘크리트의 부착으로 전달되기 때문이다. KDS 14 20 52 (4.1.3)[3] 구조설계기준에 따른 묻힘길이에 의한 압축 이형철근의 정착길이는 다음과 같다.

(2) 압축 이형철근의 정착길이 (l_d)

$$l_d\geq\max(l_{db}\times\text{보정계수},\ 200\text{ mm})$$

(3) 압축 이형철근의 기본정착길이 (l_{db})

$$l_{db}=\max\left(\frac{0.25\,d_b\,f_y}{\lambda\sqrt{f_{ck}}},\ 0.043\,d_b\,f_y\right)$$

3) KDS 14 20 52 (4.1.3) 콘크리트구조 정착 및 이음 설계기준, 국토교통부 제정, 한국콘크리트학회 작성, 2021.

(4) 보정계수

표 6.10 묻힘길이에 의한 압축 이형철근의 보정계수

구 분	보정계수
해석 결과 요구되는 철근량을 초과하여 배치한 경우	$\dfrac{\text{소요}\ A_s}{\text{배근}\ A_s}$
① 지름이 6 mm 이상이고 나선간격이 100 mm 이하인 나선철근 ② 또는 중심간격이 100 mm 이하이고, 설계기준의 띠철근 조건에 맞는 D13 띠철근으로 둘러싸인 압축 이형철근	0.75

(5) 묻힘길이에 의한 압축 이형철근의 최소 정착길이 산정

보통중량골재(일반) 콘크리트 ($\lambda = 1.0$)를 사용할 경우, 콘크리트의 설계기준압축강도 f_{ck}와 철근의 설계기준항복강도 f_y에 대한 압축 이형철근의 최소 정착길이는 다음과 같다.

$$l_d = l_{db} \times \text{보정계수} = \frac{0.25\,d_b\,f_y}{\lambda\sqrt{f_{ck}}} \times 1.0 = \frac{0.25 \times d_b \times f_y}{1.0 \times \sqrt{f_{ck}}} \times 1.0 = \left(\frac{0.25\,f_y}{\sqrt{f_{ck}}}\right) d_b$$

$$l_d = 0.043\,d_b\,f_y \times \text{보정계수} = 0.043\,d_b\,f_y \times 1.0 = (0.043 f_y)\,d_b$$

$$\therefore\ l_d = \max\left[\left(\frac{0.25\,f_y}{\sqrt{f_{ck}}}\right)d_b,\ (0.043\,f_y)\,d_b\right]$$

위의 식으로부터 묻힘길이에 의한 압축 이형철근의 최소 정착길이 l_d를 주철근의 공칭지름 d_b로 나타내면 다음과 같다.

표 6.11 묻힘길이에 의한 압축 이형철근의 최소 정착길이

f_y	f_{ck}					
	21 MPa	24 MPa	27 MPa	30 MPa	35 MPa	40 MPa
300 MPa	$16.4\ d_b$	$15.3\ d_b$	$14.4\ d_b$	$13.7\ d_b$	$12.9\ d_b$	$12.9\ d_b$
400 MPa	$21.8\ d_b$	$20.4\ d_b$	$19.2\ d_b$	$18.3\ d_b$	$17.2\ d_b$	$17.2\ d_b$
500 MPa	$27.3\ d_b$	$25.5\ d_b$	$24.1\ d_b$	$22.8\ d_b$	$21.5\ d_b$	$21.5\ d_b$
600 MPa	$32.7\ d_b$	$30.6\ d_b$	$28.9\ d_b$	$27.4\ d_b$	$25.8\ d_b$	$25.8\ d_b$

단, l_d는 200 mm 이상이다.

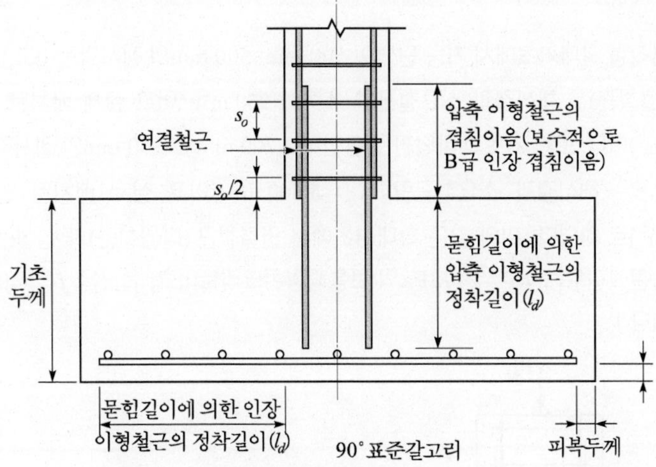

(a) 압축력만 받는 기초

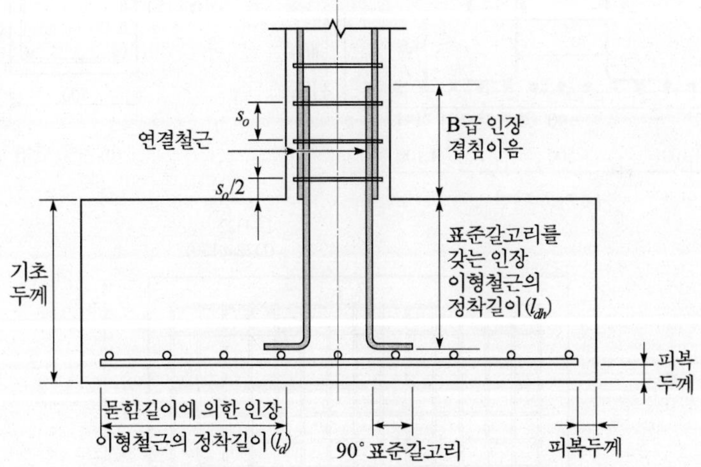

(b) 인장력과 압축력을 동시에 받는 기초

그림 6.9 묻힘길이에 의한 압축 이형철근 (기초)의 정착길이

예제 6-3

그림과 같은 정사각형 확대기초에서 기둥 단면이 500 mm×500 mm의 정사각형이고 압축력 P_u에 대한 연결철근 (다월철근)은 해석결과 소요철근량 $A_s = 1{,}250\ \mathrm{mm}^2$이고 실제 배치된 철근은 4-D22 ($A_s = 1{,}548\ \mathrm{mm}^2$)이다. 또한 기초의 바닥판은 단면이 2,700 mm×2,700 mm인 정사각형이고 휨모멘트에 대한 휨철근은 해석결과 소요철근량 $A_s = 5{,}500\ \mathrm{mm}^2$이고 실제 배치된 철근은 15-D22 ($A_s = 5{,}807\ \mathrm{mm}^2$)로 하였다. 이와 같은 확대기초에서 연결철근 (다월철근)과 휨철근의 정착길이를 산정하시오. (단, 콘크리트는 $f_{ck} = 24$ MPa의 보통중량콘크리트이고, 철근은 $f_y = 400$ MPa의 도막되지 않은 철근이다.)

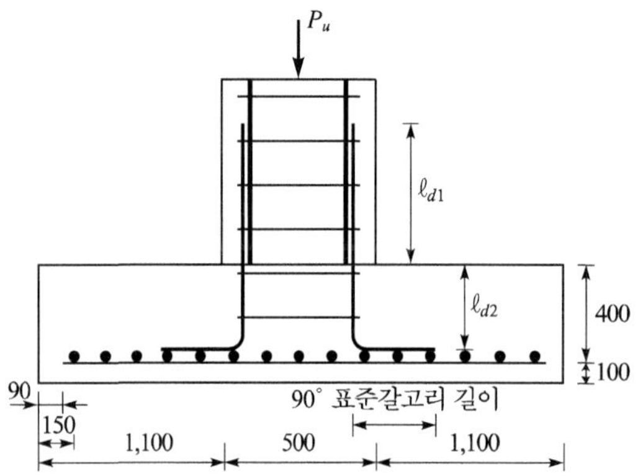

(a) 기초 단면

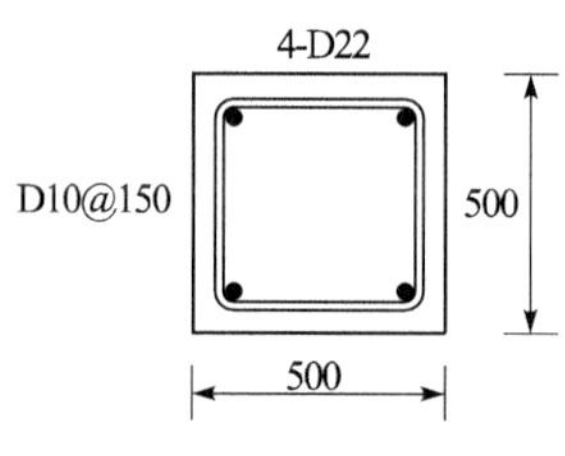

(b) 기둥 단면

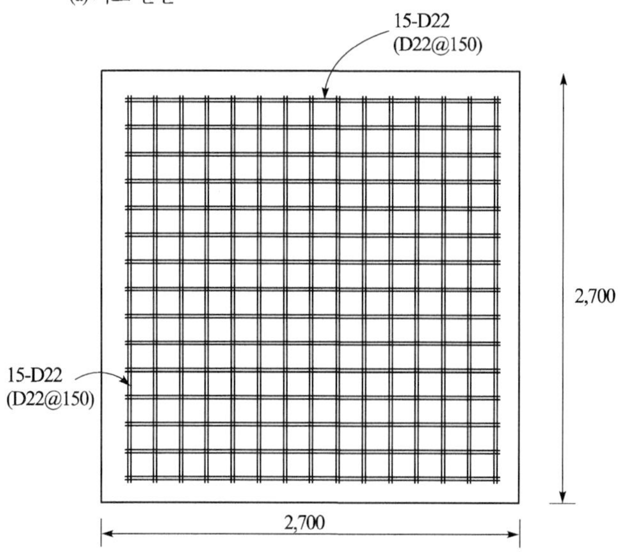

(c) 기초판 평면

그림 6.10

풀이

1. 연결철근(다월철근)의 정착길이(묻힘길이에 의한 압축 이형철근의 기본정착길이)

$d_b = 22.2\text{ mm}$

$$l_{db} = \max\left(\frac{0.25\,d_b f_y}{\lambda\sqrt{f_{ck}}},\ 0.043\,d_b f_y\right)$$

$$= \max\left(\frac{0.25\times 22.2\times 400}{1.0\times\sqrt{24}},\ 0.043\times 22.2\times 400\right) = \max(453,\ 382) = 453\text{ mm}$$

$\therefore\ l_{db} = 453\text{ mm}$

초과 철근량에 대한 보정계수의 적용하여 압축 이형철근의 정착길이를 산정하면 다음과 같다.

$(\text{소요}\ A_s)/(\text{배근}\ A_s) = 1{,}250/1{,}548 = 0.81$

$\therefore\ l_d \geq \max(453\times 0.81,\ 200) = \max(367,\ 200) = 367\text{ mm}$

연결철근(다월철근)의 정착길이는 압축철근의 최소 정착길이 $l_d = 367\text{ mm}$ 이상이어야 하므로 확대기초와 기둥 속으로 각각 $l_{d1} = l_{d2} = 367\text{ mm}$ 이상 연장해야 한다. 확대기초판의 두께 500 mm이므로 피복두께와 휨철근의 지름을 감안하더라도 정착길이 $l_{d2} = 367\text{ mm}$ 이상은 확보된다. 그리고 확대기초 속으로 연장된 연결철근(다월철근)의 끝 부분은 90° 표준갈고리로 하여 주철근에 묶어 배치한다.

2. 휨철근의 정착길이

$A_{tr} = 0$이므로 $K_{tr} = \dfrac{40\,A_{tr}}{s\,n} = 0$

$d_b = 22.2\text{ mm}$

$c_1 = 100\text{ mm}$

$c_2 = 150/2 = 75\text{ mm}$

$c = \min(c_1,\ c_2) = \min(150,\ 75) = 75\text{ mm}$

$\dfrac{c+K_{tr}}{d_b} = \dfrac{75+0}{22.2} = 3.4 \leq 2.5$ NG

$\therefore\ \dfrac{c+K_{tr}}{d_b} = 2.5$

$\alpha = 1.0$ (기타철근 : 정착길이 아래 300 mm 미만 콘크리트에 묻힌 수평철근)

$\beta = 1.0$ (도막되지 않은 철근)

$\alpha\beta = 1.0 < 1.7$ OK

$\gamma = 1.0$ (D22 이상의 철근)

$\lambda = 1.0$ (보통중량콘크리트)

$$\frac{0.90\,d_b f_y}{\lambda\sqrt{f_{ck}}}\,\frac{\alpha\beta\gamma}{\left(\dfrac{c+K_{tr}}{d_b}\right)} = \left(\frac{0.90\times 22.2\times 400}{1.0\times\sqrt{24}}\right)\times\left(\frac{1.0\times 1.0\times 1.0}{2.5}\right) = 653\text{ mm}$$

$$l_d \geq \max\left[\frac{0.90\, d_b f_y}{\lambda \sqrt{f_{ck}}} \frac{\alpha \beta \gamma}{\left(\dfrac{c+K_{tr}}{d_b}\right)},\ 300\right] = \max(653,\ 300) = 653\ \mathrm{mm}$$

초과 철근량에 대한 보정계수의 적용하여 휨에 의한 인장 이형철근의 정착길이를 산정하면 다음과 같다.

$(\text{소요}\ A_s)/(\text{배근}\ A_s) = 5{,}500/5{,}807 = 0.95$

$\therefore\ l_d \geq \max(653 \times 0.95,\ 300) = \max(620{,}300) = 620\ \mathrm{mm}$

기초판에서 정착에 이용할 수 있는 길이는 다음과 같다.

$$\frac{(2{,}700 - 90 \times 2 - 500)}{2} = 1{,}010\ \mathrm{mm}$$

따라서 기초판의 휨에 의한 인장 이형철근의 정착길이는 충분하다.

6.3.4. 다발철근의 정착

콘크리트 부어넣기 등의 이유로 다수의 철근을 단일철근으로 배치하지 않고 3개 또는 4개의 다발철근으로 배치하는 경우가 있다. 단일철근으로 배치할 때보다 다발철근으로 배치하게 되면 철근과 콘크리트의 부착면적이 줄어들게 되고 부착강도가 감소하게 된다. 따라서 이러한 점을 감안하여 인장력 또는 압축력을 받는 다발철근을 사용할 경우, 정착길이는 단일철근에 비해 3개의 철근다발은 20% 그리고 4개의 철근다발은 33%를 증가시킨다. 다발철근의 간격과 최소 피복두께를 철근지름으로 나타낼 경우 다발철근의 지름은 등가단면적으로 환산된 한 개의 철근지름으로 나타낸다.

6.3.5. 표준갈고리를 갖는 인장 이형철근의 정착

(1) 갈고리의 정의

갈고리(Hook)는 철근의 정착을 위해 철근 끝을 구부린 부분을 말하며, 철근의 끝부분을 180°, 135°, 90° 등의 각도로 구부려 만든다.

(2) 갈고리의 사용목적

부재의 크기가 철근의 묻힘길이에 의한 정착길이보다 작을 경우 정착부착응력을 증가시키기 위해 갈고리를 두어 좁은 공간에서도 철근이 항복할 때까지 인장응력을 지지할 수 있도록 한다. 단, 갈고리는 압축철근의 정착에 있어서는 유효하지 않은 것으로 한다.

(3) 표준갈고리를 갖는 인장 이형철근의 정착길이 (l_{dh})

$$l_{dh} \geq \max\ (l_{hb} \times \text{보정계수},\ 8d_b,\ 150\text{ mm})$$

여기서, l_{dh} : 위험단면으로부터 갈고리 외측까지의 거리

표준갈고리를 갖는 인장 이형철근의 정착길이 l_{dh} 는 표준갈고리를 갖는 철근의 위험단면에서 설계기준항복강도가 발휘되기 위해서 요구되는 최소 묻힘길이로써 위험단면으로부터 갈고리의 외측 단부까지의 최단길이이다. 그림 6.11은 주철근에 대한 위험단면으로부터 정착길이 l_{dh} 와 90° 갈고리의 주철근과 180° 갈고리의 주철근에서 구부리는 외면 반지름을 나타낸 것이다.

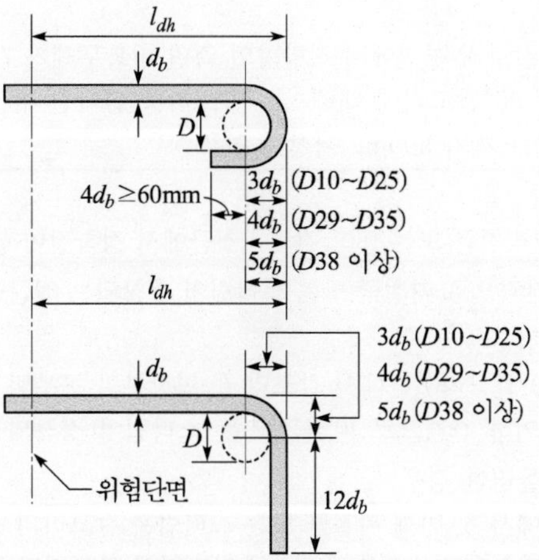

그림 6.11 표준갈고리의 정착에 대한 갈고리철근의 상세도

(4) 표준갈고리를 갖는 인장 이형철근의 기본정착길이 (l_{hb})

KDS 14 20 52 (4.1.5)[4] 구조설계기준에 따른 표준갈고리를 갖는 인장 이형철근의 정착길이 l_{hb} 는 다음과 같다. 여기서 β는 에폭시 도막 혹은 아연-에폭시 이중 도막 철근의 경우 1.2, 아연도금 또는 도막되지 않은 철근의 경우 1.0이며, λ는 보통중량콘크리트의 경우 1.0이다.

---

4) KDS 14 20 52 (4.1.5) 콘크리트구조 정착 및 이음 설계기준, 국토교통부 제정, 한국콘크리트학회 작성, 2021.

$$l_{hb} = \frac{0.24\,\beta\,d_b f_y}{\lambda\,\sqrt{f_{ck}}}$$

이 식은 $\beta = 1.0$일 때 묻힘길이에 의한 압축 이형철근의 기본정착길이 $l_{db} = 0.25\,d_b\,f_y/\lambda\,\sqrt{f_{ck}}$와 유사하다. 그러나 표준갈고리를 갖는 인장 이형철근의 기본정착길이에서는 최소 길이 규정이 없고 압축상태에서 갈고리는 효과가 없으므로 압축철근의 정착에는 적용할 수 없다.

(5) 보정계수

표 6.12 표준갈고리를 갖는 인장 이형철근의 보정계수

구 분	보정계수
① 콘크리트 피복두께 D35 이하 철근에서 갈고리 평면에 수직방향인 측면 피복두께가 70 mm 이상이며, 또한 90°갈고리에 대해서는 갈고리를 넘어선 부분(자유단)의 철근 피복두께가 50 mm 이상인 경우	0.7
② 띠철근 또는 스터럽 ㉠ D35 이하 90°갈고리철근 또는 180° 갈고리철근에서 정착길이 l_{dh} 구간을 $3d_b$ 이하 간격으로 띠철근 또는 스터럽이 정착되는 철근을 수직으로 둘러싼 경우 ㉡ 또는 D35 이하 90°갈고리철근에서 갈고리 끝 연장부와 구부림부의 전 구간을 $3d_b$이하 간격으로 띠철근 또는 스터럽이 정착되는 철근을 평행하게 둘러싼 경우 다만, ②의 ㉠, ㉡에서 첫 번째 띠철근 또는 스터럽은 갈고리의 구부러진 부분 바깥면으로부터 $2d_b$ 이내에서 갈고리의 구부러진 부분을 둘러싸야 한다. 주1 설계기준항복강도가 550 MPa을 초과하는 철근을 사용하는 경우에는 상기 ②의 ㉠과 ㉡의 보정계수 0.8을 적용할 수 없다.	0.8
③ 초과 철근량 휨부재의 실제 배치철근량이 소요철근량 이상인 경우	$\frac{\text{소요}\,A_s}{\text{배근}\,A_s}$

(6) 표준갈고리에 의한 정착

부재의 불연속단에서 갈고리철근의 양측면과 상부(또는 하부)의 피복두께가 70 mm 미만으로 표준갈고리에 의해 정착되는 경우, 갈고리철근은 전체 정착길이 l_{dh} 구간에 걸쳐 $3d_b$ 이하 간격으로 배치된 띠철근이나 스터럽으로 둘러싸여야 한다. 그러나 이 경우 보정계수 0.8은 적용하지 않는다.

이것은 갈고리철근의 피복두께가 작을 경우 쪼갬파괴가 발생하기 쉽기 때문에 보정계수를 적용할 수 없고, 또한 피복두께가 작은 갈고리철근이 항복강도까지 도달하기 위해서 띠철근이나 스터럽의 간격을 $3d_b$ 이하로 하여 갈고리철근을 구속하는 것이다.

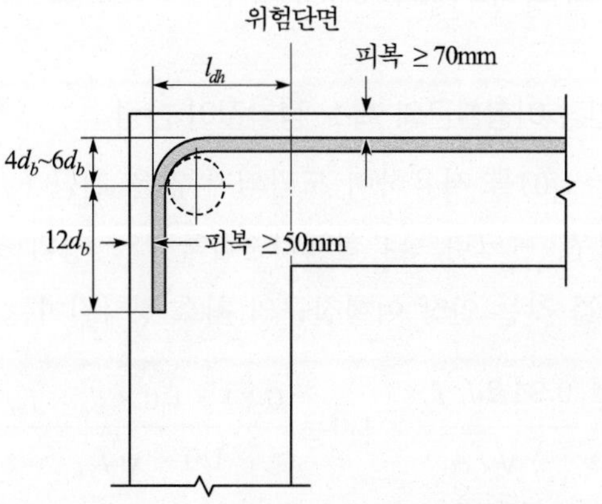

그림 6.12 콘크리트 피복두께에 의한 보정계수 0.7

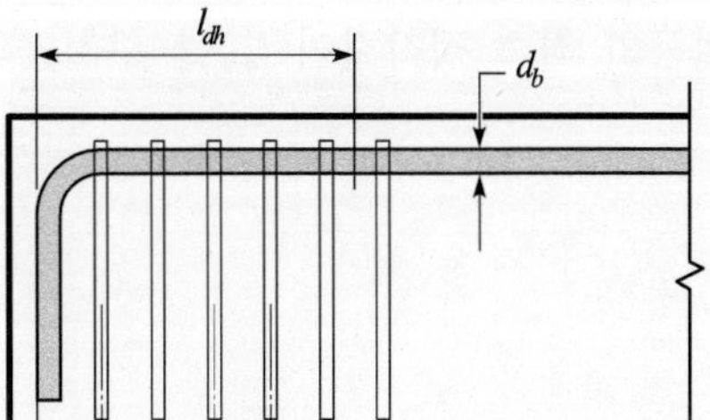

그림 6.13 띠철근 또는 스터럽에 주철근을 수직으로 둘러싼 경우의 보정계수 0.8[5)]

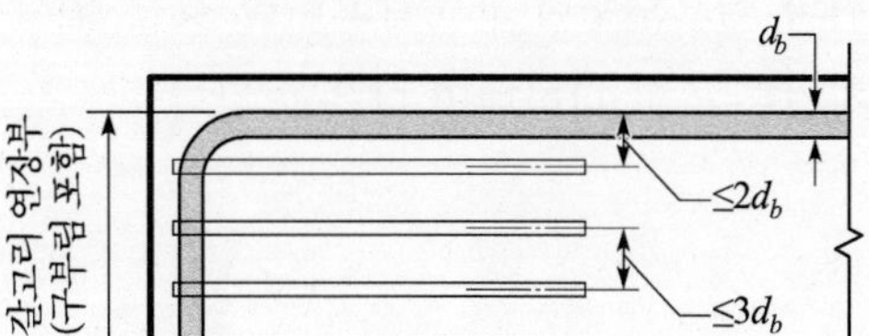

그림 6.14 띠철근 또는 스터럽이 주철근을 평행하게 둘러싼 경우의 보정계수 0.8[5)]

5) ACI Committee 318, Building Code Requirements for Structural Concrete (ACI 318M-14) and Commentary, American Concrete Institute, Farmington Hills, MI, 2015, p.418.

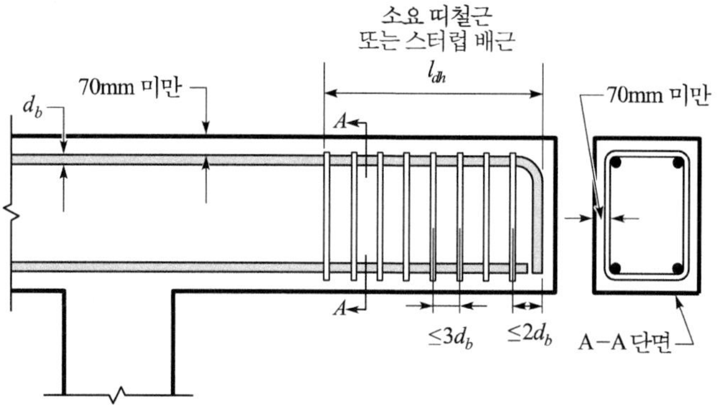

그림 6.15 갈고리철근의 피복두께가 70 mm 미만인 경우 띠철근과 스터럽의 배치 간격[6)]

(7) 표준갈고리를 갖는 인장 이형철근의 최소 정착길이 산정

보통중량콘크리트 ($\lambda = 1.0$)를 사용하며 도막되지 않은 철근 ($\beta = 1.0$)을 사용하고 보정계수를 1.0으로 할 경우, 콘크리트의 설계기준압축강도 f_{ck}와 철근의 설계기준항복강도 f_y에 대한 표준갈고리를 갖는 인장 이형철근의 최소 정착길이는 다음과 같다.

$$l_{dh} = l_{hb} \times \text{보정계수} = \frac{0.24\beta d_b f_y}{\lambda\sqrt{f_{ck}}} \times 1.0 = \frac{0.24 \times 1.0 \times d_b \times f_y}{1.0 \times \sqrt{f_{ck}}} \times 1.0 = \left(\frac{0.24 \times f_y}{\sqrt{f_{ck}}}\right) d_b$$

$$\ge 8d_b \text{ 이상 또한 } 150\text{mm 이상}$$

위의 식으로부터 표준갈고리를 갖는 인장 이형철근의 최소 정착길이 l_{dh}를 주철근의 공칭지름 d_b로 나타내면 다음과 같다.

6) ACI Committee 318, Building Code Requirements for Structural Concrete (ACI 318M-14) and Commentary, American Concrete Institute, Farmington Hills, MI, 2015, p.419.

표 6.13 표준갈고리를 갖는 인장 이형철근의 최소 정착길이

f_y	f_{ck}					
	21 MPa	24 MPa	27 MPa	30 MPa	35 MPa	40 MPa
300 MPa	15.7 d_b	14.7 d_b	13.9 d_b	13.1 d_b	12.2 d_b	11.4 d_b
400 MPa	20.9 d_b	19.6 d_b	18.5 d_b	17.5 d_b	16.2 d_b	15.2 d_b
500 MPa	26.2 d_b	24.5 d_b	23.1 d_b	21.9 d_b	20.3 d_b	19.0 d_b
600 MPa	31.4 d_b	29.4 d_b	27.7 d_b	26.3 d_b	24.3 d_b	22.8 d_b

단, l_{dh}는 150 mm 이상이다.

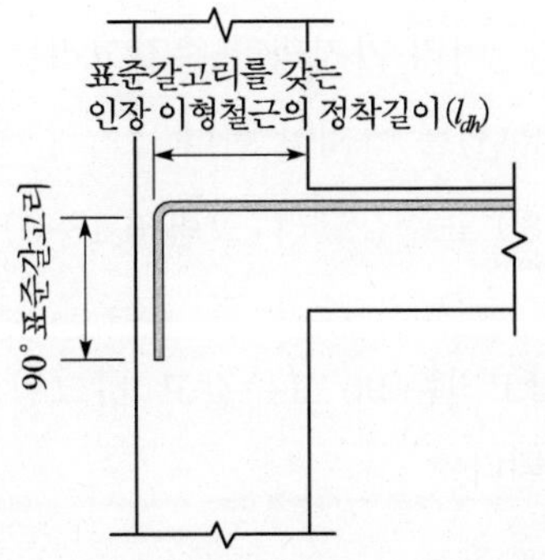

그림 6.16 보의 인장철근을 단부 기둥에 정착하는 경우

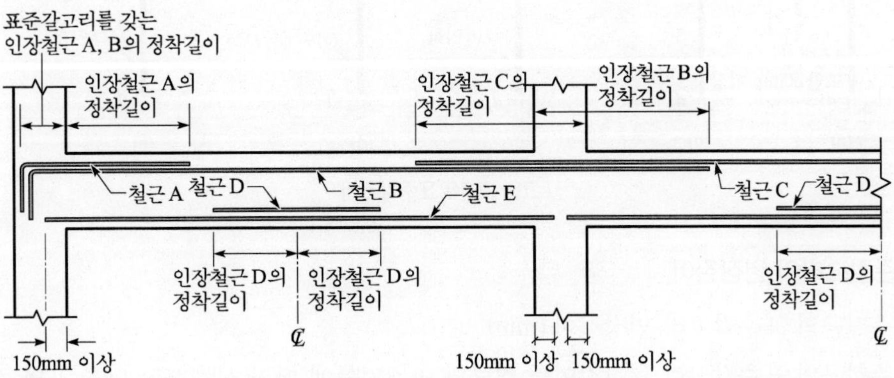

그림 6.17 보 철근의 정착길이

(8) 고강도 철근의 보정계수 제한

설계기준항복강도 f_y가 550 MPa을 초과하는 철근을 사용하는 경우에는 표 6.12에서 '② 띠철근 또는 스터럽'의 보정계수 0.8을 적용할 수 없다.

6.3.6. 표준갈고리

(1) 표준갈고리의 종류

철근의 끝을 표준갈고리(Standard Hook)로 만들어 갈고리의 정착과 직선 부분의 부착의 복합작용으로 정착하게 하며, KDS 14 20 50 (4.1.1)[7] 구조설계기준에 따른 표준갈고리의 종류는 그림 6.18과 같다. 여러 가지의 표준갈고리는 구부린 끝에서 $4d_b$, $6d_b$ 또는 $12d_b$ 이상의 직선 연장부(자유단)를 가져야 한다.

① 주철근의 표준갈고리는 180°표준갈고리[그림 6.18 (a)]와 90°표준갈고리[그림 6.18 (b)]로 분류된다.

② 스터럽과 띠철근의 표준갈고리는 90°표준갈고리[그림 6.18 (c), (d)]와 135°표준갈고리[그림 6.18 (e)]로 분류된다.

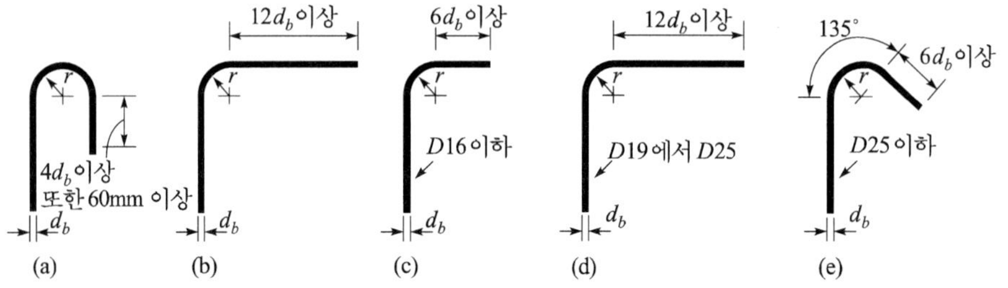

그림 6.18 표준갈고리

(2) 표준갈고리의 연장길이

① 주철근의 표준갈고리 연장길이(mm)

주철근의 표준갈고리 연장길이를 철근의 공칭지름에 따라 산정하면 다음 표와 같다.

---

7) KDS 14 20 50 (4.1.1) 콘크리트구조 철근상세 설계기준, 국토교통부 제정, 한국콘크리트학회 작성, 2021.

표 6.14 주철근의 표준갈고리 연장길이 (mm)

호 칭	공칭지름 (d_b)	180° 표준갈고리 ($4d_b$ 이상 또한 60mm 이상)	90° 표준갈고리 ($12d_b$ 이상)
D10	9.53	60	115
D13	12.7	60	155
D16	15.9	65	195
D19	19.1	80	230
D22	22.2	90	270
D25	25.4	105	305
D29	28.6	115	345
D32	31.8	130	385
D35	34.9	140	420
D38	38.1	155	460
D41	41.3	170	500
D51	50.8	205	610

주1 표준갈고리와 관련되어 계산된 값은 모두 5 mm 단위로 올림 한 것이다.

주2 철근의 표준갈고리 길이는 철근의 항복강도와는 무관하다.

② 스터럽과 띠철근의 표준갈고리 연장길이 (mm)

스터럽과 띠철근의 표준갈고리 연장길이를 철근의 공칭지름에 따라 산정하면 다음 표와 같다.

표 6.15 스터럽과 띠철근의 표준갈고리 연장길이 (mm)

호 칭	공칭지름 (d_b)	90° 표준갈고리 (D16 이하; $6d_b$ 이상, D19, D22, D25; $12d_b$ 이상)	135° 표준갈고리 ($6d_b$ 이상)
D10	9.53	60	60
D13	12.7	80	80
D16	15.9	100	100
D19	19.1	230	115
D22	22.2	270	135
D25	25.4	305	155

주1 표준갈고리와 관련되어 계산된 값은 모두 5 mm 단위로 올림 한 것이다.

(3) 표준갈고리의 최소 구부림의 내면 반지름

(가) 주철근용 [그림 6.18 (a), (b)]의 구부림의 최소 내면 반지름

표 6.16 주철근용의 구부림의 최소 내면 반지름

주철근의 크기	최소 내면 반지름 (r)
D10~D25	$3\,d_b$
D29~D35	$4\,d_b$
D38 이상	$5\,d_b$

(나) 스터럽과 띠철근용 [그림 6.18 (c)~(e)]의 구부림의 최소 내면 반지름

표 6.17 스터럽과 띠철근용의 구부림의 최소 내면 반지름

스터럽과 띠철근의 크기	최소 내면 반지름 (r)
D16 이하	$2d_b$
D19 이상	주철근용의 구부리는 내면 반지름

(다) 굽힘철근의 구부리는 내면 반지름

표준갈고리 외의 모든 철근의 구부림 내면 반지름은 $5d_b$ 이상으로 한다.

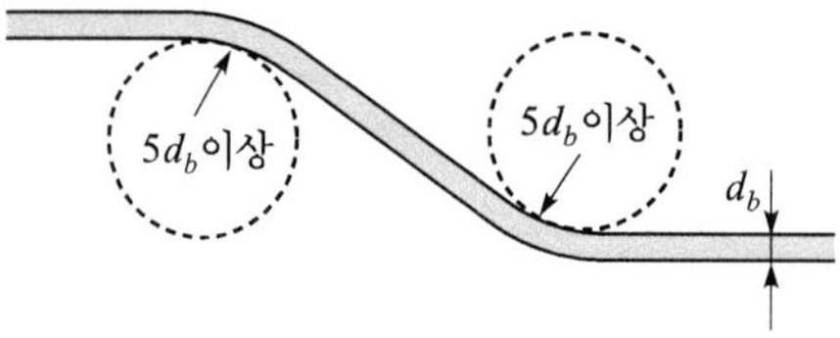

그림 6.19

(라) 철근의 구부리기

① 책임구조기술자가 승인한 경우를 제외하고 모든 철근의 가공은 가열가공은 금하고 상온에서 가공한다.

② 일반적으로 25 mm (D25) 이하는 상온가공하고, 28 mm (D29) 이상은 가열가공한다.

③ 중간부에서 바 벤더 (Bar Bender), 말단부에서 후커 (Hooker) 및 파이프를 사용하여 구부린다.

④ 실험결과 SD400까지의 철근들은 기준에서 규정된 최소 내면 반지름으로 90℃까지 상온에서 구부림 작업이 가능하다. 구부림 작업 중 균열 또는 파손이 발생하지 않도록 한다. 구부림 작업 중 균열 또는 파손이 예상되는 경우 800℃까지 가열가공할 수 있다.

(마) 철근의 구부림 내면 지름

주철근 및 스터럽과 띠철근에서 철근의 크기에 따라 최소 내면 반지름을 고려한 내면 지름(mm)은 다음 표와 같다.

표 6.18 철근의 구부림 내면 지름 (mm)

<table>
<tr><th rowspan="2">호칭</th><th rowspan="2">공칭지름
(d_b)</th><th colspan="2">주철근</th><th colspan="2">스터럽과 띠철근</th></tr>
<tr><th>최소 내면 반지름
(r)</th><th>내면 지름
(D=2r)</th><th>최소 내면 반지름
(r)</th><th>내면 지름
(D=2r)</th></tr>
<tr><td>D10</td><td>9.53</td><td rowspan="6">3d_b 이상</td><td>60</td><td rowspan="3">2d_b 이상</td><td>60</td></tr>
<tr><td>D13</td><td>12.7</td><td>80</td><td>80</td></tr>
<tr><td>D16</td><td>15.9</td><td>100</td><td>100</td></tr>
<tr><td>D19</td><td>19.1</td><td>115</td><td rowspan="3">3d_b 이상</td><td>115</td></tr>
<tr><td>D22</td><td>22.2</td><td>135</td><td>135</td></tr>
<tr><td>D25</td><td>25.4</td><td>155</td><td>155</td></tr>
<tr><td>D29</td><td>28.6</td><td rowspan="3">4d_b 이상</td><td>230</td><td></td><td></td></tr>
<tr><td>D32</td><td>31.8</td><td>255</td><td></td><td></td></tr>
<tr><td>D35</td><td>34.9</td><td>280</td><td></td><td></td></tr>
<tr><td>D38</td><td>38.1</td><td rowspan="3">5d_b 이상</td><td>385</td><td></td><td></td></tr>
<tr><td>D41</td><td>41.3</td><td>415</td><td></td><td></td></tr>
<tr><td>D51</td><td>50.8</td><td>510</td><td></td><td></td></tr>
</table>

주1 내면 지름의 산정은 최소 내면 반지름과 철근의 공칭지름을 사용하였으며, 5 mm 단위로 올림 한 것이다.

(4) 철근의 표준갈고리 형상 및 치수의 상세

(가) 주철근의 표준갈고리 형상 및 치수의 상세

① 주철근의 표준갈고리 형상의 상세

㉠ 180° 표준갈고리는 180° 구부린 반원 끝에서 $4d_b$ 이상 또한 60 mm 이상 더 연장하여야 한다.

㉡ 90° 표준갈고리는 구부린 끝에서 $12d_b$ 이상 더 연장하여야 한다.

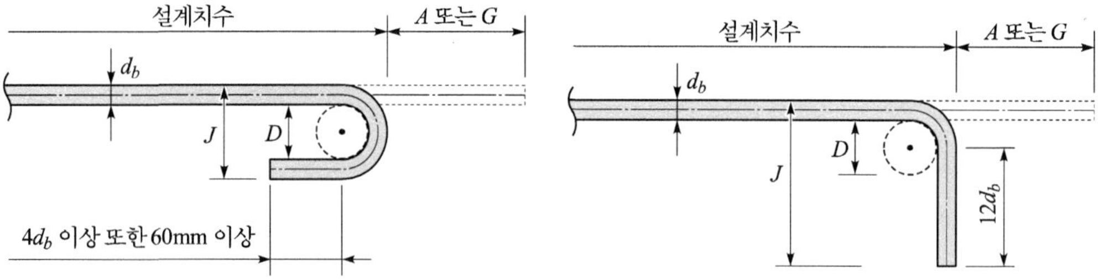

(a) 180°표준갈고리 형상의 상세 (b) 90°표준갈고리 형상의 상세

그림 6.20 표준갈고리 형상의 상세

② 주철근의 표준갈고리 치수의 상세

㉠ 주철근으로 사용되는 180° 표준갈고리와 90° 표준갈고리의 치수에 대한 상세는 다음 그림과 같다.

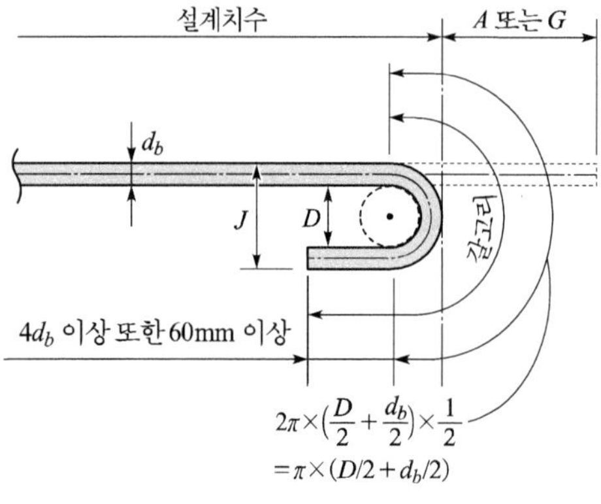

(a) 180°표준갈고리 치수의 상세

1) A 또는 G (D10, D13)

$$= [60+\pi\times(D/2+d_o/2)] - (D/2+d_b) = 0.571d_b+1.071D+60$$

2) A 또는 G (D16 이상)

$$= [4d_b+\pi\times(D/2+d_o/2)] - (D/2+d_b) = 4.571d_b+1.071D$$

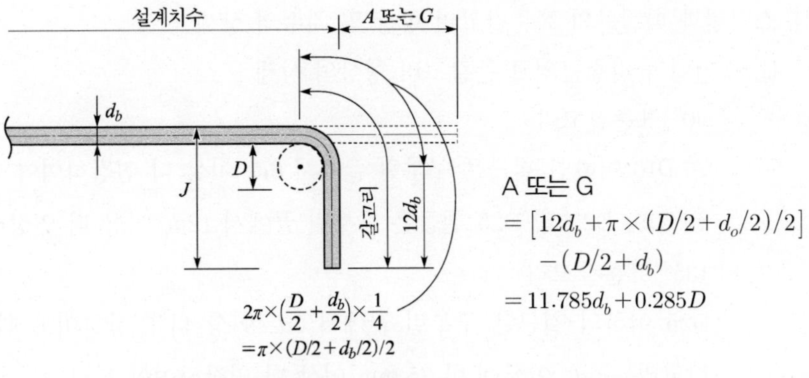

(b) 90° 표준갈고리 치수의 상세

그림 6.21 표준갈고리 치수의 상세

ⓛ 주철근으로 사용되는 180° 표준갈고리와 90° 표준갈고리의 상세에 따라 계산된 치수 (mm)는 다음과 같다.

표 6.19 180°와 90° 표준갈고리의 상세에 따라 계산된 치수 (mm)

호칭	공칭지름 (d_b)	내면 지름 (D)	180° 표준갈고리		90° 표준갈고리	
			A 또는 G	J	A 또는 G	J
D10	9.53	60	130	80	130	155
D13	12.7	80	155	110	175	210
D16	15.9	100	180	135	220	260
D19	19.1	115	215	155	260	310
D22	22.2	135	250	180	305	360
D25	25.4	155	285	210	345	410
D29	28.6	230	380	290	405	490
D32	31.8	255	420	320	450	545
D35	34.9	280	460	350	495	595
D38	38.1	385	590	465	560	690
D41	41.3	415	635	500	605	745
D51	50.8	510	780	615	745	920

주1 표준갈고리와 관련되어 계산된 값은 모두 5 mm 단위로 올림 한 것이다.

주2 A 또는 G는 표준갈고리로 가공하기 위하여 더 필요한 철근의 길이로써 설계치수에서 부터의 가공 길이이다.

주3 J는 표준갈고리가 가공되었을 경우, 부재에서 배치에 필요한 깊이이다.

주4 철근의 표준갈고리 길이는 철근의 항복강도와는 무관하다.

(나) 스터럽과 띠철근의 표준갈고리 형상 및 치수의 상세

① 스터럽과 띠철근의 표준갈고리 형상의 상세

㉠ 90° 표준갈고리

ⓐ D16 이하인 철근은 구부린 끝에서 $6d_b$ 이상 더 연장하여야 한다.

ⓑ D19, D22 및 D25 철근은 구부린 끝에서 $12d_b$ 이상 더 연장하여야 한다.

㉡ 135° 표준갈고리

D25 이하의 철근은 구부린 끝에서 $6d_b$ 이상 더 연장하여야 한다. 단, 내진 갈고리는 $6d_b$ 이상 또한 75 mm 이상 더 연장하여야 한다.

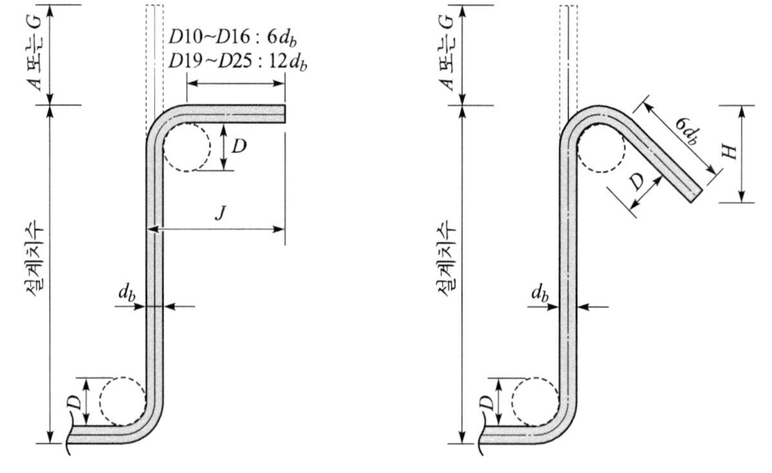

(a) 90° 표준갈고리 형상의 상세 (b) 135° 표준갈고리 형상의 상세

그림 6.22 표준갈고리 형상의 상세

② 스터럽과 띠철근의 표준갈고리 치수의 상세

㉠ 스터럽과 띠철근으로 사용되는 90° 표준갈고리의 치수에 대한 상세는 다음 그림과 같다.

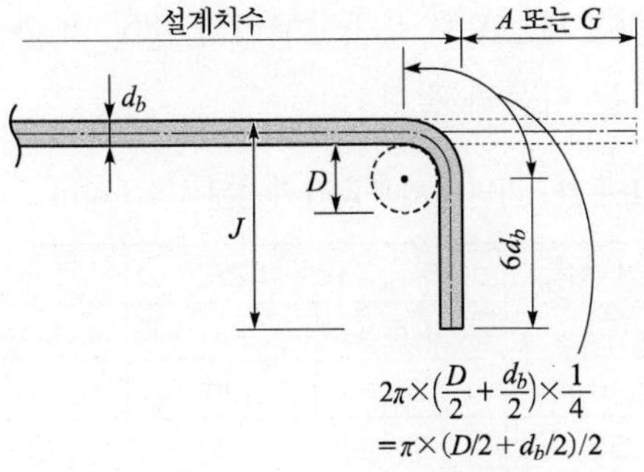

A 또는 G (D16 이상)

$$= [6d_b + \pi \times (D/2 + d_o/2)/2] - (D/2 + d_b)$$

$$= 5.785d_b + 0.285D$$

(a) D16 이하

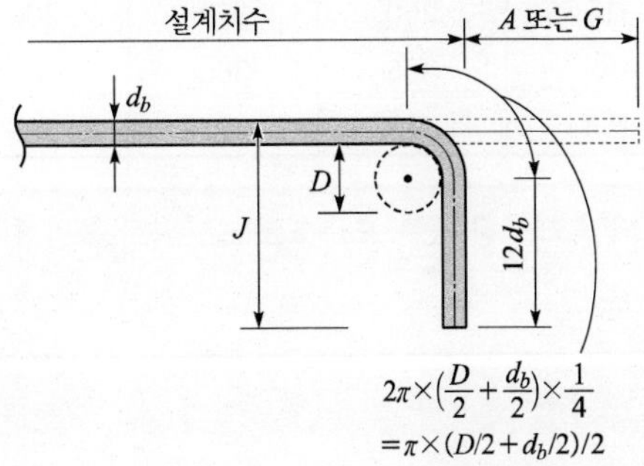

A 또는 G (D19, D22 및 D25)

$$= [12d_b + \pi \times (D/2 + d_o/2)/2] - (D/2 + d_b)$$

$$= 11.785d_b + 0.285D$$

(b) D19, D22 및 D25

그림 6.23 90° 표준갈고리 치수의 상세

㉡ 스터럽과 띠철근으로 사용되는 135° 표준갈고리의 치수에 대한 상세는 다음 그림과 같다.

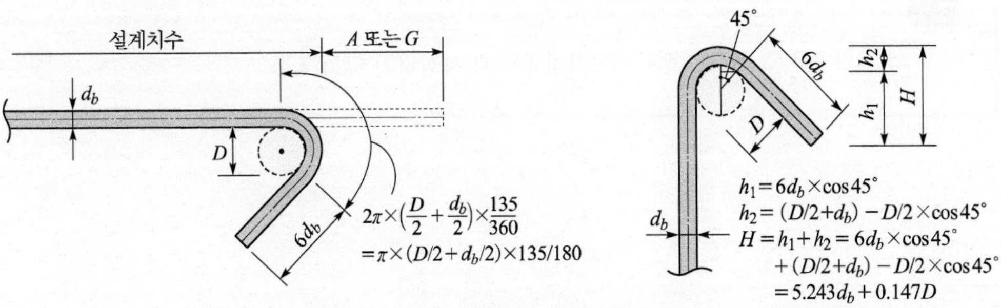

$$\text{A 또는 G} = [6d_b + \pi \times (D/2 + d_o/2) \times 135/180] - (D/2 + d_b)$$

$$= 6.178d_b + 0.687D$$

그림 6.24 135° 표준갈고리 치수의 상세

㉢ 스터럽과 띠철근으로 사용되는 90° 표준갈고리와 135° 표준갈고리의 상세에 따라 계산된 치수(mm)는 다음과 같다.

표 6.20 스터럽과 띠철근 표준갈고리의 상세에 따라 계산된 치수(mm)

호칭	공칭지름 (d_b)	내면 지름 (D)	90° 표준갈고리		135° 표준갈고리	
			A 또는 G	J	A 또는 G	H
D10	9.53	40	70	90	90	60
D13	12.7	55	90	120	120	75
D16	15.9	65	115	145	145	95
D19	19.1	115	260	310	200	120
D22	22.2	135	305	360	230	140
D25	25.4	155	345	410	265	160

주1 표준갈고리와 관련되어 계산된 값은 모두 5 mm 단위로 올림 한 것이다.

예제 6-4

철근콘크리트 배치시 철근의 이음 및 정착에 관한 설명 중 가장 부적당한 것은?

㉮ 철근 이음위치는 응력이 큰 곳을 피하고 이음의 1/2 이상을 한곳에 집중시키지 말아야 한다.
㉯ 갈고리의 길이를 이음길이에 포함시킨다.
㉰ 지름이 다른 철근의 겹침이음은 가는 쪽 철근을 기준으로 한다.
㉱ 철근의 구부림은 냉간가공을 한다.

풀이

이음 및 정착길이는 철근의 말단 갈고리의 길이를 포함하지 않는다. 답 ㉯

예제 6-5

이형철근이 인장력을 받을 경우 철근을 콘크리트 안에 적절히 정착시켜야 한다. 이때, 정착길이에 영향을 미치는 요소로 가장 거리가 먼 것은?

㉮ 대상 철근의 위치
㉯ 대상 철근의 에폭시 도막 유무
㉰ 대상 철근의 지름
㉱ 대상 철근의 비중

풀이

인장 이형철근의 정착길이에 영향을 미치는 요소로는 철근의 종류 (지름), 철근의 순간격, 피복두께, 철근의 위치, 에폭시 도막유무 및 콘크리트의 종류 등이 있다.

답 ㉱

예제 6-6

부재의 단부에 표준갈고리가 있는 인장 이형철근의 최소 기본정착길이는? (단, 콘크리트는 f_{ck} =24 MPa의 보통중량콘크리트이고, 철근은 f_y =400 MPa의 도막되지 않은 철근이다. 또한 D25 철근의 공칭지름은 25.4 mm이다.)

㉮ 450 mm ㉯ 500 mm ㉰ 550 mm ㉱ 600 mm

풀이

부재의 단부에 표준갈고리가 있는 인장 이형철근의 최소 기본정착길이

$$l_{hb} \geq \frac{0.24\beta d_b f_y}{\lambda\sqrt{f_{ck}}} = \frac{0.24 \times 1.0 \times 25.4 \times 400}{1.0 \times \sqrt{24}} = 498\ \text{mm}$$

따라서 부재의 단부에 표준갈고리가 있는 인장 이형철근의 최소 기본정착길이는 498 mm이다.

답 ㉯

예제 6-7

그림과 같은 라멘 구조의 보-기둥 접합부에서 구조해석결과 보의 상단의 부모멘트 소요철근량이 $1{,}550\ \mathrm{mm}^2$이며, 이에 대하여 실제로는 4-D25 ($A_s = 2{,}027\ \mathrm{mm}^2$)가 배치되었다. 이 보의 상부 철근 4-D25를 기둥에 정착시킬 수 있는지를 검토하시오. 스터럽은 l_d의 전 구간에 설계기준의 규정된 최소 철근량 이상의 스터럽을 D10@150으로 배치하였으며 보의 주철근에 대한 피복두께는 40 mm 하고 기둥의 주철근에 대한 피복두께는 60 mm로 하였다. (단, 콘크리트는 f_{ck} =27 MPa의 보통중량콘크리트이고, 철근은 f_y =400 MPa의 도막되지 않은 철근이다.)

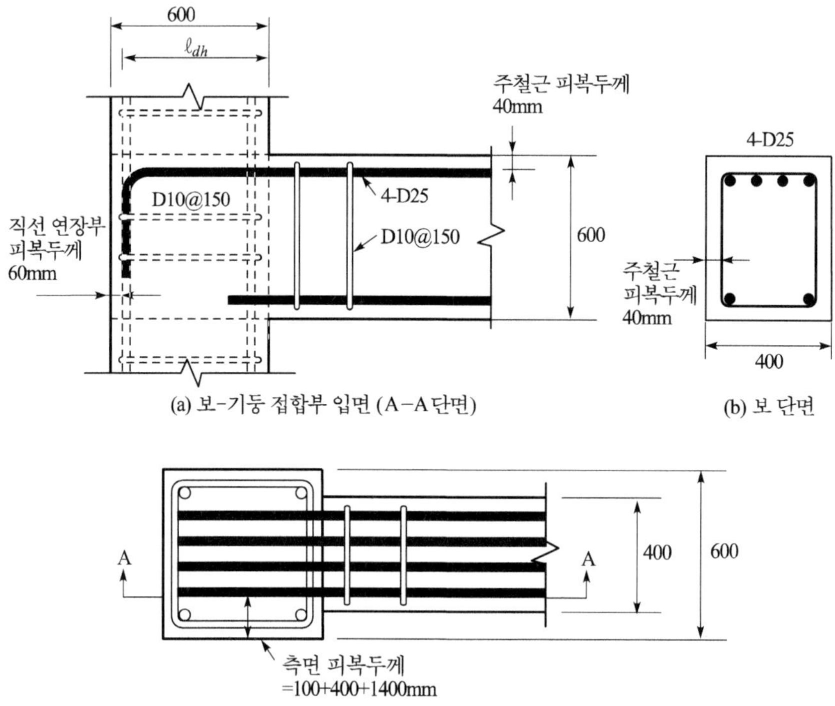

그림 6.25

풀이

1. 인장 이형철근의 기본정착길이

$$l_{hb} = \frac{0.24\beta d_b f_y}{\lambda\sqrt{f_{ck}}} = \frac{0.24\times1.0\times25.4\times400}{1.0\times\sqrt{27}} = 469\ \mathrm{mm}$$

2. 보정계수

1) 콘크리트 피복 : 0.7

(1) D25≤D35

(2) 갈고리 평면에 수직방향인 측면 피복두께=140 mm≥70 mm

(3) 90° 갈고리에서 갈고리의 구부린 끝에서 직선 연장부(자유단)의 철근 피복두께 =60 mm≥50 mm

2) 초과 철근량 : 0.76

$(\text{소요 } A_s)/(\text{배근 } A_s) = 1{,}550/2{,}027 = 0.76$

3. 인장 이형철근의 정착길이

$l_{dh} \geq \max(469\times0.7\times0.76,\ 8\times25.4,\ 150) = \max(250,\ 203,\ 150) = 250\text{ mm}$

따라서 기둥의 폭 600 mm에 피복두께 60 mm를 뺀 540 mm보다 표준갈고리를 가진 인장 이형철근의 최소 정착길이 $l_{dh} = 250\text{ mm}$가 작기 때문에 표준갈고리를 갖는 이형철근으로 기둥 내에 정착시킬 수 있고 90° 표준갈고리이므로 구부린 끝에서 $12d_b = 12\times25.4 = 305\text{ mm}$ 이상의 직선연장부(자유단)가 있어야 한다. 또한 D25 주철근의 최소 외면 반지름은 $4d_b = 4\times25.4 = 102\text{ mm}$이다.

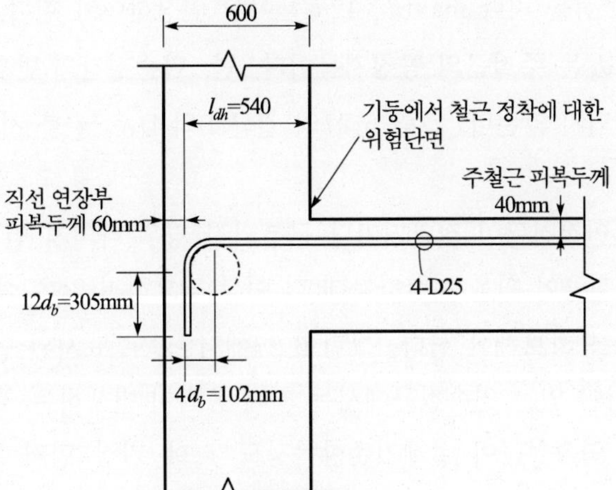

그림 6.26

6.4. 정착철근의 상세

6.4.1. 휨철근의 정착

(1) 일반원칙

휨부재에 최대 응력점과 경간 내에서 인장철근이 끝나거나 굽혀진 위험단면에서 휨철근의 정착에 대한 안정은 KDS 14 20 52 (4.4.1)[8] 구조설계기준에 따라 다음을 만족해야 한다.

① 인장철근의 정착은 구부려 복부(Web)를 지나 정착하거나 부재의 반대 측에 있는 철근과 연속하여 정착시켜야 한다.

② 휨부재의 정착에 대한 위험단면에서 정착에 대한 안전을 검토해야 한다. 정착에 대한 위험단면은 그림 6.27의 "c"와 "x" 같은 최대 응력점, 인장철근이 절단되는 점 그리고 굽혀진 점 등이다.

③ 휨철근을 경간 내에서 끊어내고자 할 경우, 휨모멘트를 저항하는데 더 이상 철근을 요구하지 않는 점을 지나 max(d, $12d_b$) 이상 연장하여야 한다. 여기서 d는 부재의 유효깊이이고 d_b는 주철근의 공칭지름이다. 단, 단순경간의 받침부와 캔틸레버의 자유단에는 해당되지 않는다. 그림 6.27의 철근 B와 D는 "x"를 지나 max(d, $12d_b$) 이상 연장한다.

④ 인장구역에서 인접철근이 절단되거나 구부러진 경우 나머지 연속철근은 절단되거나 구부러진 인장철근이 휨을 저항하는데 더 이상 필요하지 않은 점에서 정착길이 l_d 이상의 묻힘길이를 확보해야 한다. 그림 6.27에서 "x"로 표시된 단면에서는 일부 철근이 절단되고 남아 있는 연속철근에서는 최대 응력이 발생하는 곳이다. 즉 "x" 단면에서 남아 있는 연속철근이 설계기준항복강도 f_y에 가장 먼저 도달하게 된다. 그림 6.27의 철근 A와 C는 "x"를 지나 l_d 이상의 묻힘길이를 확보한다.

⑤ 철근응력이 휨모멘트와 비례하지 않는 휨부재의 인장철근에 대해서는 충분한 단부 정착이 이루어져야 한다. 이와 같은 부재는 경사형, 계단형 또는 변단면 확대기초, 브래킷, 깊은보 또는 인장철근이 압축면에 평행하지 않는 부재들이다. 그림 6.28은 브래킷이 하중을 받는 경우로서 철근의 응력은 지지부(받침부) 전면에서부터 하중의

---

8) KDS 14 20 52 (4.4.1) 콘크리트구조 정착 및 이음 설계기준, 국토교통부 제정, 한국콘크리트학회 작성, 2021.

작용점까지 거의 일정하게 설계기준항복강도 f_y에 가깝게 된다. 이러한 경우 휨철근의 정착은 단부 정착에 주로 의존한다. 단부 정착의 효과적인 방법으로는 같은 지름의 용접된 횡방향 철근을 두는 것이다.

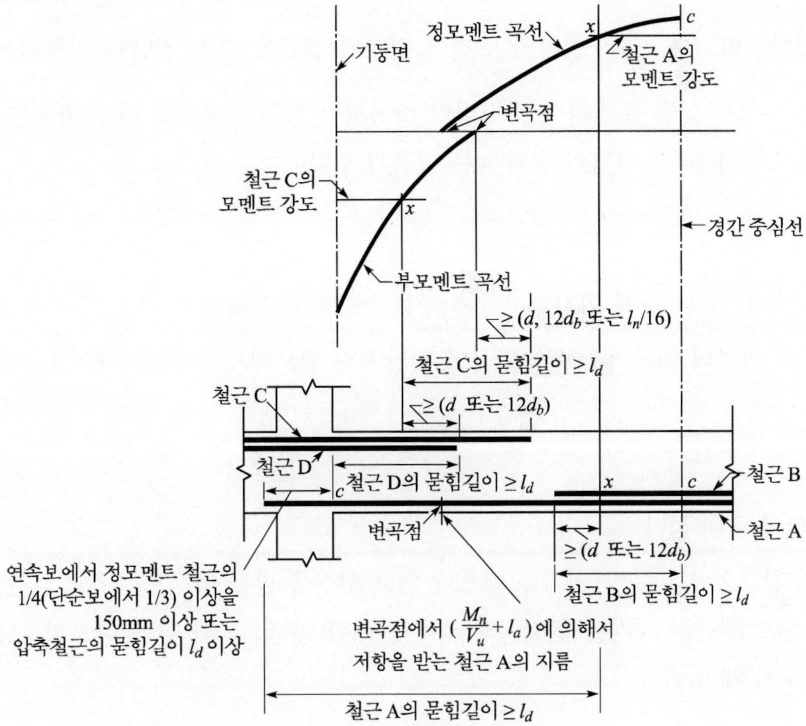

그림 6.27 연속보에서 휨철근의 정착[9)]

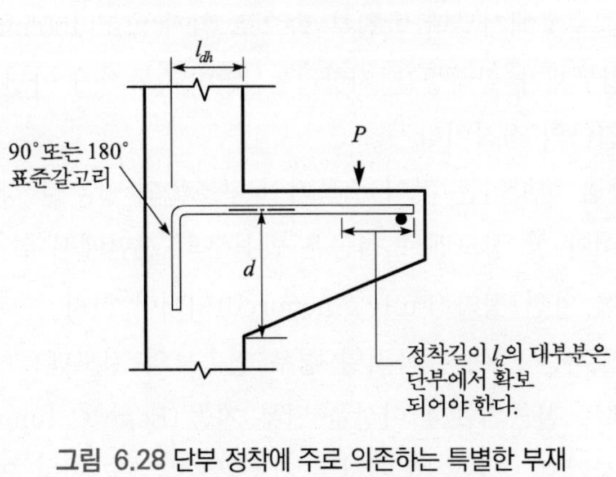

그림 6.28 단부 정착에 주로 의존하는 특별한 부재

9) Building Code Requirements for Structural Concrete (ACI 318M-14), PCA, 2015, p.142.

⑥ 휨철근은 인장구역에서 원칙적으로 절단할 수 없다. 그러나 다음 조건 중 하나를 만족하는 경우 인장구역의 한 단면에서 전체 철근량의 1/2 이하로 휨철근을 절단할 수 있다.

㉠ 절단점에서 $V_u \leq \frac{2}{3}\phi V_n$ 인 경우

㉡ 절단점의 전후 $\frac{3}{4}d$ 이상의 구간에 절단된 철근을 따라 전단과 비틀림에 대해 필요로 하는 양을 초과하여 스터럽이 배치되어 있는 경우. 이 때 초과되는 스터럽의 단면적 A_v 와 스터럽의 간격 s 는 다음과 같다.

$$A_v \geq 0.42\frac{b_w s}{f_y}, \quad s \leq \frac{d}{8\beta_b}$$

여기서, β_b 는 전체 인장철근량에 대한 절단된 철근량의 비이다.

㉢ D35 이하의 철근이고 연속철근이 절단점의 휨모멘트에 대해 (배치A_s /소요A_s)≥ 2이며, $V_u \leq \frac{3}{4}\phi V_n$ 인 경우

(2) 정모멘트 철근의 정착

정모멘트 철근은 정 (+, 양)의 휨모멘트에 의해 인장을 받는 철근으로 정철근이라고도 한다. 정모멘트 철근의 정착은 휨철근의 정착에 대한 일반원칙과 함께 다음의 내용을 만족할 수 있도록 해야 한다.

① 단순보에서 정모멘트 철근량의 1/3 이상, 연속보에서 정모멘트 철근량의 1/4 이상을 받침부가 시작되는 곳에서부터 받침부 속으로 휘지 않고 150 mm 이상 연장한다. 그림 6.29 (a)는 휨부재가 횡하중을 저항하는 것이 주목적이 아닌 구조물에 대한 연속보의 정모멘트 철근의 정착이다.

② 휨부재가 횡하중을 저항하는 것이 주목적인 구조물의 일부일 경우 ①항에 의해 받침부 내로 연장되어야 할 정모멘트 철근은 받침부의 전면에서 설계기준항복강도 f_y 를 발휘할 수 있도록 완전 정착 (Fully Anchored)되어야 한다. 그림 6.29 (b)는 휨부재가 횡하중을 저항하는 것이 주목적일 경우 연속보의 정모멘트 철근의 정착으로, 연속보에서 정모멘트 철근의 1/4 이상을 단부 기둥 (Edge Column)에서 기둥 (받침부) 내에 완전 정착시키고 내부 기둥에서는 기둥 (받침부)을 지나 연속되게 하여 정착시켜야 한다.

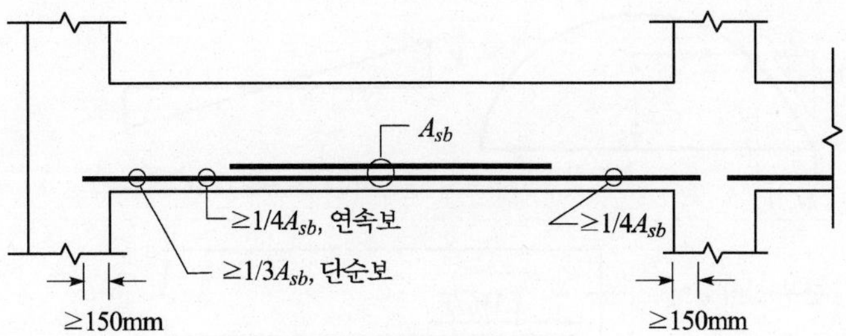

(a) 보 부재가 횡하중을 저항하는 것이 주목적이 아닌 구조물

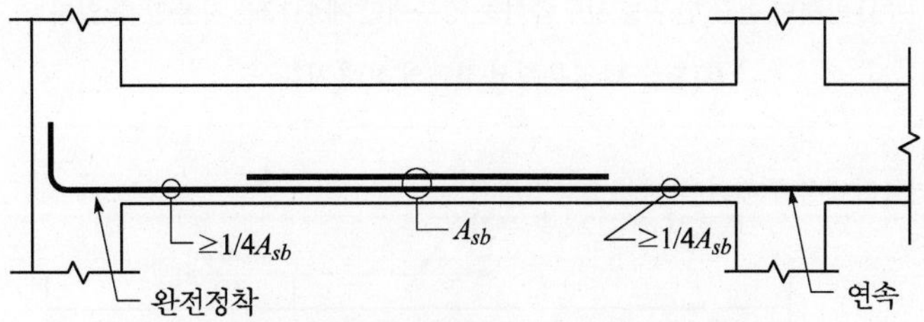

(b) 보 부재가 횡하중을 저항하는 것이 주목적인 구조물

그림 6.29 연속보에서 정모멘트 철근의 정착

③ 단순 받침부와 변곡점의 정모멘트 철근은 묻힘길이에 의한 인장 이형철근의 정착길이 l_d가 다음 식을 만족하도록 철근지름을 제한한다.

$$l_d \le \frac{M_n}{V_u} + l_a$$

여기서, M_n : 단면의 공칭휨강도 (kN · m)

V_u : 단면의 계수전단력 (kN)

l_a : 받침부에서 그 중심선을 지난 부가되는 묻힘길이로서 $\max(d, 12d_b)$ 이다.

정착길이를 제한하는 M_n/V_u의 값은 단순 받침부의 단부에서와 같이 반력에 의해 구속효과가 있는 경우 30% 증가시켜 다음 식으로 할 수 있다.

$$l_d \le 1.3\left(\frac{M_n}{V_u}\right) + l_a$$

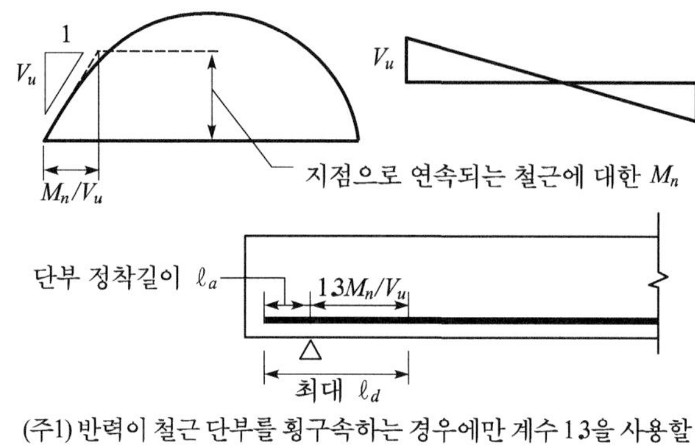

(a) 단순 받침부에서 철근의 최대 지름

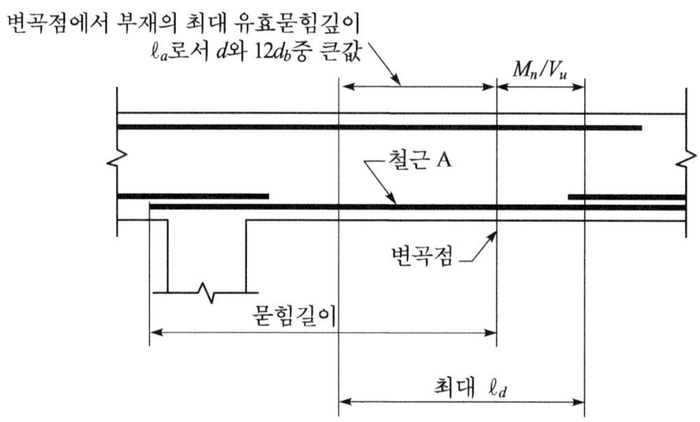

(b) 변곡점에서 철근 A의 최대 지름

그림 6.30 철근의 최대 지름을 결정하기 위한 개념도[10)]

(3) 부모멘트 철근의 정착

부모멘트 철근은 부(-, 음)의 휨모멘트에 의해 인장을 받는 철근으로 부철근이라고도 한다. 부모멘트 철근의 정착은 휨철근의 정착에 대한 일반원칙과 함께 다음의 내용을 만족할 수 있도록 해야 한다.

① 연속되거나 구속된 부재, 캔틸레버 부재 또는 라멘의 어느 부재의 부모멘트 철근은 묻힘길이, 갈고리 또는 기계적 정착에 의해 단부 기둥에서는 기둥(받침부) 내에 완

10) ACI Committee 318, Building Code Requirements for Structural Concrete (ACI 318M-14) and Commentary, American Concrete Institute, Farmington Hills, MI, 2015, p.144.

전 정착시키고 내부 기둥에서는 기둥(받침부)을 지나 연속되게 정착시켜야 한다.

② 받침부에서 부모멘트 철근에 대한 전체 인장철근량의 1/3 이상은 변곡점을 지나 $\max(d,\ 12d_b,\ l_n/16)$ 이상을 연장해야 한다.

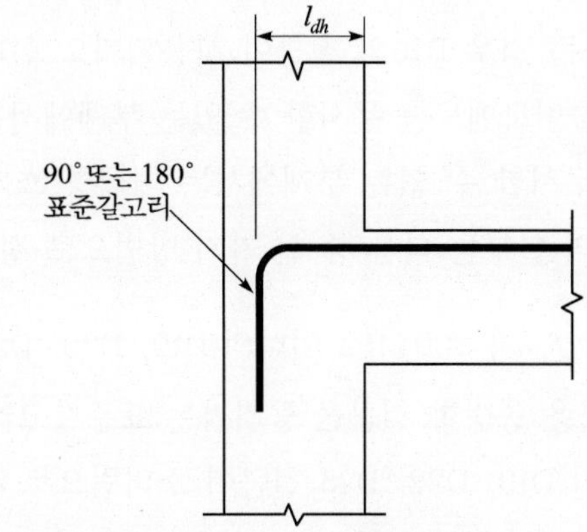

(a) 단부 기둥에서의 정착

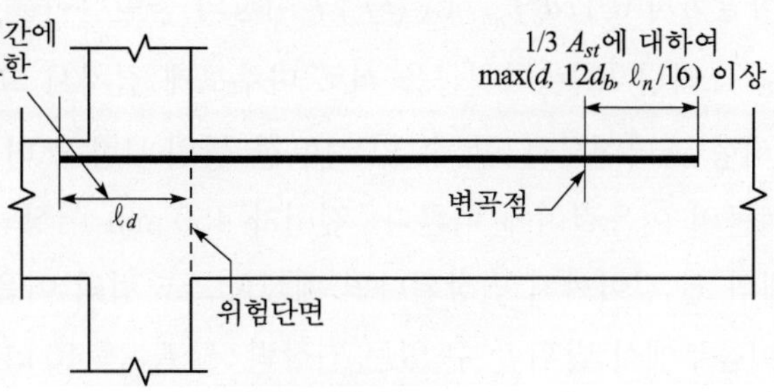

(b) 인접보로의 정착

그림 6.31 부모멘트 철근의 정착

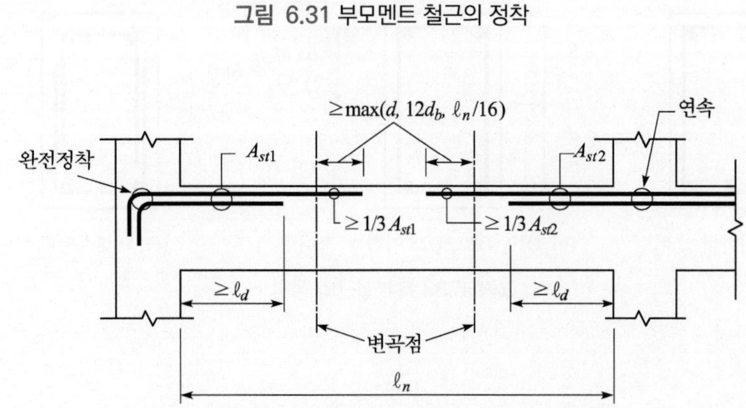

그림 6.32 연속보에서 부모멘트 철근의 정착

(4) 복부철근의 정착

복부철근 (스터럽)은 주로 전단력에 의한 사인장 균열을 제어하기 위한 것으로 피복두께 및 철근의 간격에 대한 요구조건이 허용되는 범위 내에서 부재의 압축면과 인장면 가까이에 두는 것이 좋다. 건축구조물에 사용되는 보의 스터럽은 주로 D10과 D13의 철근이고, 전단력이 크게 작용하는 경우 D16의 철근이 사용되기도 한다. 일반적으로 휨모멘트와 전단력이 작용하고 비틀림모멘트를 무시할 수 있는 부재에서는 U형 스터럽이 주로 사용되며, 비틀림모멘트를 무시할 수 없는 부재에서는 폐쇄형 스터럽을 사용한다. 단일 U형 또는 다중 U형 스터럽의 단부는 다음 중 한 가지 방법으로 정착해야 한다.

① D16 이하 철근 그리고 f_{yt}가 300 MPa 이하의 D19, D22, D25 철근이 스터럽으로 사용되는 경우 이들 철근은 종방향 철근을 둘러싸는 표준갈고리로 정착해야 한다.

② f_{yt}가 300 MPa 이상인 D19, D22, D25 철근이 스터럽으로 사용되는 경우 이들 철근은 종방향 철근을 둘러싸는 표준갈고리 외에 추가적으로 부재의 중간 깊이에서 갈고리 단부의 바깥까지 $0.17 d_b f_{yt} / (\lambda \sqrt{f_{ck}})$ 이상의 묻힘길이를 두어야 한다.

③ 한 쌍의 U형 스터럽 또는 띠철근을 서로 마주보게 겹쳐서 그 겹침길이가 $1.3 l_d$ 이상인 경우 폐쇄형 스터럽으로 할 수 있으며 한 쌍의 U형 스터럽의 겹치는 요구조건은 인장 이형철근의 이음길이에 따른다. 깊이가 450 mm 이상인 부재에서 스터럽의 가닥들이 부재의 전 깊이까지 연장된다면 폐쇄형 스터럽의 이음이 적절한 것으로 한다. 한 가닥의 이음부에서 발휘할 수 있는 인장력 $A_b f_{yt}$는 40 kN 이하이어야 한다.

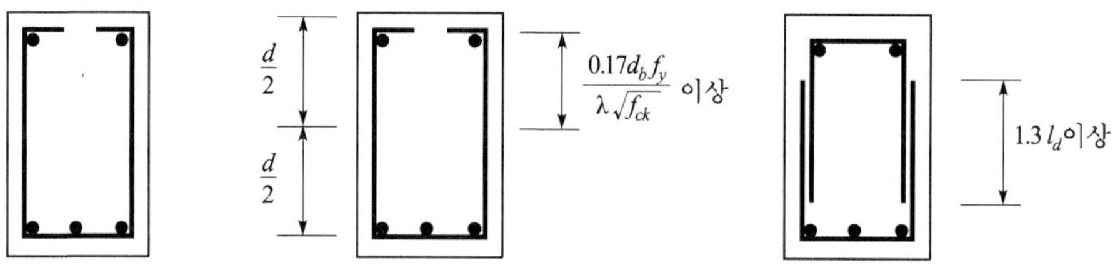

(a) D16 이하의 스터럽 (b) D19, D22, D25 이하의 스터럽 (c) 폐쇄스터럽

그림 6.33 복부철근의 정착

6.4.2. 휨철근의 정착에 대한 요약

휨철근의 정착의 일반원칙, 정모멘트 철근의 정착 및 부모멘트 철근의 정착 등을 그림 6.27을 바탕으로 간략하게 정리하면 다음과 같다.

① 정모멘트 철근 A (단순보는 1/3 이상, 연속보는 1/4 이상)는 철근 B의 이론적 절단점 "x"를 지나 정착길이 l_d 이상 묻힘길이를 확보하고, 또 지지부 속으로 150mm 이상 묻어 넣어야 한다.

② 정모멘트 철근 B는 최대 휨모멘트 점 "c"를 지나 정착길이 l_d 이상 묻힘길이를 확보하고, 또 이론적 절단점 "x"를 지나 max(d, $12d_b$) 이상 연장한다.

③ 부모멘트 철근 C (부철근의 1/3 이상)는 철근 D의 이론적 절단점 "x"를 지나 정착길이 l_d 이상 묻힘길이를 확보하고, 또 부모멘트의 반곡점을 지나 max(d, $12d_b$, $l_n/16$) 이상 연장한다.

④ 부모멘트 철근 D는 기둥면 (받침부면)를 지나 정착길이 l_d 이상 묻힘길이를 확보하고, 또 이 철근의 이론적 절단점인 "x"를 지나 max(d, $12d_b$) 이상 연장한다.

예제 6-8

그림과 같은 단순보에서 지지점 (받침부)을 지나 연장되는 휨철근의 정착에 대한 적합성을 검토하시오. (단, 콘크리트는 f_{ck} =24 MPa의 보통중량콘크리트이고, 철근은 $f_y = f_{yt}$ =400 MPa의 도막되지 않은 철근이다. 또한 철근의 순간격 d_b 이상이고 피복두께는 d_b 이상이면서 l_d의 전 구간에 설계기준의 규정된 최소철근량 이상의 스터럽이 배치된 경우이나, 그림에서 스터럽은 나타내지 않았다.)

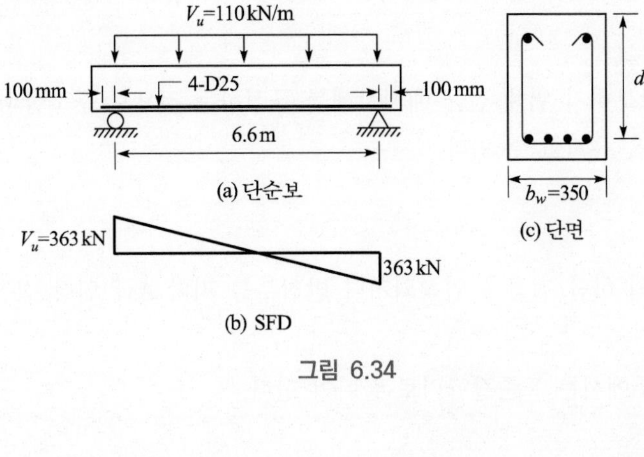

그림 6.34

풀이

1. 인장 이형철근의 정착길이

1) 인장 이형철근의 기본정착길이

$$l_{db} = \frac{0.6\, d_b f_y}{\sqrt{f_{ck}}} = \frac{0.6 \times 25.4 \times 400}{\sqrt{24}} = 1{,}244\ \mathrm{mm}$$

2) 보정계수

보정계수는 $\alpha = \beta = \gamma = 1.0$이다.

3) 인장 이형철근의 정착길이

$l_d \geq \max(1{,}244 \times 1 \times 1 \times 1,\ 300) = \max(1{,}244,\ 300) = 1{,}244\ \mathrm{mm}$

2. 공칭휨모멘트

$$a = \frac{A_s f_y}{\eta(0.85 f_{ck})\, b} = \frac{2{,}027 \times 400}{1.00 \times 0.85 \times 24 \times 350} = 114\ \mathrm{mm}$$

$$M_n = T\left(d - \frac{a}{2}\right) = A_s f_y \left(d - \frac{a}{2}\right)$$

$$= 2{,}2027 \times 400 \times \left(550 - \frac{114}{2}\right) = 399.7 \times 10^6\ \mathrm{N \cdot mm} = 399.7\ \mathrm{kN \cdot m}$$

3. 단순 받침부에서 휨철근의 정착에 대한 적합성

$$1.3\left(\frac{M_n}{V_u}\right) + l_a = 1.3 \times \left(\frac{399.7 \times 10^6}{363.0 \times 10^3}\right) + 100 = 1{,}516\ \mathrm{mm}$$

$l_d = 1{,}244\ \mathrm{mm} \leq 1.3\left(\frac{M_n}{V_u}\right) + l_a = 1{,}516\ \mathrm{mm}$ OK

6.4.3. 구조 일체성을 확보하기 위한 요구조건

(1) 개요

구조 일체성을 확보하기 위해 철근 배치상세를 규정하는 것으로 구조물의 여력과 연성을 향상시켜 안정성을 유지할 수 있다.

(2) 장선구조

① 적어도 하나의 하단 철근은 연속되거나 받침부를 지나 A급 인장 겹침이음으로 이어져야 한다.

② 불연속 받침부에서는 표준갈고리로 끝나야 한다.

(3) 테두리보로 된 구조

① 구조물의 테두리보의 경우, 보의 중앙부에서 압축철근량은 받침부에서 요구되는 부모멘트 철근의 1/6 이상이며 두 개 이상인 연속 인장철근을 배치해야 한다.

② 구조물의 테두리보의 경우, 보의 단부에서 압축철근량은 경간 중앙부에서 요구되는 정모멘트 철근의 1/4 이상이며 두 개 이상인 연속 인장철근을 배치해야 한다.

③ 이들 연속 인장철근은 비틀림모멘트에 저항할 수 있는 두 끝이 135° 이상의 표준갈고리를 갖는 U형 스터럽으로 상단철근을 감싸거나 또는 한 끝이 135° 이상의 표준갈고리를 갖는 한 가닥으로 된 폐쇄스터럽으로 상단철근을 둘러싸야 한다.

④ 상단철근의 이음은 경간 중앙부 부근에서 하단 철근은 받침부 부근에서 A급 인장 겹침이음, 기계적이음 또는 용접이음으로 연속성을 확보하여야 한다.

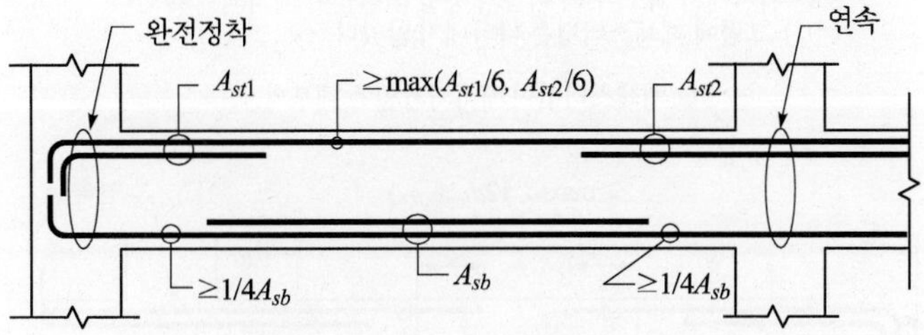

모든 위치에서 최소 두께 이상의 종방향 철근이 배치되어야 한다.
(주1) 그림에 폐쇄스터럽은 나타내지 않았다.

그림 6.35 테두리보에서 구조 일체성을 확보하기 위한 요구조건

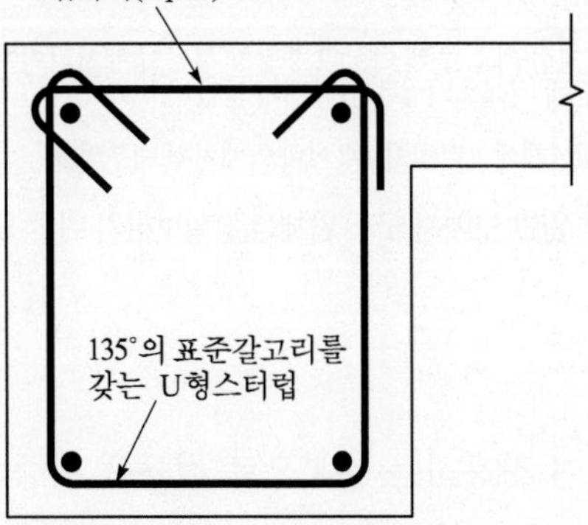

그림 6.36 테두리보의 U형 스터럽의 배치 예

(4) 테두리보 이외의 구조로서, 폐쇄스터럽이 배치되지 않은 경우

① 일반 보의 단부에서 압축철근량은 경간 중앙부에서 요구되는 정모멘트 철근의 1/4 이상이며 두 개 이상의 인장철근은 연속되거나 받침부를 지나 A급 인장 겹침이음으로 이어져야 한다.

② 불연속 받침부에서는 표준갈고리로 하여 완전 정착시킨다.

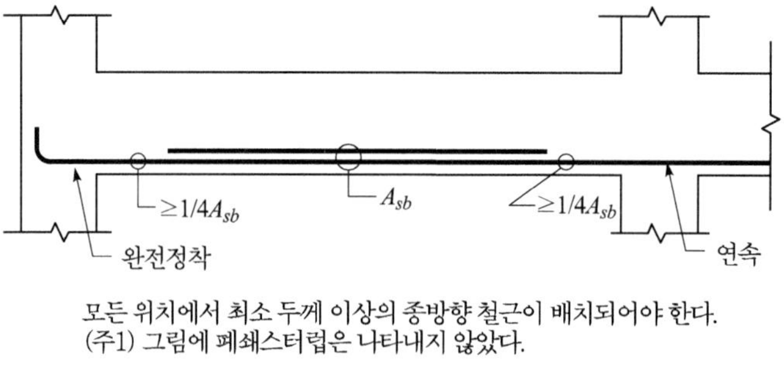

(a) 폐쇄스터럽이 배치되지 않은 내부의 보

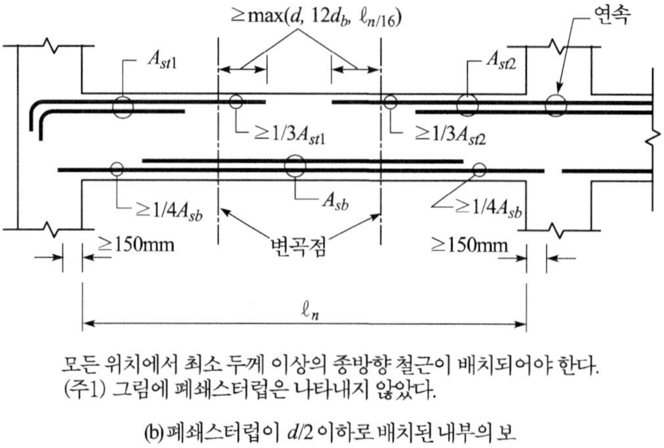

(b) 폐쇄스터럽이 d/2 이하로 배치된 내부의 보

그림 6.37 일반 보에서 구조 일체성을 확보하기 위한 요구조건

6.4.4. 철근의 배치일반

휨모멘트도에 따라 인장력이 작용하는 부분으로 철근을 집중하여 배치하며, 다음은 등분포하중이 작용할 경우 철근 배치 형태를 개략적으로 표현한 것이다.

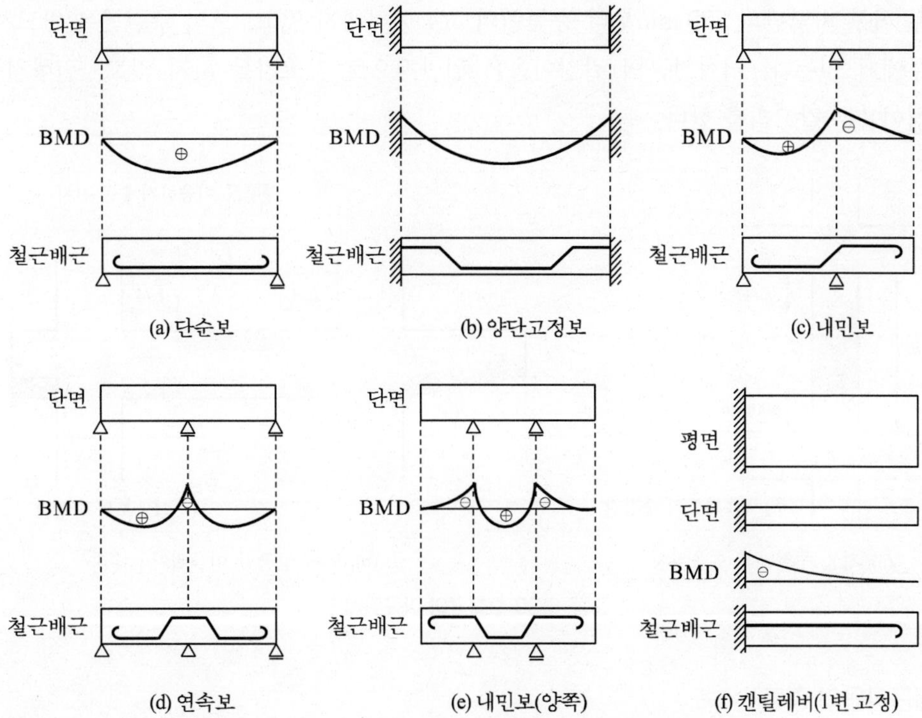

그림 6.38 단순보에서 여러 가지 하중형태에 따른 철근 배치도

6.5. 철근의 이음

6.5.1. 개요

(1) 철근이음의 일반사항

철근의 이음은 KDS 14 20 52 (4.5)[11] 구조설계기준에 따라 다음과 같이 설계한다. 철근은 이음하지 않는 것을 원칙으로 하지만 철근의 제작과 운반의 제한 때문에 보통 7~9 m 정도의 길이로 절단되어 생산 및 운반된다. 철근이음의 종류로는 겹침이음, 용접이음, 가스압접이음 및 기계적이음 등이 있으며, 이러한 철근의 이음은 보통 응력이 큰 곳은 피하고 엇갈리게 하며 한 곳에 반수 (1/2) 이상의 철근을 잇지 않는다. 기둥의 주철

11) KDS 14 20 52 (4.5) 콘크리트구조 정착 및 이음 설계기준, 국토교통부 제정, 한국콘크리트학회 작성, 2021.

근은 하부 바닥판의 500 mm부터 층높이의 3/4 이하까지 잇고, 보의 주철근은 반드시 압축부에서 잇는다. 이형철근의 겹침이음은 일반적으로 갈고리를 하지 않고, 원형철근의 겹침이음은 갈고리를 한다.

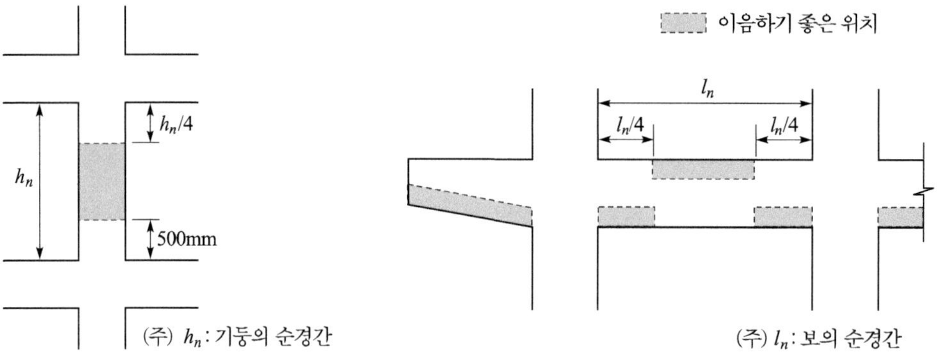

(a) 기둥 주철근의 이음위치 (b) 보 주철근의 이음위치

그림 6.39 주철근의 이음위치

(2) 철근이음의 종류

(가) 겹침이음 (Lapped Splice)

① 철근을 나란히 겹쳐서 이어나가는 것으로 부착력에 의하는 것이다.

② 겹쳐진 부분의 끝은 갈고리를 내고 결속선으로 묶는다.

③ 결속선은 #18~#20의 철선을 사용한다.

④ 한 곳에서 반수 이상의 철근을 잇지 않는다.

⑤ D35를 초과하는 철근은 겹침이음을 하지 않는다.

(나) 용접이음 (Welded Splice)

철근을 서로 맞대거나 겹친 후 아크 및 전류를 이용하여 용접하는 것이다.

표 6.21 용접이음의 특징

장 점	단 점
① 단순한 가공과 적은 가공면적 ② 적은 조직변화로 인해 철근의 강도 보장 ③ 공사비가 저렴 (철근의 절약) ④ 철근 조립부의 단순화로 인해 콘크리트 타설 용이	① 숙련공이 필요 ② 용접부 검사 난해 ③ 강풍, 강우, 강설시 작업중지 ④ 작업상 불리 (철근공, 용접공이 동시작업 시행)

(다) 가스압접이음

① 철근 용접이음의 일종으로 철근을 맞대어 가열 및 가압하여 이음 하는 것이다.

② 압접금지 사항

㉠ 철근지름차 6 mm 이상인 경우

㉡ 철근 재질이 서로 다른 경우

㉢ 철근 항복강도가 서로 다른 경우

㉣ 강풍, 강우, 강설시

㉤ 철근 중심축 편심량이 $1/5d$ 이상인 경우

(라) 기계적이음 (Mechanically Coupled)

철근의 이음부위에 슬리브 (Sleeve)압착, 슬리브 (Sleeve)충전, 나사 (Coupler, 너트)이음 등을 이용한 철근이음이다.

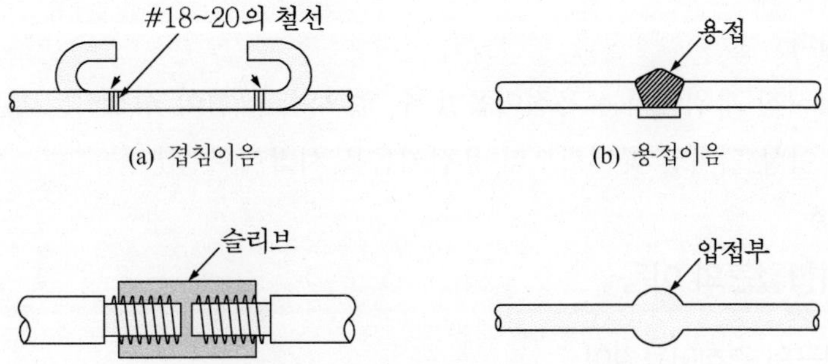

(a) 겹침이음 (b) 용접이음 (c) 기계적이음 (d) 가스압접

그림 6.40 철근이음의 종류

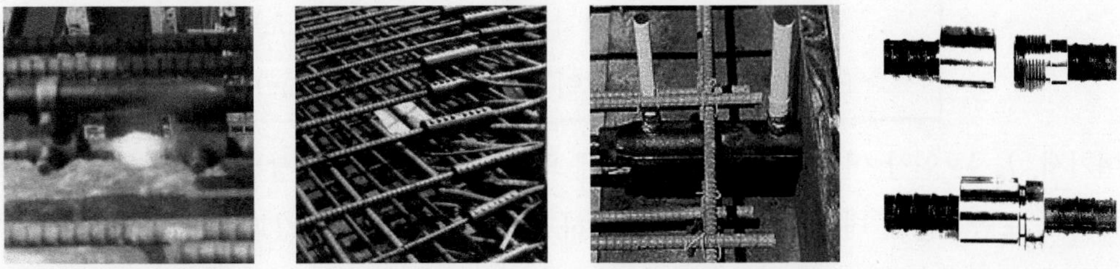

(a) 가스압접 (b) 슬리브압착 (c) 슬리브충전 (d) 나사이음

그림 6.41 철근이음의 실례

(3) 철근이음에서 겹침이음의 규정

① D35를 초과하는 철근은 겹침이음을 할 수 없다(D35를 초과하는 철근은 용접에 의한 맞댐이음을 한다).

② 다발철근의 겹침이음길이의 증가량은 정착길이의 증가량과 같다.

③ 휨부재에서 서로 직접 접촉되지 않게 겹침이음된 철근은 횡방향으로 소요 겹침이음길이의 1/5 또는 150 mm 중 작은 값 이상 떨어지지 않아야 한다.

(4) 용접이음과 기계적이음

용접이음과 기계적이음은 다음 강도 규정에 따라야 한다.

① 용접이음은 접용 철근을 사용해야 하며, 철근의 설계기준항복강도 f_y의 125% 이상을 발휘할 수 있는 용접이어야 한다.

② 기계적이음은 철근의 설계기준항복강도 f_y의 125% 이상을 발휘할 수 있는 기계적이음어야 한다.

③ 철근이 굽혀진 부위에서는 용접이음할 수 없으며, 굽힘이 시작되는 부위에서 철근지름의 2배 이상 떨어진 곳에서부터 용접이음을 시작할 수 있다.

6.5.2. 인장 이형철근의 이음

(1) 인장 이형철근의 겹침이음길이

인장력을 받는 이형철근의 겹침이음길이는 A급과 B급으로 분류하며, 다음 값 이상으로 한다.

A급 인장 겹침이음길이$\geq \max(1.0l_d,\ 300\ \text{mm})$
B급 인장 겹침이음길이$\geq \max(1.3l_d,\ 300\ \text{mm})$

여기서, l_d 는 인장 이형철근의 묻힘길이에 의한 정착길이이고, 상부철근, 경량콘크리트, 에폭시 도막철근에 대한 보정계수는 적용하지만, 300 mm 최소값과 초과 철근량에 대한 보정계수는 적용하지 않는다. 철근의 순간격 및 피복두께의 조건과 관련된 보정계수를 적용하며, 옵셋 철근을 갖는 기둥에서 이음의 순간격과 서로 엇갈리게 이음 철근의 순간격은 그림 6.42와 같다.

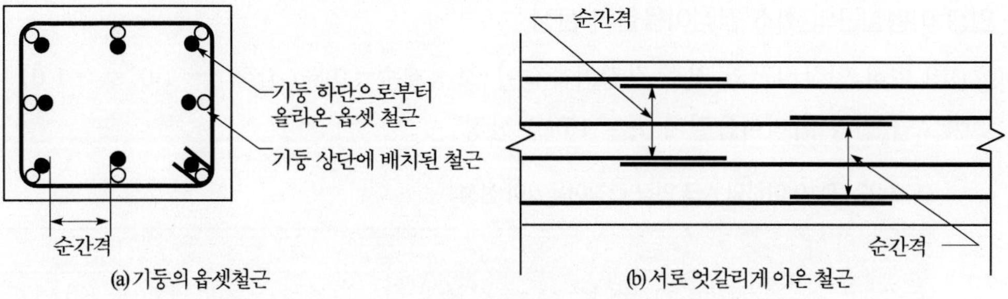

그림 6.42 겹침이음의 순간격[12)]

(2) 겹침이음에서 A급 이음과 B급 이음

A급 이음은 배치된 철근량이 이음부 전체 구간에서 해석결과 요구되는 소요철근량의 2배 이상이고, 소요 겹침이음길이 내에 겹침이음된 철근량이 전체 철근량의 50% 이하인 경우이다. 또한 B급 이음은 A급 이음에 해당되니 않는 경우이다. 이른 정리하면 다음 표와 같다.

표 6.22 겹침이음에서 A급 이음과 B급 이음의 분류

$\dfrac{\text{배근 } A_s}{\text{소요 } A_s}$	소요 겹침이음길이 내에 겹침이음된 철근량이 전체 철근량 (%)	
	50% 이하	50% 초과
2 이상	A급 이음 ($1.0l_d$)	B급 이음 ($1.3l_d$)
2 미만	B급 이음 ($1.3l_d$)	B급 이음 ($1.3l_d$)

(3) 서로 다른 지름의 철근을 인장 겹침이음하는 경우

서로 다른 지름의 철근을 인장 겹침이음하는 경우, 겹침이음길이는 지름이 큰 철근의 정착길이와 지름이 작은 철근의 겹침이음길이 중 큰 값 이상이어야 한다.

12) ACI Committee 318, Building Code Requirements for Structural Concrete (ACI 318M-11) and Commentary, American Concrete Institute, Farmington Hills, MI, 2011, p.232.

(4) 인장 이형철근의 최소 겹침이음길이 산정

① D19 이하 인장철근의 최소 겹침이음길이 (보정계수= $0.8\alpha\beta$, $\alpha\beta = 1.0$, $\lambda = 1.0$)

㉠ A급 인장 겹침이음길이 ($l_s = 1.0 l_d$) 산정

표 6.23 D19 이하의 A급 인장 겹침이음길이 산정

f_y	f_{ck}					
	21 MPa	24 MPa	27 MPa	30 MPa	35 MPa	40 MPa
300 MPa	31.4 d_b	29.4 d_b	27.7 d_b	26.3 d_b	24.3 d_b	22.8 d_b
400 MPa	41.9 d_b	39.2 d_b	37.0 d_b	35.1 d_b	32.5 d_b	30.4 d_b
500 MPa	52.4 d_b	49.0 d_b	46.2 d_b	43.8 d_b	40.6 d_b	37.9 d_b
600 MPa	62.8 d_b	58.8 d_b	55.4 d_b	52.6 d_b	48.7 d_b	45.5 d_b

단, l_d는 300 mm 이상이다.

㉡ B급 인장 겹침이음길이 ($l_s = 1.3 l_d$) 산정

표 6.24 D19 이하의 B급 인장 겹침이음길이 산정

f_y	f_{ck}					
	21 MPa	24 MPa	27 MPa	30 MPa	35 MPa	40 MPa
300 MPa	40.9 d_b	38.2 d_b	36.0 d_b	34.2 d_b	31.6 d_b	39.6 d_b
400 MPa	54.5 d_b	50.9 d_b	48.0 d_b	45.6 d_b	42.2 d_b	39.5 d_b
500 MPa	68.1 d_b	63.7 d_b	60.0 d_b	57.0 d_b	52.7 d_b	49.3 d_b
600 MPa	81.7 d_b	76.4 d_b	72.1 d_b	68.4 d_b	63.3 d_b	59.2 d_b

단, l_d는 300 mm 이상이다.

② D22 이상 인장철근의 최소 겹침이음길이 (보정계수= $\alpha\beta$, $\alpha\beta = 1.0$, $\lambda = 1.0$)

㉠ A급 인장 겹침이음길이 ($l_s = 1.0 l_d$) 산정

표 6.25 D22 이상의 A급 인장 겹침이음길이 산정

f_y	f_{ck}					
	21 MPa	24 MPa	27 MPa	30 MPa	35 MPa	40 MPa
300 MPa	39.3 d_b	36.7 d_b	34.6 d_b	32.9 d_b	30.4 d_b	28.5 d_b
400 MPa	52.4 d_b	49.0 d_b	46.2 d_b	43.8 d_b	40.6 d_b	37.9 d_b
500 MPa	65.5 d_b	61.2 d_b	57.7 d_b	54.8 d_b	50.7 d_b	47.4 d_b
600 MPa	78.6 d_b	73.5 d_b	69.3 d_b	65.7 d_b	60.9 d_b	56.9 d_b

㉡ B급 인장 겹침이음길이 ($l_s = 1.3 l_d$) 산정

표 6.26 D22 이상의 B급 인장 겹침이음길이 산정

f_y	f_{ck}					
	21 MPa	24 MPa	27 MPa	30 MPa	35 MPa	40 MPa
300 MPa	51.1 d_b	47.8 d_b	45.0 d_b	42.7 d_b	39.6 d_b	37.0 d_b
400 MPa	68.1 d_b	63.7 d_b	60.0 d_b	57.0 d_b	52.7 d_b	49.3 d_b
500 MPa	85.1 d_b	79.6 d_b	75.1 d_b	71.2 d_b	65.9 d_b	61.7 d_b
600 MPa	102.1 d_b	95.5 d_b	90.1 d_b	85.4 d_b	79.1 d_b	74.0 d_b

6.5.3. 압축 이형철근의 겹침이음

(1) 압축 이형철근의 겹침이음길이

① 압축 이형철근의 겹침이음길이

압축 이형철근의 겹침이음길이 l_s는 다음과 같다.

$$l_s = \left(\frac{1.4 f_y}{\lambda \sqrt{f_{ck}}} - 52 \right) d_b$$

㉠ 산정된 겹침이음길이 l_s는 $f_y \leq 400$ MPa인 경우, 위 식의 값과 $0.072 f_y d_b$ 중 작은 값보다 커야 한다. 그리고 300 mm 이상이어야 한다.

$$l_s \geq \min \left[\left(\frac{1.4 f_y}{\lambda \sqrt{f_{ck}}} - 52 \right) d_b, 0.072 f_y d_b \right]$$

또한 $l_s \geq 300$ mm

㉡ 산정된 겹침이음길이 l_s는 $f_y > 400$ MPa인 경우, 위 식의 값과 $(0.13 f_y - 24) d_b$ 중 작은 값보다 커야 한다. 그리고 300 mm 이상이어야 한다.

$$l_s \geq \min \left[\left(\frac{1.4 f_y}{\lambda \sqrt{f_{ck}}} - 52 \right) d_b, (0.13 f_y - 24) d_b \right]$$

또한 $l_s \geq 300$ mm

㉢ 콘크리트의 설계기준압축강도가 $f_{ck}<21$ MPa인 경우, 겹침이음길이를 1/3 증가시켜야 한다.

$$l_s \times \left(1+\frac{1}{3}\right)$$

② 서로 다른 지름의 철근을 압축부에서 겹침이음할 경우, 겹침이음길이는 지름이 큰 철근의 정착길이와 지름이 작은 철근의 겹침이음길이 중 큰 값 이상이어야 한다.

③ D35를 초과하는 철근의 겹침이음을 제한하고 있으나, 압축력을 받는 D41과 D51 철근은 D35 이하의 철근과 겹침이음이 허용된다.

④ 단부지압이음은 폐쇄띠철근, 폐쇄스터럽, 또는 나선철근을 배치한 압축부재에만 사용한다.

(2) 압축 이형철근의 겹침이음길이 산정

보통중량골재(일반) 콘크리트를 사용하며 보정계수가 모두 1.0이라 하면, 콘크리트의 설계기준압축강도 f_{ck}와 철근의 설계기준항복강도 f_y에 대한 압축 이형철근의 최소 겹침이음길이는 다음과 같다. 단, 300 mm 이상이고 또한 f_y가 400 MPa 이하인 경우는 0.072 $f_y d_b$보다 길 필요는 없고, f_y가 400 MPa을 초과하는 경우는 $(0.13f_y-24)d_b$보다 길 필요는 없다.

$$l_s=\left(\frac{1.4f_y}{\lambda\sqrt{f_{ck}}}-52\right)d_b=\left(\frac{1.4f_y}{1.0\times\sqrt{f_{ck}}}-52\right)d_b$$

위의 식으로부터 압축 이형철근의 최소 겹침이음길이 l_s를 주철근의 공칭지름 d_b로 나타내면 다음과 같다.

표 6.27 압축 이형철근의 겹침이음길이

f_y	f_{ck}					
	21 MPa	24 MPa	27 MPa	30 MPa	35 MPa	40 MPa
300 MPa	21.6 d_b	21.6 d_b	21.6 d_b	21.6 d_b	19.0 d_b	14.4 d_b
400 MPa	28.8 d_b	28.8 d_b	28.8 d_b	28.8 d_b	28.8 d_b	28.8 d_b
500 MPa	41.0 d_b	41.0 d_b	41.0 d_b	41.0 d_b	41.0 d_b	41.0 d_b
600 MPa	54.0 d_b	54.0 d_b	54.0 d_b	54.0 d_b	54.0 d_b	54.0 d_b

단, l_s는 300 mm 이상이다.

6.5.4. 기둥 철근이음에 관한 특별규정

(1) 계수하중에 의해 기둥의 철근이 압축응력을 받는 경우 겹침이음길이

계수하중에 의해 모든 철근이 압축력을 받는 경우(그림 6.43 A구간), KDS 14 20 52 (4.7) 구조설계기준에 따라 압축 이형철근의 이음규정을 따르고 다음의 두 가지 규정도 따라야 한다.

① 띠철근 압축부재의 경우 겹침이음길이 전체에 걸쳐 띠철근이 $0.0015hs$ 이상의 유효단면적을 갖는다면 겹침이음길이에 계수 0.83을 곱할 수 있다. 그러나 겹침이음길이는 300 mm 이상이어야 한다. 여기서 유효단면적은 부재의 치수 h 에 수직한 띠철근 가닥의 전체 단면적이다. 또는 h 는 부재의 전체 두께이고 s 는 정착길이 l_d 구간 내에 있는 횡방향 철근의 최대 중심간 간격이다.

② 나선철근 압축부재의 경우 나선철근으로 둘러싸인 축방향 철근의 겹침이음길이에 계수 0.75를 곱할 수 있다. 그러나 겹침이음길이는 300 mm 이상이어야 한다.

(2) 기둥 철근에서의 A급 이음과 B급 이음

표 6.28 기둥 철근에서의 A급 이음과 B급 이음

구 분	내 용
A급 이음	계수하중에 의한 철근의 응력 f_s 가 $0.5f_y$ 이하(그림 6.43 B구간)이고 전체 철근의 1/2 이하가 겹침이음되고, 그 겹침이음이 교대로 l_d 이상 서로 엇갈려 있을 경우
B급 이음	① 계수하중에 의한 철근의 응력 f_s 가 $0.5f_y$ 이하(그림 6.43 B구간)이고 전체 철근의 1/2을 초과하는 철근이 겹침이음인 경우 ② 계수하중에 의한 철근의 응력 f_s 가 $0.5f_y$를 초과하는 경우(그림 6.43 C구간)

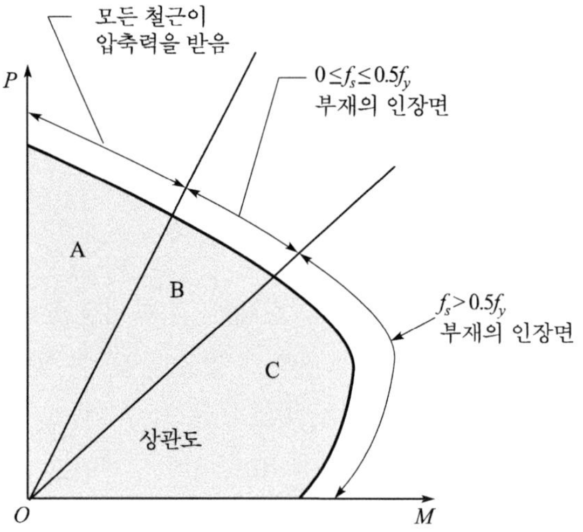

그림 6.43 철근의 응력에 따른 기둥 철근의 이음13)

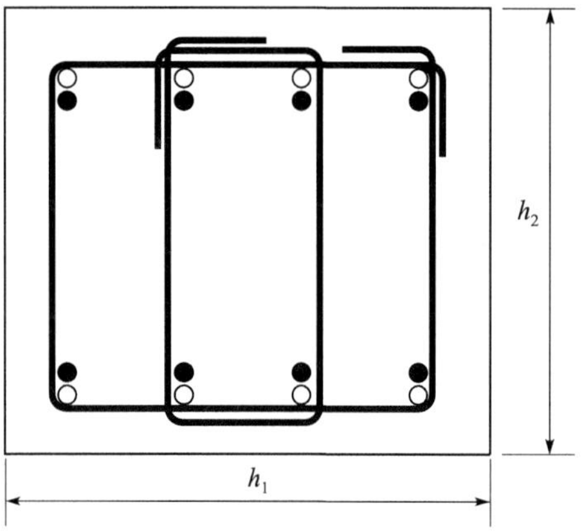

1방향 : $4A_b \geq 0.0015h_1s$

2방향 : $2A_b \geq 0.0015h_2s$

여기서 A_b는 띠철근의 면적이다.

그림 6.44 방향에 따른 띠철근의 유효단면적14)

13) ACI Committee 318, Building Code Requirements for Structural Concrete (ACI 318M-11) and Commentary, American Concrete Institute, Farmington Hills, MI, 2011, p.234.

14) ACI Committee 318, Building Code Requirements for Structural Concrete (ACI 318M-11) and Commentary, American Concrete Institute, Farmington Hills, MI, 2011, p.236.

예제 6-9

그림과 같이 450 mm×550 mm 단면의 기둥이 바닥판 상면에서 이어져 있다. 바닥판을 중심으로 위의 기둥의 D22 철근과 아래의 기둥의 D25 철근이 서로 연결되어 있을 때 바닥판 상면으로부터 필요한 겹침이음길이를 산정하시오. (단, 콘크리트는 f_{ck} =27 MPa의 보통중량콘크리트이고, 철근은 $f_y = f_{yt}$ =400 MPa의 도막되지 않은 철근이다.)

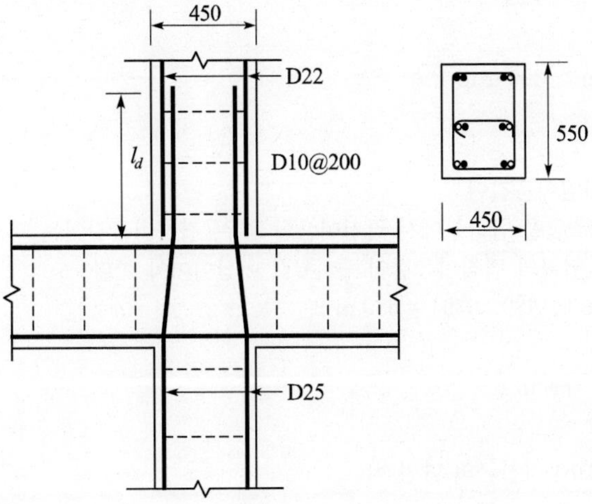

그림 6.45

풀이

1. 압축 이형철근의 겹침이음길이

구조설계기준에서 서로 다른 크기의 철근을 압축부재에서 겹침이음할 때 이음길이는 크기가 큰 철근의 정착길이와 크기가 작은 철근의 겹침이음길이 중 큰 값 이상이어야 한다.

1) D25 철근의 정착길이

압축 이형철근의 기본정착길이

$d_b = 25.4\,\text{mm}$

$$l_{db} = \max\left(\frac{0.25\, d_b\, f_y}{\lambda\sqrt{f_{ck}}},\ 0.043\, d_b\, f_y\right)$$

$$= \max\left(\frac{0.25\times 25.4\times 400}{1.0\times\sqrt{24}},\ 0.043\times 25.4\times 400\right) = \max(489,\ 437) = 489\,\text{mm}$$

$\therefore\ l_{db} = 489\,\text{mm}$

보정계수는 모두 1.0으로 가정하며 압축 이형철근의 정착길이는 다음과 같다.

$\therefore\ l_d \geq \max(489\times 1,\ 200) = \max(489,\ 200) = 489\,\text{mm}$

2) D22 철근의 겹침이음길이

D22 다월철근의 압축 이형철근의 겹침이음길이 l_s는 다음과 같다.

$d_b = 22.2\text{ mm}$

$$l_s \geq \min\left[\left(\frac{1.4 f_y}{\lambda\sqrt{f_{ck}}} - 52\right)d_b,\ 0.072 f_y d_b\right]$$

$$= \min\left[\left(\frac{1.4\times 400}{1.0\times\sqrt{24}} - 52\right)\times 22.2,\ 0.072\times 400\times 22.2\right] = \min(1{,}383,\ 639) = 639\text{ mm}$$

$\therefore\ l_s = 639\text{ mm}$

또한 $l_s = 639\text{ mm} \geq 300\text{ mm}$ OK

$\therefore\ l_s = 639\text{ mm}$

3) 압축부재에서의 겹침이음길이

서로 다른 지름의 철근을 압축부에서 겹침이음할 경우, 겹침이음길이는 지름이 큰 철근의 정착길이와 지름이 작은 철근의 겹침이음길이 중 큰 값 이상이어야 한다.

겹침이음길이 $\geq \max(489,\ 639) = 639\text{ mm}$

2. 기둥 철근에 관한 특별규정

1) $h_1 = 450\text{ mm}$ 방향

$A_b = 71.3\text{ mm}^2$ (D10 띠철근의 단면적)

$2A_b = 2\times 71.3 = 143\text{ mm}^2$

$0.0015 h_1 s = 0.0015\times 450\times 200 = 135\text{ mm}^2$

$2A_b = 143\text{ mm}^2 \geq 0.0015 h_1 s = 135\text{ mm}^2$ OK

2) $h_2 = 550\text{ mm}$ 방향

$3A_b = 3\times 71.3 = 214\text{ mm}^2$

$0.0015 h_2 s = 0.0015\times 550\times 200 = 165\text{ mm}^2$

$3A_b = 214\text{ mm}^2 \geq 0.0015 h_2 s = 165\text{ mm}^2$ OK

양방향에 대해 모두 조건을 만족하므로 겹침이음길이에 계수 0.83을 곱할 수 있다.

겹침이음길이 $= 0.83\times 639 = 530\text{ mm}$

따라서 바닥판 상면에서 D22와 D25 철근은 530 mm 이상 겹침이음하면 된다.

기본 연습문제

01 철근콘크리트 부재의 부착강도를 증대시키기 위한 방법으로 부적합한 것은 다음 중 어느 것인가?

㉮ 고강도철근을 사용한다.
㉯ 고강도 콘크리트를 사용한다.
㉰ 원형철근 대신 이형철근을 사용한다.
㉱ 지름이 작은 철근을 사용한다.

풀이 부착강도는 철근의 강도와 관계없다. 답 ㉮

02 철근과 콘크리트 사이의 부착력에 영향을 주는 요인에 관한 설명 중 옳지 않은 것은?

㉮ 철근의 강도가 증가할수록 부착력은 높아진다.
㉯ 콘크리트의 강도가 증가할수록 부착력은 높아진다.
㉰ 수평철근에서 상부철근보다 하부철근의 부착력이 높아진다.
㉱ 지름이 큰 철근보다 동일면적의 지름이 작은 여러 개의 철근을 사용하면 부착력이 높아진다.

풀이 부착강도는 철근의 강도와 관계없다. 답 ㉮

03 철근콘크리트의 구조설계에서 철근의 부착력에 영향을 주지 않는 것은?

㉮ 콘크리트 피복두께
㉯ 콘크리트 설계기준압축강도
㉰ 철근의 외부 표면돌기
㉱ 철근의 설계기준항복강도

풀이 부착강도는 철근의 강도와 관계없다. 답 ㉱

04 철근콘크리트구조에서 철근의 부착강도를 증가시키는 방법으로 옳지 않은 것은?

㉮ 콘크리트의 강도를 증가시킨다.
㉯ 이형철근을 사용한다.
㉰ 지름이 작은 철근을 사용한다.
㉱ 보의 복부폭을 증가시킨다.

풀이 부착강도는 보의 복부폭과 관계없다. **답** ㉱

05 철근콘크리트의 부착강도에 대한 설명으로 가장 옳지 않은 것은?

㉮ 압축강도가 큰 콘크리트일수록 부착강도는 커진다.
㉯ 콘크리트의 부착강도는 철근의 길이에 반비례한다.
㉰ 지름의 표면 상태와 단면 모양에 따라 부착강도가 증감된다.
㉱ 지름이 큰 철근을 사용하면 부착강도가 감소한다.

풀이 부착강도는 정착길이와는 비례적이나, 반비례는 아니다. **답** ㉯

06 철근콘크리트구조에서 부착강도가 부족할 때 단면의 크기를 변경하지 않고 부착강도를 증가시키는 가장 적당한 방법은?

㉮ 철근량을 줄인다.
㉯ 철근량은 같고, 지름이 작은 철근을 여러 개 사용한다.
㉰ 콘크리트의 강도를 낮춘다.
㉱ 고강도철근을 사용한다.

풀이 부착강도를 증가시키기 위한 가장 좋은 방법은 같은 크기의 철근의 단면적일 경우, 가는 철근을 여러 개 사용하는 것이다(철근의 둘레길이를 길게 한다). **답** ㉯

07 철근콘크리트 보에서 철근과 콘크리트 간의 부착력이 부족할 때 부착력을 증가시키는 방법으로서 가장 적절한 것은?

㉮ 고강도철근을 사용한다.
㉯ 콘크리트의 물시멘트비를 증가시킨다.
㉰ 인장철근의 주장을 증가시킨다.
㉱ 압축철근의 단면적을 증가시킨다.

풀이 부착강도를 증가시키기 위한 가장 좋은 방법은 같은 크기의 철근의 단면적일 경우, 가는 철근을 여러 개 사용하는 것이다 [철근의 둘레길이 (주장)를 길게 한다]. 답 ㉰

08 철근콘크리트 줄기초의 철근 정착을 검토한 결과 사용 철근의 정착길이가 부족하다. 이에 대한 대책으로 옳지 않은 것은?

㉮ 동일면적의 지름이 큰 철근을 사용한다.
㉯ 기초의 폭을 넓혀 정착길이를 추가 확보한다.
㉰ 콘크리트의 강도를 크게 한다.
㉱ 철근 단부의 후크를 사용한다.

풀이 부착강도를 증가시켜 정착길이를 줄이기 위한 가장 좋은 방법은 같은 크기의 철근의 단면적일 경우, 가는 철근을 여러 개 사용하는 것이다 [철근의 둘레길이 (주장)를 길게 한다]. 답 ㉮

09 철근의 정착에 관한 설명으로 틀린 것은?

㉮ 정착길이를 감소시키기 위하여 갈고리 (Hook)를 사용한다.
㉯ 정착길이는 구조적 성능을 확보하기 위한 최소한의 묻힘길이다.
㉰ 압축철근과 인장철근의 경우에는 요구되는 정착길이가 다르다.
㉱ 정착길이는 콘크리트 강도의 영향을 받는다.

풀이 갈고리 (Hook)는 정착길이를 줄이기 위해서 사용한다. 답 ㉮

10 철근의 부착과 정착에 관한 설명으로 옳지 않은 것은?

㉮ 철근이 콘크리트 속에서 빠져나오지 못하게 하는 것을 정착이라 한다.
㉯ 철근의 정착길이는 철근의 지름에 비례하며 철근의 강도에 반비례한다.
㉰ 휨응력의 전달 시 철근과 콘크리트 간의 경계면에 발생하는 전단응력을 부착응력이라 한다.
㉱ 철근과 콘크리트 간의 부착력은 콘크리트의 강도가 높아질수록 증가한다.

풀이 철근의 정착길이는 주철근의 공칭지름 (d_b)와 철근의 항복강도 (f_y)에 비례한다. **답** ㉯

11 철근콘크리트구조에서 인장을 받는 이형철근의 정착길이 산정 시, 고려할 사항이 아닌 계수는?

㉮ 경량콘크리트계수 ㉯ 에폭시 도막계수
㉰ 철근의 탄성계수 ㉱ 철근 배치 위치계수

풀이 묻힘길이에 의한 인장 이형철근의 보정계수
① 철근 배치 위치계수 (α)
② 도막계수 (β)
③ 철근의 크기계수 (γ)
④ 경량콘크리트계수 (λ) **답** ㉰

12 철근콘크리트구조에서 인장을 받는 이형철근의 정착길이 (l_d)는 기본정착길이 (l_{db})에 보정계수를 곱하여 산정한다. 다음 중 이러한 보정계수에 영향을 미치는 사항이 아닌 것은?

㉮ 콘크리트의 강도 ㉯ 콘크리트의 순피복두께
㉰ 에폭시 도막 계수 ㉱ 철근의 배치 위치계수

풀이 묻힘길이에 의한 인장 이형철근의 보정계수
① 철근 배치 위치계수 (α)
② 도막계수 (β)
③ 철근의 크기계수 (γ)
④ 경량콘크리트계수 (λ) **답** ㉮

13 철근콘크리트구조에서 인장 이형철근의 정착길이를 산정할 때 적용되는 보정계수에 해당되지 않는 것은?

㉮ 철근 배치 위치계수　　㉯ 철근 도막계수
㉰ 크리프계수　　㉱ 경량콘크리트계수

풀이 묻힘길이에 의한 인장 이형철근의 보정계수
① 철근 배치 위치계수 (α)
② 도막계수 (β)
③ 철근의 크기계수 (γ)
④ 경량콘크리트계수 (λ)

답 ㉰

14 철근콘크리트 보의 인장 이형철근의 정착길이 보정계수와 관련이 없는 것은?

㉮ 강도감소계수　　㉯ 철근 도막계수
㉰ 경량콘크리트계수　　㉱ 철근 배치 위치계수

풀이 묻힘길이에 의한 인장 이형철근의 보정계수
① 철근 배치 위치계수 (α)
② 도막계수 (β)
③ 철근의 크기계수 (γ)
④ 경량콘크리트계수 (λ)

답 ㉮

15 철근콘크리트구조에서 인장을 받는 이형철근의 정착길이 (l_d)는 기본정착길이 (l_{db})에 보정계수를 곱하여 산정한다. 다음 중 이러한 보정계수에 영향을 미치는 사항이 아닌 것은?

㉮ 콘크리트 강도계수　　㉯ 경량콘크리트계수
㉰ 에폭시 도막계수　　㉱ 철근 배치 위치계수

풀이 묻힘길이에 의한 인장 이형철근의 보정계수
① 철근 배치 위치계수 (α)
② 도막계수 (β)
③ 철근의 크기계수 (γ)
④ 경량콘크리트계수 (λ)

답 ㉮

16 철근콘크리트구조에서 인장을 받는 이형철근의 정착길이 (l_d)는 기본정착길이 (l_{db})에 보정계수를 곱하여 구한다. 이 보정계수에 대한 설명 중 옳지 않은 것은?

㉮ 철근 배치 위치계수 α는 상부철근일 경우 1.5이고, 기타 철근일 경우 1.0이다.
㉯ 철근의 크기계수 γ는 철근 지름이 D22 이상인 경우 1.0이고, D19 이하인 경우 0.8이다.
㉰ 철근 도막계수 β는 도막되지 않은 철근일 경우 1.0이다.
㉱ 경량콘크리트계수 λ는 일반콘크리트인 경우 1.0이다.

풀이 철근 배치 위치계수 α는 상부철근일 경우 1.5이고, 기타 철근일 경우 1.0이다. **답** ㉮

17 철근콘크리트부재의 인장 이형철근 및 이형철선의 기본정착길이 l_{db}를 구하는 식은?

㉮ $\dfrac{0.6 d_b f_y}{\lambda \sqrt{f_{ck}}}$ ㉯ $\dfrac{0.3 d_b f_y}{\lambda \sqrt{f_{ck}}}$ ㉰ $\dfrac{0.8 d_b f_y}{\lambda \sqrt{f_{ck}}}$ ㉱ $\dfrac{0.12 d_b f_y}{\lambda \sqrt{f_{ck}}}$

풀이 인장 이형철근의 기본정착길이 (l_{db})

$$l_{db} = \frac{0.6 d_b f_y}{\lambda \sqrt{f_{ck}}}$$

답 ㉮

18 철근콘크리트구조에서 인장 이형철근의 기본정착길이 (l_{db}) 계산식은?

㉮ $\dfrac{0.6 d_b f_y}{\lambda \sqrt{f_{ck}}}$ ㉯ $\dfrac{0.25 d_b f_y}{\lambda \sqrt{f_{ck}}}$ ㉰ $\dfrac{100 d_b}{\lambda \sqrt{f_{ck}}}$ ㉱ $\dfrac{125 d_b}{\lambda \sqrt{f_{ck}}}$

풀이 인장 이형철근의 기본정착길이 (l_{db})

$$l_{db} = \frac{0.6 d_b f_y}{\lambda \sqrt{f_{ck}}}$$

답 ㉮

19 철근콘크리트구조에서 인장 이형철근의 기본정착길이와 관계없는 항목은?

㉮ 철근의 강도 ㉯ 콘크리트의 강도

㉰ 철근의 지름 ㉱ 콘크리트의 재령

풀이 묻힘길이에 의한 인장 이형철근의 기본정착길이는 $l_{db} = \dfrac{0.6\, d_b\, f_y}{\lambda \sqrt{f_{ck}}}$ 이며, 콘크리트의 재령과는 관련이 없다.

답 ㉱

20 철근콘크리트구조의 정착길이에 대한 다음 기술 중 가장 부적당한 것은 어느 것인가?

㉮ 철근의 둘레길이가 같을 경우 단면적이 클수록 정착길이는 짧아진다.

㉯ 철근의 응력이 클수록 정착길이는 길어진다.

㉰ 철근의 둘레길이가 길수록 정착길이는 짧아진다.

㉱ 철근 단부의 형태, 즉 후크의 유무에 따라 정착길이는 달라진다.

풀이 묻힘길이에 의한 인장 이형철근의 기본정착길이는 $l_{db} = \dfrac{0.6\, d_b\, f_y}{\lambda \sqrt{f_{ck}}}$ 이다. 철근의 단면적이 같을 경우 둘레길이 (주장)가 길수록 정착길이를 짧게 할 수 있다. 둘레길이가 같을 경우 단면적과 정착길이는 관계없다.

답 ㉮

21 강도설계법에서 인장을 받는 D35 이하인 이형철근과 이형철선의 기본정착길이 l_{db}산정과 가장 관계가 작은 것은 다음 중 어느 것인가?

㉮ 콘크리트의 압축강도 ㉯ 철근 및 철선의 간격

㉰ 철근 및 철선의 항복강도 ㉱ 철근 및 철선의 지름

풀이 묻힘길이에 의한 인장 이형철근의 기본정착길이는 $l_{db} = \dfrac{0.6\, d_b\, f_y}{\lambda \sqrt{f_{ck}}}$ 이며, 철근의 간격과 관계없다.

답 ㉯

22 강도설계법에서 D19 인장 이형철근의 기본정착길이로 옳은 것은? (단, f_{ck} =21 MPa, f_y =400 MPa 이고 D19의 공칭지름은 19.1 mm이다.)

㉮ 652 mm　　㉯ 703 mm　　㉰ 852 mm　　㉱ 1,000 mm

풀이 인장 이형철근의 기본정착길이

$$l_{db} = \frac{0.6\,d_b f_y}{\lambda\sqrt{f_{ck}}} = \frac{0.6 \times 19.1 \times 400}{1.0 \times \sqrt{21}} = 1{,}000\text{ mm}$$

답 ㉱

23 보통중량콘크리트에 D19 철근이 사용될 때 인장 이형철근의 기본정착길이는 약 얼마인가? (단, 경량콘크리트계수=1, f_{ck} =27 MPa, f_y =300 MPa이고 D19의 공칭지름은 19.1 mm이다.)

㉮ 290 mm　　㉯ 330 mm　　㉰ 660 mm　　㉱ 820 mm

풀이 인장 이형철근의 기본정착길이

$$l_{db} = \frac{0.6\,d_b f_y}{\lambda\sqrt{f_{ck}}} = \frac{0.6 \times 19.1 \times 300}{1.0 \times \sqrt{27}} = 662\text{ mm}$$

답 ㉰

24 콘크리트는 f_{ck} =24 MPa의 보통중량콘크리트이고, 철근은 f_y =400 MPa의 도막되지 않은 철근으로 D19 철근이 사용될 때 인장 이형철근의 기본정착길이는 약 얼마인가? (단, D19 철근의 공칭지름은 19.1 mm인 경우이다.)

㉮ 290 mm　　㉯ 330 mm　　㉰ 860 mm　　㉱ 940 mm

풀이 인장 이형철근의 기본정착길이

$$l_{db} = \frac{0.6\,d_b f_y}{\lambda\sqrt{f_{ck}}} = \frac{0.6 \times 19.1 \times 400}{1.0 \times \sqrt{24}} = 936\text{ mm}$$

답 ㉱

25 철근콘크리트구조에서 f_y =400 MPa 인장 이형철근을 사용한 경우 필요한 철근 인장 이형철근의 정착길이가 1,000 mm이었다. 철근의 설계기준항복강도를 f_y =500MPa로 변경하고, 소요철근보다 1.25배 많게 철근을 배치하였을 경우 변경된 인장 이형철근의 정착길이는 얼마인가?

㉮ 750 mm ㉯ 1,000 mm ㉰ 1,200 mm ㉱ 1,500 mm

풀이 인장 이형철근의 기본정착길이는 $l_{db} = \dfrac{0.6\, d_b f_y}{\lambda \sqrt{f_{ck}}}$ 이므로 철근의 설계기준항복강도가 400 MPa에서 500 MPa로 증가하면 500/400=1.25만큼 정착길이를 증가시킨다. 그리고 초과 철근량에 대한 감소계수의 적용은 (소요 A_s)/(배근 A_s) $= 1/1.25 = 0.80$ 만큼 감소시킨다. 1.25×0.80=1.0배 만큼 곱하면 된다. 따라서 변경된 인장 이형철근의 정착길이는 변화가 없다.

답 ㉯

26 철근콘크리트구조에서 인장 이형철근 및 압축 이형철근의 정착길이 (l_d)에 관한 기준으로 옳지 않은 것은?

㉮ 계산에 의하여 산정한 인장 이형철근의 정착길이는 항상 250 mm 이상이어야 한다.
㉯ 계산에 의하여 산정한 압축 이형철근의 정착길이는 항상 200 mm 이상이어야 한다.
㉰ 인장 또는 압축을 받는 하나의 다발철근 내에 있는 개개 철근의 정착길이 l_d는 다발철근이 아닌 경우의 각 철근의 정착길이보다 3개의 철근으로 구성된 다발철근에 대해서 20%를 증가시켜야 한다.
㉱ 단부에 표준갈고리가 있는 인장 이형철근의 정착길이는 항상 $8d_b$이상 또한 150 mm 이상이어야 한다.

풀이 계산에 의하여 산정한 인장 이형철근의 정착길이는 항상 300 mm 이상이어야 한다.

답 ㉮

27 철근의 정착길이에 관한 사항으로 옳지 않은 것은?

㉮ 인장 이형철근 및 이형철선의 정착길이 l_d는 항상 300 mm 이상이어야 한다.

㉯ 압축 이형철근의 정착길이 l_d는 항상 150 mm 이상이어야 한다.

㉰ 인장 또는 압축을 받는 하나의 다발철근 내에 있는 개개 철근의 정착길이 l_d는 다발철근이 아닌 경우의 각 철근의 정착길이보다 3개의 철근으로 구성된 다발철근에 대해서 20% 증가시켜야 한다.

㉱ 단부에 표준갈고리를 갖는 인장 이형철근의 정착길이 l_{dh}는 항상 $8d_b$ 이상 또한 150 mm 이상이어야 한다.

풀이 압축 이형철근의 정착길이 l_d는 항상 200 mm 이상이어야 한다. **답** ㉯

28 철근콘크리트구조에서 압축 이형철근의 정착길이에 관한 설명으로 옳지 않은 것은?

㉮ 압축 이형철근의 정착길이는 항상 200 mm 이상이어야 한다.

㉯ 압축 이형철근의 정착에는 표준갈고리가 요구된다.

㉰ 압축 이형철근의 기본정착길이는 철근의 지름이 커지면 증가한다.

㉱ 압축 이형철근의 기본정착길이는 $0.043d_bf_y$ 이상이어야 한다.

풀이 표준갈고리는 인장 이형철근에만 적용된다. **답** ㉯

29 강도설계법에서 묻힘길이에 의한 D19 압축 이형철근의 기본정착길이는? (단, D19의 공칭지름은 19.1 mm이고 공칭단면적은 286.5 mm^2, f_{ck} =21 MPa, f_y =400 MPa이고 경량콘크리트계수는 1.0이다.)

㉮ 674 mm ㉯ 570 mm ㉰ 482 mm ㉱ 417 mm

풀이 묻힘길이에 의한 압축 이형철근의 기본정착길이

$$l_{db} = \max\left(\frac{0.25\,d_b f_y}{\lambda\sqrt{f_{ck}}},\ 0.043\,d_b\,f_y\right)$$
$$= \max\left(\frac{0.25\times19.1\times400}{1.0\times\sqrt{21}},\ 0.043\times19.1\times400\right) = \max(417,\ 329) = 417\ \text{mm}$$

답 ㉱

30 강도설계법에서 압축을 받는 D22 이형철근의 묻힘길이에 의한 기본정착길이를 구하면? (단, 경량콘크리트계수=1.0, f_{ck} =24 MPa, f_y =400 MPa, D22 이형철근의 공칭지름은 22.2 mm이고 경량콘크리트계수는 1.0이다.)

㉮ 378 mm ㉯ 453 mm ㉰ 500 mm ㉱ 520 mm

풀이 묻힘길이에 의한 압축 이형철근의 기본정착길이

$$l_{db} = \max\left(\frac{0.25\, d_b f_y}{\lambda \sqrt{f_{ck}}},\ 0.043\, d_b\, f_y\right)$$
$$= \max\left(\frac{0.25 \times 22.2 \times 400}{1.0 \times \sqrt{24}},\ 0.043 \times 22.2 \times 400\right) = \max(453,\ 382) = 453\ \text{mm}$$

답 ㉰

31 강도설계법에서 묻힘길이에 의한 압축 이형철근 D22의 기본정착길이는 약 얼마인가? (단, D22 철근의 공칭지름은 22.2 mm이고 공칭단면적은 387.1 mm², 콘크리트의 설계기준압축강도는 24 MPa, 철근의 설계기준항복강도는 400 MPa이고 경량콘크리트계수는 1.0이다.)

㉮ 400 mm ㉯ 453 mm ㉰ 500 mm ㉱ 550 mm

풀이 묻힘길이에 의한 압축 이형철근의 기본정착길이

$$l_{db} = \max\left(\frac{0.25\, d_b f_y}{\lambda \sqrt{f_{ck}}},\ 0.043\, d_b\, f_y\right)$$
$$= \max\left(\frac{0.25 \times 22.2 \times 400}{1.0 \times \sqrt{24}},\ 0.043 \times 22.2 \times 400\right) = \max(453,\ 382) = 453\ \text{mm}$$

답 ㉯

32 강도설계법에서 묻힘길이에 의한 D22 압축 이형철근의 기본정착길이 l_{db}는? (단, 경량콘크리트계수 λ =1.0, f_{ck} =27 MPa, f_y =400 MPa, D22 철근의 공칭지름은 22.2 mm이다.)

㉮ 201 mm ㉯ 378 mm ㉰ 427 mm ㉱ 605 mm

풀이 묻힘길이에 의한 압축 이형철근의 기본정착길이

$$l_{db} = \max\left(\frac{0.25\, d_b f_y}{\lambda \sqrt{f_{ck}}},\ 0.043\, d_b\, f_y\right)$$
$$= \max\left(\frac{0.25 \times 22.2 \times 400}{1.0 \times \sqrt{27}},\ 0.043 \times 22.2 \times 400\right) = \max(427,\ 382) = 427\ \text{mm}$$

답 ㉰

33 강도설계법에서 묻힘길이에 의한 압축 이형철근의 기본정착길이는? (단, 콘크리트강도 f_{ck} =24 MPa 철근의 공칭지름 25.4 mm, 철근강도 f_y =400 MPa)

㉮ 300 mm ㉯ 400 mm ㉰ 490 mm ㉱ 518 mm

풀이 묻힘길이에 의한 압축 이형철근의 기본정착길이

$$l_{db} = \max\left(\frac{0.25\, d_b f_y}{\lambda \sqrt{f_{ck}}},\ 0.043\, d_b\, f_y\right)$$

$$= \max\left(\frac{0.25 \times 25.4 \times 400}{1.0 \times \sqrt{24}},\ 0.043 \times 25.4 \times 400\right) = \max(518,\ 437) = 518 \text{ mm}$$

답 ㉱

34 강도설계법에서 압축을 받는 이형철근의 기본정착길이 (l_{db}) 가 420 mm으로 계산되었다. 해석결과 요구되는 철근량보다 20%를 초과하여 배치한 경우 압축을 받는 이형철근의 최소 정착길이 (l_d)를 구하면?

㉮ 320 mm ㉯ 350 mm ㉰ 420 mm ㉱ 504 mm

풀이 ① 묻힘길이에 의한 압축 이형철근의 기본정착길이

$l_{db} = 420$ mm

② 보정계수 $= \dfrac{\text{소요 } A_s}{\text{배근 } A_s} = \dfrac{1}{1.2} = 0.83$

③ 묻힘길이에 의한 압축 이형철근의 최소 정착길이

$l_d = l_{db} \times \text{보정계수} = 420 \times 0.83 = 349$ mm

답 ㉯

35 주철근으로 사용된 D22 철근 180° 표준갈고리의 구부림 최소 내면 반지름 (r)으로 옳은 것은?

㉮ $r = 1.0\, d_b$ ㉯ $r = 2.0\, d_b$ ㉰ $r = 2.5\, d_b$ ㉱ $r = 3.0\, d_b$

풀이 180° 표준갈고리의 구부림 최소 내면 반지름 (r)

주철근용의 구부림의 최소 내면 반지름

주철근의 크기	최소 내면 반지름 (r)
D10~D25	$3\, d_b$
D29~D35	$4\, d_b$
D38 이상	$5\, d_b$

답 ㉱

36 철근의 공칭지름 (d_b)에 따른 표준갈고리의 구부림 최소 내면 반지름 기준으로 틀린 것은?

㉮ D13 주철근 : $2d_b$ 이상　　㉯ D25 주철근 : $3d_b$ 이상

㉰ D13 띠철근 : $2d_b$ 이상　　㉱ D16 띠철근 : $2d_b$ 이상

풀이 ① 주철근용의 구부림의 최소 내면 반지름 (r)

주철근용의 구부림의 최소 내면 반지름

주철근의 크기	최소 내면 반지름 (r)
D10~D25	$3d_b$
D29~D35	$4d_b$
D38 이상	$5d_b$

② 스터럽과 띠철근용의 구부림의 최소 내면 반지름

스터럽과 띠철근용의 구부림의 최소 내면 반지름

스터럽과 띠철근의 크기	최소 내면 반지름 (r)
D16 이하	$2d_b$
D19 이상	주철근용의 구부리는 내면 반지름

답 ㉮

37 철근콘크리트구조에서 철근가공 시 표준갈고리에 관한 설명으로 옳지 않은 것은?

㉮ 주철근의 표준갈고리는 90°표준갈고리와 180°표준갈고리가 있다.

㉯ 주철근의 90°표준갈고리는 구부린 끝에서 12db 이상 더 연장하여야 한다.

㉰ 띠철근과 스터럽의 표준갈고리는 60°표준갈고리와 90°표준갈고리가 있다.

㉱ D25 이하의 철근으로 135°표준갈고리를 만드는 경우, 구부린 끝에서 6db 이상 더 연장 하여야 한다.

풀이 띠철근과 스터럽의 표준갈고리는 90° 표준갈고리와 135° 표준갈고리가 있다. 답 ㉰

38 강도설계법에서 인장을 받는 이형철근의 공칭지름이 9.53 mm이고 콘크리트 설계기준압축강도가 30 MPa인 표준갈고리의 기본정착길이를 구하면? (단, 철근의 설계기준항복강도는 400 MPa이다.)

㉮ 85 mm　　㉯ 150 mm　　㉰ 165 mm　　㉱ 175 mm

풀이 부재의 단부에 표준갈고리가 있는 인장 이형철근의 기본정착길이

$$l_{hb}=\frac{0.24\beta d_b f_y}{\lambda\sqrt{f_{ck}}}=\frac{0.24\times1.0\times9.53\times400}{1.0\times\sqrt{30}}=167\text{ mm}$$

답 ㉰

39 강도설계법에서 표준갈고리를 갖는 인장 이형철근 (D13)의 기본정착길이는? (단, f_{ck} =27 MPa, f_y = 400 MPa, β=1.0, m_c=2,300 kg/m^3, D13의 공칭지름 : 12.7 mm이다.)

㉮ 190 mm　　㉯ 205 mm　　㉰ 220 mm　　㉱ 235 mm

풀이 부재의 단부에 표준갈고리가 있는 인장 이형철근의 기본정착길이

$$l_{hb}=\frac{0.24\beta d_b f_y}{\lambda\sqrt{f_{ck}}}=\frac{0.24\times1.0\times12.7\times400}{1.0\times\sqrt{27}}=235\text{ mm}$$

답 ㉱

40 인장을 받는 이형철근의 지름이 D16 (공칭지름 15.9 mm)이고, 콘크리트 설계기준압축강도가 30 MPa인 표준갈고리의 기본정착길이는? (단, f_y =400 MPa, β=1.0, m_c=2,300 kg/m^3)

㉮ 238 mm　　㉯ 258 mm　　㉰ 279 mm　　㉱ 312 mm

풀이 부재의 단부에 표준갈고리가 있는 인장 이형철근의 기본정착길이

$$l_{hb}=\frac{0.24\beta d_b f_y}{\lambda\sqrt{f_{ck}}}=\frac{0.24\times1.0\times15.9\times400}{1.0\times\sqrt{30}}=279\text{ mm}$$

답 ㉰

41 강도설계법에서 f_y =400 MPa, f_{ck} =24 MPa의 보통중량콘크리트를 사용한 표준갈고리를 갖는 인장 이형철근 (D22)의 기본정착길이 (l_{hb})는? (단, D22의 공칭지름은 22.2 mm이다.)

㉮ 352 mm　　㉯ 385 mm　　㉰ 415 mm　　㉱ 435 mm

풀이 부재의 단부에 표준갈고리가 있는 인장 이형철근의 기본정착길이

$$l_{hb}=\frac{0.24\beta d_b f_y}{\lambda\sqrt{f_{ck}}}=\frac{0.24\times1.0\times22.2\times400}{1.0\times\sqrt{24}}=435\text{ mm}$$

답 ㉱

42 부재의 단부에 표준갈고리가 있는 인장 이형철근의 기본정착길이는 약 얼마인가? (단, f_{ck} =24 MPa, f_y =400 MPa, D25 철근의 공칭지름=25.4 mm, 철근도막계수=1.0, 경량콘크리트계수=1.0)

㉮ 481 mm ㉯ 498 mm ㉰ 513 mm ㉱ 519 mm

풀이 부재의 단부에 표준갈고리가 있는 인장 이형철근의 기본정착길이

$$l_{hb}=\frac{0.24\beta d_b f_y}{\lambda\sqrt{f_{ck}}}=\frac{0.24\times1.0\times25.4\times400}{1.0\times\sqrt{24}}=498\ \mathrm{mm}$$

답 ㉯

43 다음 그림과 같이 D16 철근이 90° 표준갈고리로 정착되었다면 이 표준갈고리의 정착길이 (l_{dh})는 약 얼마인가?

(단, $l_{hb}=\dfrac{0.24\beta d_b f_y}{\lambda\sqrt{f_{ck}}}$, 철근 도막계수와 경량콘크리트계수는 1.0, D16의 공칭지름=15.9 mm, f_{ck} =21 MPa, f_y =400 MPa이다.)

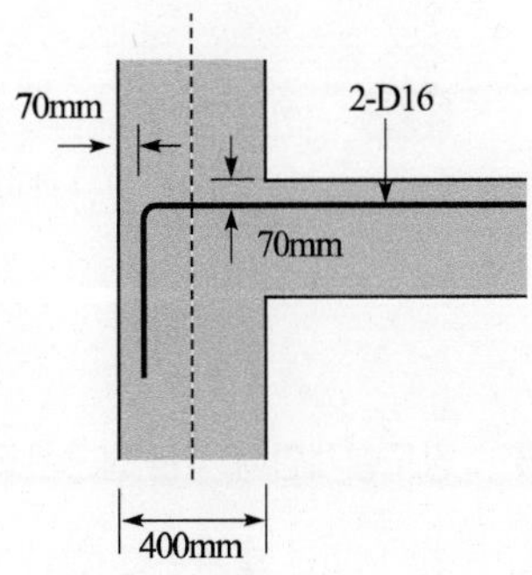

㉮ 233 mm

㉯ 243 mm

㉰ 253 mm

㉱ 263 mm

풀이 1. 부재의 단부에 표준갈고리가 있는 인장 이형철근의 기본정착길이

$$l_{hb}=\frac{0.24\beta d_b f_y}{\lambda\sqrt{f_{ck}}}=\frac{0.24\times1.0\times15.9\times400}{1.0\times\sqrt{21}}=333\ \mathrm{mm}$$

2. 콘크리트 피복에 따른 보정계수 : 0.7

① D16≤D35

② 갈고리 평면에 수직방향인 측면 피복두께=70 mm≥70 mm

③ 90° 갈고리에서 갈고리의 구부린 끝에서 직선 연장부 (자유단)의 철근 피복두께 =70 mm≥50 mm

3. 인장 이형철근의 정착길이

$l_{dh}=l_{hb}\times$ 보정계수 $=333\times0.7=233$ mm

답 ㉮

44 강도설계법에서 인장 이형철근의 겹침이음길이를 결정하는데 고려되는 응력으로 가장 타당한 것은?

㉮ 압축응력 ㉯ 전단응력 ㉰ 인장응력 ㉱ 부착응력

풀이 인장 이형철근의 겹침이음길이는 인장 이형철근의 묻힘길이에 의한 정착길이를 따르며, 정착길이는 철근과 콘크리트의 부착응력에 의한다. **답** ㉱

45 강도설계법에서 인장 이형철근의 겹침이음에 관련되는 가장 직접적인 콘크리트의 응력은?

㉮ 인장응력 ㉯ 전단응력 ㉰ 압축응력 ㉱ 부착응력

풀이 인장 이형철근의 겹침이음길이는 인장 이형철근의 묻힘길이에 의한 정착길이를 따르며, 정착길이는 철근과 콘크리트의 부착응력에 의한다. **답** ㉱

46 강도설계법에 의한 철근콘크리트 부재설계 시 겹침이음을 하지 않아야 하는 철근은?

㉮ D25를 초과하는 철근 ㉯ D29를 초과하는 철근
㉰ D22를 초과하는 철근 ㉱ D35를 초과하는 철근

풀이 D35를 초과하는 철근은 겹침이음을 하지 않는다. **답** ㉱

47 강도설계법에서 철근의 이음에 관한 기준으로 옳지 않은 것은?

㉮ D32를 초과하는 철근은 겹침이음을 할 수 없다.
㉯ 휨부재에서 서로 직접 접촉되지 않게 겹침이음된 철근은 횡방향으로 소요 겹침이음길이의 1/5 또는 150 mm 중 작은 값 이상 떨어지지 않아야 한다.
㉰ 용접이음은 접용 철근을 사용해야 하며, 철근의 설계기준항복강도 f_y의 125% 이상을 발휘할 수 있는 용접이어야 한다.
㉱ 다발철근의 겹침이음길이의 증가량은 정착길이의 증가량과 같다.

풀이 D35를 초과하는 철근은 겹침이음을 하지 않는다. **답** ㉮

48 강도설계법에서 철근이음에 관한 설명으로 옳은 것은?

㉮ 철근의 겹침이음은 모든 지름의 철근이 가능하다.

㉯ 용접이음은 철근의 설계기준항복강도 f_y의 100% 이상을 발휘할 수 있는 완전용접이어야 한다.

㉰ 기계적이음은 철근의 설계기준항복강도 f_y의 125% 이상을 발휘할 수 있는 완전 기계적 연결이어야 한다.

㉱ 휨부재에서 서로 직접 접촉되지 않게 겹침이음된 철근은 무시한다.

풀이 ① D35를 초과하는 철근은 겹침이음을 하지 않는다.

② 용접이음은 접용 철근을 사용해야 하며, 철근의 설계기준항복강도 f_y의 125% 이상을 발휘할 수 있는 용접이어야 한다.

③ 휨부재에서 서로 직접 접촉되지 않게 겹침이음된 철근은 횡방향으로 소요 겹침이음길이의 1/5 또는 150 mm 중 작은 값 이상 떨어지지 않아야 한다.

답 ㉰

49 강도설계법에서 철근의 이음에 관한 기준으로 옳은 것은?

㉮ 용접이음은 철근의 설계기준항복강도 f_y의 125% 이상을 발휘할 수 있는 완전용접이여야 한다.

㉯ 인장 이형철근의 겹침이음은 A급, B급으로 분류하며 어떤 경우라도 200 mm 이상이어야 한다.

㉰ 압축 이형철근의 이음을 제외하고 D35를 초과하는 철근은 겹침이음할 수 있다.

㉱ 휨부재에서 서로 직접 접촉되지 않게 겹침이음된 철근은 횡방향으로 소요 겹침이음길이의 1/3 또는 200 mm 중 작은 값 이상 떨어지지 않아야 한다.

풀이 ① 인장 이형철근의 겹침이음은 A급, B급으로 분류하며 어떤 경우라도 200 mm 이상이어야 한다.

② D35를 초과하는 철근은 겹침이음을 하지 않는다.

③ 휨부재에서 서로 직접 접촉되지 않게 겹침이음된 철근은 횡방향으로 소요 겹침이음길이의 1/5 또는 150 mm 중 작은 값 이상 떨어지지 않아야 한다.

답 ㉮

50 강도설계법에서 철근의 겹침이음 중에 A급 이음을 가장 옳게 설명한 것은?

㉮ 소요철근량의 1배 이상 배치된 경우 또는 겹침이음된 철근량이 전체철근량이 50% 이내
㉯ 소요철근량의 1배 이상 배치된 경우이고 겹침이음된 철근량이 전체철근량이 50% 이내
㉰ 소요철근량의 2배 이상 배치된 경우 또는 겹침이음된 철근량이 전체철근량이 50% 이내
㉱ 소요철근량의 2배 이상 배치된 경우이고 겹침이음된 철근량이 전체철근량이 50% 이내

풀이 겹침이음에서 A급 이음과 B급 이음의 분류

겹침이음에서 A급 이음과 B급 이음의 분류

배근 A_s / 소요 A_s	소요 겹침이음길이 내에 겹침이음된 철근량이 전체 철근량 (%)	
	50% 이하	50% 초과
2 이상	A급 이음 ($1.0l_d$)	B급 이음 ($1.3l_d$)
2 미만	B급 이음 ($1.3l_d$)	B급 이음 ($1.3l_d$)

답 ㉱

51 철근의 용접이음 중 가장 부적당한 것은?

㉮ 겹침용접 이음
㉯ 모살용접 이음
㉰ 맞댐용접 이음
㉱ 덧댐용접 이음

풀이 모살용접은 강구조에서 사용되는 이음방법이다. 답 ㉯

52 등분포하중을 받는 다음과 같은 철근콘크리트 보의 대략적인 주철근의 배치 형태로 가장 타당한 것은?

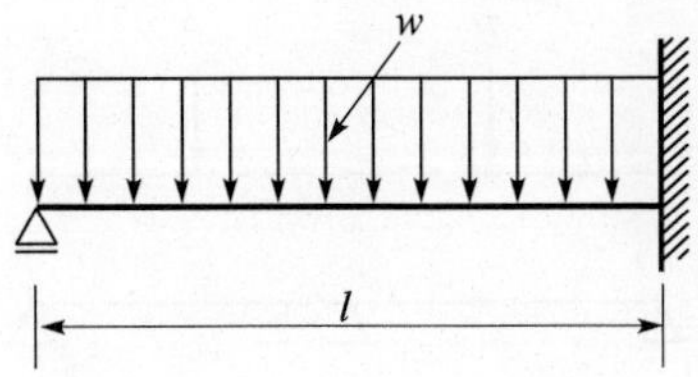

㉮

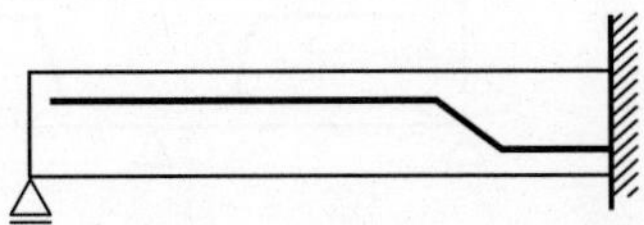

㉯

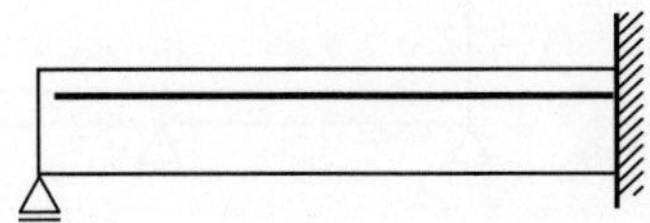

㉰

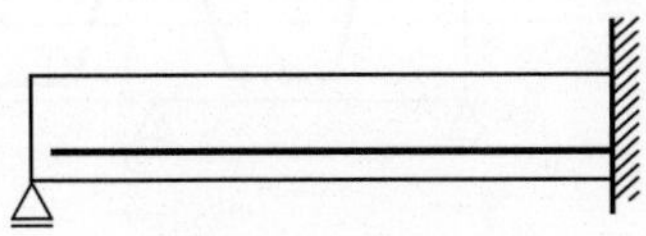

㉱

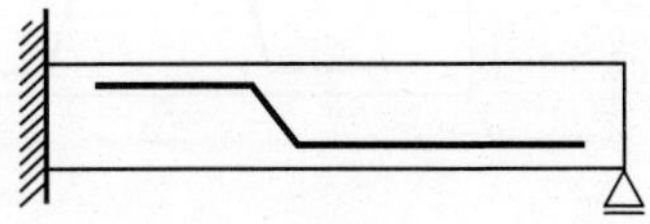

풀이 휨모멘트도 (BMD)와 배치도

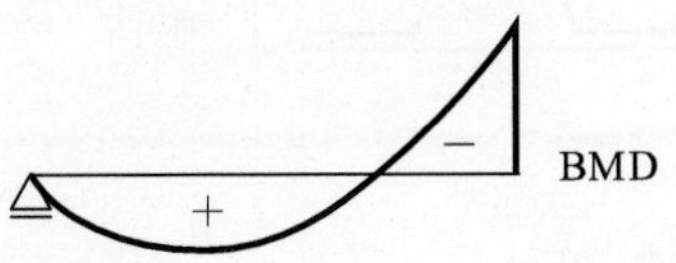

BMD

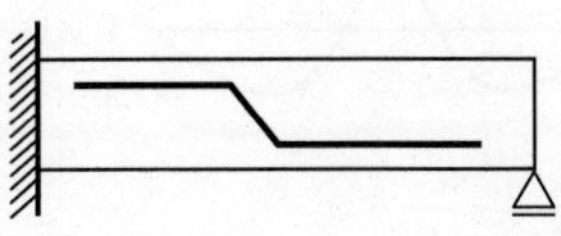

배치도

답 ㉱

53 다음 중 그림과 같은 보의 주철근 배치로 가장 알맞은 것은?

㉮

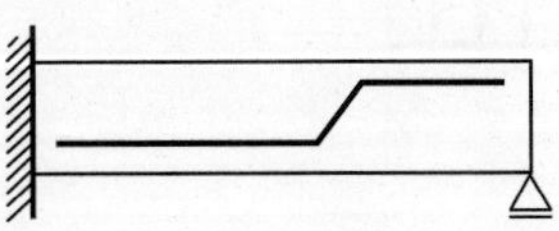

㉯

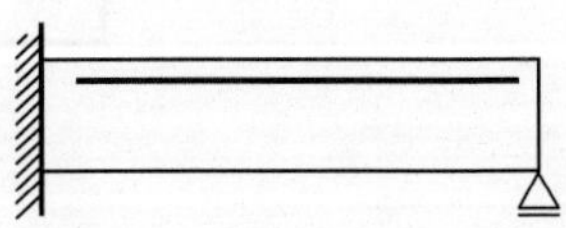

㉰

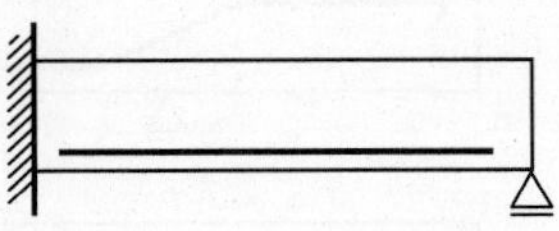

㉱

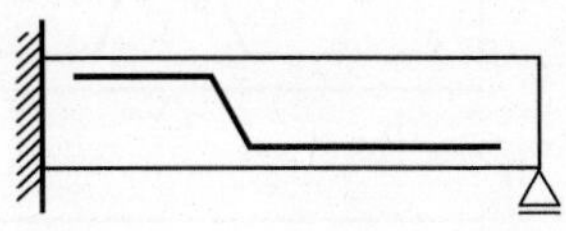

풀이 휨모멘트도 (BMD)와 배치도

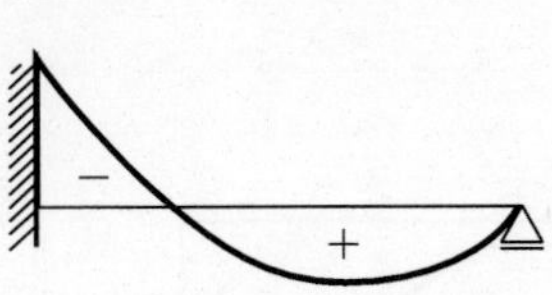

BMD

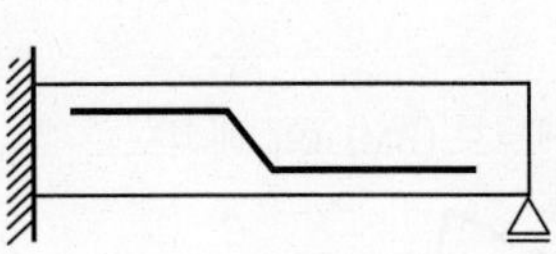

배치도

답 ㉱

54 그림과 같은 하중상태에서 주철근의 배치방법이 옳은 것은?

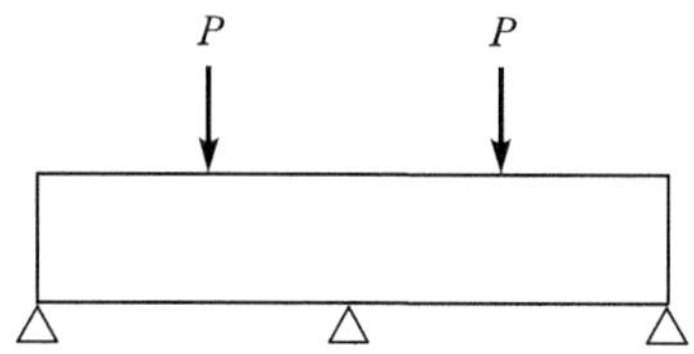

㉮ 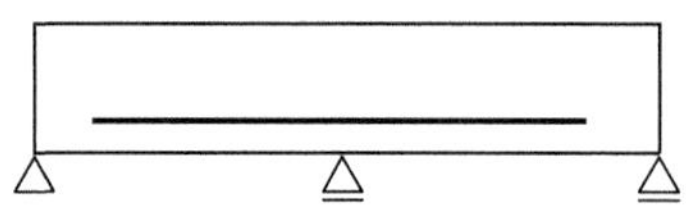

㉯ 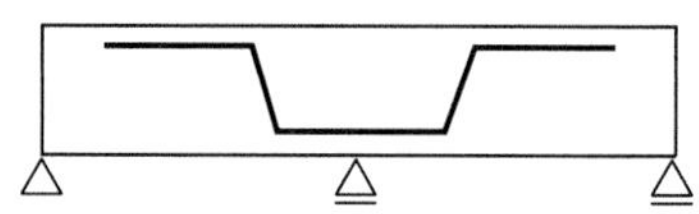

㉰ 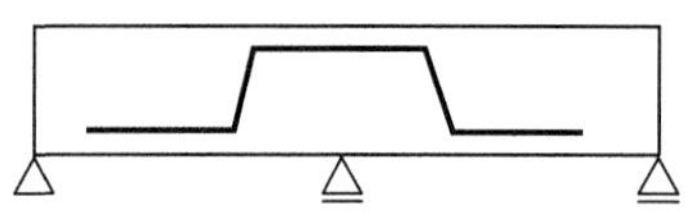

㉱ 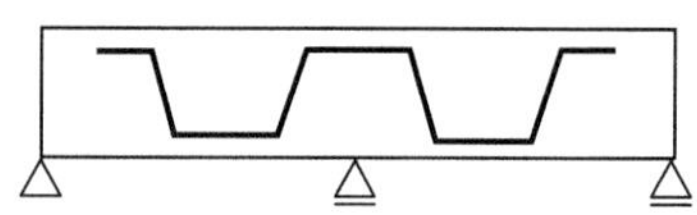

풀이 휨모멘트도 (BMD)와 배치도

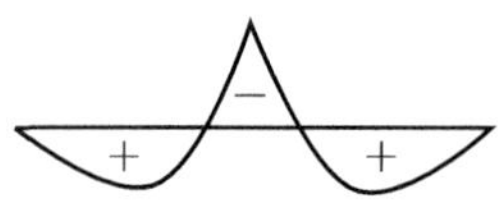

BMD

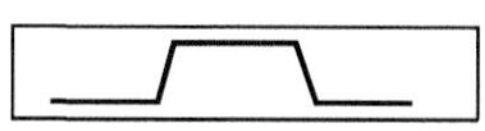
배치도

답 ㉰

55 그림과 같은 하중을 받는 내민보의 철근 배치로 옳은 것은?

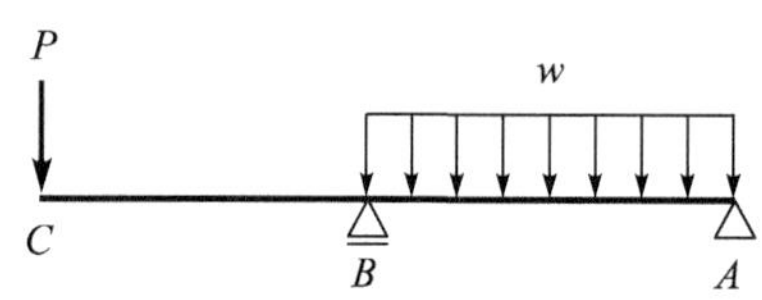

㉮ 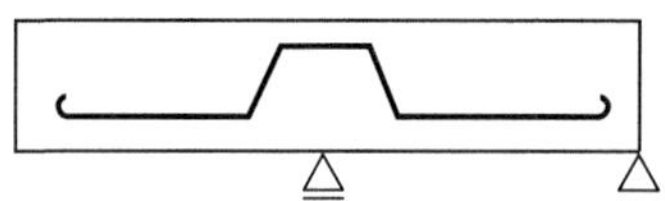

㉯ 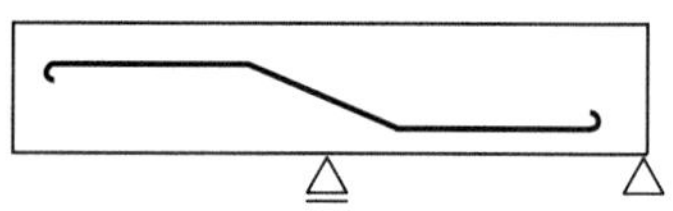

㉰ 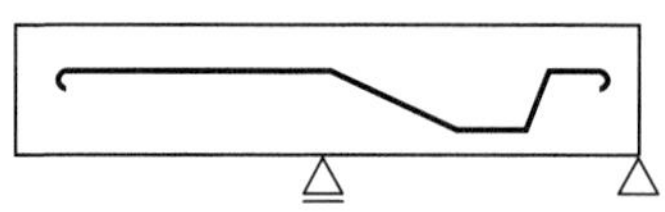

㉱ 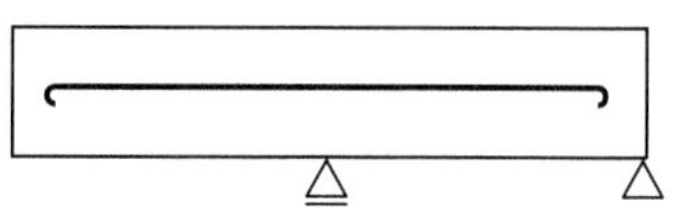

풀이 휨모멘트도 (BMD)와 배치도

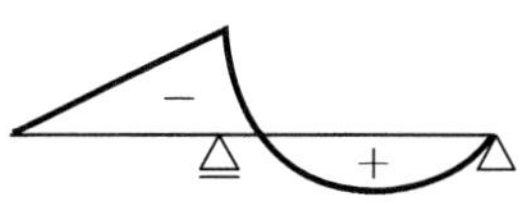

BMD

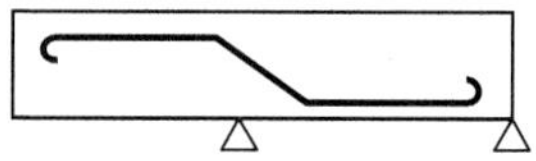
배치도

답 ㉯

56 다음과 같은 보의 하중상태에서 철근 배치가 옳은 것은?

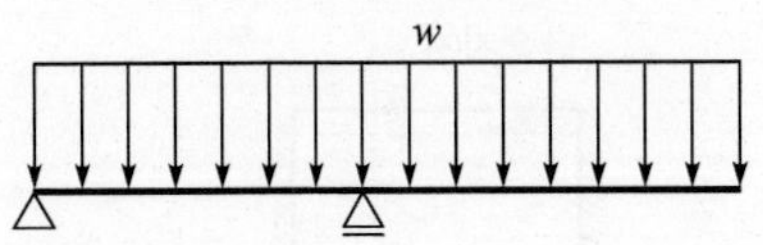

㉮

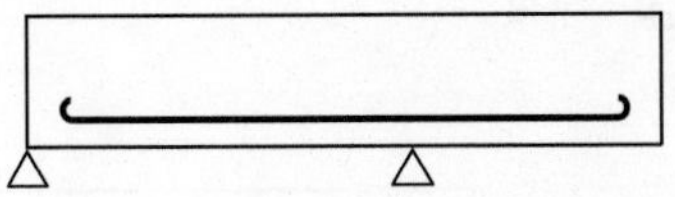

㉯

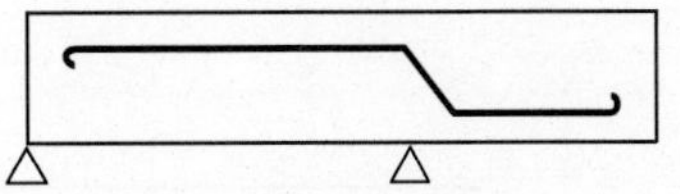

㉰

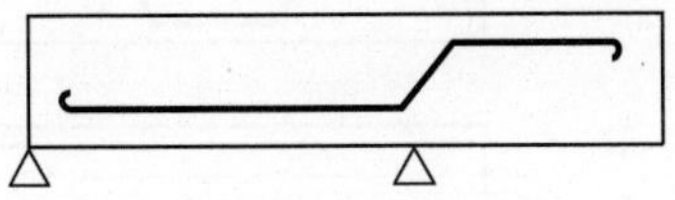

㉱

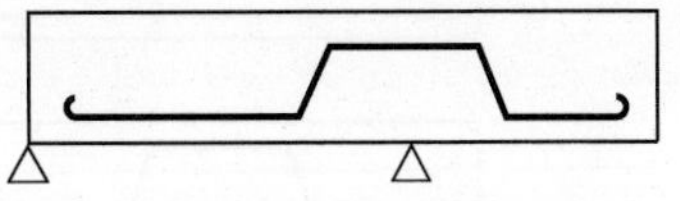

풀이 휨모멘트도 (BMD)와 배치도

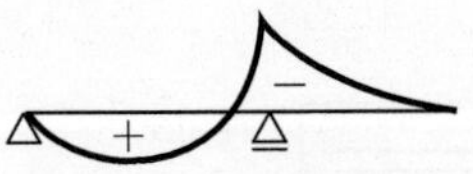

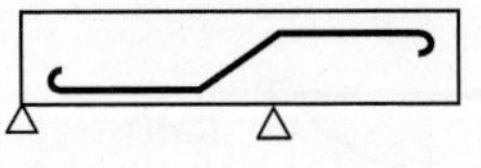

배치도

답 ㉰

57 그림과 같은 3변 고정, 1변 자유인 슬래브에 등분포하중 작용시 A-B 단면의 주철근 배치도 중 옳은 것은?

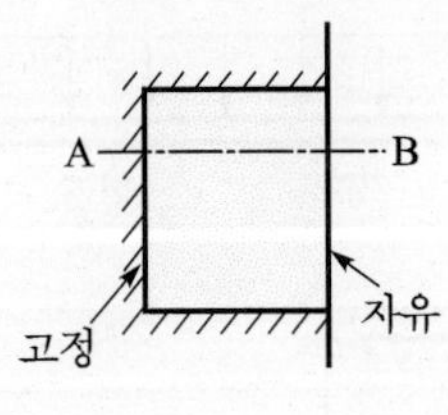

㉮

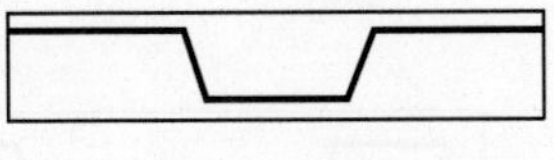

㉯

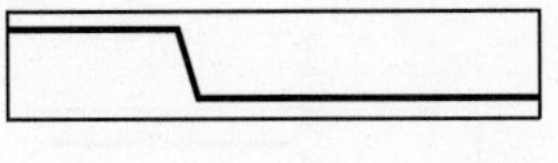

㉰

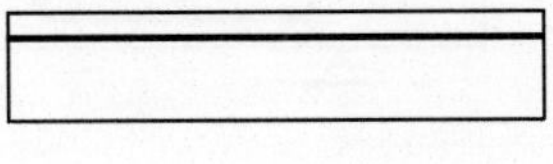

㉱

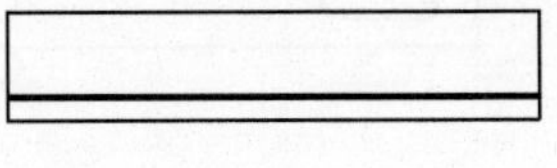

풀이 휨모멘트도 (BMD)와 배치도

배치도

답 ㉯

58 그림과 같은 조건의 슬래브의 A-B 단면의 주철근 배치도 중 합당한 것은?

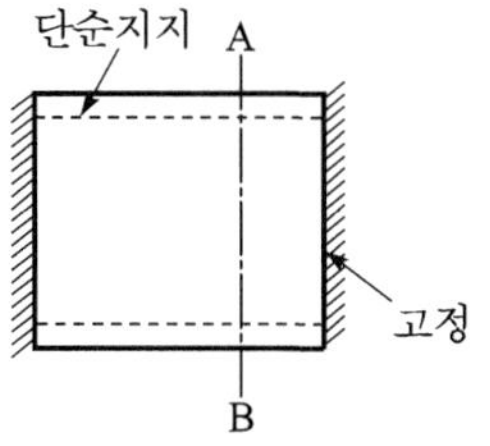

㉮ 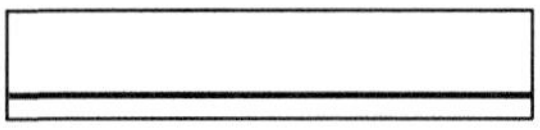

㉯ 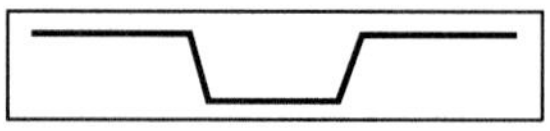

㉰ 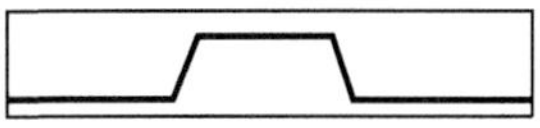

㉱ 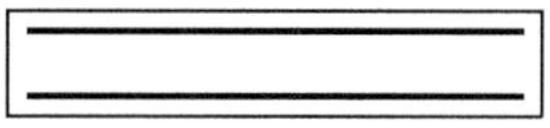

풀이 휨모멘트도 (BMD)와 배치도

답 ㉮

59 다음 그림과 같이 등분포 하중을 받는 단순보의 철근 배치를 가장 올바르게 한 것은?

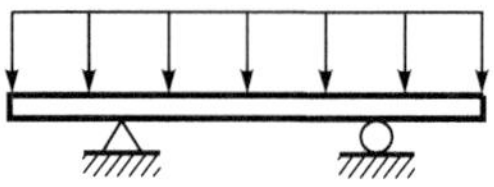

㉮ 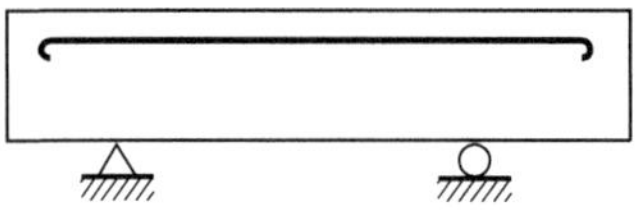

㉯ 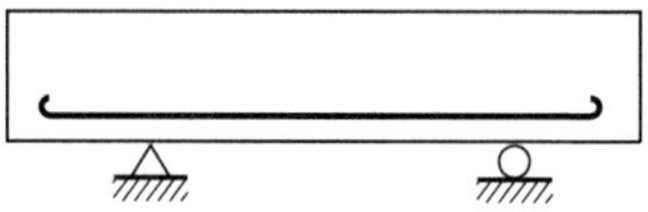

㉰ 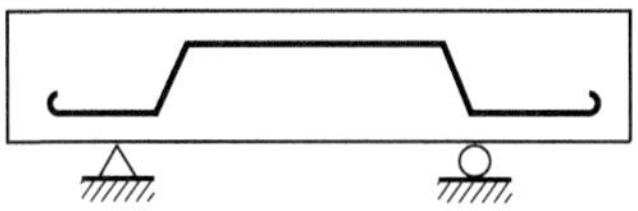

㉱ 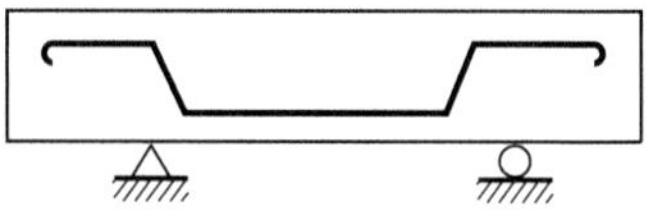

풀이 휨모멘트도 (BMD)와 배치도

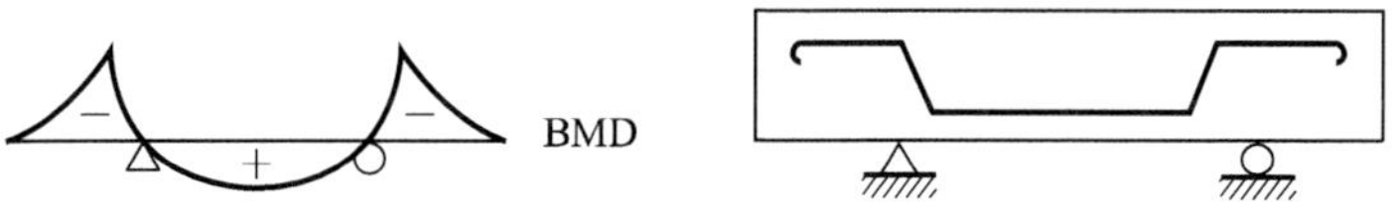

답 ㉱

심화 연습문제

01 철근 부착력에 영향을 주는 요소에 대하여 설명하시오. (건축구조기술사 00년)

02 강도설계법에서 철근콘크리트 설계에 적용하는 철근의 정착길이 (Development Length)에 대하여 설명하시오. (건축구조기술사 97년)

03 보 단면이 $b_w = 300\ \mathrm{mm}$, $h = 600\ \mathrm{mm}$인 보의 상단부 휨모멘트 소요철근량 $1{,}250\ \mathrm{mm}^2$에 대하여 4-D22 철근이 사용되고, D10@200 스터럽으로 횡보강되었을 때 묻힘길이에 의한 인장 이형철근의 정착길이를 계산하시오. (단, 콘크리트는 f_{ck} =27 MPa의 보통중량콘크리트이고, 철근은 $f_y = f_{yt}$ =400 MPa의 도막되지 않은 철근이다.) (건축구조기술사 00년)

04 철근 D25에 대한 묻힘길이에 의한 인장 이형철근의 기본정착길이를 산정하고, 또한 철근 D25 단부에 표준갈고리가 있는 인장 이형철근의 기본정착길이를 산정하시오. 그리고 철근 D25에 대한 묻힘길이에 의한 압축 이형철근의 기본정착길이를 산정하시오. (단, 콘크리트는 $f_{ck} = 24\ \mathrm{MPa}$의 보통중량콘크리트이고, 철근은 $f_y = 400\ \mathrm{MPa}$의 도막되지 않은 철근이다.)

05 예제 6.1에서 모든 문제의 조건은 동일하지만, 외곽 기둥 단면을 400 mm×400 mm로 하고 보의 상단의 부모멘트 소요철근량이 $1{,}400\ \mathrm{mm}^2$이며, 이에 대하여 실제로는 4-D22 ($A_s = 1{,}548\ \mathrm{mm}^2$)로 배치하였다. 인장 이형철근의 정착길이를 정밀식에 의한 방법과 기본정착길이에 보정계수를 곱하는 방법에 의해 각각 산정하시오. (단, 콘크리트는 $f_{ck} = 24\ \mathrm{MPa}$의 보통중량콘크리트이고, 철근은 $f_y = f_{yt} = 400\ \mathrm{MPa}$의 도막되지 않은 철근이다.)

06 그림과 같은 줄기초에서 종방향으로 D19 철근을 200 간격으로 배치하였다. 이 철근의 정착길이를 검토하시오. (단, 콘크리트는 f_{ck} =24 MPa의 보통중량콘크리트이고, 철근은 $f_y = f_{yt}$ =400 MPa의 도막되지 않은 철근이다.)

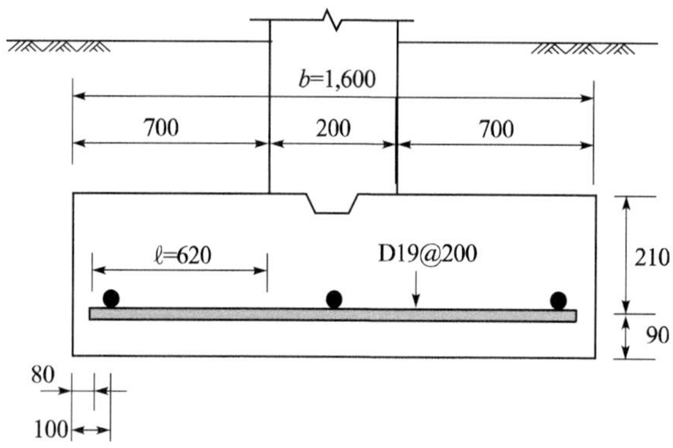

그림 6.46

07 강도설계법에 의한 철근콘크리트 부재 설계 시 표준갈고리를 종류별로 그리고 각각에 대해 연장길이, 내면 반지름 등에 대해 설명하시오.

08 인형철근이 인장력을 받을 경우 철근을 콘크리트 안에 적절히 정착시켜야 한다. 이때, 인장 이형철근의 정착길이에 영향을 미치는 요소를 쓰시오.

09 다음 그림과 같은 최상층 보에 배치된 주철근 (D29)을 90° 표준갈고리로 정착시키고자 할 때 인장 이형철근의 정착길이 l_{dh} 를 최소로 하기 위한 주철근의 최소 피복두께, 직선 연장부의 최소 피복두께 및 최소 정착길이 l_{dh} 를 산정하고 기타 치수와 간격을 결정하시오. (단, 콘크리트는 f_{ck} =24 MPa의 보통중량콘크리트이고, 철근은 $f_y = f_{yt}$ =400 MPa의 도막되지 않은 철근이다.)

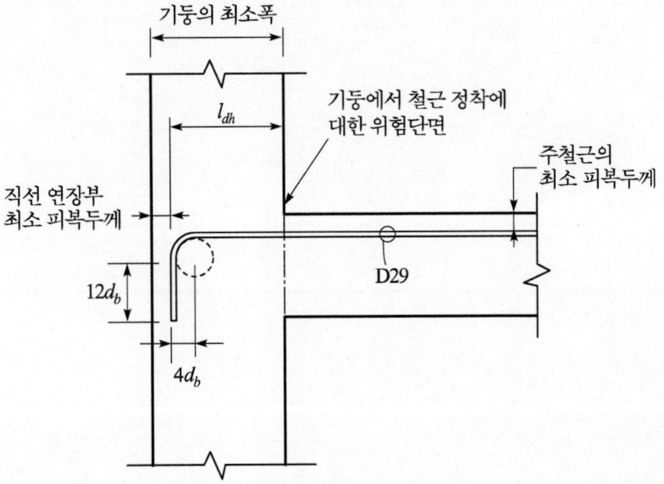

그림 6.47

10 모든 철근이 압축응력을 받는 띠철근 기둥의 겹침이음길이를 구하시오. (단, 콘크리트는 f_{ck} =27 MPa의 보통중량콘크리트이고, 철근은 $f_y = f_{yt}$ =400 MPa의 도막되지 않은 철근이다.)

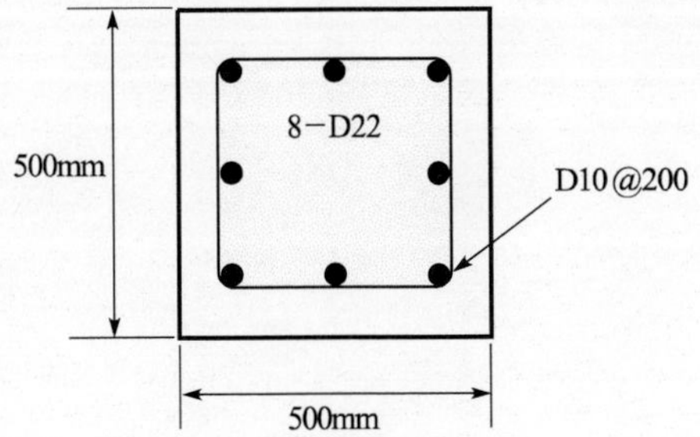

그림 6.48

CHAPTER

07

사용성과 내구성

CHAPTER 07

사용성과 내구성

7.1. 개요

철근콘크리트 구조물에 외력이 작용할 경우 부재는 계수하중(Factored Load)에 대해 파괴에 가까운 상태에서 단면을 해석하고 설계하여 안전하게 하중을 저항하도록 하였다. 이와 같이 구조물이 외력에 대해서는 안전하게 설계되어 있더라도 부재의 과다한 균열, 처짐 그리고 피로가 발생되면 그 구조물은 구조물의 기능과 성능을 수행할 수 없고 사용자에게 불안감을 초래한다. 따라서 구조물의 설계는 안전성, 사용성 및 내구성을 만족할 수 있도록 설계하여야 한다.

이전에는 철근콘크리트 구조물의 설계를 허용응력설계법으로 하였었다. 이 허용응력설계법은 사용성에 중점을 둔 설계법이므로 이 방법으로 설계된 부재의 처짐이나 균열에 대해서는 안전한 설계가 되었다. 그러나 강도설계법에서는 고강도철근의 도입으로 인해 부재 단면이 이전의 설계방법보다는 작아지는 경향이 있으므로 처짐이나 균열 그리고 피로 등에 대해서는 주요 설계대상이 된다.

철근콘크리트 부재에서 사용성에 영향을 주는 주요한 요소는 균열과 처짐이다. 철근콘크리트 보부재에 균열이 발생하고 난 직후 압축응력은 선형분포에 가깝고 주철근의 응력은 탄성영역에 머물러 있다. 따라서 균열과 처짐에 관련된 해석과 설계를 할 때는 작용하중을 사용하중(Service Load)으로 하고 철근과 콘크리트의 응력상태를 선형탄성 상태로 가정한다.

표 7.1 구조물의 안전성, 사용성 및 내구성

구조설계의 원칙	내 용
안전성 (Safety)	① 어떠한 하중에 대하여, 사용자 또는 구조물 주변 사람의 안전을 보장하는 구조물의 성능이다. ② 건축물은 적절한 구조계획을 통해 각종 하중에 대하여 구조적으로 안전해야 한다. ③ 안전성은 계수하중으로 검토한다.
사용성 (Serviceability)	① 고려하는 하중에 대하여, 사용상의 적절한 편의 및 기능을 제공하는 구조물의 성능이다. ② 건축물은 사용에 지장이 되는 변형이나 진동이 발생되지 않도록 강성을 확보하고, 순간적인 파괴가 일어나지 않도록 인성을 확보한다. ③ 사용성은 사용하중으로 검토한다.
내구성 (Durability)	① 구조물의 성능을 사용기간 내에 요구수준 이상으로 유지하는 성능이다. 또는 구조물의 성능 저하에 대한 저항성으로 소요의 공용기간 중 요구되는 성능과 수준을 지속시킬 수 있는 정도이다. ② 부식 및 마모가 예상되는 부재는 이를 방지할 수 있는 조치를 취한다. ③ 내구성과 관련한 기준항목으로는 동결저항 콘크리트에 대한 전체 공기량, 특수 노출 상태에 대한 최대 물결합재비 (물시멘트비), 황산염 및 철근부식을 위한 수용성 염소 이온비율, 제빙화학제에 노출된 콘크리트의 혼화재비율 등이다.

참고 ① 계수하중 (Factored Load) : 고정하중 및 활하중과 같은 하중에 하중계수를 곱한 하중이다.
② 사용하중 (Service Load) : 고정하중 및 활하중과 같은 하중에 하중계수를 곱하지 않은 하중이다.
③ 사용성 검토를 사용하중으로 하는 이유 : 부재의 처짐이나 균열, 피로 등은 보통의 사용 상태에서의 문제이기 때문이다.

예제 7-1

철근콘크리트 부재의 처짐에 관한 사항이다. 틀린 것은 어느 것인가?

㉮ 강도설계법에서 철근콘크리트 보의 처짐은 하중계수를 적용한 하중조합에 대해 검토되어야 한다.

㉯ 처짐계산은 전체 단면2차 모멘트와 균열단면2차 모멘트를 고려한 유효단면2차 모멘트를 사용한다.

㉰ 부피/표면적의 비가 적을수록 크리프 및 건조수축에 의한 변형이 증가한다.

㉱ 철근콘크리트 보의 처짐은 탄성처짐과 장기처짐으로 구분되는데 장기처짐은 압축철근의 증가에 따라 감소한다.

풀이

건축물이 균열, 처짐, 피로 등의 사용성에 대한 검토는 하중계수를 적용하지 않은 사용하중으로 검토한다.

답 ㉮

7.2. 보의 탄성해석

7.2.1. 탄성해석의 기본 가정

철근콘크리트 부재의 균열과 처짐을 검토하기 위해서는 사용하중(Service Load)을 적용하며, 사용하중 상태에서는 부재 단면의 압축응력은 선형분포에 가깝고 주철근의 응력은 탄성영역에 머물러 있고, 철근과 콘크리트의 응력상태를 선형탄성 상태로 가정한다. 이와 같이 철근과 콘크리트의 응력상태를 선형탄성 상태로 있기 위한 기본 가정은 다음과 같다.

(1) 보의 부재 축에 직각인 단면이 재하 전에 평면이면 재하 후(처짐 이후)에도 평면을 유지한다(베르누이의 가정).

(2) 응력과 변형률은 비례한다. 변형률은 부재의 전체 깊이에 걸쳐 선형적이고, 응력은 $f = E\epsilon$에 의해 변형률로부터 계산된다(후크의 법칙).

(3) 콘크리트의 인장강도는 콘크리트 단면에 균열이 발생한 후에는 무시된다. 균열이 발생하기 전에는 전단면적(全斷面績)이 유효하다.

(4) 탄성범위 내에서 인장철근의 단면적은 n 배의 인장 콘크리트의 단면적으로 계산할 수 있다. 여기서 n 은 탄성계수비이다.

(5) 철근과 콘크리트는 완전한 결합상태이며 서로 미끄러짐이 발생하지 않는다.

(6) 철근의 탄성계수는 다음과 같다.

$$E_s = 2.0 \times 10^5 \quad (\text{MPa})$$

(7) 콘크리트의 탄성계수는 다음과 같다.

① 콘크리트의 할선탄성계수($m_c = 1{,}450 \sim 2{,}500\ \text{kg/m}^3$)

$$E_c = 0.077\, m_c^{1.5}\, \sqrt[3]{f_{cm}} \quad (\text{MPa})$$

여기서, $f_{cm} = f_{ck} + \Delta f$ (MPa)

m_c : 콘크리트의 단위체적질량 (kg/m^3)

Δf : Δf는 f_{ck}가 40 MPa 이하면 4 MPa, 60 MPa 이상이면 6 MPa이며, 그 사이는 직선 보간으로 구한다.

② 보통중량골재의 탄성계수 ($m_c = 2{,}300\ \mathrm{kg/m^3}$)

$$E_c = 8{,}500\ \sqrt[3]{f_{cm}}\quad \mathrm{(MPa)}$$

7.2.2. 등가환산단면

철근콘크리트 휨부재의 균열과 처짐 등의 사용성 검토는 작용하중을 사용하중으로 하고 부재의 응력상태를 선형탄성 상태로 가정하였다. 따라서 탄성해석의 기본 가정으로부터 단면응력은 $f = E\epsilon$ 이고 또한 휨응력의 기본식으로부터 단면의 응력은 $f = \dfrac{M}{I}y$ 이다. 철근과 콘크리트로 이루어진 휨부재가 휨변형 후 선형탄성 상태로 있게 되면 단면의 응력은 각각 $f_s = E_s\epsilon_s$, $f_c = E_c\epsilon_c$ 가 된다. 여기서 아래첨자 s 는 철근(Steel)을 의미하고, c 는 콘크리트(Concrete)를 의미한다. 철근은 콘크리트보다 탄성계수가 매우 크지만 두 재료의 변형률(ϵ)은 같게 되어 철근이 매우 큰 응력을 부담하게 된다. 따라서 서로 다른 두 재료가 동일한 변형률을 갖더라도 두 재료의 응력은 다르게 된다. 만약 실제 철근의 단면적을 동일한 위치에서 동일한 효과를 갖는 콘크리트의 단면적으로 환산하게 되면, 콘크리트만으로 이루어진 균질단면이 된다. 이러한 동일한 효과를 갖는 균질단면이 등가환산단면(Transformed Section)이고 환산단면 또는 변환단면이라고도 한다. 등가환산단면은 탄성범위 내에서 실제 철근의 단면적을 동일한 효과를 갖는 콘크리트 단면으로 대치하여 실제 철근 단면의 도심에 집중되어 있다고 가정한 것이다. 등가환산단면을 적용하기 위해서는 활하중과 같은 단기하중이 작용하며 선형탄성응력 이하의 낮은 응력이 일어날 때이며 자중이나 지속하중과 같은 장기하중이 작용하게 되면 콘크리트의 크리프나 건조수축 등이 처짐에 영향을 미치게 되므로 이러한 영향을 고려하여 등가환산단면을 산정한다.

철근의 단면적을 등가의 콘크리트의 단면적으로 환산할 때 다음의 두 가지 조건이 만족되어야 한다.

(1) 힘의 정역학적 조건에 따라 전체 인장력이 같아야 한다.

실제 철근의 인장력 T 와 등가로 환산된 콘크리트의 인장력 T_{tc} 는 아래와 같고 이들의 크기는 같다.

$T = A_s f_s$, $T_{tc} = A_{tc} f_{tc}$

$T = T_{tc}$

$A_s f_s = A_{tc} f_{tc}$

여기서, A_s : 실제 인장철근의 단면적 (mm^2)

A_{tc} : 등가로 환산된 콘크리트의 단면적 (mm^2)

f_s : 실제 인장철근의 응력 (MPa)

f_{tc} : 등가로 환산된 콘크리트의 응력 (MPa)

(2) 변형조건에 따라 변형률이 같아야 한다.

실제 철근의 변형률 ϵ_t 와 등가로 환산된 콘크리트의 변형률 ϵ_{tc} 는 아래와 같고 이들의 크기는 같다. 따라서 실제 인장철근의 응력과 등가로 환산된 콘크리트 응력은 다음과 같은 관계를 갖는다.

$$\epsilon_t = \frac{f_s}{E_s},\ \epsilon_{tc} = \frac{f_{tc}}{E_c}$$

$$\epsilon_t = \epsilon_{tc}$$

$$\frac{f_s}{E_s} = \frac{f_{tc}}{E_c}$$

$$f_s = \frac{E_s}{E_c} f_{tc} = n f_{tc}$$

위의 식으로부터 탄성계수비 n은 다음과 같다.

$$n = \frac{E_s}{E_c}$$

또한 힘의 정역학적 조건식에 $f_s = n f_{tc}$를 대입하면 실제 철근을 등가로 환산하였을 경우 등가 콘크리트의 단면적 A_{tc} 와 응력 f_{tc} 는 다음과 같은 관계를 갖는다.

$$A_s (n f_{tc}) = A_{tc} f_{tc}$$

$$A_{tc} = n A_s$$

$$f_{tc} = \frac{1}{n} f_s$$

등가 콘크리트의 단면적 A_{tc} 는 실제 철근의 단면적의 n 배와 같고, 등가 콘크리트 인장응력 f_{tc}는 실제 철근의 인장응력의 $\frac{1}{n}$ 배와 같다. 실제 단면에서는 철근과 콘크리트의 두 가지 재료였으나, 철근을 등가의 콘크리트로 치환함으로써 한 가지 재료로 가정하여 단면을 해석할 수 있다.

그림 7.1은 균열 발생 전($f_t < f_r$)에 철근의 등가 콘크리트의 단면적으로의 치환을 나타낸 것이다. 여기서 f_t는 단면의 인장측 콘크리트 연단(끝부분)의 인장응력이고, f_r은 콘크리트의 파괴계수이다. 압축영역에서 압축철근의 단면적 A_s'은 등가의 콘크리트의 단면적 nA_s'이 되고, 원래 압축철근 A_s'에 해당되는 콘크리트의 단면적을 차지해야 하므로 $(n-1)A_s'$의 추가적인 콘크리트의 등가환산단면적이 필요하다. 같은 방법으로 균열 발생 전의 인장영역에서 인장철근의 단면적 A_s는 $(n-1)A_s$의 추가적인 콘크리트의 등가환산단면적이 된다. 탄성단면에서 인장측 콘크리트 연단에 균열이 발생하지 않았을 경우, 바리뇽의 정리를 이용하여 전체 단면적과 나누어진 단면적에 대한 압축콘크리트 연단에서의 단면1차 모멘트 합이 같다는 조건으로 계산한다.

$$(\Sigma A_i)\bar{y} = \Sigma(A_i \bar{y_i})$$

여기서, A_i : i 번째의 면적 (mm^2)

$\bar{y}$: 압축콘크리트 연단으로부터 전체 단면적의 도심축까지의 거리 (mm)

$\bar{y_i}$: 압축콘크리트 연단으로부터 i 번째 단면적의 도심축까지의 거리 (mm)

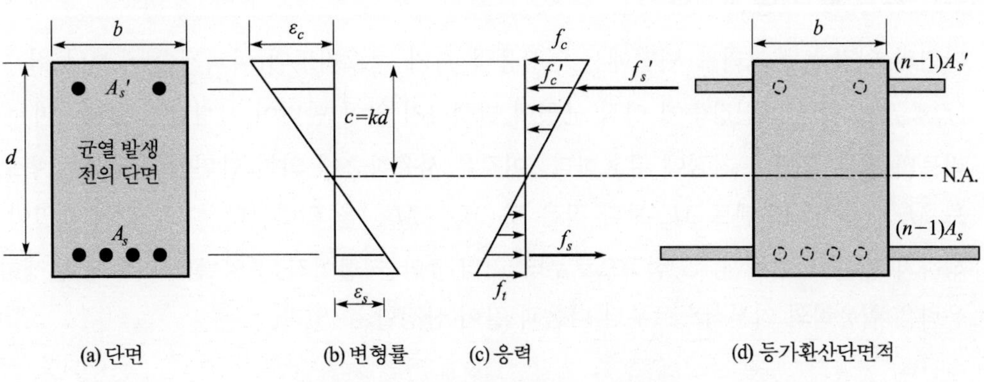

그림 7.1 균열 발생 전의 등가환산단면적

그림 7.2는 균열 발생 후$(f_t \geq f_r)$에 철근의 등가 콘크리트의 단면적으로의 치환을 나타낸 것이다. 균열 발생 후의 압축철근은 균열 발생 전과 동일하게 $(n-1)A_s'$의 추가적인 콘크리트의 등가환산단면적이지만, 균열이 발생된 인장콘크리트는 인장응력에 저항할 수 없어 무시하게 되므로 nA_s의 추가적인 콘크리트의 등가환산단면적이 된다. 그림 7.2에서 $c = kd$는 균열 단면에서 압축콘크리트의 연단에서부터 측정된 중립축의 깊이이다.

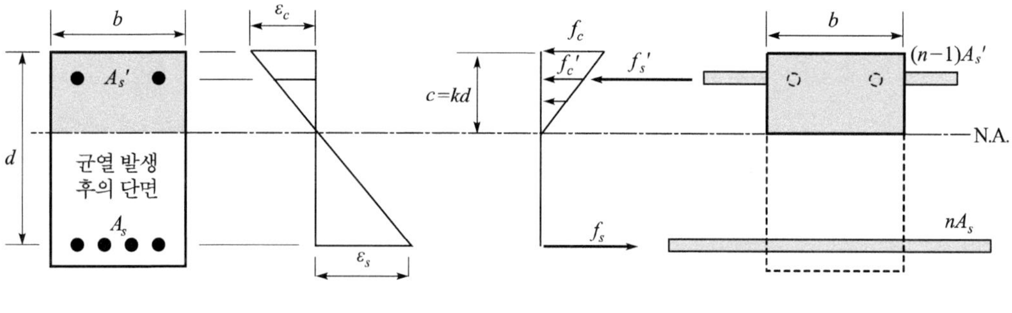

그림 7.2 균열 발생 후의 등가환산단면적

7.3. 처짐

7.3.1. 균열 발생 전의 거동

단면의 인장측 콘크리트 연단에서 인장응력 f_t가 콘크리트의 파괴계수 f_r보다 작으면 $(f_t < f_r)$, 단면의 인장측에 아직 균열이 발생하지 않아 단면이 선형탄성 상태이며 콘크리트의 전체 단면이 처짐에 유효하다. 이것은 사용하중에 의한 단면에 작용하는 휨모멘트 M_s가 균열휨모멘트 M_{cr}보다 작은 것$(M_s < M_{cr})$을 의미한다. 이와 같이 균열이 발생하지 않은 단면에서, 도심축으로부터 거리 y만큼 떨어진 곳의 콘크리트에 발생하는 응력은 휨응력의 기본식으로부터 다음과 같이 산정할 수 있다.

$$f = \frac{M_s}{I_g} y$$

여기서, M_s : 사용하중에 의한 단면의 휨모멘트 (kN · m)

y : 전체 단면의 도심축으로부터 응력 f를 산정하고자 하는 곳까지의 거리 (mm)

I_g : 철근의 단면적을 무시한 총 단면($b \times h$)에 대한 단면2차 모멘트 (mm^4)

단면의 인장측 콘크리트 연단에 균열이 발생하지 않은 상태에서 단면2차 모멘트 I 의 정확한 계산은 인장철근의 단면적 A_s 의 기여를 고려하여 등가환산단면에 대한 단면2차 모멘트 I_{gt} 를 사용하여야 한다. 그러나 일반적으로 사용성 검토에서는 I_{gt} 대신 철근의 단면적을 무시한 총 단면에 대한 단면2차 모멘트 I_g 를 사용하여 철근이 기여하는 추가 강성을 무시한다.

균열발생 직전의 인장측 콘크리트 연단의 인장응력 f_t 는 다음과 같고, f_t 는 콘크리트의 휨인장강도 (파괴계수) f_r 과 같게 된다.

$$f_t = \frac{M_{cr}}{I_g} y_t \text{ (MPa)}$$

따라서 균열휨모멘트 M_{cr} 은 다음과 같다. 식에서 S는 탄성단면계수이다.

$$M_{cr} = \frac{f_r I_g}{y_t} = f_r S \text{ (kN · m)}$$

여기서, y_t 는 직사각형 단면에서는 $y_t = h/2$ 가 되고, 콘크리트의 휨인장강도 (파괴계수) f_r 은 다음과 같다.

$$f_r = 0.63 \lambda \sqrt{f_{ck}} \text{ (MPa)}$$

예제 7-2

아래 보 단면에 대해 균열휨모멘트를 계산하시오. (단, 콘크리트는 f_{ck} =30 MPa의 보통중량콘크리트이고, 철근은 f_y =400 MPa의 도막되지 않은 철근이다.)

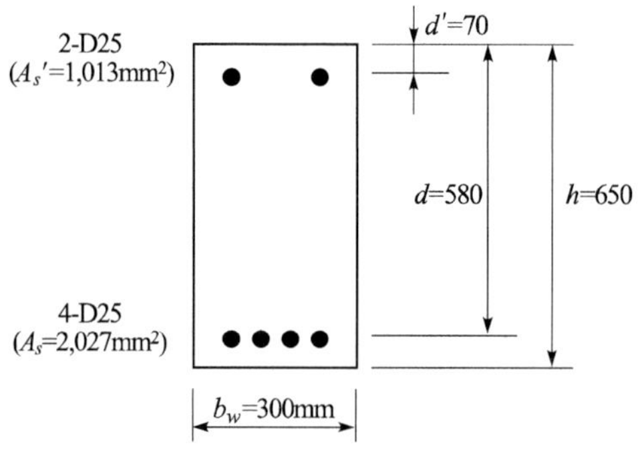

그림 7.3 보 단면

풀이

1. 등가환산단면을 이용한 해법

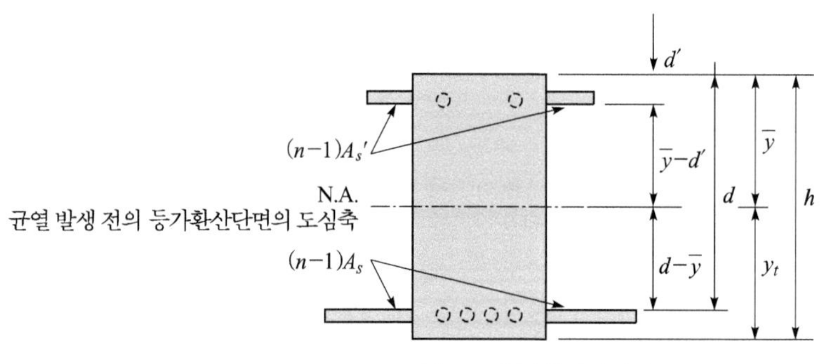

그림 7.4 등가환산단면적

1) 콘크리트의 탄성계수

$f_{cm} = f_{ck} + \Delta f = 30 + 4 = 34$ MPa

$E_c = 8{,}500\ \sqrt[3]{f_{cm}} = 8{,}500 \times \sqrt[3]{34} = 27{,}537$ MPa

2) 탄성계수비

$$n = \frac{E_s}{E_c} = \frac{2.0 \times 10^5}{27{,}537} = 7.26$$

3) 압축측 연단으로부터 도심축까지의 거리 $\bar{y}$

$$[bh + (n-1)A_s + (n-1)A_s']\bar{y} = bh\left(\frac{h}{2}\right) + (n-1)A_s d + (n-1)A_s' d'$$

$$\bar{y} = \frac{bh^2/2 + (n-1)A_s d + (n-1)A_s' d'}{bh + (n-1)A_s + (n-1)A_s'}$$

$$= \frac{300 \times 650^2/2 + (7.26-1) \times 2{,}027 \times 580 + (7.26-1) \times 1{,}013 \times 70}{300 \times 650 + (7.26-1) \times 2{,}027 + (7.26-1) \times 1{,}013} = 333\text{ mm}$$

4) 도심축에 대한 단면2차 모멘트

$$I_{gt} = \frac{bh^3}{12} + bh\left(\bar{y} - \frac{h}{2}\right)^2 + (n-1)A_s(d-\bar{y})^2 + (n-1)A_s'(\bar{y}-d')^2$$

$$= \frac{300 \times 650^3}{12} + 300 \times 650 \times \left(333 - \frac{650}{2}\right)^2$$

$$+ (7.26-1) \times 2{,}027 \times (580-333)^2 + (7.26-1) \times 1{,}013 \times (333-70)^2$$

$$= 8{,}091 \times 10^6\text{ mm}^4$$

$$y_t = h - \bar{y} = 650 - 333 = 317\text{ mm}$$

$$f_r = 0.63\lambda\sqrt{f_{ck}} = 0.63 \times 1.0 \times \sqrt{30} = 3.45\text{ MPa}$$

$$M_{cr} = \frac{f_r I_{gt}}{y_t} = \frac{3.45 \times (8{,}091 \times 10^6)}{317} = 88.1 \times 10^6\text{ N}\cdot\text{mm} = 88.1\text{ kN}\cdot\text{m}$$

2. 총 단면을 이용한 방법

$$I_g = \frac{bh^3}{12} = \frac{300 \times 650^3}{12} = 6{,}866 \times 10^6\text{ mm}^4$$

$$y_t = \frac{h}{2} = \frac{650}{2} = 325\text{ mm}$$

$$M_{cr} = \frac{f_r I_g}{y_t} = \frac{3.45 \times (6{,}866 \times 10^6)}{325} = 72.9 \times 10^6\text{ N}\cdot\text{mm} = 72.9\text{ kN}\cdot\text{m}$$

단면2차 모멘트 I 값에 있어 등가환산단면에 대한 단면2차 모멘트 I_{gt} 는 철근의 단면적을 무시한 총 단면에 대한 단면2차 모멘트 I_g 보다 약 18% 차이가 있고 M_{cr} 값은 약 21% 차이가 있으나 처짐계산에서 기여하는 값으로는 크지 않으므로 M_{cr} 계산에서 단면2차 모멘트로는 편의상 I_g 를 사용한다.

7.3.2. 균열 발생 후의 거동

(1) 개요

단면의 인장측 콘크리트 연단에서 인장응력 f_t가 콘크리트의 파괴계수 f_r보다 크게 되면 ($f_t \geq f_r$), 단면의 인장측에 균열이 발생하게 되고 콘크리트 인장응력은 무시된다. 이것은 사용하중에 의한 단면에 작용하는 휨모멘트 M_s가 균열휨모멘트 M_{cr}보다 큰 것 ($M_s \geq M_{cr}$)을 의미한다. 인장측 콘크리트에 균열이 발생된 후 콘크리트의 압축응력과 철근의 인장응력을 산정하는 방법은 등가환산단면을 이용하거나 내부 우력을 이용할 수 있다.

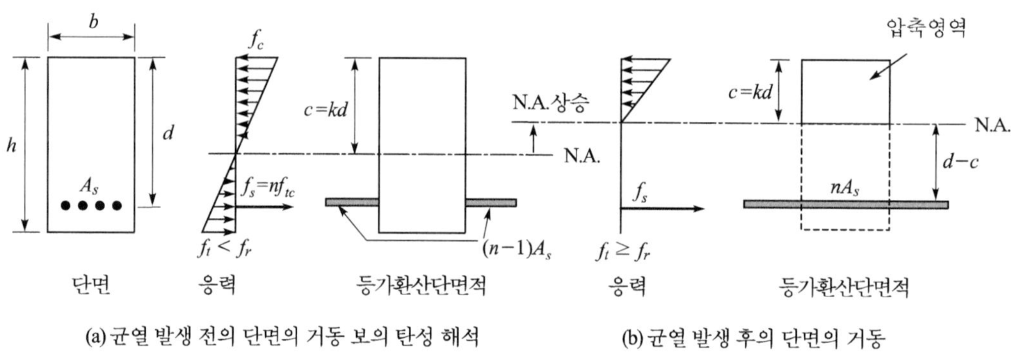

그림 7.5 보의 탄성해석

(2) 등가환산단면을 이용한 방법

(가) 압축측 연단으로부터 중립축까지의 거리

균열 발생 후의 단면에서 압축연단에서 중립축(N.A.)까지의 거리 c는 다음과 같이 산정한다. 균열이 발생한 탄성단면의 경우, 중립축에서 단면1차 모멘트가 같다는 조건으로부터 단철근 직사각형 보에 대한 압축연단에서 중립축까지의 거리 c를 산정할 수 있다.

$$bc\left(\frac{c}{2}\right) = nA_s(d-c)$$

$$\frac{b}{2}c^2 - nA_s(d-c) = 0$$

$$\frac{b}{2}c^2 + nA_s c - nA_s d = 0$$

$\rho = \dfrac{A_s}{bd}$ 이므로 $A_s = \rho bd$이다.

$\left(\dfrac{b}{2}\right)c^2 + (\rho nbd)c - (\rho nbd^2) = 0$

c에 대해 정리하면 다음과 같고, 근의 공식으로부터 c를 산정한다.

$c^2 + (2\rho nd)c - (2\rho nd^2) = 0$

$$c = \sqrt{2\rho nd^2 + (\rho nd)^2} - \rho nd$$

$c = kd$ 이므로 k는 다음과 같다.

$$k = \sqrt{2\rho n + (\rho n)^2} - \rho n$$

(나) 균열단면2차 모멘트

단철근 직사각형 보에서 균열단면2차 모멘트(Moment of Inertia of Cracked Section Transformed to Concrete)는 다음과 같다.

$I_{cr} = \dfrac{bc^3}{12} + bc\left(\dfrac{c}{2}\right)^2 + nA_s(d-c)^2 = \dfrac{bc^3}{3} + nA_s(d-c)^2$

$$I_{cr} = \frac{bc^3}{3} + nA_s(d-c)^2 \quad (\text{mm}^4)$$

여기서, b : 단면의 폭(mm)

c : 압축연단에서 중립축까지의 거리(mm)

n : 탄성계수비($n = E_s / E_c$)

A_s : 인장철근의 단면적(MPa)

d : 단면의 유효깊이(mm)

따라서 사용하중에 의한 휨모멘트가 M_s 일 경우 압축콘크리트 연단의 최대 압축응력 f_c는 다음과 같다.

$$f_c = \frac{M_s}{I_{cr}} c \ (\text{MPa})$$

또한 철근의 인장응력 f_s는 다음과 같다.

$$f_s = n f_{tc} = n \frac{M_s}{I_{cr}} (d-c) \text{ (MPa)}$$

(3) 내부 우력을 이용한 방법

선형탄성 상태인 보 단면의 인장력 T와 압축력 C는 아래와 같고, 힘의 평형조건식으로부터 두 힘의 크기는 같고, 인장철근의 응력 f_s는 다음과 같다.

$T = A_s f_s$ 그리고 $C = \frac{1}{2} f_c b c$

$$A_s f_s = \frac{1}{2} f_c b c$$

$$f_s = \frac{1}{2A_s} f_c b c$$

압축력 C는 삼각형의 압축응력블록의 도심에 작용하므로 팔길이 $z = jd$는 다음과 같다.

$$z = jd = d - \frac{c}{3}$$

또한 콘크리트의 변형률 $\epsilon_c = f_c / E_c$이고 철근의 변형률 $\epsilon_s = f_s / E_s$이며 $E_s / E_c = n$이다. 변형률의 적합조건식으로부터 인장철근의 응력 f_s는 다음과 같다.

$$\frac{\epsilon_c}{c} = \frac{\epsilon_s}{d-c}$$

$$\frac{f_c / E_c}{c} = \frac{f_s / E_s}{d-c}$$

$$f_s = \frac{E_s}{E_c} f_c \left(\frac{d-c}{c} \right) = n f_c \left(\frac{d-c}{c} \right)$$

따라서 힘의 평형방정식에 의한 f_s와 변형률의 적합조건식에 의한 f_s는 같다.

$$\frac{1}{2A_s} f_c b c = n f_c \left(\frac{d-c}{c} \right)$$

$$bc^2 = 2 n A_s (d-c)$$

$\rho = \frac{A_s}{bd}$ 이므로 $A_s = \rho b d$이며, 압축콘크리트의 연단으로부터 중립축까지의 거리 c에 대해 정리하면 다음과 같고, 근의 공식으로부터 c를 산정할 수 있다.

$c^2 + 2\rho n d c - 2\rho n d^2 = 0$

$$c = \sqrt{2\rho n d^2 + (\rho n d)^2} - \rho n d$$

또한 $c = kd$ 이므로 k 는 다음과 같다.

$$k = \sqrt{2\rho n + (\rho n)^2} - \rho n$$

사용하중에 의한 휨모멘트가 M_s 일 경우, 압축콘크리트 연단의 최대 압축응력 f_c는 다음과 같다. 다음 식에서 $c = kd$ 이고, $z = jd$ 이다.

$C = \frac{1}{2} f_c b c = \frac{1}{2} f_c b k d$

$M_s = Cz = \frac{1}{2} f_c b k d (jd) = \frac{1}{2} f_c j k b d^2$

여기서, $j = 1 - \frac{k}{3}$ 이다.

$$f_c = \frac{2M_s}{jkbd^2} = \frac{2M_s}{bc\left(d - \frac{c}{3}\right)}$$

또한 철근의 인장응력 f_s 는 다음과 같다.

$T = A_s f_s$

$M_s = Tz = A_s f_s j d$

$$f_s = \frac{M_s}{A_s j d} = \frac{M_s}{A_s\left(d - \frac{c}{3}\right)}$$

예제 7-3

그림과 같은 단철근 직사각형 보의 균열단면2차 모멘트는? (단, 탄성계수비 $n=8$, 1-D19의 $A_s=286.5\ \text{mm}^2$)

㉮ $1{,}746\times10^6\ \text{mm}^4$

㉯ $2{,}070\times10^6\ \text{mm}^4$

㉰ $2{,}285\times10^6\ \text{mm}^4$

㉱ $2{,}800\times10^6\ \text{mm}^4$

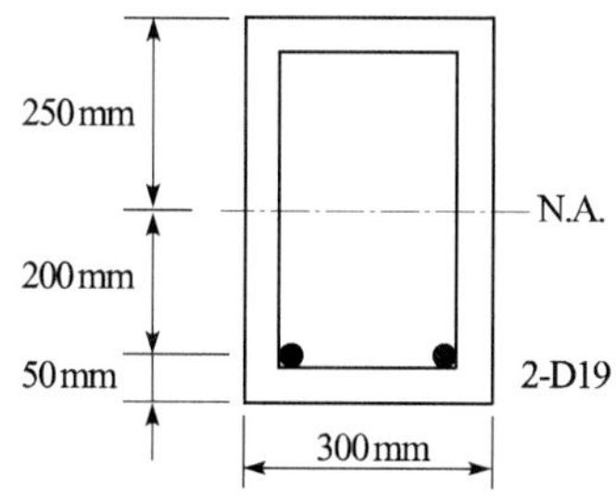

그림 7.6

풀이

$$I_{cr}=\frac{bc^3}{3}+nA_s(d-c)^2=\frac{300\times250^3}{3}+8\times(2\times286.5)\times(450-250)^2$$
$$=1{,}746\times10^6\ \text{mm}^4$$

답 ㉮

7.3.3. 유효단면2차 모멘트

(1) 단철근 직사각형 보

그림 7.7 (a)와 같은 보의 단면에 휨모멘트가 작용하여 그림 7.7 (b)와 같이 단면의 인장측에 균열이 발생하기 전에 휨모멘트 M_a는 균열휨모멘트 M_{cr}보다 값이 작고 ($M_a < M_{cr}$), 이때의 휨강성은 총 단면에 대한 EI_g값을 사용하게 된다. 또한 그림 7.7 (c)와 같이 단면의 인장측에 균열이 발생하여 철근이 항복하기 직전의 휨모멘트 M_a는 균열휨모멘트 M_{cr}보다 값이 크고 ($M_a \geq M_{cr}$), 이때의 휨강성은 균열단면2차 모멘트에 대한 EI_{cr}값을 사용하게 된다. 그러나 사용하중 상태에서 단면의 일부에 균열은 발생하였으나, 철근이 항복상태에 도달하지 않은 그림 7.7 (d)의 점 C의 휨강성은 EI_g와 EI_{cr} 사이에서 변화하고 이 값을 정확히 산정하기는 쉽지 않다. 이와 같이 사용하중 상태에서 변화하는 휨강성은 유효단면2차 모멘트 (Effective Moment of Inertia) I_e를 사용하여 유효휨강성 EI_e로 하면 실용적이다. 따라서 구조설계기준에서는 그림 7.8과 같이 사용하중 상태에서 유효단면2차 모멘트 I_e를 다음과 같이 설정하고 있고, I_e의 범위는 $I_{cr} < I_e < I_g$이다.

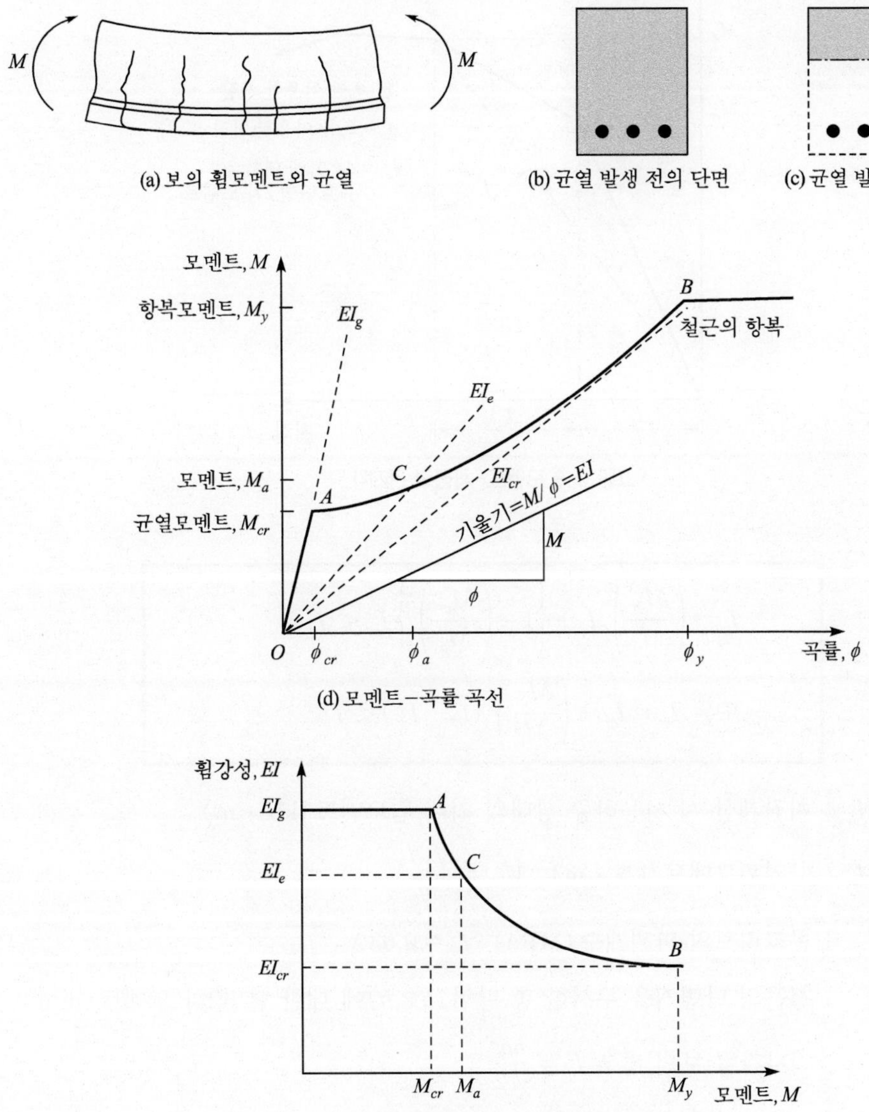

그림 7.7 모멘트–곡률 곡선과 휨강성 EI의 변화[1)]

1) James K. Wight, Reinforced Concrete, Prentice Hall, 2016, p.461.

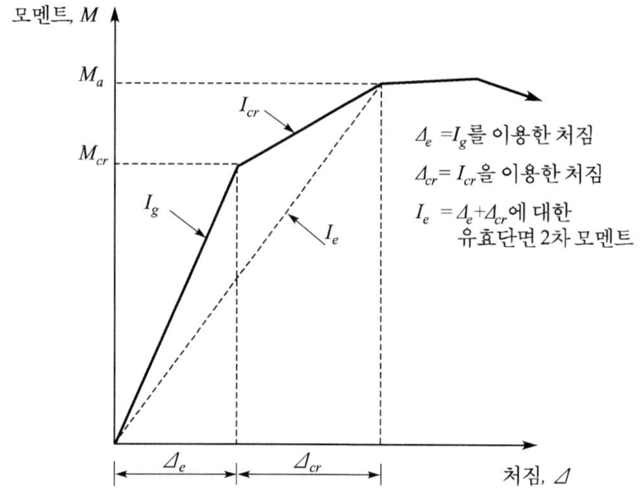

그림 7.8 모멘트-처짐의 관계[2)]

$$I_e = \left(\frac{M_{cr}}{M_a}\right)^3 I_g + \left\{1 - \left(\frac{M_{cr}}{M_a}\right)^3\right\} I_{cr} < I_g$$

$$\text{또는 } I_e = I_{cr} + \left(\frac{M_{cr}}{M_a}\right)^3 (I_g - I_{cr}) < I_g$$

여기서, M_a : 처짐계산 시 사용하중 상태의 최대 휨모멘트(kN · m)

M_{cr} : 균열휨모멘트(kN · m), $M_{cr} = \dfrac{f_r I_g}{y_t}$

f_r : 콘크리트의 파괴계수(MPa), $f_r = 0.63\lambda\sqrt{f_{ck}}$

I_g : 철근의 단면적을 무시한 총 단면($b \times h$)에 대한 단면2차 모멘트(mm^4).

직사각형 보의 경우 $I_g = \dfrac{bh^2}{12}$

I_{cr} : 철근의 단면적을 고려한 균열단면2차 모멘트(mm^4)

2) Edward G. Nawy, Reinforced Concrete, Prentice Hall, 2009, p.279.

(2) 연속보의 유효단면2차 모멘트

단순보의 경우 최대 정모멘트가 작용하는 단면에서 유효단면2차 모멘트 I_e 를 적용하기는 간단하다. 그러나 연속보에서는 정모멘트 구역과 부모멘트 구역에서 유효단면2차 모멘트 I_e 의 값은 매우 다르다. 따라서 유효단면2차 모멘트 I_e 는 다음과 같은 가중 평균값을 사용한다.

① 양단 연속인 부재의 평균 유효단면2차 모멘트 I_e

$$I_e = 0.7\,I_{em} + 0.15\,(I_{e1} + I_{e2})$$

② 1단 단순 지지이고 다른 단은 연속인 부재의 평균 유효단면2차 모멘트 I_e

$$I_e = 0.85\,I_{em} + 0.15\,I_{ec}$$

여기서, I_{em} : 부재 중앙부 단면의 유효단면2차 모멘트 (mm^4)

I_{e1}, I_{e2} : 양단 연속인 부재 받침부 단면의 유효단면2차 모멘트 (mm^4)

I_{ec} : 1단 단순 지지이고 다른 단은 연속인 부재 받침부 단면의 유효단면2차 모멘트 (mm^4)

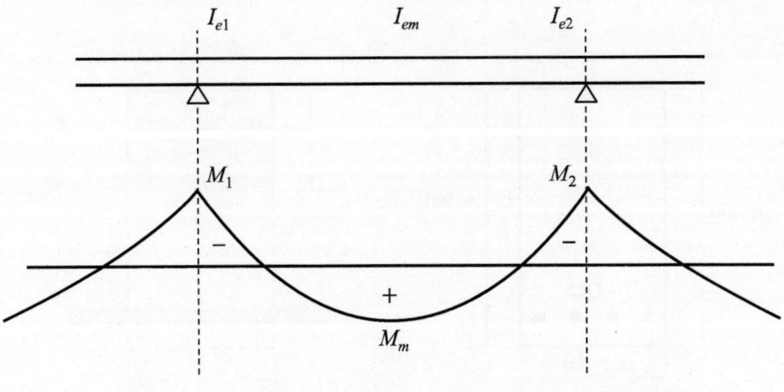

그림 7.9 양단 연속인 부재의 유효단면2차 모멘트와 휨모멘트

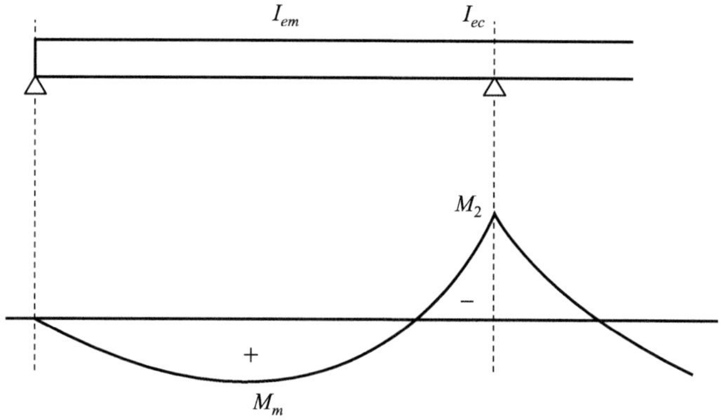

그림 7.10 1단 단순 지지이고 다른 단은 연속인 부재의 유효단면2차 모멘트와 휨모멘트

예제 7-4

그림과 같이 $b_w = 300\text{ mm}$, $d = 580\text{ mm}$, $h = 650\text{ mm}$인 단면에 4-D25 ($A_s = 2{,}027\text{ mm}^2$)를 인장측에만 배치하였다. 사용하중에 의한 휨모멘트 $M_s = 240\text{ kN}\cdot\text{m}$가 작용할 경우 사용하중 하에서 보 단면에 대한 균열단면2차 모멘트 I_{cr}과 등가환산단면에 대한 유효단면2차 모멘트 I_e 및 총 단면에 대한 유효단면2차 모멘트 I_e를 계산하시오. (단, 콘크리트는 $f_{ck} = 27\text{ MPa}$의 보통중량콘크리트이고, 철근은 $f_y = 400\text{ MPa}$의 도막되지 않은 철근이다.)

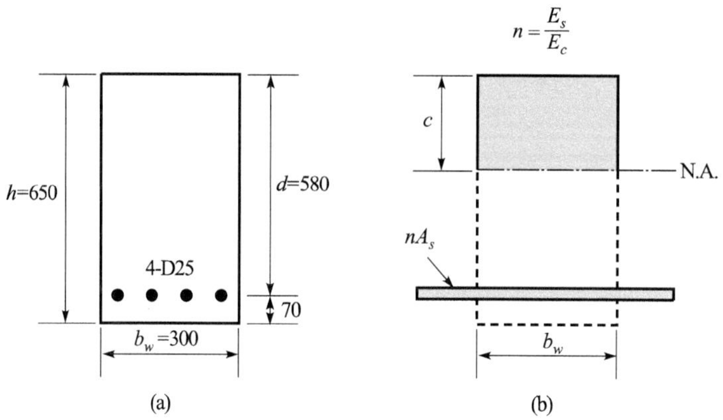

그림 7.11

풀이

1. 중립축 거리 c와 균열단면2차 모멘트 I_{cr}의 계산

$f_{cm} = f_{ck} + \Delta f = 27 + 4 = 31\text{ MPa}$

$$E_c = 8{,}500\sqrt[3]{f_{cu}} = 8{,}500\times\sqrt[3]{31} = 26{,}702\ \text{MPa}$$

$$n = \frac{E_s}{E_c} = \frac{2.0\times10^5}{26{,}702} = 7.49$$

$$\rho = \frac{A_s}{bd} = \frac{2{,}027}{300\times580} = 0.0116$$

$$c = \sqrt{2\rho n d^2 + (\rho n d)^2} - \rho n d$$

$$= \sqrt{2\times0.0116\times7.49\times580^2 + (0.0116\times7.49\times580)^2} - 0.0116\times7.49\times580 = 197\ \text{mm}$$

$$I_{cr} = \frac{bc^3}{3} + nA_s(d-c)^2 = \frac{300\times197^3}{3} + 7.49\times2{,}027\times(580-197)^2 = 2{,}992\times10^6\ \text{mm}^4$$

2. 등가환산단면에 대한 단면2차 모멘트 I_{gt}, 균열휨모멘트 M_{cr} 그리고 유효단면2차 모멘트 I_e

압축측 연단으로부터 도심까지의 거리 $\bar{y}$

$$\bar{y} = \frac{bh^2/2 + (n-1)A_s d}{bh + (n-1)A_s} = \frac{300\times650^2/2 + (7.49-1)\times2{,}027\times580}{300\times650 + (7.49-1)\times2{,}027} = 341\ \text{mm}$$

$$I_{gt} = \frac{bh^3}{12} + bh\left(\bar{y} - \frac{h}{2}\right) + (n-1)A_s(d-\bar{y})^2$$

$$= \frac{300\times650^3}{12} + 300\times650\times\left(341 - \frac{650}{2}\right)^2 + (7.49-1)\times2{,}027\times(580-341)^2$$

$$= 7{,}667\times10^6\ \text{mm}^4$$

$$y_t = h - \bar{y} = 650 - 341 = 309\ \text{mm}$$

$$f_r = 0.63\lambda\sqrt{f_{ck}} = 0.63\times1.0\times\sqrt{27} = 3.27\ \text{MPa}$$

$$M_{cr} = \frac{f_r I_{gt}}{y_t} = \frac{3.27\times(7{,}667\times10^6)}{309} = 81.2\times10^6\ \text{N}\cdot\text{mm} = 81.2\ \text{kN}\cdot\text{m}$$

$$I_e = I_{cr} + \left(\frac{M_{cr}}{M_a}\right)^3(I_{gt} - I_{cr}) = 2{,}992\times10^6 + \left(\frac{81.2}{240}\right)^3\times(7{,}667\times10^6 - 2{,}992\times10^6)$$

$$= 3{,}173\times10^6\ \text{mm}^4 < I_{gt} = 7{,}667\times10^6\ \text{mm}^4$$

3. 총 단면에 대한 단면2차 모멘트 I_g, 균열휨모멘트 M_{cr} 그리고 유효단면2차 모멘트 I_e

$$I_g = \frac{bh^3}{12} = \frac{300\times650^3}{12} = 6{,}866\times10^6\ \text{mm}^4$$

$$y_t = \frac{h}{2} = \frac{650}{2} = 325\ \text{mm}$$

$$f_r = 0.63\lambda\sqrt{f_{ck}} = 0.63\times1.0\times\sqrt{27} = 3.27\ \text{MPa}$$

$$M_{cr} = \frac{f_r I_g}{y_t} = \frac{3.27 \times (6,866 \times 10^6)}{325} = 69.2 \times 10^6 \text{ N} \cdot \text{mm} = 69.2 \text{ kN} \cdot \text{m}$$

$$I_e = I_{cr} + \left(\frac{M_{cr}}{M_a}\right)^3 (I_g - I_{cr}) = 2,992 \times 10^6 + \left(\frac{69.2}{240}\right)^3 \times (6,866 \times 10^6 - 2,992 \times 10^6)$$

$$= 3,084 \times 10^6 \text{ mm}^4 < I_g = 6,866 \times 10^6 \text{ mm}^4$$

위와 같이 등가환산단면에 대한 유효단면2차 모멘트 I_e 와 총 단면에 대한 유효단면2차 모멘트 I_e 의 값은 약 3% 차이로 거의 같음을 알 수 있다. 이것은 처짐계산을 위해 총 단면에 대한 I_g 를 사용할 경우 무리가 없음을 의미한다.

7.3.4. 처짐계산

(1) 순간처짐 (즉시처짐)

하중이 구조물에 처음 재하될 때 발생하는 처짐을 순간처짐 (즉시처짐, 탄성처짐, Instantaneous Deflections)이라 한다. 처짐에서는 최대 처짐이 관심의 대상이며 최대의 순간처짐은 구조역학의 탄성처짐공식으로부터 다음 표와 같이 정리할 수 있다.

표 7.2 탄성처짐공식

조 건		최대 처짐
①	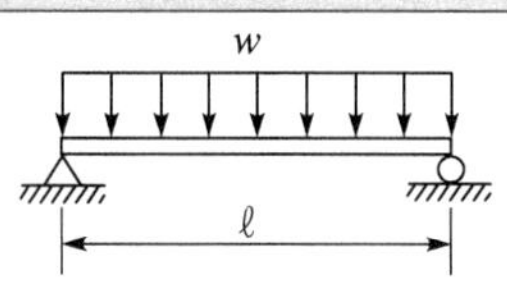	$\Delta_{\max} = \frac{5wl^4}{384EI} = \frac{5M^+l^2}{48EI} \quad \left(M^+ = \frac{\omega l^2}{8}\right)$
②	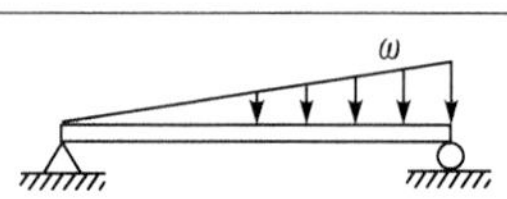	$\Delta_{\max} = 0.01304\frac{wl^3}{EI}$
③	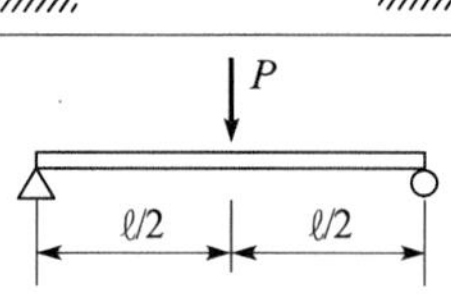	$\Delta_{\max} = \frac{Pl^3}{48EI} = \frac{M^+l^2}{12EI} \quad \left(M^+ = \frac{Pl}{4}\right)$
④	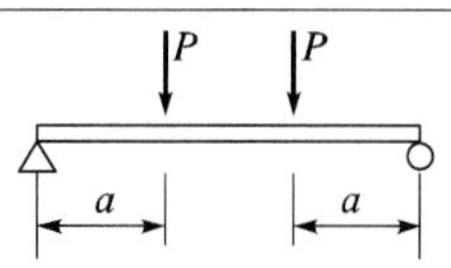	$\Delta_{\max} = \frac{Pa}{24EI}(3l^2 - 4a^2)$

	조 건	최대 처짐
⑤	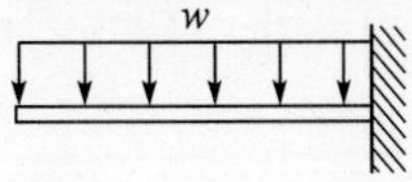	$\Delta_{\max}=\dfrac{wl^4}{8EI}=\dfrac{M^- l^2}{4EI}$
⑥	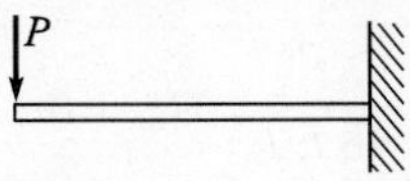	$\Delta_{\max}=\dfrac{Pl^3}{3EI}=\dfrac{M^+ l^2}{3EI}$
⑦	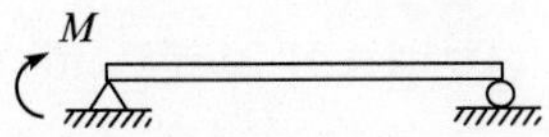	$\Delta_{center}=\dfrac{Ml^2}{16EI}$
⑧	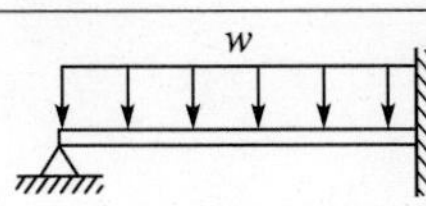	$\Delta_{\max}=\dfrac{wl^4}{185EI}=\dfrac{128M^+ l^2}{1665EI}$
⑨	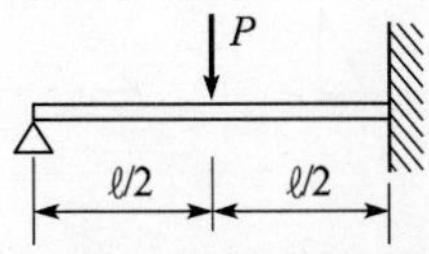	$\Delta_{\max}=\dfrac{Pl^3}{48\sqrt{5}\,EI}=0.009317\dfrac{Pl^3}{EI}$
⑩	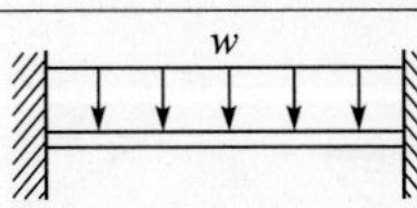	$\Delta_{\max}=\dfrac{wl^4}{384EI}=\dfrac{M^+ l^2}{16EI}\quad\left(M^+=\dfrac{\omega l^2}{24}\right)$
⑪	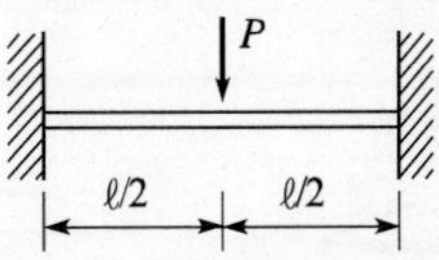	$\Delta_{\max}=\dfrac{Pl^3}{192EI}=\dfrac{M^+ l^2}{16EI}\quad\left(M^+=\dfrac{Pl}{12}\right)$
⑫	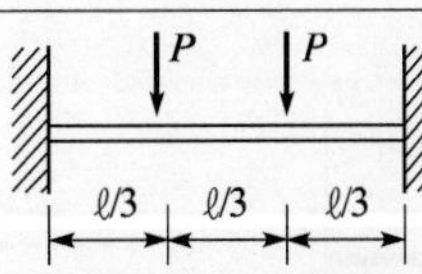	$\Delta_{\max}=\dfrac{5Pl^3}{684EI}=\dfrac{5M^+ l^2}{72EI}$

여기서, E : 콘크리트의 탄성계수 E_c를 사용
I : 유효단면2차 모멘트 I_e를 사용
l : 순경간(실용적으로 중심간 거리를 사용할 수도 있다.)

연속보에서와 같이 양단모멘트와 등분포하중을 받는 보의 최대 처짐은 보의 중앙부 처짐과 거의 같고 그림 7.12처럼 중첩의 원리를 이용하여 보의 중앙부 처짐과 중앙부 휨모멘트를 산정한다.

$$\Delta=\Delta_0+\Delta_1+\Delta_2$$

$$=\frac{5wl^4}{384EI}+\frac{M_1 l^2}{16EI}+\frac{M_2 l^2}{16EI}=\frac{5M_0 l^2}{48EI}+\frac{3M_1 l^2}{48EI}+\frac{3M_2 l^2}{48EI}$$

서로 다른 양단부 휨모멘트를 받는 연속보의 스팬 중앙부의 처짐 Δ를 스팬 중앙의 휨모멘트 M_m과 양단부의 휨모멘트 M_1, M_2에 대해 정리하면 다음과 같다.

$$\Delta = \Delta_0 + \Delta_1 + \Delta_2$$
$$= \frac{l^2}{48EI}\left[5M_m - \frac{5}{2}(M_1+M_2)+3(M_1+M_2)\right] = \frac{5l^2}{48EI}\left[M_m + 0.1(M_1+M_2)\right]$$

여기서, $M_m = M_0 + \frac{1}{2}M_1 + \frac{1}{2}M_2$이고 부호는 휨모멘트의 부호를 따르는 것으로 하여 M_1과 M_2 계산 시 반영한다.

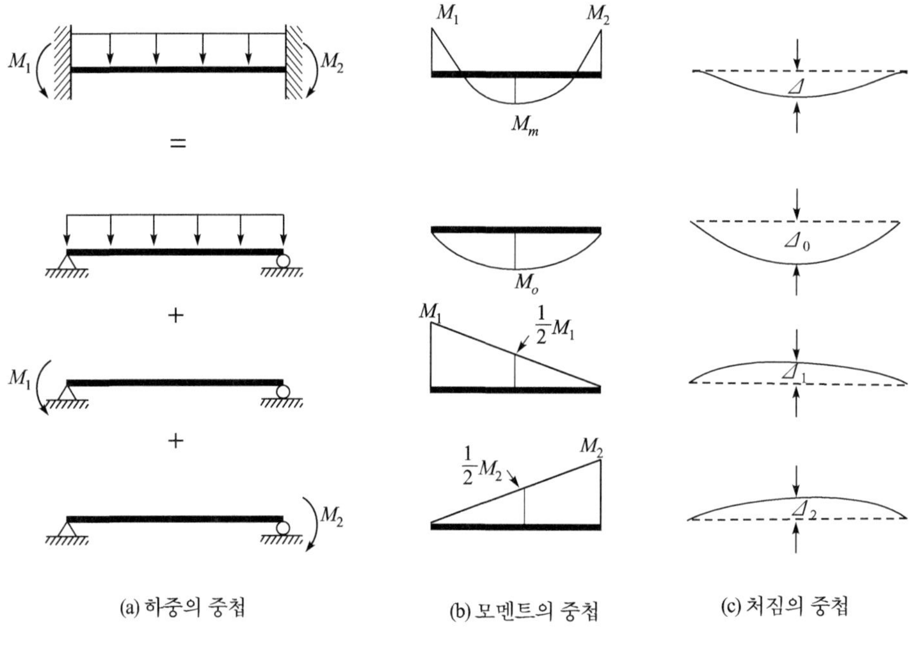

그림 7.12 연속보의 처짐계산[3)]

(2) 장기처짐

지속하중(Sustained Load)을 받는 철근콘크리트 보의 처짐은 시간의 경과와 더불어 크리프와 건조수축 등으로 인해 순간처짐 이외에 장기처짐(Sustained Load Deflections)이 추가된다. 따라서 장기처짐은 지속하중 하에서 발생되며 압축철근을 배치하면 추가적인 장기처짐을 상당히 줄일 수 있다. 장기처짐은 압축철근, 상대습도, 온도, 양생조건, 콘

3) James K. Wight, Reinforced Concrete, Prentice Hall, 2016, p.464.

크리트의 재령, 하중의 지속시간 및 부재의 크기 등 다양한 요인들에 의해 영향을 받는다.

구조설계기준에서는 이러한 다양한 요인들 때문에 정확한 장기처짐은 계산이 쉽지 않으므로 크리프와 건조수축에 의한 장기처짐을 순간처짐에 아래의 장기 추가처짐에 대한 계수 λ_Δ 를 곱하여 추정하도록 하고 있다.

$$\text{장기처짐} = \lambda_\Delta \times \Delta_i$$

여기서, λ_Δ : 장기 추가처짐에 대한 계수 ($\lambda_\Delta = \dfrac{\xi}{1+50\rho'}$, λ_Δ는 최대 2.0)

Δ_i : 지속하중에 의한 순간처짐 (mm)

ρ' : 압축철근비로서 단순보 또는 연속보에서는 보의 중앙부에서의 압축철근비이고, 캔틸레버에서는 보의 단부에서의 압축철근비 ($\rho' = \dfrac{A_s'}{bd}$)

ξ : 지속하중에 대한 시간경과계수. ξ는 다음 값을 취한다.

표 7.3 지속하중에 대한 시간경과계수 ξ값

기간 (개월)	1	3	6	12	18	24	36	48	60 이상
ξ	0.5	1.0	1.2	1.4	1.6	1.7	1.8	1.9	2.0

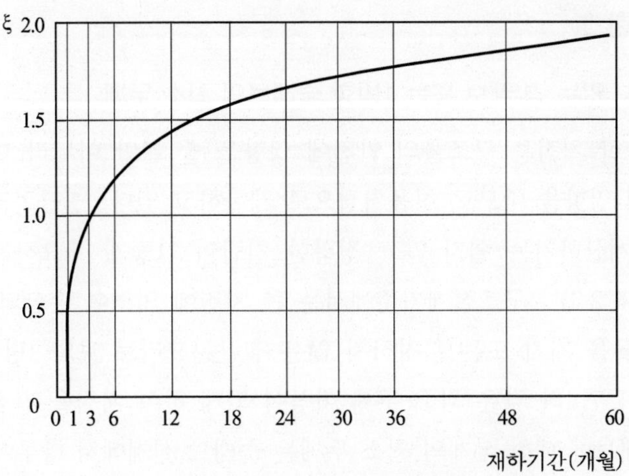

그림 7.13 지속하중에 대한 시간경과계수 ξ값[4)]

4) ACI Committee 318, Building Code Requirements for Structural Concrete (ACI 318M-14) and Commentary, American Concrete Institute, Farmington Hills, MI, 2015, p.402.

(3) 총처짐

총처짐(총장기처짐, Total Long-Term Deflection)은 순간처짐과 장기처짐의 합이 된다. 즉, 구조물의 총처짐(총장기처짐)은 활하중에 의한 순간처짐 $\Delta_{i,L}$과 지속하중의 시간이 무한대인 경우의 고정하중에 의한 장기처짐 $\lambda_\Delta \Delta_{i,D}$와 지속하중의 시간이 제한된 경우의 활하중에 의한 장기처짐 $\lambda_\Delta \Delta_{i,LS}$의 합이다. 활하중은 늘 존재하는 것이 아니므로 영구적인 고정하중에 활하중의 일부만 지속되는 하중으로 고려하여 처짐 $\lambda_\Delta \Delta_{i,LS}$를 고려한다. 구조물의 자중과 고정하중에 의한 처짐이 발생하지만 고정하중에 의한 순간처짐 $\Delta_{i,D}$는 솟음 등을 이용하여 조절할 수 있고, 아래의 활하중에 의한 순간처짐 $\Delta_{i,L}$과 총처짐 Δ_{LT}가 각각 처짐의 허용한계를 넘지 않도록 해야 한다.

$$\Delta_{LT} = \Delta_{i,L} + \lambda_\Delta \Delta_{i,D} + \lambda_\Delta \Delta_{i,LS}$$

여기서, $\Delta_{i,L}$: 활하중에 의한 순간처짐(즉시처짐, $\Delta_{i,L} = \Delta_{i,D+L} - \Delta_{i,D}$)

$\Delta_{i,D}$: 지속시간이 무한대인 고정하중에 의한 순간처짐(즉시처짐)

$\Delta_{i,LS}$: 지속시간이 제한된 일부 활하중에 의한 순간처짐(즉시처짐)

λ_Δ : 장기 추가처짐에 대한 계수

7.3.5. 처짐의 제한

(1) 처짐을 계산하지 않는 경우 보 또는 1방향 슬래브의 최소 두께

구조물에서 과도한 처짐은 구조물의 안전에 영향을 줄 뿐만 아니라 미관을 손상시키고 구조물의 기능에 영향을 주므로 허용처짐으로 제한하고 있다. 철근콘크리트 구조물에서 처짐을 정확히 계산하기는 쉽지 않고 정확한 처짐이 그렇게 중요하지도 않다. 따라서 KDS 14 20 30(4.2.1)[5] 구조설계기준에서는 큰 처짐에 의하여 손상되기 쉬운 칸막이벽이나 기타 구조물을 지지 또는 부착하지 않은 철근콘크리트 보와 1방향 슬래브의 경우 부재의 두께를 표 7.4와 같은 최소 두께 이상이 되게 하여 처짐을 간접적으로 제한하고 있다. 2방향 슬래브에 대한 부재의 최소 두께는 슬래브 설계에서 다루어진다.

5) KDS 14 20 30(4.2.1) 콘크리트구조 사용성 설계기준, 국토교통부 제정, 한국콘크리트학회 작성, 2021.

표 7.4 처짐을 계산하지 않는 경우의 보 또는 1방향 슬래브의 최소 두께

부 재	최소 두께, h			
	단순 지지	1단 연속	양단 연속	캔틸레버
	큰 처짐에 의해 손상되기 쉬운 칸막이벽이나 기타 구조물을 지지 또는 부착하지 않은 부재			
1방향 슬래브	$l/20$	$l/24$	$l/28$	$l/10$
① 보 ② 리브가 있는 1방향 슬래브	$l/16$	$l/18.5$	$l/21$	$l/8$

여기서, 보통중량콘크리트 ($m_c=2{,}300\ \text{kg/m}^3$)와 설계기준항복강도 $f_y=400$ MPa을 기준으로 하였으며, 다른 조건에 대해서는 다음과 같이 보정한다.

① 콘크리트의 단위체적질량 m_c가 $1{,}500\sim2{,}000\ \text{kg/m}^3$인 경량콘크리트는 계산된 h값에 $(1.65-0.00031\,m_c)$를 곱하나 1.09 이상이어야 한다.

② 철근의 설계기준항복강도 f_y가 400 MPa 이외인 경우 계산된 h값에 $(0.43+f_y/700)$를 곱한다.

여기서, h : 부재의 전체 두께 또는 깊이 (mm)

l : 부재의 길이 (mm)

(2) 처짐을 계산하는 경우 보 또는 1방향 슬래브의 최대 허용처짐

KDS 14 20 30 (4.2.1) 구조설계기준에서는 부재의 두께가 표 7.4의 최소 두께 이하이거나 과도한 처짐에 의해 손상되기 쉬운 비구조 요소(칸막이벽이나 기타 구조물)를 지지 또는 부착한 부재에 대한 처짐은 그 처짐을 계산하여 표 7.5의 최대 허용처짐 이하가 되도록 하여야 한다.

표 7.5 최대 허용처짐

부재의 형태	고려해야 할 처짐	처짐 한계
과도한 처짐에 의해 손상되기 쉬운 비구조 요소를 지지 또는 부착하지 않은 평지붕구조	활하중 L에 의한 순간처짐	$\dfrac{l}{180}$ [1]
과도한 처짐에 의해 손상되기 쉬운 비구조 요소를 지지 또는 부착하지 않은 바닥구조	활하중 L에 의한 순간처짐	$\dfrac{l}{360}$
과도한 처짐에 의해 손상되기 쉬운 비구조 요소를 지지 또는 부착한 지붕 또는 바닥구조	전체 처짐 중에서 비구조 요소가 부착된 후에 발생하는 처짐부분(모든 지속하중에 의한 장기처짐과 추가적인 활하중에 의한 순간처짐의 합)[3]	$\dfrac{l}{480}$ [2]
과도한 처짐에 의해 손상될 염려가 없는 비구조 요소를 지지 또는 부착한 지붕 또는 바닥구조		$\dfrac{l}{240}$ [4]

1) 이 제한은 물고임에 대한 안전성을 고려하지 않았다. 물고임에 대한 적절한 처짐계산을 검토하되, 고인 물에 대한 추가처짐을 포함하여 모든 지속하중의 장기적 영향, 솟음, 시공오차 및 배수설비의 신뢰성을 고려하여야 한다.

2) 지지 또는 부착된 비구조 요소의 피해를 방지할 수 있는 적절한 조치가 취해지는 경우에 이 제한을 초과할 수 있다.
3) 장기처짐은 구조설계기준에 따라 정해지나 비구조 요소의 부착 전에 생긴 처짐을 감소시킬 수 있다. 이 감소량은 해당 부재와 유사한 부재의 시간-처짐 특성에 관한 적절한 기술자료를 기초로 결정하여야 한다.
4) 비구조 요소에 의한 허용오차 이하이어야 한다. 그러나 전체 처짐에 솟음을 뺀 값이 이 제한값을 초과하지 않도록 하면 된다. 즉 솟음을 했을 경우에 이 제한을 초과할 수 있다.

또한 보행자 및 차량하중 등 동하중을 받는 구조물의 최대 허용처짐은 다음 표와 같다.

표 7.6 보행자 및 차량하중 등 동하중을 받는 구조물의 최대 허용처짐

부재의 형태	고려해야 할 처짐	처짐 한계
단순 또는 연속경간의 부재	활하중과 충격으로 인한 처짐	$\frac{l}{800}$
캔틸레버	활하중과 충격으로 인한 처짐	$\frac{l}{300}$
	보행자의 이용이 고려된 경우의 활하중과 충격으로 인한 처짐	$\frac{l}{375}$

예제 7-5

강도설계법에서 보의 스팬이 $l = 8\text{ m}$인 보통중량콘크리트의 보가 단순 지지일 때 처짐을 계산하지 않고 정할 수 있는 보의 최소 두께는? 단, 철근은 $f_y = 400\text{ MPa}$ 의 도막되지 않은 철근이고, 콘크리트의 단위체적질량은 $m_c = 2{,}300\text{ kg/m}^3$이다.

㉮ 400 mm ㉯ 450 mm ㉰ 500 mm ㉱ 550 mm

풀이

보가 단순 지지 되었을 경우 처짐을 계산하지 않고 정할 수 있는 보의 최소 두께

$$h_{\min} = \frac{l}{16} = \frac{8{,}000}{16} = 500\text{ mm}$$

답 ㉰

예제 7-6

철근콘크리트부재의 장기처짐에 영향을 주는 요인으로 관계가 큰 것은?

㉮ 온도와 습도　　　　　　　　　㉯ 양생조건
㉰ 철근의 설계기준항복강도　　　㉱ 압축철근비

풀이

장기처짐은 시간의 경과와 더불어 진행되는 처짐으로 재하기간과 압축철근비에 따라 결정된다.

답 ㉱

예제 7-7

부재의 길이 $l = 8.0\ \mathrm{m}$ 인 단순보에서 사용고정하중에 의함 휨모멘트 $M_D = 20\ \mathrm{kN \cdot m}$ 이고, 사용활하중에 의한 휨모멘트 $M_L = 40\ \mathrm{kN \cdot m}$ 일 때, 이 보의 순간처짐과 5년 후의 장기처짐을 구하고 순간처짐 및 장기처짐에 대한 처짐 기준을 만족시키는지 허용처짐을 검토하시오. (단, 지속하중의 시간이 제한된 경우의 활하중에 의한 장기처짐 $\lambda_{\Delta} \Delta_{i,LS}$은 고려하지 않는다. 콘크리트는 $f_{ck} = 27\ \mathrm{MPa}$의 보통중량콘크리트이고, 철근은 $f_y = 400\ \mathrm{MPa}$ 의 도막되지 않은 철근이다. 또한 $b_w = 250\ \mathrm{mm}$, $d = 340\ \mathrm{mm}$, $h = 400\ \mathrm{mm}$ 이며, 3-D22 ($A_s = 1{,}161\ \mathrm{mm}^2$)의 인장철근이 배치되어 있다.)

풀이

1. 처짐계산을 하지 않는 보의 최소 두께 검토

$$h_{\min} = \frac{l}{16} = \frac{8{,}000}{16} = 500\ \mathrm{mm} \le h = 400\ \mathrm{mm} \qquad \text{N.G}$$

∴ 처짐 검토가 필요하다.

2. 재료의 성능과 휨모멘트

1) 재료의 성능

$$f_{cm} = f_{ck} + \Delta f = 27 + 4 = 31\ \mathrm{MPa}$$

$$E_c = 8{,}500\sqrt[3]{f_{cm}} = 8{,}500 \times \sqrt[3]{31} = 26{,}702\ \mathrm{MPa}$$

$$n = \frac{E_s}{E_c} = \frac{2.0 \times 10^5}{26{,}702} = 7.49$$

$$f_r = 0.63\lambda\sqrt{f_{ck}} = 0.63 \times 1.0 \times \sqrt{27} = 3.27\ \mathrm{MPa}$$

2) 휨모멘트

$$M_D = 20\ \mathrm{kN \cdot m}$$

$$M_L = 40\ \mathrm{kN \cdot m}$$

3. 유효단면2차 모멘트 I_e

1) 균열휨모멘트 M_{cr}

$$y_t = \frac{h}{2} = \frac{400}{2} = 200\text{ mm}$$

$$I_g = \frac{bh^3}{12} = \frac{250 \times 400^3}{12} = 1{,}333 \times 10^6\text{ mm}^4$$

$$M_{cr} = \frac{f_r I_g}{y_t} = \frac{3.27 \times (1{,}333 \times 10^6)}{200} = 21.8 \times 10^6\text{ N}\cdot\text{mm} = 21.8\text{ kN}\cdot\text{m}$$

2) 중립축 거리 c

$A_s = 1{,}161\text{ mm}^2$ (3-D22)

$$\rho = \frac{A_s}{bd} = \frac{1{,}161}{250 \times 340} = 0.0137$$

$$c = \sqrt{2\rho n d^2 + (\rho n d)^2} - \rho n d$$

$$= \sqrt{2 \times 0.0137 \times 7.49 \times 340^2 + (0.0137 \times 7.49 \times 340)^2} - 0.0137 \times 7.49 \times 340 = 123\text{ mm}$$

3) 균열단면2차 모멘트 I_{cr}

$$I_{cr} = \frac{bc^3}{3} + nA_s(d-c)^2 = \frac{250 \times 123^3}{3} + 7.49 \times 1{,}161 \times (340 - 123)^2 = 565 \times 10^6\text{ mm}^4$$

4) M_{cr}/M_a의 비

(1) 고정하중에 대한 비

$$\frac{M_{cr}}{M_a} = \frac{21.8}{20.0} = 1.091$$

휨모멘트 M_a는 균열휨모멘트 M_{cr}보다 값이 작으므로 ($M_a < M_{cr}$) 단면의 인장측에 균열이 발생하기 전이고, 이때의 휨강성은 총 단면에 대한 EI_g 값을 사용하게 된다.

(2) 고정하중+활하중에 대한 비

$$\frac{M_{cr}}{M_a} = \frac{20.6}{20.0 + 40.0} = 0.364$$

휨모멘트 M_a는 균열휨모멘트 M_{cr}보다 크므로 ($M_a \geq M_{cr}$) 단면의 인장측에 균열이 발생하였고, 이때의 휨강성은 유효단면2차 모멘트 I_e를 사용하여 유효휨강성 EI_e 값을 사용하게 된다.

5) 유효단면2차 모멘트 I_e

$$I_e = I_{cr} + \left(\frac{M_{cr}}{M_a}\right)^3 (I_g - I_{cr}) < I_g$$

(1) 고정하중

$M_a < M_{cr}$이므로 $I_e = I_g$이다.

$I_e = I_g = 1{,}333 \times 10^6\text{ mm}^4$

(2) 고정하중+활하중

$M_a \geq M_{cr}$ 이므로 I_e 이다.

$$I_e = [565 + 0.364^3 \times (1{,}333 - 565)] \times 10^6 = 602 \times 10^6\ \mathrm{mm}^4 < I_g = 1{,}333 \times 10^6\ \mathrm{mm}^4$$

4. 순간처짐

$$\Delta_{\max} = \frac{5\,w\,l^4}{384\,EI} = \frac{5M^+ l^2}{48\,EI}$$

1) 고정하중에 의한 순간처짐

고정하중만이 보에 재하되었을 때, 유효단면2차 모멘트 $I_e = I_g = 1{,}333 \times 10^6\ \mathrm{mm}^4$이고, 보의 순간처짐은 다음과 같다.

$$\Delta_{i,D} = \frac{5\,M_a l^2}{48\,E_c I_e} = \frac{5 \times (20 \times 10^6) \times 8{,}000^2}{48 \times 26{,}702 \times (1{,}333 \times 10^6)} = 3.7\ \mathrm{mm}$$

2) 고정하중+활하중에 의한 순간처짐

모든 하중이 보에 재하되었을 때, 유효단면2차 모멘트 $I_e = 602 \times 10^6\ \mathrm{mm}^4$이고, 보의 순간처짐은 다음과 같다.

$$\Delta_{i,D+L} = \frac{5\,M_a l^2}{48\,E_c I_e} = \frac{5 \times (60 \times 10^6) \times 8{,}000^2}{48 \times 26{,}702 \times (602 \times 10^6)} = 24.9\ \mathrm{mm}$$

3) 활하중에 의한 순간처짐

보의 자중 등의 고정하중에 의한 순간처짐 $\Delta_{i,D}$는 보를 제작할 때 솟음 등을 이용하여 미리 $\Delta_{i,D}$ 만큼 올려서 제작한 후 고정하중이 재하되면 처짐이 영 (0)이 되어 고정하중에 의한 순간처짐이 발생하지 않도록 할 수 있으므로 활하중에 의한 순간처짐 $\Delta_{i,L}$ 이 검토 대상이며, 그 값은 다음과 같다.

$$\Delta_{i,L} = \Delta_{i,D+L} - \Delta_{i,D} = 24.9 - 3.7 = 21.2\ \mathrm{mm}$$

5. 장기처짐을 고려한 총처짐

1) 장기처짐의 계수

5년 후의 장기처짐에 대해 $\xi = 2.0$ 이고, 압축철근이 사용되지 않았으므로 $\rho' = 0$ 이다.

$$\lambda_\Delta = \frac{\xi}{1 + 50\rho'} = \frac{2.0}{1 + 50 \times 0} = 2.0$$

2) 총처짐

지속하중의 시간이 제한된 경우의 활하중에 의한 장기처짐 $\lambda_\Delta \Delta_{i,LS} = 0$ 이므로 총처짐 Δ_{LT}는 다음과 같다.

$$\Delta_{LT} = \Delta_{i,L} + \lambda_\Delta \Delta_{i,D} = 21.2 + 2.0 \times 3.7 = 28.6\ \mathrm{mm}$$

6. 허용처짐의 검토

$\dfrac{l}{180}=\dfrac{8,000}{180}=44.4\text{ mm} > \Delta_{i,L}=21.2\text{ mm}$ OK

$\dfrac{l}{360}=\dfrac{8,000}{360}=22.2\text{ mm} > \Delta_{i,L}=21.2\text{ mm}$ OK

$\dfrac{l}{480}=\dfrac{8,000}{480}=16.7\text{ mm} > \Delta_{LT}=28.6\text{mm}$ NG

$\dfrac{l}{240}=\dfrac{8,000}{240}=33.3\text{ mm} > \Delta_{LT}=28.6\text{ mm}$ OK

따라서 세 번째 조건에 해당될 경우에는 단면이 부적합하다.
이를 해결하기 위해서는 중앙부 단면에 압축철근을 사용(ρ')거나 단면의 크기를 조정(I_e)하거나 또는 하중을 조정(M)하여 검토하는 처짐이 허용처짐 이내가 되도록 한다.

7.4. 균열

7.4.1. 균열의 종류와 형태

(1) 작용하중에 따른 균열

구조물에 작용하는 하중에 따른 균열의 종류는 표 7.7, 그림 7.14 및 그림 7.15와 같다.

표 7.7 작용하중에 따른 균열의 종류

종 류	내 용
휨균열	① 보의 중앙부의 인장측 연단에서 수직으로 발생한다. ② 휨균열의 발생이 우려될 경우, 주철근으로 보강한다.
전단균열	① 보의 단부의 인장철근에서부터 45°경사지어 발생한다. ② 전단균열의 발생이 우려될 경우, 전단철근(스터럽)으로 보강한다.
휨전단균열	처음에는 인장측 연단에서 수직으로 발생 후, 인장철근에서 45°경사지어 발생한다.
부착균열	① 부착강도의 부족으로 주철근과 같은 방향으로 균열이 발생한다. ② 할렬이라 한다.

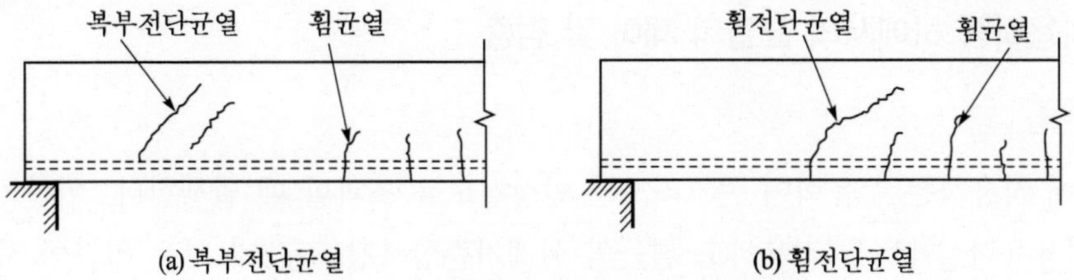

그림 7.14 보의 휨균열, 전단균열 및 휨전단균열

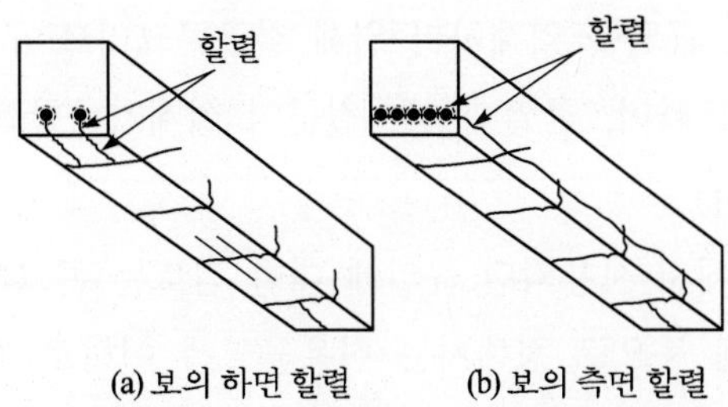

그림 7.15 보의 부착파괴에 의한 할렬

7.4.2. 균열폭 제어의 중요성과 영향을 미치는 요인

(1) 균열폭 제어의 중요성

① 균열폭은 외관상 좋지 않다.

② 구조물 이용자에게 불안감을 준다.

③ 액체의 누출이 우려된다.

④ 철근의 부식이 우려된다.

⑤ 구조물의 내구성이 저하된다.

주1 일반적으로 균열의 제어를 위해 철근량이 같을 경우 작은 지름의 철근을 많이 사용하고 철근을 콘크리트의 인장구역 내에 고르게 분포시킨다.

(2) 균열폭에 영향을 미치는 요인

표 7.8 균열폭에 영향을 미치는 요인

요 인	내 용
철근 종류의 영향	① 원형철근으로 보강된 보는 적은 수의 큰 균열이 발생한다. ② 이형철근으로 보강된 보는 많은 수의 작은 균열이 발생한다.
철근 응력의 영향	균열폭은 $(f_s)^n$에 비례한다. (n : 1.0~1.4)
피복두께의 영향	피복두께의 증가는 균열의 간격을 증가시키고, 또 균열의 폭도 증가시킨다.

7.4.3. 사용하중 하에서의 균열의 제어 및 검증

(1) 개요

구조물에 작용하는 주응력이 콘크리트의 인장강도를 초과할 때 발생한다. 이전의 설계방법인 허용응력설계법을 적용하고 철근의 설계기준항복강도 f_y가 낮은 철근이 사용된 부재에서는 별문제 없이 휨균열에 대해 구조물의 기능을 수행할 수 있었다. 그러나 강도설계법으로 부재를 설계하고 철근의 설계기준항복강도가 높아짐에 따라 심한 균열의 발생이 예상된다. 이와 같은 균열을 억제하기 위해 철근콘크리트 구조물의 설계에서 균열에 대한 검토가 이루어져야 하며, 균열제어는 철근의 설계기준항복강도 f_y가 300 MPa 이상인 경우 특히 중요하다.

이전의 구조설계기준에서 사용되던 균열에 대한 검토는 콘크리트 표면의 예상 균열폭을 환경조건과 피복두께 등으로 정해지는 허용균열폭 이하로 제어하는 것이었다. 또한 휨모멘트를 받는 부재의 균열에 따른 사용성 검토를 위해 이전의 구조설계기준에서는 균열폭을 직접 산정하여 허용균열폭과 비교하였으나 새롭게 제정된 구조설계기준에서는 철근의 수량과 간격, 콘크리트의 구성 재료 그리고 철근의 최소 피복두께 등을 검토하여 구조물에 발생하는 균열을 제어하는 것으로 바뀌었다.

KDS 14 20 20 (4.2.3)[6]의 새로운 구조설계기준에서는 휨모멘트를 받는 부재의 균열제어는 보부재의 콘크리트 표면의 예상 균열폭을 허용균열폭 이하로 하여 제어하는 것에서 철근의 배치상세를 통해 이루어지는 것으로 개정되었다. 많은 연구에서 콘크리트의 피복두께와 철근을 둘러싼 최대 인장영역의 콘크리트 유효면적 등을 반영한 철근의 배치상세가 균열에 직접적인 영향을 주는 것으로 알려졌다. 따라서 휨모멘트를 받는 부재의 균열제어는 '제4장 4.5.7. (4) 보 및 1방향 슬래브의 휨철근 배치'의 규정을 만족하면 휨균열제어가 충분히 된 것으로 한다. 이 규정은 휨모멘트를 받는 구조물의 예상 균열폭을 0.3 mm로 한 것이다.

또한 구조설계기준에서는 휨모멘트 외의 작용에 의한 균열인 철근콘크리트 구조물의 내구성, 사용성 및 미관 등에 대한 균열폭 검증이 필요한 경우, 특별한 수밀성이 요구되는 구조물과 미관이 중요한 구조물 그리고 예상되는 균열폭을 허용균열폭 0.3 mm 이하

6) KDS 14 20 20 (4.2.3) 콘크리트구조 휨 및 압축 설계기준, 국토교통부 제정, 한국콘크리트학회 작성, 2021.

로 설정하여 제어해야 할 필요성이 있는 구조에 대해서는 'KDS 14 20 30[7] 부록(균열의 검증)'의 방법에 따라 검토할 수 있도록 하였다.

(2) 균열폭의 제어

(가) 기준의 균열폭 규정

이전의 구조설계기준에서는 균열에 따른 사용성 검토를 위해 콘크리트 표면의 예상 균열폭을 환경조건, 피복두께 및 공용기간 등으로부터 정해지는 허용균열폭 이하로 제어하는 것을 원칙으로 하였으나, 이번에 개정된 구조설계기준에서는 철근의 수량 및 간격, 콘크리트 구성 재료 그리고 최소 피복두께 등을 검토함으로써 구조물에 발생하는 균열을 제어하도록 하였다. 구조설계기준에서 규정하고 있는 균열폭에 관련한 규정을 소개하면 아래와 같다.

① 특별히 수밀성이 요구되는 구조 또는 미관이 중요한 구조를 제외하고는 '제4장 4.5.7. (4) 보 및 1방향 슬래브의 휨철근 배치' 규정을 만족하는 경우 균열에 대한 검토가 이루어진 것으로 한다.

② 위의 규정을 만족하는 경우, 예상되는 최대 균열폭은 0.3 mm 이하이다.

③ 특별히 수밀성이 요구되는 구조 또는 미관이 중요한 구조 등에서 허용균열폭을 0.3 mm 보다 작게 설정하여 균열폭을 제어할 경우 다른 방법[KDS 14 20 30[8] 부록(균열의 검증)]에 따를 수 있다.

④ 하중에 의한 균열을 제어하는 철근 외에 온도변화, 건조수축 등에 의한 균열을 제어하기 위한 추가적인 수축·온도철근을 배치한다.

(나) 휨철근 배치를 이용한 균열폭의 제어

'제4장 4.5.7. (4) 보 및 1방향 슬래브의 휨철근 배치'에 관한 내용을 재정리하면 다음과 같다.

특별한 수밀성이 요구되는 구조와 미관이 중요한 구조를 제외한 균열에 대한 검토를 위해 적용되는 휨철근 배치를 이용한 균열폭의 제어는 다음과 같다. 이러한 휨

---

7) KDS 14 20 30 콘크리트구조 사용성 설계기준-부록(균열의 검증), 국토교통부 제정, 한국콘크리트학회 작성, 2021.

8) KDS 14 20 30 콘크리트구조 사용성 설계기준-부록(균열의 검증), 국토교통부 제정, 한국콘크리트학회 작성, 2021.

철근 배치를 이용한 균열폭의 제어는 균열폭을 0.3 mm를 기본으로 하여 철근의 간격으로 제어한 것이다.

① 보 또는 한 방향으로만 휨응력을 저항하도록 철근이 배치된 1방향 슬래브는 휨균열을 제어하기 위해 최소한의 휨철근을 배치하여야 한다.

② 보 및 1방향 슬래브의 휨철근은 다음의 주철근의 최대 중심간격 s_{max} 이하로 부재 단면의 최대 휨인장영역 내에 배치한다.

③ 콘크리트 인장연단에 가장 가까이에 배치되는 주철근의 최대 중심간격 s_{max} 는 다음과 같다.

$$s_{max} = \min\left[375\left(\frac{\kappa_{cr}}{f_s}\right) - 2.5\,c_c,\ 300\left(\frac{\kappa_{cr}}{f_s}\right)\right]$$

여기서, κ_{cr} : 일반 옥내 부재, 부식의 우려가 없을 정도로 보호한 경우의 보통 주거 및 사무실 건축물 내부와 같은 건조 환경에 노출되는 경우에는 280이고, 그 외의 습윤 환경, 부식성 환경 및 고부식 환경 등에 노출되는 경우에는 210이다.

f_s : 인장연단에서 가장 가까이에 위치한 철근의 응력(MPa)이며, 사용하중 휨모멘트에 대한 해석으로 결정된다. 근사값으로 f_s는 $\frac{2}{3}f_y$를 사용할 수 있다.

c_c : 인장연단에서 가장 가까이에 위치한 인장철근(주철근)의 표면과 인장콘크리트 표면 사이의 순피복두께(mm). 여기서 c_c가 피복두께가 아님에 주의한다.

주1 이전의 구조설계기준에서는 계산된 예상 균열폭이 허용균열폭을 넘지 않도록 하였으나, 현행 구조설계기준에서는 이 규정을 삭제하고 인장철근의 간격제한으로 균열을 제어하도록 하고 있다.

주2 주철근의 최대 중심간격 s_{max} 는 구조물의 예상 균열폭을 0.3 mm로 하며 철근간격으로 표시한 것이다.

표 7.9 보 및 1방향 슬래브의 휨철근의 최대 중심간격 (mm)

구분 ($\kappa_{cr}=210$)	순피복두께	f_y (MPa)	f_s (MPa)	$375\left(\frac{210}{f_s}\right)-2.5c_c$	$300\left(\frac{210}{f_s}\right)$	s_{max}
슬래브 (피복두께 20mm)	$c_c=20.0$	300	200	344	315	315
		400	267	245	236	236
		500	333	186	189	186
		600	400	147	158	147
보 (피복두께 40mm)	$c_c=49.53$ (스터럽 D10)	300	200	270	315	270
		400	267	171	236	171
		500	333	112	189	112
		600	400	73	158	73
	$c_c=52.7$ (스터럽 D13)	300	200	262	315	262
		400	267	164	236	164
		500	333	105	189	105
		600	400	65	158	65
구분 ($\kappa_{cr}=280$)	순피복두께	f_y (MPa)	f_s (MPa)	$375\left(\frac{280}{f_s}\right)-2.5c_c$	$300\left(\frac{280}{f_s}\right)$	s_{max}
슬래브 (피복두께 20mm)	$c_c=20.0$	300	200	475	420	420
		400	267	344	315	315
		500	333	265	252	252
		600	400	213	210	210
보 (피복두께 40mm)	$c_c=49.53$ (스터럽 D10)	300	200	401	420	401
		400	267	270	315	270
		500	333	191	252	191
		600	400	139	210	139
	$c_c=52.7$ (스터럽 D13)	300	200	393	420	393
		400	267	262	315	262
		500	333	183	252	183
		600	400	131	210	131

여기서, f_s : $f_s=\frac{2}{3}f_y$를 사용하였다.

c_c : 인장연단에서 가장 가까이에 위치한 인장철근 (주철근)의 표면과 인장콘크리트 표면 사이의 순피복두께이므로, 슬래브의 피복두께는 20 mm이며 보의 피복두께는 40 mm이고 스터럽 D10의 공칭지름이 9.53 mm일 경우 $c_c=29.53$ mm와 $c_c=49.53$ mm로 하였다. 또한 스터럽 D13의 공칭지름이 12.7 mm일 경우 $c_c=32.7$ mm와 $c_c=52.7$ mm로 하였다.

(3) KDS 14 20 30 부록 (균열의 검증) 구조설계기준에 따른 균열의 검증

KDS 14 20 30[9] 부록 (균열의 검증) 구조설계기준에 따라, 철근콘크리트 구조물의 내구성, 사용성 및 미관 등에 대한 균열폭 검증이 필요한 경우, 특별한 수밀성이 요구되는 구조물과 미관이 중요한 구조물 그리고 예상되는 균열폭을 허용균열폭 0.3 mm 이하로 설정하여 제어해야 할 필요성이 있는 구조에 대해서는 환경조건을 고려하여 아래와 같은 방법에 따라 균열을 제어한다.

(가) 노출환경

강재의 부식에 대한 환경조건은 다음의 표와 같이 건조 환경, 습윤 환경, 부식성 환경, 고부식성 환경 등이 있다.

표 7.10 강재의 부식에 대한 환경조건의 구분

건조 환경	일반 옥내 부재, 부식의 우려가 없을 정도로 보호한 경우의 보통 주거 및 사무실 건물 내부
습윤 환경	일반 옥외의 경우, 흙 속의 경우, 옥내의 경우에 있어서 습기가 찬 곳
부식성 환경	① 습윤환경과 비교하여 건습의 반복작용이 많은 경우, 특히 유해한 물질을 함유한 지하수위 이하의 흙 속에 있어서 강재의 부식에 해로운 영향을 주는 경우, 동결작용이 있는 경우, 동상방지제를 사용하는 경우 ② 해양콘크리트 구조물 중 해수 중에 있거나 극심하지 않은 해양환경에 있는 경우 (가스, 액체, 고체)
고부식성 환경	① 강재의 부식에 현저하게 해로운 영향을 주는 경우 ② 해양콘크리트 구조물 중 간만조위의 영향을 받거나 비말대에 있는 경우, 극심한 해풍의 영향을 받는 경우

주1 비말대 (飛沫帶)는 바닷가나 호숫가에서 파도가 칠 때 튀어 오르는 물방울이 미치는 범위이다.

9) KDS 14 20 30 콘크리트구조 사용성 설계기준-부록 (균열의 검증), 국토교통부 제정, 한국콘크리트학회 작성, 2021.

(나) 균열폭의 검토

균열폭의 검토는 아래와 같이 구조해석에 의해 계산된 예상 균열폭 w_d가 구조설계기준에서 정한 허용균열폭 w_a 보다 작아야 한다.

$$w_d \le w_a$$

여기서, w_d : 지속하중이 작용할 때 계산된 설계 균열폭(mm)

w_a : 내구성, 사용성(누수) 및 미관에 관련한 허용균열폭(mm)

(다) 허용균열폭

(a) 철근콘크리트 구조물의 내구성 확보를 위하여 허용되는 균열폭

표 7.11 철근콘크리트 구조물의 허용균열폭 w_a (mm)

강재의 종류	강재의 부식에 대한 환경조건			
	건조 환경	습윤 환경	부식성 환경	고부식성 환경
철 근	0.4 mm와 $0.006c_c$ 중 큰 값	0.3 mm와 $0.005c_c$ 중 큰 값	0.3 mm와 $0.004c_c$ 중 큰 값	0.3 mm와 $0.0035c_c$ 중 큰 값
긴장재	0.2 mm와 $0.005c_c$ 중 큰 값	0.2 mm와 $0.004c_c$ 중 큰 값	-	-

여기서, c_c : 최 외단 주철근의 표면과 콘크리트 표면 사이의 최소 순피복두께(mm)

(b) 수처리 구조물의 내구성과 누수방지를 위하여 허용되는 균열폭

표 7.12 수처리 구조물의 허용균열폭 w_a (mm)

구 분	휨인장균열	전 단면 인장균열
오염되지 않은 물[1]	0.25	0.20
오염된 액체[2]	0.20	0.15

1) 음용수(상수도) 시설물

2) 오염이 매우 심한 경우 발주자와 협의하여 결정

예제 7-8

부재의 최대 휨모멘트가 발생하는 단면에 그림과 같이 철근을 배치할 경우 철근의 최대 및 최소 중심간격을 기준에 맞게 결정하시오.
(단, 철근은 $f_y = 400$ MPa의 도막되지 않은 철근이며, $f_s = \frac{2}{3} f_y$로 가정한다.)

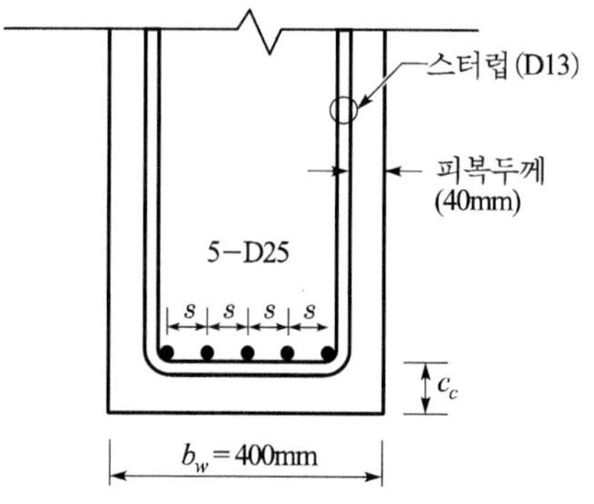

그림 7.16

풀이

1. 휨철근(주철근)의 중심간격 s (주철근 : 5−D25, 스터럽 : D13)

$$s = \frac{1}{(n-1)} \times [b_w - (\text{피복두께} + d_s) \times 2 - d_b]$$

$$= \frac{1}{(5-1)} \times [400 - (40 + 12.7) \times 2 - 25.4] = 67 \text{ mm}$$

2. 휨철근의 최소 중심간격 $s_{\min}$ (주철근 : D25)

$$\text{최소 수평 순간격} = \max\left(25\text{mm},\ d_b,\ \frac{4}{3} G\right) = \max\left(25,\ 25.4,\ \frac{4}{3} G\right) = 25.4 \text{ mm}$$

$$\therefore\ s_{\min} = \text{최소 수평 순간격} + d_b = 25.4 + 25.4 = 50.8 \rightarrow 51 \text{ mm}$$

3. 휨철근의 최대 중심간격 $s_{\max}$ (표 7.9 참고)

1) 인장연단에서 가장 가까이에 위치한 철근의 응력

$$f_s = \frac{2}{3} f_y = \frac{2}{3} \times 400 = 266.7 \text{ MPa}$$

2) 인장철근(주철근)의 표면과 콘크리트 표면 사이의 순피복두께 c_c의 결정

$$c_c = 40 + 12.7 = 52.7 \text{ mm}$$

3) 휨철근의 최대 중심간격

$$s_{\max} = \min\left[375\left(\frac{\kappa_{cr}}{f_s}\right) - 2.5\,c_c,\ 300\left(\frac{\kappa_{cr}}{f_s}\right)\right]$$

$$= \min\left[375 \times \left(\frac{280}{266.7}\right) - 2.5 \times 52.7,\ 300 \times \left(\frac{280}{266.7}\right)\right] = \min(262,\ 315) = 262 \text{ mm}$$

$$\therefore\ s_{\min} = 51 \text{ mm} \le s = 67 \text{ mm} \le s_{\max} = 262 \text{ mm}$$ OK

예제 7-9

슬래브의 두께 $h_f = 135\text{ mm}$인 1방향 슬래브에 D13의 철근을 배치하고자 할 때 최대 휨모멘트가 발생되는 단면에서 주철근의 최대 중심간격을 기준에 맞게 결정하시오. (단, 철근은 $f_y = 400\text{ MPa}$의 도막되지 않은 철근이며 $f_s = \frac{2}{3}f_y$로 가정하고, 피복두께는 20 mm이다.)

풀이

슬래브에서 휨철근의 최대 중심간격

1. 최대 휨모멘트가 발생하는 단면의 최대 중심간격 $s_{\max(1)}$

$s_{\max(1)} = \min(2h_f,\ 300\text{ mm}) = \min(2\times 135,\ 300) = \min(270,\ 300) = 300\text{ mm}$

2. 수축·온도철근비 (ρ)에 따른 최대 중심간격 $s_{\max(2)}$ (D13, $A_b = 126.7\text{ mm}^2$)

$f_y \le 400\text{ MPa}$인 경우 $\rho_{\min} = 0.0020$

단위 폭 $b = 1{,}000\text{ mm}$인 전체 단면적에 대해 고려한다.

$A_{s,\min} = 0.0020\,b\,h_f = 0.0020\times 1{,}000\times 135 = 270\text{ mm}^2/\text{m}$

$$n = \frac{A_{s,\min}}{A_b} = \frac{270}{126.7} = 2.13$$

$$s_{\max(2)} = \frac{b}{n} = \frac{1{,}000}{2.13} = 469\text{ mm}$$

3. 휨철근의 최대 중심간격 $s_{\max(3)}$ (표 7.9 참고)

1) 인장연단에서 철근의 응력

$$f_s = \frac{2}{3}f_y = \frac{2}{3}\times 400 = 266.7\text{ MPa}$$

2) 순피복두께 c_c

$$c_c = 20.0\text{ mm}$$

3) 휨철근의 최대 중심간격

$$s_{\max(3)} = \min\left[375\left(\frac{\kappa_{cr}}{f_s}\right) - 2.5c_c,\ 300\left(\frac{\kappa_{cr}}{f_s}\right)\right]$$

$$= \min\left[375\times\left(\frac{280}{267}\right) - 2.5\times 20.0,\ 300\times\left(\frac{280}{267}\right)\right] = \min(344,\ 315) = 315\text{ mm}$$

4. 휨철근 (주철근)의 최대 중심간격 $s_{\max}$

$s_{\max} = \min(s_{\max(1)},\ s_{\max(2)},\ s_{\max(3)}) = \min(300,\ 469,\ 315) = 300\text{ mm}$

$\therefore\ s_{\max} = 300\text{ mm}$

7.5. 피로

(1) 변동하중이 차지하는 비율이 많거나 작용빈도가 클 경우 피로에 대해 안전성 검토를 한다.

(2) 보 및 슬래브의 피로는 휨 및 전단에 대하여 검토한다.

(3) 기둥의 피로는 검토하지 않아도 된다. 다만 휨모멘트나 축인장력의 영향이 특히 큰 경우 보에 준하여 검토한다.

(4) 피로에 대한 안전성을 검토할 경우, 충격을 포함한 사용 활하중에 의한 철근의 응력 범위가 다음 표의 응력 이내에 들면 피로에 대하여 검토할 필요가 없다. 건축구조기준 0504.4.2.[10)]에 따라, 만약 철근의 응력이 다음 표의 응력을 초과할 경우 피로에 대한 안전을 검토해야 한다.

표 7.13 피로를 고려하지 않아도 되는 철근의 응력 범위

강재의 종류와 위치		철근의 인장 및 압축응력 범위(MPa)
이형철근	SD300	130
	SD400	150
긴장재	연결부 또는 정착부	140
	기타 부위	100

10) 대한건축학회, 건축구조기준, 기문당, 2016, p.289.

7.6. 내화성과 내구성

7.6.1. 내화성

(1) 정의

고온의 열에도 타지 않고 견디는 성질이다.

(2) 특징

① 철근과 콘크리트는 고온에 의해 강도가 저하된다.

② 철근은 약 600 ℃에서 항복강도가 약 1/2 정도로 저하되고, 약 800 ℃에서 항복점이 약 10 % 정도가 되며, 약 900 ℃ 이상에서는 완전 파괴된다.

③ 콘크리트는 약 350 ℃ 이상이면 강도가 급격히 저하된다.

④ 화재시 철근의 항복강도가 1/2 이하가 되지 않도록 피복두께를 결정한다.

⑤ 일반적으로 기둥, 보 및 내력벽은 2시간의 내화가 필요하고, 벽 및 슬래브는 1시간의 내화가 필요하다.

⑥ 내화성에 미치는 영향은 골재의 암질이 가장 크다.

⑦ 화산암질 골재는 내화성이 좋고, 석영질 골재는 내화성이 떨어진다.

⑧ 화재를 당한 콘크리트는 중성화속도가 빨라진다.

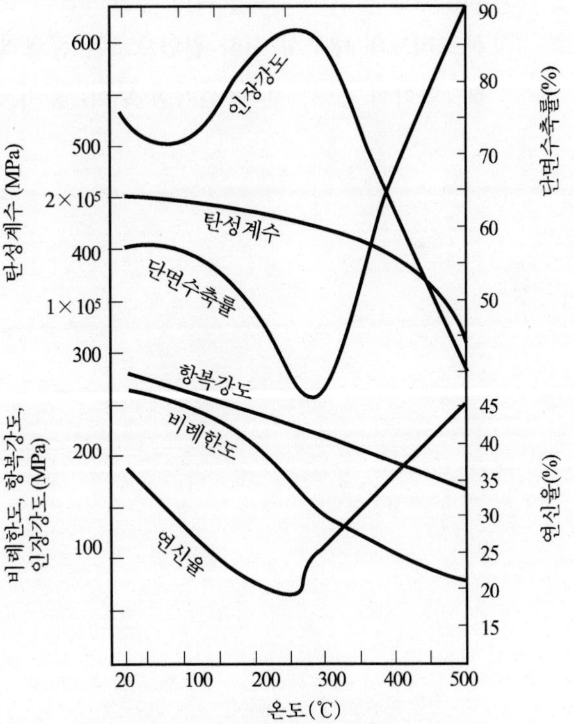

그림 7.17 온도변화에 따른 강재의 특성

7.6.2. 내구성

(1) 정의

① 구조물의 성능을 사용기간 내에 요구수준 이상으로 유지하는 성능이다.

② 시간의 경과에 따라 콘크리트 및 구조물의 성질이 변질되거나 변형되지 않고 오래 견디는 성질이다.

(2) 특징

① 철근콘크리트의 내구성은 콘크리트의 중성화에 의해 결정된다.

② 콘크리트의 피복두께가 두꺼울수록 내구성이 우수하다.

③ 물시멘트비가 적을수록 내구성이 우수하다.

④ 내구성은 피복두께에 비례하고 물시멘트비가 적을수록 콘크리트는 밀실해진다.

⑤ 콘크리트의 내구성 저하 원인으로는 콘크리트의 중성화, 알칼리 골재 반응, 염해, 동해, 화학적 침식, 전식(전기적 부식) 등이 있다.

기본 연습문제

01 강도설계법으로 설계한 콘크리트 구조물에서 처짐의 검토는 어느 하중을 사용하는가?

㉮ 사용하중 (Service Load) ㉯ 설계하중 (Design Load)
㉰ 계수하중 (Factored Load) ㉱ 상재하중 (Surcharge Load)

풀이 강도설계법에서 처짐, 진동 등과 같은 사용성 검토는 설계하중에 하중계수를 곱하지 않은 사용하중 (D+L)에 대하여 검토한다. 답 ㉮

02 강도설계법에 의한 철근콘크리트 부재 설계 시 처짐에 대한 검토는 다음 중 어느 하중에 의하여 계산하는가?

㉮ 고정하중 ㉯ 극한하중 ㉰ 계수하중 ㉱ 사용하중

풀이 강도설계법에서 처짐, 진동 등과 같은 사용성 검토는 설계하중에 하중계수를 곱하지 않은 사용하중 (D+L)에 대하여 검토한다. 답 ㉱

03 강도설계법에서 처짐 검토에 적용되는 하중은?

㉮ 계수하중 ㉯ 설계하중 ㉰ 사용하중 ㉱ 부가하중

풀이 강도설계법에서 처짐, 진동 등과 같은 사용성 검토는 설계하중에 하중계수를 곱하지 않은 사용하중 (D+L)에 대하여 검토한다. 답 ㉰

04 콘크리트 보의 처짐에 영향을 미치는 요소로 가장 거리가 먼 것은?

㉮ 압축철근 ㉯ 콘크리트 크리프 ㉰ 지속하중 ㉱ 늑근

풀이 늑근은 전단철근으로 처짐에 영향을 미치지 않는다. 답 ㉱

05 강도설계법에 의한 철근콘크리트 부재의 장기처짐에 대한 설명으로 옳은 것은?

㉮ 압축철근비가 클수록 장기처짐은 감소한다.
㉯ 장기처짐은 즉시처짐과 관계가 있다.
㉰ 장기처짐은 상대습도, 온도 등 제반환경에 영향을 크게 받으나 부재의 크기에는 영향을 받지 않는다.
㉱ 시간경과계수의 최대값은 3.0이다.

풀이 ① 압축철근비 (ρ')가 클수록 장기처짐은 감소한다.
② 장기처짐은 즉시처짐과 관계 있다 (장기처짐=즉시처짐$\times \lambda$).
③ 장기처짐은 재하기간, 압축철근의 양 그리고 즉시처짐 (부재의 크기) 등의 영향을 받는다.
④ 시간경과계수 (ξ)의 최대값은 2.0이다.

답 ㉮

06 철근콘크리트 보의 처짐에 관한 기술 중 틀린 것은?

㉮ 단순보의 높이가 l /16보다 큰 경우에는 처짐계산이 필요 없다. (l 은 보의 스팬)
㉯ 처짐계산 시에 필요한 단면2차 모멘트 계산 시 콘크리트 부분은 전 단면에 적용시킨다.
㉰ 지속하중에 의한 건조수축 및 크리프는 하중이 구조물에 처음 재하될 때 일어나는 처짐 외에 추가 처짐의 원인이 된다.
㉱ 장기처짐은 재하기간, 압축철근의 양 등에 의하여 영향을 받는다.

풀이 처짐계산 시 단면2차 모멘트 I 는 균열발생 전후에 따라 다음과 같다.
① 균열 발생 전의 경우 : $I=I_g$
② 균열 발생 후의 경우 : $I=I_{cr}$
③ 납득할 수 있는 해석법이 없을 때 : $I=I_e$
여기서, I_g : 철근의 단면적을 무시한 총 단면 ($b\times h$)에 대한 단면2차 모멘트
I_{cr} : 철근의 단면적을 고려한 균열단면2차 모멘트
I_e : 유효단면2차 모멘트

답 ㉯

07 철근콘크리트 슬래브 구조에서 블리딩 (Bleeding) 현상으로 일어나는 침하균열은?

㉮ 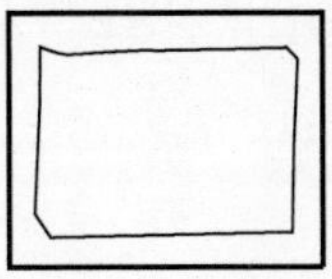

㉯ 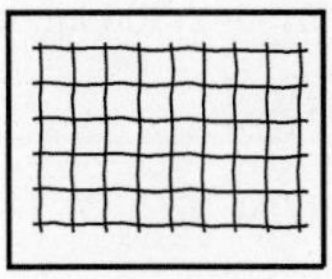

㉰ 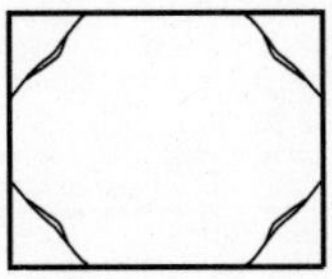

㉱ 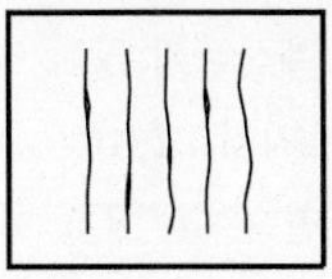

풀이 그림에서 보이는 균열의 형태는 다음과 같다.
㉮는 슬래브의 처짐에 의한 균열
㉯는 블리딩 현상에 의한 균열
㉰는 주변보의 구속에 의한 균열
㉱는 콘크리트의 건조수축에 의한 균열

답 ㉯

08 강도설계법에서 처짐을 계산하지 않아도 되는 보의 최소 두께 (Depth) 규준으로 옳지 않은 것은? (보의 길이는 l 로 한다.)

㉮ 단순 지지 : $l/16$ ㉯ 1단 연속 : $l/15$
㉰ 양단 연속 : $l/21$ ㉱ 캔틸레버 : $l/8$

풀이 1단 연속인 보에서 처짐을 계산하지 않는 경우 보의 최소 두께
$l/18.5$

답 ㉯

09 강도설계법에서 처짐을 계산하지 않는 경우에 있어 보의 최소 두께 (Depth) 규준으로 옳지 않은 것은? (단, 보의 길이는 l, 보통중량콘크리트와 400 MPa 철근 사용)

㉮ 단순 지지 : $l/12$ ㉯ 1단 연속 : $l/18.5$
㉰ 양단 연속 : $l/21$ ㉱ 캔틸레버 : $l/8$

풀이 단순 지지된 보에서 처짐을 계산하지 않는 경우 보의 최소 두께
$l/16$

답 ㉮

10 강도설계법에서 처짐을 계산하지 않는 경우, 철근콘크리트 보의 최소 두께 규정으로 옳은 것은? (단, 보통중량콘크리트 $m_c = 2{,}300\ \text{kg/m}^3$와 설계기준항복강도 400 MPa 철근을 사용한 부재)

㉮ 단순 지지 : $l/20$ ㉯ 1단 연속 : $l/18.5$
㉰ 양단 연속 : $l/24$ ㉱ 캔틸레버 : $l/10$

풀이 처짐을 계산하지 않는 경우의 보의 최소 두께

① 단순 지지 : $l/16$
② 1단 연속 : $l/18.5$
③ 양단 연속 : $l/21$
④ 캔틸레버 : $l/8$

답 ㉯

11 강도설계법에서 처짐을 계산하지 않는 경우, 철근콘크리트 보의 최소 두께 규정으로 옳은 것은? (단, 보통중량콘크리트 $m_c = 2{,}300\ \text{kg/m}^3$와 설계기준항복강도 400 MPa 철근을 사용한 부재)

㉮ 1단 연속 : $l/18.5$ ㉯ 단순 지지 : $l/15$
㉰ 양단 연속 : $l/24$ ㉱ 캔틸레버 : $l/10$

풀이 처짐을 계산하지 않는 경우의 보의 최소 두께

① 단순 지지 : $l/16$
② 1단 연속 : $l/18.5$
③ 양단 연속 : $l/21$
④ 캔틸레버 : $l/8$

답 ㉮

12 양단 연속인 보부재에서 처짐을 계산하지 않는 경우 보의 최소 두께는? (단, l은 부재의 길이, 보통중량콘크리트와 설계기준항복강도 400 MPa 철근 사용)

㉮ $l/8$ ㉯ $l/16$ ㉰ $l/18.5$ ㉱ $l/21$

풀이 양단 연속인 보에서 처짐을 계산하지 않는 경우 보의 최소 두께

$l/21$

답 ㉱

13 강도설계법에 의한 철근콘크리트 보 설계에서 양단 연속인 경우 처짐을 계산하지 않아도 되는 보의 최소 두께로 옳은 것은? (단, 보통중량콘크리트 $m_c = 2{,}300\ \mathrm{kg/m^3}$와 설계기준항복강도 400 MPa 철근을 사용)

㉮ $l/16$ ㉯ $l/21$ ㉰ $l/24$ ㉱ $l/28$

풀이 양단 연속인 보에서 처짐을 계산하지 않는 경우 보의 최소 두께

$l/21$

답 ㉯

14 강도설계법에서 처짐을 계산하지 않는 경우 철근콘크리트 보의 최소 두께 규정으로 옳지 않은 것은? (단, 보통중량콘크리트와 설계기준항복강도 400 MPa 철근을 사용한 부재이다.)

㉮ 단순 지지 : $l/16$ ㉯ 1단 연속 : $l/18.5$
㉰ 양단 연속 : $l/12$ ㉱ 캔틸레버 : $l/8$

풀이 양단 연속인 보에서 처짐을 계산하지 않는 경우 보의 최소 두께

$l/21$

답 ㉯

15 철근콘크리트 강도설계법에서 처짐을 계산하지 않는 경우, 단순 지지된 보의 최소 두께 (h)를 구하면? (단, 보의 길이 = 5,000 mm, 보통중량콘크리트 사용, $f_y = 400$ MPa)

㉮ 312.5 mm ㉯ 365.2 mm ㉰ 412.6 mm ㉱ 432.8 mm

풀이 단순 지지된 보에서 처짐을 계산하지 않는 경우 보의 최소 두께 (h)

$$h = \frac{l}{16} = \frac{5{,}000}{16} = 312.5\ \mathrm{mm}$$

답 ㉮

16 철근콘크리트 강도설계법에서 처짐을 계산하지 않는 경우, 단순 지지된 보의 최소 두께 (h)를 구하면? (단, 보의 길이=6.0 m, 보통중량콘크리트 사용, f_y =400 MPa)

㉮ 312.5 mm ㉯ 375.0 mm ㉰ 412.6 mm ㉱ 432.8 mm

풀이 단순 지지된 보에서 처짐을 계산하지 않는 경우 보의 최소 두께 (h)

$$h = \frac{l}{16} = \frac{6{,}000}{16} = 375.0\ \mathrm{mm}$$

답 ㉯

17 강도설계법에서 처짐을 계산하지 않는 경우 스팬 l =8.0 m인 단순 지지 콘크리트 보의 최소 두께는? (단, 보통중량콘크리트 사용, f_y =400 MPa의 철근사용)

㉮ 400 mm ㉯ 450 mm ㉰ 500 mm ㉱ 550 mm

풀이 단순 지지된 보에서 처짐을 계산하지 않는 경우 보의 최소 두께 (h)

$$h=\frac{l}{16}=\frac{8,000}{16}=500\text{ mm}$$

답 ㉰

18 강도설계법에서 처짐을 계산하지 않는 경우 스팬 8.0 m인 단순 지지인 보의 최소 두께에 대한 규정을 적용시 옳은 것은? (단, 보통중량콘크리트와 f_y =400 MPa인 철근을 사용할 때이다.)

㉮ 380 mm ㉯ 430 mm ㉰ 500 mm ㉱ 600 mm

풀이 단순 지지인 보에서 처짐을 계산하지 않는 경우 보의 최소 두께

$$h=\frac{l}{16}=\frac{8,000}{16}=500\text{ mm}$$

답 ㉰

19 강도설계법에서 스팬이 10.0 m인 양단 단순 지지 철근콘크리트 보에서 처짐을 계산하지 않는 경우의 보의 최소 두께는?

㉮ 575 mm ㉯ 600 mm ㉰ 625 mm ㉱ 650 mm

풀이 단순 지지된 보에서 처짐을 계산하지 않는 경우 보의 최소 두께 (h)

$$h=\frac{l}{16}=\frac{10,000}{16}=625\text{ mm}$$

답 ㉰

20 강도설계법에서 과도한 처짐에 의해 손상되기 쉬운 비구조 요소를 지지 또는 부착하지 않은 바닥구조의 처짐한계는 다음 중 어느 값 이하가 되어야 하는가? (단, 활하중에 의한 순간처짐)

㉮ l /180 ㉯ l /240 ㉰ l /360 ㉱ l /480

풀이 과도한 처짐에 의해 손상되기 쉬운 비구조 요소를 지지 또는 부착하지 않은 바닥구조의 처짐 한계 : l /360

답 ㉰

21 철근콘크리트구조 설계와 처짐에 관한 다음 기술 중 부적당한 것은?

㉮ 철근콘크리트 부재의 처짐은 즉각적인 처짐과 장기적인 처짐으로 구분된다.
㉯ 장기처짐은 초기에 많은 양이 생기고, 시간이 지남에 따라 증가율도 커진다.
㉰ 강도설계법에서 부재의 안전성은 계수하중에 의하여 검토하지만, 처짐이나 균열 등 사용성은 사용하중에 의하여 검토한다.
㉱ 강도설계법에서는 고강도의 철근과 콘크리트를 사용할 경우 단면이 작아지고 강성이 저하되어 처짐이 크게 발생할 우려가 있다.

풀이 장기처짐은 주로 콘크리트의 크리프와 건조수축으로 인하여 시간의 경과와 더불어 진행되는 처짐으로 시간이 지남에 따라 증가율은 감소한다.

답 ㉯

22 철근콘크리트구조의 처짐에 관한 설명 중 옳지 않은 것은?

㉮ 일반적으로 탄성처짐이 장기처짐보다 크게 나타난다.
㉯ 장기처짐은 순간처짐 (탄성처짐)과 크리프와 건조수축에 의한 장기처짐의 합으로 나타난다.
㉰ 비구조재 (칸막이, 창문 등)에 손상을 주지 않도록 처짐이 제한되어야 한다.
㉱ 복철근으로 배치로 하면 장기처짐이 작아진다.

풀이 총처짐은 순간처짐과 장기처짐의 합이며, 장기처짐은 총처짐에서 순간처짐을 빼면 된다.

답 ㉯

23 철근콘크리트 보에 관한 기술 중 틀린 것은?

㉮ 콘크리트 보의 복부폭을 크게 하면 압축철근량을 줄일 수 있다.
㉯ 콘크리트 보에서 단부에 헌치를 둠으로써 전단내력을 증가시킬 수 있다.
㉰ 과대 철근보가 될 경우 압축철근을 보강함이 합당하다.
㉱ 철근의 강도를 증가시킴으로써 보의 처짐을 크게 줄일 수 있다.

풀이 단순보의 최대 처짐은 $\Delta_{\max}=\dfrac{5\omega l^4}{384EI}$ 이다. 따라서 보의 처짐은 단면의 크기, 콘크리트의 탄성계수 등과 관계있다. 보의 처짐은 단면2차 모멘트를 증가시켜야 크게 줄어든다.

답 ㉱

24 강도설계법이 적용된 철근콘크리트 보의 사용성 검토를 위해 순간처짐을 계산 시 필요하지 않은 항목은?

㉮ 단면극2차 모멘트 ㉯ 균열단면2차 모멘트
㉰ 유효단면2차 모멘트 ㉱ 전단면2차 모멘트

풀이 ① 하중이 구조물에 처음 재하될 때 발생하는 처짐을 순간처짐(즉시처짐, 탄성처짐, Instantaneous Deflections)이라 한다.

② 단순보가 등분포하중을 받을 경우 최대 처짐

$$\Delta_{\max} = \frac{5wl^4}{384EI}$$

여기서, E : 콘크리트의 탄성계수 E_c를 사용

I : 유효단면2차 모멘트 I_e를 사용

l : 순경간

③ 유효단면2차 모멘트

$$I_e = \left(\frac{M_{cr}}{M_a}\right)^3 I_g + \left[1 - \left(\frac{M_{cr}}{M_a}\right)^3\right] I_{cr} < I_g$$

여기서, M_a : 처짐계산 시 사용하중 상태의 최대 휨모멘트(kN · m)

M_{cr} : 균열휨모멘트(kN · m), $M_{cr} = \dfrac{f_r I_g}{y_t}$

f_r : 콘크리트의 파괴계수(MPa), $f_r = 0.63\lambda\sqrt{f_{ck}}$

I_g : 철근의 단면적을 무시한 총 단면($b \times h$)에 대한 단면2차 모멘트(mm^4),

직사각형 보의 경우 $I_g = \dfrac{bh^3}{12}$

I_{cr} : 철근의 단면적을 고려한 균열단면2차 모멘트(mm^4)

④ 따라서 단면극2차모멘트는 보의 순간처짐을 계산 시 필요하지 않다.

답 ㉮

25 등분포 하중을 받는 단순보의 최대 처짐공식으로 옳은 것은?

㉮ $\dfrac{3wl^4}{192EI}$ ㉯ $\dfrac{5wl^4}{384EI}$ ㉰ $\dfrac{wl^4}{120EI}$ ㉱ $\dfrac{7wl^4}{384EI}$

풀이 등분포 하중을 받는 단순보의 최대 처짐

$$\Delta_{\max} = \frac{5wl^4}{384EI}$$

답 ㉯

26 다음 세 가지 요인 중 철근콘크리트 보의 장기처짐에 영향을 미치는 것은?

① 압축철근비	② 전단철근비	③ 재하기간

㉮ ①, ② ㉯ ②, ③ ㉰ ①, ③ ㉱ ①, ②, ③

풀이 1. 장기처짐

① 콘크리트의 크리프와 건조수축으로 인하여 시간의 경과와 더불어 진행되는 처짐

② 콘크리트의 크리프와 건조수축 외에 다른 여러 가지 요인에 의해 변화하기 때문에 이것을 계산으로 알아낸다는 것은 매우 어렵다.

2. 장기처짐의 계산

장기처짐=$\lambda_\Delta \times \Delta_i$

여기서, λ_Δ : 장기 추가처짐에 대한 계수 ($\lambda_\Delta = \dfrac{\xi}{1+50\rho'}$)

Δ_i : 지속하중에 의한 순간처짐 (mm)

ρ' : 압축철근비 ($\rho' = \dfrac{A_s'}{bd}$)

ξ : 지속하중에 대한 시간경과계수

답 ㉰

27 일반 또는 경량콘크리트 휨부재의 크리프와 건조수축에 의한 추가 장기처짐 산정과 관련하여 5년 이상일 때 지속하중에 대한 시간경과계수 ξ는 얼마인가?

㉮ 2.4 ㉯ 2.2 ㉰ 2.0 ㉱ 1.4

풀이 지속하중에 대한 시간경과계수 ξ는 최대 2.0이다.

답 ㉰

28 단철근 직사각형 보에서 하중이 재하됨과 동시에 순간처짐이 20 mm가 발생되었다. 이 하중이 5년 이상 지속되는 경우 총 처짐량은 얼마인가? (단, $\lambda_\Delta = \dfrac{\xi}{1+50\rho'}$ 이고 지속하중에 의한 시간경과계수 ξ는 2.0 이다.)

㉮ 30 mm　　㉯ 40 mm　　㉰ 60 mm　　㉱ 80 mm

풀이 ① 순간처짐 Δ_i

$\Delta_i = 20\text{ mm}$

② 장기 추가처짐에 대한 계수 λ_Δ

5년 후의 장기처짐에 대해 $\xi = 2.0$ 이고, 압축철근이 사용되지 않았으므로 $\rho' = 0$ 이다.

$$\lambda_\Delta = \frac{\xi}{1+50\rho'} = \frac{2.0}{1+50\times 0} = 2.0$$

③ 총처짐 Δ_{LT}

Δ_{LT} = 순간처짐 + 장기처짐 = $\Delta_i + \lambda_\Delta \Delta_i = 20 + 2.0\times 20 = 60\text{ mm}$　**답** ㉰

29 철근콘크리트 단순보에서 순간탄성처짐이 0.9 mm 이었다면 1년 뒤 이 부재의 총처짐량을 구하면? (단, 시간경과계수 ξ=1.4, 압축철근비 ρ' =0.01071)

㉮ 1.52 mm　　㉯ 1.72 mm　　㉰ 1.92 mm　　㉱ 2.12 mm

풀이 ① 순간처짐 Δ_i

$\Delta_i = 0.9\text{ mm}$

② 장기 추가처짐에 대한 계수 λ_Δ

지속하중에 대한 시간경과계수 ξ=1.4이고, 압축철근비는 ρ' =0.01071이다.

$$\lambda_\Delta = \frac{\xi}{1+50\rho'} = \frac{1.4}{1+50\times 0.01071} = 0.912$$

③ 총처짐 Δ_{LT}

Δ_{LT} = 순간처짐 + 장기처짐 = $\Delta_i + \lambda_\Delta \Delta_i = 0.9 + 0.912\times 0.9 = 1.72\text{ mm}$　**답** ㉯

30 하중재하 지속기간이 5년 이상인 부재에 순간적인 즉시처짐이 30 mm가 생겼을 때 이 부재의 최종적인 총처짐은 얼마인가? (단, 단순부재로서 중앙단면의 압축철근비는 0.02이다.)

㉮ 40 mm ㉯ 50 mm ㉰ 60 mm ㉱ 70 mm

풀이 $\lambda_\Delta = \dfrac{\xi}{1+50\rho'} = \dfrac{2}{1+50\times 0.02} = 1.0$

장기처짐 = λ_Δ×(지속하중에 의한 순간처짐) = 1.0×30 = 30 mm

총처짐 = 순간처짐+장기처짐 = 30+30 = 60 mm

답 ㉰

31 콘크리트구조에서 허용균열폭 결정 시 고려사항과 가장 거리가 먼 것은?

㉮ 구조물의 사용목적 ㉯ 소요내구성

㉰ 콘크리트 강도 ㉱ 환경조건

풀이 콘크리트구조에서 허용균열폭 결정 시 고려사항

① 철근콘크리트 구조물 또는 수처리 구조물 등의 구조물의 사용목적

② 강재의 부식에 대한 환경조건

③ 소요내구성

④ 사용성 (누수) 및 미관

답 ㉰

32 철근콘크리트구조에 발생되는 균열에 대한 설명으로 가장 부적당한 것은?

㉮ 일반 철근콘크리트 부재와 프리스트레스트 부재에 대한 허용균열폭의 값은 서로 다르다.

㉯ 실금균열 (Hairline Cracks)이 많이 있는 경우 보다는 균열의 수가 적더라도 균열 폭이 큰 경우가 구조적으로 더욱 문제가 된다.

㉰ 구조설계기준에서는 물을 저장하는 수처리 구조물은 어떠한 균열이라도 발생하지 않도록 규정하고 있다.

㉱ 균열은 인장을 받는 콘크리트에 발생하기 쉽다.

풀이 수처리 구조물의 내구성과 누수방지를 위하여 오염된 액체이고 휨 인장균열인 경우 수처리 구조물의 허용균열폭은 0.2 mm이다.

답 ㉰

33 철근콘크리트 구조물에서 휨균열을 고려해야 할 경우 철근의 부식에 대한 환경조건이 건조 환경일 때 건축구조설계기준에서 허용하는 최대 균열폭은?

㉮ 0.2 mm ㉯ 0.3 mm ㉰ 0.4 mm ㉱ 0.5 mm

풀이 철근콘크리트 구조물에서 철근의 부식에 대한 환경조건에 따른 허용균열폭

① 건조 환경 : 0.4 mm와 $0.006c_c$ 중 작은 값

② 습윤 환경 : 0.3 mm와 $0.005c_c$ 중 작은 값

③ 수처리 구조물의 내구성과 누수방지를 위하여 허용균열폭은 다음 표와 같다.

	휨인장 균열	전 단면인장 균열
오염되지 않은 물	0.25 mm	0.20 mm
오염된 액체	0.20 mm	0.15 mm

답 ㉰

34 철근콘크리트 보의 균열폭 제어에 직접적으로 관련된 것이 아닌 것은?

㉮ 철근내력 ㉯ 피복두께 ㉰ 철근간격 ㉱ 철근비

풀이 ① 철근콘크리트 보의 균열폭은 철근과 콘크리트 사이에 미끄럼이 발생하는 길이, 철근의 변형률, 콘크리트의 변형률, 부착응력, 철근의 응력(내력), 철근의 지름, 유효철근비, 콘크리트의 탄성계수, 콘크리트의 유효인장면적 및 피복두께가 관계있다.

② 철근간격은 보의 균열폭과 직접적인 관계는 없다. 답 ㉰

35 보의 인장철근 주변 콘크리트의 균열폭의 크기에 영향을 미치는 요소로서 가장 부적당한 것은 다음 중 어느 것인가?

㉮ 인장철근 응력 ㉯ 콘크리트 피복두께

㉰ 인장철근을 둘러싼 콘크리트 면적 ㉱ 균형철근비

풀이 ① 철근콘크리트 보의 균열폭은 철근과 콘크리트 사이에 미끄럼이 발생하는 길이, 철근의 변형률, 콘크리트의 변형률, 부착응력, 철근의 응력(내력), 철근의 지름, 유효철근비, 콘크리트의 탄성계수, 콘크리트의 유효인장면적 및 피복두께가 관계있다.

② 유효철근비는 관계가 있으나 균형철근비는 관계가 없다. 답 ㉱

36 피로에 대해 기술한 것 중 잘못된 것은?

㉮ 보 및 슬래브의 피로에 대해서는 휨 및 전단에 대하여 검토하는 것이 일반적이다.

㉯ 기둥의 피로에 대해서도 검토하는 것이 원칙이다.

㉰ 피로의 검토가 필요한 구조부재에서는 높은 응력을 받는 부분의 철근은 구부리지 않는다.

㉱ 충격을 포함한 사용활하중에 의한 철근의 응력 범위가 130 MPa에서 150 MPa 사이에 들면 피로에 대해 검토할 필요가 없다.

풀이 ① 보 및 슬래브의 피로는 휨 및 전단에 대하여 검토한다.

② 기둥의 피로는 검토하지 않아도 된다.

답 ㉯

심화 연습문제

01 구조물의 안전성, 사용성 및 내구성에 대해 간단히 설명하시오.

02 다음은 철근콘크리트구조 설계에 대한 내용이다. ( ) 안에 올바른 용어를 쓰시오.

> (1) 철근콘크리트구조 설계에서 철근콘크리트 구조물에 외력이 작용할 경우 부재는 (①)에 대해 파괴에 가까운 상태에서 단면을 해석하고 설계하여 안전하게 하중을 저항하도록 한다.
>
> (2) 철근콘크리트구조 설계에서 균열과 처짐에 관련된 해석과 설계를 할 때는 작용하중을 (②)로(으로) 검토한다.

풀이 ① 계수하중 (Factored Load), ② 사용하중 (Service Load)

03 보의 탄성해석을 위한 기본 가정을 설명하시오.

04 철근콘크리트 보에서 아래의 용어에 대하여 설명하시오.

1) 등가환산단면 (Transformed Section)

2) 균열단면2차 모멘트 (Moment of Inertia of Cracked Section Transformed to Concrete)

3) 유효단면2차 모멘트 (Effective Moment of Inertia)

05 휨균열, 전단균열, 휨전단균열 및 부착균열에 대해 설명하시오.

06 아래 두 가지 단면에 대한 I_g와 I_{cr}을 계산하시오. (단, 콘크리트는 f_{ck}= 24 MPa의 보통중량콘크리트이고, 철근은 f_y =400 MPa의 도막되지 않은 철근이다.)

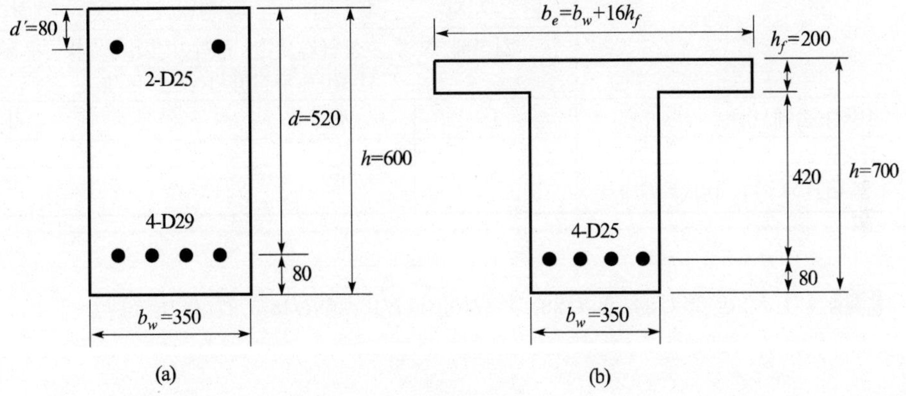

그림 7.18

07 예제 7.3에서 모든 조건은 동일하지만, 2-D29 대신 2-D25로 배치되고 콘크리트는 f_{ck} = 24 MPa의 보통중량콘크리트이며, 철근은 f_y = 400 MPa의 도막되지 않은 철근일 경우에 대해 단철근 직사각형 보의 균열단면2차 모멘트를 산정하시오.

08 예제 7.4에서 모든 조건은 동일하지만, 단면에 4-D25 대신 4-D22 (A_s = 1,548 mm^2)를 인장측에만 배치하였다. 또한 콘크리트는 f_{ck} = 24 MPa의 보통중량콘크리트일 경우, 사용하중 하에서 보 단면에 대한 균열단면2차 모멘트 I_{cr}과 등가환산단면에 대한 유효단면2차 모멘트 I_e 및 총 단면에 대한 유효단면2차 모멘트 I_e를 계산하시오.

09 강도설계법에서 처짐을 계산하지 않는 경우의 보 또는 1방향 슬래브의 최소 두께에 관해 다음 표를 완성하시오. 단, 보통콘크리트 ($m_c = 2{,}300\ \mathrm{kg/m^3}$)와 설계기준항복강도 $f_y = 400$ MPa의 도막되지 않은 철근이다.

표 7.14 처짐을 계산하지 않는 경우의 보 또는 1방향 슬래브의 최소 두께

부 재	최소 두께, h			
	단순 지지	1단 연속	양단 연속	캔틸레버
	큰 처짐에 의해 손상되기 쉬운 칸막이벽이나 기타 구조물을 지지 또는 부착하지 않은 부재			
1방향 슬래브	①	②	③	④
① 보 ② 리브가 있는 1방향 슬래브	⑤	⑥	⑦	⑧

풀이 ① $l/20$, ② $l/24$, ③ $l/28$, ④ $l/10$, ⑤ $l/16$, ⑥ $l/18.5$, ⑦ $l/21$, ⑧ $l/8$

10 철근콘크리트부재의 장기처짐에 영향을 주는 요인을 쓰시오.

풀이 장기처짐에 영향을 주는 요인

① 압축철근, ② 상대습도, ③ 온도, ④ 양생조건,
⑤ 콘크리트의 재령, ⑥ 하중의 지속시간, ⑦ 부재의 크기 등

11 부재의 최대 휨모멘트가 발생하는 단면에 그림과 같이 철근을 배치할 경우 철근의 최대 및 최소 중심간격을 기준에 맞게 결정하시오. (단, 철근은 $f_y = 500$ MPa의 도막되지 않은 철근이고, $f_s = \frac{2}{3}f_y$로 가정한다.)

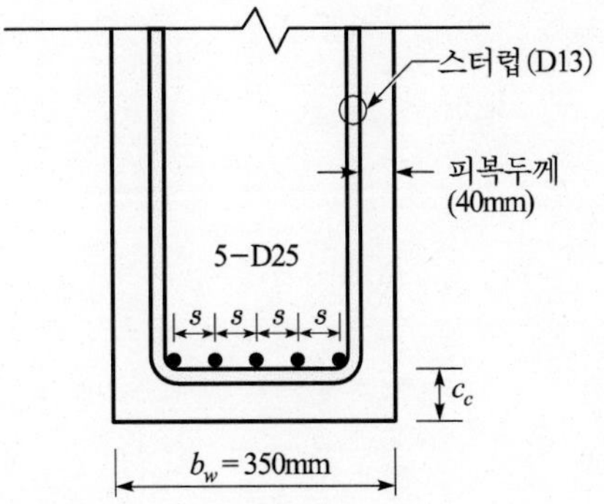

그림 7.19

12 슬래브의 두께 $h_f = 150$ mm인 1방향 슬래브에 D13의 철근을 배치하고자 할 때 최대 휨모멘트가 발생되는 단면에서 철근의 최대 및 최소 중심간격을 기준에 맞게 결정하시오. (단, 철근은 $f_y = 400$ MPa의 도막되지 않은 철근이고, $f_s = \frac{2}{3}f_y$로 가정한다.)

13 다음 그림과 같은 단면을 가지는 단순 지지된 직사각형 보에서 균열제어를 위한 규정을 만족하는지 검토하시오. (단, 보의 스팬 l =8 m, 작용하중 30 kN/m (자중포함), 콘크리트는 f_{ck} =27 MPa의 보통중량콘크리트이고, 철근은 f_y =400 MPa의 도막되지 않은 철근이다.)

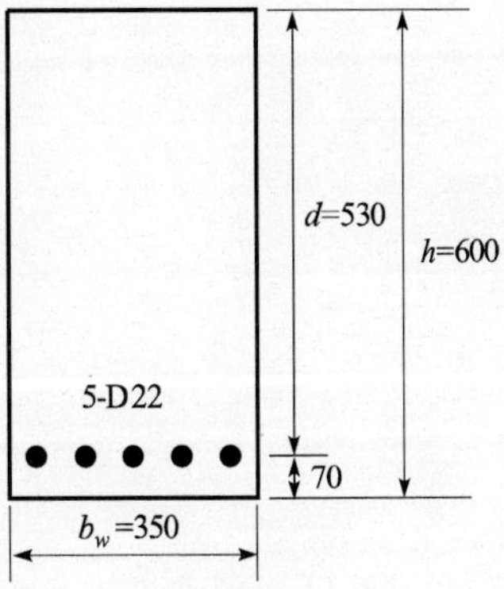

그림 7.20

CHAPTER

08

기둥

CHAPTER

08 기둥

8.1. 개요

8.1.1. 일반사항

기둥은 슬래브와 보를 지지하여 이들로부터 전달되는 하중을 아래층의 기둥이나 기초에 전달하는 수직구조 부재이다. 따라서 기둥은 주로 축방향 압축력을 받는 압축부재이며, 일반적으로 풍하중 등에 의한 횡하중으로 인해 휨모멘트와 축방향 압축력을 동시에 받는다. 기둥의 철근은 기둥의 길이방향으로 배치된 주철근(축방향 철근, 종방향 철근)과 주철근을 감싸고 있는 횡방향 철근(띠철근과 나선철근)으로 되어 있다.

8.1.2. 기둥의 종류

기둥의 보강철근의 형태와 배열에 따라 띠철근 기둥, 나선철근 기둥 및 합성 기둥으로 구분된다. 띠철근 기둥은 축방향 철근(주철근)과 띠철근(Tie)으로 구성되며, 나선철근 기둥은 축방향 철근(주철근)과 나선철근(Spiral)으로 이루어져 있다. 또한 합성 기둥은 띠철근 기둥(또는 나선철근 기둥)과 강재(H형강) 기둥으로 구성된다. 횡방향 철근 중, 띠철근은 주로 정사각형 또는 직사각형 단면에서 폐쇄된 철근을 일정한 간격으로 주철근을 감싸도록 배치된 것이다. 또한 나선철근은 주로 원형단면에서 일정한 피치(간격)로 주철근을 감아 올라가도록 배치된 것이다.

단면 상의 작용하는 하중 위치에 따라 중심축하중을 받는 기둥과 중심축하중+일축(一軸) 휨모멘트를 받는 기둥 그리고 중심축하중+이축(二軸) 휨모멘트를 받는 기둥(편심하중을 받는 기둥)으로 구분된다. 중심축하중을 받는 기둥은 우발편심을 고려하여 해석 및 설계되고 편심하중을 받는 기둥은 중심축하중과 함께 휨모멘트에 대한 고려가 있어야 한다. 기둥에서 휨모멘트는 단부 기둥(Edge Column)에서 발생하거나 인접 스팬의 하중이 다르게 분포할 경우에 발생하며, 기둥의 위치와 하중조건에 따라 일축 또는 이축의 휨모멘트가 발생한다.

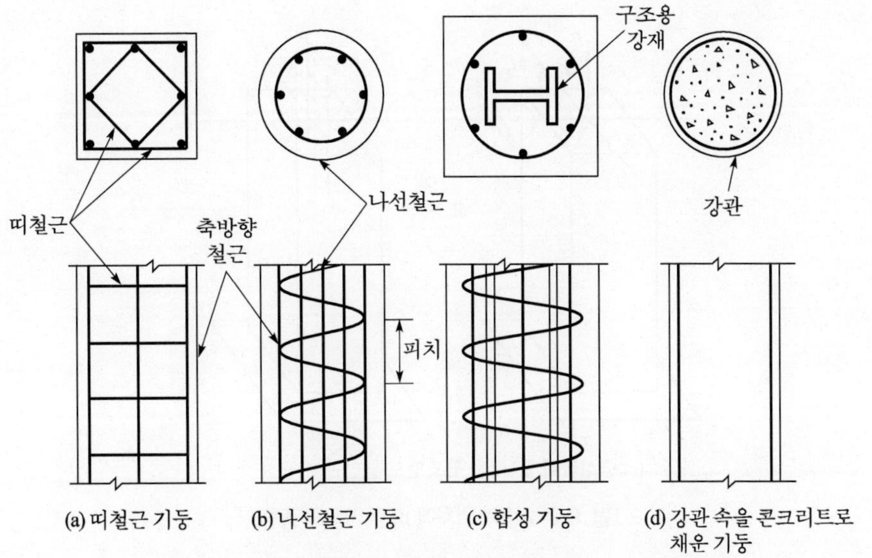

그림 8.1 기둥의 보강철근 형태에 따른 철근콘크리트 기둥의 종류

또한 기둥의 길이에 따라 단주(短柱, Short Column, Nonslender Column)와 장주(長柱, Long Column, Slender Column)로 구분된다.

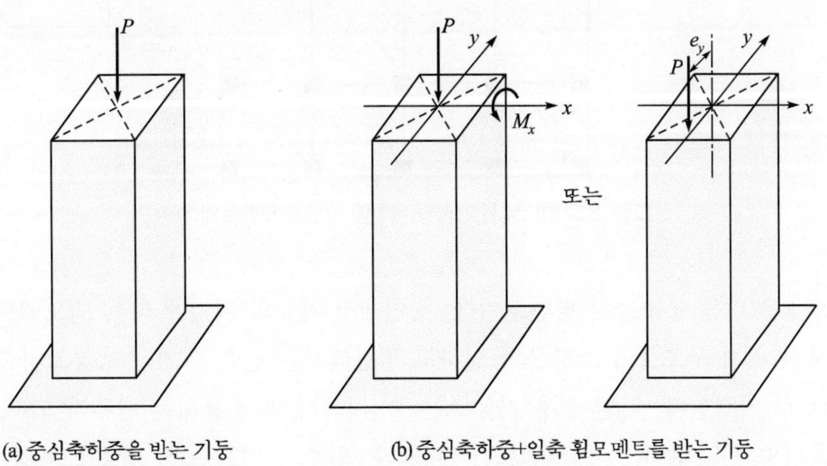

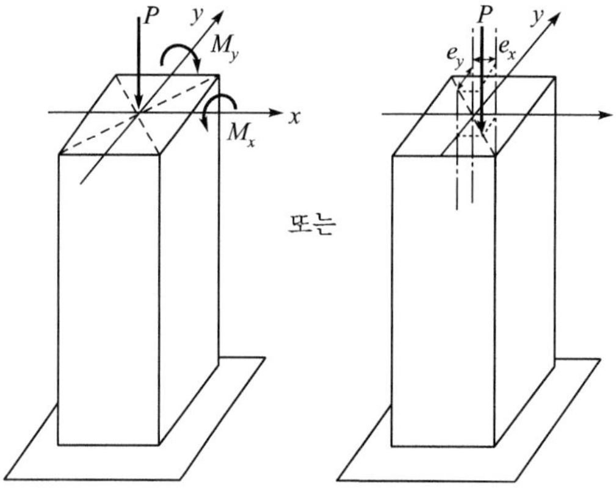

(c) 중심축하중+이축 휨모멘트를 받는 기둥

그림 8.2 하중의 위치에 따른 기둥의 종류

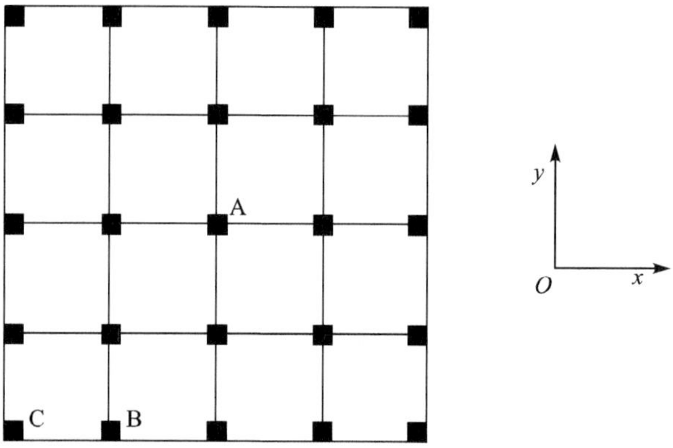

그림 8.3 평면에서 기둥의 위치에 따른 휨모멘트의 영향

그림 8.3은 다층 구조물의 평면도이다. 평면에서 기둥의 위치에 따른 휨모멘트의 영향을 살펴보기 위해 구조물의 스팬은 동일하고 평면에서는 같은 크기의 등분포하중만 작용하는 단주로 가정한다. 이럴 경우 기둥 A는 중심축하중만 작용하는 단주가 되며, 기둥 B는 중심축하중과 일축(M_x) 휨모멘트가 작용하는 단주가 되고 또한 기둥 C는 중심축하중과 이축(M_x 및 M_y) 휨모멘트가 작용하는 단주가 된다.

8.1.3. 등가환산단면적

등가환산단면적은 철근의 단면적 A_{st} 와 같은 능력을 갖는 콘크리트의 단면적 nA_{st} 로 환산한 단면적이다. 즉 기둥의 축하중 P를 콘크리트만으로 된 기둥으로 지지하려면 $A_e = A_c + nA_{st} = A_g + (n-1)A_{st}$ 의 콘크리트의 단면적이 필요하다.

이 단면적 $A_e = A_g + (n-1)A_{st}$ 를 등가환산단면적 (등가단면적)이라 한다.

$$A_e = A_c + nA_{st} = A_g - A_{st} + nA_{st} = A_g + (n-1)A_{st}$$

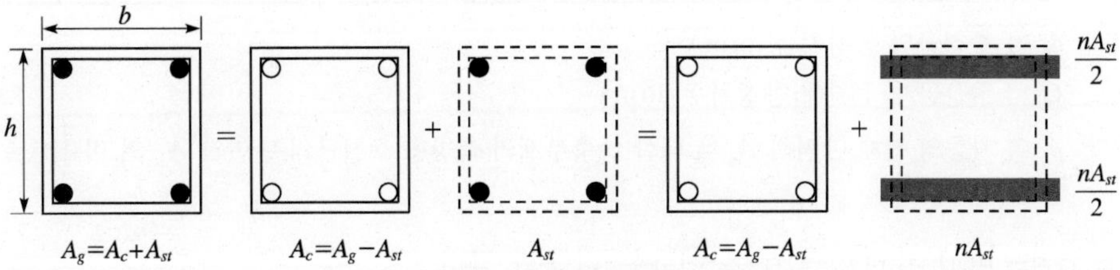

그림 8.4 등가환산단면적

8.2. 기둥의 구조상세

8.2.1. 기둥의 구조제한

표 8.1의 부재 단면의 치수에서 최소 단면적 및 심부지름 등은 KDS 14 20 20 구조설계기준에서는 삭제되었다. 그러나 건조수축 등의 영향을 고려하여 단면의 최소 치수를 유지하는 것이 바람직할 것으로 판단하여 이전 기준의 부재 단면의 최소 치수를 나타내었다.

KDS 14 20 20 (4.3.2)[1] 구조설계기준에서는 최소 및 최대철근비를 고려하여 표와 같이 전체 단면적 A_g 에 대한 축방향 철근의 철근비 범위를 0.01 (1%) 이상 그리고 0.08 (8%) 이하로 규정하고 있으며, 축방향 철근이 겹침이음 되는 경우에는 0.04 (4%)를 초과하지 않도록 규정하고 있다. 일반적으로 축방향 철근의 철근비가 0.005 (5%) 이상이 되면 거푸집 안에 철근의 배치가 어렵고 콘크리트를 채워 넣기가 쉽지 않다.

1) KDS 14 20 20 (4.3.2) 콘크리트구조 휨 및 압축 설계기준, 국토교통부 제정, 한국콘크리트학회 작성, 2021.

표 8.1 기둥의 구조제한

구 분	띠철근 기둥	나선철근 기둥
부재 단면	① 최소 치수 $(h) \geq 200$ mm ② 최소 단면적 $(A_g) \geq 60,000$ mm^2	① 최소 심부지름 $(D) \geq 200$ mm ② $f_{ck} \geq 21$ MPa
축방향 철근의 개수	① 직사각형 및 원형단면 : 4개 이상 ② 삼각형단면 : 3개 이상	원형단면 : 6개 이상
축방향 철근의 순간격	철근의 순간격 $\geq \max\left(40\text{ mm},\ 1.5d_b,\ \frac{4}{3}G\right)$	
축방향 철근의 철근비	$0.01 \leq \rho_g \leq 0.08$	

여기서, d_b : 주철근의 공칭지름 (mm)

G : 굵은골재의 최대 공칭치수 (mm)

ρ_g : 기둥의 전체 단면적 A_g에 대한 압축부재의 축방향 주철근의 단면적 A_{st}의 비 $\left(\rho_g = \frac{A_{st}}{A_g}\right)$

(1) 최소철근비 0.01 (1%)을 두는 이유는 다음과 같다.

① 철근의 양이 너무 적으면 배치효과가 없다.

② 시공시 재료분리로 인한 부분적 결함을 보완한다.

③ 예상치 않은 편심하중으로 인해 발생하는 휨모멘트에 저항한다.

④ 콘크리트의 크리프 및 건조수축의 영향을 줄인다.

(2) 최대철근비 0.08 (8%)을 두는 이유는 다음과 같다.

① 철근량이 너무 많으면 콘크리트 타설 등의 시공에 지장이 있다.

② 철근의 가공 및 조립 비용으로 인해 비경제적이 된다.

③ 과다한 철근 배치로 인해 연성확보에 어려움이 있다.

8.2.2. 횡방향 철근

(1) 개요

철근콘크리트 기둥의 횡방향 철근 (횡철근)은 나선철근과 띠철근이 있다. 횡방향 철근이 배치된 단면에서는 횡방향 철근이 파단되기 전까지 심부콘크리트 (Core Concrete)를 횡방향으로 구속한다. 횡방향 철근의 사용 목적은 주철근의 좌굴방지, 주철근의 위치확보, 전단보강 및 피복두께 유지 등이다.

철근콘크리트 기둥에 압축력이 작용할 경우, 기둥의 주철근의 좌굴에 대한 거동을 비교하면, 기둥이 횡방향 철근으로 구속되지 않아 횡구속 효과를 고려하지 않을 경우 기둥은 압축력에 의해 콘크리트가 횡방향으로 팽창하면서 균열이 발생되고 탈락되면서 기둥은 좌굴되고 최종적으로 붕괴된다. 그러나 나선철근 기둥과 같이 횡방향 철근으로 구속되어 횡구속 효과를 고려하는 기둥은 횡구속 효과를 고려하지 않는 기둥의 거동에 비해 파괴가 느리고, 횡방향 철근이 주철근을 효율적으로 감싸고 있어 축방향 철근의 좌굴은 횡방향 철근이 배치되지 않는 기둥에 비해 쉽게 발생되지 않는다. 따라서 횡방향 철근이 배치된 단면에서는 콘크리트의 최종적인 파괴에 이르게 될 때까지 콘크리트의 연성(Ductility)을 충분히 확보할 수 있으므로 추가적인 하중에 저항할 수 있다. 따라서 횡방향 철근으로 구속되어 횡구속 효과가 있는 기둥은 기둥의 높은 강도와 연성을 가지므로 지진지역에 효과적으로 사용된다. 그림 8.5는 횡방향 철근이 배치되어 횡구속된 단면의 거동과 횡방향 철근이 충분히 배치되지 않아 횡구속되지 않은 단면의 거동을 비교하여 나타낸 그림이다.

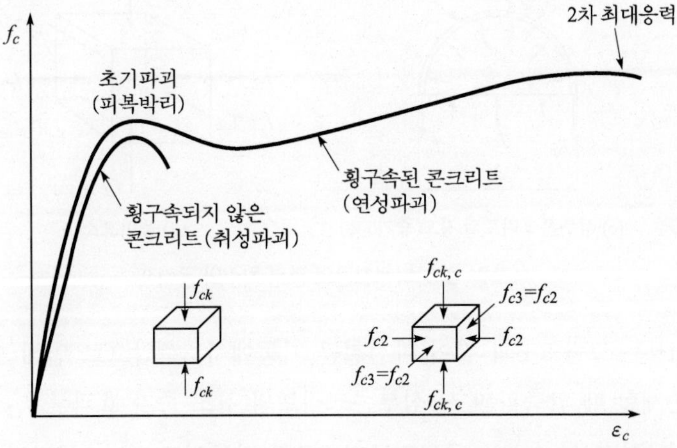

그림 8.5 심부가 구속된 콘크리트와 구속되지 않은 콘크리트의 거동 비교[2)]

(2) 횡방향 철근이 배치된 기둥의 거동

횡방향 철근이 배치된 단면에서는 횡방향 철근이 압축부재가 파단되기 전까지 심부콘크리트를 횡방향으로 구속하여 추가적인 횡구속력이 발생된다. 횡방향 철근이 배치된 나선철근 기둥에서 나선철근의 인장응력으로 인해 철근 안에 있는 콘크리트를 구속하여 콘크

2) James K. Wight, Reinforced Concrete, Prentice Hall, 2016, p.519.

리트의 연성을 크게 한다. 따라서 나선철근의 3축압 효과로 인해 나선철근 기둥에서 횡방향 구속이 나타나게 되고 기둥이 최고 하중을 받게 되면 즉시 파괴되지 않고 나선철근의 외측표면의 콘크리트가 떨어져 나가고, 기둥은 그림 8.5와 같이 나선철근의 심부 구속에 의해 상당히 큰 변형을 일으킨 후 붕괴된다.

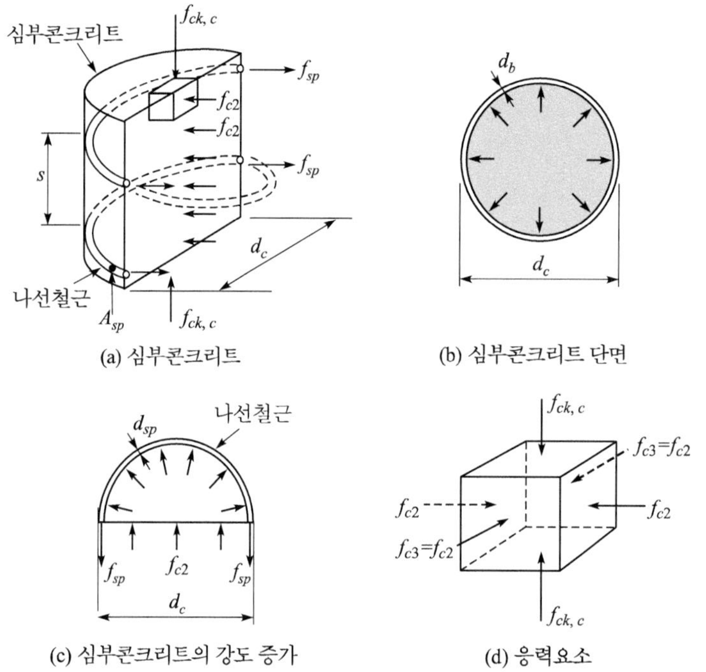

그림 8.6 나선철근의 관련 치수와 응력[3)]

Richart et al[4)]는 그림 8.6과 같이 나선철근 기둥에서 3축압으로 인해 횡방향 구속응력 $f_{c3}=f_{c2}$가 존재할 때 압축파괴 시 심부콘크리트의 강도 증가 효과를 $f_{ck,c}=f_{ck}+4.1f_{c2}$로 제안하였다. 여기서, $f_{ck,c}$는 콘크리트의 3축압 강도이고 f_{ck}는 콘크리트의 1축압 강도로서 공시체 강도이며 f_{c2}는 횡방향 구속응력이다.

또한 KDS 14 20 20 (4.1.1)[5)]에서는 횡구속에 의하여 증가된 콘크리트의 압축강도

3) James K. Wight, Reinforced Concrete, Prentice Hall, 2016, p.518.

4) Richart, F. E., Brandtzang, A., and Browon, R. L., (1928) "A study of the Failure of concrete under conbined compression stresses", Engineering Bulletin No. 185, Univ. of Illinois Eng. Experiment Station, Urbana, Ill.

5) KDS 14 20 20 (4.1.1) 콘크리트구조 휨 및 압축 설계기준, 국토교통부 제정, 한국콘크리트학회 작성, 2021.

$f_{ck,c}$를 다음 식으로 계산하도록 하고 있다. 1축 압축응력에 비해 횡방향 구속에 의한 3축 응력 하에서 중심축응력 $f_{ck,c}$는 횡구속되지 않은 콘크리트에 비해 $3.7f_{c2}$만큼 콘크리트의 압축강도가 증가하게 된다.

$f_{ck,c} = f_{ck} + 3.7f_{c2}$

따라서 콘크리트의 압축응력 f_c는 다음과 같다.

$f_c = 0.85f_{ck,c}$

(3) 횡방향 철근이 배치된 콘크리트의 응력–변형률 관계

압축부재에서 횡방향 철근이 배치되어 횡구속 효과를 고려한 콘크리트의 응력–변형률 관계를 구조설계기준 KDS 14 20 20 (4.1.1)[6] 및 KDS 24 14 21 (3.1.2.5)[7]에 따르면 다음과 같다.

구조설계기준에서는 횡방향 철근으로 구속된 압축부재는 횡구속 효과를 고려한 응력–변형률 관계를 사용하여 단면의 강도와 변형 성능을 검증할 수 있도록 하고 있다. 횡구속 효과에 의해 콘크리트의 압축강도와 변형률이 증가된 포물선–직선 형상의 응력–변형률 관계는 다음 식과 같다. 원점에서 최대 응력에 처음 도달할 때까지의 상승 곡선부는 식 (1)에 의해 계산하고, 이후 극한변형률 $\epsilon_{cu,c}$까지는 식 (2)에 의해 계산한다.

$$f_c = 0.85f_{ck,c}\left[1-\left(1-\frac{\epsilon_c}{\epsilon_{co,c}}\right)^n\right] \quad (1)$$

$$f_c = 0.85f_{ck,c} \quad (2)$$

$$f_{ck,c} = f_{ck} + 3.7f_{c2} \quad (3)$$

$$\epsilon_{co,c} = \epsilon_{co}\left(\frac{f_{ck,c}}{f_{ck}}\right)^2 \quad (4)$$

$$\epsilon_{cu,c} = \epsilon_{cu} + \frac{0.2f_{c2}}{f_{ck}} \quad (5)$$

6) KDS 14 20 20 (4.1.1) 콘크리트구조 휨 및 압축 설계기준, 국토교통부 제정, 한국콘크리트학회 작성, 2021.

7) KDS 24 14 21 (3.1.2.5) 콘크리트교 설계기준 (한계상태설계법), 국토교통부 제정, 한국교량 및 구조공학회, 2019.

여기서, $\epsilon_{co,c}$: 횡구속 효과를 고려한 콘크리트의 압축응력-변형률 관계에서 최대 응력에 처음 도달할 때의 변형률

$\epsilon_{cu,c}$: 횡구속 효과를 고려한 콘크리트의 극한변형률

$f_{ck,c}$: 횡구속에 의하여 증가된 콘크리트의 압축강도 (MPa)

f_{c2} : 횡구속에 의한 횡방향 유효 압축응력 (MPa). 극한한계상태에서 횡구속에 의해서 발생하는 횡방향 유효 압축응력 f_{c2}는 원형 후프나 나선철근으로 횡구속된 경우에는 식 (6)으로, 사각형 띠철근으로 횡구속된 경우에는 식 (7)로 구한다.

$$f_{c2} = \frac{1}{2}\rho_s f_{yt}\left(1-\frac{s}{d_c}\right) = \frac{2A_{sp}f_{yt}}{s\,d_c}\left(1-\frac{s}{d_c}\right) \qquad (6)$$

$$f_{c2} = \rho_{r\min} f_{yt}\left(1-\frac{s}{b_{cl}}\right)\left(1-\frac{s}{b_{cs}}\right)\left(1-\frac{\Sigma b_i^2/6}{b_{cl}\,b_{cs}}\right) \qquad (7)$$

여기서, ρ_s : 나선철근 (횡구속 철근)의 외측표면 d_c를 지름으로 한 압축부재 심부의 전체 체적에 대한 나선철근 체적의 비 $[\rho_s = (4A_{sp})/(s\,d_c)]$

A_{sp} : 나선철근 한 개의 단면적 (mm^2, $A_{sp} = \pi d_{sp}^2/4$)

f_{yt} : 나선철근의 설계기준항복강도 (MPa, KDS 14 20 20 (1.2)에서는 f_{yt}를 f_{yh}로 표기하고 f_{yh}를 횡구속 철근의 설계기준항복강도로 정의하고 있음.)

s : 부재의 축방향으로 측정한 나선철근의 중심간격 (mm)

d_c : 원형단면에서 나선철근 외측표면을 기준으로 한 심부콘크리트 지름 (mm)

$\rho_{r\min}$: 긴 변 방향과 짧은 변 방향으로 계산한 사각형 횡구속 띠철근의 체적비 중 작은 값 $[\rho_{r\min} = \min(\rho_{rl},\ \rho_{rs})]$. ρ_{rl}은 식 (8)로, ρ_{rs}는 식 (9)로 구한다.

$$\rho_{rl} = \frac{A_{shl}}{s\,b_{cs}} \qquad (8)$$

$$\rho_{rs} = \frac{A_{shs}}{s\,b_{cl}} \qquad (9)$$

b_{cl} : 사각형 단면의 긴 변 길이, mm

b_{cs} : 사각형 단면의 짧은 변 길이, mm

b_i : 후프띠철근의 모서리나 보강띠철근의 갈고리로 구속된 축방향 철근 사이의 중심간격(mm). b_i는 식 (7)의 Σb_i^2에는 단면 둘레의 변을 따라 존재하는 모든 b_i를 계산에 포함한다[그림 8.7 (b) 참고].

A_{shl} : 긴 변 방향으로 배치된 사각형 횡구속 띠철근의 총 단면적(mm^2)

A_{shs} : 짧은 변 방향으로 배치된 사각형 횡구속 띠철근의 총 단면적(mm^2)

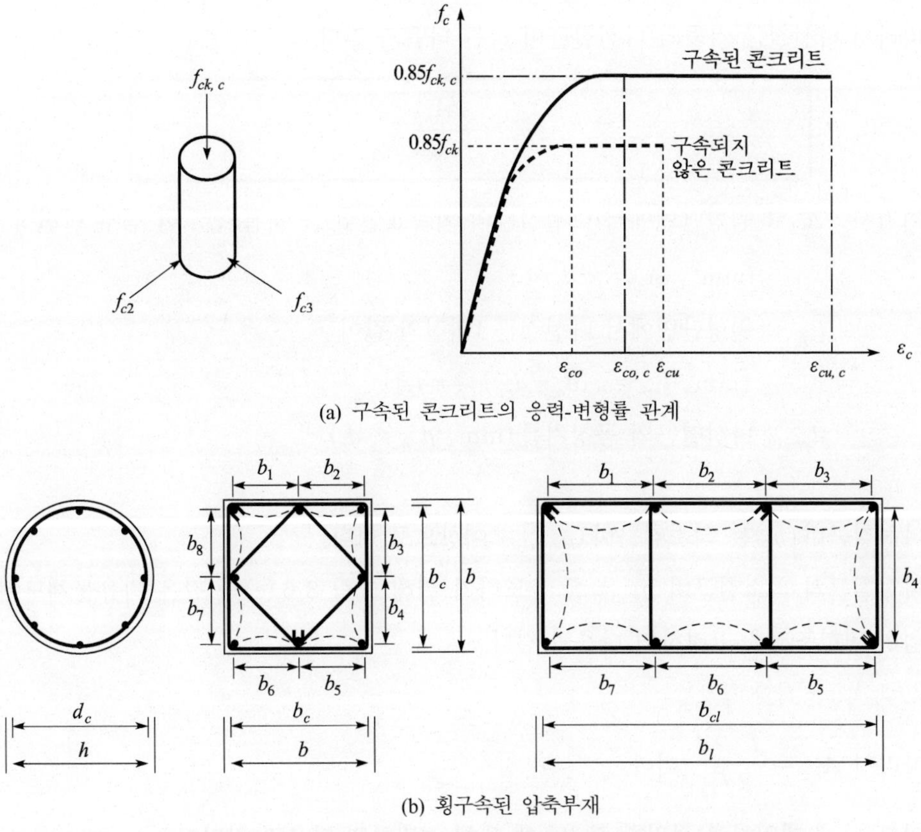

그림 8.7 구속된 콘크리트의 응력-변형률 관계와 횡구속된 압축부재[8)]

8) KDS 24 14 21 (3.1.2.5) 콘크리트교 설계기준(한계상태설계법), 국토교통부 제정, 한국교량 및 구조공학회, 2019.

(4) 나선철근

압축부재에 사용되는 나선철근의 관련 규정은 KDS 14 20 20 (4.1.1)[9] 및 KDS 14 20 50 (4.4.2)[10]의 구조설계기준에 따라 다음과 같다.

① 나선철근 기둥의 나선철근비 ρ_s는 다음과 같이 유도된다.

$$\rho_s = \frac{1\text{회전에 대한 나선철근의 체적}}{\text{나선철근의 중심간격 } s\text{에 대해 외측표면 } d_c\text{를 지름으로 한 심부체적}}$$

$$= \frac{A_{sp} l_{sp}}{A_{ch}\, s} = \frac{A_{sp}\pi(d_c - d_{sp})}{A_{ch}\, s} \approx \frac{A_{sp}\pi(d_c)}{A_{ch}\, s} = \frac{A_{sp}\pi(d_c)}{(\pi d_c^2/4)\, s} = \frac{4A_{sp}}{s\, d_c}$$

따라서 나선철근 기둥의 나선철근비 ρ_s는 다음과 같다.

$$\rho_s = \frac{4A_{sp}}{s\, d_c}$$

여기서, A_{ch} : 원형단면에서 나선철근의 외측표면 d_c를 지름으로 한 심부 단면적 (mm^2, $A_{ch} = \pi d_c^2/4$)

l_{sp} : 원형단면에서 나선철근 1회전의 길이 [mm, $l_{sp} = \pi(d_c - d_{sp}) \fallingdotseq \pi d_c$]

d_{sp} : 나선철근의 공칭지름 (mm, $d_{sp} \ll d_c$)

② 나선철근비 (ρ_s)는 최소철근비 ($\rho_{s,\min}$) 이상으로 한다.

나선철근의 최소철근비 $\rho_{s,\min}$을 유도하기 위해 그림 8.6 (c)와 같은 자유물체도에서 힘의 평형조건을 고려하면 다음과 같다.

$$2f_{sp}A_{sp} = f_{c2}\, s\, d_c$$

따라서 $A_{sp} = \dfrac{f_{c2}\, s\, d_c}{2f_{sp}}$이다.

이를 ρ_s에 대입하여 정리한 후 f_{c2}에 대해 정리하면 다음과 같다.

---

9) KDS 14 20 20 (4.1.1) 콘크리트구조 휨 및 압축 설계기준, 국토교통부 제정, 한국콘크리트학회 작성, 2021.

10) KDS 14 20 50 (4.4.2) 콘크리트구조 철근상세 설계기준, 국토교통부 제정, 한국콘크리트학회 작성, 2021.

$$\rho_s = \frac{4A_{sp}}{s\,d_c} = \frac{4\left(\dfrac{f_{c2}\,s\,d_c}{2f_{sp}}\right)}{s\,d_c} = \frac{2f_{c2}}{f_{sp}}$$

$$\therefore\ f_{c2} = \frac{\rho_s f_{sp}}{2}$$

극한하중 상태에서 나선철근의 응력 f_{sp}가 나선철근의 설계기준항복강도 f_{yt}에 도달하면 $f_{c2} = \dfrac{\rho_s f_{yt}}{2}$가 된다. 나선철근의 응력 f_{sp}가 설계기준항복강도에 도달할 경우, 나선철근 기둥의 외측표면의 피복이 떨어져나간 후이며, 피복이 떨어져나감으로 인해 피복부분의 압축강도 $0.85f_{ck}(A_g - A_{ch})$만큼 감소하게 된다. 그리고 피복이 탈락된 후 나선철근의 구속력에 의한 강도증가는 $(3.7f_{c2})A_{ch}$이다. 기준의 해설에서는 나선기둥의 경우 연성능력을 보장하기 위하여 콘크리트의 피복이 떨어져나간 후에도 기둥의 전체 단면적의 하중내력이 유지되도록 규정하고 있다. 즉 콘크리트의 피복이 떨어져나간 후 감소한 피복부분의 압축강도 $0.85f_{ck}(A_g - A_{ch})$와 나선철근에 의해 증가한 코어 콘크리트의 강도 $(3.7f_{c2})A_{ch}$가 동일하게 되도록 횡방향 철근량을 규정하고 있다.

$$0.85f_{ck}(A_g - A_{ch}) = (3.7f_{c2})A_{ch}$$

위의 식에서 $f_{c2} = \dfrac{\rho_s f_{yt}}{2}$를 대입하고 A_{ch}를 양변에 나누면 다음 식과 같다.

$$0.85f_{ck}\left(\frac{A_g}{A_{ch}} - 1\right) = 3.7\left(\frac{\rho_s f_{yt}}{2}\right)$$

위의 식을 ρ_s에 대해 정리하면 다음 식과 같다.

$$\rho_s = 0.459\left(\frac{A_g}{A_{ch}} - 1\right)\left(\frac{f_{ck}}{f_{yt}}\right)$$

구조설계기준에서는 0.459를 사용의 편이성을 고려하여 0.45로 표현하여 최소철근비를 아래와 같이 정하고 있다.

$$\rho_{s,\min} = 0.45\left(\frac{A_g}{A_{ch}} - 1\right)\left(\frac{f_{ck}}{f_{yt}}\right)$$

따라서 나선철근비 ρ_s는 최소철근비 $\rho_{s,\min}$ 이상이어야 한다.

$$\rho_{s,\min} = 0.45\left(\frac{A_g}{A_{ch}} - 1\right)\frac{f_{ck}}{f_{yt}} \le \rho_s = \frac{4A_{sp}}{s\,d_c}$$

여기서, A_g : 전체 단면적 (mm^2, $A_g = \pi h^2/4$)

A_{sp} : 나선철근 한 개의 단면적 (mm^2, $A_{sp} = \pi d_{sp}^2/4$)

A_{ch} : 원형단면에서 나선철근의 외측표면 d_c를 지름으로 한 심부 단면적 ($A_{ch} = \pi d_c^2/4$, mm^2)

d_c : 원형단면에서 나선철근 외측표면을 기준으로 한 심부콘크리트 지름 (mm)

d_{sp} : 나선철근의 공칭지름 (mm, $d_{sp} \ll d_c$)

f_{ck} : 콘크리트의 설계기준압축강도 (MPa)

f_{yt} : 나선철근의 설계기준항복강도 (MPa). $f_{yt} \le 700$ MPa이며, 400 MPa을 초과하는 경우, 겹침이음을 하지 않는다.

s : 부재의 축방향으로 측정한 나선철근의 중심간격 (mm)

최소 나선철근비를 고려한 나선철근의 중심간격 (피치)은 위의 식으로부터 다음과 같이 유도된다.

$$s \le \frac{4A_{sp}}{\rho_{s,\min}\,d_c} = \frac{4A_{sp}f_{yt}}{0.45\,d_c f_{ck}[(A_g/A_{ch})-1]}$$

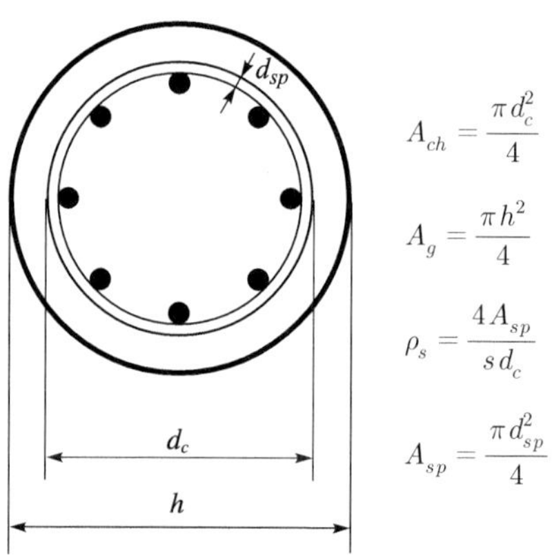

그림 8.8 나선철근 기둥의 단면

③ 나선철근의 지름은 10 mm 이상이다.

④ 나선철근의 순간격은 25 mm 이상, 75 mm 이하이다 (25 mm $\leq$ 순간격=중심간격$-d_{sp}$ $\leq$ 75 mm).

⑤ 나선철근의 정착은 나선철근의 끝에서 추가로 심부 주위를 1.5 회전만큼 더 확보하여야 한다.

⑥ 나선철근의 이음은 겹침이음 또는 용접이음으로 한다. 겹침이음길이는 다음 값 이상으로 한다.

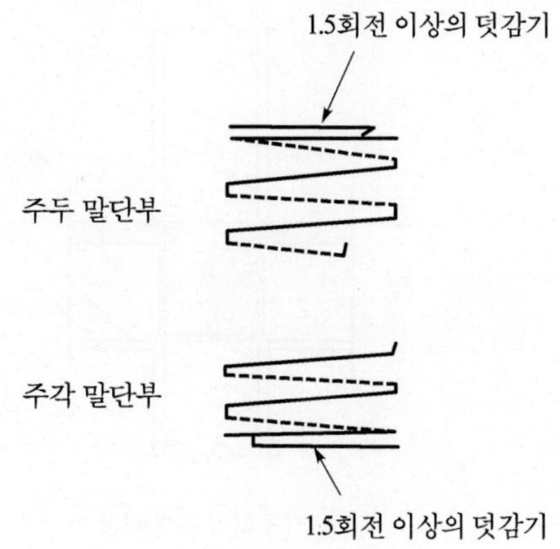

그림 8.9 나선철근의 정착

$$\text{이형철근의 겹침이음길이} \geq \max(48\,d_{sp},\ 300\text{ mm})$$
$$\text{원형철근의 겹침이음길이} \geq \max(72\,d_r,\ 300\text{ mm})$$

여기서, d_{sp} : 나선철근으로 사용된 이형철근의 공칭지름 (mm)

d_r : 나선철근으로 사용된 원형철근의 공칭지름 (mm)

⑦ 나선철근은 확대기초판 또는 기초 슬래브의 윗면에서 그 위에 지지된 부재의 최하단 수평철근까지 연장되어야 한다 [그림 8.10 (a)].

⑧ 보 또는 브래킷이 기둥의 모든 면에 연결되어 있지 않을 때에는 나선철근이 끝나는 점부터 슬래브 또는 지판, 기둥전단머리 밑면까지 추가 띠철근을 배치하여야 한다 [그림 8.10 (b)].

⑨ 기둥머리가 있는 기둥의 나선철근은 기둥머리의 지름이나 폭이 기둥의 지름이나 폭의 2배가 되는 곳까지 연장되어야 한다.

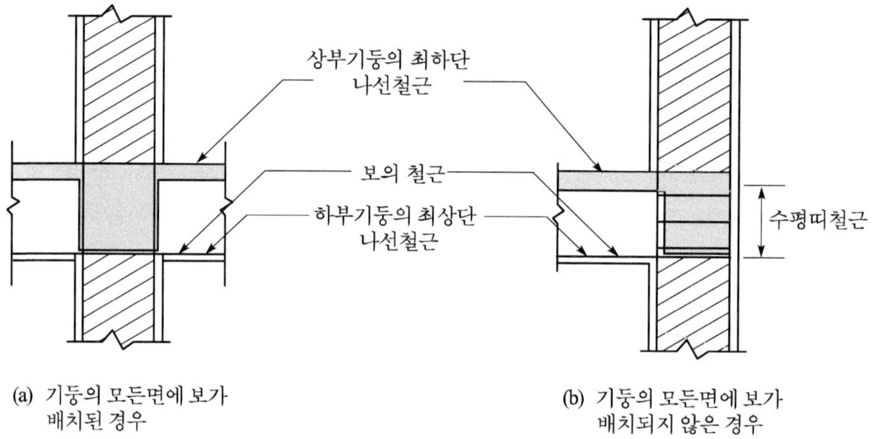

그림 8.10 나선철근 기둥과 보의 접합부에서 띠철근 종결 규정[11)]

(5) 띠철근

압축부재에 사용되는 띠철근 관련 규정은 KDS 14 20 50 (4.4.2)[12)] 구조설계기준에 따라 다음과 같다.

① 띠철근의 지름은 축방향 철근에 따라 다음 값 이상으로 한다.

㉠ D32 이하의 축방향 철근 : D10 이상의 띠철근 사용

㉡ D35 이상의 축방향 철근 : D13 이상의 띠철근 사용

② 띠철근의 수직간격 s는 다음 값 이하로 한다.

$$\text{수직간격}\,(s) \le \min(16\,d_b,\ 48\,d_t,\ D_{\min})$$

여기서, d_b : 주철근의 공칭지름 (mm)

d_t : 띠철근의 공칭지름 (mm)

$D_{\min}$: 기둥단면의 최소 치수 (mm)

11) 민창식, 철근콘크리트공학, 구미서관, 2016, p.618.

12) KDS 14 20 50 (4.4.2) 콘크리트구조 철근상세 설계기준, 국토교통부 제정, 한국콘크리트학회 작성, 2021.

③ 띠철근은 모든 모서리 축방향 철근과 하나 건너 위치하고 있는 축방향 철근들은 135° 이하로 구부린 띠철근의 모서리에 의해 횡지지되어야 한다. 다만, 띠철근을 따라 횡지지된 인접한 축방향 철근의 순간격이 150 mm 이상 떨어진 경우에는 추가 띠철근을 배치하여 축방향 철근을 횡지지하여야 한다. 또한 축방향 철근이 원형으로 배치된 경우에는 원형 띠철근을 사용할 수 있다. 이때 원형 띠철근을 150 mm 이상 겹쳐서 표준갈고리로 기둥 주철근을 감싸야 한다.

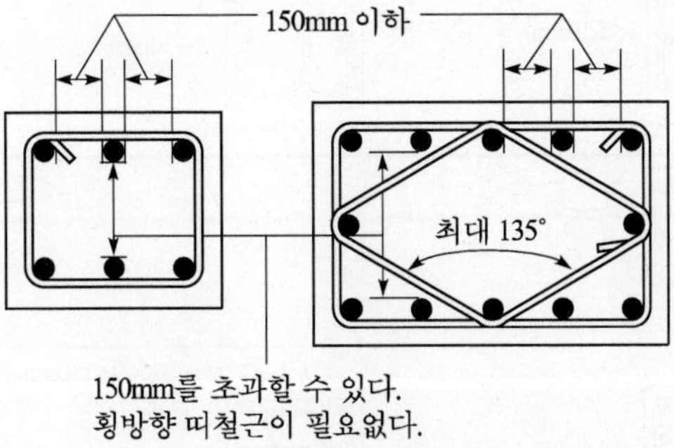

(a) 축방향 철근의 순간격이 150 mm 이하인 경우

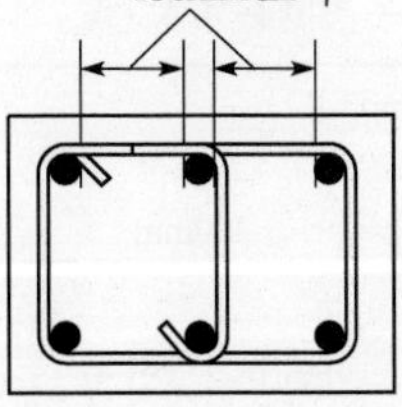

(b) 축방향 철근의 순간격이 150 mm를 초과한 경우

그림 8.11 횡지지된 압축부재 띠철근의 상세[13)]

13) ACI Committee 318, Building Code Requirements for Structural Concrete (ACI 318M-11), American Concrete Institute, Farmington Hills, MI, 2011, p.100.

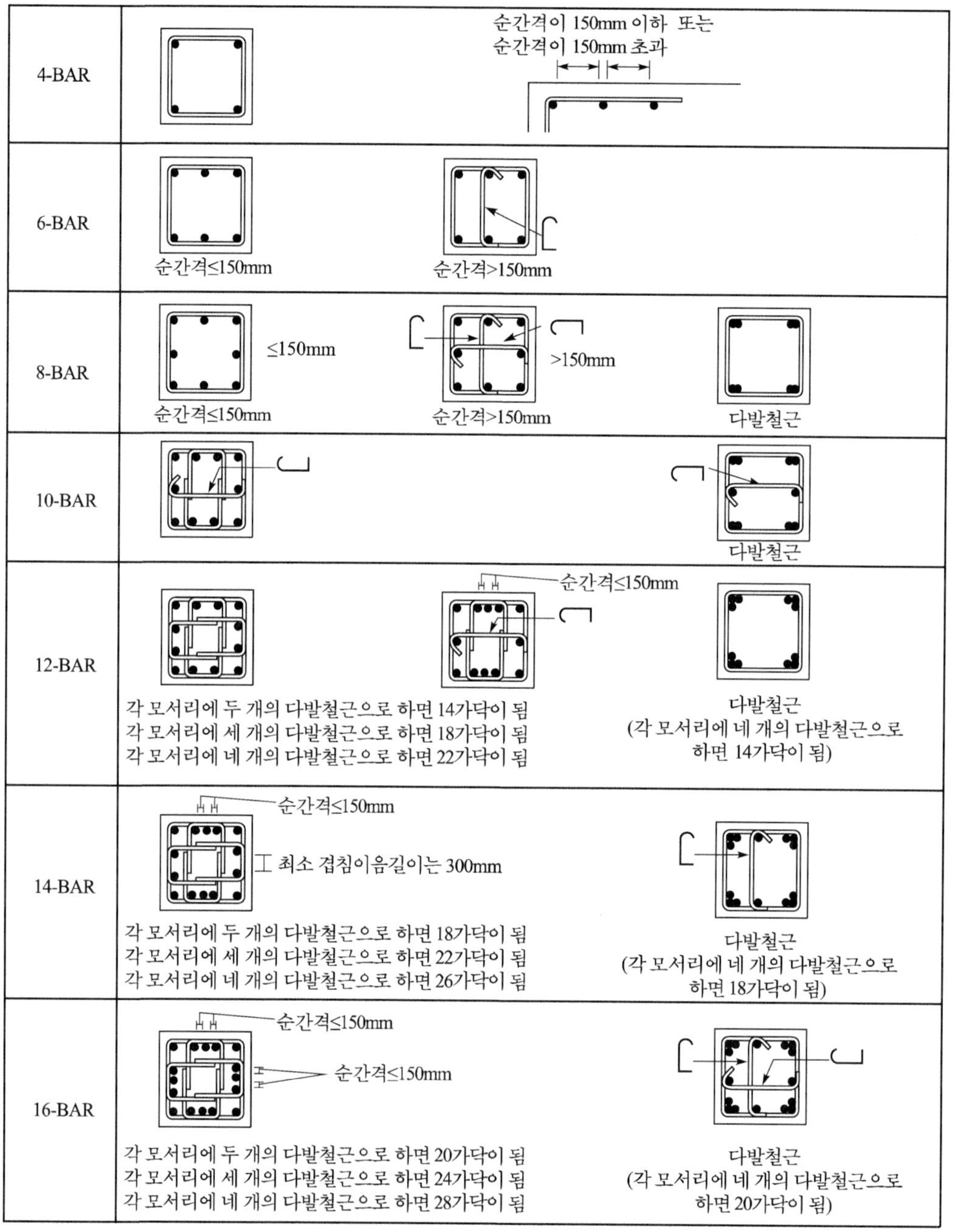

그림 8.12 주철근의 개수에 따른 띠철근의 상세[14)]

14) ACI Committee, ACI Detailing Manual-2004, Publication SP-66(04), American Concrete Institute, Farmington Hills, MI, 2004, p.35.

④ 기초판 또는 슬래브의 윗면에 연결되는 압축부재의 첫 번째 띠철근 간격은 다른 띠철근 간격의 1/2 이하로 하여야 하고, 슬래브나 지판, 기둥전단머리에 배치된 최하단 수평철근 아래에 배치되는 첫 번째 띠철근도 다른 띠철근 간격의 1/2 이하로 하여야 한다 [그림 8.13 (a), (b)].

⑤ 보 또는 브래킷이 기둥의 4면에 연결되어 있는 경우에 가장 낮은 보 또는 브래킷의 최하단 수평철근 아래에서 75 mm 이내에서 띠철근 배치를 끝낼 수 있다. 단, 이때 보의 폭은 해당 기둥면 폭의 1/2 이상이어야 한다 [그림 8.13 (a)].

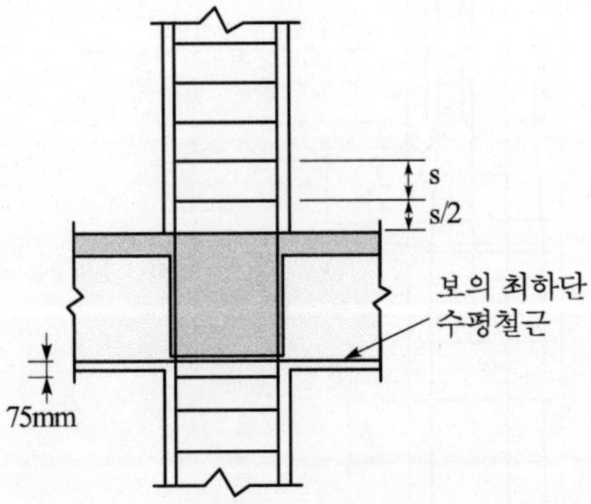

(a) 기둥의 모든 면에 보가 배치된 경우

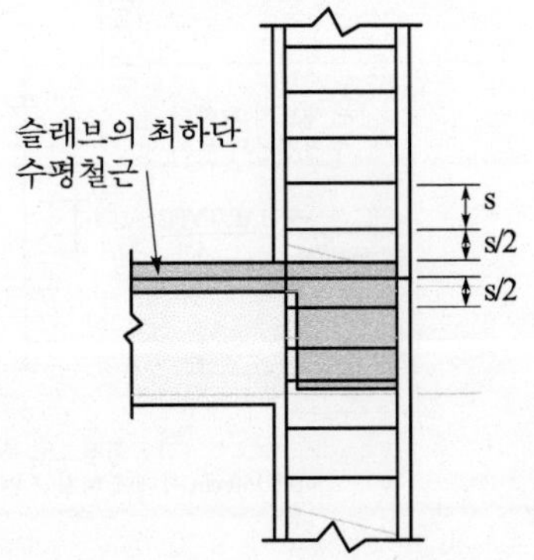

(b) 기둥의 모든 면에 보가 배치되지 않은 경우

그림 8.13 띠철근 기둥과 보의 접합부에서 띠철근 종결 규정[15)]

⑥ 띠철근 기둥에서 단부 기둥과 내부 기둥의 배치상세는 다음 그림과 같다.

15) 민창식, 철근콘크리트공학, 구미서관, 2016, p.621.

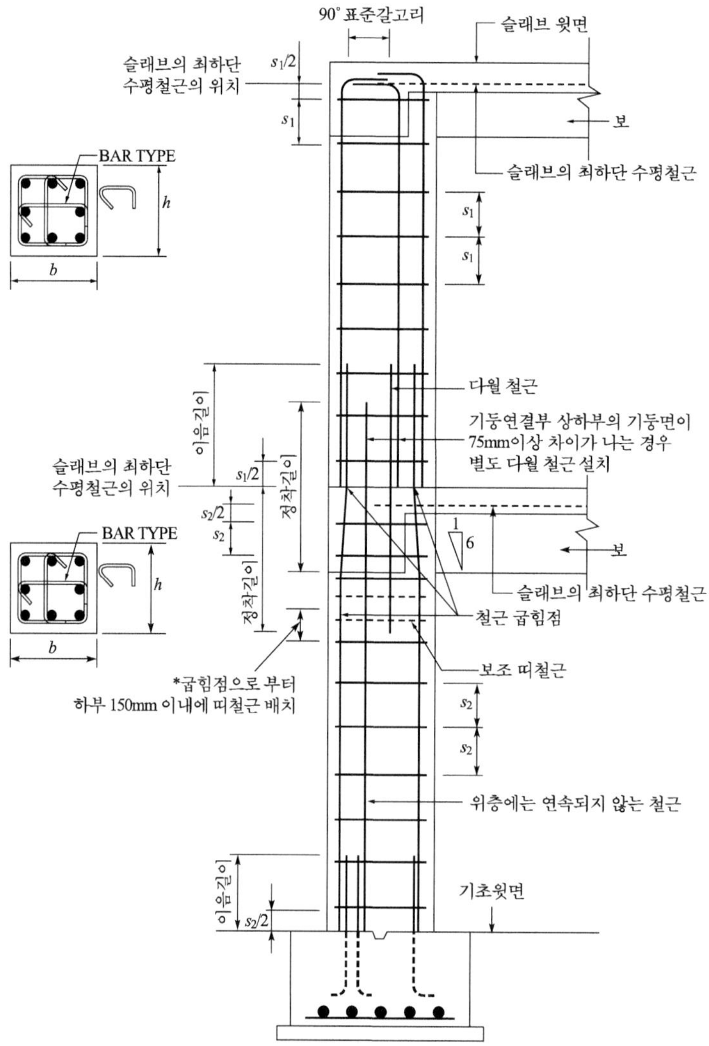

그림 8.14 단부 띠철근 기둥의 배치 일반상세[16)]

주1 그림에서 이음길이는 B급 인장 겹침이음길이로 한다.

주2 그림에서 정착길이는 묻힘길이에 의한 인장 이형철근의 정착길이로 한다.

주3 s_1과 s_2는 띠철근의 수직간격이다. 띠철근의 수직간격 s는 축방향 철근지름의 16배 이하, 띠철근이나 철선지름의 48배 이하, 또한 기둥단면의 최소 치수 이하로 하여야 한다.

주4 중간모멘트골조 및 특수모멘트골조의 내진상세와 나선철근의 배치상세는 구조설계기준을 참고하기 바란다.

16) 한국건축구조기술사회, 철근콘크리트 배치상세, 구미서관, 2018, p.92.

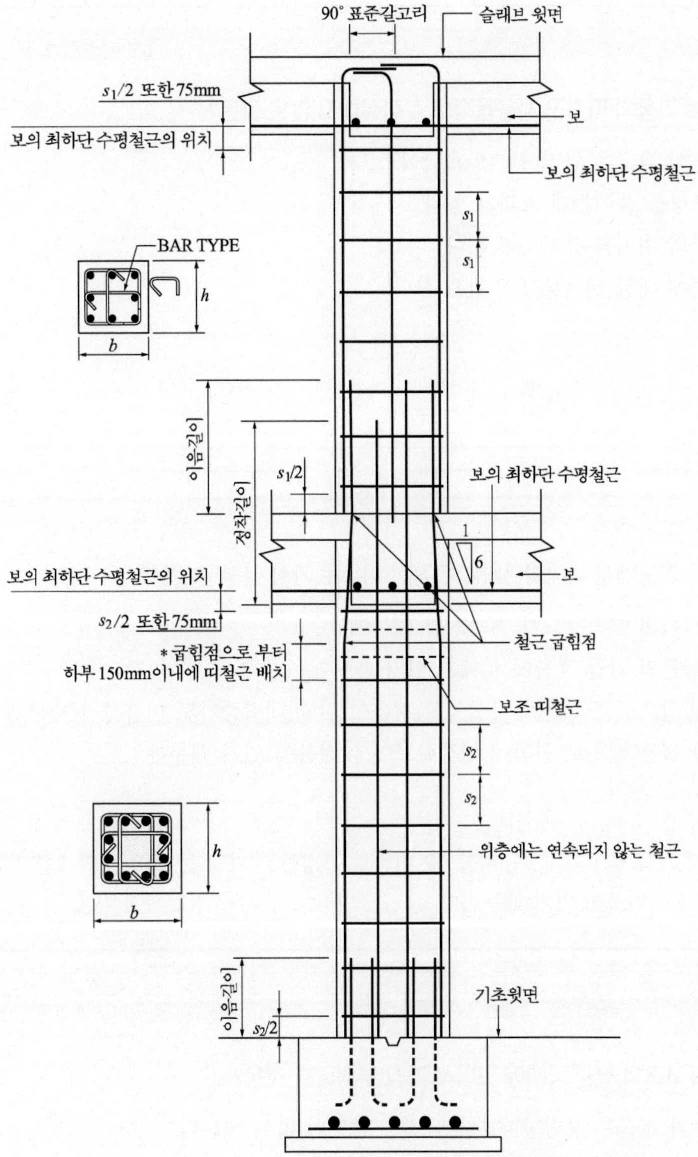

그림 8.15 내부 띠철근 기둥의 배치 일반상세[17)]

주1 그림에서 이음길이와 정착길이 그리고 띠철근의 수직간격 등과 관련한 기준은 단부 띠철근 기둥에서와 같다.

17) 한국건축구조기술사회, 철근콘크리트 배치상세, 구미서관, 2018, p.93.

예제 8-1

철근콘크리트 기둥의 띠철근 사용목적으로 적절하지 않은 것은?

㉮ 주철근의 좌굴을 방지하는데 효력이 있다.
㉯ 크리프량을 줄이는데 효과가 있다.
㉰ 주철근의 위치를 유지시켜 준다.
㉱ 수평력에 대한 전단보강 역할을 한다.

풀이

띠철근과 크리프량과는 관계가 없다.

답 ㉯

예제 8-2

철근콘크리트 기둥에서 최대철근비를 규정한 이유로 가장 타당한 것은?

㉮ 철근 사이의 부착강도가 저하되기 때문에
㉯ 보 주철근의 기둥 정착에 문제가 있기 때문에
㉰ 철근 밀집으로 콘크리트 타설시 어려움이 있고 내력증가도 미흡하기 때문에
㉱ 과대한 철근 배치로 인하여 연성확보에 어려움이 있기 때문에

풀이

철근콘크리트 기둥에서 최대철근비를 8% 이하로 규정하는 가장 큰 이유는 과대한 철근 배치로 인하여 연성확보에 어려움이 있기 때문이다.

답 ㉱

예제 8-3

철근콘크리트구조의 철근 배치에 있어서 가장 부적당한 것은?

㉮ 슬래브의 철근은 장변방향보다 단변방향에 더 많이 넣는다.
㉯ 연속보의 주철근은 단부에서는 상부에 더 많이 넣는다.
㉰ 단순보의 스터럽은 중앙부보다 단부에 더 많이 넣는다.
㉱ 기둥의 띠철근은 상하단부보다 중앙부에 더 많이 넣는다.

풀이

기둥에서의 파괴는 접합부인 기둥머리(주두) 부분과 주각부에서 집중되므로 띠철근은 기둥의 중앙부보다 상하단부에 더 많이 배치한다.

답 ㉱

8.3. 단주

8.3.1. 중심축하중을 받는 단주의 강도

(1) 중심축하중을 받는 단주의 최대 설계축하중

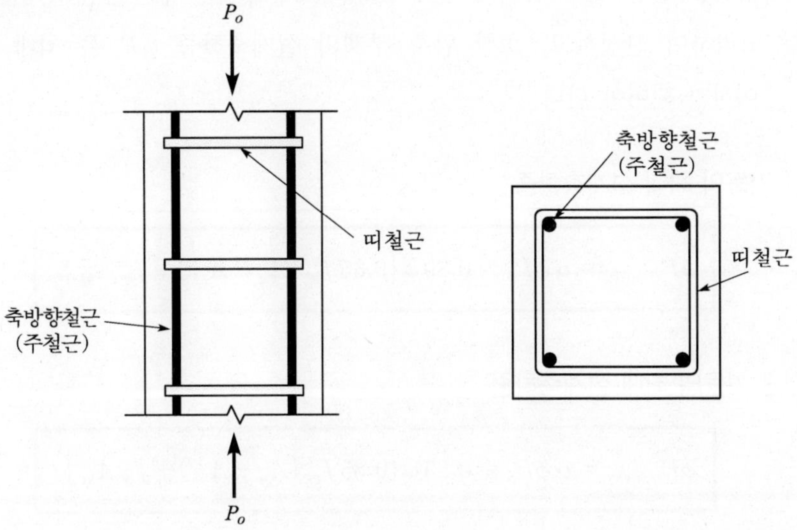

(a) 입면　　　　(b) 단면

그림 8.16 중심축하중을 받는 단주

세장비를 고려하지 않아도 되는 단주(短柱, Short Column, Nonslender Column)에 중심축하중이 작용하여 기둥의 강도가 최대 강도에 도달하면 기둥은 파괴가 일어날 것이다. 기둥에 파괴에 일어날 때 철근의 변형률은 약 0.0020이 되며 이 때 철근의 응력은 설계기준항복강도 f_y가 되고 콘크리트의 응력은 느린 재하속도나 지속하중 하에서의 극한강도 $0.85f_{ck}$가 된다. 따라서 기둥의 파괴를 일으키는 최대 축강도를 P_o라 할 경우 다음과 같다.

$$P_o = 0.85f_{ck}(A_g - A_{st}) + f_y A_{st}$$

여기서, A_g : 기둥의 전단면적(mm^2)

A_{st}: 주철근의 공칭단면적(mm^2)

중심축하중을 받는 기둥의 최대 축강도는 단면에 휨모멘트가 발생하지 않고 축하중이 단면의 중심에 작용할 경우에 대한 값이다. 하지만 실제로는 철근의 배치와 거푸집의 수직 설치 등에 따른 시공오차로 인해 우발적인 편심이 발생할 수 있다. 우발편심에 의해 휨모멘트가 발생할 경우 기둥의 축하중 지지능력은 감소하게 된다. 따라서 구조설계기준에서 중심축하중을 받는 단주의 최대 설계축하중 $\phi P_{n,\max}$ 는 우발편심(α)과 강도감소계수(ϕ)를 고려하여 산정하고, 또한 압축 부재의 설계축하중 ϕP_n 은 최대 설계축하중 $\phi P_{n,\max}$ 이하가 되어야 한다.

(2) 띠철근 기둥의 최대 설계축하중

$$\phi P_{n,\max} = \alpha \phi P_o = 0.80 \phi \{0.85 f_{ck}(A_g - A_{st}) + f_y A_{st}\}$$

(3) 나선철근 기둥의 최대 설계축하중

$$\phi P_{n,\max} = \alpha \phi P_o = 0.85 \phi \{0.85 f_{ck}(A_g - A_{st}) + f_y A_{st}\}$$

여기서, ϕ : 강도감소계수(띠철근 기둥 : $\phi = 0.65$, 나선철근 기둥 : $\phi = 0.70$)

α : 우발편심을 고려한 계수(띠철근 기둥 : $\alpha = 0.80$, 나선철근 기둥 : $\alpha = 0.85$)

A_g : 기둥의 전단면적(mm^2)

A_{st} : 주철근의 공칭단면적(mm^2)

$P_{n,\max}$: 우발편심을 고려한 최대 공칭축강도(kN)

예제 8-4

강도설계법에 의한 정사각형 띠철근 기둥 설계 시 그림과 같은 단주의 최대 설계축하중 (kN)을 결정하고, 구조세목을 검토하시오. (단, 콘크리트는 f_{ck} =27 MPa의 보통중량콘크리트이고, 철근은 f_y =400 MPa의 도막되지 않은 철근이며, 8 - D22의 단면적은 3,097 mm^2이다.)

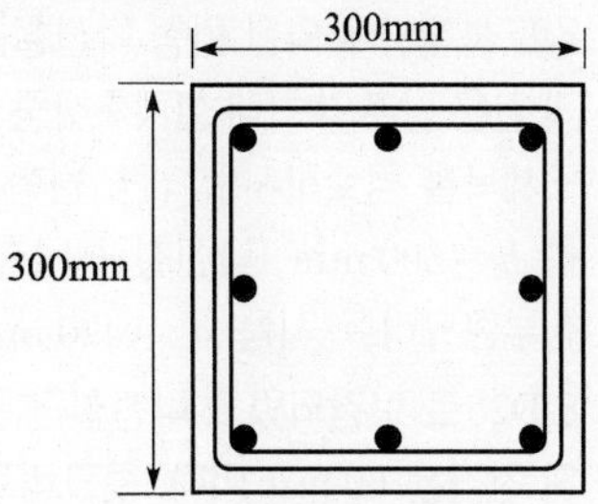

그림 8.17 정사각형 띠철근 기둥

풀이

1. 단주의 최대 설계축하중

$$
\begin{aligned}
\phi P_{n,\max} &= \alpha\phi P_o \\
&= \alpha\phi\{0.85 f_{ck}(A_g - A_{st}) + f_y A_{st}\} \\
&= 0.80\times 0.65\times\{0.85\times 27\times(300\times 300 - 3{,}097) + 400\times 3{,}097\} \\
&= 1{,}681.3\times 10^3\ \text{N} = 1{,}681.3\ \text{kN}
\end{aligned}
$$

2. 축방향 철근의 철근비 검토

$$\rho_g = \frac{A_{st}}{A_g} = \frac{3{,}097}{300\times 300} = 0.0344$$

$\therefore\ 0.01 \le \rho_g = 0.0344 \le 0.08$ OK

3. 축방향 철근의 간격 검토

1) 축방향 철근의 공칭지름

D22 : $d_b = 22.2\ \text{mm}$

2) 축방향 철근의 순간격 $= 300 - (40 + 9.53)\times 2 - 22.2\times 3 = 134\ \text{mm}$

3) 축방향 철근의 최소 순간격

$$\max(40\ \text{mm},\ 1.5d_b,\ \frac{4}{3}\text{G}) = \max(40,\ 1.5\times 22.2,\ \frac{4}{3}\text{G}) = \max(40,\ 33,\ \frac{4}{3}\text{G}) = 40\ \text{mm}$$

$\therefore$ 축방향 철근의 순간격 $= 134\ \text{mm} \ge \max(40\ \text{mm},\ 1.5d_b,\ \frac{4}{3}G) = 40\ \text{mm}$ OK

4. 띠철근의 간격 검토

1) 띠철근의 공칭지름

D10 : $d_t = 9.53\ \text{mm}$

2) 띠철근의 최대 수직간격

$$\min(16d_b,\ 48d_t,\ D_{\min}) = \min(16\times 22.2,\ 48\times 9.53,\ 300) = \min(355,\ 457,\ 300) = 300\ \text{mm}$$

$\therefore$ 띠철근의 간격 $= 300\ \text{mm} \le \min(16d_b,\ 48d_t,\ D_{\min}) = 300\ \text{mm}$ OK

또한 축방향 철근의 순간격 $= 134\ \text{mm} \le 150\ \text{mm}$ 이므로 추가 띠철근은 필요하지 않다.

예제 8-5

강도설계법에 의한 원형 나선철근 기둥 설계 시 그림과 같은 단주의 최대 설계축하중 (kN)을 결정하고, 구조세목을 검토하시오. (단, 원형 나선철근 기둥은 지름 $h = 500\text{ mm}$, 나선철근 외측표면을 기준으로 한 심부콘크리트 지름 $d_c = 420\text{ mm}$이며 축방향 철근 8-D25로 보강되었고 나선철근은 D13으로 나선철근의 간격은 60 mm이다. 콘크리트는 f_{ck} =24 MPa의 보통중량콘크리트이고, 철근은 $f_y = f_{yt}$ =400 MPa의 도막되지 않은 철근이다.)

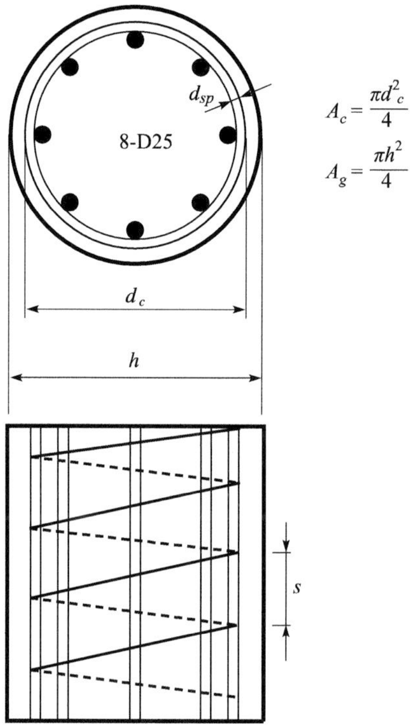

그림 8.18 원형 나선철근 기둥

풀이

1. 각종 단면적

$$A_{ch} = \frac{\pi d_c^2}{4} = \frac{\pi \times 420^2}{4} = 138{,}544\text{ mm}^2$$

$$A_g = \frac{\pi h^2}{4} = \frac{\pi \times 500^2}{4} = 196{,}350\text{ mm}^2$$

$$A_{sp} = \frac{\pi d_{sp}^2}{4} = \frac{\pi \times 12.7^2}{4} = 126.7\text{ mm}^2$$

$$A_{st} = 4{,}054\text{ mm}^2\ (8\text{-D25})$$

2. 단주의 최대 설계축하중

$$\begin{aligned}\phi P_{n,\max} &= \alpha\phi P_o \\ &= \alpha\phi\{0.85 f_{ck}(A_g - A_{st}) + f_y A_{st}\} \\ &= 0.80 \times 0.70 \times \{0.85 \times 24 \times (196{,}350 - 4{,}054) + 400 \times 4{,}054\} \\ &= 3{,}104.9 \times 10^3\text{ N} = 3{,}104.9\text{ kN}\end{aligned}$$

3. 축방향 철근의 철근비 검토

$$\rho_g = \frac{A_{st}}{A_g} = \frac{4{,}054}{196{,}350} = 0.0206$$

$\therefore\ 0.01 \le \rho_g = 0.0206 \le 0.08$ OK

4. 축방향 철근의 간격 검토

1) 철근의 공칭지름

① D13 : $d_{sp} = 12.7\ \text{mm}$

② D25 : $d_b = 25.4\ \text{mm}$

2) 주철근 중심의 지름 $= 420 - 12.7 - 25.4 = 382\ \text{mm}$

3) 주철근 중심의 둘레길이 $= 2\pi r = \pi d = \pi \times 382 = 1{,}200\ \text{mm}$

4) 축방향 철근의 순간격 $= \dfrac{1{,}200 - 25.4 \times 8}{8 - 1} = 142\ \text{mm}$

5) 축방향 철근의 최소 순간격

$$\max(40\ \text{mm},\ 1.5d_b,\ \frac{4}{3}\text{G}) = \max(40,\ 1.5 \times 25.4,\ \frac{4}{3}\text{G}) = \max(40,\ 38,\ \frac{4}{3}\text{G}) = 40\ \text{mm}$$

$\therefore$ 축방향 철근의 순간격 $= 142\ \text{mm} \ge \max(40\ \text{mm},\ 1.5d_b,\ \frac{4}{3}G) = 40\ \text{mm}$ OK

5. 나선철근의 나선철근비 검토

1) D13 나선철근의 공칭지름과 단면적

$d_{sp} = 12.7\ \text{mm}$

$$A_{sp} = \frac{\pi d_{sp}^2}{4} = \frac{\pi \times 12.7^2}{4} = 126.7\ \text{mm}^2$$

2) 최소 나선철근비

$$\rho_{s,\min} = 0.45\left(\frac{A_g}{A_{ch}} - 1\right)\left(\frac{f_{ck}}{f_{yt}}\right) = 0.45 \times \left(\frac{198{,}350}{138{,}544} - 1\right) \times \left(\frac{24}{400}\right) = 0.0113$$

3) 최소 나선철근비에 따른 나선철근의 간격 검토

$s = 60\ \text{mm} \le \dfrac{4A_{sp}}{\rho_{s,\min}\, d_c} = \dfrac{4 \times 126.7}{0.0113 \times 420} = 107\ \text{mm}$ OK

6. 나선철근의 간격 검토

나선철근의 순간격 $= 60 - 12.7 = 47\ \text{mm}$

$\therefore\ 25\ \text{mm} \le$ 나선철근의 순간격 $= 47\ \text{mm} \le 75\ \text{mm}$ OK

8.3.2. 축하중과 휨모멘트를 받는 단주의 강도

(1) 개요

일반적인 철근콘크리트 구조물에 외력이 작용하면 기둥은 축하중과 함께 휨모멘트를 동시에 받게 된다. 기둥과 같은 부재에 중심축하중과 휨모멘트가 동시에 작용하는 하중을 편심하중이라 한다. 예를 들어 그림 8.19와 같은 라멘의 보에 등분포하중이 작용할 경우 축하중과 휨모멘트에 대한 단면력도를 나타낸 것이다. 이와 같은 구조물의 기둥은 축하중과 휨모멘트를 동시에 받게 된다.

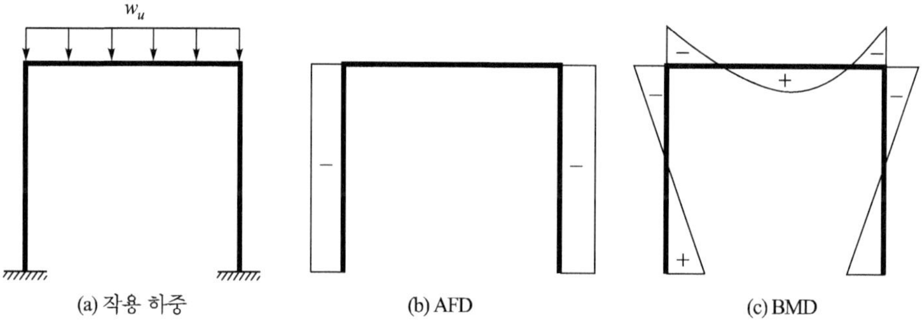

그림 8.19 라멘의 작용하중과 단면력도

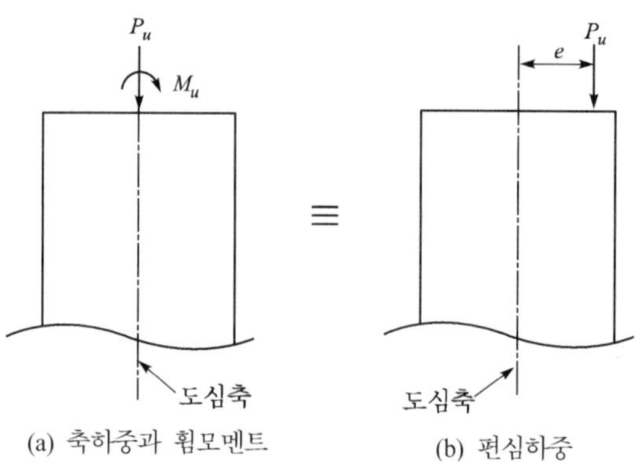

그림 8.20 축하중과 휨모멘트의 표현방법

이들 기둥 단면에 작용하는 축하중과 휨모멘트를 표현하는 방법은 그림 8.20과 같이 두 가지 방법이 있다. 그림 8.20 (a)는 도심에 축하중 P_u와 휨모멘트 M_u를 각각 작용시킨 것이고 그림 8.20 (b)는 그림 8.20 (a)와 등가가 되도록 도심에서 편심거리 $e = M_u/P_u$

를 가진 축하중 P_u로 나타낸 것이다. 이렇게 표현하면 축하중과 휨모멘트의 상대적인 크기를 명확하게 나타낼 수 있어 편리하다. 편심거리 e가 작으면 전체 단면에 압축력만 작용하고 이러한 단면은 압축측 콘크리트의 파괴에 의한 압축파괴가 지배하게 된다. 그러나 편심거리 e가 크면 압축측 콘크리트의 파괴보다 인장측 철근의 항복에 의한 인장파괴가 지배할 수 있다.

(2) 소성중심

편심거리 e는 단면의 소성중심(Plastic Center, P.C.)으로부터 하중 작용점까지의 거리이며, 소성중심은 부재 단면에 압축력이 작용할 경우 전체 단면이 같은 크기의 변형률이 발생하도록 하는 점이다. 만약 소성중심에 축하중이 작용하지 않으면 압축변형과 휨변형이 발생하게 된다. 이때 휨모멘트의 크기는 축하중에 소성중심에서 이 축하중에 작용하는 위치까지의 거리(편심거리)를 곱한 것이 된다.

단면이 직사각형이고 철근이 대칭으로 배치되었을 경우 소성중심은 대칭축의 교차점이 되고, 철근이 비대칭으로 배치되었을 경우 소성중심은 전체 단면이 같은 크기의 변형이 일어나게 하는 합력의 작용점이다. 따라서 소성중심에 합력이 작용할 경우 철근은 f_y에 도달하고 동시에 콘크리트는 $0.85f_{ck}$에 도달한 상태가 된다.

(3) 균형변형률 상태

편심거리 e는 축하중 P에 대한 휨모멘트 M의 비($e = M/P$)이다. 기둥에서 균형변형률 상태는 보에서와 마찬가지로 인장철근의 도심(d)에서의 응력 f_s가 설계기준항복강도 f_y에 대응하는 변형률 ϵ_y에 도달하고 동시에 압축연단 콘크리트의 변형률 ϵ_c가 가정된 극한변형률 ϵ_{cu}에 도달한 상태이다. 여기서, 인장철근을 한 단으로 배치할 경우 인장철근 변형률 ϵ_s와 최 외단 인장철근의 순인장변형률 ϵ_t는 같고, 또한 부재의 유효깊이로서 최 외단 압축연단에서 종방향 인장철근의 도심(Centroid)까지의 거리 d와 부재의 최 외단 압축연단에서 최 외단 인장철근의 도심(중심)까지의 거리 d_t도 같다.

기둥에서 균형파괴는 균형변형률 상태의 파괴이고, 이때의 편심거리를 균형편심거리 e_b, 축하중을 균형축하중 P_b, 휨모멘트를 균형휨모멘트 M_b라 한다.

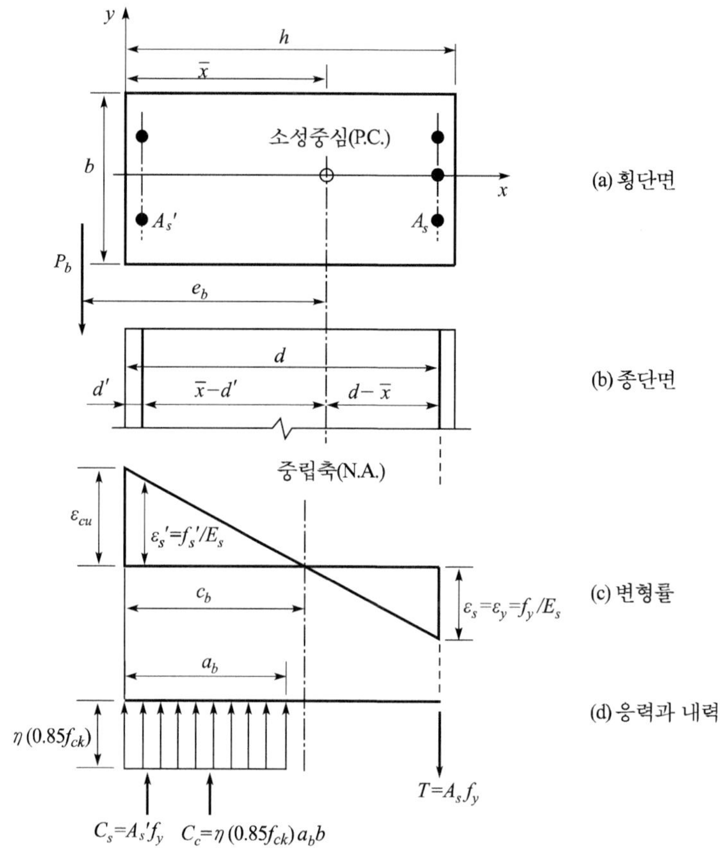

그림 8.21 기둥에서의 균형파괴

그림 8.21 (a)와 같은 기둥 단면이 균형상태에 있다면 변형률은 그림 8.21 (c)와 같이 될 것이므로 균형상태에 있게 된다. 콘크리트의 설계기준압축강도가 40 MPa 이하인 경우, 균형상태인 기둥에 있어 압축연단에서 중립축까지의 거리 c_b는 다음과 같다.

$$c_b = \frac{0.0033}{0.0033 + f_y/E_s} d = \left(\frac{660}{660 + f_y}\right) d \quad (f_{ck} = 40\text{ MPa인 경우})$$

또한 균형상태에 있는 기둥에 있어 등가직사각형 압축응력블록의 깊이 a_b는 다음과 같다.

$$a_b = \beta_1 c_b = \beta_1 \left(\frac{660}{660 + f_y}\right) d \quad (f_{ck} = 40\text{ MPa인 경우})$$

균형상태일 때 균형축하중 P_b와 균형휨모멘트 M_b는 다음과 같다.

$$P_b = \eta(0.85 f_{ck})\, a_b b + A_s' f_s' - A_s f_y$$

$$M_b = \eta(0.85 f_{ck})\, a_b b\left(\bar{x} - \frac{a_b}{2}\right) + A_s' f_s' (\bar{x} - d') + A_s f_y (d - \bar{x})$$

여기서, $f_s' = 660\left(1 - \dfrac{d'}{c_b}\right) \le f_y$ (단, $f_s' > f_y$이면 $f_s' = f_y$)

$\bar{x}$: 소성중심에서 압축측 콘크리트 연단까지의 거리

일반적인 구조물에서 콘크리트의 설계기준압축강도가 40 MPa 이하이므로 콘크리트 등가직사각형 압축응력블록의 크기를 나타내는 계수 $\eta=1.00$이다. 따라서 위의 식에서 η를 제외한 식으로 사용하는 것이 식이 간편하다.

소성중심으로부터 균형편심거리 e_b만큼 떨어진 곳에서 축하중 P_b가 작용할 경우 소성중심에 휨모멘트 $M_b = P_b e_b$가 작용하는 것과 같다. 따라서 균형편심거리 e_b는 다음과 같다.

$$e_b = \frac{M_b}{P_b}$$

보와 같은 휨부재에서 균형상태가 되기 위해서는 균형변형률 상태에서의 균형철근비 ρ_b가 필요하지만, 기둥과 같은 압축 부재에서 균형상태가 되기 위해서는 균형변형률 상태에서의 균형편심거리 e_b가 필요하다.

예제 8-6

그림과 같은 띠철근 기둥에서 균형축하중 P_b와 균형휨모멘트 M_b의 균형하중을 구하시오. (단, 콘크리트는 f_{ck} =24 MPa의 보통중량콘크리트이고, 철근은 f_y =400 MPa의 도막되지 않은 철근이며, 단주이다.)

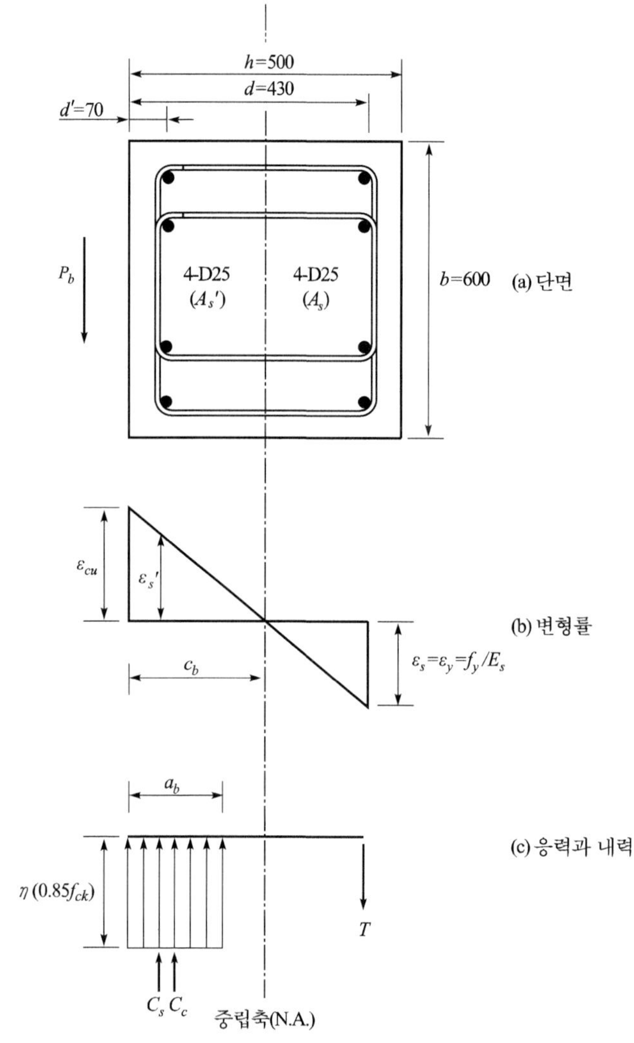

그림 8.22 기둥의 단면, 변형률 및 응력

풀이

1. 균형상태에서 인장철근의 항복변형률

균형상태에서의 변형률 조건은 인장철근이 항복할 때 동시에 압축콘크리트가 파괴에 되는 것이다. 따라서 인장철근의 항복변형률은 다음과 같다.

$$\epsilon_s = \epsilon_t = \epsilon_y = \frac{f_y}{E_s} = \frac{400}{2.0\times 10^5} = 0.0020$$

2. β_1과 ϵ_{cu}의 결정

$f_{ck} \le 40$ MPa이므로 $\beta_1 = 0.80$이고, $\epsilon_{cu} = 0.0033$이다.

3. 균형상태의 중립축의 거리 c_b

$$d = h - d' = 500 - 70 = 430\text{ mm}$$

$$c_b = \left(\frac{660}{660+f_y}\right)d = \left(\frac{660}{660+400}\right)\times 430 = 268\text{ mm}$$

4. 콘크리트의 응력 사각형의 깊이 a_b

$$a_b = \beta_1 c_b = 0.80\times 268 = 214\text{ mm}$$

5. 압축철근의 항복여부

$$f_s{}' = 660\left(1-\frac{d'}{c_b}\right) = 600\times\left(1-\frac{70}{268}\right) = 488\text{ MPa}$$

$$f_s{}' = 488\text{ MPa} \ge f_y = 400\text{ MPa}$$

$$\therefore\ f_s{}' = f_y = 400\text{ MPa}$$

6. 균형축하중 P_b

$$\begin{aligned} P_b &= C_c + C_s - T \\ &= \eta(0.85 f_{ck})\, a_b b + A_s{}' f_s{}' - A_s f_y \\ &= 1.00\times 0.85\times 24\times 214\times 600 + 2{,}027\times 400 - 2{,}027\times 400 \\ &= 2{,}619.4\times 10^3\text{ N} = 2{,}619.4\text{ kN} \end{aligned}$$

7. 균형휨모멘트 M_b

철근이 대칭 배치되어 있어 $\bar{x} = h/2 = 500/2 = 250$ mm이다.

$$\begin{aligned} M_b &= \eta(0.85 f_{ck})\, a_b b\left(\bar{x}-\frac{a_b}{2}\right) + A_s{}' f_s{}'\,(\bar{x}-d') + A_s f_y (d-\bar{x}) \\ &= 1.00\times 0.85\times 24\times 214\times 600\times\left(250-\frac{214}{2}\right) \\ &\quad + 2{,}027\times 400\times(250-70) + 2{,}027\times 400\times(430-250) \\ &= 666.5\times 10^6\text{ N}\cdot\text{mm} = 666.5\text{ kN}\cdot\text{m} \end{aligned}$$

8. 균형편심거리 e_b

$$e_b = \frac{M_b}{P_b} = \frac{666.5\times 10^6\text{ N}\cdot\text{mm}}{2{,}619.4\times 10^3\text{ N}} = 254\text{ mm}$$

(4) 축하중과 휨모멘트를 받는 단주의 거동

보의 해석과 설계에서 사용되었던 응력분포와 등가직사각형 압축응력블록을 기둥의 해석과 설계에서도 동일하게 적용될 수 있다. 그림 8.23은 사각형 기둥 단면에 축하중과 휨모멘트가 동시에 작용할 때 단면에 발생되는 변형률, 응력과 내력의 분포를 나타낸 것이다. 복철근 직사각형 보에서는 휨모멘트만 작용하지만 기둥에서는 휨모멘트와 더불어 축하중이 편심거리 e 의 위치에 작용하게 된다.

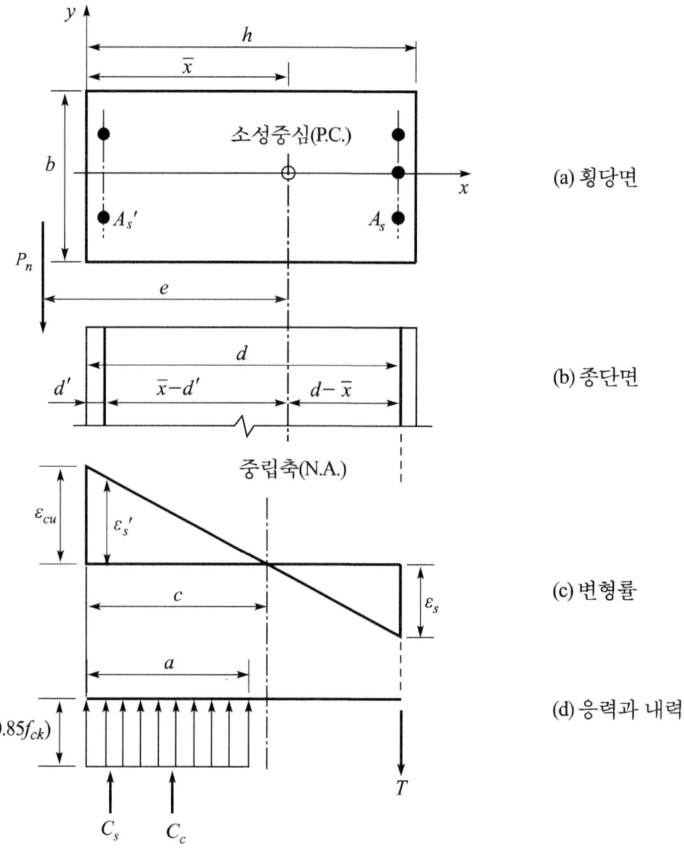

그림 8.23 기둥의 단면, 변형률 및 응력

그림 8.23 (d)로부터 공칭축하중 P_n 과 공칭휨모멘트 M_n 은 다음과 같이 산정할 수 있다. 여기서 공칭휨모멘트 $M_n = P_n e$ 이다.

$$P_n = \eta(0.85 f_{ck})ab + A_s' f_s' - A_s f_s$$

$$M_n = \eta(0.85 f_{ck})ab\left(\overline{x} - \frac{a}{2}\right) + A_s' f_s' (\overline{x} - d') + A_s f_s (d - \overline{x})$$

기둥의 철근 배치에서 인장철근과 압축철근의 위치가 바뀌는 것을 막기 위해 두 가지의 배치이 같은 양인 $A_s = A_s'$이 되도록 대칭 배치하는 것이 일반적이다. 만약 인장철근과 압축철근이 항복 $(f_s = f_s' = f_y)$을 하고, 배치 양이 서로 같을 $(A_s = A_s')$ 경우, 위의 식은 다음과 같이 간단히 할 수 있다.

$$P_n = \eta(0.85 f_{ck})ab$$

$$M_n = \eta(0.85 f_{ck})ab\left(\overline{x} - \frac{a}{2}\right) + A_s' f_y (\overline{x} - d') + A_s f_y (d - \overline{x})$$

인장측의 철근이 1개 층으로 배치되면 $d = d_t$ 이고, 공칭축강도 P_n 은 중심축하중을 받는 단주의 최대 공칭축강도 $P_{n,\max} = \alpha P_o = \alpha\{0.85 f_{ck}(A_g - A_{st}) + f_y A_{st}\}$을 초과할 수 없다. 압축철근 (A_s') 또는 인장철근 (A_s)의 항복여부는 편심거리 e 에 의해 결정된다. 부재의 파괴가 콘크리트의 파쇄에 의한 압축파괴가 발생할 경우 압축철근의 응력 f_s'은 f_y에 도달하게 된다. 또한 파괴가 인장철근의 항복에 의해 발생할 경우 인장철근의 응력 f_s는 f_y에 도달하게 된다. f_s' 또는 f_s가 f_y보다 작다면 실제 응력은 단면의 깊이에 따른 변형률 분포에서 삼각형의 닮음으로부터 다음과 같이 산정할 수 있다.

먼저 $f_s' \le f_y$이고 콘크리트의 설계기준항복강도가 40 MPa 이하인 경우, 압축철근의 응력 f_s'은 다음과 같다.

$$f_s' = E_s \epsilon_s' = 660\left(\frac{c - d'}{c}\right) \le f_y$$

$$\text{또는 } f_s' = E_s \epsilon_s' = 660\left(1 - \frac{d'}{c}\right) \le f_y$$

그리고 $f_s \le f_y$이고 콘크리트의 설계기준항복강도가 40 MPa 이하인 경우, 인장철근의 응력 f_s은 다음과 같다.

$$f_s = E_s \epsilon_s = 660\left(\frac{d_t - c}{c}\right) \le f_y$$

$$\text{또는 } f_s = E_s \epsilon_s = 660\left(\frac{d_t}{c} - 1\right) \le f_y$$

8.3.3. 지배 단면에 따른 변형률과 응력의 한계

(1) 압축지배 단면($\epsilon_c = \epsilon_{cu}$일 때, $\epsilon_t \le \epsilon_{tc} = \epsilon_y$)

압축지배 단면은 압축연단 콘크리트의 변형률이 가정된 극한변형률에 도달할 때($\epsilon_c = \epsilon_{cu}$), 최 외단 인장철근의 순인장변형률 ϵ_t가 압축지배변형률 한계 ϵ_{tc} 이하($\epsilon_t \le \epsilon_{tc} = \epsilon_y$)인 단면이다. 이때 압축지배변형률 한계 ϵ_{tc}는 철근의 설계기준항복변형률 ϵ_y과 같다($\epsilon_{tc} = \epsilon_y$). 압축지배 한계는 압축연단 콘크리트의 변형률이 극한변형률에 도달($\epsilon_c = \epsilon_{cu}$)할 때, 최 외단 인장철근의 순인장변형률 ϵ_t가 압축지배변형률 한계 ϵ_{tc}인 철근의 항복변형률에 도달한 경우($\epsilon_t = \epsilon_{tc} = \epsilon_y$)이다.

철근이 SD400인 경우, 압축지배변형률 한계 ϵ_{tc}는 $\epsilon_y = f_y / E_s = 0.0020$이다.

따라서 콘크리트의 설계기준압축강도가 40 MPa 이하인 경우, 압축지배 단면이 되는 조건은 다음과 같다.

$$\epsilon_t = \left(\frac{d_t - c}{c}\right)\epsilon_{cu} = \left(\frac{d_t}{c} - 1\right)\epsilon_{cu} \le \epsilon_{tc} = \epsilon_y$$

$$\text{또는}\ \frac{a}{d_t} \ge \frac{a_{ccl}}{d_t} = \beta_1\left(\frac{c_{ccl}}{d_t}\right) = \beta_1\left(\frac{660}{660 + f_y}\right)$$

또한 압축지배 한계인 경우 압축철근의 응력 f_s'은 다음과 같다.

$$f_s' = E_s \epsilon_s' = 660\left(1 - \frac{d'}{c}\right) \le f_y$$

여기서, $f_s' > f_y$이면 $f_s' = f_y$이다.

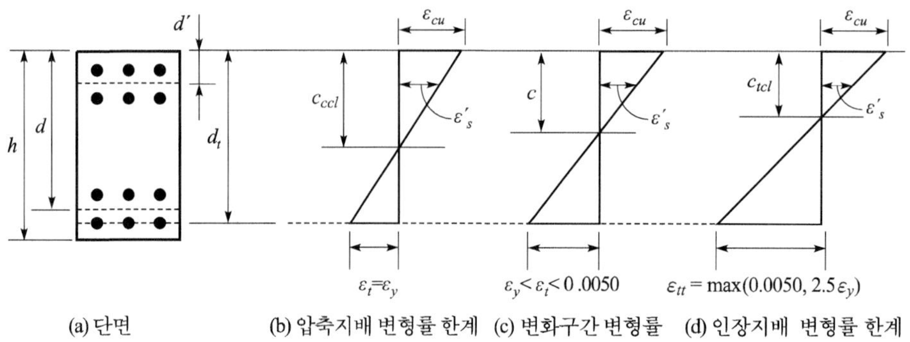

그림 8.24 각종 조건에 대한 변형률 한계

(2) 인장지배 단면 [$\epsilon_c = \epsilon_{cu}$일 때, $\epsilon_t \geq \epsilon_{tt} = \max(0.0050,\ 2.5\epsilon_y)$]

인장지배 단면은 압축연단 콘크리트의 변형률이 가정된 극한변형률에 도달할 때 ($\epsilon_c = \epsilon_{cu}$), 최 외단 인장철근의 순인장변형률 ϵ_t가 0.0050의 인장지배변형률 한계 이상 ($\epsilon_t \geq \epsilon_{tt} = 0.0050$)인 단면이다. 다만 철근의 설계기준항복강도 f_y가 400 MPa을 초과하는 경우에는 인장지배변형률 한계 ϵ_{tt}를 철근 항복변형률의 2.5배 ($2.5\epsilon_y$)로 한다. 따라서 인장지배변형률 한계 ϵ_{tt}는 $\max(0.0050,\ 2.5\epsilon_y)$이고, 인장지배 단면이 되기 위해서 순인장변형률 ϵ_t는 인장지배변형률 한계 ϵ_{tt} 이상이어야 한다 ($\epsilon_t \geq \epsilon_{tt}$).

인장지배 한계는 압축연단 콘크리트의 변형률이 극한변형률에 도달할 때, 최 외단 인장철근의 순인장변형률 ϵ_t가 인장지배변형률 한계 ϵ_{tt}인 $\max(0.0050,\ 2.5\epsilon_y)$에 도달한 경우 [$\epsilon_t = \epsilon_{tt} = \max(0.0050,\ 2.5\epsilon_y)$] 상태이다. SD400의 경우, 인장지배변형률 한계 ϵ_{tt}는 0.0050이다.

따라서 콘크리트의 설계기준압축강도가 40 MPa 이하인 경우, 인장지배 단면이 되는 조건은 다음과 같다.

$$\epsilon_t = \left(\frac{d_t - c}{c}\right)\epsilon_{cu} = \left(\frac{d_t}{c} - 1\right)\epsilon_{cu} \geq \epsilon_{tt} = \max(0.0050,\ 2.5\epsilon_y)$$

$$\text{또는 } \frac{a}{d_t} \leq \frac{a_{tcl}}{d_t} = \left(\frac{c_{tcl}}{d_t}\right)\beta_1 = 0.398\beta_1$$

또한 인장지배 한계인 경우 압축철근의 응력 $f_s{}'$은 다음과 같다.

$$f_s{}' = E_s\epsilon_s{}' = 660\left(1 - 2.51\frac{d'}{d_t}\right) \leq f_y$$

여기서, $f_s{}' > f_y$이면 $f_s{}' = f_y$이다.

(3) 변화구간 단면 ($\epsilon_c = \epsilon_{cu}$일 때, $\epsilon_{tc} < \epsilon_t < \epsilon_{tt}$)

변화구간 단면은 압축연단 콘크리트의 변형률이 가정된 극한변형률에 도달할 때 ($\epsilon_c = \epsilon_{cu}$), 최 외단 인장철근의 순인장변형률 ϵ_t가 압축변형률 한계 ϵ_{tc}와 인장지배변형률 한계 ϵ_{tt} 사이 ($\epsilon_{tc} < \epsilon_t < \epsilon_{tt}$)인 단면이다.

따라서 변화구간 단면이 되는 조건은 다음과 같다.

$$\epsilon_{tc} < \epsilon_t < \epsilon_{tt} \quad \text{또는} \quad \frac{a_{tcl}}{d_t} < \frac{a}{d_t} < \frac{a_{ccl}}{d_t}$$

또한 이러한 압축지배 한계와 인장지배 한계 사이의 변화구간의 경우, 인장철근 A_s는 항복했으나 압축철근 A_s'은 단면의 변형률 값에 따라 $f_s' \le f_y$이다. 변화구간 한계에서 $f_s' \le f_y$이고 콘크리트의 설계기준압축강도가 40 MPa 이하인 경우, 압축철근의 응력 f_s'은 다음과 같다.

$$f_s' = E_s \epsilon_s' = 2.0 \times 10^5 \times 0.0033\left(\frac{c-d'}{c}\right) = 660\left(\frac{c-d'}{c}\right) \le f_y$$

$$f_s' = E_s \epsilon_s' = 660\left(\frac{c-d'}{c}\right) \le f_y$$

$$\text{또는} \quad f_s' = E_s \epsilon_s' = 660\left(1-\frac{d'}{c}\right) \le f_y$$

여기서, $f_s' > f_y$이면 $f_s' = f_y$이다.

지배 단면 및 휨부재의 최소 변형률에 대한 최 외단 인장철근의 순인장변형률 ϵ_t 의 기준을 정리하면 표 8.2와 같다.

표 8.2 철근의 설계기준항복강도에 따른 순인장변형률 기준 ($P_u < 0.10 f_{ck} A_g$인 휨부재)

철근의 설계기준 항복강도 (f_y)	압축지배 변형률 한계 (ϵ_{tc})	휨부재 최소 허용변형률 (ϵ_{ta})	인장지배 변형률 한계 (ϵ_{tt})
300 MPa	0.0015	0.0040	0.0050
400 MPa	0.0020	0.0040	0.0050
500 MPa	0.0025	0.005 0	0.00625
600 MPa	0.0030	0.0060	0.0075

강도감소계수 ϕ는 표 8.4에 나타낸 것처럼, 최 외단 인장철근의 순인장변형률 ϵ_t 의 값에 따라, $\epsilon_t \le \epsilon_{tc} = \epsilon_y$인 경우 압축지배 단면으로서 띠철근 기둥은 $\phi = 0.65$ 그리고 나선철근 기둥은 $\phi = 0.70$이다. 또한 $\epsilon_t \ge \epsilon_{tt} = \max(0.0050,\ 2.5\epsilon_y)$인 경우 인장지배 단면으로서 띠철근 기둥 및 나선철근 기둥 모두 $\phi = 0.85$이고, $\epsilon_{rx} = \epsilon_y < \epsilon_t < \epsilon_{tt} = \max(0.0050,\ 2.5\epsilon_y)$인 경우 변화구간 단면으로서 강도감소계수 ϕ는 선형적으로 변화한다.

휨부재 또는 휨모멘트와 축력을 동시에 받는 부재로서 계수축력이 $0.10 f_{ck} A_g$ 보다 작은 경우, 공칭축강도에서의 순인장변형률 ϵ_t 는 휨부재의 최소 허용변형률 ϵ_{ta} 이상이어야 한다 $(\epsilon_t \geq \epsilon_{ta})$. 그러므로 변화구간에서 이와 같은 작은 축하중을 받는 휨부재의 강도감소계수 ϕ 를 결정하기 위한 최소 변형률은 0.0040이다.

8.3.4. 강도감소계수와 기둥의 파괴

(1) 기둥에서의 지배 단면

기둥에서의 지배 단면은 압축연단 콘크리트의 변형율이 가정된 극한변형률에 도달할 때 $(\epsilon_c = \epsilon_{cu})$, 최 외단 인장철근의 순인장변형률 ϵ_t 의 크기에 따라 다음 중 하나가 된다.

① 압축지배 단면은 $\epsilon_t \leq \epsilon_{tc} = \epsilon_y$ 인 단면이다.

② 변화구간 단면은 $\epsilon_{tc} < \epsilon_t < \epsilon_{tt}$ 인 단면이다.

③ 인장지배 단면은 $\epsilon_t \geq \epsilon_{tt} = \max(0.0050,\ 2.5\epsilon_y)$ 인 단면이다.

여기서, ϵ_t : 최 외단 인장철근의 순인장변형률

ϵ_y : 철근의 설계기준항복변형률

ϵ_{tc} : 압축지배변형률 한계 $(\epsilon_{tc} = \epsilon_y)$

ϵ_{tt} : 인장지배변형률 한계 $[\epsilon_{tt} = \max(0.0050,\ 2.5\epsilon_y)]$

지배 단면의 종류에 따라 압축연단에서 중립축까지의 거리 c 는 다음과 같다.

표 8.3 단면에 따른 압축연단에서 중립축까지의 거리

지배 단면 구분	순인장변형률 (ϵ_t) 조건	SD400의 순인장변형률 (ϵ_t) 조건	압축연단에서 중립축까지의 거리 (c)
압축지배 단면	$\epsilon_t \leq \epsilon_{tc} = \epsilon_y$ $(a/d_t \geq a_{cd}/d_t)$	$\epsilon_t \leq 0.0020$	$c \geq 0.623 d_t$
변화구간 단면	$\epsilon_{tc} < \epsilon_t < \epsilon_{tt}$ $(a_{td}/d_t < a/d_t < a_{cd}/d_t)$	$0.0020 < \epsilon_t < 0.0050$	$0.398 d_t < c < 0.623 d_t$
인장지배 단면	$\epsilon_t \geq \epsilon_{tt} = \max(0.0050,\ 2.5\epsilon_y)$ $(a/d_t \leq a_{td}/d_t)$	$\epsilon_t \geq 0.0050$	$c \leq 0.398 d_t$

(2) 지배 단면에 따른 강도감소계수

'제4장 4.4.3 지배 단면에 따른 변형률과 응력의 한계'에서 콘크리트의 설계기준압축강도가 40 MPa 이하($f_{ck} \le 40$ MPa)이고 SD400 ($f_y = 400$ MPa)인 철근에 대한 압축지배변형률 한계 ϵ_{tc}는 $\epsilon_y = f_y / E_s = 0.0020$이다. 또한 인장지배변형률 한계 ϵ_{tt}는 0.0050이다.

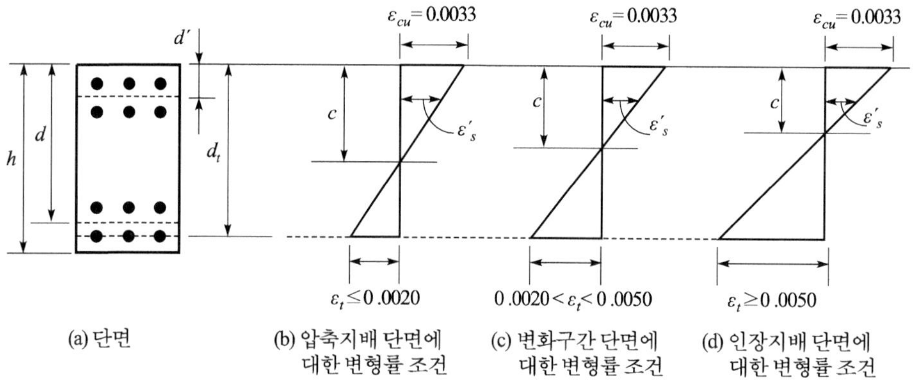

그림 8.25 각종 조건에 대한 변형률 분포와 순인장 변형률 ϵ_t ($f_{ck} \le 40$ MPa이고 $f_y = 400$ MPa)

또한 지배 단면의 종류에 따른 부재의 강도감소계수 ϕ는 다음과 같다.

표 8.4 단면에 따른 강도감소계수

구 분	순인장변형률 (ϵ_t) 조건	강도감소계수 (ϕ)
압축지배 단면	$\epsilon_t \le \epsilon_{tc} = \epsilon_y$ $(a/d_t \ge a_{cd}/d_t)$	띠철근 또는 스터럽 보강 : 0.65 나선철근 보강 : 0.70
변화구간 단면	$\epsilon_{tc} < \epsilon_t < \epsilon_{tt}$ $(a_{td}/d_t < a/d_t < a_{cd}/d_t)$	띠철근 또는 스터럽 보강 : 0.65~0.85 나선철근 보강 : 0.70~0.85
인장지배 단면	$\epsilon_t \ge \epsilon_{tt} = \max(0.0050, 2.5\epsilon_y)$ $(a/d_t \le a_{td}/d_t)$	0.85

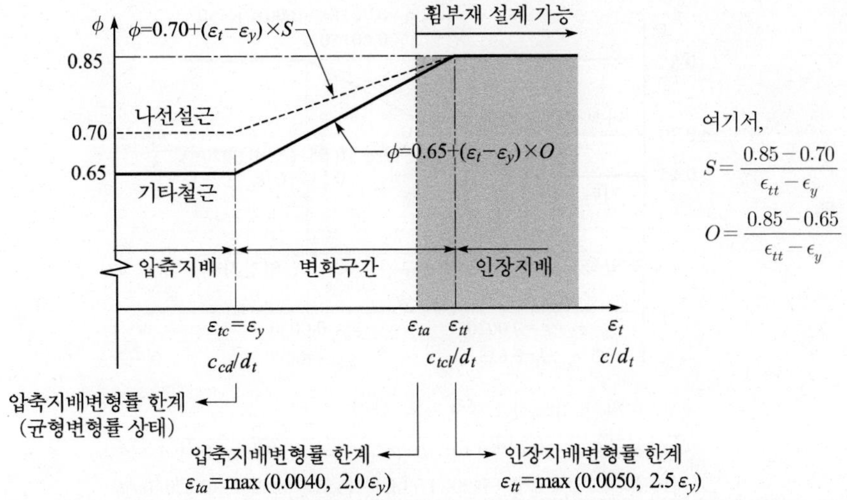

그림 8.26 순인장변형률 (ϵ_t)에 따른 강도감소계수 (ϕ)의 변화 ($P_u < 0.10 f_{ck} A_g$인 휨부재)

표 8.5 단면에 따른 변형률 한계 및 해당 철근비 ($P_u < 0.10 f_{ck} A_g$인 휨부재)

철근의 설계기준 항복강도 (f_y)	압축지배			인장지배			S	O
	압축지배변형률 한계 (ϵ_{tc})	강도 감소계수 (ϕ)		인장지배변형률 한계 (ϵ_{tt})	휨부재에 대한 해당 철근비 (ρ_{max})	강도 감소계수 (ϕ)		
		나선	기타					
300 MPa	0.0015	0.70	0.65	0.0050	$0.578\rho_b$	0.85	300/7	400/7
400 MPa	0.0020	0.70	0.65	0.0050	$0.639\rho_b$	0.85	50	200/3
500 MPa	0.0025	0.70	0.65	0.00625	$0.607\rho_b$	0.85	40	160/3
600 MPa	0.0030	0.70	0.65	0.0075	$0.583\rho_b$	0.85	100/3	400/9

주1 표의 값 보다 큰 인장철근비를 갖는 휨부재는 변화구간 단면으로서 $\phi=0.85$보다 작은 강도감소계수를 적용한다.

주2 예를 들어 변화구간 단면에서 SD400 철근을 사용하는 경우, $\epsilon_{tc}=0.0020$이고 $\epsilon_{tt}=0.0050$이므로, 이들 값과 순인장변형률 ϵ_t에 따라 ϕ값을 직선 보간 한다.

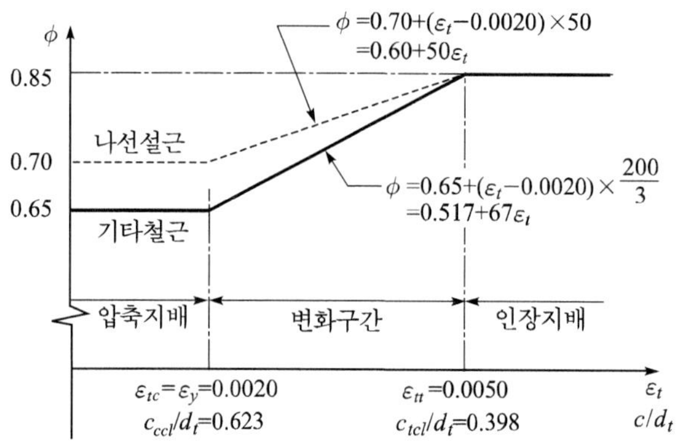

c/d_t에 의한 강도감소계수 ϕ의 산정

나선철근 : $\phi = 0.70 + 0.15[(1/c/d_t) - (5/3)] = 0.435 + 0.165/(c/d_t)$

기타철근 : $\phi = 0.65 + 0.20[(1/c/d_t) - (5/3)] = 0.297 + 0.220/(c/d_t)$

그림 8.27 SD400 철근을 사용한 휨과 압축부재에 대한 강도감소계수 (ϕ)의 산정

변화구간 단면($\epsilon_{tc} < \epsilon_t < \epsilon_{tt}$ 또는 $a_{tcl}/d_t < a/d_t < a_{ccl}/d_t$)의 경우 띠철근으로 보강된 기둥부재는 $\phi = 0.65$와 $\phi = 0.85$ 사이의 값을 다음 식과 같이 직선 보간 하여 적용한다.

$$\phi = 0.65 + (\epsilon_t - \epsilon_y) \times O \text{ 또는}$$

$$\phi = 0.65 + \frac{0.20}{\left[\frac{1}{(c_{tcl}/d_t)} - \frac{1}{(c_{ccl}/d_t)}\right]}\left[\frac{1}{(c/d_t)} - \frac{1}{(c_{ccl}/d_t)}\right]$$

또한 나선철근으로 보강된 기둥부재는 $\phi = 0.70$와 $\phi = 0.85$ 사이의 값을 다음 식과 같이 직선 보간 하여 적용한다.

$$\phi = 0.70 + (\epsilon_t - \epsilon_y) \times O \text{ 또는}$$

$$\phi = 0.70 + \frac{0.20}{\left[\frac{1}{(c_{tcl}/d_t)} - \frac{1}{(c_{ccl}/d_t)}\right]}\left[\frac{1}{(c/d_t)} - \frac{1}{(c_{ccl}/d_t)}\right]$$

(3) 파괴의 구분

균형변형률 상태는 압축연단 콘크리트의 변형률이 극한변형률에 도달했을 때, 동시에 인장철근의 변형률이 항복변형률인 $\epsilon_s = \epsilon_y = f_y/E_s$에 처음으로 도달할 때의 단면 상태이다. 이와 같은 균형변형률 상태에서의 파괴를 균형파괴라 하고 이때의 편심거리를 균형편심거리 $(e = e_b)$라하며 축하중을 균형축하중 $(P_n = P_b)$이라 한다. 부재의 파괴를 균형편심거리와 균형축하중의 관점에서 구분하면 다음 표와 같다.

표 8.6 파괴의 구분

구 분	편심거리	축하중	내 용
압축파괴	$e < e_b$	$P_n < P_b$	① 인장철근의 응력이 항복하기 전에 압축연단 콘크리트의 변형률이 극한변형률에 도달한다 $(f_s < f_y,\ \epsilon_c = \epsilon_{cu})$. ② 기둥의 강도는 콘크리트의 압축으로 지배된다. ③ 이러한 단면을 과보강 단면, 과다철근 단면, 압축파괴 단면, 압축지배 단면 등으로 부른다.
균형파괴	$e = e_b$	$P_n = P_b$	① 인장철근의 응력이 항복할 때 동시에 압축연단 콘크리트의 변형률이 극한변형률에 도달한다 $(f_s = f_y,\ \epsilon_c = \epsilon_{cu})$. ② 이러한 단면을 균형단면이라 한다.
인장파괴	$e > e_b$	$P_n > P_b$	① 압축연단 콘크리트의 변형률이 극한변형률에 도달하기 전에 인장철근의 응력이 먼저 인장항복에 도달한다 $(f_s = f_y,\ \epsilon_c < \epsilon_{cu})$. ② 기둥의 강도는 철근의 인장으로 지배된다. ③ 이러한 단면을 저보강 단면, 과소철근 단면, 인장파괴 단면, 인장지배 단면 등으로 부른다.

주1 기둥은 주로 압축력을 부담하는 부재이므로 압축파괴인 취성파괴의 거동을 하기 쉽다.

예제 8-7

그림과 같은 띠철근 기둥에서 압축지배변형률 한계 (Compression-Controlled Strain Limit)에서의 공칭축하중 P_n, 공칭휨모멘트 M_n, 편심거리 e, 설계축하중 P_d, 설계휨모멘트 M_d를 구하시오. (단, 콘크리트는 $f_{ck}=24$ MPa의 보통중량콘크리트이고, 철근은 $f_y=400$ MPa의 도막되지 않은 철근이며, 단주이다.)

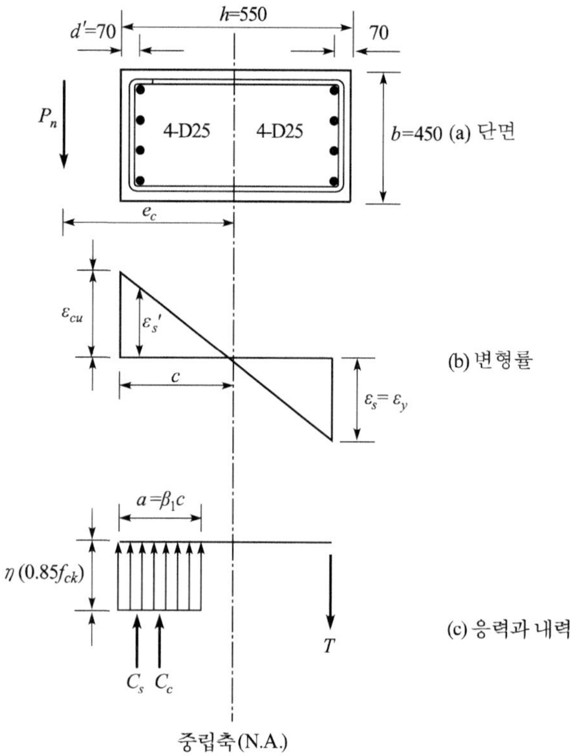

그림 8.28 압축지배변형률 한계에서 변형률 및 응력

풀이

압축지배변형률 한계 (균형변형률 조건)

1. 인장철근의 항복변형률

압축지배변형률 한계는 균형상태에서의 변형률 조건과 같다. 즉 인장철근이 항복할 때 동시에 압축 콘크리트가 파괴에 되는 것이다.

$$\epsilon_s = \epsilon_t = \epsilon_y = \frac{f_y}{E_s} = \frac{400}{2.0\times 10^5} = 0.0020$$

2. β_1과 ϵ_{cu}의 결정

$f_{ck} \le 40$ MPa이므로 $\beta_1 = 0.80$이고, $\epsilon_{cu} = 0.0033$이다.

3. 중립축의 거리 c

$d = d_t = h - d' = 550 - 70 = 480$ mm

$c = 0.623\, d_t = 0.623 \times 480 = 299$ mm

4. 콘크리트의 응력 사각형의 깊이 a

$a=\beta_1 c=0.80\times 299=239\text{ mm}$

5. 압축철근의 항복여부

$$f_s'=E_s\epsilon_s'=660\left(1-1.61\frac{d'}{d_t}\right)=660\times\left(1-1.61\times\frac{70}{480}\right)=505\text{ MPa}$$

$f_s'=505\text{ MPa}\geq f_y=400\text{ MPa}$

$\therefore\ f_s'=f_y=400\text{ MPa}$

6. 공칭축하중 P_n

$A_s=A_s'=2{,}027\text{ mm}^2$ (4-D25)

$$\begin{aligned}P_n&=C_c+C_s-T\\&=\eta(0.85f_{ck})ab+A_s'f_s'-A_sf_y\\&=1.00\times 0.85\times 24\times 239\times 450+2{,}027\times 400-2{,}027\times 400\\&=2{,}194.0\times 10^3\text{ N}=2{,}194.0\text{ kN}\end{aligned}$$

7. 공칭휨모멘트 M_n

철근이 대칭 배치되어 있어 $\bar{x}=h/2=550/2=275\text{ mm}$이다.

$$\begin{aligned}M_n&=\eta(0.85f_{ck})ab\left(\bar{x}-\frac{a}{2}\right)+A_s'f_s'(\bar{x}-d')+A_sf_y(d-\bar{x})\\&=1.00\times 0.85\times 24\times 239\times 450\times\left(275-\frac{239}{2}\right)\\&\quad+2{,}027\times 400\times(275-70)+2{,}027\times 400\times(480-275)\\&=673.6\times 10^6\text{ N}\cdot\text{mm}=673.6\text{ kN}\cdot\text{m}\end{aligned}$$

8. 압축지배변형률 한계인 경우 편심거리 e_c

$$e_c=\frac{M_n}{P_n}=\frac{673.6\times 10^6\text{ N}\cdot\text{mm}}{2{,}194.0\times 10^3\text{ N}}=307\text{ mm}$$

> 주1 압축지배변형률 한계인 경우 편심거리 e_c는 균형편심거리 e_b와 같다.

9. 강도감소계수

1) 순인장변형률 ϵ_t의 산정

$d_t=d=480\text{ mm}$

$$\epsilon_t=\left(\frac{d_t-c}{c}\right)\epsilon_{cu}=\left(\frac{480-299}{299}\right)\times 0.0033=0.0020$$

2) 강도감소계수 ϕ의 산정

$\epsilon_t=0.0020\leq\epsilon_y=0.0020$이므로 압축지배 단면이고 띠철근 보강이다.

$\therefore\ \phi=0.65$

주1 문제의 조건에 따라 $\epsilon_s = \epsilon_t = \epsilon_y = 0.0020$이므로 강도감소계수 $\phi = 0.65$이다.

10. 설계축하중 P_d

$P_d = \phi P_n = 0.65 \times 2,194.0 = 1,426.1$ kN

11. 설계휨모멘트 M_d

$M_d = \phi M_n = 0.65 \times 673.6 = 437.8$ kN · m

예제 8-8

그림과 같은 띠철근 기둥에서 인장지배변형률 한계(Tension-Controlled Strain Limit)에서의 공칭축하중 P_n, 공칭휨모멘트 M_n, 편심거리 e, 설계축하중 P_d, 설계휨모멘트 M_d를 구하시오. (단, 콘크리트는 f_{ck} =24 MPa의 보통중량콘크리트이고, 철근은 f_y =400 MPa의 도막되지 않은 철근이며, 단주이다.)

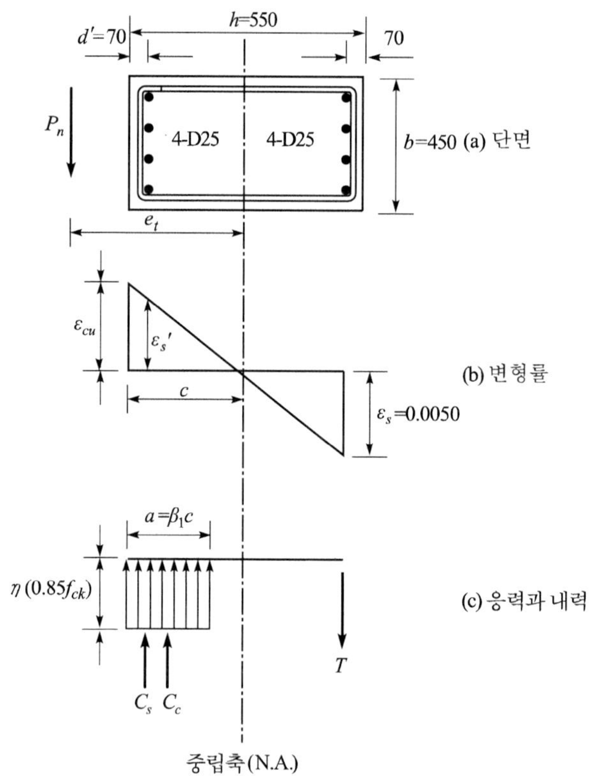

그림 8.29 인장지배변형률 한계에서 변형률 및 응력

풀이

인장지배변형률 한계

1. 인장철근의 변형률

$\epsilon_s = \epsilon_t = \epsilon_{tt} = 0.0050$

2. β_1과 ϵ_{cu}의 결정

$f_{ck} \le 40$ MPa이므로 $\beta_1 = 0.80$이고, $\epsilon_{cu} = 0.0033$이다.

3. 중립축의 거리 c

$d = d_t = h - d' = 550 - 70 = 480$ mm

$c = 0.398\, d_t = 0.398 \times 480 = 191$ mm

4. 콘크리트의 응력 사각형의 깊이 a

$a = \beta_1 c = 0.80 \times 191 = 153$ mm

5. 압축철근의 항복여부

$$f_s' = E_s \epsilon_s' = 660\left(1 - 2.51\frac{d'}{d_t}\right) = 660 \times \left(1 - 2.51 \times \frac{70}{480}\right) = 418 \text{ MPa}$$

$f_s' = 418 \text{ MPa} \ge f_y = 400$ MPa

$\therefore\ f_s' = f_y = 400$ MPa

6. 공칭축하중 P_n

$A_s = A_s' = 2{,}027 \text{ mm}^2$ (4-D25)

$$\begin{aligned} P_n &= C_c + C_s - T \\ &= \eta(0.85 f_{ck})\, ab + A_s' f_s' - A_s f_y \\ &= 1.00 \times 0.85 \times 24 \times 153 \times 450 + 2{,}027 \times 400 - 2{,}027 \times 400 \\ &= 1{,}404.5 \times 10^3 \text{ N} = 1{,}404.5 \text{ kN} \end{aligned}$$

7. 공칭휨모멘트 M_n

철근이 대칭 배치되어 있어 $\bar{x} = h/2 = 550/2 = 275$ mm 이다.

$$\begin{aligned} M_n &= \eta(0.85 f_{ck})\, ab\left(\bar{x} - \frac{a}{2}\right) + A_s' f_s' (\bar{x} - d') + A_s f_y (d - \bar{x}) \\ &= 1.00 \times 0.85 \times 24 \times 153 \times 450 \times \left(275 - \frac{153}{2}\right) \\ &\quad + 2{,}027 \times 400 \times (275 - 70) + 2{,}027 \times 400 \times (480 - 275) \\ &= 611.2 \times 10^6 \text{ N} \cdot \text{mm} = 611.2 \text{ kN} \cdot \text{m} \end{aligned}$$

8. 인장지배변형률 한계인 경우 편심거리 e_t

$$e_t = \frac{M_n}{P_n} = \frac{611.2 \times 10^6 \text{ N} \cdot \text{mm}}{1{,}404.5 \times 10^3 \text{ N}} = 435 \text{ mm}$$

9. 강도감소계수

1) 순인장변형률 ϵ_t의 산정

$d_t = d = 480$ mm

$$\epsilon_t = \left(\frac{d_t - c}{c}\right)\epsilon_{cu} = \left(\frac{480-191}{191}\right) \times 0.0033 = 0.0050$$

2) 강도감소계수 ϕ의 산정

$\epsilon_t = 0.0050 \geq \epsilon_{tt} = 0.0050$이므로 인장지배 단면이다.

$\therefore\ \phi = 0.85$

> 주1 문제의 조건에 따라 $\epsilon_s = \epsilon_t = \epsilon_{tt} = 0.0050$이므로 강도감소계수 $\phi = 0.85$이다.

10. 설계축하중 P_d

$P_d = \phi P_n = 0.85 \times 1{,}404.5 = 1{,}193.8\ \text{kN}$

11. 설계휨모멘트 M_d

$M_d = \phi M_n = 0.85 \times 611.2 = 519.5\ \text{kN} \cdot \text{m}$

예제 8-9

그림과 같은 띠철근 기둥에서 편심거리 $e = 350$ mm인 경우의 공칭축하중 P_n, 공칭휨모멘트 M_n, 편심거리 e, 설계축하중 P_d, 설계휨모멘트 M_d를 구하시오. (단, 콘크리트는 f_{ck} =24 MPa의 보통중량콘크리트이고, 철근은 f_y =400 MPa의 도막되지 않은 철근이며, 단주이다.)

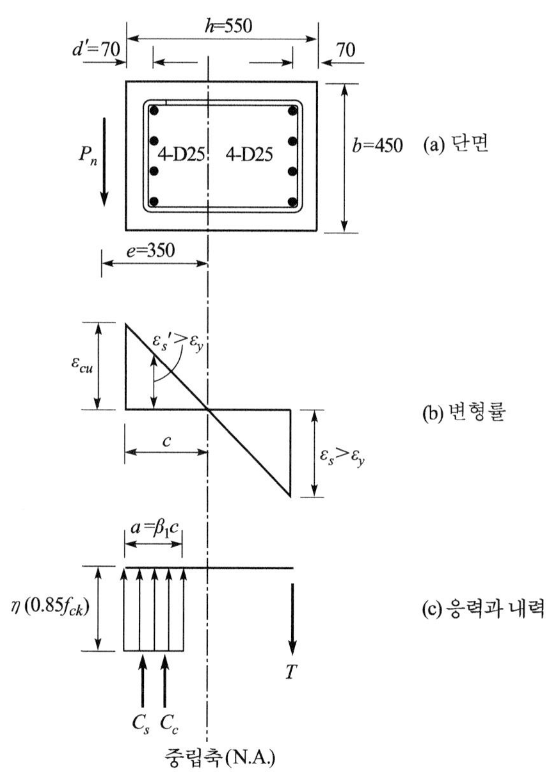

그림 8.30 변화구간에서 변형률 및 응력

풀이

편심거리 $e = 350\text{ mm}$ 인 경우 (인장파괴일 때 압축철근의 응력이 항복강도인 경우)

1. 인장철근의 강도

앞의 예제에서 $e_c = 307\text{ mm}$ 이고 $e_t = 435\text{ mm}$ 이므로 편심거리 $e = 350\text{ mm}$ 는 변화구간 ($\epsilon_c = \epsilon_{cu}$, $\epsilon_y < \epsilon_t < \epsilon_{tt}$)이며 이때 인장철근의 응력은 항복강도 ($f_s = f_y$)가 된다.

2. β_1과 ϵ_{cu}의 결정

$f_{ck} \le 40\text{ MPa}$이므로 $\beta_1 = 0.80$이고, $\epsilon_{cu} = 0.0033$이다.

3. 첫 번째 시도

1) 중립축의 거리 c

가정된 c/d_t에 대한 편심거리가 요구 편심거리와 같아질 때까지 반복계산 한다.

$$d = d_t = h - d' = 550 - 70 = 480\text{ mm}$$

$$c = 0.45\,d_t = 0.45 \times 480 = 216\text{ mm}$$

2) 콘크리트의 응력 사각형의 깊이 a

$$a = \beta_1 c = 0.80 \times 216 = 173\text{ mm}$$

3) 인장철근의 변형률

$$\epsilon_s = \epsilon_t = 0.0033\left(\frac{d_t}{c} - 1\right) = 0.0033 \times \left(\frac{480}{216} - 1\right) = 0.0040$$

따라서 $\epsilon_{ct} = \epsilon_y = 0.0020 < \epsilon_t = 0.0040 < \epsilon_{tt} = \max(0.0050,\ 2.5\,\epsilon_y) = 0.0050$임이 확인되고 $f_s = f_y$이다.

4) 압축철근의 항복여부

$$f_s' = E_s\,\epsilon_s' = 660\left(1 - \frac{d'}{c}\right) = 660 \times \left(1 - \frac{70}{216}\right) = 446\text{ MPa}$$

$$f_s' = 446\text{ MPa} \ge f_y = 400\text{ MPa}$$

$$\therefore\ f_s' = 400\text{ MPa}$$

5) 공칭축하중 P_n

$$A_s = A_s' = 2{,}027\text{ mm}^2\ (4\text{–D25})$$

$$\begin{aligned} P_n &= C_c + C_s - T \\ &= \eta(0.85\,f_{ck})\,ab + A_s'\,f_s' - A_s f_y \\ &= 1.00 \times 0.85 \times 24 \times 173 \times 450 + 2{,}027 \times 400 - 2{,}027 \times 400 \\ &= 1{,}588.1 \times 10^3\text{ N} = 1{,}588.1\text{ kN} \end{aligned}$$

6) 공칭휨모멘트 M_n

철근이 대칭 배치되어 있어 $\bar{x}=h/2=550/2=275\text{ mm}$이다.

$$M_n=\eta(0.85f_{ck})ab\left(\bar{x}-\frac{a}{2}\right)+A_s'f_s'(\bar{x}-d')+A_sf_y(d-\bar{x})$$
$$=1.00\times0.85\times24\times173\times450\times\left(275-\frac{173}{2}\right)$$
$$+2{,}027\times400\times(275-70)+2{,}027\times400\times(480-275)$$
$$=631.8\times10^6\text{ N}\cdot\text{mm}=631.8\text{ kN}\cdot\text{m}$$

7) 변화구간인 경우 편심거리 e

$$e=\frac{M_n}{P_n}=\frac{631.8\times10^6\text{ N}\cdot\text{mm}}{1{,}588.1\times10^3\text{ N}}=398\text{ mm}=e=350\text{ mm}$$ NG

4. 두 번째 시도

1) 중립축의 거리 c

$c=0.53d_t=0.53\times480=254\text{ mm}$

2) 콘크리트의 응력 사각형의 깊이 a

$a=\beta_1c=0.80\times254=203\text{ mm}$

3) 인장철근의 변형률

$$\epsilon_s=\epsilon_t=0.0033\left(\frac{d_t}{c}-1\right)=0.0033\times\left(\frac{480}{254}-1\right)=0.0029$$

따라서 $\epsilon_{cl}=\epsilon_y=0.0020<\epsilon_t=0.0029<\epsilon_{tl}=\max(0.0050,\ 2.5\epsilon_y)=0.0050$임이 확인되고 $f_s=f_y$이다.

4) 압축철근의 항복여부

$$f_s'=E_s\epsilon_s'=660\left(1-\frac{d'}{c}\right)=660\times\left(1-\frac{70}{254}\right)=478\text{ MPa}$$
$$f_s'=478\text{ MPa}\geq f_y=400\text{ MPa}$$
$$\therefore\ f_s'=400\text{ MPa}$$

5) 공칭축하중 P_n

$A_s=A_s'=2{,}027\text{ mm}^2$ (4-D25)

$$P_n=C_c+C_s-T$$
$$=\eta(0.85f_{ck})ab+A_s'f_s'-A_sf_y$$
$$=1.00\times0.85\times24\times203\times450+2{,}027\times400-2{,}027\times400$$
$$=1{,}863.5\times10^3\text{ N}=1{,}863.5\text{ kN}$$

6) 공칭휨모멘트 M_n

철근이 대칭 배치되어 있어 $\bar{x}=h/2=550/2=275\text{ mm}$이다.

$$M_n=\eta(0.85f_{ck})ab\left(\bar{x}-\frac{a}{2}\right)+A_s'f_s'(\bar{x}-d')+A_sf_y(d-\bar{x})$$

$$=1.00\times0.85\times24\times203\times450\times\left(275-\frac{203}{2}\right)$$

$$+2{,}027\times400\times(275-70)+2{,}027\times400\times(480-275)$$

$$=655.8\times10^6\text{ N}\cdot\text{mm}=655.8\text{ kN}\cdot\text{m}$$

7) 변화구간인 경우 편심거리 e

$$e=\frac{M_n}{P_n}=\frac{655.8\times10^6\text{ N}\cdot\text{mm}}{1{,}863.5\times10^3\text{ N}}=352\text{ mm}\fallingdotseq e=350\text{ mm}\qquad\text{OK}$$

8) 강도감소계수

(1) 순인장변형률 ϵ_t의 산정

$$d_t=d=480\text{ mm}$$

$$\epsilon_t=\left(\frac{d_t-c}{c}\right)\epsilon_{cu}=\left(\frac{480-254}{254}\right)\times0.0033=0.0029$$

(2) 강도감소계수 ϕ의 산정

$\epsilon_{tc}=\epsilon_y=0.0020<\epsilon_t=0.0029<\epsilon_{tt}=\max(0.0050,\ 2.5\epsilon_y)=0.0050$이므로

변화구간 단면이다.

$$\phi=0.65+(\epsilon_t-0.0020)\times\left(\frac{200}{3}\right)=0.65+(0.0029-0.0020)\times\left(\frac{200}{3}\right)=0.712$$

9) 설계축하중 P_d

$$P_d=\phi P_n=0.712\times1{,}863.5=1{,}326.8\text{ kN}$$

10) 설계휨모멘트 M_d

$$M_d=\phi M_n=0.712\times655.8=466.9\text{ kN}\cdot\text{m}$$

8.3.5. 단주의 설계

(1) 단주 설계의 기본개념

$$P_u \leq P_d(=\phi P_n)\ ,\ M_u \leq M_d(=\phi M_n)$$

(2) 하중-모멘트 상관도

단주의 설계를 위한 방법으로 하중-모멘트 상관도(Interaction Diagram)를 이용한다. 하중-모멘트 상관도는 기둥과 같은 압축부재 단면에 축하중과 휨모멘트가 동시에 작용할 경우, 축하중 P 와 휨모멘트 M 의 관계를 나타낸 것이다. 하중-모멘트 상관도를 $P-M$ 상관도라고도 한다.

축하중 P 와 휨모멘트 M 이 하중-모멘트 상관도의 곡선으로 둘러싸인 면적 안에 들면 기둥은 안전하다. 편심거리($e = M/P$)는 원점 O에서 곡선에 이르는 방사선이다. 곡선 ABCD는 압축부재가 축방향 압축과 휨의 조합작용에 의해 파괴될 때의 실제의 P_n, M_n 의 상관도이다. 곡선 abcd는 강도감소계수 ϕ 에 의해 감소된 ϕP_n, ϕM_n 의 상관도이다. 점 a의 ϕP_o는 $M=0$ 인 순수한 축방향 인장강도이다. 즉, 축방향 압축만을 받는 기둥이나, 우발편심(시공오차 등에 의한 편심하중)을 고려하여 ϕP_o를 다시 감소(점 a', $\alpha\phi P_o$)시킨다. 점 a'에서 그은 수평선이 상관도와 만난점이 b이고, 점 b가 나타내는 편심거리가 최소 편심 $e_{\min}$ 이다. a', b 구역에 해당하는 압축부재는 휨모멘트는 없고 축방향 압축만으로 작용하는 것으로 보는 것이다.

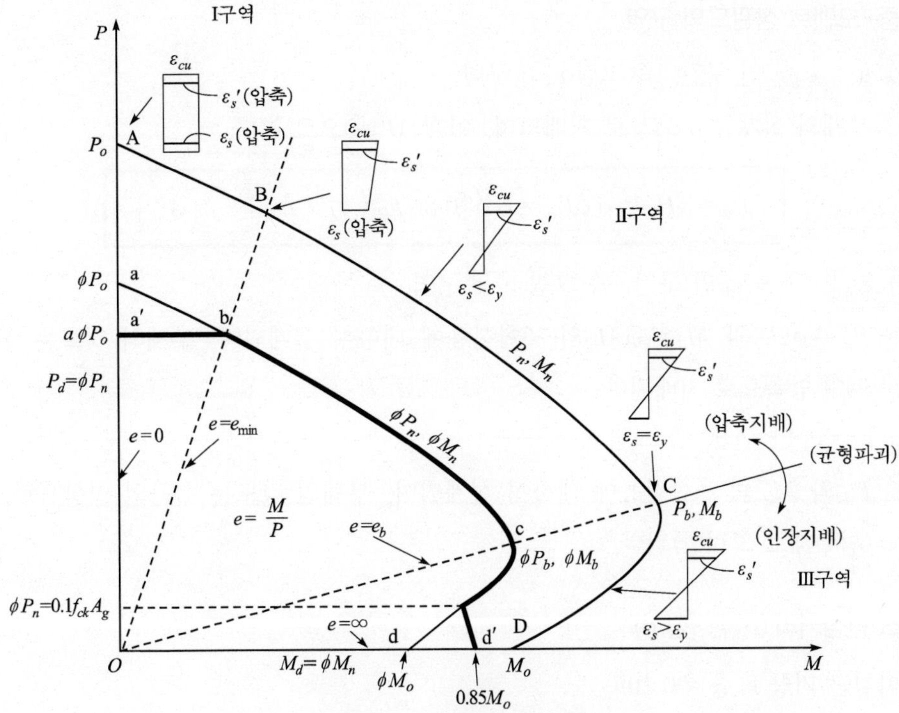

그림 8.31 하중-모멘트 상관도

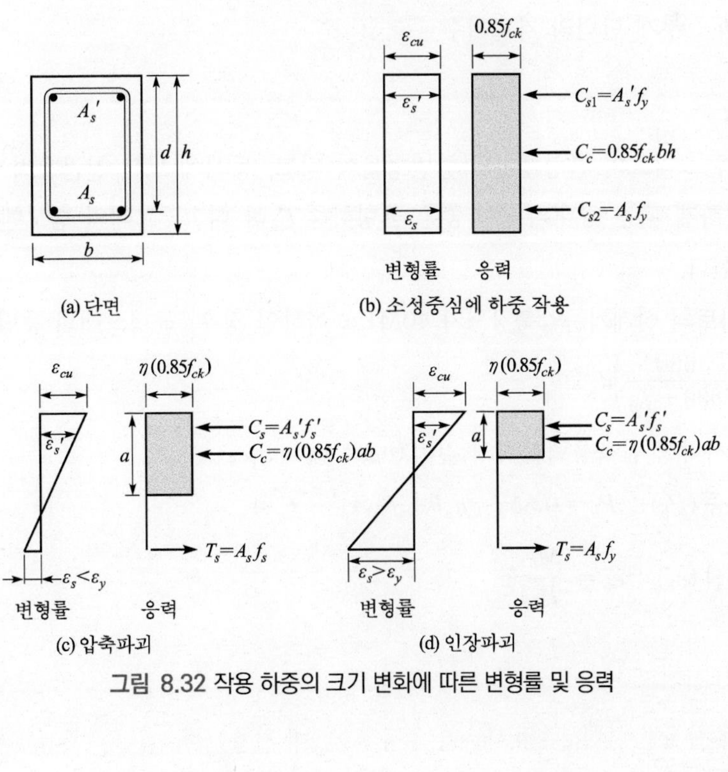

그림 8.32 작용 하중의 크기 변화에 따른 변형률 및 응력

(3) 하중–모멘트 상관도의 구역

(가) $e < e_{\min}$ 인 구간, 즉 그림 a, b 구역

부재의 설계는 $\alpha \phi P_o$ 로 지배되며, 이때 $M=0$으로 본다.

$$P_d = \phi P_n = \alpha \phi P_o = \alpha \phi \{0.85 f_{ck} (A_g - A_{st}) + f_y A_{st}\}$$

(나) $e_{\min} < e < e_b$ 인 구간, 즉 그림 b, c 구역

$P_d = \phi P_n$ 와 $M_d = \phi M_n$ 의 조합작용에 대하여 설계되며, 부재의 강도는 콘크리트의 압축으로 지배된다.

(다) $e > e_b$ 인 구간, 즉 그림 c, d 구역

P_d 와 M_d 의 조합작용에 대하여 설계되며, 부재의 강도는 철근의 인장으로 지배(휨부재로 고려함)된다.

(4) 최소 편심거리($e_{\min}$, 점 b)

① 띠철근 기둥 $e_{\min} = 0.10h$

② 나선철근 기둥 $e_{\min} = 0.05h$

여기서, h : 부재 단면의 가로치수

(5) 균형하중

압축연단 콘크리트의 변형률이 극한변형률이 되고, 동시에 모든 철근응력이 항복점 응력 f_y에 도달하게 되는 상태의 축하중을 균형하중 P_b라 하고, 그때의 휨모멘트를 균형모멘트 M_b라 한다.

① 콘크리트의 설계기준압축강도가 40MPa 이하인 경우, 균형상태의 중립축 위치(c_b) :

$$c_b = \left(\frac{660}{660 + f_y}\right) d$$

② 등가직사각형 압축응력블록의 깊이(a_b) : $a_b = \beta_1 c_b$

③ 균형하중(P_b) : $P_b = 0.85 f_{ck}\, a_b b + f_y A_s' - f_y A_s$

④ 균형편심(e_b) : $e_b = \dfrac{M_b}{P_b}$

(6) 상관도에 의한 단주의 설계

축하중과 휨모멘트가 동시에 작용할 경우, 축하중 P 와 휨모멘트 M 의 관계를 나타내면 $P-M$ 상관도가 된다. 이 곡선은 기둥의 실제 설계에서 유용하게 사용된다.

설계기준에서 기둥의 철근비 $\rho_g = 0.01 \sim 0.08$이며, 인장철근 A_s와 압축철근 A_s'의 거리 $\gamma h = h - 2d'$이다. 여기서 d'은 기둥의 외측 끝에서 가장 가까운 곳에 위치한 철근의 중심까지의 거리이다. 따라서 γ는 다음과 같다.

$$\gamma = \frac{h-2d'}{h}$$

기둥의 주철근의 최소 피복두께는 40 mm이고 띠철근은 최소 10 mm이며 주철근의 지름을 25 mm라 할 경우, $d' = 40+10+25/2=62.5 \rightarrow 65$ mm 이상이다. 실제 설계에서 $\gamma = 0.6 \sim 0.9$이다.

사용되는 상관도는 도표, 설계표 또는 컴퓨터 프로그램을 이용하여 여러 가지 철근 배열을 가진 모든 형태의 기둥을 설계할 수 있다. 상관도에 의해 기둥을 설계할 경우, 다음과 같은 과정을 거친다.

① 재료강도 f_{ck}와 f_y의 결정

크리트의 설계기준압축강도 f_{ck}와 철근의 설계기준항복강도 f_y를 결정한다.

② 소요강도 P_u와 M_u의 산정

하중조합에 의한 소요강도 P_u와 M_u를 산정한다.

③ 철근비 ρ_g의 가정

철근비 $\rho_g = 0.01 \sim 0.02$ 범위로 한다.

④ 기둥의 크기 A_g (b와 h) 가정

기둥의 크기를 다음 식에 따라 가정하고, 기둥의 단면 크기 b와 h를 가정한다.

$$A_g \geq \frac{P_u}{0.45(f_{ck} + \rho_g f_y)}$$

⑤ 상관도에 의한 철근비 ρ_g의 결정

㉠ h 및 d' 산정

㉡ $\gamma = \dfrac{h-2d'}{h}$ 산정

㉢ f_{ck}와 f_y 및 γ와 관계되는 상관도 선정

㉣ 상관도에서 세로축에서 P_u/bh의 값에 해당하는 수평선을 긋고 가로축에 M_u/bh^2의 값에 해당하는 수직선을 그어 만나는 점을 읽는다. 이 만나는 점이 철근비 ρ_g가 된다.

㉤ 철근의 단면적 산정 및 배치

$A_{st}=\rho_g A_g$에 따라 철근의 단면적 A_{st}를 산정하고 사용 철근지름에 해당하는 철근을 상관도에서 제시된 배치 형태에 따라 배치한다.

예제 8-10

띠철근 기둥에서 고정하중과 활하중에 의한 축하중이 각각 800 kN과 400 kN이며 고정하중과 활하중에 의한 휨모멘트는 각각 100 kN・m와 50 kN・m가 작용할 경우, 이 띠철근 기둥을 상관도를 이용하여 설계하시오. (단, 콘크리트는 f_{ck} =24 MPa의 보통중량콘크리트이고, 철근은 f_y =400 MPa의 도막되지 않은 철근이며, 단주이다.)

풀이

1. 재료강도 f_{ck}와 f_y의 결정

1) 콘크리트의 설계기준압축강도 $f_{ck}=24$ MPa

2) 철근의 설계기준항복강도 $f_y=400$ MPa

2. 소요강도 P_u와 M_u의 산정

1) $P_u=1.2P_D+1.6P_L=1.2\times800+1.6\times400=1{,}600\,\text{kN}$

2) $M_u=1.2M_D+1.6M_L=1.2\times100+1.6\times50=200\,\text{kN}\cdot\text{m}$

3. 철근비 ρ_g의 가정

$\rho_g=0.015$로 가정

4. 기둥의 크기 A_g (b와 h) 가정

$$A_g\geq\frac{P_u}{0.45(f_{ck}+\rho_g f_y)}=\frac{1{,}600\times10^3}{0.45\times(24+0.015\times400)}=118{,}519\,\text{mm}^2$$

기둥을 $400\,\text{mm}\times400\,\text{mm}\,(=160{,}000\,\text{mm}^2)$의 정사각형으로 한다.

5. 상관도에 의한 철근비 ρ_g의 결정

1) h 및 d' 산정

$h=400\,\text{mm}$

$d'=70\,\text{mm}$

2) $\gamma = \dfrac{h-2d'}{h}$ 산정

$$\gamma = \frac{h-2d'}{h} = \frac{400-2\times 70}{400} = 0.650 \rightarrow 0.7$$

3) $f_{ck}=24$ MPa과 $f_y=400$ MPa 및 $\gamma=0.7$의 상관도

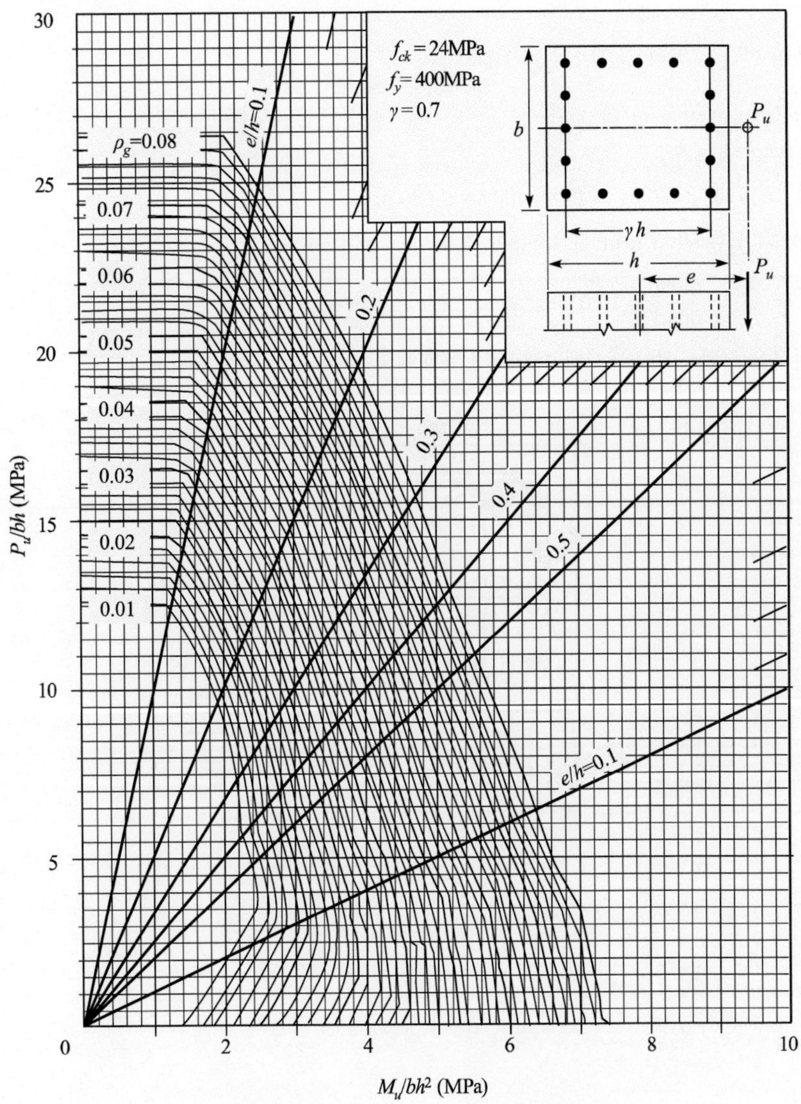

그림 8.33 직사각형 기둥의 상관도 (4면 배치)[18]

18) 김상식 외2인, 철근콘크리트 구조설계, 문운당, 2018, p.684.

4) 상관도에서 세로축에서 P_u/bh의 값에 해당하는 수평선을 긋고 가로축에 M_u/bh^2의 값에 해당하는 수직선을 그어 만나는 점을 읽는다. 이 만나는 점이 철근비 ρ_g가 된다.

(1) 세로축 : $\dfrac{P_u}{bh} = \dfrac{1{,}600 \times 10^3}{400 \times 400} = 10.00\ \text{MPa}$

(2) 가로축 : $\dfrac{M_u}{bh^2} = \dfrac{200 \times 10^6}{400 \times 400^2} = 3.13\ \text{MPa}$

두 축이 만나는 점의 철근비 $\rho_g = 0.038$이다.

5) 철근의 단면적 산정 및 배치

(1) 철근의 단면적

$A_{st} = \rho_g A_g = 0.038 \times (400 \times 400) = 6{,}080\ \text{mm}^2$

(2) D25 ($A_1 = 506.7\ \text{mm}^2$)를 사용할 경우 철근 개수

$n = \dfrac{A_{st}}{A_1} = \dfrac{6{,}080}{506.7} = 12.0 \rightarrow 12$개

철근을 상관도에서 제시된 4면 배치 형태에 따라 다음과 같이 배치한다.

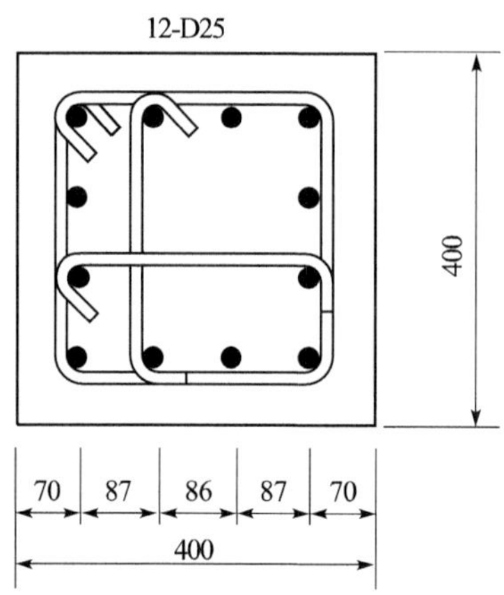

그림 8.34 기둥 단면과 철근 배치

8.4. 장주

8.4.1. 개요

(1) 장주의 파괴

기둥의 설계는 축하중과 휨모멘트를 지지할 수 있도록 기둥의 단면과 철근을 보강하는 것이다. 기둥에서 축하중, 편심하중 그리고 휨모멘트에 의해 기둥의 콘크리트의 단면적과 철근량을 산정하는 기둥을 단주(Short Column)라 한다. 반면, 2차 변형으로 인해 강도가 감소하거나 휨모멘트가 추가되는 기둥을 장주(Long Column)라 한다. 장주는 주로 좌굴(Buckling)에 의해 파괴되는 기둥으로 이와 같이 좌굴에 의해 파괴되는 것을 장주효과(Effect of Slenderness)라 한다.

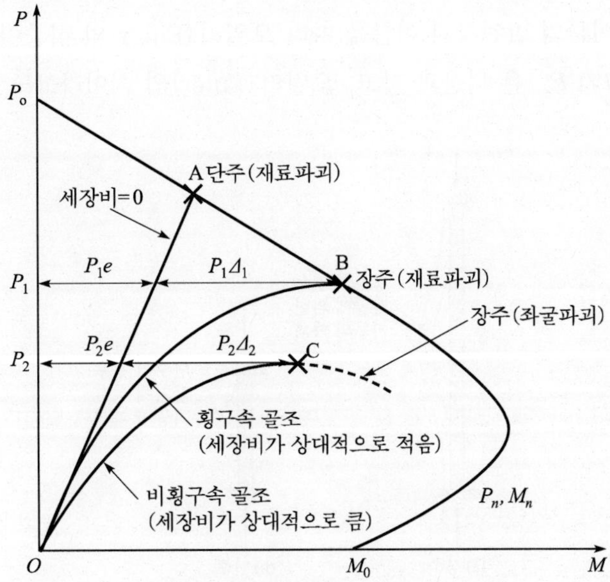

그림 8.35 단주와 장주의 P-M 상관도[19)]

19) James K. Wight, Reinforced Concrete, Prentice Hall, 2016, p.585.

단주가 파괴될 경우 추가적인 횡변위는 매우 작고 미미하므로 재료에 의한 파괴가 일어난다(그림 8.35의 OA). 반면 장주가 파괴될 경우 추가적인 횡변위가 발생되며 추가적인 횡변위는 축하중이 증가함에 따라 휨모멘트를 증가시키게 된다. 이러한 장주는 횡구속골조(Braced Frame, Nonsway Frame)와 비횡구속 골조(Unbraced Frame, Sway Frame)로 나뉜다. 횡구속 골조는 세장비(kl_u/r)가 상대적으로 작아 횡변위가 발생하지만 기둥에 좌굴은 발생되지 않고 기둥이 파괴될 경우 재료파괴가 일어나는 경우이다(그림 8.35의 OB). 또한 비횡구속 골조는 세장비가 상대적으로 커서 횡변위가 발생되고 기둥에 좌굴이 발생되어 기둥이 파괴될 경우 불안정한 좌굴파괴가 일어난다(그림 8.35의 OC).

(2) 압축부재의 좌굴이론

(가) 좌굴하중 및 좌굴응력

① 세장한 부재의 휨파괴를 좌굴이라 한다. 부재가 좌굴을 일으킬 때의 좌굴하중은 이 이론의 발견자의 이름을 따라 오일러(Euler)의 하중이라도 한다. 좌굴하중의 크기 P_{cr} 은 다음과 같고, 오일러(Euler)의 식이라고도 한다.

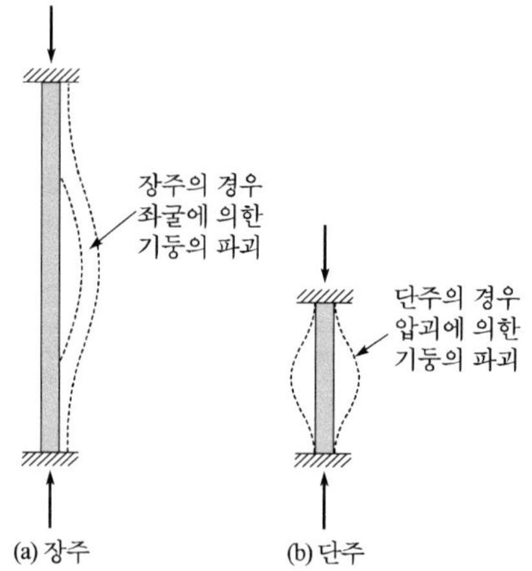

그림 8.36 기둥의 파괴형태

주1 좌굴(Buckling)은 가늘고 긴, 즉 세장(細長)한 부재(일반적으로 기둥)의 양단에 압축하중이 가해졌을 경우, 하중이 어느 크기에 이르면 부재가 갑자기 휘는 현상이다.

② 좌굴하중 식으로부터 좌굴은 부재의 항복강도와는 무관한 것을 알 수 있다.

$$P_{cr} = \frac{\pi^2 EA}{\left(\frac{kl}{r}\right)^2} = \frac{\pi^2 r^2 EA}{(kl)^2} = \frac{\pi^2 EI}{(kl)^2} \text{ (N)}$$

여기서, E : 탄성계수 (MPa)

kl/r : 세장비 (λ)

kl : 압축부재의 유효좌굴길이 (mm). 간단히 좌굴길이라고도 한다.

k : 압축부재의 유효좌굴길이계수

$r = \sqrt{\frac{I}{A}}$: 단면2차 반경 (mm)

A : 단면적 (mm^2)

$I = r^2 A$: 단면2차 모멘트 (mm^4)

주1 좌굴하중을 x, y축의 양방향에 대해 고려할 경우 $P_{cr} = \min(P_{cr,x}, P_{cr,y})$ 이다.

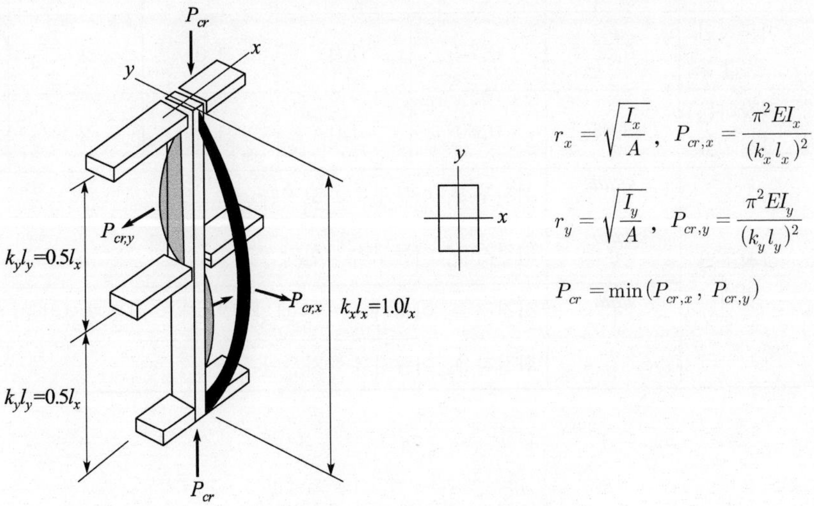

그림 8.37 유효좌굴길이와 좌굴하중

③ 좌굴하중으로부터 좌굴응력은 다음과 같다.

$$f_{cr} = \frac{P_{cr}}{A} = \frac{\pi^2 E}{(kl/r)^2} = \frac{\pi^2 E}{\lambda^2} \text{ (MPa)}$$

(나) 유효좌굴길이계수

① 단부 구속조건과 횡구속에 따른 유효좌굴길이계수

표 8.7 유효좌굴길이계수 k

단부 구속조건	양단 고정	1단 힌지, 타단 고정	양단 힌지	1단 회전구속, 이동자유, 타단 고정	1단 회전자유, 이동자유, 타단 고정	1단 회전구속, 이동자유, 타단 힌지
좌굴형태				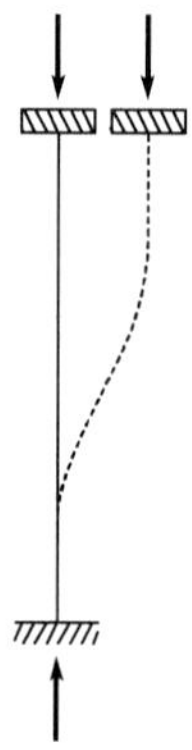	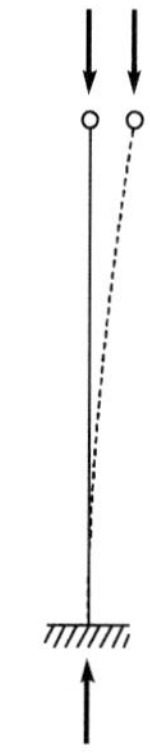	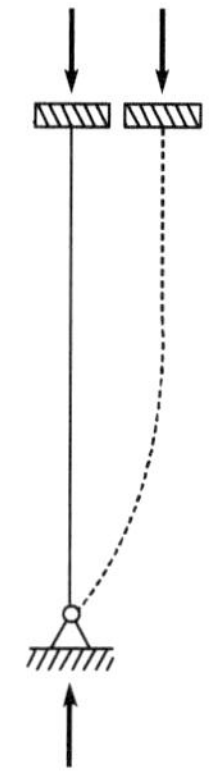
이론적인 k값	0.50	0.70	1.0	1.0	2.0	2.0
권장하는 설계 k값	0.65	0.80	1.0	1.2	2.1	2.4
절점조건 범례		회전구속, 이동구속 : 고정단				
		회전자유, 이동구속 : 힌지				
		회전구속, 이동자유 : 큰 보강성과 작은 기둥강성인 라멘				
		회전자유, 이동자유 : 자유단				

② 골조의 압축부재의 유효좌굴길이계수

㉠ 직선연결 도표를 이용한 유효좌굴길이계수

기둥의 양단부에서 보에 대한 상대적인 강성비 ψ는 다음과 같다.

$$\psi = \frac{\Sigma(E_c I_c / l_c)}{\Sigma(E_b I_b / l_b)}$$

여기서, E_c, E_b : 기둥과 보의 탄성계수(MPa)

I_c, I_b : 기둥과 보의 유효단면2차 모멘트(mm^4). $I_c = 0.7 I_g$, $I_b = 0.35 I_g$

l_c, l_b : 기둥과 보의 접합부 중심 간의 길이(mm)

기둥의 상부 절점에서 계산된 ψ_A와 하부 절점에서 계산된 ψ_B를 직선으로 연결하여 k값을 읽는다. 횡구속 골조의 압축부재의 유효좌굴길이계수 $k = 0.5 \sim 1.0$이다. 해석 값의 타당성이 확실하지 않으면 안전측으로 $k = 1.0$을 사용할 수 있다.

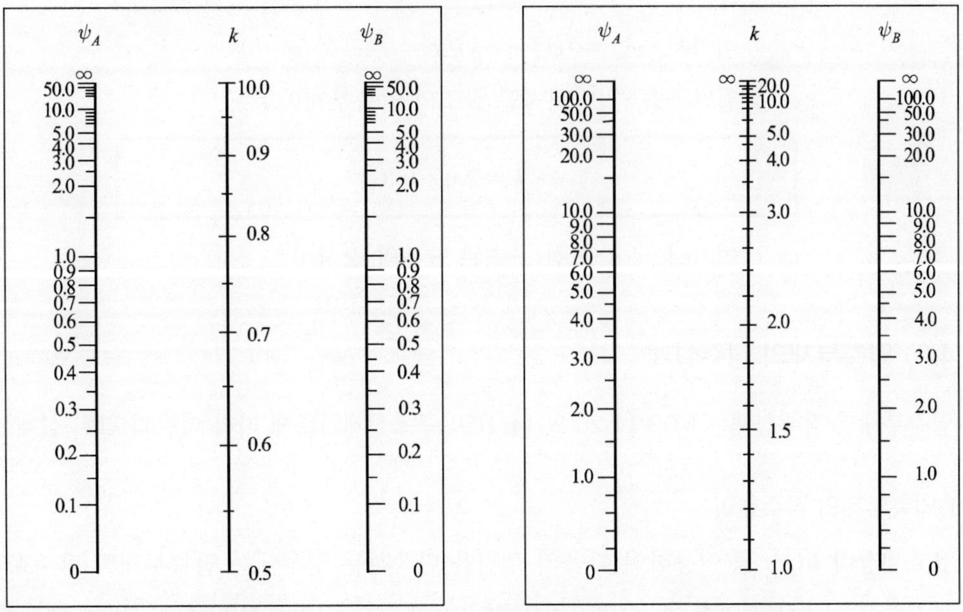

(a) 횡구속 골조 (b) 비횡구속 골조

그림 8.38 유효좌굴길이계수[20]

20) ACI Committee 318, Building Code Requirements for Structural Concrete (ACI 318M-14) and Commentary, American Concrete Institute, Farmington Hills, MI, 2015, p.65.

㉡ 근사식을 이용한 유효좌굴길이계수

근사식을 이용하여 골조의 압축부재의 유효좌굴길이계수 k를 다음과 같이 산정할 수 있다.

ⓐ 횡구속 골조의 압축부재

$$k = \min[0.7 + 0.05(\psi_A + \psi_B),\ 0.85 + 0.05\psi_{\min}] \le 1.0$$

여기서, ψ_A와 ψ_B : 기둥 양단의 ψ값

$\psi_{\min} = \min(\psi_A,\ \psi_B)$

ⓑ 비횡구속 골조의 압축부재

㉮ 양단이 구속된 골조의 압축부재

$$\psi_m < 2\text{인 경우, } k = \frac{20 - \psi_m}{20}\sqrt{1 + \psi_m}$$

$$\psi_m \ge 2\text{인 경우, } k = 0.9\sqrt{1 + \psi_m}$$

여기서, $\psi_m = (\psi_A + \psi_B)/2$

㉯ 일단구속-일단힌지인 골조의 압축부재

$$k = 2.0 + 0.3\psi$$

여기서, ψ : 회전 구속된 단부의 강성비

8.4.2. 압축부재의 장주설계

압축부재의 장주설계는 KDS 14 20 20 (4.4)[21] 구조설계기준에 따라 다음과 같이 설계한다.

(1) 압축부재의 장주효과

유효세장비 kl_u/r을 이용하여 다음의 조건을 만족하는 경우에는 압축부재의 장주효과를 무시하고 단주로 설계한다. 그렇지 않으면 장주효과를 고려하여 장주로 설계해야 한다.

---

21) KDS 14 20 20 (4.4) 콘크리트구조 휨 및 압축 설계기준, 국토교통부 제정, 한국콘크리트학회 작성, 2021.

(가) 비횡구속 골조의 압축부재의 경우

$$\frac{kl_u}{r} \le 22 \rightarrow \text{단주}$$

(나) 횡구속 골조의 압축부재의 경우

$$\frac{kl_u}{r} \le 34 - 12\left(\frac{M_1}{M_2}\right) \rightarrow \text{단주}$$

단, $[34 - 12(M_1/M_2)] \le 40$이어야 하므로 $M_1/M_2 \le -0.5$이다.

여기서, k : 압축부재의 유효좌굴길이계수

l_u : 압축부재의 비지지길이(mm)

l_k : 유효좌굴길이(mm, $l_k = kl_u$)

r : 단면2차 반지름(mm)

M_1 : 탄성 1차 해석에 의한 압축부재의 단부 계수휨모멘트 중 작은 값(kN·m)

M_2 : 탄성 1차 해석에 의한 압축부재의 단부 계수휨모멘트 중 큰 값(kN·m)

M_1/M_2의 값은 기둥이 단일곡률일 때 양(+)으로 이중곡률일 때 음(-)으로 취한다.

(2) 횡구속 골조의 정의

(가) 탄성 2차 해석

탄성 2차 해석에 의한 기둥 단부 휨모멘트의 증가량이 탄성 1차 해석에 의한 단부 휨모멘트의 5%를 초과하지 않는 경우에 이 구조물의 기둥은 횡구속 구조물로 가정할 수 있다. 여기서 탄성 1차 해석은 $P-\Delta$ 효과를 고려하지 않은 것이며, 2차 해석은 $P-\Delta$ 효과를 고려한 것으로 이로 인해 기둥 단부의 휨모멘트가 부가적으로 작용하게 된다.

(나) 층 안정성 지수

층 안정성 지수가 다음을 만족할 경우 횡구속 구조물로 가정할 수 있다.

$$Q = \frac{(\Sigma P_u)\Delta_o}{V_u l_c} \le 0.05$$

여기서, ΣP_u : 해당 층의 전체 수직 축력(kN)

Δ_o : V_u로 인한 해당 층의 상단과 하단 사이의 탄성 1차 해석에 의한 상대변위(mm)

V_u : 해당 층의 전체 층전단력(kN)

l_c : 기둥 절점의 중심에서 중심 간의 길이(mm)

(다) 근사적 방법

횡변위에 저항하는 구조요소 중 기둥을 제외한 구조요소의 전체 총 강성이 해당 층에 있는 기둥 전체 강성의 12배보다 큰 골조는 횡구속 골조로 간주할 수 있다. 또는 골조에 전단벽, 가새(브레이스), 계단실 또는 엘리베이터 통로 그리고 조적 벽체 등을 설치하여 횡방향 변위를 구속하면 횡구속 골조로 가정할 수 있다.

(3) 비지지길이

① 압축부재의 비지지길이 l_u는 바닥슬래브, 보, 기타 고려하는 방향으로 횡지지할 수 있는 부재들 사이의 순길이이다.

② 기둥머리나 헌치가 있는 경우의 비지지길이는 검토하고자 하는 면에 있는 기둥머리나 헌치의 최하단까지 측정된 길이이다.

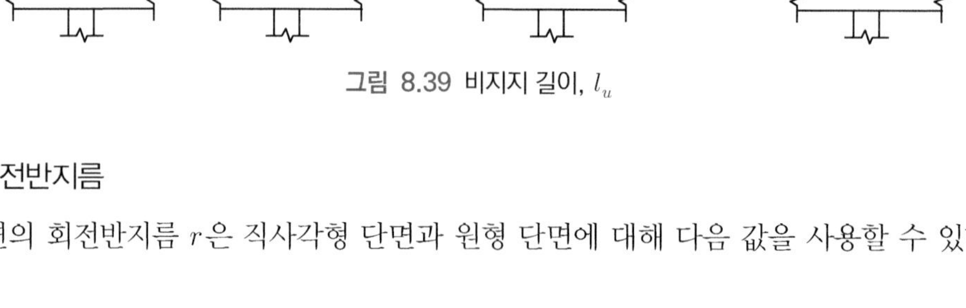

그림 8.39 비지지 길이, l_u

(4) 회전반지름

단면의 회전반지름 r은 직사각형 단면과 원형 단면에 대해 다음 값을 사용할 수 있다.

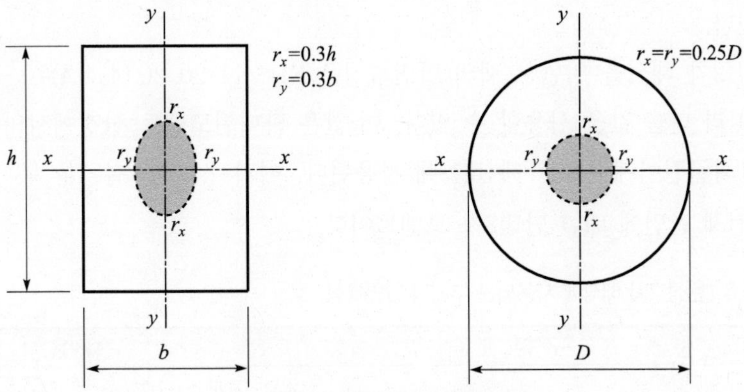

그림 8.40 단면에 따른 회전반지름

이외의 단면에 대한 회전반지름은 콘크리트의 전체 단면적에 대한 $r=\sqrt{\dfrac{I_g}{A_g}}$ 의 식으로 계산할 수 있다.

8.4.3. 확대휨모멘트에 대한 일반사항

(1) 압축부재의 장주효과

장주효과를 고려해야 할 경우에는 비선형 2차 해석, 탄성 2차 해석 또는 확대휨모멘트법에 의한 2차 해석으로 구한 계수축력과 계수휨모멘트에 대하여 압축부재, 구속 보, 기타 지지부재를 설계한다.

(가) 비선형 2차 해석

세장한 압축부재에 큰 압축력이 작용할 경우 압축부재는 횡변형이 발생될 수 있고 이로 인해 부가적인 휨모멘트(2차 효과 또는 $P-\Delta$ 효과)가 발생한다. 이 경우에는 횡변형에 의해 기둥 강성이 영향을 받게 되고 선형해석으로는 해를 구할 수 없고 횡변형의 영향이 반영된 비선형 2차 해석으로 해를 구할 수 있다. 따라서 비선형 2차 해석은 장주효과를 반영하기 위해 재료의 비선형성, 균열, 부재곡률, 횡방향 변위, 재하기간, 건조수축과 크리프, 지지기초와의 상호작용 등의 영향을 고려한 해석방법이다.

(나) 탄성 2차 해석

탄성 2차 해석은 장주효과를 반영하기 위해 축력의 영향, 부재 길이에 걸쳐 있는 균열 구역, 하중지속효과 등을 고려하여 계산된 부재의 단면특성을 사용한 해석방법이다.

탄성 2차 해석을 위한 부재의 단면특성은 KDS 14 20 20 (4.4.4)[22] 구조설계기준에 따라 다음 값을 사용할 수 있다. 이 값은 확대휨모멘트 산정에서의 강성 계산과 유효좌굴길이계수 k를 계산할 때 사용된다. 여기서, I_g는 철근을 무시한 콘크리트의 전체 단면에 대한 단면2차 모멘트이다.

표 8.8 탄성 2차 해석에 사용되는 부재의 단면특성

구 분		내 용
콘크리트의 탄성계수		$E_c = 0.077\, m_c^{1.5} \sqrt[3]{f_{cm}}$ (MPa) 보통중량골재를 사용할 경우 탄성계수 $E_c = 8{,}500 \sqrt[3]{f_{cm}}$ (MPa)
단면2차 모멘트	기둥	$I = 0.70\, I_g$
	비균열 벽체	$I = 0.70\, I_g$
	균열 벽체	$I = 0.35\, I_g$
	보	$I = 0.35\, I_g$
	플랫 플레이트 및 플랫 슬래브	$I = 0.25\, I_g$
단면적		$A = 1.0\, A_g$

횡방향 지속하중이 작용할 경우에는 위의 단면2차 모멘트를 $(1+\beta_{ds})$로 나누어야 한다. 여기서, β_{ds}는 비횡구속 골조에서 (최대 계수지속전단력)/(1개 층 전체의 최대 계수전단력)이고 1.0 이하이다.

(다) 확대휨모멘트법

확대휨모멘트법은 근사적인 방법으로써 장주효과를 반영하기 위해 탄성 1차 해석에 구한 휨모멘트에 2차 영향을 고려할 수 있는 휨모멘트 확대계수를 곱하여 설계휨모멘트를 확대시키는 해석방법이다.

(2) 안정성

압축부재, 구속 보, 기타 지지부재는 2차 해석에 의한 총 휨모멘트가 탄성 1차 해석에 의한 휨모멘트의 1.4배를 초과하지 않도록 설계하여야 한다.

22) KDS 14 20 20 (4.4.4) 콘크리트구조 휨 및 압축 설계기준, 국토교통부 제정, 한국콘크리트학회 작성, 2021.

8.4.4. 횡구속 골조 압축부재의 확대휨모멘트

횡구속 골조 압축부재의 확대휨모멘트는 KDS 14 20 20 (4.4.6)[23] 구조설계기준에 따라 다음과 같이 산정한다.

(1) 횡구속 골조 압축부재의 조건

$$\frac{kl_u}{r} > 34 - 12\left(\frac{M_1}{M_2}\right) \rightarrow \text{횡구속 골조 압축부재인 장주}$$

단, $[34 - 12(M_1/M_2)] \leq 40$이어야 하므로 $M_1/M_2 \leq -0.5$이다.

(2) 확대계수휨모멘트

횡구속 골조 압축부재에서 계수축하중 P_u와 부재의 장주효과를 고려한 확대계수휨모멘트는 다음과 같다.

$$M_c = \delta_{ns} M_2$$

여기서, δ_{ns} : 횡구속 골조의 휨모멘트 확대계수

M_2 : 탄성 1차 해석에 의한 압축부재의 단부 계수휨모멘트 중 큰 값

(3) 유효길이계수

유효길이계수 k는 보와 기둥의 탄성계수와 유효단면2차 모멘트에 의해 도표 또는 근사식에 의해 산정되어야 한다. 횡구속 골조 압축부재의 유효길이계수는 0.5~1.0 사이의 값이 되고, 해석 등에 의한 타당한 값이 아닐 경우 안전측의 간편한 계산을 위하여 $k=1.0$을 사용할 수 있다.

23) KDS 14 20 20 (4.4.6) 콘크리트구조 휨 및 압축 설계기준, 국토교통부 제정, 한국콘크리트학회 작성, 2021.

(4) 등가 휨모멘트 보정계수

등가 휨모멘트 보정계수 C_m은 기둥의 양단부에서 서로 다른 휨모멘트가 작용할 경우, 양단의 휨모멘트를 동일한 크기의 휨모멘트로 치환하는 계수이다.

기둥의 양단 사이에 횡방향 하중이 작용하지 않는 부재에 대해 C_m은 다음과 같다.

$$C_m = 0.6 + 0.4\left(\frac{M_1}{M_s}\right)$$

여기서, M_1 : 탄성 1차 해석에 의한 압축부재의 단부 계수휨모멘트 중 작은 값

M_2 : 탄성 1차 해석에 의한 압축부재의 단부 계수휨모멘트 중 큰 값

M_1/M_2의 값은 기둥이 단일곡률일 때 양(+)으로 이중곡률일 때 음(−)으로 취한다.

기둥의 양단 사이에 횡하중이 작용할 경우의 C_m은 1.0으로 한다.

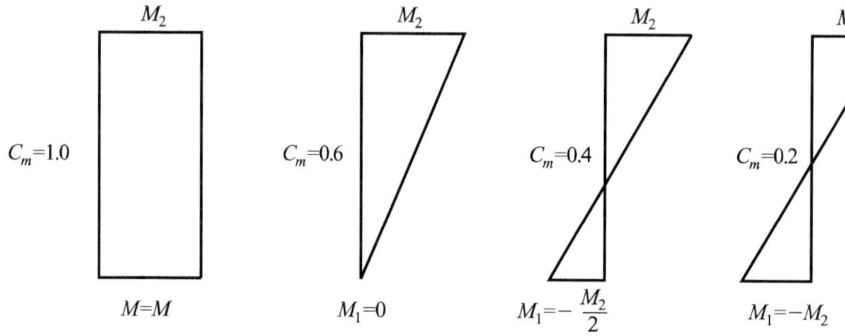

그림 8.41 등가 휨모멘트 보정계수[24)]

(5) 최소 계수휨모멘트

계수휨모멘트 M_2는 각 주축에 대하여 다음 값 이상으로 하여야 한다.

$$M_{2,\min} = P_u e_{\min} = P_u (15 + 0.03h)$$

24) ACI Committee 318, Notes on ACI 318M−11 Building Code Requirements for Structural Concrete with Design Applications, American Concrete Institute, Farmington Hills, MI, 2013, p.11−13.

여기서, $e_{\min} = 15 + 0.03h$이고 단위는 mm이다. $e_{\min}$은 기둥에서 연직하중에 대한 편심의 영향을 고려한 것으로 기둥과 축방향 철근이 완벽하게 수직으로 배치되지 않거나 시공이 되지 않는 것을 고려한 것이다.

$M_{2,\min} > M_2$인 부재에 대해서 C_m은 1.0으로 하거나 계산된 단부 휨모멘트 M_1과 M_2의 비를 이용하여 구하여야 한다.

(6) 안정성

$$M_c \le 1.4M_2$$

위의 안정성을 만족하면 도표 등을 이용하여 단면의 크기와 철근량을 결정한다. 안정성을 만족하지 못할 경우, 기둥의 단면 크기나 구조시스템을 수정하여 재설계한다.

8.4.5. 비횡구속 골조 압축부재의 확대휨모멘트

비횡구속 골조 압축부재의 확대휨모멘트는 KDS 14 20 20 (4.4.7)[25] 구조설계기준에 따라 다음과 같이 산정한다.

(1) 비횡구속 골조 압축부재의 조건

$$\frac{kl_u}{r} > 22 \rightarrow \text{비횡구속 골조 압축부재인 장주}$$

(2) 확대계수휨모멘트

비횡구속 골조 압축부재에서 양단 휨모멘트 M_1과 M_2는 다음과 같다.

$$M_1 = M_{1ns} + \delta_s M_{1s}$$
$$M_2 = M_{2ns} + \delta_s M_{2s}$$

25) KDS 14 20 20 (4.4.7) 콘크리트구조 휨 및 압축 설계기준, 국토교통부 제정, 한국콘크리트학회 작성, 2021.

여기서, δ_s : 비횡구속 골조의 휨모멘트 확대계수

M_1 : 탄성 1차 해석에 의한 압축부재의 단부 계수휨모멘트 중 작은 값

M_2 : 탄성 1차 해석에 의한 압축부재의 단부 계수휨모멘트 중 큰 값

M_{1ns} : M_1이 작용하는 단부에서 횡변위를 일으키지 않는 하중에 대하여 탄성 1차 해석에 의한 압축부재의 단부 계수휨모멘트

M_{2ns} : M_2가 작용하는 단부에서 횡변위를 일으키지 않는 하중에 대하여 탄성 1차 해석에 의한 압축부재의 단부 계수휨모멘트

M_{1s} : M_1이 작용하는 단부에서 횡변위를 일으키는 하중에 대하여 탄성 1차 해석에 의한 압축부재의 단부 계수휨모멘트

M_{2s} : M_2가 작용하는 단부에서 횡변위를 일으키는 하중에 대하여 탄성 1차 해석에 의한 압축부재의 단부 계수휨모멘트

(3) 유효길이계수

유효길이계수 k는 보와 기둥의 탄성계수와 유효단면2차 모멘트에 의해 도표 또는 근사식에 의해 산정되어야 한다. 비횡구속 골조 압축부재의 유효길이계수는 1.0 이상이어야 한다.

(4) 안정성

$$M_2 = M_{2ns} + \delta_s M_{2s} \le 1.4(M_{2ns} + M_{2s})$$

위의 안정성을 만족하면 도표 등을 이용하여 단면의 크기와 철근량을 결정한다. 안정성을 만족하지 못할 경우, 기둥의 단면 크기나 구조시스템을 수정하여 재설계한다.

(5) 장주설계의 순서

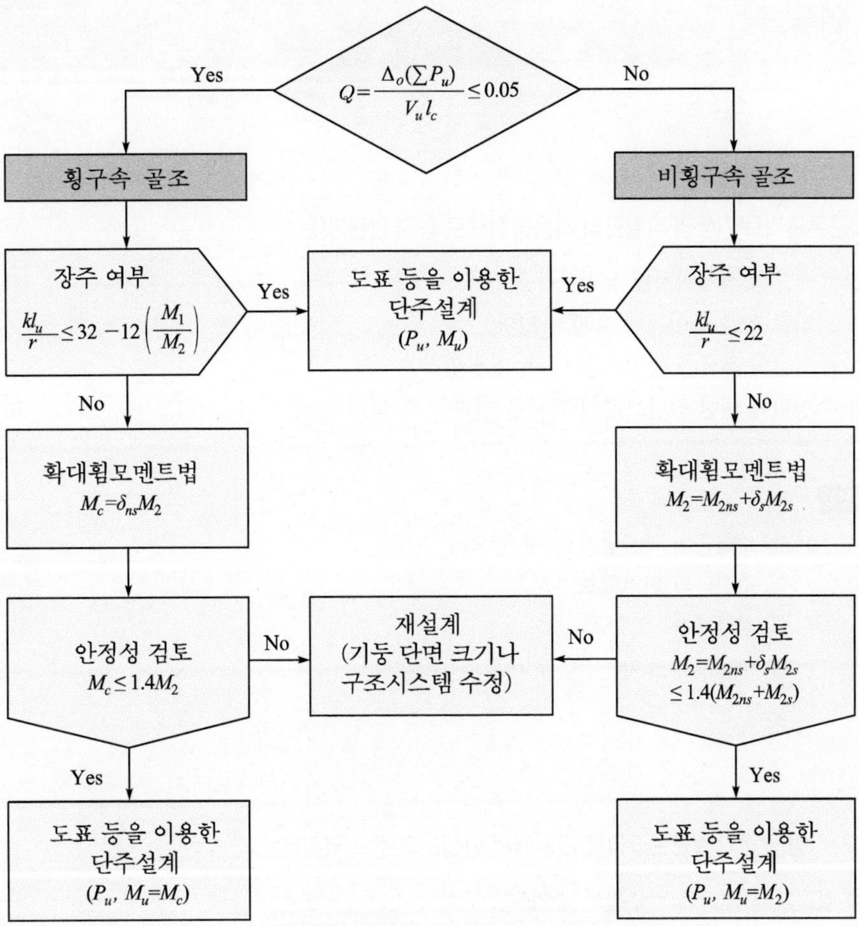

그림 8.42 등가 휨모멘트 보정계수

기본 연습문제

01 철근콘크리트 기둥의 띠철근의 사용목적으로 옳지 않은 것은?

㉮ 주철근의 설계위치를 유지한다.
㉯ 크리프 양을 줄이는데 효과가 있다.
㉰ 주철근의 좌굴을 방지하는 데 효력이 있다.
㉱ 수평력에 대한 전단보강의 작용을 한다.

풀이 띠철근의 목적
① 주철근의 좌굴방지 (가장 중요)
② 주철근의 위치확보
③ 전단보강
④ 피복두께 유지

답 ㉯

02 직사각형 단면의 철근콘크리트 기둥에서 띠철근의 주요 역할은?

㉮ 철근과 콘크리트의 부착력 증가
㉯ 콘크리트의 압축강도 증가
㉰ 콘크리트 폭렬현상 방지
㉱ 주철근의 좌굴을 방지

풀이 띠철근의 목적
① 주철근의 좌굴방지 (가장 중요)
② 주철근의 위치확보
③ 전단보강
④ 피복두께 유지

답 ㉱

03 철근콘크리트 기둥에서 띠철근 (Hoop)을 넣는 가장 큰 이유는?

㉮ 주철근의 좌굴방지
㉯ 콘크리트의 부착력 증대
㉰ 압축강도 증가
㉱ 수축변형 방지

풀이 철근콘크리트 기둥에서 띠철근을 사용하는 가장 중요한 목적은 주철근의 좌굴방지이다.

답 ㉮

04 철근콘크리트구조의 철근 배치에 있어서 잘못된 것은?

㉮ 단순보의 스터럽은 중앙부보다 단부에 더 많이 넣는다.
㉯ 연속보의 주철근은 단부에서는 상부에 많이 넣는다.
㉰ 슬래브의 철근은 장변 방향보다 단변 방향에 더 많이 넣는다.
㉱ 기둥의 띠철근은 상하단부보다 중앙부에 더 많이 넣는다.

풀이 기둥의 띠철근은 중앙부보다 상하단부에서 철근량이 2배 (철근 간격은 1/2배)정도 더 들어간다.

답 ㉱

05 콘크리트 구속효과에 대한 설명 중 적절하지 않은 것은?

㉮ 횡방향 철근에 의해서 효과가 발생한다.
㉯ 띠철근이 나선철근보다 효과적이다.
㉰ 횡방향 철근의 간격이 좁을수록 구속효과가 증가한다.
㉱ 구속된 콘크리트는 연성능력이 증가한다.

풀이 나선철근이 3축압 효과로 인해 띠철근보다 구속효과가 크다.

답 ㉯

06 그림에서 압축재의 지점간 거리 (l_u)는? (단, 세장효과 고려시)

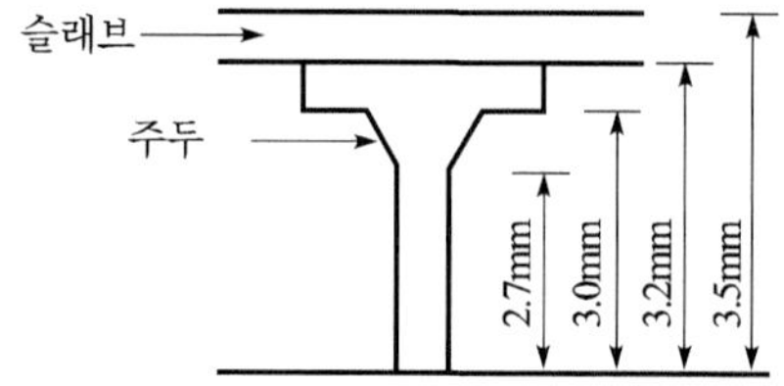

㉮ 2.7 m　　㉯ 3.0 m　　㉰ 3.2 m　　㉱ 3.5 m

풀이 구조계산에 쓰이는 기둥머리 (주두)가 있는 기둥 높이는 기둥머리의 하부까지이다.

답 ㉮

07 일체된 구조물에 연직방향하중만이 작용할 경우에도 기둥에 휨모멘트가 생긴다. 이에 대한 주된 이유로 가장 타당한 것은?

㉮ 보에서 생기는 휨모멘트가 전달된다.
㉯ 기둥의 축력일부가 휨모멘트를 만든다.
㉰ 보의 전단력이 기둥의 휨모멘트를 만든다.
㉱ 기둥의 전단력 일부가 휨모멘트를 만든다.

풀이 철근콘크리트구조는 일체식 구조이므로 기둥과 보는 강접합 되어 있다. 따라서 보에서 생기는 휨모멘트가 기둥에 전달되게 된다.

답 ㉮

08 철근콘크리트 기둥의 축방향 철근을 배치할 때의 설명 중 옳은 것은 어느 것인가?

㉮ 최대철근비 : 10%
㉯ 최소철근비 : 0.8%
㉰ D10 이상 사용
㉱ 나선철근 기둥의 최소철근 개수 : 6개

풀이 기둥의 축방향 철근을 배치할 때 최대철근비 8%, 최소철근비 1%, D13 이상 사용한다.

답 ㉱

09 철근콘크리트구조의 압축부재설계의 제한사항에서 사각형 압축부재 축방향 주철근의 최소 개수는?

㉮ 2개 ㉯ 3개 ㉰ 4개 ㉱ 5개

풀이 띠철근 기둥에서 직사각형 및 원형단면은 4개 이상이고 삼각형 단면은 3개 이상이다. 또한 나선철근 기둥에서는 원형단면은 6개 이상이다.

답 ㉰

10 강도설계법에서 철근콘크리트 직사각형 기둥의 구조제한에 관한 사항 중에 옳지 않은 것은?

㉮ 단면의 최소 치수는 200 mm ㉯ 단면의 최소 단면적은 60,000 mm^2
㉰ 주철근의 순간격은 25 mm 이상 ㉱ 주철근의 최소 개수는 4개

풀이 기둥의 주철근 (축방향 철근) 간격 : $s \geq \max(40\text{ mm},\ 1.5d_b,\ \frac{4}{3}G)$

여기서, d_b : 주철근의 공칭지름, G : 굵은골재의 최대 치수

답 ㉰

11 철근콘크리트구조의 강도설계법에서 기둥의 구조제한에 대한 다음 기술 중 부적당한 것은?

㉮ 기둥의 최소 단면치수는 200 mm 이상으로 한다.
㉯ 기둥의 최소 단면적은 40,000 mm^2 이상으로 한다.
㉰ 기둥의 주철근은 D13 이상으로 한다.
㉱ 띠철근의 지름은 9 mm 이상으로 한다.

풀이 띠철근 압축부재의 단면적은 최소 60,000 mm^2 이상이어야 한다.

답 ㉯

12 다음 중 철근콘크리트 라멘골조에서 내진보강을 위해 스터럽 및 띠철근의 간격을 촘촘히 배치해야 하는 위치는?

㉮ 보의 단부와 기둥의 단부 ㉯ 보의 중앙부와 기둥의 중앙부
㉰ 보의 단부와 기둥의 중앙부 ㉱ 보의 중앙부와 기둥의 단부

풀이 지진력이 구조물에 작용하면 일반적으로 전단력이 크게 작용하여 항복힌지를 형성하게 된다. 따라서 내진설계에서 스터럽 및 띠철근을 구조부재의 단부에 많은 양을 배치하여야 한다.

답 ㉮

13 철근콘크리트구조에서 압축부재 설계의 제한사항에 대한 설명으로 옳은 것은?

㉮ 띠철근 압축부재 단면의 최소 치수는 300 mm 이다.
㉯ 압축부재의 축방향 주철근의 최소 개수는 직사각형 띠철근 기둥의 경우 6개이다.
㉰ 띠철근 압축부재의 단면적은 최소 40,000 mm^2 이상이어야 한다.
㉱ 나선철근 압축부재 단면의 심부지름은 최소 200 mm 이상이어야 한다.

풀이 ① 띠철근 압축부재 단면의 최소 치수는 200 mm 이다.
② 압축부재의 축방향 주철근의 최소 개수는 직사각형 띠철근 기둥의 경우 4개이다.
③ 띠철근 압축부재의 단면적은 최소 60,000 mm^2 이상이어야 한다.

답 ㉱

14 강도설계법에 의한 철근콘크리트 원형기둥의 나선철근의 순간격으로 가장 부적당한 것은?

㉮ 30 mm ㉯ 50 mm ㉰ 70 mm ㉱ 90 mm

풀이 나선철근의 순간격(s) : 25 mm $\leq s \leq$ 75 mm

답 ㉱

15 강도설계법에 따른 나선철근 기둥과 관련된 구조기준으로 틀린 것은?

㉮ 현장치기콘크리트 공사에서 나선철근의 지름은 10 mm 이상으로 하여야 한다.
㉯ 나선철근의 순간격 20 mm 이상, 80 mm 이하이어야 한다.
㉰ 압축부재의 축방향 주철근의 단면적은 전체 단면적의 0.01배 이상, 0.08배 이하로 하여야 한다.
㉱ 나선철근으로 둘러싸인 압축부재의 주철근은 최소 6개를 배치하여야 한다.

풀이 나선철근의 순간격은 25 mm 이상, 75 mm 이하이다.
(25 mm $\leq$ 순간격=중심간격$-d_{sp} \leq$ 75 mm)

답 ㉯

16 나선철근 기둥에 사용되는 콘크리트의 재령 28일 압축강도는 얼마 이상이어야 하는가?

㉮ 18 MPa ㉯ 20 MPa ㉰ 21 MPa ㉱ 27 MPa

풀이 나선철근 기둥에 사용되는 콘크리트의 재령 28일 압축강도 (f_{ck})
$f_{ck} \geq 21$ MPa

답 ㉰

17 철근콘크리트 나선기둥에서 주철근의 개수는 최소 몇 개 이상 배치해야 하는가?

㉮ 4개　　㉯ 5개　　㉰ 6개　　㉱ 8개

풀이 최소 주철근 개수

① 나선철근 기둥 : 6개

② 띠철근 기둥 : 4개

답 ㉰

18 축방향력을 받는 350×450 mm인 기둥을 설계하고자 한다. 주철근을 D16, 띠철근은 D10으로 사용하고자 할 때 띠철근의 간격은? (단, D16의 공칭지름 15.9 mm, D10의 공칭지름 9.53 mm)

㉮ 254 mm　　㉯ 312 mm　　㉰ 358 mm　　㉱ 445 mm

풀이 띠철근의 수직간격 (s)

$$s \le \min(16d_b,\ 48d_t,\ D_{\min}) = \min(16\times 15.9,\ 48\times 9.53,\ 350)$$
$$= \min(254,\ 487,\ 350) = 254\ \text{mm}$$

답 ㉮

19 그림과 같이 배치된 (8-HD19) 기둥에서 일반배근 시 띠철근의 최소 간격은 얼마인가? (단, 띠철근은 D10을 사용하며 D19의 공칭지름은 19.1 mm이고 D10의 공칭지름은 9.53 mm이다.)

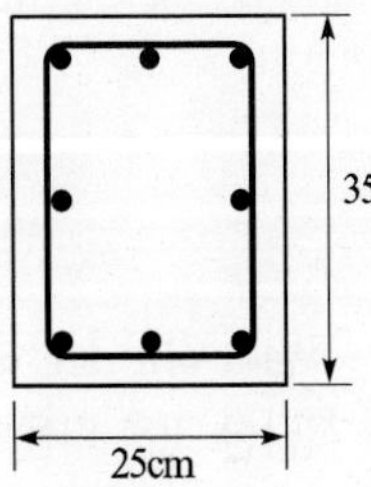

㉮ 250 mm

㉯ 300 mm

㉰ 350 mm

㉱ 400 mm

풀이 띠철근의 수직간격 (s)

$$s \le \min(16d_b,\ 48d_t,\ D_{\min}) = \min(16\times 19.1,\ 48\times 9.53,\ 250)$$
$$= \min(306,\ 487,\ 250) = 250\ \text{mm}$$

답 ㉮

20 그림과 같은 직사각형 기둥에서 사용되는 띠철근의 최소 간격은? (단, 주철근 = D19, 띠철근 = D10이며 D19의 공칭지름은 19.1 mm이고 D10의 공칭지름은 9.53 mm이다.)

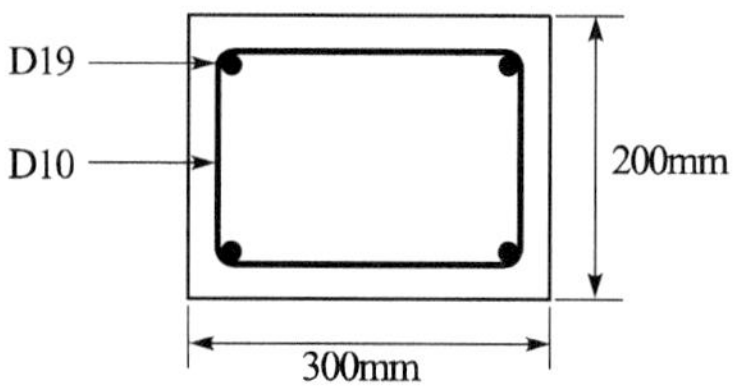

㉮ 150 mm ㉯ 200 mm
㉰ 300 mm ㉱ 400 mm

풀이 띠철근의 수직간격 (s)

$$s \le \min(16\,d_b,\ 48\,d_t,\ D_{\min}) = \min(16\times 19.1,\ 48\times 9.53,\ 200)$$
$$= \min(306,\ 487,\ 200) = 200\ \mathrm{mm}$$

답 ㉯

21 그림과 같은 철근콘크리트 기둥에서 띠철근의 최대 간격으로 옳은 것은? (단, D19의 공칭지름은 19.1 mm이고 D10의 공칭지름은 9.53 mm이다.)

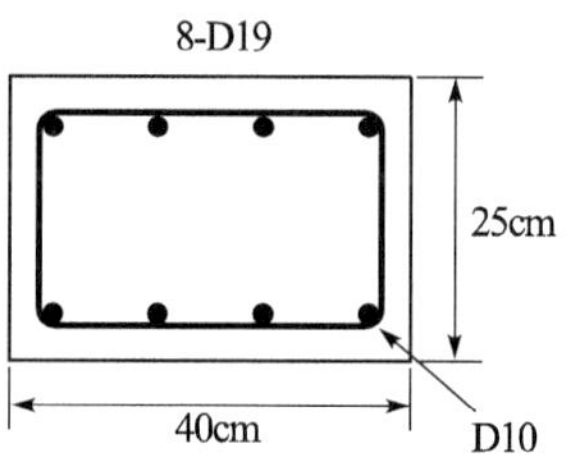

㉮ 120 mm ㉯ 150 mm
㉰ 250 mm ㉱ 300 mm

풀이 띠철근의 수직간격 (s)

$$s \le \min(16\,d_b,\ 48\,d_t,\ D_{\min}) = \min(16\times 19.1,\ 48\times 9.53,\ 250)$$
$$= \min(306,\ 487,\ 250) = 250\ \mathrm{mm}$$

답 ㉯

22 그림과 같은 철근콘크리트 기둥에서 띠철근의 최대 간격으로 가장 적당한 것은 다음 중 어느 것인가? (단, D25의 공칭지름은 25.4 mm이고 D10의 공칭지름은 9.53 mm이다.)

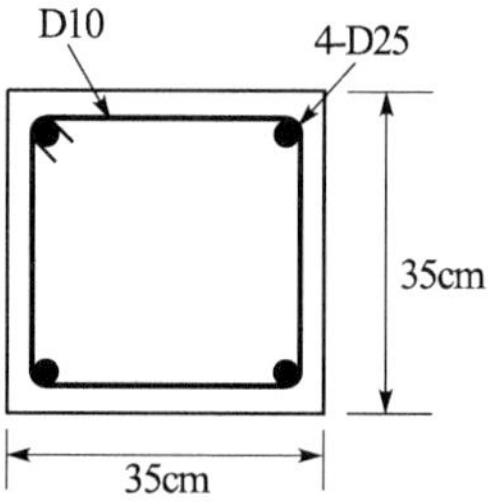

㉮ 150 mm ㉯ 300 mm
㉰ 350 mm ㉱ 400 mm

풀이 띠철근의 수직간격 (s)

$$s \le \min(16\,d_b,\ 48\,d_t,\ D_{\min}) = \min(16\times 25.4,\ 48\times 9.53,\ 350)$$
$$= \min(406,\ 487,\ 350) = 350\ \mathrm{mm}$$

답 ㉰

23 그림과 같은 직사각형 기둥에서 띠철근의 최대간격은? (단, 주철근은 D22, 띠철근은 D10이며 D22의 공칭지름은 22.2 mm이고 D10의 공칭지름은 9.53 mm이다.)

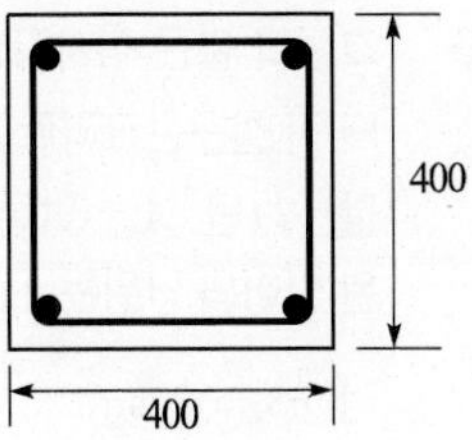

㉮ 300 mm ㉯ 355 mm
㉰ 400 mm ㉱ 480 mm

풀이 띠철근의 수직간격 (s)

$$s \le \min(16d_b,\ 48d_t,\ D_{\min}) = \min(16 \times 22.2,\ 48 \times 9.53,\ 400)$$
$$= \min(355,\ 487,\ 400) = 355\ \text{mm}$$

답 ㉯

24 다음 조건과 같은 압축부재에서 사용되는 띠철근의 수직간격은 얼마 이하이어야 하는가? (단, D25의 공칭지름은 25.4 mm이고 D10의 공칭지름은 9.53 mm이다.)

- 기둥 단면 : 600 mm×500 mm
- 주철근 D25, 띠철근 D10

㉮ 410 mm ㉯ 450 mm ㉰ 480 mm ㉱ 500 mm

풀이 띠철근의 수직간격 (s)

$$s \le \min(16d_b,\ 48d_t,\ D_{\min}) = \min(16 \times 25.4,\ 48 \times 9.53,\ 500)$$
$$= \min(406,\ 487,\ 500) = 406\ \text{mm}$$

답 ㉮

25 그림과 같은 철근콘크리트 기둥에서 띠철근의 수직간격으로 옳은 것은? (단, D29의 공칭지름은 28.6 mm이고 D10의 공칭지름은 9.53 mm이다.)

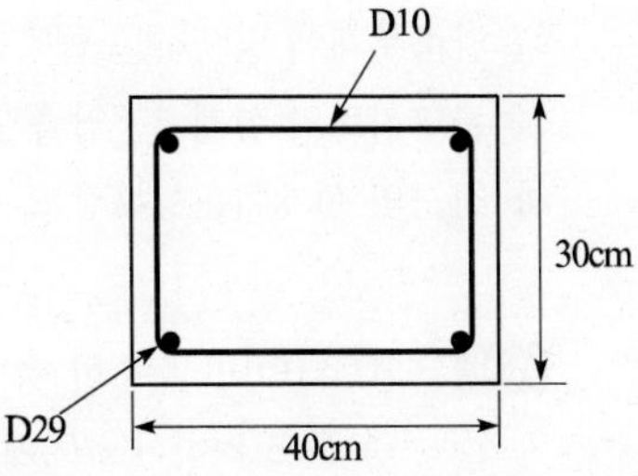

㉮ 300 mm 이하 ㉯ 320 mm 이하
㉰ 460 mm 이하 ㉱ 480 mm 이하

풀이 띠철근의 수직간격 (s)

$$s \le \min(16d_b,\ 48d_t,\ D_{\min}) = \min(16 \times 28.6,\ 48 \times 9.53,\ 300)$$
$$= \min(458,\ 487,\ 300) = 300\ \text{mm}$$

답 ㉮

26 그림과 같은 직사각형 기둥단면에 중립축이 단면의 변에 있을 때 이 철근콘크리트 기둥단면의 중립축에 대한 단면1차 모멘트 값은? (단, $A_c = A_t = 30\,\text{cm}^2$, 탄성계수비 $n = 15$, 단면에 표시된 길이의 단위는 cm)

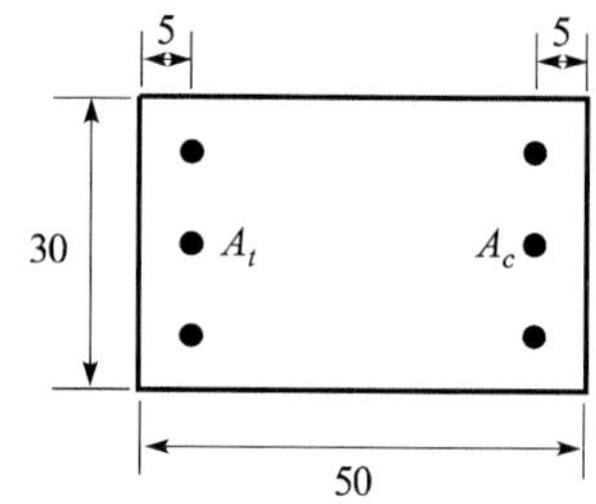

㉮ $58,500\ \text{cm}^3$　　㉯ $59,500\ \text{cm}^3$

㉰ $60,500\ \text{cm}^3$　　㉱ $61,500\ \text{cm}^3$

풀이 철근의 단면적 A_t와 A_c를 같은 능력을 갖는 콘크리트의 단면적 nA_t와 nA_c로 환산한 등가단면적으로 변환한다.

① 단면적

$$A_{con} = 50 \times 30 - 2 \times 30 = 1{,}440\ \text{cm}^2$$

$$nA_t = nA_c = 15 \times 30 = 450\ \text{cm}^2$$

② 중립축에 대한 단면1차 모멘트

$$S = A_{con}\, y_{con} + nA_t\, y_t + n\, A_c y_c = 1440 \times 25 + 450 \times 45 + 450 \times 5 = 58{,}500\ \text{cm}^3$$

답 ㉮

27 강도설계법에서 순수 축하중을 받는 띠철근 철근콘크리트 압축부재의 설계축하중는 $\phi P_{n(\max)} = 0.80\phi\{0.85 f_{ck}(A_g - A_{st}) + f_y A_{st}\}$의 식으로 구할 수 있다. 이 식에 0.8을 사용한 이유로 가장 타당한 것은? (단, A_g : 기둥의 전체 단면적, A_{st} : 종방향 철근의 전체 단면적, f_{ck} : 콘크리트의 설계기준압축강도, f_y : 철근의 설계기준항복 강도, ϕ : 강도감소계수)

㉮ 크리프의 영향을 고려한 감소계수이다.

㉯ 압축부재에 발생하는 예측하지 못한 편심에 대비하기 위한 값이다.

㉰ 콘크리트의 설계기준압축강도 부족에 대비하기 위한 값이다.

㉱ 철근의 설계기준항복강도 저감에 대비하기 위한 값이다.

풀이 $M = 0$이면 순수한 축방향 압축만을 받는 기둥이나, 우발편심(시공오차 등에 의한 편심하중)을 고려하여 ϕP_0에 다시 0.8만큼 감소시킨다.

답 ㉯

28 강도설계법에서 그림과 같은 띠철근을 가진 기둥의 설계축하중 ϕP_n은 약 얼마인가? [단, f_y =400 MPa, f_{ck} =21 MPa, 강도감소계수 ϕ=0.65, 주철근 : 8-D22 (A_{st} =3,097 mm^2), 띠철근 : D10@300, 보조띠철근 : D10@900]

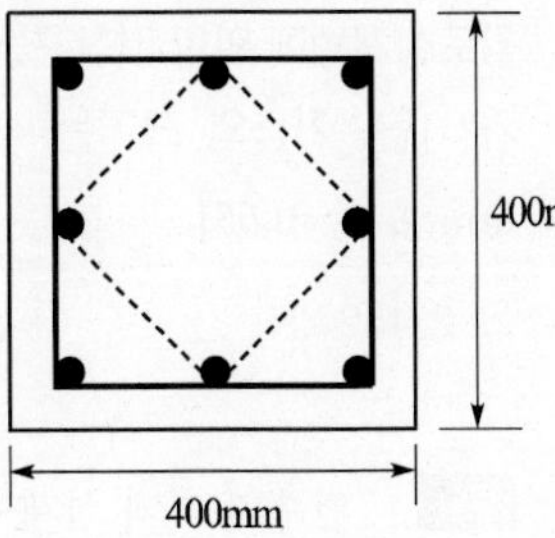

㉮ 2,300 kN ㉯ 2,200 kN
㉰ 2,100 kN ㉱ 2,000 kN

풀이 단주의 최대 설계축하중

$$P_d = \phi P_n = \alpha \phi P_o = \alpha \phi \{0.85 f_{ck}(A_g - A_{st}) + f_y A_{st}\}$$
$$= 0.80 \times 0.65 \times \{0.85 \times 21 \times (400 \times 400 - 3{,}097) + 400 \times 3{,}097\}$$
$$= 2{,}100.5 \times 10^3 \text{ N} = 2{,}100.5 \text{ kN}$$

답 ㉰

29 강도설계법에서 그림과 같은 띠철근을 가진 기둥의 설계축하중 ϕP_n의 최대값은 약 얼마인가? [단, 강도감소계수 ϕ= 0.65, f_y =400 MPa, f_{ck} =24 MPa, 주철근 : 8-D22 (A_{st} =3,097 mm^2), 띠철근 : D10@300, 보조 띠철근 : D10@900]

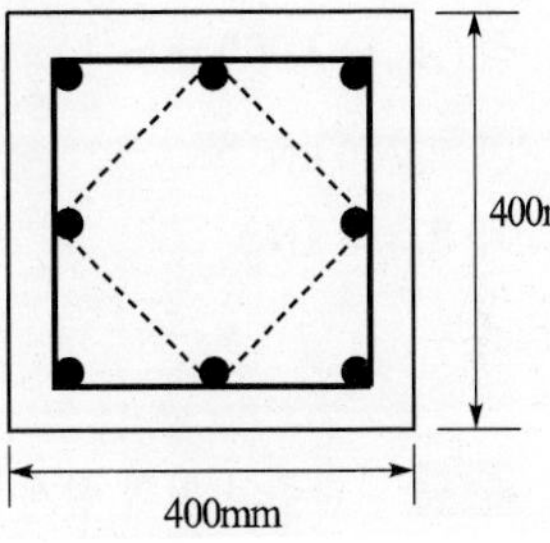

㉮ 2,585 kN ㉯ 2,423 kN
㉰ 2,308 kN ㉱ 1,984 kN

풀이 단주의 최대 설계축하중

$$P_d = \phi P_n = \alpha \phi P_o = \alpha \phi \{0.85 f_{ck}(A_g - A_{st}) + f_y A_{st}\}$$
$$= 0.80 \times 0.65 \times \{0.85 \times 24 \times (400 \times 400 - 3{,}097) + 400 \times 3{,}097\}$$
$$= 2{,}308.6 \times 10^3 \text{ N} = 2{,}308.6 \text{ kN}$$

답 ㉰

30 강도설계법에 의한 띠철근을 가진 철근콘크리트의 기둥 설계에서 단주의 최대 설계축하중은 약 얼마인가? [단, 기둥의 크기는 400 mm×400 mm, f_{ck} =24 MPa, f_y =400 MPa, 12-D22 (A_{st} =4,645 mm^2), ϕ =0.65]

㉮ 2,452 kN ㉯ 2,525 kN ㉰ 2,614 kN ㉱ 3,234 kN

풀이 단주의 최대 설계축하중

$$P_d = \phi P_n = \alpha \phi P_o = \alpha \phi \{0.85 f_{ck}(A_g - A_{st}) + f_y A_{st}\}$$
$$= 0.80 \times 0.65 \times \{0.85 \times 24 \times (400 \times 400 - 4{,}645) + 400 \times 4{,}645\}$$
$$= 2{,}614.2 \times 10^3 \text{ N} = 2{,}614.2 \text{ kN}$$

답 ㉰

31 다음 그림과 같은 띠철근 기둥의 설계축하중 (ϕP_n) 값으로 옳은 것은? [단, f_{ck} =24 MPa, f_y =400 MPa, 주철근 단면적 (A_{st}) : 3,000 mm^2]

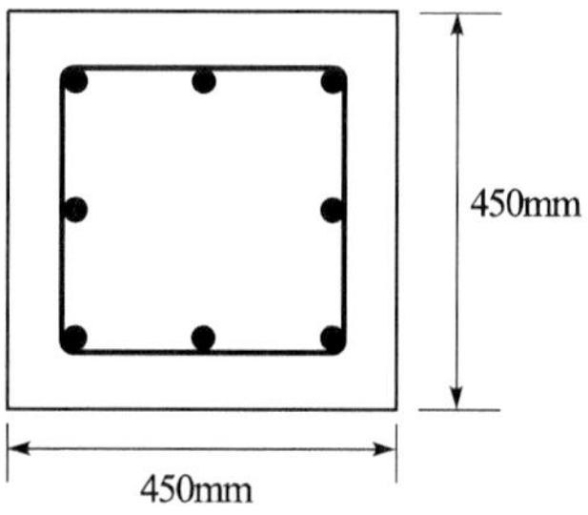

㉮ 2,740 kN ㉯ 2,952 kN
㉰ 3,335 kN ㉱ 3,359 kN

풀이 단주의 최대 설계축하중

$$P_d = \phi P_n = \alpha \phi P_o = \alpha \phi \{0.85 f_{ck}(A_g - A_{st}) + f_y A_{st}\}$$
$$= 0.80 \times 0.65 \times \{0.85 \times 24 \times (450 \times 450 - 3{,}000) + 400 \times 3{,}000\}$$
$$= 2{,}740.3 \times 10^3 \text{ N} = 2{,}740.3 \text{ kN}$$

답 ㉮

32 그림과 같은 철근콘크리트 띠철근 기둥의 최대 설계축하중 (ϕP_n)을 구하면? [단, 주철근은 8-D22 (3,097 mm^2), f_{ck} =24 MPa, f_y =400MPa, ϕ =0.65임]

㉮ 2,913 kN ㉯ 3,113 kN
㉰ 3,263 kN ㉱ 5,333 kN

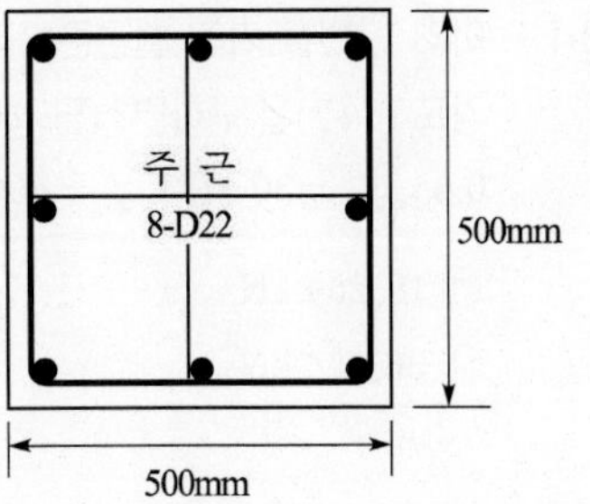

풀이 단주의 최대 설계축하중

$$P_d = \phi P_n = \alpha \phi P_o = \alpha \phi \{0.85 f_{ck}(A_g - A_{st}) + f_y A_{st}\}$$
$$= 0.80 \times 0.65 \times \{0.85 \times 24 \times (500 \times 500 - 3{,}097) + 400 \times 3{,}097\}$$
$$= 3{,}263.3 \times 10^3 \text{ N} = 3{,}263.3 \text{ kN}$$

답 ㉰

33 다음 그림과 같이 단면의 크기가 500 mm×500 mm인 띠철근 기둥이 저항할 수 있는 최대 설계축하중 ϕP_n은? (단, f_y =400 MPa, f_{ck} =27 MPa)

㉮ 3,591 kN ㉯ 3,972 kN
㉰ 4,170 kN ㉱ 4,275 kN

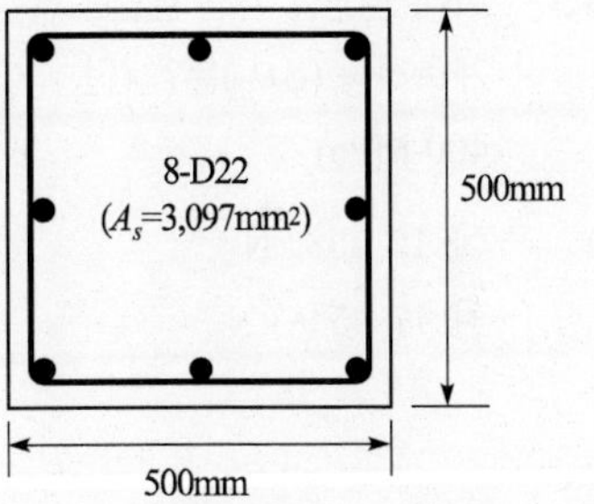

풀이 단주의 최대 설계축하중

$$P_d = \phi P_n = \alpha \phi P_o = \alpha \phi \{0.85 f_{ck}(A_g - A_{st}) + f_y A_{st}\}$$
$$= 0.80 \times 0.65 \times \{0.85 \times 27 \times (500 \times 500 - 3{,}097) + 400 \times 3{,}097\}$$
$$= 3{,}590.7 \times 10^3 \text{ N} = 3{,}590.7 \text{ kN}$$

답 ㉮

34 아래 단면을 가진 철근콘크리트 기둥의 설계축강도 (ϕP_n)을 구하면? (단, $\phi P_n = 0.8\phi P_o$, $\phi = 0.65$, $f_{ck} = 30$ MPa, $f_y = 400$ MPa)

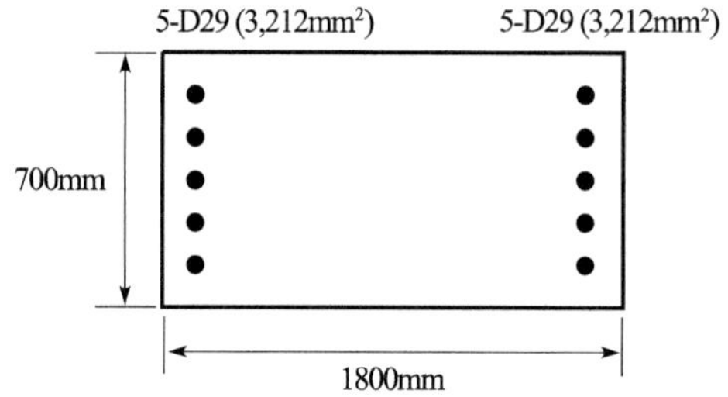

㉮ 18,254 kN　　㉯ 28,254 kN
㉰ 36,414 kN　　㉱ 37,800 kN

풀이 단주의 최대 설계축하중

$$P_d = \phi P_n = \alpha \phi P_o = \alpha \phi \{0.85 f_{ck}(A_g - A_{st}) + f_y A_{st}\}$$
$$= 0.80 \times 0.65 \times \{0.85 \times 30 \times (1{,}800 \times 700 - 7{,}942) + 400 \times 7{,}942\}$$
$$= 18{,}254.2 \times 10^3 \text{ N} = 18{,}254.2 \text{ kN}$$

답 ㉮

35 아래 단면을 가진 철근콘크리트 기둥의 최대 설계축하중 (ϕP_n)은? (단, $f_{ck} = 30$ MPa, $f_y = 400$ MPa)

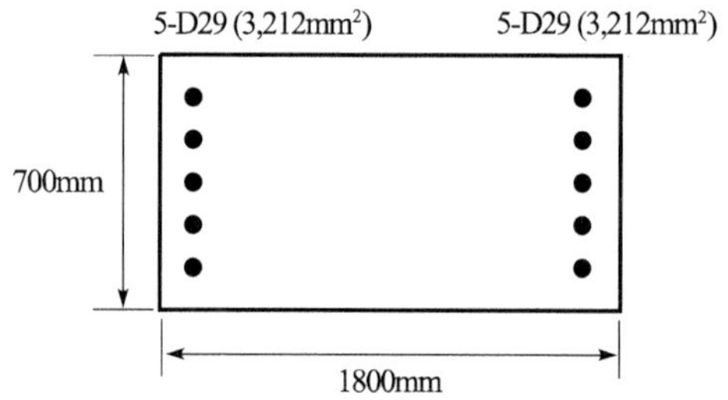

㉮ 12,958 kN　　㉯ 15,425 kN
㉰ 17,95 9 kN　　㉱ 21,425 kN

풀이 단주의 최대 설계축하중

$$P_d = \phi P_n = \alpha \phi P_o = \alpha \phi \{0.85 f_{ck}(A_g - A_{st}) + f_y A_{st}\}$$
$$= 0.80 \times 0.65 \times \{0.85 \times 30 \times (1{,}800 \times 700 - 6{,}424) + 400 \times 6{,}424\}$$
$$= 17{,}958.6 \times 10^3 \text{ N} = 17{,}958.6 \text{ kN}$$

답 ㉱

36 다음 중 압축재의 좌굴하중 산정 시 직접적인 관계가 없는 것은?

㉮ 부재의 푸아송비　　㉯ 부재의 단면2차모멘트
㉰ 부재의 탄성계수　　㉱ 부재의 지지조건

풀이 좌굴하중 식

$$P_{cr} = \frac{\pi^2 EA}{\left(\frac{kl}{r}\right)^2} = \frac{\pi^2 r^2 EA}{(kl)^2} = \frac{\pi^2 EI}{(kl)^2} \ (\mathrm{N})$$

여기서, E : 탄성계수 (MPa)

kl/r : 세장비 (λ)

kl : 압축부재의 유효좌굴길이 (mm). 간단히 좌굴길이라고도 한다.

k : 압축부재의 유효좌굴길이계수

$r = \sqrt{\frac{I}{A}}$: 단면2차 반경 (mm)

A : 단면적 (mm^2)

$I = r^2 A$: 단면2차 모멘트 (mm^4)

답 ㉮

37 기둥에 편심축하중이 작용할 때의 상태를 옳게 설명한 것은?

㉮ 압축력만 작용하며 휨모멘트는 발생하지 않는다.
㉯ 휨모멘트만 작용하며 압축력은 발생하지 않는다.
㉰ 압축력과 휨모멘트가 작용하며 단면 내에 인장력이 발생하는 경우도 있다.
㉱ 압축력 및 인장력이 작용하며 휨모멘트는 발생하지 않는다.

풀이 기둥에 편심축하중이 작용할 때, 단면에는 압축력과 휨모멘트가 작용하며 단면 내에 인장력이 발생하는 경우도 다.

답 ㉰

심화 연습문제

01 보강철근 형태에 따른 철근콘크리트 기둥의 종류에 대해 설명하시오.

02 기둥에서 주철근의 개수에 따른 띠철근의 상세를 설명하시오.

03 구조설계기준에서는 최소 및 최대철근비를 고려하여 표와 같이 전체 단면적 A_g에 대한 축방향 철근의 철근비 범위를 1% (0.01) 이상 그리고 8% (0.08) 이하로 규정하고 있다. 그 이유를 각각 쓰시오.

04 강도설계법에 의한 정사각형 띠철근 기둥 설계 시 그림과 같은 단주의 최대 설계축하중 (kN)을 결정하고, 구조세목을 검토하시오. (단, 콘크리트는 f_{ck} =24 MPa의 보통중량콘크리트이고, 철근은 f_y =400 MPa의 도막되지 않은 철근이다.)

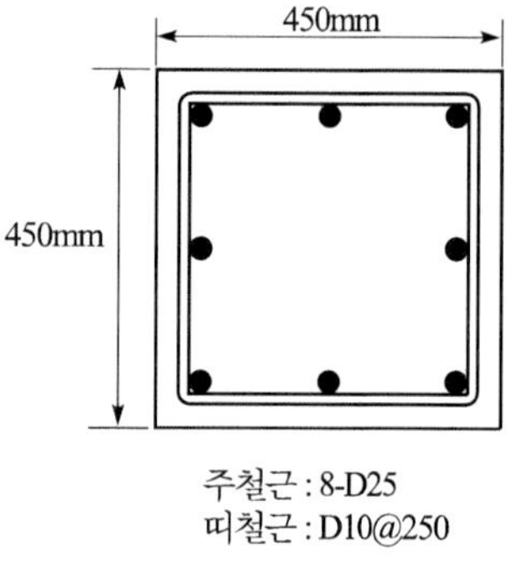

그림 8.43 정사각형 띠철근 기둥

05 강도설계법에 의한 원형 나선철근 기둥 설계 시 그림과 같은 단주의 최대 설계축하중(kN)을 결정하고, 구조세목을 검토하시오. (단, 원형 나선철근 기둥은 지름 $h = 600\text{ mm}$, 나선철근의 바깥 선으로 측정한 지름 $d_c = 520\text{ mm}$이며 축방향 철근 8-D25로 보강되었고 나선철근은 D13으로 나선철근의 간격은 50 mm이다. 또한 콘크리트는 f_{ck} =27 MPa의 보통중량콘크리트이고, 철근은 $f_y = f_{yt}$ =400 MPa의 도막되지 않은 철근이다.)

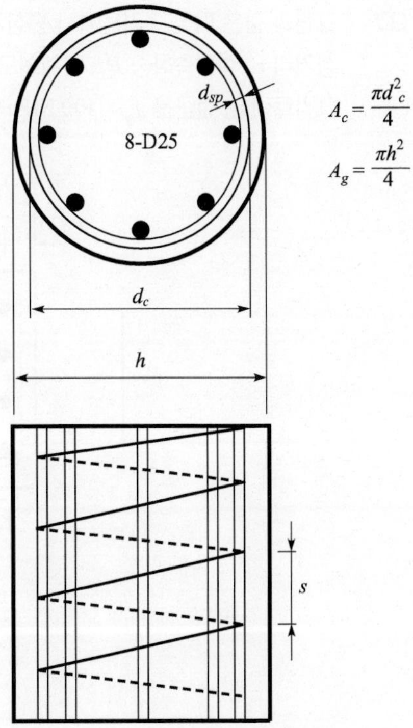

그림 8.44 원형 나선철근 기둥

06 그림과 같은 띠철근 기둥에서 균형축하중 P_b와 균형휨모멘트 M_b의 균형하중을 구하시오. (단, 콘크리트는 f_{ck} =27 MPa의 보통중량콘크리트이고, 철근은 f_y =400 MPa의 도막되지 않은 철근이고, 단주이다.)

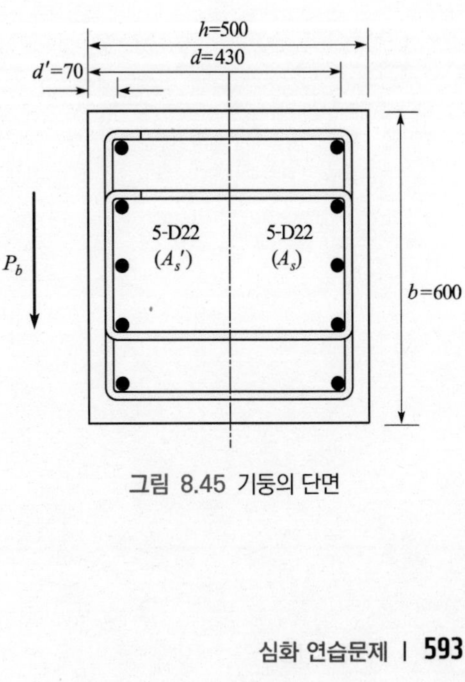

그림 8.45 기둥의 단면

07 그림과 같은 띠철근 기둥에서 편심거리 e =350 mm인 경우의 공칭축하중 P_n, 공칭휨모멘트 M_n, 편심거리 e, 설계축하중 P_d, 설계휨모멘트 M_d를 구하시오. (단, 콘크리트는 f_{ck} =27 MPa의 보통중량콘크리트이고, 철근은 f_y =400 MPa의 도막되지 않은 철근이고, 단주이다.)

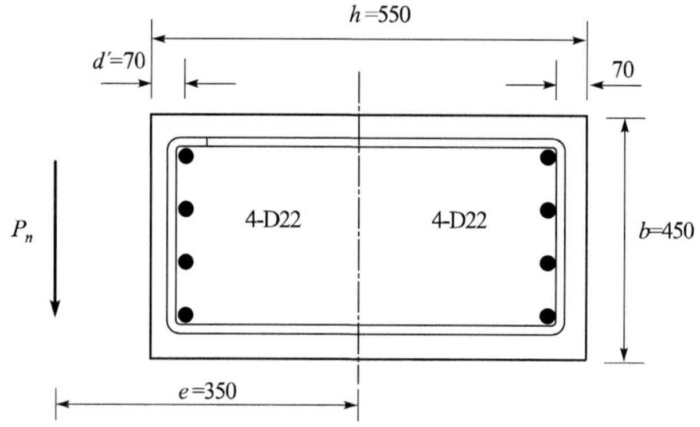

그림 8.46 기둥의 단면

CHAPTER

09

슬래브

9.1. 개요

9.2. 슬래브의 종류, 철근의 배치 및 하중분담

9.3. 1방향 슬래브의 해석 및 설계

9.4. 2방향 슬래브의 해석 및 설계

CHAPTER 09

슬래브

9.1. 개요

(1) 철근콘크리트 슬래브란 길이나 폭에 비해 두께가 얇은 구조물로써 바닥 또는 지붕 등을 만들기 위해 윗면과 아랫면이 평판이고 일정한 두께를 가진다.

(2) 슬래브는 조적 벽체, 철근콘크리트 벽체, 슬래브와 일체로 된 철근콘크리트 보, 기둥 또는 지반에 의해 지지되며, 슬래브에 작용하는 하중을 슬래브에 지지된 부재를 통해 최종적으로 지반으로 전달하도록 한다.

(3) 슬래브에서 보강철근은 구조내력상 필요한 철근량 이상을 배치하며, 구조내력상 필요하지 않은 경우에도 슬래브의 면적이 두께에 비해 넓기 때문에 온도변화와 건축수축에 의한 균열 방지를 위하여 최소철근비 이상의 철근량을 배치한다.

(4) 슬래브의 두께를 지나치게 얇게 할 경우, 처짐과 진동 그리고 균열 등과 같은 사용성에 문제가 발생할 우려가 있으므로 일반적으로 슬래브의 두께를 구조설계기준에서 정한 최소 두께 이상이 되면 슬래브의 처짐이 허용범위 이내가 된 것으로 하여 처짐 검토는 생략할 수 있다.

9.2. 슬래브의 종류, 철근의 배치 및 하중분담

9.2.1. 분류

슬래브의 종류를 구조적 분류, 지지조건에 따른 분류, 지지변수에 따른 분류 등에 따라 정리하면 다음 표와 같다.

표 9.1 슬래브의 여러 가지 분류에 따른 종류

구조적 분류		지지조건에 따른 분류	지지변수에 따른 분류
보 슬래브 구조	1방향 슬래브	단순 슬래브	1변지지 (캔틸레버) 슬래브
	2방향 슬래브	고정 슬래브	2변지지 슬래브
평 슬래브 구조	플랫 슬래브		3변지지 슬래브
	플랫 플레이트	연속 슬래브	4변지지 슬래브

(1) 1방향 슬래브

슬래브가 마주보는 두 변만 보에 의해 지지되어 있어 하중이 단변의 방향으로 전달되는 슬래브를 1방향 슬래브(One-Way Slab)라 한다. 또한 슬래브의 네 변이 보에 의해 지지되어 있더라도 단변방향 순경간에 대한 장변방향 순경간의 비가 2를 초과하는 경우를 1방향 슬래브라 한다.

$$\lambda = \frac{l_y}{l_x} > 2$$

여기서, l_x : 단변방향 순경간(순스팬, 안목길이)

l_y : 장변방향 순경간(순스팬, 안목길이)

1방향 슬래브는 하중의 90% 이상이 단변방향으로 전달되며, 단변방향으로만 주철근을 배치한다. 1방향 슬래브의 장변방향으로는 수축·온도철근을 배치한다. 1방향 슬래브의 종류는 슬래브가 마주보는 두 변만 보에 의해 지지되어 구속되어 있는 슬래브, $\lambda > 2$인 사변 고정 슬래브, 장선 슬래브(조이스트 슬래브, 리브드, 슬래브), 중공 슬래브(보이드 슬래브) 등이 있다.

(2) 2방향 슬래브

슬래브의 네 변이 보에 의해 지지되어 있고 단변방향 순경간에 대한 장변방향 순경간의 비가 2 이하인 경우를 2방향 슬래브(Two-Way Slab)라 한다.

$$\lambda = \frac{l_y}{l_x} \leq 2$$

2방향 슬래브는 하중이 단변방향뿐만 아니라 장변방향으로 전달되며, 단변방향과 장변방향으로 주철근을 배치한다. 2방향 슬래브에서 단변방향과 장변방향의 주철근은 수축·온도철근량 이상이 되도록 배치한다. 2방향 슬래브의 종류는 $\lambda \leq 2$인 사변 고정 슬래브, 플랫 슬래브, 플랫 플레이트, 2방향 장선 슬래브(와플 슬래브) 등이 있다.

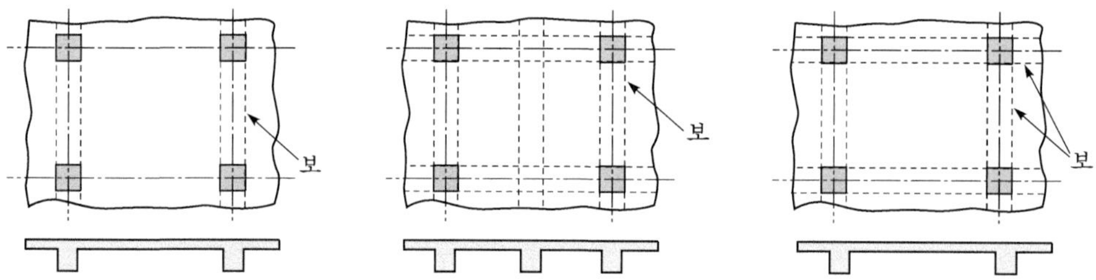

(a) 1방향 슬래브　　(b) 1방향 슬래브　　(c) 2방향 슬래브

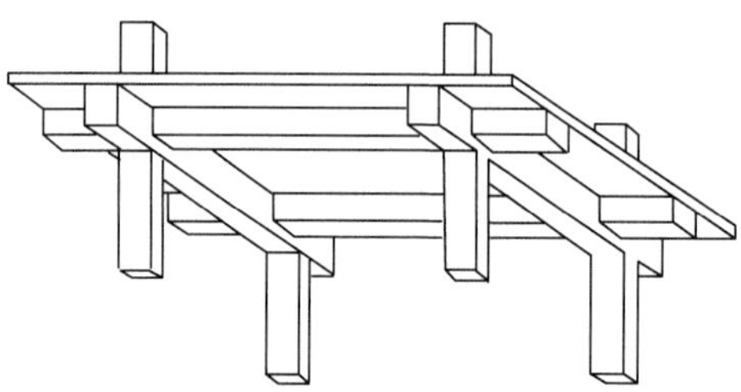

(d) 2방향 슬래브 구조

그림 9.1 보 슬래브 구조의 종류[1)]

---

1) ACI Committee 318, Notes on ACI 318M-11 Building Code Requirements for Structural Concrete with Design Applications, American Concrete Institute, Farmington Hills, MI, 2013, p.18-2.

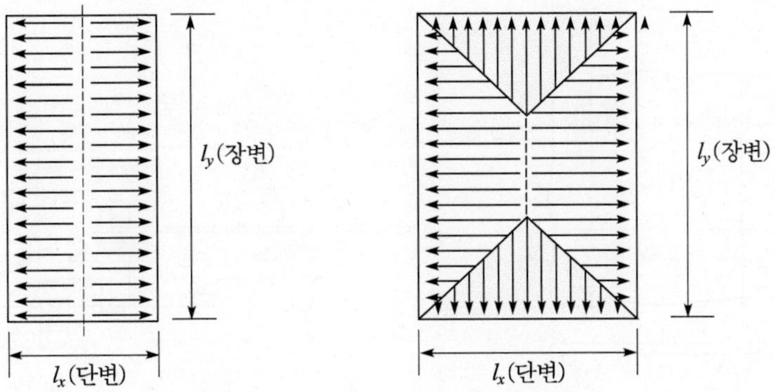

(a) 1방향 슬래브의 하중전달 (b) 2방향 슬래브의 하중전달

그림 9.2 보 슬래브 구조의 하중전달

(3) 플랫 슬래브

(가) 정의

플랫 슬래브 (Flat Slab, 무량판 구조)는 건축물의 외부 테두리보를 제외하고 내부에는 보 없이 기둥머리 (Column Capital, 주두)와 지판 (Drop Panel)에 의해 하중이 기둥으로 전달되며, 2방향으로 철근이 배치된 콘크리트 슬래브이다.

(나) 구조제한

표 9.2 플랫 슬래브의 구조제한

구 분	내 용
구 성	슬래브, 지판, 기둥머리, 기둥으로 구성된다.
슬래브의 두께 (h_f)	100 mm 이상이다 (단, 최상층의 경우 일반 슬래브의 두께 규정을 따를 수 있다).
기둥의 폭 (D)	$D \geq$ max(기둥 중심간 거리/20, 300 mm, 층고/ 15)
철근 배치	2방향으로 배치한다.

(4) 플랫 플레이트

플랫 플레이트 (Flat Plate, 평판 슬래브)는 보 없이 그리고 기둥머리와 지판이 없이 슬래브를 기둥 위에 올려 슬래브의 하중을 기둥으로 직접 전달하는 2방향 슬래브이다. 보나 지판이 없으므로 기둥에 의해 슬래브는 펀칭 전단될 수 있으므로 슬래브의 두께를 증가시키거나 또는 전단머리 보강을 한다.

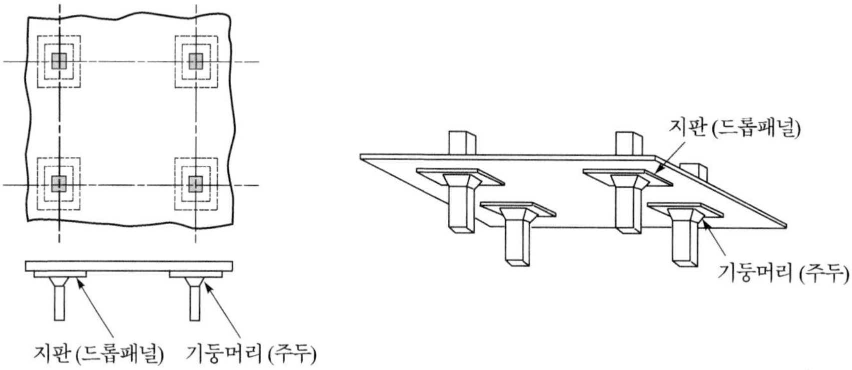

그림 9.3 플랫 슬래브

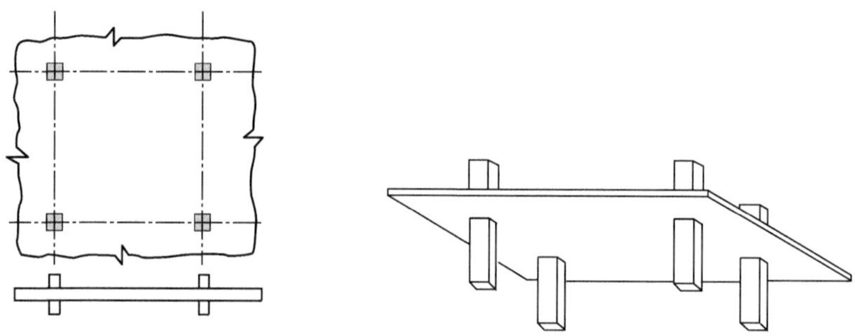

그림 9.4 플랫 플레이트

(5) 장선 슬래브

(가) 정의

장선 슬래브 (Joist Slab, Ribbed Slab)는 일정한 간격의 장선과 그 위의 슬래브가 일체로 되어 있는 슬래브이다. 리브 슬래브라고도 하며, 장선 (리브)을 1방향으로 배치하면 1방향 장선 슬래브가 되고 장선을 서로 직각되게 2방향으로 배치하면 2방향 장선 슬래브가 된다. 특히 2방향 장선 슬래브를 와플 슬래브라고 한다. 장선의 양단은 단부 보 또는 벽에 지지한다.

(나) 구조제한

표 9.3 장선 슬래브의 구조제한

구 분	내 용
장선의 폭 (b_w)	$b_w \geq 100$ mm
슬래브를 포함한 장선의 높이 (D)	$D \leq 3.5b_w$
장선의 순간격 (s)	$s \leq 750$ mm
슬래브의 두께 (h_f)	① 영구용 충전재 위의 슬래브의 두께 $h_f \geq$ max(장선 간 순간격/12, 40 mm) ② 제거용 거푸집 또는 충전재가 사용된 경우의 슬래브의 두께 $h_f \geq$ max(장선 간 순간격/12, 50 mm)

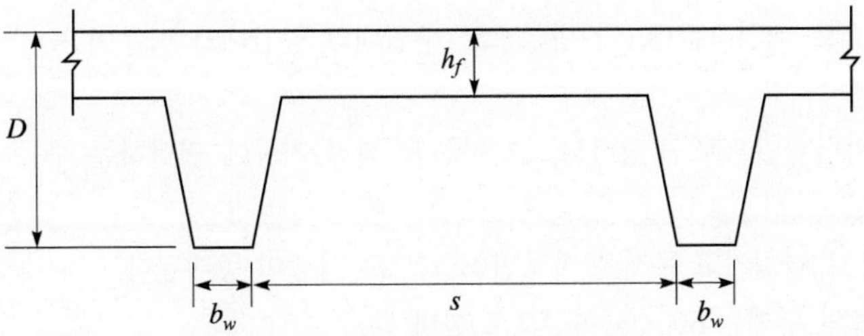

그림 9.5 1방향 장선 슬래브

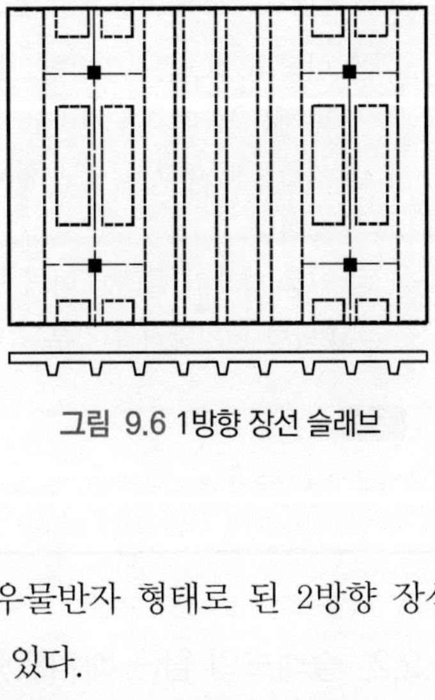

그림 9.6 1방향 장선 슬래브

(6) 와플 슬래브

와플 슬래브 (Waffle Slab)는 장선을 직교시켜 구성한 우물반자 형태로 된 2방향 장선 슬래브이며, 기둥과 기둥 사이를 넓게 할 수 있는 장점이 있다.

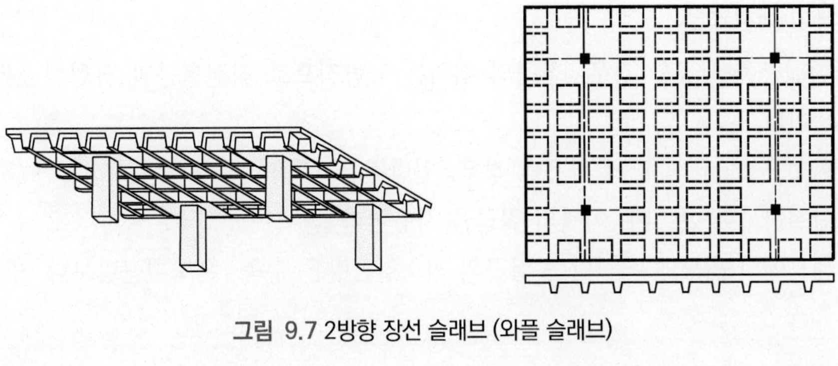

그림 9.7 2방향 장선 슬래브 (와플 슬래브)

예제 9-1

플랫 슬래브에서 기둥 부분에 주두와 지판을 설치하는 이유는 다음 중 어느 것을 방지하기 위함인가?

㉮ 인장철근의 항복　　㉯ 기둥의 좌굴
㉰ 슬래브의 펀칭 전단　　㉱ 슬래브의 과도한 처짐

풀이

슬래브에 보가 없는 얇은 플랫 슬래브에서는 펀칭 전단을 방지하기 위해 기둥 부분에 주두와 지판을 설치한다.

답 ㉰

예제 9-2

플랫 슬래브 구조에 대한 기술 중 옳지 않은 것은?

㉮ 바닥의 주철근은 2방향 이상으로 배치하는데, 각 방향으로 주열대와 중간대로 나누어 응력계산 및 배치를 한다.
㉯ 건축물의 내부에는 보 없이 바닥판만으로 구성하고, 그 하중을 직접 기둥에 전달하는 구조이다
㉰ 기둥 상부의 철근이 여러 겹으로 겹쳐지고 두꺼운 바닥판이 되므로 자중이 증대된다.
㉱ 2방향 배치방식일 경우 슬래브의 두께는 80 mm 이상으로 한다.

풀이

지판이 있는 플랫 슬래브의 두께는 100 mm 이상으로 한다.

답 ㉱

9.2.2. 슬래브의 철근 배치요령

(1) 슬래브의 배치요령

① 굽힘철근을 사용할 경우, 철근의 배치는 일반적으로 직선철근과 굽힘철근을 교대로 배치한다.

② 굽힘철근(Bent Bar)이 사용될 경우, 일반적으로 바닥을 지나는 직선철근(하부근)은 굽힘철근보다 한 치수 이하의 철근을 사용한다.

③ 슬래브에서 휨모멘트를 받는 철근의 최소철근량은 수축·온도철근량보다 커야 한다.

④ 1방향 슬래브에서 주철근은 단변방향으로 배치되며 배력철근(수축·온도철근)은 장변방향으로 배치한다.

⑤ 캔틸레버 슬래브에서 주철근은 단변방향으로 슬래브의 상단에 배치되며, 배력철근(수축·온도철근)은 장변방향으로 배치한다.

(2) 주철근

① 단변방향의 인장철근이다.

② 배력철근(수축·온도철근)보다 바깥쪽인 슬래브 표면 가까이 배치한다.

(3) 배력철근

① 장변방향의 인장철근이다.

② 주철근의 안쪽에 배치한다.

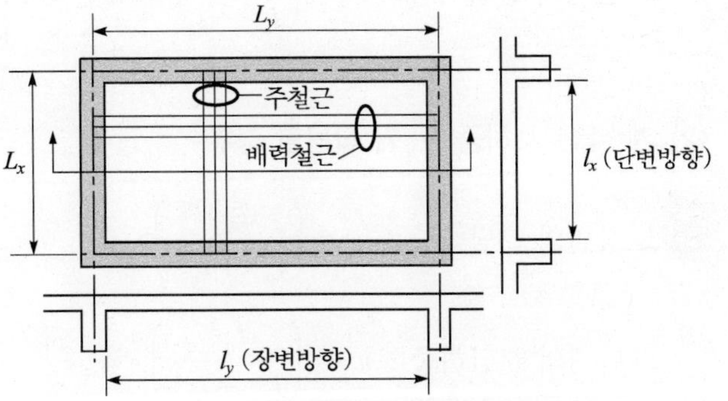

그림 9.8 슬래브의 주철근과 배력철근

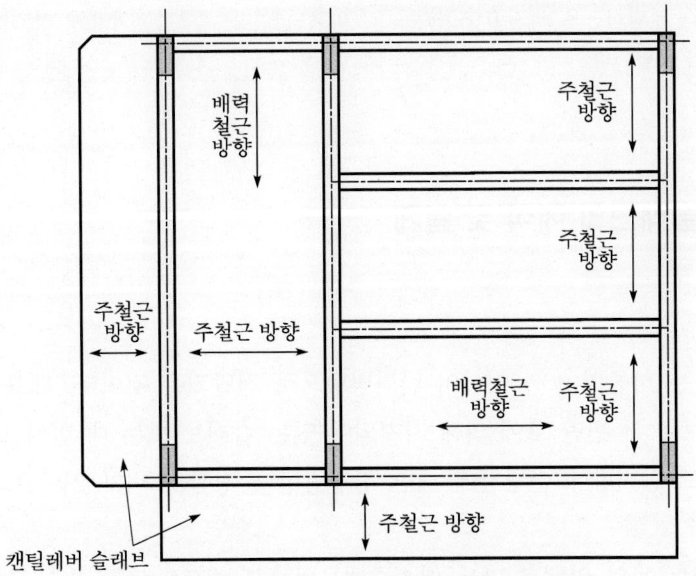

그림 9.9 1방향 슬래브의 주철근과 배력철근의 방향[2)]

2) N. Subramanian, Design of Reinforced Concrete Structures, Oxford University Press, 2014, p.335.

9.2.3. 슬래브의 분담하중

(1) 중앙에 계수집중하중 P_u 가 작용할 경우

① 장변의 분담하중 : $P_y = \left(\dfrac{l_x^{\,3}}{l_x^{\,3} + l_y^{\,3}} \right) \cdot P_u$

② 단변의 분담하중 : $P_x = \left(\dfrac{l_y^{\,3}}{l_x^{\,3} + l_y^{\,3}} \right) \cdot P_u$

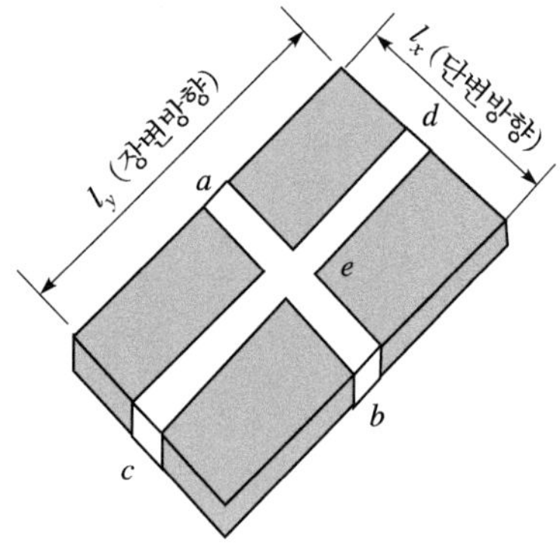

그림 9.10

(2) 계수등분포하중 w_u 가 작용할 경우

① 장변의 분담하중 : $w_y = \left(\dfrac{l_x^{\,4}}{l_x^{\,4} + l_y^{\,4}} \right) \cdot w_u$

② 단변의 분담하중 : $w_x = \left(\dfrac{l_y^{\,4}}{l_x^{\,4} + l_y^{\,4}} \right) \cdot w_u$

주1 계수등분포하중 w_u 가 작용하고, 장변의 순경간과 단변의 순경간의 조건이 $l_y = 2.0 l_x$ 인 경우 각 방향의 분담하중은 $w_y = 0.059w$, $w_x = 0.941w$ 이다. 즉, 하중의 94% 정도를 단변방향의 슬래브가 부담한다.

9.3. 1방향 슬래브의 해석 및 설계

9.3.1. 개요

1방향 슬래브는 하중의 90% 이상이 단변방향으로 전달되는 것이다. 대표적인 1방향 슬래브는 마주보는 두 변만 보에 의해 지지되어 있는 슬래브 또는 네 변이 보에 의해 지지되어 있더라도 단변방향 순경간에 대한 장변방향 순경간의 비가 2를 초과($\lambda > 2$)하는 슬래브이다.

철근콘크리트 보와 일체로 만든 연속슬래브의 휨모멘트와 전단력을 구하기 위해서는 단순 받침부 위에 놓인 연속보로 가정하여 탄성해석하거나 근사해석 방법을 사용할 수 있다.

근사해석 방법은 1방향 슬래브를 보와 같이 취급하여 해석하는 방법이다. 그림 9.11과 같이 슬래브가 지지되어 있는 받침부에 대해 직각을 이루는 폭 1m의 단위 스트립(strip)을 보의 폭으로 하고 슬래브의 두께 h_f를 보의 전체 깊이로 가정한다. 이와 같이 폭 1m, 깊이 h_f인 보에 대해 설계하고 이를 전체 슬래브에 대해 동일하게 적용하는 것이다.

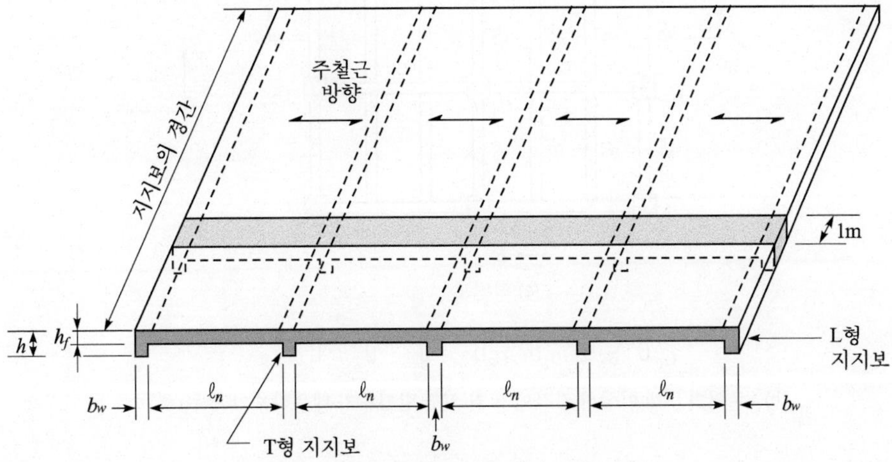

그림 9.11 근사해석을 위한 1방향 슬래브[3)]

슬래브는 각 층의 단면적이 대부분 그 층의 바닥판에 직접적으로 작용하는 하중에 의해 발생하므로 각 층의 연직하중에 대해 독립적으로 해석할 수 있다.

연속 1방향 슬래브나 연속보의 전형적인 형태는 그림 9.12에 나타내었다. 그림 9.12(b)는 3개 이상의 경간이고 최 외단 받침부가 테두리보인 경우이며, 받침부가 보(G6, B2, G8)인 연속 1방향 슬래브이다. 그림 9.12(c)는 3개의 경간이고 최 외단 받침부가 테두리보인 경우이며, 받침부가 큰보(G1, G3)인 연속보 형태이다. 그림 9.12(d)는 3개의 경간이고 최 외단 받침부가 기둥인 경우이며, 받침부가 기둥(C3, C4)인 연속보 형태이다. 그리고 그림 9.12(e)는 2개의 경간이고 최 외단 받침부가 기둥인 경우이며, 받침부가 기둥(C2, C4)인 연속보 형태이다.

3) N. Subramanian, Design of Reinforced Concrete Structures, Oxford University Press, 2014, pp.352.

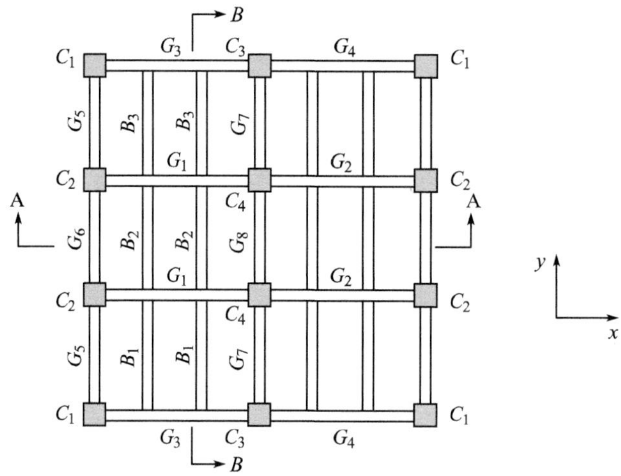

(a) 평면도

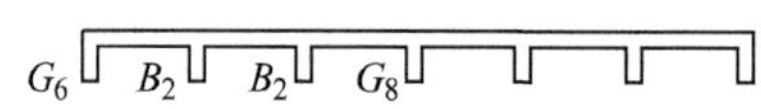

(b) A-A단면 (3개 이상의 경간이고 최 외단 받침부가 테두리보인 경우)

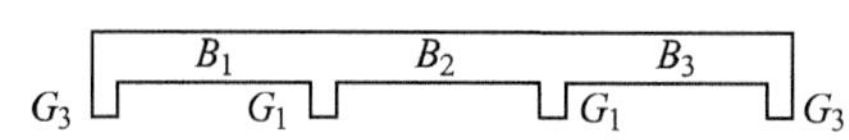

(c) *B-B*단면 (3개 경간이고 최 외단 받침부가 테두리보인 경우)

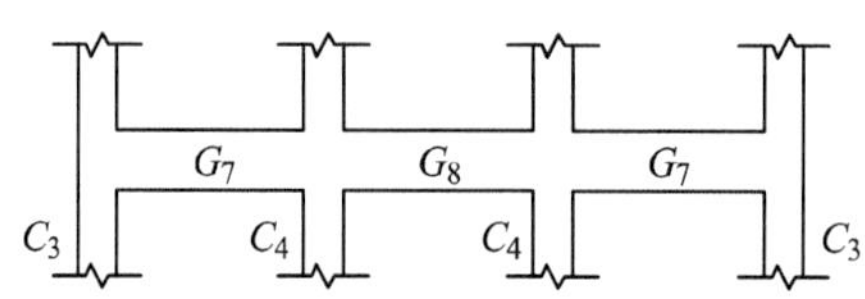

(d) *y*방향의 내부 기둥 골조 (3개 경간이고 최 외단 받침부가 기둥인 경우)

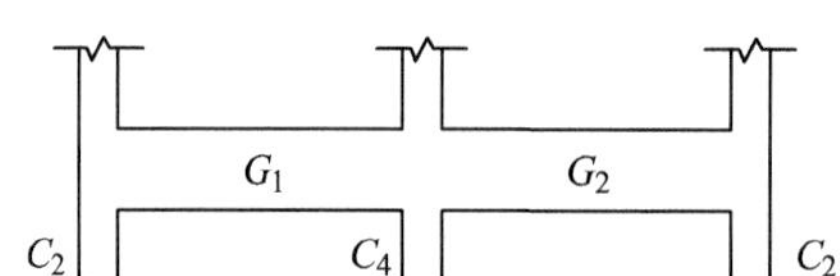

(e) *x*방향의 내부 기둥 골조 (2개 경간이고 최 외단 받침부가 기둥인 경우)

그림 9.12 연속 1방향 슬래브와 연속보의 형태[4)]

---

4) Chu-Kia. Wang, Charles. G. Salmon, Jose. A. Pincheira and Gustavo. J. Parra-Montesinos, Reinforced Concrete Design, Oxford University Press, 2018, p.240.

9.3.2. 연속 1방향 슬래브의 경간

철근콘크리트 보와 일체로 된 연속슬래브의 휨모멘트와 전단력을 산정하기 위한 경간을 KDS 14 20 10 (4.7)[5] 구조설계기준에서는 다음과 같이 규정하고 있다.

(1) 받침부와 일체로 되어 있지 않는 부재는 순경간에 보나 슬래브의 두께를 더한 값을 경간으로 하여야 한다. 그러나 그 값이 받침부의 중심간 거리를 초과할 필요는 없다.

(2) 골조 또는 연속구조물의 해석에서 휨멘트를 구할 때 사용하는 경간은 받침부의 중심간 거리로 하여야 한다. 받침부와 일체로 시공된 보의 경우 받침부 전면의 모멘트로 설계할 수 있다.

(3) 받침부와 일체로 된 3 m 이하의 순경간을 갖는 슬래브는 그 지지보의 폭을 무시하고 순경간을 경간으로 하는 연속보로 해석할 수 있다.

9.3.3. 1방향 슬래브의 근사해석법

(1) 근사해석법의 적용조건

KDS 14 20 10 (4.1)[6] 구조설계기준에서는 2경간 이상의 연속 1방향 슬래브나 연속보는 다음 조건을 만족하는 경우 근사해석법을 적용할 수 있다.

① 2경간 이상인 경우

② 인접한 2경간의 차이가 짧은 경간의 20% 이하인 경우 ($l_1/l_2 \leq 1.2$)

③ 등분포하중이 작용하는 경우

④ 활하중이 고정하중의 3배를 초과하지 않는 경우 ($w_L/w_D \leq 3$)

⑤ 부재의 단면 크기가 일정한 경우

(2) 근사해석법에 의한 휨모멘트 및 전단력

근사해석법의 적용 조건을 만족할 경우, KDS 14 20 10 (4.1) 구조설계기준에 따라 2경간 이상의 연속 1방향 슬래브나 연속보의 휨모멘트와 전단력은 다음에 따라 계산할 수 있다.

---

5) KDS 14 20 10 (4.7) 콘크리트구조 해석과 설계 원칙, 국토교통부 제정, 한국콘크리트학회 작성, 2021.

6) KDS 14 20 10 (4.1) 콘크리트구조 해석과 설계 원칙, 국토교통부 제정, 한국콘크리트학회 작성, 2021.

$$M_u = C_m (w_u l_n^2)$$

$$V_u = C_v \left(\frac{w_u l_n}{2} \right)$$

여기서, w_u : 단위 길이당 하중계수를 적용한 고정하중과 활하중의 합

$(w_u = 1.2 w_D + 1.6 w_L)$

C_m, C_v : 각각 모멘트계수와 전단력계수

l_n : 정모멘트 및 전단력에 대해서는 순경간이고 부모멘트에 대해서는 서로 이웃한 두 순경간의 평균값

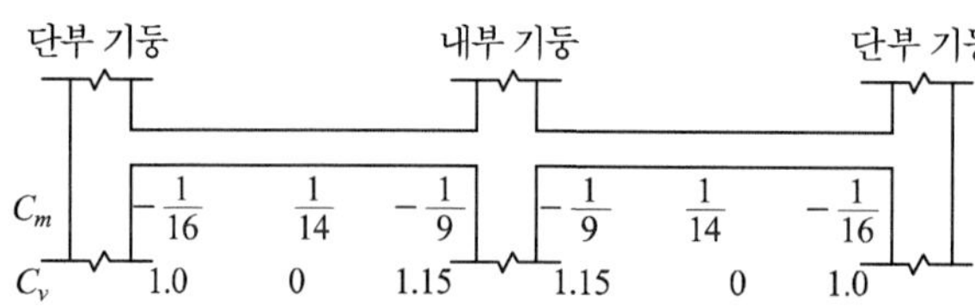

(a) 2개의 경간일 때

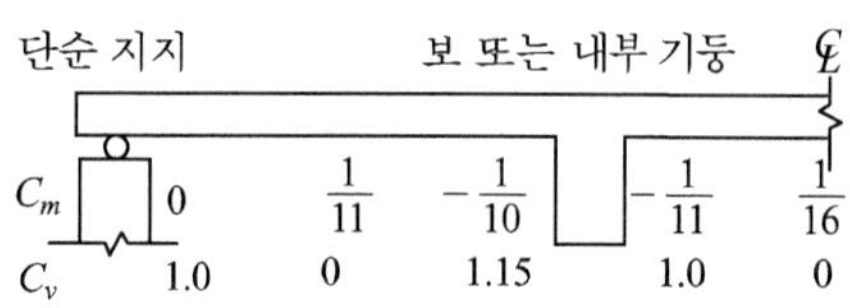

(b) 3개 이상의 경간이고 최 외단 받침부가 단순 지지(불연속단부가 구속되지 않은)인 경우

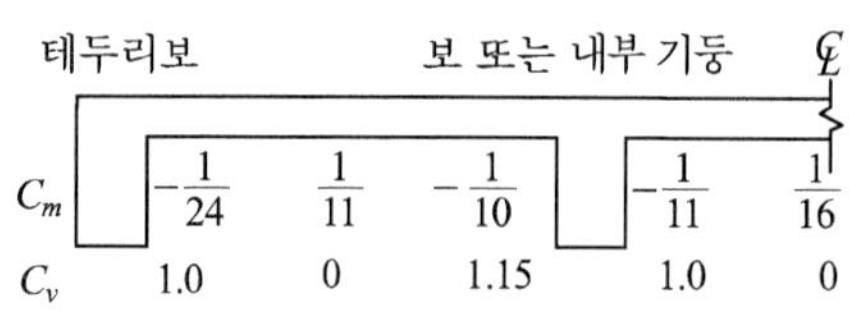

(c) 3개 이상의 경간이고 최 외단 받침부가 테두리보(불연속단부가 받침부와 일체)인 경우

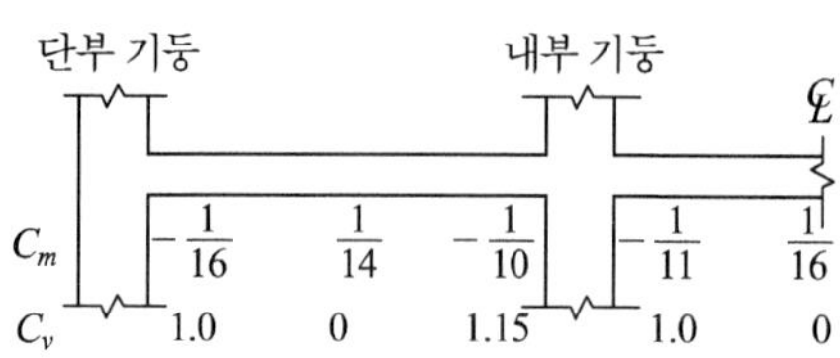

(d) 3개 이상의 경간이고 최 외단 받침부가 기둥(불연속단부가 받침부와 일체)인 경우

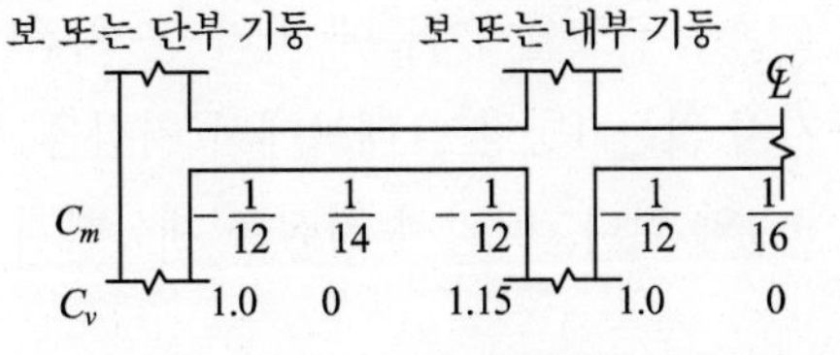

(e) 경간 3m 이하인 슬래브(경간수와 무관)

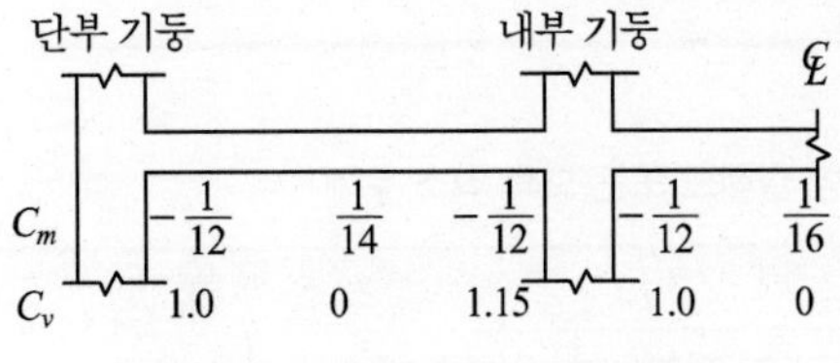

(f) 각 단에서 $\Sigma K_c \geq K_b$인 보

그림 9.13 근사해석법에서 모멘트계수 C_m과 전단력계수 C_v[7)]

9.3.4. 1방향 슬래브의 탄성해석법

탄성해석법은 근사해석법에 의해 휨모멘트와 전단력을 산정하기 위한 조건이 맞지 않을 경우 사용된다. 탄성해석법은 주로 컴퓨터를 이용한 구조해석 또는 고정모멘트법과 같은 손계산에 의한 구조해석을 수행하는 것이다.

탄성해석법이나 근사해석법에 의해 산정된 휨모멘트는 다음과 같이 수정하여 설계하도록 구조설계기준에서는 정하고 있다.

(1) 활하중에 의한 경간 중앙의 부모멘트는 산정된 값의 1/2만 취할 수 있다.

(2) 경간 중앙의 정모멘트는 양단 고정으로 보고 계산한 값 이상이어야 한다.

(3) 순경간이 3.0 m를 초과할 때 순경간 내면의 휨모멘트를 사용할 수 있다. 그러나 이 값들이 순경간을 경간으로 하여 계산한 고정단 휨모멘트 이상으로 하여야 한다.

9.3.5. 1방향 슬래브의 구조상세

(1) 1방향 슬래브의 최소 두께

KDS 14 20 70 (4.1.1.3)[8)] 구조설계기준에 따라 1방향 슬래브의 최소 두께는 100 mm 이상

---

7) 윤현도 외4인, 철근콘크리트구조, 동화기술, 2014, p.226.

8) KDS 14 20 70 (4.1.1.3) 콘크리트구조 슬래브와 기초판 설계기준, 국토교통부 제정, 한국콘크리트학회 작성, 2021.

으로 하며, 또한 KDS 14 20 30 (4.2.1)[9] 구조설계기준에 따라 큰 처짐에 의하여 손상되기 쉬운 칸막이벽이나 기타 구조물을 지지 않는 1방향 슬래브에서 처짐을 계산하지 않는 경우의 1방향 슬래브의 최소 두께는 표 9.4와 같다. 따라서 처짐을 계산하지 않는 경우의 1방향 슬래브의 최소 두께는 다음과 같다.

$$h_f \geq \max(\text{아래 표}, 100\text{ mm})$$

표 9.4 처짐을 계산하지 않는 경우 1방향 슬래브 또는 보의 최소 두께

부 재	최소 두께, h			
	단순 지지	1단 연속	양단 연속	캔틸레버
	큰 처짐에 의해 손상되기 쉬운 칸막이벽이나 기타 구조물을 지지 또는 부착하지 않은 부재			
1방향 슬래브	$l/20$	$l/24$	$l/28$	$l/10$
① 보 ② 리브가 있는 1방향 슬래브	$l/16$	$l/18.5$	$l/21$	$l/8$

여기서, 보통중량콘크리트($m_c = 2{,}300\text{ kg/m}^3$)와 설계기준항복강도 $f_y = 400$ MPa을 기준으로 하였으며, 다른 조건에 대해서는 다음과 같이 보정한다.

① 콘크리트의 단위체적질량 m_c가 $1{,}500 \sim 2{,}000\text{ kg/m}^3$인 경량콘크리트는 계산된 h값에 $(1.65 - 0.00031\,m_c)$를 곱하나 1.09 이상이어야 한다.

② 철근의 설계기준항복강도 f_y가 400 MPa 이외인 경우 계산된 h값에 $(0.43 + f_y/700)$를 곱한다.

여기서, h : 부재의 전체 두께 또는 깊이 (mm). 슬래브의 경우 $h = h_f$이다.
l : 부재의 길이 (mm)

(2) 철근의 간격 (s)

1방향 슬래브의 철근 간격은 KDS 14 20 50 (4.6.2)[10] 및 KDS 14 20 70 (4.1.1)[11] 구조설계기준에 따른 다음 표와 KDS 14 20 20 (4.2.3)[12] 구조설계기준에서의 주철근의 최대

9) KDS 14 20 30 (4.2.1) 콘크리트구조 사용성 설계기준, 국토교통부 제정, 한국콘크리트학회 작성, 2021.
10) KDS 14 20 50 (4.6.2) 콘크리트구조 철근상세 설계기준, 국토교통부 제정, 한국콘크리트학회 작성, 2021.
11) KDS 14 20 70 (4.1.1) 콘크리트 슬래브와 기초판 설계기준, 국토교통부 제정, 한국콘크리트학회 작성, 2021.
12) KDS 14 20 20 (4.2.3) 콘크리트구조 휨 및 압축 설계기준, 국토교통부 제정, 한국콘크리트학회 작성, 2021.

중심간격 $s_{\max}$ 을 만족하여야 한다.

표 9.5 1방향 슬래브의 철근 간격

주철근 (정모멘트 철근 및 부모멘트 철근의 중심간격)	위험단면	$s \le \min(2h_f,\ 300\text{mm})$
	기타의 단면	$s \le \min(3h_f,\ 450\text{mm})$
1방향 철근콘크리트 슬래브의 수축 · 온도철근의 간격 (정모멘트 철근 및 부모멘트 철근에 직각방향)		$s \le \min(5h_f,\ 450\text{mm})$

여기서, h_f : 슬래브의 전체 두께(mm)

KDS 14 20 20 (4.2.3)[13] 구조설계기준에서의 콘크리트 인장연단에 가장 가까이에 배치되는 주철근의 최대 중심간격 $s_{\max}$ 는 다음과 같다.

$$s_{\max} = \min\left[375\left(\frac{\kappa_{cr}}{f_s}\right) - 2.5\,c_c,\ 300\left(\frac{\kappa_{cr}}{f_s}\right)\right]$$

(3) 수축 · 온도철근

(가) 설계일반

슬래브에서 휨철근이 1방향으로만 배치된 경우, 이 휨철근 (주철근)에 직각방향으로 수축 · 온도철근을 배치한다.

(나) 수축 · 온도철근의 효과

① 응력을 분포시킨다 (배력철근).

② 주철근의 직각방향에 배치하여 주철근의 간격을 유지한다.

③ 콘크리트의 건조수축이나 온도변화에 대한 영향을 감소시킨다.

④ 균열을 분포시킨다.

(다) 1방향 철근콘크리트 슬래브의 수축 · 온도철근비 (ρ)

KDS 14 20 50 (4.6.2)[14] 구조설계기준에 따른 1방향 철근콘크리트 슬래브의 수축 · 온도철근비는 다음과 같다.

---

13) KDS 14 20 20 (4.2.3) 콘크리트구조 휨 및 압축 설계기준, 국토교통부 제정, 한국콘크리트학회 작성, 2021.

14) KDS 14 20 50 (4.6.2) 콘크리트구조 철근상세 설계기준, 국토교통부 제정, 한국콘크리트학회 작성, 2021.

① 1방향 슬래브에서 수축·온도철근으로 배치되는 이형철근의 최소철근비는 다음과 같다.

표 9.6 1방향 슬래브에서 수축·온도철근의 최소철근비

$f_y \le 400\text{MPa}$	$\rho_{\min} = 0.0020$
$f_y > 400\text{MPa}$	$\rho_{\min} = \max\left[0.0014,\ 0.0020\left(\frac{400}{f_y}\right)\right]$

주1 최소철근비는 콘크리트의 전체 단면적 $A_g\,(=bh_f)$에 대한 수축·온도철근의 단면적의 비이다. 따라서 최소철근량은 $A_{s,\min} = \rho_{\min}\,bh_f$이다.

주2 $f_y = 500\,\text{MPa}$인 경우는 $\rho_{\min} = 0.0016$이고, $f_y = 600\,\text{MPa}$인 경우는 $\rho_{\min} = 0.0014$이다.

주3 슬래브의 철근 간격은 $s \le 1{,}000\left(\frac{a_1}{A_s}\right)$ (mm)이다.

여기서, a_1 : 단일 철근의 단면적 (mm^2)

A_s : 단위 폭 1 m 내의 전체 사용 철근의 단면적 (mm^2/m)

② 수축·온도철근비에 전체 콘크리트의 단면적을 곱하여 계산한 수축·온도철근의 단면적을 단위 폭 1 m당 1,800 m^2보다 크게 취할 필요는 없다.

③ 수축·온도철근의 간격은 슬래브 두께의 5배 이하, 또한 450 mm 이하로 하여야 한다.

(4) 슬래브 끝의 단순 받침부의 철근 배치

슬래브 끝의 단순 받침부에서도 내민 슬래브에 의하여 부휨모멘트가 일어나는 경우에는 이에 상응하는 철근을 배치하여야 한다.

예제 9-3

강도설계법에서 1방향 슬래브 설계 시 휨철근에 직각방향으로 배치되는 D10 철근의 최대 간격으로 옳은 것은? (단, 슬래브의 전체 두께는 150 mm이고, 철근은 f_y =400 MPa의 도막되지 않은 철근이며, D10의 단면적은 71.3 mm^2이다.)

㉮ 200 mm ㉯ 230 mm ㉰ 260 mm ㉱ 300 mm

풀이

1\. 수축 · 온도철근의 철근비에 따른 철근의 간격

$\rho_{\min} = 0.0020$

$A_{s,\min} = \rho_{\min} b h_f = 0.0020 \times 1{,}000 \times 150 = 300\ \mathrm{mm^2/m} < 1{,}800\ \mathrm{mm^2/m}$

$$s \le 1{,}000\left(\frac{a_1}{A_{s,\min}}\right) = 1{,}000 \times \left(\frac{71.3}{300}\right) = 238\ \mathrm{mm}$$

2\. 수축 · 온도철근의 간격

$s \le \min(5h_f,\ 450\ \mathrm{mm}) = \min(5 \times 150,\ 450) = 450\ \mathrm{mm}$

따라서, $s \le 238$ mm 이므로 철근의 최대 간격은 230 mm이다.

답 ㉯

예제 9-4

강도설계법에서 슬래브의 두께 h_f =210 mm이고 D13@300으로 배치된 철근콘크리트 1방향 슬래브에서 설계휨강도 (M_d)를 산정하시오. (단, 콘크리트는 f_{ck} = 24 MPa의 보통중량콘크리트이고, 철근은 f_y = 400 MPa의 도막되지 않은 철근이며, D13의 단면적은 126.7 mm^2이다.)

풀이

1\. 슬래브의 폭 b

단위 폭 1 m인 보로 가정하므로 $b = 1{,}000$ mm

2\. 유효깊이 d의 산정

$$d = h_f - 20 - \frac{d_b}{2} = 210 - 20 - \frac{12.7}{2} = 184\ \mathrm{mm}$$

$\therefore\ d = 180$ mm로 함.

여기서, d_b는 주철근의 공칭지름 (mm)이다.

3\. 단위 폭 1 m 내에 배치된 철근의 단면적

$$A_s = 1{,}000\left(\frac{a_1}{s}\right) = 1{,}000 \times \left(\frac{126.7}{300}\right) = 422\ \mathrm{mm^2/m}$$

4. 최소철근량 $A_{s,\min}$ 검토

$\rho_{\min} = 0.0020$

$A_{s,\min} = \rho_{\min} b h_f = 0.0020 \times 1{,}000 \times 210 = 420\ \mathrm{mm}^2/\mathrm{m} < 1{,}800\ \mathrm{mm}^2/\mathrm{m}$

$A_s = 422\ \mathrm{mm}^2/\mathrm{m} \geq A_{s,\min} = 420\ \mathrm{mm}^2/\mathrm{m}$ OK

5. 등가직사각형 압축응력블록의 깊이 a의 산정

$$a = \frac{A_s f_y}{\eta(0.85 f_{ck})\, b} = \frac{422 \times 400}{1.00 \times 0.85 \times 24 \times 1{,}000} = 8.3\ \mathrm{mm}$$

6. β_1과 ϵ_{cu}의 결정

$f_{ck} \leq 40$ MPa이므로 $\beta_1 = 0.80$이고, $\epsilon_{cu} = 0.0033$이다.

7. 저보강보 $(f_s = f_y)$의 검토

$d = 180\ \mathrm{mm}$ (1단 배치로 가정)

$$c = \frac{a}{\beta_1} = \frac{8.3}{0.80} = 10.4\ \mathrm{mm}$$

$$\epsilon_s = \left(\frac{d-c}{c}\right)\epsilon_{cu} = \left(\frac{180-10.4}{10.4}\right) \times 0.0033 = 0.0538$$

$$\epsilon_y = \frac{f_y}{E_s} = \frac{400}{2.0 \times 10^5} = 0.0020$$

$\epsilon_s = 0.0538 \geq \epsilon_y = 0.0020$이다.

$\therefore\ f_s = f_y$

8. 순인장변형률, 휨부재의 최소 허용변형률 검토 및 강도감소계수

1) 순인장변형률 ϵ_t 의 산정

$d_t = d = 180\ \mathrm{mm}$ (1단 배치로 가정)

$$\epsilon_t = \left(\frac{d_t - c}{c}\right)\epsilon_{cu} = \left(\frac{180-10.4}{10.4}\right) \times 0.0033 = 0.0538$$

2) 휨부재의 최소 허용변형률 ϵ_{ta}

$f_y = 400$ MPa이므로 $\epsilon_{ta} = 0.0040$이다.

$\therefore\ \epsilon_t = 0.0538 \geq \epsilon_{ta} = 0.0040$ OK

3) 강도감소계수 ϕ의 산정

$\epsilon_t = 0.0538 \geq \epsilon_{tt} = 0.0050$이므로 인장지배 단면이다.

$\therefore\ \phi = 0.85$

9. 공칭휨강도 M_n의 산정

$$M_n = A_s f_y\left(d - \frac{a}{2}\right) = 422 \times 400 \times \left(180 - \frac{8.3}{2}\right) = 29.7 \times 10^6\ \mathrm{N \cdot mm} = 29.7\ \mathrm{kN \cdot m}$$

10. 설계휨강도 $M_d = \phi M_n$의 산정

$$M_d = \phi M_n = 0.85 \times 29.7 = 25.2\ \mathrm{kN \cdot m}$$

예제 9-5

슬래브의 두께 $h_f = 210$ mm인 철근콘크리트 1방향 슬래브에서 설계휨모멘트 $M_d = 40$ kN · m를 받도록 설계하려고 한다. 이 때 D13 철근을 사용할 경우 철근의 간격을 결정하시오. (단, 콘크리트는 $f_{ck} = 24$ MPa의 보통중량콘크리트이고, 철근은 $f_y = 400$ MPa의 도막되지 않은 철근이며, D13의 단면적은 126.7 mm^2이다.)

풀이

1. 슬래브의 폭 b

단위 폭 1 m인 보로 가정하므로 $b = 1{,}000$ mm

2. 유효깊이 d의 산정

$$d = h_f - 20 - \frac{d_b}{2} = 210 - 20 - \frac{12.7}{2} = 184\ \mathrm{mm}$$

$\therefore\ d = 180$ mm로 함.

여기서, d_b는 주철근의 공칭지름 (mm)이다.

3. 소요강도 M_u

$M_u \le M_d = 40.0$ kN · m

$\therefore\ M_u = 40.0$ kN · m

4. 철근비 산정

$\phi = 0.85$, $f_s = f_y$로 가정

$$R_n = \frac{M_u}{\phi b d^2} = \frac{40.0 \times 10^6}{0.85 \times 1{,}000 \times 180^2} = 1.4524\ \mathrm{MPa}$$

$$\rho = \frac{\eta(0.85 f_{ck})}{f_y}\left[1 - \sqrt{1 - \frac{2R_n}{\eta(0.85 f_{ck})}}\right]$$

$$= \left(\frac{1.00 \times 0.85 \times 24}{400}\right) \times \left(1 - \sqrt{1 - \frac{2 \times 1.4524}{1.00 \times 0.85 \times 24}}\right) = 0.0038$$

5. 철근량 산정

$A_s = \rho b d = 0.0038 \times 1{,}000 \times 180 = 684\ \text{mm}^2/\text{m}$

6. 단위 폭 1 m 내에 배치된 철근 간격

$s = 1{,}000\left(\dfrac{a_1}{A_s}\right) = 1{,}000 \times \left(\dfrac{126.7}{684}\right) = 185\ \text{mm/m}$ → D13@150

주1 철근의 간격은 일반적으로 현장의 시공성을 고려하여 50 mm 간격으로 결정한다.

7. 단위 폭 1 m 내에 D13@150으로 배치된 철근의 단면적

$A_s = 1{,}000\left(\dfrac{a_1}{s}\right) = 1{,}000 \times \left(\dfrac{126.7}{150}\right) = 845\ \text{mm}^2/\text{m}$

8. 최소철근량 $A_{s,\min}$ 검토

$\rho_{\min} = 0.0020$

$A_{s,\min} = \rho_{\min}\, b\, h_f = 0.0020 \times 1{,}000 \times 210 = 420\ \text{mm}^2/\text{m} < 1{,}800\ \text{mm}^2/\text{m}$

$A_s = 845\ \text{mm}^2/\text{m} \geq A_{s,\min} = 420\ \text{mm}^2/\text{m}$ OK

9. 등가직사각형 압축응력블록의 깊이 a의 산정

$a = \dfrac{A_s f_y}{\eta(0.85 f_{ck})\, b} = \dfrac{845 \times 400}{1.00 \times 0.85 \times 24 \times 1{,}000} = 16.6\ \text{mm}$

10. β_1과 ϵ_{cu}의 결정

$f_{ck} \leq 40$ MPa이므로 $\beta_1 = 0.80$이고, $\epsilon_{cu} = 0.0033$이다.

11. 저보강보 ($f_s = f_y$)의 검토

$d = 180$ mm (1단 배치로 가정)

$c = \dfrac{a}{\beta_1} = \dfrac{16.6}{0.80} = 20.8\ \text{mm}$

$\epsilon_s = \left(\dfrac{d-c}{c}\right)\epsilon_{cu} = \left(\dfrac{180-20.8}{20.8}\right) \times 0.0033 = 0.0253$

$\epsilon_y = \dfrac{f_y}{E_s} = \dfrac{400}{2.0 \times 10^5} = 0.0020$

$\epsilon_s = 0.0253 \geq \epsilon_y = 0.0020$이다.

$\therefore\ f_s = f_y$

12. 순인장변형률, 휨부재의 최소 허용변형률 검토 및 강도감소계수

1) 순인장변형률 ϵ_t의 산정

$d_t = d = 180\text{ mm}$ (1단 배치로 가정)

$$\epsilon_t = \left(\frac{d_t - c}{c}\right)\epsilon_{cu} = \left(\frac{180-20.8}{20.8}\right) \times 0.0033 = 0.0253$$

2) 휨부재의 최소 허용변형률 ϵ_{ta}

$f_y = 400\text{ MPa}$이므로 $\epsilon_{ta} = 0.0040$이다.

$\therefore\ \epsilon_t = 0.0253 \ge \epsilon_{ta} = 0.0040$ OK

3) 강도감소계수 ϕ의 산정

$\epsilon_t = 0.0253 \ge \epsilon_{tt} = 0.0050$이므로 인장지배 단면이다.

$\therefore\ \phi = 0.85$

13. 정미식에 의한 철근량 A_s의 산정

$M_d = \phi M_n\ (\phi = 0.85)$

$$M_d = \phi M_n = \phi A_s f_y\left(d - \frac{a}{2}\right)$$

$$A_s = \frac{M_d}{\phi f_y\left(d - \frac{a}{2}\right)} = \frac{40.0 \times 10^6}{0.85 \times 400 \times \left(180 - \frac{16.6}{2}\right)} = 685\text{ mm}^2/\text{m}$$

$\le 845\text{ mm}^2/\text{m}$ (D13@150으로 배치된 철근의 단면적) OK

$\therefore$ D13@150 ($A_s = 845\text{ mm}^2/\text{m}$)

9.3.6. 1방향 슬래브의 설계

1방향 슬래브의 설계는 단위 폭 1m의 보가 연속되어 거동하는 것으로 가정하고, 단위 폭 1 m인 보에 대하여 휨설계 방법과 동일한 방법으로 휨철근량 A_s를 산정한 후, 이를 전체 폭에 걸쳐 배치한다.

(1) 1방향 슬래브의 설계순서

① 근사해석법의 적용조건 검토

㉠ 2경간 이상인 경우

㉡ 인접한 2경간의 차이가 짧은 경간의 20% 이하인 경우 ($l_1/l_1' \le 1.2$)

㉢ 등분포하중이 작용하는 경우

㉣ 활하중이 고정하중의 3배를 초과하지 않는 경우 $(w_L/w_D \leq 3)$

㉤ 부재의 단면 크기가 일정한 경우

② 처짐계산을 하지 않는 경우 1방향 슬래브의 최소 두께 h_f 결정

③ 유효깊이 d의 결정

$d = h_f - 20 - d_b/2 \fallingdotseq h_f - 30$ (mm)

④ 소요강도 $M_u (= 1.2M_D + 1.6M_L)$ 산정

⑤ 철근량 A_s의 산정

㉠ 철근비 산정

$$R_n = \frac{M_u}{\phi b d^2} \ (\phi = 0.85 \text{로 가정})$$

$$\rho = \frac{\eta(0.85 f_{ck})}{f_y}\left[1 - \sqrt{1 - \frac{2R_n}{\eta(0.85 f_{ck})}}\,\right]$$

㉡ 철근량 A_s의 산정 ($f_s = f_y$로 가정)

$$A_s = \rho b d$$

㉢ 등가직사각형 압축응력블록의 깊이 a의 산정

$$a = \frac{A_s f_y}{\eta(0.85 f_{ck}) b}$$

㉣ 정산식에 의한 철근량 A_s의 산정

$$A_s = \frac{M_u}{\phi f_y \left(d - \dfrac{a}{2}\right)}$$

⑥ 최소철근량 $A_{s,\min}$의 검토

⑦ 등가직사각형 압축응력블록의 깊이 a의 산정

⑧ 저보강보 $(f_s = f_y)$의 검토

$\epsilon_s \geq \epsilon_y$ (또는 $a/d \leq a_b/d$)이면 $f_s = f_y$이다.

⑨ 순인장변형률 ϵ_t의 산정 및 휨부재의 최소 허용변형률 ϵ_{ta} 검토

$$\epsilon_t = \left(\frac{d_t - c}{c}\right)\epsilon_{cu} = \left(\frac{d_t}{c} - 1\right)\epsilon_{cu} \text{ 또는 } \frac{a}{d_t}$$

$$f_y \leq 400 \text{ MPa인 경우, } \epsilon_t \geq \epsilon_{ta} = 0.0040$$
$$f_y = 500 \text{ MPa인 경우, } \epsilon_t \geq \epsilon_{ta} = 0.0050$$
$$f_y = 600 \text{ MPa인 경우, } \epsilon_t \geq \epsilon_{ta} = 0.0060$$

⑩ 강도감소계수 ϕ의 산정

$\epsilon_c \geq \epsilon_{cu}$일 때, $\epsilon_t \geq \epsilon_{tt}$ 또는 $\dfrac{a}{d_t} \leq \dfrac{a_{tcl}}{d_t}$ 이면 인장지배 단면이고 $\phi = 0.85$가 된다.

$$f_y \leq 400 \text{ MPa인 경우, } \epsilon_t \geq \epsilon_{tt} = 0.0050$$
$$f_y = 500 \text{ MPa인 경우, } \epsilon_t \geq \epsilon_{tt} = 0.00625$$
$$f_y = 600 \text{ MPa인 경우, } \epsilon_t \geq \epsilon_{tt} = 0.0075$$

또한 $\epsilon_c = \epsilon_{cu}$일 때, $\epsilon_{tc} < \epsilon_t < \epsilon_{tt}$ 또는 $\dfrac{a_{tcl}}{d_t} < \dfrac{a}{d_t} < \dfrac{a_{ccl}}{d_t}$ 이면 변화구간 단면이고 강도감소계수 ϕ는 다음과 같이 산정한다.

$$\phi = 0.65 + (\epsilon_t - \epsilon_y) \times O \text{ 또는}$$
$$\phi = 0.65 + \frac{0.20}{\left[\dfrac{1}{(c_{tcl}/d_t)} - \dfrac{1}{(c_{ccl}/d_t)}\right]}\left[\frac{1}{(c/d_t)} - \frac{1}{(c_{ccl}/d_t)}\right]$$

⑪ 공칭휨강도 M_n의 산정

⑫ 설계휨강도 $M_d = \phi M_n$의 산정

⑬ $M_u \leq M_d = \phi M_n$의 검토

⑭ 철근의 배치간격 검토($s_{\min} \leq s \leq s_{\max}$)

(2) 1방향 슬래브의 철근상세

1방향 슬래브의 철근상세는 계산된 전단력과 휨모멘트에 대해 철근의 간격, 정착길이 등을 산정해야 한다. 그러나 ACI의 Detailing Manual에서는 1방향 슬래브의 단부 경간(End Span)과 내부 경간(Interior Span)에 대한 표준 철근상세를 그림 9.14와 같이 제안하고 있다.

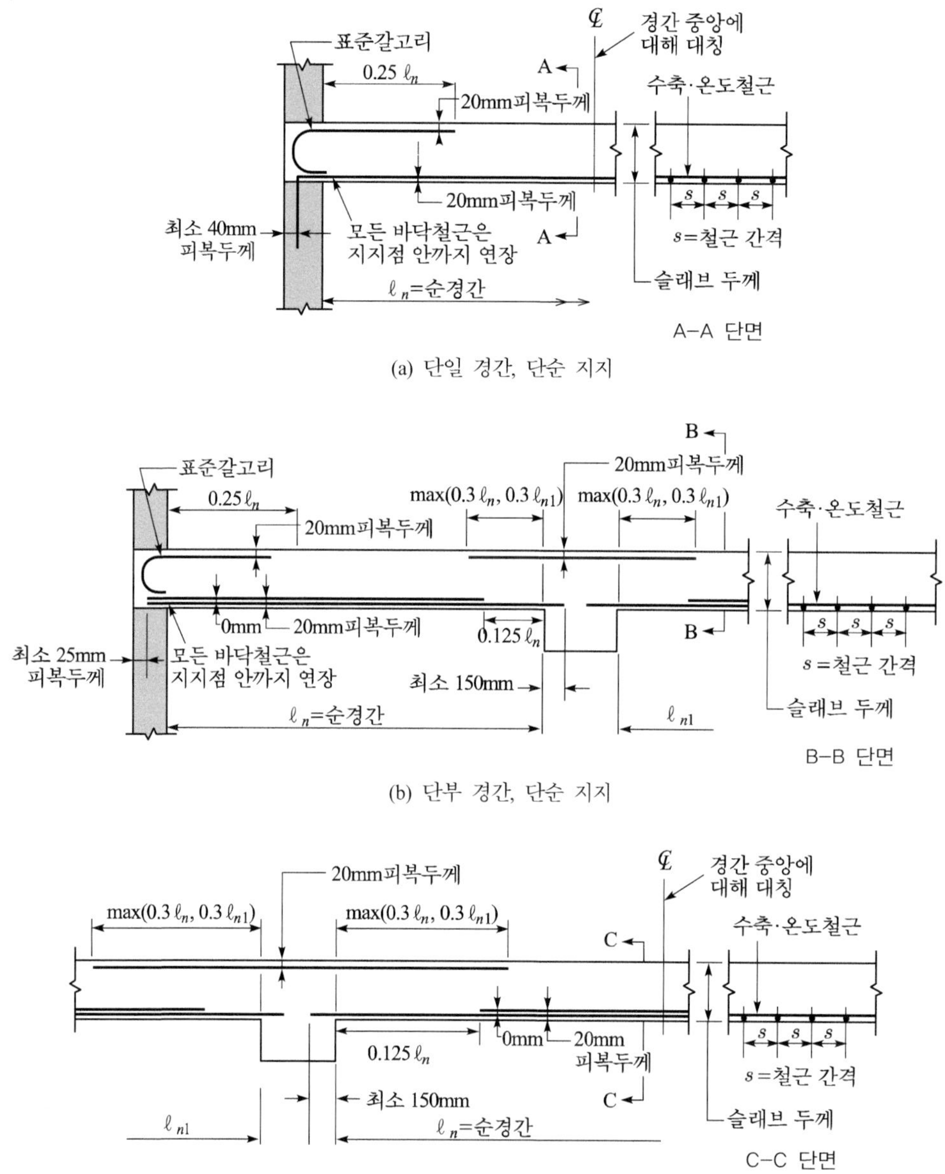

(a) 단일 경간, 단순 지지

(b) 단부 경간, 단순 지지

(c) 내부 경간, 양단 연속

그림 9.14 1방향 슬래브의 표준 철근상세[15]

---

15) ACI Committee, ACI Detailing Manual–2004, Publication SP–66(04), American Concrete Institute, Farmington Hills, MI, 2004, p.20.

예제 9-6

보의 중심간격은 그림과 같고 보 폭이 300 mm이며, 사용고정하중 $w_D = 5\,\text{kN/m}^2$이고 사용활하중 $w_L = 8\,\text{kN/m}^2$으로 할 경우, 그림과 같은 1방향 슬래브를 설계하시오. (단, 콘크리트는 $f_{ck} = 24$ MPa의 보통중량콘크리트이고, 철근은 $f_y = 400$ MPa의 도막되지 않은 철근이다.)

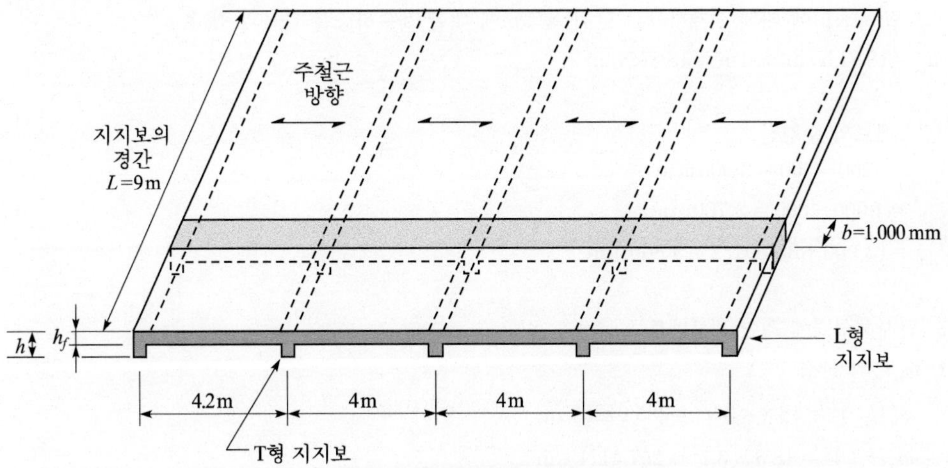

그림 9.15

풀이

1. 1방향 슬래브의 근사해석법 적용여부

1) 2경간 이상인 경우 : 4경간 OK

2) 인접한 2경간의 차이가 짧은 경간의 20% 이하인 경우 : $l_1 = 4,200$ mm, $l_1' = 4,000$ mm이므로

$l_1/l_1' = 4,200/4,000 = 1.05 \le 1.2$ OK

3) 등분포하중이 작용하는 경우 : 집중하중이 작용하지 않음 OK

4) 활하중이 고정하중의 3배를 초과하지 않는 경우 : $w_L/w_D = 8/5 = 1.6 \le 3$ OK

5) 부재의 단면 크기가 일정한 경우 : 부재의 단면이 일정 OK

2. 처짐계산을 하지 않는 경우 1방향 슬래브의 최소 두께

1) 단부 경간 (1단 연속)

$$h_{f,\min} = \frac{l}{24} = \frac{4,200}{24} = 175\,\text{mm}$$

2) 내부 경간(양단 연속)

$$h_{f,\min} = \frac{l}{28} = \frac{4,000}{28} = 143\,\text{mm}$$

슬래브의 두께를 175 mm 이상으로 하면 처짐을 계산 (검토)하지 않아도 된다. 따라서 슬래브의

두께 (h_f)를 180 mm로 가정하여 설계한다.

$\therefore\ h_f = 180\,\text{mm}$

3. 계수하중

$w_u = 1.2w_D + 1.6w_L = 1.2\times5 + 1.6\times8 = 18.8\,\text{kN/m}^2$

1방향 슬래브의 근사해석법은 슬래브가 지지되어 있는 받침부에 대해 직각을 이루는 단위 폭 1 m의 스트립 (strip)에 대해 설계하므로 단위 폭 1 m에 대한 계수하중은 다음과 같다.

$w_u = 18.8\,\text{kN/m}^2 \times 1\text{m} = 18.8\,\text{kN/m}$

4. 슬래브의 순경간

$l_{n1} = 4{,}200 - 300 = 3{,}900\,\text{mm}$

$l_{n1}{}' = 4{,}000 - 300 = 3{,}700\,\text{mm}$

$l_{nm} = (3{,}900 + 3{,}700)/2 = 3{,}800\,\text{mm}$

5. 근사해석법에 의한 휨모멘트

1) $w_u l_n^2$의 산정

$w_u(l_{n1})^2 = 18.8\times3.9^2 = 285.9\,\text{kN}\cdot\text{m}$

$w_u(l_{n1}{}')^2 = 18.8\times3.7^2 = 257.4\,\text{kN}\cdot\text{m}$

$w_u(l_{nm})^2 = 18.8\times3.8^2 = 271.5\,\text{kN}\cdot\text{m}$

2) 단부 경간에서 외측면의 부모멘트

$$M_u = -\frac{1}{24}w_u(l_{n1})^2 = -\frac{1}{24}\times285.9 = -11.9\,\text{kN}\cdot\text{m}$$

3) 단부 경간에서 중앙의 정모멘트

$$M_u = \frac{1}{14}w_u(l_{n1})^2 = \frac{1}{14}\times285.9 = 20.4\,\text{kN}\cdot\text{m}$$

4) 단부 경간에서 내측면의 부모멘트

$$M_u = -\frac{1}{10}w_u(l_{nm})^2 = -\frac{1}{10}\times271.5 = -27.2\,\text{kN}\cdot\text{m}$$

5) 내부 경간에서 측면의 부모멘트

$$M_u = -\frac{1}{11}w_u(l_{nm})^2 = -\frac{1}{11}\times271.5 = -24.7\,\text{kN}\cdot\text{m}$$

6) 내부 경간에서 중앙의 정모멘트

$$M_u = \frac{1}{16}w_u(l_{n1}{}')^2 = \frac{1}{16}\times257.4 = 16.1\,\text{kN}\cdot\text{m}$$

6. 유효깊이 d의 산정 (D13 철근으로 가정)

$$d = h_f - 20 - \frac{d_b}{2} = 180 - 20 - \frac{12.7}{2} = 154\,\text{mm}$$

$\therefore\ d=150\ \mathrm{mm}$ 로 함.

7. β_1과 ϵ_{cu}의 결정

$f_{ck} \le 40\ \mathrm{MPa}$이므로 $\beta_1=0.80$이고, $\epsilon_{cu}=0.0033$이다.

8. 최대 휨모멘트에 대한 슬래브의 두께 검토

1) 철근비 산정

슬래브의 철근비를 균형철근비의 50%로 하여 최대 휨모멘트에 대한 슬래브의 두께를 검토하고 최대 휨모멘트에 대한 철근량을 산정한 후 인장지배 단면을 만족하는지를 검토한다.

$M_{\max}=M_u=27.2\,\mathrm{kN\cdot m}$

$\rho=0.5\rho_b$ (가정)

$$\rho_b=\frac{\beta_1\eta(0.85f_{ck})}{f_y}\left(\frac{660}{660+f_y}\right)=\left(\frac{0.80\times1.00\times0.85\times24}{400}\right)\times\left(\frac{660}{660+400}\right)=0.0254$$

$\rho=0.5\rho_b=0.5\times0.0254=0.0127\rightarrow0.0125$으로 가정

(일반적으로 철근비는 $0.35\rho_b\le\rho\le0.5\rho_b$ 정도이다.)

2) 슬래브 두께 검토

$$\omega=\frac{\rho f_y}{\eta f_{ck}}=\frac{0.0125\times400}{1.00\times24}=0.2083$$

$$\phi R_n=\phi[\eta f_{ck}\,\omega(1-0.59\,\omega)]$$

$$=0.85\times[1.00\times24\times0.2083\times(1-0.59\times0.2083)]=3.73\ \mathrm{MPa(N/mm^2)}$$

$$M_u\le M_d=\phi M_n=\phi R_n b d^2$$

$$d^2\ge\frac{M_u}{\phi R_n b}=\frac{27.2\times10^6\mathrm{N\cdot mm}}{3.73\mathrm{N/mm^2}\times1{,}000\mathrm{mm}}=7{,}292\ \mathrm{mm}^2$$

$\therefore\ d\ge85\ \mathrm{mm}$ OK

따라서 $d=150\ \mathrm{mm}$이므로 최대 휨모멘트에 대한 슬래브의 두께는 적당하다.

9. 최대 전단력에 대한 슬래브의 두께 검토

1) 최대 전단력

$$V_u=\frac{1.15}{2}w_u l_{n1}=\frac{1.15}{2}\times18.8\times3.9=42.2\ \mathrm{kN}$$

2) 위험단면은 받침부로부터 유효깊이 d만큼 떨어진 면에 대해 전단을 검토해야 하나, 일반적으로 슬래브에서는 전단에 대해 안전하므로 계산의 간편을 위해 받침부면을 위험단면으로 가정하고 최대 전단력에 대한 슬래브의 두께를 검토한다.

슬래브의 경우 $V_u\le\phi V_c$ 인 경우 전단철근을 배치하지 않아도 된다.

$\phi=0.75$

$\lambda=1.0$ ($\because$ 보통중량콘크리트)

$$V_u = 40\,\text{kN} \le V_d = \phi V_c = \phi \frac{1}{6} \lambda \sqrt{f_{ck}}\, b_w d$$

$$d \ge \frac{V_u}{\phi \frac{1}{6} \lambda \sqrt{f_{ck}}\, b} = \frac{42.2 \times 10^3}{0.75 \times \frac{1}{6} \times 1.0 \times \sqrt{24} \times 1{,}000} = 69\,\text{mm}$$

$\therefore\ d \ge 69\,\text{mm}$ OK

따라서 $d = 150\,\text{mm}$ 이므로 최대 전단력에 대한 슬래브의 두께는 적당하다.

10. 최대 휨모멘트에 대한 철근량 A_s의 산정

1) 철근비 산정

$\phi = 0.85$로 가정

$$R_n = \frac{M_u}{\phi b d^2} = \frac{27.2 \times 10^6}{0.85 \times 1{,}000 \times 150^2} = 1.4222\,\text{MPa}$$

$$\rho = \frac{\eta(0.85 f_{ck})}{f_y}\left[1 - \sqrt{1 - \frac{2R_n}{\eta(0.85 f_{ck})}}\right]$$

$$= \left(\frac{1.00 \times 0.85 \times 24}{400}\right) \times \left(1 - \sqrt{1 - \frac{2 \times 1.4222}{1.00 \times 0.85 \times 24}}\right) = 0.0037$$

2) 철근량 산정

$f_s = f_y$ 로 가정

$$A_s = \rho b d = 0.0037 \times 1{,}000 \times 150 = 555\,\text{mm}^2/\text{m}$$

11. 단위 폭 1 m 내에 배치된 철근 간격

1-D13의 단면적은 $126.7\,\text{mm}^2$

$$s = 1{,}000\left(\frac{a_1}{A_s}\right) = 1{,}000 \times \left(\frac{126.7}{555}\right) = 228\,\text{mm/m} \ \rightarrow\ \text{D13@200}$$

> 주1 철근의 간격은 일반적으로 현장의 시공성을 고려하여 50 mm 간격으로 결정한다.

12. 수축·온도철근의 최소철근비에 따른 철근의 중심간격 검토

$\rho_{\min} = 0.0020$

$$A_{s,\min} = \rho_{\min} b h_f = 0.0020 \times 1{,}000 \times 180 = 360\,\text{mm}^2/\text{m} < 1{,}800\,\text{mm}^2/\text{m}$$

$$s_{\max} = 1{,}000\left(\frac{a_1}{A_{s,\min}}\right) = 1{,}000 \times \left(\frac{126.7}{360}\right) = 352\,\text{mm/m}$$

$\therefore\ s = 200\,\text{mm} \le s_{\max} = 352\,\text{mm}$ OK

13. 1방향 슬래브의 수축·온도철근의 중심간격 검토

$$s_{\max} = \min(5h_f,\ 450\,\text{mm}) = \min(5 \times 180,\ 450) = \min(900,\ 450) = 450\,\text{mm}$$

$\therefore\ s = 200\ \text{mm} \le s_{\max} = 450\ \text{mm}$ OK

14. 주철근의 중심간격 검토

1) 위험단면에서 주철근의 최대 중심간격

$$s_{\max} = \min(2h_f,\ 300\text{mm}) = \min(2\times 180,\ 300) = \min(360,\ 300) = 300\ \text{mm}$$

$\therefore\ s = 200\ \text{mm} \le s_{\max} = 300\ \text{mm}$ OK

2) 1방향 슬래브의 주철근의 최대 중심간격 (표 4.15 참고)

$$\kappa_{cr} = 280$$

$$f_s = \frac{2}{3} f_y = \frac{2}{3} \times 400 = 267\ \text{MPa}$$

$$c_c = 20.0\ \text{mm}$$

$$s_{\max} = \min\left[375\left(\frac{\kappa_{cr}}{f_s}\right) - 2.5\, c_c,\ \ 300\left(\frac{\kappa_{cr}}{f_s}\right)\right]$$

$$= \min\left[375 \times \left(\frac{280}{267}\right) - 2.5 \times 20.0,\ \ 300 \times \left(\frac{280}{267}\right)\right] = \min(343,\ 315) = 315\ \text{mm}$$

$\therefore\ s = 200\ \text{mm} \le s_{\max} = 315\ \text{mm}$ OK

15. 단위 폭 1 m 내에 D13@200으로 배치된 철근의 단면적

$$A_s = 1{,}000\left(\frac{a_1}{s}\right) = 1{,}000 \times \left(\frac{126.7}{200}\right) = 634\ \text{mm}^2/\text{m}$$

16. 등가직사각형 압축응력블록의 깊이 a의 산정

$$a = \frac{A_s f_y}{\eta(0.85 f_{ck})\, b} = \frac{634 \times 400}{1.00 \times 0.85 \times 24 \times 1{,}000} = 12.4\ \text{mm}$$

17. 정미식에 의한 철근량 A_s의 산정

$$M_d = \phi M_n \ \ (\phi = 0.85)$$

$$M_d = \phi M_n = \phi A_s f_y \left(d - \frac{a}{2}\right)$$

$$A_s = \frac{M_d}{\phi f_y\left(d - \frac{a}{2}\right)} = \frac{27.2 \times 10^6}{0.85 \times 400 \times \left(150 - \frac{12.4}{2}\right)} = 556\ \text{mm}^2/\text{m}$$

$\le 634\ \text{mm}^2/\text{m}$ (D13@200으로 배치된 철근의 단면적) OK

$\therefore$ D13@200 ($A_s = 634\ \text{mm}^2/\text{m}$)

18. 저보강보 ($f_s = f_y$)의 검토

$d = 150\ \text{mm}$ (1단 배치로 가정)

$$c = \frac{a}{\beta_1} = \frac{12.4}{0.80} = 15.5\ \mathrm{mm}$$

$$\epsilon_s = \left(\frac{d-c}{c}\right)\epsilon_{cu} = \left(\frac{150-15.5}{15.5}\right) \times 0.0033 = 0.0286$$

$$\epsilon_y = \frac{f_y}{E_s} = \frac{400}{2.0 \times 10^5} = 0.0020$$

$\epsilon_s = 0.0286 \geq \epsilon_y = 0.0020$이다.

$\therefore\ f_s = f_y$

19. 순인장변형률, 휨부재의 최소 허용변형률 검토 및 강도감소계수

1) 순인장변형률 ϵ_t 의 산정

$d_t = d = 150\ \mathrm{mm}$ (1단 배치로 가정)

$$\epsilon_t = \left(\frac{d_t - c}{c}\right)\epsilon_{cu} = \left(\frac{150-15.5}{15.5}\right) \times 0.0033 = 0.0286$$

2) 휨부재의 최소 허용변형률 ϵ_{ta}

$f_y = 400$ MPa이므로 $\epsilon_{ta} = 0.0040$이다.

$\therefore\ \epsilon_t = 0.0286 \geq \epsilon_{ta} = 0.0040$ OK

3) 강도감소계수 ϕ의 산정

$\epsilon_t = 0.0286 > \epsilon_{tt} = 0.0050$이므로 인장지배 단면이다.

$\therefore\ \phi = 0.85$

20. 슬래브의 휨철근 산정

표 9.7 1방향 슬래브의 설계

BMD (kN · m)	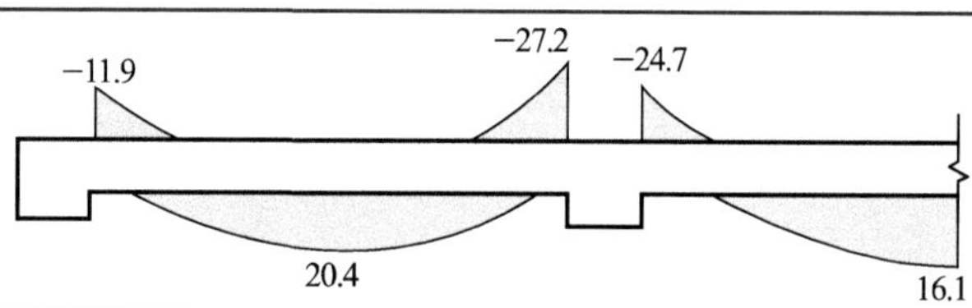				
C_m (모멘트계수)	−1/24	1/14	−1/10	−1/11	1/16
M_u (kN · m)	−11.9	20.4	−27.2	−24.7	16.1
계산 철근량, A_s (mm^2)	240	405	555	495	315
휨모멘트에 대한 철근 간격, s (mm)	528	313	228	256	402
수축 · 온도철근의 최소철근비에 따른 철근 간격, s (mm)	352	352	352	352	352

1방향 슬래브의 수축 · 온도철근의 간격, s_{max}	450	450	450	450	450
주철근의 최대 간격, $s_{max} = \min(2h_f, 300)$	300	300	300	300	300
주철근의 최대 간격, s_{max}=휨철근의 최대 중심간격	315	315	315	315	315
배치간격 결정, s (mm)	D13@300	D13@300	D13@200	D13@200	D13@300
배치된 철근의 단면적, A_s (mm^2)	422	422	634	634	422
등가직사각형 압축응력블록의 깊이, a (mm)	8.3	8.3	12.4	12.4	8.3
정미식에 의한 철근량, A_s (mm^2)	240	411	556	505	325
인장지배 단면 검토($\epsilon_t > \epsilon_{tt} = 0.0050$)	0.0443	0.0443	0.0286	0.0286	0.0443

21. 배치도

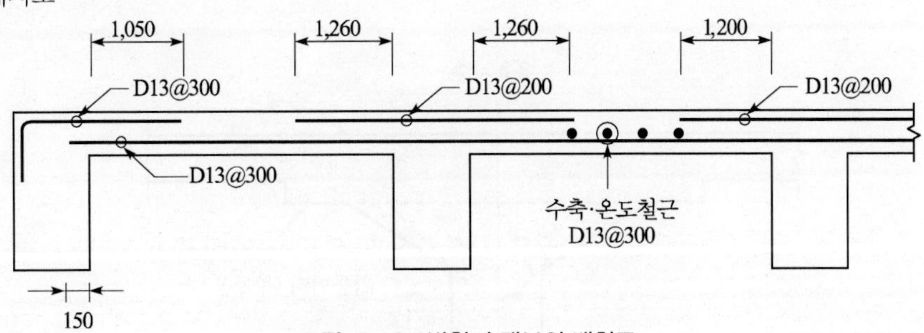

그림 9.16 1방향 슬래브의 배치도

9.4. 2방향 슬래브의 해석 및 설계

9.4.1. 정의

KDS 14 20 70 (4.1.2)[16] 구조설계기준에서 2방향 슬래브의 해석 및 설계에 필요한 정의를 다음과 같이 하고 있다.

(1) 유효지지단면

기둥 또는 벽체가 지지하는 슬래브의 c_1과 c_2 그리고 순경간 l_n은 슬래브 하부의 접촉면에 의해 정의된 유효지지단면에 근거하여야 한다. 여기서, c_1은 휨모멘트가 결정되는 경간 방향의 직사각형 또는 등가직사각형 기둥, 기둥머리 또는 브래킷의 치수이고, c_2는 휨모멘트가 결정되는 경간의 직각방향의 기둥 등의 치수이다. 유효지지단면은 슬래브의 바닥 표면 또는 지판이 있는 경우는 이의 바닥 표면이 기둥축을 중심으로 45° 내로 펼쳐진 기둥과 기둥머리 또는 브래킷 내에 위치한 가장 큰 정원추, 정사면추 또는 쐐기 형태의 표면과 이루는 절단면으로 정의된다.

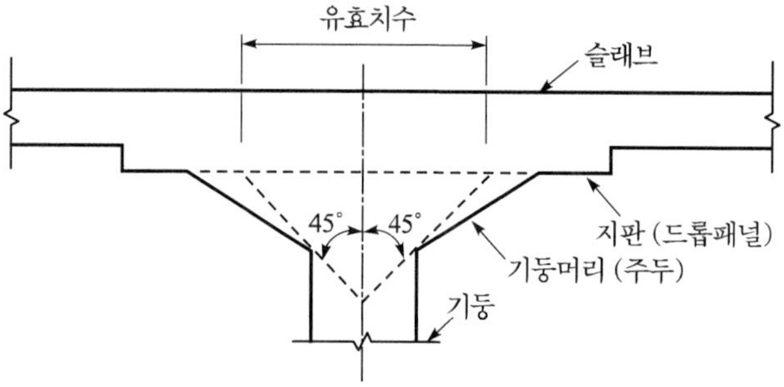

그림 9.17 순경간 결정을 위한 유효기둥 크기[17]

16) KDS 14 20 70 (4.1.2) 콘크리트 슬래브와 기초판 설계기준, 국토교통부 제정, 한국콘크리트학회 작성, 2021.

17) James K. Wight, Reinforced Concrete, Prentice Hall, 2016, p.746.

(2) 슬래브의 설계대

슬래브의 계수휨모멘트(소요휨모멘트) 분포는 슬래브와 주변 부재의 강성비에 따라 기둥 중심선 근처는 부모멘트가 발생하고, 중앙부는 정모멘트가 발생한다. 또한 얇은 슬래브에 비해 기둥 및 보와 같은 지지부재의 강성이 크기 때문에 기둥 중심선에 집중하는 특징이 있다. 따라서 슬래브의 해석은 주열대(Column Strip)와 중간대(Middle Strip)로 나누어 해석한다. 그림 9.18은 슬래브의 일반적인 휨모멘트의 크기를 나타낸 것이다.

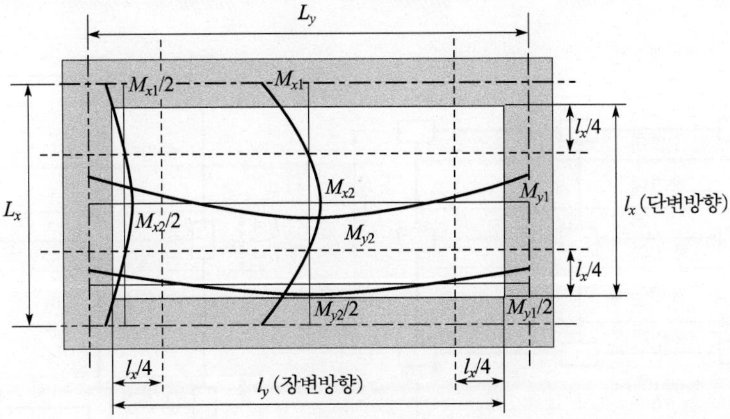

그림 9.18 슬래브의 일반적인 휨모멘트

주열대는 기둥 중심선 양쪽으로 $\min(0.25l_1,\ 0.25l_2)$을 한 쪽의 폭으로 하는 슬래브의 영역이다. 여기서, l_1은 휨모멘트를 산정하는 방향의 받침부 중심 사이의 경간이고, l_2는 l_1에 수직한 방향의 받침부 중심 사이의 경간이다. 받침부 사이의 보는 주열대에 포함한다. 중간대는 두 주열대 사이의 슬래브 영역이다.

그림 9.19는 휨모멘트의 산정함에 있어 장변방향으로 해석하는 경우와 단변방향으로 해석하는 경우에 대한 주열대와 중간대를 나타낸 것이다.

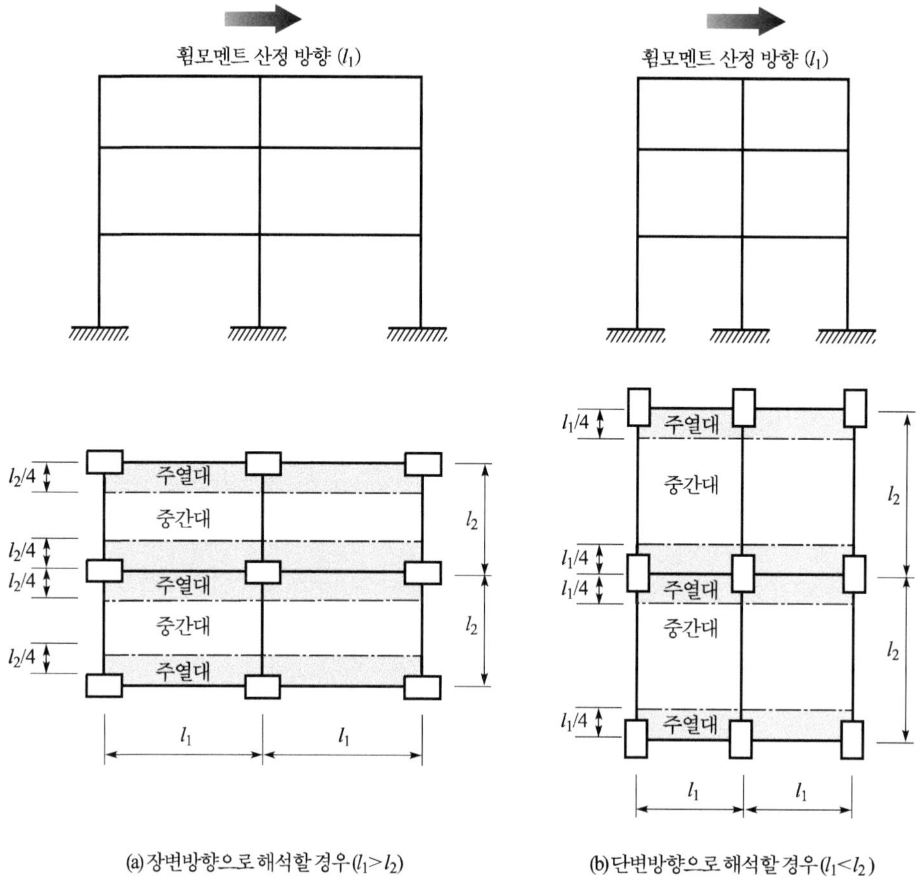

그림 9.19 슬래브의 설계대 (주열대와 중간대)

슬래브는 각 층의 단면력이 대부분 그 층의 바닥판에 직접적으로 작용하는 하중에 의해 발생하므로 각 층의 연직하중에 대해 독립적으로 해석할 수 있다. 해석을 위해 바닥판은 그 층의 위와 아래 기둥에 의해서만 지지되고 기둥의 단부는 완전 고정되고 골조는 하중에 의해 가로방향 변위가 발생되지 않는다고 가정한다. 슬래브의 해석은 그림 9.20과 같이 휨모멘트를 산정하고자 하는 방향으로 바닥판의 중심을 따라 가상적으로 자른 2차원의 골조로 나누어 해석한다.

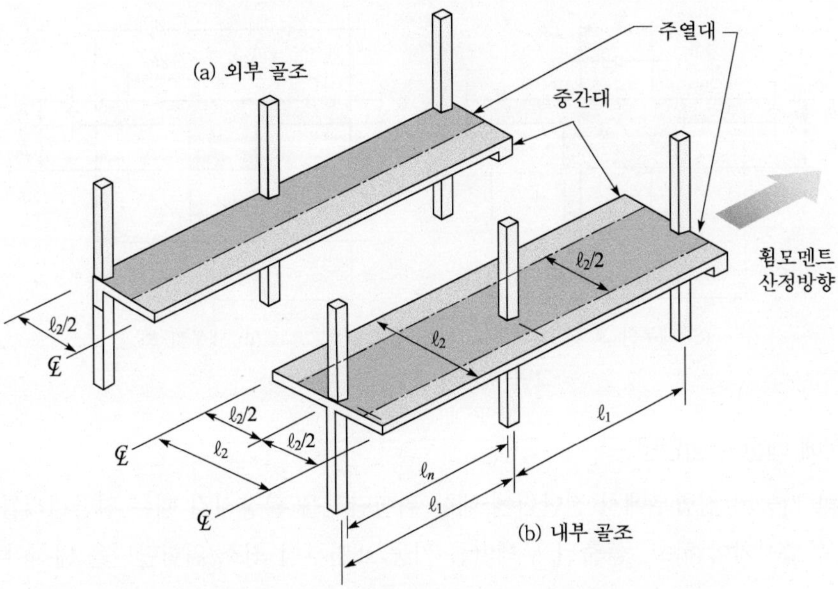

그림 9.20 장변방향으로 해석할 경우 ($l_1 > l_2$), 슬래브의 등가골조[18)]

(3) 유효보의 크기

보가 슬래브와 일체로 되거나 완전한 합성구조로 되어 있을 때, 보의 단면은 보가 슬래브의 위 또는 아래로 내민 깊이 중 큰 깊이만큼을 보의 양측으로 연장한 슬래브 부분을 포함한 것으로서, 보의 한 측으로 연장되는 거리는 슬래브 두께의 4배 이하로 하여야 한다. 그림 9.21은 이러한 유효보의 크기를 나타낸 것이다.

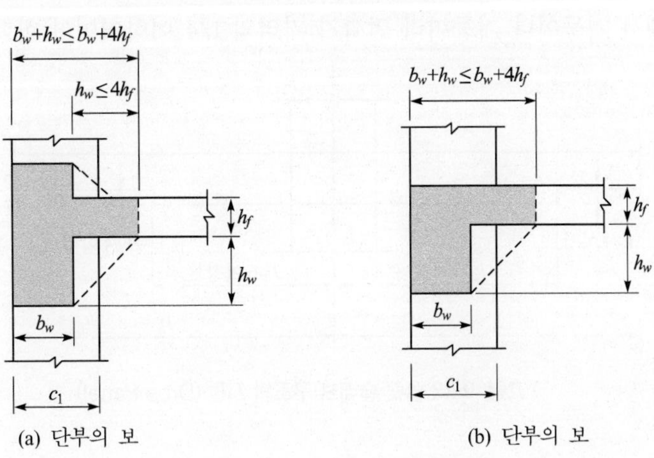

18) James K. Wight, Reinforced Concrete, Prentice Hall, 2016, p.665.

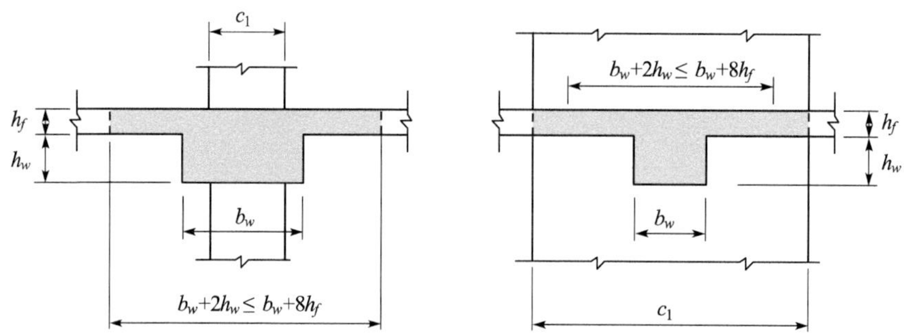

(c) 내부의 보 (d) 내부의 보

그림 9.21 유효보의 크기[19)]

(4) 전단력에 대한 위험단면

슬래브와 기둥의 접합부에서 전단력에 대한 위험단면을 확장시킬 때는 전단머리를 슬래브 아래로 돌출시켜야 하고, 돌출된 두께만큼 기둥 표면부터 최소 위험단면을 넓혀야 한다.

9.4.2. 플랫 슬래브의 지판

(1) 지판은 받침부 중심선에서 각 방향 받침부 중심 간 경간의 1/6 이상을 각 방향으로 연장시켜야 한다.

(2) 지판의 슬래브 아래로 돌출한 두께는 돌출부를 제외한 슬래브 두께의 1/4 이상으로 하여야 한다.

(3) 지판 부위의 슬래브 철근량을 계산할 때 슬래브 아래로 돌출한 지판의 두께는 지판의 외단부에서 기둥이나 기둥머리 면까지 거리의 1/4 이하이어야 한다.

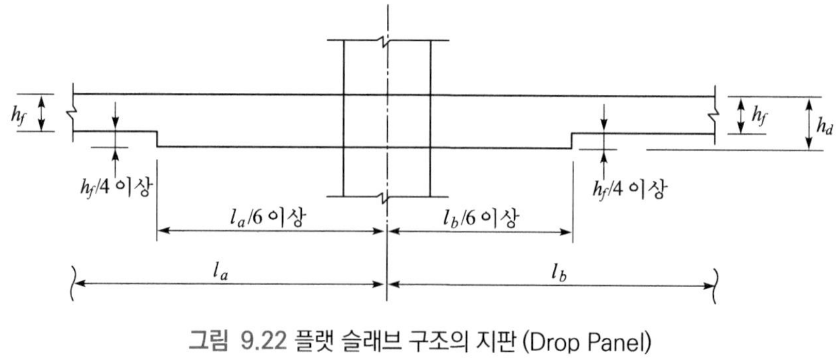

그림 9.22 플랫 슬래브 구조의 지판 (Drop Panel)

19) ACI Committee 318, Notes on ACI 318M-11 Building Code Requirements for Structural Concrete with Design Applications, American Concrete Institute, Farmington Hills, MI, 2013, p.20-7.

9.4.3. 처짐을 계산하지 않는 경우의 2방향 슬래브의 최소 두께

(1) 최소 두께

KDS 14 20 30 (4.2.2)[20] 구조설계기준에서는 단변경간에 대한 장변경간의 비가 2를 초과하지 않는 ($\lambda \leq 2$) 2방향 슬래브에서 예상되는 처짐을 최대 허용처짐과 비교하여 안전성과 사용성을 검토하거나 슬래브의 두께가 최소 두께 이상이 되게 하고 있다. 철근콘크리트 슬래브의 처짐을 정확히 계산하기는 쉽지 않고, 정확한 처짐이 그렇게 중요하지도 않다. 따라서 구조설계기준에서는 슬래브 주변에 보가 없는 경우 (보의 강성비 α_m이 0.2 이하인 경우 포함)와 보가 있는 경우를 구분하여 순경간, 슬래브와 보의 강성, 경간비 및 철근의 항복강도 등을 이용하여 슬래브의 최소 두께 이상이 되게 하여 처짐을 간접적으로 제한하고 있다. 여기서, α_m은 한 슬래브 주변의 모든 보의 α의 평균값이다.

(2) 무량판의 최소 두께

테두리보를 제외하고 슬래브 주변에 보가 없거나 (내부 보가 없거나), 보의 강성비 $\alpha_m \leq 0.2$인 경우, 슬래브의 최소 두께는 표 9.8의 값 이상으로 하고, 또한 다음 값 이상으로 하여야 한다.

① 지판이 없는 슬래브 (플랫 플레이트)의 경우 : 120 mm. $\therefore h_f \geq \max$(아래 표, 120mm)

② 지판을 가진 슬래브 (플랫 슬래브)의 경우 : 100 mm. $\therefore h_f \geq \max$(아래 표, 100mm)

표 9.8 테두리보를 제외하고 슬래브 주변에 보가 없는 슬래브의 최소 두께

설계기준 항복강도 f_y (MPa)	지판이 없는 경우			지판이 있는 경우		
	외부 슬래브		내부 슬래브	외부 슬래브		내부 슬래브
	테두리보가 없는 경우	테두리보가 있는 경우		테두리 보가 없는 경우	테두리 보가 있는 경우	
300	l_n / 32	l_n / 35	l_n / 35	l_n /35	l_n / 39	l_n / 39
400	l_n / 30	l_n / 33	l_n / 33	l_n /33	l_n / 36	l_n / 36
500	l_n / 28	l_n / 31	l_n / 31	l_n /33	l_n / 33	l_n / 33
600	l_n / 26	l_n / 29	l_n / 29	l_n /33	l_n / 31	l_n / 31

여기서, l_n : 2방향 슬래브에서 장변의 순경간

20) KDS 14 20 30 (4.2.2) 콘크리트구조 사용성 설계기준, 국토교통부 제정, 한국콘크리트학회 작성, 2021.

(3) 강성비에 따른 최소 두께

① 슬래브 주변에 보가 있고(내부 보가 있고) 보의 강성비 $\alpha_m > 0.2$인 경우, 슬래브의 최소 두께

㉠ $0.2 < \alpha_m < 2.0$인 경우

$$h_f \geq \max\left[\frac{l_n\left(800+\dfrac{f_y}{1.4}\right)}{36{,}000+5{,}000\beta(\alpha_m-0.2)},\ 120\text{mm}\right]$$

㉡ $\alpha_m \geq 2.0$ 인 경우

$$h_f \geq \max\left[\frac{l_n\left(800+\dfrac{f_y}{1.4}\right)}{36{,}000+9{,}000\beta},\ 90\text{mm}\right]$$

여기서, l_n : 장변 순경간 (mm)

α_m : 슬래브 4변의 α 의 평균값

β : 장변 순경간/단변 순경간

α : 보 양쪽의 슬래브 판의 중앙선에 의하여 구획되는 슬래브의 휨강성에 대한 보 휨강성의 비. 보가 배치되지 않은 슬래브의 경우, $I_b=0$이 되어 $\alpha=0$이 된다. 그림 9.23은 α를 계산하기 위한 보와 슬래브의 단면에 대한 정의이다.

$$\alpha = \frac{\text{보의 휨강성}}{\text{슬래브의 휨강성}} = \frac{E_{cb}\, I_b}{E_{cs}\, I_s}$$

여기서, E_{cb}와 E_{cs} : 각각 보와 슬래브의 콘크리트 탄성계수(MPa)

I_b와 I_s : 각각 보와 슬래브의 비균열 단면2차 모멘트(mm^4)

② 불연속단을 갖는 슬래브(가장자리의 슬래브)에 대해서는 강성비 α의 값이 0.8 이상을 갖는 테두리보를 설치하거나, 위 식들의 최소 소요두께의 1.1배 이상 증대시킨다.

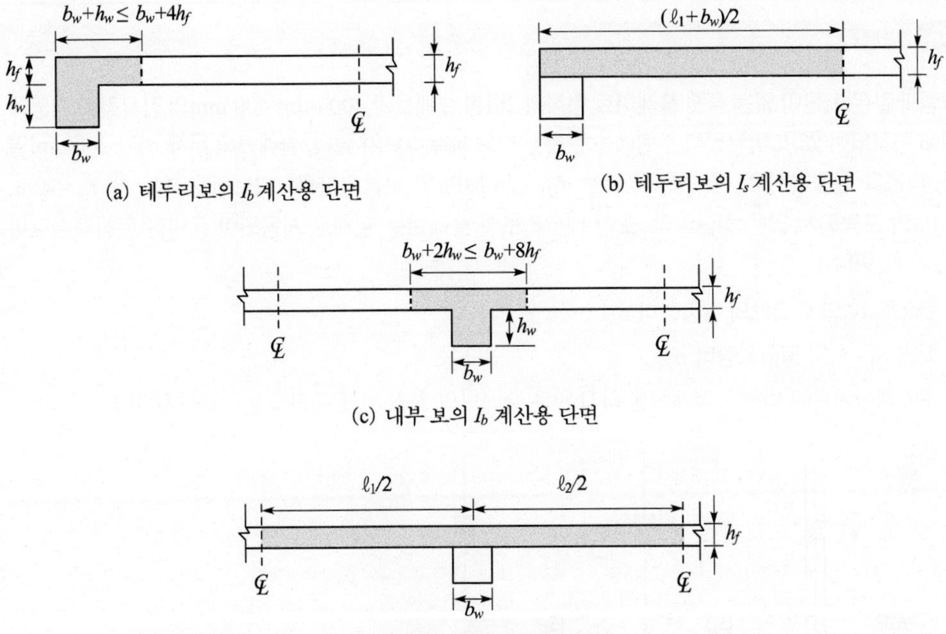

(a) 테두리보의 I_b 계산용 단면

(b) 테두리보의 I_s 계산용 단면

(c) 내부 보의 I_b 계산용 단면

(d) 내부 보의 I_s 계산용 단면

그림 9.23 α를 계산하기 위한 보와 슬래브의 단면에 대한 정의[21)]

9.4.4. 처짐을 계산하는 경우 2방향 슬래브의 최대 허용처짐

부재의 두께가 표 9.8의 최소 두께 이하인 부재에 대한 처짐은 그 처짐을 계산하여 표 7.5의 최대 허용처짐 이하가 되도록 하여야 한다.

21) James K. Wight, Reinforced Concrete, Prentice Hall, 2016, p.660.

예제 9-7

그림과 같은 지판이 없는 플랫 플레이트 형식의 2방향 슬래브가 400 mm×400 mm의 정사각형 기둥에 의해 지지되어 있고, 바닥판의 주위에는 같은 단면의 테두리보가 있다. 슬래브의 두께 h_f가 200 mm일 때, 다음을 산정하시오. (단, 콘크리트는 $f_{ck}=24$ MPa의 보통중량콘크리트이고, 철근은 $f_y=400$ MPa의 도막되지 않은 철근이다. 또한 테두리보와 슬래브는 일체로 시공되어 동일한 탄성계수로써 $E_{cb}=E_{cs}$이다.)

1. 보 $G_1 \sim G_4$와 슬래브의 휨강성비 α
2. 패널 $S_1 \sim S_4$의 평균강성비 α_m
3. 구조계산기준에 의해 처짐계산을 하지 않는 슬래브의 최소 두께 규정을 만족하는지 여부

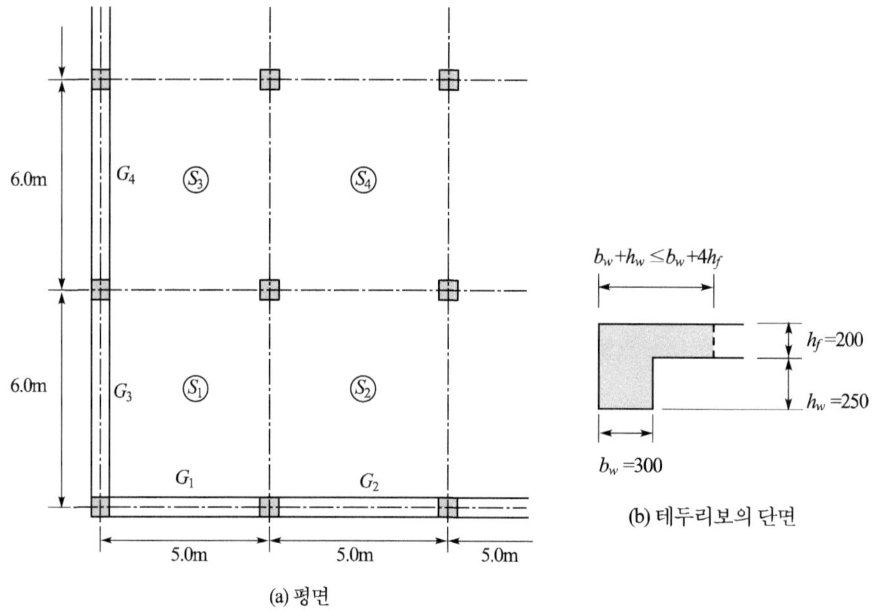

그림 9.24 예제의 평면과 테두리보의 단면

풀이

1. 보 $G_1 \sim G_4$와 슬래브의 휨강성비 α

1) 보 G_1 및 G_2와 슬래브의 휨강성비 α

(1) 보의 유효폭

$b_w + h_w = 300 + 250 = 550\,\text{mm}$

$b_w + 4h_f = 300 + 4 \times 200 = 1{,}100\,\text{mm}$

$b_w + h_w = 550\,\text{mm} \le b_w + 4h_f = 1{,}100\,\text{mm}$

∴ 보의 유효폭은 550 mm 이다.

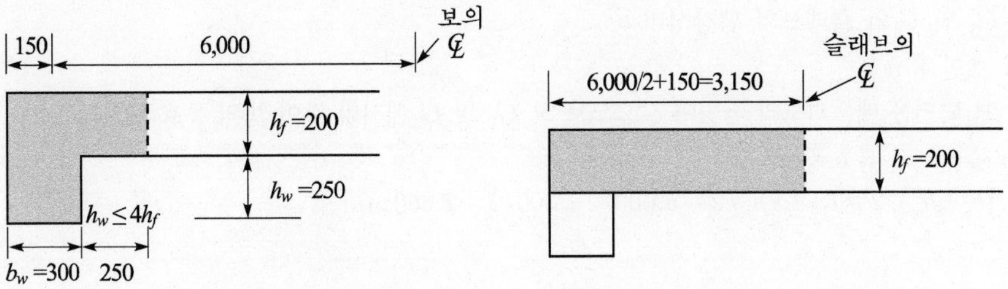

(a) 테두리보의 치수　　(b) 슬래브의 치수

그림 9.25 보 G_1 및 G_2와 슬래브의 단면

(2) 슬래브의 유효폭

$$(l_1+b_w)/2=l_1/2+b_w/2=6{,}000/2+300/2=3{,}150\,\text{mm}$$

(3) 보 단면의 중립축(N.A.)

$$N.A.=\frac{(550\times200\times200/2)+[300\times250\times(200+250/2)]}{(550\times200)+(300\times250)}=191\,\text{mm}$$

따라서 보 단면의 중립축은 슬래브의 상부에서 191 mm에 위치한다.

(4) I_b의 계산

$$I_b=\frac{550\times191^3}{3}+\frac{300\times259^3}{3}+\frac{250\times9^3}{3}=3{,}015\times10^6\,\text{mm}^4$$

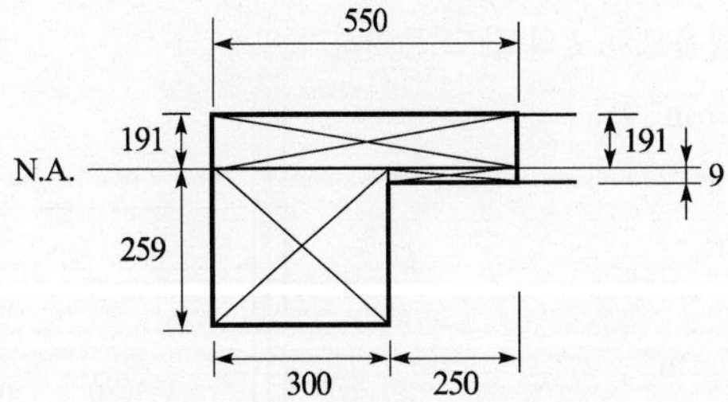

그림 9.26 보 단면의 중립축과 I_b의 계산용 단면

(5) I_s의 계산

$$I_s=\frac{3{,}150\times200^3}{12}=2{,}100\times10^6\,\text{mm}^4$$

(6) 휨강성비

$$E_{cb}=E_{cs}$$

$$\alpha=\frac{E_{cb}\,I_b}{E_{cs}\,I_s}=\frac{I_b}{I_s}=\frac{3{,}015\times10^6}{2{,}100\times10^6}=1.44>0.8$$

2) 보 G_3 및 G_4와 슬래브의 휨강성비 α

(1) 보의 유효폭

보 단면은 테두리보의 단면이 같으므로 보 G_1 및 G_2에서와 같이 보의 유효폭은 550mm이다.

(2) 슬래브의 유효폭

$(l_1 + b_w)/2 = l_1/2 + b_w/2 = 5{,}000/2 + 300/2 = 2{,}650\,\text{mm}$

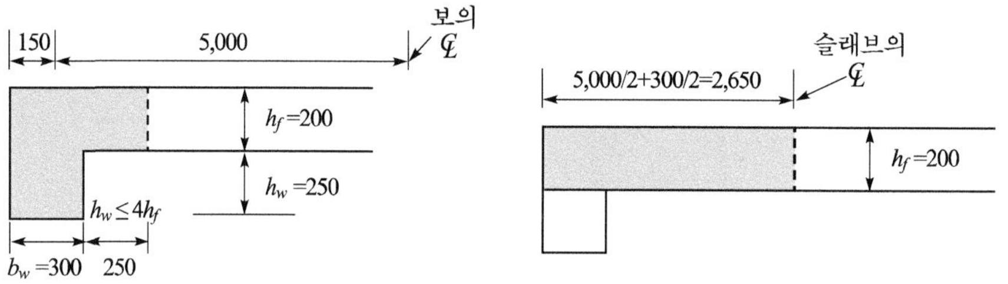

(a) 테두리보의 치수　　　(b) 슬래브의 치수

그림 9.27 보 G_3 및 G_4와 슬래브의 단면

(3) 보 단면의 중립축(N.A.)

보 단면의 중립축은 테두리보의 단면이 같으므로 보 G_1 및 G_2에서와 같이 슬래브의 상부에서 191 mm에 위치한다.

(4) I_b의 계산

보 단면 치수가 같음으로 I_b의 값도 동일하다.

$I_b = 3{,}015 \times 10^6\,\text{mm}^4$

(5) I_s의 계산

$$I_s = \frac{2{,}650 \times 200^3}{12}$$

$$= 1{,}767 \times 10^6\,\text{mm}^4$$

(6) 휨강성비

$E_{cb} = E_{cs}$

$$\alpha = \frac{E_{cb}\,I_b}{E_{cs}\,I_s} = \frac{I_b}{I_s} = \frac{3{,}015 \times 10^6}{1{,}767 \times 10^6}$$

$$= 1.71 > 0.8$$

3) 내부 패널은 보가 없음

$\alpha = 0\ (\because\ I_b = 0)$

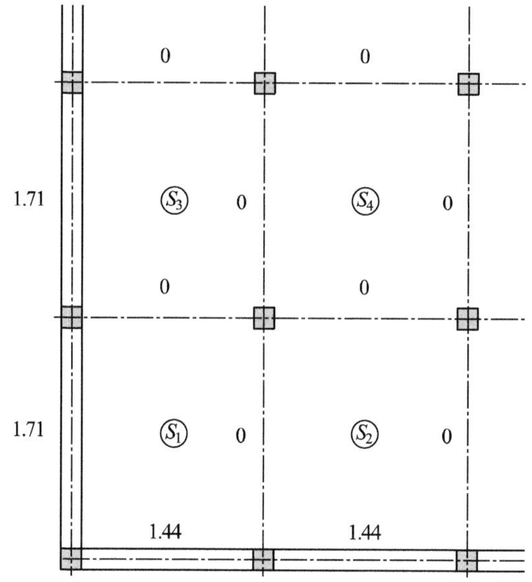

그림 9.28 휨강성비 계산 결과

2. 패널 $S_1 \sim S_4$의 평균강성비 α_m

1) 슬래브 S_1

$$\alpha_m = \frac{1.44+1.71+0+0}{4} = 0.79 < 2.0$$

2) 슬래브 S_2

$$\alpha_m = \frac{1.44+0+0+0}{4} = 0.36 < 2.0$$

3) 슬래브 S_3

$$\alpha_m = \frac{1.71+0+0+0}{4} = 0.43 < 2.0$$

4) 슬래브 S_4

$$\alpha_m = \frac{0+0+0+0}{4} = 0.00 < 2.0$$

3. 구조계산기준에 의해 처짐계산을 하지 않는 슬래브의 최소 두께 규정의 만족 여부

1) 순경간

$l_n = 6.0 - 0.40 = 5.60\ \text{m} = 5{,}600\ \text{mm}$

(순경간이 다를 경우 장변의 순경간을 기준으로 한다.)

2) $\alpha_m < 0.2$ 인 경우의 최소 두께

철근의 설계기준항복강도 $f_y = 400\ \text{MPa}$이고, 지판이 없는 경우의 외부 슬래브로써 테두리보가 있는 S_1, S_2 및 S_3와 지판이 없는 경우의 내부 슬래브인 S_4의 슬래브 최소 두께는 $l_n/33$으로 같다.

$$h_{f,\min} = \max\left(\frac{l_n}{33},\ 120\ \text{mm}\right) = \max\left(\frac{5{,}600}{33},\ 120\right) = \max(170,\ 120) = 170\ \text{mm}$$

$h_f = 200\ \text{mm} \geq h_{f,\min} = 170\ \text{mm}$ OK

따라서 처짐계산을 하지 않는 슬래브의 최소 두께 규정을 만족한다.

예제 9-8

그림과 같은 2방향 슬래브가 400 mm×400 mm의 정사각형 기둥에 의해 지지되어 있고, 바닥판의 주위에는 같은 단면의 내부 보와 단부 보가 있다. 슬래브의 두께 h_f가 200 mm일 때, 다음을 산정하시오. (단, 콘크리트는 $f_{ck}=24$ MPa의 보통중량콘크리트이고, 철근은 $f_y=400$ MPa의 도막되지 않은 철근이다. 또한 테두리보와 슬래브는 일체로 시공되어 동일한 탄성계수로써 $E_{cb}=E_{cs}$이다.)

1. 보 G_1~G_8와 슬래브의 휨강성비 α
2. 패널 S_1~S_4의 평균강성비 α_m
3. 구조계산기준에 의해 처짐계산을 하지 않는 슬래브의 최소 두께 규정을 만족하는지 여부

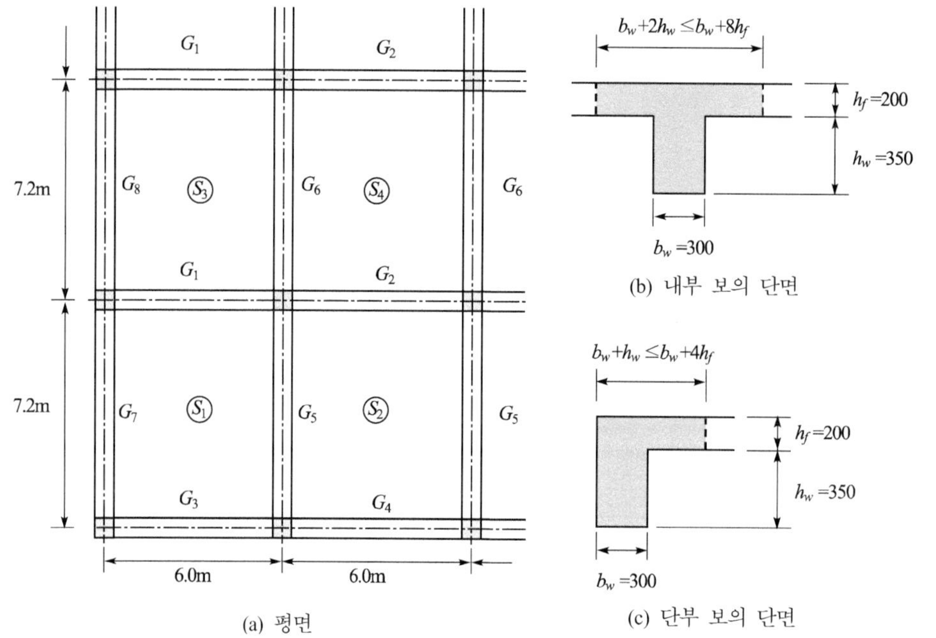

(a) 평면 (b) 내부 보의 단면 (c) 단부 보의 단면

그림 9.29 예제의 평면과 보의 단면

풀이

1. 보 G_1~G_8과 슬래브의 휨강성비 α

1) 보 G_1 및 G_2와 슬래브의 휨강성비 α

(1) 보의 유효폭

$b_w+2h_w=300+2\times 350=1{,}000\,\text{mm}$

$b_w+8h_f=300+8\times 200=1{,}900\,\text{mm}$

$b_w+2h_w=1{,}000\,\text{mm}\le b_w+8h_f=1{,}900\,\text{mm}$

∴ 보의 유효폭은 1,000mm이다.

(2) 슬래브의 유효폭

$(l_1 + l_1')/2 = l_1/2 + l_1'/2 = 7{,}200/2 + 7{,}200/2 = 7{,}200\,\text{mm}$

(3) 보 단면의 중립축(N.A.)

$$N.A. = \frac{(1{,}000 \times 200 \times 200/2) + [300 \times 350 \times (200 + 350/2)]}{(1{,}000 \times 200) + (300 \times 350)} = 195\ \text{mm}$$

따라서 보 단면의 중립축은 슬래브의 상부에서 195 mm에 위치한다.

(4) I_b의 계산

$$I_b = \frac{1{,}000 \times 195^3}{3} + \frac{300 \times 355^3}{3} + \frac{700 \times 5^3}{3} = 6{,}946 \times 10^6\ \text{mm}^4$$

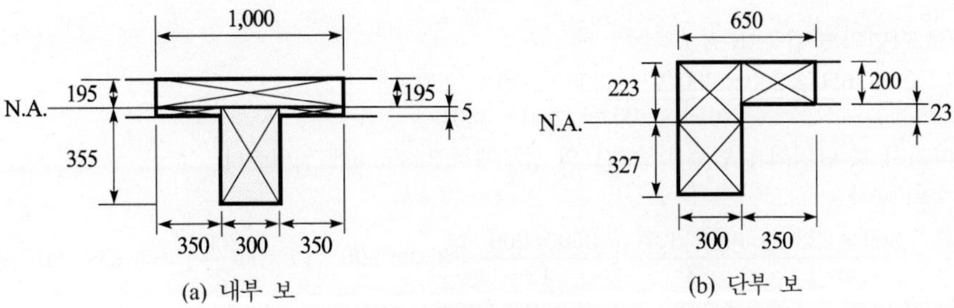

그림 9.30 보 단면의 중립축과 I_b의 계산용 단면

(5) I_s의 계산

$$I_s = \frac{7{,}200 \times 200^3}{12} = 4{,}800 \times 10^6\ \text{mm}^4$$

(6) 휨강성비

$E_{cb} = E_{cs}$

$$\alpha = \frac{E_{cb}\, I_b}{E_{cs}\, I_s} = \frac{I_b}{I_s} = \frac{6{,}946 \times 10^6}{4{,}800 \times 10^6} = 1.45 > 0.8$$

2) 보 G_3 및 G_4와 슬래브의 휨강성비 α

(1) 보의 유효폭

$b_w + h_w = 300 + 350 = 650\,\text{mm}$

$b_w + 4h_f = 300 + 4 \times 200 = 1{,}100\,\text{mm}$

$b_w + h_w = 650\,\text{mm} \le b_w + 4h_f = 1{,}100\,\text{mm}$

∴ 보의 유효폭은 650 mm이다.

(2) 슬래브의 유효폭

$(l_1 + b_w)/2 = l_1/2 + b_w/2 = 7{,}200/2 + 300/2 = 3{,}750\,\text{mm}$

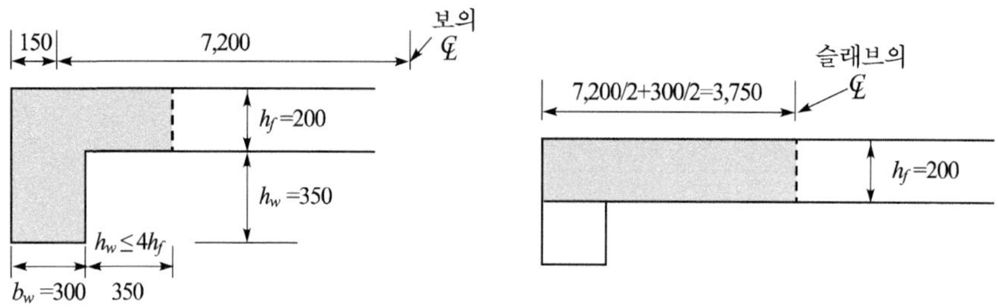

(a) 테두리보의 치수 (b) 슬래브의 치수

그림 9.31 보 G_3 및 G_4와 슬래브의 단면

(3) 보 단면의 중립축 (N.A.)

$$N.A. = \frac{(650\times200\times200/2)+[300\times350\times(200+350/2)]}{(650\times200)+(300\times350)} = 223\ \text{mm}$$

따라서 보 단면의 중립축은 슬래브의 상부에서 223 mm에 위치한다.

(4) I_b의 계산

$$I_b = \frac{300\times223^3}{3}+\frac{300\times327^3}{3}+\frac{350\times200^3}{12}+350\times200\times\left(23+\frac{200}{2}\right)^2 = 5{,}898\times10^6\ \text{mm}^4$$

(5) I_s의 계산

$$I_s = \frac{3{,}750\times200^3}{12} = 2{,}500\times10^6\ \text{mm}^4$$

(6) 휨강성비

$E_{cb} = E_{cs}$

$$\alpha = \frac{E_{cb}\,I_b}{E_{cs}\,I_s} = \frac{I_b}{I_s} = \frac{5{,}898\times10^6}{2{,}500\times10^6} = 2.36 > 0.8$$

3) 보 G_5 및 G_6와 슬래브의 휨강성비 α

(1) 보의 유효폭

보 단면은 테두리보의 단면이 같으므로 보 G_1 및 G_2에서와 같이 보의 유효폭은 1,000 mm 이다.

(2) 슬래브의 유효폭

$(l_2+l_2')/2 = l_2/2+l_2'/2 = 6{,}000/2+6{,}000/2 = 6{,}000\,\text{mm}$

(3) 보 단면의 중립축 (N.A.)

보 단면의 중립축은 테두리보의 단면이 같으므로 보 G_1 및 G_2에서와 같이 슬래브의 상부에서 195 mm에 위치한다.

(4) I_b의 계산

보 단면 치수가 같음으로 I_b의 값도 동일하다.

$I_b = 6{,}946\times10^6\ \text{mm}^4$

(5) I_s의 계산

$$I_s = \frac{6{,}000\times200^3}{12} = 4{,}000\times10^6\ \text{mm}^4$$

(6) 휨강성비

$E_{cb} = E_{cs}$

$$\alpha = \frac{E_{cb}\,I_b}{E_{cs}\,I_s} = \frac{I_b}{I_s} = \frac{6{,}946 \times 10^6}{4{,}000 \times 10^6} = 1.74 > 0.8$$

4) 보 G_7 및 G_8와 슬래브의 휨강성비 α

(1) 보의 유효폭

보 단면은 테두리보의 단면이 같으므로 보 G_3 및 G_4에서와 같이 보의 유효폭은 650 mm 이다.

(2) 슬래브의 유효폭

$(l_2 + b_w)/2 = l_2/2 + b_w/2 = 6{,}000/2 + 300/2 = 3{,}150\,\text{mm}$

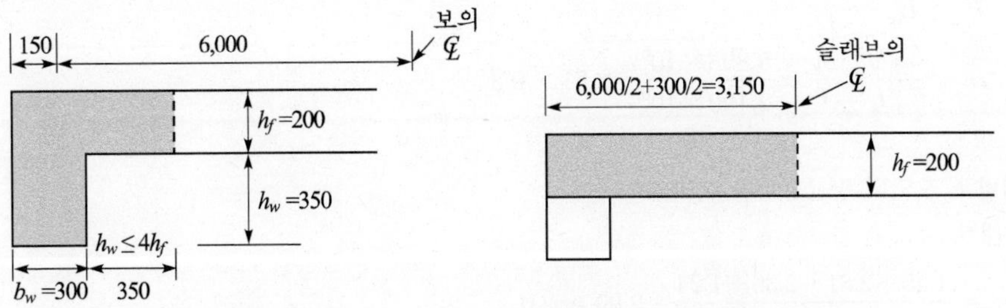

(a) 테두리보의 치수　　(b) 슬래브의 치수

그림 9.32 보 G_7 및 G_8와 슬래브의 단면

(3) 보 단면의 중립축(N.A.)

보 단면의 중립축은 테두리보의 단면이 같으므로 보 G_3 및 G_4에서와 같이 슬래브의 상부에서 223 mm에 위치한다.

(4) I_b의 계산

보 단면 치수가 같음으로 I_b의 값도 동일하다.

$I_b = 5{,}898 \times 10^6\ \text{mm}^4$

(5) I_s의 계산

$$I_s = \frac{3{,}150 \times 200^3}{12} = 2{,}100 \times 10^6\ \text{mm}^4$$

(6) 휨강성비

$E_{cb} = E_{cs}$

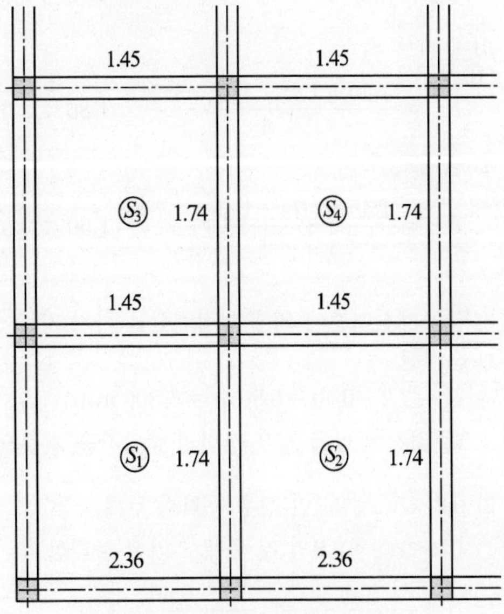

그림 9.33 휨강성비 계산 결과

$$\alpha = \frac{E_{cb} I_b}{E_{cs} I_s} = \frac{I_b}{I_s} = \frac{5{,}898 \times 10^6}{2{,}100 \times 10^6} = 2.81 > 0.8$$

(4) I_b의 계산

보 단면 치수가 같음으로 I_b의 값도 동일하다.

$I_b = 5{,}898 \times 10^6\ \mathrm{mm}^4$

(5) I_s의 계산

$$I_s = \frac{3{,}150 \times 200^3}{12} = 2{,}100 \times 10^6\ \mathrm{mm}^4$$

(6) 휨강성비

$E_{cb} = E_{cs}$

$$\alpha = \frac{E_{cb} I_b}{E_{cs} I_s} = \frac{I_b}{I_s} = \frac{5{,}898 \times 10^6}{2{,}100 \times 10^6} = 2.81 > 0.8$$

2. 패널 $S_1 \sim S_4$의 평균강성비 α_m

1) 슬래브 S_1

$$\alpha_m = \frac{1.45 + 2.81 + 2.36 + 1.74}{4} = 2.09 \geq 2.0$$

2) 슬래브 S_2

$$\alpha_m = \frac{1.45 + 1.74 + 2.36 + 1.74}{4} = 1.82 < 2.0$$

3) 슬래브 S_3

$$\alpha_m = \frac{1.45 + 2.81 + 1.45 + 1.74}{4} = 1.86 < 2.0$$

4) 슬래브 S_4

$$\alpha_m = \frac{1.45 + 1.74 + 1.45 + 1.74}{4} = 1.60 < 2.0$$

3. 구조계산기준에 의해 처짐계산을 하지 않는 슬래브의 최소 두께 규정의 만족 여부

1) 순경간

$l_n = 7.2 - 0.40 = 6.80\ \mathrm{m} = 6{,}800\ \mathrm{mm}$

(순경간이 다를 경우 장변의 순경간을 기준으로 한다.)

2) $0.2 < \alpha_m < 2.0$인 경우의 최소 두께

$0.2 < \alpha_m < 2.0$인 것 중에서 가장 불리한 $\alpha_m = 1.60$에 대해 검토한다.

$$\beta = \frac{\text{장변순경간}}{\text{단변순경간}} = \frac{7.2 - 0.40}{6.0 - 0.40} = 1.21$$

$$h_{f,\min} = \max\left[\frac{l_n\left(800+\dfrac{f_y}{1.4}\right)}{36{,}000+5{,}000\beta(\alpha_m-0.2)},\ 120\text{ mm}\right]$$

$$= \max\left[\frac{6{,}800\times\left(800+\dfrac{400}{1.4}\right)}{36{,}000+5{,}000\times1.21\times(1.60-0.2)},\ 120\right] = \max(166,\ 120) = 166\text{ mm}$$

$h_f = 200\text{ mm} \geq h_{f,\min} = 166\text{ mm}$ OK

따라서 처짐계산을 하지 않는 슬래브의 최소 두께 규정을 만족 한다.

3) $\alpha_m \geq 2.0$ 인 경우의 최소 두께

$\beta = 1.21$

$$h_{f,\min} = \left[\frac{l_n\left(800+\dfrac{f_y}{1.4}\right)}{36{,}000+9{,}000\beta},\ 90\text{ mm}\right]$$

$$= \max\left[\frac{6{,}800\times\left(800+\dfrac{400}{1.4}\right)}{36{,}000+9{,}000\times1.21},\ 90\right] = \max(157,\ 90) = 157\text{ mm}$$

$h_f = 200\text{ mm} \geq h_{f,\min} = 157\text{ mm}$ OK

따라서 처짐계산을 하지 않는 슬래브의 최소 두께 규정을 만족 한다.

9.4.5. 해석 및 설계방법

슬래브에 대한 해석 및 설계 방법을 KDS 14 20 70 (4.1.2.2)[22] 구조설계기준에서는 다음과 같이 정하고 있다.

(1) 슬래브 시스템은 평형조건과 기하학적 적합조건을 만족한다면 어떠한 방법으로도 설계할 수 있다. 단, 모든 단면의 설계강도는 구조설계기준에 의한 소요강도 이상이어야 하고 처짐의 제한 등 사용성을 만족하여야 한다.

(2) 슬래브와 보가 있을 경우 받침부 사이의 보 및 이들과 직교하여 골조를 이루는 기둥 또는 벽체를 포함하는 슬래브 시스템은 연직하중에 대하여 직접설계법이나 등가골조법으로 설계할 수 있다. 슬래브 설계를 직접설계법이나 등가골조법을 구조설계기준에 따라 적용할 수 없을 경우, 항복선해석이나 컴퓨터를 이용한 유한요소해석으로 통해 설계할 수 있다.

22) KDS 14 20 70 (4.1.2.2) 콘크리트 슬래브와 기초판 설계기준, 국토교통부 제정, 한국콘크리트학회 작성, 2021.

(3) 직접설계법은 등분포하중을 받으며 기둥 간격이 일정한 2방향 슬래브의 계수휨모멘트(소요휨모멘트)를 구하는 근사법이다.
(4) 등가골조법은 직접설계법을 적용할 수 없는 경우에 사용되며, 하중의 제한이나 기둥 간격의 제한에 영향을 받지 않는다.
(5) 횡방향 변위가 발생하는 골조의 횡력해석을 위한 부재의 강성은 철근과 균열의 영향을 고려하여야 한다.
(6) 슬래브 시스템이 횡하중을 받는 경우, 횡력해석과 연직하중의 해석 결과는 조합한다.
(7) 슬래브와 보가 있을 경우 받침부 사이의 보는 모든 단면에서 발생하는 계수휨모멘트(소요휨모멘트)에 저항할 수 있도록 설계하여야 한다.

9.4.6. 2방향 슬래브의 배치상세

2방향 슬래브의 배치상세를 KDS 14 20 70 (4.1.5)[23] 구조설계기준에서는 다음과 같이 정하고 있다.

(1) 개요

그림 9.34는 슬래브에 철근이 배치되었을 경우 철근 명칭을 구분하여 나타낸 것이다.

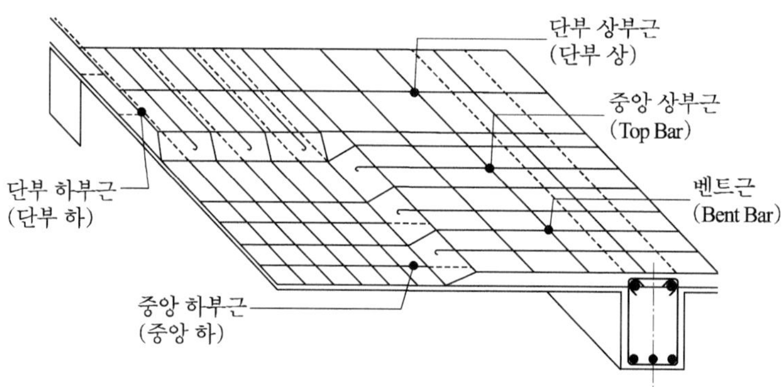

그림 9.34 슬래브 철근의 명칭

23) KDS 14 20 70 (4.1.5) 콘크리트 슬래브와 기초판 설계기준, 국토교통부 제정, 한국콘크리트학회 작성, 2021.

(2) 소요철근량

① 2방향 슬래브 시스템의 각 방향의 철근의 단면적은 위험단면의 휨모멘트에 의해 결정하며, KDS 14 20 70 (4.1.5.1) 구조설계기준에 따른 2방향 슬래브의 최소철근비는 다음과 같다. 여기서, 2방향 슬래브의 최소철근비는 1방향 슬래브의 수축·온도철근으로 배치되는 최소철근비와 같다.

표 9.9 2방향 및 1방향 슬래브의 최소철근비

$f_y \le 400\text{MPa}$	$\rho_{\min} = 0.0020$
$f_y > 400\text{MPa}$	$\rho_{\min} = \max\left[0.0014, 0.0020\left(\dfrac{400}{f_y}\right)\right]$

주1 최소철근비는 콘크리트의 전체 단면적 $A_g\,(=bh_f)$에 대한 수축·온도철근의 단면적의 비이다. 따라서 최소철근량은 $A_{s,\min} = \rho_{\min}\, b h_f$이다.

주2 $f_y = 500\,\text{MPa}$인 경우는 $\rho_{\min} = 0.0016$이고, $f_y = 600\,\text{MPa}$인 경우는 $\rho_{\min} = 0.0014$이다.

주3 슬래브의 철근 간격은 $s \le 1{,}000\left(\dfrac{a_1}{A_s}\right)$ (mm)이다.

여기서, a_1 : 단일 철근의 단면적 (mm^2)

A_s: 단위 폭 1 m 내의 전체 사용 철근의 단면적 (mm^2/m)

② 수축·온도철근비에 전체 콘크리트의 단면적을 곱하여 계산한 수축·온도철근의 단면적을 단위 폭 1 m당 1,800 m^2보다 크게 취할 필요는 없다.

③ 수축·온도철근의 간격은 슬래브 두께의 5배 이하, 또한 450 mm 이하로 하여야 한다.

(3) 주철근의 간격

위험단면에서 주철근의 간격(s)은 $\min(2h_f,\ 300\,\text{mm})$ 이하이다. 여기서 h_f는 슬래브의 두께이다.

$$s \le \min(2h_f,\ 300\,\text{mm})$$

(4) 철근의 정착

철근의 정착은 KDS 14 20 70 (4.1.5.2) 구조설계기준에 따라 다음과 같다.

① 불연속 단부 모서리에 직각방향의 정모멘트에 대한 철근은 슬래브 단부의 끝까지 연장하고 150 mm 이상 테두리보, 기둥 또는 벽체 속에 묻어 넣는다.

② 불연속 단부에 직각방향인 부모멘트에 대한 철근은 구조설계기준에 따라 구부림, 갈고리 또는 다른 방법으로, 받침부면(전면)에서 테두리보, 기둥 또는 벽체 속으로 정착하여야 한다.

③ 불연속 단부에서 슬래브가 테두리보나 벽체로 지지되어 있지 않은 경우 또는 슬래브가 받침부를 지나 캔틸레버로 되어 있는 경우에는 철근을 슬래브 내부에 정착할 수 있다.

(5) 외부 모퉁이의 보강철근

외부 모퉁이 보강철근은 KDS 14 20 70 (4.1.5.3) 구조설계기준에 따라 다음과 같다.

① 외부 모퉁이 슬래브를 α값이 1.0보다 큰 테두리보가 지지하는 경우, 모퉁이 부분의 슬래브 상부와 하부에 다음 ②에서 ④에 따라 모퉁이 보강철근을 배치하여야 한다.

② 슬래브 상부와 하부에 배치하는 특별 보강철근은 슬래브 단위 폭당 최대 정모멘트와 같은 크기의 휨모멘트에 견딜 만큼 충분하여야 한다.

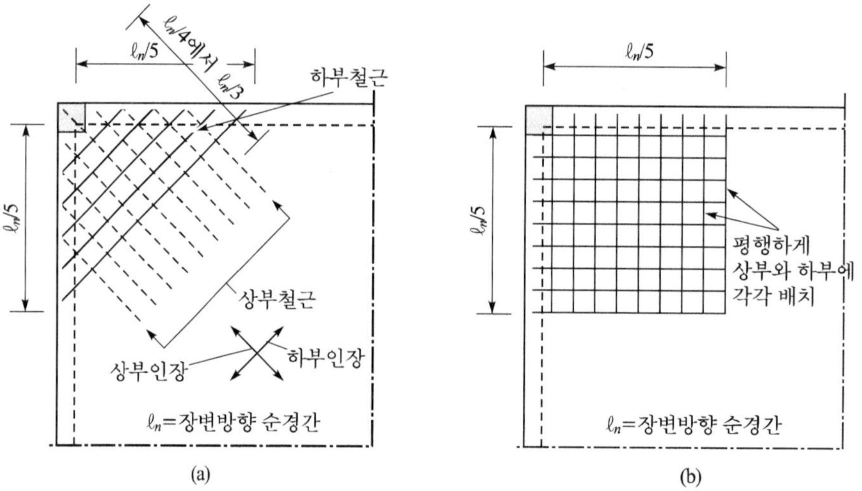

그림 9.35 외부 모퉁이의 특별 보강철근

③ 이 휨모멘트는 슬래브 상부에서는 모퉁이에서 그은 대각선에 직각인 축에, 슬래브 하부에서는 대각선에 평행한 축에 대하여 작용한다고 가정할 수 있다.

④ 특별 보강철근은 모퉁이부터 긴 경간의 1/5 길이만큼 각 방향에 배치하여야 한다.

⑤ 특별 보강철근은 슬래브 상부에서 대각선에 평행한 방향으로 배치하고 슬래브 하부의 경우 대각선에 직각방향으로 배치하여야 한다. 또는 특별 보강철근을 상부와 하부에서 각각 슬래브 각 모서리에 평행하게 두 층으로 배치할 수 있다. 이 경우, 인접한 두 개의 보부재는 $\alpha > 1.0$ 이고, 철근의 최대 간격은 슬래브의 두께 h_f의 2배 이하로 한다.

(6) 보가 없는 슬래브의 철근상세

보가 없는 슬래브의 철근상세는 KDS 14 20 70 (4.1.5.4) 구조설계기준에 따라 다음과 같고, 받침부 사이에 보가 배치되거나 테두리보가 배치된 경우는 적용할 수 없고 '제6장 철근의 정착과 이음' 기준에 따라 철근의 정착길이와 이음길이를 결정하여야 한다.

① 보가 없는 슬래브의 철근은 '제9장 9.4.6 2방향 슬래브의 배치상세'의 모든 요구 조건과 더불어 그림 9.36에 표시한 최소 정착길이도 확보하여야 한다.

② 인접한 경간의 길이가 다를 경우, 받침부부터 부모멘트에 대한 철근의 최소 정착은 그림 9.36에 보인 바와 같이 하되 그 기준은 긴 경간으로 하여야 한다.

③ 2방향 슬래브에서 굽힘철근은 슬래브의 두께와 경간의 비가 굽힘철근의 굽힘각도가 45° 이하가 될 수 있는 경우에만 사용하여야 한다.

④ 횡력을 지지하는 2방향 슬래브는 구조해석에 의하여 철근의 길이를 결정하여야 하며, 그림 9.36의 최소 정착길이 이상으로 하여야 한다.

⑤ 각 방향의 주열대 내의 모든 하부 철근이나 철선이 연속이거나 그림 9.36에 위치한 것과 같은 A급 겹침이음으로 이어야 한다. 각 방향으로 적어도 2개의 주열대 하부철근이나 철선이 기둥 위를 지나야 하며 외부 받침부에 정착하여야 한다.

⑥ 전단머리가 있는 슬래브나 리프트-슬래브의 시공에서는 적어도 각 방향으로 2개의 부착된 하부 철근이나 철선이 가능한 한 기둥에 근접하게 전단머리나 리프팅 칼라를 지나도록 하여야 하며, 연속이거나 A급 겹침이음으로 이어야 한다. 단부 기둥에서는 이 철근을 전단머리나 리프팅 칼라에 정착시켜야 한다.

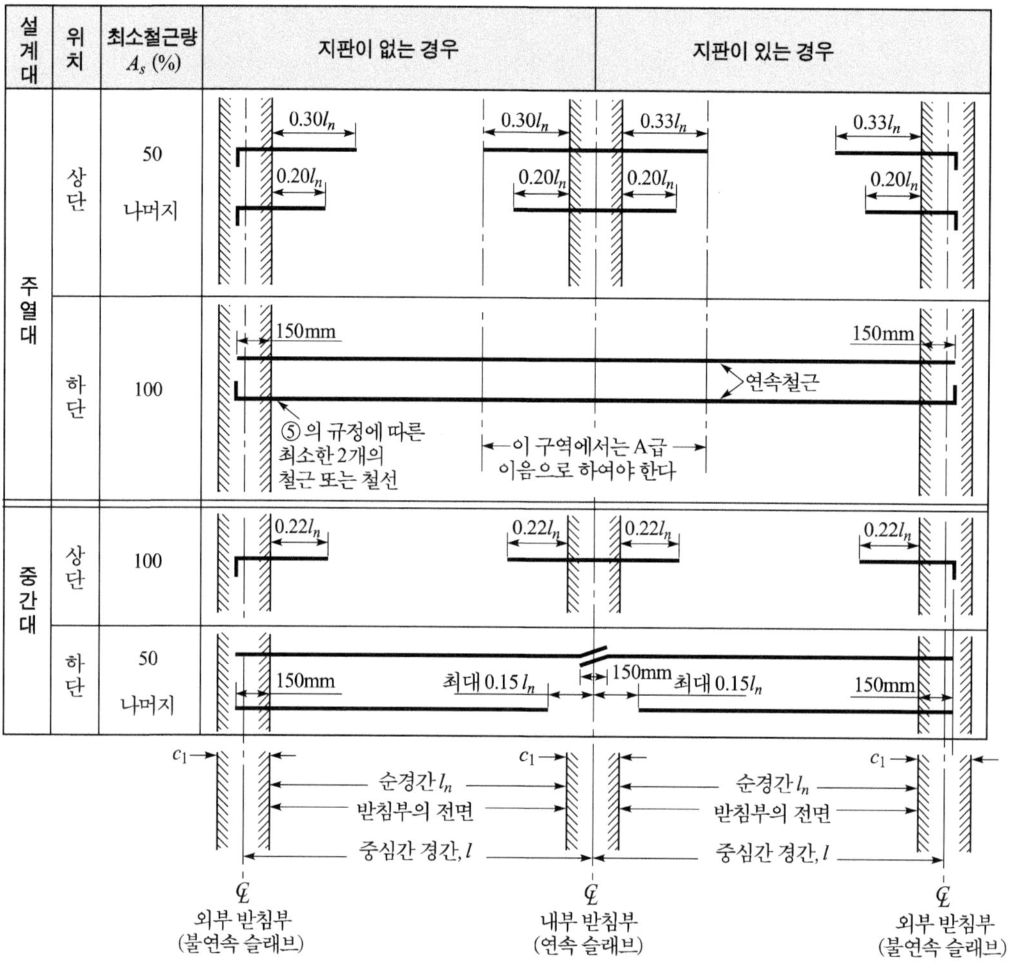

그림 9.36 보가 없는 슬래브에서 철근의 최소 정착길이 [6.4.1. (2) 정모멘트 철근의 정착 참고][24)]

24) ACI Committee 318, Building Code Requirements for Structural Concrete (ACI 318M-14) and Commentary, American Concrete Institute, Farmington Hills, MI, 2015, p.109.

9.4.7. 직접설계법

2방향 슬래브의 직접설계법은 KDS 14 20 70 (4.1.3)[25] 구조설계기준에 따라 다음과 같이 설계한다.

(1) 개요

① 직접설계법 (Direct Design Method)은 등분포하중을 받으며 기둥 간격이 일정한 2방향 슬래브의 계수휨모멘트 (소요휨모멘트)를 구하는 근사법이다.

② 이 설계법은 해석을 수행하지 않고 계수를 이용하여 가장 불리한 휨모멘트를 산정하는 방법이다.

③ 이 설계법은 등가골조법에 비해 휨모멘트를 산정하기 편리한 잇점이 있다.

④ 이 설계법은 아래의 제한사항을 만족해야 하며, 만족하지 못할 때는 등가골조법을 사용한다.

(2) 제한사항

다음 ①에서 ⑦까지 규정을 만족하는 슬래브 시스템은 직접설계법을 사용하여 설계할 수 있다.

① 각 방향으로 3경간 이상이 연속되어야 한다.

② 슬래브 패널들은 단변 경간에 대한 장변 경간의 비가 2 이하인 직사각형이어야 한다. (장변경간 / 단변경간 ≤ 2)

③ 각 방향으로 연속한 받침부 중심간 경간 차이는 장변경간의 1/3 이하이어야 한다.

$$\left(l_1 > l_1' \text{인 경우}, \ l_1 - l_1' \leq \frac{l_1}{3} \rightarrow l_1' \geq \frac{2}{3} l_1 \right)$$

④ 연속한 기둥 중심선을 기준으로 기둥의 어긋남은 그 방향 경간의 최대 10% 이하이어야 한다.

⑤ 모든 하중은 슬래브 패널 전체에 걸쳐 등분포된 연직하중이어야 하며, 활하중은 고정하중의 2배 이하이어야 한다. ($w_L / w_D \leq 2$)

---

25) KDS 14 20 70 (4.1.3) 콘크리트 슬래브와 기초판 설계기준, 국토교통부 제정, 한국콘크리트학회 작성, 2021.

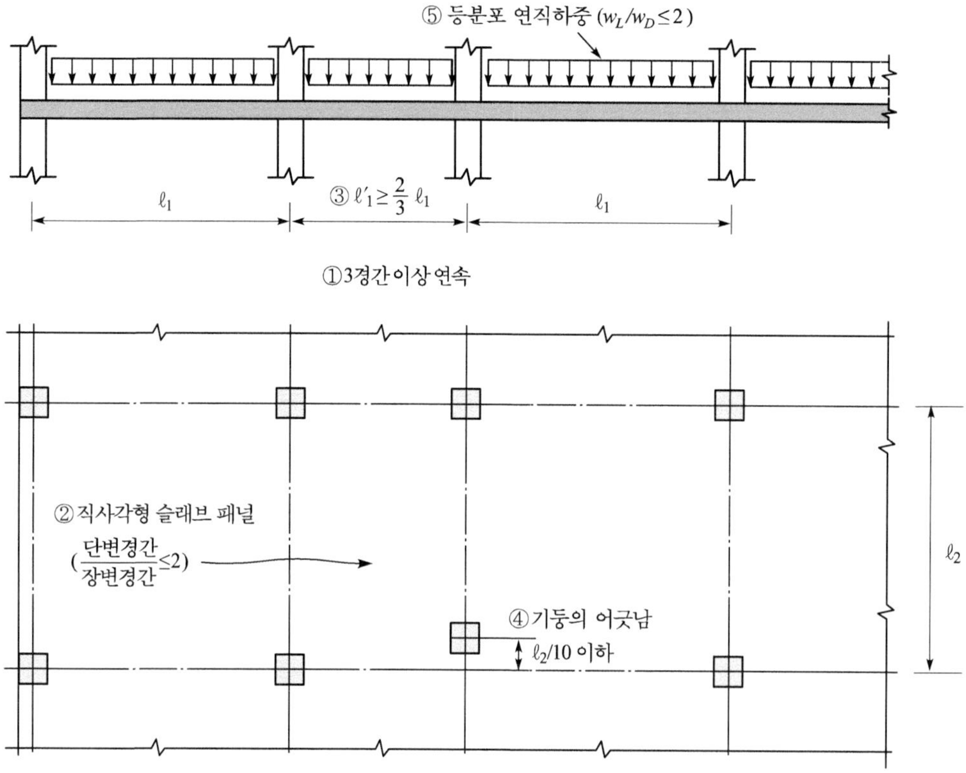

그림 9.37 직접설계법을 적용하기 위한 조건[26)]

⑥ 4변에서 보가 슬래브를 지지할 경우 직교하는 두 방향에서 보의 상대강성은 다음 식을 만족하여야 한다.

$$0.2 \le \frac{\alpha_1 l_2^2}{\alpha_2 l_1^2} \le 5.0$$

여기서, α_1 : l_1 방향으로의 α (휨강성비, $\alpha_1 = \dfrac{E_{cb}\,I_{b1}}{E_{cs}\,I_{s1}}$)

α_2 : l_2 방향으로의 α (휨강성비, $\alpha_1 = \dfrac{E_{cb}\,I_{b2}}{E_{cs}\,I_{s2}}$)

26) ACI Committee 318, Notes on ACI 318M-11 Building Code Requirements for Structural Concrete with Design Applications, American Concrete Institute, Farmington Hills, MI, 2013, p.19-4.

l_1 : 휨모멘트를 산정하는 방향의 받침부 중심 사이의 경간 (m)

l_2 : l_1에 수직한 방향의 받침부 중심 사이의 경간 (m)

⑦ 직접설계법으로 설계한 슬래브 시스템은 '연속 휨부재의 부모멘트 재분배'에서 허용한 휨모멘트 재분배를 적용할 수 없다.

(3) 전체 정적 계수휨모멘트

① 각 경간의 전체 정적 계수휨모멘트 (소요휨모멘트)는 받침부 중심선 양측의 슬래브 패널 중심선을 경계로 하는 설계대 내에서 산정하여야 한다.

② 정계수휨모멘트와 평균 부계수휨모멘트의 절댓값의 합은 어느 방향에서나 다음 값 이상으로 하여야 한다.

$$M_o = \frac{w_u\, l_2\, {l_n}^2}{8}$$

여기서, w_u : 단위 면적당 계수하중 (N/m^2)

l_n : 2방향 슬래브에서 장변 (모멘트 계산방향)의 순경간 (m)

l_2 : l_n의 수직한 방향의 받침부 중심 사이의 간격 (m, 받침부 중심선 양측 슬래브 판의 직각방향 경간이 다른 경우, l_2는 이들 횡방향 두 경간의 평균값으로 한다.)

그림 9.38 (b)의 3차원 내부 골조에서 슬래브에 단위 면적당 등분포하중 w_u (N/m^2)가 작용할 경우, 이를 2차원 선형부재로 모델링하면 그림 9.38 (c)가 되어 보부재에 단위 길이당 등분포하중 $w_u l_2$ (N/m)가 작용하게 된다. 이때 양단이 고정인 보의 경우 휨모멘트도를 나타내면 그림 9.38 (d)가 된다.

③ 가장자리에 인접하고 그에 평행한 경간은 M_o 산정식의 l_2는 가장자리부터 슬래브 판 중심선까지 거리로 하여야 한다. 그림 9.38 (a)의 3차원 내부 골조에서 M_o 산정식의 l_2는 그림에서 $l_2/2$가 된다.

④ 순경간 l_n은 기둥, 기둥머리, 브래킷 또는 벽체의 내면 사이의 거리이다. 다만, l_n값은 0.65 l_1 이상으로 하여야 한다. ($l_n \geq 0.65 l_1$)

⑤ 원형이나 정다각형 받침부는 그림 9.39와 같이 동일한 크기의 단면적의 정사각형 받침부로 취급하여야 한다.

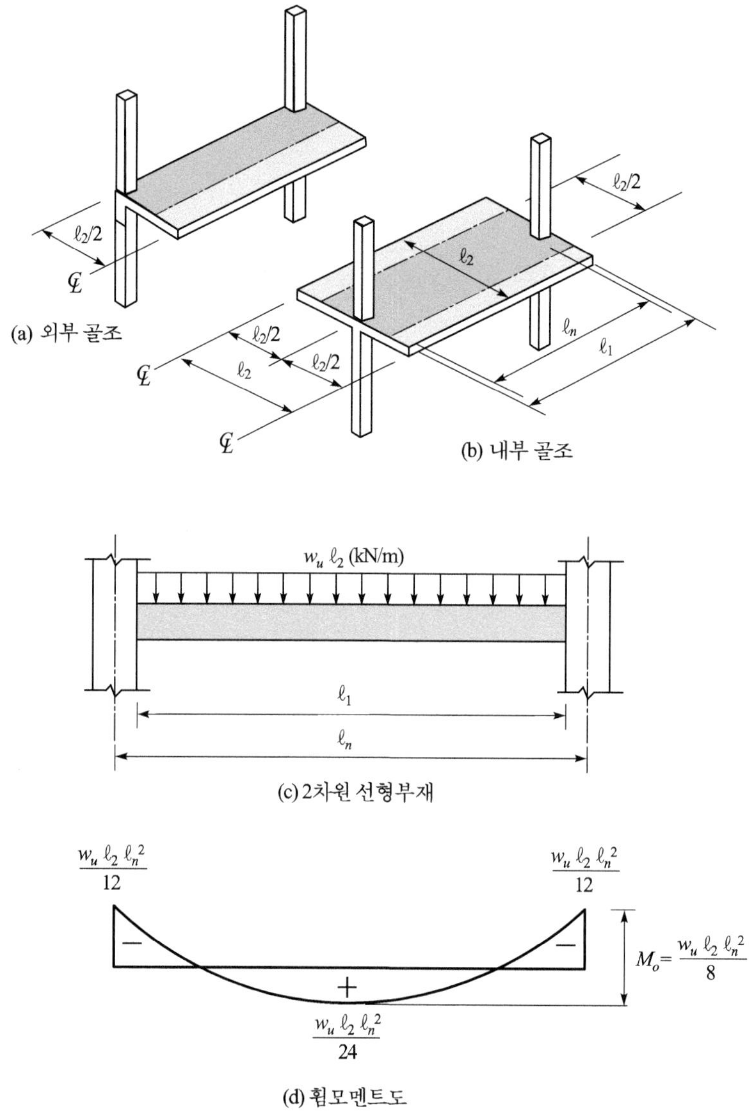

그림 9.38 양단고정보 (연속보)의 휨모멘트도

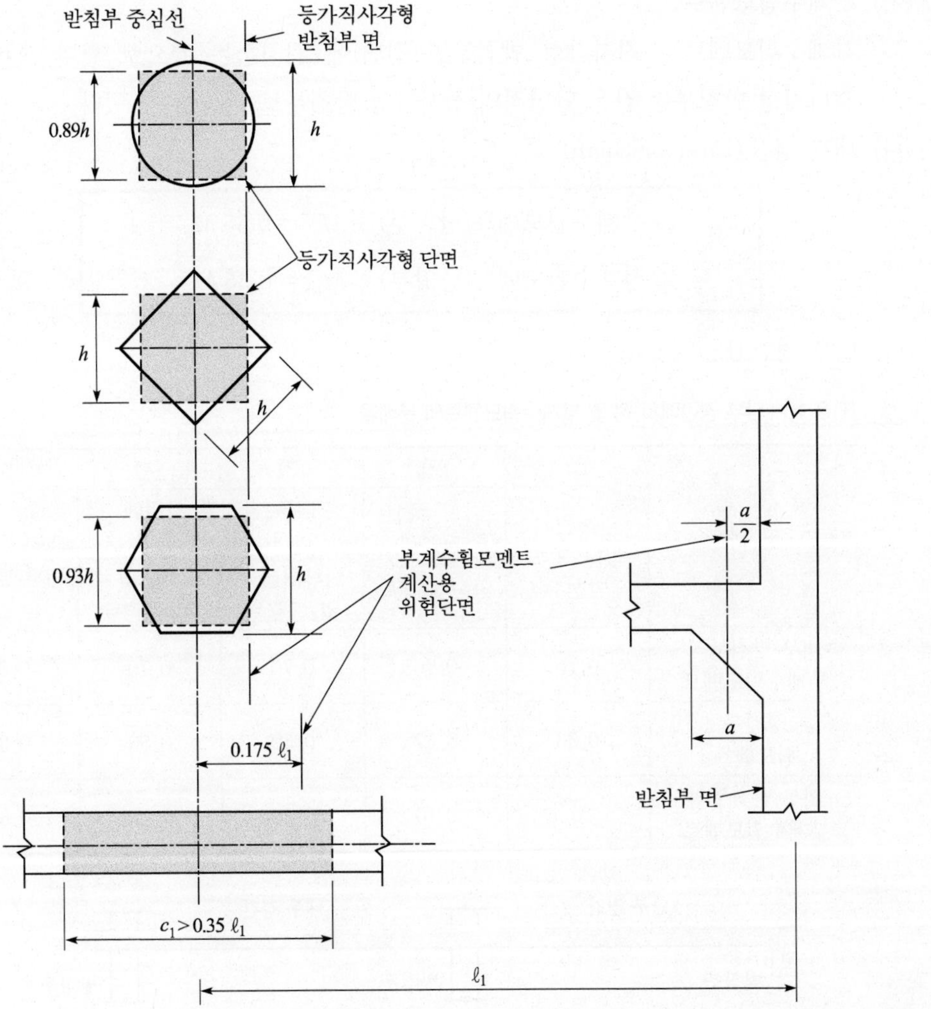

(a) 단부 및 외부 기둥 또는 벽체반침부 (b) 브래킷 또는 코벨을 가진 외부 반침부

그림 9.39 부계수휨모멘트 산정을 위한 등가단면과 위험단면27)

27) ACI Committee 318, Notes on ACI 318-11 Building Code Requirements for Structural Concrete with Design Applications, American Concrete Institute, Farmington Hills, MI, 2013, p.19-4.

(4) 정 및 부계수휨모멘트

(가) 부계수휨모멘트

부계수휨모멘트는 직사각형 받침부면(전면)에 위치하는 것으로 한다. 원형이나 정다각형 받침부는 같은 단면적의 정사각형 받침부로 취급할 수 있다.

(나) 내부 경간(Interior Span)

① 부계수휨모멘트(단 부) : $M_u^- = 0.65\,M_o$

② 정계수휨모멘트(중앙부) : $M_u^+ = 0.35\,M_o$

(다) 단부 경간(End Span)

표 9.10 단부 경간에서 정 및 부계수휨모멘트의 분배율

구 분	(1) 구속되지 않은 외부 받침부	(2) 모든 받침부 사이에 보가 있는 슬래브	(3) 내부 받침부 사이에 보가 없는 슬래브 – 테두리보가 없는 경우	(4) 내부 받침부 사이에 보가 없는 슬래브 – 테두리보가 있는 경우	(5) 완전 구속된 외부 받침부
내부 받침부의 부계수휨모멘트	0.75	0.70	0.70	0.70	0.65
정계수 휨모멘트	0.63	0.57	0.52	0.50	0.35
외부 받침부의 부계수휨모멘트	0	0.16	0.26	0.30	0.65

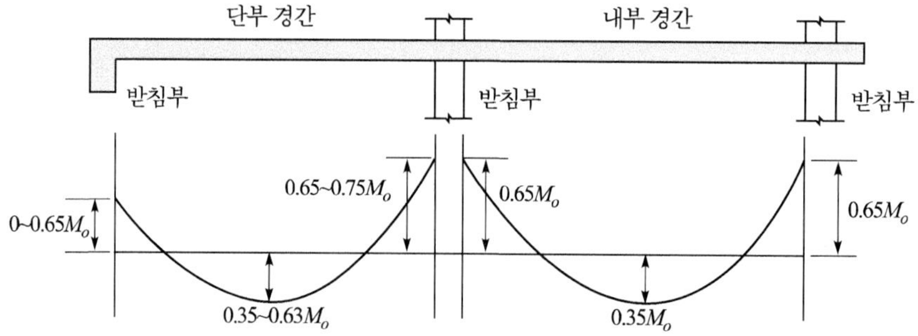

그림 9.40 단부 경간과 내부 경간의 휨모멘트

표 9.10에 의한 받침부 구속에 따라 단부 경간과 내부 경간의 휨모멘트계수를 그림으로 표현하면 그림 9.41과 같다.

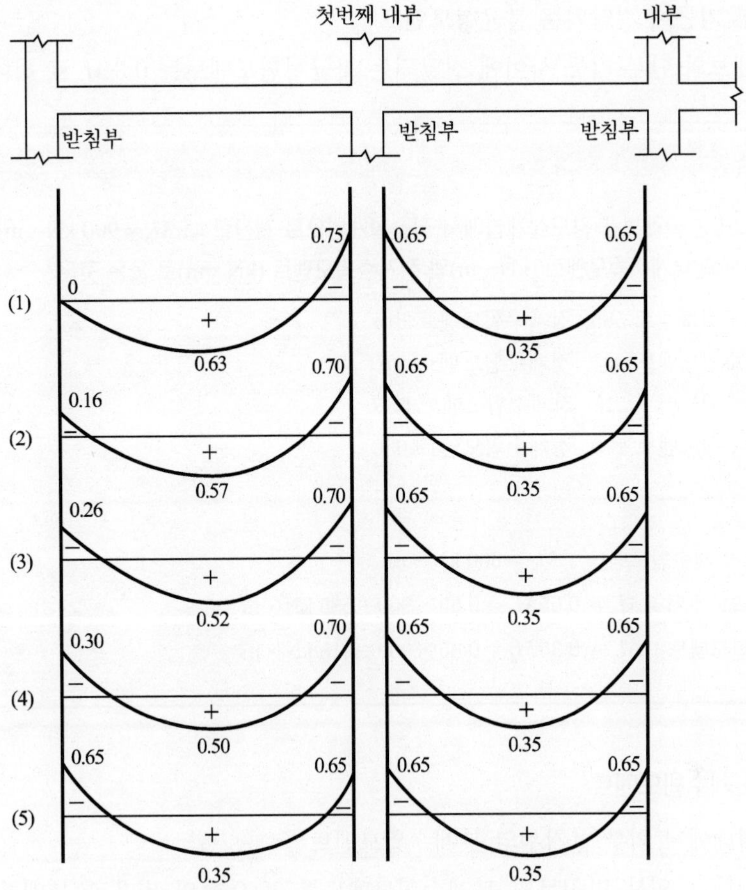

(1) 구속되지 않은 외부 받침부
(2) 모든 받침부 사이에 보가 있는 슬래브
(3) 내부 받침부 사에에 보가 없고 테두리보가 없는 경우
(4) 내부 받침부 사에에 보가 없고 테두리보만 있는 경우
(5) 완전 구속된 외부 받침부

그림 9.41 직접설계법에 의한 모멘트계수

(라) 부모멘트단면

불균형휨모멘트를 인접한 부재의 강성에 따라 분배되도록 해석하여 설계하거나 받침부 양쪽 경간의 부계수휨모멘트 중 큰 휨모멘트에 견디도록 설계하여야 한다.

(마) 슬래브 단부 또는 테두리보

슬래브 단부 또는 테두리보는 외부 받침부의 부계수휨모멘트가 분배되는 만큼 비틀림에 견디도록 설계하여야 한다.

(바) 단부 기둥에 전달되는 불균형모멘트

슬래브와 단부 기둥 사이에 전달되는 불균형휨모멘트는 $0.3M_o$로 하여야 한다.

예제 9-9

보가 있는 2방향 슬래브를 강도설계법에서 직접설계법으로 계산할 때 $M_o = 900$ kN · m로 산정되었다. 내부 스팬의 부계수휨모멘트 (kN · m)와 정계수휨모멘트 (kN · m)로 옳은 것은?

㉮ 부계수휨모멘트 585, 정계수휨모멘트 315
㉯ 부계수휨모멘트 630, 정계수휨모멘트 270
㉰ 부계수휨모멘트 315, 정계수휨모멘트 585
㉱ 부계수휨모멘트 270, 정계수휨모멘트 630

풀이

① 전체 정적 계수휨모멘트 : $M_o = 900$ kN · m
② 부계수휨모멘트 : $M_u^- = 0.65M_o = 0.65 \times 900 = 585$ kN · m
③ 정계수휨모멘트 : $M_u^+ = 0.35M_o = 0.35 \times 900 = 315$ kN · m

답 ㉮

(5) 주열대의 계수휨모멘트

(가) 주열대에서 외부 받침부의 부계수휨모멘트

주열대는 외부 받침부의 부계수휨모멘트를 표 9.11의 비율로 분배한 휨모멘트에 견디도록 설계하여야 한다. 표에서 $(\alpha_1 l_2/l_1) = 0$는 보가 없는 경우이며, $(\alpha_1 l_2/l_1) \geq 1.0$는 보가 상당한 강성을 가지는 경우이다. 여러 문헌에서는 $0 < \alpha_1 l_2/l_1 < 1.0$인 경우의 보는 구조설계기준에서는 허용하고 있으나, 전단설계의 적용에 문제가 될 수 있으므로 사용하지 않는 것이 좋을 것이라고 제안하고 있다.

표 9.11 주열대에서 외부 받침부의 분배백분율 (%)

l_2/l_1		0.5	1.0	2.0
$(\alpha_1 l_2/l_1) = 0$	$\beta_t = 0$	100	100	100
	$\beta_t \geq 2.5$	75	75	75
$(\alpha_1 l_2/l_1) \geq 1.0$	$\beta_t = 0$	100	100	100
	$\beta_t \geq 2.5$	90	75	45

* 위의 값 사이에서는 직선 보간법을 적용한다.

여기서, β_t : 슬래브의 휨강성에 대한 테두리보의 비틀림강성의 비. 이때 슬래브의 폭은 테두리보의 받침부 중심간 경간과 동일하다.

$\beta_t = \dfrac{CG}{E_{cs} I_s} = \dfrac{E_{cb} C}{2E_{cs} I_s}$, $G = \dfrac{E_{cb}}{2(1+\nu)}$, 약산적으로 $\nu = 0$이면,

$G = \dfrac{E_{cb}}{2}$ 이다.

C : 비틀림 특성을 정의하는 단면상수. T형 또는 L형 단면은 그림 9.42와 같이 여러 개의 직사각형으로 나누어 각 부분의 C값을 더하여 산정한다.

$$C = \Sigma\left(1 - 0.63\frac{x}{y}\right)\left(\frac{x^3 y}{3}\right)$$

x : 직사각형 단면의 단변

y : 직사각형 단면의 장변

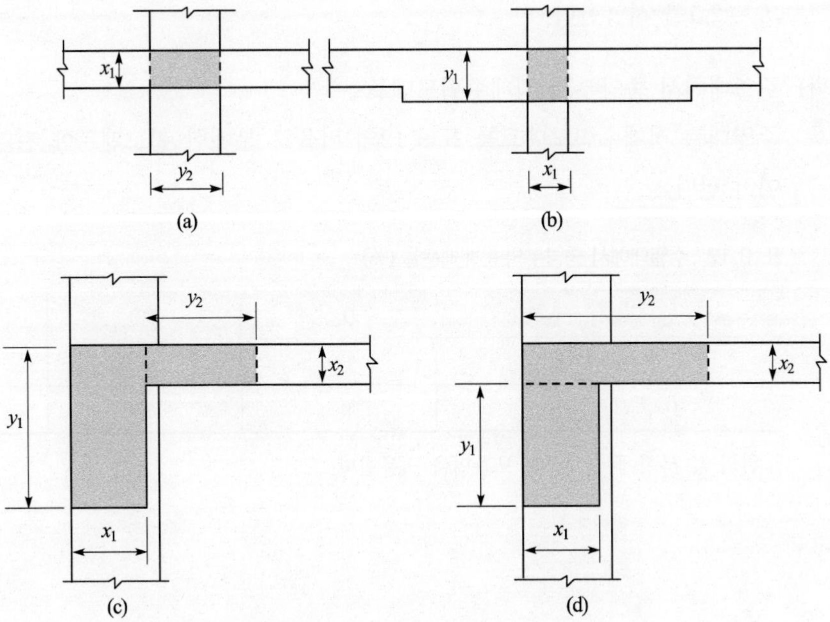

[(c)와 (d)로 계산된 c값 중에서 큰 값을 사용]

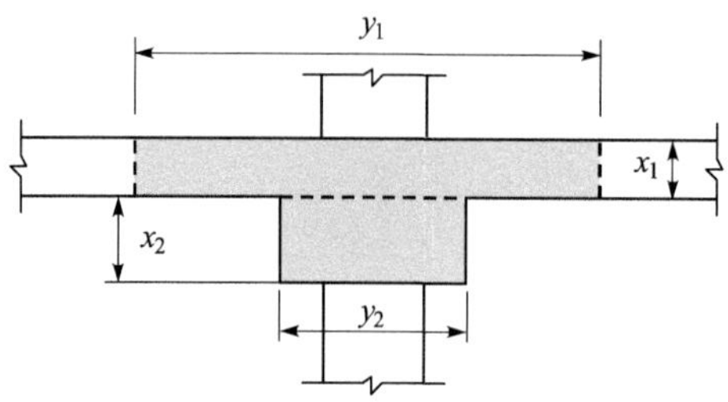

(e)

$$C=\sum\left[\left(1-0.63\frac{x_1}{y_1}\right)\frac{x_1^3y_1}{3}\right]+\left[\left(1-0.63\frac{x_2}{y_2}\right)\frac{x_2^3y_2}{3}\right]$$

그림 9.42 비틀림 특성을 정의하는 단면상수 C [28]

표 9.11을 직선 보간식으로 표현하면 다음과 같다.

$$\%^{-}_{\text{외부 받침부}} = 100 - 10\beta_t + 12\beta_t\left(\frac{\alpha_1 l_2}{l_1}\right)\left(1-\frac{l_2}{l_1}\right)$$

여기서, $\alpha_1 l_2/l_1 \geq 1.0$이면, $\alpha_1 l_2/l_1 = 1.0$을 사용하며, 또한 $\beta_t > 2.5$이면 $\beta_t = 2.5$을 사용한다.

(나) 주열대에서 중앙부의 정계수휨모멘트

주열대는 정계수휨모멘트를 표 9.12의 비율로 분배한 휨모멘트에 견디도록 설계하여야 한다.

표 9.12 주열대에서 중앙부의 분배백분율 (%)

l_2/l_1	0.5	1.0	2.0
$(\alpha_1 l_2/l_1)=0$	60	60	60
$(\alpha_1 l_2/l_1)\geq 1.0$	90	75	45

* 위의 값 사이에서는 직선 보간법을 적용한다.

28) ACI Committee 318, Notes on ACI 318M-11 Building Code Requirements for Structural Concrete with Design Applications, American Concrete Institute, Farmington Hills, MI, 2013, p.20-8.

표 9.12를 직선 보간식으로 표현하면 다음과 같다.

$$\%^{+}_{중앙부} = 60 + 30\left(\frac{\alpha_1 l_2}{l_1}\right)\left(1.5 - \frac{l_2}{l_1}\right)$$

여기서, $\alpha_1 l_2/l_1 \geq 1.0$이면, $\alpha_1 l_2/l_1 = 1.0$을 사용한다.

(다) 주열대에서 내부 받침부의 부계수휨모멘트

주열대는 내부 받침부의 부계수휨모멘트를 표 9.13의 비율로 분배한 휨모멘트에 견디도록 설계하여야 한다.

표 9.13 주열대에서 내부 받침부의 분배백분율 (%)

l_2/l_1	0.5	1.0	2.0
$(\alpha_1 l_2/l_1)=0$	75	75	75
$(\alpha_1 l_2/l_1)\geq 1.0$	90	75	45

* 위의 값 사이에서는 직선 보간법을 적용한다.

표 9.13을 직선 보간식으로 표현하면 다음과 같다.

$$\%^{-}_{내부\ 받침부} = 75 + 30\left(\frac{\alpha_1 l_2}{l_1}\right)\left(1 - \frac{l_2}{l_1}\right)$$

여기서, $\alpha_1 l_2/l_1 \geq 1.0$이면, $\alpha_1 l_2/l_1 = 1.0$을 사용한다.

주열대에서 외부 및 내부 받침부의 부계수휨모멘트와 중앙부의 정계수휨모멘트의 분배백분율을 정리하면 표 9.14와 같다. 보가 없는 플랫 플레이트와 같은 슬래브의 경우 $\alpha = 0$이 되어 $\alpha_1 l_2 / l_1 = 0$이 된다. 주열대가 계수휨모멘트를 분담하고 주열대에서 분담하지 않는 나머지 계수휨모멘트를 중간대가 분담하게 된다. 예를 들어 중앙부의 정계수휨모멘트의 경우, $\alpha_1 l_2 / l_1 = 0$이 되어 계수휨모멘트의 60%를 주열대가 분담하고, 나머지 40%를 인접한 중간대에 절반인 20%씩을 분담하게 한다.

표 9.14 주열대에서 계수휨모멘트의 분배백분율 (%)

l_2/l_1			0.5	1.0	2.0
외부 받침부의 부계수휨모멘트	$(\alpha_1 l_2/l_1)=0$	$\beta_t=0$	100	100	100
		$\beta_t \geq 2.5$	75	75	75
	$(\alpha_1 l_2/l_1) \geq 1.0$	$\beta_t=0$	100	100	100
		$\beta_t \geq 2.5$	90	75	45
중앙부의 정계수 휨모멘트	$(\alpha_1 l_2/l_1)=0$	–	60	60	60
	$(\alpha_1 l_2/l_1) \geq 1.0$	–	90	75	45
내부 받침부의 부계수휨모멘트	$(\alpha_1 l_2/l_1)=0$	–	75	75	75
	$(\alpha_1 l_2/l_1) \geq 1.0$	–	90	75	45

* 위의 값 사이에서는 직선 보간법을 적용한다.

플랫 플레이트 또는 플랫 슬래브와 같이 기둥에 직접 지지되어 내부 받침부 사이에 보가 없는 슬래브로써 테두리보가 없는 경우는 $(\alpha_1 l_2/l_1)=0$이고 $\beta_t=0$이다. 이와 같은 슬래브의 주열대와 중간대에서 계수휨모멘트의 분배는 다음 표와 같다.

표 9.15 주열대와 중간대에서 계수휨모멘트의 분배

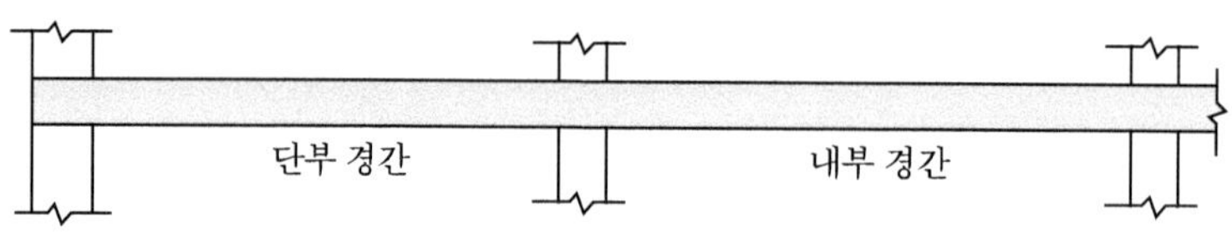

슬래브 휨모멘트	단부 경간			내부 경간	
	(1)	(2)	(3)	(4)	(5)
	$M_{u,e}^-$	M_u^+	$M_{u,i}^-$	M_u^+	$M_{u,i}^-$
전체 휨모멘트	$0.26M_o$	$0.52M_o$	$0.70M_o$	$0.35M_o$	$0.65M_o$
주열대 분배백분율(%)	100	60	75	60	75
주열대 휨모멘트	$0.26M_o$	$0.31M_o$	$0.53M_o$	$0.21M_o$	$0.49M_o$
중간대 휨모멘트	0	$0.21M_o$	$0.17M_o$	$0.14M_o$	$0.16M_o$

여기서, $M_{u,e}^-$: 외부 받침부의 부계수휨모멘트

M_u^+ : 정계수휨모멘트

$M_{u,i}^-$: 내부 받침부의 부계수휨모멘트

플랫 플레이트 또는 플랫 슬래브와 같이 기둥에 직접 지지되어 내부 받침부 사이에 보가 없는 슬래브로써 테두리보가 있는 경우는 $(\alpha_1 l_2/l_1)=0$이다. 비틀림강성비 $\beta_t \geq 2.5$라 가정하면, 주열대와 중간대에서 계수휨모멘트의 분배는 다음 표와 같다.

표 9.16 주열대와 중간대에서 계수휨모멘트의 분배

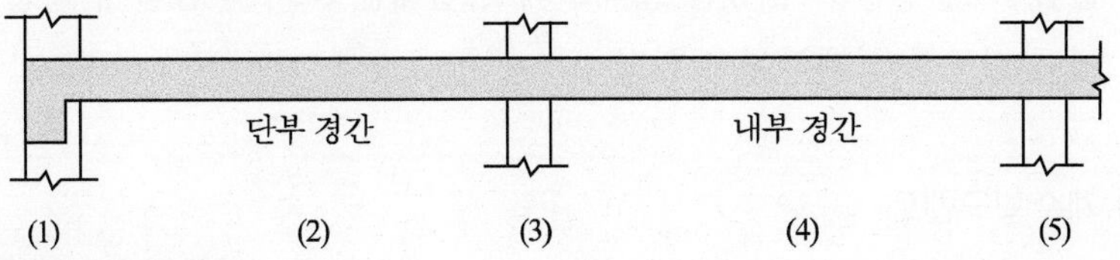

슬래브 휨모멘트	단부 경간			내부 경간	
	(1)	(2)	(3)	(4)	(5)
	$M_{u,e}^-$	M_u^+	$M_{u,i}^-$	M_u^+	$M_{u,i}^-$
전체 휨모멘트	$0.30M_o$	$0.50M_o$	$0.70M_o$	$0.35M_o$	$0.65M_o$
주열대 분배백분율 (%)	75	60	75	60	75
주열대 휨모멘트	$0.23M_o$	$0.30M_o$	$0.53M_o$	$0.21M_o$	$0.49M_o$
중간대 휨모멘트	$0.07M_o$	$0.20M_o$	$0.17M_o$	$0.14M_o$	$0.16M_o$

모든 받침부 사이에 보가 있는 슬래브로써 $(\alpha_1 l_2/l_1) \geq 1.0$이고, $l_2/l_1 = 1.0$ 그리고 $\beta_t \geq 2.5$라 가정하면, 슬래브의 주열대와 중간대에서 계수휨모멘트의 분배는 다음 표와 같다.

표 9.17 주열대와 중간대의 계수휨모멘트의 분배

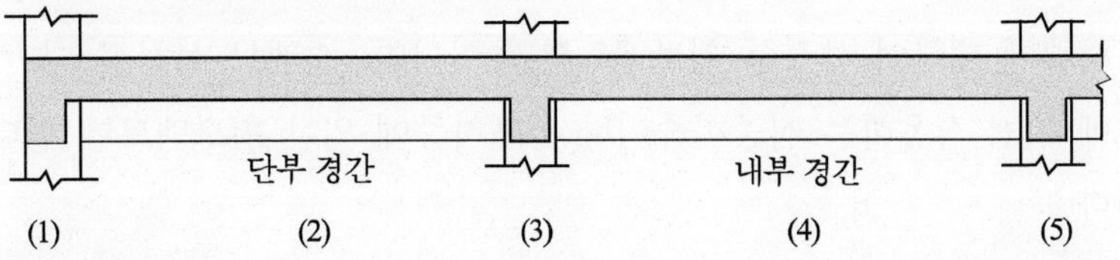

슬래브 휨모멘트	단부 경간			내부 경간	
	(1)	(2)	(3)	(4)	(5)
	$M_{u,e}^-$	M_u^+	$M_{u,i}^-$	M_u^+	$M_{u,i}^-$
전체 휨모멘트	$0.16M_o$	$0.57M_o$	$0.70M_o$	$0.35M_o$	$0.65M_o$
주열대 분배백분율 (%)	75	75	75	75	75
주열대 휨모멘트	$0.12M_o$	$0.43M_o$	$0.53M_o$	$0.26M_o$	$0.49M_o$
중간대 휨모멘트	$0.04M_o$	$0.14M_o$	$0.17M_o$	$0.09M_o$	$0.16M_o$

(라) 벽체지지단부 부모멘트

M_o 계산에 사용한 경간 l_2의 3/4 이상이 기둥이나 벽체로 지지되는 경우, 부모멘트는 l_2를 따라 균등하게 분포한다고 간주할 수 있다.

(마) 보가 있는 슬래브

받침부 사이에 보가 있는 슬래브의 주열대는 보가 부담하지 않는 주열대 휨모멘트에 견디도록 설계하여야 한다.

(6) 보의 계수휨모멘트

① $(\alpha_1 l_2 / l_1)$값이 1.0 이상인 경우 $[(\alpha_1 l_2 / l_1) \geq 1.0]$, 받침부 사이의 보는 주열대 휨모멘트의 85%를 견디도록 설계하여야 한다. 그 나머지는 슬래브가 지지한다. 예를 들어 주열대 휨모멘트의 85%를 보가 부담하고, 보가 부담하는 휨모멘트를 제외한 주열대 휨모멘트의 15%만큼을 보 부분을 제외한 보의 양쪽 슬래브에 균등히 부담하여 설계한다.

② $(\alpha_1 l_2 / l_1)$값이 1.0과 0 사이인 경우 $[0 \leq (\alpha_1 l_2 / l_1) < 1.0]$는 보의 주열대 휨모멘트 분담률을 85%와 0% 사이를 직선 보간하여 구하여야 한다. 예를 들어 $\alpha_1 l_2 / l_1 = 0.75$이면, 주열대 휨모멘트의 $0.75 \times 0.85 = 0.64(64\%)$를 보가 부담하고, 보가 부담하는 휨모멘트를 제외한 주열대 휨모멘트의 $0.36(36\%)$만큼을 보 부분을 제외한 보의 양쪽 슬래브에 균등히 부담하여 설계한다.

③ 보는 전체 정적 계수휨모멘트 $M_o = \dfrac{w_u\, l_2\, l_n^{\,2}}{8}$과 위의 ① 및 ②의 규정에 따라 등분포하중에 대하여 산정한 휨모멘트뿐만 아니라, 슬래브 상하로 내민보 부분의 무게와 보에 직접 작용하는 집중하중이나 분포하중에 의한 휨모멘트에 견디도록 설계하여야 한다.

(7) 중간대의 계수휨모멘트

① 주열대가 부담하지 않는 정 및 부계수휨모멘트의 분담분은 주열대 양쪽의 1/2 중간대에 비례하여 할당하여야 한다.

② 각 중간대는 2개의 1/2 중간대에 할당한 휨모멘트들의 합에 견디도록 설계하여야 한다.

③ 벽체가 지지하는 가장자리에 인접하고, 그에 평행한 중간대는 첫 번째 내부 받침부

의 1/2 중간대에 할당된 휨모멘트의 2배를 견디도록 설계하여야 한다.

(8) 계수휨모멘트의 수정

고려하는 방향에서 슬래브 판에 대한 전체 정적 계수휨모멘트가 $M_o = \dfrac{w_u\, l_2\, {l_n}^2}{8}$ 에 의해 요구된 휨모멘트보다 작지 않은 범위 내에서 정 및 부계수휨 모멘트는 10%까지 수정할 수 있다.

(9) 보가 있는 슬래브의 계수전단력

① $(\alpha_1 l_2 / l_1)$의 값이 1 이상 $[(\alpha_1 l_2 / l_1) \geq 1.0]$인 보는 슬래브 판의 네 모퉁이에서 변과 45°의 각을 이루는 선과 장변에 평행한 슬래브 판 중심선이 만드는 재하면적에 작용하는 계수하중에 의한 전단력에 견디도록 설계하여야 한다.

② $(\alpha_1 l_2 / l_1)$의 값이 1 미만 $[(\alpha_1 l_2 / l_1) < 1.0]$일 때에는 $\alpha_1 = 0$인 경우 보가 하중을 받지 않는다고 가정하여 직선 보간하여 보가 분담하는 전단력을 구할 수 있다.

③ 보는 ①과 ②에 따라 산정한 전단력뿐만 아니라 보에 직접 작용하는 계수하중에 의한 전단력에 견디도록 설계하여야 한다.

④ 슬래브의 전단강도는 ①과 ②에 따라 하중이 보에 분배된다는 가정에 의해 산정하여야 한다. 또한 슬래브는 슬래브 패널에 일어나는 전체 전단력에 견디도록 설계하여야 한다.

⑤ 전단강도는 구조계산기준의 '전단과 비틀림'의 규정을 만족하여야 한다.

보가 있는 슬래브에서 보의 전단력에 대한 검토는 단부 보보다 더 큰 전단력이 작용하기 때문에 내부 보에서 실시한다. 그림 9.43 (b)에서 보 G_1의 전단력은 다음과 같다.

$$V_u = \frac{1}{2} \times \left(\frac{1}{2} \times \frac{w_u l_1}{2} \times l_1 \right) \times 2 = \frac{w_u l_1^2}{4}$$

또한 그림 9.43 (c)에서 보 G_2의 전단력은 다음과 같다.

$$V_u = \frac{1}{2} \times \left(\frac{1}{2} \times \frac{w_u l_1}{2} \times \frac{l_1}{2} \right) \times 2 \times 2 + \frac{1}{2} \times \left[\frac{w_u l_1}{2} \times (l_2 - l_1) \right] \times 2$$

$$= \frac{w_u l_1^2}{4} + \frac{w_u l_1}{2} \times (l_2 - l_1) = \frac{w_u l_1}{4}(l_1 + 2 l_2 - 2 l_1) = \frac{w_u l_1}{4}(2 l_2 - l_1)$$

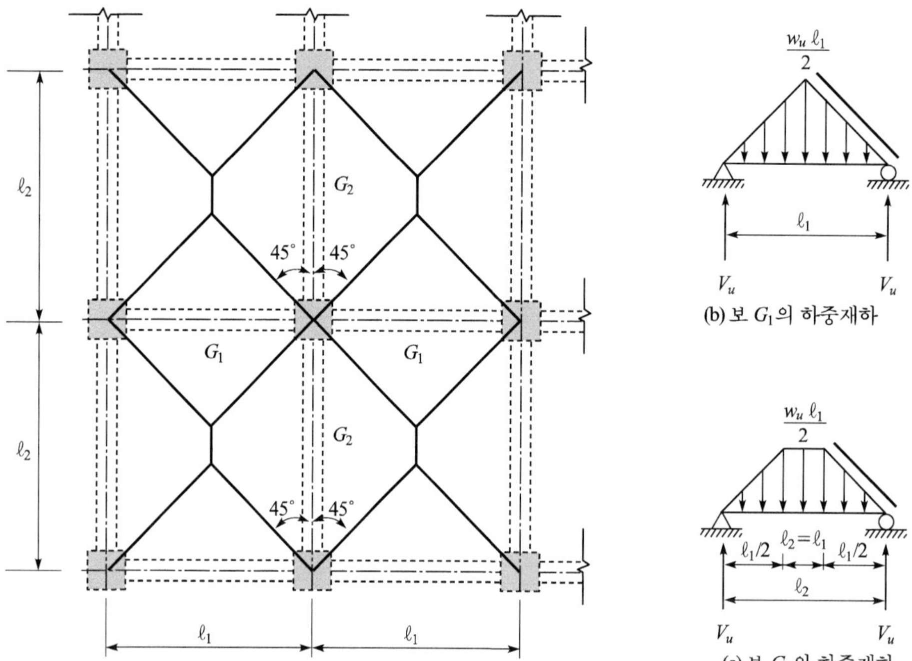

(a) 내부 보가 분담하는 재하면적

(b) 보 G_1의 하중재하

(c) 보 G_2의 하중재하

그림 9.43 내부 보가 분담하는 전단면적과 하중재하

(10) 기둥과 벽체의 계수휨모멘트

① 슬래브 시스템과 일체로 이루어진 기둥과 벽체들은 슬래브 시스템에 작용하는 계수하중에 의해 발생하는 휨모멘트에 견딜 수 있어야 한다. 내부 받침부(기둥 등)에 작용하는 불균형 계수휨모멘트는 다음과 같다. 여기서, 0.65는 내부 경간에서의 계수휨모멘트 분배율이다.

$$M_u = 0.65\left[\frac{(w_{Du} + 0.5\,w_{Lu})\,l_2\,l_n^2}{8} - \frac{w_{Du}'\,l_2'\,(l_n')^2}{8}\right]$$

② 전체적인 해석을 하지 않는 한, 내부 받침부(기둥 등)에서 슬래브 상하의 받침부재는 상하 부재의 강성에 직접 비례하여 다음 식에 규정된 계수휨모멘트를 견디도록 설계하여야 한다. 아래 식에서 0.07은 위의 식으로부터 0.654×1/8=0.081의 값이나, 불균형 계수휨모멘트 중에서 일부는 슬래브에 재분배되고 나머지가 내부 기둥에 분배되는 것으로 한 것이다. 참고로 단부 기둥의 경우, 전달되는 연직하중에 대한 불균형 계수휨모멘트는 $0.3M_o$로 하여야 한다.

$$M_u = 0.07\left[\,(w_{Du} + 0.5\,w_{Lu})\,l_2\,l_n^2 - w_{Du}{}'\,l_2{}'\,(l_n{}')^2\right]$$

여기서, w_D, w_L, l_2, l_n : 각각 긴 경간에 대한 계수고정하중, 계수활하중, 순경간과 수직한 경간 그리고 순경간

$w_D{}'$, $l_2{}'$, $l_n{}'$: 각각 인접한 짧은 경간에 대한 계수고정하중, 순경간과 수직한 경간 그리고 순경간

만약 바닥판의 두께가 같아 계수고정하중이 모두 같으며, 해석방향으로 경간이 같고 해석방향의 직각방향으로도 경간이 같을 경우, $w_D = w_D{}'$, $l_2 = l_2{}'$이고 $l_n = l_n{}'$이 되어, 일반적인 경우의 내부 기둥에 대한 계수휨모멘트는 다음과 같다.

$$M_u = 0.07\left(0.5\,w_{Lu}\,l_2\,l_n^2\right)$$

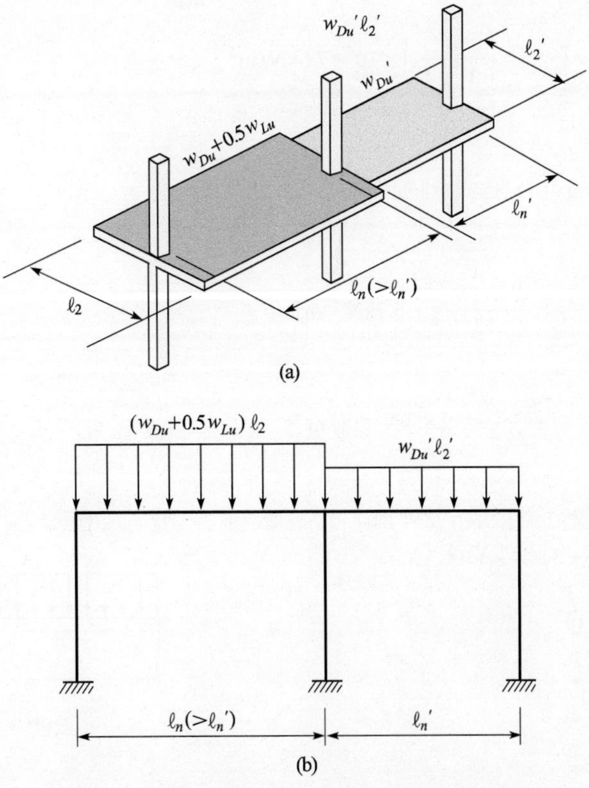

그림 9.44 기둥과 벽체의 부계수휨모멘트 산정용 기호

예제 9-10

그림과 같은 4변 고정슬래브에 10 kN/m^{2}의 하중이 작용한다면 최대 부모멘트는?

㉮ −4.9 kN·m/m ㉯ −5.7 kN·m/m
㉰ −6.3 kN·m/m ㉱ −7.5 kN·m/m

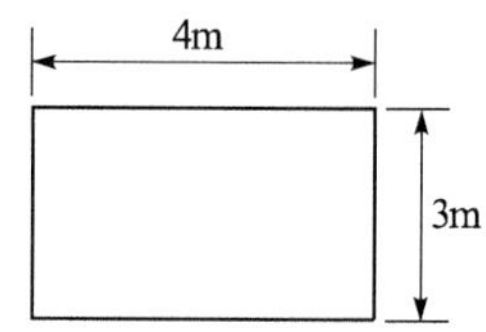

그림 9.45

풀이

$\lambda = \dfrac{l_y}{l_x} = \dfrac{4}{3} = 1.33 \le 2$이므로 2방향 슬래브이다.

1. 등분포하중 w가 작용할 경우 분담하중

1) 장변의 분담하중

$$w_y = \left(\frac{l_x^{\ 4}}{l_x^{\ 4} + l_x^{\ 4}}\right) \cdot w = \left(\frac{3^4}{3^4 + 4^4}\right) \times 10 = 2.4\text{kN/m}^2$$

2) 단변의 분담하중

$$w_x = \left(\frac{l_x^{\ 4}}{l_x^{\ 4} + l_x^{\ 4}}\right) \cdot w = \left(\frac{4^4}{3^4 + 4^4}\right) \times 10 = 7.6\text{kN/m}^2$$

2. 최대 모멘트

분담하중은 단변방향이 크므로 최대 모멘트는 다음과 같다.

1) 최대 부모멘트

$$M_{\max}^{-} = -\frac{w_x l_x^{\ 2}}{12} = -\frac{7.6 \times 3^2}{12} = -5.7\text{kN} \cdot \text{m/m}$$

2) 최대 정모멘트

$$M_{\max}^{+} = \frac{w_x l_x^{\ 2}}{24} = \frac{7.6 \times 3^2}{24} = 2.85\text{kN} \cdot \text{m/m}$$

답 ㉯

주1 등분포하중이 작용하는 보의 최대 정모멘트 및 부모멘트는 다음과 같다.

$$M_A = -\frac{wl^2}{12}$$

$$M_C = \frac{wl^2}{24}$$

$$|M_A| + |M_C| = \frac{wl^2}{8}$$

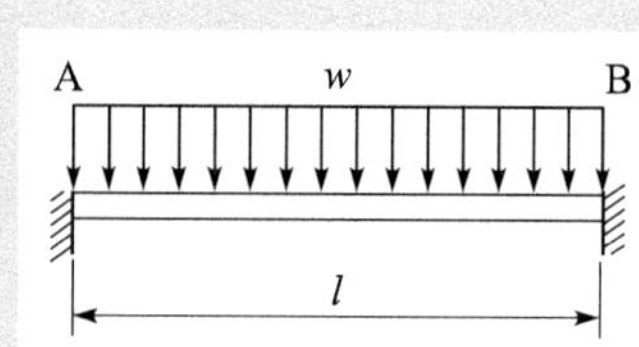

그림 9.46

예제 9-11

그림과 같은 중간층에 위치한 보-슬래브 플레이트 형식의 2방향 슬래브에서 표시된 장변방향에 대해 직접설계법을 이용하여 다음 조건에 대한 슬래브의 휨설계를 하시오. (단, 부재의 치수와 하중 등은 아래와 같고 슬래브의 1방향 및 2방향 전단검토는 생략한다. 또한 콘크리트는 $f_{ck} = 24$ MPa의 보통중량 콘크리트이고, 철근은 $f_y = 400$ MPa의 도막되지 않은 철근이며, 테두리보와 슬래브는 일체로 시공되어 동일한 탄성계수로써 $E_{cb} = E_{cs}$이다.)

[조건]

1. 층고 : 3.3 m
2. 기둥의 크기 : 400 mm×400 mm
3. 슬래브의 두께 : $h_f = 200$ mm
4. 고정하중 : $w_D = 6.5$ kN/m^2
5. 활하중 : $w_L = 3.0$ kN/m^2

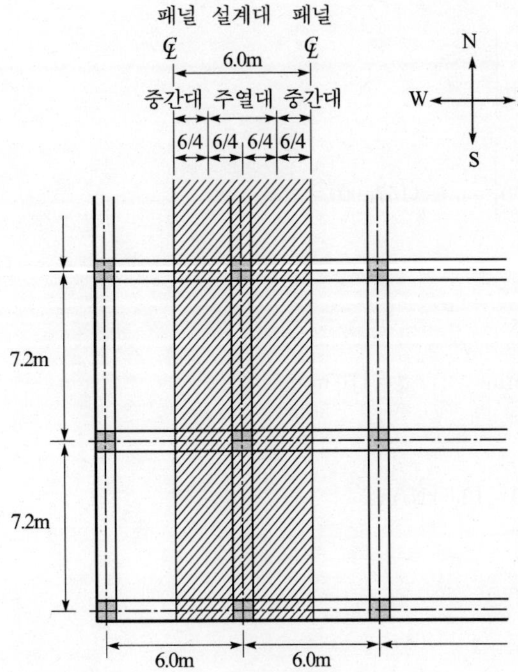

(a) 평면

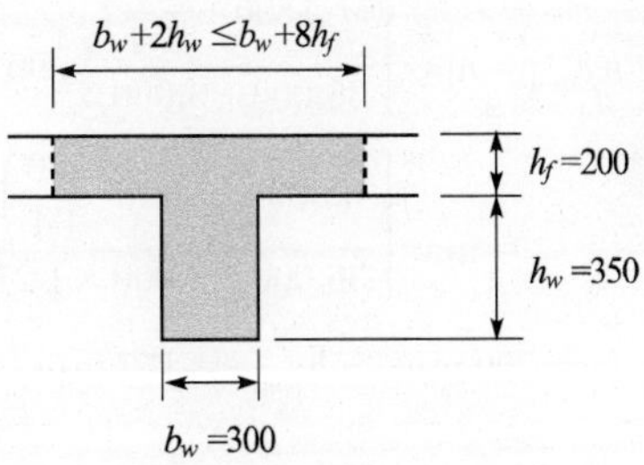

(b) 내부 보의 단면

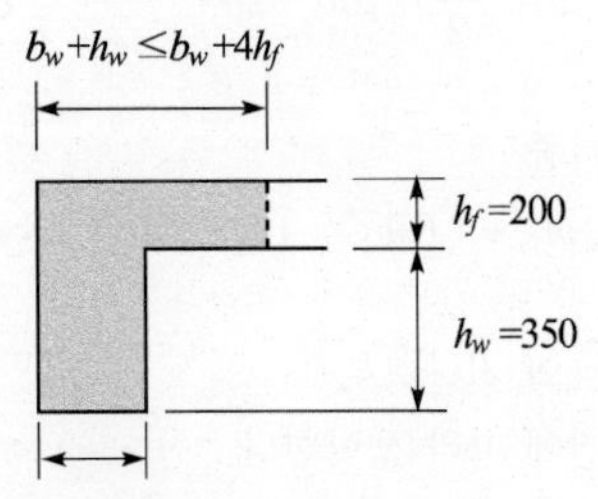

(c) 단부 보의 단면

그림 9.47 예제의 평면과 보의 단면

풀이

1. 슬래브의 두께 검토 (예제 9.8 참고)

1) 순경간

$l_n = 7.2 - 0.40 = 6.80\ \text{m} = 6{,}800\ \text{mm}$

2) $0.2 < \alpha_m < 2.0$인 경우의 최소 두께

$0.2 < \alpha_m < 2.0$인 것 중에서 가장 불리한 $\alpha_m = 1.60$에 대해 검토한다.

$$\beta = \frac{\text{장변순경간}}{\text{단변순경간}} = \frac{7.2 - 0.40}{6.0 - 0.40} = 1.21$$

$$h_{f,\min} = \max\left[\frac{l_n\left(800 + \dfrac{f_y}{1.4}\right)}{36{,}000 + 5{,}000\beta(\alpha_m - 0.2)},\ 120\ \text{mm}\right]$$

$$= \max\left[\frac{6{,}800 \times \left(800 + \dfrac{400}{1.4}\right)}{36{,}000 + 5{,}000 \times 1.21 \times (1.60 - 0.2)},\ 120\right] = \max(166,\ 120) = 166\ \text{mm}$$

$h_f = 200\ \text{mm} \geq h_{f,\min} = 166\ \text{mm}$ OK

3) $\alpha_m \geq 2.0$ 인 경우의 최소 두께

$\beta = 1.21$

$$h_{f,\min} = \max\left[\frac{l_n\left(800 + \dfrac{f_y}{1.4}\right)}{36{,}000 + 9{,}000\beta},\ 90\ \text{mm}\right]$$

$$= \max\left[\frac{6{,}800 \times \left(800 + \dfrac{400}{1.4}\right)}{36{,}000 + 9{,}000 \times 1.21},\ 90\right] = \max(157,\ 90) = 157\ \text{mm}$$

$h_f = 200\ \text{mm} \geq h_{f,\min} = 157\ \text{mm}$ OK

2. 유효깊이

$d = h_f - 20 - \dfrac{d_b}{2} = 200 - 20 - \dfrac{12.7}{2} = 174\ \text{mm}$ $\quad \therefore\ d = 170\ \text{mm}$로 함.

3. 계수하중

$w_u = 1.2w_D + 1.6w_L = 1.2 \times 6.5 + 1.6 \times 3.0 = 12.6\ \text{kN/m}^2$

4. 슬래브의 전단검토

문제 조건에 따라 생략한다.

5. 직접설계법의 적용성 검토

1) 각 방향으로 3경간 이상이 연속

2) $\dfrac{\text{장변경간}}{\text{단변경간}} = \dfrac{7.2}{6.0} = 1.2 \leq 2$

3) 모든 경간은 등간격

4) 기둥의 어긋남은 없음

5) $\dfrac{w_L}{w_D}=\dfrac{3.0}{6.5}=0.46 \leq 2$

6) 4변에서 보가 슬래브를 지지함.

예제 9.8의 계산 결과 다음과 같은 휨강성비 α를 얻었다.

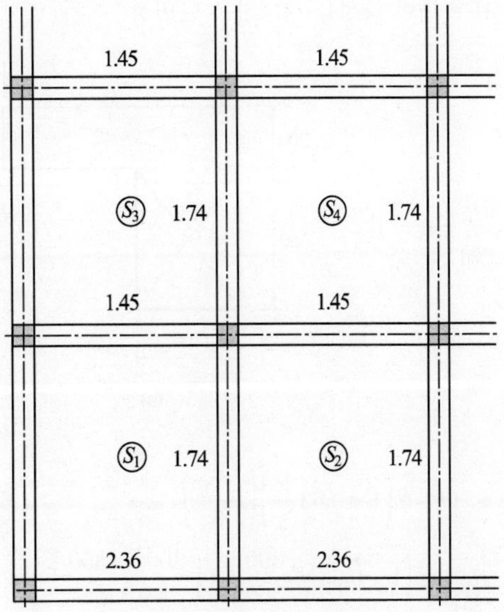

그림 9.48 휨강성비 계산 결과

(1) S_1

$$\frac{l_1^2}{\alpha_1}=\frac{7.2^2}{0.5\times(2.36+1.45)}=27.2$$

$$\frac{l_2^2}{\alpha_2}=\frac{6.0^2}{0.5\times(2.81+1.74)}=15.8$$

$$0.2 \leq \frac{\alpha_1 l_2^2}{\alpha_2 l_1^2}=\frac{15.8}{27.2}=0.6 \leq 5.0 \quad \text{OK}$$

(2) S_2

$$\frac{l_1^2}{\alpha_1}=\frac{7.2^2}{0.5\times(2.36+1.45)}=27.2$$

$$\frac{l_2^2}{\alpha_2}=\frac{6.0^2}{0.5\times(1.74+1.74)}=20.7$$

$$0.2 \leq \frac{\alpha_1 l_2^2}{\alpha_2 l_1^2}=\frac{20.7}{27.2}=0.8 \leq 5.0 \quad \text{OK}$$

(3) S_3

$$\frac{l_1^2}{\alpha_1}=\frac{7.2^2}{0.5\times(1.45+1.45)}=35.8$$

$$\frac{l_2^2}{\alpha_2}=\frac{6.0^2}{0.5\times(2.81+1.74)}=15.8$$

$$0.2 \leq \frac{\alpha_1 l_2^2}{\alpha_2 l_1^2}=\frac{15.8}{35.8}=0.4 \leq 5.0 \quad \text{OK}$$

(4) S_4

$$\frac{l_1^2}{\alpha_1}=\frac{7.2^2}{0.5\times(1.45+1.45)}=35.8$$

$$\frac{l_2^2}{\alpha_2}=\frac{6.0^2}{2\times(1.74+1.74)}=20.7$$

$$0.2 \leq \frac{\alpha_1 l_2^2}{\alpha_2 l_1^2}=\frac{20.7}{35.8}=0.6 \leq 5.0 \quad \text{OK}$$

6. 슬래브의 전체 정적 계수휨모멘트

$$M_o = \frac{w_u l_2 l_n^2}{8} = \frac{12.6 \times 6.0 \times 6.8^2}{8} = 437.0 \text{ kN} \cdot \text{m}$$

7. 주열대와 중간대에서 계수휨모멘트의 분배

해석방향 (l_1)으로 보가 있는 경우는 $\alpha_1 \neq 0$이므로, $\alpha_1 l_2 / l_1 \neq 0$이 되고, α_1, l_2/l_1 그리고 β_t를 계산하여 분배백분율을 산정하여야 한다.

1) 비틀림 특성을 정의하는 단면상수

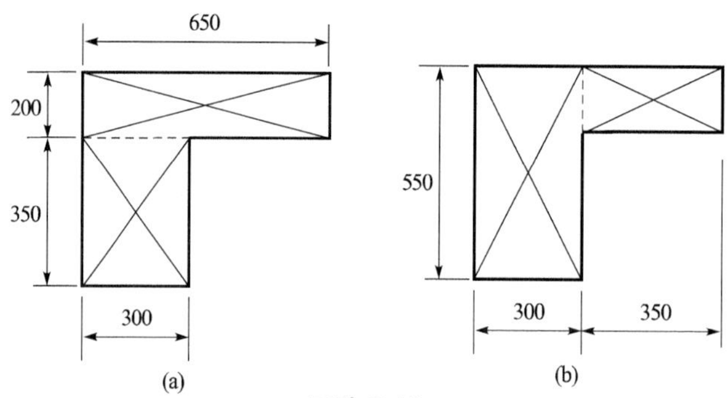

그림 9.49

$$C = \Sigma\left(1 - 0.63\frac{x}{y}\right)\left(\frac{x^3 y}{3}\right)$$

$$= \left(1 - 0.63 \times \frac{300}{350}\right) \times \left(\frac{300^3 \times 350}{3}\right) + \left(1 - 0.63 \times \frac{200}{650}\right) \times \left(\frac{200^3 \times 650}{3}\right) = 2{,}846 \times 10^6 \text{ mm}^4$$

$$C = \Sigma\left(1 - 0.63\frac{x}{y}\right)\left(\frac{x^3 y}{3}\right)$$

$$= \left(1 - 0.63 \times \frac{300}{550}\right) \times \left(\frac{300^3 \times 550}{3}\right) + \left(1 - 0.63 \times \frac{200}{350}\right) \times \left(\frac{200^3 \times 350}{3}\right) = 3{,}846 \times 10^6 \text{ mm}^4$$

따라서 $C = \max(2{,}846 \times 10^6,\ 3{,}846 \times 10^6) = 3{,}846 \times 10^6 \text{ mm}^4$이 된다.

2) 슬래브의 단면2차 모멘트 I_s의 계산

$$I_s = \frac{6{,}000 \times 200^3}{12} = 4{,}000 \times 10^6 \text{ mm}^4$$

3) 비틀림강성의 비

$E_{cb} = E_{cs}$

$$\beta_t = \frac{E_{cb} C}{2 E_{cs} I_s} = \frac{C}{2 I_s} = \frac{3{,}846 \times 10^6}{2 \times 4{,}000 \times 10^6} = 0.48$$

4) 분배 계수휨모멘트

(1) 주열대에서 외부 받침부의 분배백분율

$\alpha_1 l_2 / l_1 \geq 1.0$이면, $\alpha_1 l_2 / l_1 = 1.0$을 사용한다.

$$\%^{-}_{\text{외부 받침부}} = 100 - 10\beta_t + 12\beta_t\left(\frac{\alpha_1 l_2}{l_1}\right)\left(1 - \frac{l_2}{l_1}\right)$$

$$= 100 - 10 \times 0.48 + 12 \times 0.48 \times 1.0 \times (1 - 0.83) = 96.2\%$$

(2) 주열대에서 중앙부의 분배백분율

$$\%^{+}_{\text{중앙부}} = 60 + 30\left(\frac{\alpha_1 l_2}{l_1}\right)\left(1.5 - \frac{l_2}{l_1}\right) = 60 + 30 \times 1 \times (1.5 - 0.83) = 80.1\%$$

(3) 주열대에서 내부 받침부의 분배백분율

$$\%^{-}_{\text{내부 받침부}} = 75 + 30\left(\frac{\alpha_1 l_2}{l_1}\right)\left(1 - \frac{l_2}{l_1}\right) = 75 + 30 \times 1 \times (1 - 0.83) = 80.1\%$$

(4) 보의 분배백분율

$$\frac{l_2}{l_1} = \frac{6.0}{7.2} = 0.83$$

$$\alpha_1 = 1.74$$

$$\frac{\alpha_1 l_2}{l_1} = 1.74 \times 0.83 = 1.44$$

따라서 $\alpha_1 l_2 / l_1 = 1.44 \geq 1.0$인 경우, 받침부 사이의 보는 주열대 휨모멘트의 85%를 견디도록 설계한다.

5) 설계대의 계수휨모멘트의 분배

표 9.18 주열대와 중간대에서 계수휨모멘트의 분배

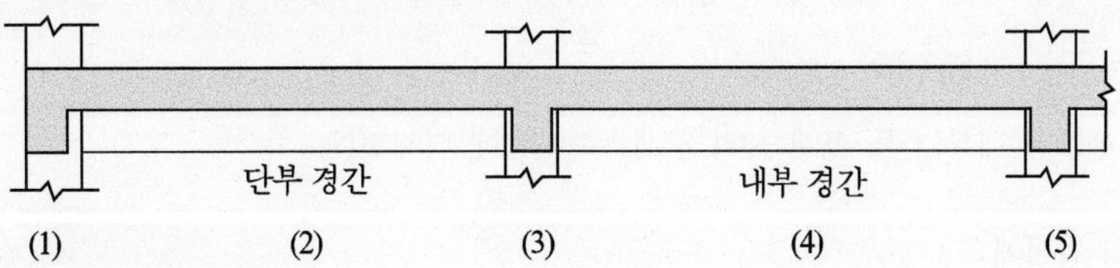

슬래브 휨모멘트	단부 경간			내부 경간	
	(1)	(2)	(3)	(4)	(5)
	$M^{-}_{u,e}$	M^{+}_{u}	$M^{-}_{u,i}$	M^{+}_{u}	$M^{-}_{u,i}$
전체 휨모멘트 (kN · m)	$0.16M_0$ =69.9	$0.57M_0$ =249.1	$0.70M_0$ =305.9	$0.35M_0$ =153.0	$0.65M_0$ =284.1
주열대 분배백분율 (%)	96.2	80.1	80.1	80.1	80.1
주열대 휨모멘트 (kN · m)	$0.15M_0$ =67.2	$0.46M_0$ =199.5	$0.56M_0$ =245.0	$0.28M_0$ =122.6	$0.52M_0$ =227.6
보 분배휨모멘트 (kN · m)	57.1	169.6	208.3	104.2	193.5
주열대 분배휨모멘트 (kN · m)	10.1	29.9	36.7	18.4	34.1
중간대 휨모멘트 (kN · m)	$0.01M_0$ =2.7	$0.11M_0$ =49.6	$0.14M_0$ =60.9	$0.07M_0$ =30.4	$0.13M_0$ =56.5

> 주1 보의 분배휨모멘트는 $\alpha_1 l_2/l_1 = 1.44 \geq 1.0$인 경우, 받침부 사이의 보는 주열대 휨모멘트의 85%를 견디도록 설계한다.

8. 기둥의 계수휨모멘트

1) 내부 기둥의 계수휨모멘트

① 계수 활하중

$w_{Lu} = 1.6 w_L = 1.6 \times 3.0 = 4.8 \text{ kN/m}^2$

② 계수휨모멘트

바닥판의 두께가 같고 해석방향으로 경간이 같고 해석의 직각방향으로도 경간이 같다.

$M_u = 0.07\left(0.5 w_{Lu} l_2 l_n^2\right) = 0.07 \times \left(0.5 \times 4.8 \times 6.0 \times 6.8^2\right) = 46.6 \text{ kN} \cdot \text{m}$

③ 슬래브의 위와 아래에서 기둥의 계수휨모멘트

슬래브의 위와 아래에서 기둥의 길이와 단면의 크기가 같다.

$M_{기둥} = \dfrac{46.6}{2} = 23.3 \text{ kN} \cdot \text{m}$

이 휨모멘트는 내부 기둥 설계를 위해 계수축하중에 더해진다.

2) 단부 기둥의 계수휨모멘트

슬래브와 단부 기둥 사이에 전달되는 불균형휨모멘트는 $0.3 M_o$로 하여야 하므로 슬래브로부터의 전체 단부 경간의 부계수휨모멘트는 $M_u = 0.3 \times 437.0 = 131.1 \text{ kN} \cdot \text{m}$이다. 이 부계수휨모멘트는 기둥으로 직접 전달되어져야 한다. 슬래브의 위와 아래에서 기둥의 길이와 단면의 크기가 같다.

$M_{기둥} = \dfrac{131.1}{2} = 65.6 \text{ kN} \cdot \text{m}$

이 휨모멘트는 내부 기둥 설계를 위해 계수축하중에 더해진다.

9. 슬래브의 휨설계

슬래브의 휨설계는 대표적으로 주열대의 최대 휨모멘트에 대해 다음과 같이 진행하고 나머지는 같은 절차에 따라 산정된 결과를 표로 정리하였다.

1) 주열대의 최대 휨모멘트

$M_{\max} = M_u = 36.7 \text{ kN} \cdot \text{m}$

2) 주열대 폭

$b = \dfrac{6{,}000}{2} = 3{,}000 \text{ mm}$

3) 철근비 산정

$\phi = 0.85$로 가정

$R_n = \dfrac{M_u}{\phi b d^2} = \dfrac{36.7 \times 10^6}{0.85 \times 3{,}000 \times 170^2} = 0.4980 \text{ MPa}$

$$\rho = \frac{\eta(0.85 f_{ck})}{f_y}\left[1 - \sqrt{1 - \frac{2R_n}{\eta(0.85 f_{ck})}}\right]$$

$$= \left(\frac{1.00 \times 0.85 \times 24}{400}\right) \times \left(1 - \sqrt{1 - \frac{2 \times 0.4980}{1.00 \times 0.85 \times 24}}\right) = 0.0013$$

4) 철근량 산정

$f_s = f_y$ 로 가정

$A_s = \rho b d = 0.0013 \times 3{,}000 \times 170 = 663\ \mathrm{mm}^2$

5) 최소철근량 $A_{s,\min}$의 검토와 필요 철근량

$\rho_{\min} = 0.0020$

$A_{s,\min} = \rho_{\min} b_w h_f = 0.0020 \times 3{,}000 \times 200 = 1{,}200\ \mathrm{mm}^2$

$A_s = 645\ \mathrm{mm}^2 \geq A_{s,\min} = 1{,}200\ \mathrm{mm}^2$ NG

$\therefore\ A_s = 1{,}200\ \mathrm{mm}^2$

6) 사용 철근의 종류와 개수 결정

D13 ($a_1 = 126.7\ \mathrm{mm}^2$)을 사용하는 것으로 가정

$$n = \frac{1{,}200}{126.7} = 9.5 \rightarrow 10\,EA$$

따라서 10-D13($A_s = 1{,}267\ \mathrm{mm}^2$)를 1단으로 배치한다고 가정하여 검토한다.

7) 주철근의 중심간격 검토

(1) 주철근의 중심간격

$$s = \frac{b}{n} = \frac{3{,}000 - 300}{10} = 270\ \mathrm{mm}$$

보 부분을 제외한 보의 양쪽 주열대에 균등히 배치한다.

(2) 위험단면에서 주철근의 최대 중심간격

$s_{\max} = \min(2h_f,\ 300\mathrm{mm}) = \min(2 \times 200,\ 300) = \min(400,\ 300) = 300\ \mathrm{mm}$

$\therefore\ s = 270\ \mathrm{mm} \leq s_{\max} = 300\ \mathrm{mm}$ OK

8) 등가직사각형 압축응력블록의 깊이 a의 산정

$$a = \frac{A_s f_y}{\eta(0.85 f_{ck})\,b} = \frac{1{,}267 \times 400}{1.00 \times 0.85 \times 24 \times 3{,}000} = 8.3\ \mathrm{mm}$$

9) 정미식에 의한 철근량 A_s의 산정

$M_d = \phi M_n$ ($\phi = 0.85$)

$$M_d = \phi M_n = \phi A_s f_y\left(d - \frac{a}{2}\right)$$

$$A_s = \frac{M_d}{\phi f_y\left(d - \frac{a}{2}\right)} = \frac{36.7 \times 10^6}{0.85 \times 400 \times \left(170 - \frac{8.3}{2}\right)} = 651\ \mathrm{mm}^2$$

$\leq 1{,}267\ \mathrm{mm}^2$ (10−D13으로 배치된 철근량) OK

$\therefore$ 10−D13 ($A_s = 1{,}267\ \mathrm{mm}^2$)

10) β_1과 ϵ_{cu}의 결정

$f_{ck} \leq 40$ MPa이므로 $\beta_1 = 0.80$이고, $\epsilon_{cu} = 0.0033$이다.

11) 저보강보 ($f_s = f_y$)의 검토

$d = 170$ mm (1단 배치로 가정)

$$c = \frac{a}{\beta_1} = \frac{8.3}{0.80} = 10.4\ \mathrm{mm}$$

$$\epsilon_s = \left(\frac{d-c}{c}\right)\epsilon_{cu} = \left(\frac{170-10.4}{10.4}\right) \times 0.0033 = 0.0510$$

$$\epsilon_y = \frac{f_y}{E_s} = \frac{400}{2.0 \times 10^5} = 0.0020$$

$\epsilon_s = 0.0510 \geq \epsilon_y = 0.0020$이다.

$\therefore\ f_s = f_y$

12) 순인장변형률, 휨부재의 최소 허용변형률 검토 및 강도감소계수

(1) 순인장변형률 ϵ_t 의 산정

$d_t = d = 170$ mm (1단 배치로 가정)

$$\epsilon_t = \left(\frac{d_t - c}{c}\right)\epsilon_{cu} = \left(\frac{170-10.4}{10.4}\right) \times 0.0033 = 0.0510$$

(2) 휨부재의 최소 허용변형률 ϵ_{ta}

$f_y = 400$ MPa이므로 $\epsilon_{ta} = 0.0040$이다.

$\therefore\ \epsilon_t = 0.0510 \geq \epsilon_{ta} = 0.0040$ OK

(3) 강도감소계수 ϕ의 산정

$\epsilon_t = 0.0510 > \epsilon_{tt} = 0.0050$이므로 인장지배 단면이다.

$\therefore\ \phi = 0.85$

13) 슬래브의 휨철근 산정

표 9.19 슬래브의 주열대 설계

BMD (kN · m)	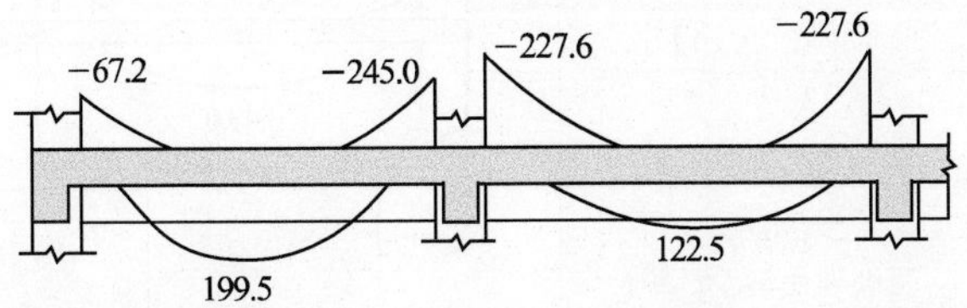				
주열대 분배백분율 (%)	96.2	80.1	80.1	80.1	80.1
M_u (kN · m)	−67.2	199.5	−245.0	122.6	−227.6
보의 분배모멘트 (kN · m)	−57.1	−169.6	−208.3	−104.2	−193.5
주열대의 분배모멘트 (kN · m)	−10.1	−29.9	−36.7	−18.4	−34.1
계산 철근량, A_s (mm^2)	153	510	663	306	612
최소철근비에 따른 철근량, $A_{s,\min}$ (mm^2)	1,200	1,200	1,200	1,200	1,200
필요 철근량, A_s (mm^2)	1,200	1,200	1,200	1,200	1,200
배치된 철근 개수, n (EA)	10	10	10	10	10
배치된 철근량, A_s (mm^2)	1,267	1,267	1,267	1,267	1,267
D13 주철근의 배치간격, s (mm)	270	270	270	270	270
주철근의 최대 간격, $s_{\max} = \min(2h_f, 300)$	300	300	300	300	300
주철근의 배치간격, s (mm)	270	270	270	270	270
등가직사각형 블록의 깊이, a (mm)	8.3	8.3	8.3	8.3	8.3
정미식에 의한 철근량, A_s (mm^2)	179	530	651	326	605
인장지배 단면 검토 ($\epsilon_t > \epsilon_{tt} = 0.0050$)	0.0510	0.0510	0.0510	0.0510	0.0510

주1 보의 분배 휨모멘트는 $\alpha_1 l_2/l_1 = 1.44 \geq 1.0$인 경우, 받침부 사이의 보는 주열대 휨모멘트의 85%를 견디도록 설계한다.

주2 보 부분을 제외한 보의 양쪽 주열대에 균등히 배치한다.

주3 또한 단변방향에 대한 설계는 장변방향에 대한 설계와 같은 방법으로 한다.

표 9.20 슬래브의 중간대 설계

BMD (kN · m)	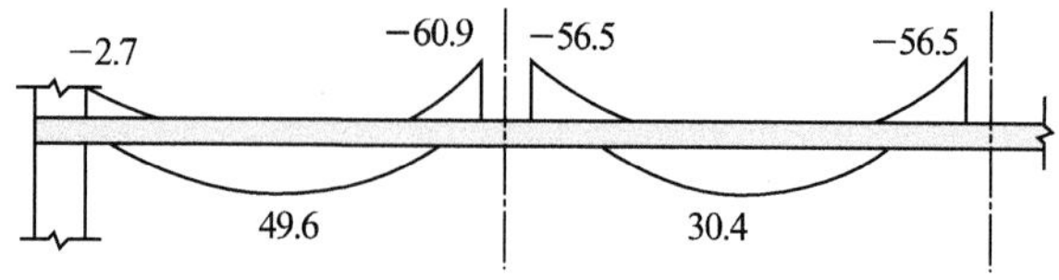				
중간대 분배백분율 (%)	3.8	19.9	19.9	19.9	19.9
M_u (kN · m)	−2.7	49.6	−60.9	30.4	−56.5
계산 철근량, A_s (mm^2)	51	867	1,071	510	1,020
최소철근비에 따른 철근량, $A_{s,\min}$ (mm^2)	1,200	1,200	1,200	1,200	1,200
필요 철근량, A_s (mm^2)	1,200	1,200	1,200	1,200	1,200
배치된 철근 개수, n (EA)	10	10	10	10	10
배치된 철근량, A_s (mm^2)	1,267	1,267	1,267	1,267	1,267
D13 주철근의 배치간격, s (mm)	300	300	300	300	300
주철근의 최대 간격, $s_{\max} = \min(2h_f, 300)$	300	300	300	300	300
주철근의 배치간격, s (mm)	300	300	300	300	300
등가직사각형 블록의 깊이, a (mm)	8.3	8.3	8.3	8.3	8.3
정미식에 의한 철근량, A_s (mm^2)	48	880	1,080	539	1,002
인장지배 단면 검토($\epsilon_t > \epsilon_{tt} = 0.0050$)	0.0510	0.0510	0.0510	0.0510	0.0510

9.4.8. 등가골조법

2방향 슬래브의 등가골조법은 KDS 14 20 70 (4.1.4)[29] 구조설계기준에 따라 다음과 같이 설계한다.

(1) 개요

① 직접설계법을 적용할 수 없는 경우 또는 풍하중이나 지진하중과 같은 횡하중이 작용하는 경우, 슬래브의 설계는 등가골조법(Equivalent Frame Method)으로 할 수 있다.

② 등가골조법은 3차원 건축물 전체는 가로방향 및 세로방향의 기둥 선에서 취한 2차원의 등가골조로 분할하여 모멘트분배법 등을 이용하여 계수휨모멘트(소요휨모멘트)와 계수전단력(소요전단력)을 산정한다. 이 때 부재의 강성 계산은 철근 단면은 고려하지 않고 콘크리트 단면만 고려한다.

③ 등가골조는 그림 9.50 (b)와 같이 2방향 슬래브의 3차원 골조시스템으로 등가기둥과 기둥을 중심으로 양쪽 슬래브의 중심까지의 부분을 슬래브-보로 구성되어 있는 것이다.

④ 횡하중 없이 연직하중에 대해서만 해석할 경우, 각 층의 슬래브와 그 슬래브와 연결된 기둥을 분리하여 해석할 수 있다. 이 때 슬래브에 연결된 상부와 하부 기둥의 먼 단부를 고정으로 가정하여 각 층별로 해석할 수 있다.

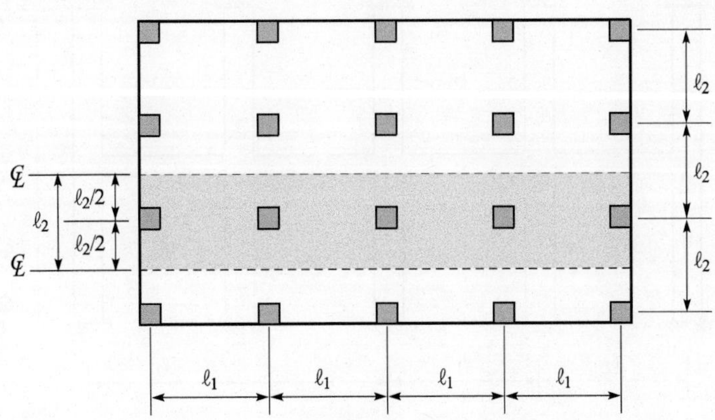

(a) 평면도

29) KDS 14 20 70 (4.1.4) 콘크리트 슬래브와 기초판 설계기준, 국토교통부 제정, 한국콘크리트학회 작성, 2021.

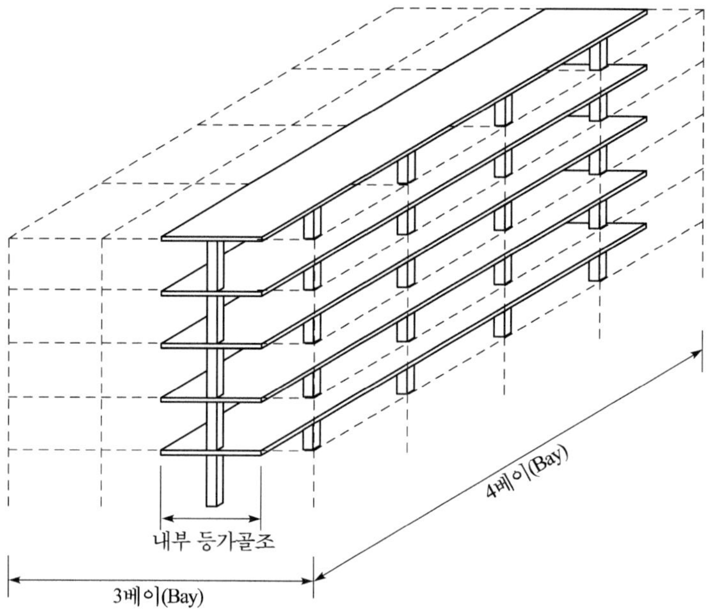

(b) 3차원 등가골조 모형

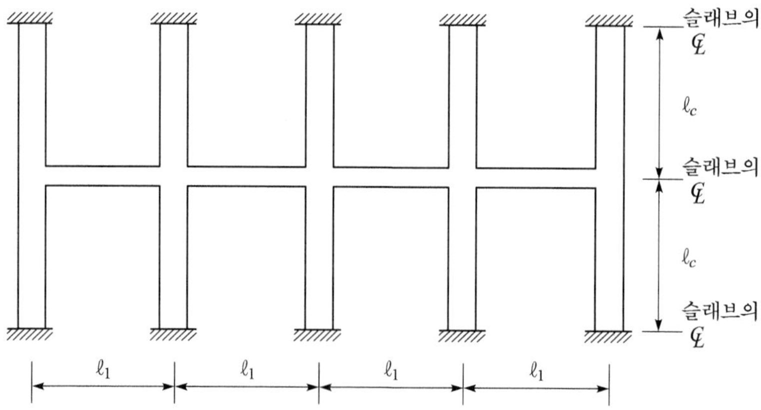

(c) 연직하중만 작용하는 경우의 등가골조 입면

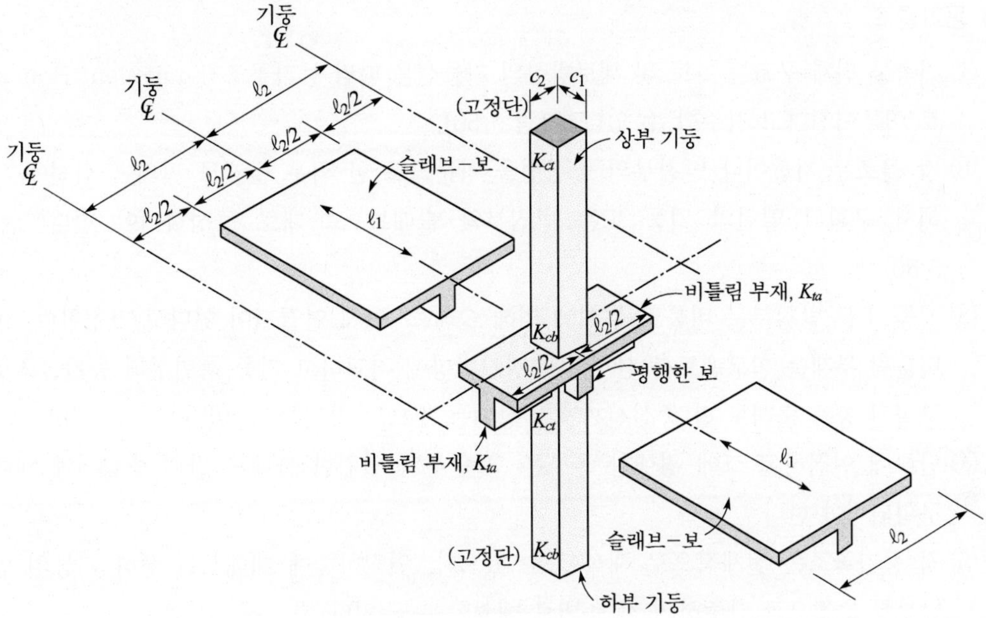

(d) 연직하중만 작용하는 경우의 3차원 등가골조 상세

그림 9.50 5층 건축물의 등가골조 (Equivalent Frame)[30]

(2) 기본 가정

① 등가골조법에 의한 슬래브 시스템의 설계는 다음에 설명되는 '등가골조, 슬래브-보와 기둥의 부재 단면의 특성, 비틀림부재 및 활하중의 배치'의 기본 가정을 바탕으로 하고, 이로부터 얻은 휨모멘트와 전단력에 견디도록 슬래브 및 받침부재의 모든 단면을 설계하여야 한다.

② 강재로 된 기둥머리를 사용하는 경우, 휨모멘트와 전단력에 대한 이들 기둥머리의 강성과 저항력을 고려할 수 있다.

③ 직접응력에 의한 기둥과 슬래브의 길이변화와 전단력에 의한 처짐은 무시할 수 있다.

---

30) ACI Committee 318, Notes on ACI 318M-11 Building Code Requirements for Structural Concrete with Design Applications, American Concrete Institute, Farmington Hills, MI, 2013, p.20-2, p.20-4.

(3) 등가골조

① 건축물 전체 구조는 가로 및 세로방향의 기둥선을 따라 등가골조(Equivalent Frame)로 이루어진다고 간주할 수 있다(그림 9.50).

② 각 골조는 기둥이나 받침부의 중심선을 기준으로 한 좌우 슬래브 판의 중심선에 의해서 구획된 일련의 기둥 또는 받침부와 슬래브-보 대로 구성하여야 한다(그림 9.50).

③ 기둥 또는 받침부는 비틀림 부재에 의해 슬래브-보에 연결되어 있다고 가정한다. 이 비틀림 부재는 휨모멘트를 산정하는 경간방향에 직교하고 기둥 측면부터 등가골조로 구획된 양측 슬래브 판 중심선까지 연장되는 것으로 가정할 수 있다(그림 9.50).

④ 단부에 인접하고 그에 평행한 골조는 그 단부와 인접한 슬래브 판의 중심선에 의해 구획되어야 한다.

⑤ 각 등가골조는 전체적으로 해석할 수 있으나, 연직하중에 대해서는 상하 기둥의 먼 단부를 고정으로 간주하여 각 층별로 해석할 수도 있다.

⑥ 슬래브-보를 각 층별로 분리하여 해석할 경우, 연속 슬래브의 한 받침부의 휨모멘트는 슬래브-보가 그 받침부부터 두 경간 떨어진 받침부가 고정되어 있다고 가정하여 구할 수 있다.

(4) 부재 단면의 특성

(가) 슬래브-보

등가골조에서 수평부재를 총칭하여 슬래브-보(Slab-Beam)라 한다. 슬래브-보는 슬래브, 지판이 있는 슬래브 또는 등가골조와 평행한 보가 있는 슬래브 등을 말한다.

① 접합부 또는 기둥머리 바깥의 슬래브-보 단면의 단면2차 모멘트는 콘크리트 단면 전체에 대하여 산정하여야 한다.

② 골조를 해석할 때 슬래브-보의 축을 따라 변하는 단면2차 모멘트 변화를 고려하여야 한다.

③ 기둥 중심에서 기둥, 브래킷 및 기둥머리 면까지의 슬래브-보의 단면2차 모멘트는 기둥, 브래킷 및 기둥머리 면의 단면2차 모멘트를 $(1-c_2/l_2)^2$으로 나눈 값과 같다고 가정하여야 한다.

여기서, c_2 : 휨모멘트를 산정하는 경간에서 직교방향의 직사각형 또는 등가직사각형 기둥, 기둥머리 또는 브래킷의 치수

l_2 : 휨모멘트를 산정하는 경간에서 직교방향의 받침부 중심사이의 경간

(나) 기둥

기둥은 등가골조의 수직재이며 기둥의 단면2차 모멘트 계산 방법은 다음과 같다.

① 접합부 또는 기둥머리 바깥에 있는 기둥의 단면2차 모멘트는 콘크리트 단면 전체에 대하여 산정하여야 한다.

② 기둥의 축을 따라서 변하는 단면2차 모멘트의 변화는 골조를 해석할 때 고려하여야 한다.

③ 슬래브-보의 윗면과 아래면 사이 접합부에서 기둥단면의 단면2차 모멘트는 무한대 (∞)로 가정하여야 한다.

기본 연습문제

01 그림과 같은 2방향 슬래브를 1방향 슬래브로 보고 계산할 수 있는 경우는? (단, $L > S$일 경우)

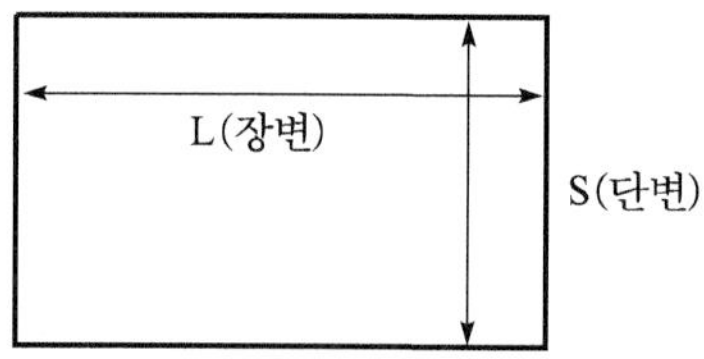

㉮ $L/S > 2$ 일 경우　　㉯ $S/L > 2$일 경우
㉰ $L/S > 1$ 일 경우　　㉱ $S/L > 1$ 일 경우

풀이 슬래브의 네 변이 보에 의해 지지되어 있더라도 단변방향 순경간에 대한 장변방향 순경간의 비가 2를 초과하는 경우를 1방향 슬래브라 한다.

$$\lambda = \frac{l_y}{l_x} = \frac{L}{S} > 2$$

여기서, l_x : 단변방향 순경간 (순스팬, 안목길이)

l_y : 장변방향 순경간 (순스팬, 안목길이)

답 ㉮

02 4변 고정된 철근콘크리트 슬래브에서 장변의 길이가 8 m일 때 2방향 슬래브가 되려면 단변의 길이는?

㉮ 1 m 이상　　㉯ 2 m 이상　　㉰ 3 m 이상　　㉱ 4 m 이상

풀이 2방향 슬래브의 변장비 조건

$$\lambda = \frac{l_y}{l_x} = \frac{8}{l_x} \le 2$$

$l_x \ge \frac{8}{2} = 4.0\ \text{m}$, 따라서 단변의 길이는 4.0 m 이상이다.

여기서, l_x : 단변방향 순경간, l_y : 장변방향 순경간

답 ㉱

03 4변이 고정된 철근콘크리트 슬래브에서 장변의 길이가 7.6**m** 일 때 2방향 슬래브가 되기 위한 단변의 길이는?

㉮ 1.0m 이상 ㉯ 1.9m 이상 ㉰ 2.5m 이상 ㉱ 3.8m 이상

풀이 2방향 슬래브의 변장비 조건

$$\lambda = \frac{l_y}{l_x} = \frac{7.6}{l_x} \le 2$$

$l_x \ge \frac{7.6}{2} = 3.8\,\text{m}$, 따라서 단변의 길이는 3.8 m 이상이다.

여기서, l_x : 단변방향 순경간, l_y : 장변방향 순경간

답 ㉱

04 다음 중 철근콘크리트 슬래브에서 단변방향 순경간 $l_x = 4.0\text{ m}$ 일 때 2방향 슬래브가 되기 위한 장변방향 순경간 l_y의 최대값은?

㉮ 10.5 m ㉯ 9.5 m ㉰ 8.5 m ㉱ 7.5 m

풀이 2방향 슬래브의 변장비 조건

$$\lambda = \frac{l_y}{l_x} \le 2$$

$l_y \le 2 \times l_x = 2 \times 4.0 = 8.0\text{ m}$

여기서, l_x : 단변방향 순경간, l_y : 장변방향 순경간

답 ㉱

05 철근콘크리트구조에서 주철근으로 볼 수 없는 것은 어느 것인가?

㉮ 주변이 고정된 슬래브에서 장변방향의 철근
㉯ 양단이 연속되어 있는 보에서 단부의 상단 축방향근
㉰ 압축력을 받는 기둥의 축방향근
㉱ 캔틸레버 보의 상단 축방향근

풀이 주변이 고정된 슬래브에서 주철근은 단변방향의 철근이다.

답 ㉮

06 주변 고정인 직사각형 철근콘크리트 슬래브에서 각 방향의 하중분담에 대한 다음 설명 중 옳은 것은 어느 것인가?

㉮ 장변방향에 하중을 많이 분담시킨다.
㉯ 단변방향에 하중을 많이 분담시킨다.
㉰ 장변과 단변에 균등하게 분담시킨다.
㉱ 분담비율을 임의로 가정하여 분담시킨다.

풀이 단변방향으로 하중이 많이 분담되며 단변방향 철근이 주철근이 된다. **답** ㉯

07 철근콘크리트 슬래브에서 배력철근에 대한 기술 중에서 부적당한 것은?

㉮ 주철근의 위치를 확보해 준다.
㉯ 전단력에 대한 보강근이다.
㉰ 건조수축에 의한 균열을 방지해 준다.
㉱ 하중을 고르게 분포시킨다.

풀이 전단력에 대한 보강은 스터럽, 띠철근 등이다. **답** ㉯

08 장변방향의 순경간이 단변방향의 순경간의 2배가 넘는 슬래브는 단변방향을 경간으로 하는 1방향 슬래브로 설계해야 한다. 그 이유는 무엇인가?

㉮ 철근이 절약되기 때문에
㉯ 하중의 대부분이 단변방향으로 작용하기 때문에
㉰ 구조계산이 편리하기 때문에
㉱ 휨모멘트가 작기 때문에

풀이 1방향 슬래브는 대부분의 하중이 단변방향으로 전달되기 때문에 단변방향으로만 주철근을 배치하고, 장변방향으로는 수축·온도철근을 배치한다. **답** ㉯

09 다음 각 슬래브에 대한 설명으로 옳지 않은 것은?

㉮ 슬래브의 두께가 구조제한 조건에 따르지 않을 경우 슬래브 처짐과 진동의 문제가 발생할 수 있다.

㉯ 플랫 슬래브는 보가 없으므로 천정고를 낮추기 위한 방법으로도 사용된다.

㉰ 워플 슬래브는 일종의 격자시스템 슬래브 구조이다.

㉱ 장선 슬래브는 2방향으로 하중이 전달되는 슬래브이다.

풀이 장선 슬래브는 1방향으로 하중이 전달되는 슬래브이다. 답 ㉱

10 플랫 슬래브의 배치방법으로 가장 많이 사용되는 것은?

㉮ 1방향 슬래브 ㉯ 2방향 슬래브 ㉰ 3방향 슬래브 ㉱ 원형 슬래브

풀이 플랫 슬래브 (무량판 구조)는 2방향 슬래브이다. 답 ㉯

11 보 또는 보의 역할을 하는 리브나 지판이 없어 기둥으로 하중을 전달하는 2방향으로 철근이 배치된 콘크리트 슬래브는?

㉮ 워플 슬래브(Waffle Slab) ㉯ 플랫 플레이트(Flat Plate)

㉰ 플랫 슬래브(Flat Slab) ㉱ 데크 플레이트 슬래브(Deck Plate Slab)

풀이 플랫 슬래브 (무량판 구조)는 2방향 슬래브이다. 답 ㉯

12 플랫 슬래브에 대한 설명 중 옳지 않은 것은?

㉮ 건물 내부에는 보 없이 바닥판만으로 구성하고 그 하중은 직접 기둥에 전달한다.

㉯ 바닥의 주철근은 1방향으로 배치한다.

㉰ 구조가 간단하고 실내 이용률이 높다.

㉱ 드롭패널 (Drop Panel)이나 주두 (Column Capital)로 보강되는 구조이다.

풀이 플랫 슬래브 (무량판 구조)는 2방향 슬래브이다. 답 ㉯

13 철근콘크리트 슬래브에서 항복선 해석 이론의 적용에 대한 가정 중 잘못된 것은?

㉮ 파괴 시 항복선의 철근은 완전히 항복한다.
㉯ 파괴 시 슬래브는 탄성변형을 하고 항복선을 따라 여러 조각으로 나뉘어진다.
㉰ 2방향 슬래브의 경우 휨모멘트와 비틀림모멘트는 항복선을 따라 균등하게 분포한다.
㉱ 탄성변형은 소성변형에 비해 무시할만하다.

풀이 항복선 이론은 소성이론에 기초하므로 파괴 시 슬래브는 소성변형을 한다. **답** ㉯

14 플랫 슬래브의 구조에 대한 기술 중 옳지 않은 것은?

㉮ 바닥의 주철근은 2방향으로 배치하는데, 각 방향으로 주열대와 중간대로 나누어 응력계산 및 배치를 한다.
㉯ 건축물의 내부에는 보 없이 바닥판만으로 구성하고, 그 하중은 직접 기둥에 전달하는 구조이다.
㉰ 기둥 상부의 철근이 여러 겹으로 겹쳐지고 두꺼운 바닥판이 되므로 자중이 증대된다.
㉱ 2방향 배치방식일 경우 슬래브의 두께는 80 mm 이상으로 한다.

풀이 지판이 있는 플랫 슬래브의 두께는 100 mm 이상으로 한다. **답** ㉱

15 플랫 슬래브 (Flat Slab)에 관한 기술 중 적당하지 않은 것은?

㉮ 바닥판은 각 방향으로 주열대 (Column Strip)와 중간대 (Middle Strip)로 나누어 하중을 직접 기둥에 전달하는 평판식 구조를 말한다.
㉯ 작은 내부 보에 의하여 지지되는 가장 일반적인 슬래브 구조를 말한다.
㉰ 바닥판은 그 두께를 100 mm 이상으로 하고, 주두부 (Capital)에 지판을 설치하는 것이 일반적이지만 생략하기도 한다.
㉱ 미국인 모로우 (D.W. Morrow)가 고안한 것으로서 기둥을 정삼각형으로 배치하고, 3방향으로 철근을 배치한 3방향식도 있다.

풀이 플랫 슬래브 (무량판 구조)는 평판바닥 구조라고도 하며, 테두리보를 제외하고 내부에는 보 없이 바닥판으로 구성한 슬래브이다. **답** ㉮

16 플랫 슬래브 (Flat Slab)의 구조에 대한 특성으로 부적당한 것은?

㉮ 기둥 주변의 2방향전단 (Punching Shear)을 방지하기 위하여 반드시 보를 설치하여야 한다.
㉯ 직접설계법 (Direct Design Method) 또는 등가골조법 (Equivalent Frame Method)을 이용하여 부재력을 구할 수 있다.
㉰ 층높이를 낮출 수 있다.
㉱ 주두 및 지판은 슬래브의 전단내력 증대에 중요하다.

풀이 플랫 슬래브 (무량판 구조)는 건축물의 단부 보를 제외하고 내부는 보 없이 지판에 의해 하중이 기둥으로 전달되며, 2방향으로 철근이 배치된 콘크리트 슬래브이다. **답** ㉮

17 플랫 슬래브의 구조에 대한 기술 중 옳지 않은 것은?

㉮ 2방향 배치 방식일 경우 슬래브의 두께는 150 mm 이상이어야 한다.
㉯ 기둥 상부의 철근이 여러 겹으로 겹쳐지고 두꺼운 바닥판이 되므로 자중이 증대된다.
㉰ 기둥의 단면 최소 치수는 각 방향의 기둥 중심 거리의 1/30 이상이어야 한다.
㉱ 내부에 보가 없어 층높이를 낮게 할 수 있고 실내 이용률이 높다.

풀이 플랫 슬래브에서 기둥의 단면 최소 치수는 다음 값보다 크게 한다.
① 기둥 중심간 거리/20
② 300 mm
③ 층고/15 **답** ㉰

18 플랫 슬래브의 구조에서 기둥의 단면 최소 치수 결정시 틀린 것은?

㉮ 층고 h의 1/15 이상
㉯ 300 mm 이상
㉰ 각 방향의 기둥 중심거리 l_x, l_y의 1/20 이상
㉱ 슬래브 두께의 2배 이상

풀이 플랫 슬래브에서 기둥의 단면 최소 치수는 다음 값보다 크게 한다.
① 기둥 중심간 거리/20
② 300 mm
③ 층고/15 **답** ㉱

19 무량판 구조의 특성 중 옳지 않은 것은?

㉮ 구조가 간단하고 공사비가 저렴하다.
㉯ 실내 이용률이 높고 층높이를 낮출 수 있다.
㉰ 주두의 철근 층이 여러 겹이고 바닥판이 두껍다.
㉱ 고정하중이 커지고 뼈대의 강성이 높다.

풀이 무량판 구조(플랫 슬래브)는 보를 사용하지 않은 바닥판 구조로 뼈대 강성이 낮다.

답 ㉱

20 플랫 슬래브의 구조에 대한 기술 중 옳지 않은 것은 어느 것인가?

㉮ 건축물 내부에는 보 없이 바닥판만으로 구성하고 그 하중은 직접 기둥에 전달한다.
㉯ 바닥의 주철근은 1방향으로 배치한다.
㉰ 구조가 간단하고 실내이용률이 높다.
㉱ 슬래브의 두께는 100 mm 이상으로 한다.

풀이 플랫 슬래브는 2방향 슬래브이다.

1. 1방향 슬래브
   ① 장선 슬래브(조이스트 슬래브)
   ② 중공 슬래브(보이드 슬래브)
2. 2방향 슬래브
   ① 플랫 슬래브
   ② 플랫 플레이트
   ③ 2방향 장선 슬래브(와플 슬래브)

답 ㉯

21 슬래브 중 리브드 슬래브와 하중전달 방법이 같은 슬래브는?

㉮ 와플 슬래브 ㉯ 보이드 슬래브 ㉰ 플랫 슬래브 ㉱ $\lambda < 2$ 인 슬래브

풀이 1방향 슬래브의 종류

① 장선 슬래브(조이스트 슬래브, 리브드 슬래브)
② 중공 슬래브(보이드 슬래브)
③ $\lambda > 2$인 사변 고정 슬래브

답 ㉯

22 슬래브의 형식 중 2방향 슬래브로 간주되는 것은 어느 것인가?

㉮ 보이드 슬래브 (Void Slab)
㉯ 리브드 슬래브 (Ribbed Slab)
㉰ 와플 슬래브 (Waffle Slab)
㉱ 장선 슬래브 (Joist Slab)

풀이 와플 슬래브는 2방향 슬래브이다. 답 ㉰

23 와플 슬래브에 관한 기술 중 틀린 것은?

㉮ 하중은 2방향으로 전달된다.
㉯ 규격화된 데크 플레이트를 사용함으로써 효율적인 시공을 할 수 있다.
㉰ 층고를 줄일 수 있으며 골조미를 제공한다.
㉱ 전단력이 큰 주두 부분은 일반적으로 보강하여야 한다.

풀이 ① 데크 플레이트는 철골조의 보에 걸어 지주 없이 쓰이는 바닥판이며 장선 슬래브와 같이 1방향 슬래브이다.
② 와플 슬래브는 장선을 직교시킨 2방향 장선바닥구조로 기둥간 사이를 크게 할 수 있다.
답 ㉯

24 1방향 철근콘크리트 슬래브에 관한 설명 중 옳은 것은?

㉮ 1방향 슬래브에서는 정철근 및 부철근에 평행하게 수축·온도철근을 배치한다.
㉯ 슬래브 끝의 단순 받침부에는 철근을 배치하면 안 된다.
㉰ 슬래브의 정철근 및 부철근의 중심간격은 600 mm 이하로 하여야 한다.
㉱ 1방향 슬래브의 두께는 최소 100 mm 이상으로 하여야 한다.

풀이 ① 1방향 슬래브에서는 정철근 및 부철근에 직각으로 수축·온도철근을 배치한다.
② 슬래브의 정철근 및 부철근의 중심간격은 300 mm 이하로 하여야 한다. 답 ㉱

25 철근콘크리트 슬래브에 대한 설명 중 틀린 것은?

㉮ 1방향 슬래브에서는 정철근 및 부철근에 직각방향으로 수축·온도철근을 배치하여야 한다.

㉯ 1방향 슬래브의 장변방향과 직교하는 보의 상부에 부휨모멘트로 인해 발생하는 균열을 방지하기 위하여 슬래브의 장변방향 상부에 철근을 배치하여야 한다.

㉰ 1방향 슬래브의 정철근 및 부철근의 중심간격은 최대 휨모멘트가 일어나는 단면에서는 600 mm 이하로 하여야 한다.

㉱ 1방향 슬래브의 끝의 단순 받침부에서도 내민슬래브에 의하여 부휨모멘트가 일어나는 경우 이에 상응하는 철근을 배치하여야 한다.

풀이 1방향 슬래브의 정철근 및 부철근의 중심간격은 최대 휨모멘트가 일어나는 단면에서는 300 mm 이하로 하여야 한다.

답 ㉰

26 강도설계법에 의한 1방향 슬래브의 최소 두께 중 틀린 것은? (처짐을 계산하지 않는 경우)

㉮ 단순 지지 슬래브 $l/20$　　㉯ 1단 연속 슬래브 $l/24$

㉰ 양단 연속 슬래브 $l/30$　　㉱ 캔틸레버 슬래브 $l/10$

풀이 처짐계산을 하지 않는 경우 1방향 슬래브의 최소 두께

① 단순 지지 슬래브 $l/20$　　② 1단 연속 슬래브 $l/24$

③ 양단 연속 슬래브 $l/28$　　④ 캔틸레버 슬래브 $l/10$

답 ㉰

27 강도설계법에서 경간의 길이가 4,000 mm인 단순 지지된 1방향 슬래브의 처짐을 계산하지 않는 경우의 최소 두께는? (단, 리브가 없는 슬래브, 보통중량콘크리트 사용, f_y =400 MPa)

㉮ 200 mm　　㉯ 220 mm　　㉰ 235 mm　　㉱ 250 mm

풀이 단순 지지된 1방향 슬래브에서 처짐을 계산하지 않는 경우의 최소 두께

$$h = \frac{l}{20} = \frac{4{,}000}{20} = 200\text{ mm}$$

답 ㉮

28 강도설계법에서 1단 연속 1방향 슬래브의 스팬이 3.6 m일 때 처짐을 계산하지 않는 경우 최소 두께는? (단, 보통중량콘크리트 사용, f_y =400 MPa)

㉮ 120 mm ㉯ 130 mm ㉰ 150 mm ㉱ 180 mm

풀이 1단 연속인 1방향 슬래브에서 처짐을 계산하지 않는 경우의 최소 두께

$$h = \frac{l}{24} = \frac{3,600}{24} = 150\,\mathrm{mm}$$

답 ㉰

29 강도설계법에서 처짐을 계산하지 않는 경우 각 조건에 따른 1방향 슬래브의 최소 두께로 틀린 것은? (단, 보통중량콘크리트와 설계기준항복강도 400 MPa 철근 사용)

㉮ 경간 3.0 m의 1단 연속 슬래브 : 100 mm
㉯ 경간 3.0 m의 단순 지지 슬래브 : 150 mm
㉰ 경간 2.8 m의 양단 연속 슬래브 : 100 mm
㉱ 경간 1.5 m의 캔틸래버 슬래브 : 150 mm

풀이 1단 연속인 1방향 슬래브에서 처짐을 계산하지 않는 경우의 최소 두께

$$h = \frac{l}{24} = \frac{3,000}{24} = 125\,\mathrm{mm}$$

답 ㉮

30 강도설계법에서 보통중량콘크리트와 철근의 설계기준항복강도 f_y =400 MPa을 사용한 양단 연속인 1방향 슬래브의 단변방향 경간이 2.8 m일 때 처짐을 계산하지 않는 경우의 슬래브 최소 두께로 가장 타당한 것은?

㉮ 100 mm ㉯ 120 mm ㉰ 150 mm ㉱ 180 mm

풀이 양단 연속인 1방향 슬래브에서 처짐을 계산하지 않는 경우 보의 최소 두께

$$h = \frac{l}{28} = \frac{2,800}{28} = 100\,\mathrm{mm}$$

답 ㉮

31 강도설계법에서 경간이 4 m인 1방향 슬래브에서 양단 연속일 경우 처짐을 계산하지 않은 슬래브의 최소 두께는? (단, 보통중량콘크리트 사용, f_y =400 MPa)

㉮ 112 mm ㉯ 125 mm ㉰ 143 mm ㉱ 156 mm

풀이 양단 연속인 1방향 슬래브에서 처짐을 계산하지 않는 경우의 최소 두께

$$h = \frac{l}{28} = \frac{4,000}{28} = 143 \text{ mm}$$

답 ㉰

32 강도설계법에서 다음과 같은 조건의 1방향 슬래브에서 처짐을 계산하지 않고 정할 수 있는 슬래브의 최소 두께는?

- 중심스팬 : 4,200 m
- 양단 연속
- 보통중량콘크리트와 설계기준항복강도 400 MPa 철근 사용

㉮ 150 mm ㉯ 180 mm ㉰ 200 mm ㉱ 220 mm

풀이 양단 연속인 1방향 슬래브에서 처짐을 계산하지 않는 경우의 최소 두께

$$h = \frac{l}{28} = \frac{4,200}{28} = 150 \text{ mm}$$

답 ㉮

33 강도설계법에서 1방향 슬래브의 건조수축 및 온도철근비는 최소 얼마인가? (단, f_y =400MPa 이하의 이형철근)

㉮ 0.0014 ㉯ 0.0018 ㉰ 0.0020 ㉱ 0.0025

풀이 1방향 슬래브의 최소철근비

$\rho_{\min} = 0.0020$ (단, $f_y \le$ 400 MPa)

답 ㉰

34 부재의 종류와 최소철근비의 규정이 서로 틀리게 연결된 것은 다음 중 어느 것인가?

㉮ 슬래브-휨재의 최소철근비

㉯ 보-휨재의 최소철근비

㉰ 정사각형 독립기초판-건조수축 및 온도근의 최소철근비

㉱ 옹벽 기초판-건조수축 및 온도근의 최소철근비, 휨재의 최소철근비

풀이 슬래브의 최소철근비 (수축·온도철근비)는 휨재 (보)의 최소철근비와는 다르다. 답 ㉮

35 강도설계법에 의한 1방향 철근콘크리트 슬래브에서 철근의 설계기준항복강도가 500 MPa인 경우 콘크리트의 전체 단면적에 대한 수축·온도철근의 최소철근비는 얼마 이상이어야 하는가? (단, 이형철근 사용)

㉮ 0.0015 ㉯ 0.0016 ㉰ 0.0018 ㉱ 0.0020

풀이 ① 1방향 슬래브에서 수축·온도철근으로 배치되는 이형철근의 최소철근비

1방향 슬래브에서 수축·온도철근의 최소철근비

$f_y \leq 400$ MPa	$\rho_{\min} = 0.0020$
$f_y > 400$ MPa	$\rho_{\min} = \max\left[0.0014, 0.0020\left(\dfrac{400}{f_y}\right)\right]$

② 500 MPa이므로 1방향 슬래브에서 수축·온도철근의 최소철근비

$$\rho_{\min} = \max\left[0.0014,\ 0.0020\left(\frac{400}{f_y}\right)\right] = \max\left[0.0014,\ 0.0020 \times \left(\frac{400}{500}\right)\right]$$
$$= \max(0.0014,\ 0.0016) = 0.0016$$

답 ㉯

36 철근콘크리트 슬래브의 수축 · 온도철근에 대한 설명 중 옳은 것은?

㉮ 슬래브에서 휨철근이 1방향으로만 배치되는 경우 휨철근에 직각방향의 온도철근은 필요 없다.
㉯ 수축·온도철근비는 콘크리트 유효깊이에 대하여 계산한다.
㉰ 수축·온도철근은 콘크리트 설계기준압축강도 f_{ck}를 발휘할 수 있도록 정착되어야 한다.
㉱ 수축·온도철근으로 배치되는 이형철근의 철근비는 어느 경우에도 0.0014 이상이어야 한다.

풀이
① 슬래브에서 휨철근이 1방향으로만 배치되는 경우 휨철근에 직각방향의 온도철근이 필요하다.
② 수축·온도철근비는 콘크리트의 전체 단면적에 대한 철근비이므로 콘크리트의 전체 깊이에 대하여 계산한다.
③ 수축·온도철근은 힘을 주로 부담하는 철근이 아니므로 콘크리트 설계기준압축강도 f_{ck}를 발휘할 수 있도록 정착할 필요는 없다.

답 ㉱

37 강도설계법에 의한 콘크리트 설계 시 슬래브의 두께 (h_f)가 135 mm일 때 1 m당 수축 · 온도철근량은? (단, f_y =400 MPa)

㉮ 95 mm^2 ㉯ 189 mm^2 ㉰ 135 mm^2 ㉱ 270 mm^2

풀이
① 1방향 슬래브에서 수축·온도철근으로 배치되는 이형철근의 최소철근비 ($f_y \le 400$ MPa)
$\rho_{\min} = 0.0020$
② 단위 폭 1 m당 수축·온도철근량
$\rho_{\min} = 0.0020 = A_{s,\min}/(b_w h_f)$ 로부터
$A_{s,\min} \ge 0.0020 b_w h_f \ge 0.0020 \times 1{,}000 \times 135 = 270 \text{ mm}^2$

답 ㉱

38 강도설계법에 의한 철근콘크리트의 슬래브 설계에서 그림과 같은 슬래브의 단위 폭 1 m에 필요한 최소 철근량은? (단, f_{ck} =24 MPa, f_y =400 MPa, 이형철근 사용)

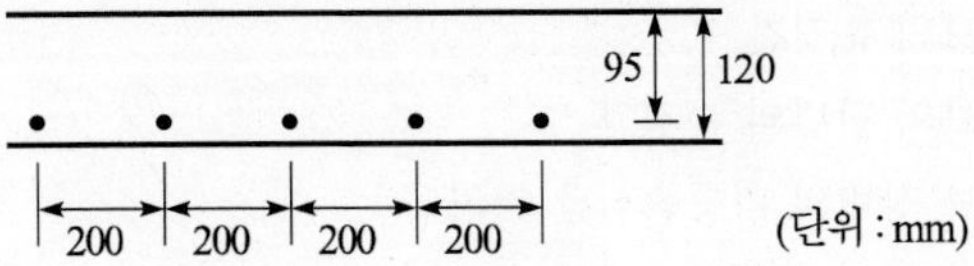

㉮ 114 mm^2/m ㉯ 182 mm^2/m ㉰ 216 mm^2/m ㉱ 240 mm^2/m

풀이 ① 1방향 슬래브에서 수축 · 온도철근으로 배치되는 이형철근의 최소철근비 (f_y ≤400 MPa)

$\rho_{\min} = 0.0020$

② 단위 폭 1 m당 수축 · 온도철근량

$\rho_{\min} = 0.0020 = A_s/(b_w h_f)$로부터

$A_{s,\min} = \rho_{\min}\, b_w h_f = 0.0020 \times (1{,}000 \times 120) = 240\ mm^2/m$

답 ㉱

39 철근콘크리트구조의 처짐에 관한 설명으로 옳지 않은 것은?

㉮ 휨부재의 크리프와 건조수축에 위한 추가 장기처짐 산정 시 5년 이상의 지속하중에 대한 시간경과계수는 2.0이다.

㉯ 과도한 처짐에 의해 손상될 우려가 없는 비구조요소를 지지한 지붕이나 바닥구조의 처짐한계는 $l/240$이다.

㉰ 내부의 보가 없는 2방향 슬래브 중 철근의 설계기준항복강도가 400 MPa이고 지판이 없는 경우 내부 슬래브의 최소 두께는 $l_n/33$이다.

㉱ 처짐을 계산하지 않는 경우 양단 연속된 리브가 있는 1방향 슬래브의 최소 두께는 $l/24$이다.

풀이 처짐을 계산하지 않는 경우 양단 연속된 리브가 있는 1방향 슬래브의 최소 두께는 $l/21$이다.

답 ㉱

40 내부 슬래브의 주변에 보와 지판이 없고 f_y =400 MPa일 경우, 슬래브의 최소 두께 산정식은 $l_n/33$이다. 이 식에서 l_n으로 옳은 것은?

㉮ 2반향 슬래브의 순경간
㉯ 2방향 슬래브의 단변의 순경간
㉰ 2방향 슬래브 장변의 기둥중심간 거리
㉱ 2방향 슬래브 단변의 기둥중심간 거리

풀이 l_n은 2방향 슬래브에서 장변의 순경간이다. 답 ㉮

41 유효두께 100 mm인 슬래브에 배치된 철근비가 0.0035일 경우 슬래브 폭 1 m당 필요한 철근량은?

㉮ 240 mm^2 ㉯ 280 mm^2 ㉰ 350 mm^2 ㉱ 420 mm^2

풀이 ① 철근비

$\rho = 0.0035$

② 철근량

$\rho = 0.0035 = A_s/(b_w h_f)$로부터

$A_s = \rho\, b_w h_f = 0.0035 \times (1{,}000 \times 100) = 350\ \text{mm}^2$ 답 ㉰

42 단면방향 순경간 6 m, 장변방향 순경간 8 m인 4변고정 슬래브에서 굽힘철근의 단부로부터의 굽힘위치는?

㉮ 단변방향 1,000 mm, 장변방향 1,000 mm
㉯ 단변방향 1,000 mm, 장변방향 1,500 mm
㉰ 단변방향 1,500 mm, 장변방향 1,500 mm
㉱ 단변방향 1,500 mm, 장변방향 2,000 mm

풀이 굽힘위치 $= \dfrac{l_x}{4} = \dfrac{6{,}000}{4} = 1{,}500\ \text{mm}$ (장변과 단변의 굽힘위치는 동일)

l_x : 단변방향 순경간 답 ㉰

43 그림과 같은 4변 고정슬래브에 10 kN/m^2의 하중이 작용한다면 최대 정모멘트는?

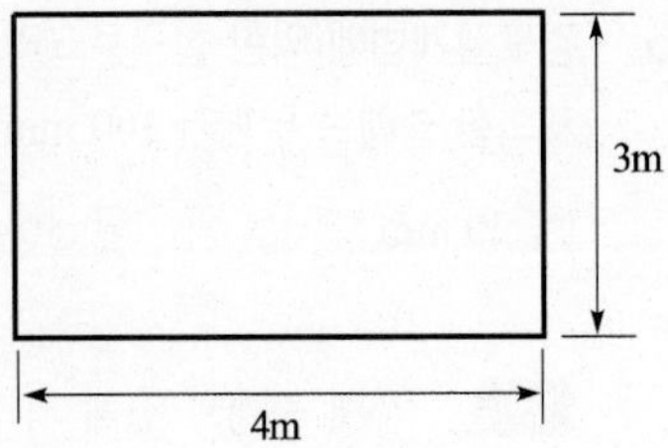

㉮ 2.40 kN · m/m

㉯ 7.60 kN · m/m

㉰ 5.70 kN · m/m

㉱ 2.85 kN · m/m

풀이 $\lambda = l_y / l_x = 4/3 = 1.33 \le 2$ 이므로 2방향 슬래브이다.

(1) 등분포하중 ω에 대한 분담하중

① 장변의 분담하중

$$w_y = \left(\frac{l_x^{\ 4}}{l_x^{\ 4} + l_x^{\ 4}}\right) \cdot w = \left(\frac{3^4}{3^4 + 4^4}\right) \times 10 = 2.4\ \mathrm{kN/m^2}$$

② 단변의 분담하중

$$w_x = \left(\frac{l_x^{\ 4}}{l_x^{\ 4} + l_x^{\ 4}}\right) \cdot w = \left(\frac{4^4}{3^4 + 4^4}\right) \times 10 = 7.6\ \mathrm{kN/m^2}$$

(2) 최대 모멘트

분담하중은 단변방향이 크므로 최대 모멘트는 다음과 같다.

① 최대 부모멘트

$$M_{\max}^{-} = -\frac{w_x l_x^{\ 2}}{12} = -\frac{7.6 \times 3^2}{12} = -5.7\ \mathrm{kN \cdot m/m}$$

② 최대 정모멘트

$$M_{\max}^{+} = \frac{w_x l_x^{\ 2}}{24} = \frac{7.6 \times 3^2}{24} = 2.85\ \mathrm{kN \cdot m/m}$$

답 ㉱

44 2방향 슬래브의 처짐에 가장 영향을 주지 않는 것은 어느 것인가?

㉮ 슬래브의 지지 상태

㉯ 슬래브와 보의 상대강도비

㉰ 스팬의 길이

㉱ 인장철근의 항복강도

풀이 2방향 슬래브의 처짐에는 슬래브의 지지상태, 슬래브와 보와 상대강도비, 콘크리트의 탄성계수, 단면2차 모멘트 등에 따라 결정된다.

답 ㉱

45 강도설계법에 의한 철근콘크리트 플랫 슬래브 설계 시 지판의 슬래브 아래로 돌출한 두께는 돌출부를 제외한 슬래브 두께가 300 mm일 때 최소 얼마 이상으로 하여야 하는가?

㉮ 20 mm ㉯ 40 mm ㉰ 60 mm ㉱ 75 mm

풀이 플랫 슬래브 설계 시 지판 부위의 슬래브 철근량을 계산할 때 슬래브 아래로 돌출한 지판의 두께

$$h_d = \frac{h_f}{4} = \frac{300}{4} = 75\text{ mm}$$

답 ㉱

46 4변이 고정인 2방향 슬래브 (Two Way Slab)에서 가장 많이 하중을 받는 곳은?

㉮ 장변방향 단부 ㉯ 장변방향 중앙부
㉰ 단변방향 단부 ㉱ 단변방향 중앙부

풀이 4변이 고정인 2방향 슬래브 (Two Way Slab)에서 가장 많이 하중을 받는 곳은 단변방향 단부이다.

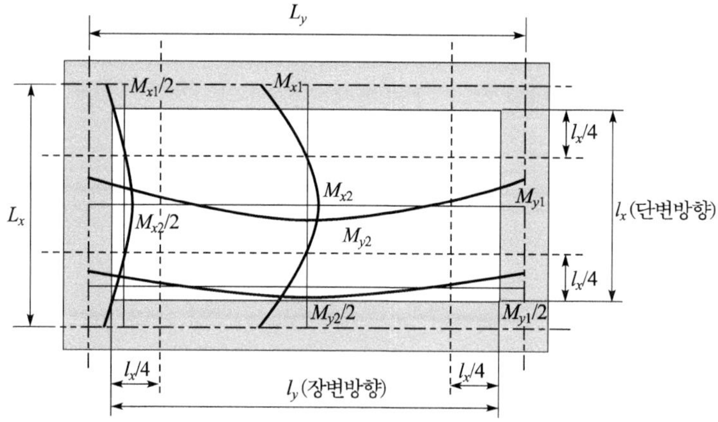

답 ㉰

47 등분포하중을 받는 4변 고정 2방향 슬래브에서 모멘트량이 가장 크게 나타나는 곳은?

㉮ A

㉯ B

㉰ C

㉱ D

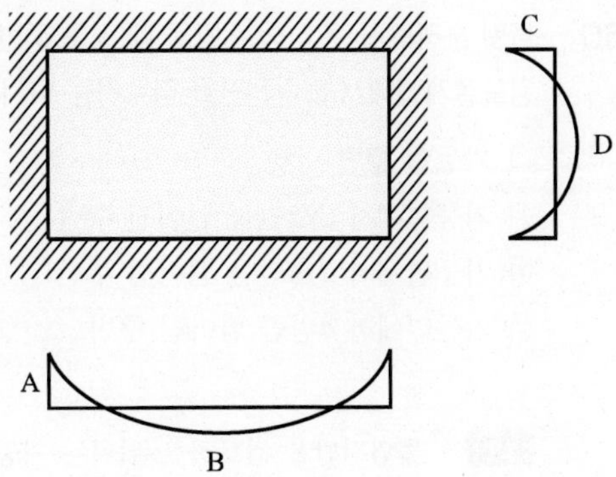

풀이 4변이 고정인 2방향 슬래브 (Two Way Slab)에서 가장 많이 하중을 받는 곳은 단변방향 단부이다.

답 ㉰

48 철근콘크리트 슬래브에 관한 설명으로 옳지 않은 것은?

㉮ 1방향 슬래브 두께는 최소 100 mm 이상으로 하여야 한다.

㉯ 1방향 슬래브에서는 정모멘트철근 및 부모멘트철근에 직각방향으로 수축·온도철근을 배치하여야 한다.

㉰ 슬래브 끝의 단순 받침부에서도 내민슬래브에 의하여 부모멘트가 일어나는 경우에는 이에 상응하는 철근을 배치하여야 한다.

㉱ 주열대는 기둥 중심선을 기준으로 양쪽으로 장변 또는 단변길이의 0.25를 곱한 값 중 큰 값을 한쪽의 폭으로 하는 슬래브의 영역을 가리킨다.

풀이 주열대는 기둥 중심선을 기준으로 양쪽으로 장변 또는 단변길이의 0.25를 곱한 값 중 작은 값을 한쪽의 폭으로 하는 슬래브의 영역을 가리킨다.

답 ㉱

49 철근콘크리트구조에서 1방향 슬래브의 정모멘트철근 및 부모멘트철근의 중심간격은 위험단면에서 슬래브 두께의 최대 몇 배 이하이어야 하는가?

㉮ 1배 ㉯ 2배 ㉰ 3배 ㉱ 4배

풀이 1방향 슬래브의 정모멘트철근 및 부모멘트철근의 중심간격은 위험단면에서 슬래브 두께의 2배 이하 또한 300 mm 이하이다.

답 ㉯

50 플랫 슬래브가 큰 하중을 받을 때 기둥 주변에서 뚫림전단 (Punching Shear) 파괴의 위험이 발생한다. 강도설계법에서 뚫림전단을 검토하는 위치는? (단, d는 슬래브의 유효두께이다.)

㉮ 기둥면 주변
㉯ 기둥면에서 $d/2$만큼 떨어진 주변
㉰ 기둥면에서 $d/4$만큼 떨어진 주변
㉱ 기둥면에서 d만큼 떨어진 주변

풀이 뚫림전단을 검토하는 위치는 기둥면에서 $d/2$만큼 떨어진 주변이다. **답** ㉯

51 강도설계법에서 직접설계법 (Direct Design Method)에 의한 슬래브 설계 시의 적용 조건 중 만족되지 않는 것은?

㉮ 각 방향으로 3경간 이상이 연속되어야 한다.
㉯ 단변경간에 대한 장변경간의 비가 2 이하인 직사각형 이어야 한다.
㉰ 각 방향으로 연속한 받침부 중심간 경간길이의 차이는 긴 경간의 1/3 이상이어야 한다.
㉱ 기둥은 어떠한 방향에 대해서도 연속한 기둥중심선 사이 경간의 1/10 이상 이탈해서는 안 된다.

풀이 각 방향으로 연속한 받침부 중심간 경간길이 차이는 긴 경간의 1/3 이하여야 한다. **답** ㉰

52 강도설계법에서 직접설계법을 사용하여 슬래브 시스템을 설계하려고 할 때의 제한사항 중 옳지 않은 것은?

㉮ 각 방향으로 3경간 이상이 연속되어야 한다.
㉯ 각 방향으로 연속한 받침부 중심간 경간길이의 차이는 긴 경간의 1/3 이하이어야 한다.
㉰ 연속한 기둥중심선으로부터 기둥의 이탈은 이탈방향 경간의 최대 10%까지 허용된다.
㉱ 슬래브 패널들이 단변경간에 대한 장변경간의 비는 2 이상이어야 한다.

풀이 슬래브 패널들은 단변 경간에 대한 장변 경간의 비가 2 이하인 직사각형이어야 한다. (장변경간/단변경간 ≤ 2) **답** ㉱

53 강도설계법에서 직접설계법을 이용한 콘크리트 슬래브 설계 시 적용조건으로 옳지 않은 것은?

㉮ 각 방향으로 3경간 이상 연속되어야 한다.

㉯ 슬래브 패널들은 단변경간에 대한 장변경간의 비가 2 이하인 직사각형이어야 한다.

㉰ 각 방향으로 연속한 받침부 중심간 경간 차이는 긴 경간의 1/3 이하이어야 한다.

㉱ 모든 하중은 슬래브 패널의 특정지점에 작용하는 집중하중이어야 하며 활하중은 고정하중의 3배 이하이어야 한다.

풀이 모든 하중은 슬래브 패널 전체에 걸쳐 등분포된 연직하중이어야 하며, 활하중은 고정하중의 2배 이하이어야 한다. $(w_L / w_D \leq 2)$

답 ㉱

54 강도설계법에 의한 철근콘크리트의 2방향 슬래브 설계에서 직접설계법을 사용하기 위한 조건 중 틀린 것은?

㉮ 각 방향으로 3경간 이상 연속되어야 한다.

㉯ 슬래브의 단변경간에 대한 장변경간의 비가 2 이하여야 한다.

㉰ 각 방향으로 연속한 받침부 중심간 경간길이의 차이는 긴 경간의 1/4 이하여야 한다.

㉱ 활하중(적재하중)은 고정하중의 2배 이하여야 한다.

풀이 각 방향으로 연속한 받침부 중심간 경간길이의 차이는 긴 경간의 1/3 이하여야 한다.

답 ㉰

55 강도설계법에서 철근콘크리트 슬래브의 내부 경간에서의 (정계수휨모멘트)/(전체 정적 계수휨모멘트, M_o)의 비율은?

㉮ 0.25 ㉯ 0.35 ㉰ 0.45 ㉱ 0.65

풀이 ① 정계수휨모멘트$=0.35\,M_o$

② 부계수휨모멘트$=0.65\,M_o$

여기서, M_o는 전체 정적 계수휨모멘트이다.

답 ㉯

56 보가 있는 2방향 슬래브를 강도설계법에서 직접설계법으로 계산할 때 M_o =900 kN · m로 산정되었다. 내부 스팬의 정계수모멘트 (kN · m)와 부계수모멘트 (kN · m)로 옳은 것은?

㉮ 부계수모멘트 585, 정계수모멘트 315
㉯ 부계수모멘트 630, 정계수모멘트 270
㉰ 부계수모멘트 315, 정계수모멘트 585
㉱ 부계수모멘트 270, 정계수모멘트 630

풀이 내부 스팬의 모멘트 분배

① 전체 정적 계수휨모멘트 : $M_o = 900$ kN · m

② 단부 (부계수휨모멘트) : $M_u^- = 0.65\,M_o = 0.65 \times 900 = 585$ kN · m

③ 중앙 (정계수휨모멘트) : $M_u^+ = 0.35\,M_o = 0.35 \times 900 = 315$ kN · m

답 ㉮

57 강도설계법에서 직접설계법을 적용한 슬래브 설계 시 계수모멘트 M_o =250 kN·m이다. 양단 연속된 슬래브에서 단부와 중앙부의 계수휨모멘트로 옳은 것은?

㉮ 단부−162.5 kN · m, 중앙부−87.5 kN · m
㉯ 단부−150.0 kN · m, 중앙부−100.0 kN · m
㉰ 단부−137.5 kN · m, 중앙부−112.5 kN · m
㉱ 단부−125.0 kN · m, 중앙부−125.0 kN · m

풀이 연속 슬래브의 모멘트 분배

① 전체 정적 계수휨모멘트 : $M_o = 250$ kN · m

② 단부 (부계수휨모멘트) : $M_u^- = 0.65\,M_o = 0.65 \times 250 = 162.5$ kN · m

③ 중앙 (정계수휨모멘트) : $M_u^+ = 0.35\,M_o = 0.35 \times 250 = 87.5$ kN · m

답 ㉮

58 다음 그림과 같은 슬래브에서 직접설계법에 의한 계수휨모멘트를 결정하고자 한다. 화살표방향 패널 중 빗금 친 부분의 전체 정적 계수휨모멘트 M_o를 구하면? (단, 등분포 고정하중 w_D =7.18 kPa (kN/m^2), 등분포활하중 w_L =2.39 kPa (kN/m^2)이 작용하고 있으며 기둥의 단면은 300×300 mm이다.)

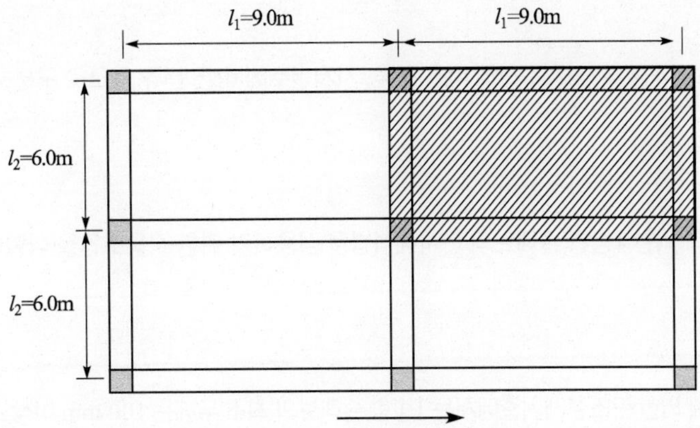

㉮ 406.2 kN · m ㉯ 506.2 kN · m ㉰ 706.2 kN · m ㉱ 806.2 kN · m

풀이 ① 계수하중

$$w_u = 1.2\,w_D + 1.6\,w_L = 1.2 \times 7.18 + 1.6 \times 2.39 = 12.44 \text{ kN/m}^2$$

② 순경간

$$l_n = 9.0 - 0.3 = 8.7 \text{ m}$$

③ l_2

$$l_2 = 6.0 \text{ m}^2$$

④ 슬래브의 전체 정적 계수휨모멘트

$$M_o = \frac{w_u\, l_2\, l_n^{\,2}}{8} = \frac{12.44 \times 6.0 \times 8.7^2}{8} = 706.2 \text{ kN} \cdot \text{m}$$

답 ㉰

심화 연습문제

01 슬래브를 구조적 분류, 지지조건에 따른 분류, 지지변수에 따른 분류 등으로 구분하여 설명하시오.

02 강도설계법에 의한 1방향 슬래브의 근사해석법을 적용하기 위한 적용조건을 나열하시오.

03 강도설계법에 의한 구조설계기준에서는 1방향 슬래브의 최소 두께는 100 mm 이상으로 하며, 또한 큰 처짐에 의하여 손상되기 쉬운 칸막이벽이나 기타 구조물을 지지하지 않는 1방향 슬래브에서 철근의 설계기준항복강도 f_y =400 MPa이고 KDS 14 20 30 (4.2) 구조설계기준에 따라 처짐계산을 하지 않는 경우, 부재의 길이가 l일 때 구조설계기준에서 정한 1방향 슬래브의 최소 두께 h에 해당하는 숫자를 쓰시오.

(1) 단순 지지 : l / (①)

(2) 1단 연속 : l / (②)

(3) 양단 연속 : l / (③)

(4) 캔틸레버 : l / (④)

풀이 ① 20, ② 24, ③ 28, ④ 10

04 강도설계법에 의한 구조설계기준에서 정한 1방향 슬래브의 두께에 대한 규정이다. ( ) 안에 적당한 숫자를 쓰시오.

> (1) 슬래브의 정모멘트 철근 및 부모멘트 철근의 중심간격은 위험단면에서는 슬래브 두께의 (①)배 이하이어야 하고, 또한 (②) mm 이하로 하여야 한다.
>
> (2) 기타의 단면에서는 슬래브 두께의 (③)배 이하이어야 하고, 또한 (④) mm 이하로 하여야 한다.

풀이 ① 2, ② 300, ③ 3, ④ 450

05 강도설계법에서 1방향 철근콘크리트 슬래브의 수축・온도철근과 수축・온도철근비에 대해 설명하시오.

06 강도설계법에서 1방향 슬래브 설계 시 휨철근에 직각방향으로 배치되는 D13 철근의 최대 간격을 구하시오. (단, 슬래브의 전체 두께는 200 mm이고, 철근은 f_y = 400 MPa의 도막되지 않은 철근이다.)

07 강도설계법에서 슬래브의 두께 h_f =210 mm이고 D13@200으로 배치된 철근콘크리트 1방향 슬래브에서 설계휨강도 (M_d)를 산정하시오. (단, 콘크리트는 f_{ck} = 24 MPa의 보통중량콘크리트이고, 철근은 f_y = 400 MPa의 도막되지 않은 철근이며, D13의 단면적은 126.7 mm^2이다.)

08 슬래브의 두께 h_f =210 mm인 철근콘크리트 1방향 슬래브에서 설계휨모멘트 M_d =45 kN・m를 받도록 설계하려고 한다. 이 때 D13 철근을 사용할 경우 철근의 간격을 결정하시오. (단, 콘크리트는 f_{ck} = 27 MPa의 보통중량콘크리트이고, 철근은 f_y = 400 MPa의 도막되지 않은 철근이며, D13의 단면적은 126.7 mm^2이다.)

09 예제 9.6에서 모든 경간을 4.5 m로 할 경우, 1방향 슬래브를 설계하시오. (단, 모든 조건은 동일하지만 콘크리트는 f_{ck} = 27 MPa의 보통중량콘크리트이다.)

10 예제 9.7에서 문제의 모든 조건은 동일하지만, 슬래브의 두께 h_f가 210 mm이고, 콘크리트는 f_{ck} = 27 MPa의 보통중량콘크리트로 할 경우 문제에서 요구하는 값을 산정하고 규정을 검토하시오.

11 예제 9.8에서 문제의 모든 조건은 동일하지만, 슬래브의 두께 h_f가 210 mm이고, 콘크리트는 f_{ck} = 27 MPa의 보통중량콘크리트로 할 경우 문제에서 요구하는 값을 산정하고 규정을 검토하시오.

12 보가 있는 2방향 슬래브를 강도설계법에서 직접설계법으로 계산할 때 M_o = 800 kN · m로 산정되었다. 내부 스팬의 부계수휨모멘트 (kN · m)와 정계수휨모멘트 (kN · m)를 산정하시오.

13 예제 9.11에서 문제의 모든 조건은 동일하지만, 슬래브의 두께 h_f가 210 mm이고, 콘크리트는 f_{ck} = 27 MPa의 보통중량콘크리트로 할 경우 슬래브의 설계휨모멘트를 결정하고 휨설계를 하시오.

CHAPTER
10

벽체

CHAPTER 10

벽체

10.1. 개요

철근콘크리트 구조물에서 벽체는 수직부재로서 공간을 구획하거나 자중 등의 중력방향의 연직하중이나 바람 또는 지진 등의 횡하중을 견디거나 전달하기 위한 구조이다. 벽체는 기둥과 유사한 구조적 성격을 지니고 있으나 벽체의 두께가 기둥과 같이 두껍지 못하여 띠철근 또는 나선철근을 배치하기는 어렵다. 벽체를 구분하면 다음 그림과 같다.

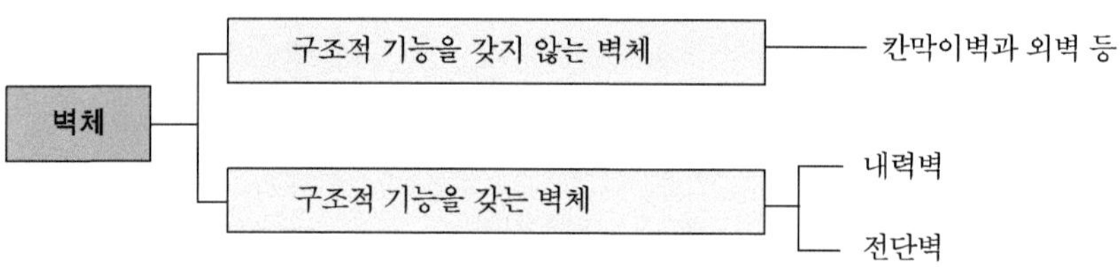

그림 10.1 벽체의 종류

그림에서 칸막이벽(Nonbearing Wall)은 주로 내부에서 공간을 구획하는 역할을 하며, 구조적 기능을 갖지 않으나 내화성능을 가져야 한다. 칸막이벽의 구조 재료로는 벽돌, 콘크리트 블록이 주료 사용되고 프리캐스트 콘크리트 패널, ALC 패털 또는 경량콘크리트 패널 등이 사용되기도 한다. 이러한 칸막이벽은 다른 골조에 지지되어 자중을 지지할 정도의 강도를 가지면 된다. 외벽은 구조물의 내외를 구획하는 벽체로 구조적 기능을 갖지 않는다. 외벽이 칸막이벽과 같이 다른 골조에 지지되어 자중을 지지할 정도의 강도만 가지게 되면 칸막이벽과 같이 구조적 기능을 갖지 않는 벽체가 된다. 그러나 외벽은 칸막이벽과 달리 기둥과 보로 이루어진 라멘구조에서 풍압을 견딜 수 있는 강도를 가져야 한다.

내력벽(Bearing Wall)은 자중과 더불어 상부층의 연직하중을 지지하는 벽체로 구조적 기능을 갖는다. 내력벽은 상부층으로부터 전달되는 연직하중을 충분히 견딜 수 있는 강성과 강도를 가져야 한다. 우리나타 아파트와 같은 건축물의 벽체나 고층 건축물의 엘리베이터 등의 설치되는 코어 부분에서 내력벽 구조를 이용하면 경제적이고 공간의 효율을 높일 수 있다.

전단벽(Shear Wall)은 연직하중과 함께 바람과 지진 같은 횡하중을 지지하는 벽체로 구조적 기능을 갖는다. 전단벽은 구조물이 캔틸레버와 같은 거동을 하여 횡하중을 기초에 전달한다. 따라서 전단벽의 설계는 보와 기둥의 설계와 유사한 방법으로 한다. 최근과 같이 건축물이 고층화됨에 따라 바람과 지진 같은 횡하중의 영향이 커지게 되었다. 고층 건축물의 코어 부분 또는 외벽이나 내벽의 일부 또는 전부를 전단벽으로 설치하면 건축물의 휨강성이 증가하게 된다. 이와 같은 전단벽 구조는 바람과 지진 같은 횡하중에 대해 경제적이고 효율적으로 저항할 수 있는 구조이다.

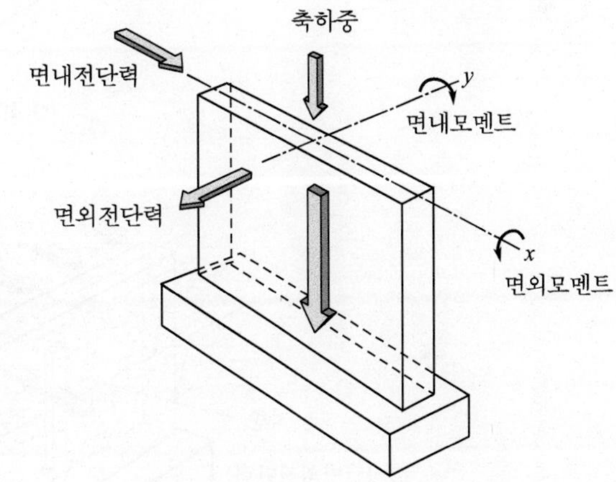

그림 10.2 벽체의 면내 및 면외 단면력

또한 벽체는 지하층에서 토압에 저항하는 옹벽(Retaining Wall)이 있다. 옹벽은 토압에 대한 이해가 선행되어야 하므로 옹벽 설계에서 다루어지게 된다.

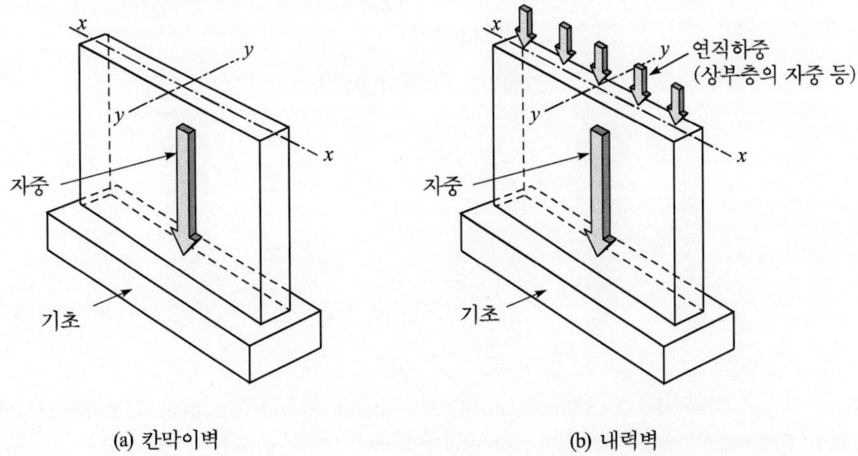

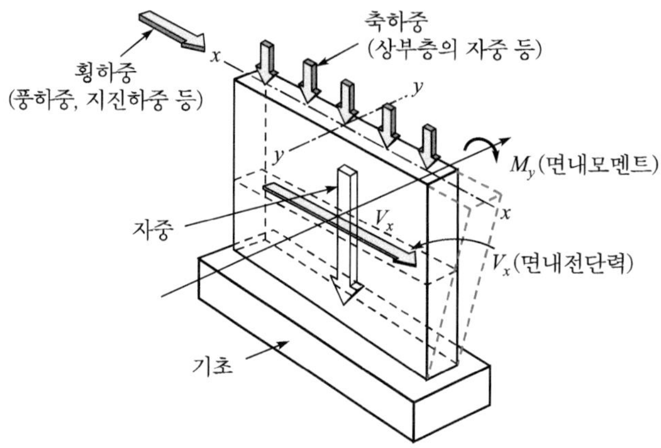

(c) 전단벽

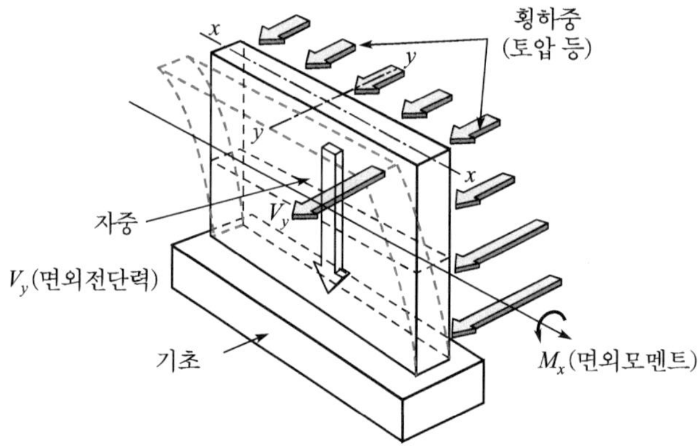

(d) 옹벽

그림 10.3 벽체의 종류[1]

1) Chu-Kia. Wang, Charles. G. Salmon, Jose. A. Pincheira and Gustavo. J. Parra-Montesinos, Reinforced Concrete Design, Oxford University Press, 2018, p.871.

10.2. 설계 일반

10.2.1. 일반사항

벽체의 설계는 KDS 14 20 72[2] 콘크리트벽체설계기준에 따라 다음과 같이 설계한다. 구조설계기준에서 정의한 벽체는 계수연직축력이 $0.4A_g f_{ck}$ 이하이고 총 수직철근량이 단면적의 0.01배 이하인 부재를 가리킨다.

$$P_u \le 0.4A_g f_{ck}$$

$$\rho_v = \frac{A_{v,\mathrm{vert}}}{b_e h} \le 0.01$$

여기서, A_g : 전체 단면적 (mm^2, $A_g = b_e h$)

$A_{v,\mathrm{vert}}$: 총 수직철근량 (mm^2)

b_e : 벽체의 유효수평길이 (mm)

h : 벽체의 두께 (mm)

축하중을 받는 벽체는 최소철근비 규정을 만족해야 하며 축하중을 받거나 축하중과 휨모멘트를 동시에 받는 벽체는 실용설계법 또는 압축부재로서 벽체의 설계법에 따라 설계를 하며, 휨인장이 벽체의 면외방향 설계를 지배하는 경우는 세장한 벽체의 대체설계법으로 한다. 또한 벽체에 대한 전단설계도 구조설계기준을 만족해야 한다.

10.2.2. 집중하중에 대한 벽체의 유효수평길이

각 집중하중에 대한 벽체의 유효수평길이는 하중 간의 중심거리, 또한 하중 지압폭에 벽체 두께의 4배를 더한 길이를 초과하지 않는 길이로 한다.

$$b_e = \min(\text{하중 사이의 중심거리}, \text{하중 지지폭} + 4h)$$

여기서, h : 벽체의 두께 (mm)

2) KDS 14 20 72 콘크리트 벽체 설계기준, 국토교통부 제정, 한국콘크리트학회 작성, 2021.

10.2.3. 최소철근비

KDS 14 20 72 (4.2)[3] 구조설계기준에 따른 벽체의 수직 및 수평 최소철근비는 표 10.1과 같고, 최소철근비는 벽체의 전체 단면적에 대한 철근비이다.

표 10.1 최소철근비

구 분		항복강도 (f_y)	최소 수직철근비 ($\rho_{v,\min}$)	최소 수평철근비 ($\rho_{h,\min}$)
이형철근	D16 이하	400 MPa 이상	0.0012	$0.0020\left(\dfrac{400}{f_y}\right)$
		400 MPa 미만	0.0015	0.0025
	D16 초과	–	0.0015	0.0025
용접철망	16mm 이하	–	0.0012	0.0020

주1 이 철근비의 계산에서 f_y는 500 MPa을 초과할 수 없다.

주2 최소철근비는 벽체의 전체 단면적에 대한 철근비이고, 각각의 철근비는 다음과 같다.

① 수직철근비 : $\rho_v = \dfrac{\text{전체 수직철근량}}{\text{벽체의 수평길이} \times \text{벽체 두께}} = \dfrac{A_{v,\text{vert}}}{l_w h}$

② 수평철근비 : $\rho_h = \dfrac{\text{전체 수평철근량}}{\text{벽체의 수직높이} \times \text{벽체 두께}} = \dfrac{A_{v,\text{horiz}}}{bh}$

10.2.4. 철근 배치의 상세

(1) 두께 250 mm 이상의 벽체에 대해서는 다음의 각 항에 따라 수직 및 수평철근을 벽면에 평행하게 양면으로 배치하여야 한다. 다만, 지하실 벽체에는 이 규정을 적용하지 않을 수 있다.

① 벽체의 외측면 철근은 각 방향에 대하여 전체 소요철근량의 1/2 이상, 2/3 이하로 하며, 외측면부터 50 mm 이상, 벽체 두께의 1/3 이내에 배치하여야 한다.

② 벽체의 내측면 철근은 각 방향에 대한 소요철근량의 잔여분을 내측면부터 20 mm 이상, 벽체 두께의 1/3 이내에 배치하여야 한다.

(2) 수직 및 수평철근의 간격은 벽체 두께의 3배 이하, 또한 450 mm 이하로 하여야 한다 [$s \le \min(3h,\ 450\text{ mm})$].

3) KDS 14 20 72 (4.2) 콘크리트벽체 설계기준, 국토교통부 제정, 한국콘크리트학회 작성, 2021.

(3) 수직철근이 집중 배치된 벽체부분의 수직철근비가 0.01배 이상인 경우 규정에 따른 횡방향 띠철근을 설치하여야 하며, 이외의 경우에는 횡방향 띠철근을 설치하지 않을 수 있다. 이때 띠철근의 수직간격은 벽체 두께 이하로 하여야 하며, 수직철근이 압축력을 받는 철근이 아닌 경우에는 횡방향 띠철근을 설치할 필요가 없다.

(4) 모든 창이나 출입구 등의 개구부 주위에는 최소철근비 규정에 의한 최소철근량 이외에도 수직 및 수평방향으로 이열 배치된 벽체에서 두 개의 D16 이상 철근, 일렬 배치된 벽체에서 한 개의 D16 이상의 철근을 창이나 출입구 등의 개구부 주변에 배치하여야 한다. 이때 이러한 철근은 개구부 모서리에서 설계기준항복강도를 발휘할 수 있도록 정착되어야 한다.

10.3. 내력벽의 설계

10.3.1. 개요

내력벽은 축하중과 휨모멘트를 받는 부재이기 때문에 구조설계 면에서 기둥과 같이 설계할 수 있다. 내력벽의 설계는 벽체의 어느 부분에서도 인장응력이 발생하지 않는 조건을 만족하는 실용설계법과 실용설계법을 적용할 수 없는 경우 벽체를 기둥과 같은 부재로 설계하는 압축부재로서 벽체의 설계법 등이 있다.

10.3.2. 실용설계법

(1) 벽체 실용설계법의 기본개념

$$P_u \le \phi P_{nw} \quad (\phi = 0.65)$$

여기서, P_u : 계수축하중 (kN)

ϕP_{nw} : 공칭설계축하중 (kN)

(2) 벽체의 실용설계법

KDS 14 20 72 (4.3.2)[4] 구조설계기준에 따라, 직사각형 단면의 벽체로서 벽체 설계의 일반사항, 최소철근비 등의 요구조건을 만족하고 계수하중의 합력이 벽체 두께의 중앙 1/3 이내에 작용하는 경우에는 실용설계법에 의하여 설계할 수 있다.

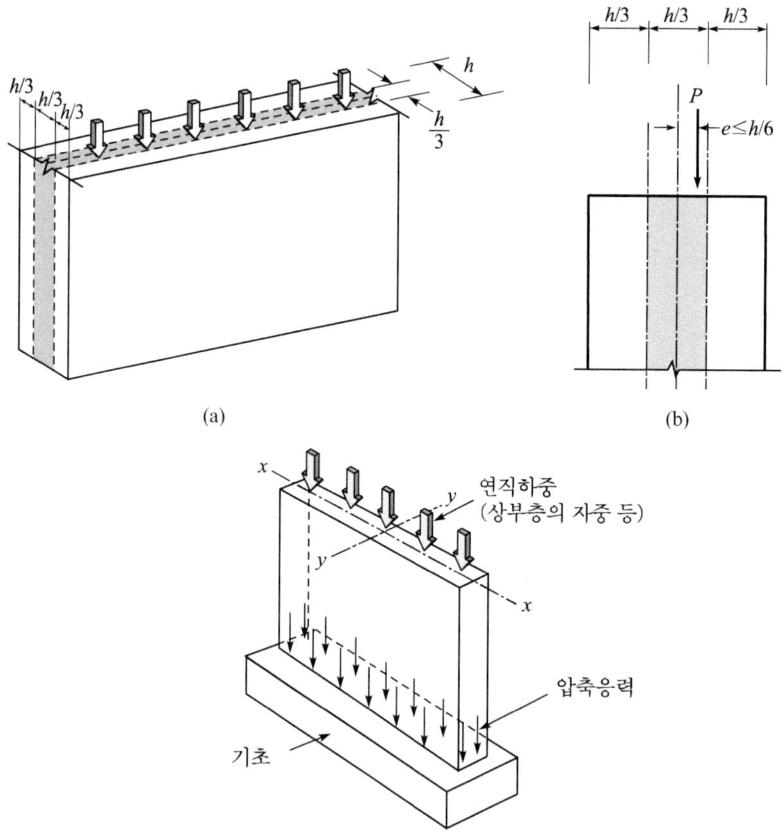

(c) 단면의 압축응력

그림 10.4 실용설계법의 적용 조건[5),6)]

이러한 경우에는 벽체가 개구부 등이 없이 벽체의 모든 부분이 채워진 직사각형 단면으로서 축하중이 단면의 핵 내에 위치($e \le h/6$)하게 되어 벽체 어느 부분에서도 인장응력

4) KDS 14 20 72 (4.3.2) 콘크리트 벽체 설계기준, 국토교통부 제정, 한국콘크리트학회 작성, 2021.
5) 윤현도 외4인, 철근콘크리트구조, 동화기술, 2014, p.367.
6) Chu-Kia. Wang, Charles. G. Salmon, Jose. A. Pincheira and Gustavo. J. Parra-Montesinos, Reinforced Concrete Design, Oxford University Press, 2018, p.571.

이 발생하지 않고 압축응력만 발생한다. 계산상 철근은 필요하지 않으며, 최소철근비에 따른 최소철근량 이상만 배치하면 되고, 축하중은 콘크리트가 모두 부담하게 하는 것이다. 실용설계법은 콘크리트만으로 축하중을 지지하고 콘크리트 단면 전체가 압축응력만 발생되도록 한 것이다. 따라서 철근은 축하중을 분담할 수 없으며 단순히 균열제어나 수축·온도철근의 목적으로만 사용한 것이다.

실용설계법에 의한 벽체의 설계축하중는 다음과 같다.

$$\phi P_{nw} = 0.55\,\phi f_{ck}\,A_g\left[1-\left(\frac{kl_c}{32h}\right)^2\right]$$

여기서, ϕP_{nw} : 공칭설계축하중 (kN)

A_g : 전체 단면적 (mm², $A_g = b_e h$)

b_e : 벽체의 유효수평길이 (mm)

h : 벽체의 두께 (mm)

l_c : 받침부 사이의 수직거리 (mm, 압축부재의 길이)

k : 유효길이계수

표 10.2 유효길이계수

상·하단이 횡구속 벽체	상·하단 양단 중의 한쪽 또는 양쪽의 회전이 구속된 경우	0.8
	상·하단 모두 회전이 구속되지 않은 경우	1.0
비횡구속벽체		2.0

공칭설계축하중 ϕP_{nw}의 산정식에서 보의 불균형모멘트, 편심에 의한 우발편심모멘트 등의 효과를 고려하여 띠철근 기둥의 설계축하중 계산식의 0.8을 0.55를 적용시킨 것이다. 또한 식의 괄호 안은 벽체의 세장효과를 고려한 것이다.

벽체의 최소 두께는 다음에 따라야 한다.

① 벽체의 두께는 수직 또는 수평받침점 간 거리 중에서 작은 값의 1/25 이상이어야 하고, 또한 100 mm 이상이어야 한다 [$h \geq \max(l/25, 100\text{ mm})$].

② 지하실 외벽 및 기초 벽체의 두께는 200 mm 이상으로 하여야 한다 [$h \geq 200\text{ mm}$].

예제 10-1

다음 조건을 만족하는 철근콘크리트 벽체의 최소 수직철근량과 최소 수평철근량은 얼마인가? (단, 벽체길이는 3,000 mm, 벽체 높이는 2,600 mm, 벽체 두께는 200 mm이다. 또한 철근은 $f_y = 400$ MPa의 도막되지 않은 철근이고 D16을 사용한다.)

㉮ 최소 수직철근량 : 720 mm^2, 최소 수평철근량 : 1,040 mm^2

㉯ 최소 수직철근량 : 720 mm^2, 최소 수평철근량 : 1,020 mm^2

㉰ 최소 수직철근량 : 730 mm^2, 최소 수평철근량 : 1,060 mm^2

㉱ 최소 수직철근량 : 730 mm^2, 최소 수평철근량 : 1,040 mm^2

풀이

철근콘크리트 벽체의 최소철근량 ($f_y \geq 400$ MPa , D16 이하인 경우)

(1) 최소 수직철근량

① 최소 수직철근비 : $\rho_{v,\min} = 0.0012$

② 최소 수직철근량 : $A_{v,\text{vert}} = \rho_{v,\min}\, l\, h = 0.0012 \times 3{,}000 \times 200 = 720\ \text{mm}^2$

(2) 최소 수평철근량

① 최소 수평철근비 : $\rho_{h,\min} = 0.0020\left(\dfrac{400}{f_y}\right) = 0.0020 \times \left(\dfrac{400}{400}\right) = 0.0020$

② 최소 수평철근량 : $A_{v,\text{horiz}} = \rho_{h,\min}\, b\, h = 0.0020 \times 2{,}600 \times 200 = 1{,}040\ \text{mm}^2$

답 ㉮

예제 10-2

철근콘크리트 벽체에 관한 기술 중 옳지 않은 것은?

㉮ 내력벽의 최소 수직철근비는 설계기준항복강도 400 MPa 이상으로서 D16 이하의 이형철근인 경우 0.0012이다.

㉯ 내력벽 설계 시 계수하중의 합력이 벽두께 중앙 1/3 이내에 작용하는 경우 실용설계법의 적용이 가능하다.

㉰ 두께 150 mm 이상의 내력벽체에는 수직 및 수평철근을 벽면에 평행하게 양면으로 배치해야 한다.

㉱ 수직 및 수평철근의 간격은 벽체 두께의 3배 이하, 또한 400 mm 이하로 하여야 한다.

풀이

두께 250 mm 이상의 벽체에 대해 수직 및 수평철근을 벽면에 평행하게 양면으로 배치한다.

답 ㉰

예제 10-3

그림과 같이 철근콘크리트 내력벽에 2.5 m 간격으로 강구조 보가 지지되어 있을 경우, 두께 $h = 200$ mm인 내력벽을 설계하시오. 지압판의 크기는 150×300 mm이다. 벽체의 상부와 하부는 측면 이동에 대해 고정되어 있는 것으로 가정한다. 또한 벽체의 하단은 회전하지 않도록 고정되어 있다고 가정한다. 벽체의 높이는 4.0 m이고 계수축하중 $P_u = 550$ kN이며, 콘크리트는 $f_{ck} = 24$ MPa의 보통중량콘크리트이고, 철근은 $f_y = 400$ MPa의 도막되지 않은 철근이다.

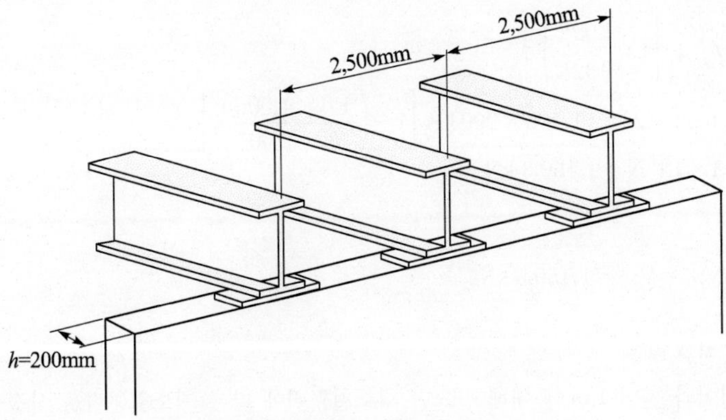

그림 10.5 예제의 내력벽과 강구조 보

풀이

1. 벽체의 유효수평길이

$b_e = \min(\text{하중 간의 중심거리, 하중 지압폭} + 4h)$

$= \min(2{,}500,\ 300 + 4 \times 200) = \min(2{,}500,\ 1{,}100) = 1{,}100$ mm

2. 설계 일반사항 검토

$P_u = 550$ kN

$0.4 A_g f_{ck} = 0.4 \times (1{,}100 \times 200) \times 24 = 2{,}112.0 \times 10^3 \text{ N} = 2{,}112.0$ kN

$\therefore\ P_u = 550 \text{ kN} \le 0.4 A_g f_{ck} = 2{,}112.0$ kN OK

3. 지압판 아래의 콘크리트 지압강도 검토

$\phi 0.85 f_{ck} A_1 = 0.65 \times 0.85 \times 24 \times 150 \times 300 = 596.7 \times 10^3 \text{ N} = 596.7$ kN

$\therefore\ P_u = 550 \text{ kN} \le \phi 0.85 f_{ck} A_1 = 596.7$ kN OK

4. 벽체의 최소두께 검토

$h = 200$ mm

$\max(l_w/25,\ 100 \text{ mm}) = \max(4{,}000/25,\ 100 \text{ mm}) = \max(160,\ 100) = 160$ mm

$h = 200\text{ mm} \geq \max(l/25,\ 100\text{ mm}) = 160\text{ mm}$ OK

5. 벽체의 설계축하중

$A_g = b_e h = 1{,}100 \times 200$

$b_e = 1{,}100\text{ mm}$: 벽체의 유효수평길이

$h = 200\text{ mm}$

$l_c = 4{,}000\text{ mm}$

$k = 1.0$

$$\phi P_{nw} = 0.55\phi f_{ck} A_g \left[1 - \left(\frac{kl_c}{32h}\right)^2\right]$$

$$= 0.55 \times 0.65 \times 24 \times (1{,}100 \times 200) \times \left[1 - \left(\frac{1.0 \times 4{,}000}{32 \times 200}\right)^2\right]$$

$$= 1{,}150.3 \times 10^3\text{ N} = 1{,}150.3\text{ kN}$$

$P_u \leq \phi P_{nw}$

$\therefore\ P_u = 550\text{ kN} \leq \phi P_{nw} = 1{,}150.3\text{ kN}$ OK

6. 벽체의 최소철근 배치

벽체의 단위 길이와 높이 1 m에 대해 필요한 최소철근비에 따른 최소철근량을 산정한다.

1) 최소 수직철근량과 철근 간격

$\rho_{v,\min} = 0.0012$

$A_{v,\text{vert}} = \rho_{v,\min}(1.0)h = 0.0012 \times 1{,}000 \times 200 = 240\text{mm}^2$

D10 ($a_1 = 71.3\text{ mm}^2$)인 경우

$$s_v \leq 1{,}000\left(\frac{a_1}{A_{v,|}}\right) = 1{,}000 \times \left(\frac{71.3}{240}\right) = 297\text{ mm}$$

$\therefore$ D10@250 ($A_{v,\text{vert}} = 285\text{ mm}^2$)

2) 최소 수평철근량

$$\rho_{h,\min} = 0.0020\left(\frac{400}{f_y}\right) = 0.0020 \times \left(\frac{400}{400}\right) = 0.0020$$

$A_{v,\text{horiz}} = \rho_{h,\min}(1.0)h = 0.0020 \times 1{,}000 \times 200 = 400\text{mm}^2$

D10 ($a_1 = 71.3\text{ mm}^2$)

$$s_h \leq 1{,}000\left(\frac{a_1}{A_{v,\text{horiz}}}\right) = 1{,}000 \times \left(\frac{71.3}{400}\right) = 178\text{ mm}$$

$\therefore$ D10@150 ($A_{v,\text{horiz}} = 475\text{ mm}^2$)

7. 수직 및 수평철근의 최대 간격 검토

$s = \max(s_v,\ s_h) = \max(250, 150) = 250\text{ mm}$

$s_{max} = \min(3h,\ 450\ \text{mm}) = \min(3 \times 200,\ 450) = \min(600,\ 450) = 450\ \text{mm}$

$\therefore\ s = 250\ \text{mm} \le s_{max} = 450\ \text{mm}$ OK

8. 총 수직철근량 검토

$\rho_v = \dfrac{A_{v,vert}}{b_e h} = \dfrac{285}{1{,}100 \times 200} = 0.0013 \le 0.01$ OK

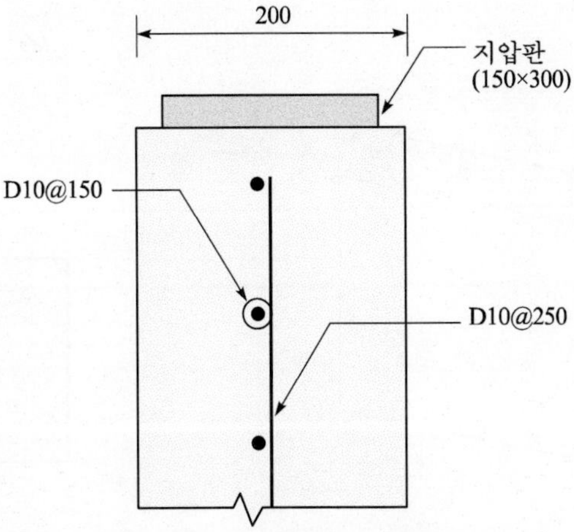

그림 10.6 벽체의 단면과 배치도

10.3.3. 압축재로서 벽체의 설계법

실용설계법의 경우, 단순하고 사용이 편리하지만 벽체의 단면이 직사각형이어야 하고 계수하중의 합력이 벽체 두께의 중앙 1/3 이내에 작용해야 하며 실용설계법을 적용하기 위한 기타 제반 조건들을 만족해야 벽체 설계를 할 수 있다. 편심거리 e가 $h/6$를 초과하면 벽체 단면에는 압축응력과 더불어 인장응력이 발생하게 되고, 이 경우 실용설계법을 적용할 수 없다. 따라서 이 같이 실용설계법을 적용할 수 없는 내력벽의 설계는 제8장 기둥의 설계방법을 이용해야 한다.

벽체를 기둥과 같이 압축부재로 취급하여 기둥의 설계방법을 따르는 경우, 최소철근량은 벽체의 최소철근비 규정을 그대로 따른다.

일반적으로 벽체의 두께가 횡방향 띠철근을 보강하기에 충분하지 않으므로 구조설계기준에서는 수직철근이 집중 배치된 벽체 부분의 수직철근비가 0.01배 이하이거나 횡방향 띠철근을 배치하지 않아도 되도록 규정하고 있다. 수직철근이 압축력을 받는 철근이 아닌 경우 벽체 설계에서는 벽체 부분의 수직철근비를 0.01 이하로 하거나 수직철근이 압축력을 부담하지 않게 하여 횡방향 띠철근을 사용하지 않는다.

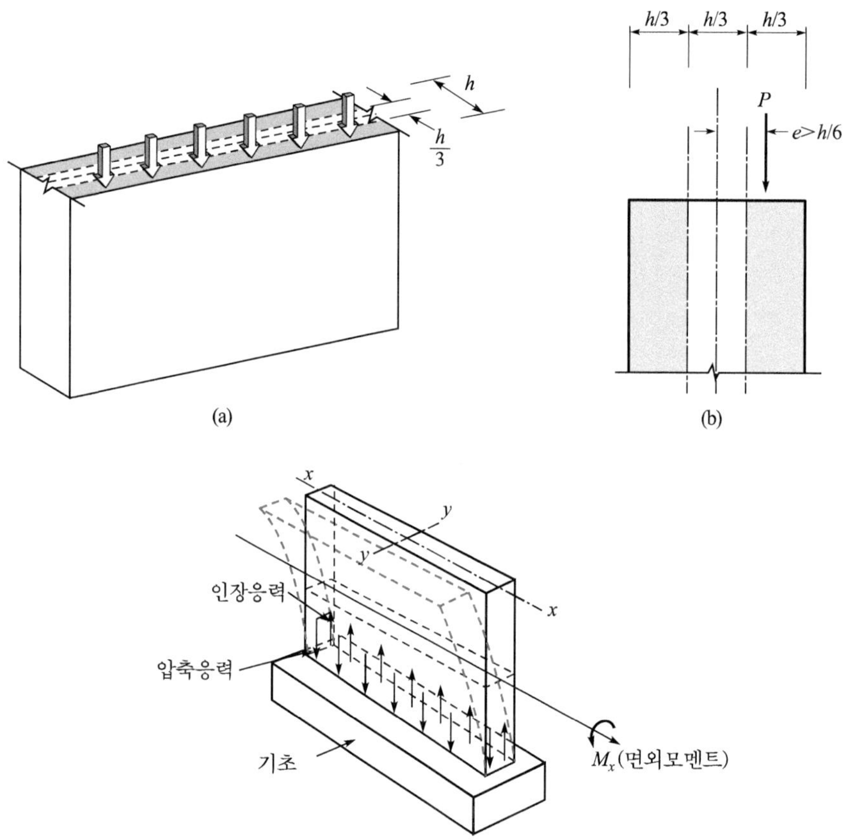

(c) 단면의 압축응력과 인장응력

그림 10.7 압축재로서의 벽체의 설계법의 적용[7),8)]

7) 윤현도 외4인, 철근콘크리트구조, 동화기술, 2014, .371.

8) Chu-Kia. Wang, Charles. G. Salmon, Jose. A. Pincheira and Gustavo. J. Parra-Montesinos, Reinforced Concrete Design, Oxford University Press, p.571.

10.3.4. 전단벽의 설계

전단벽은 축하중과 더불어 바람이나 지진 등과 같은 횡하중에 의해 전단력과 이 전단력에 의해 구조물의 강축 방향으로 휨모멘트가 작용하는 벽체이다. 고층 건축물에서 강성치 큰 전단벽의 하부가 지상에 고정되어 있는 경우, 횡하중이 작용하면 횡하중에 효과적으로 저항할 수 있다. 전단벽의 위치는 그림 10.8 (a)와 같이 계단이나 엘리베이터 코어, 기둥과 기둥 사이에 위치한 벽체 그리고 그림 10.8 (b)와 같이 건축물의 내부 및 단부 벽체 등에 위치하며, 대칭으로 배치하여 편심에 의한 구조물의 비틀림이 발생하지 않도록 계획하여야 한다.

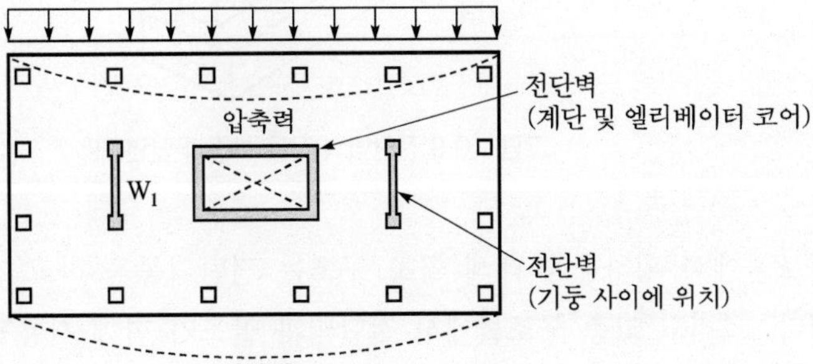

(a)

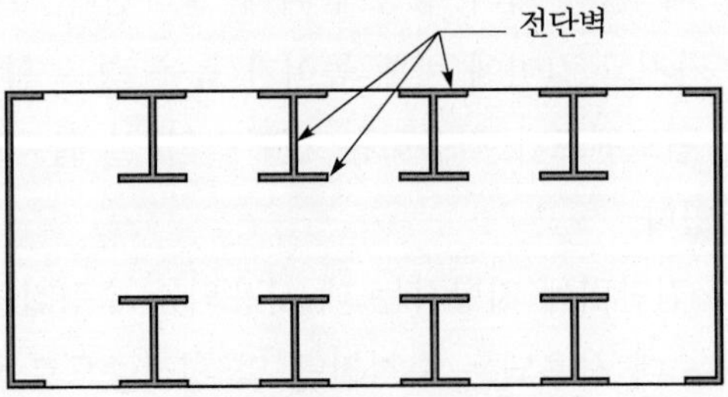

(b)

그림 10.8 전단벽의 배치

그림 10.9는 그림 10.8 (a)의 W_1의 상세이다. 전단벽의 단면력으로는 축하중, 면내전단력, 면내휨모멘트 등이 작용한다.

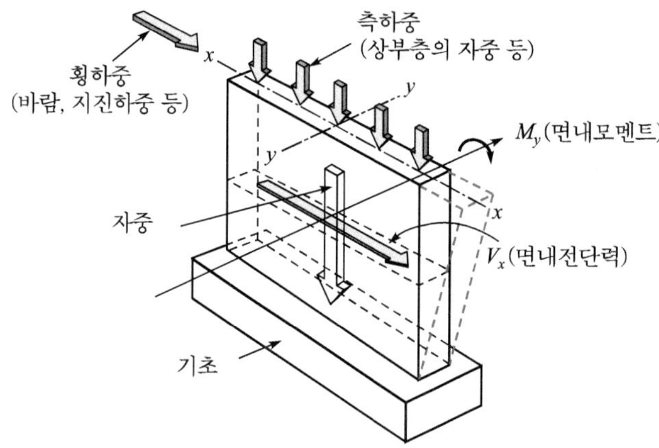

그림 10.9 전단벽의 작용 하중과 단면력[9)]

고층 구조물에서 횡하중에 대해 골조 구조는 전단거동을 하고 전단벽 구조는 휨거동을 하게 된다. 그리고 고층 구조물에서 전단벽과 골조가 함께 사용될 경우, 두 구조물은 상호작용을 하게 된다.

전단벽의 설계는 높이와 길이 비의 형상에 따라 달라진다. 길이에 비해 높이가 낮을 경우, 전단력의 영향이 커지고 길이에 비해 높이가 높을 경우 휨모멘트의 영향이 커지게 된다. 따라서 전단력과 휨모멘트가 작용하는 전단벽의 설계는 보나 기둥에서의 설계와 유사한 방법으로 할 수 있다.

전단벽의 철근은 벽의 전단력에 저항하는 데 사용되는 수평철근, 연직하중에 저항하고 수축 및 균열을 제어하는 데 사용되는 수직철근 및 횡하중으로 인한 휨모멘트를 저항하는 데 사용되는 수직철근으로 구성된다. 그림 10.10은 전형적인 전단벽의 입면과 단면을 나타낸 것이다.

9) Chu-Kia. Wang, Charles. G. Salmon, Jose. A. Pincheira and Gustavo. J. Parra-Montesinos, Reinforced Concrete Design, Oxford University Press, 2018, p.571.

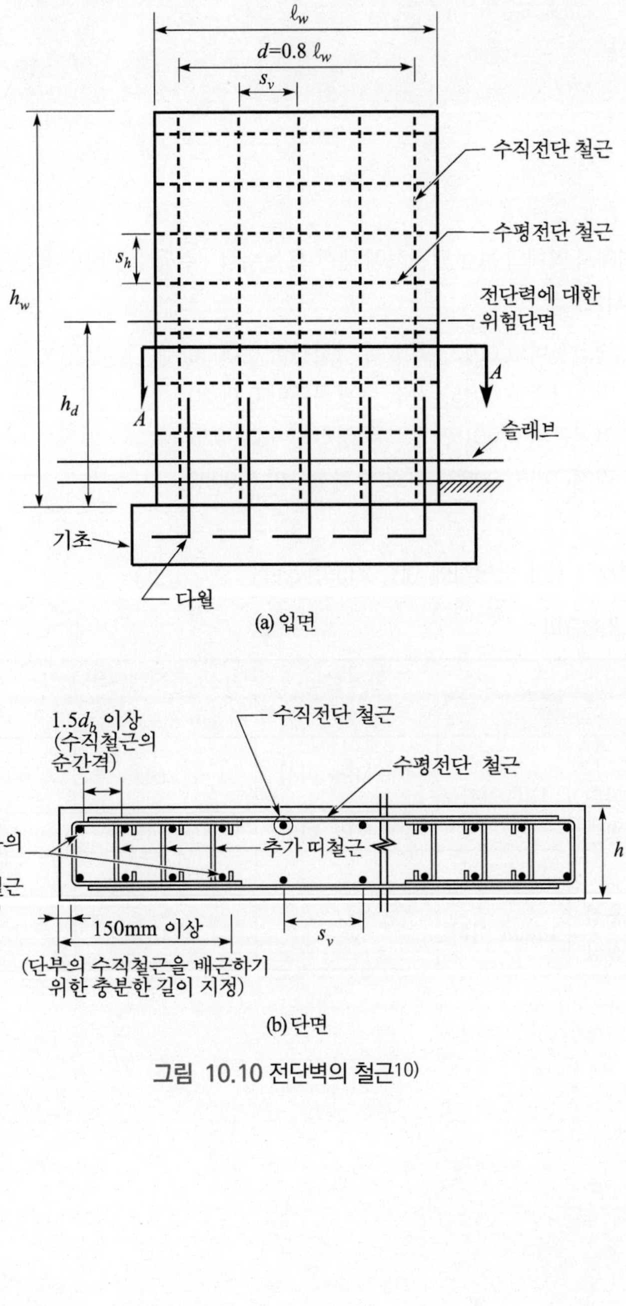

그림 10.10 전단벽의 철근[10)]

10) George F. Limbrunner and Abi O. Aghayere, Reinforced Concrete Design, Prentice Hall, 2010, p.291.

기본 연습문제

01 강도설계법에서 벽체의 전체 단면적에 대한 최소 수직 · 수평 철근비로 옳은 것은? (단, f_y =400 MPa, D13 철근 사용)

㉮ 최소 수직철근비 0.0012, 최소 수평철근비 0.0020
㉯ 최소 수직철근비 0.0015, 최소 수평철근비 0.0020
㉰ 최소 수직철근비 0.0015, 최소 수평철근비 0.0025
㉱ 최소 수직철근비 0.0020, 최소 수평철근비 0.0025

풀이 벽체의 전체 단면적에 대한 최소철근비

최소철근비

구분		항복강도 (f_y)	최소 수직철근비 ($\rho_{v,\min}$)	최소 수평철근비 ($\rho_{h,\min}$)
이형 철근	D16 이하	400 MPa 이상	0.0012	$0.0020\left(\dfrac{400}{f_y}\right)$
		400 MPa 미만	0.0015	0.0025
	D16 초과	–	0.0015	0.0025
용접 철망	16mm 이하	–	0.0012	0.0020

답 ㉮

02 철근콘크리트구조에서 벽체의 전체 단면적에 대한 최소 수직 및 수평철근비 기준에 관한 내용으로 틀린 것은?

㉮ 최소 수직철근비 (지름 16 mm 이하의 용접철망) : 0.0012

㉯ 최소 수직철근비 (설계기준항복강도 400 MPa 이상으로서 D16 이하의 이형철근) : 0.0012

㉰ 최소 수평철근비 (설계기준항복강도 400 MPa 이상으로서 D16 이하의 이형철근) : 0.0015

㉱ 최소 수평철근비 (지름 16 mm 이하의 용접철망) : 0.0020

풀이 최소 수평철근비 (설계기준항복강도 400 MPa 이상으로서 D16 이하의 이형철근)

$0.0020\left(\dfrac{400}{f_y}\right)$

답 ㉰

03 항복강도 f_y =400 MPa인 D13 철근을 내력벽체의 수평철근으로 사용하고자 할 경우 강도설계법에서 수평철근의 최소 단면적으로 가장 적당한 것은? (단, 벽체 수직면의 전체 단면적은 4,000 cm^2이다.)

㉮ 4.0 cm^2 ㉯ 5.0 cm^2 ㉰ 6.0 cm^2 ㉱ 8.0 cm^2

풀이 철근콘크리트 벽체의 최소 수평철근량 ($f_y \geq 400$ MPa, D16 이하인 경우)

① 최소 수평철근비 : $\rho_{h,\min} = 0.0020\left(\dfrac{400}{f_y}\right) = 0.0020 \times \left(\dfrac{400}{400}\right) = 0.0020$

② 최소 수평철근량 : $A_{s,\min} = \rho_{h,\min}\, bh = 0.0020 \times 4{,}000 = 8.0\ \text{cm}^2$

답 ㉱

04 다음은 철근콘크리트 벽체 설계에 대한 기준이다. ( )안에 들어갈 내용을 순서대로 바르게 나타낸 것은?

수직 및 수평철근의 간격은 벽두께의 (　　) 이하, 또는 (　　) 이하로 하여야 한다.

㉮ 2배, 300 mm ㉯ 2배, 450 mm

㉰ 3배, 300 mm ㉱ 3배, 450 mm

풀이 수직 및 수평철근의 간격은 벽체 두께의 3배 이하, 또한 450 mm 이하로 하여야 한다 [$s \leq \min(3h,\ 450\ \text{mm})$].

답 ㉱

05 철근콘크리트 벽체에 관한 기술로서 틀린 것은?

㉮ 두께 200 mm 이상의 벽체에 대해서는 수직 및 수평철근을 벽면에 평행하게 양면으로 배치하여야 한다.

㉯ 수직 및 수평철근의 간격은 벽체 두께의 3배 이하, 또한 450 mm 이하로 하여야 한다.

㉰ 벽체는 계수연직축력이 $0.4A_g f_{ck}$ 이하이고 총 수직철근량이 단면적의 0.01배 이하인 부재를 가리킨다.

㉱ 지름 16 mm 이하의 용접철망이 사용될 경우 벽체의 전체 단면적에 대한 최소 수평철근비는 0.0020이다.

풀이 벽체에서 양면 배치는 벽체두께가 250 mm 이상일 경우이다.

답 ㉮

06 강도설계법에서 벽체 두께에 대한 사항이다. 틀린 것은?

㉮ 벽체의 두께는 수직 또는 수평 지점간 거리 중에서 작의 값의 1/25 이상이어야 하고, 100 mm 이상이어야 한다.

㉯ 지하실 외벽 및 기초 벽체의 두께는 200 mm 이상이어야 한다.

㉰ 비내력벽의 두께는 100 mm 이상이어야 한다.

㉱ 비내력벽의 두께는 이를 수평으로 지지하고 있는 부재간 최소 거리의 1/20 이상이 되어야 한다.

풀이 비내력벽체의 최소 두께

① 수평으로 지지하고 있는 부재간 최소 거리의 l /30 이상

② 100 mm 이상

답 ㉮

07 강도설계법에서 벽체의 전체 단면적에 대한 최소 수평철근비로 옳은 것은? (단, f_y = 400 MPa, D16의 철근을 사용한다.)

㉮ 0.0012 ㉯ 0.0015 ㉰ 0.0020 ㉱ 0.0025

풀이 벽체의 전체 단면적에 대한 최소철근비

(1) D16 이하이고 f_y =400 MPa 이상인 철근의 경우

① 최소 수직철근비 ($\rho_{v,\min}$) : 0.0012

② 최소 수평철근비 ($\rho_{h,\min}$) : $0.0020\left(\dfrac{400}{f_y}\right)$

(2) D16 초과 또는 D16 이하이고 f_y =400 MPa 미만인 철근의 경우

① 최소 수직철근비 ($\rho_{v,\min}$) : 0.0015

② 최소 수평철근비 ($\rho_{h,\min}$) : 0.0025

답 ㉰

08 다음 조건을 만족하는 철근콘크리트 벽체의 최소 수직철근량과 최소 수평철근량은 얼마인가? (조건, 벽체길이 : 3,000 mm, 벽체 높이 : 2,600 mm, 벽체 두께 : 200 mm, f_y =400 MPa, D16)

㉮ 최소 수직철근량 : 720 mm^2, 최소 수평철근량 : 1,040 mm^2

㉯ 최소 수직철근량 : 720 mm^2, 최소 수평철근량 : 1,020 mm^2

㉰ 최소 수직철근량 : 730 mm^2, 최소 수평철근량 : 1,060 mm^2

㉱ 최소 수직철근량 : 730 mm^2, 최소 수평철근량 : 1,040 mm^2

풀이 철근콘크리트 벽체의 최소철근량 (D16 이하이고 $f_y \geq 400$ MPa인 경우)

1. 최소 수직철근량

① 최소 수직철근비

$$\rho_{v,\min} = 0.0012$$

② 최소 수직철근량

$$A_{s,\min} = \rho_{v,\min}\, b\, l = 0.0012 \times 200 \times 3000 = 720\ \mathrm{mm}^2$$

2. 최소 수평철근량

① 최소 수평철근비

$$\rho_{h,\min} = 0.0020\left(\frac{400}{f_y}\right) = 0.0020 \times \left(\frac{400}{400}\right) = 0.0020$$

② 최소 수평철근량

$$A_{s,\min} = \rho_{h,\min}\, b\, h = 0.0020 \times 200 \times 2600 = 1{,}040\ \mathrm{mm}^2$$

답 ㉮

09 철근콘크리트 건축물의 개구부 균열 방지대책으로 가장 부적당한 것은?

㉮ 개구부 양측에 수축줄눈을 배치한다.
㉯ 개구부 테두리에 문틀을 설치한다.
㉰ 개구부 상단에 인방보를 둔다.
㉱ 개구부 모서리에 보강철근을 배치한다.

풀이 개구부 테두리에 문틀을 설치하면 개구부 균열이 발생하기 쉽다. **답** ㉯

심화 연습문제

01 벽체의 종류에 대해 구조적 기능의 관점으로 구분하여 설명하시오.

02 강도설계법에 의한 벽체의 수직 및 수평 최소철근비에 대해 설명하시오.

03 다음 조건을 만족하는 철근콘크리트 벽체의 최소 수직철근량과 최소 수평철근량을 결정하시오. (조건, 벽체 길이 : 3,300 mm, 벽체 높이 : 2,700 mm, 벽체 두께 : 200 mm, f_y = 400 MPa, D16)

04 다음은 철근콘크리트 벽체의 철근 배치의 상세에 대한 내용이다. ( ) 안에 적합한 숫자를 쓰시오.

> (1) 두께 (①) mm 이상의 벽체에 대해서는 수직 및 수평철근을 벽면에 평행하게 양면으로 배치하여야 한다.
>
> (2) 수직 및 수평철근의 간격은 벽체 두께의 (②)배 이하, 또한 (③) mm 이하로 하여야 한다.
>
> (3) 수직철근이 집중 배치된 벽체부분의 수직철근비가 (④)배 이상인 경우 규정에 따른 횡방향 띠철근을 설치한다.
>
> (4) 모든 창이나 출입구 등의 개구부 주위에는 최소철근비 규정에 의한 최소철근량 이외에도 수직 및 수평방향으로 이열 배치된 벽체에서 두 개의 D(⑤) 이상 철근, 일렬 배치된 벽체에서 한 개의 D(⑥) 이상의 철근을 창이나 출입구 등의 개구부 주변에 배치하여야 한다. 이때 이러한 철근은 개구부 모서리에서 설계기준항복강도를 발휘할 수 있도록 정착되어야 한다.

풀이 ① 250, ② 3, ③ 450, ④ 0.001, ⑤ 16, ⑥ 16

05 예제 10.3에서 모든 조건은 동일하지만, 철근콘크리트 내력벽에 3.0 m 간격으로 강구조 보가 지지되어 있고 $P_u = 800$ kN이며, 콘크리트는 $f_{ck} = 27$ MPa의 보통중량콘크리트일 경우, 내력벽을 설계하시오.

CHAPTER

11

기초

CHAPTER 11

기초

11.1. 기초의 종류

11.1.1. 기초의 정의

기초(Footing 또는 Foundation)는 기둥 또는 벽체 등의 받침부재로부터 전달되는 하중을 지반에 안전하게 전달하는 부재이다. 건축물에 작용하는 하중은 슬래브에서 보로 전달되고 보에서 기둥이나 벽체로 전달되어 기초를 통해 지반으로 전달된다. 하중이 기초를 통해 지반으로 적절하게 전달되기 위해서는 기초판 자체의 구조 안전성은 물론 기초의 침하, 미끄러짐, 전도 등이 생기지 않게 설계되어야 한다. 일반적으로 지반은 콘크리트보다 하중을 지지하는데 훨씬 약하기 때문에 건축물 상부에서 전달된 하중을 지반이 지지할 수 있는 힘의 크기인 지내력(地耐力, Bearing Capacity of Soil, 지반의 허용내력)[1] 이하가 되도록 하중을 분산시킬 넓은 콘크리트 판이 필요하다. 이와 같이 기초에서 하중을 분산시킬 수 있는 넓은 콘크리트 판을 기초판이라고 한다. 강도설계법에서는 기초판을 강체(Rigid)로 가정하고 기초판 하부에서 작용하는 토압은 선형적으로 작용하는 것으로 가정한다.

안전하게 설계된 기초가 지반에 설치되어 상부하중을 받게 되면 얼마간의 지반 침하는 피할 수 없다. 따라서 기초 설계에서 구조물의 전체 침하량을 적게 하는 것을 우선적으로 고려해야 하고 침하가 발생하여도 구조물을 균등히 침하하게 함으로써 부등침하가 발생하지 않게 해야 한다. 구조물에 부등침하가 발생할 경우, 구조물에 추가적인 과도한 응력과 이로 인한 균열 등의 부작용이 발생할 수 있으므로 구조물의 설계 시 특히 주의해야 한다. 침하량을 적게 하기 위해서는 기초판의 면적을 충분히 넓게 하여 지반의 지

1) 지내력(地耐力, Bearing Capacity of Soil)은 지반의 허용 내력이다. 허용 내력은 기초판의 허용 지지력과 허용 침하량을 고려하여 결정한다. 지지력(支持力, Bearing Capacity)은 기초 또는 말뚝이 지지할 수 있는 최대하중을 말한다.

압을 적게 해야 한다. 그러나 연약한 지반인 경우에는 설계가 되지 않을 수 있고, 불균질한 지반에서는 구조물의 부등침하의 우려가 있다. 이러한 경우, 말뚝지정 등을 사용하여 기초에 전달된 하중을 경질지반에 전달하도록 한다.

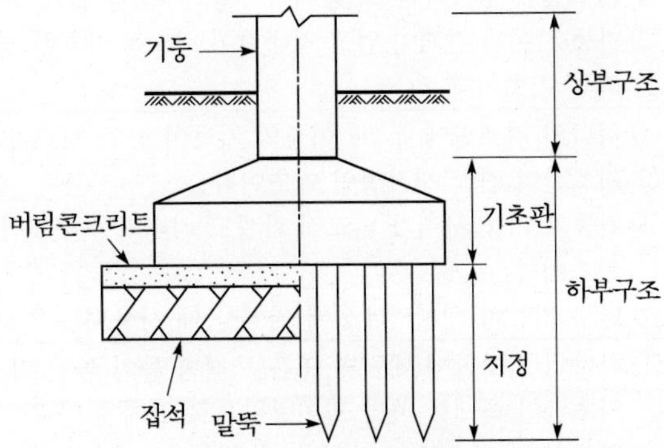

그림 11.1 기초의 단면

표 11.1 기초판, 지정 및 기초

구 분	내 용
기초판 (기초슬래브)	상부구조의 응력을 지반 또는 지정에 전달하는 구조부분이다.
지정	① 기초판을 지지하기 위한 것으로 잡석, 말뚝 등이 있다. ② 기초판 하부에 보강된 구조부분이다.
기초	① 기초판과 지정을 총칭한 것으로 기초구조라고도 한다. ② 건축물의 최하부에서 건축물의 상부하중을 받아 지반에 안전하게 전달하는 구조부분이다.

11.1.2. 기초의 종류

(1) 기초판의 형태에 따른 종류

기초판의 형태에 따라 기초의 종류를 구분하면 표 11.2와 같다.

표 11.2 기초판의 형태에 따른 분류

구 분	내 용
독립기초 (확대기초, Independent Footing)	① 하나의 기초판에 하나의 기둥이 놓인 기초로서 상부 수직하중을 하부 지반에 분산시키기 위해 밑면을 확대시킨 기초이다. ② 기초판이 정사각형 또는 직사각형인 2방향 슬래브이다. ③ 기둥 사이의 간격이 멀고 지내력이 비교적 양호한 경우에 사용되는 가장 일반적인 기초이다.
복합기초 (Combined Footing)	① 하나의 기초판에 두 개 이상의 기둥이 놓인 기초이다. ② 기초판이 긴 직사각형인 기초이다. ③ 기둥과 기둥 사이가 비교적 가깝고 지내력이 비교적 양호한 경우에 사용되는 기초이다. ④ 단부 기둥이 대지경계선에 위치할 때 사용되는 기초이다.
벽기초 (연속기초, 줄기초, Wall Footing)	① 하나의 기초판에 내력벽 또는 조적벽 등이 놓인 기초이다. ② 기초판이 벽체를 따라 길이방향으로 길게 놓인 긴 기초이다. ③ 벽체의 양 옆으로 캔틸레버 형태의 기초판을 놓아 하중을 분산시킨다.
전면기초 (온통기초, Mat Foundation)	① 상부구조물의 여러 개의 기둥을 하나의 넓은 기초 슬래브로 지지시킨 기초이다. ② 건축물 하부 전체 또는 지하실 전체를 기초판으로 구성 한 기초이다. ③ 지반의 지내력이 적어 기초판의 면적이 너무 넓거나 말뚝기초(지정)를 사용하기 적합하지 않은 경우 사용된다. ④ 온통기초의 하중에 의해 지반의 침하량은 다소 증가할 수 있으나, 기초판 자체의 강성이 큼으로 부등침하를 방지할 수 있다.

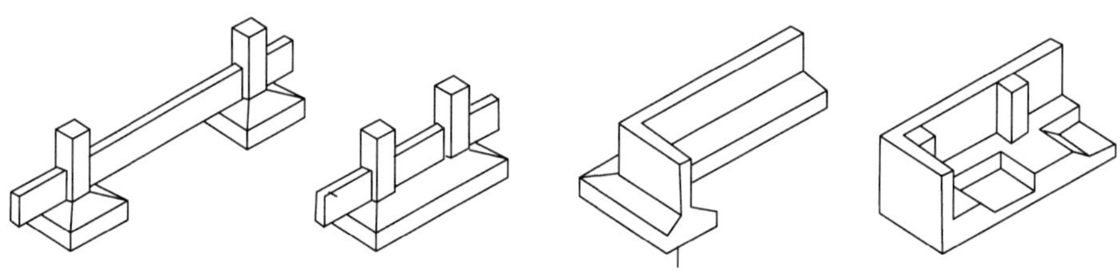
(a) 독립기초(확대기초) (b) 복합기초 (c) 벽기초(연속기초, 줄기초) (d) 전면기초(온통기초)

그림 11.2 기초판의 형식에 따른 기초의 분류

(2) 지정 형식에 따른 분류

표 11.3 지정 형식에 따른 분류

구 분	내 용
직접기초	지반의 지내력이 양호하여 지반의 보강 없이 기초를 통해 상부하중을 직접 지반에 전달하는 기초이다.
말뚝기초 (Pile Cap Footing)	연약지반으로 지반의 지내력이 불량하고 지반이 불균질하여 구조물의 부등침하가 예상되는 경우, 말뚝을 통해 상부하중을 경질지반에 전달하는 기초이다.

주1 동일 구조물에서는 지지말뚝과 마찰말뚝을 혼용해서는 안 된다. 또한 타입말뚝, 매입말뚝 및 현장타설콘크리트말뚝의 혼용, 재종이 다른 말뚝의 사용은 가능한 한 피해야 한다.

11.2. 기초 해석의 기본사항

11.2.1. 기초판에 작용하는 토압

상부하중을 기둥이나 벽체를 통해 기초로 전달하고 그리고 기초에 전달된 상부하중을 기초에서 지반으로 전달한다. 기초판의 밑면에서는 상향의 토압이 발생하게 되고 토압의 분포는 토질의 종류에 따라 다른 분포를 갖는다.

모래 성분이 많은 사질토에서 기초판 하부의 토압 분포는 기초판의 중심에서 크고 가장자리로 갈수록 감소한다. 이것은 사질토에 하중이 작용할 경우, 기초 주위의 흙이 바깥쪽으로 조금씩 이동하여 토압이 감소하기 때문이다. 점토 성분이 많은 점토질에서는 기초판 하부의 토압 분포는 기초판의 가장자리가 크고 중심으로 갈수록 감소한다. 이것은 점토질에 하중이 작용할 경우, 강한 점착력으로 인해 지반이 하중을 받더라도 기초 주위의 흙이 바깥쪽으로 이동하지 않기 때문이다.

이와 같이 토질의 응력(토압)은 많은 불확실성과 불균질성을 갖고 있고 변화요인이 많다. 또한 기초판 하부의 토압 분포가 휨모멘트나 전단력의 크기에 영향을 적게 미치므로 구조설계기준에서는 토압을 등분포로 가정하고 안전율을 이용하여 기초의 안전성을 확보하고 있다.

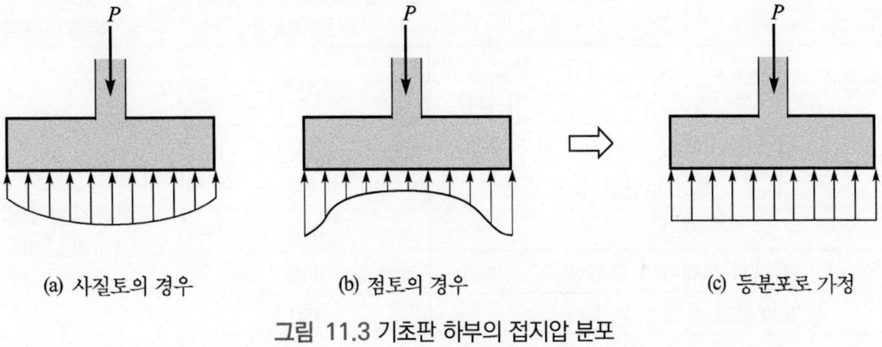

그림 11.3 기초판 하부의 접지압 분포

11.2.2. 흙의 허용지내력

흙의 허용토압 또는 허용지내력은 평판재하시험이나 표준관입시험 등과 같은 흙의 하중시험을 통해 얻어진다. 기초의 지압파괴를 일으키는 토압을 극한지내력 q_{ult}라 한다. 기초의 지압파괴가 발생하면 기초판 하부의 흙이 침하하거나 옆으로 미끄러지면서 기초의 기능을 상실하게 된다. 구조설계기준에서는 상부의 사용하중(Service Load)에 의한 응력이 기초판 저면 흙의 허용지내력 이하($q_a \geq P/A$)가 되도록 기초판의 크기를 정하여 지압파괴가 발생하지 않도록 하고 있다. 허용지내력 q_a는 지압파괴에서의 극한지내력 q_{ult}에 대해 침하를 허용한계 이내로 유지하기 위한 안전율로 나누어 정한다.

$$q_a = \frac{q_{ult}}{FS}$$

여기서, FS : 안전율(3.0)

'건축물의 구조기준 등에 관한 규칙'에서는 기초의 허용지내력 q_a는 토질 전문가가 지반조사 및 하중시험에 의하여 정하여야 하지만, 지반조사 및 하중시험에 의하지 아니하는 경우에는 표 11.4에 따른 값으로 할 수 있도록 정하고 있다. 여기서, 철근콘크리트의 모든 부재 설계에서는 하중계수와 강도감소계수를 사용하지만 허용지내력 q_a를 이용하여 기초판의 크기를 결정하는 것은 사용하중만 사용되어야 함에 주의한다. 따라서 기초 설계에서 기초판의 크기 결정만은 강도설계법이 아닌 허용응력설계법을 따른다.

표 11.4 지반의 허용지내력 (단위 : kN/m^2)

<table>
<tr><th colspan="2">지 반</th><th>장기응력에 대한 허용지내력</th><th>단기응력에 대한 허용지내력</th></tr>
<tr><td>경암반</td><td>화강암·석록암·편마암·안산암 등의 화성암 및 굳은 역암 등의 암반</td><td>4,000</td><td rowspan="7">각각 장기응력에 대한 허용지내력 값의 1.5배로 한다.</td></tr>
<tr><td rowspan="2">연암반</td><td>판암·편암 등의 수성암의 암반</td><td>2,000</td></tr>
<tr><td>혈암·토단반 등의 암반</td><td>1,000</td></tr>
<tr><td colspan="2">자갈</td><td>300</td></tr>
<tr><td colspan="2">자갈과 모래와의 혼합물</td><td>200</td></tr>
<tr><td colspan="2">모래섞인 점토 또는 롬토</td><td>150</td></tr>
<tr><td colspan="2">모래 또는 점토</td><td>100</td></tr>
</table>

11.2.3. 기초판에서 토압의 분포

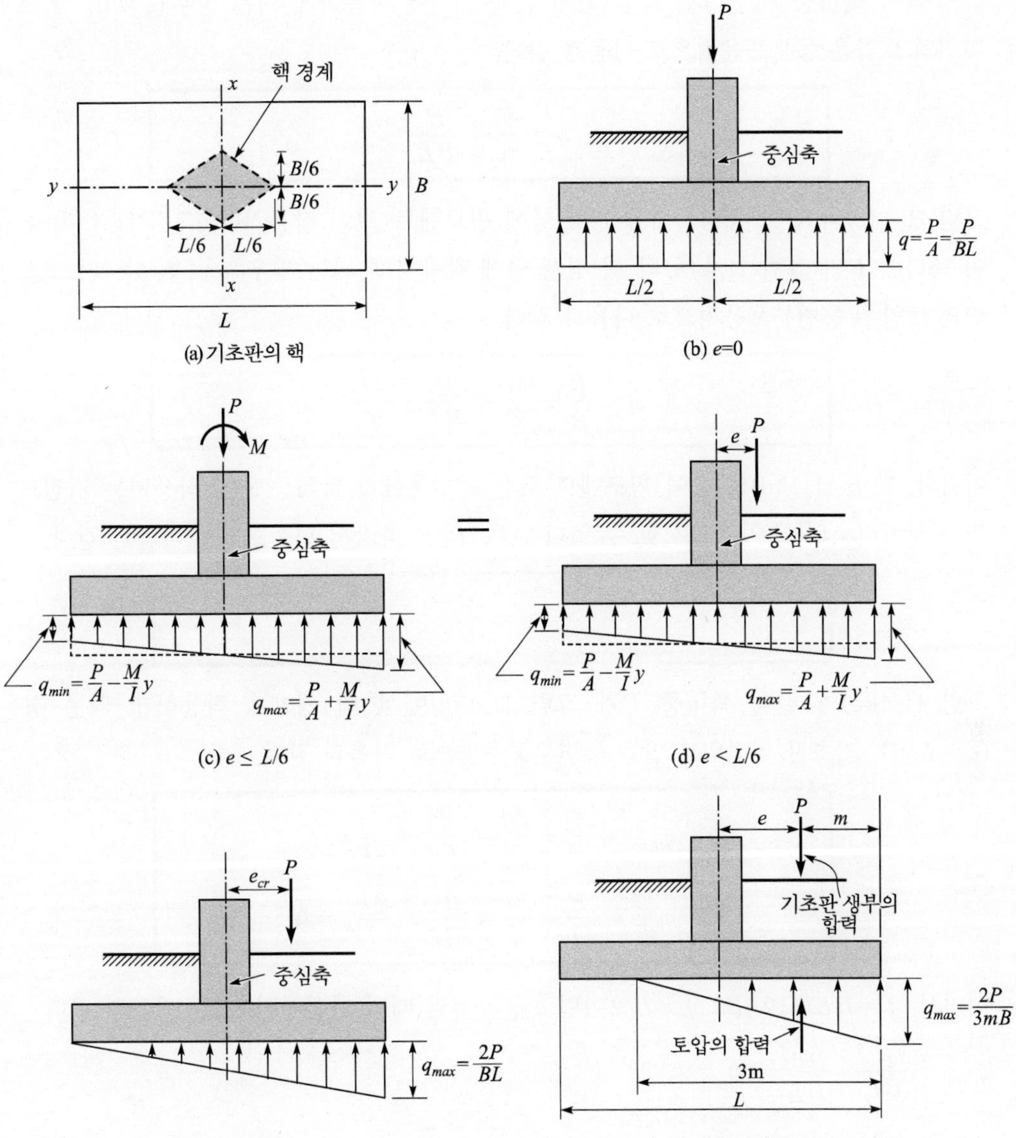

그림 11.4 편심에 따른 기초판 밑면의 토압 분포

기초판 밑면의 토압은 압축응력에 대해 선형탄성적으로 거동한다고 가정하고, 기초판과 흙의 접촉면에서 인장응력에 대한 저항능력이 없으므로 인장강도는 무시한다.

그림 11.4 (b)와 같이 축하중 P가 기둥과 기초판의 중심축에 작용하고 휨모멘트는 작용하지 않아 축하중 P가 그림 11.4 (a)에서 핵 중심에 작용하게 되는 경우 ($e=0$), 기초판 밑면의 토압은 등분포응력으로 다음과 같다.

$$q=\frac{P}{A}=\frac{P}{BL}$$

그림 11.4 (c)와 같이 중심축하중 P와 함께 휨모멘트 M이 작용거나, 그림 11.4 (d)와 같이 축하중 P가 그림 11.4 (a)의 핵 경계 안에 작용하게 되는 경우 ($e \le L/6$), 기초판 밑면의 토압은 등변분포응력으로 다음과 같다.

$$q=\frac{P}{A}\pm\frac{M}{Z}=\frac{P}{BL}\pm\frac{M}{I}y$$

여기서, 그림 11.4 (d)와 같이 휨모멘트 M은 중심축에서 축하중 P가 작용하는 지점까지의 편심거리 e의 곱으로 표시할 수 있다 ($M=Pe$). 따라서 편심거리는 다음과 같다.

$$e=\frac{M}{P}$$

그림 11.4 (e)와 같이 축하중 P가 그림 11.4 (a)에서 핵 경계에 작용하게 되는 경우 ($e=L/6$), 기초판 밑면의 토압은 등변분포응력으로 다음과 같다.

$$q_{max}=\frac{P}{A}+\frac{M}{Z}=\frac{P}{BL}+\frac{M}{I}y$$

$$q_{min}=\frac{P}{A}-\frac{M}{Z}=\frac{P}{BL}-\frac{M}{I}y=0$$

여기서, $I=BL^3/12$이고 $y=L/2$이면 $q_{min}=0$일 때의 편심거리 e_{cr}은 다음과 같다.

$$q_{min}=\frac{P}{BL}-\frac{6M}{BL^2}=0$$

$$\therefore\ e_{cr}=\frac{M}{P}=\frac{L}{6}$$

따라서 축하중 P의 작용점이 핵반경 내에 있으면 전체 단면에 압축응력이 발생하게 된다. 단면에 압축응력만 발생하는 편심거리의 한계값 (핵경계) e_{cr}은 다음과 같다.

$$e_{cr} = \frac{L}{6}$$

그림 11.4 (f)와 같이 축하중 P가 그림 11.4 (a)에서 핵 경계의 밖에 작용하게 되는 경우 $(e \geq L/6)$, 기초판 밑면의 토압은 기초판의 상부에서 작용하는 축하중 P와 토압의 합력이 같기 때문에 $P = \frac{1}{2}(3m)(q_{\max} \times B)$이고, 따라서 $q_{\max}$는 다음과 같다.

$$q_{\max} = \frac{2P}{3mB} = \frac{2P}{3B(0.5L - e)}$$

11.2.4. 기초판의 크기 결정

(1) 지반의 허용지내력을 이용한 방법

기둥과 기초판의 중심축에 축하중 P만 작용할 경우, 기초판의 크기 A는 다음 식과 같이 기초판으로부터 지반에 전달되는 응력이 허용지내력 q_a 이하가 되어야 한다.

$$q_a \geq \frac{P}{A} = \frac{P}{BL}$$

여기서, 기초판의 크기 A를 결정하는 데 있어서는 사용하중(Service Load)만 고려한다. 따라서 기초판의 크기를 중심축하중 P만 작용하는 경우에 대해 산정하면 다음과 같다.

$$A \geq \frac{P}{q_a} = \frac{(D + D_b + D_s) + L}{q_a}$$

여기서, D : 고정하중(kN)

D_b : 기초의 자중(kN)

D_s : 기초 위에 채워지는 흙의 자중과 상재하중(kN)

L : 활하중(kN)

또한 풍하중 W나 지진하중 E가 포함되는 경우에는 다음 식과 같이 나타낼 수 있다. 식에서 풍하중이나 지진하중 중 큰 값을 사용한다.

$$A \geq \frac{P}{q_a} = \frac{0.75[(D + D_b + D_s) + L + W(\text{또는 } E)]}{q_a}$$

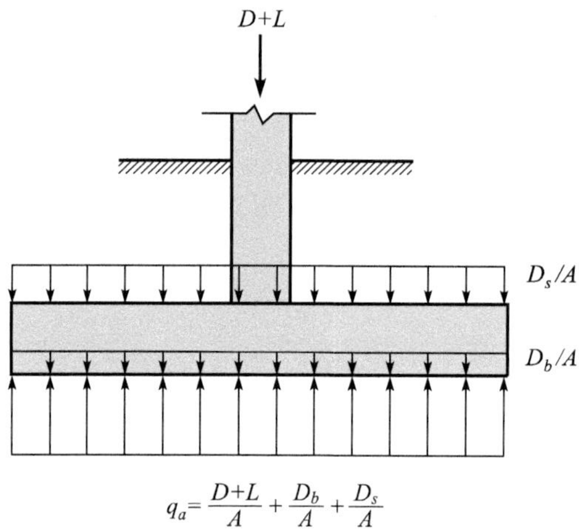

그림 11.5 지반의 허용지내력을 이용한 기초판의 크기 결정

(2) 지반의 유효허용지내력을 이용한 방법

중심축하중 P만 작용하는 경우, 기초판의 크기 A는 유효허용지내력 q_e를 이용하여 결정하기도 한다. 유효허용지내력 q_e는 상부 구조물에서 전달된 순수한 하중에 대한 순허용지내력이다. 따라서 허용지내력 q_a에서 기초의 자중 D_b와 기초 위에 채워지는 흙의 자중과 상재하중 D_s에 의한 응력을 뺀 것이다.

$$q_e = q_a - \left(\frac{D_b + D_s}{A}\right)$$

따라서 기초판의 크기를 중심축하중 P만 작용하는 경우에 대해 산정하면 다음과 같다.

$$A \geq \frac{D+L}{q_e}$$

$$\text{또한 } A \geq \frac{0.75[D+L+W(\text{또는 } E)]}{q_e}$$

그림 11.6에서 보는 바와 같이 기초판의 위에서 작용하는 하중 D_b와 D_s에 의한 응력 D_b/A와 D_s/A는 지반에서 발생하는 토압 D_b/A와 D_s/A와 서로 평행을 이루기 때문에 기초판의 휨모멘트와 전단력에 영향을 미치지 않는다.

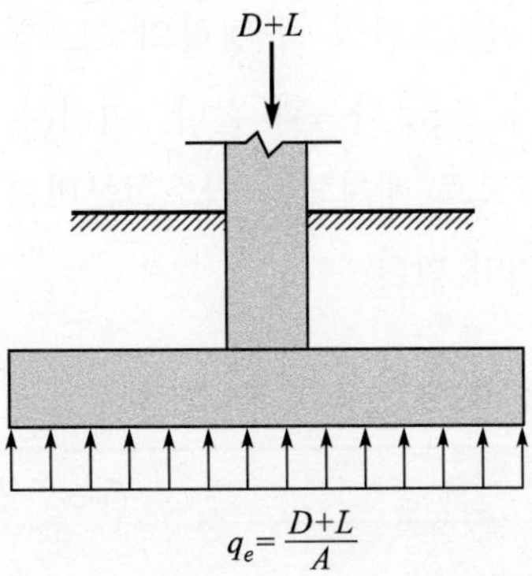

그림 11.6 지반의 유효허용지내력을 이용한 기초판의 크기 결정

11.2.5. 기초 설계용 토압

기초판의 크기가 결정되면, 기초판에 발생하는 소요휨모멘트와 소요전단력을 산정하기 위한 기초 설계용 토압 q_u를 산정해야 한다. 기초 설계용 토압 q_u는 하중계수를 고려한 계수하중(Factored Load)에 대한 값이다. 계수중심축하중 P_u만 작용하는 기초판의 설계용 토압은 다음과 같다.

$$q_u = \frac{P_u}{A} = \frac{1.2D + 1.6\,L}{A} \quad \text{또한}$$

$$q_u = \frac{P_u}{A} = \frac{1.2D + 1.0\,L + 1.3\,W(\text{또는 } 1.0\,E)}{A}$$

11.2.6. 최소철근비

기초판에서 2방향 슬래브 시스템의 각 방향의 철근의 단면적은 위험단면의 휨모멘트에 의해 결정하며, KDS 14 20 20 (4.2.2)[2] 구조설계기준에 따른 두께가 균일한 구조용 기초판에 대하여 경간방향으로 보강되는 휨철근의 최소철근비와 KDS 14 20 70 (4.2.4.2)[3]

2) KDS 14 20 20 (4.2.2) 콘크리트구조 휨 및 압축 설계기준, 국토교통부 제정, 한국콘크리트학회 작성, 2021.

3) KDS 14 20 70 (4.2.4.2) 콘크리트 슬래브와 기초판 설계기준, 국토교통부 제정, 한국콘크리트학회 작성, 2021.

구조설계기준에 따른 전면기초판의 각 방향의 최소철근비는 KDS 14 20 50 (4.6.2)[4] 구조설계기준에서 규정한 값으로 다음과 같다. 여기서, 전면기초판의 최소철근비는 1방향 슬래브의 수축·온도철근으로 배치되는 최소철근비와 같다.[5] 전면기초에서 철근의 최대 간격은 450 mm 이하이어야 한다.

표 11.5 기초판에서 2방향 및 1방향 슬래브의 최소철근비

$f_y \le 400$MPa	$\rho_{\min} = 0.0020$
$f_y > 400$MPa	$\rho_{\min} = \max\left[0.0014, 0.0020\left(\dfrac{400}{f_y}\right)\right]$

주1 최소철근비는 콘크리트의 전체 단면적 $A_g\ (= b_w h_f)$에 대한 수축·온도철근 단면적의 비이다. 따라서 최소철근량은 $A_{s,\min} = \rho_{\min} b_w h_f$이다.

주2 $f_y = 500\,\text{MPa}$인 경우는 $\rho_{\min} = 0.0016$이고, $f_y = 600\,\text{MPa}$인 경우는 $\rho_{\min} = 0.0014$이다.

주3 슬래브의 철근 간격은 $s \le 1{,}000\left(\dfrac{a_1}{A_s}\right)$ (mm)이다.

여기서, a_1 : 단일 철근의 단면적 (mm^2)

A_s : 단위 폭 1 m 내의 전체 사용 철근의 단면적 (mm^2/m)

그러나 복합기초와 연결기초에서 기둥과 기둥 사이를 연결하는 길이방향의 부재는 보의 역할을 하므로 최소철근량은 KDS 14 20 20 (4.2.2)[6] 구조설계기준에 따른 휨부재의 최소철근량을 기준으로 하며 다음과 같다.

(1) 해석에 의하여 인장철근 보강이 요구되는 휨부재의 모든 단면에 대하여 다음 (2)와 (3)에 규정된 경우를 제외하고는 설계휨강도가 다음 식의 조건을 만족하도록 인장철근을 배치하여야 한다.

$$\phi M_n \ge 1.2 M_{cr}$$

4) KDS 14 20 50 (4.6.2) 콘크리트구조 철근상세 설계기준, 국토교통부 제정, 한국콘크리트학회 작성, 2021.

5) ACI Committee 318, Building Code Requirements for Structural Concrete (ACI 318M-14) and Commentary, American Concrete Institute, Farmington Hills, MI, 2015, p.103-104.

6) KDS 14 20 20 (4.2.2) 콘크리트구조 휨 및 압축 설계기준, 국토교통부 제정, 한국콘크리트학회 작성, 2021.

여기서, M_{cr} : 휨부재의 균열휨모멘트 (kN·m, $M_{cr} = f_r I_g / y_t$)

f_r : 콘크리트의 휨인장강도 (파괴계수) (MPa, $f_r = 0.63\lambda\sqrt{f_{ck}}$)

I_g : 총 단면에 대한 단면2차 모멘트 (mm^4, $I_g = bh^3/12$)

y_t : 도심에서 인장측 연단까지의 거리 (mm, $y_t = h/2$)

(2) 부재의 모든 단면에서 해석에 의해 필요한 철근량보다 1/3 이상 인장철근이 더 배치되어 아래 식의 조건을 만족하는 경우는 상기 (1)의 규정을 적용하지 않을 수 있다.

$$\phi M_n \geq \frac{4}{3} M_u$$

(3) 두께가 균일한 구조용 슬래브와 기초판에 대하여 경간방향으로 보강되는 휨철근의 단면적은 구조설계기준의 '수축·온도철근량' 이상이어야 한다. 철근의 최대 간격은 슬래브 또는 기초판 두께의 3배와 450 mm 중 작은 값을 초과하지 않도록 하여야 한다.

11.2.7. 철근의 간격

기초판의 철근 간격 (s)은 다음 표와 '제4장 4.5.7. (4) 보 및 1방향 슬래브의 휨철근 배치'에서의 주철근의 최대 중심간격 $s_{\max}$ 을 만족하여야 한다.

표 11.6 기초판의 철근 간격

구분		간격
주철근 (정모멘트 철근 및 부모멘트 철근의 중심간격)	위험단면	$s \leq \min(2h_f,\ 300\text{mm})$
	기타의 단면	$s \leq \min(3h_f,\ 450\text{mm})$
1방향 철근콘크리트 슬래브의 수축·온도철근의 간격 (정모멘트 철근 및 부모멘트 철근에 직각방향)		$s \leq \min(5h_f,\ 450\text{mm})$

여기서, h_f : 슬래브의 전체 두께 (mm)

따라서 기초판에서 철근의 최대 간격 $s_{\max}$ 는 $\min(3h_f, 450\,\text{mm})$ 이하이다.

11.3. 독립기초의 설계

11.3.1. 설계 순서

(1) 지반의 허용지내력 결정
(2) 기초판의 형태와 크기 결정
(3) 기초판의 설계용 토압 산정
(4) 기초판의 두께 결정
(5) 전단력에 대한 설계
(6) 휨모멘트에 대한 설계
(7) 기초판 철근의 정착길이 결정
(8) 기둥, 벽체 또는 주각 밑면에서 힘의 전달(콘크리트의 지압 검토와 다월철근량 결정)

11.3.2. 지반의 허용지내력 결정

지반의 지내력은 기초가 위치하게 될 지반에서 지반조사 및 하중시험에 의해 정하거나 지반의 종류에 맞는 허용지내력 q_a를 결정한다.

11.3.3. 기초판의 형태와 크기 결정

기초판의 밑면적, 말뚝의 개수와 배열은 KDS 14 20 70(4.2)[7] 구조설계기준에 따라 기초판에 의해 흙 또는 말뚝에 전달되는 외력과 휨모멘트, 그리고 토질역학의 원리에 의하여 계산된 허용지내력과 말뚝의 허용내력을 사용해서 산정하여야 한다. 이때 외력과 휨모멘트는 하중계수를 곱하지 않은 사용하중(D, L 등)을 적용하여야 한다. 기초판의 형태는 정사각형 또는 직사각형이 대부분이며, 원형으로 할 수도 있다. 이러한 기초판의 밑면적 A는 다음 식에 의해 산정한다.

---

7) KDS 14 20 70(4.2) 콘크리트 슬래브와 기초판 설계기준, 국토교통부 제정, 한국콘크리트학회 작성, 2021.

$$A \geq \frac{P}{q_a} = \frac{(D + D_b + D_s) + L}{q_a} \quad \text{또한}$$

$$A \geq \frac{P}{q_a} = \frac{0.75[(D + D_b + D_s) + L + W(\text{또는 } E)]}{q_a}$$

또는

$$A \geq \frac{D + L}{q_e} \quad \text{또한}$$

$$A \geq \frac{0.75[D + L + W(\text{또는 } E)]}{q_e}$$

11.3.4. 기초판의 설계용 토압 산정

기초판의 크기가 결정되면 기초판의 설계용 토압을 산정하고, 계수중심축하중 P_u만 작용하는 기초판의 설계용 토압은 다음과 같다.

$$q_u = \frac{P_u}{A} = \frac{1.2D + 1.6L}{A} \quad \text{또한}$$

$$q_u = \frac{P_u}{A} = \frac{1.2D + 1.0L + 1.3W(\text{또는 } 1.0E)}{A}$$

11.3.5. 기초판의 두께 결정

(1) 유효깊이 (d)의 결정

① 흙에 놓이는 기초의 경우 : 150 mm 이상

② 말뚝기초의 경우 : 300 mm 이상

주1 흙에 접하여 콘크리트를 친 후 영구히 흙에 묻혀 있는 콘크리트에 대한 철근의 피복두께는 75mm 이상이다.

(2) 기초의 최소 두께 (h)

① 일반(독립)기초 : 150 mm+75 mm 이상

② 말뚝기초 : 300 mm+75 mm 이상

주1 기초의 최소 피복두께가 KDS 14 20 50 (4.3.2)[8]의 최신 구조설계기준에 따라 80 mm에서 75 mm로 변경되었음.

11.3.6. 전단력에 대한 설계

(1) 개요

계수중심축하중 P_u 가 작용할 경우, 기초판의 전단파괴는 기초판이 보나 1방향 슬래브와 유사하게 파괴되는 1방향 전단파괴와 기초판이 뚫림전단(펀칭전단)에 의해 파괴되는 2방향 전단파괴의 두 가지가 있다.

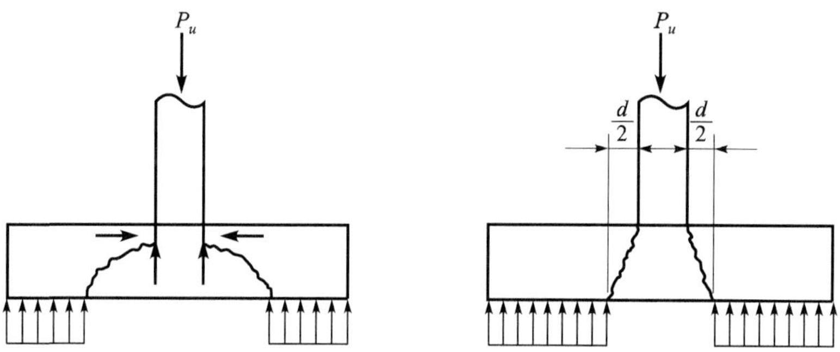

(a) 1방향 전단파괴 (b) 2방향 전단파괴 (뚫림전단파괴)

그림 11.7 기초의 파괴형태[9]

(2) 전단력에 대한 위험단면

기초판에 대한 전단설계의 위험단면과 전단강도는 1방향 전단의 경우 KDS 14 20 22 (4.2)[10] 그리고 2방향 전단의 경우 KDS 14 20 22 (4.11)[11] 구조설계기준에 따라 다음과 같이 설계한다.

---

8) KDS 14 20 50 (4.3.2) 콘크리트구조 철근상게 설계기준, 국토교통부 제정, 한국콘크리트학회 작성, 2021.

9) Chu-Kia. Wang, Charles. G. Salmon, Jose. A. Pincheira and Gustavo. J. Parra-Montesinos, Reinforced Concrete Design, Oxford University Press, 2018, p.802.

10) KDS 14 20 22 (4.2) 콘크리트구조 전단 및 비틀림 설계기준, 국토교통부 제정, 한국콘크리트학회 작성, 2021.

11) KDS 14 20 22 (4.11) 콘크리트구조 전단 및 비틀림 설계기준, 국토교통부 제정, 한국콘크리트학회 작성, 2021.

(가) 1방향 전단

1방향 전단파괴는 보나 1방향 슬래브에서와 마찬가지로 기둥의 전면에서 d만큼 떨어진 위치의 위험단면 [그림 11.8 (a)의 단면 c-c]에서 발생한다.

(나) 2방향 전단

2방향 전단파괴는 기둥의 전면에서 $d/2$만큼 떨어진 4면 주위의 위험단면 [그림 11.8 (b)의 단면 e-f-g-h]에서 발생한다.

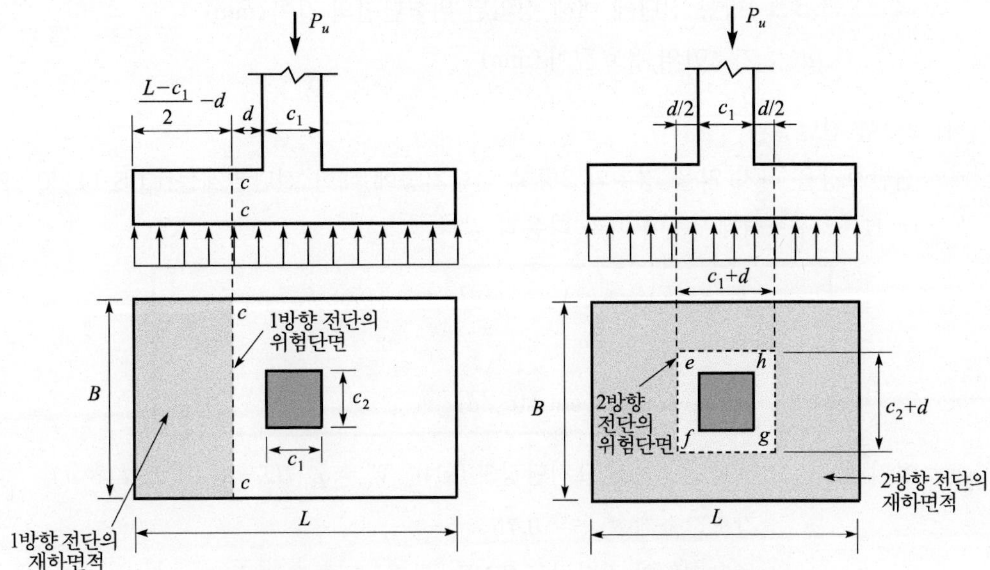

그림 11.8 기초판의 전단력에 대한 재하면적과 위험단면

(3) 기초판의 전단력에 대한 설계

(가) 1방향 전단설계

일반적으로 독립기초나 연속기초의 기초판에서는 전단철근에 의한 전단보강이 되지 않기 때문에 1방향 전단거동에 대한 전단설계는 KDS 14 20 22 (4.2)[12] 구조설계기준에 따라 다음과 같고, 기초판의 전단설계와 휨설계는 계수하중(1.2D+1.6L 등)에 대해 산정한다.

12) KDS 14 20 22 (4.2) 콘크리트구조 전단 및 비틀림 설계기준, 국토교통부 제정, 한국콘크리트학회 작성, 2021.

$$V_u \le \phi V_n = \phi V_c = \phi \frac{1}{6}\sqrt{f_{ck}}\,Bd$$

여기서, V_u : 위험단면의 소요전단강도 (kN). $V_u = q_u B\left(\frac{L-c_1}{2}-d\right)$

ϕ : 강도감소계수. $\phi = 0.75$

V_c : 콘크리트의 전단강도 (kN)

B : 1방향 전단에 대해 정의된 위험단면의 길이 (mm)

d : 기초판의 유효깊이 (mm)

(나) 2방향 전단설계

전단보강을 하지 않을 경우의 2방향 전단거동에 대한 전단설계는 KDS 14 20 22 (4.11)[13] 구조설계기준에 따라 다음과 같다.

$$V_u \le \phi V_n = \phi V_c = \phi v_c b_o d \le \phi 0.58 f_{ck} b_o c_u$$
$$V_c = v_c b_o d$$
$$v_c = \lambda k_s k_{bo} f_{te} \cot\psi (c_u/d)$$

여기서, V_u : 위험단면의 소요전단강도 (kN). $V_u = q_u[BL-(c_1+d)(c_2+d)]$

ϕ : 강도감소계수. $\phi = 0.75$

V_c : 콘크리트의 전단강도 (kN)

v_c : 콘크리트 재료의 공칭전단응력강도 (MPa)

b_o : 2방향 전단에 대해 정의된 위험단면의 둘레길이 (mm).

$b_o = 2[(c_1+d)+(c_2+d)]$

d : 슬래브의 유효깊이 (mm)

λ : 경량콘크리트계수

k_s : 슬래브의 두께계수 [$k_s = (300/d)^{0.25} \le 1.1$, d의 단위는 mm]

k_{bo} : 위험단면 둘레길이의 영향계수 [$k_{bo} = 4/\sqrt{\alpha_s (b_o/d)} \le 1.25$].

k_s의 하한값으로 0.75를 사용할 수 있다.

13) KDS 14 20 22 (4.11) 콘크리트구조 전단 및 비틀림 설계기준, 국토교통부 제정, 한국콘크리트학회 작성, 2021.

α_s : 내부 기둥에 대하여 1.0, 단부 기둥 (모서리 기둥 제외)에 대하여 1.33, 모서리 기둥에 대하여 2.0

f_{te} : 압축대 콘크리트의 인장강도 (MPa, $f_{te} = 0.2\sqrt{f_{ck}}$)

ψ : 슬래브 휨 압축대의 균열각도 [° , $\cot\psi = \sqrt{f_{te}(f_{te}+f_{cc})}/f_{te}$]

c_u : 압축철근의 영향을 무시하고 계산된 슬래브 위험단면 압축대 깊이의 평균값 [mm, $c_u = d[25\sqrt{\rho/f_{ck}} - 300(\rho/f_{ck})]$]. 여기서, ρ는 설계위험단면에서 양방향으로 각각 h만큼 떨어진 폭의 슬래브에 대한 평균인장주철근비이며, $\rho \le 0.03$의 범위에서 사용할 수 있으며 ρ가 0.005 이하인 경우 0.005를 사용할 수 있다. 이때 인장주철근은 설계위험단면에서 최소 $(h+l_d)$ 만큼 연장하여 슬래브에 정착해야 한다. 여기서 l_d는 인장이형철근의 정착길이이다.

f_{cc} : 위험단면의 압축대에 작용하는 평균 압축응력 [MPa, $f_{cc} = (2/3)f_{ck}$]

f_{ck} : 콘크리트의 설계기준압축강도 (MPa, $f_{ck} \le 35$ MPa)

11.3.7. 휨모멘트에 대한 설계

(1) 휨모멘트에 대한 위험단면

기초판의 최대 계수휨모멘트를 계산할 때, 휨모멘트에 대한 위험단면은 KDS 14 20 70 (4.2.2.1)[14] 구조설계기준에 따라 다음과 같다.

① 콘크리트 기둥, 주각 또는 벽체를 지지하는 기초판은 기둥, 주각 또는 벽체의 외면 [그림 11.9 (a)]

② 조적조 벽체를 지지하는 기초판은 벽체 중심과 단부의 중간 [그림 11.9 (b)]

③ 강재 밑판 (베이스 플레이트)을 갖는 기둥을 지지하는 기초판은 기둥 외측면과 강재 밑판 단부의 중간 [그림 11.9 (c)]

14) KDS 14 20 70 (4.2.2.1) 콘크리트 슬래브와 기초판 설계기준, 국토교통부 제정, 한국콘크리트학회 작성, 2021.

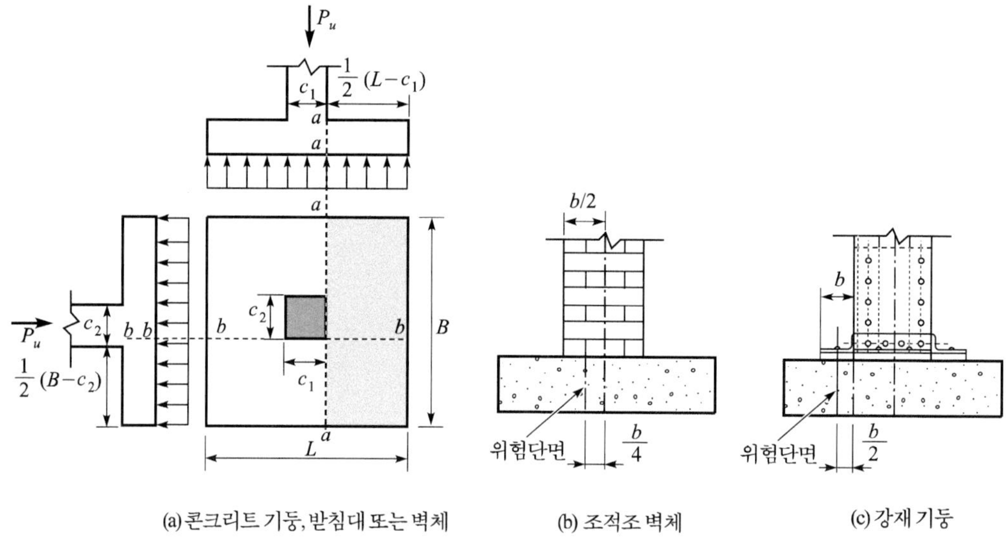

그림 11.9 기초판의 휨모멘트에 대한 재하면적과 위험단면

(2) 기초판의 휨모멘트에 대한 설계

기초판의 휨모멘트에 대한 설계는 KDS 14 20 70 (4.2.2.1)[15]와 KDS 14 20 20 (4.2.2)[16] 구조설계기준에 따라 다음과 같이 설계한다.

① 기초판의 위험단면의 소요휨강도

기초판의 설계용 토압 q_u에 대한 기초판의 위험단면의 소요휨강도에 대한 소요강도 M_u는 다음과 같다.

$$M_u = q_u B\left[\frac{1}{2}(L-c_1)\right]\left[\frac{1}{4}(L-c_1)\right]$$

따라서 위 식을 정리하면 소요휨강도 M_u는 다음 식과 같다.

$$M_u = \frac{1}{8} q_u B(L-c_1)^2$$

15) KDS 14 20 70 (4.2.2.1) 콘크리트 슬래브와 기초판 설계기준, 국토교통부 제정, 한국콘크리트학회 작성, 2021.

16) KDS 14 20 20 (4.2.2) 콘크리트구조 휨 및 압축 설계기준, 국토교통부 제정, 한국콘크리트학회 작성, 2021.

② 철근비 산정

$$R_n = \frac{M_u}{\phi B d^2} \text{ 로 부터}$$

$$\rho = \frac{\eta(0.85 f_{ck})}{f_y}\left[1 - \sqrt{1 - \frac{2R_n}{\eta(0.85 f_{ck})}}\right]$$

③ 기초판의 최소철근비 검토

㉠ $f_y \leq 400\,\text{MPa}$: $\rho_{\min} = 0.0020$

㉡ $f_y > 400\,\text{MPa}$: $\rho_{\min} = \max\left[0.0014, 0.0020\left(\frac{400}{f_y}\right)\right]$

주1 수축·온도철근비는 콘크리트의 전체 단면적에 대한 수축·온도철근의 단면적의 비로 한다.

주2 수축·온도철근비에 전체 콘크리트의 단면적을 곱하여 계산한 수축·온도철근의 단면적을 단위 폭 1 m당 1,800 m^2보다 크게 취할 필요는 없다.

④ 철근량 산정

$$A_s = \rho B d$$

⑤ 철근의 최대 간격

$$s_{\max} \leq \min(3h_f,\ 450\text{mm})$$

주1 기초판에서 철근의 최대 간격은 수축·온도철근의 간격이 적용되지 않는다.

⑥ 휨검토

$$M_u < \phi M_n \quad (\phi = 0.85)$$

여기서, 공칭휨모멘트는 $M_n = A_s f_y \left(d - \frac{a}{2}\right)$이다.

⑦ 기초판의 연결부재(보)의 최소철근량

$$\phi M_n \geq 1.2 M_{cr}$$

여기서, M_{cr} : 휨부재의 균열휨모멘트 (kN·m, $M_{cr} = f_r I_g / y_t$)

f_r : 콘크리트의 휨인장강도 (파괴계수) (MPa, $f_r = 0.63\lambda\sqrt{f_{ck}}$)

I_g : 총 단면에 대한 단면2차 모멘트 (mm^4, $I_g = bh^3/12$)

y_t : 도심에서 인장측 연단까지의 거리 (mm, $y_t = h/2$)

(3) 휨철근의 배치

휨철근 배치는 KDS 14 20 70 (4.2.2.1)[17] 구조설계기준에 따라, 정사각형의 1방향 기초판 또는 2방향 기초판(그림 11.10) 그리고 직사각형의 1방향 기초판[그림 11.11 (a)]에서 철근은 기초판 전체 폭에 걸쳐 균등하게 배치하여야 한다.

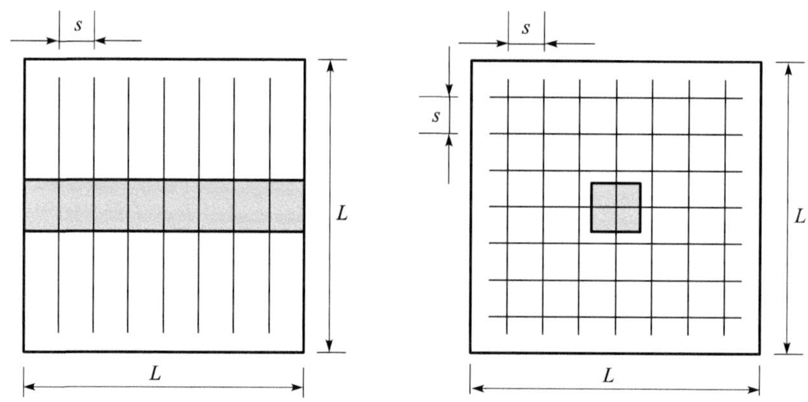

(a) 1방향 기초판 (b) 2방향 기초판

그림 11.10 정사각형 기초판의 휨철근의 배치

그리고 직사각형의 2방향 기초판[그림 11.11 (b)]에서 각 방향 철근 배치는 다음과 같다.

17) KDS 14 20 70 (4.2.2.1) 콘크리트 슬래브와 기초판 설계기준, 국토교통부 제정, 한국콘크리트학회 작성, 2021.

① 장변방향의 철근은 폭 전체에 균등히 배치시킨다.

② 단변방향으로 배치해야 할 전체 철근량 (A_{sL})에서 다음 식으로 계산되는 양(A_{s1})을 단변길이만큼의 중앙구간(B 구간)에 균등하게 배치하고, 나머지 철근량 $(2A_{s2})$은 중앙구간 이외의 양쪽구간(양쪽 $(L-B)/2$ 구간)에 철근량 A_{s2}를 등간격으로 배치한다.

$$A_{s1} = \gamma_s A_{sL}$$
$$A_{s2} = \frac{(1-\gamma_s) A_{sL}}{2}$$
$$\gamma_s = \left(\frac{2}{\beta+1}\right)$$

여기서, A_{s1} : 중앙구간에 배치할 철근량 (mm^2)

A_{sL} : 단변방향으로 배치해야 할 전체 철근량(mm^2)

$\gamma_s = \dfrac{\text{유효폭 내에 배치되는 철근량}}{\text{단변방향의 전체 철근량}}$

β : 장변과 단변의 비, $\beta = \dfrac{L}{B}$

주1 1방향 슬래브의 주철근 배치 : 대부분의 힘이 단변방향으로 흐르기 때문에 단변방향으로 주철근을 배치하고, 장변방향으로는 온도철근을 배치한다 (∵ 온도에 의한 수축 방지).

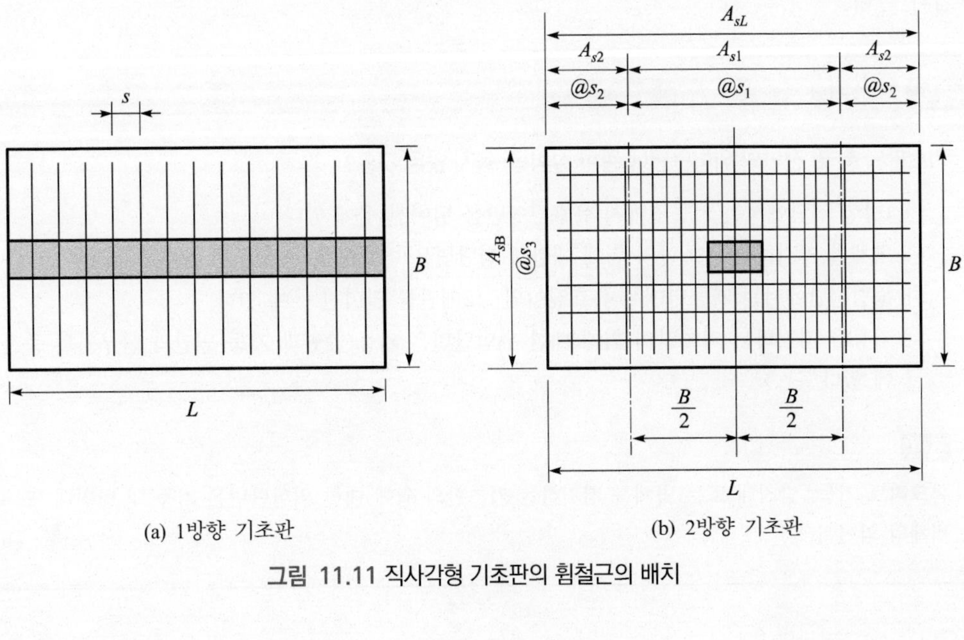

(a) 1방향 기초판 (b) 2방향 기초판

그림 11.11 직사각형 기초판의 휨철근의 배치

11.3.8. 중심축하중과 휨모멘트가 작용하는 기초판의 설계

기둥으로부터 중심축하중 P와 휨모멘트 M이 기초판에 전달되어 편심하중이 작용할 경우, 기초판의 설계는 다음과 같다. 그러나 기초는 일반적으로 하중의 분산 및 지중보 등의 설치를 통해 편심하중이 생기지 않도록 하는 것이 바람직하다.

(1) 기초판의 크기 결정

$$q_a \geq q_{\max} = \frac{P}{A} + \frac{M}{I}y \quad \text{또는}$$

$$q_e \geq q_{\max} = \frac{P}{A} + \frac{M}{I}y$$

(2) 기초 설계용 토압

$$q_u = \frac{P_u}{A} \pm \frac{M_u}{I}y$$

(3) 전단력 및 휨모멘트에 대한 철근량 산정

기둥으로부터 축하중 P만 기초판에 전달되어 편심하중이 작용할 경우의 철근량 산정 방법과 같다.

예제 11-1

기초판의 휨 및 전단의 위험단면에 관한 설명 중 옳지 않은 것은?

㉮ 1방향 전단에서는 기둥면에서 유효깊이만큼 떨어진 곳에 있다.
㉯ 벽체를 지지하는 기초판의 휨에 대한 위험단면은 벽체면과 기초판 단부와의 중간에 있다.
㉰ 뚫림전단에서는 기둥면에서 유효깊이의 1/2배만큼 떨어진 곳에 있다.
㉱ 기둥을 지지하는 기초판의 휨에 대한 위험단면은 기둥 앞면과 기둥 밑판과 단부와의 중간에 있다.

풀이

콘크리트 기둥, 받침대 또는 벽체를 지지하는 기초판의 휨에 대한 위험단면은 기둥 및 받침대 또는 벽체의 외면이다.

답 ㉯

예제 11-2

그림과 같은 두께 h인 조적조 벽체를 지지하는 기초판에서 휨모멘트를 산정하기 위한 위험단면은 벽체 중심으로부터 얼마의 거리 (x)에 있는가?

㉮ $0.10h$

㉯ $0.15h$

㉰ $0.20h$

㉱ $0.25h$

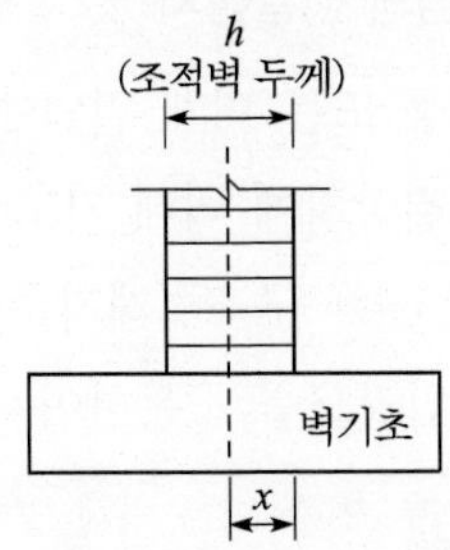

그림 11.12

풀이

조적조 벽체를 지지하는 기초판은 벽체 중심과 벽체면과의 중간이다. 따라서 조적조 벽체 중심과 벽체면과의 중간인 $\frac{h}{4}$가 된다.

답 ㉱

예제 11-3

단면이 600 mm×600 mm인 정사각형 기둥을 지지하는 독립기초판의 유효깊이 d를 1,000 mm로 할 경우, 뚫림전단에 대한 위험단면의 둘레길이 b_o로 가장 적당한 것은 다음 중 어느 것인가?

㉮ b_o=4,500 mm ㉯ b_o=5,200 mm

㉰ b_o=5,800 mm ㉱ b_o=6,400 mm

풀이

정사각형 독립기초에서 뚫림전단의 위험단면은 기둥전면에 $d/2$만큼 떨어진 곳이고, 정사각형 독립기초에서 위험단면의 둘레길이는 다음과 같다.

$b_o = 2[(c_1+d)+(c_2+d)] = 2[(600+1{,}000)+(600+1{,}000)] = 6{,}400$ mm

답 ㉱

11.3.9. 기초판 철근의 정착

기초판의 각 단면에서 계산된 철근의 인장력이 단면에서 발휘될 수 있도록 묻힘길이, 표준갈고리나 기계적 장치 또는 이들의 조합에 의하여 철근을 정착하여야 한다. 철근의 정착에 대한 위험단면은 최대 계수휨모멘트에 대한 위험단면과 같은 위치로 가정하며, 단면이나 철근이 변하는 수직면도 위험단면으로 보아야 한다.

11.3.10. 기둥, 벽체 또는 주각 밑면에서 힘의 전달

(1) 힘의 전달장치

기둥 또는 벽체 밑면에서 힘과 휨모멘트는 콘크리트의 지압과 철근, 다월철근 및 기계적 연결장치에 의해 기초판에 전달시켜야 한다. KDS 14 20 70 (4.2.3)[18]과 KDS 14 20 20 (4.7)[19] 구조설계기준에 따라 지지된 부재(기둥, 벽)의 지압강도와 지지 부재(기초)의 지압강도를 구분하여 검토한다.

> 주1 기둥 또는 벽체 밑면에서 받침부재인 기초로의 힘의 전달방법은 콘크리트의 지압력(압축력)에 의한 방법과 보강근(인장력 또는 압축력)에 의한 방법이 있다.
>
> 주2 보강근의 종류는 주철근의 연장, 다월철근, 앵커볼트 및 기계적 연결장치 등이 있다.

(2) 지지된 부재(기둥, 벽)의 지압강도

$$P_u \le \phi P_{nb} = \phi(0.85 f_{ck} A_1)$$

여기서, ϕ : 강도감소계수. $\phi = 0.65$ (콘크리트의 지압에 대한 강도감소계수)

f_{ck} : 지지된 부재(기둥 등) 콘크리트의 설계기준압축강도(MPa)

A_1 : 지지된 부재(기둥 등)의 단면적(mm^2)

(3) 지지 부재(기초)의 지압강도

$$P_u \le \phi P_{nb} = \phi\left(0.85 f_{ck} \sqrt{\frac{A_2}{A_1}}\right) A_1 \le \phi 0.85 f_{ck} (2 A_1)$$

여기서, ϕ : 강도감소계수. $\phi = 0.65$ (콘크리트의 지압에 대한 강도감소계수)

f_{ck} : 지지 부재(기초) 콘크리트의 설계기준압축강도(MPa)

A_1 : 지지된 부재(기둥 등)의 단면적(mm^2)

A_2 : 지지된 부재(기둥 등)의 단면적과 닮은꼴이고, 중심이 같은 지지부 표면의

---

18) KDS 14 20 70 (4.2.3) 콘크리트 슬래브와 기초판 설계기준, 국토교통부 제정, 한국콘크리트학회 작성, 2021.

19) KDS 14 20 20 (4.7) 콘크리트구조 휨 및 압축 설계기준, 국토교통부 제정, 한국콘크리트학회 작성, 2021.

최대 면적(mm^2, 확대기초에서 A_2의 최대 면적이 기초의 면적을 초과하면 기초의 면적을 사용).

위의 식에서 $\sqrt{A_2/A_1} \leq 2.0$이며, 기둥 콘크리트의 지압강도의 2배까지 완화를 허용하는 것이다.

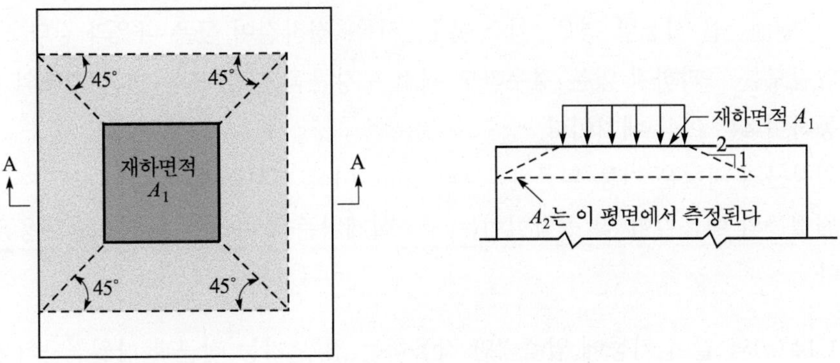

(a) 평면 (b) A-A 단면

그림 11.13 기초판의 지압면적

(4) 다월(Dowel) 철근 설계

기둥에 작용하는 계수중심축하중 P_u가 지지된 부재(기둥)의 지압강도 ϕP_{nb}를 초과할 경우($P_u \geq \phi P_{nb}$), 초과강도 $P_u - \phi P_{nb}$를 부담할 수 있는 축방향 주철근 (다월철근)을 지지부재(기초)까지 연장한다. 초과강도 $P_u - \phi P_{nb}$를 부담하는 다월의 소요철근량 ($A_{s,req}$)은 다음과 같다.

$$A_{s,req} = \frac{(P_u - \phi P_{nb})}{\phi f_y}$$

여기서, $\phi P_{nb} = \phi(0.85 f_{ck} A_1)$, $\phi = 0.65$

현장치기콘크리트 기둥과 주각 경우, 접촉면 사이의 최소철근단면적(다월철근의 최소 인장보강철근량)은 다음과 같다.

$$A_{s,\min} = 0.005 A_1$$

여기서, A_1 : 지지된 부재(기둥 등)의 단면적(mm^2)

또한 현장치기콘크리트 벽체의 경우, 접촉면 사이의 철근의 단면적은 벽체의 최소수직철근비 기준 KDS 14 20 72 (4.2)[20]에 따른 최소 수직철근량 이상이어야 한다.

① $f_y \geq 400\,\mathrm{MPa}$로서 D16 이하의 이형철근 : 0.0012
② 기타 이형철근 : 0.0015

그리고 다월철근을 사용할 경우, 최소 본수, 지름, 정착길이 등은 다음과 같다.

① 지압강도를 초과하지 않는 경우라도 최소 보강근을 기둥 또는 벽과 기초의 접촉면을 관통하여 4본 이상 배치이다.

② 다월철근의 지름은 기둥 철근지름보다 3mm 이상 커서는 안 된다.

③ 다월철근의 이음길이 및 정착길이는 구조설계기준을 따라야 하고, 그 내용은 다음과 같다.

그림 11.14 (a)와 같이 기둥에 압축력만 작용하는 경우 기둥 철근과 다월철근의 이음길이는 기둥의 압축 이형철근의 정착길이 l_d 이상 또한 다월의 압축 이형철근의 이음길이 l_s 이상이다. 또한 다월철근은 압축 이형철근의 정착길이 l_d 이상을 기초에 정착시켜야 한다. 또한 다월철근은 90° 표준갈고리로 할 경우, 표준갈고리의 기준에 의한 내민길이 등의 기준을 따라야 한다. 그리고 그림 11.14 (b)와 같이 기둥에 인장력이 작용하는 경우 기둥 철근과 다월철근의 이음길이는 기둥의 인장 이형철근의 정착길이 l_d 이상 또한 다월철근의 인장 이형철근의 이음길이 l_s 이상이다. 또한 다월철근은 표준갈고리를 갖는 인장 이형철근의 정착길이 l_{dh} 이상을 기초에 정착시켜야 한다. 일반적으로 가장 불리한 조건을 고려하여 기둥 철근과 다월철근의 이음을 B급 인장 겹침이음길이로 할 수 있다.

20) KDS 14 20 72 (4.2) 콘크리트 벽체 설계기준, 국토교통부 제정, 한국콘크리트학회 작성, 2021.

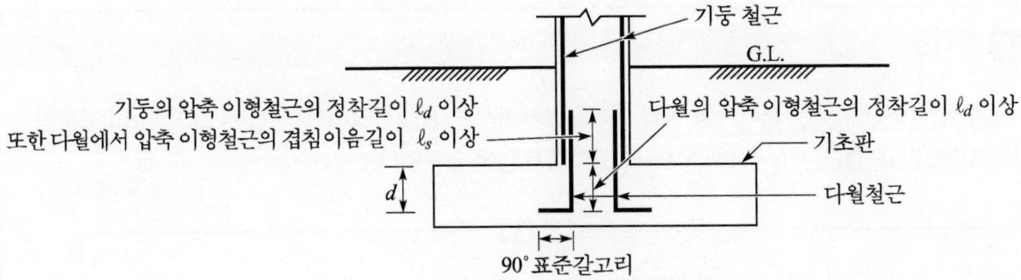

(a) 기둥에 압축력이 작용하는 경우

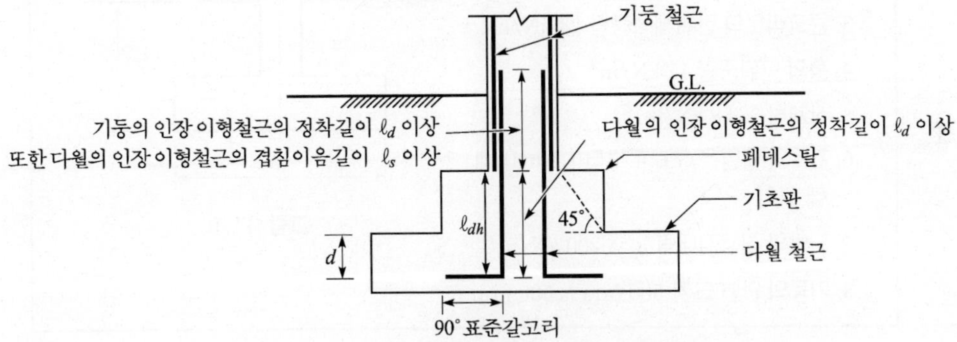

(b) 기둥에 인장력이 작용하는 경우

그림 11.14 기초에서 기둥 및 다월철근의 정착길이

그림 11.15는 기초에 있어 이음길이, 정착길이, 피복두께 등을 고려한 기초에 대한 철근 상세의 예를 나타낸 것이다.

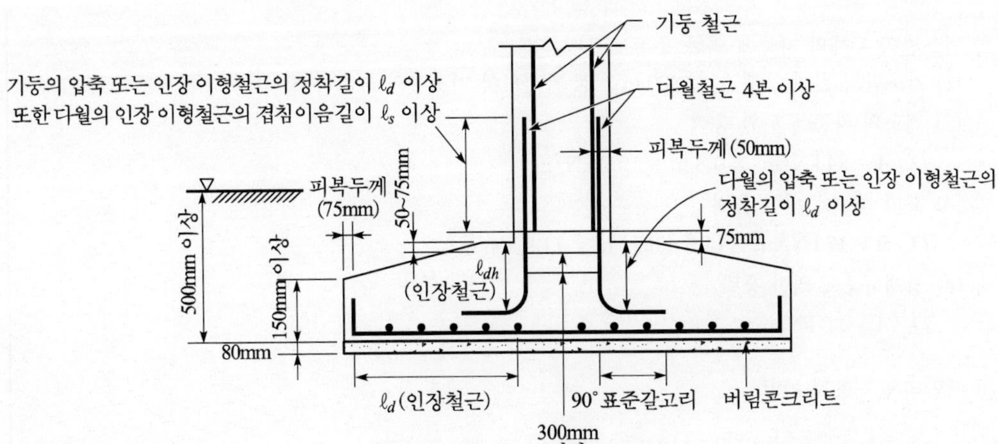

그림 11.15 기초에서 철근상세 일반

예제 11-4

다음과 같은 조건을 갖는 정사각형 독립기초를 설계하시오. (단, 콘크리트는 $f_{ck} = 24$ MPa의 보통중량콘크리트이고, 철근은 $f_y = 400$ MPa의 도막되지 않은 철근이다.)

[조건]

1. 사용 고정하중 $P_D = 1{,}300$ kN
2. 사용 활하중 $P_L = 1{,}100$ kN
3. 콘크리트의 단위체적중량 24 kN/m^3
4. 흙의 단위중량 17 kN/m^3
5. 상재하중 4.8 kN/m^2
6. 기초의 밑면은 G.L.로부터 1.5 m 아래에 위치
7. 지반의 허용지내력 $q_a = 200$ kN/m^2
8. 기둥의 단면 크기 500 mm × 500 mm

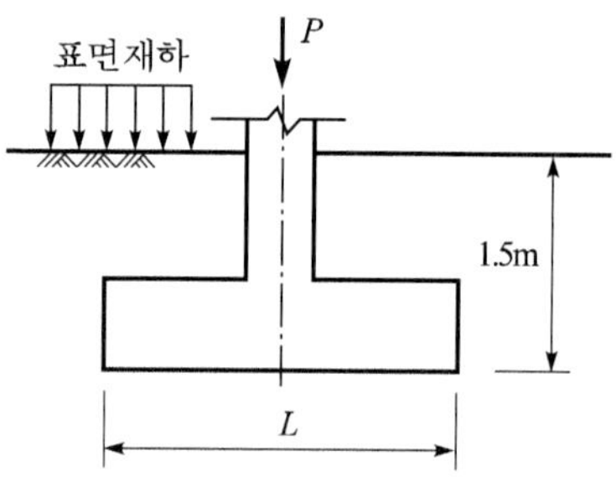

그림 11.16

풀이

1. 지반의 허용지내력 결정

$q_a = 200\ \text{kN/m}^2$

2. 기초판의 형태와 크기 결정

1) 기초판의 형태 : 정사각형

2) 기초판의 두께와 자중에 의한 응력

(1) 기초판의 전체 두께 $h_f = 800$ mm로 가정하여 기초판의 크기를 정한다.

(2) 기초의 자중에 의한 응력

$D_b/A = 24\ \text{kN/m}^3 \times 0.8\ \text{m} = 19.2\ \text{kN/m}^2$

(3) 흙의 자중에 의한 응력

$D_s/A = 17\ \text{kN/m}^3 \times (1.5 - 0.8)\ \text{m} = 11.9\ \text{kN/m}^2$

(4) 상재하중에 의한 응력

$D_s/A = 4.8\ \text{kN/m}^2$

3) 지반의 순허용지내력

$$q_e = q_a - \left(\frac{D_b + D_s}{A}\right) = 200 - (19.2 + 11.9 + 4.8) = 164.1\ \text{kN/m}^2$$

4) 기초판의 크기

$$A \geq \frac{D+L}{q_e} = \frac{1,300+1,100}{164.1} = 14.6\ \text{m}^2$$

$$\sqrt{A} \geq \sqrt{14.6} = 3.8\ \text{m}$$

따라서 한 변이 4 m인 정사각형 기초로 한다.

$$A = B \times L = 4\ \text{m} \times 4\ \text{m} = 16.0\ \text{m}^2$$

3. 기초판의 설계용 토압

$$P_u = 1.2 \times 1,300 + 1.6 \times 1,100 = 3,320.0\ \text{kN}$$

$$q_u = \frac{P_u}{A} = \frac{3,320.0}{16.0} = 207.5\ \text{kN/m}^2 = 0.208\ \text{N/mm}^2$$

4. 기초판의 유효깊이

기초판의 유효깊이 d는 피복두께와 주철근의 지름 등을 고려하여 다음과 같다. 철근은 D22 ($d_b = 22.2$ mm)로 가정한다.

$$d = h_f - \text{피복두께} - d_b/2 = 800 - 75 - 22.2/2 = 714\ \text{mm}$$

$\therefore\ d = 710$ mm로 함.

5. 전단력에 대한 설계

1) 1방향 전단 검토

(1) 계수전단력

$$\frac{L-c_1}{2} - d = \left(\frac{4,000-500}{2}\right) - 710 = 1,040\ \text{mm}$$

$$V_u = q_u B\left(\frac{L-c_1}{2} - d\right)$$

$$= 0.208\ \text{N/mm}^2 \times 4,000\ \text{mm} \times 1,040\ \text{mm} = 865.3 \times 10^3\ \text{N} = 865.3\ \text{kN}$$

(2) 콘크리트가 부담하는 전단강도

$$\phi V_c = \phi \frac{1}{6} \sqrt{f_{ck}}\, Bd$$

$$= 0.75 \times \frac{1}{6} \times \sqrt{24} \times 4,000 \times 710 = 1,739.1 \times 10^3\ \text{N} = 1,739.1\ \text{kN}$$

$V_u = 865.3\ \text{kN} \leq \phi V_c = 1,739.1\ \text{kN}$ OK

2) 2방향 전단 검토

(1) 계수전단력

$$c_1 + d = c_2 + d = 500 + 710 = 1,210\ \text{mm}$$

$$V_u = q_u[BL - (c_1+d)(c_2+d)]$$

$$= 0.208 \times (4,000 \times 4,000 - 1,210 \times 1,210) = 3,023.5 \times 10^3\ \text{N} = 3,023.5\ \text{kN}$$

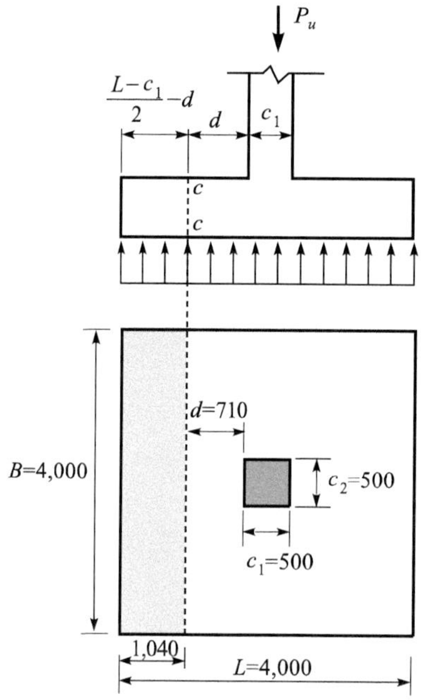

그림 11.17 1방향 전단의 관련 치수 (단위 : mm)

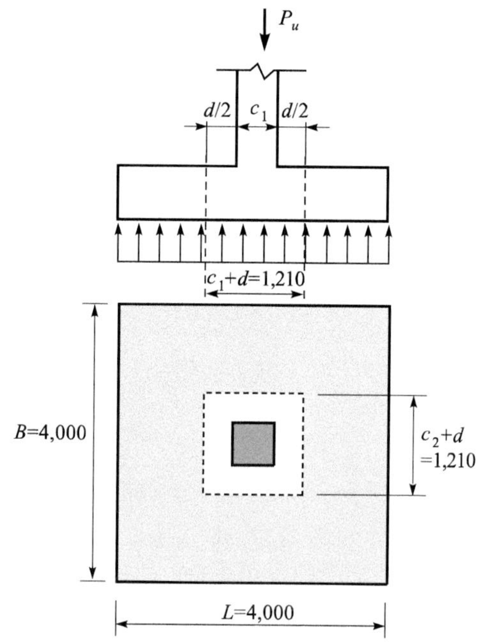

그림 11.18 2방향 전단의 관련 치수 (단위 : mm)

(2) 콘크리트가 부담하는 전단강도

$d = 710\text{ mm}$

$b_o = 2[(c_1+d)+(c_2+d)] = 2\times(1{,}210+1{,}210) = 4{,}840\text{ mm}$

$\lambda = 1.0$ ($\because$ 보통중량콘크리트)

$k_s = (300/d)^{0.25} = (300/710)^{0.25} = 0.806 \le 1.1$ OK

$\therefore\ k_s = 0.806$

$\alpha_s = 1.0$ ($\because$ 내부 기둥)

$k_{bo} = 4/\sqrt{\alpha_s(b_o/d)} = 4/\sqrt{1.0\times(4{,}840/710)} = 1.532 \le 1.25$ NG

$\therefore\ k_{bo} = 1.25$

$f_{te} = 0.2\sqrt{f_{ck}} = 0.2\times\sqrt{24} = 0.980\text{ MPa}$

$f_{cc} = (2/3)f_{ck} = (2/3)\times 24 = 16\text{ MPa}$

$\cot\psi = \sqrt{f_{te}(f_{te}+f_{cc})}/f_{te} = \sqrt{0.980\times(0.980+16)}/0.980 = 4.163$

$\rho = 0.0050$ ($\because$ $\rho \le 0.0050$인 경우 $\rho = 0.0050$)

$c_u = d[25\sqrt{\rho/f_{ck}} - 300(\rho/f_{ck})]$

$= 710\times[25\times\sqrt{0.005/24} - 300\times(0.0050/24)] = 211.8\text{ mm}$

$v_c = \lambda k_s k_{bo} f_{te}\cot\psi(c_u/d)$

$= 1.0\times 0.806\times 1.25\times 0.980\times 4.163\times(211.8/710) = 1.23\text{ MPa}$

$V_c = v_c b_o d = 1.23 \times 4{,}840 \times 710 = 4{,}226.8 \times 10^3\ \text{N} = 4{,}226.8\ \text{kN}$

$\phi V_c = 0.75 \times 4{,}226.8\ \text{kN} = 3{,}170.1\ \text{kN}$

$\phi 0.58 f_{ck} b_o c_u = 0.75 \times 0.58 \times 24 \times 4{,}840 \times 211.8 = 10{,}702.2 \times 10^3\ \text{N} = 10{,}702.2\ \text{kN}$

$\phi V_c = 3{,}170.1\ \text{kN} \leq \phi 0.58 f_{ck} b_o c_u = 10{,}702.2\ \text{kN}$ OK

$V_u = 3{,}023.5\ \text{kN} < \phi V_c = 3{,}170.1\ \text{kN}$ OK

6. 휨모멘트에 대한 설계

1) 계수휨모멘트

$L - c_1 = 4{,}000 - 500 = 3{,}500\ \text{mm}$

$$M_u = \frac{1}{8} q_u B (L - c_1)^2$$

$$= \frac{1}{8} \times 0.208 \times 4{,}000 \times 3{,}500^2 = 1{,}274.0 \times 10^6\ \text{N} \cdot \text{mm} = 1{,}274.0\ \text{kN} \cdot \text{m}$$

2) 철근비 산정

$$R_n = \frac{M_u}{\phi B d^2} = \frac{1{,}274.0 \times 10^6}{0.85 \times 4{,}000 \times 710^2} = 0.7433\ \text{MPa}$$

$$\rho = \frac{\eta(0.85 f_{ck})}{f_y}\left[1 - \sqrt{1 - \frac{2R_n}{\eta(0.85 f_{ck})}}\right]$$

$$= \left(\frac{1.00 \times 0.85 \times 24}{400}\right) \times \left(1 - \sqrt{1 - \frac{2 \times 0.7433}{1.00 \times 0.85 \times 24}}\right) = 0.0019$$

$\rho = 0.0019 \leq 0.0050$ OK

3) 최소철근비

$f_y \leq 400\ \text{MPa}$인 경우 $\rho_{\min} = 0.0020$

$\rho = 0.0019 \geq \rho_{\min} = 0.0020$ NG

$\therefore\ \rho = 0.0020$

4) 철근량 (수축·온도철근비에 의한 철근량은 콘크리트의 전체 단면적임에 주의한다.)

$A_s = \rho B h_f = 0.0020 \times 4{,}000 \times 800 = 6{,}400\ \text{mm}^2$

5) 철근 개수와 간격

(1) 철근 개수

D22 ($a_1 = 387.1\ \text{mm}^2$)를 사용하는 것으로 가정하면 철근 개수는 다음과 같다.

$$n \geq \frac{A_s}{a_1} = \frac{6{,}400}{387.1} = 16.5 \rightarrow 17\ EA$$

$\therefore$ 17−D22 ($A_s = 6{,}581\ \text{mm}^2$)

각 방향으로 15-D22 철근을 폭 전체에 균등히 배치시킨다.

(2) 철근 간격

$$s=\frac{(\text{기초판의 폭}-\text{피복두께}\times 2-d_b)}{(n-1)}=\frac{(4{,}000-75\times 2-22.2)}{(17-1)}=239\text{ mm}$$

$\min(3h_f, 450\text{mm})=\min(3\times 800, 450)=\min(2{,}400, 450)=450\text{ mm}$

$s=239\text{ mm}\le\min(3h_f,\ 450\text{mm})=450\text{ mm}$ OK

6) 인장변형률 검토

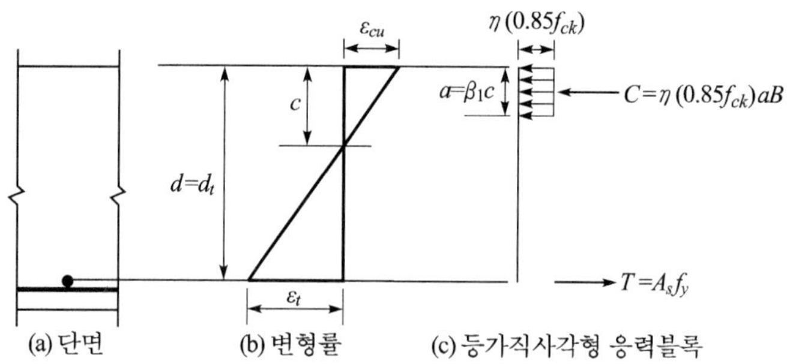

그림 11.19 변형률과 등가직사각형 응력블록

$$a=\frac{A_s f_y}{\eta(0.85f_{ck})B}=\frac{6{,}581\times 400}{1.00\times 0.85\times 24\times 4{,}000}=32.3\text{ mm}$$

$f_{ck}\le 40$ MPa이므로 $\beta_1=0.80$이다.

$$c=\frac{a}{\beta_1}=\frac{32.3}{0.80}=40.4\text{ mm}$$

$$\epsilon_t=\left(\frac{d_t-c}{c}\right)\epsilon_{cu}=\left(\frac{710-40.4}{40.4}\right)\times 0.0033=0.0547$$

$\epsilon_t=0.0547\ge\epsilon_u=0.0050$이므로 인장지배 단면이므로 $\phi=0.85$가 된다.

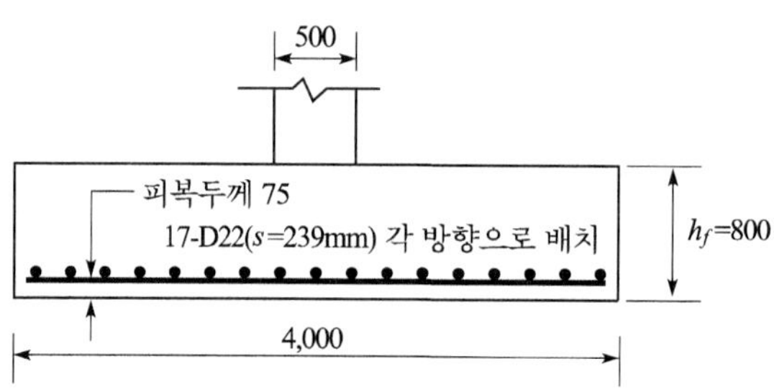

그림 11.20 기초판 주철근의 배치

7. 기초판 철근의 정착길이

1) 철근 정착에 대한 위험단면은 계수휨모멘트를 산정할 때의 위험단면과 동일하다.

2) 인장 이형철근의 정착길이

$\alpha = 1.0$ (기타철근 : 정착길이 아래 300 mm 미만 콘크리트에 묻힌 수평철근)

$\beta = 1.0$ (도막되지 않은 철근)

$\alpha\beta = 1.0 < 1.7$ OK

$\gamma = 1.0$ (D22 이상의 철근)

$\lambda = 1.0$ (보통중량콘크리트)

$c_1 = 75 + 22.2/2 = 86\text{ mm}$

$c_2 = 239/2 = 120\text{ mm}$

$c = \min(c_1, c_2) = \min(86, 120) = 86\text{ mm}$

$K_{tr} = 0$ (횡방향 철근지수이며 횡방향 철근이 배치되지 않음)

$d_b = 22.2\text{ mm}$

$$\frac{c+K_{tr}}{d_b} = \frac{86+0}{22.2} = 3.9 \leq 2.5$$ NG

$$\therefore \frac{c+K_{tr}}{d_b} = 2.5$$

$$\frac{0.90\,d_b f_y}{\lambda\sqrt{f_{ck}}}\,\frac{\alpha\beta\gamma}{\left(\dfrac{c+K_{tr}}{d_b}\right)} = \left(\frac{0.90\times 22.2\times 400}{1.0\times\sqrt{24}}\right)\times\left(\frac{1.0\times 1.0\times 1.0}{2.5}\right) = 653\text{ mm}$$

$$l_d \geq \max\left[\frac{0.90\,d_b f_y}{\lambda\sqrt{f_{ck}}}\,\frac{\alpha\beta\gamma}{\left(\dfrac{c+K_{tr}}{d_b}\right)},\ 300\right] = \max(653, 300) = 653\text{ mm}$$

3) 초과 철근량에 대한 감소계수의 적용

$(\text{소요 } A_s)/(\text{배근 } A_s) = 6{,}400/6{,}581 = 0.97$

따라서 인장 이형철근의 정착길이는 다음과 같다.

$l_d \geq \max(653\times 0.97, 300) = \max(633, 300) = 633\text{ mm}$

위험단면으로부터 매립되는 매립길이는 다음과 같다.

$$\frac{4{,}000}{2} - \frac{500}{2} - 75 = 1{,}675\text{ mm}$$

따라서 $l_d = 633\text{ mm}$는 기초판의 단변방향 단면에 대한 매립길이 1,675 mm보다 작으므로 D22에 대한 묻힘길이에 의한 인장 이형철근의 정착길이는 만족한다.

$l_d = 633\text{ mm} < \text{매립길이} = 1{,}675\text{ mm}$ OK

8. 기둥 밑면에서 힘의 전달

1) 기둥(지지된 부재)의 지압강도

$P_u = 3{,}320.0\ \text{kN}$

$A_1 = 500 \times 500 = 250 \times 10^3\ \text{mm}^2$

$\phi P_{nb} = \phi(0.85 f_{ck} A_1) = 0.65 \times 0.85 \times 24 \times (250 \times 10^3) = 3{,}315.0 \times 10^3\ \text{N} = 3{,}315.0\ \text{kN}$

$P_u = 3{,}320.0\ \text{kN} \le \phi P_{nb} = 3{,}315.0\ \text{kN}$ NG

따라서 초과강도 $P_u - \phi P_{nb}$는 다월철근을 이용하여 부담시킨다.

2) 기초(지지 부재)의 지압강도

$A_1 = 500 \times 500 = 250 \times 10^3\ \text{mm}^2$

$A_2 = (500 + 800 \times 2) \times (500 + 800 \times 2) = 4{,}410 \times 10^3\ \text{mm}^2$

$\sqrt{\dfrac{A_2}{A_1}} = \sqrt{\dfrac{4{,}410 \times 10^3}{250 \times 10^3}} = 4.2 \le 2.0$ NG

$\therefore\ \sqrt{\dfrac{A_2}{A_1}} = 2.0$

$$\phi P_{nb} = \phi\left(0.85 f_{ck} \sqrt{\frac{A_2}{A_1}}\right) A_1$$
$$= 0.65 \times 0.85 \times 24 \times 2.0 \times (250 \times 10^3) = 6{,}630.0 \times 10^3\ \text{N} = 6{,}630.0\ \text{kN}$$

$P_u = 3{,}320.0\ \text{kN} \le \phi P_{nb} = 6{,}630.0\ \text{kN}$ OK

3) 다월철근의 설계

(1) 다월의 소요철근량

$$A_{s,req} = \frac{(P_u - \phi P_{nb})}{\phi f_y} = \frac{(3{,}320.0 - 3{,}315.0) \times 10^3}{0.65 \times 400} = 19\ \text{mm}^2$$

(2) 다월의 최소 인장보강철근량

$A_{s,\min} = 0.005 A_1 = 0.005 \times (250 \times 10^3) = 1{,}250\ \text{mm}^2$

$A_{s,req} = 19\ \text{mm}^2 < A_{s,\min} = 1{,}250\ \text{mm}^2$

$\therefore\ A_s = 1{,}250\ \text{mm}^2$

다월철근으로 D22 ($a_1 = 387.1\ \text{mm}^2$)를 사용하는 것으로 가정하면 개수는 다음과 같다.

$$n \ge \frac{A_s}{a_1} = \frac{1{,}250}{387.1} = 3.2 \rightarrow 4\ EA$$

$\therefore$ 4-D22 ($A_s = 1{,}548\ \text{mm}^2$)를 기둥의 모서리에 배치

(3) 다월철근의 정착길이와 이음길이

① 다월철근의 기초판으로의 압축철근의 정착길이

D22 다월철근이 압축력만 부담하고 있으므로 묻힘길이에 의한 압축 이형철근의 정착길이로 계산한다.

$d_b = 22.2\ \mathrm{mm}$

$$l_{db} = \max\left(\frac{0.25\, d_b\, f_y}{\lambda\sqrt{f_{ck}}},\ 0.043\, d_b\, f_y\right)$$

$$= \max\left(\frac{0.25 \times 22.2 \times 400}{1.0 \times \sqrt{24}},\ 0.043 \times 22.2 \times 400\right) = \max(453,\ 382) = 453\ \mathrm{mm}$$

$\therefore\ l_{db} = 453\ \mathrm{mm}$

초과 철근량에 대한 보정계수의 적용하여 압축철근의 정착길이를 산정하면 다음과 같다.

$(\text{소요}\ A_s)/(\text{배근}\ A_s) = 1{,}250/1{,}548 = 0.80$

$\therefore\ l_d \geq \max(453 \times 0.80,\ 200) = \max(362,\ 200) = 362\ \mathrm{mm}$

압축철근의 최소 정착길이 $l_d = 362\ \mathrm{mm}$ 이상을 기초판 상부에서 기초판으로 매립한다.

기초판의 전체 두께 $h_f = 800\ \mathrm{mm}$ 이므로 피복두께와 가로방향 및 세로방향 주철근의 지름을 고려한 기초판의 상부에서부터 매립되는 매립길이는 다음과 같다.

$800 - 75 - 22.2 \times 2 = 681\ \mathrm{mm}$

따라서 압축철근의 최소 정착길이 $l_d = 362\ \mathrm{mm}$는 기초판의 상부에서부터 매립길이 681 mm보다 작음으로 D22 다월철근의 정착길이를 만족한다.

$l_d = 362\ \mathrm{mm} < \text{매립길이} = 681\ \mathrm{mm}$ OK

② 기둥 철근의 기둥으로의 압축철근의 정착길이

기둥의 주철근을 D25 ($d_b = 25.4\ \mathrm{mm}$)를 사용한다고 가정한다.

기둥 철근이 압축력만 부담하는 것으로 가정하여 묻힘길이에 의한 압축 이형철근의 정착길이로 계산한다.

$d_b = 25.4\ \mathrm{mm}$

$$l_d = \max\left(\frac{0.25\, d_b f_y}{\sqrt{f_{ck}}},\ 0.043\, d_b\, f_y\right)$$

$$= \max\left(\frac{0.25 \times 25.4 \times 400}{1.0 \times \sqrt{24}},\ 0.043 \times 25.4 \times 400\right) = \max(518,\ 437) = 518\ \mathrm{mm}$$

$\therefore\ l_{db} = 518\ \mathrm{mm}$

초과 철근량에 대한 보정계수의 적용하여 압축철근의 정착길이를 산정하면 다음과 같다.

$(\text{소요}\ A_s)/(\text{배근}\ A_s) = 1.0$ (가정)

$\therefore\ l_d \geq \max(518 \times 1.0,\ 200) = \max(518,\ 200) = 518\ \mathrm{mm}$

압축철근의 최소 정착길이 $l_d = 518\ \mathrm{mm}$ 이상을 기초판 상부에서 기둥으로 매립한다.

③ 다월철근의 겹침이음길이

D22 다월철근의 압축 이형철근의 겹침이음길이 l_s는 다음과 같다.

$$l_s \geq \min\left[\left(\frac{1.4 f_y}{\lambda\sqrt{f_{ck}}} - 52\right) d_b,\ 0.072 f_y d_b\right]$$

$$= \min\left[\left(\frac{1.4 \times 400}{1.0 \times \sqrt{24}} - 52\right) \times 22.2,\ 0.072 \times 400 \times 22.2\right]$$

$$= \min(1{,}383,\ 639) = 639\text{ mm}$$

$\therefore\ l_s = 639\text{ mm}$

또한 $l_s = 639\text{ mm} \geq 300\text{ mm}$ OK

$\therefore\ l_s = 639\text{ mm}$

④ 압축부재에서의 겹침이음길이

서로 다른 지름의 철근을 압축부에서 겹침이음할 경우, 겹침이음길이는 지름이 큰 철근의 정착길이와 지름이 작은 철근의 겹침이음길이 중 큰 값 이상이어야 한다.

겹침이음길이 $\geq \max(518,\ 639) = 639\text{ mm}$

④ 다월철근의 90° 표준갈고리 길이 (A 또는 G)

D22 다월철근으로 사용되는 90° 표준갈고리 길이 (A 또는 G)는 305 mm이다.

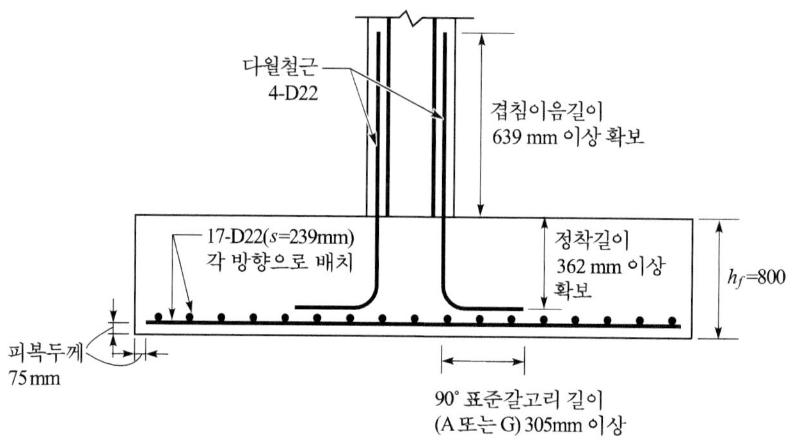

그림 11.21 기둥 밑면에서 힘의 전달과 철근상세

예제 11-5

앞의 예제 11.4에서 독립기초의 한 변이 3.0 m로 제한될 경우, 직사각형 독립기초를 설계하시오. 단, 모든 조건은 앞의 예제와 동일하고, 기둥 밑면에서 힘의 전달 (다월철근)의 설계와 기초판 철근의 정착길이 산정은 생략한다.

풀이

1. 지반의 허용지내력 결정

$q_a = 200\ \text{kN/m}^2$

2. 기초판의 형태와 크기 결정

1) 기초판의 형태 : 직사각형

2) 기초판의 두께

기초판의 전체 두께 $h_f = 800\ \text{mm}$로 가정하여 기초판의 크기를 정한다.

3) 지반의 순허용지내력

$$q_e = q_a - \left(\frac{D_b + D_s}{A}\right) = 200 - (19.2 + 11.9 + 4.8) = 164.1\ \text{kN/m}^2$$

4) 기초판의 크기

$$A \geq \frac{D+L}{q_e} = \frac{1,300 + 1,100}{164.1} = 14.6\ \text{m}^2$$

$A = B \times L = 3\ \text{m} \times L \geq 14.6\ \text{m}^2$

$L \geq 4.9\ \text{m}$

따라서 한 변은 3 m 또 다른 한 변은 5 m인 직사각형 기초로 한다.

$A = B \times L = 3\ \text{m} \times 5\ \text{m} = 15.0\ \text{m}^2$

3. 기초판의 설계용 토압

$P_u = 1.2 \times 1,300 + 1.6 \times 1,100 = 3,320.0\ \text{kN}$

$$q_u = \frac{P_u}{A} = \frac{3,320.0}{15.0} = 221.3\ \text{kN/m}^2 = 0.221\ \text{N/mm}^2$$

4. 기초판의 유효깊이

철근은 D22 ($d_b = 22.2\ \text{mm}$)로 가정한다.

$d = h_f - \text{피복두께} - d_b/2 = 800 - 75 - 22.2/2 = 714\ \text{mm}$

$\therefore\ d = 710\ \text{mm}$로 함.

5. 전단력에 대한 설계

1) 1방향 전단 검토

(1) 장변방향의 1방향 전단 검토

① 계수전단력

$$\frac{L-c_1}{2}-d=\left(\frac{5{,}000-500}{2}\right)-710=1{,}540\text{ mm}$$

$$V_u=q_u B\left(\frac{L-c_1}{2}-d\right)$$

$$=0.221\text{ N/mm}^2\times 3{,}000\text{ mm}\times 1{,}540\text{ mm}=1{,}021.0\times 10^3\text{ N}=1{,}021.0\text{ kN}$$

② 콘크리트가 부담하는 전단강도

$$\phi V_c=\phi\frac{1}{6}\sqrt{f_{ck}}\,Bd=0.75\times\frac{1}{6}\times\sqrt{24}\times 3{,}000\times 710=1{,}311.7\times 10^3\text{ N}=1{,}311.7\text{ kN}$$

$V_u=1{,}021.0\text{ kN}\le\phi V_c=1{,}311.7\text{ kN}$ OK

(2) 단변방향의 1방향 전단 검토

② 계수전단력

$$\frac{B-c_2}{2}-d=\left(\frac{3{,}000-500}{2}\right)-710=540\text{ mm}$$

$$V_u=q_u L\left(\frac{B-c_2}{2}-d\right)$$

$$=0.221\text{ N/mm}^2\times 5{,}000\text{ mm}\times 540\text{ mm}=596.7\times 10^3\text{ N}=596.7\text{ kN}$$

② 콘크리트가 부담하는 전단강도

$$\phi V_c=\phi\frac{1}{6}\sqrt{f_{ck}}\,Ld=0.75\times\frac{1}{6}\times\sqrt{24}\times 5{,}000\times 710=2{,}173.9\times 10^3\text{ N}=2{,}173.9\text{ kN}$$

$V_u=596.7\text{ kN}\le\phi V_c=2{,}173.9\text{ kN}$ OK

일반적으로 1방향 전단은 장변방향의 1방향 전단에 대해 검토하면 된다.

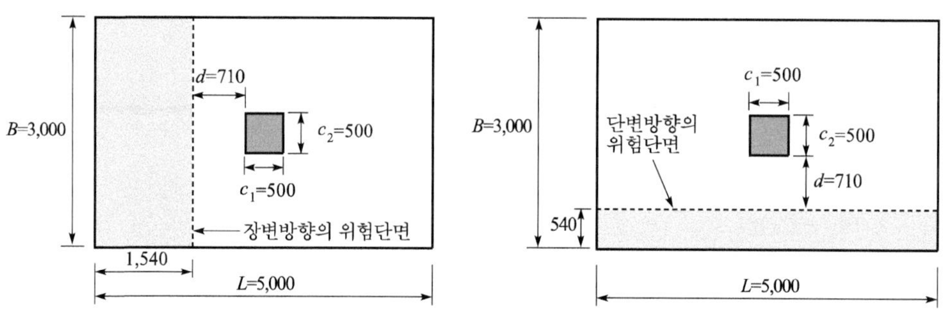

(a) 장변방향의 1방향 전단의 관련 치수

(b) 단변방향의 1방향 전단의 관련 치수

그림 11.22 1방향 전단의 관련 치수 (단위 : mm)

2) 2방향 전단 검토

(1) 계수전단력

$c_1+d=c_2+d=500+710=1{,}210\ \text{mm}$

$V_u=q_u[BL-(c_1+d)(c_2+d)]$

$=0.221\times(3{,}000\times5{,}000-1{,}210\times1{,}210)=2{,}991.4\times10^3\ \text{N}=2{,}991.4\ \text{kN}$

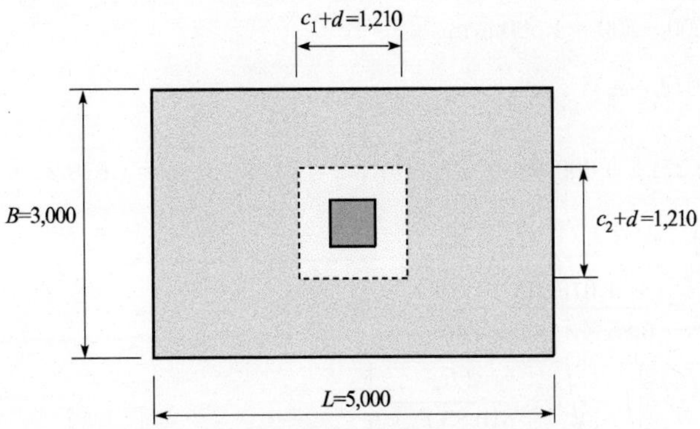

그림 11.23 2방향 전단의 관련 치수 (단위 : mm)

(2) 콘크리트가 부담하는 전단강도

$d=710\ \text{mm}$

$b_o=2[(c_1+d)+(c_2+d)]=2\times(1{,}210+1{,}210)=4{,}840\ \text{mm}$

$\lambda=1.0$ (∵ 보통중량콘크리트)

$k_s=(300/d)^{0.25}=(300/710)^{0.25}=0.806\le1.1$ OK

$\therefore\ k_s=0.806$

$\alpha_s=1.0$ (∵ 내부 기둥)

$k_{bo}=4/\sqrt{\alpha_s(b_o/d)}=4/\sqrt{1.0\times(4{,}840/710)}=1.532\le1.25$ NG

$\therefore\ k_{bo}=1.25$

$f_{te}=0.2\sqrt{f_{ck}}=0.2\times\sqrt{24}=0.980\ \text{MPa}$

$f_{cc}=(2/3)f_{ck}=(2/3)\times24=16\ \text{MPa}$

$\cot\psi=\sqrt{f_{te}(f_{te}+f_{cc})}/f_{te}=\sqrt{0.980\times(0.980+16)}/0.980=4.163$

$\rho=0.0050$ (∵ $\rho\le0.0050$인 경우 $\rho=0.0050$)

$c_u=d[25\sqrt{\rho/f_{ck}}-300(\rho/f_{ck})]=710\times[25\times\sqrt{0.005/24}-300\times(0.0050/24)]=211.8\ \text{mm}$

$v_c=\lambda k_s k_{bo} f_{te}\cot\psi(c_u/d)$

$=1.0\times0.806\times1.25\times0.980\times4.163\times(211.8/710)=1.23\ \text{MPa}$

$V_c=v_c b_o d=1.23\times4{,}840\times710=4{,}226.8\times10^3\ \text{N}=4{,}226.8\ \text{kN}$

$\phi V_c=0.75\times4{,}226.8\ \text{kN}=3{,}170.1\ \text{kN}$

$\phi0.58f_{ck}b_oc_u=0.75\times0.58\times24\times4{,}840\times211.8=10{,}702.2\times10^3\ \text{N}=10{,}702.2\ \text{kN}$

$\phi V_c = 3{,}170.1\text{ kN} \le \phi 0.58 f_{ck} b_o c_u = 10{,}702.2\text{ kN}$ OK

$V_u = 2{,}991.4\text{ kN} < \phi V_c = 3{,}170.1\text{ kN}$ OK

6. 휨모멘트에 대한 설계

1) 장변방향의 휨모멘트에 대한 설계

(1) 계수휨모멘트

$L - c_1 = 5{,}000 - 500 = 4{,}500\text{ mm}$

$$M_u = \frac{1}{8} q_u B (L - c_1)^2$$

$$= \frac{1}{8} \times 0.221 \times 3{,}000 \times 4{,}500^2 = 1{,}678.2 \times 10^6\text{ N}\cdot\text{mm} = 1{,}678.2\text{ kN}\cdot\text{m}$$

(2) 철근비 산정

$$R_n = \frac{M_u}{\phi B d^2} = \frac{1{,}678.2 \times 10^6}{0.85 \times 3{,}000 \times 710^2} = 1.3055\text{ MPa}$$

$$\rho = \frac{\eta(0.85 f_{ck})}{f_y}\left[1 - \sqrt{1 - \frac{2R_n}{\eta(0.85 f_{ck})}}\right]$$

$$= \left(\frac{1.00 \times 0.85 \times 24}{400}\right) \times \left(1 - \sqrt{1 - \frac{2 \times 1.3055}{1.00 \times 0.85 \times 24}}\right) = 0.0034$$

$\rho = 0.0034 \le 0.0050$ OK

(3) 최소철근비

$f_y \le 400\text{ MPa}$인 경우 $\rho_{\min} = 0.0020$

$\rho = 0.0034 \ge \rho_{\min} = 0.0020$ OK

$\therefore\ \rho = 0.0034$

(4) 철근량

$A_s = \rho B d = 0.0034 \times 3{,}000 \times 710 = 7{,}242\text{ mm}^2$

(5) 철근 개수와 간격

① 철근 개수

D22 ($a_1 = 387.1\text{ mm}^2$)를 사용하는 것으로 가정하면 철근 개수는 다음과 같다.

$$n \ge \frac{A_s}{a_1} = \frac{7{,}242}{387.1} = 18.7 \rightarrow 19\ EA$$

$\therefore$ 19-D22 ($A_s = 7{,}355\text{ mm}^2$)

② 철근 간격

$$s = \frac{(\text{기초판의 폭} - \text{피복두께} \times 2 - d_b)}{(n-1)} = \frac{(3{,}000 - 75 \times 2 - 22.2)}{(19-1)} = 157\text{ mm}$$

$s = 157\text{ mm} \le \min(3h_f,\ 450\text{mm}) = 450\text{ mm}$ OK

장변방향의 철근은 폭 전체에 균등히 단변방향의 철근 아래에 배치한다.

(6) 인장변형률 검토

$$a = \frac{A_s f_y}{\eta(0.85 f_{ck}) B} = \frac{7{,}355 \times 400}{1.00 \times 0.85 \times 24 \times 3{,}000} = 48.1\ \mathrm{mm}$$

$f_{ck} \le 40\ \mathrm{MPa}$이므로 $\beta_1 = 0.80$이다.

$$c = \frac{a}{\beta_1} = \frac{48.1}{0.80} = 60.1\ \mathrm{mm}$$

$$\epsilon_t = \left(\frac{d_t - c}{c}\right)\epsilon_{cu} = \left(\frac{710 - 60.1}{60.1}\right) \times 0.0033 = 0.0357$$

$\epsilon_t = 0.0357 \ge \epsilon_u = 0.0050$이므로 인장지배 단면이므로 $\phi = 0.85$가 된다.

2) 단변방향의 휨모멘트에 대한 설계

(1) 계수휨모멘트

$$B - c_2 = 3{,}000 - 500 = 2{,}500\ \mathrm{mm}$$

$$M_u = \frac{1}{8} q_u L (B - c_2)^2$$

$$= \frac{1}{8} \times 0.221 \times 5{,}000 \times 2{,}500^2 = 863.3 \times 10^6\ \mathrm{N \cdot mm} = 863.3\ \mathrm{kN \cdot m}$$

(2) 철근비 산정

$$R_n = \frac{M_u}{\phi L d^2} = \frac{863.3 \times 10^6}{0.85 \times 5{,}000 \times 710^2} = 0.4030\ \mathrm{MPa}$$

$$\rho = \frac{\eta(0.85 f_{ck})}{f_y}\left[1 - \sqrt{1 - \frac{2R_n}{\eta(0.85 f_{ck})}}\right]$$

$$= \left(\frac{1.00 \times 0.85 \times 24}{400}\right) \times \left(1 - \sqrt{1 - \frac{2 \times 0.4030}{1.00 \times 0.85 \times 24}}\right) = 0.0010$$

$\rho = 0.0010 \le 0.0050$ OK

(3) 최소철근비

$f_y \le 400\ \mathrm{MPa}$인 경우 $\rho_{\min} = 0.0020$

$\rho = 0.0010 \ge \rho_{\min} = 0.0020$ NG

$\therefore\ \rho = 0.0020$

(4) 철근량 (수축 · 온도철근비에 의한 철근량은 콘크리트의 전체 단면적임에 주의한다.)

$$A_s = \rho L h_f = 0.0020 \times 5{,}000 \times 800 = 8{,}000\ \mathrm{mm}^2$$

(5) 철근 개수와 간격

① 전체 철근 개수

D22 ($a_1 = 387.1\ \mathrm{mm}^2$)를 사용하는 것으로 가정하면 철근 개수는 다음과 같다.

$$n \ge \frac{A_s}{a_1} = \frac{8{,}000}{387.1} = 20.6 \rightarrow 21\ EA$$

$\therefore$ 21–D22 ($A_s = 8{,}129\ \mathrm{mm}^2$)

② $L = 5.0\ \text{m}$ 에서 단변길이 $B = 3.0\ \text{m}$ 만큼의 중앙구간에 배치되는 철근 개수

$$\beta = \frac{L}{B} = \frac{5.0}{3.0} = 1.67$$

$$\gamma_s = \left(\frac{2}{\beta+1}\right) = \left(\frac{2}{1.67+1}\right) = 0.75$$

$$n = 0.75 \times 21 = 15.8 \rightarrow 17EA$$

따라서 $L = 5.0\ \text{m}$ 에서 17개의 철근을 단변길이 $B = 3.0\ \text{m}$ 만큼의 중앙구간에 등간격으로 배치하고, 나머지 각 2개의 철근을 중앙구간 이외의 양쪽구간 [양쪽 $(L-B)/2$ 구간]에 등간격으로 배치한다.

③ 철근 간격

$L = 5.0\ \text{m}$ 에서 15개의 철근을 단변길이 $B = 3.0\ \text{m}$ 만큼의 중앙구간에 등간격으로 배치할 경우 철근 간격은 다음과 같다.

$$s = \frac{(\text{기초판의 폭} - \text{피복두께} \times 2 - d_b)}{(n-1)} = \frac{(3{,}000 - 75 \times 2 - 22.2)}{(17-1)} = 177\ \text{mm}$$

$s = 177\ \text{mm} \le \min(3h_f,\ 450\,\text{mm}) = 450\ \text{mm}$ OK

단변방향의 철근은 단변방향으로 배치해야 할 전체 철근량 (A_{sL})에서 $A_{s1} = \gamma_s A_{sL}$ 를 단변길이만큼의 중앙구간 (B 구간)에 균등하게 장변방향의 철근 위에 배치하고, 나머지 철근은 중앙구간 이외의 양쪽구간 [양쪽 $(L-B)/2$ 구간]에 등간격으로 배치한다.

(6) 인장변형률 검토

$$a = \frac{A_s f_y}{\eta(0.85 f_{ck}) L} = \frac{8{,}129 \times 400}{1.00 \times 0.85 \times 24 \times 5{,}000} = 31.9\ \text{mm}$$

$f_{ck} \le 40\ \text{MPa}$ 이므로 $\beta_1 = 0.80$ 이다.

$$c = \frac{a}{\beta_1} = \frac{31.9}{0.85} = 39.9\ \text{mm}$$

$$\epsilon_t = \left(\frac{d_t - c}{c}\right)\epsilon_{cu} = \left(\frac{710 - 39.9}{39.9}\right) \times 0.0033 = 0.0554$$

$\epsilon_t = 0.0554 \ge \epsilon_u = 0.0050$ 이므로 인장지배 단면이므로 $\phi = 0.85$ 가 된다.

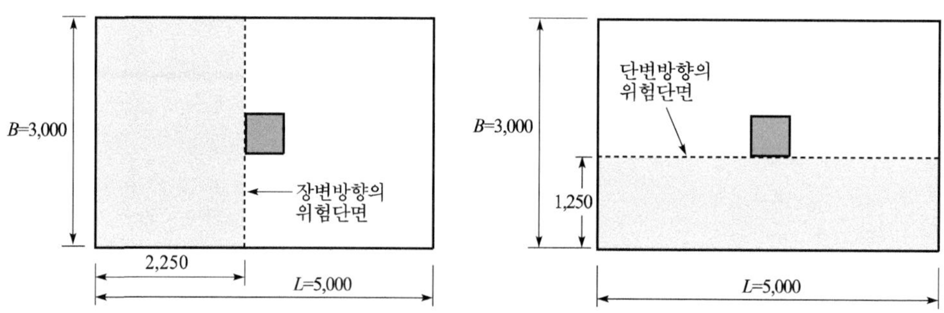

(a) 장변방향의 휨모멘트의 관련 치수 (b) 단변방향의 휨모멘트의 관련 치수

그림 11.24 휨모멘트의 관련 치수 (단위 : mm)

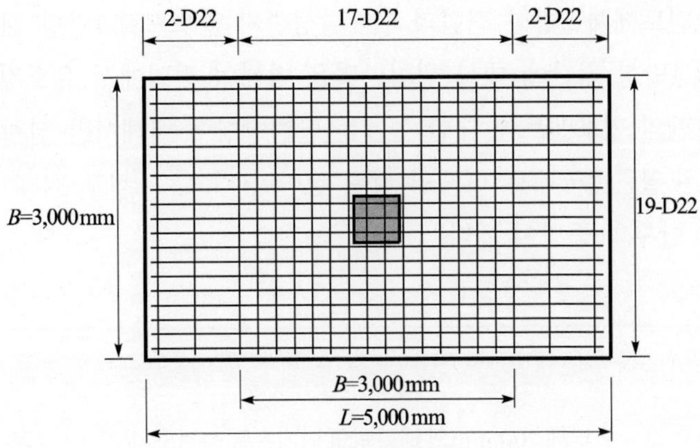

그림 11.25 기초판 주철근의 배치

11.4. 벽기초의 설계

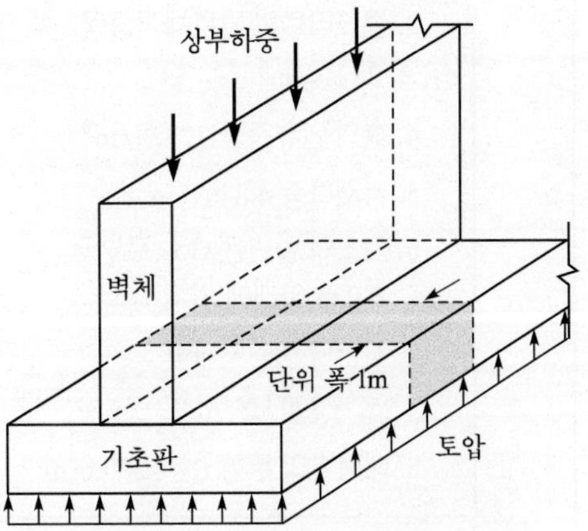

그림 11.26 벽기초 (연속기초, 줄기초)

기초 상부에 내력벽이나 조적벽 등의 벽체가 위치하고 상부 구조물로부터 등분포하중이 벽체를 통해 기초로 전달되고 또 이 하중을 지반으로 전달하는 철근콘크리트 기초 또는 무근콘크리트 기초를 벽기초(연속기초, 줄기초)라 한다. 벽기초의 설계는 독립기초의 설계와 유사하고 1방향의 휨에 대해 설계하면 됨으로 단순하다.

벽기초에 작용하는 하중이 적을 경우, 구조설계기준에 따른 최소철근량으로도 기초 설계가 가능하며, 지반이 좋을 경우 무근콘크리트 구조로소 기초 설계가 가능하다. 무근콘크리트 구조로 기초판을 설계할지라도 벽체와 기초판을 연결하는 다월철근은 넣어야 한다.

벽기초에서 벽체의 양쪽으로 뻗은 기초판이 캔틸레버와 같은 거동을 하므로 벽기초는 벽체의 길이방향으로 1 m 폭의 설계대 (Strip)를 고려하여 해석한다.

기초판의 전단 검토에서 2방향 전단파괴는 발생하지 않으므로 1방향 전단에 대해서만 실시한다. 따라서 1방향 전단에 대한 위험단면은 벽체의 전면에서 유효깊이 d 만큼 떨어진 위치이다. 기초판의 휨모멘트에 대한 설계는 단변방향에 대해서만 실시한다. 휨모멘트에 대한 위험단면은 철근콘크리트 벽체의 경우 전면이 되고, 조적조 벽체 또는 석공벽의 경우 벽체 중심과 단부의 중간이 된다.

예제 11-6

다음과 같은 조건을 갖는 벽두께 200 mm의 내력벽의 벽기초를 설계하시오. [단, 기초판 철근의 정착길이와 벽체 밑면에서 힘의 전달 (다월철근)의 설계는 생략한다. 그리고 콘크리트는 $f_{ck} = 24$ MPa의 보통중량콘크리트이고, 철근은 $f_y = 400$ MPa의 도막되지 않은 철근이다.]

[조건]

1.사용 고정하중 $P_D = 300$ kN/m
2. 사용 활하중 $P_L = 200$ kN/m
3. 콘크리트의 단위체적중량 24 kN/m^3
4. 흙의 단위중량 17 kN/m^3
5. 상재하중 4.8 kN/m^2
6. 기초의 밑면은 G.L.로부터 1.0 m 아래에 위치
7. 지반의 허용지내력 $q_a = 300$ kN/m^2
8. 내력벽의 두께 $t_w = 200$ mm

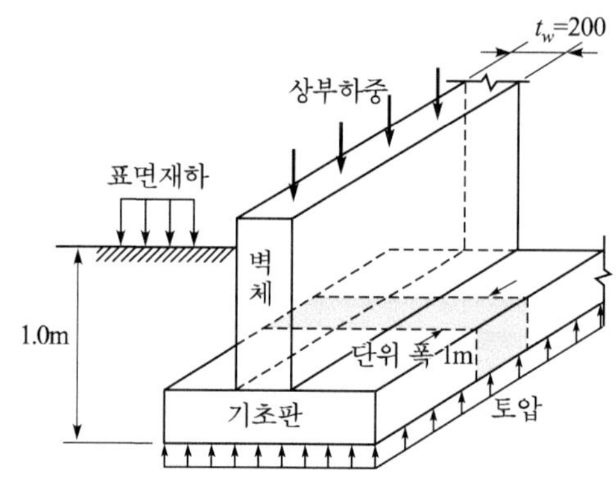

그림 11.27

풀이

1. 지반의 허용지내력 결정
$q_a = 300$ kN/m^2

2. 기초판의 형태와 크기 결정
1) 기초판의 형태 : 벽기초의 직사각형 (길이방향으로 1 m 폭의 설계대를 고려)
2) 기초판의 두께와 자중에 의한 응력
  (1) 기초판의 전체 두께 $h_f = 500$ mm로 가정하여 기초판의 크기를 정한다.
  (2) 기초의 자중에 의한 응력

$D_b/A = 24\ \text{kN/m}^3 \times 0.5\ \text{m} = 12.0\ \text{kN/m}^2$

(2) 흙의 자중에 의한 응력

$D_s/A = 17\ \text{kN/m}^3 \times (1.0 - 0.5)\ \text{m} = 8.5\ \text{kN/m}^2$

(3) 상재하중에 의한 응력

$D_s/A = 4.8\ \text{kN/m}^2$

3) 지반의 순허용지내력

$$q_e = q_a - \left(\frac{D_b + D_s}{A}\right) = 300 - (12.0 + 8.5 + 4.8) = 274.7\ \text{kN/m}^2$$

4) 기초판의 크기

$$A \geq \frac{D+L}{q_e} = \frac{300+200}{274.7} = 1.8\ \text{m}^2$$

따라서 기초는 1 m 폭에 대해 기초판의 너비 2.0 m로 한다.

$A = L \times B = 1\ \text{m} \times 2\ \text{m} = 2.0\ \text{m}^2$

3. 기초판의 설계용 토압

$P_u = 1.2 \times 300 + 1.6 \times 200 = 680.0\ \text{kN}$

$$q_u = \frac{P_u}{A} = \frac{680.0}{2.0} = 340.0\ \text{kN/m}^2 = 0.340\ \text{N/mm}^2$$

4. 기초판의 유효깊이

기초판의 유효깊이 d는 피복두께와 주철근의 지름 등을 고려하여 다음과 같다. 철근은 D22 ($d_b = 22.2\ \text{mm}$)로 가정한다.

$d = h_f - \text{피복두께} - d_b/2 = 500 - 75 - 22.2/2 = 414\ \text{mm}$

$\therefore\ d = 410\ \text{mm}$로 함.

5. 전단력에 대한 설계

1) 1방향 전단 검토

(1) 계수전단력

$$\frac{B - t_w}{2} - d = \left(\frac{2{,}000 - 200}{2}\right) - 410 = 490\ \text{mm}$$

$$V_u = q_u L \left(\frac{B - t_w}{2} - d\right)$$

$$= 0.340\ \text{N/mm}^2 \times 1{,}000\ \text{mm} \times 490\ \text{mm} = 166.6 \times 10^3\ \text{N} = 166.6\ \text{kN}$$

(2) 콘크리트가 부담하는 전단강도

$$\phi V_c = \phi \frac{1}{6} \sqrt{f_{ck}}\, L d = 0.75 \times \frac{1}{6} \times \sqrt{24} \times 1{,}000 \times 410 = 251.1 \times 10^3\ \text{N} = 251.1\ \text{kN}$$

$V_u = 166.9\ \text{kN} \leq \phi V_c = 251.1\ \text{kN}$ OK

2) 2방향 전단 검토

2방향 전단파괴는 발생하지 않으므로 검토할 필요가 없다.

6. 휨모멘트에 대한 설계

1) 단변방향

(1) 계수휨모멘트

$B - t_w = 2{,}000 - 200 = 1{,}800\ \mathrm{mm}$

$$M_u = \frac{1}{8} q_u L (B - t_w)^2$$

$$= \frac{1}{8} \times 0.340 \times 1{,}000 \times 1{,}800^2 = 137.7 \times 10^6\ \mathrm{N \cdot mm} = 137.7\ \mathrm{kN \cdot m}$$

(2) 철근비 산정

$$R_n = \frac{M_u}{\phi L d^2} = \frac{137.70 \times 10^6}{0.85 \times 1{,}000 \times 410^2} = 0.9637\ \mathrm{MPa}$$

$$\rho = \frac{\eta(0.85 f_{ck})}{f_y}\left[1 - \sqrt{1 - \frac{2R_n}{\eta(0.85 f_{ck})}}\right]$$

$$= \left(\frac{1.00 \times 0.85 \times 24}{400}\right) \times \left(1 - \sqrt{1 - \frac{2 \times 0.9637}{1.00 \times 0.85 \times 24}}\right) = 0.0025$$

$\rho = 0.0025 \le 0.0050$ OK

(3) 최소철근비

$f_y \le 400\ \mathrm{MPa}$인 경우 $\rho_{\min} = 0.0020$

$\rho = 0.0025 \ge \rho_{\min} = 0.0020$ OK

$\therefore\ \rho = 0.0025$

(4) 철근량

$A_s = \rho L d = 0.0025 \times 1{,}000 \times 410 = 1{,}025\ \mathrm{mm}^2$

(5) 철근 개수와 간격

① 철근 개수

D22 ($a_1 = 387.1\ \mathrm{mm}^2$)를 사용하는 것으로 가정하면 철근 개수는 다음과 같다.

$$n \ge \frac{A_s}{a_1} = \frac{1{,}025}{387.1} = 2.6 \rightarrow 3\ EA$$

$\therefore$ 3-D22 ($A_s = 1{,}161\ \mathrm{mm}^2$)

② 철근 간격

$$s = \frac{\text{기초판의 폭}}{n} = \frac{1{,}000}{3} = 333\ \mathrm{mm}$$

$\min(3h_f, 450\,\mathrm{mm}) = \min(3 \times 800, 450) = \min(2{,}400, 450) = 450\ \mathrm{mm}$

$s = 333\ \mathrm{mm} \le \min(3h_f,\ 450\mathrm{mm}) = 450\ \mathrm{mm}$ OK

∴ D22@300으로 배치하면 철근량은 다음과 같다.

$$A_s = 1{,}000\left(\frac{a_1}{s}\right) = 1{,}000 \times \left(\frac{387.1}{300}\right) = 1{,}290\ \mathrm{mm}^2$$

> **주1** 철근의 배치에 있어 정해진 폭에 대해 철근 간격을 정할 때는 피복두께와 철근 지름 및 철근 배치 개수 등을 고려하지만, 1 m 폭에 대해 철근 간격을 정할 때는 피복두께와 철근지름 및 철근 배치개수 등을 고려하지 않고 1 m에 대한 철근 개수만 고려한다.

(6) 인장변형률 검토

$$a = \frac{A_s f_y}{\eta(0.85 f_{ck}) L} = \frac{1{,}290 \times 400}{1.00 \times 0.85 \times 24 \times 1{,}000} = 25.3\ \mathrm{mm}$$

$f_{ck} \le 40$ MPa이므로 $\beta_1 = 0.80$이다.

$$c = \frac{a}{\beta_1} = \frac{25.3}{0.80} = 31.6\ \mathrm{mm}$$

$$\epsilon_t = \left(\frac{d_t - c}{c}\right)\epsilon_{cu} = \left(\frac{410 - 31.6}{31.6}\right) \times 0.0033 = 0.0359$$

$\epsilon_t = 0.0359 \ge \epsilon_u = 0.0050$이므로 인장지배 단면이므로 $\phi = 0.85$가 된다.

2) 장변방향

(1) 철근량

장변방향(길이방향)은 계산상 철근이 필요 없으나 슬래브의 수축·온도철근량(최소철근량)을 균등하게 배치해야 한다.

$f_y \le 400$ MPa인 경우, $\rho_{\min} = 0.0020$

$$A_{s,\min} = \rho_{\min} B h_f = 0.0020 \times 2{,}000 \times 500 = 2{,}000\ \mathrm{mm}^2$$

(2) 철근 개수와 간격

① 철근 개수

D22 ($a_1 = 387.1\ \mathrm{mm}^2$)를 사용하는 것으로 가정하면 철근 개수는 다음과 같다.

$$n \ge \frac{A_s}{a_1} = \frac{2{,}000}{387.1} = 5.2 \rightarrow 6\ EA$$

∴ 6-D22 ($A_s = 2{,}323\ \mathrm{mm}^2$)

② 철근 간격

$$s = \frac{(\text{기초판의 폭} - \text{피복두께} \times 2 - d_b)}{(n-1)} = \frac{(2{,}000 - 75 \times 2 - 22.2)}{(6-1)} = 366\ \mathrm{mm}$$

$$\min(3h_f, 450\mathrm{mm}) = \min(3 \times 800, 450) = \min(2{,}400, 450) = 450\ \mathrm{mm}$$

$s = 366\ \mathrm{mm} \le \min(3h_f,\ 450\mathrm{mm}) = 450\ \mathrm{mm}$ OK

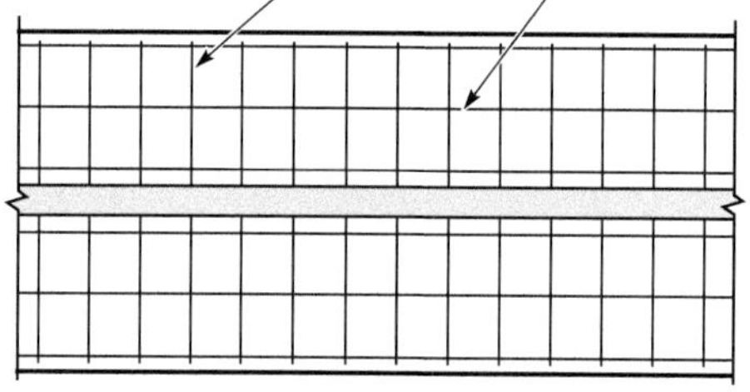

(a) 기초판 주철근의 배치

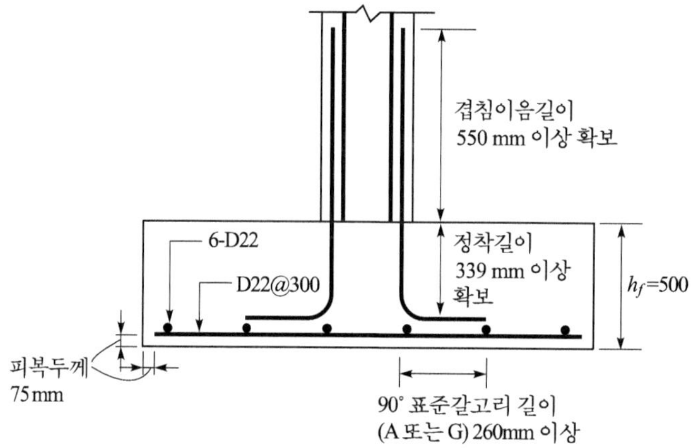

(b) 벽체 밑면에서 힘의 전달

그림 11.28 벽기초의 설계

11.5. 복합기초의 설계

11.5.1. 직사각형의 복합기초

복합기초(Combined Footing)는 2개 이상의 기둥이나 벽체를 1개의 기초판으로 지지하도록 한 것이다. 이러한 복합기초는 다음의 두 가지 경우에 대해 사용된다.

첫째는 두 개의 기둥이 가까워 독립기초로 하게 되면 기초판이 겹치게 되어 설계가 되지 않거나 시공성과 경제성이 낮은 경우이다. 두 번째는 기둥이 대지경계선의 가까이에 위치하게 되어 독립기초로 설계할 경우 편심하중이 발생하게 되는 경우이다.

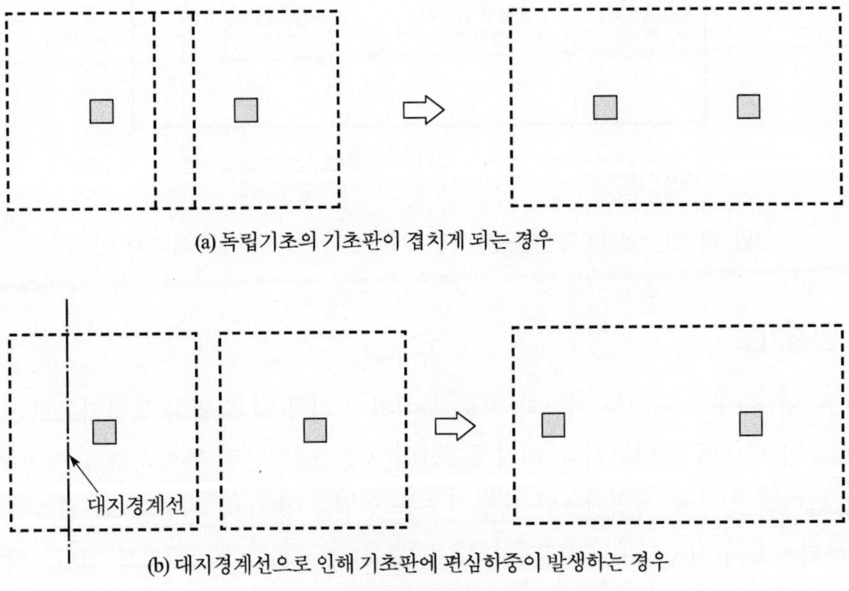

그림 11.29 복합기초가 적용되는 경우

두 기초판의 연결형태에 따라 직사각형 기초판 또는 사다리꼴 기초판 등이 있다. 복합기초는 시공상 기초판 형태가 직사각형인 것이 많이 적용된다. 복합기초의 설계에서 주의해야 할 것은 두 기둥에 작용하는 하중의 합력의 작용점이 기초판의 도심과 일치하도록 하여야 한다. 이럴 경우 기초판에는 등분포의 토압이 작용하게 되고 기초판에는 편심하중에 의한 응력이 작용하지 않는다.

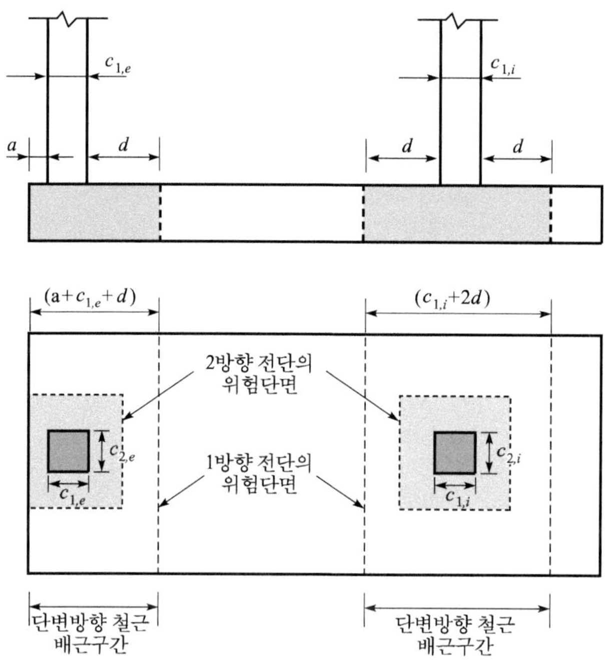

그림 11.30 복합기초의 전단력에 대한 위험단면과 단변방향 철근의 배치구간

11.5.2. 연결기초

연결기초(Strap Footing)는 기둥과 기둥 사이의 거리가 너무 멀어 복합기초로 시공하기에는 재료의 낭비가 과다하거나 대지경계선의 제한으로 인해 독립기초로 시공하기에는 편심이 과다한 경우에 독립기초와 독립기초를 연결보(Strap, 지중보)로 연결하는 형태이다. 복합기초의 일종이며, 캔틸레버기초(Cantilever Footing)라고도 한다. 외부에 면한 기초가 대지경계선의 제한으로 인해 기둥에 대칭인 기초판을 가질 수 없을 경우, 기둥의 작용하중의 중심과 기초판의 토압의 중심이 편심이 발생되고 이로 인해 회전변형이 발생되며 토압분포가 불리하게 된다. 반면 내부 기초는 기둥에 대칭인 기초판을 가질 수 있다. 편심이 발생하는 외부에 면한 기초를 균형이 잡힌 내부 기초에 강성이 큰 연결보로 연결하여 외부에 면한 기초의 편심효과를 줄이고 안정성을 높인 기초이다.

기초판의 면적을 조정하여 지내력이 값이 같고 등분포하중이 되게 한다. 따라서 두 기초판에 작용하는 응력의 합력은 기초판의 중심을 통과해야 한다. 기초판 사이의 연결보는 지반에 닿아서는 안 됨으로 연결보 아래의 지면을 느슨하게 하여 토압이 작용하지 않는 상태로 두어야 한다.

11.6. 말뚝기초의 설계

말뚝기초 (Pile Cap Footing)는 지반이 연약하여 독립기초로는 불안전할 경우, 말뚝 (Pile)을 연약지반을 관통시켜 암반과 같은 경질지반에 도달하게 하여 상부의 기둥 하중을 경질지반에 전달시크는 기초이다. 말뚝기초에서 말뚝 상부의 기초판을 파일캡 (Pile Cap)이라 한다. 기초판 (파일캡)은 단단하고 상부의 기둥 하중을 분산시켜 말뚝으로 전달할 수 있어야 하고 말뚝으로부터의 반력에 의한 전단력과 휨모멘트를 지지할 수 있어야 한다. 또한 다월철근과 보강재를 고정하기에 충분한 두께를 가져야 하며, 1방향 전단, 2방향 전단 및 휨에 안전해야 하고 정착길이를 확보할 수 있어야 한다.

말뚝기초의 설계방법은 독립기초의 설계에서와 유사한 방법과 스트럿-타이 모델을 이용한 방법이 있다.

말뚝의 허용지내력 R_a는 평판재하시험이나 표준관입시험 등과 같은 흙의 하중시험을 통해 얻은 극한지내력 R_{ult}를 안전율 (FS)로 나눈 것이다.

$$R_a = \frac{R_{ult}}{FS}$$

여기서, $FS = 3.0$

기둥과 기초판의 중심축에 축하중 P만 작용할 경우, 말뚝의 개수 n은 다음 식과 같이 산정한다.

$$n \geq \frac{P}{R_a} = \frac{(D + D_b + D_s) + L}{R_a} \quad \text{또한}$$

$$n \geq \frac{P}{R_a} = \frac{0.75[(D + D_b + D_s) + L + W(\text{또는 } E)]}{R_a}$$

말뚝의 개수가 결정되면 계수중심축하중 P_u만 작용하는 말뚝의 한 개의 반력은 다음과 같다.

$$R_u = \frac{P_u}{n} = \frac{1.2D + 1.6L}{n} \quad \text{또한}$$

$$R_u = \frac{P_u}{n} = \frac{1.2D + 1.0L + 1.3W(\text{또는 } 1.0E)}{n}$$

말뚝의 종별에 따른 말뚝 중심간 최소간격과 연단거리는 KDS 41 20 00 (4.4.10)[21]에 따라 다음과 같다.

표 11.7 말뚝의 종별에 따른 말뚝의 중심간 간격 및 연단거리

말뚝의 종별	기성콘크리트말뚝	강재(H형강)말뚝	현장타설(제자리) 콘크리트말뚝
말뚝의 중심간 최소간격	$2.5d_{pile}$ 이상 또한 750 mm 이상	$2.0d_{pile}$ 이상 또한 750 mm 이상	$2.0d_{pile}$ 이상 또한 d_{pile}+1,000 mm 이상
연단거리	$1.25d_{pile}$		

여기서, d : 말뚝머리지름 (mm)
연단거리 : 말뚝중심에서 기초판 끝단까지의 거리

말뚝기초의 기초판의 면적은 말뚝의 개수와 배치간격 및 연단거리 등을 고려하여 결정한다. 말뚝기초의 전단력에 대한 설계는 기초판의 1방향 전단과 2방향 전단 그리고 말뚝의 2방향 전단 (뚫림전단)에 대해 이루어져야 한다. 기초판의 전단설계는 독립기초와 유사하다. 즉, 기초판의 1방향 전단의 위험단면은 기둥의 전면에서 d만큼 떨어진 위치이고, 2방향 전단의 위험단면은 기둥의 전면에서 $d/2$만큼 떨어진 4면 주위이다. 그리고 말뚝의 2방향 전단의 위험단면은 말뚝의 전면에서 $d/2$만큼 떨어진 4면 주위이다.

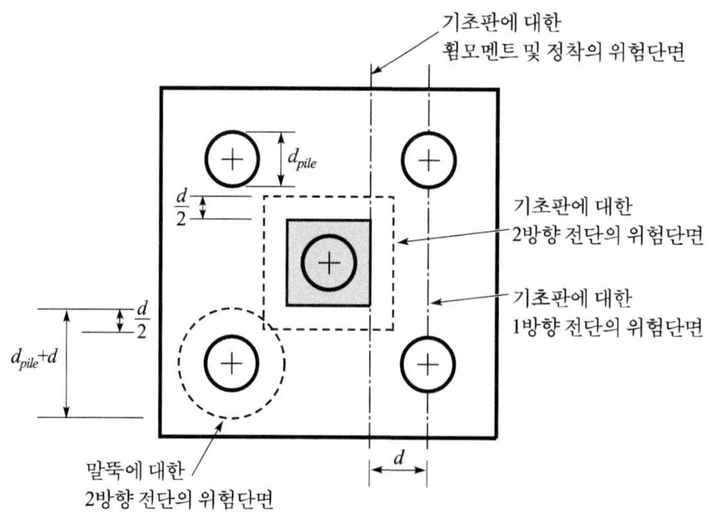

그림 11.31 말뚝기초의 위험단면

21) KDS 41 20 00 (4.4.10) 건축물 기초구조 설계기준, 국토교통부 제정, 대한건축학회 작성, 2019.

말뚝기초에서 기초판의 전단력은 KDS 14 20 70 (4.2.2.2)[22] 구조설계기준에 따라 다음 규정에 따라 계산한다.

(1) 말뚝의 중심이 단면에서 외측으로 $d_{pile}/2$ 이상에 위치하는 말뚝의 반력은 전부 그 단면에 전단력으로 작용하는 것으로 한다.

(2) 말뚝의 중심이 단면에서 외측으로 $d_{pile}/2$ 이내에 위치하는 말뚝의 반력은 그 단면에 전단력으로 작용하지 않는 것으로 한다.

(3) 말뚝의 중심이 위의 조건 사이에 위치하는 경우 직선 보간하여 말뚝의 중심에서 산정한 반력이 그 단면에 전단력으로 작용하는 것으로 한다.

말뚝이 기둥의 전면으로부터 d 또는 $d/2$ 이내에 위치하게 될 때, 1방향 전단 또는 2방향 전단의 각각에 대해 기둥의 전면에 인접한 전단강도의 상한이 고려되어야 한다.
그리고 말뚝의 2방향 전단의 위험단면은 말뚝의 전면에서 $d/2$만큼 떨어진 원형이다.

$$b_o = \pi (d_{pile} + d)$$

여기서, d_{pile} : 말뚝머리지름 (mm)

d : 기초판의 유효깊이 (mm)

말뚝기초의 유효깊이는 300 mm 이상이며, 기초판의 전체 두께에서 말뚝머리의 묻힘길이 100 mm, 피복두께 75 mm, 철근지름 d_b 등을 고려하여 유효깊이를 결정한다. 기초판의 적절한 두께는 말뚝의 한 그룹이 6개 이내로 사용될 때, 말뚝머리지름의 크기에 따라 표 11.8과 같이 사용될 수 있다.[23]

표 11.8 기초판의 두께

말뚝머리지름 (mm)	300	350	400	450	500	550	600	750
기초판의 두께 (mm)	700	800	900	1,000	1,100	1,200	1,400	1,800

22) KDS 14 20 70 (4.2.2.2) 콘크리트 슬래브와 기초판 설계기준, 국토교통부 제정, 한국콘크리트학회 작성, 2021.

23) Bill Mosley, John Bungey and Ray Hulse, Reinforced Concrete Design, Palgrave Macmillan, 2012, p.318.

예제 11-7

다음과 같은 조건을 갖는 기성콘크리트 말뚝기초를 설계하시오. (단, 기초판 철근의 정착길이와 기둥 밑면에서 힘의 전달 (다월철근)의 설계는 생략한다. 그리고 콘크리트는 f_{ck} =27 MPa의 보통중량콘크리트이고, 철근은 f_y = 400 MPa의 도막되지 않은 철근이다.)

[조건]

1. 사용축하중 $P = P_D + P_L = 4{,}300$ kN
2. 계수축하중 $P_u = 1.2P_D + 1.6P_L = 6{,}000$ kN
3. 콘크리트의 단위체적중량, 흙의 단위체적중량 및 상재하중은 모두 사용축하중 및 계수축하중에 포함된 것으로 가정한다.
4. 말뚝의 허용지내력 $R_a = 1{,}000$ kN
6. 기둥의 단면 크기 600 mm × 600 mm
7. 기성콘크리트의 말뚝머리지름 $d_{pile} = 500$ mm
8. 기초판의 전체 두께는 $h_f = 1{,}100$ mm, 평균 유효깊이는 $d = 900$ mm로 한다.

풀이

1. 말뚝의 허용지내력 결정

$R_a = 1{,}200$ kN

2. 기초판의 형태와 크기 결정

1) 기초판의 형태 : 정사각형 형태의 말뚝기초

2) 기초판의 두께 : 기초판의 전체 두께 $h_f = 1{,}100$ mm

3. 말뚝의 개수와 배치

1) 말뚝의 개수

$$n \geq \frac{P}{R_a} = \frac{(D + D_b + D_s) + L}{R_a} = \frac{4{,}300}{1{,}000} = 4.3 \rightarrow 5\ EA$$

2) 말뚝의 배치와 기초판의 크기

(1) 말뚝의 중심간 최소간격

$d_{pile} = 500$ mm

말뚝의 중심간 최소간격 $= \max(2.5d_{pile}, 750 \text{ mm})$

$= \max(2.5 \times 500, 750) = \max(1{,}250, 750) = 1{,}250$ mm

연단거리 $= 1.25d_{pile} = 1.25 \times 500 = 625$ mm $\rightarrow 650$ mm

따라서 중앙에 위치한 말뚝과 모서리에 위치한 말뚝의 중심간 간격은 최소 1,250 mm 이상이어야 한다. 삼각형의 비례의 의해 중앙의 말뚝과 모서리 말뚝의 최소 직선거리는 다음과 같다.

$$l = \frac{a}{\sqrt{2}} = \frac{1,250}{\sqrt{2}} = 884\ \mathrm{mm}$$

외측에 위치한 말뚝 중심이 1방향 전단의 위험단면과 같게 하기 위해 $l = c_1/2 + d = 600/2 + 900 = 1,200\ \mathrm{mm}$ 에 위치하는 것으로 한다. 만약 말뚝이 1방향 전단의 위험단면 이내에 위치하게 되면 1방향 전단 검토는 생략된다.

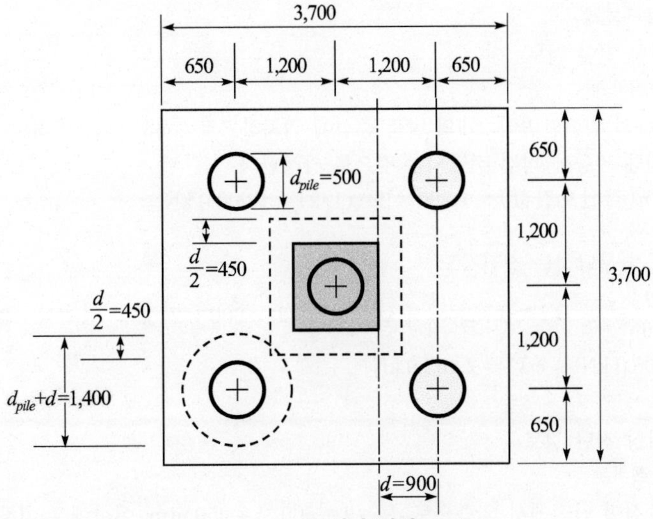

(a) 평면 (단위 : mm)

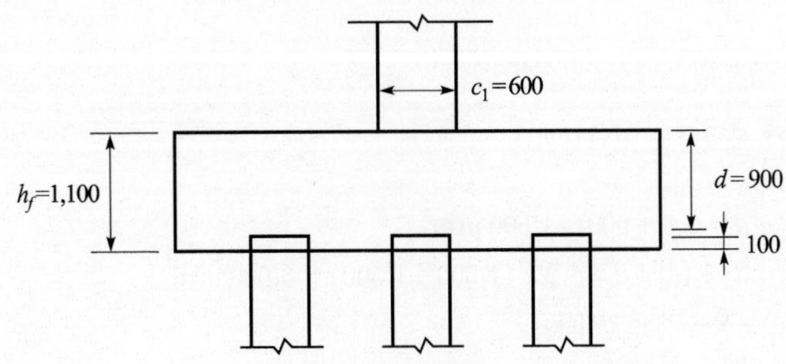

(b) 단면 (단위 : mm)

그림 11.32 말뚝기초의 관련 치수와 위험단면

4. 말뚝의 설계용 반력

$P_u = 1.2P_D + 1.6P_L = 6{,}000\ \text{kN}$

$R_u = \dfrac{P_u}{n} = \dfrac{1.2D+1.6L}{n} = \dfrac{6{,}000}{5} = 1{,}200\ \text{kN}$

5. 기초판의 유효깊이

$d = 900\ \text{mm}$

6. 전단력에 대한 설계

1) 기초판의 1방향 전단 검토

(1) 계수전단력

1방향 전단의 위험단면이 2개의 말뚝 중심에 위치하므로 2개의 말뚝 반력의 1/2은 트러스 작용으로 인해 기둥에 직접 전달되는 것으로 가정한다.

$V_u = R_u n(\text{직선보간값}) = 1{,}200 \times 2 \times (1/2) = 1{,}200.0\ \text{kN}$

(2) 콘크리트가 부담하는 전단강도

$\phi V_c = \phi \dfrac{1}{6}\sqrt{f_{ck}}\,Bd = 0.75 \times \dfrac{1}{6} \times \sqrt{27} \times 3{,}700 \times 900 = 2162.9 \times 10^3\ \text{N} = 2162.9\ \text{kN}$

$V_u = 1{,}200.0\ \text{kN} \le \phi V_c = 2{,}162.9\ \text{kN}$ OK

2) 기초판의 2방향 전단 검토

(1) 계수전단력

말뚝의 중심이 단면에서 외측으로 $d_{pile}/2 = 500/2 = 250\ \text{mm}$ 이상에 위치하는 말뚝의 반력은 전부 그 단면에 전단력으로 작용하는 것으로 한다. 따라서 4개의 말뚝이 250 mm 밖에 위치한다.

$V_u = R_u n = 1{,}200 \times 4 = 4{,}800.0\ \text{kN}$

(2) 콘크리트가 부담하는 전단강도

$d = 900\ \text{mm}$

$c_1 + d = c_2 + d = 600 + 900 = 1{,}500\ \text{mm}$

$b_o = 2[(c_1+d)+(c_2+d)] = 2 \times (1{,}500 + 1{,}500) = 6{,}000\ \text{mm}$

$\lambda = 1.0$ (∵ 보통중량콘크리트)

$k_s = (300/d)^{0.25} = (300/900)^{0.25} = 0.760 \le 1.1$ OK

$\therefore\ k_s = 0.760$

$\alpha_s = 1.0$ (∵ 내부 기둥)

$k_{bo} = 4/\sqrt{\alpha_s(b_o/d)} = 4/\sqrt{1.0 \times (6{,}000/900)} = 1.549 \le 1.25$ NG

$\therefore\ k_{bo} = 1.25$

$f_{te} = 0.2\sqrt{f_{ck}} = 0.2 \times \sqrt{27} = 1.039\ \text{MPa}$

$f_{cc} = (2/3)f_{ck} = (2/3) \times 27 = 18\ \text{MPa}$

$\cot\psi = \sqrt{f_{te}(f_{te}+f_{cc})}/f_{te} = \sqrt{1.039\times(1.039+18)}/1.039 = 4.280$

$\rho = 0.0050$ ($\because$ $\rho \le 0.0050$ 인 경우 $\rho = 0.0050$)

$c_u = d[25\sqrt{\rho/f_{ck}} - 300(\rho/f_{ck})]$

$= 900\times[25\times\sqrt{0.005/27} - 300\times(0.0050/27)] = 256.2\text{ mm}$

$v_c = \lambda k_s k_{bo} f_{te}\cot\psi(c_u/d)$

$= 1.0\times0.760\times1.25\times1.039\times4.280\times(256.2/900) = 1.20\text{ MPa}$

$V_c = v_c b_o d = 1.20\times6{,}000\times900 = 6{,}480.0\times10^3\text{ N} = 6{,}480.0\text{ kN}$

$\phi V_c = 0.75\times6{,}480.0\text{ kN} = 4{,}860.0\text{ kN}$

$\phi 0.58 f_{ck} b_o c_u = 0.75\times0.58\times27\times6{,}000\times256.2 = 18{,}054.4\times10^3\text{ N} = 18{,}054.4\text{ kN}$

$\phi V_c = 4{,}860.0\text{ kN} \le \phi 0.58 f_{ck} b_o c_u = 18{,}054.4\text{ kN}$ OK

$V_u = 4{,}800.0\text{ kN} < \phi V_c = 4{,}860.0\text{ kN}$ OK

3) 말뚝 1개의 2방향 전단 검토

(1) 계수전단력

$V_u = R_u = 1{,}200\text{ kN}$

(2) 콘크리트가 부담하는 전단강도

$d = 900\text{ mm}$

$d_{pile} + d = 500 + 900 = 1{,}400\text{ mm}$

$b_o = \pi(d_{pile}+d) = \pi\times1{,}400 = 4{,}398\text{ mm}$

$\lambda = 1.0$ ($\because$ 보통중량콘크리트)

$k_s = 0.760$

$\alpha_s = 1.0$ ($\because$ 내부 기둥)

$k_{bo} = 4/\sqrt{\alpha_s(b_o/d)} = 4/\sqrt{1.0\times(4{,}398/900)} = 1.809 \le 1.25$ NG

$\therefore\ k_{bo} = 1.25$

$f_{te} = 0.2\sqrt{f_{ck}} = 0.2\times\sqrt{27} = 1.039\text{ MPa}$

$f_{cc} = (2/3)f_{ck} = (2/3)\times27 = 18\text{ MPa}$

$\cot\psi = 4.280$

$c_u = 256.2\text{ mm}$

$v_c = \lambda k_s k_{bo} f_{te}\cot\psi(c_u/d)$

$= 1.0\times0.760\times1.25\times1.039\times4.280\times(256.2/900) = 1.20\text{ MPa}$

$V_c = v_c b_o d = 1.20\times4{,}398\times900 = 4{,}749.8\times10^3\text{ N} = 4{,}749.8\text{ kN}$

$\phi V_c = 0.75\times4{,}749.8\text{ kN} = 3{,}562.4\text{ kN}$

$\phi 0.58 f_{ck} b_o c_u = 0.75\times0.58\times27\times4{,}398\times256.2 = 13{,}233.9\times10^3\text{ N} = 13{,}233.9\text{ kN}$

$\phi V_c = 3{,}562.4\text{ kN} \le \phi 0.58 f_{ck} b_o c_u = 13{,}233.9\text{ kN}$ OK

$V_u = 1{,}200.0\text{ kN} < \phi V_c = 3{,}562.4\text{ kN}$ OK

7. 기초판의 휨모멘트에 대한 설계

1) 계수휨모멘트

휨모멘트에 대한 위험단면은 기둥의 전면이다. 기둥의 전면에서 외측 2개의 말뚝 중심까지의 거리는 900 mm이다.

$M_u = R_u n l = 1{,}200 \times 2 \times 0.9 = 2{,}160.0\ \text{kN} \cdot \text{m}$

2) 철근비 산정

$$R_n = \frac{M_u}{\phi B d^2} = \frac{2{,}160.0 \times 10^6}{0.85 \times 3{,}700 \times 900^2} = 0.8479\ \text{MPa}$$

$$\rho = \frac{\eta(0.85 f_{ck})}{f_y}\left[1 - \sqrt{1 - \frac{2R_n}{\eta(0.85 f_{ck})}}\right]$$

$$= \left(1.00 \times 0.85 \times \frac{24}{400}\right) \times \left(1 - \sqrt{1 - \frac{2 \times 0.8479}{1.00 \times 0.85 \times 27}}\right) = 0.0022$$

$\rho = 0.0022 \le 0.0050$ OK

3) 최소철근비

$f_y \le 400$ MPa인 경우 $\rho_{\min} = 0.0020$

4) 철근량

$A_s = \rho B d = 0.0022 \times 3{,}700 \times 900 = 7{,}326\ \text{mm}^2$

$A_{s,\min} = \rho B h_f = 0.0020 \times 3{,}700 \times 1{,}100 = 8{,}140\ \text{mm}^2 \ge A_s = 7{,}326\ \text{mm}^2$

$\therefore\ A_s = 8{,}140\ \text{mm}^2$

5) 철근 개수와 간격

(1) 철근 개수

D25 ($a_1 = 506.7\ \text{mm}^2$)를 사용하는 것으로 가정하면 철근 개수 다음과 같다.

$$n \ge \frac{A_s}{a_1} = \frac{8{,}140}{506.7} = 16.1 \rightarrow 17\ EA$$

$\therefore$ 17−D25 ($A_s = 8{,}614\ \text{mm}^2$)

각 방향으로 17−D25 철근을 폭 전체에 균등히 배치시킨다.

(2) 철근 간격

$$s = \frac{(\text{기초판의 폭} - \text{피복두께} \times 2 - d_b)}{(n-1)} = \frac{(3{,}700 - 75 \times 2 - 25.4)}{(17-1)} = 220\ \text{mm}$$

$\min(3h_f, 450\text{mm}) = \min(3 \times 800, 450) = \min(2{,}400, 450) = 450\ \text{mm}$

$s = 220\ \text{mm} \le \min(3h_f,\ 450\text{mm}) = 450\ \text{mm}$ OK

6) 인장변형률 검토

인장변형률 검토는 생략한다.

8. 기초판 철근의 정착길이

기초판 철근의 정착길이는 생략한다.

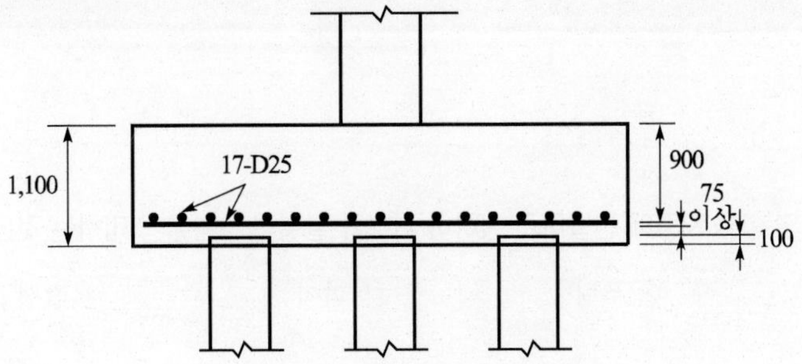

그림 11.33 말뚝기초의 철근 배치

기본 연습문제

01 기둥 또는 벽의 힘을 지중에 전달하기 위하여 기초가 펼쳐진 부분을 의미하는 것은?

㉮ 지정　㉯ 푸팅　㉰ 피어　㉱ 잡석

풀이 기둥 또는 벽의 힘을 지중에 전달하기 위하여 기초가 펼쳐진 부분을 푸팅 (기초판)이라 한다.

답 ㉯

02 다음 중 기초의 지정 형식에 따른 분류에 속하는 것은?

㉮ 독립기초　㉯ 연속기초　㉰ 피어기초　㉱ 온통기초

풀이 ① 기초의 기초판의 형태에 따른 분류로는 독립기초, 복합기초, 벽기초, 전면기초 (온통기초) 등이다.

② 지정 형식에 따른 분로로는 직접기초와 말뚝기초 (피어기초) 등이다.

답 ㉰

03 기초의 분류에서 기초판의 형식에 의한 분류로 부적당한 것은?

㉮ 독립기초　㉯ 복합기초　㉰ 온통기초　㉱ 직접기초

풀이 ① 기초의 기초판의 형태에 따른 분류로는 독립기초, 복합기초, 벽기초, 전면기초 (온통기초) 등이다.

② 지정 형식에 따른 분로로는 직접기초와 말뚝기초 (피어기초) 등이다.

답 ㉱

04 도심지에 건축물의 기초를 설치할 경우 인접대지 경계선 부근에서 인접한 기초가 문제가 될 수 있다. 이때 사용할 수 있는 가장 적합한 기초는?

㉮ 복합기초 ㉯ 독립기초 ㉰ 온통기초 ㉱ 줄기초

풀이 복합기초(Combined Footing)는 2개 이상의 기둥이나 벽체를 1개의 기초판으로 지지하도록 한 것이다. 이러한 복합기초는 다음의 두 가지 경우에 대해 사용된다.

① 두 개의 기둥이 가까워 독립기초로 하게 되면 기초판이 겹치게 되어 설계가 되지 않거나 시공성과 경제성이 낮은 경우이다.

② 단부 기둥이 대지경계선의 가까이에 위치하게 되어 독립기초로 설계할 경우 편심하중이 발생하게 되는 경우이다.

답 ㉮

05 다음 기초구조에 대한 기술 중 옳지 않은 것은?

㉮ 복합기초는 2개의 기둥을 1개의 기초판으로 받게 한 것이다.

㉯ 잠함기초는 구조물의 기초를 우물통형식으로 하여 무리말뚝의 역할을 하도록 한 것이다.

㉰ 연속기초는 건축물의 밑바닥 전부를 두꺼운 기초판으로 구성한 기초이다.

㉱ 독립기초는 기둥을 단독으로 지지하는 기초이다.

풀이 연속기초(벽기초, 줄기초)는 하나의 기초판에 내력벽 또는 조적벽 등이 놓인 기초로 기초판이 벽체를 따라 길이방향으로 길게 놓인 긴 기초이다.

답 ㉰

06 기초의 지정형식에 따른 분류에서 얕은 기초에 속하는 것은?

㉮ 말뚝기초 ㉯ 직접기초 ㉰ 피어기초 ㉱ 잠함기초

풀이 직접기초는 얕은 기초, 나머지는 깊은 기초 형식이다.

답 ㉯

07 기초구조에 관한 설명 중 옳은 것은?

㉮ 버림콘크리트는 강도를 중요시한다.
㉯ 동결선은 지역에 상관없이 동일하다.
㉰ 잡석 지정은 기초 하부의 배수에 유리하다.
㉱ 말뚝은 재질상의 분류로써 지지말뚝과 마찰말뚝으로 대별된다.

풀이 ① 버림콘크리트는 강도 보다는 먹줄작업 등의 바탕이 되는 기능적 역할을 중요시한다.
② 동결선은 지역에 따라 다르다.
③ 말뚝의 지지는 지지말뚝과 마찰말뚝으로 대별된다.

답 ㉰

08 기초구조에 관한 설명으로 옳지 않은 것은?

㉮ 기초구조란 기초 슬래브와 지정을 총칭한 것이다.
㉯ 경미한 구조라도 기초의 저면은 지하동결선 이하에 두어야 한다.
㉰ 온통기초는 연약지반에 적용되기 어렵다.
㉱ 말뚝기초는 지지하는 상태에 따라 마찰말뚝과 지지말뚝으로 구분된다.

풀이 온통기초는 지반의 지내력이 적어 기초판의 면적이 너무 넓거나 말뚝기초 (지정)를 사용하기 적합하지 않은 경우 사용된다.

답 ㉰

09 연약지반에서 부등침하를 줄이기 위한 가장 효과적인 기초의 종류는?

㉮ 독립기초　　㉯ 복합기초　　㉰ 연속기초　　㉱ 온통기초

풀이 온통기초는 지반의 지내력이 적어 기초판의 면적이 너무 넓거나 말뚝기초 (지정)를 사용하기 적합하지 않은 경우 사용된다.

답 ㉱

10 말뚝기초에 관한 설명으로 옳지 않은 것은?

㉮ 말뚝은 압밀 등에 대한 침하를 고려하여야 한다.

㉯ 말뚝기초의 허용지지력 산정은 말뚝만이 힘을 받는 것으로 계산하여야 한다.

㉰ 말뚝기초의 기초판 설계에서 말뚝의 반력은 중심에 집중된다고 가정하여 휨모멘트를 계산할 수 있다.

㉱ 대규모 기초구조는 기성말뚝과 제자리콘크리트말뚝을 혼용하여야 한다.

풀이 동일 구조물에서는 지지말뚝과 마찰말뚝을 혼용해서는 안 된다. 또한 타입말뚝, 매입말뚝 및 현장타설콘크리트말뚝의 혼용, 재종이 다른 말뚝의 사용은 가능한 한 피해야 한다.

답 ㉱

11 독립기초가 모래지반 위에 놓여 있을 때 중심 압축력에 대한 지반 반력의 분포로서 합당한 것은?

㉮

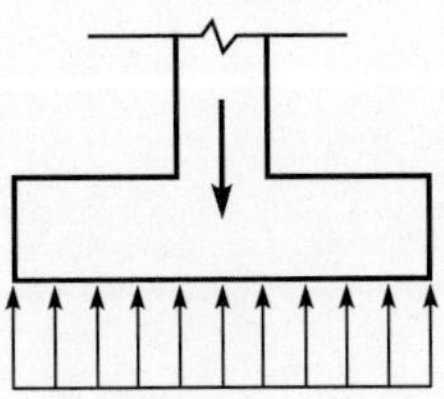

㉯

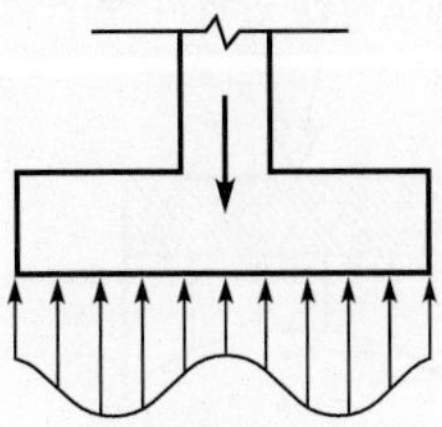

㉰

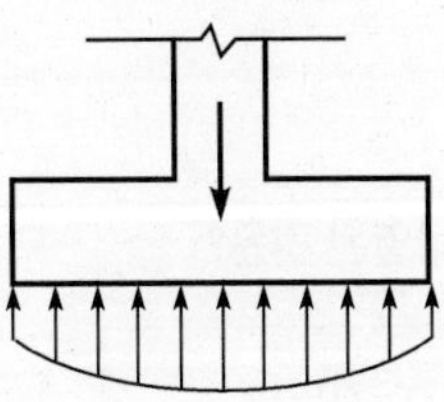

㉱

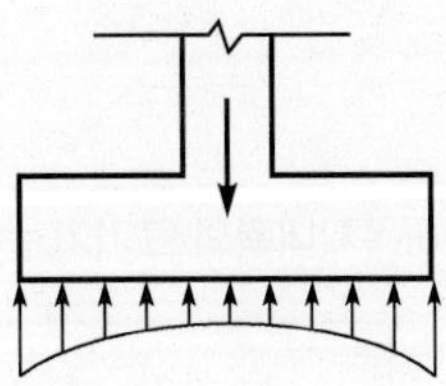

풀이 모래지반 반력의 분포

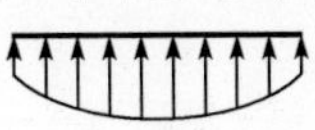

모래질

답 ㉰

12 독립기초 설계 시 탄성체에 가까운 경질 점토에 하중이 작용하였을 경우 자중응력 분포도는?

㉮

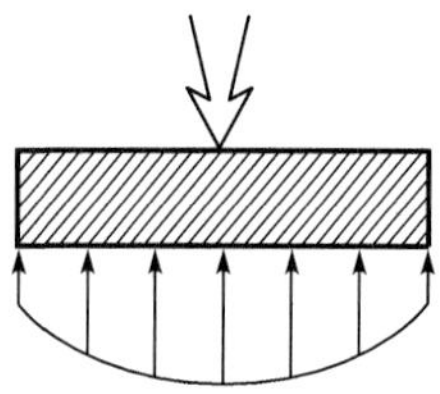

㉯

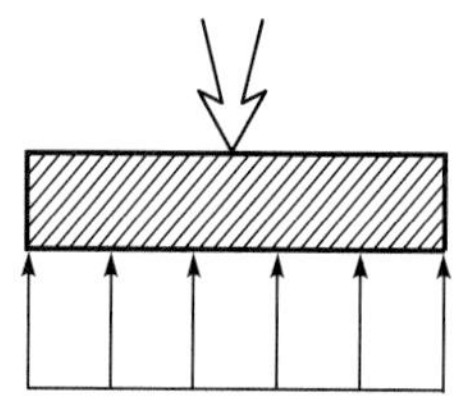

㉰

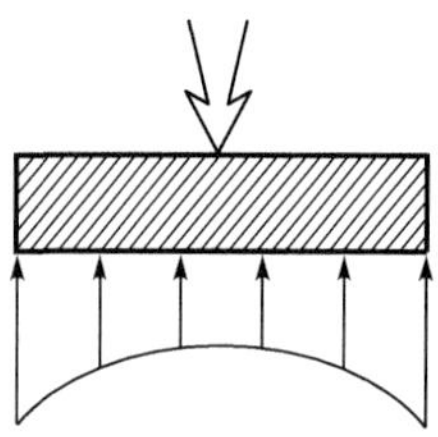

㉱

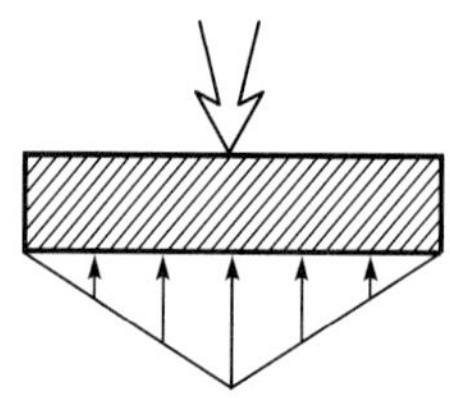

풀이 점토지반 반력의 분포

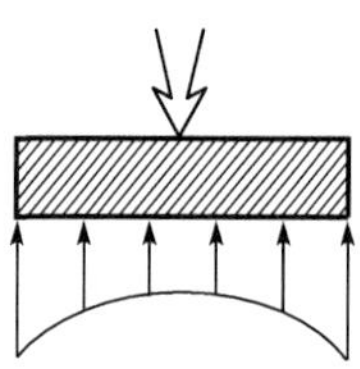

답 ㉰

13 각 지반의 허용지내력의 크기가 큰 것부터 순서대로 올바르게 나열된 것은?

A. 자갈	B. 모래	C. 연암반	D. 경암반

㉮ B>A>C>D　　㉯ A>B>C>D

㉰ D>C>A>B　　㉱ D>C>B>A

풀이 허용지내력의 크기가 큰 것부터 순서

경암반>연암반>자갈>모래

답 ㉰

14 기초 크기 3.0 m×3.0 m의 독립기초가 축방향력 N=60 kN (기초자중 포함), 휨모멘트 M=10 kN · m를 받을 때 기초 저면의 편심거리는 약 얼마인가?

㉮ 0.10 m ㉯ 0.17 m ㉰ 0.21 m ㉱ 0.34 m

풀이 편심거리 e

$$e = \frac{M}{N} = \frac{10}{60} = 0.17\ \text{m}$$

답 ㉯

15 기초 저면 2.5 m×2. 5m의 독립기초에 편심하중이 작용하여 축방향력 400 kN (기초자중, 상재하중 및 흙의 중량 포함), 휨모멘트 120 kN · m을 받을 경우, 기초 저면의 편심거리는 얼마인가?

㉮ 0.2 m ㉯ 0.3 m ㉰ 0.4 m ㉱ 0.5 m

풀이 편심거리 e

$$e = \frac{M}{N} = \frac{120}{400} = 0.30\ \text{m}$$

답 ㉯

16 독립기초 (자중포함)가 축방향력 650 kN, 휨모멘트 130 kN · m를 받을 때 기초 저면의 편심거리는?

㉮ 0.2 m ㉯ 0.3 m ㉰ 0.4 m ㉱ 0.6 m

풀이 편심거리 e

$$e = \frac{M}{N} = \frac{130}{650} = 0.20\ \text{m}$$

답 ㉮

17 그림과 같은 정사각형 기초에서 바닥에 인장응력이 발생하지 않는 최대 편심거리 e의 값은?

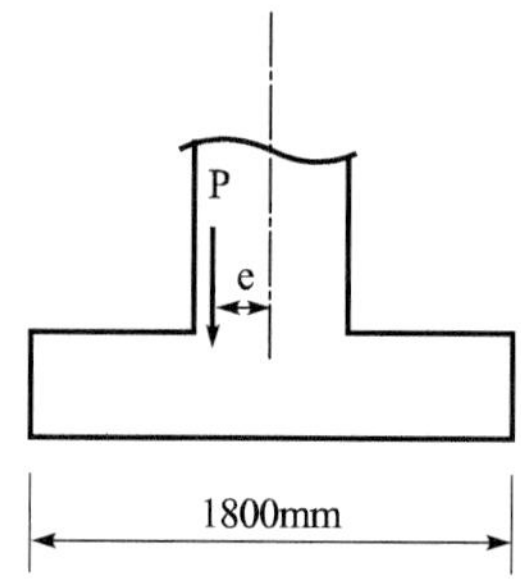

㉮ 100 mm
㉯ 200 mm
㉰ 300 mm
㉱ 400 mm

풀이 기초에서 바닥에 인장응력이 발생하지 않는 최대 편심거리 e

$$e \le \frac{L}{6} = \frac{1,800}{6} = 300\ \text{mm}$$

∴ 최대 편심거리는 300 mm이다.

답 ㉰

18 그림과 같은 독립기초에 압축력 N=300 kN, 휨모멘트 M=150 kN·m가 작용할 때 기초저면에 압축반력만 생기게 하는 최소 기초길이 (L)는? (단, 흙의 자중 및 기초자중은 무시)

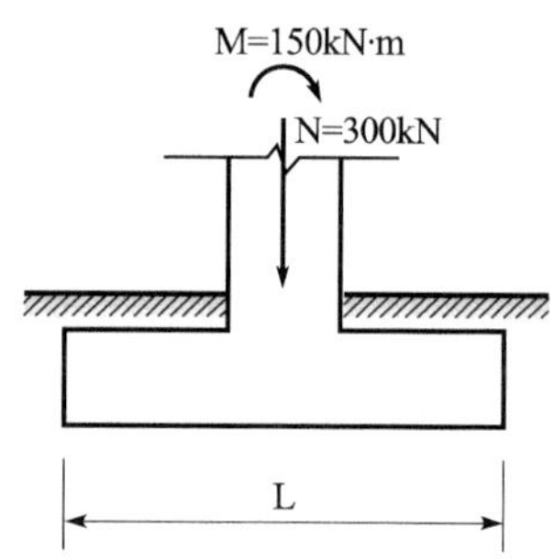

㉮ 2.0 m
㉯ 2.4 m
㉰ 3.0 m
㉱ 3.6 m

풀이 기초저면에 압축반력만 생기게 하는 최소 기초길이 L

$$e = \frac{M}{N} = \frac{150}{300} = 0.5\ \text{m} \le \frac{L}{6}$$

$$L > 0.5 \times 6 = 3.0\ \text{m}$$

∴ 최대 기초길이는 3.0 m이다.

답 ㉰

19 다음 그림과 같은 독립기초에서 지반 반력의 분포형태로 옳은 것은?

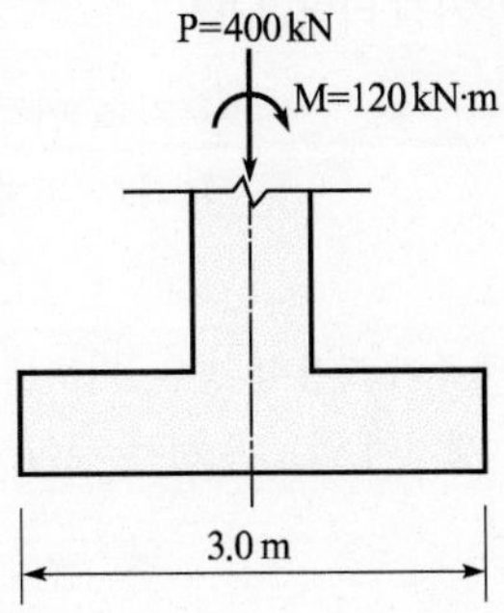

㉮ 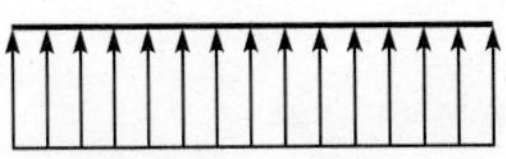

㉯ 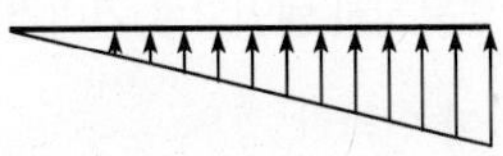

㉰ 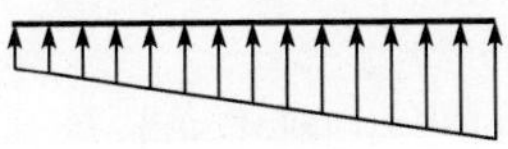

㉱ 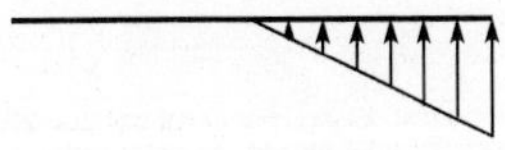

풀이 $e=\dfrac{M}{N}=\dfrac{120}{400}=0.3\text{ m}\le\dfrac{L}{6}=\dfrac{3.0}{6}=0.5\text{ m}$

$e\le L/6$이므로 기초 밑면에는 압축력만 작용한다. 답 ㉰

20 철근콘크리트 독립기초를 설계할 때 수직압력만 받도록 하기 위한 방법으로 가장 효과적인 것은?

㉮ 기초판의 크기를 증가시킨다.

㉯ 기초판의 두께를 증가시킨다.

㉰ 기초 위의 주각을 연결하는 지중보의 크기를 증가시킨다.

㉱ 기초 위의 기둥 단면의 크기를 증가시킨다.

풀이 철근콘크리트 독립기초를 설계할 때 수직압력만 받도록 하기 위한 방법으로 가장 효과적인 것은 기초 위 주각을 연결하는 지중보의 크기를 증가시키는 것이다. 답 ㉰

21 기초 설계 시 인접대지와의 관계로 편심기초를 만들고자 한다. 이때 편심기초의 지반력이 균등하도록 하기 위하여 어떤 방법을 이용함이 가장 타당한가?

㉮ 지중보를 설치한다. ㉯ 기초 면적을 넓힌다.
㉰ 기둥의 단면적을 크게 한다. ㉱ 기초 두께를 두껍게 한다.

풀이 기초판에 전달되어 편심하중이 작용할 경우, 기초는 일반적으로 하중의 분산 및 지중보 등의 설치를 통해 편심하중이 생기지 않도록 하는 것이 바람직하다. 답 답 ㉮

22 건물의 부등침하 원인으로 거리가 먼 것은?

㉮ 지반이 연약한 경우 ㉯ 이질기초를 한 경우
㉰ 지하실을 강성체로 설치한 경우 ㉱ 경사지반에 놓인 경우

풀이 지하실을 강성체로 설치한 경우 건물의 부등침하의 방지대책이 된다. 답 ㉰

23 연약지반에서 부등침하를 방지하는 대책으로 옳지 않은 것은?

㉮ 건물을 경량화한다.
㉯ 지하실을 강성체로 설치한다.
㉰ 줄기초와 마찰말뚝기초를 병용한다.
㉱ 건물의 구조강성을 높인다.

풀이 기초에 이질기초를 사용하면 부등침하의 원인이 된다. 답 ㉰

24 기초의 부등침하를 방지하는데 적절하지 않은 조치는?

㉮ 구조물 전체의 하중을 기초에 균등히 분포시킨다.
㉯ 말뚝 또는 피어기초를 고려한다.
㉰ 기초 상호간을 강(Rigid)접합으로 연결을 한다.
㉱ 한 건물에서의 기초 설치 시 가급적 다른 종류의 기초로 한다.

풀이 기초에 이질기초를 사용하면 부등침하의 원인이 된다. 답 ㉱

25 기초 설계 시 여러 종류의 말뚝을 혼용할 때 일반적으로 예상되는 문제점은?

㉮ 압밀　　㉯ 전도　　㉰ 부등침하　　㉱ 수평이동

풀이 기초 설계 시 여러 종류의 말뚝을 혼용할 경우 부등침하의 우려가 있다. 답 ㉰

26 기초형식의 선정에 대한 설명으로 옳지 않은 것은?

㉮ 구조성능, 시공성, 경제성 등을 검토하여 합리적으로 기초형식을 선정하여야 한다.
㉯ 기초는 상부구조의 규모, 형상, 구조, 강성 등을 함께 고려해야 하고, 대지의 상황 및 지반의 조건에 적합하며, 유해한 장애가 생기지 않아야 한다.
㉰ 동일 구조물의 기초에서는 이종형식 기초의 병용을 원칙으로 한다.
㉱ 기초형식의 선정 시 부지 주변에 미치는 영향을 충분히 고려하여야 하며 또한 장래 인접대지에 건설되는 구조물과 그 시공에 의한 영향까지도 함께 고려하는 것이 바람직하다.

풀이 동일 구조물의 기초에서 이종형식 기초의 병용이 될 경우 부등침하의 원인이 된다. 답 ㉰

27 연약지반에 기초구조를 적용할 때 부등침하를 감소시키기 위한 상부구조의 대책으로 옳지 않은 것은?

㉮ 폭이 일정할 경우 건물의 길이를 길게 할 것
㉯ 건물을 경량화할 것
㉰ 강성을 크게 할 것
㉱ 부분 증축을 가급적 피할 것

풀이 연약지반에 기초구조를 적용할 때 부등침하를 감소시키기 위한 상부구조의 대책으로 건물의 길이는 짧게 한다. 답 ㉮

28 굳은 지반이 없는 연약지반에 대한 건축물의 상 · 하부구조 대책으로 옳지 않은 것은?

㉮ 지지말뚝을 사용할 것
㉯ 구조제의 강성을 높일 것
㉰ 평면길이를 짧게 할 것
㉱ 이웃 건물과의 거리를 멀게 할 것

풀이 굳은 지반이 없을 경우 지지말뚝이 아니라 마찰말뚝 사용한다. **답** ㉮

29 강도설계법에 의한 구조설계기준에서 말뚝기초의 경우 기초판 상단에서부터 하부철근의 중심까지의 최소 깊이는?

㉮ 200 mm ㉯ 250 mm ㉰ 300 mm ㉱ 350 mm

풀이 기초판 상단에서 하부철근의 중심까지 최소 깊이 (유효깊이 d)
① 흙에 놓이는 기초의 경우 : 150 mm 이상
② 말뚝기초의 경우 : 300 mm 이상 **답** ㉰

30 강도설계법에 의한 구조설계기준에서 말뚝기초의 경우 기초판 상단에서부터 하부철근의 중심까지의 최소 깊이로 옳은 것은?

㉮ 200 mm ㉯ 250 mm ㉰ 300 mm ㉱ 350 mm

풀이 기초판의 유효깊이 (d)의 결정
① 흙에 놓이는 기초의 경우 : 150 mm 이상
② 말뚝기초의 경우 : 300 mm 이상

> 주1 흙에 접하여 콘크리트를 친 후 영구히 흙에 묻혀 있는 콘크리트에 대한 철근의 피복두께는 75 mm 이상이다.

답 ㉰

31 흙의 허용지내력이 $q_a = 500\ \mathrm{kN/m^2}$이고 기둥의 축하중과 기초의 자중의 합이 10,000 kN 일 때 독립 기초의 기초판 면적으로 가장 타당한 것은?

㉮ $20\ \mathrm{m^2}$ ㉯ $15\ \mathrm{m^2}$ ㉰ $10\ \mathrm{m^2}$ ㉱ $5\ \mathrm{m^2}$

풀이 기초판의 면적(A)의 결정

① 사용하중 : $N = 10{,}000\ \mathrm{kN}$

② 허용지내력 : $q_a = 500\ \mathrm{kN/m^2}$

③ 기초판의 면적 : $A \geq \dfrac{N}{q_a} = \dfrac{10{,}000}{500} = 20\ \mathrm{m^2}$

답 ㉮

32 기초 설계에 있어 장기 500 kN (자중포함)의 사용하중을 받을 경우 장기 허용지내력도 $100\ \mathrm{kN/m^2}$의 지반에서 적당한 기초판의 최소 크기는?

㉮ 1.5 m×1.5 m ㉯ 1.8 m×1.8 m ㉰ 2.0 m×2.0 m ㉱ 2.3 m×2.3 m

풀이 기초판의 면적(A)의 결정

① 사용하중 : $N = 500\ \mathrm{kN}$

② 허용지내력 : $q_a = 100\ \mathrm{kN/m^2}$

③ 기초판의 면적 : $A \geq \dfrac{N}{q_a} = \dfrac{500}{100} = 5\ \mathrm{m^2}$

④ 정사각형 기초판일 경우 한 변의 길이 : $l = \sqrt{A} \geq \sqrt{5} = 2.24\ \mathrm{m}$

답 ㉱

33 기초 설계 시 장기 100 kN (자중포함)의 하중을 받는 경우 장기허용지내력도 $20\ \mathrm{kN/m^2}$의 지반에서 필요한 기초판의 크기는?

㉮ 1.5 m×1.5 m ㉯ 1.8 m×1.8 m ㉰ 2.1 m×2.1 m ㉱ 2.4 m×2.4 m

풀이 기초판의 면적(A)의 결정

① 사용하중 : $N = 100\ \mathrm{kN}$

② 허용지내력 : $q_a = 20\ \mathrm{kN/m^2}$

③ 기초판의 면적 : $A \geq \dfrac{N}{q_a} = \dfrac{100}{20} = 5.0\ \mathrm{m^2}$

④ 정사각형 기초판일 경우 한 변의 길이 : $l = \sqrt{A} \geq \sqrt{5.0} = 2.24\ \mathrm{m}$

답 ㉱

34 기초 설계에 있어 장기 50 kN (자중포함)의 하중을 받을 경우 장기 허용지내력도 10 kN/m^{2}의 지반에서 적당한 기초판의 크기는?

㉮ 1.5 m×1.5 m ㉯ 1.8 m×1.8 m ㉰ 2.0 m×2.0 m ㉱ 2.3 m×2.3 m

풀이 기초판의 면적(A)의 결정

① 사용하중 : $N = 50$ kN

② 허용지내력 : $q_a = 10$ kN/m^2

③ 기초판의 면적 : $A \geq \dfrac{N}{q_a} = \dfrac{50}{10} = 5.0$ m^2

④ 정사각형 기초판일 경우 한 변의 길이 : $l = \sqrt{A} \geq \sqrt{5.0} = 2.24$ m

답 ㉱

35 장기하중 1,800 kN (자중포함)을 받는 독립기초판의 크기는? (단, 지반의 장기허용지내력은 300 kN/m^2)

㉮ 1.8 m × 1.8 m ㉯ 2.0 m × 2.0 m ㉰ 2.3 m × 2.3 m ㉱ 2.5 m × 2.5 m

풀이 기초판의 면적(A)의 결정

① 사용하중 : $N = 1{,}800$ kN

② 허용지내력 : $q_a = 300$ kN/m^2

③ 기초판의 면적 : $A \geq \dfrac{N}{q_a} = \dfrac{1{,}800}{300} = 6.0$ m^2

④ 정사각형 기초판일 경우 한 변의 길이 : $l = \sqrt{A} \geq \sqrt{6.0} = 2.45$ m

답 ㉱

36 기초 설계 시 장기 150 kN (자중포함)의 하중을 받는 경우 장기허용지내력도 20 kN/m^{2}의 지반에서 필요한 기초판의 크기는?

㉮ 1.6 m×1.6 m ㉯ 2.0 m×2.0 m ㉰ 2.4 m×2.4 m ㉱ 2.8 m×2.8 m

풀이 기초판의 면적(A)의 결정

① 사용하중 : $N = 150$ kN

② 허용지내력 : $q_a = 20$ kN/m^2

③ 기초판의 면적 : $A \geq \dfrac{N}{q_a} = \dfrac{150}{20} = 7.5$ m^2

④ 정사각형 기초판일 경우 한 변의 길이 : $l = \sqrt{A} \geq \sqrt{7.5} = 2.74$ m

답 ㉱

37 강도설계법에 의한 철근콘크리트구조 기초 설계에 관한 설명으로 가장 부적당한 것은 다음 중 어느 것인가?

㉮ 휨, 전단, 철근의 정착 및 기둥과 닿는 면에서의 지압 등이 검토되어야 한다.
㉯ 말뚝기초에서 말뚝의 반력은 기초 바닥판에 작용하는 집중하중으로 본다.
㉰ 기초판의 최소 두께는 말뚝기초의 경우 300 mm 이상으로 해야 한다.
㉱ 독립기초판의 휨모멘트는 기초판에 지지되는 콘크리트 기둥의 중심에 대하여 산정한다.

풀이 휨모멘트에 대한 위험단면
① 콘크리트 기둥, 받침대 또는 벽체를 지지하는 기초판은 기둥 및 받침대 또는 벽체의 외면
② 조적조 벽체를 지지하는 기초판은 벽체 중심과 벽체면과의 중간
③ 강재 베이스 플레이트를 갖는 기둥을 지지하는 기초판은 기둥 외면과 강재 베이스 플레이트 단부와의 중간 답 ㉱

38 기존 건축물을 증축해야 할 경우, 기초판의 보강설계 중 역학적으로 가장 적절한 방법은 어느 것인가?

㉮ 기초판의 크기를 증가시킨다.
㉯ 기초판의 온도철근을 경감한다.
㉰ 기초판의 주철근을 보강한다.
㉱ 기초판의 유효깊이를 증가시킨다.

풀이 기존 건축물을 증축할 경우, 상부구조물의 하중이 증가되어 기초에 부담을 주게 된다. 따라서 기초판에 대한 크기 및 유효깊이를 증가시키거나 주철근을 보강해야 한다. 답 ㉯

39 강도설계법에서 기초판의 크기가 2 m×3 m일 때 단변방향으로의 소요 전체철근량이 3,000 mm^{2}이다. 유효폭 내에 배치하여야 할 철근량으로 옳은 것은 어느 것인가?

㉮ 2,400 mm^2 ㉯ 2,800 mm^2 ㉰ 3,000 mm^2 ㉱ 3,600 mm^2

풀이 $A_{sc}=\left(\dfrac{2}{\beta+1}\right)A_{ss}$ 에서

$\beta=\dfrac{3}{2}=1.5,\ A_{ss}=3{,}000\ \text{mm}^2$

$\therefore\ A_{sc}=\left(\dfrac{2}{1.5+1}\right)\times 3{,}000\ \text{mm}^2=2{,}400\ \text{mm}^2$ 답 ㉮

40 그림과 같이 계수하중 하의 기둥 하중 (N_u)이 600 kN을 받는 철근콘크리트 기초에서 벽체의 길이 1m당 위험단면에서의 휨모멘트는?

㉮ 30 kN · m

㉯ 43 kN · m

㉰ 77 kN · m

㉱ 120 kN · m

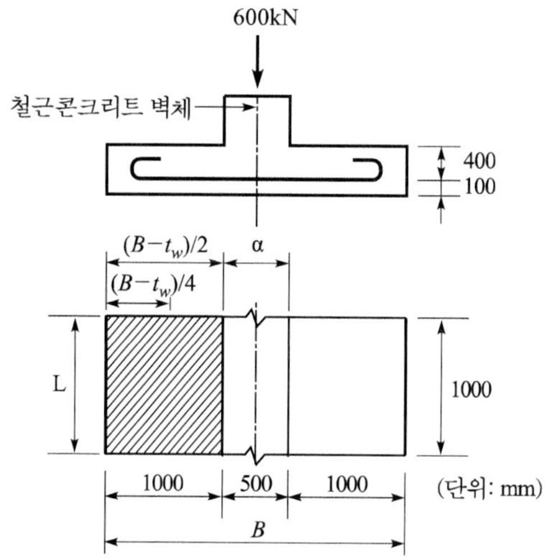

풀이 철근콘크리트 벽체를 지지하는 기초판의 휨모멘트에 대한 위험단면은 벽체의 외면이다.

$$q_u = \frac{N_u}{A} = \frac{600}{1\times 2.5} = 240\ \text{kN/m}^2$$

$$B-t_w = 2.5-0.5 = 2.0\ \text{m}$$

$$M_u = q_u L\left[\frac{1}{2}(B-t_w)\right]\left[\frac{1}{4}(B-t_w)\right] = \frac{1}{8}q_u L(B-t_w)$$

$$= \frac{1}{8}\times 240\times 1.0\times 2.0^2 = 120.0\ \text{kN}\cdot\text{m}$$

답 ㉱

41 그림과 같은 정사각형 독립기초 밑면에 작용하는 기초지반 반력이 q_u =140 kN/m^{2}일 때, 휨에 대한 위험단면에서의 휨모멘트는?

㉮ 218 kN · m

㉯ 304 kN · m

㉰ 234 kN · m

㉱ 328 kN · m

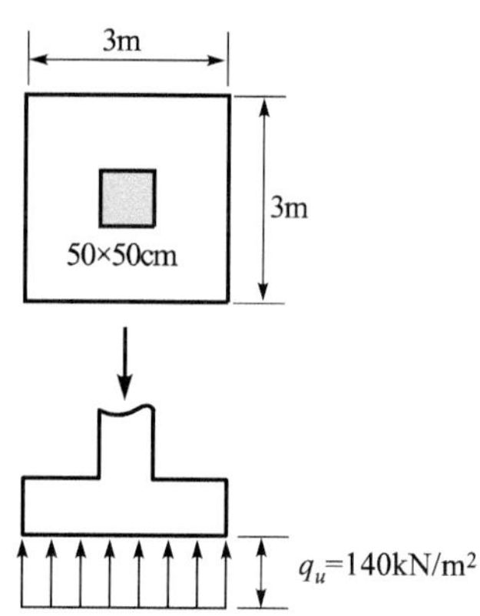

풀이 철근콘크리트 기둥을 지지하는 기초판의 휨모멘트에 대한 위험단면은 기둥의 외면이다.

$$L - c_1 = 3.0 - 0.5 = 2.5\ \mathrm{m}$$

$$M_u = q_u B\left[\frac{1}{2}(L-c_1)\right]\left[\frac{1}{4}(L-c_1)\right] = \frac{1}{8}q_u B(L-c_1)^2$$

$$= \frac{1}{8}\times 140\times 3.0\times 2.5^2 = 328.1\ \mathrm{kN\cdot m}$$

답 ㉣

42 정사각형 기초판에서 전단내력이 부족한 경우 먼저 고려해야 할 보강방법은 다음 중 어느 것인가?

㉮ 전단철근을 산출하여 전단보강을 한다.

㉯ 최소 전단철근을 배치하면 된다.

㉰ 2방향 보 작용을 하는 기초판으로 휨보강을 한다.

㉱ 기초판의 두께를 증가시킨다.

풀이 기초판에서는 전단철근을 배치하기가 쉽지 않으며, 일반적으로 기초판에서 전단내력이 부족한 경우 먼저 기초판의 두께를 증가시키고, 다음으로 콘크리트의 강도를 증가시키는 방법 등이 있다.

답 ㉣

43 철근콘크리트 슬래브의 펀칭전단 (2방향 전단)에 대한 위험단면 위치는 기둥면으로부터 슬래브 유효깊이 (d)의 몇 배 거리인가?

㉮ $\frac{1}{4}$ ㉯ $\frac{1}{3}$ ㉰ $\frac{1}{2}$ ㉱ 1

풀이 전단력에 대한 위험단면

① 1방향 전단설계 (위험단면은 기둥전면에 d만큼 떨어진 단면)

② 2방향 전단설계 (위험단면은 기둥전면에 $d/2$만큼 떨어진 단면)

답 ㉰

44 그림과 같은 독립기초에서 뚫림전단 (Punching Shear) 응력을 계산할 때 검토하는 저항면적으로 합당한 것은?

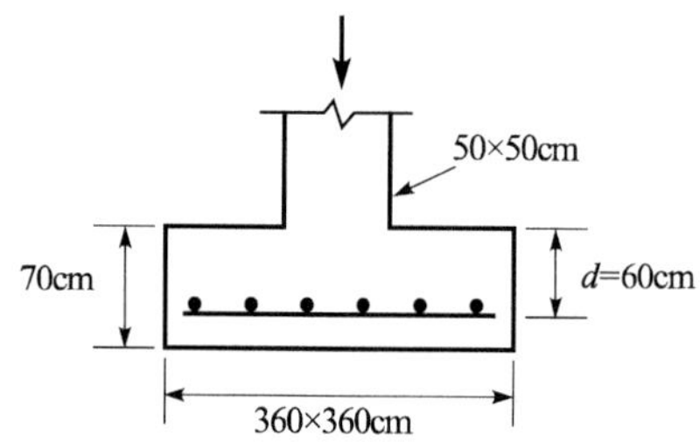

㉮ 24,200 cm^2

㉯ 21,600 cm^2

㉰ 14,000 cm^2

㉱ 26,400 cm^2

풀이 2방향 전단 (뚫림전단)에 대한 위험단면은 지지면에서 $d/2$만큼 떨어진 곳이다.

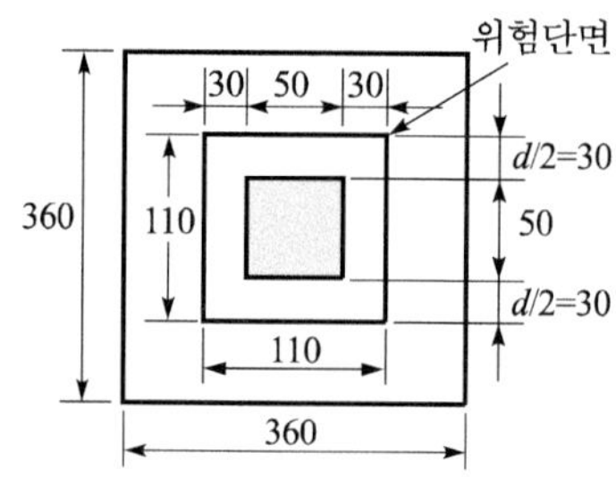

c_1 = 기둥의 폭 = 50 cm

d = 유효깊이 = 60 cm

$B = c_1 + d = 50 + 60 = 110$ cm

2방향 전단에 대한 저항면적

$A = 4B \times d = 4 \times 110 \times 60 = 26,400$ cm^2

답 ㉱

45 정사각형 독립기초에서 뚫림전단 (Punching Shear) 응력을 산정할 때 검토하는 위험단면의 면적은 얼마인가? (단, 유효깊이 d=600 mm, 위험단면의 경계는 기둥의 경계로부터 $d/2$로 계산)

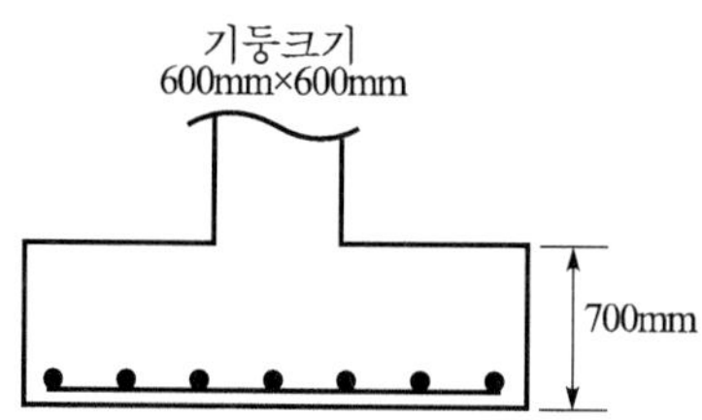

㉮ 2,480,000 mm^2

㉯ 2,680,000 mm^2

㉰ 2,880,000 mm^2

㉱ 3,080,000 mm^2

풀이 2방향 전단 (뚫림전단)에 대한 위험단면은 지지면에서 $d/2$만큼 떨어진 곳이다.

c_1 = 기둥의 폭 = 600 mm

d = 유효깊이 = 600 mm

$B = c_1 + d = 600 + 600 = 1,200$ mm

2방향 전단에 대한 저항면적

$A = 4B \times d = 4 \times 1,200 \times 60 = 2,880,000$ mm^2

답 ㉰

46 유효두께 d=400 mm인 철근콘크리트 기초판에서 2방향 전단에 저항하기 위한 위험단면의 둘레길이는? (단, 기둥의 단면은 500×500 mm)

㉮ 1,600 mm ㉯ 3,000 mm ㉰ 2,000 mm ㉱ 3,600 mm

풀이 2방향 전단(뚫림전단)에 대한 위험단면은 지지면에서 $d/2$만큼 떨어진 곳이다.

c_1 = 기둥의 폭 = 500 mm

d = 유효깊이 = 400 mm

$B = c_1 + d = 500 + 400 = 900$ mm

2방향 전단에 저항하기 위한 위험단면의 둘레길이

$4B = 4 \times 900 = 3{,}600$ mm

답 ㉱

47 슬래브의 전단보강 설계 시에 전단보강 철근의 효과를 기대할 수 있는 최소 두께로 가장 타당한 것은?

㉮ 150 mm ㉯ 200 mm ㉰ 250 mm ㉱ 300 mm

풀이 슬래브의 전단보강 설계 시 전단보강 철근의 효과를 기대할 수 있는 슬래브의 최소 두께는 250 mm 이상이다.

답 ㉰

48 독립기초의 크기가 1500 mm×1500 mm이고, 지지되는 정방형 기둥의 단면이 300 mm×300 mm 일 경우, 현장치기 콘크리트 시공에서 기초와 기둥 접촉면 사이에 배치되어야 할 최소철근량으로 옳은 것은?

㉮ 300 mm² ㉯ 350 mm² ㉰ 400 mm² ㉱ 450 mm²

풀이 현장치기콘크리트 기둥과 주각 경우, 접촉면 사이의 최소 철근단면적(다월철근의 최소 인장보강철근량)

$A_{s,\min} = 0.005A_1 = 0.005 \times (300 \times 300) = 450\ \text{mm}^2$

답 ㉱

49 기성콘크리트말뚝을 타설할 때 최소 중심간 간격은 얼마 이상으로 하여야 하는가?

㉮ 450 mm　　㉯ 600 mm　　㉰ 750 mm　　㉱ 900 mm

풀이 기성콘크리트말뚝의 중심간 간격(s)은 max(2.5 d_{pile}, 750 mm)이상이다.
여기서 d_{pile}는 말뚝머리지름이다.

답 ㉰

50 지름 300 mm인 기성콘크리트말뚝을 시공하고자 한다. 말뚝의 최소 중심간 간격으로 가장 적당한 것은?

㉮ 600 mm　　㉯ 750 mm　　㉰ 900 mm　　㉱ 1,000 mm

풀이 기성콘크리트말뚝의 중심간 간격(s)은 max(2.5 d_{pile}, 750 mm)이상이다.
여기서 d_{pile}는 말뚝머리지름이다.

$$s \geq \max(2.5d_{pile},\ 750\ \mathrm{mm}) = \max(2.5 \times 300,\ 750) = \max(750,\ 750) = 750\ \mathrm{mm}$$

답 ㉯

51 지름 350 mm인 기성콘크리트말뚝을 시공할 때 최소 중심간 간격으로 옳은 것은?

㉮ 525 mm　　㉯ 700 mm　　㉰ 875 mm　　㉱ 1,050 mm

풀이 기성콘크리트말뚝의 중심간 간격(s)은 max(2.5 d_{pile}, 750 mm)이상이다.
여기서 d_{pile}는 말뚝머리지름이다.

$$s \geq \max(2.5d_{pile},\ 750\ \mathrm{mm}) = \max(2.5 \times 350,\ 750) = \max(875,\ 750) = 875\ \mathrm{mm}$$

답 ㉰

52 지름이 400 mm인 기성콘크리트말뚝을 시공할 때 그 중심간 최소 간격으로 가장 적당한 것은?

㉮ 800 mm　　㉯ 900 mm　　㉰ 1,000 mm　　㉱ 1,200 mm

풀이 기성콘크리트말뚝의 중심간 간격(s)은 max(2.5 d_{pile}, 750 mm)이상이다.
여기서 d_{pile}는 말뚝머리지름이다.

$$s \geq \max(2.5d_{pile},\ 750\ \mathrm{mm}) = \max(2.5 \times 400,\ 750) = \max(1{,}000,\ 750) = 1{,}000\ \mathrm{mm}$$

답 ㉰

53 말뚝재료별 구조 세칙에 관한 기술 중 옳지 않은 것은?

㉮ 나무말뚝을 타설할 때 그 중심간격은 말뚝머리지름의 2.5배 이상 또한 600 mm 이상으로 한다.

㉯ 기성콘크리트말뚝을 타설할 때 그 중심간격은 말뚝머리지름의 2.5배 이상 또한 750 mm 이상으로 한다.

㉰ 강재말뚝을 타설할 때 그 중심간격은 말뚝머리지름 또는 폭의 1.5배 이상 또한 700 mm 이상으로 한다.

㉱ 현장타설콘크리트말뚝을 배치할 때 그 중심간격은 말뚝머리지름의 2.0배 이상 또한 말뚝머리지름에 1000 mm를 더한 값으로 한다.

풀이 강재말뚝을 타설할 때 그 중심간 간격은 말뚝머리지름 또는 폭의 2.0배 이상 또한 750 mm 이상으로 한다.

답 ㉰

54 다음 ( ) 안에 알맞은 숫자가 순서대로 옳게 짝 지어진 것은?

> 현장타설콘크리트말뚝을 배치할 때 그 중심간격은 말뚝머리지름의 (㉠)배 이상 또는 말뚝머리 지름에 (㉡)mm를 더한 값 이상으로 한다.

㉮ ㉠ 2.5, ㉡ 750　　㉯ ㉠ 2.5, ㉡ 1,000

㉰ ㉠ 2.0, ㉡ 750　　㉱ ㉠ 2.0, ㉡ 1,000

풀이 현장타설콘크리트말뚝의 중심간 간격(s)은 max($2.0\,d_{pile}$, d_{pile}+1,000 mm)이상이다. 여기서 d_{pile}는 말뚝머리지름이다.

답 ㉱

55 건축물의 기초구조 설계 시 말뚝재료법 구조세칙으로 옳지 않은 것은?

㉮ 나무말뚝을 타설할 때 그 중심간격은 말뚝머리지름의 2.5배 이상 또한 600 mm 이상으로 한다.

㉯ 기성콘크리트말뚝을 타설할 때 그 중심간격은 말뚝머리지름의 2.5배 이상 또한 1,100 mm 이상으로 한다.

㉰ 강재말뚝을 타설할 때 그 중심간격은 말뚝머리지름 또는 폭의 2.0배 이상(다만, 폐단강관 말뚝에 있어서 2.5배) 또한 750 mm 이상으로 한다.

㉱ 현장타설콘크리트말뚝을 배치할 때 그 중심간격은 말뚝머리지름의 2.0배 이상 또한 말뚝머리 지름에 1,000 mm를 더한 값으로 한다.

풀이 기성콘크리트말뚝의 중심간 간격(s)은 max(2.5 d_{pile}, 750 mm)이상이다.
여기서 d_{pile}는 말뚝머리지름이다. **답** ㉯

56 말뚝재료별 구조세칙에 관한 내용으로 옳지 않은 것은?

㉮ 현장타설콘크리트말뚝을 배치할 때 그 중심간격은 말뚝머리지름의 1.5배 이상 또한 말뚝머리지름에 500 mm를 더한 값 이상으로 한다.

㉯ 나무말뚝은 갈라짐 등의 흠이 없는 생통나무 껍질을 벗긴 것으로 말뚝머리에서 끝마구리까지 대체로 균일하게 지름이 변화하고 끝마구리의 지름이 120 mm 이상의 것을 사용한다.

㉰ 기성콘크리트말뚝을 타설할 때 그 중심간격은 말뚝머리지름의 2.5배 이상 또한 750 mm 이상으로 한다.

㉱ 매입말뚝을 배치할 때 그 중심간격은 말뚝머리지름의 2배 이상으로 한다.

풀이 현장타설콘크리트말뚝의 중심간 간격(s)은 max(2.0 d_{pile}, d_{pile}+1,000 mm)이상이다. 여기서 d_{pile}는 말뚝머리지름이다. **답** ㉮

57 현장타설콘크리트 말뚝의 구조세칙으로 틀린 것은?

㉮ 현장타설콘크리트말뚝은 특별한 경우를 제외하고 주철근은 6개 이상으로 한다.

㉯ 현장타설콘크리트말뚝은 배치할 때 그 중심간격은 말뚝머리지름의 1.5배 이상 또한 말뚝머리지름에 500 mm를 더한 값 이상으로 한다.

㉰ 현장타설콘크리트말뚝의 선단부는 지지층에 확실히 도달시켜야 한다.

㉱ 저부의 단면을 확대한 현장타설콘크리트말뚝의 측면경사가 수직면과 이루는 각은 30° 이하로 한다.

풀이 현장타설콘크리트말뚝의 중심간 간격(s)은 $\max(2.0\,d_{pile},\ d_{pile}+1{,}000\text{ mm})$이상이다. 여기서 d_{pile}는 말뚝머리지름이다.

답 ㉯

58 말뚝기초에 관한 설명으로 옳지 않은 것은?

㉮ 사질토(砂質土)에는 마찰말뚝의 적용이 불가하다.

㉯ 말뚝 내력(耐力)의 결정방법은 재하시험이 정확하다.

㉰ 철근콘크리트 말뚝은 현장에서 제작 양생하여 시공할 수도 있다.

㉱ 마찰말뚝은 한 곳에 집중하여 시공하지 않는 것이 좋다.

풀이 마찰말뚝은 지지력의 대부분을 주면의 마찰로 지지하는 말뚝이다. 사질토의 경우, 마찰력이 크므로 마찰말뚝이 효율적이다.

답 ㉮

59 말뚝기초에 관한 설명으로 옳지 않은 것은?

㉮ 말뚝기초는 지반이 연약하고 기초상부의 하중을 직접 지반에 전달하며 주위 흙과의 마찰력은 고려하지 않는다.

㉯ 지지말뚝은 굳은 지반까지 말뚝을 박아 하중을 직접 지반에 전달하며 주위 흙과의 마찰력은 고려하지 않는다.

㉰ 마찰말뚝은 주위 흙과의 마찰력으로 지지되며 n개를 박았을 때 그 지지력은 n배가 된다.

㉱ 동일 건물에서는 서로 다른 종류의 말뚝을 혼용하지 않는다.

풀이 마찰말뚝의 지지력은 마찰말뚝의 효율을 이용하거나 가상 케이슨의 지지력을 이용하여 산정한다.

답 ㉰

60 그림과 같은 하중을 받는 기초에서 기초지반면에 일어나는 최대압축 응력도는?

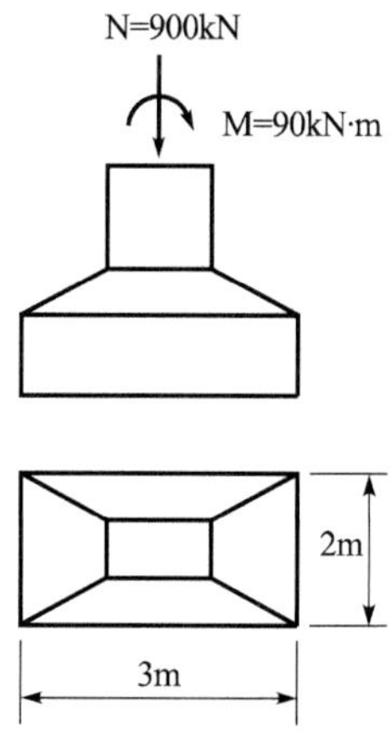

㉮ 0.15 MPa
㉯ 0.18 MPa
㉰ 0.21 MPa
㉱ 0.25 MPa

풀이 $\sigma_{max}=\dfrac{N}{A}+\dfrac{M}{Z}=\dfrac{900}{2\times3}+\dfrac{90}{\left(\dfrac{2\times3^2}{6}\right)}=180\ \text{kN/m}^2=0.18\ \text{N/mm}^2\ (\text{MPa})$

답 ㉯

61 그림과 같은 독립기초에 N = 480 kN, M = 96 kN · m가 작용할 때 기초저면에 발생하는 최대 지반반력은?

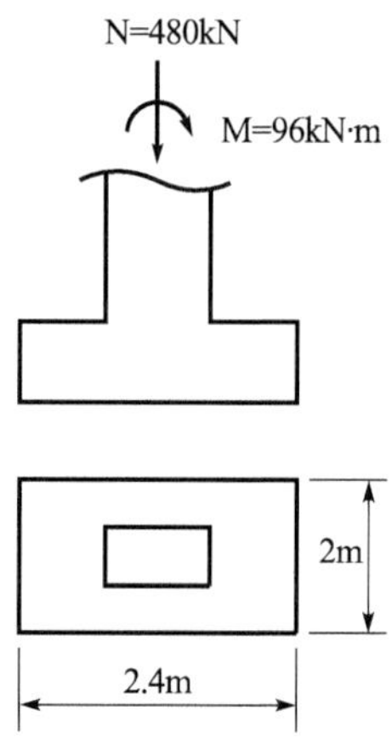

㉮ 15 kN/m^2
㉯ 150 kN/m^2
㉰ 20 kN/m^2
㉱ 200 kN/m^2

풀이 $\sigma_{max}=\dfrac{N}{A}+\dfrac{M}{Z}=\dfrac{480}{2.0\times2.4}+\dfrac{96}{\left(\dfrac{2.0\times2.4^2}{6}\right)}=150\ \text{kN/m}^2=0.15\ \text{N/mm}^2\ (\text{MPa})$

답 ㉯

심화 연습문제

01 기초를 기초판의 형태에 따른 분류하고 설명하시오.

02 기초에서 기초판, 지정 및 기초에 대해 간단히 설명하시오.

03 기초판에서 전단력과 휨모멘트에 대한 위험단면에 대해 설명하시오.

04 기초판의 휨철근의 배치에 대해 설명하시오.

05 예제 11.4에서 모든 조건은 동일하지만, $P_D = 1{,}500$ kN이고 $P_L = 1{,}200$ kN이며, 콘크리트는 $f_{ck} =$ 27 MPa의 보통중량콘크리트일 경우, 정사각형 독립기초를 설계하시오.

06 예제 11.5에서 모든 조건은 동일하지만, $P_D = 1{,}500$ kN이고 $P_L = 1{,}200$ kN이며, 콘크리트는 $f_{ck} =$ 27 MPa의 보통중량콘크리트이고 독립기초의 한 변이 3.3 m로 제한될 경우, 직사각형 독립기초를 설계하시오.

07 예제 11.6에서 모든 조건은 동일하지만, $P_D = 350\ \mathrm{kN/m}$ 이고 $P_L = 250\ \mathrm{kN/m}$ 이며, 콘크리트는 $f_{ck} = 27\ \mathrm{MPa}$의 보통중량콘크리트일 경우, 내력벽의 벽기초를 설계하시오.

08 예제 11.7에서 [조건]을 다음과 같이 변경할 경우, 기성콘크리트 말뚝기초를 설계하시오.

[조건]

1. 사용축하중 $P = P_D + P_L = 5{,}000\ \mathrm{kN}$
2. 계수축하중 $P_u = 1.2\,P_D + 1.6\,P_L = 7{,}500\ \mathrm{kN}$

CHAPTER

12

옹벽

CHAPTER

12 옹벽

12.1. 개요

옹벽(Retaining Wall)은 지반이나 자연구배를 이룰 수 없는 토사에 안정성을 부여하기 위해 사용되는 흙막이 벽체 구조물이다. 옹벽의 설계는 구조체가 외력에 저항할 수 있는 설계강도를 가져 안전성(Safety)을 확보해야 하고, 추가적으로 옹벽의 활동파괴, 전도파괴, 지지력 파괴, 전체 안정성 및 기초지반의 침하에 대한 안정성(Stability)에 대한 검토가 이루어져야 한다. 따라서 옹벽의 설계 시는 토압 및 수압과 같은 옹벽에 작용하는 하중의 성질을 이해해야 한다. 또한 옹벽 뒷면의 뒤채움 설계 시 토압보다도 큰 수압이 작용하지 않도록 배수기능을 고려해야 한다.

12.2. 옹벽의 종류

일반적인 옹벽의 종류는 그림 12.1과 같이 중력식 옹벽, 캔틸레버식 옹벽, 뒷부벽식 옹벽, 앞부벽식 옹벽, L형 옹벽 및 역L형 옹벽 등이 있다. 이와 같은 옹벽의 특징을 표 12.1에 정리하였다. 콘크리트 옹벽의 구조형식은 KDS 11 80 05 (1.2)[1]의 기준에 따라 다음의 사항을 고려하여 결정한다.

1) KDS 11 80 05 (1.2) 콘크리트옹벽, 국토교통부 제정, 한국시설안전공단 작성, 2020.

콘크리트 옹벽이 설치될 위치와 다른 구조물과의 관계, 공간적 제약

② 콘크리트 옹벽의 높이 및 옹벽이 설치되는 지형

③ 지반조건과 지하수조건

④ 시공에 소요되는 시간 및 경제성

⑤ 콘크리트 옹벽의 미관과 유지관리의 편의성

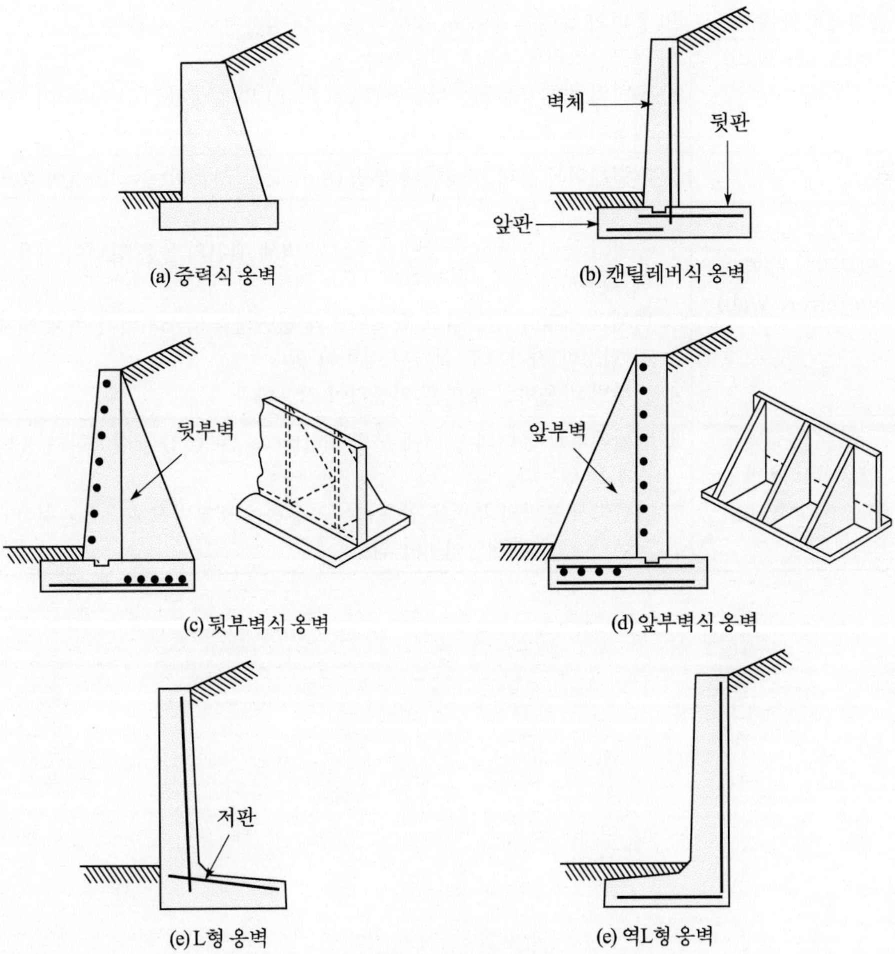

그림 12.1 옹벽의 종류[2]

2) 신현묵 외1인, 철근콘크리트, 동명사, 2015, p.411.

표 12.1 철근과 콘크리트의 역학적 특성

종 류	특 징
중력식 옹벽 (Gravity Wall)	① 옹벽의 자중에 의해 옹벽의 안정성을 얻는다. ② 옹벽의 높이가 3 m 이하로 낮고 기초의 지반이 양호할 경우 적용된다. ③ 무근콘크리트 구조 또는 조적조 등으로 시공한다.
캔틸레버식 옹벽 (Cantilever Wall)	① 벽체 뒷면에 있는 자연구배로부터의 무게를 견디기 위해서 캔틸레버 작용으로 안정성을 얻는다. ② 옹벽의 높이가 3~7 m 정도이고 가장 일반적으로 사용된다. ③ 철근콘크리트구조로 시공한다. ④ 옹벽의 벽체 (Stem), 뒷굽판 (Heel Slab) 및 앞굽판 (Toe Slab)이 캔틸레버 작용하는 것으로 가정한다.
뒷부벽식 옹벽 (Counterfort Wall)	① 캔틸레버식 옹벽의 뒷면에 부벽 (Buttress, 부축벽)을 설치하여 옹벽의 안정성을 얻는다. ② 옹벽의 높이가 8 m 이상인 경우로써 벽체 뒤편의 높은 압력이 작용하는 곳에 적용한다. ③ 벽체와 바닥을 연결하고 휨모멘트와 전단력을 감소시키기 위해 벽체를 따라 일정한 간격으로 설치된 부벽이 있다. ④ 뒷부벽식 옹벽의 부벽은 인장력이 작용한다.
앞부벽식 옹벽 (Buttress Wall)	① 캔틸레버식 옹벽의 앞면에 부벽 (Buttress, 부축벽)을 설치하여 옹벽의 안정성을 얻는다. ② 앞부벽식 옹벽의 부벽은 압축력이 작용하여 뒷부벽식보다 효율적이고 경제적이나 공간의 제약이 따른다.

12.3. 수평방향 토압

12.3.1. 옹벽의 토압

(1) 주동토압

주동토압 (Active Earth Pressure, p_A)은 옹벽의 벽체가 지반에서 떨어져 나가는 인장 변위를 일으킬 때, 옹벽의 벽체에 가해지는 흙의 압력이다. 주동토압이 작용하면, 옹벽은 전면 방향으로 회전 또는 이동시키거나 전면 방향으로 옹벽의 벽체를 휘게 한다.

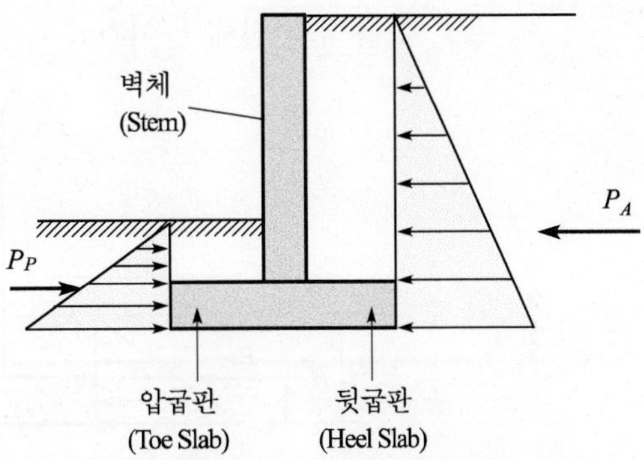

그림 12.2 주동토압과 수동토압의 합력

(2) 수동토압

수동토압 (Passive Earth Pressure, p_P)은 옹벽의 벽체가 지반에서 지반 쪽으로 밀리는 압축 변위를 일으킬 때, 옹벽의 벽체에 가해지는 흙의 압력이다. 수동토압이 작용하면, 옹벽은 뒷면 방향으로 회전 또는 이동시키거나 뒷면 방향으로 옹벽의 벽체를 휘게 한다.

(3) 정지토압

정치토압 (Earth Pressure at Rest)은 옹벽의 벽체가 변위를 일으키지 않고 지반이 파괴되지 않은 상태에서 옹벽에의 벽체에 가해지는 흙의 압력이다.

12.3.2. 뒤채움 흙이 수평인 옹벽에 작용하는 토압

옹벽의 뒤채움 흙 (배면토)이 수평이고 옹벽의 뒷면이 수직인 경우, 토압의 분포는 그림 12.3과 같다. 지표면에서 임의의 위치 h인 곳의 토압은 $p_h = K_A \gamma h$이다. 따라서 벽체의 전체 높이 H에 작용하는 주동토압은 $p_A = K_A \gamma H$이고, 벽체의 단위 폭 1m에 작용하는 벽체 전체의 주동토압의 합력은 벽체의 전체 높이 H에 작용하는 평균응력과 면적의 곱으로 계산되며, 다음과 같다.

$$P_A = \frac{1}{2} K_A \gamma H \times (H \times 1) = \frac{1}{2} K_A \gamma H^2 \ (\text{kN/m})$$

여기서, K_A : 주동토압계수

γ : 흙의 단위체적중량 (kN/m^3)

H : 옹벽의 전체 높이 (m)

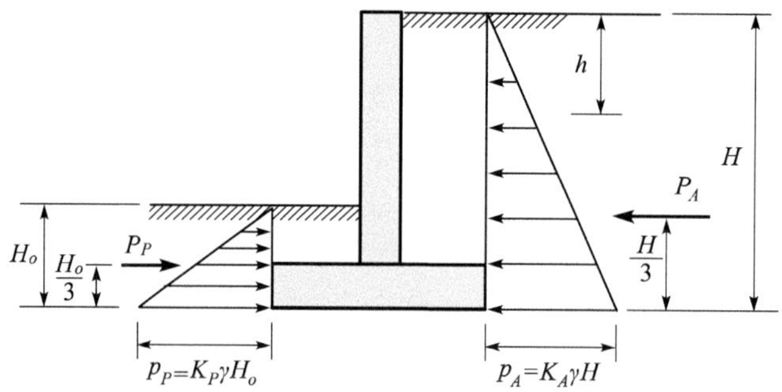

그림 12.3 뒤채움 흙이 수평인 옹벽에 작용하는 토압

주동토압계수, K_A의 산정식은 쿨롱의 토압공식(Coulomb's)과 랭킨의 토압공식(Rankine's Theory) 등이 대표적이며, 사용이 간편한 랭킨의 공식을 사용한다.

다음의 식은 뒤채움 흙이 수평이고 옹벽의 뒷면이 수직이며 벽체의 마찰이 무시되는 경우의 주동토압계수, K_A이며, 일반적으로 0.27~0.40의 범위이다.

$$K_A = \frac{1 - \sin\phi}{1 + \sin\phi} = \tan^2\left(45^\circ - \frac{\phi}{2}\right)$$

여기서, ϕ : 뒤채움 흙의 내부마찰각 (°)

같은 방법으로 수동토압이 작용하는 벽체의 높이 H_o에 작용하는 수동토압은 $p_P = K_P \gamma H_o$이고, 벽체의 단위 폭 1 m에 작용하는 벽체의 수동토압의 합력은 벽체의 높이 H_o에 작용하는 평균응력과 면적의 곱으로 계산된다.

$$P_P = \frac{1}{2} K_P \gamma (H_o)^2 \ (\text{kN/m})$$

여기서, K_P : 수동토압계수

H_o : 수동토압의 작용 높이 또는 G.L.에서 옹벽의 기초판 저면까지의 깊이 (m)

다음 식은 수동토압이 작용하는 곳의 흙이 수평인 경우의 수동토압계수, K_P이며, 일반적으로 2.5~4.00이다.

$$K_P = \frac{1+\sin\phi}{1-\sin\phi} = \tan^2\left(45^\circ + \frac{\phi}{2}\right)$$

대표적인 지반의 종류인 사질토와 점토의 토압 관련 정수는 다음 표와 같다.

표 12.2 토압 산정에 사용되는 정수

뒤채움 흙의 종류	단위체적중량 $\gamma\,(\mathrm{kN/m^3})$	내부마찰각 $\phi\,(^\circ)$	주동토압계수 K_A	수동토압계수 K_P
사질토	19	30°	0.333	3.000
점토	18	25°	0.406	0.464

12.3.3. 뒤채움 흙이 경사인 옹벽에 작용하는 토압

옹벽의 뒤채움 흙(배면토)의 경사각이 δ이고 옹벽의 뒷면이 수직인 경우, 토압의 분포는 그림 12.4와 같다. 벽체의 단위 폭 1 m에 작용하는 벽체 전체의 주동토압의 합력은 가상 뒷면에서 벽체의 전체 높이 H'에 작용하는 평균응력과 면적의 곱으로 계산되며 다음과 같다.

$$P_A = \frac{1}{2} K_A \gamma (H')^2 \ (\mathrm{kN/m})$$

여기서, H' : 가상 뒷면에서 벽체의 전체 높이(m)

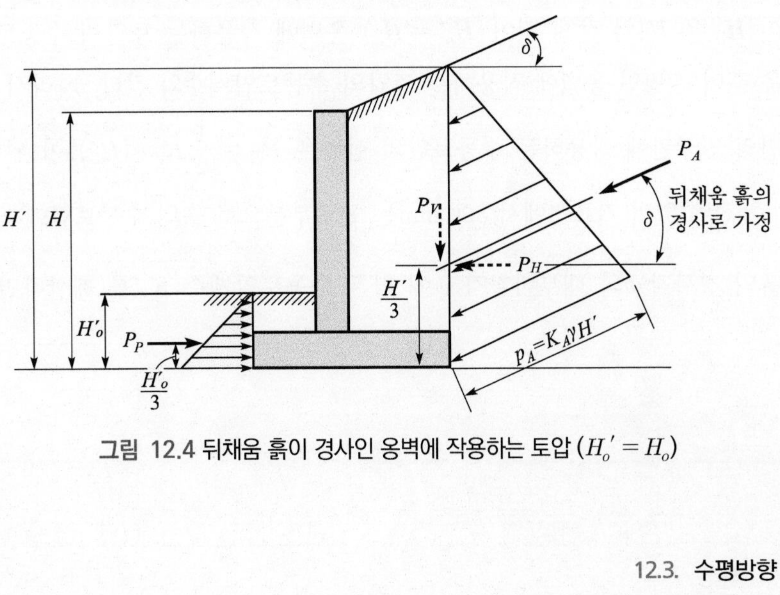

그림 12.4 뒤채움 흙이 경사인 옹벽에 작용하는 토압 ($H_o' = H_o$)

뒤채움 흙의 경사각이 δ이고 옹벽의 뒷면이 수직이며 벽 마찰이 무시되는 경우의 주동토압계수, K_A는 다음과 같다. 만약 $\delta = 0$ 이 되면, K_A는 뒤채움 흙이 수평인 옹벽에 작용하는 토압의 주동토압계수와 같다.

$$K_A = \cos\delta\left(\frac{\cos\delta - \sqrt{\cos^2\delta - \cos^2\phi}}{\cos\delta + \sqrt{\cos^2\delta - \cos^2\phi}}\right)$$

여기서, δ : 뒤채움 흙의 경사각 (°)

같은 방법으로 벽체의 단위 폭 1 m에 작용하는 벽체의 수동토압의 합력은 가상 벽면에서 수동토압이 작용하는 벽체의 높이 $H_o{}'$에 작용하는 평균응력과 면적의 곱으로 계산된다.

$$P_P = \frac{1}{2} K_P \gamma (H_o{}')^2 \ (\text{kN/m})$$

여기서, $H_o{}'$: 가상 뒷면에서 수동토압의 작용 높이 (m)

다음 식은 수동토압이 작용하는 곳의 흙이 경사각 δ이고 옹벽의 뒷면이 수직이며 벽 마찰이 무시되는 경우의 수동토압계수, K_P는 다음과 같다. 만약 $\delta = 0$ 이 되면, K_P는 수동토압이 작용하는 곳의 흙이 수평인 옹벽에 작용하는 토압의 수동토압계수와 같다.

$$K_P = \cos\delta\left(\frac{\cos\delta + \sqrt{\cos^2\delta - \cos^2\phi)}}{\cos\delta - \sqrt{\cos^2\delta - \cos^2\phi)}}\right)$$

그러나 일반적으로 기초가 위치하게 될 저면에서는 $\delta = 0$ 이므로 가상 벽면에서 수동토압의 높이 $H_o{}'$은 H_o와 같게 되어 $(H_o{}' = H_o)$ 옹벽에 작용하는 토압의 수동토압계수 K_P는 뒤채움 흙이 수평인 옹벽에 작용하는 토압의 수동토압계수와 같다. 따라서 일반적으로 기초 저면의 앞굽판에 작용하는 수동토압의 합력은 $P_P = \dfrac{1}{2} K_P \gamma (H_o)^2$이 된다. 또한 수동토압의 계산에 있어 지표면에서 300 mm는 표토부분으로 흙의 수동토압에서 무시한다.

뒤채움 흙의 경사각 δ와 내부마찰각 ϕ에 따른 주동토압계수 K_A를 계산하면 다음 표와 같다.

표 12.3 흙의 경사각과 내부마찰각에 따른 주동토압계수 K_A

흙의 경사각 δ(°)	내부마찰각 ϕ(°)						
	25	27	28	30	32	33	35
0	0.406	0.376	0.361	0.333	0.307	0.295	0.271
10	0.431	0.396	0.380	0.350	0.321	0.307	0.282
20	0.547	0.487	0.460	0.414	0.374	0.355	0.322
25	0.906	0.626	0.573	0.494	0.434	0.408	0.363
30	–	–	–	0.866	0.574	0.520	0.442

흙의 경사각 δ와 내부마찰각 ϕ에 따른 수동토압계수 K_P를 계산하면 다음 표와 같다.

표 12.4 흙의 경사각과 내부마찰각에 따른 수동토압계수 K_P

흙의 경사각 δ(°)	내부마찰각 ϕ(°)						
	25	27	28	30	32	33	35
0	2.464	2.663	2.770	3.000	3.255	3.392	3.690
10	2.251	2.446	2.551	2.775	3.022	3.155	3.442
20	1.614	1.815	1.918	2.132	2.362	2.484	2.745
25	0.906	1.312	1.434	1.664	1.894	2.013	2.262
30	–	–	–	0.866	1.306	1.441	1.698

12.3.4. 수평 지표면에 상재하중이 있는 경우의 토압

수평 지표면에 화단이나 주차장 등과 같은 상재하중(표면재하)이 있는 경우 옹벽의 뒷면에서 지표면의 상재하중에 따른 토압을 추가한다. 상재하중 w_S가 작용할 경우 흙의 등가 높이 H_S에 일정한 크기의 토압이 작용한다.

흙의 등가 높이 H_S는 다음과 같다.

$$H_S = \frac{w_S}{\gamma}\,(\mathrm{m})$$

여기서, w_S : 상재하중에 따른 하중(kN/m^2)

γ : 흙의 단위체적중량(kN/m^3)

사실상 수평 지표면에 상재하중이 있는 경우의 토압은 벽체 뒤에 직사각형의 압축응력이 중간높이에 추가되어 작용하는 것이며, 그러나 벽으로부터 충분히 떨어진 경우에는 추가적인 압축응력으로 작용하지는 않는다. 등가의 상재하중이 작용할 경우 직사각형의 압축응력의 크기는 $K_A \gamma H_S$이다. 옹벽의 벽체 뒤에 작용하는 전체 수평방향으로 작용하는 수평하중은 옹벽의 밑면으로부터 $H/3$의 높이에 작용하는 뒤채움 흙이 수평인 경우의 주동토압의 합력과 옹벽의 밑면으로부터 $H/2$의 높이에 작용하는 상재하중인 경우의 토압의 합력의 합이다.

$$P_H = P_A + P_S = \frac{1}{2} K_A \gamma (H')^2 + K_A \gamma H_S H \,(\mathrm{kN/m})$$

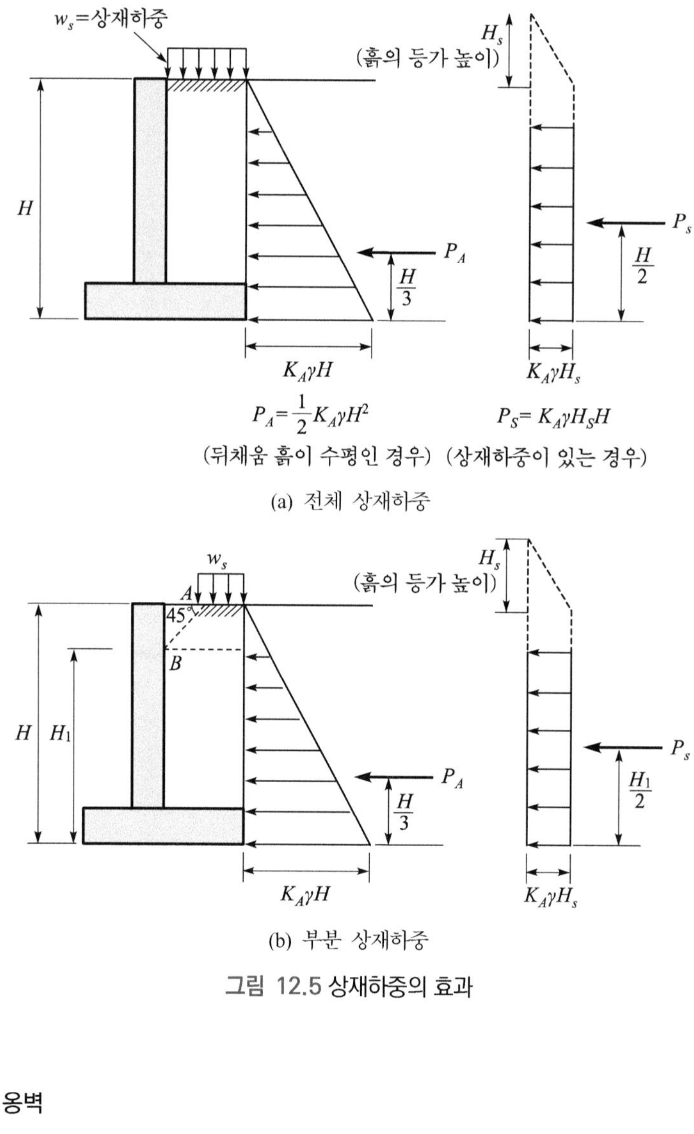

그림 12.5 상재하중의 효과

12.4. 옹벽의 치수와 비율

옹벽의 적절한 치수와 비율은 구조 설계만큼 시공에 중요하다. 옹벽의 올바른 비율을 선택할 경우, 적절한 콘크리트 배치가 가능하고 구조적 보강을 위한 충분한 공간이 확보된다. 기초 깊이는 지면에서 최소 600mm로 유지해야 하며, 옹벽 저판의 설치 깊이는 항상 동결심도 아래에 있어야 한다. 안정성을 위해, 옹벽의 벽체는 일반적으로 기초판의 폭(L)이 벽체 높이(H)의 약 0.5~0.7배가 되도록 하고, 일반적으로 앞굽판(Toe Slab)의 돌출부는 뒷굽판(Heel Slab)의 돌출부보다 작다. 일반적으로 콘크리트 타설 수직 벽체(Stem)의 상단은 콘크리트를 올바르게 배치하기 위해 200~300 mm 이상 이어야 하고, 캔틸레버와 뒷부벽(Counterfort)에서 기초판에 면한 벽체의 하부 두께는 전체 벽 높이(H)의 약 1/10 이다.[3] 경제성을 위해 수직 벽체는 선형으로 단면 폭을 가늘게 할 수 있다. 그러나 약 3.6m 높이 이하의 캔틸레버식 옹벽의 벽체는 일정한 두께로 한다. 이것은 단면의 폭이 변화하는 거푸집을 만드는 추가 비용이 콘크리트의 절약과 상쇄 될 수 있기 때문이다. 벽의 경사진 면은 벽의 뒷면 또는 전면에 있을 수 있다. 일반적으로 전면(외부)에 위치한 면에서 경사를 주면, 측압으로 인한 변형과 기울어짐에 대응할 수 있다.

기초판의 슬래브 두께는 벽체 두께와 유사한 두께로 할 수 있지만, 최소 300 mm 이상이어야 한다. 측압으로 인해 옹벽의 상단은 약간의 변형이 생기고, 또한 토압으로 인해 지반으로부터 약간 멀어지거나 기울어진다. 따라서 수직 벽체의 전면은 50:1 이상의 경사를 갖게 해야 변형이 크지 않게 된다. 앞굽판과 뒷굽판의 깊이가 상이할 수 있으며 앞굽판과 뒷굽판 슬래브의 깊이가 너무 크면 슬래브 상면을 경사지게 할 수 있다.

뒷부벽식 옹벽에서 뒷부벽의 중심간 거리는 벽체의 전체 높이(H)의 1/3~2/3 정도이다. 옹벽의 높이가 9 m 이상인 경우 뒷부벽의 중심간 간격은 $H/2$ 미만으로 줄어들 수 있다. 시공상 뒷부벽은 2.5 m 미만의 간격을 유지하는 것이 좋다. 뒷부벽의 두께는 200~300 mm 정도이다.

3) Teng, W.C. 1983, Foundation Design, Prentice Hall of India Pvt. Ltd, New Delhi, p.466.

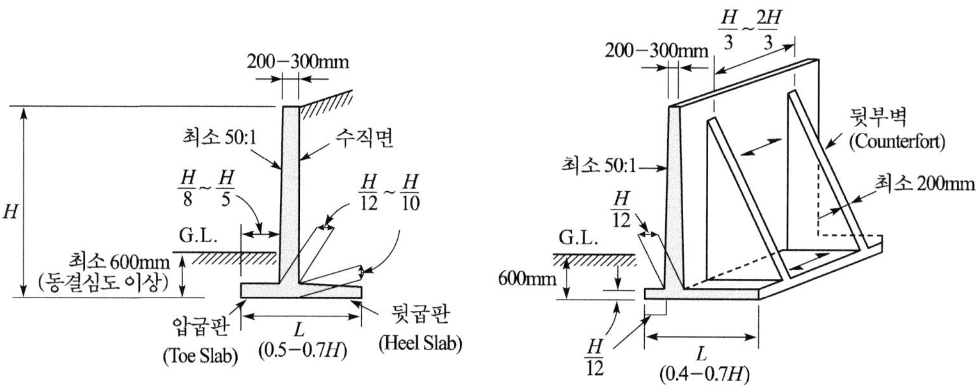

(a) 캔틸레버식 옹벽

(b) 뒷부벽식 옹벽

그림 12.6 옹벽의 치수와 비율[4)]

위의 내용을 정리하면 다음 표 12.5와 같다.

표 12.5 옹벽의 최소 크기

구 분	크 기	구 분	크 기
옹벽 기초판의 전체폭(L)	$0.5 \sim 0.7H$	벽체의 하부 두께	$H/12 \sim H/10$
뒷굽판의 폭	$0.5L$	벽체의 상부 두께	200 ~ 300 mm
기초판의 슬래브 두께	$H/12 \sim H/10$	벽체의 전면 기울기	최소 50 : 1 (최소 1 : 0.02)

또한 G.L.에서 옹벽이 위치하는 기초판 저면까지의 깊이는 일반적으로 다음 식과 같다.

$$H_o \geq \frac{q_a}{\gamma}\left(\frac{1-\sin\phi}{1+\sin\phi}\right)^2$$

여기서, q_a : 기초 지반의 허용지내력 (kN/m²)

γ : 흙의 단위체적중량 (kN/m³)

4) N. Subramanian, Design of Reinforced Concrete Structures, Oxford University Press, 2014, pp.658, 재인용.

12.5. 옹벽의 안정성

12.5.1. 개요

옹벽에 작용하는 외력에 대해 안정성(Stability)을 가져야 한다. 옹벽에 작용하는 하중은 뒷굽의 흙 중량에 의한 수직하중과 토압에 의한 수평하중이 대부분이다. 콘크리트 옹벽의 안정해석 시 고려하는 하중의 종류는 KDS 11 80 05 (1.7.3)[5]의 기준에 따라 다음과 같다. 여기서, 콘크리트 옹벽의 안정해석과 구조검토에서 자중은 콘크리트와 흙의 일반적인 단위중량을 적용하며, 상재하중은 일시적인 하중을 고려하기 위하여 콘크리트 옹벽 배면지반에는 10 kN/m^2의 등분포하중이 작용하는 것으로 간주한다.

① 콘크리트 옹벽과 뒤채움의 자중 등 고정하중
② 콘크리트 옹벽에 작용하는 토압과 상재하중에 의한 토압증가량
③ 배수가 되지 않는 조건에서는 수압과 부력
④ 콘크리트 옹벽에 직접 작용하는 외력
⑤ 지진에 의한 하중 등

옹벽의 안정성으로는 전도(Overturning), 활동(Sliding), 기초의 지지력(침하, Settlement) 및 전체 안정성 등이 있다. KDS 11 80 05 (4.4)[6]의 콘크리트옹벽에서 정한 콘크리트 옹벽의 안정해석에서 적용하는 기준 안전율은 표 12.6과 같다. 지진 시는 지진하중을 고려하여 검토한다.

표 12.6 옹벽의 안정해석에 적용하는 기준안전율

검토 항목	평상 시	지진 시
활동(Sliding)	1.5	1.2
전도(Overturning)	2.0	1.5
지지력(Bearing Capacity)	3.0	2.0
전체 안정성(Overall Stability)	1.2~1.5	1.1

* 옹벽 전면 흙에 대한 수동토압을 활동저항력에 포함한 경우의 안전율

5) KDS 11 80 05 (1.7.3) 콘크리트옹벽, 국토교통부 제정, 한국시설안전공단 작성, 2020.
6) KDS 11 80 05 (4.4) 콘크리트옹벽, 국토교통부 제정, 한국시설안전공단 작성, 2020.

주1 $q_{ult}/q_{max} \geq 3.0$이고, $q_q/q_{max} \geq 1.0$이다. 여기서, q_{ult}는 지반의 극한지내력이고 $q_{ult} = 3.0q_a$이다. q_{max}는 지반의 접지압(지반 반력)이고, q_a는 허용지내력이다.

이들 안정성은 사용하중(Service Load)에 의하여 검토한다. 그러나 단면설계를 할 때에는 강도설계법에 의한 계수하중(Factored Load)을 적용하며, 구조계산을 할 때에는 고정하중, 지표면의 상재하중 등의 영향을 고려하여 설계한다.

옹벽에 작용하는 힘은 그림 12.7과 같다. 여기서, ΣW_i는 옹벽의 자중과 옹벽의 기초판 위의 지반 흙의 중량 및 상재하중 등의 합력이고, P_A는 주동토압의 합력이며, 주동토압의 수평분력 $P_H = P_A \cos\delta$이고 수직분력 $P_V = P_A \sin\delta$이다. 그리고 옹벽의 기초판 저면에 발생되는 반력의 수평분력 $R_H = \mu R_V$이고, 수직분력 $R_V = \Sigma W_i + P_V = \Sigma W_i + P_A \sin\delta$이다.

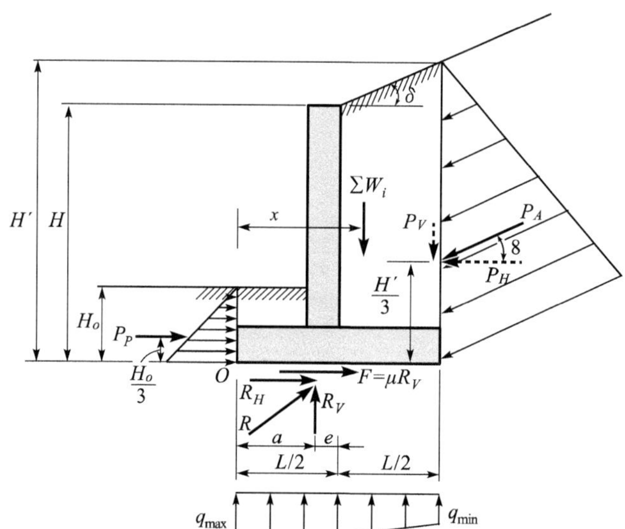

그림 12.7 옹벽에 작용하는 힘

12.5.2. 전도에 대한 안정

전도는 토압에 의해 옹벽 전체가 회전하는 현상이다. 옹벽의 토압에 의해서 기초 전면의 앞굽의 밑면 O를 중심으로 하여 회전하려는 모멘트를 전도모멘트(Overturning Moment)라 한다. 이에 반하여 같은 축을 중심으로 반대방향으로 회전하려는 모멘트를 저항모멘트(Resisting Moment)라 한다.

단위 폭 1 m의 앞굽판으로부터 합력 ΣW_i의 작용점까지의 거리 x는 다음과 같다.

$$x = \frac{\Sigma M_i}{\Sigma W_i}$$

여기서, ΣW_i : 옹벽의 자중과 옹벽의 기초판 위의 지반 흙의 중량 및 상재하중 등의 합력 (kN/m)

ΣM_i : W_i에 대한 각각의 모멘트 (kN·m/m)

따라서 뒤채움 흙이 경사인 옹벽의 저항모멘트는 다음과 같다.

$\Sigma M_R = \Sigma W_i x + P_V L = \Sigma W_i x + (P_A \sin\delta) L$

또한 뒤채움 흙이 수평인 옹벽이 되면 $\sin\delta = 0$이 된다.

$\Sigma M_R = \Sigma W_i x$

뒤채움 흙이 경사인 옹벽의 전도모멘트는 다음과 같다.

$\Sigma M_O = P_H \left(\frac{H'}{3}\right) = P_A \cos\delta \left(\frac{H'}{3}\right) = \frac{1}{2} K_A \gamma (H')^2 \cos\delta \left(\frac{H'}{3}\right) = \frac{1}{6} K_A \gamma (H')^3 \cos\delta$

또한 뒤채움 흙이 수평인 옹벽이 되면 $H' = H$이고, $\cos\delta = 1$이 된다.

$\Sigma M_O = \frac{1}{6} K_A \gamma H^3$

표 12.7 뒤채움 흙의 경사에 따른 저항모멘트와 전도모멘트

	뒤채움 흙이 경사인 옹벽	뒤채움 흙이 수평인 옹벽
저항모멘트 (ΣM_R)	$\Sigma W_i x + (P_A \sin\delta) L$	$\Sigma W_i x$
전도모멘트 (ΣM_O)	$\frac{1}{6} K_A \gamma (H')^3 \cos\delta$	$\frac{1}{6} K_A \gamma H^3$

전도에 대한 안전율은 2.0 이상이어야 한다.

$$FS = \frac{\Sigma M_R}{\Sigma M_O} \geq 2.0$$

여기서, ΣM_R : 콘크리트와 흙의 중량에 의한 저항모멘트 (kN·m/m)

ΣM_O : 주동토압의 수평분력에 의한 전도모멘트 (kN·m/m)

따라서 뒤채움 흙이 경사인 옹벽의 전도에 대한 안정을 확인하는 일반식은 다음과 같다. 아래 식에서 안전과 계산의 편의를 위해 분모의 $(P_A \sin\delta)L$을 고려하지 않고 검토하기도 한다.

$$FS = \frac{\Sigma M_R}{\Sigma M_O} = \frac{\Sigma W_i x + (P_A \sin\delta)L}{\frac{1}{6} K_A \gamma (H')^3 \cos\delta} \geq 2.0$$

그리고 뒤채움 흙이 수평인 옹벽의 전도에 대한 안정을 확인하는 일반식은 다음과 같다. 여기서, $\delta = 0$이면, $H' = H$, $\sin\delta = 0$이고 $\cos\delta = 1$이다.

$$FS = \frac{\Sigma M_R}{\Sigma M_O} = \frac{\Sigma W_i x}{\frac{1}{6} K_A \gamma H^3} \geq 2.0$$

만약, 수평 지표면에 상재하중이 있을 경우, 전도모멘트 ΣM_O는 다음과 같이 된다.

$$\Sigma M_O = P_A \left(\frac{H}{3} \right) + P_S \left(\frac{H}{2} \right) = \frac{1}{6} K_A \gamma H^3 + \frac{1}{2} K_A \gamma H_S H^2$$

12.5.3. 활동에 대한 안정

활동은 수평토압에 의해 옹벽이 밖으로 밀리는 현상이다. 옹벽을 밀어내는 힘은 전체 주동토압의 합력 P_A의 수평분력 P_H이다. 수평분력 P_H에 의한 벽체의 수평 활동은 기초 콘크리트 슬래브 밑면과 흙 사이의 마찰력과 수동토압에 의해 저항하게 된다. 흙은 종류에 따라 마찰계수가 다르며, 기초 콘크리트 슬래브 밑면과 흙 사이의 마찰계수는 표 12.8과 같다.

표 12.8 기초 콘크리트 슬래브 밑면과 흙 사이의 마찰계수 μ

지지지반의 종류	마찰계수 (μ)
실트 또는 점토를 함유하지 않은 거친 토양	0.5~0.6
실트를 함유한 거친 토양	0.4~0.5
실트 또는 점토(기초 슬래브 밑면은 두께 약 100 mm의 흙을 잘 다져진 모가 난 모래 또는 자갈로 치환한다.)	0.3~0.4
경암	0.60

단위 폭 1 m의 옹벽의 활동에 대해 저항하는 기초 저면의 활동저항력 S_R은 다음과 같고 전체 마찰력이다.

$$S_R = \mu R_V + P_P$$

여기서, μ : 마찰계수

R_V : 옹벽의 기초판 저면에 발생되는 반력의 수직분력 (kN/m).

($R_V = \Sigma W_i + P_V = \Sigma W_i + P_A \sin\delta$)

P_P : 수동토압 (kN/m)

옹벽 전면의 수동토압은 이 부분의 흙이 기초공사 때문에 흐트러질 염려가 많을뿐더러 옹벽 설치 후의 다른 공사나 우수에 의하여 세굴 되어 흐트러질 염려가 있다. 이와 같은 원인에 의해서 흙이 느슨하게 되었을 경우에는 상당히 큰 변형이 일어난 후라야 수동토압이 유효하게 작용하게 됨으로 보통 이것을 고려하지 않는다. 따라서 수동토압 P_P는 고려하지 않고 옹벽 콘크리트 슬래브 밑면과 흙 사이의 마찰력으로만 검토할 경우, 수평 저항력은 다음과 같다.

$$S_R = \mu R_V = \mu(\Sigma W_i + P_A \sin\delta)$$

활동에 대한 안전율은 1.5 이상이어야 한다.

$$FS = \frac{S_R}{S_D} \geq 1.5$$

여기서, S_R : 활동을 억제하기 위해 기초 콘크리트 슬래브 밑면과 흙 사이에 작용하는 전체 마찰력 (kN/m)

S_D : 활동력이며, 합력의 수평분력 (kN/m). ($S_D = P_H = P_A \cos\delta$이다. 만약 $\delta = 0$이면 $\cos\delta = 1$이 되고, $S_D = P_H = P_A$이다)

따라서 뒤채움 흙이 경사인 옹벽의 활동에 대한 안정을 확인하는 일반식은 다음과 같다. 아래 식에서 안전과 계산의 편의를 위해 분모의 $P_A \sin\delta$을 고려하지 않고 검토하기도 한다.

$$FS = \frac{S_R}{S_D} = \frac{\mu(\Sigma W_i + P_A \sin\delta)}{P_A \cos\delta} \geq 1.5$$

그리고 뒤채움 흙이 수평인 옹벽의 활동에 대한 안정을 확인하는 일반식은 다음과 같다. 여기서, $\delta = 0$이면 $\sin\delta = 0$이고 $\cos\delta = 1$이다.

$$FS = \frac{S_R}{S_D} = \frac{\mu \Sigma W_i}{P_A} \geq 1.5$$

만약, 수평 지표면에 상재하중이 있을 경우, 활동력 S_D는 $S_D = P_A + P_S$이고 안정을 확인하는 일반식은 다음과 같이 된다.

$$FS = \frac{S_R}{S_D} = \frac{\mu \Sigma W_i}{P_A + P_S} \geq 1.5$$

또한 기초판 밑면의 마찰력이 충분하지 않을 때에는 기초 저판하부에 돌출된 활동방지벽(Shear Key)을 설치하여 수평 저항력을 증가시킨다. 활동방지벽은 뒷굽판의 끝에 배치하는 것이 효과적이다. 활동방지벽을 사용할 경우 횡방향 하중에 의한 활동에 상당한 저항력을 발생시킨다. 활동방지벽의 높이는 일반적으로 옹벽 바닥판의 전체 높이의 2/3배 이상(최소 125~150 mm 이상), 기초폭의 10%~15%로 하는 것이 바람직하다. 활동방지벽을 설치할 경우, 활동에 대한 추가적인 저항력이 발생한다. 활동에 저항하는 수동토압의 보수적인 값으로 앞굽판 아래의 높이 $h_2 - h_1$에 걸쳐 발생되는 수동토압을 고려한다.

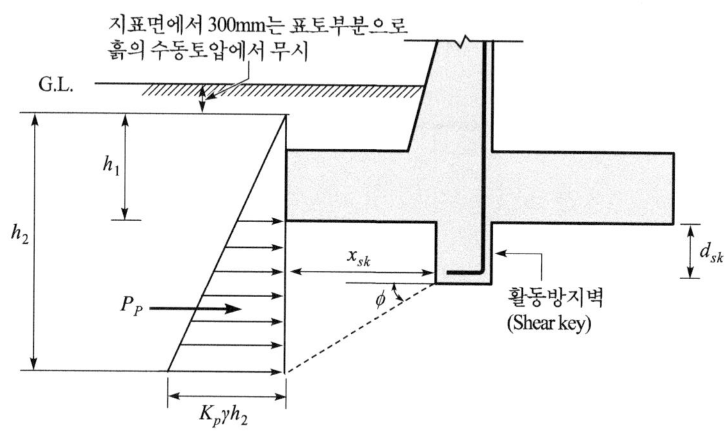

그림 12.8 활동방지벽에 의해 발생되는 수동토압

$$P_P = \frac{1}{2}K_P\gamma(h_2 - h_1)^2 - \frac{1}{2}K_P\gamma(h_1)^2$$

$$= \frac{1}{2}K_P\gamma(h_1 + d_{sk} + x_{sk}\tan\phi)^2 - \frac{1}{2}K_P\gamma(h_1)^2$$

$$\boxed{P_P = \frac{1}{2}K_P\gamma(h_1 + d_{sk} + x_{sk}\tan\phi)^2 - \frac{1}{2}K_P\gamma(h_1)^2\ (\mathrm{kN/m})}$$

여기서, ϕ : 뒤채움 흙의 내부마찰각 (°)

수동토압을 고려한 단위 폭 1 m의 옹벽의 활동에 대해 저항하는 기초 저면의 활동저항력 S_R은 다음과 같고 전체 마찰력이다.

$$\boxed{S_R = \mu R_V + P_P}$$

여기서, μ : 마찰계수

R_V : 옹벽의 기초판 저면에 발생되는 반력의 수직분력 (kN/m).

$(R_V = \Sigma W_i + P_V = \Sigma W_i + P_A\sin\delta)$

P_P : 수동토압 (kN/m)

뒤채움 흙의 경사가 δ인 경사 지표면에 상재하중이 있고, 또한 활동방지벽이 있는 경우, 활동에 대한 안정성 검토는 다음과 같다.

$$\boxed{FS = \frac{S_R}{S_D} = \frac{\mu(\Sigma W_i + P_A\sin\delta) + P_P}{P_A\cos\delta + P_S} \geq 1.5}$$

12.5.4. 지지력 (침하)에 대한 안정

옹벽에서 옹벽의 저면에 발생하는 접지압은 모두 압축응력이 발생할 수 있도록 설계되어야 유리하다. 이를 위해 기초판의 너비 L의 크기를 조절하여 과도한 침하나 회전이 발생되지 않도록 한다.

먼저, 앞굽 O에서 합력의 수직분력 R_V까지의 거리 a는 다음과 같다.

$$a = \frac{\Sigma M_R - \Sigma M_O}{R_V}$$

여기서, M_R : 저항모멘트(Resisting Moment, kN·m/m)

M_O : 전도모멘트(Overturning Moment, kN·m/m)

R_V : 옹벽의 기초판 저면에 발생되는 반력의 수직분력(kN/m).

($R_V = \Sigma W_i + P_V = \Sigma W_i + P_A \sin\delta$)

그림 12.7에서 뒤채움 흙이 수평인 경우, $\delta = 0$이고 $\sin\delta = 0$이 되어 $P_V = P_A \sin\delta = 0$이 되며 $R_V = \Sigma W_i$이다.

옹벽의 저면에 과도한 편심하중에 의해 뒷굽이 떠오르지 않게 하기 위해서는 옹벽에 작용하는 모든 외력의 합력 R의 작용선이 기초판의 중앙 1/3 안에 들어오게 하는 것이 바람직하다. 따라서 옹벽의 기초판의 중심으로부터의 편심거리 e는 다음과 같다.

$$|e| = \left| \frac{L}{2} - a \right| \le \frac{L}{6}$$

옹벽은 기초판 저면에 작용하는 지반 반력이 흙의 허용지내력 이하가 되어야 침하하지 않고 안정하다. 기초판 저면에 작용하는 지반 반력을 접지압이라 한다. 옹벽의 기초판에 작용하는 하중의 합력은 일반적으로 기초 슬래브 중앙에서 편심되어 작용하고 이로 인해 경사방향의 접지압을 받게 된다. 단위 폭 1 m의 기초가 편심하중과 경사하중을 받을 경우 옹벽의 저면에 발생하는 접지압은 다음과 같다.

$$\left. \begin{matrix} q_{max} \\ q_{min} \end{matrix} \right\} = \frac{P}{A} \pm \frac{M}{Z}$$

여기서, P : 기초 밑면의 중심축하중(kN/m)

A : 기초 밑면의 단면적(mm^2)

M : 기초 밑면의 휨모멘트(kN·m/m)

Z : 기초 밑면의 단면계수(mm^3)

수직방향으로 작용하는 합력 R_V, 기초판의 길이를 L, 편심거리를 $e = M/P$라 하면, 기초판 폭의 중앙에서 기초판의 단위 폭 1 m에 대한 값들은 다음과 같다.

$P = R_V,\ M = R_V \times e,\ A = 1 \times L,\ Z = 1 \times L^2/6$

따라서 옹벽의 저면에 발생하는 접지압은 다음과 같다.

$$\left.\begin{matrix} q_{max} \\ q_{min} \end{matrix}\right\} = \frac{P}{A} \pm \frac{M}{Z} = \frac{R_V}{L} \pm \frac{6R_V e}{L^2} = \frac{R_V}{L}\left(1 \pm \frac{6e}{L}\right)$$

여기서, q_{max}, q_{min} : 지반의 접지압 (지반 반력, $kN/m^2/m$)

R_V : 옹벽의 기초판 저면에 발생되는 반력의 수직분력 (kN/m)

($R_V = \Sigma W_i + P_V = \Sigma W_i + P_A \sin\delta$)

L : 옹벽의 기초판 폭 (m)

e : 기초판 폭의 중앙에서 합력의 작용점까지의 거리 (m)

KDS 11 80 05 (4.4)[7]의 기준에서 정한 옹벽 기초판의 지지력 검토는 다음과 같이 콘크리트 옹벽 하부에 발생하는 단위 폭 1 m에 대한 지반반력 q_{max}와 지반의 극한지내력 q_{ult}의 비율이 기준안전율 (3.0) 이상이어야 한다.[8]

$$\frac{q_{ult}}{q_{max}} \geq 3.0$$

여기서, q_{ult} : 지반의 극한지내력 ($kN/m^2/m$)

q_{max} : 지반의 접지압 (지반 반력, $kN/m^2/m$)

지반의 극한지내력 q_{ult}에 안전율 (3.0)을 나누면 허용지내력 q_a가 된다 ($q_{ult} = 3.0\,q_a$).

$$q_a = \frac{q_{ult}}{FS}$$

여기서, FS : 안전율 (3.0)

7) KDS 11 80 05 (4.4) 콘크리트옹벽, 국토교통부 제정, 한국시설안전공단 작성, 2020.

8) 지지력 (支持力, Bearing Capacity)은 기초 또는 말뚝이 지지할 수 있는 최대하중을 말한다. 지내력 (地耐力 , Bearing Capacity of Soil)은 지반의 허용 내력이다. 허용 내력은 기초판의 허용 지지력과 허용 침하량을 고려하여 결정한다.

옹벽 기초판의 지지력 검토를 지반의 허용지내력 q_a를 기준으로 하면 $q_a/q_{max} \geq 1.0$이 된다. 따라서 옹벽의 지지력(침하)에 대한 안정성을 확보하기 위해서는 지반의 접지압 q_{max}가 허용지내력 q_a 이하가 되어야 한다. 옹벽의 지지력에 대한 안정성은 사용하중에 대해 검토한다.

$$q_{max} = \frac{R_V}{L}\left(1 + \frac{6e}{L}\right) \leq q_a$$

여기서, q_a : 기초 지반의 허용지내력 (kN/m^2/m)

위의 식에서 안전과 계산의 편의를 위해 분모의 $R_V = \Sigma W_i + P_A \sin\delta$에서 $P_A \sin\delta$을 고려하지 않고 검토하기도 한다.

$$q_{max} = \frac{\Sigma W_i}{L}\left(1 + \frac{6e}{L}\right) \leq q_a$$

또한 옹벽의 저면에 발생하는 접지압은 모두 압축응력이 발생할 수 있도록 설계한다.

$$q_{min} = \frac{\Sigma W_i}{L}\left(1 - \frac{6e}{L}\right) \geq 0.0$$

12.5.5. 전체 안정성

전체 안정성이란 옹벽구조물 뿐만 아니라 옹벽기초 아래 및 옹벽 벽체 뒤의 지반이 포함된 전체의 안정성을 의미한다. 특히 연약지반 상에 구조물이 축조되는 경우 전체 안정성이 문제될 수 있으며, 압밀침하, 크리프 침하, 구조물의 수평이동 등과 같은 안정성 해석이 필요하다.

12.6. 옹벽의 설계

12.6.1. 개요

옹벽의 설계에 앞서 작용하는 토압에 대해 옹벽 전체의 안정성을 확보하여야 한다. 옹벽 전체의 안정성이 확인되면 옹벽 구조체가 작용하중에 대해 충분한 강도를 가질 수 있도록 각 부분의 단면설계를 한다.

옹벽의 설계에서 전도, 활동, 기초의 지지력(침하) 등의 안정성은 사용하중(Service Load)에 의하여 검토하고 단면설계를 할 때에는 강도설계법에 의한 계수하중(Factored Load)을 적용한다.

부벽이 없는 캔틸레버식 옹벽, L형 옹벽 및 역L형 옹벽은 벽체와 기초 슬래브를 캔틸레버로 하여 설계한다. 이와 같은 옹벽에서는 수평방향의 철근을 적절히 보강하여야 한다. 부벽이 있는 앞부벽식 옹벽과 뒷부벽식 옹벽은 벽체와 기초 슬래브 부분을 그들의 지지 상태의 슬래브로 취급하여 설계한다.

아래의 그림은 캔틸레버식 옹벽의 설계에서 주철근의 일반적인 배치 형태를 나타낸 것이다.

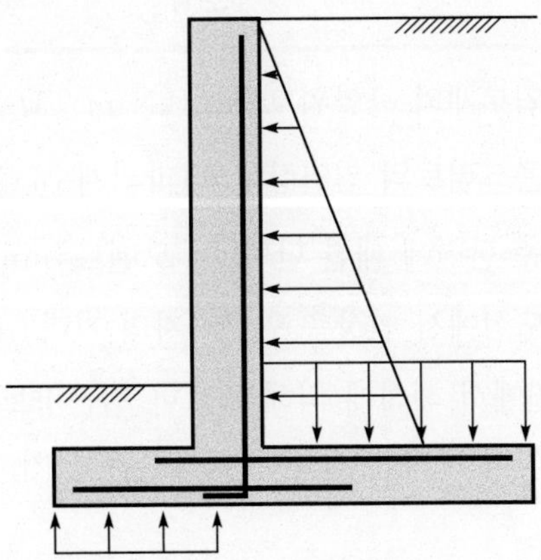

그림 12.9 캔틸레버식 옹벽에서 주철근의 일반적인 배치

12.6.2. 옹벽의 구조상세

(1) 옹벽의 두께

① 지하실 외벽 및 기초 벽체의 두께는 200 mm 이상으로 하여야 한다 [$h \geq 200$ mm].

② 두께 250 mm 이상의 벽체에 대해서는 다음의 각 항에 따라 수직 및 수평철근을 벽면에 평행하게 양면으로 배치하여야 한다. 다만, 지하실 벽체에는 이 규정을 적용하지 않을 수 있다.

㉠ 벽체의 외측면(노출면) 철근은 각 방향에 대하여 전체 소요철근량의 1/2 이상, 2/3 이하로 하며, 외측면부터 50 mm 이상, 벽체 두께의 1/3 이내에 배치하여야 한다.

㉡ 벽체의 내측면(뒷면) 철근은 각 방향에 대한 소요철근량의 잔여분을 내측면부터 20 mm 이상, 벽 두께의 1/3 이내에 배치하여야 한다.

(2) 최소철근비

(가) 앞굽판 및 뒷굽판의 최소철근량

앞굽판 및 뒷굽판은 캔틸레버 보와 같으므로 최소철근량은 KDS 14 20 20 (4.2.2)[9] 구조설계기준에 따른 휨부재의 최소철근량을 기준으로 하며 다음과 같다.

① 해석에 의하여 인장철근 보강이 요구되는 휨부재의 모든 단면에 대하여 다음 ②에 규정된 경우를 제외하고는 설계휨강도가 다음 식의 조건을 만족하도록 인장철근을 배치하여야 한다.

$$\phi M_n \geq 1.2 M_{cr}$$

여기서, M_{cr} : 휨부재의 균열휨모멘트 (kN·m, $M_{cr} = f_r I_g / y_t$)

f_r : 콘크리트의 휨인장강도 (파괴계수) (MPa, $f_r = 0.63\lambda\sqrt{f_{ck}}$)

I_g : 총 단면에 대한 단면2차 모멘트 (mm^4, $I_g = bh^3/12$)

y_t : 도심에서 인장측 연단까지의 거리 (mm, $y_t = h/2$)

② 부재의 모든 단면에서 해석에 의해 필요한 철근량보다 1/3 이상 인장철근이 더 배치되어 아래 식의 조건을 만족하는 경우는 상기 ①의 규정을 적용하지 않을 수 있다.

$$\phi M_n \geq \frac{4}{3} M_u$$

9) KDS 14 20 20 (4.2.2) 콘크리트구조 휨 및 압축 설계기준, 국토교통부 제정, 한국콘크리트학회 작성, 2021.

(나) 벽체의 최소철근비

캔틸레버식 옹벽에서 벽체는 캔틸레버 작용을 함으로 위의 휨부재의 최소철근량을 기준에 따라 $\phi M_n \geq 4/3M_u$을 만족하게 설계하며, 뒷부벽식 옹벽 및 앞부벽식 옹벽의 벽체는 부벽으로 지지된 3변 고정의 슬래브임으로 벽체의 수직 및 수평 최소 철근비는 KDS 14 20 72 (4.2)[10] 구조설계기준에 따라 표 12.9와 같고, 최소철근비는 벽체의 전체 단면적에 대한 철근비이다.

표 12.9 최소철근비

구 분		항복강도 (f_y)	최소 수직철근비 ($\rho_{v,\min}$)	최소 수평철근비 ($\rho_{h,\min}$)
이형철근	D16 이하	400 MPa 이상	0.0012	$0.0020\left(\frac{400}{f_y}\right)$
		400 MPa 미만	0.0015	0.0025
	D16 초과	-	0.0015	0.0025
용접철망	16mm 이하	-	0.0012	0.0020

주1 이 철근비의 계산에서 f_y는 500 MPa을 초과할 수 없다.

주2 최소철근비는 콘크리트의 전체 단면적에 대한 철근비이다.

(3) 옹벽의 피복두께

옹벽의 최소 피복두께는 옹벽의 벽면이 흙에 접하거나 옥외의 공기에 직접 노출되는 콘크리트에서 D19 이상의 철근은 50 mm, D16 이하의 철근은 40 mm이고, 흙에 접하여 콘크리트를 친 후 영구히 흙에 묻히는 기초 슬래브에서는 75 mm이다.

(4) 철근의 간격

벽체 또는 슬래브에서 휨 주철근의 간격은 벽체나 슬래브 두께의 3배 이하, 또한 450 mm 이하로 하여야 한다 [$s \leq \min(3h, 450\text{ mm})$].

(5) 수축이음과 신축이음

캔틸레버식 옹벽에서는 벽체의 전면에 수축이음 (Contraction Joint)을 두면 콘크리트의

10) KDS 14 20 72 (4.2) 콘크리트벽체 설계기준, 국토교통부 제정, 한국콘크리트학회 작성, 2021.

수축변형에 의한 영향을 줄일 수 있다. 일반적으로 수축이음은 KDS 41 80 05 (4.6.2)[11]의 기준에 따라 폭 6~8 mm, 깊이 12~16 mm인 V형 홈을 9 m 이하의 간격으로 만들며 옹벽 기초 슬래브 상부에서 벽체 상단까지 연속시킨다. 이때 철근을 끊지 않아야 한다.

또한 길이가 긴 옹벽의 경우 온도변화나 지반의 부등침하가 콘크리트 구조물에 미치는 영향에 대비하여 길이방향으로 유연성 재료의 신축이음(Expansion Joint)을 설치해야 한다. 신축이음 설치 간격은 중력식 옹벽의 경우는 10 m 이하, 캔틸레버식 및 부벽식 옹벽에서는 15~20 m 이하의 간격으로 설치하여야 한다. 신축이음에서는 철근이 끊겨야 한다.

(6) 옹벽의 배수

옹벽 뒷면 흙의 배수에 관해서는 충분히 고려를 하여야 한다. 배수공은 옹벽의 벽체에 지름 50~100 mm 정도를 가진 배수공을 수직 및 수평 간격 3.0 m 이내 마다 설치한다. 또 부벽식 옹벽에서는 부벽 사이의 한 구획마다 적어도 1개 이상을 설치한다. 옹벽 뒷면의 배수공 위치에 자갈 또는 쇄석을 채워서 필터 역할을 하게 한다. 이와 같은 배수공만으로 충분한 배수 효과를 얻을 수 없을 때에는 다른 배수 방법을 사용하여야 한다.

12.6.3. 캔틸레버식 옹벽의 설계

(1) 개요

안정성 검토가 완료되면 부재 단면의 설계를 한다. 설계하중은 계수하중을 사용하며 하중조합은 가장 불리한 경우에 대해 고려한다. KDS 41 80 05 (4.6.1)[12]의 기준에서 정한 캔틸레버식 옹벽의 본체 설계를 위한 기준은 다음과 같다.

① 캔틸레버식 옹벽의 벽체와 기초는 접합부를 고정단으로 하는 캔틸레버로 설계해야 한다.
② 벽체는 자중을 무시하고 토압의 수평분력을 고려해서 설계해야 한다.
③ 앞판은 상향의 지반 반력과 하향의 앞판 자중을 고려하여 설계해야 한다.
④ 뒷판은 뒷판 상부의 흙의 중량, 토압의 연직분력, 지표면의 상재하중, 뒷판 자중 및 지반 반력을 고려하여 설계해야 한다.

11) KDS 11 80 05 (4.6.2) 콘크리트옹벽, 국토교통부 제정, 한국시설안전공단 작성, 2020.
12) KDS 11 80 05 (4.6.1) 콘크리트옹벽, 국토교통부 제정, 한국시설안전공단 작성, 2020.

⑤ 기초슬래브의 앞판 상측과 뒷판 하측은 균열방지 등을 위해 반대측 주철근량의 1/3 이상을 배치해야 한다.

⑥ 수동토압을 고려하는 경우에는 앞판위의 가상 지표면 아래 흙의 중량을 고려해야 한다.

⑦ 벽체설계에 사용하는 토압은 옹벽배면이 경사진 경우 안정계산을 할 때와 같은 위치의 토압을 취하면 매우 크게 되므로 일반적으로 전벽 배면 위치에서의 토압으로 설계해야 한다.

⑧ 기초 슬래브의 뒷판 설계에 있어서 뒷판(벽체 연결부)의 휨모멘트가 벽체의 휨모멘트를 초과하는 경우 설계계산에 있어 휨모멘트는 벽체의 휨모멘트를 쓰는 것으로 해야 한다.

(2) 앞굽판의 설계

압굽판의 설계에서는 기초판 위에 채워진 흙의 무게는 무시하고 기초판의 자중만 고려한다. 소요강도는 다음과 같이 산정하거나, 사용하중 하에서 계산되어진 기초의 접지압 분포에 하중계수 1.6을 곱하여 계수하중으로 사용할 수도 있다.

$$U = 0.9\,D$$

앞굽판의 설계를 위한 위험단면은 다음과 같다.

표 12.10 앞굽판 설계에서의 위험단면

구 분	위험단면
휨모멘트	앞굽판과 벽체가 맞닿는 면
전단력	벽체의 전면에서 d 만큼 떨어진 위치

(3) 뒷굽판 설계

뒷굽판의 설계에서는 그 위에 채워진 기초판의 자중과 흙의 무게 그리고 지표면의 상재하중에 의한 토압과 주동토압의 수직분력 등을 고려한다. 기초판의 자중과 흙의 무게는 고정하중이므로 하중계수 1.2를 곱하고 상재하중에 의한 토압과 주동토압의 수직분력은 활하중이므로 1.6을 곱한다. 따라서 소요강도는 다음과 같이 산정하거나, 사용하중 하에서 계산되어진 기초의 접지압 분포에 하중계수 1.6을 곱하여 계수하중으로 사용할 수도 있다.

$$U = 1.2D + 1.6(L + H_v)$$

여기서, L : 상재하중

H_v : 주동토압의 수직분력

앞굽판의 설계를 위한 위험단면은 다음과 같다.

표 12.11 뒷굽판 설계에서의 위험단면

구 분	위험단면
휨모멘트	뒷굽판과 벽체가 맞닿는 면
전단력	뒷굽판과 벽체가 맞닿는 면

뒷굽판의 전단력에 대한 위험단면은 다른 부재들과 다르게 뒷굽판과 벽체가 맞닿는 면이다. 이것은 캔틸레버에서 압축측이 벽체에 지지되어 있지 않아 압축측의 트러스 작용에 의하여 지지면에서 거리 d 이내의 하중을 직접 전달되는 것을 기대할 수 없기 때문이다.[13)]

(4) 벽체의 설계

벽체는 주동토압에 대한 모멘트를 산정하여 보와 같은 방법으로 휨설계를 한다. 소요강도는 수평 주동토압에 하중계수 1.6을 곱한다.

$$U = 1.6H_h$$

여기서, H_h : 주동토압의 수평분력

벽체의 설계를 위한 위험단면은 다음과 같다.

표 12.12 벽체 설계에서의 위험단면

구 분	위험단면
휨모멘트	벽체와 기초판이 맞닿는 면
전단력	벽체 밑면에서 d 만큼 떨어진 위치

13) 김상식 외2인, 철근콘크리트 구조설계, 기문당, 2018, p.413.

옹벽에서는 벽체의 설계가 중요하며 벽체의 수직철근을 절약하기 위해 휨모멘트의 크기에 따라 철근을 절단할 수 있다. 그러나 절단되는 철근은 구조설계기준에 따른 휨모멘트의 정착길이가 충분히 확보되어야 한다. 또한 벽체의 철근은 기초판으로도 인장 이형철근의 정착길이를 확보하여야 한다. 그리고 이음이 발생할 경우, B급 이음으로 하며 이음 관련 기준을 만족해야 한다.

12.6.4. 부벽식 옹벽의 설계

부벽식 옹벽의 설계는 KDS 41 80 05 (4.6.1)[14]의 기준에 따라 다음과 같이 설계한다.

(1) 뒷부벽식 옹벽

(가) 벽체 설계

벽체 설계는 뒷부벽으로 지지된 연속판이 토압의 수평분력에 저항하도록 설계해야 한다. 따라서 벽체는 기초판에 3변이 고정되고 1변이 자유단인 2방향 슬래브로 해석 및 설계되어야 한다. 그러나 계산의 복잡하여 부벽으로 지지된 1방향 연속 슬래브로 가정하여 수평토압에 대하여 단면 해석을 하고 충분한 철근을 배치하여 설계할 수 있다.

(나) 뒷부벽 설계

뒷부벽은 저판에 고정된 변단면 T형 캔틸레버 보로 간주하여 벽체에 작용하는 전토압의 수평분력에 저항할 수 있도록 설계해야 한다.

(다) 앞굽판 설계

기초 슬래브의 앞굽판 설계는 캔틸레버식 옹벽과 같은 방법으로 설계한다.

(라) 뒷굽판 설계

기초 슬래브의 뒷굽판은 뒷부벽으로 지지된 연속판으로서 저판 위의 흙의 중량, 토압의 연직분력, 지표면의 상재하중, 판의 중량 및 지반반력을 고려하여 설계해야 한다.

14) KDS 11 80 05 (4.6.1) 콘크리트옹벽, 국토교통부 제정, 한국시설안전공단 작성, 2020.

(2) 앞부벽식 옹벽

(가) 앞부벽

앞부벽식 옹벽의 부벽은 저판에 지지된 구형보로 설계하며 벽체 및 기초는 앞부벽으로 지지된 연속판으로 보아 설계해야 한다.

(나) 벽체 및 기초판

앞부벽, 벽체, 기초의 설계에 있어서 외력의 고려방법은 뒷부벽식 옹벽과 같은 방법으로 설계한다.

12.6.5. 지하실 외벽의 설계

(1) 개요

건축물의 지하실 외벽은 건축물 외부의 토압과 수압에 견디기 위해 지하실 주위에 배치하는 벽체이다.

지하실 외벽의 일반적인 설계순서는 다음과 같다.

① 토질조사　② 설계조건 결정 (건축계획 및 법규 등)

③ 토압산정　④ 단면가정

⑤ 구조해석　⑥ 부재설계

(2) 지하실 외벽의 구조형식과 설계

지하실 외벽은 각 층의 바닥 슬래브에 지지되어 있는 1방향 슬래브 형식의 해석과 설계가 있고, 수압과 토압이 과다하거나 건축계획상 벽두께의 제약이 따를 경우 벽체에 적당한 간격으로 기둥 (부벽)을 설치하여 4변이 지지되어 있는 2방향 슬래브 형식의 해석과 설계가 있다.

(3) 설계조건

① 지하실 외벽 및 기초 벽체의 두께는 200 mm 이상으로 하여야 한다 [$h \geq 200\ \mathrm{mm}$].

② 수직 및 수평철근의 간격은 벽체 두께의 3배 이하, 또한 450 mm 이하로 하여야 한다 [$s \leq \min(3h,\ 450\ \mathrm{mm})$].

③ 벽체의 수직 및 수평 최소철근비는 표 12.13과 같고, 최소철근비는 벽체의 전체 단면적에 대한 철근비이다.

표 12.13 최소철근비

구 분		항복강도(f_y)	최소 수직철근비($\rho_{v,\min}$)	최소 수평철근비($\rho_{h,\min}$)
이형철근	D16 이하	400 MPa 이상	0.0012	$0.0020\left(\frac{400}{f_y}\right)$
		400 MPa 미만	0.0015	0.0025
	D16 초과	–	0.0015	0.0025
용접철망	16mm 이하	–	0.0012	0.0020

주1 이 철근비의 계산에서 f_y는 500 MPa을 초과할 수 없다.

주2 최소철근비는 콘크리트의 전체 단면적에 대한 철근비이다.

예제 12-1

다음 설명 중 옹벽 설계 시 안정조건이 아닌 것은 어느 것인가?

㉮ 전도에 대하 안정　　㉯ 활동에 대한 안정
㉰ 지반 지지력에 대한 안정　　㉱ 마찰력을 감소시킴

풀이

옹벽의 안정조건
① 전도에 대한 안전율 : 2.0배 이상
② 활동에 대한 안전율 : 1.5배 이상
③ 침하(지지력)에 대한 안전율 : 1.0배 이상

답 ㉱

예제 12-2

그림의 철근콘크리트 옹벽의 철근 배치에서 다른 철근에 비하여 보조적인 철근으로서 없어도 되는 것은?

㉮ a 철근
㉯ b 철근
㉰ c 철근
㉱ d 철근

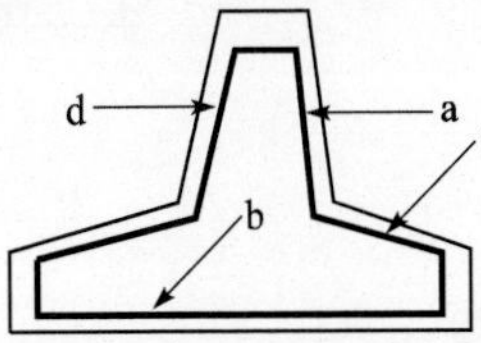

그림 12.10

풀이

d는 주철근이 아니다.

답 ㉱

예제 12-3

다음 조건과 그림의 중력식 옹벽의 안정성을 검토하시오. 단, 배수시설이 충분하여 옹벽의 뒷면에 수압은 작용하지 않는 것으로 가정한다.

[조건]

1. 콘크리트의 단위체적중량 $24\ \mathrm{kN/m^3}$
2. 흙의 단위체적중량 $\gamma = 19\ \mathrm{kN/m^3}$
3. 상재하중 $w_S = 10\ \mathrm{kN/m^2}$
4. 흙의 내부마찰각 $\phi = 30^\circ$
5. 흙의 점착력 $c = 0$
6. 옹벽의 밑면은 G.L.로부터 1.2 m 아래에 위치하며, 지표면에서 300 mm는 표토부분으로 흙의 수동토압에서 무시한다.
7. 지반의 허용지내력 $q_a = 200\ \mathrm{kN/m^2}$
8. 콘크리트와 흙의 마찰계수 $\mu = 0.5$

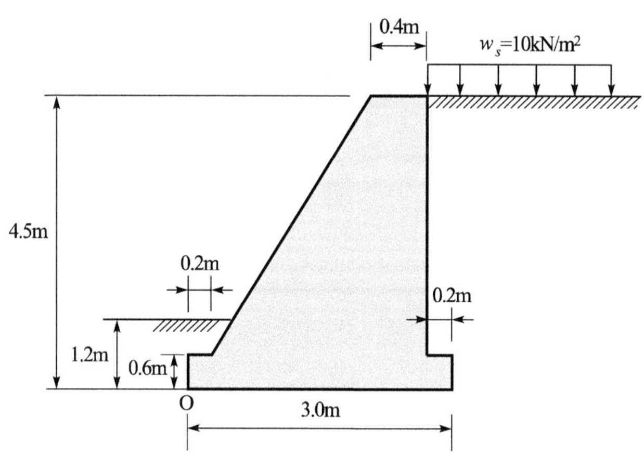

그림 12.11 중력식 옹벽의 단면 및 치수

풀이

1. 주동토압과 수동토압의 합력 산정

옹벽에 작용하는 토압은 벽체의 단위 폭 1 m에 작용하는 것에 대해 산정한다.

1) 주동토압계수

$$K_A = \tan^2\left(45^\circ - \frac{\phi}{2}\right) = \tan^2\left(45^\circ - \frac{30^\circ}{2}\right) = 0.333$$

2) 뒤채움 흙에 의한 주동토압의 합력

$$P_A = \frac{1}{2} K_A \gamma H^2 = \frac{1}{2} \times 0.333 \times 19 \times 4.5^2 = 64.1 \text{ kN/m}$$

3) 상재하중에 의한 주동토압의 합력

(1) 흙의 등가 높이

$$H_S = \frac{w_S}{\gamma} = \frac{10}{19} = 0.5 \text{ m}$$

(2) 상재하중에 의한 주동토압의 합력

$$P_S = K_A \gamma H_S H = 0.333 \times 19 \times 0.5 \times 4.5 = 15.0 \text{ kN/m}$$

4) 수동토압계수

$$K_P = \tan^2\left(45^\circ + \frac{\phi}{2}\right) = \tan^2\left(45^\circ + \frac{30^\circ}{2}\right) = 3.0$$

5) 수동토압의 합력

$$P_P = \frac{1}{2} K_P \gamma (H_o)^2 = \frac{1}{2} \times 3.0 \times 19 \times (1.2 - 0.3)^2 = 23.1 \text{ kN/m}$$

주1 지표면에서 300 mm는 표토부분으로 흙의 수동토압 계산에서 무시한다.

2. 단위 길이당 옹벽에 작용하는 하중과 모멘트

표 12.14

기호	W_i (kN/m)	x_i (m)	M_R (kN·m/m)
W_1	24×3.0×0.6=43.2	3.0/2=1.5	64.8
W_2	24×0.4×(4.5−0.6)=37.4	0.2+2.2+0.4/2=2.6	97.3
W_3	(1/2)×24×2.2×(4.5−0.6)=103.0	0.2+2.2×(2/3)=1.7	171.6
W_4	19×0.2×(4.5−0.6)=14.8	3.0−0.2/2=2.9	42.9
합계	198.4	−	376.7

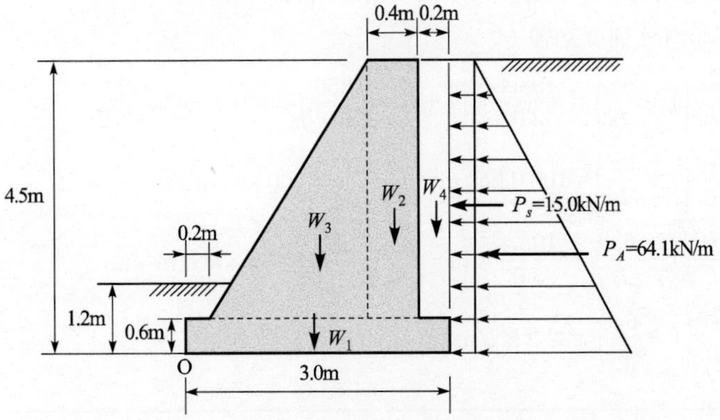

그림 12.12 하중과 토압

3. 안정성 검토

1) 전도에 대한 안정

(1) 저항모멘트

$\Sigma M_R = 376.7\ \mathrm{kN \cdot m/m}$

(2) 전도모멘트

$$\Sigma M_O = P_A\left(\frac{H}{3}\right) + P_S\left(\frac{H}{2}\right) = 64.1 \times \left(\frac{4.5}{3}\right) + 15.0 \times \left(\frac{4.5}{2}\right) = 129.9\ \mathrm{kN \cdot m/m}$$

(3) 전도에 대한 안정성 검토

$$FS = \frac{\Sigma M_R}{\Sigma M_O} = \frac{376.7}{129.9} = 2.90 \geq 2.0 \qquad \text{OK}$$

2) 활동에 대한 안정

(1) 활동의 저항력

$S_R = \mu R_V + P_P = \mu \Sigma W_i + P_P = 0.5 \times 198.4 + 23.1 = 122.3\ \mathrm{kN/m}$

(2) 활동력

$S_D = P_H = P_A + P_S = 64.1 + 15.0 = 79.1\ \mathrm{kN/m}$

(3) 활동에 대한 안정성 검토

$$FS = \frac{S_R}{S_D} = \frac{122.3}{79.1} = 1.55 \geq 1.5 \qquad \text{OK}$$

3) 지지력 (침하)에 대한 안정

(1) 앞굽 O에서 합력의 수직분력 R_V까지의 거리 a

$R_V = \Sigma W_i = 198.4\ \mathrm{kN/m}$

$$a = \frac{\Sigma M_R - \Sigma M_O}{R_V} = \frac{376.7 - 129.9}{198.4} = 1.244\ \mathrm{m}$$

(2) 옹벽의 기초판의 중심으로부터의 편심거리 e

$$|e| = \left|\frac{L}{2} - a\right| = \left|\frac{3.0}{2} - 1.244\right| = 0.256\ \mathrm{m} \leq \frac{L}{6} = \frac{3.0}{6} = 0.5\ \mathrm{m} \qquad \text{OK}$$

(3) 지지력 (침하)에 대한 안정

$$q_{max} = \frac{R_V}{L}\left(1 + \frac{6e}{L}\right) = \frac{198.4}{3.0} \times \left(1 + \frac{6 \times 0.256}{3.0}\right) = 100.0\ \mathrm{kN/m^2/m}$$

$$q_{max} = \frac{R_V}{L}\left(1 + \frac{6e}{L}\right) = 100.0\ \mathrm{kN/m^2/m} \leq q_a = 200\ \mathrm{kN/m^2/m} \qquad \text{OK}$$

$$q_{max} = \frac{R_V}{L}\left(1 - \frac{6e}{L}\right) = \frac{198.4}{3.0} \times \left(1 - \frac{6 \times 0.256}{3.0}\right) = 32.3\ \mathrm{kN/m^2/m}$$

$$q_{min} = \frac{R_V}{L}\left(1 - \frac{6e}{L}\right) = 32.3\ \mathrm{kN/m^2/m} \geq 0.0 \qquad \text{OK}$$

예제 12-4

다음 조건과 그림의 높이 5 m인 캔틸레버식 옹벽의 안정성을 검토하고 설계하시오. (단, 앞굽판 철근의 정착길이는 630 mm 이상으로 하고 뒷굽판 철근의 정착길이는 980 mm 이상으로 한다. 또한 옹벽의 벽체 철근의 정착길이는 750 mm 이상으로 한다. 배수시설이 충분하여 옹벽의 뒷면에 수압은 작용하지 않는 것으로 가정한다. 그리고 콘크리트는 $f_{ck}=24$ MPa의 보통중량콘크리트이고, 철근은 $f_y=$ 400 MPa의 도막되지 않은 철근이다.)

[조건]

1. 콘크리트의 단위중량 24 kN/m^3
2. 흙의 단위중량 $\gamma = 19\ kN/m^3$
3. 상재하중 $w_S = 10\ kN/m^2$
4. 흙의 내부마찰각 $\phi = 30°$
5. 흙의 점착력 $c = 0$
6. 옹벽의 밑면은 G.L.로부터 1.2 m 아래에 위치하며, 지표면에서 300 mm는 표토부분으로 흙의 수동토압에서 무시한다.
7. 지반의 허용지내력 $q_a = 200\ kN/m^2$
8. 콘크리트와 흙의 마찰계수 $\mu = 0.5$
9. 옹벽의 뒤채움 흙 (배면토)의 경사각 $\delta = 0°$

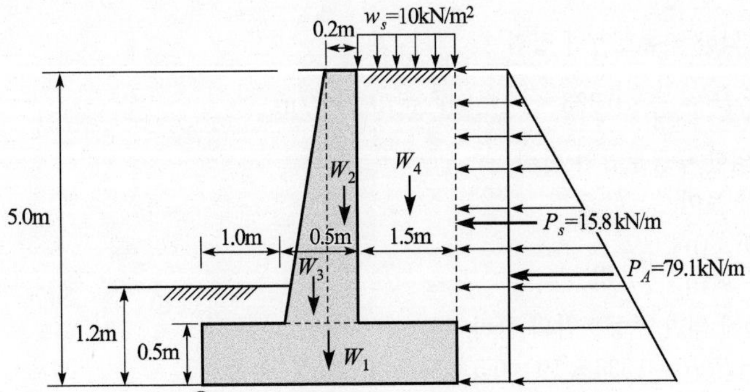

그림 12.13 캔틸레버식 옹벽의 치수와 하중

풀이

1. 옹벽의 치수 산정

1) G.L.에서 옹벽이 위치하는 기초판 저면까지의 깊이

$$H_o \geq \frac{q_a}{\gamma}\left(\frac{1-\sin\phi}{1+\sin\phi}\right)^2 = \frac{200}{19}\times\left(\frac{1-\sin30^\circ}{1+\sin30^\circ}\right)^2 = 1.170\ \text{m}$$

$\therefore\ H_o = 1.2\ \text{m}$

2) 옹벽 기초판의 전체폭 :

$L = 0.5 \sim 0.7H = 0.5\times5.0 \sim 0.7\times0.5 = 2.5 \sim 3.5\ \text{m}$

$\therefore\ L = 3.0\ \text{m}$

3) 뒷굽판의 폭 : $0.5L = 0.5\times3.0 = 1.5\ \text{m}$

4) 기초판의 슬래브 두께 :

$H/12 \sim H/10 = 5.0/12 \sim 5.0/10 = 0.42 \sim 0.5\ \text{m}$

$\therefore\ 0.5\ \text{m}$

5) 벽체의 하부 두께 :

$H/12 \sim H/10 = 5.0/12 \sim 5.0/10 = 0.42 \sim 0.5\ \text{m}$

$\therefore\ 0.5\ \text{m}$

6) 벽체의 상부 두께 : $0.2\ \text{m}$

7) 벽체의 길이 : $5.0 - 0.5 = 4.5\ \text{m}$

2. 주동토압과 수동토압의 합력 산정

옹벽에 작용하는 토압은 벽체의 단위 폭 1 m에 작용하는 것에 대해 산정한다.

1) 주동토압계수

$$K_A = \tan^2\left(45^\circ - \frac{\phi}{2}\right) = \tan^2\left(45^\circ - \frac{30^\circ}{2}\right) = 0.333$$

2) 뒤채움 흙에 의한 주동토압의 합력

$$P_A = \frac{1}{2}K_A\gamma H^2 = \frac{1}{2}\times0.333\times19\times5.0^2 = 79.1\ \text{kN/m}$$

3) 상재하중에 의한 주동토압의 합력

(1) 흙의 등가 높이

$$H_S = \frac{w_S}{\gamma} = \frac{10}{19} = 0.5\ \text{m}$$

(2) 상재하중에 의한 주동토압의 합력

$$P_S = K_A\gamma H_S H = 0.333\times19\times0.5\times5.0 = 15.8\ \text{kN/m}$$

4) 수동토압계수

$$K_P = \tan^2\left(45^\circ + \frac{\phi}{2}\right) = \tan^2\left(45^\circ + \frac{30^\circ}{2}\right) = 3.0$$

5) 수동토압의 합력

$$H_o' = H_o - 0.3 = 1.2 - 0.3 = 0.9\ \text{m}$$

$$P_P = \frac{1}{2}K_P\gamma(H_o')^2 = \frac{1}{2}\times3.0\times19\times(1.2-0.3)^2 = 23.1\ \text{kN/m}$$

> 주1 지표면에서 300 mm는 표토부분으로 흙의 수동토압 계산에서 무시한다.

3. 단위 길이당 옹벽에 작용하는 하중과 모멘트

표 12.15

기호	W_i (kN/m)	x_i (m)	M_R (kN · m/m)
W_1	24×3.0×0.5=36.0	3.0/2=1.5	54.0
W_2	24×0.2×(5.0−0.5)=21.6	1.0+0.3+0.2/2=1.4	30.2
W_3	(1/2)×24×0.3×(5.0−0.5)=16.2	1.0+0.3×(2/3)=1.2	19.4
W_4	19×1.5×(5.0−0.5)=128.3	1.0+0.5+1.5/2=2.3	288.7
합계	202.1	−	392.4

4. 안정성 검토

1) 전도에 대한 안정

(1) 저항모멘트

$\Sigma M_R = 392.4\ \text{kN} \cdot \text{m/m}$

(2) 전도모멘트

$$\Sigma M_O = P_A\left(\frac{H}{3}\right) + P_S\left(\frac{H}{2}\right) = 79.1 \times \left(\frac{5.0}{3}\right) + 15.8 \times \left(\frac{5.0}{2}\right) = 171.4\ \text{kN} \cdot \text{m/m}$$

(3) 전도에 대한 안정성 검토

$$FS = \frac{\Sigma M_R}{\Sigma M_O} = \frac{392.4}{171.4} = 2.29 \geq 2.0 \qquad \text{OK}$$

2) 활동에 대한 안정

(1) 활동의 저항력

$S_R = \mu R_V + P_P = \mu \Sigma W_i + 0 = 0.5 \times 202.1 + 0 = 101.1\ \text{kN/m}$

> 주1 안전을 위해 보수적으로 수동토압은 무시한다.

(2) 활동력

$S_D = P_H = P_A + P_S = 79.1 + 15.8 = 94.9\ \text{kN/m}$

(3) 활동에 대한 안정성 검토

$$FS = \frac{S_R}{S_D} = \frac{101.1}{94.9} = 1.07 \geq 1.5 \qquad \text{NG}$$

따라서 활동방지벽(Shear Key)을 설치해야 한다.

3) 지지력(침하)에 대한 안정

(1) 앞굽 O에서 합력의 수직분력 R_V까지의 거리 a

$R_V = \Sigma W_i = 202.1\ \text{kN/m}$

$$a = \frac{\Sigma M_R - \Sigma M_O}{R_V} = \frac{392.4 - 171.4}{202.1} = 1.093\ \text{m}$$

(2) 옹벽의 기초판의 중심으로부터의 편심거리 e

$$|e| = \left|\frac{L}{2} - a\right| = \left|\frac{3.0}{2} - 1.093\right| = 0.407\ \text{m} \le \frac{L}{6} = \frac{3.0}{6} = 0.5\ \text{m}$$ OK

(3) 지지력 (침하)에 대한 안정

$$q_{\max} = \frac{R_V}{L}\left(1 + \frac{6e}{L}\right) = \frac{202.1}{3.0} \times \left(1 + \frac{6 \times 0.407}{3.0}\right) = 122.1\ \text{kN/m}^2/\text{m}$$

$$q_{\max} = \frac{R_V}{L}\left(1 + \frac{6e}{L}\right) = 122.1\ \text{kN/m}^2/\text{m} \le q_a = 200\ \text{kN/m}^2/\text{m}$$ OK

$$q_{\min} = \frac{R_V}{L}\left(1 - \frac{6e}{L}\right) = \frac{202.1}{3.0} \times \left(1 - \frac{6 \times 0.407}{3.0}\right) = 12.6\ \text{kN/m}^2/\text{m}$$

$$q_{\min} = \frac{R_V}{L}\left(1 - \frac{6e}{L}\right) = 12.6\ \text{kN/m}^2/\text{m} \ge 0.0$$ OK

5. 활동방지벽의 설계

1) 높이 : $0.5 \times \frac{2}{3} = 0.3\ \text{m}$

$\therefore$ 0.35 m

2) 폭 : 0.4 m

따라서 활동방지벽 400 mm × 350 mm를 앞굽판의 O로부터 1.1 m에 위치시킨다.

3) 활동방지벽에 의한 수동토압

활동방지벽의 효과는 그림 12.14와 같이 깊이 h_2에 대해 수동토압을 발생시킨다. 지표면에서 300 mm는 표토부분으로 흙의 수동토압 계산에서 무시한다.

$h_1 = 1.2 - 0.3 = 0.9\ \text{m}$

$d_{sk} = 0.35\ \text{m}$

$x_{xk}\tan\phi = 1.1 \times \tan 30^\circ = 0.635\ \text{m}$

$$P_P = \frac{1}{2} K_P \gamma (h_1 + d_{sk} + x_{sk}\tan\phi)^2 - \frac{1}{2} K_P \gamma (h_1)^2$$

$$= \frac{1}{2} \times 3.0 \times 19 \times (0.9 + 0.35 + 0.635)^2 - \frac{1}{2} \times 3.0 \times 19 \times 0.9^2 = 78.2\ \text{kN/m}$$

4) 활동의 저항력

$S_R = \mu R_V + P_P = \mu \Sigma W_i + P_P = 0.5 \times 202.1 + 78.2 = 179.3\ \text{kN/m}$

5) 활동력

$S_D = P_H = P_A + P_S = 79.1 + 15.8 = 94.9\ \text{kN/m}$

6) 활동에 대한 안정성 검토

$$FS = \frac{S_R}{S_D} = \frac{179.3}{94.9} = 1.89 \ge 1.5$$ OK

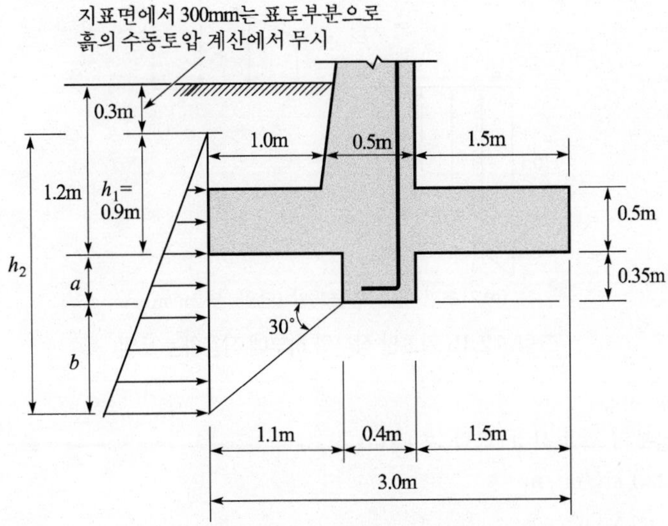

그림 12.14 활동방지벽과 수동토압

6. 앞굽판의 설계

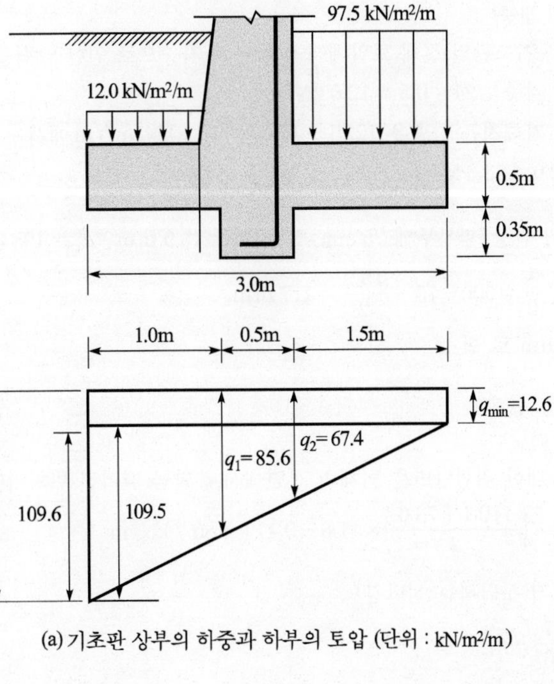

(a) 기초판 상부의 하중과 하부의 토압 (단위 : kN/m²/m)

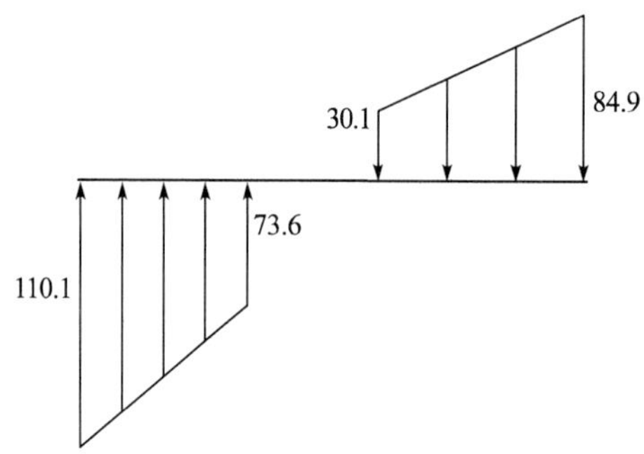

(b) 기초판 하부의 순토압 (단위 : kN/m²/m)

그림 12.15 기초판 상부와 하부에 작용하는 토압

1) 앞굽판의 작용 하중

(1) 기초판 하부의 토압 산정 [그림 12.15 (a) 참고]

$q_{\max} = 122.1\ \mathrm{kN/m^2/m}$

$q_{\min} = 12.6\ \mathrm{kN/m^2/m}$

그림 12.15 (a)에서 직삼각형의 높이에 해당하는 토압 : $122.1 - 12.6 = 109.5\ \mathrm{kN/m^2/m}$

$q_1 = 109.5 \times (2.0/3) + 12.6 = 85.6\ \mathrm{kN/m^2/m}$

$q_2 = 109.5 \times (1.5/3) + 12.6 = 67.4\ \mathrm{kN/m^2/m}$

(2) 앞굽판의 하중

순 압력은 기초판의 전체 토압에서 앞굽판의 자중으로 인한 압력을 빼줌으로써 얻어진다.

앞굽판의 자중 : $24 \times 0.5 = 12.0\ \mathrm{kN/m^2/m}$

앞굽판에 가해지는 하중은 $122.1 - 12.0 = 110.1\ \mathrm{kN/m^2/m}$ 에서

$71.3 - 12.0 = 83.3\ \mathrm{kN/m^2/m}$ 인 등변분포하중이다.

2) 유효깊이 d의 산정 [피복두께 75 mm, D16 ($d_b = 15.9\ \mathrm{mm}$, $a_1 = 198.6\ \mathrm{mm^2}$) 철근으로 가정]

$$d = h - 75 - \frac{d_b}{2} = 500 - 75 - \frac{15.9}{2} = 417\ \mathrm{mm}$$

$\therefore\ d = 410\ \mathrm{mm}$ 로 함.

3) 전단력에 대한 설계

(1) 계수전단력

전단력에 대한 위험단면은 벽체의 전면에서 d 만큼 떨어진 위치이다.

$$V_u = 1.6 \times \left(\frac{110.1 + 73.6}{2}\right) \times (1.0 - 0.41) = 86.7\ \mathrm{kN/m}$$

(2) 콘크리트가 부담하는 전단강도

$$\phi V_c = \phi \frac{1}{6} \sqrt{f_{ck}}\, b_w d$$

$$= 0.75 \times \frac{1}{6} \times \sqrt{24} \times 1{,}000 \times 410 = 251.1 \times 10^3\ \mathrm{N} = 251.1\ \mathrm{kN/m}$$

$V_u = 86.7\text{ kN/m} \le \phi V_c = 251.1\text{ kN/m}$ OK

4) 휨모멘트에 대한 설계 (캔틸레버방향 철근)

(1) 계수휨모멘트

휨모멘트에 대한 위험단면은 앞굽판과 벽체가 맞닿는 면이다.

$$M_u = 1.6 \times \left[73.6 \times 1.0^2 \times \frac{1}{2} + \frac{1}{2} \times (110.1 - 73.6) \times 1.0^2 \times \frac{2}{3}\right] = 78.3\text{ kN}\cdot\text{m/m}$$

(2) 철근비 산정

$$R_n = \frac{M_u}{\phi b_w d^2} = \frac{78.3 \times 10^6}{0.85 \times 1{,}000 \times 410^2} = 0.5480\text{ MPa}$$

$$\rho = \frac{\eta(0.85 f_{ck})}{f_y}\left[1 - \sqrt{1 - \frac{2R_n}{\eta(0.85 f_{ck})}}\right]$$

$$= \left(\frac{1.00 \times 0.85 \times 24}{400}\right) \times \left(1 - \sqrt{1 - \frac{2 \times 0.5480}{1.00 \times 0.85 \times 24}}\right) = 0.0014$$

(3) 철근량 산정

$$A_s = \rho b_w d = 0.0014 \times 1{,}000 \times 410 = 574\text{ mm}^2/\text{m}$$

(4) 철근 간격 [D16 ($d_b = 15.9$ mm, $a_1 = 198.6\text{ mm}^2$) 철근]

$$s = 1{,}000\left(\frac{a_1}{A_s}\right) = 1{,}000 \times \left(\frac{198.6}{574}\right) = 346\text{ mm}$$

$\therefore\ s = 300$ mm (D16@300)

$\min(3h,\ 450\text{mm}) = \min(3 \times 500,\ 450) = \min(1{,}500,\ 450) = 450\text{ mm}$

$s = 300\text{ mm} \le \min(3h,\ 450\text{mm}) = 450\text{ mm}$ OK

$$\therefore\ A_s = 1{,}000\left(\frac{a_1}{s}\right) = 1{,}000 \times \left(\frac{198.6}{300}\right) = 662\text{ mm}^2/\text{m}$$

(5) 인장변형률 검토

$$a = \frac{A_s f_y}{\eta(0.85 f_{ck}) b_w} = \frac{662 \times 400}{1.00 \times 0.85 \times 24 \times 1{,}000} = 13.0\text{ mm}$$

$f_{ck} \le 40$ MPa이므로 $\beta_1 = 0.80$이다.

$$c = \frac{a}{\beta_1} = \frac{13.0}{0.80} = 16.2\text{ mm}$$

$$\epsilon_t = \left(\frac{d_t - c}{c}\right)\epsilon_{cu} = \left(\frac{410 - 16.2}{16.2}\right) \times 0.0033 = 0.0801$$

(6) 휨부재의 최소 허용변형률 ϵ_{ta}

$f_y = 400$ MPa이므로 $\epsilon_{ta} = 0.0040$이다.

$\therefore\ \epsilon_t = 0.0801 \ge \epsilon_{ta} = 0.0040$ OK

(7) 강도감소계수 ϕ의 산정

$\epsilon_t = 0.0801 \geq \epsilon_u = 0.0050$이므로 인장지배 단면이므로 $\phi = 0.85$가 된다.

(8) 공칭휨강도 M_n의 산정

$$M_n = A_s f_y \left(d - \frac{a}{2}\right) = 662 \times 400 \times \left(410 - \frac{13.0}{2}\right) = 106.8 \times 10^6\ \text{N} \cdot \text{mm} = 106.8\ \text{kN} \cdot \text{m}$$

(9) 설계휨강도 $M_d = \phi M_n$의 산정

$$M_d = \phi M_n = 0.85 \times 106.8 = 90.8\ \text{kN} \cdot \text{m}$$

(10) $M_u \leq M_d = \phi M_n$의 검토

$M_u = 78.3\ \text{kN} \cdot \text{m} \leq M_d = 90.8\ \text{kN} \cdot \text{m}$ OK

(11) 최소철근량 검토

① 균열휨모멘트

$$f_r = 0.63\lambda\sqrt{f_{ck}} = 0.63 \times 1.0 \times \sqrt{24} = 3.09\ \text{MPa}$$

$$I_g = \frac{bh^3}{12} = \frac{1{,}000 \times 500^3}{12} = 10{,}416.7 \times 10^6\ \text{mm}^4$$

$$y_t = \frac{h}{2} = \frac{500}{2} = 250\ \text{mm}$$

$$M_{cr} = \frac{f_r I_g}{y_t} = \frac{3.09 \times (10{,}416.7 \times 10^6)}{250} = 128.8 \times 10^6\ \text{N} \cdot \text{mm} = 128.8\ \text{kN} \cdot \text{m}$$

② 최소철근량 검토

$\phi M_n = M_d = 90.8\ \text{kN} \cdot \text{m}$

$1.2M_{cr} = 1.2 \times 128.8 = 154.6\ \text{kN} \cdot \text{m}$

$\therefore\ \phi M_n = 90.8\ \text{kN} \cdot \text{m} \geq 1.2M_{cr} = 154.6\ \text{kN} \cdot \text{m}$ NG

휨부재의 최소철근량 규정인 $\phi M_n \geq 1.2M_{cr}$과 예외 규정인 $\phi M_n \geq 4/3\,M_u$을 고려한 최대 휨모멘트는 다음과 같다.

$$M_{\max} = \min(1.2\,M_{cr},\ 4/3\,M_u) = \min(154.6,\ 4/3 \times 78.3) = \min(154.6,\ 104.4)$$
$$= 104.4\ \text{kN} \cdot \text{m}$$

옹벽과 같이 면적이 넓은 휨부재는 계산의 편의와 안전을 위해 휨부재의 최소철근량의 예외 규정인 $\phi M_n \geq 4/3\,M_u$에 따라 $M_{\max} = 4/3\,M_u$에 대한 철근비를 산정하여 철근량을 결정하면 편리하다.

따라서 $M_{\max} = 104.4\ \text{kN} \cdot \text{m}$로 하여 (2) 철근비 산정부터 재계산하면 다음과 같다.

(12) 재계산

① 휨모멘트

$M_{\max} = 104.4\ \text{kN} \cdot \text{m}$

② 철근비 산정

$$R_n = \frac{M_{\max}}{\phi b_w d^2} = \frac{104.4 \times 10^6}{0.85 \times 1{,}000 \times 410^2} = 0.7307 \text{ MPa}$$

$$\rho = \frac{\eta(0.85 f_{ck})}{f_y}\left[1 - \sqrt{1 - \frac{2R_n}{\eta(0.85 f_{ck})}}\right]$$

$$= \left(\frac{1.00 \times 0.85 \times 24}{400}\right) \times \left(1 - \sqrt{1 - \frac{2 \times 0.7307}{1.00 \times 0.85 \times 24}}\right) = 0.0019$$

③ 철근량 산정

$$A_s = \rho b_w d = 0.0019 \times 1{,}000 \times 410 = 779 \text{ mm}^2/\text{m}$$

④ 철근 간격 [D16 ($d_b = 15.9$ mm, $a_1 = 198.6 \text{ mm}^2$) 철근]

$$s = 1{,}000\left(\frac{a_1}{A_s}\right) = 1{,}000 \times \left(\frac{198.6}{779}\right) = 255 \text{ mm}$$

$\therefore\ s = 200$ mm (D16@200)

$\min(3h,\ 450\text{mm}) = \min(3 \times 500,\ 450) = \min(1{,}500,\ 450) = 450$ mm

$s = 200 \text{ mm} \le \min(3h,\ 450\text{mm}) = 450$ mm OK

$$\therefore\ A_s = 1{,}000\left(\frac{a_1}{s}\right) = 1{,}000 \times \left(\frac{198.6}{200}\right) = 993 \text{ mm}^2/\text{m}$$

⑤ 인장변형률 검토

$$a = \frac{A_s f_y}{\eta(0.85 f_{ck}) b_w} = \frac{993 \times 400}{1.00 \times 0.85 \times 24 \times 1{,}000} = 19.5 \text{ mm}$$

$f_{ck} \le 40$ MPa이므로 $\beta_1 = 0.80$이다.

$$c = \frac{a}{\beta_1} = \frac{19.5}{0.80} = 24.3 \text{ mm}$$

$$\epsilon_t = \left(\frac{d_t - c}{c}\right)\epsilon_{cu} = \left(\frac{410 - 24.3}{24.3}\right) \times 0.0033 = 0.0140$$

⑥ 휨부재의 최소 허용변형률 ϵ_{ta}

$f_y = 400$ MPa이므로 $\epsilon_{ta} = 0.0040$이다.

$\therefore\ \epsilon_t = 0.0140 \ge \epsilon_{ta} = 0.0040$ OK

⑦ 강도감소계수 ϕ의 산정

$\epsilon_t = 0.0140 \ge \epsilon_u = 0.0050$이므로 인장지배 단면이므로 $\phi = 0.85$가 된다.

⑧ 공칭휨강도 M_n의 산정

$$M_n = A_s f_y\left(d - \frac{a}{2}\right) = 993 \times 400 \times \left(410 - \frac{19.5}{2}\right) = 159.0 \times 10^6 \text{ N}\cdot\text{mm} = 159.0 \text{ kN}\cdot\text{m}$$

⑨ 설계휨강도 $M_d = \phi M_n$의 산정

$$M_d = \phi M_n = 0.85 \times 159.0 = 135.2 \text{ kN}\cdot\text{m}$$

⑩ $M_u \le M_d = \phi M_n$의 검토

$M_u = 78.3 \text{ kN}\cdot\text{m} \le M_d = 135.2 \text{ kN}\cdot\text{m}$ OK

⑪ 최소철근량 검토
최소철근량 검토는 만족한다.

(13) 앞굽판 철근의 정착길이
문제의 조건에 따라 앞굽판 철근의 정착길이는 630 mm 이상으로 한다. 따라서 앞굽판 철근의 정착길이를 630 mm 로 할 경우, 위험단면으로부터 앞굽판 방향으로 매립되는 매립길이는 1,100 − 75 = 1,025 mm 이고, 앞굽판 철근의 정착길이 630 mm 는 앞굽판의 단면에 대한 매립길이 1,025 mm 보다 작으므로 D16에 대한 묻힘길이에 의한 인장 이형철근의 정착길이는 만족한다. 또한 위험단면에서 뒷굽판 방향으로 630 mm 이상을 확보해야 한다.

5) 길이방향 철근
(1) 철근량 (수축 · 온도철근비에 의한 철근량은 콘크리트의 전체 단면적임에 주의한다.)

$$A_s = 0.0020\,b_w h = 0.0020 \times 1{,}000 \times 500 = 1{,}000\ \text{mm}^2$$

(2) 철근 간격 [D13 ($d_b = 12.7$ mm, $a_1 = 126.7\ \text{mm}^2$) 철근을 상하로 2열 배치]

$$s = 1{,}000\left(\frac{a_1 \times 2}{A_s}\right) = 1{,}000 \times \left(\frac{126.7 \times 2}{1{,}000}\right) = 253\ \text{mm}$$

$\therefore\ s = 250$ mm (D13@250)

길이방향 철근의 배치구간은 앞굽판 길이, 정착길이, 피복두께 등을 고려하여 다음과 같다.

$1{,}000 + 630 - 75 = 1{,}555$ mm

따라서 이 배치구간에 배치되는 철근 개수는 다음과 같다.

$$n \geq \frac{1{,}555}{250} + 1 = 7.2 \rightarrow 8EA$$

7. 뒷굽판의 설계
1) 뒷굽판의 작용 하중
① 뒷굽판 상부의 토압 : $19 \times 4.5 = 85.8\ \text{kN/m}^2/\text{m}$
② 뒷굽판의 자중 : $24 \times 0.5 = 12.0\ \text{kN/m}^2/\text{m}$
③ 뒷굽판의 하중 : $85.5 + 12 = 97.5\ \text{kN/m}^2/\text{m}$
④ 뒷굽판에 가해지는 하중은 $97.5 - 67.4 = 30.1\ \text{kN/m}^2/\text{m}$ 에서 $97.5 - 12.6 = 84.9\ \text{kN/m}^2/\text{m}$ 인 등변분포하중이다.

2) 유효깊이 d의 산정 [피복두께 75 mm, D19 ($d_b = 19.1$ mm, $a_1 = 286.5\ \text{mm}^2$) 철근으로 가정]

$$d = h - 75 - \frac{d_b}{2} = 500 - 75 - \frac{19.1}{2} = 415\ \text{mm}$$

$\therefore\ d = 410$ mm 로 한다.

3) 전단력에 대한 설계
(1) 계수전단력
전단력에 대한 위험단면은 벽체의 전면에서 d 만큼 떨어진 위치이다.

$$V_u = 1.6 \times \left(\frac{30.1+84.9}{2}\right) \times (1.5-0.41) = 100.3\ \text{kN/m}$$

(2) 콘크리트가 부담하는 전단강도

$$\phi V_c = \phi \frac{1}{6}\sqrt{f_{ck}}\, b_w d$$

$$= 0.75 \times \frac{1}{6} \times \sqrt{24} \times 1{,}000 \times 410 = 251.1 \times 10^3\ \text{N} = 251.1\ \text{kN/m}$$

$V_u = 100.3\ \text{kN/m} \le \phi V_c = 251.1\ \text{kN/m}$ OK

4) 휨모멘트에 대한 설계 (캔틸레버방향 철근)

(1) 계수휨모멘트

휨모멘트에 대한 위험단면은 앞굽판과 벽체가 맞닿는 면이다.

$$M_u = 1.6 \times \left[30.1 \times 1.5^2 \times \frac{1}{2} + \frac{1}{2} \times (84.9-30.1) \times 1.5^2 \times \frac{2}{3}\right] = 119.9\ \text{kN}\cdot\text{m/m}$$

(2) 휨부재의 최소철근량의 예외 규정을 적용하기 위한 휨모멘트

$$M_{\max} = \frac{4}{3} M_u = \frac{4}{3} \times 119.9 = 159.9\ \text{kN}\cdot\text{m}$$

(3) 철근비 산정

$$R_n = \frac{M_{\max}}{\phi b_w d^2} = \frac{159.9 \times 10^6}{0.85 \times 1{,}000 \times 410^2} = 1.1191\ \text{MPa}$$

$$\rho = \frac{\eta(0.85 f_{ck})}{f_y}\left[1 - \sqrt{1 - \frac{2R_n}{\eta(0.85 f_{ck})}}\right]$$

$$= \left(\frac{1.00 \times 0.85 \times 24}{400}\right) \times \left(1 - \sqrt{1 - \frac{2 \times 1.1191}{1.00 \times 0.85 \times 24}}\right) = 0.0029$$

(4) 철근량

$$A_s = \rho b_w d = 0.0029 \times 1{,}000 \times 410 = 1{,}189\ \text{mm}^2/\text{m}$$

(5) 철근 간격 [D19 ($d_b = 19.1\ \text{mm}$, $a_1 = 286.5\ \text{mm}^2$) 철근]

$$s = 1{,}000\left(\frac{a_1}{A_s}\right) = 1{,}000 \times \left(\frac{286.5}{1{,}189}\right) = 241\ \text{mm}$$

$\therefore\ s = 200\ \text{mm}$ (D19@200)

$\min(3h,\ 450\text{mm}) = \min(3 \times 500,\ 450) = \min(1{,}500,\ 450) = 450\ \text{mm}$

$s = 200\ \text{mm} \le \min(3h,\ 450\text{mm}) = 450\ \text{mm}$ OK

$$\therefore\ A_s = 1{,}000\left(\frac{a_1}{s}\right) = 1{,}000 \times \left(\frac{286.5}{200}\right) = 1{,}433\ \text{mm}^2/\text{m}$$

(6) 인장변형률 검토

$$a = \frac{A_s f_y}{\eta(0.85 f_{ck}) b_w} = \frac{1{,}433 \times 400}{1.00 \times 0.85 \times 24 \times 1{,}000} = 28.1 \text{ mm}$$

$f_{ck} \le 40$ MPa이므로 $\beta_1 = 0.80$이다.

$$c = \frac{a}{\beta_1} = \frac{28.1}{0.80} = 35.1 \text{ mm}$$

$$\epsilon_t = \left(\frac{d_t - c}{c}\right)\epsilon_{cu} = \left(\frac{410 - 35.1}{35.1}\right) \times 0.0033 = 0.0352$$

(7) 휨부재의 최소 허용변형률 ϵ_{ta}

$f_y = 400$ MPa이므로 $\epsilon_{ta} = 0.0040$이다.

$\therefore\ \epsilon_t = 0.0352 \ge \epsilon_{ta} = 0.0040$ OK

(8) 강도감소계수 ϕ의 산정

$\epsilon_t = 0.0352 \ge \epsilon_u = 0.0050$이므로 인장지배 단면이므로 $\phi = 0.85$가 된다.

(9) 공칭휨강도 M_n의 산정

$$M_n = A_s f_y \left(d - \frac{a}{2}\right) = 1{,}433 \times 400 \times \left(410 - \frac{28.1}{2}\right) = 227.0 \times 10^6 \text{ N} \cdot \text{mm} = 227.0 \text{ kN} \cdot \text{m}$$

(10) 설계휨강도 $M_d = \phi M_n$의 산정

$M_d = \phi M_n = 0.85 \times 227.0 = 193.0$ kN · m

(11) $M_u \le M_d = \phi M_n$의 검토

$M_u = 119.9$ kN · m $\le M_d = 193.0$ kN · m OK

(12) 뒷굽판 철근의 정착길이

문제의 조건에 따라 뒷굽판 철근의 정착길이는 980mm 이상으로 한다. 따라서 뒷굽판 철근의 정착길이를 980mm로 할 경우, 위험단면으로부터 뒷굽판 방향으로 매립되는 매립길이는 1,500－75＝1,425mm이고, 뒷굽판 철근의 정착길이 980mm는 뒷굽판의 단면에 대한 매립길이 1,425mm보다 작으므로 D19에 대한 묻힘길이에 의한 인장 이형철근의 정착길이는 만족한다. 또한 위험단면에서 앞굽판 방향으로 980mm 이상을 확보해야 한다.

5) 길이방향 철근

길이방향 철근은 앞굽판과 같다.

$\therefore\ s = 250$ (D13@250)

길이방향 철근의 배치구간은 뒷굽판 길이, 정착길이, 피복두께 등을 고려하여 다음과 같다.

$1{,}500 + 980 - 75 = 2{,}405$ mm

따라서 이 배치구간에 배치되는 철근 개수는 다음과 같다.

$$n \geq \frac{2,405}{250}+1=10.6 \rightarrow 11EA$$

8. 벽체의 설계

1) 벽체의 작용 하중

(1) 벽체의 캔틸레버 길이 : 4.5 m

(2) 벽체의 피복두께 : 50 mm

(3) 주동토압계수

$$K_A=\tan^2\left(45^\circ-\frac{\phi}{2}\right)=\tan^2\left(45^\circ-\frac{30^\circ}{2}\right)=0.333$$

(4) 뒤채움 흙에 의한 주동토압의 합력

$$P_A=\frac{1}{2}K_A\gamma H^2=\frac{1}{2}\times 0.333\times 19\times 4.5^2=64.1\ \text{kN/m}$$

(5) 상재하중에 의한 주동토압의 합력

① 흙의 등가 높이

$$H_S=\frac{w_S}{\gamma}=\frac{10}{19}=0.5\ \text{m}$$

② 상재하중에 의한 주동토압의 합력

$$P_S=K_A\gamma H_S H=0.333\times 19\times 0.5\times 4.5=14.2\ \text{kN/m}$$

2) 유효깊이 d의 산정 [피복두께 50 mm, D19 ($d_b=19.1$ mm, $a_1=286.5\ \text{mm}^2$) 철근으로 가정]

$$d=h-50-\frac{d_b}{2}=500-50-\frac{19.1}{2}=440\ \text{mm}$$

∴ $d=440$ mm 로 한다.

3) 전단력에 대한 설계

(1) 계수전단력

전단력에 대한 위험단면은 벽체의 전면에서 d 만큼 떨어진 위치이다.

$$V_u=1.6(P_A+P_S)=1.6\times(64.1+14.2)=125.3\ \text{kN/m}$$

(2) 콘크리트가 부담하는 전단강도

$$\phi V_c=\phi\frac{1}{6}\sqrt{f_{ck}}\,b_w d$$

$$=0.75\times\frac{1}{6}\times\sqrt{24}\times 1,000\times 440=269.4\times 10^3\ \text{N}=269.4\ \text{kN/m}$$

$V_u=125.3\ \text{kN/m}\ \leq \phi V_c=269.4\ \text{kN/m}$ OK

4) 휨모멘트에 대한 설계

벽체의 휨모멘트 설계는 휨모멘트가 벽체 상부로 올라갈수록 감소하므로 철근의 단면적도 감소한다. 여기서는 벽체의 하단부와 벽체 하단부에서 2.5 m되는 위치에서 휨모멘트를 계산하여 철근량을 산정하는 것으로 한다. 이 때 휨철근은 휨모멘트를 저항하는데 더 이상 철근을 요구하지 않는 점에서 부재의 유효깊이 d 또는 12 d_b 중 큰 값 이상으로 더 연장하여야 한다.

(1) 벽체의 하단부

① 계수휨모멘트

휨모멘트에 대한 위험단면은 앞굽판과 벽체가 맞닿는 면이다.

$$M_u = 1.6\left(P_A \times \frac{H}{3} + P_S \times \frac{H}{2}\right) = 1.6 \times \left[64.1 \times \left(\frac{4.5}{3}\right) + 14.2 \times \left(\frac{4.5}{2}\right)\right] = 205.0\ \text{kN} \cdot \text{m/m}$$

② 휨부재의 최소철근량의 예외 규정을 적용하기 위한 휨모멘트

$$M_{\max} = \frac{4}{3} M_u = \frac{4}{3} \times 205.0 = 273.3\ \text{kN} \cdot \text{m}$$

③ 철근비 산정

$$R_n = \frac{M_{\max}}{\phi b_w d^2} = \frac{273.3 \times 10^6}{0.85 \times 1{,}000 \times 440^2} = 1.6608\ \text{MPa}$$

$$\rho = \left(\frac{1.00 \times 0.85 \times 24}{400}\right) \times \left(1 - \sqrt{1 - \frac{2 \times 1.6608}{1.00 \times 0.85 \times 24}}\right) = 0.0043$$

④ 철근량 산정

$$A_s = \rho b_w d = 0.0043 \times 1{,}000 \times 440 = 1{,}908\ \text{mm}^2/\text{m}$$

⑤ 철근 간격 [D19 ($d_b = 19.1$ mm, $a_1 = 286.5\ \text{mm}^2$) 철근]

$$s = 1{,}000\left(\frac{a_1}{A_s}\right) = 1{,}000 \times \left(\frac{286.5}{1{,}908}\right) = 150\ \text{mm}$$

$\therefore\ s = 150$ mm (D19@150)

$\min(3h,\ 450\text{mm}) = \min(3 \times 500,\ 450) = \min(1{,}500,\ 450) = 450$ mm

$s = 150\ \text{mm} \le \min(3h,\ 450\text{mm}) = 450$ mm　　OK

$$\therefore\ A_s = 1{,}000\left(\frac{a_1}{s}\right) = 1{,}000 \times \left(\frac{286.5}{150}\right) = 1{,}910\ \text{mm}^2/\text{m}$$

⑥ 인장변형률 검토

$$a = \frac{A_s f_y}{\eta(0.85 f_{ck}) b_w} = \frac{1{,}910 \times 400}{1.00 \times 0.85 \times 24 \times 1{,}000} = 37.5\ \text{mm}$$

$f_{ck} \le 40$ MPa이므로 $\beta_1 = 0.80$이다.

$$c = \frac{a}{\beta_1} = \frac{37.5}{0.80} = 46.8\ \text{mm}$$

$$\epsilon_t = \left(\frac{d_t - c}{c}\right)\epsilon_{cu} = \left(\frac{440 - 46.8}{46.8}\right) \times 0.0033 = 0.0277$$

⑦ 휨부재의 최소 허용변형률 ϵ_{ta}

$f_y = 400$ MPa이므로 $\epsilon_{ta} = 0.0040$이다.

$\therefore\ \epsilon_t = 0.0277 \geq \epsilon_{ta} = 0.0040$ OK

⑧ 강도감소계수 ϕ의 산정

$\epsilon_t = 0.0277 \geq \epsilon_u = 0.0050$이므로 인장지배 단면이므로 $\phi = 0.85$가 된다.

⑨ 공칭휨강도 M_n의 산정

$$M_n = A_s f_y \left(d - \frac{a}{2}\right) = 1{,}910 \times 400 \times \left(440 - \frac{37.5}{2}\right) = 321.9 \times 10^6 \text{ N} \cdot \text{mm} = 321.9 \text{ kN} \cdot \text{m}$$

⑩ 설계휨강도 $M_d = \phi M_n$의 산정

$M_d = \phi M_n = 0.85 \times 321.9 = 273.6$ kN · m

⑪ $M_u \leq M_d = \phi M_n$의 검토

$M_u = 205.0$ kN · m $\leq M_d = 273.6$ kN · m OK

⑫ 벽체 철근의 정착길이

문제의 조건에 따라 옹벽의 벽체 철근의 정착길이는 750 mm 이상으로 한다. 따라서 벽체 철근의 정착길이를 750 mm로 할 경우, 위험단면으로부터 활동방지벽 방향으로 매립되는 매립길이는 850 − 75 = 775 mm이고, 벽체 철근의 정착길이 750 mm는 벽체와 기초판이 맞닿는 면에서 활동방지벽 방향으로 매립길이 775 mm보다 작으므로 D19에 대한 묻힘길이에 의한 인장 이형철근의 정착길이는 만족한다. 그러나 90° 표준갈고리를 추가로 설치하여 안전성을 확보한다.

(2) 벽체의 하단부에서 2.5 m 위치

① 계수휨모멘트

$$P_A = \frac{1}{2} K_A \gamma H^2 = \frac{1}{2} \times 0.333 \times 19 \times 2.0^2 = 12.7 \text{ kN/m}$$

$$P_S = K_A \gamma H_S H = 0.333 \times 19 \times 0.5 \times 2.0 = 6.3 \text{ kN/m}$$

$$M_u = 1.6\left(P_A \times \frac{H}{3} + P_S \times \frac{H}{2}\right) = 1.6 \times \left[12.7 \times \left(\frac{2.0}{3}\right) + 6.3 \times \left(\frac{2.0}{2}\right)\right] = 24.0 \text{ kN} \cdot \text{m/m}$$

② 휨부재의 최소철근량의 예외 규정을 적용하기 위한 휨모멘트

$$M_{\max} = \frac{4}{3} M_u = \frac{4}{3} \times 24.0 = 32.0 \text{ kN} \cdot \text{m}$$

③ 철근비 산정

$d = 200 + (500 - 200) \times 2{,}000/4{,}500 - 50 - 19.1/2 = 274$ mm

$\therefore\ d = 270$ mm

$$R_n = \frac{M_{\max}}{\phi b_w d^2} = \frac{32.0 \times 10^6}{0.85 \times 1{,}000 \times 270^2} = 0.5164 \text{ MPa}$$

$$\rho = \left(\frac{1.00 \times 0.85 \times 24}{400}\right) \times \left(1 - \sqrt{1 - \frac{2 \times 0.5164}{1.00 \times 0.85 \times 24}}\right) = 0.0013$$

④ 철근량

$A_s = \rho b_w d = 0.0013 \times 1{,}000 \times 270 = 351\ \mathrm{mm^2/m}$

⑤ 철근 간격 [D19 ($d_b = 19.1$ mm, $a_1 = 286.5\ \mathrm{mm^2}$) 철근]

$s = 1{,}000\left(\dfrac{a_1}{A_s}\right) = 1{,}000 \times \left(\dfrac{286.5}{351}\right) = 816\ \mathrm{mm}$

$\therefore\ s = 450\ \mathrm{mm}$ (D19@450)

$h = 200 + (500 - 200) \times 2{,}000/4{,}500 = 333\ \mathrm{mm}$

$\min(3h,\ 450\mathrm{mm}) = \min(3 \times 333,\ 450) = \min(1{,}000,\ 450) = 450\ \mathrm{mm}$

$s = 450\ \mathrm{mm} \le \min(3h,\ 450\mathrm{mm}) = 450\ \mathrm{mm}$ OK

$\therefore\ A_s = 1{,}000\left(\dfrac{a_1}{s}\right) = 1{,}000 \times \left(\dfrac{286.5}{450}\right) = 637\ \mathrm{mm^2/m}$

⑥ 절단점

절단점$\ge \max(d,\ 12d_b) = \max(270,\ 12 \times 19.1) = \max(270,\ 229) = 270\ \mathrm{mm}$

∴ 절단점은 최소 270 mm 이상이다.

⑦ 인장변형률 검토

인장변형률 검토는 생략한다.

(3) 최소 수직철근량

① 전체 최소수직철근량

$\rho_{v,\min} = 0.0012$

$h = (200 + 500)/2 = 350\ \mathrm{mm}$ (벽체의 평균 두께)

$A_{sv,\min} = 0.0012 \times 1{,}000 \times 350 = 420\ \mathrm{mm^2/m}$

② 외측면 (노출면)

$A_s = \left(\dfrac{1}{2} \sim \dfrac{2}{3}\right)A_{sv,\min} = \left(\dfrac{1}{2} \sim \dfrac{2}{3}\right) \times 420 = 210 \sim 280\ \mathrm{mm^2/m}$

$A_s = 280\ \mathrm{mm^2/m}$에 대해 설계

$s = 1{,}000\left(\dfrac{a_1}{A_s}\right) = 1{,}000 \times \left(\dfrac{126.7}{280}\right) = 453\ \mathrm{mm}$

$\therefore\ s = 450\ \mathrm{mm}$ (D13@450)

$A_s = 1{,}000\left(\dfrac{a_1}{s}\right) = 1{,}000 \times \left(\dfrac{126.7}{450}\right) = 282\ \mathrm{mm^2/m}$

③ 내측면 (뒷면)

$A_s = \left(\dfrac{1}{3} \sim \dfrac{1}{2}\right)A_{sv,\min} = \left(\dfrac{1}{3} \sim \dfrac{1}{2}\right) \times 420 = 140 \sim 210\ \mathrm{mm^2/m}$

$\therefore\ A_s = 420 - 280 = 140\ \mathrm{mm^2/m}$

$$s = 1{,}000 \times \frac{a_1}{A_s} = 1{,}000 \times \frac{126.7}{140} = 905\ \text{mm}$$

$$\therefore\ s = 450\ \text{mm}\ (\text{D13@450})$$

$$A_s = \frac{1{,}000}{s} \times a_1 = \frac{1{,}000}{450} \times 126.7 = 282\ \text{mm}^2/\text{m}$$

내측면 (뒷면)의 최소 수직철근량은 휨모멘트에 의한 철근량보다 적기 때문에 휨모멘트에 의한 철근량을 사용한다.

(4) 최소 수평철근량 (길이방향 철근량)

① 전체 최소 수직철근량

$$\rho_{h,\min} = 0.0020\left(\frac{400}{f_y}\right) = 0.0020 \times \left(\frac{400}{400}\right) = 0.0020$$

$h = (200+500)/2 = 350\ \text{mm}$ (벽체의 평균 두께)

$$A_{sh,\min} = 0.0020 \times 1{,}000 \times 350 = 700\ \text{mm}^2/\text{m}$$

② 외측면 (노출면)

$$A_s = \left(\frac{1}{2} \sim \frac{2}{3}\right) A_{sh,\min} = \left(\frac{1}{2} \sim \frac{2}{3}\right) \times 700 = 350 \sim 467\ \text{mm}^2/\text{m}$$

$A_s = 467\ \text{mm}^2/\text{m}$에 대해 설계

$$s = 1{,}000\left(\frac{a_1}{A_s}\right) = 1{,}000 \times \left(\frac{126.7}{467}\right) = 272\ \text{mm}$$

$$\therefore\ s = 250\ \text{mm}\ (\text{D13@250})$$

$$A_s = 1{,}000\left(\frac{a_1}{s}\right) = 1{,}000 \times \left(\frac{126.7}{250}\right) = 507\ \text{mm}^2/\text{m}$$

수평철근 (길이방향 철근)의 배치구간은 벽체 길이, 피복두께 등을 고려하여 다음과 같다.

$3{,}800 - 50 = 3{,}750\ \text{mm}$

따라서 이 배치구간에 배치되는 철근 개수는 다음과 같다.

$$n \geq \frac{3{,}750}{250} + 1 = 16EA$$

③ 내측면 (뒷면)

$$A_s = \left(\frac{1}{3} \sim \frac{1}{2}\right) A_{sh,\min} = \left(\frac{1}{3} \sim \frac{1}{2}\right) \times 700 = 233 \sim 350\ \text{mm}^2/\text{m}$$

$$\therefore\ A_s = 700 - 467 = 233\ \text{mm}^2/\text{m}$$

$$s = 1{,}000\left(\frac{a_1}{A_s}\right) = 1{,}000 \times \left(\frac{126.7}{233}\right) = 543\ \text{mm}$$

$$\therefore\ s = 450\ \text{mm}\ (\text{D13@450})$$

$$A_s = 1{,}000\left(\frac{a_1}{s}\right) = 1{,}000 \times \left(\frac{126.7}{450}\right) = 282\ \text{mm}^2/\text{m}$$

수평철근(길이방향 철근)의 배치구간은 벽체 길이, 피복두께 등을 고려하여 다음과 같다.

$3,800 - 50 = 3,750\,\mathrm{mm}$

따라서 이 배치구간에 배치되는 철근 개수는 다음과 같다.

$$n \geq \frac{3,750}{450} + 1 = 9.3 \rightarrow 10\,EA$$

9. 다월 설계

다월 설계는 생략한다.

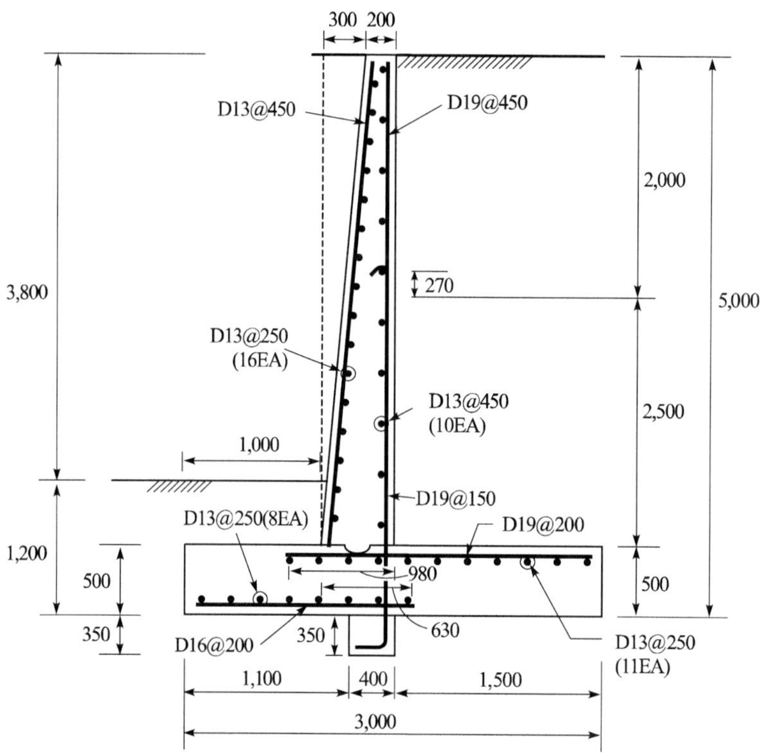

그림 12.16 캔틸레버식 옹벽의 철근 배치도

기본 연습문제

01 옹벽 설계 시 고려해야 할 사중과 가장 거리가 먼 것은?

㉮ 풍하중 ㉯ 지진하중 ㉰ 토압 ㉱ 수압

풀이 옹벽에 작용하는 하중

① 콘크리트 옹벽과 뒤채움의 자중 등 고정하중
② 콘크리트 옹벽에 작용하는 토압과 상재하중에 의한 토압증가량
③ 배수가 되지 않는 조건에서는 수압과 부력
④ 콘크리트 옹벽에 직접 작용하는 외력
⑤ 지진에 의한 하중 등

답 ㉮

02 옹벽 설계에서 옹벽의 안정성 검토를 위하여 고려할 사항으로서 가장 부적당한 것은?

㉮ 전도 ㉯ 활동 (Sliding) ㉰ 지반지지력 ㉱ 좌굴

풀이 옹벽의 안정성 (Stability)은 전도 (Overturning), 활동 (Sliding), 침하 (Settlement, 지반지지력)에 대해 검토한다. 또한, 이들 안정성은 사용하중 (Service Load)에 의하여 검토한다.

답 ㉱

03 다음은 옹벽 구조물 설계에 있어서 활동 및 전도에 대한 안정조건이다. ( ) 안에 들어갈 수치를 순서대로 옳게 나열한 것은?

> 활동에 대한 저항력은 옹벽에 작용하는 수평력의 (　　)배 이상이어야 한다.
> 전도에 대한 저항휨모멘트는 횡토압에 의한 전도모멘트의 (　　)배 이상이어야 한다.

㉮ 1.5, 2.0　　㉯ 2.0, 1.5　　㉰ 1.2, 2.4　　㉱ 2.4, 1.2

풀이 옹벽의 안정성

옹벽의 안정해석에 적용하는 기준안전율

검토 항목	평상 시	지진 시
활동 (Sliding)	1.5	1.2
전도 (Overturning)	2.0	1.5
지지력 (Bearing Capacity)	3.0	2.0
전체 안정성 (Overall Stability)	1.2~1.5	1.1

* 옹벽 전면 흙에 대한 수동토압을 활동저항력에 포함한 경우의 안전율

주1 $q_{ult}/q_{\max} \geq 3.0$이고, $q_q/q_{\max} \geq 1.0$이다. 여기서, q_{ult}는 지반의 극한지내력이고 $q_{ult} = 3.0q_a$이다. $q_{\max}$는 지반의 접지압 (지반 반력)이고, q_a는 허용지내력이다.

답 ㉮

04 옹벽에 있어 전도에 대한 안정조건은?

㉮ 저항 모멘트는 전도 모멘트의 1.5배 이상이어야 한다.
㉯ 전도 모멘트는 저항 모멘트의 1.5배 이상이어야 한다.
㉰ 저항 모멘트는 전도 모멘트의 2.0배 이상이어야 한다.
㉱ 전도 모멘트는 저항 모멘트의 2.0배 이상이어야 한다.

풀이 전도에 대한 안전율은 $\left(\frac{\text{저항 모멘트}}{\text{전도 모멘트}}\right)$의 값이며, 2.0 이상이어야 한다.　　답 ㉰

05 옹벽의 활동에 대한 저항력은 옹벽에 작용하는 수평력의 몇 배 이상이어야 안전한가?

㉮ 1.0배　　㉯ 1.4배　　㉰ 1.5배　　㉱ 2.0배

풀이　활동에 대한 안전율은 $\left(\frac{\text{수평 저항력}}{\text{수평력}}\right)$의 값이며, 1.5 이상이어야 한다.　답 ㉰

06 그림의 철근콘크리트 옹벽의 철근 배치에서 다른 철근에 비하여 없어도 되는 것은?

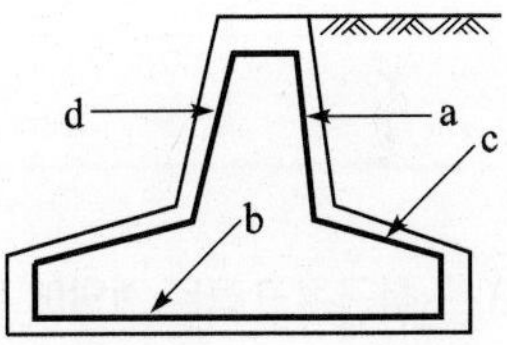

㉮ a 철근　　㉯ b 철근

㉰ c 철근　　㉱ d 철근

풀이　d는 주철근이 아니다.　답 ㉱

07 그림과 같은 독립 옹벽에서 A부분을 설치함으로써 구조물의 응력이 가장 줄어드는 부분은?

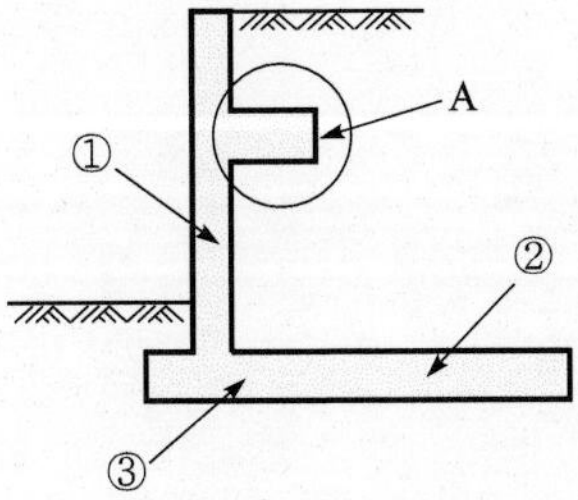

㉮ 1

㉯ 2

㉰ 3

㉱ 3의 자유단

풀이　수평력인 주동토압에 의해 옹벽의 활동이 발생되며 그림의 옹벽에서 A부분을 설치함으로써 주동토압을 받는 ① 부분의 응력을 줄일 수 있다.　답 ㉮

08 철근콘크리트구조의 지중보의 역할에 대한 설명 중 옳은 것은?

㉮ 기초를 서로 연결시켜 기초의 부등침하 및 이동을 방지한다.
㉯ 콘크리트의 압축응력을 증가시킨다.
㉰ 압축력과 국부 좌굴에 저항한다.
㉱ 철근콘크리트 보의 전단내력을 증가시킨다.

풀이 지중보는 벽체 하부나 기초상부를 연결하고 하중을 지반에 균등히 분포시키고, 기초의 부동침하 및 이동을 방지하는 역할을 한다. **답** ㉮

09 철근콘크리트 계단에 대한 내용 중 틀린 것은 어느 것인가?

㉮ 구조 형식은 슬래브식, 계단보식, 캔틸레버식이 있다.
㉯ 캔틸레버식의 주철근은 계단 경사 방향으로 둔다.
㉰ 2변 고정 슬래브식 계단의 주철근은 경사진 방향으로 둔다.
㉱ 4변 고정 계단의 주철근은 계단 너비 방향으로 둔다.

풀이 캔틸레버식 계단의 주철근은 계단 너비 방향으로 둔다. **답** ㉯

10 그림과 같은 옹벽에 토압 10kN이 가해지는 경우 이 옹벽이 전도되지 않기 위해서는 어느 정도의 자중(自重)을 필요로 하는가?

㉮ 12.71 kN

㉯ 11.71 kN

㉰ 10.43 kN

㉱ 9.71 kN

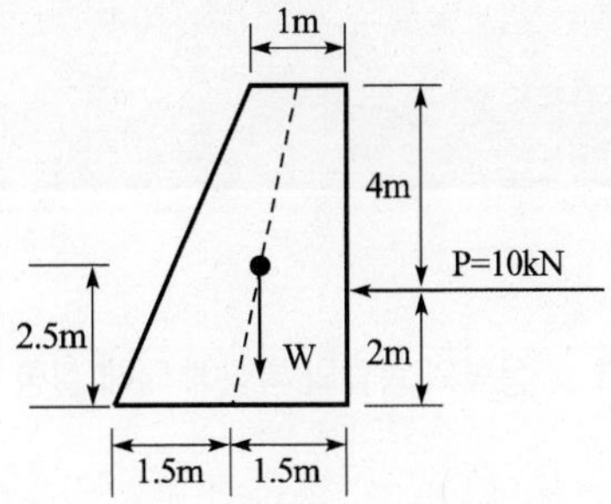

풀이

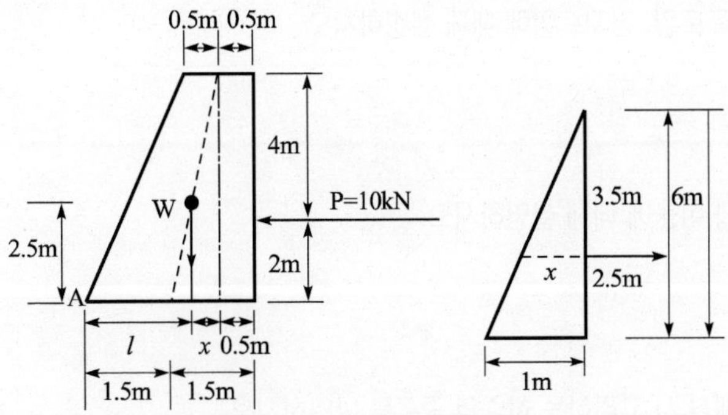

① x산정

$6:1=3.5:x$

$\therefore\ x=\dfrac{3.5}{6}=0.583\text{ m}$

② l산정

$l=3-x-0.5=3-0.583-0.5=1.917\text{ m}$

③ W 산정 (점 A를 기준으로 하여 산정한다.)

$M_R=W\,l=1.917\ W$

$M=10\times2=20\text{ kN}\cdot\text{m}$

$M_r=1.917W\geq M=20\text{ kN}\cdot\text{m}$

$\therefore\ W=\dfrac{20}{1.917}=10.43\text{ kN}$

답 ㉰

심화 연습문제

01 옹벽의 종류와 특징에 대해 설명하시오.

02 옹벽에서 주동토압, 수동토압, 정지토압에 대해 설명하시오.

03 옹벽의 일반적인 치수와 비율에 대해 설명하시오.

04 콘크리트 옹벽의 안정해석 시 고려하는 하중의 종류를 나열하시오.

05 옹벽의 안정성을 나열하고 평상 시 기준안전율을 표기하시오.

06 콘크리트 옹벽의 구조형식을 결정하기 위해 KDS 11 80 05 (1.2)에서 정하고 있는 고려사항을 나열하시오.

07 다음 그림은 캔틸레버식 옹벽의 단면이다. 그림에서 옹벽의 치수와 비율을 적으시오.

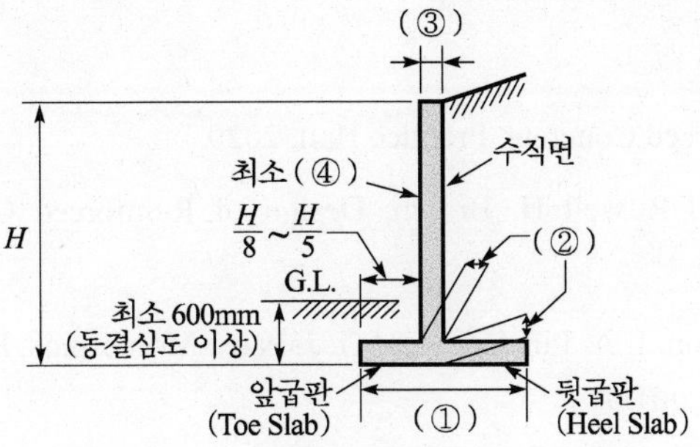

그림 12.17

풀이 ① $0.5 \sim 0.7H$, ② $H/12 \sim H/10$, ③ $200 \sim 300\,\mathrm{mm}$, ④ $50:1\ (1:0.02)$

08 예제 12.3에서 모든 조건은 동일하지만, 옹벽의 전체 높이를 4.5 m에서 4.0 m로 할 경우, 중력식 옹벽의 안정성을 검토하시오.

09 예제 12.4에서 모든 조건은 동일하지만, 높이가 5.2 m이다. 또한 콘크리트는 $f_{ck} = 27$ MPa의 보통중량 콘크리트일 경우, 캔틸레버식 옹벽의 안정성을 검토하고 설계하시오.

참고문헌

1. James K. Wight, Reinforced Concrete, Prentice Hall, 2020.
2. Jack C. McCormac and Russell H. Brown, Design of Reinforced Concrete ACI 318-14 Code Edition, Willey, 2020.
3. C. K. Wang, C. G. Salmon, J. A. Pincheira and G. J. Parra-Montesinos, Reinforced Concrete Design, Oxford University Press, 2018.
4. Edward G. Nawy, Reinforced Concrete, Prentice Hall, 2009.
5. N. Subramanian, Design of Reinforced Concrete Structures, Oxford University Press, 2014.
6. Bill Mosley, John Bungey and Ray Hulse, Reinforced Concrete Design, Palgrave Macmillan, 2012.
7. George F. Limbrunner and Abi O. Aghayere, Reinforced Concrete Design, Prentice Hall, 2010.
8. Authur H. Nilson and George Winter, Design of Concrete Structures, McGraw-Hill, Inc., 1991.

9. 민창식, 철근콘크리트공학, 구미서관, 2020.
10. 김상식 외2인, 철근콘크리트 구조설계, 문운당, 2018.
11. 안주옥, 철근콘크리트공학, 사이텍미디어, 2014.
12. 윤현도 외4인, 철근콘크리트구조, 동화기술, 2014.
13. 정수영 외2인, 강도설계법에 의한 철근콘크리트, 기문당, 2001.
14. 신현묵 외1인, 철근콘크리트, 동명사, 2015.
15. 정일영 외10인, 철근콘크리트 설계, 엔지니어즈, 1992.
16. 김수만, 철근콘크리트 구조공학, 청문각, 1998.
17. 한국건축구조기술사회, 철근콘크리트 배치상세, 구미서관, 2018.
18. 민창식, 보-블래브 바닥판 종합설계, 구미서관, 2011.
19. 박우열 외4인, 철근배치 이론과 실무, 대가, 2014.
20. 건설부, 구조물기초설계기준, 원기술, 1987.
21. 편집부 역, 흙과 기초의 설계계산연습, 기술경영사, 1998.
22. 이상덕, 기초공학, 엔지니어즈, 1996.
23. 강재순 역, 기초구조물의 설계와 해석, 엔지니어즈, 1995.
24. 구태서, 지반조사 및 기초 · 설계시공, 태림문화사, 1997.

25. ACI Committee 318, Building Code Requirements for Structural Concrete (ACI 318M-14) and Commentary, American Concrete Institute, Farmington Hills, MI, 2015.
26. ACI Committee 318, Notes on ACI 318M-11 Building Code Requirements for Structural Concrete with Design Applications, American Concrete Institute, Farmington Hills, MI, 2013.
27. ACI Committee, ACI Detailing Manual-2004, Publication SP-66 (04), American Concrete Institute, Farmington Hills, MI, 2004.
28. KDS 14 20 00 콘크리트구조 설계 (강도설계법), 국토교통부 제정, 한국콘크리트학회 작성, 2021.
29. KDS 14 20 01 콘크리트구조 설계 (강도설계법) 일반사항, 국토교통부 제정, 한국콘크리트학회 작성, 2021.
30. KDS 14 20 10 콘크리트구조 해석과 설계 원칙, 국토교통부 제정, 한국콘크리트학회 작성, 2021.
31. KDS 14 20 20 콘크리트구조 휨 및 압축 설계기준, 국토교통부 제정, 한국콘크리트학회 작성, 2021.
32. KDS 14 20 22 콘크리트구조 전단 및 비틀림 설계기준, 국토교통부 제정, 한국콘크리트학회 작성, 2021.
33. KDS 14 20 24 콘크리트구조 스트럿-타이 모델 기준, 국토교통부 제정, 한국콘크리트학회 작성, 2021.
34. KDS 14 20 26 콘크리트구조 피로 설계기준, 국토교통부 제정, 한국콘크리트학회 작성, 2021.
35. KDS 14 20 30 콘크리트구조 사용성 설계기준, 국토교통부 제정, 한국콘크리트학회 작성, 2021.
36. KDS 14 20 40 콘크리트구조 내구성 설계기준, 국토교통부 제정, 한국콘크리트학회 작성, 2021.
37. KDS 14 20 50 콘크리트구조 철근상세 설계기준, 국토교통부 제정, 한국콘크리트학회 작성, 2021.
38. KDS 14 20 52 콘크리트구조 정착 및 이음 설계기준, 국토교통부 제정, 한국콘크리트학회 작성, 2021.
39. KDS 14 20 70 콘크리트 슬래브와 기초판 설계기준, 국토교통부 제정, 한국콘크리트학회 작성, 2021.
40. KDS 14 20 72 콘크리트 벽체 설계기준, 국토교통부 제정, 한국콘크리트학회 작성, 2021.
41. KDS 41 10 00 건축구조기준 일반사항, 국토교통부 제정, 대한건축학회 작성, 2018.
42. KDS 41 10 05 건축구조기준 총칙, 국토교통부 제정, 대한건축학회 작성, 2019.
43. KDS 41 10 15 건축구조기준 설계하중, 국토교통부 제정, 대한건축학회 작성, 2019.
44. KDS 41 20 00 건축물 기초구조 설계기준, 국토교통부 제정, 대한건축학회 작성, 2019.
45. KDS 41 30 00 건축물 콘크리트구조 설계기준, 국토교통부 제정, 대한건축학회 작성, 2018.
46. KDS 11 80 05 콘크리트옹벽, 국토교통부 제정, 한국시설안전공단 작성, 2020.

길이

$1'' = 1\ \text{in} = 1\ \text{inch} = 25.4\ \text{mm}$

$1' = 1\ \text{ft} = 1\ \text{foot} = 12\ \text{in} = 0.3048\ \text{m}$

무게 (질량)

$1\ \text{lb} = 1\ \text{pound} = 0.45359\ \text{kg}$

힘

1 N =질량 1 kg의 물체에 작용하여 1 m/sec^{2}의 가속도를 내게 하는 힘

=$(1\text{kg}) \times (1\text{m/sec}^2)$

=$1\ \text{kg} \cdot \text{m/sec}^2$

1 kgf =1 kgw

=1 kg의 무게

=1 kg의 힘

=$1(\text{kg}) \times (9.8\ \text{m/sec}^2)$

=$9.81\text{kg} \cdot \text{m/sec}^2$

=9.8N

=질량 1kg의 물체에 작용하여 중력가속도를 내게 하는 힘

=지구상에서 1kg의 질량을 지지할 수 있는 힘

∴ 1 N =(1/9.8) kgf =0.102 kgf

표 부.1 SI계, CGS계 및 MKS계의 단위대조표

단위계 \ 양	길이 L	질량 M	시간 T	힘	응력	압력	에너지(일)	공률
SI계	m	kgf	s	N	N/m^2 또는 Pa	Pa	J	W
CGS계	cm	g	s	dyn	dyn/cm^2	dyn/cm^2	erg	erg/s
MKS계	m	$kgf \cdot s^2/m$	s	kgf	kgf/m^2	kgf/m^2	kgf · m	kg · f/s

주1 N : newton, Pa : pascal, J : joule, W : watt

표 부.2 SI 접두어

단위에 곱하는 배수	접두어의 명칭	기호	단위에 곱하는 배수	접두어의 명칭	기호
10^{12}	테라(tera)	T	10^{-1}	데시(deci)	d
10^9	기가(giga)	G	10^{-2}	센티(centi)	c
10^6	메가(mega)	M	10^{-3}	밀리(milli)	m
10^3	킬로(kilo)	k	10^{-6}	마이크로(micro)	μ
10^2	헥토(hecto)	h	10^{-9}	나노(nano)	n
10	데카(deca)	da	10^{-12}	피코(pico)	p

표 부.3 그리스 문자

대문자	소문자	이름	발음	대문자	소문자	이름	발음
A	α	alpha	알파	N	ν	nu	뉴
B	β	beta	베타	Ξ	ξ	xi	크사이, 크시
Γ	γ	gamma	감마	O	o	omicron	오미크론
Δ	δ	delta	델타	Π	π	pi	파이
E	ϵ	epsilon	엡실론	P	ρ	rho	로우
Z	ζ	zeta	제타	Σ	σ	sigma	시그마
H	η	eta	이타	T	τ	tau	타우
Θ	θ	theta	세타	Y	υ	upsilon	입실론
I	ι	iota	아이오타	Φ	ϕ	phi	파이
K	κ	kappa	카파	X	χ	chi	카이, 키
Λ	λ	lambda	람다	Ψ	ψ	psi	프사이, 프시
M	μ	mu	뮤	Ω	ω	omega	오메가

표 부.4 주요 용어

콘크리트구조 설계기준	철근콘크리트구조 계산규준	콘크리트 표준시방서	ACI 318
강도감소계수	강도저감계수	강도감소계수	strength reduction factor
고정하중	고정하중	사하중	dead load
활하중	적재하중	활하중	live load
쪼갬인장강도	쪼갬인장강도	할렬인장강도	splitting tensile strength
계수하중	계수하중	극한하중	factored load
유효깊이	유효깊이	유효높이	effective depth
복부	웨브	복부	web
균형철근비	평형철근비	평형철근비	balanced reinforcement ratio
직사각형보	장방형보	직사각형보	rectangular beam
깊은보	춤이 큰 보	높이가 큰 보	deep beam
피복두께	피복두께	덮개	cover
폐쇄스터럽	폐쇄스터럽	폐합 스터럽	closed stirrup
갈고리	훅크	갈고리	hook
다발철근	묶음 철근	다발 철근	bundled bars
용접철망	용접철망	용접 강선망	welded wire fabric
겹침이음	겹침이음	겹이음	splice
경간	스팬	지간	span
골조	골조	뼈대	frame
받침부	지지부, 지점	받침부, 지점	support
전단머리	전단주두	전단머리	shearhead
내민받침	코벨	코벨, 내민받침	corbel
지판	지판	드로프 패늘	drop panel
중간대	주간대	중간대	middle strip
보정계수	보정계수	수정계수	modification factor
모멘트 확대계수	모멘트 증대 계수	모멘트 확대계수	moment magnification factor
변형률	변형도	변형률	strain
비횡구속 골조	버팀지지되지 않은 골조	가로 흔들이가 방지되어 있지 않은 뼈대	sway frame
횡구속 골조	버팀지지된 골조	가로 흔들이가 방지된 뼈대	non-sway frame
솟음	치올림	솟음	camber

표 부.5 이형철근의 무게, 공칭지름, 공칭단면적 및 공칭둘레

호칭명	단위 무게 (kgf/m)	공칭 지름 d (mm)	공칭단면적 $S\,(\mathrm{mm}^2)$									공칭 둘레 ℓ (mm)
			1	2	3	4	5	6	7	8	9	
D6	0.249	6.35	31.7	63.3	95.0	126.7	158.4	190.0	221.7	253.4	285.0	20
D10	0.560	9.53	71.3	142.7	214.0	285.3	356.7	428.0	499.3	570.6	642.0	30
D13	0.995	12.7	126.7	253.4	380.1	506.8	633.5	760.2	886.9	1,014	1,140	40
D16	1.56	15.9	198.6	397.2	595.8	794.4	993.0	1,192	1,390	1,589	1,787	50
D19	2.25	19.1	286.5	573.0	859.5	1,146	1,433	1,719	2,006	2,292	2,579	60
D22	3.04	22.2	387.1	774.2	1,161	1,548	1,936	2,323	2,710	3,097	3,484	70
D25	3.98	25.4	506.7	1,013	1,520	2,027	2,534	3,040	3,547	4,054	4,560	80
D29	5.04	28.6	642.4	1,285	1,927	2,570	3,212	3,854	4,497	5,139	5,782	90
D32	6.23	31.8	794.2	1,588	2,383	3,177	3,971	4,765	5,559	6,354	7,148	100
D35	7.51	34.9	956.6	1,913	2,870	3,826	4,783	5,740	6,696	7,653	8,609	110
D38	8.95	38.1	1,140	2,280	3,420	4,560	5,700	6,840	7,980	9,120	10,260	120
D41	10.5	41.3	1,340	2,680	4,020	5,360	6,700	8,040	9,380	10,720	12,060	130
D51	15.9	50.8	2,027	4,054	6,081	8,108	10,135	12,162	14,189	16,216	18,243	160

표 부.6 철근의 이음이 없는 경우 보부재의 최소 폭 b_w (mm)

구 분	D10 스터럽						D13 스터럽					
종류 \ 개수	3	4	5	6	7	8	3	4	5	6	7	8
D13	188	226	264	301	339	377	194	232	270	307	345	383
D16	198	239	280	320	361	402	204	245	286	326	367	408
D19	207	251	296	340	384	428	213	257	302	346	390	434
D22	217	264	311	358	405	453	223	270	317	364	411	459
D25	226	277	327	377	428	478	232	283	333	383	434	484
D29	243	301	359	417	450	504	249	306	363	421	456	510
D32	259	314	387	451	473	529	265	329	392	456	479	535
D35	275	327	403	469	494	554	275	327	403	469	494	554

주1 표에서 d_b는 주철근의 공칭지름이나 계산의 편리를 위해 철근의 호칭치수를 사용하여도 관계없다. 예를 들어 D25의 공칭지름은 25.4 mm이나 25 mm를 사용하여 계산하여도 관계없다.

표 부.7 철근을 반수 이음 한 경우 보부재의 최소 폭 b_w (mm)

구 분	D10 스터럽						D13 스터럽					
종류 \ 개수	3	4	5	6	7	8	3	4	5	6	7	8
D13	207	251	295	339	383	427	213	257	301	345	389	433
D16	222	270	319	368	417	466	228	276	325	374	423	472
D19	236	290	343	397	451	504	242	296	349	403	457	510
D22	250	308	367	425	483	541	256	314	373	431	489	547
D25	264	327	391	454	517	580	270	333	397	460	523	586
D29	329	359	431	502	550	618	292	363	435	506	556	624
D32	307	378	455	531	584	657	313	392	472	551	590	663
D35	327	396	478	559	616	694	333	420	507	595	622	700

표 부.8 철근의 순간격이 $2d_b$ 이고 피복두께가 d_b 이상을 만족하는 보의 최소 폭 (mm)

호칭명	공칭지름 d_b(mm)	한 단에 배치하는 철근의 수						
		2	3	4	5	6	7	8
D13	12.7	156	194	232	271	309	347	385
D16	15.9	169	217	264	312	360	408	455
D19	19.1	182	239	296	354	411	468	526
D22	22.2	194	261	327	394	461	527	594
D25	25.4	207	283	359	436	512	588	664
D29	28.6	220	306	391	477	563	649	735
D32	31.8	233	328	423	519	614	710	805
D35	34.9	245	350	454	559	664	769	873

주1 표에서 d_b 는 주철근의 공칭지름을 사용하였으나 계산의 편리를 위해 철근의 호칭치수를 사용하여도 관계없다. 예를 들어 D25의 공칭지름은 25.4 mm이나 25 mm를 사용하여 계산하여도 관계없다.

표 부.9 철근의 순간격이 d_b 또한 25 mm이고 피복두께가 d_b 이상을 만족하는 보의 최소 폭 (mm)

호칭명	공칭지름 d_b(mm)	한 단에 배치하는 철근의 수						
		2	3	4	5	6	7	8
D13	12.7	156	194	231	269	307	344	382
D16	15.9	162	203	244	285	326	367	408
D19	19.1	169	213	257	301	345	389	433
D22	22.2	175	222	269	316	364	411	458
D25	25.4	182	232	283	334	385	436	486
D29	28.6	191	248	306	363	420	477	534
D32	31.8	201	264	328	392	455	519	582
D35	34.9	210	280	350	420	489	559	629

주1 표에서 d_b 는 철근의 공칭지름을 사용하였다.

표 부.10 유효깊이 (d) 또는 부재의 압축연단에서 최 외단 인장철근까지의 거리 (d_t)에 대한 균형보의 파괴 (a_b), 압축지배 한계 (a_{ccl}) 및 인장지배 한계 (a_{tcl})의 비

f_y (MPa)	깊 이	f_{ck} (MPa)						
		21	24	27	30	35	40	50
300	$a_b/d, a_{ccl}/d_t$	0.550	0.550	0.550	0.550	0.550	0.550	0.550
	$0.75a_b/d$	0.413	0.413	0.413	0.413	0.413	0.413	0.413
	a_{tcl}/d_t	0.318	0.318	0.318	0.318	0.318	0.318	0.318
	$0.50a_b/d$	0.275	0.275	0.275	0.275	0.275	0.275	0.275
	$0.35a_b/d$	0.193	0.193	0.193	0.193	0.193	0.193	0.193
400	$a_b/d, a_{ccl}/d_t$	0.498	0.498	0.498	0.498	0.498	0.498	0.498
	$0.75a_b/d$	0.374	0.374	0.374	0.374	0.374	0.374	0.374
	a_{tcl}/d_t	0.318	0.318	0.318	0.318	0.318	0.318	0.318
	$0.50a_b/d$	0.249	0.249	0.249	0.249	0.249	0.249	0.249
	$0.35a_b/d$	0.174	0.174	0.174	0.174	0.174	0.174	0.174
500	$a_b/d, a_{ccl}/d_t$	0.455	0.455	0.455	0.455	0.455	0.455	0.455
	$0.75a_b/d$	0.341	0.341	0.341	0.341	0.341	0.341	0.341
	a_{tcl}/d_t	0.318	0.318	0.318	0.318	0.318	0.318	0.318
	$0.50a_b/d$	0.228	0.228	0.228	0.228	0.228	0.228	0.228
	$0.35a_b/d$	0.159	0.159	0.159	0.159	0.159	0.159	0.159
600	$a_b/d, a_{ccl}/d_t$	0.419	0.419	0.419	0.419	0.419	0.419	0.419
	$0.75a_b/d$	0.314	0.314	0.314	0.314	0.314	0.314	0.314
	a_{tcl}/d_t	0.318	0.318	0.318	0.318	0.318	0.318	0.318
	$0.50a_b/d$	0.210	0.210	0.210	0.210	0.210	0.210	0.210
	$0.35a_b/d$	0.147	0.147	0.147	0.147	0.147	0.147	0.147
β_1		0.80	0.80	0.80	0.80	0.80	0.80	0.80

여기서, $\dfrac{a_b}{d} = \dfrac{a_{ccl}}{d_t} = \beta_1\left(\dfrac{660}{660+f_y}\right)$, $\dfrac{a_{tcl}}{d_t} = 0.398\beta_1$

일반적인 보의 경우 $\dfrac{a}{d}$는 $(0.35 \sim 0.50) \times \left(\dfrac{a_b}{d}\right)$의 범위이다.

$a_{tcl}/d_t \le a/d_t \le a_{ccl}/d_t$이면 스터럽을 사용하는 보의 경우 $0.65 < \phi < 0.85$이다.

표 부.11 인장철근인 단철근 직사각형 보에서 균형보 (ρ_b), 압축지배 한계 (ρ_{cd}), 인장지배 한 계(ρ_{td})에 대한 철근비

f_y (MPa)		f_{ck} (MPa)						
		21	24	27	30	35	40	50
η		1.00	1.00	1.00	1.00	1.00	1.00	0.97
β_1		0.80	0.80	0.80	0.80	0.80	0.80	0.80
300	ρ_b, ρ_{cd}	0.0327	0.0374	0.0421	0.0468	0.0545	0.0623	0.0756
	$0.75\rho_b$	0.0245	0.0281	0.0316	0.0351	0.0409	0.0468	0.0567
	ρ_{td}	0.0189	0.0217	0.0244	0.0271	0.0316	0.0361	0.0438
	$0.50\rho_b$	0.0164	0.0187	0.0210	0.0234	0.0273	0.0312	0.0378
	$0.35\rho_b$	0.0115	0.0131	0.0147	0.0164	0.0191	0.0218	0.0265
	ρ_{max}	0.0215	0.0246	0.0277	0.0307	0.0359	0.0410	0.0497
400	ρ_b, ρ_{cd}	0.0222	0.0254	0.0286	0.0318	0.0370	0.0423	0.0513
	$0.75\rho_b$	0.0167	0.0191	0.0214	0.0238	0.0278	0.0318	0.0385
	ρ_{td}	0.0142	0.0162	0.0183	0.0203	0.0237	0.0271	0.0328
	$0.50\rho_b$	0.0111	0.0127	0.0143	0.0159	0.0185	0.0212	0.0257
	$0.35\rho_b$	0.0078	0.0089	0.0100	0.0111	0.0130	0.0148	0.0180
	ρ_{max}	0.0161	0.0184	0.0207	0.0231	0.0269	0.0307	0.0373
500	ρ_b, ρ_{cd}	0.0162	0.0186	0.0209	0.0232	0.0271	0.0310	0.0375
	$0.75\rho_b$	0.0122	0.0139	0.0157	0.0174	0.0203	0.0232	0.0281
	ρ_{td}	0.0286	0.0326	0.0367	0.0408	0.0476	0.0544	0.0660
	$0.50\rho_b$	0.0081	0.0093	0.0104	0.0116	0.0135	0.0155	0.0188
	$0.35\rho_b$	0.0057	0.0065	0.0073	0.0081	0.0095	0.0108	0.0131
	ρ_{max}	0.0118	0.0135	0.0152	0.0169	0.0197	0.0225	0.0272
600	ρ_b, ρ_{cd}	0.0125	0.0142	0.0160	0.0178	0.0208	0.0237	0.0288
	$0.75\rho_b$	0.0094	0.0107	0.0120	0.0134	0.0156	0.0178	0.0216
	ρ_{td}	0.6248	0.8160	1.0328	1.2750	1.7354	2.2667	3.4354
	$0.50\rho_b$	0.0062	0.0071	0.0080	0.0089	0.0104	0.0119	0.0144
	$0.35\rho_b$	0.0044	0.0050	0.0056	0.0062	0.0073	0.0083	0.0101
	ρ_{max}	0.0091	0.0103	0.0116	0.0129	0.0151	0.0172	0.0209

여기서, $\rho_b = \dfrac{\eta(0.85 f_{ck})}{f_y}\left(\dfrac{a_b}{d}\right) = \dfrac{\beta_1 \eta(0.85 f_{ck})}{f_y}\left(\dfrac{660}{660+f_y}\right)$

$$\rho_{ccl} = \frac{\eta(0.85 f_{ck})}{f_y}\left(\frac{a_{ccl}}{d}\right)$$

$$\rho_{tcl} = \frac{\eta(0.85 f_{ck})}{f_y}\left(\frac{a_{tcl}}{d}\right)$$

$\rho = \dfrac{A_s}{bd}$ 이고, 일반적인 보의 경우 ρ는 (0.35~0.50)×ρ_b의 범위이다.

즉 $0.35\rho_b < \rho < 0.50\rho_b$ 임을 의미한다.

$\rho_{tcl} \le \rho \le \rho_{ccl}$ 이면 스터럽을 사용하는 보의 경우 $0.65 < \phi < 0.85$ 이다.

표 부.12 재료에 따른 ϕR_n 과 j의 값

ρ	f_y=300MPa						f_y=400MPa											
	f_{ck}=21MPa		f_{ck}=24MPa		f_{ck}=27MPa		f_{ck}=21MPa		f_{ck}=24MPa		f_{ck}=27MPa		f_{ck}=30MPa		f_{ck}=35MPa		f_{ck}=40MPa	
	ϕR_n	j	ϕR_n	j	ϕR_n	j	ϕR_n	j	ϕR_n	j	ϕR_n	j	ϕR_n	j	ϕR_n	j	ϕR_n	j
0.006	1.45	0.949	1.46	0.956	1.47	0.961	1.90	0.933	1.92	0.941	1.93	0.948	1.94	0.953	1.96	0.960	1.97	0.965
0.007	1.68	0.941	1.69	0.948	1.70	0.954	2.19	0.921	2.22	0.931	2.23	0.939	2.25	0.945	2.27	0.953	2.28	0.959
0.008	1.90	0.933	1.92	0.941	1.93	0.948	2.48	0.910	2.51	0.921	2.53	0.930	2.55	0.937	2.57	0.946	2.59	0.953
0.009	2.12	0.924	2.14	0.934	2.16	0.941	2.75	0.899	2.79	0.912	2.82	0.921	2.84	0.929	2.87	0.939	2.90	0.947
0.010	2.34	0.916	2.36	0.926	2.38	0.934	3.02	0.888	3.07	0.902	3.10	0.913	3.13	0.921	3.17	0.933	3.20	0.941
0.011	2.54	0.907	2.58	0.919	2.60	0.928	3.28	0.876	3.34	0.892	3.38	0.904	3.42	0.913	3.46	0.926	3.50	0.935
0.012	2.75	0.899	2.79	0.912	2.82	0.921	3.53	0.865	3.60	0.882	3.65	0.895	3.69	0.906	3.75	0.919	3.79	0.929
0.013	2.95	0.890	3.00	0.904	3.03	0.915	3.77	0.854	3.85	0.872	3.92	0.886	3.97	0.898	4.03	0.912	4.08	0.923
0.014	3.15	0.882	3.20	0.897	3.24	0.908	4.01	0.843	4.10	0.862	4.18	0.878	4.24	0.890	4.31	0.906	4.37	0.917
0.015	3.34	0.874	3.40	0.889	3.45	0.902	4.24	0.831	4.35	0.853	4.43	0.869	4.50	0.882	4.58	0.899	4.65	0.912
0.016	3.53	0.865	3.60	0.882	3.65	0.895	4.46	0.820	4.58	0.843	4.68	0.860	4.76	0.874	4.85	0.892	4.93	0.906
0.017	3.71	0.857	3.79	0.875	3.85	0.889	4.68	0.809	4.81	0.833	4.92	0.851	5.01	0.866	5.12	0.885	5.20	0.900
0.018	3.89	0.848	3.98	0.867	4.05	0.882	4.88	0.798	5.04	0.823	5.16	0.843	5.25	0.858	5.38	0.879	5.47	0.894
0.019	4.07	0.840	4.17	0.860	4.24	0.875	5.08	0.786	5.25	0.813	5.39	0.834	5.49	0.851	5.63	0.872	5.74	0.888
0.020	4.24	0.831	4.35	0.853	4.43	0.869	5.27	0.775	5.46	0.803	5.61	0.825	5.73	0.843	5.88	0.865	6.00	0.882
0.021	4.41	0.823	4.53	0.845	4.62	0.862	5.45	0.764	5.67	0.794	5.83	0.816	5.96	0.835	6.13	0.858	6.26	0.876
0.022	4.57	0.815	4.70	0.838	4.80	0.856	5.63	0.753	5.86	0.784	6.04	0.808	6.19	0.827	6.37	0.852	6.51	0.870
0.023	4.73	0.806	4.87	0.830	4.98	0.849	5.80	0.742	6.05	0.774	6.25	0.799	6.41	0.819	6.61	0.845	6.76	0.864
0.024	4.88	0.798	5.04	0.823	5.16	0.843	5.96	0.730	6.23	0.764	6.45	0.790	6.62	0.811	6.84	0.838	7.00	0.858

$\omega = \dfrac{\rho f_y}{\eta f_{ck}}$, $\phi R_n = \phi \rho f_y (1-0.59\omega)$ 또는 $\phi R_n = \phi\left[\eta f_{ck}\,\omega\,(1-0.59\omega)\right]$, $bd^2 = \dfrac{M_u}{\phi R_n}$, $j = 1-0.59\omega$, $A_s = \dfrac{M_u}{\phi f_y j d}$

여기서, 빗금친 부분에서 상한선은 $\rho = 0.35\rho_b$에 대한 값이며, 하한선은 $\rho = 0.50\rho_b$에 대한 값이다. 표에서 하한값은 인장지배 한계 철근비 ρ_{td}값이다.

찾아보기

Reinforced Concrete Structures

ㅅ

ㅇ

ㅈ

ㅊ

ㅋ

저자 소개

강병두 공학박사
경남도립거창대학 교수

저서 철근콘크리트구조 설계/구미서관
강구조설계/구미서관
구조역학 입문/구미서관
건축일반구조학/구미서관
건축시공학/구미서관
핵심과 문제로 이해하는 건축시공/구미서관
건축적산/구미서관
건축기사실기/건기원
건축기사실기 과년도/건기원

핵심과 문제로 이해하는
철근콘크리트구조 정가 33,000원

편저 : 강병두

발행인 : 임해진
발행처 : 도서출판 구미서관

발행 : 2021년 2월 24일
인쇄 : 2021년 3월 3일

등록 : 1979년 6월 29일 No.9-6호
주소 : 서울시 마포구 신촌로 2길 5-15 구미빌딩
전화 : 02-333-1101
팩스 : 02-335-2201
http://www.goomibook.com

ISBN 979-11-6257-144-6 (93540)

파본이나 잘못된 책은 교환하여 드립니다.